H. C. Vogel

Newcom-Engelmanns populäre Astronomie

H. C. Vogel

Newcom-Engelmanns populäre Astronomie

ISBN/EAN: 9783955622923

Auflage: 1

Erscheinungsjahr: 2013

Erscheinungsort: Bremen, Deutschland

@ Bremen-university-press in Access Verlag GmbH, Fahrenheitstr. 1, 28359 Bremen. Alle Rechte beim Verlag und bei den jeweiligen Lizenzgebern.

NEWCOMB-ENGELMANN'S
POPULÄRE ASTRONOMIE

ZWEITE AUFLAGE.

Wm Herschel

Verlag von Wilh. Engelmann, Leipzig.

NEWCOMB-ENGELMANN'S
POPULÄRE ASTRONOMIE

ZWEITE VERMEHRTE AUFLAGE

HERAUSGEGEBEN VON

Dr. H. C. VOGEL
DIRECTOR DES ASTROPHYSIKALISCHEN OBSERVATORIUMS ZU POTSDAM.

MIT DEM BILDNISS W. HERSCHELS, 1 PHOTOGRAPHISCHEN TAFEL
UND 196 HOLZSCHNITTEN.

LEIPZIG
VERLAG VON WILHELM ENGELMANN
1892.

Vorwort des Verfassers zur ersten Auflage.

Um ein in wissenschaftlichen Kreisen mögliches Missverständniss zu verhüten, bemerkt der Verfasser, dass das vorliegende Werk weder bestimmt ist, den Astronomen von Fach zu unterrichten, noch den dieser Wissenschaft sich speciell widmenden Studenten heranzubilden. Sein Hauptzweck ist, dem allgemein gebildeten Leser eine gedrängte Uebersicht der Geschichte, Methoden und Resultate astronomischer Forschung zu bieten, hauptsächlich in jenen Gebieten, welche heutzutage das meiste populäre und philosophische Interesse erwecken, und in solcher Sprache, dass sie ohne mathematische Kenntnisse verständlich ist. Er hofft, dass die ersten Capitel zum grössten Theil leicht von jedem, der klare geometrische Vorstellungen besitzt, die späteren aber von jedermann verstanden werden können. Zur Verminderung der Schwierigkeit, welche der Leser zufolge des unvermeidlichen Gebrauchs technischer Ausdrücke finden mag, ist ein Glossar zugefügt, welches, wie ich glaube, alle enthält, die in dem vorliegenden Werke gebraucht sind, sowie eine Anzahl weiterer, die anderswo gefunden werden mögen.

Hinsichtlich der allgemeinen Form des Werkes mag gesagt sein, dass die geschichtlichen und philosophischen Seiten des Gegenstandes ausführlicher als gewöhnlich in ähnlichen Werken behandelt wurden, während die rein technische Seite verhältnissmässig gekürzt worden ist. Von den vier Theilen, in die es geschieden ist, handeln die beiden ersten von den Methoden, nach denen die Bewegungen und gegenseitigen Beziehungen der Himmelskörper untersucht worden sind, wie von den Resultaten solcher Untersuchungen, während in den beiden letzten die individuellen Eigenthümlichkeiten jener Körper eingehender betrachtet werden. Die allgemeine Beschaffenheit und die wahrscheinliche Entwickelung des Universums, welche als zum ersten Theil gehörig betrachtet werden könnten, sind zuletzt behandelt worden, weil sie alles Licht erfordern, das von jeder zugänglichen Quelle auf sie geworfen werden kann. Gegenstände, die eine Darstellung in tabellarischer Form zuliessen, sind im Anhang zusammengestellt, und man wird dort eine Anzahl kurzer Artikel für den Gebrauch des Lesers im Allgemeinen wie für den Liebhaber-Astronomen finden.

Der Verfasser weiss die Ehre zu würdigen, die ihm verschiedene hervorragende Astronomen durch Beiträge, die sein Buch vollständiger und interessanter machen, zu Theil werden liessen. Das grosse Interesse, welches sich augenblicklich an die Frage nach der Beschaffenheit der Sonne knüpft, und die raschen Fortschritte, die unsere Erkenntniss in dieser Richtung macht, liessen es wünschenswerth erscheinen, die neuesten Ansichten der Mehrzahl in diesem Gebiete ausgezeichneter Forscher in authentischer Form vorzulegen. Vier dieser Männer — Pater Secchi in Rom; H. Faye in Paris; Prof. Young vom Dartmouth-College und Prof. Langley vom Allegheny-Observatory — haben auf des Verfassers Bitte kurze Expositionen ihrer Theorien gegeben, welche in ihren eigenen Worten in dem Capitel über die Sonne gefunden werden.

(Washington, 1877.) **S. Newcomb.**

Vorwort zur deutschen Ausgabe.

Manchem mag es überflüssig, wenn nicht bedenklich erscheinen, die Zahl deutscher populärer Astronomien durch ein neues Buch, noch dazu die Bearbeitung eines fremdländischen, vermehrt zu sehen. Was der Laie wünscht und bedarf, findet sich anscheinend ja in Littrows Wundern des Himmels, oder auch in Mädlers Populärer Astronomie, im Kosmos und in ähnlichen Schriften. Bei etwas näherer Betrachtung wird indessen diese Ansicht vielleicht geändert oder doch modificirt werden. Es ist wahr, wir besitzen in manchem dieser Bücher hinreichend ausführliche und oft zuverlässige Wegweiser und Lehrmeister, welche die Thatsachen und Gesetze der Himmelskunde dem Verständniss nahe bringen in methodischer und schulgerechter Weise, ohne jedoch erhebliche, namentlich mathematische Kenntnisse vorauszusetzen. Trüge also Newcombs Werk den Stempel eines Lehr- oder Handbuchs, so würde eine deutsche Ausgabe in der That überflüssig sein.

Das Buch des amerikanischen Astronomen will indessen weder das eine, noch das andere sein; allein es besitzt Eigenschaften, formelle wie sachliche, welche es vor ähnlichen Schriften auszeichnen und die Beachtung auch deutscher Leser in hohem Grade verdienen. Der eine mehr formelle Vorzug liegt in der geschichtlichen Behandlung des Stoffs. Newcomb hat zunächst die Thatsachen der Bewegungen am Sternhimmel natürlich und folgerichtig auseinander zu setzen gewusst. Er lässt den Einzelnen das gleichsam an sich selbst allmählich durchleben, zu dessen Erkenntnis dem Menschengeschlechte Tausende von Jahren nöthig waren; und so entwickelt er, vom Augenschein ausgehend, die drei Weltsysteme: das Ptolemaeische, welches sich nicht über den Augenschein erhebt und nur eine einfache und unvollständige geometrische Deutung der scheinbaren Bewegungen giebt; dann das Coppernicanische, welches die Vorstellung der ruhenden Erde verlässt, die Bewegungen im Raume erläutert und den Ideen- und Gesichtskreis der Menschheit damit fundamental ändert und erweitert; endlich das Newtonische, welches in der allgemeinen Anziehung die physische Ursache der himmlischen Bewegungen findet, sie wirklich erklärt.

Diese geschichtliche Art der Darstellung hält Newcomb mehr oder weniger auch in den anderen Theilen, namentlich in der Stellarastronomie fest, und der Herausgeber hat dies Moment gleichfalls besonders betont. In den beiden letzten Capiteln der Stellarastronomie tritt aber ein neuer und sachlicher Vorzug hinzu. Der Verfasser untersucht, soweit bekannt in solcher Weise zum ersten Male, die **Stabilität** und die **Bewegungen im Sternsysteme** auf Grund genauerer Beobachtungsthatsachen, und er legt die Folgerungen kurz dar, welche sich aus dem Fundamentalgesetz der modernen theoretischen Physik, dem Gesetz von der Erhaltung der Kraft, hinsichtlich der **Entwickelung des Universums** ergeben. In dem »Versuch einer Entwickelungsgeschichte der Weltkörper« hat der Herausgeber manches noch etwas weiter auszuführen gesucht. Es tritt hier also ein mehr physikalisches und zum Theil naturphilosophisches Element in den Vordergrund, welches in ähnlichen, selbst in den neuesten, Schriften wenig zum Ausdruck gelangt.

Als ein weiterer Umstand, der eine deutsche Ausgabe wünschenswerth machte, könnte noch der angeführt werden, dass das Buch von einem der hervorragendsten, nicht nur amerikanischen, Astronomen herrührt. Man darf wohl im Voraus erwarten, dass ein Meister seines Faches das Gesammtgebiet der Wissenschaft im Allgemeinen klarer und besser zur Darstellung und zum Verständniss bringen werde, als andere, welche dies nicht oder doch nicht in solchem Masse sind.

Trotz der genannten trefflichen Eigenschaften aber schien eine blosse Uebersetzung des Originals unthunlich. Newcomb hat, als Amerikaner, in erster Linie für seine Landsleute geschrieben und deshalb die Arbeiten amerikanischer Astronomen, wo es anging, vorwiegend berücksichtigt. Aus dem gleichen Grunde hätten in einem für deutsche Leser bestimmten Buche mehr die Leistungen deutscher Astronomen in den Vordergrund treten dürfen. Der Herausgeber hat sich indessen bestrebt, völlig gerecht und unparteiisch zu sein und den nationalen Standpunkt, der in anderen Wissenschaften oft festgehalten werden muss, nicht über Gebühr zu betonen; denn er ist der Ansicht — und er zweifelt nicht, dass der Verfasser dieselbe theile —, dass es weder eine amerikanische oder deutsche oder französische etc. Naturwissenschaft, sondern nur eine Naturwissenschaft gebe. — Uebrigens wird der Leser in der vorliegenden Ausgabe mehr Namen erwähnt finden als im Original; denn es scheint das Interesse, welches man Entdeckungen und Forschungen entgegenbringt, durch Nennung der Personen, an die sich dieselben knüpfen, noch ein lebendigeres zu werden.

Das Original ist ferner für Freunde und Liebhaber der Himmelskunde geschrieben, die sich im Allgemeinen nur über das Wichtigste unterrichten wollen; hierdurch wird zugleich eine besondere Form der Darstellung bedingt, die sich mitunter selbst der gebundenen Rede bedient. Es ist nicht zu bezweifeln, dass dieser Zweck und die zu seiner Erreichung gewählten Mittel für amerikanische Leser die richtigen sind; dafür zeugt schon der ungewöhnlich grosse Erfolg, den das Buch gehabt hat. Der Herausgeber glaubte indessen, richtiger zu verfahren, wenn er **Plan und Form der deutschen Ausgabe noch etwas erweiterte**. Es schien ihm angemessen, auch solche zu berücksichtigen, welche etwas mehr an thatsächlichem Material wünschen, und ferner jene, welche die Lust und Fähigkeit besitzen, die Himmelskunde selbst, mit wenngleich beschränkten Mitteln, zu fördern. Namentlich in letzterer Hinsicht fehlen uns in Deutschland geeignete Bücher. Die ausserordentliche Fülle von Beobachtungsthatsachen und deren Resultaten, welche die neuere Astronomie dem altüberkommenen Schatz als sichern Erwerb zugefügt hat, findet sich zwar in manchen populären Schriften, aber häufig doch sehr unvollständig oder in unzuverlässiger Gestalt. Ferner fehlen neuere Gesammtdarstellungen der Wissenschaft, welche auch die Instrumente und namentlich die Art, wie und was mit ihnen zu beobachten ist, in etwas eingehenderer Weise behandelten.

Der Herausgeber hat demnach den Plan des Newcomb'schen Werkes nach diesen beiden Richtungen etwas erweitert, ohne jedoch die auch für ihn wesentliche Classe von Gebildeten aus den Augen zu verlieren, welche die wichtigeren Erscheinungen des Sternhimmels, ihren Zusammenhang und die geschichtliche Entwickelung der Probleme, welche sie seit Anbeginn dem menschlichen Geiste geboten, nur im Allgemeinen kennen lernen wollen. Ein Handbuch oder Lehrbuch ist demnach auch die vorliegende Ausgabe nicht und kann sie nicht sein. Ebenso wenig oder noch weniger aber ist das Buch für Astronomen von Fach bestimmt; einige Zusammenstellungen werden zwar gelegentlich auch von diesen benutzt werden können; das Buch an und für sich will aber ihnen nicht dienen; dann hätte es ganz anders gefasst und überdies auf einen weit grösseren Umfang gebracht werden müssen. —

Um das Urtheil über die Abweichungen der deutschen von der Original-Ausgabe (3. Aufl. 1879) zu erleichtern, seien nachstehend kurz und ohne speciellere Motivirung die hauptsächlicheren Aenderungen und Zusätze aufgeführt.

Erster Theil. I. Cap. 6. Sonnen- und Mondfinsternisse für Norddeutschland von 1881—86 zugefügt. — III. Cap. 3. Gradmessungen und Erddimensionen zugefügt. In 6. die Betrachtungen über die Acceleration des Mondes gekürzt. 7. Bahnbestimmung neu; an Stelle der kurzen allgemeinen Darlegung des Originals über »die Beziehungen der Planeten zu den Sternen«.

Zweiter Theil. In vielem umgearbeitet und erweitert. Kleinere Zusätze im I. Cap.; grössere im II. Cap.; 3. über Messinstrumente und Sternwarten zum grössten Theil, 5. Anleitung zu astronomischen Beobachtungen, ganz neu; 4. geographische Ortsbestimmungen verändert. — Im III. Cap. 2. einige der neueren astronomischen Methoden zur Ermittelung der Sonnenparallaxe kurz erwähnt; ebenso in 3. (Venus-Durchgänge) die De l'Isle'sche Methode. Dagegen beim Durchgange von 1874 die Beschreibung der von den Amerikanern angewandten photographischen Methoden gekürzt; neben den amerikanischen Expeditionen in gleicher Weise die der übrigen Nationen genannt. Am Schlusse von 4. die neueren Werthe der Sonnenparallaxe zusammengestellt. In 5. die neueren Ermittelungen der Sternparallaxen etwas anders behandelt; hypothetische Parallaxen, bezw. Sternentfernungen, sowie die gemessenen Parallaxen zugefügt. — Cap. V (Spectroskop) des Originals als 2. zu Cap. IV gezogen, ergänzt (namentlich auch durch Figuren); als 3. noch kurze Uebersicht über Photometrie und Photographie, sowie Beschreibung von Zöllners Photometer. Die H. Draper'schen Wahrnehmungen heller Linien im Sonnenspectrum kurz im Cap. über die Sonne erwähnt (S. 289).

Dritter Theil. Etwas vollständigere Angaben über Temperatur, Fleckenhäufigkeit, Rotation der Sonne, sowie über Helligkeitsverhältnisse, Reflexionskräfte, Durchmesser, Ergebnisse der Spectralanalyse u. a. bei Planeten und Trabanten. — Im II. Cap. neu die Ansichten Zöllners über die physische Beschaffenheit der Sonne. — Im III. Cap. unter 4. (Erde) der Abschnitt »Die Astronomie und das Wetter« neu. In 5. (Mond) der Abschnitt über Revolution und Rotation etwas anders und kürzer; Topographie und physische Beschaffenheit umgearbeitet und erweitert.

In 7. kleine Planeten) statistische Daten ergänzt. — Im IV. Cap. bei Saturn die Dimensionen nach O. Struve zugefügt; Abschnitt über die Uranus-Satelliten gekürzt. — Das V. Cap. zum grösseren Theil umgearbeitet und manches neu; so z. B. die statistische Zusammenstellung der parabolischen Cometenbahnen; die grossen Cometen nach dem Donati'schen (die Cometen von 1881 im Nachtrage). Die periodischen von den grossen Cometen getrennt. Bei den Meteoren und Sternschnuppen die neueren Beobachtungen über Radianten u. a., bei den Beziehungen zu den Cometen namentlich die Resultate der Schiaparelli'schen Untersuchungen zugefügt.

Vierter Theil. Einleitung und Cap. I. (Thatsachen des Sternhimmels) zum grössten Theil ganz umgearbeitet und erweitert; namentlich auch die neueren astrophysikalischen Ergebnisse berücksichtigt; nur Beschreibung der Hauptsternbilder gekürzt. — Im II. Cap. die Untersuchungen Argelanders über die scheinbare Vertheilung der Sterne und die Goulds über das Verhältniss unseres Sonnensystems zum Sternsystem neu. — Im III. Cap. unter 5. den »Versuch einer Entwickelungsgeschichte der Weltkörper« zugefügt.

Im Anhang sind die Schriften und Abhandlungen über die Parallaxen von Sonne und Sternen weggelassen; die Elemente der Planeten, Trabanten und periodischen Cometen in etwas anderer, zum Theil erweiterter Form gegeben; die Elemente der wichtigsten grossen Cometen zugefügt. Das technische Glossar ist im Text verarbeitet; die Liste grosser Fernröhre gleichfalls dort (S. 133) und in ausführlicherer Gestalt aufgenommen. Vermehrt und anders geordnet, in der Hauptsache dem Gange des Textes entsprechend, wurde das Litteraturverzeichniss; ebenso sind die Verzeichnisse von Doppelsternen und Nebelflecken beträchtlich umfangreicher. Neu hinzugetreten sind endlich das Verzeichniss von Variabeln, einige Reductionstafeln, sowie die biographischen Skizzen. Letztere wurden beigefügt, einestheils um die historische Seite des Newcomb'schen Werkes gewissermassen auch in den Personen als den Trägern der Geschichte zum Ausdruck zu bringen, anderntheils weil, wie schon bemerkt, der Antheil an den Gegenständen, den Forschungen, Leistungen und Entdeckungen erhöht und ein wärmerer wird durch Nennung der Namen, die mit ihnen in Verbindung stehen. Dem Zweck des Buches entsprechend sind die Männer, welche praktisch, durch Entdeckung und Beobachtung die Himmelskunde irgendwie gefördert, rein theoretischen Forschern gegenüber bevorzugt worden, und so wird man grosse Namen wie die Bernoulli, Clairaut, d'Alembert, Leibniz u. a. gar nicht, andere wie Euler und Lagrange oder Descartes und Kant nur ganz kurz erwähnt finden. Ueberhaupt aber musste die Form der Darstellung von Leben wie Leistungen eine ganz kurze aphoristische bleiben, um den Umfang nicht so sehr zu vermehren. — Der Herausgeber ist selbstverständlich weit entfernt, zu glauben, seine Aenderungen und Zusätze involvirten eine irgend wesentliche Verbesserung des Newcomb'schen Werkes; er hat sich aber bemüht, sie dem vorgestellten, etwas erweiterten Plan gemäss zu fassen, und hofft, dabei im Ganzen das Richtige getroffen zu haben.

Nicht ganz leicht lassen sich bei einer derartigen mehr oder weniger freien Bearbeitung Collisionen der Ansichten vermeiden; denn über manches wird der eine so, der andere anders denken. Die deutsche Ausgabe hat nur in den sehr wenigen Fällen, wo neuere Forschung unbedingt vorzuziehende Resultate ergab, diese zur Darstellung gebracht, sonst aber, wo etwa noch Zweifel bestanden, sich der Auffassung des Originals angeschlossen. Die wichtigste grundsätzliche Abweichung liegt vielleicht in der Ansicht über die Bedeutung der Doppelsterne im Haushalt der Natur. Trotz der neueren, so überaus zahlreichen Entdeckungen sehr enger Paare, speciell durch Burnham, kann sich der Herausgeber noch nicht entschliessen, den Doppelsternen gegenüber den einfachen eine so hervorragende Rolle zuzuerkennen, wie der Verfasser zu thun scheint, und erstere vielleicht gar als die Regel zu betrachten; er hat daher die betreffenden Stellen des kosmogonischen Theils (S. 595, 601) in etwas weniger bestimmter Form und mehr als eine noch offene Frage behandelt. Ueberhaupt glaubte er, bei manchem, fast noch mehr als das Original, die Wahrscheinlichkeit hervorheben zu müssen, dass etwas so sein könne, anstatt der anscheinenden Gewissheit, dass es so sei, welche in ähnlichen Werken mitunter allzusehr zum Ausdruck kommt. Es kann nur schaden, wenn Erscheinungen und Erklärungen von Erscheinungen oder Vorgängen als sicher und zweifellos hingestellt werden, an denen bei näherer Betrachtung noch sehr erhebliche Zweifel haften. Die Summe des positiv Feststehenden bleibt gross genug, und wenn wir die Astronomie nur als Lehre von den Bewegungen der Himmelskörper auffassen und die ganze physikalische Seite unberücksichtigt lassen, so bestehen in der That nur an sehr wenigen Stellen noch ernstere Zweifel. Anders freilich ist es in allen Fragen, welche die physische Beschaffenheit der Weltkörper betreffen; hier stehen wir zur Zeit vielleicht auf demselben oder selbst niedrigeren Standpunkte als das Zeitalter Newtons in der Bewegungslehre; doch wird es auch da allmählich Licht. — Auf eine sorgfältige **bildliche Darstellung** der wichtigsten Objecte legt schon das Original grossen Werth. Gewiss mit Recht; denn abgesehen davon, dass eine gute Abbildung eben eine richtigere Vorstellung eines Gegenstandes gewährt als eine schlechte, hat auch das Bild in manchen Fällen, wie bei Planetenoberflächen, Cometen, Nebeln u. a. einen nicht zu unterschätzenden, selbst wissenschaftlichen Werth, und manche gute Abbildungen haben in der That schon zu bemerkenswerthen Ergebnissen geführt. Ueberdies pflegen sie auch das Interesse an den Gegenständen noch zu erhöhen. Der Herausgeber hat deshalb die Figurenzahl noch erheblich vermehrt; namentlich durch Darstellungen von Instrumenten, wie von Planeten, Cometen und Nebeln; einige weniger genügende Figuren des Originals wurden ferner durch andere ersetzt. Freilich genügen auch die neu hinzugetretenen Abbildungen nicht immer; es ist aber schwer und oft kaum möglich, so zarte duftige Bildungen wie speciell Nebel oder Cometen durch den immer etwas harten Holzschnitt einigermassen treu wiederzugeben. — Die 5 grösseren Sternkarten des Originals sind durch zwei kleine Tafeln (S. 464, 465) ersetzt. Zu einer genäherten Kenntniss der Sternbilder und hellsten Sterne dürften diese genügen; eine etwas vollständigere ist, wie es scheint, besser und leichter durch einen besonderen Sternatlas zu erreichen. — Um dem persönlichen Moment auch im Bilde einigermassen Rechnung zu tragen, ist dem Buche das Porträt von W. Herschel vorgestellt (vergl. S. 635). —

Die Bearbeitung und Vollendung der deutschen Ausgabe hat längere Zeit, als erwartet, in Anspruch genommen. Ganz heterogene Berufsthätigkeit gestattete, im Allgemeinen nur wenige Stunden der Woche dem Buche zu widmen, und tief eingreifende Ereignisse persönlicher Natur unterbrachen mehrmals, selbst auf Monate, die Arbeit gänzlich. Ueberdies war es nöthig, in vielen Fällen, und bei den neuen Zusätzen in den meisten, auf die Quellen zurückzugehen, um den Angaben die gerade in einem populären Buche erforderliche Zuverlässigkeit zu geben. So mag die Bearbeitung wohl an manchen Stellen ein ungleiches Gepräge tragen, indem Lust und Liebe zu ihr, die erste Bedingung des Gelingens, öfters fehlten. Jetzt, wo er am Schlusse steht, empfindet der Herausgeber das Unzulängliche und in vieler Hinsicht Ungenügende seiner Arbeit nur allzu lebhaft und kann als Erklärung und nothdürftige

Rechtfertigung nur die genannten Umstände anführen. Auch die nicht wenigen Druckfehler finden in ihnen ihre theilweise Erklärung; sie sind, soweit erkannt, sämmtlich am Schlusse aufgeführt, und es ist zu hoffen, dass nicht allzuviele nachträglich sich noch finden werden. —
Der Herausgeber fühlt sich endlich verpflichtet, allen denen zu danken, die in irgend welcher Weise die deutsche Ausgabe gefördert. In erster Linie gebührt der Dank dem Verfasser, Herrn Prof. Newcomb. der in liebenswürdiger Weise seine Zustimmung zu einer freien Bearbeitung seines Werkes gab. Dann den nicht wenigen Astronomen, deren Mittheilungen zum Theil ermöglichten, dass die vorliegende Ausgabe in mehrfacher Hinsicht vollständiger als das Original selbst geworden ist; namentlich gilt dies für die Beiträge der Herren Professor H. C. Vogel und Dr. O. Lohse in Potsdam auf spectroskopischem Gebiete und durch Darstellungen von Planeten u. a. Endlich darf auch der befreundeten Hand, die einen nicht unerheblichen Theil der reinen Uebersetzungsarbeit übernahm, gedacht werden. — Wenn die deutsche Ausgabe neben dem Original mit Ehren bestehen und unter den zahlreichen deutschen Astronomien als ein nicht unbrauchbares Buch gelten sollte, welches Antheil und Liebe zur Himmelskunde in weitere Kreise tragen zu helfen geeignet sei, so verdankt sie dies zum nicht geringen Theil jenen Beiträgen wohlwollender Freunde.

Leipzig, im September 1881.

R. Engelmann.

Vorwort zur zweiten Auflage der deutschen Ausgabe.

Die deutsche Ausgabe der »Populären Astronomie« Newcombs hat in den weitesten Kreisen der Gebildeten, ja selbst unter den Fachgelehrten eine so günstige Aufnahme und fast rückhaltlose Anerkennung gefunden, dass die Herausgabe einer zweiten Auflage durchaus gerechtfertigt erscheint. Leider sah sich die Verlagsbuchhandlung durch das allzufrühe Dahinscheiden meines Freundes Dr. Rud. Engelmann genöthigt, die Neubearbeitung in andere Hände zu legen, und forderte mich auf, diese Arbeit zu übernehmen. Der Schwierigkeit der Aufgabe mir wohl bewusst, bin ich dieser Aufforderung nur im Hinblick darauf nachgekommen, dass ich im Stande sein würde, der in der ersten Auflage des Buchs wohl etwas zu kurz und nebensächlich behandelten Astrophysik die ihr gebührende Stellung in einer populären Astronomie zu verschaffen.

Während es im Grossen und Ganzen mein Bestreben gewesen ist, das Newcomb-Engelmann'sche Werk nach Möglichkeit in seiner alten bewährten Fassung zu belassen und nur direct Unrichtiges zu verbessern und neue Ergebnisse einzufügen, haben die astrophysikalischen Theile eine vollständige Umgestaltung erfahren. Besonders gilt dies von den Capiteln über Fixsterne, Cometen und Nebelflecke, und es hat sich hierbei in zwei Fällen selbst eine Umstellung der Abschnitte als erforderlich erwiesen. Wenn auch in Folge dessen von der sonst trotz zahlreicher kleiner Aenderungen streng beibehaltenen historischen Darstellungsweise abgewichen werden musste, so glaube ich doch, dadurch zum besseren Verständnisse dieser Capitel beigetragen zu haben.

Es würde zu weit führen, wollte ich hier alle die Aenderungen, welche die zweite Auflage gegenüber der ersten erfahren hat, und die bei einer Vergleichung beider Auflagen leicht gefunden werden können, im Einzelnen angeben; ich begnüge mich, nur wenige Punkte anzuführen, für welche eine Rechtfertigung nothwendig erscheinen dürfte.

Die der ersten Auflage beigegebenen kleinen Sternkärtchen sind nicht wieder aufgenommen worden, da sie selbst für die bescheidensten Orientirungsversuche nicht ausreichen und jeder, der sich irgendwie ernsthafter mit der Astrognosie beschäftigen wollte, zu grösseren Sternatlanten (Argelander, Heis) seine Zuflucht hätte nehmen müssen.

Auch das im Anhange gegebene Litteraturverzeichniss ist in der zweiten Auflage weggelassen worden. Dasselbe war für den Nichtastronomen entschieden viel zu weitgehend, während es für den Fachmann wegen nicht genügender Vollständigkeit kein Interesse bot. Es hätte also entweder sehr stark gekürzt, oder aber beträchtlich erweitert werden müssen. Ich habe mich zu keinem von beiden entschliessen können und das Verzeichniss ganz gestrichen in der Ueberlegung, dass ein Laie, der sich in einer bestimmten Richtung der Astronomie weiter ausbilden möchte, gewiss von jedem Fachmanne, an den er sich wendet, leicht die gewünschte Auskunft erhalten wird.

Dagegen habe ich das Capitel über Bahnbestimmungen trotz mehrfacher Anfeindungen in den Kritiken unverändert beibehalten, überzeugt, dass es doch manchem etwas vorgeschritteneren Leser einen gewissen Einblick in dieses für Nichtmathematiker fast wunderbare Gebiet der Astronomie gewähren wird.

Bei der Bearbeitung der neuen Auflage hat mich Herr Dr. Scheiner vielfach unterstützt; auch habe ich werthvolle Beiträge von Seiten einiger meiner Collegen erhalten. An der Redaction des Buches hat sich Herr A. Biehl eifrig betheiligt. Allen diesen Herren spreche ich hiermit meinen verbindlichsten Dank aus.

Schliesslich will ich nicht unterlassen, der Verlagsbuchhandlung für ihr dankenswerthes Entgegenkommen meine vollste Anerkennung zu zollen. Es ist dadurch ermöglicht worden, dem Buche nicht nur eine vornehme äussere Ausstattung zu geben, sondern dasselbe auch in ausreichender Weise mit tadellosen Figuren zu versehen. Durch Veränderung alter und Herstellung neuer Holzschnitte sowie durch Beifügung einer Tafel, auf welcher dem Leser durch directe Copien eine Anschauung von den neuesten Errungenschaften der coelestischen Photographie gewährt wird, war es möglich, das Werk auch in dieser Beziehung zu verschönern.

Potsdam, im September 1892.

H. C. Vogel.

Inhalt.

Erster Theil. Geschichtliche Entwickelung des Weltsystems.

	Seite
Einleitung	1
Cap. I. Die alte Astronomie und die scheinbaren Bewegungen der Himmelskörper	7
1. Die Himmelskugel (Fig. 1)	7
2. Die tägliche Bewegung der Gestirne (Fig. 2, 3)	8
3. Bewegung der Sonne unter den Sternen (Fig. 4)	13
4. Präcession der Aequinoctien	17
5. Die Mondbewegung (Fig. 5)	19
6. Sonnen- und Mond-Finsternisse (Fig. 6—9)	21
7. Das Ptolemaeische Weltsystem (Fig. 10—13)	29
8. Der Kalender (Fig. 14)	39
Cap. II. Das Coppernicanische System und die wahren Bewegungen der Himmelskörper	45
1. Coppernicus (Fig. 15—17)	45
2. Schiefe der Ekliptik, Jahreszeiten etc. im Coppernicanischen System (Fig. 18—25)	55
3. Tycho Brahe	58
4. Kepler (Fig. 21)	59
5. Von Kepler bis Newton	64
Cap. III. Die allgemeine Schwere	66
1. Newton (Fig. 22)	66
2. Anziehung kleiner Massen. Dichtigkeit der Erde (Fig. 23—25)	74
3. Figur und Grösse der Erde	78
4. Erklärung der Präcession (Fig. 26)	82
5. Ebbe und Fluth (Fig. 27)	85
6. Ungleichheiten der Bewegung. Störungen	87
7. Bahnbestimmung (Fig. 28—34)	92

Zweiter Theil. Praktische Astronomie.

	Seite
Einleitung. Die vorteleskopische Zeit (Fig. 35—37)	103
Cap. I. Das Fernrohr	107
1. Die ältesten Fernröhre (Fig. 38—42)	107
2. Das achromatische Fernrohr (Fig. 43—47)	114
3. Die Aufstellung des Fernrohres (Fig. 48)	118
4. Reflectoren (Fig. 49—53)	121
5. Die grössten Fernröhre neuerer Zeit (Fig. 54—59)	125
6. Leistungen der Fernröhre (Fig. 60)	138
Cap. II. Astronomische Messungen und Messinstrumente.	145
1. Kreise der Himmelskugel. Coordinaten der Gestirne	145
2. Zeit und Stundenwinkel (Fig. 61)	147
3. Messinstrumente und Sternwarten (Fig. 62—82)	152
4. Geographische Ortsbestimmungen (Fig. 83)	177
5. Anleitung zu astronomischen Beobachtungen	185
Cap. III. Messung der Entfernungen im Raume	201
1. Parallaxe im Allgemeinen (Fig. 84—86)	201
2. Messungen der Sonnenentfernung	206
3. Sonnenparallaxe aus Venusdurchgängen (Fig. 87—92)	209
4. Andere Methoden zur Bestimmung der Sonnenentfernung	223
5. Sternparallaxen (Fig. 93)	227
Cap. IV. Das Licht	236
1. Die Bewegung des Lichtes (Fig. 94—96)	236
2. Spectralanalyse (Fig. 97—104)	246
3. Photometrie (Fig. 105—107)	259
4. Photographie	264

Dritter Theil. Das Sonnensystem.

Cap. I. Allgemeine Beschaffenheit des Sonnensystems (Fig. 108—110)	272
Cap. II. Die Sonne	279
1. Die Photosphäre (Fig. 111)	280
2. Sonnenflecken und Rotation (Fig. 112—115)	285
3. Periodicität der Flecken	291
4. Rotationsgesetz der Sonne	293
5. Die Umgebungen der Sonne (Fig. 116, 117)	295
6. Ansichten verschiedener Forscher über die physische Beschaffenheit der Sonne (Fig. 118—121)	301
Cap. III. Die Gruppe der inneren (mittleren und kleinen) Planeten	326
1. Mercur (Fig. 122)	326
2. Intramercurielle Planeten	330
3. Venus (Fig. 123—126)	333
4. Die Erde (Fig. 127—129)	340
5. Der Mond (Fig. 130—134)	351
6. Mars und seine Satelliten (Fig. 135—142)	363
7. Die kleinen Planeten	369

Inhalt.

	Seite
Cap. IV. Die Gruppe der äusseren (grossen) Planeten	376
1. Jupiter (Fig. 143—146)	376
2. Die Jupiter-Satelliten	381
3. Saturn (Fig. 147)	383
4. Die Ringe des Saturn (Fig. 148—150)	386
5. Die Saturn-Satelliten	394
6. Uranus und seine Satelliten (Fig. 151)	396
7. Neptun und sein Satellit	400
Cap. V. Cometen und Meteore	406
1. Aussehen und Formen der Cometen (Fig. 152)	406
2. Bewegung und Ursprung der Cometen (Fig. 153)	409
3. Statistik der Cometenerscheinungen	413
4. Physische Beschaffenheit der Cometen (Fig. 154)	415
5. Meteore und Sternschnuppen (Fig. 155—156)	424
6. Beziehungen zwischen Meteoroiden und Cometen (Fig. 157—160)	435
7. Periodische und sonstige interessante Cometen (Fig. 161—168)	444
8. Das Zodiakallicht	462

Vierter Theil. Stellarastronomie.

Einleitung	466
Cap. I. Astrognosie und Astrophysik	470
1. Anblick des Sternhimmels im Allgemeinen. Sternverzeichnisse und Sternbilder	470
2. Zahl, Helligkeit und Farbe der Sterne	480
3. Physische Beschaffenheit der Sterne (Fig. 169, 170)	489
4. Veränderliche Sterne (Fig. 171)	498
5. Doppelsterne (Fig. 172—175)	513
6. Sternhaufen und Nebelflecke (Fig. 176—191)	528
7. Bewegungen der Sterne (Fig. 192)	551
Cap. II. Der Bau des Universums	559
1. Ansichten der Forscher vor Herschel	561
2. Untersuchungen Herschels und seiner Nachfolger (Fig. 193—195)	565
3. Ueber die wahrscheinliche Anordnung des sichtbaren Weltalls (Fig. 196)	578
4. Stabilität und Bewegungen im Sternsystem	586
Cap. III. Kosmogonie	592
1. Die moderne Nebel-Hypothese	594
2. Fortschreitende Veränderungen in unserem System	599
3. Die Quellen der Sonnenwärme	605
4. Die säculare Abkühlung der Erde	611
5. Folgerungen aus der Nebel-Hypothese	614
6. Die Vielheit der Welten	620

Anhang.

Biographische Skizzen	627
Griechen und Alexandriner	627
Araber	628

	Seite
Von Coppernicus bis Galilei	630
Galilei und seine Nachfolger	635
Newton und seine Zeit	641
Das achtzehnte Jahrhundert	645
Das neunzehnte Jahrhundert	656

Elemente und Verzeichnisse 695
    I. Elemente der grossen Planeten 695
    II. Elemente der kleinen Planeten 696
    III. Elemente der Satelliten 702
    IV. Elemente der periodischen Cometen 704
    V. Elemente grosser und merkwürdiger Cometen 704
    VI. Verzeichniss von veränderlichen und neuen Sternen . 706
    VII. Verzeichniss von Doppelsternen 711
    VIII. Verzeichniss von Nebelflecken und Sternhaufen . . . 724

Tafeln 730
    I. Jährliche Präcession 730
    II. Reduction von mittlerer Zeit in Sternzeit und von Sternzeit in mittlere Zeit 731
    III. Monats- und Jahrestage 731
    IV. Reduction von Stunden etc. in Decimaltheile des Tages 732
    V. Reduction von Tagen in Decimaltheile des Jahres . . 732
    VI. Mittlere Refraction 733

Constanten 733
Berichtigungen 734
Register 735

Erster Theil.
Geschichtliche Entwickelung des Weltsystems.

Einleitung.

Die Sternkunde ist die älteste der physikalischen Wissenschaften, von ihnen aber unterschieden durch die langsam fortschreitende Entwickelung von den ältesten Zeiten bis zur Gegenwart. In keiner anderen Wissenschaft verdankt jede Generation, die sie förderte, ihren Vorgängern so viel, in Thatsachen sowohl als in den Ideen, die nothwendig waren, den Fortschritt zu ermöglichen. Die Vorstellung einer runden und bewegten Erde. die ihren Lauf durch die himmlischen Räume mit ihren Schwester-Planeten verfolgt, ist eine solche, auf deren vollständige Entwickelung weder ein einzelner Geist, noch ein einzelnes Zeitalter Anspruch erheben darf. Sie erscheint als Ergebniss eines allmählichen Erziehungsprocesses, dessen Gegenstand nicht ein Individuum, sondern das Menschengeschlecht war. Die grossen Astronomen aller Zeiten haben auf Fundamente gebaut, die von ihren Vorgängern gegründet waren; und versuchen wir, den ersten Urheber zu finden, so verlieren wir uns in den Nebeln grauesten Alterthums. Die Theorie der allgemeinen Anziehung wurde von Newton auf die Gesetze Keplers, auf die Beobachtungen und Messungen seiner französischen Zeitgenossen und auf die Geometrie des Apollonius gegründet. Kepler benutzte als sein Material die Beobachtungen von Tycho Brahe und baute auf der Theorie des Coppernicus fort. Die Idee der Tychonischen Instrumente lässt sich zurückverfolgen bis zu den Arabern des Mittelalters. Andererseits war die Entdeckung des wahren Weltsystems durch Coppernicus nur möglich durch ein sorgfältiges Studium der scheinbaren Planetenbewegungen, wie sie sich in den Epicykeln des Ptolemaeus aussprechen. In der That, je genauer man das grosse Werk des Coppernicus betrachtet, desto mehr ist man

I. Geschichtliche Entwickelung des Weltsystems.

überrascht, zu sehen, wie vollständig ihm Ptolemaeus und Hipparch Ideen und Thatsachen lieferten. Forschen wir dann nach den Lehrern und Vorläufern des Hipparch, so stossen wir nur auf schattenhafte Bilder ägyptischer und babylonischer Priester, deren Namen und Schriften gänzlich verloren gegangen sind. In den frühesten historischen Zeiten schon wussten Menschen, dass die Erde rund sei, dass die Sonne einen jährlichen Lauf unter den Sternen vollende, und dass die Finsternisse verursacht würden durch den Mond, der in den Schatten der Erde, oder durch die Erde, die in den des Mondes träte.

In der That scheint jede der grossen Bildungsperioden der alten Welt ihr eigenes System der Astronomie gehabt zu haben, welches durch den besonderen Charakter des Volkes, unter dem es sich fand, genau bezeichnet wird. Verschiedene in den chinesischen Annalen enthaltene Begebenheiten zeigen, dass die Bewegung der Sonne und die Gesetze der Finsternisse in diesem Lande zu einer sehr frühen Zeit erforscht waren. Manche dieser Ereignisse dürften zwar durchaus mythisch sein. wie z. B. die Entsendung von Astronomen nach den vier Cardinalpunkten des Compasses, um die Aequinoctien und Solstitien zu bestimmen. Auf etwas festerer Grundlage aber beruht ein Vorkommniss, welches, selbst wenn wir es in dieselbe Kategorie stellen wollten, doch eine sehr erhebliche astronomische Kenntniss unter den alten Chinesen anzuzeigen scheint. Wir meinen das tragische Geschick von Hi und Ho, den Hofastronomen eines der alten Herrscher jenes Volkes. Es gehörte zu ihren Pflichten, sorgfältig die himmlischen Bewegungen zu erforschen und zu rechter Zeit das Eintreten einer Finsterniss oder eines anderen merkwürdigen Phänomens zu verkünden. Doch diese beiden vergassen ihre Pflicht, und eine Sonnenfinsterniss trat ein, ohne dass sie davon Mittheilung gemacht hätten; die in solchem Falle üblichen religiösen Gebräuche wurden nicht vollbracht, und China schien darum dem Zorn der Götter ausgesetzt. Ihr Verbrechen zu sühnen, wurden die unwürdigen Astronomen auf kaiserlichen Befehl hingerichtet. Einige Geschichtsschreiber haben das Datum dieser Begebenheit festzusetzen versucht; ihre Angaben schwanken zwischen 2159 und 2128 v. Chr. Im Falle der Richtigkeit haben wir hier das älteste von der profanen Geschichte aufgezeichnete Ereigniss.

In der Astronomie der Hindu sehen wir die Eigenthümlichkeiten des contemplativen Geistes dieses Volkes deutlich ausgeprägt. Ihre Einbildungskraft ergeht sich in Zeiträumen, die vergleichsweise selbst die Messungen moderner Astronomen in den himmlischen Räumen in den Schatten stellen. In diesem, wie vielleicht noch anderen alten Systemen finden wir Hindeutungen auf eine Conjunction aller Planeten im Jahre

3102 v. Chr. Obschon wir nun allen Grund zu der Annahme haben, dass diese Conjunction nicht durch wirkliche Aufzeichnung, sondern durch Rückwärtsrechnung der Planetenstellungen ermittelt worden ist, so zeigt doch schon die Thatsache, dass diese Völker im Stande waren, eine derartige Rechnung auszuführen, wie die Bewegungen der Planeten durch viele Generationen beobachtet und registrirt worden sein müssen, sei es durch die Hindu selbst oder durch irgend ein anderes Volk, von dem sie ihr Wissen hatten. Aus unseren heutigen Tafeln wissen wir sicher, dass jene Conjunction durchaus keine genaue war; aber ihr Fehler konnte durch die rohen Beobachtungen jener Zeiten nicht ermittelt werden.

Bei einem Volke, das, wie die alten Griechen, so geneigt war, über Ursprung und Natur der Dinge zu speculiren, während es die Beobachtung der Naturerscheinungen vernachlässigte, können wir nicht erwarten, ein System der Astronomie zu finden. Aber es giebt hier einige dem Pythagoras zugeschriebene Vorstellungen, die so häufig erwähnt und so eng mit der Astronomie des folgenden Zeitalters verbunden sind, dass wir vorübergehend ihrer gedenken müssen. Pythagoras soll gelehrt haben, dass die Himmelskörper auf einer Reihe von *Krystallsphären*, in deren gemeinschaftlichem Mittelpunkte die Erde sich befände, angebracht seien. In der äusseren dieser Sphären wären die Tausende der Fixsterne fest, die das Firmament erfüllen, während Sonne, Mond und Planeten ihre eigenen Sphären besässen. Die Durchsichtigkeit aller sei vollkommen, so dass die Körper der äusseren Sphären durch sämmtliche inneren sichtbar wären. Alle diese Sphären rollten um einander in eintägiger Umdrehung, auf diese Weise Aufgang und Untergang der Gestirne bedingend. Dieses Rollen der Sphären an einander verursache eine Art himmlischer Musik, eine »Musik der Sphären«, die den Himmelsraum belebe, aber zu fein und erhaben für sterbliche Ohren sei.

Es muss zugegeben werden, dass die Idee, die Fixsterne als an einer hohlen Krystallsphäre, die das Gewölbe des Firmamentes bildet, befestigt zu betrachten, eine sehr natürliche war. Sie schienen die Erde zu umkreisen, Tag für Tag, Generation nach Generation, ohne die leiseste Aenderung in ihren gegenseitigen Stellungen. Wenn zwischen ihnen keine feste Verbindung stattfand, so schien es unmöglich, dass Tausende solcher Körper ihre weiten Bahnen so lange Zeit hindurch zurücklegen könnten, ohne dass auch nur einer unter ihnen seinen Abstand vom anderen änderte. Besonders schwer zu begreifen musste es sein, wie sich alle um dieselbe Axe bewegen konnten. Befanden sie sich aber sämmtlich auf einer festen Sphäre und jeder an seinem festen Platze, so verschwand die Schwierigkeit.

Nur die Planeten konnten, da sie ihren Ort unter den Sternen wechseln, nicht auf dieselbe Sphäre versetzt werden. — Diese kugelförmige Gestaltung des Himmels verblieb in der Vorstellung der Menschen mit merkwürdiger Zähigkeit. Den Systemen sowohl von Ptolemaeus wie von Coppernicus lag die Anschauung zu Grunde, dass das Universum sphärisch gebildet sei, und der letztere suchte das Naturgemässe der sphärischen Form sogar durch die Analogie des Wassertropfens zu erweisen. Schwache Spuren derselben Vorstellung erscheinen selbst gelegentlich bei Kepler, mit dem sie dem Menschengeschlecht entschwand, wie das Bild des Christkindchens dem Sinne des wachsenden Kindes entschwindet.

Pythagoras soll übrigens in seinen esoterischen Vorträgen auch schon gelehrt haben, dass um die Sonne als wirklichen Mittelpunkt die Erde wie die Planeten sich bewegten, und diese Anticipation des Coppernicanischen Systems würde — wäre sie fester begründet — seinen grössten Ruhm ausmachen. Aber er hielt es nie für angemessen, diese Doctrin der grossen Menge zugänglich zu machen, und hat sie selbst seinen Schülern wohl nur in der Form einer Hypothese vorgetragen. Es muss auch zugestanden werden, dass die auf uns gekommenen Berichte über sein System so vage sind und so voll metaphysischer Speculation, dass es sehr fraglich erscheint, ob die nicht seltene Verbindung seines Namens mit unserem heutigen System gerechtfertigt ist.

Die Schüler des Pythagoras bildeten sein phantastisches System weiter aus, und namentlich war es Philolaus (um 450 v. Chr.), der in einem sinnreich erdachten Welt-Sphärensystem über den Meister hinausging und besonders die Bewegung der Erde ziemlich deutlich aussprach.

Die griechischen Astronomen einer späteren Zeit vergassen oder verwarfen zwar zum grossen Theil die Speculationen ihrer Vorfahren, erwiesen sich aber als die sorgfältigsten Beobachter ihrer Zeit und machten zuerst die Astronomie insofern des Namens einer exacten Wissenschaft werth, als sie die Grundlagen derselben durch Beobachtung und Messung schufen. Die Astronomie unserer Tage darf als ein directer Abkömmling dieser griechischen angesehen werden. Doch würden wir, fehlten nicht alle geschichtlich sicheren Angaben, wahrscheinlich Theorien sowohl, als auch ihr Beobachtungssystem selbst, bis in die Ebenen von Chaldaea zurückverfolgen können. Der Thierkreis (Zodiacus) war gezeichnet und die Sternbilder waren schon benannt Jahrhunderte lang, bevor die Griechen ihre Beobachtungen begannen, und selbst diese Bezeichnungen deuten schon einen vorgeschrittenen Entwickelungszustand an. Indessen fällt die Untersuchung über solche vorhistorische Erkenntniss mehr dem Geschichtsforscher als dem Astronomen zu; wenn auch zugestanden werden muss, dass hier von der Verbindung historisch-kritischen Scharfsinnes mit astronomischer Fachgelehrsamkeit das Beste erwartet werden darf, und in der That ist hierdurch schon viel geleistet worden.

Der erste, der die trügerische Bahn der Speculation verliess und auf dem Fundamente der Anschauung und Erfahrung zu bauen suchte, war der Mathematiker Eudoxus; aber auch er konnte sich von dem oberflächlichen Eindruck sinnlicher Wahrnehmung nicht frei machen und gerieth so auf ein verwickeltes System um verschiedene Axen rotirender Sphären, welches jedoch die auffallendsten Bewegungsvorgänge befriedigend darzustellen vermochte. Auch des grössten Schülers von Plato, des Aristoteles, müssen wir hier gedenken, weil die Gewalt seines universellen Geistes alle Anschauungen über die organische wie unorganische Welt durch Jahrhunderte hindurch wesentlich beeinflusst und bestimmt hat. Mehr noch als Eudoxus, dessen Theorie er übrigens begeistert anhing, betonte der grosse Stagirit den Werth der sinnlichen Wahrnehmung, der Beobachtung und Erfahrung gegenüber der Speculation. Aber, so viel er im Einzelnen gethan und erkannt hat, eine Erklärung der Naturerscheinungen gelang seiner Philosophie doch nicht, und speciell in der Astronomie kam er mit Eudoxus nicht über das alte System der Himmelssphären hinaus; die — allerdings kugelförmige — Erde ruhte auch nach ihm im Mittelpunkte der Welt, und die wenigen von ihm angestellten Beobachtungen reichten nicht hin, genauere Vorstellungen über die Bewegungen der Himmelskörper zu gewinnen.

Die Ehre, der Vater wissenschaftlicher Astronomie zu sein, können wir erst dem Hipparchus zuerkennen. Nicht allein scheinen seine Beobachtungen weit genauer als die von irgend einem seiner Vorgänger gewesen zu sein, sondern er bestimmte auch zuerst die Gesetze der scheinbaren Planetenbewegung und bereitete Tafeln vor, aus denen die Bewegungen berechnet werden konnten. Wahrscheinlich war er auch der erste, der die Theorie der epicyklischen Bewegungen der Planeten aufstellte, die gewöhnlich nach seinem 300 Jahre jüngeren Nachfolger Ptolemaeus benannt wird. Den Versuch einer geometrischen Erklärung dieser Erscheinungen hat aber, wie bemerkt, schon Eudoxus gemacht.

Beginnen wir also mit der Zeit des Hipparch, so bietet die allgemeine Ansicht von der Structur des Universums oder vom »Weltsystem«, wie es gewöhnlich heisst, drei grosse Entwickelungsepochen dar, deren jede durch ein in seinen fundamentalen Principien von den beiden anderen vollständig unterschiedenes System bezeichnet wird. Diese sind:

1) Das sogenannte Ptolemaeische System, welches in Wirklich-

keit dem Hipparch oder einem noch älteren Astronomen zugehört. In diesem System hat die Erde keine Bewegung, und die scheinbaren Bewegungen der Sterne und Planeten um sie werden alle als reell betrachtet.

2) Das Coppernicanische System, in welchem gezeigt wird, dass die Sonne der wirkliche Mittelpunkt der planetarischen Bewegungen und die Erde selbst ein um seine Axe rotirender und um die Sonne kreisender Planet ist.

3) Das Newton'sche System, in welchem alle himmlischen Bewegungen durch das eine Gesetz der allgemeinen Anziehung erklärt werden.

Dieser natürliche Entwickelungsgang zeigt, in welcher Reihenfolge die Erkenntniss der Structur und Gesetze des Universums am besten und klarsten dem Verständniss dargeboten werden kann. Wir wollen daher diese Structur geschichtlich erklären, indem wir ein besonderes Capitel einer jeden der drei genannten Entwickelungsstufen widmen. Wir beginnen mit dem, was allgemein bekannt oder wenigstens von jedem leicht erkannt wird, der den Himmel mit hinreichender Sorgfalt betrachtet. Der Beobachter möge in sternheller Nacht im Freien gedacht, und es möge ihm gezeigt werden, wie die Himmelskörper von Stunde zu Stunde sich zu bewegen scheinen. Dann wollen wir ihn lehren, welche Veränderungen in ihrer Stellung er wahrnehmen wird, wenn er seine Beobachtung durch Monate und Jahre fortsetzt. Durch Verbindung der so gewonnenen scheinbaren Bewegungen wird sich der Beobachter allmählich das alte oder Ptolemaeische Weltsystem bilden. Hat er dieses System klar vor Augen, so ist zu dem des Coppernicus nur ein Schritt, der allein darin besteht, dass man nachweist, wie gewisse eigenthümliche Bewegungen, die Sonne und Planeten gemeinschaftlich zu besitzen scheinen, in Wirklichkeit von der Umdrehung der Erde um die Sonne herrühren, und dass die scheinbare tägliche Umdrehung der Himmelskugel eine Folge der Rotation der Erde um ihre eigene Axe ist. Die Gesetze der wahren Bewegungen der Planeten, durch Kepler vollständig dargelegt, werden endlich von Newton zusammengefasst und begründet in dem einen Gesetze der Gravitation gegen die Sonne. Dies ist der Gang der Vorstellungen und des Denkens, zu welchem wir zunächst den Leser einladen.

Capitel I.
Die alte Astronomie und die scheinbaren Bewegungen der Himmelskörper.

1. Die Himmelskugel.

Es ist eine uns von Jugend auf vertraute Thatsache, dass alle Himmelskörper — Sonne, Mond und Sterne — an einem azurnen Gewölbe sich zu befinden scheinen, welches, hoch über unser Haupt sich erhebend, nach allen Seiten zum Horizont hinabsteigt. Hier verhindert die Erde, auf der es zu ruhen scheint, es weiter zu verfolgen. Aber wir könnten, wenn die Erde nicht vorhanden oder vollkommen durchsichtig wäre, das Gewölbe abwärts nach jeder Richtung bis zu unserem Fusspunkte ziehen und Sonne, Mond und Sterne in jeder Richtung sehen. Das Himmelsgewölbe über uns würde dann also, mit dem entsprechenden unter uns, eine vollständige Kugel bilden, in deren Centrum der Beobachter gestellt zu sein schiene. Dies ist zu allen Zeiten bekannt gewesen. Die Richtungen und scheinbaren Oerter der Himmelskörper, wie ihre scheinbaren Bewegungen sind stets durch ihre Lage und Bewegungen an der Sphäre bestimmt worden. Die Thatsache, dass letztere nur in der Vorstellung existirt, verringert ihren Werth nicht, da sie uns bestimmte Begriffe von den Richtungen der Himmelskörper zu bilden ermöglicht.

Es kommt nicht darauf an, wie gross wir diese Sphäre annehmen, so lange wir nur voraussetzen, der Beobachter sei in ihrem Mittelpunkte, so dass sie von ihm nach allen Seiten gleichweit entfernt ist. In der Sprache und im Sinne exacter Astronomie wird sie indessen immer als unendlich angenommen, da dann der Beobachter, wenn er nach einem anderen Punkte, und sei es selbst nach einem der Himmelskörper, sich versetzt denkt, für alle praktischen Zwecke doch immer noch so gut wie im Mittelpunkte sein wird. In diesem Falle werden die Himmelskörper aber nicht auf dem Umfange der unendlichen Sphäre, sondern nur auf der Gesichtslinie vom Beobachter nach einem Punkte der Sphäre angenommen. Diese Beziehungen werden leicht verstanden, wenn der Beobachter sich selbst als leuchtend und Strahlen nach jeder Richtung auf die unendlich entfernte Himmelskugel werfend denkt. Dann werden die scheinbaren Positionen der verschiedenen Himmelskörper an der Sphäre die sein, wo ihre Schatten dieselbe treffen (Fig. 1). Zugleich ist klar, dass alle Körper, die auf derselben geraden Linie, vom Beobachter aus gesehen, liegen, an demselben Punkte der Sphäre erscheinen werden; so z. B. die drei Punkte t so, als wenn sie in T wären. Blickt der Beobachter z. B. nach dem Monde, so wird dessen Schatten die Sphäre an einem Punkte treffen, der auf einer geraden Linie vom Auge des Beobachters durch das Mondcentrum und bis zur Himmelskugel gezogen liegt. Versetzt er sich nun in Gedanken nach dem Monde und blickt zurück nach der Erde, so wird er diese auf einen Punkt der Sphäre projicirt sehen, direct entgegengesetzt dem, in welchem er vorher den Mond sah. Auf welchen Planet auch immer er sich versetzt denkt, er würde stets die Erde und die anderen Planeten auf diese imaginäre Kugel eben so projicirt sehen, wie wir die Himmelskörper an ihr projicirt wahrnehmen.

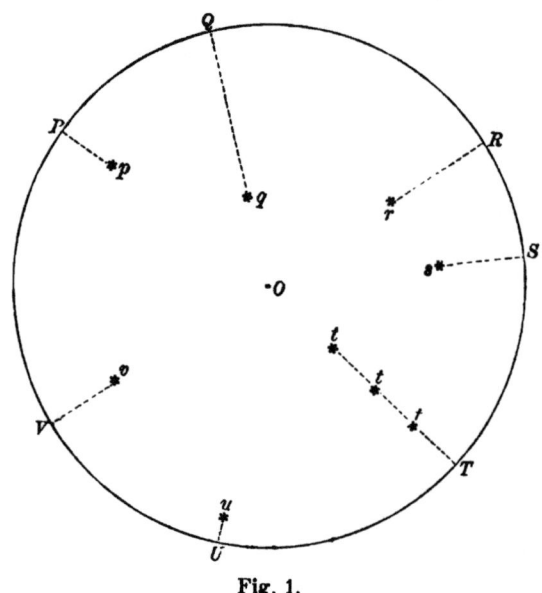

Fig. 1.

Dies ist Alles, was die moderne Astronomie von den Krystallsphären des Pythagoras und seiner Nachfolger übrig gelassen hat. Aus einem festen, alle Sterne haltenden Körper ist die Sphäre zu einem durchaus immateriellen Begriff, einer blossen Vorstellung des Verstandes geworden, welche nur die Richtungen, in denen die Gestirne gesehen werden, zu definiren hat.

2. Die tägliche Bewegung der Gestirne.

Wenn wir die Gestirne einige Stunden betrachten, so finden wir sie in fortdauernder Bewegung: die im Osten steigen auf, die im Süden bewegen sich nach Westen, und die im Westen sinken herab zum Horizont.

Wir wissen, dass diese Bewegung nur eine scheinbare ist und von der Rotation der Erde um ihre Axe herrührt; aber da wir vorläufig nur die Dinge, wie sie erscheinen, beschreiben wollen, so können wir von der Bewegung als einer reellen reden. Die Beobachtung weniger Tage zeigt ferner, dass die ganze Himmelskugel sich jeden Tag um eine Axe zu drehen scheint. Dieser Umdrehung, welche die Sonne in ewigem Wechsel über und unter den Horizont führt, verdanken wir den Wechsel von Tag und Nacht. Natur und Wirkung dieser Bewegung kann am besten aus der Verfolgung der scheinbaren nächtlichen Bewegung der

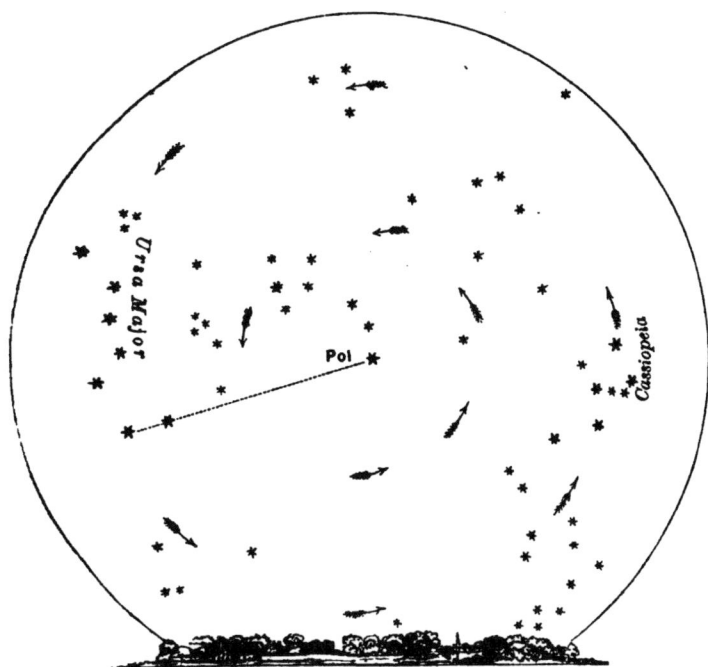

Fig. 2. Circumpolarsterne in der Breite von 40°.

Sterne erkannt werden. Wir lernen aus solcher Beobachtung bald, dass es einen Punkt am Himmel giebt, der in beständiger Ruhe ist. Auf der nördlichen Halbkugel liegt dieser Punkt im Norden, zwischen Scheitelpunkt (Zenith) und Horizont, und heisst der *Nordpol*. Rund um diesen Pol scheinen alle Gestirne sich wie um ein festes Centrum zu drehen, jedes in einem Kreise, dessen Grösse von der Entfernung des Körpers vom Pol abhängt. Es giebt zwar keinen genau am Pol gelegenen Stern, aber einen, der nur wenig mehr als einen Grad oder zwei Monddurchmesser von ihm absteht und einen so kleinen Kreis beschreibt, dass das unbewaffnete Auge, ohne genau zu beobachten, eine Stellungsänderung nicht an ihm wahrnehmen kann. Dieser Stern heisst daher der *Polarstern*. Derselbe kann leicht gefunden werden, wenn man die beiden vorderen Sterne des allbekannten grossen Bären oder Wagens durch eine Linie verbunden und diese etwa fünfmal nach Norden verlängert denkt (s. Fig. 2).

Wir wollen nun, um die Wirkung der täglichen Bewegung nahe dem Pol kennen zu lernen, einen Stern im Norden zwischen Pol und Horizont verfolgen. Wir sehen bald, dass ein solcher, statt wie gewöhnlich sich von Osten nach Westen zu bewegen, in der That gegen Osten fortrückt. Nachdem er die Nord-Südlinie (den *Meridian*) passirt hat, beginnt er in gekrümmter Bahn aufwärts zu steigen, bis im Nordosten seine Bewegung vertical ist. Darauf wendet er sich allmählich gegen Westen, passirt die Nord-Südlinie jetzt ebenso weit über, als vorher unter dem Pol, und auf der Westseite in stetiger Krümmung herabsinkend, wiederholt er seinen Lauf und befindet sich nach 24 Stunden wieder unter dem Pol. Der Durchgang durch den Meridian über dem Pol heisst die obere, der unter dem Pol die untere *Culmination*. In Fig. 2 ist der Lauf rund um den Pol durch die Pfeile angedeutet. Mit blossem Auge können wir nicht den ganzen Weg eines einzelnen Sternes verfolgen, weil der Tag dazwischen tritt; setzten wir indessen die Beobachtung jede klare Nacht während eines Jahres fort, so würden wir ihn in jedem Punkte seiner Bahn wahrnehmen. Ein Stern, der den soeben beschriebenen Weg verfolgt, geht nie unter und kann in jeder heiteren Nacht gesehen werden. Denken wir uns einen Kreis rings um den Pol gezogen, der gerade den Horizont berührt (Fig. 2), so werden alle Sterne innerhalb dieses Kreises in dieser Weise sich bewegen; er heisst deshalb der Kreis der beständigen Wahrnehmung, und die von ihm umschlossenen, niemals untergehenden Sterne werden *Circumpolar-Sterne* genannt.

Je weiter wir uns vom Pol entfernen, in desto grösseren Kreisen bewegen sich die Gestirne, bis wir, wenn sie gerade den Horizont streifen, den Kreis der beständigen Wahrnehmung erreichen. Ausserhalb dieses Kreises muss jeder Stern, je nach seiner Entfernung vom Pol, für eine längere oder kürzere Zeit unter den Horizont sinken. Steht er nur wenige Grade ausserhalb, so wird er zwischen Norden und Westen untergehen und nach einigen Stunden zwischen Norden und Osten wieder emporsteigen.

Ueberschreiten wir den Kreis beständiger Sichtbarkeit noch mehr, so finden wir, dass die Sterne in ihrer oberen Culmination nicht unerheblich südlich vom Zenith den Meridian passiren oder culminiren, dass sie rascher untergehen und länger unter dem Horizont bleiben. In Fig. 3 gilt dies für die Sterne, die wie s' zwischen dem Himmelsäquator AQ und dem kleineren Kreise MN (der dem Kreise der Fig. 2 entspricht) liegen. Kommen wir an den *Aequator* selbst, der vom Pol P ein Viertel des Kreisumfanges oder 90° absteht*), und dessen Projection an den Himmel der Himmelsäquator ist, so wird die Hälfte des Weges über, die Hälfte unter dem Horizonte SN liegen. Im Raum MPN liegen die Circumpolarsterne, wie s (s. Fig. 2), in $NQRSAM$ die auf- und untergehenden, wie s', in $RP'S$ die nicht aufgehenden, also stets unsichtbaren Gestirne ($s°$).

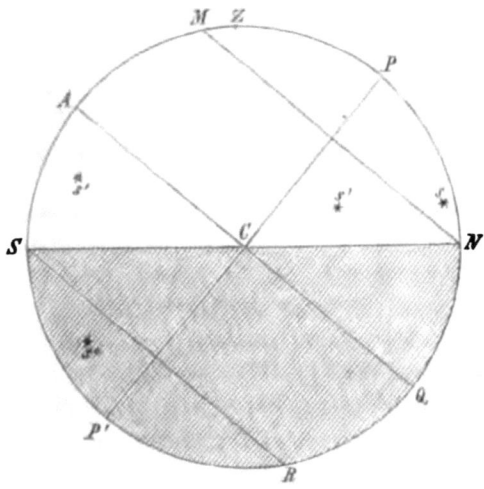

Fig. 3.

Die unter dem Horizont liegende Halbkugel ist schattirt. Die Kreise, mit Ausnahme des durch Nord- und Südpunkt, Pol und Zenith gehenden Meridians, erscheinen verkürzt als gerade Linien. Südlich vom Aequator werden die von den Sternen beschriebenen Kreise wieder kleiner, und jetzt liegt mehr als die Hälfte ihres scheinbaren täglichen Weges unter dem Horizont. Nahe dem Südpunkt zeigen sie sich nur kurze Zeit über dem Horizont, und unterhalb desselben ist endlich ein Raum ($SP'R$, Fig. 3), in welchem sie für uns niemals aufgehen. Der den Horizont im Südpunkt berührende und unterhalb gelegene Kreis heisst entsprechend dem früheren der Kreis beständiger Unsichtbarkeit; er ist von gleicher Grösse wie der andere, und der Südpol (P', Fig. 3) liegt in

---

*) Der Kreisumfang wird bekanntlich in 360 Grade (°) getheilt, jeder Grad in 60 (Bogen-) Minuten ('), jede Minute in 60 (Bogen-) Secunden (").

seinem Centrum, ebenso wie der Nordpol (P) im Centrum des Kreises beständiger Sichtbarkeit.

Reisen wir auf der Erde nach Süden, so finden wir, dass der Nordpol allmählich zum Horizont herabsinkt, während neue Gestirne über den südlichen Horizont emporsteigen; in Folge dessen werden die beiden Kreise beständiger Sichtbarkeit und Unsichtbarkeit immer kleiner. Am Aequator hat sich der Südpol bis zum südlichen Horizont erhoben, der Nordpol ist bis zum nördlichen herabgesunken; der Himmelsäquator geht von Osten nach Westen durch unser Zenith, und alle Gestirne beschreiben während ihrer täglichen Umdrehung Kreise, deren eine Hälfte über, die andere unter dem Horizont liegt. Diese Kreise stehen alle senkrecht zum Horizont oder sind Verticalkreise. Südlich vom Aequator ist nur der Südpol sichtbar, und der Nordpol, den wir in nördlichen Breiten sehen, unter dem Horizont. Südlich vom südlichen Wendekreise steht die Sonne mittags im Norden und bewegt sich, statt von links nach rechts, vielmehr von rechts nach links.

Könnten wir nach Norden bis an den Pol gelangen, so stiege der Nordpol immer höher, die beiden oben erwähnten Kreise würden immer grösser werden, und endlich am Pol selbst wäre derselbe in unserem Zenith, der Aequator im Horizont, und alle sichtbaren Gestirne, die Hälfte aller vorhandenen, würden dem Horizonte parallele Kreise beschreiben.

Aus diesen Thatsachen geht hervor, dass die geographische Breite eines Ortes gleich der Höhe des Pols über dem Horizont (oder, was dasselbe ist, gleich der Entfernung des Zeniths vom Aequator) ist; ebenso zeigt die Betrachtung der Figur, dass alle Sterne, deren Abstand vom Pol kleiner als die Polhöhe (PCN) oder geographische Breite eines Ortes ist, Circumpolarsterne sind.

Nach dem Vorangehenden können wir die Gesetze der täglichen Bewegung so zusammenfassen:

1) Die Himmelskugel, mit Sonne, Mond und Sternen, scheint im Laufe eines Tages um eine geneigte, durch den jedesmaligen Beobachtungsort gehende Axe sich zu drehen.

2) Das obere Ende dieser Axe weist in unserer Hemisphäre nach dem Nordpol; das andere geht durch die Erde auf den Südpol zu, der diametral entgegengesetzt dem Nordpol und daher unter dem Horizont liegt.

3) Alle Fixsterne bewegen sich während dieser Umdrehung zusammen und in gleicher gegenseitiger Entfernung so, als wenn sie auf einer soliden Sphäre befestigt wären.

4) Nördlich von dem Himmelsäquator, dem Kreise also, den man sich, als Verlängerung des Erdäquators, in gleichem Abstand von Nord-

und Südpol rings um den Himmel gezogen denken kann, vollführen in unseren Gegenden alle Gestirne mehr als die Hälfte ihrer Umdrehung über dem Horizont; südlich von ihm dagegen weniger als die Hälfte.

3. Bewegung der Sonne unter den Sternen.

Die augenfälligste Classification der mit blossem Auge sichtbaren Himmelskörper ist die in Sonne, Mond und Sterne. Unter den letzteren giebt es fünf, die ihre gegenseitige Stellung beständig ändern, während die grosse Mehrzahl Jahr für Jahr und Jahrhundert für Jahrhundert dieselben relativen Stellungen an der Himmelskugel beizubehalten scheint. Diese fünf bilden die den Alten bekannten *Planeten* oder Wandelsterne, ihre Namen sind: Mercur, Venus, Mars, Jupiter und Saturn; zu ihnen treten als bewegte Gestirne noch Sonne und Mond, sowie gelegentlich die grossen Cometen hinzu. Die übrigen dem blossen Auge für gewöhnlich sichtbaren Gestirne heissen *Fixsterne*, weil sie, abgesehen von der oben beschriebenen gemeinschaftlichen täglichen, scheinbar keine Bewegung zeigen. Merken wir uns dagegen die Stellungen von Sonne, Mond und Planeten unter den Sternen für eine Reihe aufeinander folgender Nächte, so werden wir gewisse langsame Veränderungen gewahr, die wir im Folgenden, mit der Sonne beginnend, beschreiben wollen. Der Leser muss sich dabei erinnern, dass wir jetzt nicht mehr die scheinbare tägliche Bewegung, sondern gewisse, weit langsamere Bewegungen einiger Himmelskörper relativ zu den Fixsternen aufsuchen, wie sie wahrgenommen würden, wenn die Erde nicht um ihre Axe rotirte.

Beobachten wir, Nacht für Nacht, die genaue Stunde und Minute, zu welcher irgend ein Fixstern in Folge seiner täglichen Bewegung einen festen Punkt passirt, z. B. also an einem Thurm oder Haus verschwindet oder erscheint, so finden wir bald, dass dies jeden Abend etwa vier Minuten früher als den Abend zuvor geschieht. Die Fixsternsphäre dreht sich also nicht in genau 24 Stunden, sondern in 23 Stunden 56 Minuten um. Notiren wir demnach die Stellung des Sternes gegen die Nord-Süd-Linie oder den Meridian täglich genau zu derselben Zeit, so werden wir ihn immer weiter gegen Westen finden. Als Beispiel wollen wir den hellsten Stern im Sternbilde des Löwen, Regulus, nehmen. Beobachten wir diesen am 22. März, so passirt er den Meridian oder er culminirt um 10 Uhr abends. Am 22. April dagegen ist er um 10 Uhr schon 2 Stunden westlich vom Meridian, er passirt ihn um 8 Uhr. Am 22. Mai culminirt er um 6 Uhr, also vor Sonnenuntergang, und kann daher im Meridian überhaupt nicht mehr mit freiem Auge gesehen werden. Ende Juni geht er nachmittags bei hellem Sonnenschein durch den Meridian und wird zuerst in der Dämmerung sichtbar, wenn er schon weit aus dem Meridian nach Westen gerückt ist; Ende Juli geht er in der Dämmerung unter und verschwindet nun bald ganz in den Strahlen der Sonne. Dies zeigt uns, dass die Sonne sich stetig dem Stern von Westen genähert hat, bis sie im August ihm so nahe gekommen ist, dass er unsichtbar wird.

Führen wir unsere einfache Rechnung fort, so finden wir, dass Regulus am 21. August den Meridian um Mittag, also nahe zur selben Zeit wie die Sonne, passirt. Im September hat ihn die Sonne überholt. er culminirt um 10 Uhr vormittags; man kann ihn also in der Morgendämmerung vor der Sonne aufgehen sehen. Die Sonne entfernt sich nun immer weiter nach Osten, der Stern geht immer früher auf, bis er im Februar bei Sonnenuntergang auf-, bei Sonnenaufgang untergeht. Im März endlich passirt er den Meridian abermals um 10 Uhr abends: nach einem Jahre haben also Sonne und Stern, in stetiger Veränderung, ihre anfängliche gegenseitige Stellung wieder erlangt. Aber der Stern ist 366 mal auf- und untergegangen, die Sonne dagegen nur 365 mal; letztere hat also durch die beschriebene langsame Bewegung nach Osten eine volle Umdrehung verloren.

Wären die Sterne am Tage sichtbar, so könnte die scheinbare Bewegung der Sonne unter ihnen im Laufe eines einzelnen Tages wahrgenommen werden. Könnten wir z. B. den Aufgang des Regulus am Morgen des 20. August 1892 beobachten, so würden wir die Sonne etwas südlich und westlich von ihm (in Stellung 1 der Fig. 4) finden; bei Sonnenuntergang würde sie ungefähr südlich vom Sterne stehen (Stellung 2). Am nächsten Morgen würde die Stellung 3 stattfinden, der Stern stände jetzt schon etwas westlich, ginge also früher als die Sonne auf. Beim Sonnenuntergang des 2. Tages würde die gegenseitige Stellung wie in 4 sein und so fort.

Fig. 4.

Die Bahn, welche die Sonne im Laufe eines Jahres unter den Sternen beschreibt, heisst die *Ekliptik*. Ebenso wie bei den Polen des Aequators sind auch die Pole der Ekliptik zwei am Himmel diametral gegenüber gelegene Punkte, jeder in dem Mittelpunkt einer der zwei Hemisphären, in welche die Ekliptik die Himmelskugel theilt.

Die Bestimmung der Sonnenbewegung längs der Ekliptik darf als Anfang der Astronomie als Wissenschaft betrachtet werden. Die vorgeschichtlichen Astronomen theilten die Ekliptik und den schmalen zu beiden Seiten sich hinziehenden Gürtel (den Thierkreis oder Zodiacus) in 12 Theile, letztere bekannt als die Zeichen des Thierkreises. Sehr oberflächliche Beobachtung schon musste zeigen, dass die Wechsel der

Jahreszeiten mit den Aenderungen in der Mittagshöhe der Sonne und in der Länge des Tages zusammenhingen; aber erst durch genauere Erforschung der Lage der Ekliptik und der Bewegung der Sonne in ihr konnte erkannt werden, wie diese Aenderungen im täglichen Laufe der Sonne hervorgebracht wurden. Solche Betrachtung zeigte sie als eine Folge der Thatsache, dass Ekliptik und Aequator nicht zusammenfallen, sondern gegen einander in einem Winkel von 23°—24° geneigt sind. Diese Neigung beider grössten Kreise*) heisst die *Schiefe der Ekliptik*. Wie alle grössten Kreise, schneiden sich auch Ekliptik und Aequator in zwei diametral gegenüberstehenden Punkten. Steht die Sonne in einem derselben, so geht sie genau im Osten auf und im Westen unter; die eine Hälfte ihres täglichen Laufes liegt über, die andere unter dem Horizont. Tag und Nacht sind daher gleich, und aus diesem Grunde heissen die beiden genannten Punkte die Nachtgleichenpunkte oder *Aequinoctien*.

Am 21. März etwa ist die Sonne im Frühlingsnachtgleichenpunkte oder kurz Frühlingspunkte. Die nächsten 3 Monate steigt sie über den Aequator empor und steht am 20. Juni etwa $23\frac{1}{2}°$ nördlich von ihm. Dieser Punkt der Ekliptik heisst der Sommersonnenwendepunkt oder das *Sommersolstitium*, weil sie hier, in Bezug auf den Aequator, zum Stillstand zu kommen scheint und sich wieder ihm zuzuwenden beginnt. Nahe diesem Solstitium, also im Sommer, geht die Sonne nördlich vom Ostpunkte auf, culminirt (in unseren Breiten) in beträchtlicher Höhe und geht nördlich vom Westpunkte unter. Zugleich liegt, da sie nördlich vom Himmelsäquator steht, mehr als die Hälfte des täglichen Laufes über dem Horizont, die Tage sind also länger als die Nächte, und lange Tagesdauer wie grosse Sonnenhöhe im Meridian bewirken die Hitze unseres Sommers.

Während der nächsten 3 Monate, von Ende Juni bis September, sinkt die Sonne allmählich zum Aequator herab und erreicht ihn, etwa am 22. September, im Herbstnachtgleichenpunkt; hier sind abermals Tag und Nacht von gleicher Länge. Die nun folgenden 6 Monate steht die Sonne südlich vom Aequator; bis zum 21. December entfernt sie sich immer weiter nach Süden von ihm und erreicht an diesem Tage etwa, im *Wintersolstitium*, ihre grösste südliche Abweichung oder *Declination* mit wiederum $23\frac{1}{2}°$**). In dieser Zeit liegt mehr als die Hälfte

---

*) Grösste Kreise am Himmel sind diejenigen, in deren Mittelpunkt sich der Beobachter (die Erde) befindet.

**) Der Abstand der Sonne vom Frühlingsäquinoctium auf den Aequator bezogen heisst ihre Rectascension; der Abstand vom Aequator selbst, senkrecht nach

der Tagesbahn unter dem Horizont, die Nächte sind also länger als die Tage, und kurze Tage wie niedrige Sonnenhöhe, auch im Mittag, bedingen die Winterkälte. Für die südliche Hemisphäre kehren sich alle diese Verhältnisse um; sie hat, bei niedrigem Sonnenstande, Winter, während wir, bei hohem Sonnenstande, Sommer haben, und Sommer, während auf der nördlichen Hemisphäre Winter ist.

Von der ältesten Eintheilung des *Thierkreises* oder *Zodiacus* in Bilder und Zeichen besitzen wir keine verbürgte geschichtliche Nachricht, obschon Letronne und Ideler ihren Ursprung wohl nicht ohne Grund in Chaldaea suchen, und die Vorstellungen ihrer Urheber können im Allgemeinen nur aus begleitenden Umständen vermuthet werden. Nicht ganz mit Unrecht hat man wohl die Namen zu Erscheinungen im Thierleben wie zu den Jahreszeiten und den in ihnen vorgenommenen landwirthschaftlichen Beschäftigungen in Beziehung gebracht. So würden die Frühlingszeichen: Widder, Stier und Zwillinge, die dem Lauf der Sonne von Ende März bis Ende Juni entsprechen, die Erzeugung neuer Geschöpfe andeuten. Das erste Sommerzeichen, der Krebs, könnte die Zeit bezeichnen, wo die Sonne nach Erreichung ihrer grössten nördlichen Declination wieder zum Aequator zurückzukehren beginnt. Der Löwe mag symbolisch die feurige Hitze des Sommers und die Jungfrau im reifenden Korne den Herbst darstellen; in der Waage halten sich Tag und Nacht, als von gleicher Länge, das Gleichgewicht u. s. f.

Doch, wie gesagt, beruhen diese Deutungen nur auf Vermuthung: die einzige einigermassen zutreffende Uebereinstimmung findet sich bei der Jungfrau und der Waage. Höchstwahrscheinlich waren die Namen der Sternbilder viele Jahrhunderte, vielleicht selbst einige Jahrtausende vor der christlichen Zeitrechnung gegeben; und in diesem Falle würden die Thierkreisbilder wegen der Präcession durchaus nicht den Jahreszeiten, wie sie eben angeführt wurden, entsprochen haben.

Die Sternbilder des Zodiacus nehmen, wie man auf den Sternkarten sieht, ganz ungleiche Räume am Himmel ein. Im Anfang waren sie einfach 12 »Häuser« für die Sonne, die dieselbe im Laufe des Jahres durchlief. Hipparch fand zuerst dieses Eintheilungssystem für genauere astronomische Zwecke gänzlich ungenügend und theilte daher Ekliptik und Zodiacus in 12 gleiche Theile, jeden zu 30°, die *Zodiacal-Zeichen* genannt wurden. Er gab ihnen die Namen der Constellationen, die ihnen am nächsten entsprachen. Mit dem Frühlingsäquinoctium be-

---

den Polen zu gezählt, die nördliche oder südliche Declination; der Abstand vom Frühlingspunkt in der Ekliptik gerechnet, ihre Länge; der Abstand von der Ekliptik oder die Breite ist bei der Sonne stets sehr nahe Null (mehr s. II. Theil, Cap. III).

ginnend, wurde der erste Bogen von 30° das Zeichen des Widders (Aries), der zweite das des Stiers (Taurus) und so fort genannt. Der Gebrauch, auf die Ekliptik bezogene Sternpositionen nach »Zeichen« zu rechnen, hat bis in das letzte Jahrhundert gedauert, ist aber nunmehr als unbequem ganz abgekommen. Die ganze Ekliptik wird jetzt, wie jeder andere Kreis, in 360 Grade getheilt, die vom Frühlingspunkte aus in der Richtung der Sonnenbewegung fortlaufend von 0° an bis 360° gezählt werden.

4. Präcession der Aequinoctien.

Durch Vergleichung seiner eigenen Beobachtungen mit denen seiner Vorgänger fand Hipparch, dass die Abstände der Sterne östlich von dem Frühlingspunkte stetig grösser, die der Sterne westlich von ihm immer kleiner wurden, dass also der Frühlingspunkt und ebenso natürlich der Herbstnachtgleichenpunkt langsam um mindestens 1° im Jahrhundert nach Westen fortrückten. Seine Nachfolger bestimmten diese *Präcession der Aequinoctien* genauer: sie beträgt 50″,2 in einem Jahre oder nahe 1° in 70 Jahren. Sorgfältigere Beobachtung zeigte später, dass diese Veränderung hauptsächlich die Folge einer Bewegung des Aequators ist, welche wiederum aus einer Aenderung in der Richtung der Erdaxe bezw. Himmelsaxe entsteht. Die Ekliptik ändert ihre Lage unter den Sternen so wenig, dass diese Aenderung erst aus den verfeinerten Beobachtungen der Neuzeit geschlossen werden kann. In Wirklichkeit besteht also die Präcession in einer sehr langsamen kreisenden Bewegung des Pols des Aequators um den Pol der Ekliptik, und zwar beträgt die Zeit eines vollen Umlaufes etwa 26 000 Jahre. Vollständig genau ist diese Zeit nie berechnet worden, und sie würde auch, zufolge mancher kleinen Veränderungen, denen die Bewegung unterworfen ist, nicht immer dieselbe sein; doch weicht sie nicht bedeutend von der genannten Zahl ab. Die eben noch erwähnte, höchst langsame Bewegung der Ekliptik selbst und daher auch ihres Pols complicirt die Bewegung des Pols des Aequators um den letzteren einigermassen; im allgemeinen ist aber die von ihm beschriebene Curve sehr nahe ein Kreis von etwa 47° im Durchmesser. Zur Zeit des Hipparch stand unser jetziger Polarstern 12° vom Nordpol entfernt. Seitdem hat sich der Pol dem Stern beständig genähert und wird den geringsten Abstand, von weniger als einem halben Grad, um das Jahr 2100 erreichen und sich von da an allmählich wieder entfernen. Nach 12000 Jahren wird er nahe der Leier stehen und der hellste Stern dieses Sternbildes, die Wega, auf den Namen des Polarsterns Anspruch erheben dürfen. Der Aequator zeigt natürlich eine der Polbewegung entsprechende Bewegung, da er gegen die Polaraxe eine constante Neigung (90°) besitzt; ebenso werden sich auch seine Durchschnittspunkte mit der Ekliptik, die Nachtgleichenpunkte, stetig ändern.

Es muss natürlich immer festgehalten werden, dass die verschiedenen in diesem Capitel besprochenen Bewegungen an der Himmelskugel nur scheinbare sind und aus der Bewegung der Erde selbst, wie wir in dem Capitel über das Coppernicanische System sehen werden, entspringen. Die tägliche Umdrehung der Himmelskugel ist eine Folge der Umdrehung der Erde um ihre Axe und die Präcession eine Wirkung der Richtungsänderung dieser Axe. Die Ursache der letzteren werden wir später kennen lernen.

Eine wichtige Folge der Präcession ist ferner, dass ein Jahresumlauf der Sonne unter den Sternen nicht genau der Wiederkehr der Jahreszeiten entspricht. Die letztere hängt von der Stellung der Sonne zum Frühlingspunkte ab, indem der Zeitpunkt, zu welchem dieselbe den Aequator nach Norden zu kreuzt, stets (in unserer Hemisphäre) den Frühlingsanfang bezeichnet, gleichgültig, wo die Sonne sich dabei unter den Sternen befindet. Wenn sie nun, vom Frühlingsäquinoctium aus, nach Umkreisung des Himmels zu demselben zurückkehrt, so erreicht sie es, zufolge der Bewegung des Aequators oder des Fortrückens des Aequinoctiums gegen Westen, jetzt ungefähr 20 Minuten früher als einen dort etwa befindlichen Stern. In einem Jahre ist der Unterschied klein; er häuft sich aber im Laufe der Jahrhunderte bedeutend an und beträgt z. B. in einem Jahrtausend schon beinahe 14 Tage. Wir müssen demnach zwischen dem *siderischen* und dem *tropischen Jahre* unterscheiden: ersteres ist die Zeit eines Umlaufes der Sonne unter und beziehungsweise zu den Sternen, letzteres die Zeit eines Umlaufes in Beziehung zu demselben Aequinoctium, weshalb es auch das Aequinoctialjahr heisst. Die Länge dieser beiden Jahre ist:

Siderisches Jahr = $365^t.25636$ = 365^t 6^h 9^m 9^s *
Tropisches Jahr = 365.24220 = 365 5 48 46.

Da die Rückkehr der Jahreszeiten vom tropischen Jahre abhängt, so liegt dieses dem Kalender und den Zwecken des bürgerlichen Lebens überhaupt zu Grunde. Seine wahre Länge ist 11^m 14^s weniger als $365^1/_4$ Tage. Einige Folgen dieses Unterschiedes werden bei der Erklärung des Kalenders besprochen werden.

---

*) Man bezeichnet Tage, Stunden, (Zeit-) Minuten und (Zeit-) Secunden kurz durch ^{t}, ^{h}, ^{m}, ^{s} (^{h} = hora = Stunde); Grade, (Bogen-) Minuten und (Bogen-) Secunden durch °, ′, ″.

5. Die Mondbewegung.

Jedermann weiss, dass der Mond in etwa einem Monat die Himmelskugel umläuft, und dass er während dieses Umlaufes eine Reihe verschiedener, von seiner Stellung zur Sonne abhängiger *Phasen* darbietet, deren vier hauptsächlichste als Neumond, erstes Viertel, Vollmond und letztes Viertel bekannt sind. Beim Neumond steht der Mond mit der Sonne in *Conjunction*, d. h. beide Gestirne haben gleiche Länge, beim Vollmond sind sie um 180° in Länge verschieden oder befinden sich in *Opposition*; beim ersten und letzten Viertel sind die Längen beider Gestirne um 90° verschieden. Genauere Betrachtung dieser Phasen während einer einzelnen Lunation macht klar, dass der Mond ein dunkler, kugelförmiger Körper ist, der sein Licht von der Sonne empfängt; diese Thatsache ist schon im grauen Alterthum von sorgfältigen Beobachtern erkannt worden.

Wie die Sonne den Himmel in einem Jahre, so durchläuft der Mond ihn in etwas mehr als 27 Tagen. Seine Bewegung unter den Sternen kann man deshalb leicht wahrnehmen. Wird die Stellung des Mondes zu einem helleren Stern, etwa um die Zeit des ersten Viertels, von Stunde zu Stunde notirt, so wird man bald finden, dass er etwa um den Betrag seines Durchmessers im Laufe einer Stunde nach Osten vorrückt. In der nächsten Nacht wird er schon 12°—14° östlicher als in der ersten stehen, etwa dreiviertel Stunde später aufgehen und um ebensoviel später den Meridian passiren und untergehen. Nach $27^t\ 8^h$ wird er unter den Sternen wieder da stehen, wo er zuerst gesehen wurde.

Gehen wir nun von der Stellung des Mondes zur Zeit des Neumondes aus, so wird er nach Ablauf von $27^1/_3$ Tagen zwar zu denselben Sternen, aber noch nicht zur Sonne zurückgekehrt, demnach noch nicht wieder Neumond geworden sein. Der Grund hierfür beruht darauf, dass die Sonne in dieser Zeit gegen Osten weiter gerückt ist, und diese Bewegung beträgt so viel, dass der Mond mehr als zwei Tage braucht, um die Sonne einzuholen und wieder Neumond zu werden. Die wahre oder *siderische Umlaufszeit* des Mondes um die Erde ist also $27^1/_3$ Tage, die Durchschnittszeit zwischen Neumond und Neumond, die Zeit also, wo er wieder in dieselbe Stellung zur Sonne kommt, oder die sogenannte *synodische Umlaufszeit*, dagegen $29^t\ 13^h$.

Eine Vergleichung der Mondphasen und der jedesmaligen Richtungen von Mond und Sonne zeigt, dass die letztere ausserordentlich viel weiter als der Mond von uns entfernt ist. Sei in Fig. 5 E die Erde oder die Stellung eines Beobachters auf ihr, M der Mond und S die Sonne, welche also eine Hälfte des Mondes erleuchtet. Erscheint, wie in der Figur, dem Erdbeobachter die Mondscheibe halb erleuchtet. oder ist erstes Viertel, so muss der Winkel am Mond, zwischen Erd- und Sonnenrichtung, ein rechter oder 90° sein. Wäre nun die Sonne, wie in der Figur. nur etwa viermal weiter als der Mond, so würde der Beobachter den Winkel SEM zu 75° finden; und je näher die Sonne, desto kleiner würde er, für den Fall des ersten (oder letzten) Viertels, werden. Die wirkliche Messung ergiebt indessen auch diesen Winkel so nahe 90°. dass der Unterschied in gewöhnlichen Instrumenten unmerklich ist. Die Sonne steht also in Wirklichkeit etwa an der Stelle, wo die punktirte Linie und die verlängerte Linie MS einander schneiden würden. d. i. etwa 400 mal weiter als die Entfernung EM.

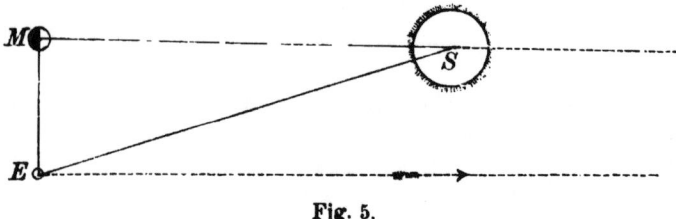

Fig. 5.

Die Idee, durch Messung des Winkels EMS die Entfernung der Sonne oder vielmehr das Verhältniss der Sonnenentfernung zur Mondentfernung zu bestimmen, rührt von Aristarchus, im 3. Jahrhundert v. Chr., her. Durch Messung fand er den genannten Winkel, also den Unterschied der Richtungen nach der Sonne und nach dem Monde, zu 87°, wonach die erstere etwa 20 mal weiter als die letztere sein würde. Wir wissen jetzt, dass dieses Resultat 20 mal zu klein und dass der Winkel in der That so nahe 90° (89° 51′) ist, dass Aristarch den Unterschied unmöglich bestimmen konnte. Ueberhaupt ist diese Methode. wenn auch im Princip ganz richtig, doch in der Praxis nicht anwendbar. Die eine, aber unübersteigliche Schwierigkeit liegt darin, dass es wegen der Beschaffenheit der Mondoberfläche unmöglich ist, wahrzunehmen, wann der Mond genau halb erleuchtet, der Winkel EMS also gerade 90° ist. —

Wenn wir den Weg des Mondes unter den Sternen verfolgen und auf einer Sternkarte einzeichnen, so finden wir, dass er nicht derselbe wie der der Sonne ist, dass also der Mond sich nicht in der Ekliptik bewegt; die Mondbahn ist vielmehr gegen die Ekliptik [um etwa 5° geneigt. Die einander wieder gegenüberliegenden Durchschnittspunkte von Mond- und Sonnenbahn heissen die *Mondknoten*; vom aufsteigenden Knoten (☊) bis zum niedersteigenden (☋) liegt die Mondbahn über oder nördlich, vom niedersteigenden bis zum aufsteigenden unter oder südlich von der Ekliptik.

In Folge einer Bewegung der Knoten gegen Westen, die für jede Umlaufsdauer mehr als 1° beträgt, verändert sich aber die Lage der Mondbahn fortwährend; und so schneidet zwar die Bahn die Ekliptik stets unter demselben Winkel, sie verschiebt sich aber längs derselben um etwa 20° in einem Jahre, und der Mond geht daher nicht immer über dieselben Sterne hinweg. Im August 1877 z. B. kreuzte der Mond die Ekliptik im niedersteigenden Knoten etwas rechts unterhalb (südwestlich) des Regulus im Löwen, ging also von da auf die südliche Seite der Ekliptik. Infolge der regelmässigen Veränderung der Durchschnitts- oder Knotenpunkte ist aber der niedersteigende Knoten im Laufe von 9—10 Jahren bis in den Wassermann gerückt, so dass sich (1887) der aufsteigende Knoten im Löwen befand. In einer Zeit von 18 Jahren 7 Monaten haben die Knoten einen vollen Umlauf vollendet, und die Bahn des Mondes liegt dann wieder genau so, wie um dieselbe Zeit früher, mithin wird im Jahre 1896 der Mond den niedersteigenden Knoten wieder im Sternbild des Löwen passiren.

6. Sonnen- und Mond-Finsternisse.

Ohne Zweifel werden in den ältesten Zeiten die Menschen durch das gelegentliche und fast plötzliche Eintreten einer Finsterniss in Schrecken und Furcht versetzt worden sein, wie dies ja noch heute bei uncivilisirten Völkern der Fall ist. Aber nicht lange konnten die Bewegungen von Sonne und Mond verfolgt werden, ohne dass man die Ursache dieser Erscheinungen fand. Vorgeschritteneren, mit der Natur und speciell den Himmelserscheinungen sich beschäftigenden Männern musste klar werden, dass der Mond, wenn er zufällig zwischen Erde und Sonne träte, einen Theil ihres Lichtes oder ihr ganzes Licht wegnehmen müsse. Liefen beide Körper in derselben Bahn am Himmel, so müsste eine Sonnenfinsterniss bei jedem Neumond eintreten; zufolge der Neigung beider Bahnen geht aber der Mond im Allgemeinen nördlich oder südlich an der Sonne vorbei, ohne eine Finsterniss zu verursachen. Ist indessen der Mond zur Zeit des Neumondes auch zugleich in der Nähe eines Knotens, so wird eine Sonnenfinsterniss stattfinden. Als ein Beispiel wollen wir den Weg beider Himmelskörper im November und December 1881 verfolgen. Die Sonne passirte die Stelle der Ekliptik, wo die Mondbahn nördlich von der Ekliptik lag (also den ☊), etwa am 30. November und war innerhalb 20° von diesem Knoten vom 11. November bis 20. December entfernt. Der Mond ging an der Sonne vorbei, oder es war Neumond am 21. November 5 Uhr abends und am 21. December 6 Uhr früh. An letzterem Tage stand er so weit nördlich von der Sonne, dass, vom Erdmittelpunkt aus (geocentrisch) gesehen, zwischen dem nördlichen Sonnen- und dem südlichen Mondrande ein Abstand von etwa $1\frac{1}{2}°$ blieb, eine Finsterniss also unmöglich war. Dagegen fand in der That am 21. November eine (ringförmige) Sonnenfinsterniss statt, da zur Zeit des Neumondes Sonne und Mond nur $9°$ vom Knoten abstanden und die Entfernung der Mittelpunkte daher verhältnissmässig gering war; immerhin betrug sie aber so viel (50' geocentrisch), dass nur wegen der grossen Parallaxe des Mondes eine Finsterniss und zwar für die südlichsten Gegenden der Erde möglich war. Jedesmal überhaupt, wenn die Sonne zur Zeit des Neumondes von einem der Knoten innerhalb einer gewissen geringen Grenze absteht, findet für irgend einen Erdort eine wenigstens theilweise Bedeckung der Sonne oder eine partielle Sonnenfinsterniss statt. Diese Grenze hängt begreiflicherweise für den Erdmittelpunkt nur von der scheinbaren Grösse von Sonne und Mond ab und beträgt beiläufig etwa $19°$. Da nun die Sonne im Laufe eines Jahres beide Knoten der Mondbahn kreuzt, so müssen für die Erde überhaupt jährlich mindestens zwei Sonnenfinsternisse stattfinden.

Auch die Ursache der Mondfinsternisse konnte auf die Dauer nicht verborgen bleiben; man musste, nach Beobachtung einer grösseren Zahl und Notirung der Zeiten ihres Eintretens, bald bemerken, dass sie stets zur Zeit des Vollmondes sich ereigneten, wenn also die Erde auf der Verbindungslinie zwischen Mond und Sonne war. Die Idee, dass die Erde einen Schatten werfe und der Mond in diesen träte, wie bei einer Sonnenfinsterniss die Erde in den Schatten des Mondes, lag dann nicht fern; und so finden wir in der That, dass schon die frühesten Beobachter des Himmels auch mit der Ursache der Mondfinsternisse vollkommen vertraut waren.

Der Grund, warum die Mondfinsternisse nur gelegentlich und nicht bei jedem Vollmond eintreten, ist wesentlich derselbe, wie der des seltenen Eintretens der Sonnenfinsternisse. Das Centrum des Erdschattens liegt, wie die Sonne, stets in der Ekliptik, und wenn daher der Mond zur Zeit des Vollmondes nicht gerade sehr nahe der Ekliptik, also nahe einem seiner Knoten ist, wird er nicht in den Schatten der Erde eintreten, sondern nördlich oder südlich davon vorbeigehen. Infolge der sehr bedeutenden Grösse der Sonne (ihr Durchmesser ist nahe 112mal so gross als der der Erde) ist der Kernschatten der Erde in der Entfernung des Mondes wesentlich kleiner als die Erde selbst. Hieraus folgt, dass eine Mondfinsterniss einen beträchtlich geringeren Abstand des Mondes von einem seiner Knoten bedingt als eine Sonnenfinsterniss. Mondfinsternisse treten daher seltener auf als Sonnenfinsternisse, und mitunter vergeht in der That ein ganzes Jahr ohne Mondfinsterniss.

Die Natur und Dauer einer Finsterniss ist je nach den Stellungen und scheinbaren Grössen von Sonne und Mond verschieden. Wir wollen zuerst annehmen, bei einer Sonnenfinsterniss ginge der Mond genau über den Mittelpunkt der Sonne weg (die Bedeckung sei central), er stände also zur Zeit des Neumondes genau in einem seiner Knoten. Dann ist klar, dass, wenn der scheinbare (Winkel-) Durchmesser des Mondes den der Sonne übertrifft, die letztere vollständig verdeckt sein wird; es findet dann eine *totale Sonnenfinsterniss* statt. Eine solche kann, wie leicht einzusehen, nur dann eintreten, wenn der Beobachter genau oder sehr nahe auf der (verlängerten) Verbindungslinie der Mittelpunkte von Sonne und Mond sich befindet. Ist unter den gleichen Verhältnissen die scheinbare Grösse des Mondes geringer als die der Sonne, so ist klar, dass nicht die ganze Sonnenscheibe verdeckt werden kann, sondern noch ein Lichtring um den Mondrand sichtbar sein wird; diese Erscheinung heisst eine *ringförmige* Sonnenfinsterniss (Fig. 6). Geht der Mond nicht central über die Sonne weg, so kann er nur einen Theil derselben bedecken, und die Finsterniss ist dann eine *partielle* (Fig. 7). Ebenso verhält es sich mit den Mondfinsternissen: ist der Mond nur theilweise im Erdschatten, so haben wir eine partielle Mondfinsterniss; steht er ganz in ihm, eine totale. Eine ringförmige Mondfinsterniss ist nicht möglich, weil der Durchmesser des Erdschattens stets den des Mondes übertrifft.

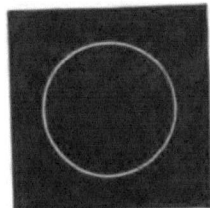

Fig. 6.

Fig. 7.

Die folgenden Figuren 8 und 9 zeigen einige der bei Finsternissen stattfindenden Verhältnisse deutlicher. S bezeichnet darin die Sonne, E die Erde, M den Mond. Ein Beobachter an den Punkten O Fig. 8), überhaupt ausserhalb der schattigen Partieen, würde die ganze Sonne, also gar keine Verfinsterung sehen. An den Stellen P, innerhalb der leicht schattirten Theile, wird die Sonne partiell verfinstert erscheinen, desto mehr, je näher der Beobachter dem Centrum ist. Dieser Theil des Schattenkegels heisst der Halbschatten. Endlich giebt es eine kleine Region, zwischen den mit P bezeichneten Stellen, wo die Sonne total vom Mond verdeckt ist; diese Gegend trifft der Kernschatten des Mondes, dessen Form ein Kegel ist mit der Basis am Mond und der Spitze an der Erde. Die scheinbaren Durchmesser von Sonne und Mond sind nun so nahe gleich, d. h. die wahren verhalten sich so nahe wie die entsprechenden Entfernungen von der Erde, dass die Spitze des Mondschattens immer in der Nähe der Erde liegt; mitunter erreicht er die Erdoberfläche, die Orte im Schattenkegel haben dann

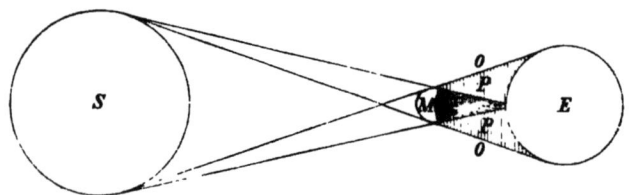

Fig. 8.

eine totale Sonnenfinsterniss, mitunter trifft er sie aber auch nicht, dann findet eine ringförmige Finsterniss statt. Da im Fall einer totalen Finsterniss der Schattendurchmesser auf der Erde selbst selten mehr als 200 Kilometer beträgt, so begreift man, warum für einen gegebenen Erdort eine totale Sonnenfinsterniss so selten eintritt und dann so kurz ist. Für einen genau auf der Centrallinie gelegenen Ort ist die Dauer der Finsterniss um so grösser, je grösser der scheinbare Monddurchmesser im Verhältniss zum Sonnendurchmesser ist, je näher also der Mond und je entfernter die Sonne steht; selten beträgt sie aber mehr als 5—6 Minuten. In der Mehrzahl der Fälle erreicht jedoch die Schattenspitze die Erde nicht; dann erscheint der Mond kleiner als die Sonne, und ein in der Centrallinie befindlicher Beobachter sieht eine ringförmige Sonnenfinsterniss, die gleichfalls nur ganz kurze Zeit dauern kann. Die partiellen Sonnenfinsternisse dauern dagegen begreiflicherweise erheblich länger, da, wenn der Mond nur nahezu central an der Sonne vorbeigeht, zwischen erster Berührung im Westen (Anfang der Finsterniss) und letzter Berührung im Osten (Ende) mehrere Stunden verfliessen.

Der Mondschatten oder seine Verlängerung trifft die Erdoberfläche zuerst an westlichen Orten, da der Mond in west-östlicher Richtung die Sonne passirt; in einem Zeitraum von 4—5 Stunden überstreicht er dann etwa 120° Länge und verlässt die Erde in östlicheren Gegenden. Für die vom Schatten zuerst getroffenen Punkte geht in diesem Momente die Sonne gerade auf, für die zuletzt getroffenen geht sie unter.

Fig. 9 zeigt die Form des Erdschattens und die Verhältnisse bei einer totalen Mondfinsterniss. Da die Erde nahe viermal so gross im Durchmesser als der Mond ist, so ist ihr Schatten auch ebenso vielmal so lang als der Mondschatten, und wo er die Mondbahn schneidet, erheblich grösser als der Monddurchmesser; der Mond kann also, wie in der Figur, vollkommen durch den Schatten bedeckt werden. Wir wollen nun annehmen, der Mond passire central den Schatten der Erde. Ist er dann in den Halbschatten *P* getreten, so haben wir eine partielle

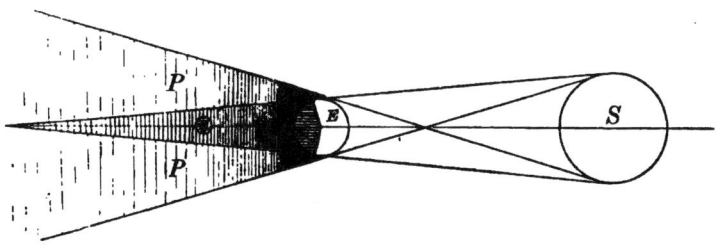

Fig. 9.

Mondfinsterniss; ein Mondbewohner sieht dagegen eine partielle Sonnenfinsterniss, verursacht durch das Vortreten der Erde; die Erscheinung wird aber erst auffällig, wenn der Mond in die Nähe des Kernschattens kommt. Tritt er nach etwa einer Stunde in denselben, so scheint ein Stück wie abgeschnitten und mitunter selbst gänzlich verschwunden. Die Verfinsterung nimmt nun stetig zu, und endlich ist der Mond ganz in den Kernschatten eingetreten, und damit beginnt die totale Finsterniss. Nach etwa $2^1/_2$ Stunden erreicht er den östlichen Rand des Kernschattens, womit die totale Finsterniss endet, und nach einer weiteren Stunde auch die östliche Grenze des Halbschattens, womit die ganze Erscheinung ihr Ende findet. Während der totalen Verfinsterung ist der Mond selten ganz unsichtbar; gewöhnlich erscheint er in einer mehr oder weniger lebhaften kupferrothen Farbe. Dieses matte rothe Licht ist eine Folge der in den Kernschatten durch die Erdatmosphäre gebrochenen Sonnenstrahlen, und es ist heller oder matter, je nach den atmosphärischen Verhältnissen der von den Sonnenstrahlen durchsetzten Randstellen der Erde.

In etwa der Hälfte der Mondfinsternisse geht der Mond so weit über oder unter dem Centrum des Erdschattens weg, dass auch zur Zeit der grössten Verfinsterung nur ein Theil im Schatten steht; wir haben dann eine partielle Mondfinsterniss. Uebrigens ist ersichtlich, dass die Mondfinsternisse stets an allen Orten wahrgenommen werden, wo gerade der Mond über dem Horizont steht; sie sind eine reale, objective Erscheinung, da der Mond wirklich durch den Erdschatten hindurchgeht, und darum für einen speciellen Erdort häufiger als die Sonnenfinsternisse, die durch scheinbare Verdeckung der Sonnenscheibe durch den an sich dunkeln

Mond entstehen. Für die Erde im Allgemeinen treten dagegen, wie oben bereits auseinandergesetzt wurde, Sonnenfinsternisse häufiger als Mondfinsternisse ein.

Die Grösse einer Finsterniss massen die älteren Astronomen nach »Zollen« (digiti), welche Benennung übrigens auch heute noch mitunter in Gebrauch ist. Sie theilten den Durchmesser der Sonnen- oder Mondscheibe in 12 gleiche Theile, Zolle genannt, und die Grösse der Finsterniss war gleich der Anzahl der Zolle, die das verfinsterte Stück betrug, also z. B. 12, wenn die Finsterniss eine totale, 6, wenn Sonne oder Mond zur Hälfte verfinstert war. Die meisten Astronomen des Alterthums pflegten indessen die digiti auf die Oberfläche zu beziehen und nicht auf den Durchmesser; war z. B. der Mond vier digiti verfinstert, so hiess dies, dass ein Drittel seiner Oberfläche und nicht seines Durchmessers verfinstert war.

Totale Sonnenfinsternisse bieten seltene, aber um so höher geschätzte Gelegenheit, die Vorgänge in den Lichthüllen der Sonne zu studiren: hiervon werden wir in einem späteren Capitel sprechen. —

Kehren wir jetzt zu den scheinbaren Bewegungen von Sonne und Mond an der Himmelskugel zurück. Da die Mondbahn zwei gegenüberliegende Knoten hat, in denen sie die Ekliptik schneidet, und da die Sonne die ganze Ekliptik im Laufe eines Jahres durchläuft, so folgt, dass es zwei Perioden im Jahre giebt, während welcher die Sonne einem Knoten nahe ist und daher Finsternisse vorkommen können. Beiläufig umfassen diese Perioden, die man Finsternissperioden nennen kann, etwa je einen Monat. Im Jahre 1892 fällt z. B. die erste Finsternissperiode auf die Zeit von Mitte April bis Mitte Mai, die zweite von Mitte October bis Mitte November, und in der That treten 1892 zwei Sonnenfinsternisse und zwei Mondfinsternisse ein, von denen die beiden Mondfinsternisse für unsere Gegenden sichtbar sind. Die Zeiten dieser Finsternisse fallen, entsprechend den obigen Perioden, auf April 26 (totale Sonnenfinsterniss); Mai 11 (partielle Mondfinsterniss); Oct. 20 (partielle Sonnenfinsterniss) und Nov. 4 (totale Mondfinsterniss).

Genauer beträgt die durchschnittliche Periode für Sonnenfinsternisse 36 Tage (18 Tage vor und 18 Tage nach ihrem Durchgang durch einen Knoten), für Mondfinsternisse dagegen nur 23 Tage.

Wegen der früher beschriebenen gleichförmigen Bewegung der Mondknoten tritt die Finsternissperiode nicht jedes Jahr zu gleicher Zeit ein, sondern durchschnittlich in jedem folgenden Jahre etwa 20 Tage früher. Im Jahre 1891 passirte z. B. die Sonne den niedersteigenden Knoten am 19. November, den aufsteigenden am 27. Mai; während des folgenden Jahres rücken nun die Knoten so weit nach Westen, dass die Sonne sie schon am 30. October und 7. Mai erreicht. Die Wirkung dieses constanten Fortrückens der Knoten und Finsternissperioden ist, dass im Jahre 1901 z. B. die April-Maiperiode von 1892 zurück in die October-Novemberperiode und umgekehrt gerückt ist.

Es giebt zwischen den Bewegungen der Sonne und des Mondes eine Beziehung, deren Kenntniss den alten Astronomen die Vorhersagung der Finsternisse wesentlich erleichterte. Wir erwähnten oben (S. 19), dass der Mond einen Umlauf in Beziehung auf die Sterne in etwa $27^1/_3$ Tagen vollendet. Da die Knoten seiner Bahn gleichmässig rückwärts, der Mondbewegung entgegen, fortrücken, so wird er zum Knoten in etwas weniger als der genannten Zeit zurückkehren (genau in 27.21222 Tagen). Die Sonne ihrerseits erreicht, nach Passirung eines Knotens der Mondbahn, denselben abermals in 346.6201 Tagen. Die Beziehung zwischen den letzteren beiden Zahlen ist nun die, dass 242 Mondumläufe in Bezug auf den Knoten (die sogenannte *draconitische* Umlaufszeit) sehr nahe gleich 19 hierauf bezogenen Sonnenumläufen sind; streng sind:

242 draconitische Mondumläufe . . . 6585.357 Tage,
19 „ Sonnenumläufe . . 6585.780 „

Gehen demnach Sonne und Mond zu irgend einer Zeit zugleich vom Knoten aus, so werden sie sich nach 6585 Tagen oder 18 Jahren und 11 Tagen sehr nahe wieder bei demselben Knoten befinden. Während dieses Intervalls würden 223 Lunationen oder Neu- und Vollmonde, keiner aber so nahe am Knoten als der erste und letzte, stattgefunden haben. Die genaue Zeit für 223 Lunationen ist 6585.3212 Tage, so dass in dem angenommenen Falle, das 223ste Zusammentreffen (Conjunction) von Sonne und Mond etwas vor Erreichung des Knotens stattfinden würde, in einer Entfernung, die nach der Rechnung 28' oder etwas weniger als einen der Durchmesser beträgt. Sind sie, statt genau am Knoten, in einer gegebenen Distanz davon, z. B. 3° östlich oder westlich, so werden sie entsprechend noch in derselben Periode wieder zusammentreffen, innerhalb eines halben Grades von diesem 3° östlichen oder westlichen Punkte.

Die eben betrachtete und schon von den Chaldaeern (im 6. Jahrhundert v. Chr.) gekannte Periode hiess der *Saros-Cyklus* und mag in folgender Weise angewandt werden: Wir notiren die genaue Zeit der Mitte einer Mond- oder Sonnenfinsterniss; rechnen dann 6585^t 7^h 42^m vorwärts und finden da eine andere Finsterniss von sehr nahe derselben Art. Auf Jahre reducirt wird das Intervall 18 Jahre und 10 oder 11 Tage, je nachdem der 29. Februar vier- oder fünfmal in dieser Zeit vorgekommen ist. Bemerken wir nun alle Finsternisse in der Zeit von 18 Jahren, so finden wir dieselbe Reihe nach dieser Zeit, jedoch 10 oder

11 Tage später, wiederkehren; aber die neue Serie wird im Allgemeinen nicht an denselben Orten wie die alte oder wenigstens nicht zu derselben Tageszeit sichtbar sein, da die Mitte der Finsterniss etwa $7^3/_4$ Stunden später fällt. Erst nach dem Ende von drei Perioden wird sie wieder nahe zur selben Zeit stattfinden, und dann die Finsterniss, da die Periode nicht genau $6585^1/_3$ Tage ist, nicht genau von derselben Grösse sein und selbst mitunter ganz ausbleiben. Da nach dem Obigen jede folgende Finsterniss am Ende der Periode 28' weiter zurück, relativ zum Knoten, fällt, so muss die Conjunction im Laufe der Zeit so weit ab vom Knoten eintreffen, dass überhaupt keine Finsterniss mehr möglich wird. Während jeder Periode beinahe wird man finden, dass einige Finsternisse fehlen, andere neu eintreten. Eine neu eintretende Mondfinsterniss z. B. wird zunächst sehr klein sein; bei jeder folgenden periodischen Wiederkehr, also nach je 18 Jahren, wird sie grösser, bis sie, bei ihrem 13. Wiedereintreten etwa, total wird. Dies bleibt sie nun für etwa 22 oder 23 Wiederkehren und wird dann wieder partiell, aber auf der der früheren entgegengesetzten Seite des Mondes. Hierauf folgen wiederum etwa 13 immer kleiner werdende partielle Finsternisse, bis sie zuletzt ganz ausbleiben. Das ganze Intervall, über welches sich demgemäss die Wiederkehr einer Mondfinsterniss ausbreitet, ist etwa 48 Perioden oder $865^1/_2$ Jahre. Die Sonnenfinsternisse, die weiter vom Knoten eintreten (Seite 22), dauern länger, nämlich 65—70 Perioden oder über 1200 Jahre.

Als ein der Jetztzeit entnommenes Beispiel des Saros-Cyklus erwähnen wir die folgenden Sonnenfinsternisse:

1842 Juli 8, 1^h 8^m früh, total in Europa;

1860 Juli 18, 9^h morgens, total in Amerika und Spanien;

1878 Juli 29, 4^h 2^m nachmittags, nur sichtbar im westlichen Nordamerika und Stillen Ocean.

Eine noch merkwürdigere Folge totaler Sonnenfinsternisse ist diese:

1850 August 7, 4^h 4^m nachmittags, im Stillen Ocean;

1868 August 18, mittags, in Indien;

1886 August 29, 8^h vormittags, im mittleren Atlantischen Ocean und Südafrika;

1904 September 9, mittags, in Südamerika.

Diese Reihe ist durch die lange, zu mehr als 6^m ansteigende Totalitätsdauer bemerkenswerth.

Die verschiedenen in diesem Abschnitt erwähnten Zahlen sind nicht in allen Fällen vollkommen genau, weil die Bewegungen sowohl von Sonne wie von Mond gewissen kleinen Unregelmässigkeiten unterliegen, welche die Finsternisszeiten um eine Stunde und mehr ändern können.

Wir haben nur mittlere Werthe gegeben, die indessen immer der Wahrheit sehr nahe kommen. — Wie wir später sehen werden, sind von wesentlichem Interesse heute nur noch die totalen Sonnenfinsternisse, von welchen wir bis Ende dieses Jahrhunderts noch die folgenden zu erwarten haben:
1892 April 26, antarktische Gegenden;
1893 April 16, Brasilien;
1894 September 28, östliches Afrika, Seychellen;
1896 August 9, Norwegen, Amur-Länder;
1898 Januar 22, Ostindien, Senegambien;
1900 Mai 28, Spanien.

In diesem Jahrhundert wird man also in unseren Gegenden das Schauspiel einer totalen Sonnenfinsterniss nicht mehr geniessen.

7. Das Ptolemaeische Weltsystem.

Es existirt heute noch ein Werk, welches für 14 Jahrhunderte eine Art astronomischer Bibel war, von dem nichts weggenommen und zu dem nichts im Princip hinzugefügt wurde. Dies ist der »Almagest«*) des Ptolemaeus, der etwa in der Mitte des 2. Jahrhunderts n. Chr. von dem Alexandrinischen Astronomen Ptolemaeus aus älteren Beobachtungen, wesentlich von Hipparch, zusammengestellt ward. Fast alles, was wir von der astronomischen Wissenschaft des Alterthums wissen, ist aus ihm abgeleitet. Zwar sind Fragmente der Werke auch anderer alter Autoren auf uns gekommen, und die meisten alten Schriftsteller spielen gelegentlich auf astronomische Erscheinungen und Theorien an, aus denen verschiedene auf die Astronomie des Alterthums bezügliche Ideen gewonnen worden sind: aber das Werk des Ptolemaeus ist das einzige vollständige Hand- und Lehrbuch, welches wir besitzen. Obgleich sein System in vielen wichtigen Punkten irrt, stellt es doch die Form der scheinbaren Bewegungen der Himmelskörper im Allgemeinen mit grosser Genauigkeit dar. Mangelhaft immerhin, wenn mit unserem Masse gemessen, ist es ein wundervolles Zeugniss für Scharfsinn und Forschungsgabe, wenn gemessen an dem Massstab jener Zeiten.

Gegenstand des vorliegenden Capitels sind die scheinbaren Bewegungen der Planeten, deren Erklärung am einfachsten mit Hülfe des Ptolemaeischen Systems gegeben werden kann. Mit Rücksicht auf sein geschichtliches Interesse wollen wir indessen erst kurz die Grundsätze und Vorstellungen skizziren, auf denen das System beruht, und ebenso die

---

*) Von den Arabern corrumpirt aus: ἡ μεγάλη σύνταξις.

Beweismethode des Ptolemaeus anführen. Seine — in der Hauptsache, wie erwähnt, dem Hipparch und dessen Vorläufern entnommenen — Fundamentalsätze sind, dass alle Himmelskörper sich in Kreisen an den Himmelssphären bewegen; dass die gleichfalls sphärische Erde im Mittelpunkte des Weltalls oder des Himmels ruht, und dass ihre Grösse im Vergleich mit der Sphäre der Gestirne nur ein Punkt ist.

1. **Die Himmelskörper bewegen sich in Kreisen.** — Ptolemaeus spricht hier zunächst von der täglichen Bewegung, in Folge deren jeder Himmelskörper scheinbar rund um die Erde oder vielmehr in kreisförmigem täglichen Laufe um den Himmelspol geführt wird. Aber alle Astronomen des Alterthums und Mittelalters bis zu Keplers Zeit meinten, alle himmlischen Bewegungen fänden in Kreisen als den vollkommensten ebenen Figuren statt, und, da die Ungleichförmigkeit vieler dieser Bewegungen bald erkannt wurde, nahmen sie die Erde nicht in den Mittelpunkten dieser Kreise an. Wo ein einzelner Kreis nicht genügte, die Bewegung eines Himmelskörpers darzustellen, führten sie eine Combination kreisförmiger Bewegungen ein, über die wir sogleich sprechen werden.

2. **Die Erde ist eine Kugel.** — Dass die Erde von Osten nach Westen gerundet ist, beweist Ptolemaeus, wie schon Aristoteles vor ihm, aus der Thatsache, dass die Gestirne nicht zu ein und demselben Zeitpunkte für alle Erdbewohner auf- und untergehen. Durch Vergleichung der Zeiten, zu denen Mondfinsternisse in verschiedenen Gegenden gesehen werden, findet man, dass je weiter westlich der Beobachter ist, eine desto frühere Stunde nach Sonnenuntergang gezählt wird. Da nun in der That die Zeit einer solchen Erscheinung überall dieselbe ist, so zeigt dies, dass die Sonne um so später untergeht, je weiter wir nach Westen kommen. — Wäre ferner die Erde nicht von Norden nach Süden gerundet, so müsste ein Stern, der an einem Orte den Meridian im Nord- oder Südhorizonte passirte, dies überall thun, wie weit nach Norden oder Süden der Beobachter auch reisen möchte. Aber man sieht beim Reisen nach Süden die Sterne im Norden sich dem Horizont nähern und die Kreise ihrer täglichen Bewegung allmählich untersinken (vergl. Seite 10), während neue Gestirne über den Südhorizont heraufsteigen. Dies zeigt, dass der Horizont selbst, mit der Bewegung des Beobachters, Lage und Richtung ändert. Weiter erscheint, von welcher Seite auch wir uns hohen Gegenständen von der See aus nähern, ihre Basis anfangs infolge der Krümmung der Meeresoberfläche verborgen und wird erst allmählich bei der Annäherung sichtbar. Und so liessen sich noch andere Erscheinungen anführen, woraus schon die Alten auf die Kugelgestalt der Erde schliessen konnten und schlossen.

3. Die Erde ist im Mittelpunkt der Himmelskugel. — Stände die Erde ausserhalb dieses Mittelpunktes, so würden verschiedene Unregelmässigkeiten in der scheinbaren täglichen Drehung der Himmelskugel stattfinden, indem die Sterne an der Seite, nach welcher die Erde läge, schneller bewegt erscheinen würden. Stände sie z. B. östlich vom Mittelpunkt, so würden wir den aufgehenden Himmelskörpern näher als den untergehenden sein, und sie würden sich scheinbar rascher im Osten als im Westen bewegen. Da keine solchen Unregelmässigkeiten wahrgenommen werden, die tägliche Bewegung vielmehr mit vollkommener Gleichförmigkeit vor sich geht, so muss die Erde im Centrum der Bewegung sein.

4. Die Erde hat keine fortschreitende Bewegung. — Hätte sie eine solche, so würde sie sich aus dem Centrum gegen eine Seite der Himmelskugel bewegen, und die tägliche Umdrehung der Gestirne müsste aufhören, in allen Theilen gleichförmig zu sein. Da aber die eben erwähnte Gleichförmigkeit der Bewegung Jahr für Jahr wahrgenommen wird, so muss die Erde ihre Stellung im Mittelpunkt der Sphäre beibehalten.

Es wird interessant sein, diese Grundsätze des Ptolemaeus zu analysiren, um zu sehen, was an ihnen wahr und was falsch ist. Der erste Satz, dass die Himmelskörper in Kreisen — oder wörtlicher, dass die Himmel sphärisch — sich bewegen, ist, soweit die scheinbare tägliche Bewegung in Betracht kommt, vollkommen wahr. Was Ptolemaeus nicht wusste, war, dass diese Bewegung eben nur eine scheinbare ist und von der Rotation der Erde selbst um ihre Axe herrührt. Der zweite Satz ist durchaus richtig, und die Beweise des Ptolemaeus für die Kugelgestalt der Erde werden, neben anderen, noch heutzutage in unseren Schulbüchern gefunden. Sehr auffallend aber ist die Mischung von Wahrheit und Irrthum im dritten und vierten Satz, dass die Erde in Ruhe bleibe. Als unbedingt falsch können wir auch diese Sätze nicht betrachten, weil man in einem gewissen Sinne, und in dem einzigen, in welchem es eine Himmelskugel giebt, in der That sagen kann, die Erde bleibe im Mittelpunkt der Sphäre. Nur sah Ptolemaeus nicht ein, dass diese Sphäre bloss eine gedachte ist, die der Beobachter mit sich führt, wohin immer er geht. Sein Beweis, dass das Centrum der Himmelsumdrehung in der Erde liege, ist in gewissem Sinne richtig; aber was er wirklich beweist, ist, dass die Erde sich um ihre Axe dreht. Er sah nicht, dass, wenn die Erde die Umdrehungsaxe in unveränderter Richtung mit sich trüge, sein Beweis für die Ruhe der Erde zu nichte werden würde.

Man erhält einen klaren Begriff von den Anschauungen des Ptolemaeus durch seine Antworten auf zwei Einwürfe gegen sein System. Der erste ist der gewöhnliche und natürliche, dass es paradox sei, anzunehmen, ein Körper wie die Erde könne, von nichts unterstützt, bestehen und im Raume ruhig bleiben. Diese Gegner, sagt er, urtheilen nach dem, was sie bei kleinen Körpern rund um sich zufällig sehen, und nicht nach dem, was dem Universum eigenthümlich ist. In den Himmelsräumen giebt es weder oben noch unten, denn wir können bei einer Sphäre davon nicht sprechen. Was wir unten nennen, ist einfach die Richtung unserer Füsse nach dem Mittelpunkte der Erde, die Richtung, in der schwere Körper zu fallen streben. Die Erde selbst ist nur ein Punkt, im Vergleich mit dem Himmelsraum, und sie wird festgehalten durch die Kräfte, welche auf sie von dem unendlich grösseren und in allen Theilen ähnlichen Universum ausgeübt werden. Diese Vorstellung nähert sich der der allgemeinen Gravitation so sehr, als es das Wissen der damaligen Zeit zuliess.

Er sagt dann, es gäbe andere, die seine Schlussweise zwar zuliessen, aber behaupteten, nichts hindere, anzunehmen, dass der Himmel unbeweglich sei und die Erde selbst vielmehr sich einmal im Tage, von Westen nach Osten, um eine eigene Axe drehe. Es ist sicher sonderbar, dass jemand, der sich über die Illusion der Sinne so weit erhoben hatte, dass er der Welt beweisen konnte, die Erde sei rund, der Begriff von oben und unten sei relativ, und schwere Körper fielen nach einem Centrum und nicht nach einer unveränderlichen Richtung —, dass ein solcher nicht die Richtigkeit jener Anschauung eingesehen haben sollte.

Um die Doctrin der Erdrotation zurückzuweisen, geht er indessen auf einem Wege vor, entgegengesetzt dem, auf welchem er die Ansicht, die Erde könne nicht auf nichts ruhen, zurückzuweisen unternahm. Zu den Vertretern dieser Ansicht sagt er, sie betrachteten nur die sie umgebende Erde und nicht das grosse Universum.

Den Anhängern der Rotation der Erde erwidert er, dass, wenn wir nur die Bewegungen der Gestirne betrachten, dieser Lehrmeinung, die den Vorzug der Einfachheit habe, nichts entgegen zu halten sei; aber mit Rücksicht auf das, was rund um uns und in der Luft geschähe, sei sie nur lächerlich. Er geht dann, in Aristotelischem Geiste, an eine äusserst unklare und verworrene Untersuchung über die relative Bewegung leichter und schwerer Körper und schliesst, wenn die Erde in der That mit der enormen Geschwindigkeit, die erforderlich sei, sie in einem Tage rundum zu führen, rotire, die Luft dann zurückgelassen werden müsse. Auf den Einwurf, die Erde führe die Luft mit sich herum, erwidert er, dass dies für in der Luft fliegende Körper nicht richtig sein könne, und schliesst nun daraus, dass die Lehre der Erdrotation nicht aufrecht zu erhalten sei.

Das Ptolemaeische Weltsystem.

Nach dieser Argumentation ist es klar, dass, hätten Ptolemaeus und seine Zeitgenossen auf Experimentalphysik nur halb so viel Eifer und Sorgfalt in Beobachtung, Untersuchung und Ueberlegung verwandt, als wir in ihren astronomischen Arbeiten finden, sie nothwendig die Lehre von der Erdrotation hätten begründen müssen. —

Im Ptolemaeischen Weltsystem werden alle himmlischen Bewegungen durch eine Reihenfolge von Kreisbewegungen dargestellt. Wir haben die Bewegungen von Sonne und Mond unter den Sternen bereits auseinandergesetzt: die erstere umkreist den Himmel von Westen nach Osten im Laufe eines Jahres, letzterer in ähnlicher Weise im Laufe eines Monats. Obschon nicht ganz gleichförmig, geschehen doch diese Bewegungen immer in demselben Sinne. Anders aber verhält es sich mit den fünf den Alten bekannten *Planeten**) Mercur, Venus, Mars, Jupiter und Saturn. Diese bewegen sich bald nach Osten, bald nach Westen, bald stehen sie (relativ zu den Sternen) scheinbar still. Im Ganzen herrschen indessen die östlichen Bewegungen vor, und die Planeten oscilliren in der That um einen gewissen mittleren Punkt, der selbst in regelmässiger Bewegung gegen Osten ist. Nimmt man z. B. einen fingirten Jupiter an, der in stetiger Bewegung gegen Osten einen Umlauf unter den Sternen am Himmel in 12 Jahren vollendet, gerade wie ihn die Sonne in einem Jahre vollführt, so wird man den wirklichen Jupiter, wie ein Pendel, zu beiden Seiten des fingirten, aber nie weiter als 12°, hin und her sich bewegen sehen. Die Zeitdauer jeder doppelten Oscillation ist etwa 13 Monate — das heisst, wenn der wirkliche Jupiter den fingirten z. B. am 1. Januar gegen Westen zu passirt hat, so setzt er seine Schwingung nach Westen etwa drei Monate fort, steht dann allmählich still und kehrt mit etwas langsamerer Bewegung zum fingirten Planeten zurück, den er, nach Osten, Mitte Juli passirt. Das Ausschwingen nach Osten wird bis gegen Ende October dauern, wo er wieder gegen Westen zurückkehrt. Die westliche Bewegung heisst *retrograd* oder *rückläufig*, die östliche *direct* oder *rechtläufig*; zwischen beiden liegt ein Punkt, wo der Planet in Ruhe oder *stationär* erscheint. Die westlichen Bewegungen heissen retrograde, weil sie sowohl der Bewegung der Sonne unter den Sternen als der Durchschnittsbewegung der Planeten selbst entgegengesetzt gerichtet sind. Schon Hipparch bemerkte drei Jahrhunderte vor Ptolemaeus, dass diese oscillirende Bewegung durch die Annahme erklärt oder dargestellt werden könne, der wirkliche Jupiter beschreibe im Laufe eines Jahres eine kreisförmige Bahn um den fingirten. Dieser Kreis wurde der *Epicykel* genannt, und

---

*) πλανήτης, umherirrend; ἄστρα πλανητά, umherschweifende Gestirne.

wir haben so die berühmte Epicykel-Theorie der planetarischen Bewegungen, die im Almagest niedergelegt ist. Die Bewegung eines Planeten nach dieser Theorie wird aus Fig. 10 ersichtlich. E ist die Erde, um welche der fingirte Jupiter in dem punktirten Kreise 1, 2. 3 ... 9 sich bewegt. Um den Epicykel, in welchem der wirkliche Planet geht, zu bilden, müssen wir annehmen, ein Arm, der Radius des Epicykels, an dessen Ende der wirkliche Jupiter sich befinde, drehe sich gleichmässig und einmal im Jahre um den fingirten Planeten. Dieser Arm wird also die successiven Stellungen 1 1', 2 2', 3 3' ... 9 9' haben.

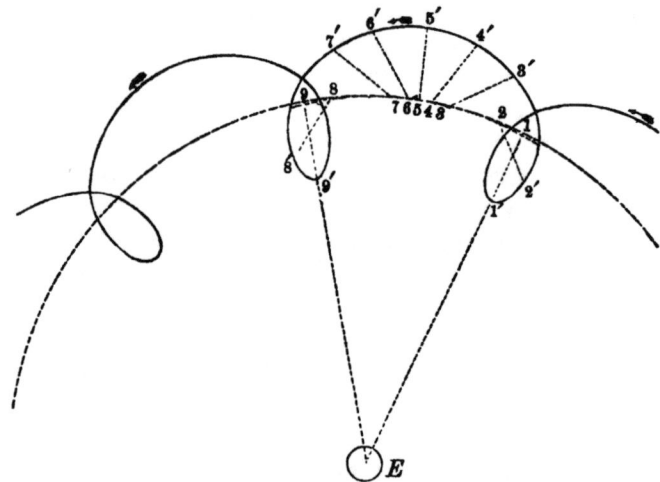

Fig. 10. Epicyklische Bewegung eines Planeten.

Legt man dann eine Curve durch die aufeinanderfolgenden Stellungen 1', 2', 3' ... 9' des wirklichen Jupiter, so erhält man eine Reihe von Schlingen oder Schleifen, die seinen scheinbaren Lauf darstellen.

Es ist leicht zu sehen, dass, obschon nur ein Jahr für die Bewegung des den Jupiter (in der Vorstellung) tragenden Armes erforderlich ist, um einen vollständigen Umlauf zu vollenden und zu seiner Anfangsrichtung zurückzukehren, zur Bildung einer vollständigen Schleife doch mehr und zwar etwa 13 Monate nöthig sind, weil der Arm, zufolge der fortschreitenden Bewegung des fingirten Planeten, mehr als eine ganze Revolution machen muss, um die Schleife zu vollenden. So hat z. B. (Fig. 10) bei der Stellung 8 8' der Arm oder Radius eine ganze Umdrehung in Beziehung zur Richtung 1 1' gemacht, denn 8 8' ist parallel zu 1 1'; aber er erreicht, wegen der Krümmung der Bahn, erst in der Stellung 9 9' die Mitte der zweiten Schleife. Aus der Figur sieht man auch, dass der

Planet direct sich bewegt von vor 3' bis nach 7', rückwärts von 1' bis 2' (bezw. etwas vorher) und von 8' bis 9' (und nachher), und dass er nahe den Punkten 2' und 8' stationär ist. Die Figur 11 zeigt die vollständigen scheinbaren Bahnen des Jupiter und Saturn (nach Aragos Astronomie). Ausser diesen macht nur noch der Radius (Arm) des Mars-Epicykels eine Umdrehung in einem Jahre, der von Mercur und Venus dagegen nicht. Ist der Planet in *Opposition* mit der Sonne, oder

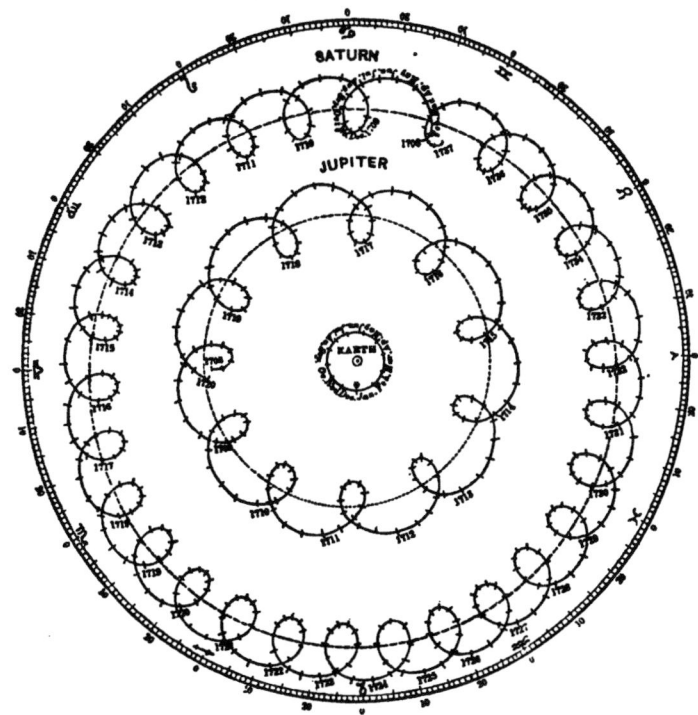

Fig. 11. Scheinbare (epicyklische) Bewegung von Jupiter und Saturn.

steht die Erde in der Verbindungslinie Planet-Sonne, so zeigt der Radius nach der Erde (1 1', 9 9' in Fig. 10); ist der Planet dagegen in *Conjunction* mit der Sonne, oder steht die Sonne in der Verbindungslinie Erde-Planet, so zeigt der Radius von der Erde weg (5 5'). Den Astronomen des Alterthums war diese Thatsache wohl bekannt, und sie gründeten in der That alle ihre Berechnungen der Planetenbewegungen hierauf; aber sie scheinen den sehr wichtigen Zusatz nicht bemerkt zu haben, dass die Richtung des Radius des Epicykels der genannten drei Planeten stets die gleiche wie die Richtung von der Erde nach der

Sonne ist. Hätten sie dies bemerkt, so würde ihnen kaum entgangen sein, dass die Epicykel durch die Annahme, die Erde bewege sich um die Sonne und nicht die Sonne um die Erde, gänzlich vermieden werden könnten.

Die Eigenthümlichkeit der Bewegungen von Mercur und Venus besteht darin, dass die fingirten Mittelpunkte, um die sie oscilliren, stets in der Richtung der Sonne liegen, da, wie wir jetzt wissen, die Sonne selbst der Mittelpunkt ihrer Bewegungen ist. Man sieht sie nie weiter als in einer bestimmten Entfernung zu beiden Seiten der Sonne, Venus etwa 45°, Mercur 16° bis 29°. Die alten Aegypter sollen in der That schon die Sonne zum Centrum der Bewegungen dieser beiden Planeten gemacht haben; und man sieht schwer ein, wie jemand nach Erkenntniss der Regeln ihrer Oscillation etwas Anderes thun konnte. Ptolemaeus jedoch verwarf dieses System und setzte, ohne stichhaltigen Grund, ihre Bahnen zwischen die der Sonne um die Erde.

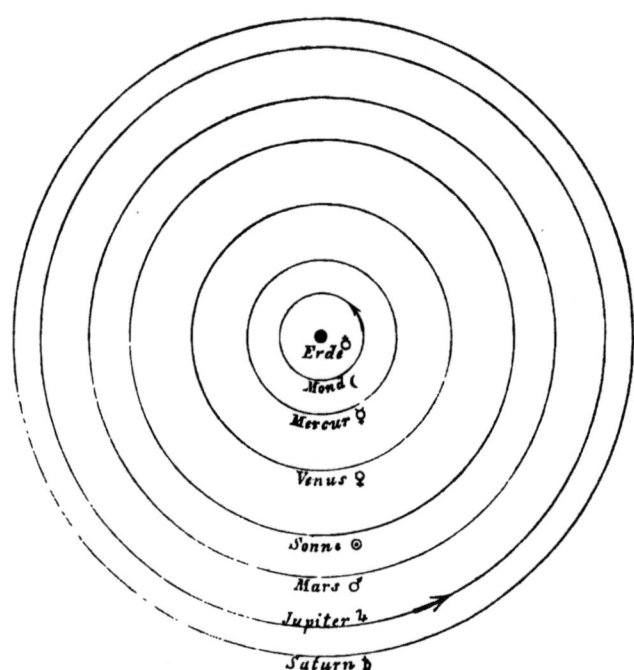

Fig. 12. Weltsystem nach Ptolemaeus.

Fig. 12 zeigt nun die Anordnung der Planeten nach dem Ptolemaeischen System. Der nächste Himmelskörper ist der Mond, dessen

Entfernung den Alten, wenngleich nur roh, zu bestimmen gelang. Die Planeten folgen dann in derselben Ordnung wie in der Wirklichkeit, nur muss die Erde an Stelle der Ptolemaeischen Sonne gesetzt werden. Wir haben also hier als Centrum die Erde, dann in concentrischen Kreisen Mond, Mercur, Venus, Sonne, Mars, Jupiter, Saturn. Ausserhalb des Saturn war die Sphäre der Fixsterne.

Diese Ordnung der Planeten kann zwar nur als der Ausdruck einer Meinung, nicht eines Beweises betrachtet werden; doch nahmen die alten Astronomen ganz richtig an, dass diejenigen die entfernteren seien, die sich langsamer bewegten. Dass der Mond der nächste, Mars, Jupiter und Saturn die entferntesten Planeten seien, folgte aus diesem System ganz sicher; zweifelhafter aber waren die relativen Stellungen von Sonne, Mercur und Venus, da diese drei einen vollständigen Umlauf an der Himmelskugel in einem Jahre machten. Und so setzte in der That Plato, abweichend von Ptolemaeus, Mercur und Venus ausserhalb der Sonne, indem er die Reihenfolge annahm: Mond, Sonne, Mercur, Venus, Mars, Jupiter, Saturn. —

Hipparch und Ptolemaeus stellten über die Umlaufszeiten der Planeten und die Ungleichheiten ihrer Bewegung Untersuchungen an, die eine kurze Erwähnung verdienen. Ohne Zweifel war Hipparch als forschender, selbständiger Astronom weit bedeutender als Ptolemaeus; aber da er, soweit wir wissen, auch der erste war, der alle himmlischen Erscheinungen und Bewegungen sorgfältig beobachtete und untersuchte, so konnte er über keine zur Bestimmung der Umlaufszeiten genügend langen Beobachtungsreihen verfügen. Ptolemaeus dagegen hatte den Vortheil, seine eigenen Beobachtungen mit den drei Jahrhunderte älteren des Hipparch combiniren zu können.

Obschon ihre Beobachtungsmittel sehr unvollkommen waren, so fanden diese Beobachter doch, dass die östlichen Bewegungen der Planeten unter den Sternen keineswegs gleichförmig waren, und zwar galt dies nicht nur für Sonne und Mond, sondern auch für die oben erwähnten fingirten Planeten. Sie führten daher den *excentrischen Kreis* ein, indem sie die Bewegungen zwar als kreisförmige und gleichmässige ansahen, aber in Kreisen, deren Mittelpunkte (C, Fig. 13) nicht genau mit dem der Erde (E) zusammenfielen. Passirt der Planet den der Erde nächsten Punkt P seiner Kreisbahn, so erscheint seine Bewegung schneller als die mittlere, weil allgemein die Winkelgeschwindigkeit eines gleichmässig sich bewegenden Körpers um so grösser ist, je näher sich der Körper dem Beobachter befindet; umgekehrt ist in A die Winkelgeschwindigkeit einer geringere, die Bewegung erscheint langsamer als im Mittel. Zwischen diesen beiden diametral entgegengesetzten Punkten

P und A ändert sich die Geschwindigkeit continuirlich vom Maximum zum Minimum und umgekehrt, und es wird daher die Art der Planetenbewegung durch den excentrischen Kreis im Allgemeinen richtig dargestellt. Durch Vergleichung der Winkelgeschwindigkeiten für verschiedene Punkte der Bahn war Hipparch und vollständiger noch Ptolemaeus in den Stand gesetzt, für jede Planetenbahn die angenommene Entfernung der Erde vom Centrum oder vielmehr das Verhältniss dieser Entfernung zur Entfernung des Planeten selbst zu bestimmen; die so bestimmte Entfernung ist die doppelte wie in Wirklichkeit. Der Punkt P wurde das *Perigaeum*, A das *Apogaeum*, der Abstand EC der Erde vom Bewegungsmittelpunkte die *Excentricität* genannt. Da die absoluten Bahndimensionen nicht zu bestimmen waren, mussten die Alten, wie gesagt, das Verhältniss CE zum Halbmesser des Bahnkreises (CP oder CA) nehmen*). —

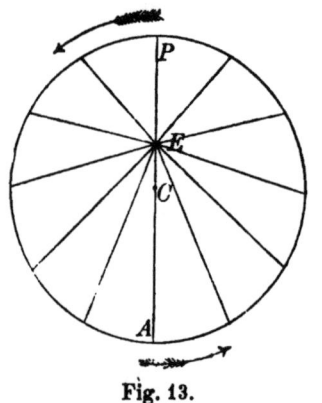

Fig. 13.

In der Bestimmung der Mondbewegung hingen Hipparch wie Ptolemaeus fast durchaus von Beobachtungen von Mondfinsternissen ab. Die erste Mondfinsterniss soll zu Babylon im ersten Jahre des babylonischen Herrschers Mardocempad, zwischen dem 29. und 30. Tage des ägyptischen Monates Thoth, beobachtet worden sein. Sie begann etwa eine Stunde nach Mondaufgang und war total. Nach unserer Zeitrechnung fiel sie auf den 19. März 721 v. Chr. Von diesem Datum an bis zur Zeit des Ptolemaeus erstreckt sich die Finsternissreihe über etwa 8 bis 9 Jahrhunderte. Wären die uns überlieferten Beobachtungen dieser Finsternisse etwas genauer, so würden sie auch heute noch zur Bestimmung der mittleren Mondbewegung von grossem Werthe sein; indessen können wir aus unseren jetzigen Sonnen- und Mondtafeln die Umstände einer alten Finsterniss fast ebenso genau berechnen, als sie die Astronomen der damaligen Zeit zu beobachten vermochten.

Trotz des äusserst unvollkommenen Charakters der ihnen bekannten Beobachtungen aber entdeckten sowohl Hipparch wie Ptolemaeus doch verschiedene Eigenthümlichkeiten der Mondbewegung, die von einer überraschenden Tiefe der Untersuchung zeugen. Durch Vergleichung

---

*) Mit der heutigen Theorie der elliptischen Bewegung, näherungsweise betrachtet, verglichen, ist der Abstand CE das Doppelte der Excentricität der Ellipse. Die eine Hälfte der scheinbaren Ungleichheit wird durch die verschiedenen Entfernungen der Bahn von der Erde bedingt, die andere Hälfte ist reell.

der Zeitintervalle zwischen den Finsternissen fanden sie zunächst, dass der Mond sich nicht gleichförmig, sondern, wie die Sonne, in einigen Stellen der Bahn langsamer als in anderen bewegt. Um dies zu erklären, nahmen sie seine Bahn, wie die der Sonne, excentrisch an, und zwar sollte die Erde, statt im Mittelpunkte der kreisförmigen Mondbahn zu stehen, etwa ein Zehntel der ganzen Mondentfernung von ihm abstehen. So weit glich die Mondbahn, abgesehen von der grossen Excentricität, den Bahnen der Sonne und der fingirten Planeten. Eine lange Reihe von Beobachtungen zeigte aber, dass Perigaeum und Apogaeum nicht, wie bei Sonne und Planeten, an denselben Punkten der Bahn blieben, sondern sich vorwärts bewegten und in 9 Jahren den ganzen Himmel durchliefen. Stellte Fig. 13 die Mondbahn dar, so würde also der Mittelpunkt C des Kreises die Erde E in 9 Jahren umkreisen und die Bahn demgemäss fortwährend ihre Lage gegen eine gegebene Richtung ändern.

Ptolemaeus fand ferner durch Messung des Winkels zwischen Mond und Sonne an verschiedenen Punkten der Mondbahn, dass noch eine andere Ungleichheit in seiner Bewegung als die *elliptische*, wie sie jetzt heisst, existirt. Der Mond oscillirt nämlich mehr als einen Grad um die aus dem excentrischen Kreise berechnete Stellung, in einer Periode, die nicht sehr von seiner Umlaufszeit um die Erde abweicht. Diese Ungleichheit hat den Namen der *Evection* erhalten. Um diese Bewegung darzustellen, musste Ptolemaeus, wie bei den Planeten, einen Epicykel einführen, nur war der Radius hier so klein, dass die Bahn keine Schleifenbildung zeigt. Man sieht, seine Theorie der Mondbewegung war recht verwickelt; aber es gelang ihm, innerhalb der Grenzen seiner Beobachtungsfehler, sie durch eine Combination von Kreisbewegungen darzustellen und so die Lieblingsansicht jener Zeiten zu retten, dass alle himmlischen Bewegungen kreisförmige und gleichmässige seien.

8. Der Kalender.

Einer der ersten mit der Untersuchung der Bewegungen der Himmelskörper verbundenen Zwecke war der, ein bequemes und sicheres Mass der Zeit zu finden. Diese in das entlegenste Alterthum zurückweisende Anwendung wird, da sie auf uns ohne fundamentale Aenderung gekommen ist und von den oben betrachteten scheinbaren Bewegungen von Sonne und Mond abhängt, am natürlichsten in Verbindung mit der alten Astronomie besprochen.

Die astronomischen Eintheilungen der Zeit werden durch Tag, Monat und Jahr gegeben. Die Woche ist keine derartige Eintheilung, da sie keinem astronomischen Cyclus entspricht, obschon auch ihr eine gewisse astronomische Bedeutung seitens der alten Astrologen gegeben worden sein soll. Von den oben genannten Zeitabtheilungen ist, im bewohnbaren Theile der Erde, der Tag die auffallendste und ausgeprägteste. In der Nähe der Pole würde das Jahr das auffallendste Zeitmass abgeben; überall aber, wo civilisirte Menschen leben, ist Wechsel von Tag und Nacht, und beides tritt so regelmässig und gleichförmig auf, dass dadurch überall und zu allen Zeiten die unzweideutigste Einheit des Zeitmasses gegeben war. Für rein chronologische Zwecke hätte der Tag als einzige theoretisch nothwendige Zeiteinheit dienen können; und wenn man zu irgend einer Zeit begonnen hätte, die Tage, von 1 anfangend, ohne Aufhören zu zählen und jedes geschichtliche Ereigniss durch die entsprechende Tageszahl zu bezeichnen, so würde in der That weit weniger Ungewissheit über manche Daten herrschen, als jetzt der Fall ist. Aber die Rechnung mit so grossen, im Laufe der Jahrhunderte sich anhäufenden Zahlen wäre sehr unbequem gewesen, und sie ist deshalb auch nie im bürgerlichen Leben angewandt worden: man rechnet nach Tagen selten länger als einen Monat hindurch.

Nächst dem Tage ist das Jahr der bestimmteste und auffallendste Zeitabschnitt. Das natürliche Jahr wird durch die Wiederkehr der Jahreszeiten gemessen. Alle Verrichtungen des Ackerbaues sind so eng an dieselben geknüpft, dass der Mensch sie, lange bevor er ihre astronomischen Ursachen erkannt hatte, als einfachstes Mass der Zeit benutzt haben muss. Bei seiner längeren Dauer entsprach das Jahr am besten dem Zwecke, lange Zeitintervalle zu messen. Die Zahl der Tage in einem Jahre ist indessen immer noch zu gross, um direct damit zu rechnen, und es wurde daher ein zwischenliegendes Mass nöthig. Ein solches war durch die Bewegung und die Phasen des Mondes gegeben. Durch den »Neumond«, der in ca. 30 tägigen Intervallen aus den Strahlen der Sonne herausrückte, fand sich für Zeiträume von mittlerer Länge ein sehr passendes Zeitmass, und dauerndes Interesse verband sich mit diesem Masse durch die zahlreichen religiösen Riten, die an das regelmässige Wiedererscheinen des Mondes geknüpft wurden.

Die Woche ist ein von Monat und Jahr durchaus unabhängiger Zeitabschnitt, und ihre Anwendung, die sich bei den verschiedensten Völkern findet, reicht in sehr frühe Zeiten zurück. Die alten Astrologen vertheilten Sonne, Mond und Planeten unter die sieben Wochentage nach der in Fig. 14 ersichtlich gemachten Art. Die Gestirne, der Entfernung nach dem Ptolemaeischen Systeme entsprechend geordnet, folgen aufeinander im Kreise und umgekehrt wie der Uhrzeiger gehend, die Wochentage nach den geraden Verbindungslinien.

Enthielte der Mondmonat genau eine bestimmte Zahl, z. B. 30 Tage, und das Jahr gerade 12 Monate, so würde die Anwendung dieser Cyklen für die Zeitmessung keine Schwierigkeiten geboten haben. Aber der Monat hat einige Stunden weniger als 30 Tage, das Jahr dagegen nahe

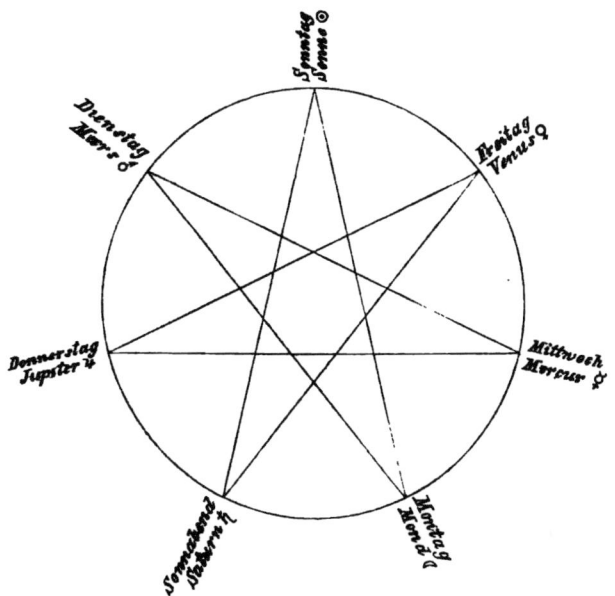

Fig. 14. Astrologisches Schema für Wochentage und Planeten.

$12^{1}/_{2}$ **Mondmonate.** Bei dem Versuche, diese Masse zu combiniren, geriethen die alten Kalender in eine Verwirrung, welche ihren Gebrauch sehr erschwerte, und die wir noch heute in der ungleichen Länge unserer Monate sehen. Alle Mittel, die zur Beseitigung dieser Schwierigkeiten in Anwendung gekommen sind, zu beschreiben, würde sehr umständlich sein, und wir müssen uns deshalb hier auf eine kurze Darlegung des Wesens der Kalenderverbesserungen beschränken. —

Der Mondmonat oder das mittlere Intervall zwischen zwei einander folgenden Neumonden ist sehr nahe $29^{1}/_{2}$ Tage. Bei Zählung der Monate nach dem Mondwechsel wurde daher gewöhnlich ihre Dauer abwechselnd zu 29 und zu 30 Tagen genommen. Aber die Periode von $29^{1}/_{2}$ Tagen ist in Wirklichkeit etwa $^{3}/_{4}$ Stunde zu kurz. Im Laufe von drei Jahren würde daher die Rechnung um einen Tag falsch werden, und es würde nöthig sein, einen Tag zu einem der Monate hinzuzufügen. Wenn nach Mondmonaten gezählt wird, würde andererseits das aus 12 solcher Monate bestehende Jahr 354 Tage enthalten, also 11 Tage zu kurz sein. Gleichwohl ist ein solches (Mond-) Jahr sowohl bei den Griechen als bei den Römern in Gebrauch gewesen und noch heute in Gebrauch bei den Mohamedanern. Indessen addirten die alten Römer, um den Fehler auszugleichen, nach dem Kalender des Numa jedes zweite Jahr abwechselnd 22 oder 23 Tage, indem sie einen Schaltmonat, den sogen. Mercedonius, zwischen dem 23. und 24. Februar einschalteten.

Die Unregelmässigkeit und Unbequemlichkeit der Rechnung nach den Mondmonaten führte bei den meisten civilisirten Völkern des Alterthums bald zu ihrer Abschaffung, da der einzige Grund, sie beizubehalten, in den zur Zeit des Neumondes gebräuchlichen religiösen Riten lag, auf welche allerdings die Juden und einige andere orientalische Völker grosses Gewicht legten. So finden wir bei den alten Aegyptern die Zählung des Jahres zu 12 Monaten, zu je 30 Tagen, und 5 Zusatztagen, zusammen also 365 Tage. Da die wahre Jahreslänge etwa 6 Stunden grösser ist, so würde die Nachtgleiche jedes Jahr 6 Stunden und nach 120 Jahren einen Monat (30 Tage) später eintreten. Nach Verlauf von 1460 Jahren würde, nach dieser Zählweise, jede Jahreszeit nach einander in die 12 Monate gefallen und zu demselben Datum wie zu Anfang der Periode zurückgekehrt sein. Diese Periode nannten die Aegypter die *Sothis-Periode*, nach dem Sirius (Sopt, Soth), dessen heliakischen Aufgang*) sie eifrig beobachteten. Da der Fehler jedes einzelnen Jahres von ihnen etwas überschätzt wurde, so würde die wahre Dauer der Periode etwa 1500 Jahre gewesen sein.

Die Verwirrung im Jahre der Griechen wurde zum Theil gehoben durch Einführung des *Cyklus*, den Meton (im 5. Jahrhundert v. Chr.) entdeckte, und der seinen Namen trägt. Dieser Cyklus besteht aus 19 Jahren, in welchen der Mond 235mal wechselt. Sein Fehler ist sehr klein, wie aus den folgenden Zahlen, die auf modernen Daten beruhen, hervorgeht:

235 Lunationen sind im Durchschnitt 6939^t 16^h 31^m
19 wahre tropische Sonnenjahre 6939 14 27
19 julianische Jahre zu 365$^1/_4$ Tagen 6939 18 0.

Nehmen wir daher 235 Mondmonate und vertheilen sie gleichförmig auf 19 Jahre, so wird die Durchschnittslänge dieser Jahre für alle bürgerlichen Zwecke genügend richtig sein. Die Jahre eines jeden Cyklus wurden von 1 bis 19 gezählt; die Nummer des Jahres nannte man die *goldene Zahl*.

---

*) Der *heliakische Aufgang* eines Sternes bezeichnete bei den Alten sein erstes Wiedererscheinen am Morgenhimmel nach Austritt aus den Sonnenstrahlen.

Die goldene Zahl ist in unseren Kirchen-Kalendern zur Auffindung des Datums vom Ostersonntag noch heute in Gebrauch; und es ist dies — nebst den mit Ostern in Verbindung stehenden Festen — das einzige kirchliche Fest, welches in christlichen Ländern von der Mondbewegung abhängt. Ostern fällt auf den ersten Sonntag nach dem Frühlingsnachtgleichen-Vollmond, d. h. nach dem, der zunächst nach dem 21. März eintritt. Die Daten des Vollmondes entsprechen dem Metonischen Cyklus, sie kehren also nach Verlauf von 19 Jahren an denselben oder doch nahe denselben Tagen wieder. Notiren wir folglich die Daten des Ostervollmondes, so werden wir in 19 aufeinanderfolgenden Jahren nie denselben Tag finden; im 20. Jahre dagegen wird er auf dasselbe Datum, oder nur einen Tag abweichend, wie im ersten Jahre fallen, und dann wird die ganze Reihenfolge wiederholt werden. Die goldene Zahl für ein bestimmtes Jahr zeigt demnach, mit für kirchliche Zwecke ausreichender Genauigkeit, auf welchen Tag, oder wie viele Tage nach dem Frühlingsäquinoctium der Ostervollmond fällt. Für die Bestimmung des Ostersonntags selbst sind noch andere Daten erforderlich: der sogenannte Sonntagsbuchstabe (der auf den ersten Sonntag des Jahres fallende Buchstabe, wenn man den 1. Januar mit A, den 2. mit B etc. bezeichnet), und die Epacten, die das Alter des Mondes in Tagen am 1. Januar angeben. Eine sehr einfache und bequeme Regel zur Berechnung des Osterfestes für alle Jahre hat Gauss gegeben. Bezeichnet man mit N die Jahreszahl und die Divisionsreste von $\frac{N}{19}$ mit a, $\frac{N}{4}$ mit b, $\frac{N}{7}$ mit c, $\frac{19a+x}{30}$ mit d und $\frac{2b+4c+6d+y}{7}$ mit e, so findet sich als Ostertag:

der $(22 + d + e)$te März, resp. der $(d + e - 9)$te April,

wenn man für x und y die folgenden Zahlenwerthe einsetzt (für den Gregorianischen Kalender):

1583—1699	$x = 22$,	$y = 2$
1700—1799	23	3
1800—1899	23	4
1900—2099	24	5,

und wenn man beachtet, dass an Stelle des 26. April stets der 19. April, an Stelle des 25. April aber nur dann der 18. April zu setzen ist, wenn $d = 28$ und $a > 10$ gefunden worden ist[*]). — Die kirchlichen Be-

---

[*]) Die Ostersonntage für die nächsten Jahre sind: 1892 April 17, 1893 April 2, 1894 März 25, 1895 April 14, 1896 April 5, 1897 April 18, 1898 April 13, 1899 April 2, 1900 April 14.

rechnungen des Ostersonntags beruhen auf sehr alten Mondtafeln, so dass wir bei Bestimmung nach dem wirklichen Mond das Osterfest oft eine Woche irrthümlich finden würden.

Der Grund zu den jetzt in der Christenheit gebräuchlichen Kalendern wurde durch Julius Cäsar gelegt. Vor seiner Zeit war der römische Kalender in einem Zustande grosser Unordnung, da die nominelle Länge des Jahres in hohem Grade von Laune und willkürlicher Bestimmung des Pontifex Maximus abhing. Es war indessen wohl bekannt, dass die wahre Dauer des Sonnenjahres etwa $365^1/_4$ Tage betrage, und Julius Cäsar stellte nun gesetzlich fest, dass das gewöhnliche Jahr aus 365 Tagen bestehen sollte, und dass jedes vierte Jahr ein Tag zuzufügen sei. Die Monatslängen, wie wir sie jetzt haben, wurden durch Cäsars unmittelbare Nachfolger festgesetzt.

Der Julianische Kalender blieb durch fast 16 Jahrhunderte ungeändert, und wäre die wahre Länge des tropischen Jahres genau $365^1/_4$ Tage, so würde er auch heute noch in Gebrauch sein. Wir haben aber gesehen (Seite 18), dass das Sonnenjahr in der That etwa $11^1/_4$ Minuten kürzer ist, eine Quantität, die in 128 Jahren einen vollen Tag ergiebt. Es trafen daher im 16. Jahrhunderte die Aequinoctien 11 oder 12 Tage früher ein, als sie es nach dem Kalender thun sollten, also am 10. oder 9. anstatt am 21. März. Sie auf die ursprüngliche Lage im Jahre, oder genauer auf die zur Zeit des Concils von Nicäa, zu bringen, war der Gegenstand der Gregorianischen Kalenderreform, die Papst Gregor XIII. Ende des 16. Jahrhunderts anordnete. Die Aenderung bezog sich auf zwei Punkte:

1. wurde der 5. October 1582 des Julianischen Kalenders der 15. genannt; es wurden also 10 Tage in der Zeitrechnung übersprungen, so dass die Aequinoctien jetzt wieder richtig auf den 21. März und 22. September fielen;

2. sollte das Endjahr jedes Jahrhunderts, 1600, 1700 etc., nicht wie im Julianischen Kalender stets, sondern nur dann ein Schaltjahr sein, wenn die Zahl des Jahrhunderts (16, 17, 18 etc.) durch 4 theilbar ist. Während also 1600, 2000, 2400 etc. wie früher Schaltjahre mit 366 Tagen blieben, sollten 1700, 1800, 1900, 2100 etc. gewöhnliche Jahre zu 365 Tagen sein.

Diese Aenderung im Kalender wurde in den katholischen Ländern sehr bald, in den protestantischen dagegen langsamer adoptirt (in England z. B. erst 1752). Der sogenannte verbesserte Kalender, welchen die Protestanten angenommen hatten, hat sich zum Theil sehr lange erhalten und ist z. B. in Schweden und Finnland erst im Jahre 1868 durch den Gregorianischen ersetzt worden. In den Ländern der griechischen

Kirche, hauptsächlich also in Russland, besteht noch heute der Julianische Kalender. Ihre Rechnung ist demzufolge, da die Jahre 1700 und 1800 im neuen Kalender keine Schaltjahre waren, jetzt 12 Tage hinter unserer zurück.

Die Länge des mittleren Gregorianischen Jahres ist $365^t\ 5^h\ 49^m\ 12^s$, die des tropischen, nach der besten Bestimmung, $365^t\ 5^h\ 48^m\ 46^s\!.17$. Ersteres ist also noch 26^s zu lang, welcher Fehler indessen erst in mehr als 3000 Jahren einen Tag ausmacht und daher praktisch von gar keiner Bedeutung ist.

Der Wechsel des Kalenders stiess im Volke auf vielen Widerspruch, und es kann jetzt zugegeben werden, dass der gesunde Menschenverstand hier wirklich beinahe richtiger geurtheilt hat, als die Weisheit der Gelehrten. Denn es ist in der That ziemlich gleichgültig, ob nach Jahrtausenden das Frühlingsäquinoctium z. B. in den Februar statt in den März fällt; von Werth und Bedeutung ist dagegen nur, dass im Laufe mehrerer Generationen die allgemeinsten und wichtigsten Vorgänge sich an bestimmte Zeiten knüpfen, dass also z. B. Sommer und Winter, wie die Zeiten der Saat und der Ernte, für lange Zeit hindurch auf denselben Zeitpunkt des Jahres fallen.

Capitel II.
Das Coppernicanische System und die wahren Bewegungen der Himmelskörper.

1. Coppernicus.

In dem ersten Abschnitte des vorhergehenden Capitels beschrieben wir die scheinbare tägliche Bewegung der Gestirne, wonach alle Himmelskörper im Laufe eines Tages in Kreisen um die Sphäre geführt zu werden scheinen. Jeder Beobachter dieser Bewegung, der die Erde als eine Ebene und die Richtung nach unten überall als die gleiche voraussetzt, würde sie naturgemäss für die wirkliche halten. Sehr geringe geometrische Kenntniss würde ihm indessen zeigen, dass die Erscheinungen ebensowohl durch eine Umdrehung der Erde erklärt werden könnten. Der scheinbar verhängnissvolle Einwurf gegen diese Ansicht würde der sein, dass dann die Oberfläche der Erde nicht wagerecht bleiben könnte und alles aus seiner Lage weggleiten müsste. Es war nun aber für die Seefahrer unmöglich, die Rundung der Oberfläche des Meeres nicht wahrzunehmen, und wir haben auch keine irgend genauere Nachricht aus geschichtlicher Zeit, dass die Erde nicht als rund bekannt gewesen wäre. Wir sahen, dass Ptolemaeus nicht nur die wahre Figur der Erde kannte, sondern auch wusste, dass sie im Vergleich mit den Himmelsräumen oder -Sphären an Grösse nur ein Punkt sei. Er besass demnach alle nothwendigen Kenntnisse, um einsehen zu können, dass der sich bewegende Körper viel eher die kleine Erde als die unermessliche Himmelssphäre sein müsste. Trotzdem verwarf er, in Aristotelischer Naturanschauung befangen und aus verworrenen physikalischen Gründen, deren Unhaltbarkeit ihm wenige und einfache physikalische Experimente gezeigt haben würden, diese Theorie. Und obschon man weiss, dass die Lehre von der Rotation der Erde von seinen Zeitgenossen und sogar von seinen Vorgängern gelegentlich behauptet wurde, so war doch seine Autorität so gross, dass sie nicht nur alle Argumente der Gegner überwand, sondern auch seine Ansichten durch vierzehn Jahrhunderte menschlicher Geistesgeschichte tragen konnte.

Dem Leser bietet die Geschichte der Astronomie während dieser Zeit kaum ein Interesse. Es gab kein Teleskop, die Himmel zu erforschen, und kein Genius erstand, dessen Kraft der Weltanschauung den todten Mechanismus, nach dem sie construirt war, geraubt hätte. Eine gewisse systematische Kenntniss, Bewahrung und Förderung wissenschaftlicher und nicht nur astronomischer Wahrheiten verdankt die Nachwelt in dieser Zeit hauptsächlich den Arabern. Männer wie Albategnius, Abul Wefa u. a. verbesserten alte und erfanden neue Methoden zur Beobachtung der Oerter der Himmelskörper und waren dadurch fähig, verbesserte Tafeln der Bewegungen derselben aufzustellen. Sie massen die Schiefe der Ekliptik und berechneten Sonnen- und Mondfinsternisse mit grösserer Schärfe, als es die Griechen vermochten. So wurden die Voraussagungen der Wissenschaft allmählich zwar genauer, aber kein entschiedener Schritt erfolgte in der Erkenntniss der wahren Gesetze der scheinbaren Bewegungen.

Der Ruhm, die wahre Natur der himmlischen Bewegungen der Welt zuerst verkündet zu haben, gebührt fast ausschliesslich dem Coppernicus. Zwar haben wir hinreichenden Grund zu der Annahme, schon Pythagoras habe die Sonne und nicht die Erde für den Mittelpunkt der Bewegung gehalten und demnach zuerst den Kern der Lösung des grossen Problems getroffen. Aber er trug diese Lehre nicht öffentlich vor, und die ziemlich vagen Nachrichten über seine hierauf bezüglichen esoterischen Vorträge, die auf uns gekommen sind, sind mit den Speculationen, in welche die griechischen Philosophen ihre Naturansichten einzuhüllen liebten, so verquickt, dass es schwer ist, mit Bestimmtheit zu entscheiden, ob Pythagoras die volle Wahrheit erfasst habe oder nicht.

Nach Pythagoras haben ferner Männer wie Philolaus, Aristarch, Eudoxus u. a. unter den Griechen, sowie vielleicht auch der Cardinal Nicolaus von Cusa kurze Zeit vor Coppernicus Ideen gelegentlich ausgesprochen, die sehr an des letzteren System anklingen, und man darf sie daher in gewissem Sinne wohl seine Vorgänger nennen; aber ihre Vorstellungen weichen doch oft in nicht unwesentlichen Punkten von der Lehre des Frauenburger Canonicus ab und sind nie zu einem vollständigen, in sich abgeschlossenen Systeme entwickelt worden, dessen innere Folgerichtigkeit in weiteren Kreisen von seiner Wahrheit hätte überzeugen können.

Ein grosses Verdienst des Coppernicus und die Grundlage seines gerechten Anspruchs auf die Priorität besteht einerseits darin, dass er keineswegs durch die blosse Behauptung und Aufstellung seiner Ansichten befriedigt war, sondern den grössten Theil der Arbeit eines ganzen Lebens ihrer Begründung weihte und sie auf diese Art in solches Licht stellte, dass ihre schliessliche Annahme unvermeidlich wurde. Andererseits aber müssen wir in ihm den Mann verehren, dessen Geist sich zuerst von den in Fleisch und Blut der damaligen Gelehrten übergegangenen Aristotelischen Ansichten freizumachen verstanden hat. Nach Aristoteles war die Erde das Sinnbild des Festen und Unveränderlichen im Gegensatze zu Feuer und Wasser, und hiernach war es ein Unding, der Erde eine Bewegung zuzuschreiben. Die Ueberwindung dieses Vorurtheils ist ein geistiger Schritt von derselben Bedeutung, wie jede andere neue, eine bis dahin unüberwindliche Kluft überbrückende Naturerkenntniss; und das Verdienst des Coppernicus beruht weniger in der Aufstellung seiner Theorie, als in der dieser zu Grunde liegenden Weltanschauung. Einen strengen Beweis für die Richtigkeit seiner Theorie hat Coppernicus nicht gegeben und auch nicht zu geben vermocht. Er wollte und konnte nur zeigen, dass seine Annahme die Bewegungserscheinungen am Himmel und namentlich die Bewegungen der Planeten weit einfacher und natürlicher erkläre als das Ptolemaeische System, und dass es darum weit wahrscheinlicher als dieses sei. Aber auch abgesehen von allen Fragen über Wahrheit oder Irrthum seiner Theorie würde sein grosses Werk, in dem sie entwickelt war, »De Revolutionibus Orbium Coelestium«, als das wichtigste Lehrbuch der Astronomie seit der Zeit des Ptolemaeus gelten müssen. Nur wenige Bücher sind wie dieses die Arbeit eines ganzen Lebens gewesen.

Die fundamentalen Principien des Coppernicanischen Systems liegen in zwei bestimmten Sätzen, die besonders ausgeführt und begründet werden mussten, und von denen der eine unabhängig vom andern wahr sein konnte. Es sind diese:

1. Die tägliche Umdrehung des Himmels ist nur scheinbar und ist hervorgerufen durch eine tägliche Umdrehung der Erde um eine durch ihren Mittelpunkt gehende Axe.

2. Die Erde ist einer der Planeten und kreist um die Sonne als den Mittelpunkt der Bewegung. Das wahre Centrum der planetarischen Bewegungen ist also nicht die Erde, sondern die Sonne. Aus diesem Grunde wird von dem Coppernicanischen System häufig auch als von der »heliocentrischen Theorie« gesprochen, während man die ältere Theorie, welche die Erde in den Mittelpunkt der Welt setzt, die »geocentrische« nennt.

Coppernicus beginnt mit der Besprechung des ersten Satzes. Er erklärt, wie eine scheinbare Bewegung aus einer wirklichen Bewegung des Beobachters ebenso wohl folgen kann, als aus einer Bewegung des beobachteten Objectes, und zeigt so, dass die tägliche Bewegung der Gestirne ebenso gut durch eine Umdrehung der Erde als durch eine des Himmels erklärt werden kann, ähnlich wie dem Schiffer, der auf ruhiger See segelt, sein Schiff und alles auf ihm in Ruhe und das Ufer in Bewegung zu sein scheint, während doch das Umgekehrte stattfindet. Was bewegt sich nun wahrscheinlicher, die Erde oder das ganze Universum ausser ihr? In dem Verhältniss, in welchem der Himmel grösser als die Erde ist, muss auch seine Bewegung schneller sein, um ihn in 24 Stunden einmal rundum tragen zu können. Da nun, wie schon Ptolemaeus darlegte, die Himmelskugel unendlich viel grösser ist, musste auch die Schnelligkeit der Umdrehung eine unendlich viel grössere sein. Es ist demnach schon danach ausserordentlich viel wahrscheinlicher, dass sich die Erde, ein Punkt im Vergleiche, drehe und das Universum unbeweglich sei, als umgekehrt.

Der zweite Hauptsatz des Coppernicanischen Systems, dass die scheinbare jährliche Bewegung der Sonne unter den Sternen nur die Folge einer jährlichen Umdrehung der Erde um die Sonne ist, beruht auf einem schönen Ergebniss der Gesetze der relativen Bewegung. Diese Bewegung der Erde erklärt dann nicht allein jene scheinbare Umdrehung der Sonne, sondern auch die scheinbare epicyklische Bewegung der Planeten des Ptolemaeischen Systems.

In Fig. 15 sei S die Sonne, $ABCD$ die Bahn der Erde und die Zahlen 1, 2 ... 6 bezeichnen sechs (etwa 14 Tage von einander abstehende) Stellungen der Erde; endlich möge $EFGH$ die scheinbare Himmelssphäre (genauer die Ekliptik oder die Projection der Erdbahn an der Sphäre) bedeuten. Ein Beobachter in 1 sieht nun die Sonne in der Richtung $1S$ und versetzt sie, da er keine Vorstellung von ihrer wirklichen Entfernung hat, an die Fixsternsphäre in den Punkt 1'. Erreicht die Erde den Punkt 2, so sieht der Beobachter die Sonne in der Richtung 2 S 2' oder unter den Sternen im Punkte 2. Im Verlauf von 14 Tagen wird sich also die

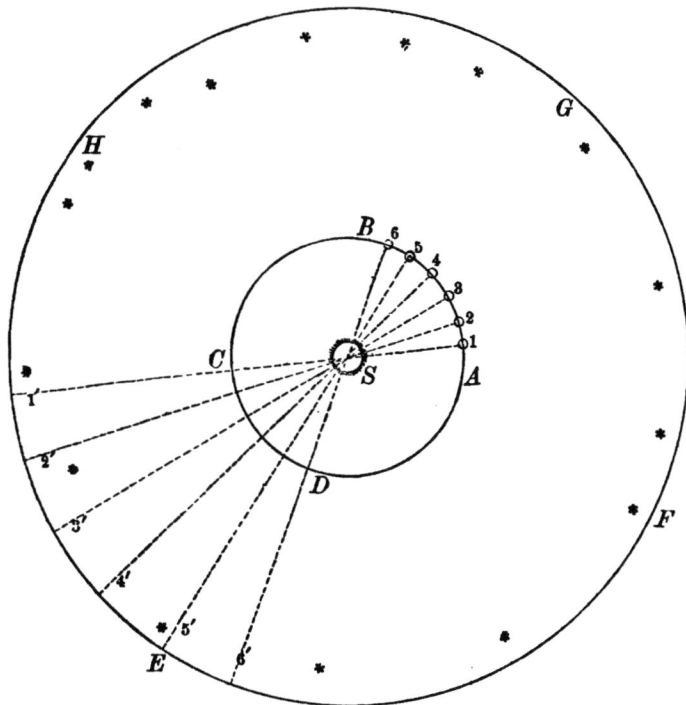

Fig. 15. Wirkliche Bewegung der Erde und scheinbare Bewegung der Sonne.

Sonne scheinbar unter den Sternen bewegt haben und zwar um einen Winkel, der gleich der wirklichen Winkelbewegung der Erde um die Sonne ist. Ebenso wird weiter für die Stellungen der Erde in 3, 4, 5, 6 die Sonne in den Stellungen 3', 4', 5', 6' erscheinen und, hat die Erde ihre ganze Bahn $ABCDA$ zurückgelegt, auch die Sonne entsprechend den ganzen Kreis $EFGHE$ durchlaufen haben. So ergiebt sich demnach aus der jährlichen Bewegung der Erde um die Sonne die früher (S. 14) beschriebene scheinbare jährliche Bewegung der Sonne in der Ekliptik um die Himmelskugel.

Wir wollen nun sehen, wie dieselbe Bewegung das verwickelte System der Epicykel beseitigt, durch welche die Astronomen vor Coppernicus die Planetenbewegungen darstellten. Ein Grundsatz, auf welchem diese Erklärung beruht, ist dieser: Betrachtet ein unbewusst bewegter

Beobachter ein ruhendes Object, so wird ihm dasselbe bewegt erscheinen in einer seiner eigenen entgegengesetzten Richtung und mit einer gleichen Winkelgeschwindigkeit. Ein bekanntes Beispiel hierzu ist die scheinbare Bewegung von Gegenständen am Ufer für die Passagiere eines Dampfbootes.

In Fig. 16 werde ein Beobachter auf der Erde um die Sonne im Kreise $ABCDEF$ getragen, er denke sich aber ruhend in dem Mittelpunkte der Bewegung S. Wir wollen nun untersuchen, wie einem solchen sich die scheinbare Bewegung des factisch ruhenden Planeten P darstellt. Es sei zuerst der Beobachter in A, so sieht er den Planeten wirklich in der Richtung und Entfernung AP. Da er aber, der Voraussetzung nach, im Mittelpunkte S zu sein glaubt, so versetzt er den Planeten, in gleicher Richtung und Entfernung, nach a. Während er unbewusst von A nach B fortrückt, scheint ihm der Planet, da er immer in S zu sein glaubt, rückwärts von a nach b zu gehen, er versetzt ihn nach b, so dass Sb gleich und parallel BP. Entfernt er sich dann durch den Bogen BCD vom Planeten, so scheint dieser in umgekehrter Richtung, also durch bcd sich zu entfernen. Bewegt er sich weiter von links nach rechts durch DE, so scheint der Planet sich von rechts nach links durch de zu bewegen. Nähert er sich endlich dem Planeten durch EFA, so scheint auch dieser ihm näher zu kommen durch efa, bis er schliesslich in A wieder wie zu Anfang den Planeten nach a versetzen wird.

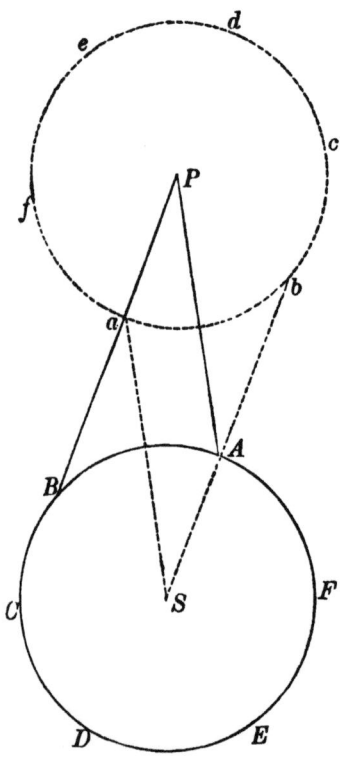

Fig. 16. Scheinbare Planetenbewegung im Coppernicanischen System.

So scheint also der wirklich in Ruhe befindliche Planet P dem scheinbar (in S) ruhenden Beobachter den Kreis $abcdefa$ zu durchlaufen, der das Spiegelbild des vom Beobachter wirklich beschriebenen Kreises $ABCDEFA$ ist. Giebt es statt eines Planeten verschiedene, so werden sie alle entsprechende Kreise zu beschreiben scheinen.

Ist nun der Planet P gleichfalls in Bewegung, so wird seine scheinbare Kreisbewegung sich mit der factischen Vorwärtsbewegung verbinden und er dann einen Kreis um ein sich bewegendes Centrum beschreiben. So haben wir also die scheinbare Bewegung der Planeten um einen bewegten Mittelpunkt, wie sie bei Betrachtung des Ptolemaeischen Systems (Seite 33) geschildert ist. Wir sahen dort, dass in diesem System die Planetenbewegungen dargestellt werden, indem man einen fingirten Planeten annimmt, der am Himmel in regelmässiger Bewegung fortschreitet, während der wirkliche Planet um diesen fingirten als Mittelpunkt einmal im Jahre kreist. Es ist nun diese progressive Bewegung des fingirten Planeten (im Falle von Mars, Jupiter, Saturn) in der That die Bewegung des wirklichen Planeten um die Sonne, während der Kreis, den der wirkliche Planet um den fingirten beschreibt, nur eine Scheinbewegung und das Spiegelbild der Bewegung der Erde um die Sonne ist. Vergleicht man die epicyklische Bewegung der Figuren 10 und 11 mit der in Figur 16 versinnlichten Bewegung, so findet sich, dass sie in jeder Einzelheit, wenn man die Bewegung von P in Figur 16 an die Sphäre sich projicirt denkt, übereinstimmen. Bei den inneren Planeten Mercur und Venus ist die epicyklische Bewegung, der zufolge sie um die Sonne hin und her zu oscilliren scheinen, bedingt durch ihre Bahnbewegung um die Sonne, während die fortschreitende Bewegung, mit der sie der Sonne folgen, aus der Bewegung der Erde um die Sonne resultirt.

Wir sehen nun leicht ein, wie die retrograden Bewegungen und die Stillstände der Planeten im Coppernicanischen System ihre Erklärung finden. Die Erde und alle Planeten bewegen sich um die Sonne im gleichen Sinne von Westen nach Osten. Befinden sich Erde und ein äusserer Planet auf derselben Seite der Sonne, z. B. in E_1 und P_1 Fig. 17, so bewegen sie sich nach derselben Richtung, nach E_2 und P_2. Da aber die Erde schneller in ihrer Bahn geht als der Planet, so wird letzterer einem Beobachter auf der Erde sich nach Westen, also rückläufig, zu bewegen scheinen, während seine wirkliche Bewegung eine nach Osten gerichtete ist; er wird also an der unendlich entfernten Sphäre von P_1' (der Projection von P_1) scheinbar nach P_2' (der Projection von P_2) rücken. Geht die Erde auf die andere Seite der Sonne (nach E_6 und E_7), so ändert sich ihre Bewegungsrichtung in die der des Planeten entgegengesetzte (P_6 und P_7), und so wird die nach Osten gerichtete Bewegung des letzteren um die ganze Bewegung der Erde vermehrt, d. h. er scheint an der Sphäre den Bogen $P_6'\ P_7'$ zurückzulegen. Zwischen diese beiden Bewegungsrichtungen fällt eine Stelle, wo sich der Planet gar nicht zu bewegen scheint; diese ist also der Stillstands- oder *stationäre Punkt*. Bei den inneren Planeten Venus und Mercur ist die scheinbare Bewegung eine rückläufige (nach Westen), wenn der Planet sich zwischen uns und der Sonne befindet, da seine Bahngeschwindigkeit grösser ist als die der Erde. Im weiteren Laufe erscheint er dann, und zwar westlich von der Sonne, stationär und wird, wenn er auf die andere Seite der Sonne kommt, rechtläufig. — Allgemein

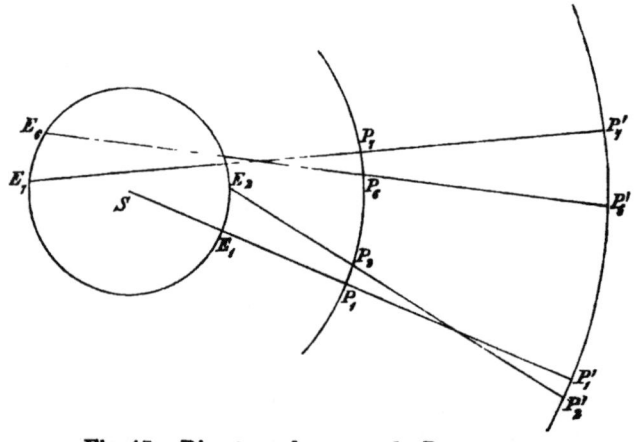

Fig. 17. Directe und retrograde Bewegungen.

ist die Bewegung eines Planeten immer direct (nach Osten), wenn die zwischen entsprechenden Punkten der Bahn von Planet und Erde gezogenen Linien zwischen Planet und Erde sich schneiden, Null oder der Planet ist stationär, wenn dieselben parallel sind, und rückläufig (nach Westen), wenn sie sich ausserhalb der Planetenbahn bei äusseren Planeten, ausserhalb der Erdbahn bei inneren Planeten schneiden.

Wir wollen jetzt einen Augenblick bei Betrachtungen verweilen, die dem Ptolemaeischen System Gerechtigkeit widerfahren zu lassen ermöglichen, indem sie zeigen, ein wie nothwendiger Schritt in der Entwickelung der wahren Theorie der Bewegungen im Sonnensystem dasselbe war. Der grosse Werth des Systems bestand in der Zerlegung der scheinbar verwickelten Planetenbewegungen in eine Combination zweier Kreisbewegungen, fingirter Planet rund um den Himmel, wirklicher Planet um den fingirten. Ohne diese Trennung würden die beständigen Vor- und Rückwärtsschwingungen der Planeten nur die Vorstellung einer Bewegung, die zu verwickelt ist, um sie aus geometrischen Principien zu erklären, an die Hand haben geben können. Aber richtete man nun, ohne Rücksicht auf die regelmässig vorschreitende Bewegung des fingirten Planeten, die Aufmerksamkeit auf die epicyklische Bewegung allein, so musste das merkwürdig Entsprechende zwischen dieser und der scheinbaren jährlichen Bewegung der Sonne hervortreten. Sah man dies ein, so war im geometrischen Sinne nur ein kleiner Schritt zur Erkenntniss, dass die Sonne und nicht die Erde der Mittelpunkt der planetarischen Bewegung sei. Dann verhinderte also nur der Augenschein, die Sinnestäuschung und die oben angedeutete allerdings sehr grosse physikalische Schwierigkeit die Annahme, dass die Erde selbst als ein Planet die Sonne umkreise, und dass die jährliche Bewegung der letzteren wie die epicyklische Bewegung der Planeten nicht reelle, sondern scheinbare Bewegungen, herrührend von der Bewegung der Erde selbst, seien. Die heliocentrische Theorie hätte kaum auf einem andern Wege als diesem entwickelt werden können. —

Das Coppernicanische System bietet die Mittel, die Verhältnisse im Sonnensysteme oder die relativen Entfernungen der verschiedenen Planeten mit grosser Schärfe zu bestimmen, das heisst, anzugeben, wenn wir als Massstab die Entfernung der Erde von der Sonne nehmen, wieviel Längen dieses Masses oder welche Bruchtheile seiner Länge die Entfernung eines jeden andern Planeten beträgt, obschon die Länge des Masses selbst unbekannt bleibt. Diese Bestimmung beruht auf dem Princip, dass der scheinbare, vom Planeten (Fig. 16) beschriebene Kreis oder Epicykel eben so gross als der wirkliche von der Erde um die Sonne beschriebene Kreis ist. Je näher also der Beobachter diesem Kreise ist, desto grösser wird er ihm erscheinen. Der scheinbare Epicykel des äussersten jetzt bekannten Planeten, des Neptun, hat einen Halbmesser von etwas weniger als $2°$, d. h., der wahre Neptun weicht, infolge der jährlichen Bewegung der Erde um die Sonne, etwas weniger als $2°$ zu beiden Seiten seiner mittleren Stellung aus; umgekehrt folgt daraus, dass die Erdbahn, vom Neptun gesehen, einen Winkel von etwas weniger als $4°$ (genauer $3°\ 50'$) einschliesst. Andrerseits schwingt Mars im Allgemeinen mehr als $40°$, mitunter selbst mehr als $45°$ aus. Eine einfache trigonometrische Rechnung zeigt, dass seine mittlere Entfernung von der Sonne etwa $1^1/_2$ mal die der Erde ist, und die Veränderlichkeit der scheinbaren Ausweichung beweist, dass die Entfernung zu verschiedenen Zeiten eine verschiedene ist.

Da es nicht uninteressant ist, zu sehen, wie genau Coppernicus die Planetenentfernungen zu bestimmen vermochte, so stellen wir in der folgenden Tafel seine Resultate mit den wahren Daten zusammen. Als Einheit ist die Entfernung der Erde genommen.

I. Geschichtliche Entwickelung des Weltsystems.

Planeten	Kleinste Entfernung		Grösste Entfernung	
	Coppernicus	wirkl.	Coppernicus	wirkl.
Mercur . . .	0.326	0.308	0.405	0.467
Venus . . .	0.709	0.719	0.730	0.728
Mars . . .	1.373	1.382	1.666	1.666
Jupiter . . .	4.980	4.952	5.453	5.454
Saturn . . .	8.66	9.00	9.76	10.07

Erwägt man die äusserst unvollkommenen Beobachtungsmittel jener Zeit, so sind die Coppernicanischen Resultate schon sehr genaue zu nennen. Die verhältnissmässig grösste Abweichung findet sich beim Mercur, der auch jetzt noch am schwersten unter allen grösseren Planeten zu beobachten ist. In der That, Coppernicus soll gestorben sein, ohne ihn je gesehen zu haben.

Die Excentricitäten der Bahnen wurden von Coppernicus auf eine Weise ermittelt, die vollständig mit den jetzigen Methoden, wenn nur eine rohe Annäherung gesucht wird, übereinstimmt. Wie Ptolemaeus setzte auch er das Centrum der Kreisbahnen der Planeten nicht in die Sonne, sondern um eine kleine Quantität, die Excentricität, daneben. Es war aber lange bekannt, dass die Theorie der gleichförmigen Bewegung in einem excentrischen Kreise, obschon sie die Unregelmässigkeiten in der Winkelbewegung des Planeten ganz richtig darstellt, doch die wirklichen Aenderungen der Entfernung verdoppelt. Coppernicus nahm daher für die Excentricität einen Mittelwerth an zwischen jenem, der der Bewegung in Länge (S. 16) genügen, und dem, der die Distanzänderungen geben würde, und fügte dem entsprechend einen kleinen Epicykel von einem Drittel dieser Excentricität hinzu; so stellte er dann, in der Voraussetzung, der Planet mache zwei Umläufe in diesem Epicykel während eines Umlaufes um die Sonne, beide Unregelmässigkeiten dar[*].

Das Werk des Coppernicus war der grösste je in der Astronomie gemachte Schritt. Aber auch er zeigte nur, welche scheinbaren Bewegungen am Himmel reell seien, und welche aus der Bewegung des Be-

---

[*] Mathematisch lässt sich die Theorie des Coppernicus so ausdrücken: Sei e die Excentricität, g die mittlere Anomalie des Planeten, so gab er den rechtwinkeligen Coordinaten die Form:
$$x = a (\cos g - e + \tfrac{1}{2} e \cos 2g)$$
$$y = a (\sin g + \tfrac{1}{2} e \sin 2g);$$
während die Näherungsformeln der elliptischen Bewegung sind:
$$x = a (\cos g - \tfrac{3}{2} e + \tfrac{1}{2} e \cos 2g)$$
$$y = a (\sin g + \tfrac{1}{2} e \sin 2g).$$
Beide stimmen überein, wenn wir statt e in den ersten Formeln $\tfrac{3}{2} e$ setzen.

obachters folgen. In anderer Hinsicht gründete sich nicht nur sein Werk auf Ptolemaeus, sondern er theilte auch viele Anschauungen der alten, Aristotelischen Philosophie über die Natur der Dinge und die Constitution des Weltbaues. Wie Ptolemaeus hielt auch Coppernicus den Himmel für eine Sphäre ebenso gut wie die Erde und alle himmlischen Bewegungen für einfach oder zusammengesetzt kreisförmig. Auf die Einwürfe des Ptolemaeus gegen die Theorie der Erdbewegung (Seite 32) erwiderte er, dass dieser Forscher sie als eine gewaltsame oder heftige Bewegung betrachte und ganz vergesse, dass sie, wenn existirend, eine natürliche Bewegung sein müsse, deren Gesetze von jenen der plötzlichen, heftigen vollständig verschieden seien. So war seine Argumentation zum Theil in der That ohne wissenschaftliche Grundlage, obschon seine Schlussfolgerung correct war. Indessen, Coppernicus that wohl alles, was unter den gegebenen Umständen gethan werden konnte. Seine Hypothese eines kleinen Epicykels von einem Drittel der Excentricität stellte die Bewegungen der Planeten um die Sonne mit aller damals erreichbaren Genauigkeit dar, während es, in Ermangelung irgend einer Kenntniss der Bewegungsgesetze überhaupt, unmöglich war, eine dynamische Basis für die Planetenbewegung zu gewinnen.

2. Schiefe der Ekliptik, Jahreszeiten etc. im Coppernicanischen System.

Wir haben nun die Beziehungen des Aequators und der Ekliptik zu dem neuen System zu erklären. Da sich nach demselben die Himmelskugel nicht wirklich umdreht, so fragt sich zunächst, was die Bedeutung von Axe und Polen sei, um die sie sich zu drehen scheint. Die Antwort hierauf ist, dass die Himmelspole die beiden Punkte unter den Sternen angeben, nach welchen die Erdaxe gerichtet ist. In Fig. 18 seien n und s Nord- und Südpol der Erde; verlängert man die durch sie gegebene Erdaxe bis an die scheinbare Himmelskugel, so sind N und

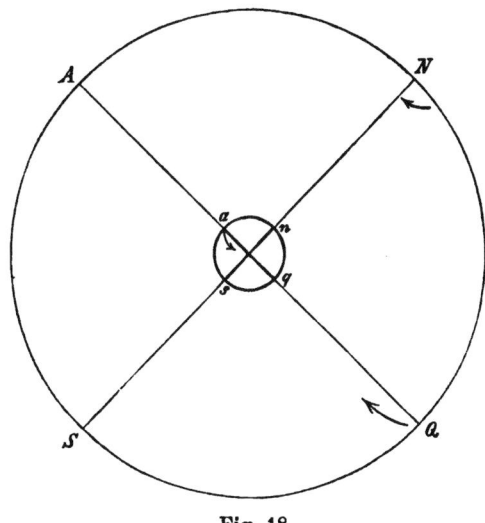

Fig. 18.

S Nord- und Südpol an derselben; ebenso giebt, wenn *aq* der Erdäquator, seine verlängerte Richtung den Himmelsäquator *AQ*, der die Himmelskugel in zwei Hälften theilt. Dreht sich nun die Erde um ihre Axe *ns* (wie der kleine Pfeil andeutet), so wird sich die Himmelskugel um ihre gedachte Axe *NS*, aber in umgekehrter Richtung zu drehen scheinen, und zwar Punkte (Sterne) in der Nähe des Poles sehr wenig (Polarstern), Punkte am Aequator am schnellsten (wie die Pfeile bei *N* und *Q* andeuten), ganz entsprechend der Bewegung von ähnlich liegenden Punkten der Erdoberfläche. — Da der Pol das ganze Jahr hindurch am Himmelsgewölbe unverändert an derselben Stelle erscheint, so folgt, dass bei der Bewegung der Erde um die Sonne die Erdaxe stets dieselbe absolute Richtung behält (s. Fig. 19). Früher sahen wir jedoch (Seite 17), dass eine sehr langsame, aber fortdauernde Bewegung des Pols unter den Sternen, die Präcession, existirt, und dies zeigt, dass die Richtung der Erdaxe sich im Laufe der Jahre allmählich verändert.

Wir wollen jetzt etwas näher die Beziehung der Erde zur Sonne, den Wechsel der Jahreszeiten, Aequinoctien etc. betrachten. Wie früher (Seite 14) beschrieben, scheint sich die Sonne in einem Ekliptik genannten Kreise in einem Jahre um die Himmelskugel zu bewegen.

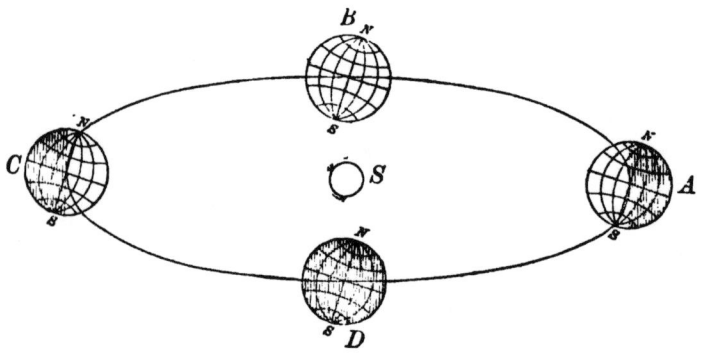

Fig. 19. Bahn der Erde um die Sonne.

Ekliptik und Himmelsäquator sind um einen Winkel von etwa $23\frac{1}{2}°$ gegen einander geneigt, das heisst, die Axe der Erde steht nicht senkrecht auf ihrer Bahn, sondern trifft sie unter einem Winkel von etwa $23\frac{1}{2}°$ (Fig. 19*).

*) Die Verhältnisse der Figur weichen natürlich von den wahren ausserordentlich ab; in Wirklichkeit beträgt die Entfernung der Erde zur Sonne 12000 mal den Durchmesser der ersteren und 110 mal den der letzteren. Gegenüber der unendlich weit entfernten Himmelskugel ist der Durchmesser der Erdbahn nur als Punkt zu betrachten; die bis zur Sphäre verlängerten gedachten Richtungen der Erdaxe oder des Erdäquators treffen daher stets dieselben Punkte, bezw. denselben Kreis.

Die Fig. 19 zeigt die Erde in vier verschiedenen Stellungen auf ihrer Jahresbahn um die Sonne. In Stellung A ist der Südpol S der Sonne zugekehrt, und zwar, wie erwähnt, um $23^1/_2°$ geneigt, während der Nordpol N und die ganze Gegend innerhalb des Polarkreises (der vom Pole also zu beiden Seiten $23^1/_2°$, vom Aequator $66^1/_2°$ absteht) im Dunkel liegt. In dieser Stellung (December) geht demnach die Sonne den Bewohnern der arctischen Zone niemals auf, denen der antarctischen niemals unter; die nördliche Erdhälfte hat Winter, die südliche Sommer. Ausserhalb dieser Zonen geht sie auf und unter, und die relative Länge von Tag und Nacht an irgend einem Erdpunkte kann durch Betrachtung der Kreise, längs deren die betreffenden Orte zufolge der täglichen Rotation sich bewegen, beiläufig erkannt werden. Zu grösserer Deutlichkeit ist die Stellung A in Fig. 20 vergrössert wiederholt: Die sechs geneigten Linien sind Projectionen der Polarkreise, Wendekreise und dazwischen der Breitenkreise von ca. 50° (Breite des mittleren Deutschland); AQ ist der Aequator, NS die Erdaxe. Wir sehen, dass ein Punkt auf dem arctischen Kreise, $66^1/_2°$ geographische Breite, gerade die Trennungslinie von Licht und Finsterniss einmal in einem Tage berührt; das heisst, die Sonne zeigt sich ihm im Horizont gerade einmal im Tage. Vom Breitenkreise 50° liegen etwa zwei Drittel auf der

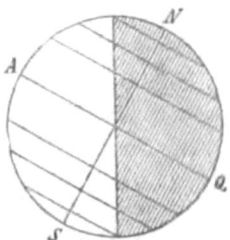

Fig. 20.

dunklen und ein Drittel auf der hellen Seite. Dies zeigt, dass für jeden auf ihm gelegenen Orte die Nächte ungefähr doppelt so lang als die Tage sind. Je weiter wir nach Süden kommen, desto grösser werden die im Hellen und desto kleiner die im Dunklen liegenden Theile der Kreise, desto länger also die Tage und desto kürzer die Nächte, bis endlich am Aequator beide gleich werden. Vom Aequator nach Süden zu kehren sich die Verhältnisse um: die Tage werden um so länger, die Nächte um so kürzer, je näher wir dem Südpol kommen, und auf dem Südpolarkreise, also unter $66^1/_2°$ südlicher Breite liegende Punkte haben die Sonne nur einmal in 24 Stunden am Horizont, sonst stets über ihm. Zwischen Südpolarkreis und Südpol selbst endlich geht die Sonne in dieser Zeit überhaupt nicht unter. Dies ist demnach der Sommer für die südliche, der Winter für die nördliche Erdhälfte.

Wir gehen nun, drei Monate weiter, zu der Stellung B (Fig. 19), die die Erde gegen Ende März einnimmt. Verlängert man hier die Ebene des Aequators, so geht sie direct durch die Sonne; letztere erscheint demnach im Himmelsäquator. Alle Breitenkreise liegen jetzt zur Hälfte in der dunklen Hemisphäre; die letztere ist in der Figur nicht sichtbar, da sie hinter der Erde liegt. Tage und Nächte sind demnach auf der ganzen Erde von gleicher Länge. In Stellung C, welche die Erde im Juni einnimmt, ist alles wie in A, nur sind die Erscheinungen in beiden Hemisphären die umgekehrten; da jetzt der Nordpol der Sonne zugewendet ist, so hat nun die nördliche Halbkugel die längsten Tage, die südliche die längsten Nächte. In D endlich, wohin die Erde im September gelangt, sind Tage und Nächte wiederum von gleicher Länge wie in B, und aus dem gleichen Grunde. Die Figur zeigt hier entsprechend nur die dunkle Erdhälfte. — So sind alle die scheinbar verwickelten Erscheinungen, die früher (Seite 13 ff.) beschrieben wurden. vollständig und auf die einfachste Weise durch das neue System erklärt. Wir wollen jetzt sehen, wie dasselbe durch die unmittelbaren Nachfolger des Coppernicus ergänzt und erweitert wurde.

3. Tycho Brahe.

Wir sagten, dass ein grosser Fortschritt nach dem Coppernicanischen System nur möglich war auf Grund einer besseren Kenntniss und tieferen Einsicht in die Gesetze der Bewegung oder durch genauere Beobachtungen der Stellungen der Himmelskörper. In der letzteren Richtung geschah der Fortschritt zunächst, und zwar durch den Dänen Tycho Brahe, der, drei Jahre nach dem Tode des Coppernicus geboren, zu Ende des 16. Jahrhunderts die besten, theils selbst erfundene, theils wesentlich verbesserte Instrumente über 20 Jahre lang zur sorgfältigen und eifrigen Beobachtung der Himmelskörper verwandte. Da er indessen das Fernrohr noch nicht kannte, so wurden seine Beobachtungen durch die schärferen der folgenden Zeiten weit übertroffen, und sie verdanken Werth und Berühmtheit hauptsächlich nur dem Umstande, dass sie Kepler die Mittel zur Auffindung der Gesetze der planetarischen Bewegung gewährten.

Als Theoretiker war Tycho nicht glücklich. Er verwarf das Coppernicanische System aus einem Grunde, der zu seiner Zeit nicht ohne Gewicht war, nämlich wegen der unfassbaren Entfernung, in der die Fixsterne stehen mussten, wenn dies System richtig sein sollte. Wir sahen (Seite 50), wie sich in der epicyklischen Bewegung der Planeten die jährliche Bewegung der Erde um die Sonne abspiegelt. Die ausserhalb des Sonnensystems befindlichen Fixsterne mussten, wenn die Theorie des Coppernicus richtig war, sich in derselben Weise zu bewegen scheinen. Aber keine Beobachtungen, weder des Tycho noch seiner Vorgänger, hatten eine solche Bewegung verrathen. Die Anhänger des Coppernicus konnten hierauf nur erwidern, die Entfernung der Fixsterne müsse so gross sein, dass die Erdbewegung an ihnen nicht wahrgenommen werden könne; dass selbst der Durchmesser der Erdbahn, von dessen beiden Endpunkten aus gesehen die Richtungen die grösste Abweichung zeigen mussten, nur eine unmerklich kleine Grösse gegen den Abstand der Sterne sein könne. Da eine (halbjährliche) Ortsveränderung von 3 bis 4 Bogenminuten, also etwa dem neunten Theile des Monddurchmessers, von Tycho sehr wohl entdeckt werden konnte, so musste man die Entfernung der Fixsternsphäre mindestens 1000 mal grösser als die der Sonne, oder mindestens 100 mal grösser als die des Saturn, des äussersten damals bekannten Planeten, annehmen. Dass ein so weiter leerer Raum zwischen der Saturnbahn und den Fixsternen liegen sollte, schien vollkommen unglaublich: für die Naturphilosophen galt seit Aristoteles als Axiom, der Natur widerstrebe die Leere, und sie lasse einen leeren Raum nicht unausgefüllt. Gleichwohl waren die Gründe des Coppernicus für die Bewegung der Erde zu überzeugende, um beseitigt werden zu können. Tycho stellte deshalb ein System auf, welches sich aus dem Ptolemaeischen und Coppernicanischen zusammensetzte: er nahm an, die fünf Planeten bewegten sich zwar um die Sonne, die Sonne selbst sei aber in Bewegung um die Erde, die demnach in Ruhe im Mittelpunkte des Universums bleibe.

Vielleicht war es ein Glück für die Lehre des Coppernicus, dass die astronomischen Instrumente des Tycho nicht auf der Stufe der Vollendung wie zu Anfang dieses Jahrhunderts standen. Hätte er gefunden, dass die jährliche Parallaxe der Fixsterne noch nicht eine Secunde betrüge, und dass also dieselben mindestens 200000 mal weiter als die Sonne von der Erde sein müssten, — die astronomische Welt, die zur plötzlichen Erweiterung ihres kosmischen Ideenkreises auf solche Ausdehnung noch nicht fähig und reif war, würde staunend gestanden und schliesslich gefolgert haben, Ptolemaeus müsse im Recht, Coppernicus im Irrthum sein.

Tycho bildete sein System nie aus, und es ist schwer zu sagen, wie er den vielfachen möglichen Einwendungen begegnet haben würde. Er hatte, ausser unter Priestern und Theologen, kaum Anhänger von irgend welcher Bedeutung; die Erfindung des Fernrohrs beseitigte die letzten Zweifel an der Richtigkeit des Coppernicanischen Systems, ehe ein neues hätte Fuss fassen können.

4. Kepler.

Es bedurfte eines eigenthümlichen Zusammentreffens von Umständen, um verhältnissmässig bald nach dem Bekanntwerden der Coppernicanischen Lehre einen weiteren Ausbau dieser Errungenschaft zu ermöglichen. Vor Allem war hierzu ein Mann erforderlich wie Kepler, von tief speculativem Geiste, streng mathematisch geschult, unermüdlich und von eisernem Fleisse. Erforderlich war es ferner, dass dieser Mann gegen alle Widerwärtigkeiten eines mühevollen und unruhigen Daseins mit einer festen und heiteren Entschlossenheit gerüstet war; denn in den damaligen schwierigen Zeitläuften hätte jeder andere, weniger energische und ausdauernde Geist dem gleichzeitigen Kampfe mit einem finsteren und fanatischen Clerus und mit den Sorgen um das tägliche Brot unterliegen müssen. Und gleichzeitig haben wir es den Kepler schon in frühester Jugend treffenden Schwierigkeiten zu danken, dass die Gesetze der Planetenbewegung bereits zu Anfang des 17. Jahrhunderts erkannt wurden: ohne sie würde Kepler wohl niemals als Gehülfe und später als Nachfolger Tychos nach Prag gekommen sein, und die vorzüglichen Beobachtungen Tychos wären wahrscheinlich nicht in dieser genialen Weise verwerthet worden.

Zum Verständnisse Keplers wird es erforderlich sein, uns auf einem kleinen Umwege dem Gipfelpunkte seiner Forschungen zu nähern. Kepler bietet das seltene Beispiel eines Philosophen, der beim höchsten Schwunge der Phantasie ein strenger Mathematiker bleibt, der befriedigt war, als er auf der Suche nach der Harmonie der Sphären dieselbe in trockenen mathematischen Sätzen fand. Den Irrlehren der Astrologie, die damals in höchster Blüthe stand, ist er, vielleicht von seiner Jugendzeit abgesehen, fern geblieben, wenngleich er durch die Verhältnisse gezwungen war, sie praktisch auszuüben. Müssen wir auch auf seine schönen Arbeiten über Refraction, Sonnenfinsternisse, über den im Jahre 1604 erschienenen neuen Stern, über Optik u. s. w. hinweisen, so bildeten doch seine Untersuchungen über das Sonnensystem, der Ausbau des Coppernicanischen Systems, seine Haupt- und Lebensaufgabe.

Bereits im Jahre 1596 beschäftigte er sich hiermit und legte die Resultate seiner Untersuchungen in einem »Mysterium Cosmographicum« betitelten Werke nieder. Zwischen je zwei Planetenbahnen setzte er einen der fünf regulären Körper ein, so dass die eine Bahn die eingeschriebene, die andere die dem Körper umschriebene ist: zwischen Mercur und Venus das Octaeder, zwischen Venus und Erde das Ikosaeder, zwischen Erde und Mars das Dodekaeder, zwischen Mars und Jupiter das Tetraeder und endlich zwischen Jupiter und Saturn den Würfel. Bei der damals nur wenig genauen Kenntniss der relativen Entfernungen der Planeten konnte der Anschein eines derartigen Gesetzes wohl vorliegen; später hat Kepler diese Idee selbst verworfen.

Als Tychos Nachfolger hatte er die Verpflichtung übernommen, aus dessen Beobachtungen neue Planetentafeln zu berechnen, und dieser

Verpflichtung ist Kepler in der mustergültigsten Weise nachgekommen; er hat mit den Tychonischen Beobachtungen das Aeusserste geleistet, was sie bieten konnten, er hat aus ihnen seine berühmten Gesetze der Planetenbewegung abgeleitet. Coppernicus hatte, wie wir gesehen, die Hypothese der Alten angenommen, dass alle himmlischen Bewegungen aus gleichförmigen Kreisbewegungen zusammengesetzt seien, und war so genöthigt worden, einen kleinen Epicykel einzuführen, der die Unregelmässigkeiten der Bewegung erklären sollte. Tychos Beobachtungen übertrafen nun die seiner Vorgänger so weit, dass sie Kepler das Ungenügende dieser Annahme deutlich zeigten. Mit glücklichem Griff wählte er den zu dieser Untersuchung geeignetsten Planeten, den Mars, der der Erde am nächsten ist, und dessen Bahn die stärkste Excentricität besitzt. Der einzige Weg, auf welchem er vorwärts kommen konnte, war, über die Bahn, in der der Planet sich bewegte, und über seine Geschwindigkeit an verschiedenen Punkten der Bahn, verschiedene Hypothesen zu machen, aus ihnen die Stellungen und Bewegungen des Planeten, wie sie von der Erde erscheinen, zu berechnen und dann die so berechneten mit den wirklich beobachteten Stellungen zu vergleichen. Da unsere heutigen Logarithmentafeln, durch welche solche Berechnungen ausserordentlich abgekürzt werden, damals nicht existirten, so kostete jeder Versuch mit einer Hypothese eine ungeheure Arbeit. Das Verfahren Keplers war in Kürze folgendes: Er verband immer je zwei Marsbeobachtungen mit einander, indem er durch die Oerter des Mars und die entsprechenden Erdörter gerade Linien legte. Der Durchschnittspunkt je zweier dieser Linien gab den wahren Ort des Mars im Raume. Kepler fand nun sehr bald, dass die so erhaltenen Oerter nicht durch eine Kreisbahn verbunden werden konnten, und dass hierzu allein eine Ellipse im Stande war, deren Brennpunkt in der Sonne liegt. Die benutzten Erdörter rechnete Kepler natürlich noch im excentrischen Kreise, da er ja von der Ellipticität der Erdbahn nichts wusste; bei der geringen Excentricität der Erdbahn war indessen der hieraus entstehende Fehler zu klein, um aus den Tychonischen Beobachtungen erkannt werden zu können.

Die Ellipticität der Erdbahn fand Kepler auf einem anderen Wege. In einer excentrischen Kreisbahn mit gleicher linearen Geschwindigkeit hätte sich die scheinbare Bewegungsgeschwindigkeit der Sonne umgekehrt wie ihre Entfernung verhalten müssen oder wie der scheinbare Sonnendurchmesser. Dies war aber nicht der Fall; er fand die Excentricität aus den Bewegungen doppelt so gross als aus den Sonnendurchmessern, und Uebereinstimmung war auch hier nur durch Einführung einer Ellipse zu erhalten.

Auf dieselbe Weise wie bei Mars konnte Kepler nun auch feststellen, dass für alle Planeten die Ellipse die beste Darstellung der Beobachtungen gab, und als Resultat seiner vielen und mühsamen Berechnungen konnte er das erste seiner berühmten drei Gesetze aufstellen:

1. **Die Bahn jedes Planeten ist eine Ellipse mit der Sonne in einem der Brennpunkte.**

Mit diesem Gesetze war die Unmöglichkeit einer gleichförmigen Geschwindigkeit der Bahnbewegung gegeben, und nach vielen rein empirischen Versuchen fand Kepler, der seiner ganzen Anschauung nach überzeugt war, dass überhaupt irgend ein strenges Gesetz massgebend sein müsse, das zweite seiner Gesetze:

2. **Bei der Bewegung um die Sonne beschreibt der Radiusvector eines Planeten in gleichen Zeiten gleiche Flächenräume.**

Es sei PA (Fig. 21) die Ellipse, in der sich ein Planet bewegt, und in dem einen Brennpunkte S stehe die Sonne. Im Punkte P, dem *Perihelium*, ist der Planet der Sonne am nächsten. Von hier entfernt er sich, über $abcd$, bis er in A, dem *Aphelium*, am weitesten steht. Dann nähert er sich allmählich wieder durch den andern Theil seiner Bahn und erreicht endlich wieder das Perihel, um den Lauf in gleicher Weise ohne Aufhören fortzusetzen.

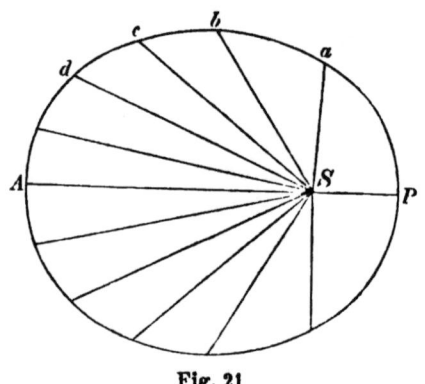

Fig. 21.

Von P ausgehend, wollen wir nun die Stellung des Planeten in seiner Bahn am Schlusse von gleichen Zeitintervallen, z. B. von je 30 Tagen, betrachten. Seien $abcd$ die vier ersten der Stellungen, die der Planet nach je 30 Tagen erreicht. Verbinden wir diese Punkte wie auch P mit der Sonne durch Linien (*Radii vectores*), so erhalten wir vier Flächenräume, die der Radiusvector des Planeten in je 30 Tagen überstreicht, und die nach dem zweiten Kepler'schen Gesetz einander gleich sind.

Erst viele Jahre später fand Kepler auf rein speculativem Wege[*)]

[*)] Mit begeisterter Schwärmerei sagt er selbst in seinem Werke: Harmonices mundi Libri V darüber: »Endlich also habe ich das ans Licht gebracht und über all mein Hoffen und Erwarten als wahr befunden, dass die ganze Natur der Harmonien in ihrem ganzen Umfange und nach allen ihren Einzelnheiten in den himmlischen Bewegungen vorhanden ist, nicht zwar auf die Weise, wie ich mir's

das letzte seiner drei Gesetze, welches eine Relation zwischen den Bahnen der verschiedenen Planeten darstellt. Schon Coppernicus wusste, dass die Umlaufszeit eines Planeten um so grösser ist, je weiter sein Abstand von der Sonne ist, und zwar nicht nur, weil die Bahn von grösserem Umfange, sondern auch, weil die Bewegung wirklich eine langsamere war. Saturn, der $9\frac{1}{2}$ mal weiter als die Erde ist, würde z. B. bei gleich schneller Bewegung seinen Umlauf um die Sonne in $9\frac{1}{2}$ Jahren vollenden; er braucht aber in Wirklichkeit über 29 Jahre. Er bewegt sich also noch nicht mit einem Drittel der Erdgeschwindigkeit. Coppernicus indessen fand die zwischen Entfernungen und Umlaufszeiten bestehende Beziehung nicht auf, welche Kepler so aussprach:

3. **Die Quadrate der Umlaufszeiten der Planeten verhalten sich wie die Cuben (dritten Potenzen) ihrer mittleren Entfernungen von der Sonne.**

Die Uebereinstimmung dieses Gesetzes mit der Wirklichkeit zeigt die folgende Tabelle, welche die mittleren Entfernungen, wie sie Kepler bekannt waren, in Einheiten der mittleren Erdentfernung, die Umlaufszeit oder Revolutionsperiode (Einheit das Erdjahr), sowie die Cuben der ersteren und die Quadrate der letzteren enthält:

Planeten	Distanz	Periode	Cubus der Distanz	Quadrat der Periode
Mercur	0.387	0.241	0.058	0.058
Venus	0.723	0.615	0.378	0.378
Erde	1.000	1.000	1.000	1.000
Mars	1.524	1.881	3.540	3.538
Jupiter	5.203	11.86	140.8	140.66
Saturn	9.539	29.46	868.0	867.9

So war also die alte Theorie, dass die Bewegungen der Himmelskörper kreisförmige und gleichmässige, oder wenigstens aus solchen zusammengesetzt seien, mit Keplers Gesetzen für immer beseitigt. Die Ellipse trat an die Stelle des Kreises und eine veränderliche Bahnbewegung an die Stelle der gleichförmigen.

---

früher gedacht, sondern auf eine ganz andere durchaus vollkommene Weise« . . . . »Verzeiht ihr, so freut mich's, zürnet ihr, so trag' ich's; hier werfe ich die Würfel und schreibe ein Buch, zu lesen der Mitwelt oder der Nachwelt, gleichviel; es wird seines Lesers Jahrtausende harren, wenn Gott selbst sechs Jahrtausende lang den erwartet hat, der sein Werk beschauete.«

5. Von Kepler bis Newton.

Soweit die Bestimmung der Gesetze der planetarischen Bewegung nach dem damaligen Zustande der astronomischen Beobachtung in Betracht kommt, liess Kepler fast nichts zu thun übrig. War Lage und Grösse der elliptischen Bahn, in der sich ein Planet bewegt, sowie der Punkt der Bahn gegeben, an dem er sich zu irgend einer Zeit befindet, so war es möglich, wie man zu jener Zeit zu glauben berechtigt war, die Position des Planeten für alle zukünftigen Zeiten zu berechnen. Mehr als dies konnte die damalige mathematische Wissenschaft nicht leisten; sie konnte nur eine geometrische Deutung, keine mechanische Erklärung der Bewegungserscheinungen liefern. Es ist wahr, dass die auf solche Art vorausgesagten Stellungen eines Planeten nicht in voller Uebereinstimmung mit den beobachteten gefunden wurden; und hätte Kepler über die genaueren Beobachtungen der Jetztzeit verfügt, so würde er gesehen haben, dass seine Gesetze die planetarischen Bewegungen nur annähernd richtig darstellen. Nicht allein wäre bemerkt worden, dass die elliptischen Bahnen ihre Lage im Raume allmählich ändern, sondern auch, dass die Planeten bald nach einer, bald nach der andern Richtung abweichen, dass die von den Radiivectores überstrichenen Flächen bald grösser, bald kleiner sind, und dass eine Vorausberechnung auf längere Zeit nicht möglich war. So lange aber die Fragen unbeantwortet blieben, warum sich die Planeten in elliptischen Bahnen bewegen, warum die Radiivectores den Zeiten proportionale Flächen beschreiben, warum die im dritten Gesetz ausgesprochene Beziehung zwischen Entfernungen und Umlaufszeiten besteht — so lange musste es vollends unmöglich sein, zu sagen, warum die Planeten von diesen Gesetzen abweichen. Die Antwort auf jene Fragen war erst möglich, wenn die zu Keplers Zeiten unbekannten allgemeinen Gesetze der Bewegung klar und vollständig erkannt waren, wenn die geometrische Anschauungs- und Erklärungsweise einer physischen und mechanischen Platz gemacht hatte.

Den ersten grossen Schritt in der Erforschung dieser Gesetze that Galilei, der grosse Zeitgenosse Keplers, der erste, der das soeben erfundene Fernrohr auf den Himmel anwandte. Als Begründer der dynamischen Wissenschaft, als Lehrer und Stützer des Coppernicanischen Systems, als Märtyrer dieser Lehre, die er als wahr erkannte und zu verbreiten suchte, ist Galilei vielleicht der interessanteste und bedeutendste Charakter seiner Zeit. Jeder an dem Coppernicanischen System noch etwa haftende Zweifel wurde beseitigt durch die Entdeckungen, die Galilei mit dem Fernrohr machte. Die Phasen der Venus zeigten ihm, dass dieser Planet gleich der Erde ein an sich dunkler, kugelförmiger Körper sei und sich wie diese um die Sonne bewege. In Jupiter und seinen Satelliten war das Sonnensystem, wie Coppernicus es darstellte, in kleinem Massstabe und mit einer Treue wiederholt, die den denkenden Beobachter überraschen musste. Aus keiner irgendwie vertrauenswerthen Quelle konnte fernerhin Material zu einem Widerspruch gegen die neue Lehre geschöpft werden. Die Inquisition verbot ihre Verbreitung und liess sie nur als Hypothese zu; da aber die Ansicht des Coppernicus in seinem grossen Werke, wenn auch vielleicht nicht vollkommen klar ausgesprochen, doch für mehr als Hypothese und blosse subjective Meinung gelten wollte, so verbot und verdammte sie das Werk, bis es revidirt und corrigirt sei*). Dieses Decret der Inquisition zeigte sich indessen ohne Wirkung auf die Verbreitung und allgemeine Annahme des Coppernicanischen Systems, mit einziger Ausnahme etwa von Italien und Spanien**).

Den ersten Versuch, die Bewegungen der Himmelskörper auf eine allgemeine Ursache oder ein Grundgesetz zurückzuführen, machte Descartes (Cartesius) in seiner berühmten Wirbeltheorie, die für einige Zeit sogar der Gravitationstheorie das Feld streitig machte. Dieser Philosoph nahm an, die Sonne (wie die übrigen Fixsterne) befinde sich in einem feinen, nach jeder Richtung unermesslich ausgedehnten Fluidum; durch ihre Rotation setze sie die zunächst liegenden Theile des Fluidums in rotirende Bewegung: diese theilten ihre Bewegungen entfernteren Partikeln mit, bis schliesslich die ganze Masse wie ein Strudel oder Wirbel rotire. In diesem ätherischen Wirbel würden die Planeten um die Sonne getragen. Die entfernteren Planeten bewegten sich langsamer, weil die entfernteren Theile des Aethers durch die Rotation der Sonne weniger afficirt würden. In dem grossen Wirbel des Sonnensystems befänden sich kleinere, mit je einem Planeten im Centrum, um den sich, im Aether schwimmend, die Satelliten bewegten. Hätte Descartes zeigen können, dass die Theile dieses Wirbels in Ellipsen, in deren einem Brennpunkt die Sonne steht, sich bewegten, dass sie gleiche Flächen in gleichen Zeiten beschreiben, und dass die Geschwindigkeiten sich dem dritten Kepler'schen Gesetze gemäss ändern müssten, so würde seine Theorie genügt haben. Da er dies aber nicht vermochte, muss seine Hypothese eher als Rückschritt, denn als Fortschritt der Wissen-

---

*) Diese sogenannte Verbesserung ist, soweit bekannt, niemals ausgeführt worden.

**) Das Verhältniss der römischen Kirche zu Galilei und zur Lehre des Coppernicus ist neuerdings in vielen Schriften (Gebler, Wohlwill, De l'Epinois, Berti u. a.) ausführlich untersucht und behandelt worden.

schaft betrachtet werden. Die hohe Bedeutung des Philosopher Descartes und die grosse Zahl seiner Schüler sicherten seiner Anschauung indessen grosse Verbreitung, und wir finden unter ihren Anhängern sogar einen Mathematiker wie Johann Bernoulli.

Galilei legte nun den Grund zur physischen Erkenntniss der planetarischen Bewegungen durch seine epochemachenden Beobachtungen und Forschungen auf dem Gebiete der Bewegungslehre überhaupt. Mit ihm beginnt, wie wir sagen dürfen, für die exacten Wissenschaften das Zeitalter einer gesunden Induction, nachdem Jahrhunderte lang eine wesentlich von Aristoteles inaugurirte Methode der Deduction und Speculation geherrscht hatte, die nur dann zur wahren Erkenntniss der Natur hätte führen können, wenn Beobachtung und Experiment ihr zu Grunde gelegen hätten, also Induction vorausgegangen wäre. Galilei stieg aus den Himmelsräumen auf die Erde, mass und untersuchte experimentell die einfachsten Erscheinungen und Vorgänge bei der Bewegung irdischer Körper durch die Schwere: den Fall, das Gleiten, die Schwingung, und fand so die fundamentalen Gesetze der Dynamik, deren Uebertragung auf die Himmelskörper und Verallgemeinerung dem Genius Newtons vorbehalten blieb.

Nach Galilei ist es hauptsächlich Huygens, der den Weg zur Lehre von der allgemeinen Attraction ebnete. Als Mathematiker, Physiker und Beobachter gleich gross, nimmt er in der Geschichte der physikalischen Wissenschaften einen eminenten Rang ein. Er entdeckte die Gesetze der Centrifugalkraft, und hätte er diese einfach auf das Sonnensystem angewandt, so würde er zu dem Resultate geführt worden sein, dass die Planeten in ihren Bahnen erhalten werden durch eine Kraft, die in Verhältniss des Quadrats ihrer Entfernung von der Sonne abnimmt. Der Weg zur Theorie der Gravitation hätte danach kaum verfehlt werden können. Aber die grosse Entdeckung schien einen Geist, besonders für sie geformt, zu fordern.

Capitel III.
Die allgemeine Schwere.

1. Newton.

Die wirkliche Bedeutung von Newtons grosser Entdeckung der allgemeinen Schwere oder der Gravitation wird von nur Wenigen vollkommen gewürdigt. Häufig hat man die Gravitation als eine geheimnissvolle Kraft angesehen, die nur zwischen den Himmelskörpern wirke und zuerst von Newton entdeckt worden sei. Wäre die allgemeine Schwere von Newton nur als ein neues Princip, die Bewegungen der Planeten zu erklären, gefunden worden, sie wäre keine so bewundernswerthe Entdeckung gewesen, als sie es wirklich ist. In etwas beschränkter Form ist die Gravitation allen bekannt: es ist einfach die Kraft, welche alle schweren Körper fallen oder gegen den Erdmittelpunkt streben lässt. Jeder, der nur einmal einen Stein fallen sah oder das Gewicht desselben fühlte, wusste von der Existenz der Gravitation. Newtons grosse That war, dass er bewies, die Bewegungen der Himmelskörper seien durch eine allgemeine Kraft bestimmt, von der die Kraft, die den Apfel zur Erde fallen lässt, nur eine Erscheinungsform ist, und dass er auf diese Weise den himmlischen Bewegungen all das Geheimnissvolle raubte, in das sie früher gehüllt waren. Seinen Vorgängern war die fortdauernde Bewegung der Planeten in Kreisen oder Ellipsen etwas jeder auf der Oberfläche der Erde wahrgenommenen Bewegung so durchaus Unähnliches, dass sie sich gar nicht vorstellen konnten, beides würde durch das gleiche Gesetz beherrscht, und es musste ihnen, da sie kein Gesetz für die Planetenbewegungen kannten, durchaus nicht unglaublich erscheinen, dass die Himmelskörper sich in einer Weise, die nicht im geringsten mit den Gesetzen irdischer Bewegungen verwandt sei, bewegten.

Die Vorstellung einer kosmischen, von Sonne oder Erde ausstrahlenden und die himmlischen Bewegungen bedingenden Kraft entsprang zwar keineswegs erst dem Geiste Newtons. Wir sahen, dass selbst Ptolemaeus und sogar ältere Philosophen die dunkle Vorstellung von einer Kraft hatten, die, stets gegen das Centrum der Erde oder, was für sie gleichbedeutend war, gegen das des Universums gerichtet, nicht bloss den Fall schwerer Körper, sondern auch den Zusammenhalt des ganzen Universums bedingte. Auch Kepler behauptete, von speculativen Betrachtungen ausgehend, das Vorhandensein einer die Planeten bewegenden Kraft, die in der Sonne ihren Sitz hätte und von ihr ausstrahle. Aber weder Ptolemaeus noch Kepler konnten auf Grund der um uns wirkenden Gesetze eine einigermassen angemessene Erklärung dieser Kraft geben; auch war es in der That nicht möglich, eine klare Vorstellung von ihrer wahren Natur zu gewinnen ohne die Erkenntniss der allgemeinen Bewegungsgesetze, zu der keiner der beiden Forscher je gelangte.

Der grösste Irrthum, der fast alle Geister bis zu Galileis Zeit gefangen hielt, war der, dass die fortdauernde Wirkung irgend einer

Kraft nöthig sei, einen sich bewegenden Körper in Bewegung zu erhalten. Dass selbst Kepler durchaus diese Anschauung theilte, zeigt die Thatsache, dass er eine Kraft, die nur in der Richtung nach der Sonne wirke, für unzureichend hielt, die planetarischen Bewegungen zu erhalten, und dass es einer ergänzenden Kraft bedürfe, welche beständig den Planeten vorwärts stiesse. Die letztere Kraft, meinte er, könne von der Rotation der Sonne um ihre Axe herrühren. Es ist schwer zu sagen — so allmählich dämmerte die grosse Wahrheit dem menschlichen Geiste auf —, wer der erste war, der klar einsah und aussprach, dass diese Ansicht vollständig ungenau sei, und dass ein Körper, wenn einmal in Bewegung, ohne Gegenwirkung oder Hinzukommen irgend einer Kraft sich gleichmässig und unaufhörlich vorwärts bewegen würde. Leonardo da Vinci muss diese Wahrheit, die Folge des Gesetzes der Trägheit, zugänglich gewesen sein; implicite enthalten war sie in Galileis Fallgesetzen und in der von Huygens aufgestellten Theorie der Centralkräfte; aber keiner dieser Forscher — selbst Galilei nicht — hat sie unzweideutig und vollständig ausgesprochen; und so dürfen wir wohl sagen, dass zuerst Newton es war, der dieses Fundamentalgesetz, in Verbindung mit den es vervollständigenden, vollkommen deutlich darlegte. Die Basis von Newtons Entdeckung bildeten die folgenden drei Bewegungsgesetze:

1. **Ein in Bewegung befindlicher Körper, auf den keine Kraft wirkt, bewegt sich geradlinig und mit gleicher Geschwindigkeit unaufhörlich fort.**

2. **Wirkt eine Kraft auf einen in Bewegung befindlichen Körper, so findet eine Abweichung von der nach dem ersten Gesetze folgenden Bewegung in der Richtung derselben statt und ist der Kraft proportional.**

3. **Wirkung und Gegenwirkung (Action und Reaction) sind einander gleich und entgegengesetzt;** übt also ein Körper auf einen anderen eine Kraft aus, so übt auch letzterer eine gleiche Kraft, aber in entgegengesetzter Richtung, auf den ersteren aus.

Für die Grundlagen der Newton'schen Lehren ist das erste dieser Gesetze das wichtigste. Der Umstand, der seine Entdeckung verhinderte und viele Jahrhunderte die Geister verwirrte, war, dass es keinen Körper auf der Erde gab, auf den nicht irgend eine Kraft wirkte, und daher keinen, der sich in gerader Linie fortdauernd bewegt hätte. Jeder Körper, mit dem experimentirt werden konnte, war mindestens durch sein eigenes Gewicht der Anziehung der Erde oder der Schwere unterworfen und fiel deshalb bald zur Erde. Andere Kräfte, welche seine freie Bewegung hinderten, waren die Reibung und der Luftwiderstand.

Eine Untersuchung, verschieden von der, welche die Vorgänger Galileis auf physikalische Probleme angewandt hatten, war nöthig, um zu zeigen, dass sich der Körper ohne diese Kräfte ungehindert geradlinig bewegen würde.

Wir können nun den eben so einfachen wie directen Weg verstehen, auf welchem Newton von dem, was er auf der Erde sah, zu dem grossen Princip gelangte, mit welchem sein Name für immer verbunden ist. Wir wissen zunächst, dass eine überall auf der Erde wirksame Kraft besteht, durch welche alle Körper nach dem Mittelpunkte der Erde hingezogen werden. Diese Kraft erstreckt sich ohne merkliche Verminderung bis zu den Spitzen der höchsten Gebäude ebenso, wie bis zu den Gipfeln der höchsten Berge. Die Frage liegt nun nahe, wie weit wohl ihre Wirksamkeit reiche, ob ihr nicht auch der Mond unterliege? Wenn dies der Fall, so würde auch der Mond, gerade wie der von der Hand in die Höhe geworfene Stein, wie der vom Baume fallende Apfel[*]) der Erde zustreben. Und sollte dann nicht diese einfache Kraft der Schwere auch die sein, die den Mond in seiner Bahn erhält, und die ihn hindert, in gerader Linie, dem ersten Bewegungsgesetz gemäss, wegzufliegen? Zur Beantwortung dieser Frage war es nöthig, zu berechnen, welche Kraft erforderlich sei, den Mond in seiner Bahn zurückzuhalten, und sie mit der Schwerkraft zu vergleichen. Wohlbekannt war den Astronomen jener Zeit, dass die Entfernung des Mondes 60 Erdhalbmesser beträgt; der Erdhalbmesser selbst war aber nicht genau bekannt. Newton nahm anfangs irrthümlich den Durchmesser der Erde zu 10500 km[**]) an, und aus diesem Grunde konnten seine Berechnungen ihm das richtige Resultat nicht geben. Dies geschah 1666, als er erst 23 Jahre alt war. Für nahe 20 Jahre legte er seine Rechnungen bei Seite und nahm sie erst wieder auf, als ihm die Messungen des Franzosen Picard bekannt wurden, welche die Erde um ein Fünftel grösser, als früher angenommen wurde, ergaben. Jetzt fand er den Betrag der Abweichung der Mondbahn von einer geraden Linie zu 4.9 m in einer Minute, d. h. ein Körper in der Entfernung des Mondes würde in der ersten Minute 4.9 m zur Erde hin fallen, welchen Raum ein Körper an der Erdoberfläche in einem Sechzigstel dieser Zeit, nämlich in einer

---

[*]) Newton soll bekanntlich durch den Fall eines Apfels zuerst (1666) auf den Gedanken gebracht worden sein, hier wirke die gleiche Kraft wie beim Monde.

[**]) Lineare Grössen sind in diesem Werke in der Regel in Kilometern (km), Metern (m) etc. angegeben. 1 km = 0.135 geogr. Meile = 0.621 engl. Meile; 1 geogr. Meile = 7.42 km = 4.61 engl. Meilen; 1 engl. Meile = 1.61 km = 0.217 geogr. Meile. — 1 m = 3.078 Par. Fuss = 3.186 rheinl. Fuss = 3.281 engl. Fuss; 1 cm = 0.370 Par. Zoll = 4.433 Par. Linien; 1 cm = 0.394 engl. Zoll.

Secunde, durchfällt. Da die Fallräume sich wie die Quadrate der Zeiten verhalten, so folgt, dass die Kraft der Schwere an der Erdoberfläche 60 mal 60 oder 3600 mal so gross als die Kraft ist, die den Mond in seiner Bahn hält; 60 mal so gross als die Entfernung der Erdoberfläche vom Erdmittelpunkte ist aber auch die des Mondes; es folgte also: **Die Kraft, welche den Mond in seiner Bahn hält, ist dieselbe, welche einen Stein zur Erde fallen lässt, nur verringert im Verhältniss des Quadrats der Entfernung vom Mittelpunkte der Erde.**

Für den Mathematiker ist der Uebergang von der einen Stein oder Apfel zu der den Mond beeinflussenden Schwerkraft ein sehr einfacher: der Nichtmathematiker aber wird vielleicht nicht gleich sehen, wie der Mond beständig zur Erde fallen kann, ohne ihr je näher zu kommen. Das folgende Bild (Fig. 22) mag zur Erläuterung dienen. Jeder kann das Fallgesetz schwerer Körper begreifen, wonach ein Körper 5 m in der ersten Secunde, dreimal diesen Raum oder 15 m in der zweiten, fünfmal in der dritten u. s. w. fällt. Nehmen wir an, der Körper falle nicht, sondern werde, wie eine Kanonenkugel, horizontal fortgeschleudert, so würde er zufolge der Schwere während der ersten Secunde 5 m aus der geraden Linie, in der er geschleudert wurde, abweichen oder fallen, dreimal diese Grösse in der nächsten Secunde, fünfmal in

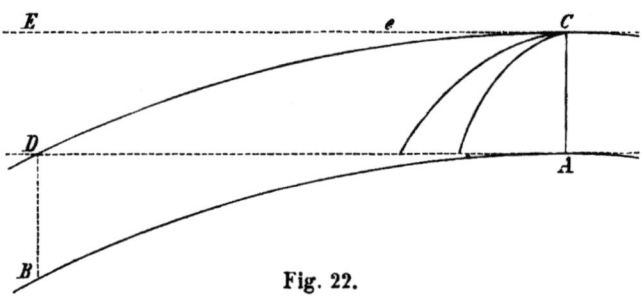

Fig. 22.

der dritten u. s. w., ebenso, als wenn er aus der Ruhe einfach gefallen wäre. Sei AB (Fig. 22) ein Theil der Erdoberfläche und AD eine Gerade horizontal an A oder die Richtung, in welcher ein Beobachter durch ein horizontal gestelltes Fernrohr sehen würde. Die Oberfläche wird dann infolge der Krümmung der Erde von dieser Gesichtslinie etwa 13 cm am Ende des ersten Kilometers, noch 39 cm mehr am Ende des zweiten u. s. w. abweichen. In 8 km Abstand wird die Abweichung auf 5 m gestiegen sein. In 16 km wird sie dreimal diesen Betrag, zu ihm noch hinzugefügt, im Ganzen also 20 m, ausmachen u. s. w. und überhaupt das Fallgesetz befolgen. Von dem Gipfel C des hohen Berges AC werde nun eine Kanonenkugel in horizontaler Richtung CE abgefeuert. Je grösser ihre Geschwindigkeit, desto weiter wird sie kommen, ehe sie die Erde erreicht. Wir wollen nun annehmen, sie werde mit solcher Kraft gefeuert, dass ihre Geschwindigkeit 8 km in der Secunde beträgt, und dass kein Luftwiderstand stattfinde. In 8 km Abstand von C liege auf E der Punkt e; da sie diesen in einer Secunde erreicht, so folgt aus dem Fallgesetz, dass sie in dieser Zeit 5 m unter e gefallen ist. Wir haben aber eben gesehen, dass die Erde selbst in dieser Entfernung sich 5 m wegkrümmt. Die Kugel ist demnach nicht näher an der Erde, als im Momente des Abfeuerns. Während der nächsten Secunde würde die Kugel nach E gelangen, infolge der Schwere aber um weitere 15 m, im Ganzen also um 20 m fallen. Aber auf diese Strecke hat sich auch die Erdoberfläche um weitere 15 m gekrümmt, so dass die Entfernung DB wiederum 20 m ist. So würde, wenn kein Widerstand stattfände, die Kugel in unveränderter Geschwindigkeit und gleicher Entfernung von der Erdoberfläche weiter gehen; sie würde stets um denselben Raum fallen, um den sich die Erde wegkrümmt. Schliesslich käme sie auf kreisförmiger Bahn rings um die Erde und erreichte nach Verlauf von $1^h 24^m$ wieder den Punkt C. Die Kugel wäre demnach gleichsam ein Satellit der Erde, wie der Mond, nur viel näher und mit weit geringerer Umlaufszeit, geworden. Der die Kanonenkugel geradlinig fortschleudernden Kraft entspricht beim Monde ein ursprünglicher Impuls oder Stoss, demzufolge er sich, ohne die Einwirkung der Erde, nach dem ersten Bewegungsgesetz in gerader Linie unaufhörlich weiter bewegen würde.

Mit einem weiteren Schritt dehnen wir die Gravitation auf andere Körper als die Erde aus. Die Planeten bewegen sich um die Sonne, wie der Mond um die Erde, und müssen demnach einer gegen die Sonne gerichteten Kraft gehorchen. Diese Kraft kann nichts Anderes sein, als die Gravitation oder Anziehung der Sonne selbst. Eine einfache Rechnung nach Keplers drittem Gesetz zeigt, dass die Kraft, mit welcher die Planeten gegen die Sonne gravitiren, sich umgekehrt wie die Quadrate ihrer mittleren Entfernungen verhält.

Es fragt sich jetzt nur noch, welche Art von Bahn ein Planet beschreiben wird, wenn eine Kraft von der erwähnten Beschaffenheit ihn um die Sonne führt. Eine einfache Untersuchung lehrt nun, dass, wenn die sonst ganz beliebige Kraft nur beständig nach der Sonne gerichtet oder eine Centralkraft ist, der Radiusvector des Planeten stets gleiche Flächen in gleichen Zeiten überstreichen wird. Und umgekehrt kann er nicht gleiche Flächen in gleichen Zeiten beschreiben, wenn die Kraft in einer andern Richtung als der der Sonne wirkt. Nach Keplers zweitem aus der Beobachtung abgeleiteten Gesetze folgt demnach, dass die Kraft in der That gegen die Sonne selbst gerichtet ist.

Das Problem nun, die Form der Bahn, die beschrieben werden muss, zu bestimmen, vermochten nur sehr wenige Mathematiker des 17. Jahrhunderts einigermassen genügend zu behandeln. Newton gelang es indessen, auf strengem Wege nachzuweisen, dass die Bahn allgemein ein Kegelschnitt*) sein müsse, und zwar je nach Umständen eine Ellipse, eine Parabel oder eine Hyperbel, mit der Sonne in einem der Brennpunkte; hiermit war das erste Gesetz Keplers in der allgemeinsten Form bewiesen. — So verschwand alles Geheimnissvolle aus den himmlischen Bewegungen, und die Planeten zeigten sich einfach als schwere Körper, die nach denselben Gesetzen, die wir rund um uns her wirksam sehen, und nur unter ganz verschiedenen Bedingungen sich bewegen. Alle drei Gesetze Keplers waren enthalten in dem einzigen Gesetz der Gravitation gegen die Sonne, welche umgekehrt wie das Quadrat der Entfernung wirkt.

Sehr schön erklärt die allgemeine Schwere Keplers drittes Gesetz. Wie wir sahen, ist der Quotient der Quadrate der Umlaufszeiten in die Cuben der mittleren Entfernungen für alle Planeten derselbe (Seite 63). Wenden wir dies auf die Satelliten des Jupiter an, indem wir die Distanz jedes derselben vom Jupiter auf die dritte Potenz erheben und diesen Cubus durch das Quadrat der Umlaufszeit theilen, so wird zwar auch hier der Quotient für jeden Satelliten derselbe, aber nicht derselbe wie bei den Planeten. Dieser Quotient ist nämlich der Masse oder dem Gewichte des Centralkörpers proportional. Im Falle der Planeten ist er 1050 mal grösser als bei den Jupiters-Satelliten, weil die Masse oder das Gewicht der Sonne 1050 mal das des Jupiters ist. Das oben ausgesprochene dritte Kepler'sche Gesetz bedarf daher noch eines ergänzenden, die Massen berücksichtigenden Factors**), welcher sich Kepler nur deshalb nicht zu erkennen geben konnte, weil diese Massen im Verhältniss zur Sonnenmasse sehr klein sind. Wir besitzen

---

*) Ueber die Kegelschnitte wird später Einiges erwähnt werden.
**) In mathematischer Sprache lautet das dritte Kepler'sche Gesetz streng:

$$\frac{a^3}{T^2(1+m)} = \frac{a'^3}{T'^2(1+m')} = \frac{a''^3}{T''^2(1+m'')} = \ldots = \text{Const.},$$

wo $a, a', a'' \ldots$ die halben grossen Axen, $T, T', T'' \ldots$ die Umlaufszeiten, $m, m', m'' \ldots$ die Massen der Planeten, in Theilen der zu 1 genommenen Sonnenmasse bedeuten. Die Kepler'sche Näherungsform setzt $m = m' = m'' = \ldots = 0$.

auf diese Weise einen sehr bequemen Weg zur Bestimmung der Masse oder des Gewichtes aller mit Trabanten versehenen Planeten. Die Masse wird dabei in Bruchtheilen der als Einheit genommenen Sonnenmasse ausgedrückt.

Aber auch in dieser Form ist das Gesetz noch nicht vollständig; es muss dahin verallgemeinert werden, dass in einem abgeschlossenen Systeme (Sonnensystem) jeder Körper alle anderen anzieht und von allen anderen angezogen wird. Wegen dieser allgemeinen Anziehung finden Bewegungsänderungen aller Planeten statt, in Folge deren ihre Bahnen die Kepler'schen Gesetze nicht genau befolgen. Es ist nun aus der Beobachtung bekannt, dass in der That die Planeten sich nicht genau nach den Kepler'schen Gesetzen bewegen. Die schliessliche Frage ist also die, ob die gegenseitige Anziehung der Planeten diese Abweichungen vollständig und genau erklärt. Diese Frage konnte Newton nur in unvollkommener Weise beantworten, da das Problem für seine mathematischen Kenntnisse, wie überhaupt für die damalige Zeit ein zu verwickeltes war. Er vermochte zu zeigen, dass die Anziehung der Sonne Ungleichheiten in der Bewegung des Mondes um die Erde verursachen müsse von der Art, wie die Beobachtungen sie wirklich ergaben, aber er konnte ihren Betrag nicht genau berechnen. Doch war die allgemeine Uebereinstimmung seiner Theorie mit den Bewegungen der Himmelskörper eine so überraschende, dass ein Zweifel an ihrer Wahrheit nicht hätte eintreten sollen. Es ist demnach sehr merkwürdig, dass die Pariser Akademie der Wissenschaften noch 1732 — mehr als 40 Jahre nach Newtons Entdeckung — dem berühmten Mathematiker Johann Bernoulli einen Preis ertheilte für eine Abhandlung, in welcher die Planetenbewegungen auf Grund der Cartesianischen Wirbeltheorie erklärt wurden. Es braucht daraus nicht gefolgert zu werden, dass die Akademie noch diese Theorie als die richtige betrachtete; allein das dürfen wir schliessen, dass sie die Gravitationstheorie noch als offene Frage ansah.

Um Newtons Theorie vollständig auszudrücken, genügt es nicht, einfach zu sagen, dass Sonne, Erde und Planeten sich gegenseitig anziehen. Man mag die Materie soweit theilen, als man will, immer wird man finden, dass sie Anziehung besitzt und übt, weil sie Masse hat. Da die Erde auch die kleinsten Theilchen noch anzieht, so müssen auch diese, nach dem dritten Gesetze der Bewegung, die Erde ihrerseits mit entsprechender Kraft anziehen. Wir schliessen daraus, dass die Kraft der Attraction nicht in der Erde als Ganzem ruht, sondern in jedem individuellen Theilchen der sie zusammensetzenden Masse; das heisst, die Anziehung der Erde auf einen Stein z. B. ist einfach die ganze

Summe der Anziehungen zwischen dem Stein und allen die Erde bildenden Theilchen *).

Aus den Gesetzen der Gravitation folgt, dass theoretisch eine Grenze der Entfernung, bis zu welcher sich die allgemeine Anziehung erstreckt, nicht existirt. Die Anziehung der Sonne auf die bekannten äussersten Planeten, Uranus und Neptun, zeigt nicht die geringste Abweichung vom Newton'schen Gesetz. Bei der ausserordentlich schnellen Abnahme aber, welche die Anziehung erleidet, ist, wenn wir Entfernungen wie die der Fixsterne in Betracht ziehen, die Attraction der Sonne ohne wahrnehmbare Wirkung.

Vollständig ausgesprochen heisst also das Gesetz der allgemeinen Anziehung oder der Gravitation:

Jedes materielle Theilchen im Universum zieht jedes andere mit einer Kraft an, die sich verhält direct wie ihre Massen und umgekehrt wie das Quadrat ihres gegenseitigen Abstandes.

2. Anziehung kleiner Massen. Dichtigkeit der Erde.

Um vollständig den Beweis zu liefern, dass Attraction wirklich jedem materiellen Theilchen eigen ist, war es wünschenswerth, durch das Experiment zu zeigen, dass isolirte Massen in der That einander so, wie es Newtons Gesetz erfordert, anziehen. Dieses Experiment ist auf verschiedenem Wege erfolgreich ausgeführt worden, zunächst freilich weniger in der Absicht, die Existenz der Attraction nachzuweisen, als die mittlere Dichte der Erde zu bestimmen. Die Anziehung einer Kugel auf einen Punkt ihrer Oberfläche ist, wie die Mathematik lehrt, dieselbe, als wenn die ganze Masse der Kugel in ihrem Mittelpunkte vereinigt wäre. Sie verhält sich demnach direct wie die ganze Summe der materiellen Theile der Kugel, oder wie ihr Gewicht, und umgekehrt wie das Quadrat ihres Halbmessers. Wir wollen nun die Anziehung zweier Kugeln aus gleichem Material betrachten, von denen die eine den doppelten Durchmesser der andern hat. Da der Inhalt einer Kugel proportional der dritten Potenz des Radius wächst, so folgt, dass die grössere achtmal den Raum und also auch achtmal die Masse oder das Gewicht der kleineren hat. Andererseits aber ist ein Oberflächentheil der grösseren Kugel doppelt so weit vom Mittelpunkte als einer der kleineren entfernt, die Anziehung

---

*) Von der allgemeinen Schwere muss man aber die sogenannte Molekular-Attraction, die Anziehung, welche zufolge innerer Kräfte zwischen den kleinsten Theilchen der Materie (den Molekülen) und nur in unmessbarer Entfernung stattfindet, unterscheiden.

also aus diesem Grunde nur ein Viertel. Verbinden wir nach dem Attractionsgesetze diese beiden Anziehungsfactoren, so ergiebt sich, dass die Anziehung auf ein Theilchen der grösseren Kugel doppelt so gross ist $(8 \times \frac{1}{4})$, als diejenige auf ein Theilchen der kleineren; die Anziehungen verhalten sich also direct wie die Durchmesser der Kugeln, wenn die Dichtigkeiten gleich sind, das heisst, wenn derselbe Raum in beiden Kugeln dieselbe Masse enthält. Sind die Dichtigkeiten nicht gleich, so ist die Attraction proportional dem Product von Dichtigkeit und Durchmesser.

Der Durchmesser der Erde beträgt rund 13 Millionen Meter. Die Anziehung einer Kugel von derselben Dichtigkeit, aber von 1 m Durchmesser, wird demnach ein Dreizehnmilliontel der Erdanziehung sein, oder ein Dreizehnmilliontel der Masse oder des Gewichtes des angezogenen Körpers. Mässen wir also z. B. die Anziehung einer Bleikugel von solcher Grösse und fänden sie genau zu $\frac{1}{13000000}$ von dem Gewicht des angezogenen Körpers, so würden wir schliessen, dass die durchschnittliche oder mittlere Dichte der Erde gleich jener des Bleies wäre. In Wirklichkeit aber wird jene Anziehung nahe zweimal so gross gefunden; es ist folglich das Blei etwa zweimal so dicht, als das Mittel der die Erde zusammensetzenden Bestandtheile.

Der Physiker Cavendish, der zuerst die Dichtigkeit der Erde auf eine solche Art bestimmte, bediente sich dabei eines Apparates, den Fig. 23 in der ihm späterhin von Baily gegebenen Form darstellt. An dem Arm KF hängt an feinem Seidenfaden EF ein sehr leichter horizontaler Stab e, an dessen Enden die kleinen Gewichte bb (in der Figur ist nur das rechte sichtbar) befestigt sind. Um einen derartig aufgehängten Stab in der horizontalen Ebene zu drehen, ist

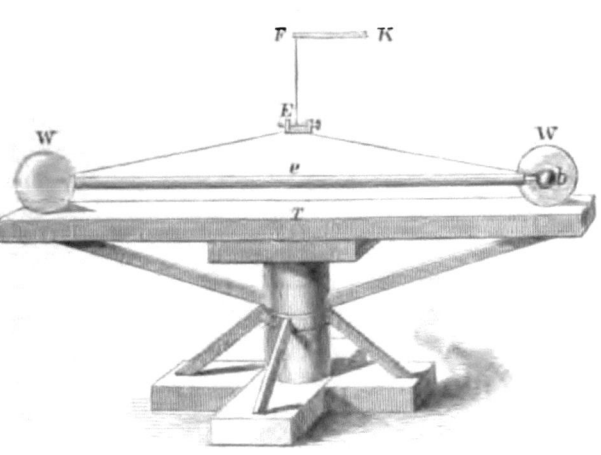

Fig. 23. Drehwage von Cavendish.

nur eine äusserst geringe Kraft erforderlich, da nur der Widerstand des sehr dünnen Seidenfadens gegen Drehung oder Torsion zu überwinden ist. Der

76 I. Geschichtliche Entwickelung des Weltsystems.

Apparat führt deshalb den Namen der *Drehwage* oder des *Torsionspendels*. Die anziehenden, möglichst grossen Massen bestehen aus zwei Bleikugeln WW, die auf drehbarer Tafel T an verschiedenen Seiten der leichten Kugeln b ruhen. Die Einwirkung der schweren Bleikugeln auf bb versetzt nun die Drehwage aus der Gleichgewichtslage in Drehung (in der Figur in einer Richtung umgekehrt, wie der Uhrzeiger geht), bis die Torsion des Seidenfadens die Weiterbewegung hindert, worauf die Wage nach kurzer Ruhe wieder nahezu in die anfängliche Lage zurückgeht. So macht sie mehrere Schwingungen, jede von einigen Minuten Dauer, und bleibt zuletzt in Ruhe in einer von der ersten verschiedenen Stellung. Die anziehenden Kugeln werden dann in die umgekehrte Stellung bezüglich der angezogenen gebracht, so dass die Wage nun im Sinne des Uhrzeigers schwingt. Diese Schwingungen werden durch ein Mikroskop beobachtet und gemessen, welches in dem Kasten, der den ganzen Apparat umschliesst, angebracht ist. Aus der Grösse der Bewegungen kann dann die Anziehung der Kugeln berechnet werden.

Dieses im Jahre 1798 von Cavendish angestellte Experiment wurde später mit verfeinerten Mitteln von Reich in Freiberg und von Baily in London, in neuester Zeit endlich von Cornu und Baille in Paris wiederholt. Die Resultate, die für die mittlere Dichtigkeit der Erde aus diesen Versuchen folgen, sind:

Cavendish (eigenes Resultat) 5.48
» (Huttons Revision) . . . 5.32
Reich (1837) 5.44
» (1849) 5.58
Baily (1842) 5.66
Cornu und Baille (1873) . . . . . 5.56.

Dasselbe Problem ist ferner dadurch zu lösen versucht worden, dass man die Attraction von Bergen, also von Theilen der Erdkruste, zu bestimmen suchte. Der erste Versuch zur Bestimmung der Erddichte rührt von dem englischen Astronomen Maskelyne her, welcher 1774 die Anziehung des Berges Shehallien in Schottland durch Beobachtung der Ablenkung des Lothes ermittelte. Das Princip der Messungen ist das folgende: Beobachten wir zu beiden Seiten eines einzelnen Berges die Richtung des Bleilothes, so wird die Anziehung des Berges das Loth aus den beiden nach dem Mittelpunkte der Erde gerichteten oder verticalen Lagen nach dem Berge hinziehen (Fig. 24). Kennen wir dann durch directe Messung Dichtigkeit und Volumen des Berges, so lässt sich

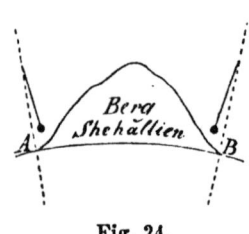

Fig. 24.

hieraus, in Verbindung mit der beobachteten Ablenkung und dem bekannten Volumen der Erde, die Dichte der letzteren bestimmen. Die auf diesem Wege abgeleitete Dichtigkeit der Erde war 4.71, also beträchtlich kleiner, als die späterhin aus der Anziehung der Bleikugeln folgende. Nothwendigerweise ist aber diese Methode eine sehr ungenaue, da man nicht im Stande ist, die Verschiedenheit der Dichte der Erde, die im Berge und in seiner Umgebung wohl immer statthaben wird, in Rechnung zu ziehen. So hat denn auch Colonel James neuerdings durch Beobachtungen an demselben Berge eine wesentlich grössere Zahl, nämlich 5.32 gefunden.

Eine dritte Methode beruht auf der Bestimmung der Veränderung der Schwere. Wie wir wissen, vermindert sich die Wirkung der Gravitationskraft, je weiter wir uns von der Erde entfernen; auf der Erdoberfläche selbst wirkt sie, als wäre die ganze Kraft im Erdmittelpunkte vereinigt. Betrachten wir nun einen innerhalb der Erde gelegenen Punkt A (Fig. 25) und denken uns den Erdkörper in eine Kugelschale und eine innere Kugel, deren Halbmesser gleich dem Abstande des Punktes A vom Erdmittelpunkte ist, zerlegt, so ist die Gesammtanziehung dieser Erdkugelschale, die also ausserhalb des angezogenen Punktes A rings um die Erde liegt, auf diesen Punkt Null, weil sich die von den verschiedensten Punkten der Schale auf A ausgeübten Anziehungen ($a\,a'$, $a_1\,a_1'$, $a_2\,a_2'$ etc.) gegenseitig aufheben; für den inneren übriggebliebenen Theil der Erde liegt der Punkt A aber an der Oberfläche; die Anziehung auf ihn wirkt also wieder, als wäre die ganze Masse im Mittelpunkte vereinigt, und da die jetzt allein wirkende Kugel kleiner als die ganze Erde ist, so ist auch die Anziehung auf A oder die Gravitation eine geringere. Die Veränderung der Schwere bestimmt man nun am besten aus Pendelbeobachtungen. Die Anzahl der Schwingungen, die ein Pendel von gegebener Länge in einer gewissen Zeit macht, hängt wesentlich ab von der Schwerkraft; je stärker diese ist, desto rascher schwingt das Pendel. Zählt man nun die Schwingungen eines Pendels an einem Punkte der Erdoberfläche und an einem möglichst tief darunter gelegenen Punkte, so lässt sich aus der Veränderung der Schwingungszahl die Veränderung der Schwere und daraus dann die Dichte berechnen. Airy bestimmte auf diese Weise 1855 in einer Mine zu Harton Colliery die Erddichtigkeit zu 6.56.

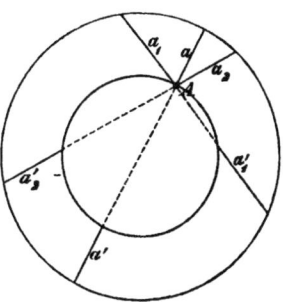

Fig. 25.

Einen umgekehrten, im Princip aber ähnlichen Weg schlugen 1848 Plana und Carlini ein, indem sie die Pendelschwingungen am Fusse und auf der Spitze des Mont Cenis beobachteten. Aus der Vergleichung der beobachteten mit der theoretisch berechneten Aenderung der Schwingungsdauer folgt, mit Berücksichtigung der Volumina von Erde und Berg und der Entfernung des Pendels vom Schwerpunkte beider, das Verhältniss der Dichtigkeit von Erde und Berg, also, wenn man letztere auf andere Weise ermittelt, die Erddichte selbst. Carlinis Resultat, 4.95, kann jedoch, ebensowenig wie das von Airy, auf grosse Genauigkeit Anspruch erheben, weil die in beiden Methoden nicht zu vermeidenden Hypothesen über die Dichtigkeit von Bestandtheilen der Erde stets unsichere sein müssen.

Jolly und nach ihm Paynting haben das Problem mit Hülfe einer Wage zu lösen versucht; das Princip besteht darin, eine kleine Masse zu wiegen einmal unter dem Einflusse einer nahe befindlichen grossen anziehenden Masse, das andere Mal ohne dieselbe. Die praktische Ausführung dieser Methode kann auf verschiedene Weise erfolgen; Jolly benutzte eine Wage, welche an jedem Arme zwei Wagschalen trug, von denen die eine, die dem anziehenden Körper am nächsten war, 15 bis 20 Meter unterhalb der oberen hing. Jolly und Paynting sind zu genau demselben Resultate, nämlich 5.69 für die mittlere Erddichte gekommen.

In den Jahren 1887 und 1888 ist von Wilsing eine Methode zur Bestimmung der Erddichtigkeit in Anwendung gebracht worden, die im Principe auf Wägungen mit einer verticalen Wage beruht, und bei welcher einige Fehlerquellen der vorhin besprochenen Methoden wegfallen. Der Wilsing'sche Apparat besteht aus einem vertical hängenden Pendel, dessen Aufhängepunkt nur äusserst wenig über dem Schwerpunkte liegt, so dass die Schwingungsdauer mehrere Minuten beträgt. An den beiden Enden des Pendels befindet sich je eine etwa ein Kilogramm schwere Kugel, die von zwei mehrere Centner schweren Metallcylindern in der Weise angezogen werden, dass, während z. B. die obere Kugel nach rechts strebt, die untere nach links gezogen wird. Durch Umsetzung der anziehenden Massen kann mithin der vierfache Betrag der Einzelanziehung bestimmt werden. Die Messung selbst geschieht durch Spiegelablesung vermittelst Fernrohr. Als Resultat seiner Untersuchungen findet Wilsing 5.58 mit einem sehr geringen wahrscheinlichen Fehler.

3. Figur und Grösse der Erde.

Drehte sich die Erde nicht um eine Axe, so würde die gegenseitige Anziehung aller ihrer Theile ihr eine genau kugelförmige Gestalt zu geben streben; und wenn auch die Cohäsion der festen Theile die Herstellung einer vollkommenen Kugelform verhinderte, so würde doch wenigstens die Oberfläche des Meeres diese Gestalt annehmen. Setzen wir nun eine solche sphärische Erde in rotirende Bewegung um eine bestimmte Axe, so wird eine Centrifugalkraft entstehen, welche die Theile von den Polen gegen die äquatorialen Gegenden hin zu bewegen sucht, da in der Axe, also nahe an den Polen, die Centrifugalkraft sehr gering ist und mit der Entfernung von der Axe bis zum Aequator zu einem Maximum anwächst. Die Oberfläche wird dem entsprechend die Form eines Sphäroids (eines Rotationsellipsoids) annehmen, dessen grösster Durchmesser im Aequator, dessen geringster in der Axe liegt. Eine Berechnung dieser Centrifugalkraft aus den bekannten Grössenverhältnissen der Erde und der Rotationszeit zeigt, dass dieselbe am Aequator $1/289$ der Schwerkraft beträgt. Sie vermindert also die Schwerkraft um diesen Betrag und ebenso das die Schwerkraft messende oder ausdrückende Gewicht eines Körpers.

Betrachten wir das Verhalten eines Pendels auf der Erdoberfläche, so wird dasselbe am Aequator langsamer schwingen, oder eine Penteluhr, die in nördlichen Breiten genau regulirt war, wird nachgehen. Dieses Resultat ergaben auch in der That die Beobachtungen des französischen Astronomen Richer, der 1672 von der Pariser Akademie zur Anstellung von Marsbeobachtungen nach Cayenne gesandt worden war; er fand, dass seine in Paris genau richtig gehende Uhr in Cayenne täglich über 2^m nachging. Bestritt man hiernach, wie dies nicht Wenige Newton gegenüber thaten, die Abplattung der Erde, so hiess dies, nicht nur seine Theorie der Gravitation sondern auch die natürliche Wirkung mechanischer Kräfte auf die Veränderung der Oberflächenform plastischer Massen leugnen. Trotzdem glaubten die französischen Astronomen nicht an eine Abplattung, weil die in Frankreich unternommenen geodätischen Operationen eher eine Verlängerung der Erdoberfläche in der Richtung der Pole als eine Abplattung anzuzeigen schienen. Dieses Resultat war aber dadurch hervorgerufen, dass durch die Kürze der in Frankreich gemessenen Distanz die unvermeidlichen Beobachtungsfehler die Wirkung der Erdellipticität vollständig verdeckten. Wir müssen indessen den französischen Astronomen der nächstfolgenden Generation nachrühmen, dass sie, um die Frage endgültig zu erledigen, die genauesten Messungen anstellten. Das durch Gradmessungen in Peru und in Lappland von ihnen erhaltene Resultat war in vollkommener Uebereinstimmung mit Newtons Theorie und gab ihr eine mittlerweile übrigens unnöthig gewordene Bestätigung.

Newton war nicht im Stande, die Figur, welche die Erde unter dem Einflusse ihrer eigenen Attraction und der durch die Rotation hervorgerufenen Centrifugalkraft hätte annehmen sollen, genau zu bestimmen, obschon er einsah, dass ihre Meridiane von Ellipsen nicht sehr abweichen könnten. Die Verwickelung des Problems rührt daher, dass, wie die Erde ihre Form zufolge der Rotation ändert, Richtung und Stärke der Attraction an den verschiedenen Punkten ihrer Oberfläche sich gleichfalls ändern, und dies bedingt wiederum eine Veränderung der Erdfigur. Erst im vorigen Jahrhundert wurde das Problem, die Form einer rotirenden flüssigen Masse zu bestimmen, gelöst; man fand, dass bei einem derartigen Körper die Meridiane Ellipsen sind und der Körper demnach ein Rotationsellipsoid sei.

Aus zwei Gründen weicht indessen die zu bestimmende Figur der Erde von einem genauen Ellipsoid ab. Der erste ist, dass es grosse Unregelmässigkeiten in der Dichte ihrer Oberflächenschichten giebt; der zweite, dass die wirkliche, aus den Gradmessungen zu bestimmende Figur sich nicht auf eine ideale flüssige Oberfläche bezieht, sondern auf die feste Erdkruste mit allen ihren Unregelmässigkeiten. —

Es mag hier noch in kurzem Umrisse Princip und Entwickelung der Gradmessungen, die augenblicklich in den Culturstaaten besonders Europas mit lebhaftestem Eifer durchgeführt werden, zur Darstellung kommen. Man hat bei einer Gradmessung zwei Operationen vorzunehmen: die eine, eigentlich geodätische, besteht in der Messung der Entfernung zweier Erdorte; die zweite, astronomische, in der Bestimmung des Winkelabstandes der Zenithpunkte dieser Orte. Wäre die Erde eine Kugel, so würde der Bogen auf der Erde zwischen den beiden Orten einfach durch den Abstand ihrer Zenithpunkte gemessen; die in einem bekannten Masse (Kilometer, Meile etc.) ausgedrückte Entfernung giebt dann, in Verbindung mit dem Bogen, den Umfang oder auch den Durchmesser der Erde. Liegen die beiden Orte auf gleichem Meridian und beobachtet man an beiden die Höhe oder den Zenithabstand eines und desselben Gestirnes bei seinem Meridiandurchgange, so ergiebt die Differenz dieser beiden Winkel unmittelbar den Breitenunterschied der Orte. Auf solche Weise, also durch eine Breitengradmessung, bestimmte schon Eratosthenes etwa 200 v. Chr. den Erdumfang zu 250 000 Stadien oder 46 400 km, wenn, wie wahrscheinlich, die Länge des Stadiums gleich 185 m anzunehmen ist.

Bei einem Rotationsellipsoid, welches die Erde nahezu ist, verhält sich die Sache aber anders. Während bei der Kugel die Krümmung überall die gleiche ist, ändert sich dieselbe bei einem Ellipsoid; sie ist am stärksten am Aequator, am schwächsten an den Polen, wenn wir ebene Durchschnitte durch die Axe, also Ellipsen, betrachten; die Polargegenden gehören gleichsam zu einer Kugel von grösserem Durchmesser, als die Aequatorialgegenden. Man sieht danach leicht ein, dass einem Bogen von z. B. 1° an den Polen eine grössere lineare Entfernung als am Aequator entsprechen muss. Der Unterschied beider Grössen bestimmt die Excentricität der Ellipse und damit die *Abplattung des Ellipsoids* oder die Differenz der beiden Axen, in Theilen der grossen Axe der Ellipse ausgedrückt. Die Messungen von Maupertuis in Lappland und von Bouguer und La Condamine in Peru (1735—1744), die ersten mit genaueren Apparaten und in hinreichend verschiedener Breite vorgenommenen, ergaben nun die Länge eines Grades in Lappland zu 57 420 Toisen, in Peru dagegen zu 56 750 Toisen*), und hieraus folgte eine Erdabplattung von $1/180$. Die Frage war principiell damit entschieden, und es handelte sich von nun an nur um eine genauere Bestimmung der Erddimensionen. Der grösste Schritt geschah in den dreissiger Jahren unseres Jahrhunderts, besonders durch Bessel, der durch die Verbindung seiner eigenen, im Verein mit Baeyer in Ostpreussen ausgeführten Gradmessung mit den genauesten von Frankreich, England etc. unternommenen zu Resultaten gelangte, welche bis vor kurzem mit Recht als die sichersten gegolten und erst jetzt durch die von J. Clarke ermittelten Werthe eine Verbesserung gefunden haben. Letzterer konnte eine grössere Zahl in den letzten Jahrzehnten namentlich in Russland und Ostindien ausgeführter Gradmessungen zur Ableitung der Erddimensionen benutzen, bediente sich aber wesentlich der von Bessel in die Wissenschaft eingeführten Untersuchungsmethoden. Die folgenden Ziffern geben Beider Resultate in Metern:

	Halbe grosse Axe (Aequator.-Halbm.)	Halbe kleine Axe (Polarhalbm.)	Abplattung
Bessel (1837)	6 377 397	6 356 079	1 : 299.2
Clarke (1880)	6 378 249	6 356 515	1 : 293.5

Nach Clarke ist also die Erde etwas grösser als nach Bessel und mehr abgeplattet. Clarke hat indessen unter Benutzung von Längengradmessungen auch ein dreiaxiges Ellipsoid berechnet und als wahrscheinlichste Axenwerthe gefunden: 6 378 321 (halbe grosse Axe der Aequatorial-Ellipse), 6 377 857 (halbe kleine Axe) und 6 356 330 (halbe kleine Axe der Meridianellipse oder Polarhalbmesser), woraus die Abplattungen $\frac{1}{288.5}$ und $\frac{1}{293.5}$ folgen.

Bei Bessel wie bei Clarke bleiben, wenn man aus den theoretischen Daten die Längen der Gradbögen zurückrechnet und mit den Beobach-

---

*) 1 Toise = 1.95 Meter.

tungen vergleicht, noch Unterschiede übrig, die weit grösser sind, als die Beobachtungsfehler zulassen, und welche ihren Grund in partiellen Abweichungen von dem berechneten Sphäroid sowie in localen Attractionen grosser Massen, z. B. von Gebirgen, haben, die ablenkend auf die Lothlinie wirken. Solche *Localattractionen* hat man in den verschiedensten Gegenden gefunden, und zwar nicht nur bei Gebirgen (Alpen, Himalaya), sondern selbst in ganz ebenen Gegenden. Hier wird also die Anwesenheit beträchtlicher, unter der Oberfläche liegender Massen von grossem specifischen Gewicht angedeutet, oder auch andererseits, wie z. B. bei Moskau, das Vorhandensein grosser massenarmer Räume oder Höhlungen.

War bis vor wenigen Jahren nur die Möglichkeit gegeben, die Figur der Erde durch Breitengradmessungen, also die Figur ihrer Meridiane genau zu bestimmen, so bieten sich neuerdings durch die verfeinerten Methoden astronomischer Beobachtung und durch die Anwendung des elektrischen Telegraphen zu Längenbestimmungen auch die Mittel dar, die Dimensionen mit genügender Schärfe nach anderer Richtung zu untersuchen. Die grossartigen, nach umfassendem Plane theils schon ausgeführten, theils in Ausführung begriffenen Arbeiten der vor nahezu zwanzig Jahren von Baeyer ins Leben gerufenen europäischen Gradmessung werden unser Wissen erheblich erweitern. Eine vollständige Kenntniss der Figur der Erde in allen ihren Einzelheiten werden wir freilich, wegen der Ungleichförmigkeiten der Erdoberfläche und ihrer Bestandtheile, nie erlangen; es muss genügen, eine mittlere, den vorhandenen physischen Abweichungen möglichst nahe kommende ideale Oberfläche zu construiren.

Eine Bestätigung der geodätisch gefundenen Erdabplattung können Pendelbeobachtungen liefern, denn wir sahen, dass zufolge der verschiedenen Schwere Pendel von gleicher Länge an verschiedenen Orten ungleich schwingen, langsamer am Aequator, rascher an den Polen. Aus solchen Pendelbeobachtungen, deren Bedeutung nach dieser Richtung vermuthlich schon Picard (1670) erkannt hat, ist die Abplattung zu $1/285$, also etwas stärker als aus geodätischen Messungen, abgeleitet worden.

4. Erklärung der Präcession.

Eine andere räthselhafte Thatsache, welche die Gravitation vollkommen erklärte, war die Präcession der Nachtgleichenpunkte. Wir beschrieben diese früher (Seite 17) als eine langsame stetige Aenderung in der Lage des Himmelspols unter den Sternen, die eine entsprechende Aenderung in der Lage des Himmeläquators zur Folge hat. Die

Coppernicanische Lehre zeigt aber, dass die Himmelspole nur ein Bild der Erdpole sind, weil nicht der Himmel, sondern die Erde rotirt. Die Himmelspole geben einfach nur die bis zur Himmelskugel verlängerte Richtung der Erdaxe an. Nach dem Coppernicanischen System muss demnach die Präcession in einer Veränderung der Richtung der Erdaxe bestehen, zufolge deren ihre Projection am Himmel, die Pole, einen Kreis von $23^{1}/_{2}°$ Halbmesser in etwa 26000 Jahren zu beschreiben scheinen. Newton erklärte nun diese Erscheinung als eine Wirkung der Attraction von Sonne und Mond auf das zufolge der Centrifugalkaft entstandene Erdellipsoid. Die Wirkung ist im Wesentlichen dieselbe, als wenn die kugelförmige Erde längs des Aequators von einem massigen Ringe umgeben wäre. In Fig. 26 stelle AB diesen um die Sonne S laufenden Ring dar (von der innerhalb gelegenen Kugel der Erde sehen wir ab). Die Centrifugalkraft der Erde zufolge ihrer Bewegung um die Sonne wird dann der durchschnittlichen Anziehung der Sonne auf sie die Wage halten; am Punkte A aber, der näher an der Sonne, wird die Attraction grösser als bei C und die Centrifugalkraft kleiner sein,

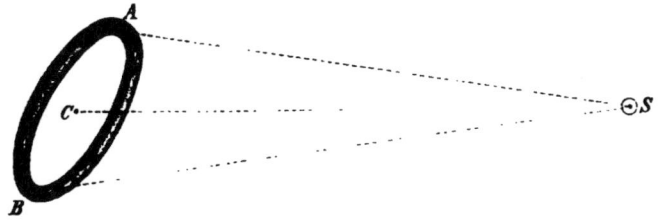

Fig. 26.

so dass ein Kraftüberschuss den Punkt A nach der Sonne treiben wird. Umgekehrt ist bei B die Attraction geringer als die durchschnittliche, und B wird daher von der Sonne weg streben. Die Gesammtwirkung dieser Kraftüberschüsse auf den gegen die Sonne geneigten Ring würde ihn um C zu drehen suchen, bis seine Ebene AB (also der Aequator) in die Richtung der Sonne CS fiele; und die im Ringe feste sphärische Erde würde langsam mitgedreht werden, die Richtung der Erdaxe also gleichfalls sich stetig der Sonne zu ändern. Dieser Erfolg wird nun aber durch die Rotation der Erde um ihre Axe gehindert, welche hier wie bei einem drehenden Kreisel oder Fessel'schen Rotationsapparat wirkt, indem sie die Lage der Axe zu erhalten strebt (eine Folge des Trägheitsgesetzes). Anstatt einer Neigung gegen die Sonne entsteht eine sehr langsame drehende Bewegung, rechtwinkelig zu dieser Richtung, welche sich uns am Himmel eben als Präcession darstellt. Die Natur dieser Bewegung kann auch aus Fig. 19 (Seite 56) ersehen werden. Der Nordpol (N) ist hier nach rechts geneigt, so dass den Positionen A und C die Solstitien, B und D die Aequinoctien entsprechen. Die Wirkung der Attraction von Sonne und Mond auf die sphäroidische Erde (oder genauer auf die wulst- oder ringförmige äquatoriale Erhebung) ist die, dass nach 6500 Jahren der Nordpol oder die Axe dem Beschauer der Figur unter dem gleichen Winkel von etwa $23\frac{1}{2}°$ zugekehrt sein wird, die Solstitien also in B und D, die Aequinoctien in A und C liegen werden. Nach weiteren 6500 Jahren wäre Axe und Nordpol nach links, statt nach rechts, geneigt, nach abermals 6500 Jahren vom Beobachter weg (hinter die Ebene des Papieres) und endlich am Schlusse der vierten Periode wieder wie in der jetzigen Lage.

Die eben beschriebenen Wirkungen würden nicht eintreten, wenn die Ebene des Ringes AB durch die Sonne ginge, wenn also keine Neigung des Erdäquators gegen die Erdbahn existirte, weil dann die Kräfte, welche A zur Sonne hin und B von ihr wegziehen, direct gegen einander wirken und sich so, bezüglich der Drehung, aufheben würden. Zeitweise findet dies nun wirklich statt, und zwar in den Aequinoctialpunkten, wenn die Sonne also den Aequator passirt. Die Präcessionsbewegung ist daher keine gleichförmige, sondern veränderlich: beträchtlich grösser als der mittlere Werth im Juni und December, wo die Declination der Sonne am grössten ist, und geringer im März und September, wo die Sonne in der Ebene des Aequators steht. Ueberdies ist im December die Erde der Sonne näher als im Juni und die Attraction also dann grösser; wir erhalten demnach aus diesem Grunde eine andere Ungleichheit.

Die Präcession wird nicht allein durch die Sonne hervorgerufen, vielmehr wirkt der Mond noch bedeutender, da seine geringere Masse durch grössere Nähe mehr als ausgeglichen wird. Die Kraft nämlich, aus der, in Verbindung mit der Erdrotation, die Präcession folgt, ist proportional der Differenz der beiden Anziehungen auf A und B (Fig. 26), und diese Differenz ist bei der Attraction des Mondes zufolge der geringeren Entfernung grösser. Durch das gemeinsame Einwirken von Sonne und Mond verwickeln sich die Erscheinungen der Präcession erheblich. Dieselben Ursachen, welche die Wirkung der Sonne veränderlich machen, verändern auch die des Mondes, und wir haben überdies bei letzterem noch zu berücksichtigen, dass, infolge der Bewegung der Mondknoten, die Neigung der Mondbahn gegen den Erdäquator einer Schwankung unterworfen ist, deren Periode 18.7 Jahre beträgt, und die eine Ungleichheit von gleicher Periode in der Präcession bedingt. Diese verschiedenen periodischen Ungleichheiten in der Präcession fasst man unter dem Namen »*Nutation* oder Schwankung der Erdaxe« zusammen. Sie sind jetzt alle genau berechnet und in den astronomischen Tafeln niedergelegt.

5. Ebbe und Fluth.

Seefahrenden Nationen des Alterthums schon war es bekannt, dass eine eigenthümliche Beziehung zwischen den Erscheinungen der Ebbe und Fluth und der täglichen Bewegung des Mondes besteht. Cäsars Schilderung seiner Fahrten durch den Canal lehrt, dass er das Gesetzmässige des Phänomens kannte. In der Beschreibung der Mondbewegung wurde gezeigt (Seite 19), dass der Mond zufolge seiner Bahnbewegung um die Erde jeden Tag durchschnittlich etwa dreiviertel Stunde später aufgeht, den Meridian passirt und untergeht. Die »*Gezeiten*« (tides der Engländer) treten zweimal täglich ein, aber die entsprechende Erscheinung (Ebbe und Fluth) um etwa den Betrag der Mondverzögerung jeden Tag später. Hiernach treffen die Gezeiten für einen gegebenen Erdort ein, wenn der Mond nahe an demselben Punkte seines scheinbaren täglichen Laufes ist.

Die Ursache dieser Erscheinung und ihre Beziehung zum Monde war dunkel, bis die Gravitationstheorie lehrte, dass sie von der Anziehung des Mondes auf die Wasser des Oceans herrühre. Der Grund,

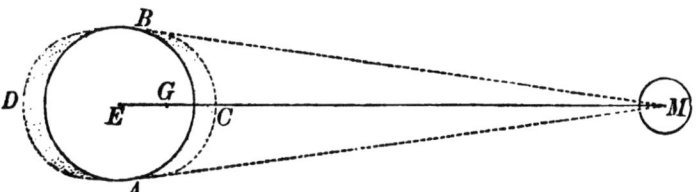

Fig. 27. Anziehung des Mondes auf die flüssige Erde.

warum Ebbe und Fluth und zwar zweimal am Tage eintreten, wird bei Betrachtung der Bahnbewegung des Mondes um die Erde ersichtlich. In Fig. 27 sei M der Mond, E der Mittelpunkt der Erde. Die dem Monde zugewandte Seite der Erdoberfläche wird nun von ihm stärker angezogen als der Mittelpunkt, die dort gelegenen flüssigen Theile werden also nach C hingezogen. Der Mittelpunkt E wiederum wird stärker angezogen als die vom Monde abgekehrte Seite; flüssige Theile werden sich also hier nach D erheben. Zu gleicher Zeit findet demnach an einem Erdort und dem diametral gegenüberliegenden Fluth, an den zwischen beiden liegenden Punkten (A und B) Ebbe statt. Ein Punkt G der Erde rotirt, relativ zum Mond, in etwa $24^3/_4^h$ um den Mittelpunkt E; es treten also für ihn in dieser Zeit die durch $CBDA$ angedeuteten Phasen, zweimal Fluth und zweimal Ebbe ein. Da der Mond sich vom Aequator nicht sehr weit entfernt, werden auch Fluth und Ebbe in den Aequatorialgegenden der Erde im Allgemeinen am stärksten sein und sich gegen die Pole hin allmählich verlieren, sofern nicht die localen Einflüsse durch die Figuration der Continente und Inseln Abweichungen vom regelmässigen Verlaufe erzeugen.

Gehorchte das Wasser sofort der Anziehungskraft des Mondes, so würde stets Fluth sein, wenn der Mond den Meridian (in der oberen oder unteren Culmination) passirte, und stets Ebbe, wenn er auf- oder unterginge. Aber wegen der Trägheit muss eine gewisse Zeit vergehen, bis die immerhin sehr geringe Kraft das Wasser in Bewegung zu setzen vermag, und einmal in Bewegung, bleibt es auch noch einige Zeit darin, nachdem die Kraft aufgehört und entgegengesetzt zu wirken begonnen hat. Wäre die Bewegung des Wassers durch nichts behindert, so würde demnach Hochwasser einige Stunden nach dem Meridiandurchgange des Mondes stattfinden. Indessen stören die Continente und die Inseln die freie Bewegung des Wassers, und zwar beeinflussen sie die Fluthwelle in solchem Masse, dass dieselbe in manchen Fällen viele Stunden, ja selbst einen ganzen Tag später eintritt. Mitunter treffen zwei Wellen gleicher Phase zusammen und bewirken auf diese Art ein ungewöhnlich bedeutendes Hochwasser; oder sie haben eine lange Bai hinaufzugehen und erzeugen das Hochwasser alsdann durch die eintretende Stauung; an einzelnen Orten (z. B. in der Fundy-Bai an der Ostküste der Vereinigten Staaten) treffen beide Ursachen zusammen und lassen so das Hochwasser bis zu 20 m und darüber anwachsen.

Die Sonne bringt eine Fluth aus gleichem Grunde wie der Mond hervor; wegen der weit grösseren Entfernung der Sonne ist die Kraft indessen geringer und nur vier Zehntel von der des Mondes. Zur Zeit des Neu- und des Vollmondes vereinigen beide Körper ihre Kräfte, da sie alsdann in Bezug auf die Erde dieselbe Richtung einnehmen, und Ebbe und Fluth sind zu diesen Zeiten beträchtlicher als im Durchschnitt; wir haben dann die sogenannten Springfluthen (spring-tides). Ist andererseits der Mond im ersten oder im letzten Viertel, so wirken beide Kräfte entgegengesetzt; die flutherzeugende Kraft ist gleich der Differenz beider, Ebbe und Fluth sind also kleiner als im Durchschnitt (Nippfluthen, neap-tides der Engländer).

6. Ungleichheiten der Bewegung. Störungen.

Die Abweichungen von den Kepler'schen Gesetzen, welche der Lauf eines Körpers unseres Sonnensystems, eines Planeten, Cometen und Mondes, speciell unseres Mondes, zufolge der gleichzeitigen Anziehung der übrigen Körper zeigt, begreift man im Allgemeinen unter dem Namen der *Störungen*; und das schwierigste Problem und die wichtigste aus der Theorie der Gravitation erwachsende Frage ist die, ob alle diese Störungen, diese Ungleichheiten in der Bewegung der Planeten, Cometen und des Mondes, aus ihrer gegenseitigen Anziehung berechnet werden können. Vollständig lässt sich diese Frage nur beantworten durch factische Ausführung der Rechnung und durch die Prüfung, ob die daraus resultirende Bewegung vollkommen mit der beobachteten übereinstimmt. Indessen ist das Problem, die Bewegung eines jeden Planeten unter dem fortwährenden Einfluss der Anziehung aller übrigen zu berechnen — das sogenannte *Problem der drei Körper* —, von solcher Verwickelung, dass eine vollständige und genaue Lösung bisher nicht gefunden worden ist. In seiner allgemeinsten Form lässt sich dasselbe so aussprechen: Eine beliebige Zahl von Körpern mit bekannter Masse (Planeten) sind im Raume zerstreut, und ihre Oerter, Geschwindigkeiten und Bewegungsrichtungen sind für einen bestimmten Moment gegeben. Sie seien dann ihrer gegenseitigen Anziehung nach dem Gravitationsgesetz überlassen. Es wird verlangt, allgemeine Formeln zu finden, durch welche ihre Oerter zu jeder beliebigen Zeit bestimmt werden können. In dieser allgemeinen Form ist nicht einmal eine Näherung zu einer vollständigen Lösung gefunden worden. Die Bahnen aber, welche die Planeten um die Sonne, die Satelliten um ihre Hauptkörper beschreiben, sind nahe kreisförmig, und dieser Umstand gewährt bei ihnen die Mittel, den Ort, so genau, als wir wollen, zu berechnen. Auch bei den Cometen ist eine Berechnung der Störungen möglich; sie wird in vielen Fällen hier erleichtert durch die geringere Genauigkeit, die erforderlich ist, und durch die grosse Entfernung, in der sie während der kurzen Zeit der Beobachtung sich vom hauptsächlichsten der störenden Planeten, dem Jupiter, zu halten pflegen.

Die Schwierigkeit des Problems ist eine Folge davon, dass die auf die Planeten wirkenden Kräfte von deren Bewegungen abhängen, und dass diese wiederum durch die Kräfte bestimmt werden, welche auf die Körper wirken. Zögen sich die Planeten überhaupt nicht gegenseitig an, so könnte das Problem vollständig gelöst werden, weil sie dann sämmtlich, in genauer Uebereinstimmung mit Keplers Gesetzen, in Ellipsen sich bewegen würden. Setzt man elliptische Bewegung voraus, so können die Oerter (und Entfernungen) jederzeit durch algebraische Formeln ausgedrückt werden und auf gleiche Weise die gegenseitigen Anziehungen. Aber gerade wegen dieser Anziehungen bewegen sie sich nicht in Ellipsen, und die so gefundenen Formeln werden daher nicht correct sein. Man kann die Bewegung eines Planeten eigentlich nicht eher berechnen, als bis man die Anziehungen aller anderen Planeten auf ihn kennt, und man kann umgekehrt diese nicht bestimmen, ohne zuvor die Position des Planeten zu kennen, das heisst also eigentlich, ohne das Problem schon gelöst zu haben.

Die Frage, wie diese Schwierigkeiten zu überwinden seien, hat in höherem oder geringerem Grade alle grossen Mathematiker seit Newtons Zeit beschäftigt; und obschon vollständiger Erfolg ihre Anstrengungen nicht belohnt hat, so zeigt doch die grosse Genauigkeit, mit welcher sich die berechneten Bahnen von Sonne, Mond und Planeten den wahren Bahnen anschliessen, und die Sicherheit, mit der die Gesetze der Aenderungen dieser Bahnen für vergangene und kommende Jahrhunderte festgelegt sind, dass ihre Arbeit keine vergebliche gewesen ist. Newton konnte das Problem nur auf geometrischem Wege angreifen; er zeigte, wie die Kräfte in einzelnen Theilen der Bahnen zweier Planeten, von denen einer durch den andern gestört wurde, wirkten. Er vermochte so darzulegen, wie die Anziehung der Sonne auf den Mond die Bahn des letzteren um die Erde ändert und die Wanderung der Knoten verursacht, und konnte genähert schon eine oder zwei Ungleichheiten in der Bahnbewegung des Mondes berechnen.

Als die Mathematiker des Festlandes von der Richtigkeit der Newton'schen Theorie vollkommen überzeugt waren, ergriffen sie das Problem der planetarischen Bewegung mit einer Energie und Einsicht, die bald von schönstem Erfolg gekrönt wurde. Sie erkannten das durchaus Ungenügende der geometrischen Methode Newtons und die Nothwendigkeit, die Kräfte, welche die Planeten bewegen, auf analytischem Wege auszudrücken, und waren durch Anwendung dieser analytischen Methode im Stande, Newtons und seiner Landsleute Arbeiten weit zu überholen. Die zweite Hälfte des vergangenen Jahrhunderts wurde auf diese Weise das goldene Zeitalter der theoretischen Astronomie. Vor allen glänzen hier die Namen eines Clairaut, d'Alembert, Euler, Lagrange und Laplace. Die grossen Werke, welche das Jahrhundert beschlossen, Laplaces »Mécanique céleste« und Lagranges »Mécanique analytique«, enthalten alles, was damals über diesen verwickelten Gegenstand bekannt war, und bildeten die Basis beinahe von allem, was seitdem vollendet worden ist. Wir wollen kurz einige Resultate aus diesen und den Werken ihrer Nachfolger anführen. —

Vielleicht das überraschendste dieser Ergebnisse ist das Phänomen der langsamen Aenderungen oder sogenannten *sücularen Variationen* der Planetenbahnen. Coppernicus und Kepler hatten aus der Vergleichung der Planetenbahnen nach den Beobachtungen ihrer Zeit mit denen des Ptolemaeus gefunden, [dass Form und Lage dieser Bahnen langsamen Aenderungen unterworfen seien. Die unmittelbaren Nachfolger Newtons vermochten diese Aenderungen auf die gegenseitige Einwirkung der Planeten zurückzuführen, und so erhob sich nun die wichtige Frage, ob sie für alle Zeit fortdauern werden. Denn geschähe das, so würde eine gänzliche Umgestaltung oder Verwirrung des Sonnensystems und damit die Vernichtung alles Lebens auf unserer Erde die unausbleibliche Folge sein. Die Bahn der Erde sowohl wie die der anderen Planeten würde eine so excentrische werden, dass bei der grossen Annäherung an die Sonne zu einer Zeit und der ausserordentlichen Entfernung zu einer anderen die Temperaturunterschiede unerträglich werden würden. Lagrange bewies nun, dass diese Aenderungen die Folge eines Systems regelmässiger und periodischer Schwankungen seien, welches sich über das ganze Planetensystem ausdehne, und dass die Perioden der Schwankungen von so ausserordentlicher Dauer seien, dass selbst während der Jahrtausende, in denen Menschen die Planeten beobachtet haben, nur eine progressive Bewegung merkbar sein könne. Die Zahl dieser combinirten Oscillationen ist gleich der Zahl der Planeten und ihre Perioden laufen von 50 000 bis zu 2 000 000 Jahren — »grosse Uhren der Unendlichkeit, die Zeitalter schlagen, wie die unsrigen Secunden«. In Folge dieser Schwankungen bewegen sich die Perihelien die ganze Bahn entlang, und die Excentricitäten ändern sich, jedoch niemals so sehr, dass die Stabilität des Systems gestört würde. Vor etwa 18 000 Jahren war z. B. die Excentricität der Erdbahn 0.019; seitdem hat sie sich fortdauernd verringert und wird es noch 25 000 Jahre thun, wo die Bahn kreisförmiger sein wird, als augenblicklich irgend eine andere Bahn unseres Planetensystems. — Die Stabilität unseres Sonnensystems, soweit dieselbe von der allgemeinen Anziehung abhängt, erscheint demnach gesichert. Wie es sich in anderer Beziehung verhält, werden wir später sehen. —

Mit der Bewegung des Mondes, welche bei der Nähe unseres Trabanten störende Einflüsse noch wahrnehmen lässt, die sich bei anderen entfernteren Körpern der Beobachtung entziehen, haben sich seit der Entwickelung der Analyse die bedeutendsten Mathematiker mit Vorliebe beschäftigt, und manche der mit ihr verbundenen Fragen sind auch heutigen Tages noch nicht vollständig gelöst. Die wichtigste betrifft die *Acceleration* der Bewegung. Halley hatte zu Anfang des 18. Jahrhunderts aus der Vergleichung alter Finsternisse mit neueren Beobachtungen eine Beschleunigung der Mondbewegung gefunden. Für Lagrange und Laplace, die dies vollauf bestätigten, war diese Thatsache sehr überraschend, da sie streng bewiesen zu haben glaubten, dass die gegenseitigen Anziehungen der Planeten oder Satelliten niemals deren mittlere Bahnbewegungen beschleunigen oder verzögern könnten; es schien also die Mondbewegung noch von einer anderen Kraft als der Gravitation beeinflusst zu sein. Nach mehrfachen vergeblichen Versuchen fand Laplace, dass, zufolge der säcularen Verringerung der Excentricität der Erdbahn, die Wirkung der Sonne auf den Mond in der That eine fortschreitend veränderliche sei und eine Beschleunigung seiner Bewegung von 10" im Jahrhundert hervorbringe, und zwar musste die Wirkung, wie die der Schwere auf einen fallenden Körper, dem Quadrate der Zeit proportional sein; wäre also der Mond nach einem Jahrhundert um 10" voraus, so würde er nach zwei Jahrhunderten 40", nach drei Jahrhunderten 90" u. s. w. dem berechneten Orte vorausgeeilt sein.

Dieses Resultat stimmte mit der beobachteten Acceleration, d. h. der aus der Vergleichung alter Finsternisse mit modernen Beobachtungen bestimmten, so gut überein, dass bis in die Mitte dieses Jahrhunderts niemand an seiner Richtigkeit zweifelte. Da ermittelte Adams, der die Laplace'schen Rechnungen aufgenommen und weiter durchgeführt hatte, dass die fragliche Wirkung nicht 10, sondern nur 6 Secunden betrüge. Gleichzeitig schien aber eine genauere Prüfung alter und neuer Beobachtungen zu zeigen, dass aus ihnen umgekehrt eine grössere Acceleration, nämlich 12 Secunden statt 10, folge, also die doppelte von der nach der Gravitationstheorie durch Adams berechneten.

Dieses Resultat veranlasste die lebhaftesten Discussionen. Während Hansen, Plana und Pontécoulant dasselbe bestritten, und ersterer durch eine wesentlich von der Adams'schen verschiedene Methode sogar noch einen grösseren Werth als Laplace, nämlich 12" fand, stimmte andererseits Delaunay, der gleichfalls auf verschiedenem Wege das Problem behandelte, mit Adams im Endresultat überein. Die zu Grunde liegenden, aus der Beobachtung gegebenen Daten waren bei beiden Parteien dieselben, und es konnte daher nur durch Rechnung die Wahrheit gefunden werden. Je eingehender nun die Frage untersucht wurde, desto mehr neigte sich die Wage auf Adams Seite. Er selbst zeigte, dass die Methoden von Pontécoulant und Plana misslich seien; Cayley berechnete die Acceleration auf einem neuen Wege, und Delaunay untersuchte die Sache gleichfalls neu, und beide fanden wieder dasselbe wie Adams.

Halten wir uns an das Adams'sche Ergebniss, so bestand eine

Differenz zwischen der berechneten und beobachteten Acceleration, deren Ursache ergründet werden musste. Eine mögliche Ursache bot sich in der Fluthwelle des Oceans, deren Reibung die Umdrehungsgeschwindigkeit der Erde um ihre Axe fortwährend zu verringern streben muss. Die Folge davon muss eine allmähliche, sehr langsame Zunahme der Länge eines Tages oder unserer Zeiteinheit sein, und die Zählung der Zeit wird sich daher stetig verzögern. Der Mond würde scheinbar schneller gehen, während in Wirklichkeit die Erde langsamer rotirte. Der Betrag dieser Verzögerung, der nothwendig wäre, um den Ueberschuss der beobachteten Acceleration über die berechnete zu erklären, ist etwa 10^s im Jahrhundert; das heisst, wir müssten annehmen, dass die Zählung unserer Zeit nach 100 Jahren um 10^s derjenigen nach ist, die wir mit der jetzt gültigen Rotationsdauer gleichmässig fortzählend erhielten. Diese Veränderung ist indessen so geringfügig, dass wir sie auch heute noch nicht mit voller Sicherheit aus der Beobachtung nachweisen können. So lange es aber noch nicht definitiv entschieden ist, ob die zur Berechnung der Störungen benutzten Ausdrücke wirklich vollständig sind, sind alle anderen Ueberlegungen über die Ursache der Acceleration verfrüht.

Die säculare Acceleration ist nicht die einzige Veränderung oder Störung, welche die mittlere Bewegung des Mondes erleidet, und die die Mathematiker der neueren Zeit beschäftigt hat. Schon Laplace hatte Ende des vorigen Jahrhunderts gefunden, dass der Mond für eine Reihe von Jahren hinter dem berechneten Orte zurückgeblieben war, was anzuzeigen schien, dass eine Störung von langer Periode existire, welche übersehen worden war. Hansen fand nun (1846) zwei bisher übersehene Ungleichheiten langer Periode, deren eine von der Attraction der Venus herrührte, und welche die beobachteten Abweichungen vollständig erklärten. Delaunay, der diese Glieder aufs Neue berechnete, glaubte indessen zeigen zu können, dass das eine viel zu klein sei, um sich aus Beobachtungen herleiten zu lassen; auch hat sich neuerdings ergeben, dass es den Beobachtungen vor 1700 nicht genügt. Untersuchungen, die noch nicht abgeschlossen sind, scheinen übrigens noch andere Ungleichheiten langer Periode anzudeuten, welche zum Theil von anderen Planeten, z. B. dem mächtigen Jupiter, herrühren mögen. Es muss einer späteren Zeit überlassen bleiben, nachzuweisen, ob die noch vorhandenen kleinen und langsamen Veränderungen in der Bewegung unseres Satelliten sich vollständig aus der Anziehung der Körper unseres Sonnensystems erklären lassen, oder ob seine Bewegung noch durch andere Kräfte als die Gravitation beeinflusst wird, oder auch, ob diese Aenderungen nur scheinbare sind und in der That von einer kleinen

Veränderlichkeit der Erdrotation, also der Tageslänge, herrühren. Im letzteren Falle würde die Erdrotation noch von einer anderen Ursache als der Fluthwelle beeinflusst, und würde, statt allmählich abzunehmen, von Zeit zu Zeit sich in unregelmässiger Weise ändern müssen. —
Eine andere, noch nicht vollständig durch die Gravitationstheorie erklärte Veränderung treffen wir in der Bewegung des Mercur. Leverrier hat gezeigt, dass die Perihelbewegung dieses Planeten etwa 40" im Jahrhundert grösser ist, als sie nach der Anziehung aller in Betracht kommenden Körper sein sollte. Er schreibt dies der Wirkung einer Gruppe sehr kleiner Planeten zwischen Mercur und der Sonne zu, deren Bahnebene mit der des Mercur nahe zusammenfalle. Wenn dies nun auch nicht geradezu unmöglich ist, so wird es doch sehr unwahrscheinlich, da weder die äusserst zahlreichen Beobachtungen der Sonnenscheibe, noch die bei totalen Sonnenfinsternissen notirten Wahrnehmungen das Vorhandensein solcher Körper zu erkennen gegeben haben. Newcomb hält die Möglichkeit nicht für ausgeschlossen, dass die Materie des Zodiakallichts einen Einfluss dieser Art und Grösse hervorbringen könne.
Mit Ausnahme der genannten Fälle, zu denen vielleicht noch die Bewegung einzelner Cometen tritt, stimmen alle Bewegungen im Sonnensystem mit den Resultaten der Gravitationstheorie überein. Die kleinen Unvollkommenheiten, welche in den astronomischen Tafeln noch bestehen, scheinen hauptsächlich aus Fehlern in den Daten hervorzugehen, von denen der Mathematiker bei der Berechnung der Bewegung eines jeden Planeten ausgehen muss. Weder die Umlaufszeit eines Planeten, noch die Excentricität seiner Bahn, Lage des Perihels, oder Ort in der Bahn zu einer gegebenen Zeit kann aus der Gravitationstheorie berechnet, sondern nur aus den Beobachtungen abgeleitet werden. Wären die Beobachtungen absolut genau, so könnten Resultate von jedem gewünschten Genauigkeitsgrade aus ihnen erhalten werden; aber die Unvollkommenheiten aller Instrumente und des menschlichen Auges selbst verhindern, dass die Beobachtungen den Grad der Genauigkeit erreichen, den der Theoretiker verlangt, und sie machen fortdauernd Betrachtungen über die »Beobachtungsfehler« wie über die »Tafelfehler« nothwendig.

7. Bahnbestimmung.

Wir haben bisher in geschichtlicher Folge die Entwickelung unserer Vorstellungen von der Erde, ihrer Beziehung zur Sonne und zu den anderen Planeten dargestellt; wir haben die scheinbaren und die wirklichen Bewegungen im Sonnensystem und die diese Bewegungen in bestimmte gesetzmässige Formen zwingende Kraft kennen gelernt, und es wird nun manchem wünschenswerth erscheinen, einen Blick in die Werkstatt des rechnenden Astronomen zu werfen, zu sehen, wie er dazu gelangt, die Bahnen aller dieser Körper mit einer Sicherheit zu bestimmen, die von jeher die grosse Mehrzahl der Menschen in Staunen gesetzt hat. Aus dem Newton-schen Gesetz der allgemeinen Anziehung ergiebt sich auf dem Wege der analytischen Mechanik der Complex der Kepler'schen Gesetze als besonderer Fall. Denn die elliptische Bewegung der Planeten ist in der allgemeinen Kegelschnittsbewegung, die ausser der Ellipse noch die Parabel und Hyperbel umfasst, mit enthalten; und ist auch die Ellipse der uns vorzugsweise beschäftigende Fall, da in ihr sämmtliche Planeten und Satelliten, sowie ein Theil der Cometen sich bewegen, so kommen bei einer grossen Zahl der letzteren Körper doch auch Parabeln und bei den Meteoriten selbst Hyperbeln vor. Eine ausführliche Darlegung der Methoden, durch welche der Astronom zur Bestimmung einer dieser drei Bahnen gelangt, ist ohne Hülfe der Mathematik nicht möglich, und es kann daher hier nur in kurzem Umrisse der Weg angedeutet werden.

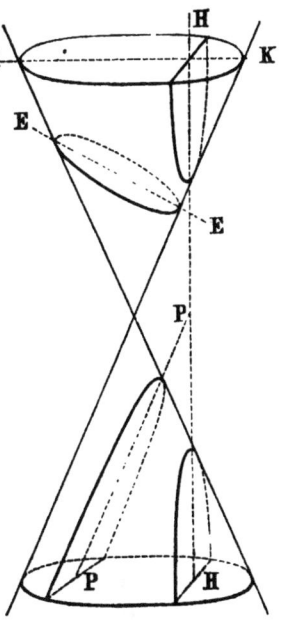

Fig. 28.

Wird ein Kegel mit unbestimmter Grundfläche von einer Ebene geschnitten, so entstehen (Fig. 28) im Allgemeinen drei krumme Linien oder Curven: die *Ellipse EE* (Fig. 29), wenn die Schnittebene den Kegelmantel überall schneidet; die *Parabel* (*PP*), wenn der Schnitt parallel der einen

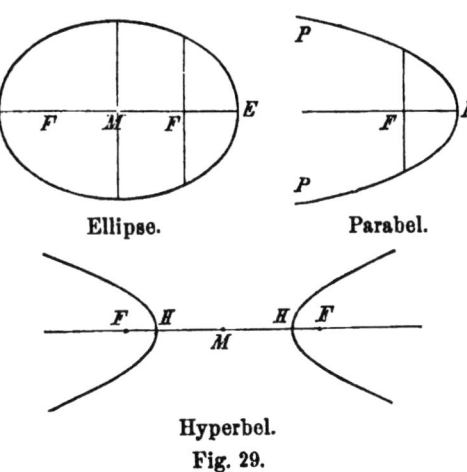

Ellipse. Parabel.

Hyperbel.
Fig. 29.

Seite; die *Hyperbel* (gleichseitige) (*HH*), wenn derselbe parallel der Kegelaxe geführt wird. Die Ellipse ist daher eine geschlossene Figur, und ein specieller Fall von ihr, wenn nämlich die Schnittebene senkrecht auf der Kegelaxe steht, ist der Kreis (KK); Parabel und Hyperbel dagegen sind nicht geschlossene Curven, sondern haben Arme, die sich in die Unendlichkeit erstrecken (Fig. 29); die Hyperbel besteht überdies aus zwei getrennten Zweigen, wie man sofort aus der Figur erkennt.

Form und Dimensionen jeder dieser Kegelschnittsfiguren werden durch gewisse Constanten bedingt: durch Excentricität und Parameter bei der Ellipse und Hyperbel, durch den Parameter allein bei der Parabel.

Die *Excentricität* der Ellipse (e) ist das Verhältniss des Abstandes eines Brennpunktes (F) vom Mittelpunkte (M) zum halben grössten Durchmesser oder zur halben grossen Axe ($a = ME$, also $e = \dfrac{FM}{a}$); der *Parameter* (p) die durch den Brennpunkt gehende Senkrechte. Der Brennpunkt F entspricht dem Durchschnittspunkt der Kegelaxe. Im Kreise fallen Brennpunkt und Mittelpunkt zusammen, und die Excentricität verschwindet, der Parameter wird gleich dem Durchmesser des Kreises. In der Parabel, deren Axe unendlich gross ist, und deren Mittelpunkt daher gleichsam auch in unendlicher Entfernung vom Brennpunkte liegt, ist die Excentricität gleich eins; in der Hyperbel endlich ist sie grösser als eins. Ellipse und Hyperbel haben zwei Brennpunkte, die Parabel hat einen. Die Ellipse hat die Eigenschaft, dass die Summe der zu jedem Punkte gehörigen beiden Radii Vectores*) gleich der grossen Axe ist; dies giebt für sie ein bequemes Constructionsmittel.

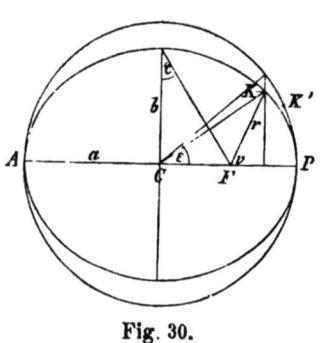

Fig. 30.

Es sei nun (Fig. 30) K der Ort eines Planeten zur Zeit T in seiner elliptischen Bahn um die Sonne, die im Brennpunkt F steht, also P das Perihel, A das Aphel; P und A sind die Endpunkte der grossen Axe oder der *Apsidenlinie*. Der Winkel v an F, also der Winkelabstand des Planeten K vom Perihel P von der Sonne aus, heisst die *wahre Anomalie*, und diesen Winkel v möge der Planet von P aus in t Tagen zurückgelegt haben. Denken wir uns um C mit der halben grossen Axe der Ellipse (a) als Halbmesser einen Kreis beschrieben und einen fingirten Planeten K' sich auf diesem gleichmässig bewegend, mit gleicher Umlaufsdauer (U) und zu

---

*) Unter Radius Vector versteht man die Verbindungslinie eines Brennpunktes der Ellipse mit irgend einem Punkte der Peripherie.

gleicher Zeit (T_0) wie der wahre Planet vom Perihel P ausgehend. Da der Kreisumfang von 360° in U Tagen zurückgelegt wird, so wird $\frac{360}{U} = \mu$ die durchschnittliche oder *mittlere* tägliche *Bewegung* in Graden etc. ausdrücken. In t Tagen hat also der fingirte Planet K' den Bogen $t\mu = M$ oder die sogenannte *mittlere Anomalie* zurückgelegt. Wie wir früher (S. 60) sahen, bewegt sich der Planet K schneller in der Nähe des Perihels als in der Nähe des Aphels, weil nach dem zweiten Kepler'schen Gesetz in gleichen Zeiten immer gleiche Flächen beschrieben werden. K wird demnach anfangs K' vorauseilen, allmählich wird aber die Bewegung langsamer, und im Aphel hat K' K eingeholt, geht nun voraus, bis im Perihel umgekehrt K K' erreicht. Der Unterschied der wahren und der mittleren Anomalie ($v - M$) ist also im Perihel Null, wächst positiv bis zur Mitte zwischen ihnen, geht durch Null im Aphel, wird negativ in der zweiten Bahnhälfte und nimmt nach einem Maximum wieder stetig bis zu Null im Perihel ab.

Ist die Excentricität e sowie M gegeben, so berechnet sich ein Hülfswinkel, die sogenannte *excentrische Anomalie**) E_1 durch die sogenannte *Kepler'sche Gleichung* $E = M + e \sin E$ auf indirectem Wege; kennt man dann weiter die halbe grosse Axe a, so finden sich wahre Anomalie (v) und Radiusvector (r) des Planeten aus den Gleichungen $\operatorname{tg} \tfrac{1}{2} v = \operatorname{tg} \tfrac{1}{2} E \sqrt{\frac{1+e}{1-e}}$ und $r = a\,(1 - e \cos E)$. Nun hängen aber durch das dritte Kepler'sche Gesetz die halbe grosse Axe (a) und die mittlere Bewegung (μ) in der Gleichung $\mu = \frac{k}{a^{\frac{3}{2}}}$ zusammen, wobei k eine Constante und, wie stets im Sonnensystem, die halbe grosse Axe der Erdbahn als Einheit genommen ist; man braucht also nur eine dieser beiden Grössen zu kennen, um sofort die andere zu haben. Sind also Excentricität, halbe grosse Axe (oder mittlere Bewegung) und der Bahnort K für eine bestimmte Zeit (letzterer durch die mittlere Anomalie M für diese Zeit) gegeben, so findet sich daraus sofort der Ort des Planeten

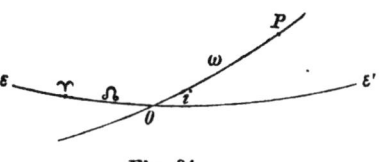

Fig. 31.

in seiner Bahn zu einer beliebigen anderen Zeit. — Um nun den Ort im Raume zu finden, müssen noch die drei Grössen bekannt sein, die

---

*) Fällt man vom Planetenort K (Fig. 30) auf die grosse Axe ein Perpendikel und verlängert dies rückwärts bis zum Durchschnitt mit der Kreisbahn, so ist die excentrische Anomalie gleich dem Winkel, den die Gerade von diesem Durchschnittspunkt nach dem Mittelpunkt C mit der grossen Axe bildet.

die Lage der Planetenbahn im Raume fixiren: die *Neigung* (i) gegen die Ekliptik ($\varepsilon\varepsilon'$, Fig. 31), die *Länge des aufsteigenden Knotens* (☊), d. h. also der Winkelabstand des Durchschnittspunktes O beider Ebenen vom Frühlingsnachtgleichenpunkte (♈) und endlich der Abstand des Perihels vom Knoten (ω). Statt des letzteren wird häufig auch die *Länge des Perihels* (π) angegeben; wie man sieht, ist $\pi =$ ☊ $+ \omega$. Ebenso giebt man statt der Excentricität oft den sogen. *Excentricitätswinkel* φ an; es ist der Winkel, den der Abstand FC (Fig. 30) am Endpunkte der kleinen Axe (b) der Ellipse bildet. Durch die sechs *Bahnelemente* e, a (μ), M_0 (mittlere Anomalie für die Anfangszeit oder die *Epoche*), i, ☊ und ω (π) ist also der Ort eines Planeten, Trabanten oder Cometen in seiner elliptischen Bahn und im Raume jederzeit gegeben. Bei der Parabel kommen nur fünf Elemente vor, da die Excentrität $e = 1$ ist; statt der halben grossen Axe, die hier unendlich ist, führt man den Abstand des Perihels vom Brennpunkt (q) ein, und statt des Ortes K für eine beliebige Zeit nimmt man gewöhnlich die Zeit des Periheldurchganges (T) an. Aus den bekannten Bahnelementen berechnet man so für eine Folge von Zeiten, z. B. von 10 zu 10 Tagen oder von Tag zu Tag, die *Ephemeride* eines Planeten oder Cometen, welche die Oerter des Himmelskörpers, bezogen auf das System des Aequators, oder seine Rectascension und Declination angiebt (s. II. Theil, I. Cap.). —

Es fragt sich jetzt aber, wie die Bahnelemente selbst gefunden werden können. Zur Bestimmung einer Anzahl unbekannter Grössen ist eine eben so grosse Zahl von unabhängigen Gleichungen erforderlich: haben wir also durch die Beobachtung z. B. drei Rectascensionen und drei Declinationen eines Planeten, oder drei vollständige Oerter an der Sphäre, erhalten, so reichen diese im Allgemeinen hin, um die sechs elliptischen Elemente seiner Bahn zu finden. Das Problem der Bahnbestimmung hat seit Newtons Zeit die Astronomen vielfach beschäftigt; aber erst Ende des vorigen und Anfang dieses Jahrhunderts gelang es, für die numerische Rechnung brauchbare und bequeme Methoden zu entwickeln. Für die Parabel, in der sich die allermeisten Cometen bewegen, erreichte dies Olbers; für die Kegelschnitte überhaupt, speciell aber für die Ellipse, Gauss in seiner classischen »Theoria motus corporum coelestium«. Wir wollen versuchen, den Gang, den Gauss befolgt hat, und der nur im Einzelnen und weniger Wesentlichen hauptsächlich durch Encke und Oppolzer verändert und weiter ausgebildet worden ist, in einigen Worten darzustellen. Als eine rein mathematische, aus der Verbindung algebraischer und trigonometrischer Rechnungsoperationen bestehende und durch sie zu lösende Aufgabe liesse sie sich zum wirklichen Verständniss nur durch die Sprache der Mathematik bringen, auf die hier verzichtet werden muss.

Um indessen das Verständniss des Folgenden wenigstens etwas zu erleichtern, mag ein Wort über die Hülfsmittel, deren sich der Astronom bedient, um Oerter im Raume zu bestimmen, gesagt sein. Legen wir durch den Mittelpunkt der Sonne ⊙) Fig. 32) ein System dreier zu einander rechtwinkeliger Ebenen und bezeichnen die sie charakterisirenden Richtungen oder die sogenannten *Coordinatenaxen* durch XYZ, so lässt sich die Lage eines Punktes K im Raume unzweideutig durch drei Gerade oder Coordinaten xyz ausdrücken, welche gleich den Abständen von diesen Ebenen, also den Axen parallel sind; die Coordinate x ist gleich der Entfernung des Punktes K von der YZ-Ebene,

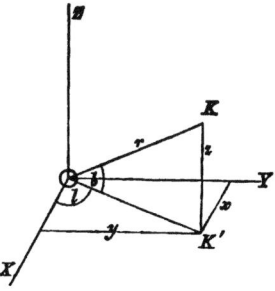

Fig. 32.

y gleich der Entfernung von der XZ-Ebene und z gleich der Entfernung von der XY-Ebene; oder auch, es ist z, parallel Z, gleich dem Perpendikel KK' von K auf die XY-Ebene, x der Abstand des Fusspunktes K' von der Y, y der Abstand desselben von der X-Axe. Diese *rechtwinkeligen Coordinaten* lassen sich durch eine zweite Gattung, die sogenannten *Polarcoordinaten*, ersetzen. Ist nämlich der Abstand des Punktes K vom Coordinaten-Anfangspunkt, oder in unserem Falle der Radiusvector des Planeten $\odot K = r$, der Winkel zwischen r und seiner Projection $(\odot K')$ auf die XY-Ebene $= b$, der Winkel zwischen dieser Projection und der X-Axe $= l$, so folgt aus den Elementen der Trigonometrie:

$x = r \cos b \cos l,$
$y = r \cos b \sin l,$
$z = r \sin b.$

Nehmen wir als XY-Ebene die Ekliptik und legen die X-Axe durch den Frühlingspunkt, die Y-Axe nach 90° Länge, so sind l und b die heliocentrischen Eklipticalcoordinaten des Planeten und zwar dessen *heliocentrische Länge* und *Breite*.

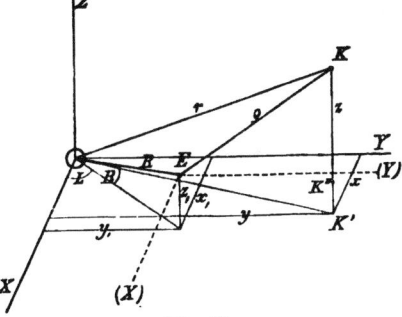

Fig. 33.

Betrachten wir einen zweiten Punkt E (Fig. 33) und nennen dessen rechtwinkelige, gleichfalls auf die Sonne ⊙ bezogene Coordinaten x, y, z, und die entsprechenden Polarcoordinaten $R, L, B,$, so wird ganz ebenso

$x_{,} = R \cos B \cos L, \quad y_{,} = R \cos B \sin L, \quad z_{,} = R \sin B.$

Verschieben wir nun den Coordinaten-Anfangspunkt bei unveränderter Richtung der Axen von ☉ nach E und bezeichnen den Abstand KE mit ϱ, die Winkel KEK'' (wo K'' die Projection von K auf die der XY parallele $(X)(Y)$-Ebene) und $K''E(X)$ mit β und λ, die rechtwinkeligen auf E bezogenen Coordinaten von K mit ξ, η, ζ, so wird

$$\xi = \varrho \cos \beta \cos \lambda, \quad \eta = \varrho \cos \beta \sin \lambda, \quad \zeta = \varrho \sin \beta,$$

zugleich aber offenbar auch

$$x = x_{,} + \xi, \quad y = y_{,} + \eta, \quad z = z_{,} + \zeta.$$

Ist nun E die Erde, so sind R, L und B bezw. Radiusvector. heliocentrische Länge und heliocentrische Breite der Erde, dagegen ϱ, λ und β bezw. der Abstand des Planeten von der Erde und dessen *geocentrische Länge* und *Breite*. Sind demnach die heliocentrischen Coordinaten von Erde und Planet gegeben, so finden sich aus den obigen Gleichungen sofort die geocentrischen Coordinaten des Planeten und umgekehrt dessen heliocentrische Coordinaten, wenn die geocentrischen Coordinaten des Planeten und die heliocentrischen der Erde bekannt sind. Letztere sind in den astronomischen Ephemeriden mit aller wünschenswerthen Genauigkeit enthalten.

Sehen wir von linearen Grössen, also Entfernungen im Raume, ganz ab und betrachten nur Richtungen oder die Projectionen von Raumpunkten an der Sphäre, so erhalten wir statt der Polarcoordinaten die *sphärischen Coordinaten* eines Planeten K oder eines anderen Gestirnes. Nehmen wir als Mittelpunkt der Sphäre (mit dem unbestimmten Halbmessers eins) oder als Anfangspunkt der Coordinaten das Erdcentrum, als XY-Ebene die Ekliptik, als Richtung der X-Axe die nach dem Frühlingspunkt, so erhalten wir als sphärische Coordinaten die geocentrische *Länge* und *Breite* (λ und β); nehmen wir, bei derselben Richtung der X-Axe, als XY-Ebene den Aequator, drehen also das Coordinatensystem, bei unveränderter X-Axe, gleichsam um den Winkel, den Aequator und Ekliptik mit einander bilden, d. h. um die Schiefe der Ekliptik, so erhalten wir geocentrische *Rectascension* (α) und *Declination* (δ). Sind letztere Grössen gegeben, so lässt sich durch Auflösung eines sphärischen Dreiecks mit der bekannten Schiefe der Ekliptik leicht die Länge und Breite finden, und umgekehrt. Legt man den Coordinatenanfang (Mittelpunkt der Sphäre) in die Sonne und denkt die Bahnebene eines Himmelskörpers an die Sphäre projicirt, so ergeben sich Beziehungen zwischen Stücken (Winkeln) der Bahn, denen an der Sphäre dann Bögen grösster Kreise entsprechen, und den heliocentrischen sphärischen Coordinaten (siehe z. B. Fig. 34).

Der Gang bei einer Planetenbahnbestimmung ist nun kurz der folgende.

Die beobachteten Rectascensionen und Declinationen werden zunächst von dem Einflusse der Refraction und, wenn thunlich, der Parallaxe befreit und auf ein bestimmtes Aequinoctium durch Anbringung der Aberration, Nutation und Präcession reducirt, und die so corrigirten Grössen werden sodann auf das System der Ekliptik, also in geocentrische Längen und Breiten, verwandelt. Die Hauptbedingungen, denen die Beobachtungen genügen müssen, sind, dass die drei Oerter in einer Ebene mit der Sonne liegen, dass sie Kegelschnittspunkte, speciell Punkte der Ellipse sind, und dass die überstrichenen Flächen oder elliptischen Sectoren sich wie die Zeiten verhalten. Erstere Bedingung lässt sich durch drei lineare Gleichungen ausdrücken, welche neben den auf die Sonne als Anfangspunkt bezogenen Coordinaten die Verhältnisse der Dreiecksflächen als Unbekannte enthalten, welche durch je zwei der drei Radiivectores und die entsprechenden Chorden gebildet werden. Die Bedingung der Ellipse führt ferner auf drei Gleichungen, welche die Elemente der Ellipse: den halben Parameter, die Excentricität und den (sphärischen) Abstand des Perihels vom Knoten von den drei Radiivectores und den durch sie mit der Knotenlinie gebildeten Winkeln abhängig machen. Mit Hülfe des sogenannten Taylor'schen Lehrsatzes und unter Benutzung der Bedingung, dass die überstrichenen Flächen den Zwischenzeiten proportional sind, lassen sich nun die Verhältnisse der Dreiecksflächen durch Reihen ausdrücken, deren erste Glieder gleich den Verhältnissen der bekannten Zwischenzeiten sind, und deren höhere ausser den Zwischenzeiten auch den mittleren Radiusvector und dessen Veränderung in einem kleinen Zeittheil enthalten. Diese beiden Grössen lassen sich zunächst nicht angeben, man kann also die beiden Gleichungen für die Verhältnisse der Dreiecksflächen nur auf dem Wege allmählicher Annäherung auflösen.

Zunächst erfolgt eine erste näherungsweise Bestimmung des Radiusvectors unter der Annahme, dass sich die Dreiecksflächen wie die Zwischenzeiten verhalten, und durch Auflösung einer Gleichung 4. Grades, welche zugleich zur mittleren sogenannten *curtirten Distanz*, d. h. zu dem auf die Ekliptik projicirten Abstand des mittleren Planetenortes vom mittleren Erdort führt. Da die beiden anderen curtirten Distanzen aus der mittleren und den (näherungsweise) bekannten Dreiecksflächen-Verhältnissen und aus ihnen die beiden anderen Radiivectores unschwer berechnet werden können, sich zugleich aber die heliocentrischen Coordinaten der Länge und Breite ergeben und zwischen diesen und der Knotenlänge und der Neigung einfache Relationen bestehen, so kann

man letztere Elemente und aus ihnen die Winkel zwischen den dr[ei]
Radiivectores und der Knotenlinie oder die sogenannten *Argumente d[er]
Breite* berechnen.

Diese Winkel, sowie die drei Radiivectores selbst, geben dann di[e]
Mittel, genauere Werthe für die Dreiecksflächen-Verhältnisse zu finde[n]
für welche man in der ersten Annäherung einfach die Verhältnisse d[er]
unmittelbar gegebenen Zwischenzeiten genommen hatte. Mit diese[n]
strengeren Werthen wiederholt man nun die Rechnung und ermitte[lt]
neue Werthe für die Radiivectores und Winkel, die eine abermalig[e]
Verbesserung der Dreiecksflächen-Verhältnisse herbeiführen; mit ihne[n]
wird die Rechnung zum dritten Male durchgeführt, bis schliesslich di[e]
zuletzt ermittelten Radiivectores und Winkel mit denen übereinstimmen
welche der letzten Rechnung zu Grunde gelegt wurden. Je geringe[r]
und je gleicher die Zwischenzeiten zwischen den Beobachtungen sind
je geringere und gleichere Stücke der Bahn also der Planet zwische[n]
ihnen zurückgelegt hat, desto kleiner sind die höheren Glieder in de[r]
oben erwähnten, die Dreiecksflächen-Verhältnisse ausdrückenden Reihen
man wird also bei kleineren und gleicheren Zwischenzeiten die Rechnung nicht so häufig zu wiederholen haben als bei grösseren und
ungleicheren.

Hat man die definitiven Werthe der Radiivectores und der Argumente der Breite (u), so finden sich leicht der halbe Parameter, die
Excentricität und der Abstand ω des Perihels vom Knoten; aus den
beiden ersteren erhält man dann die halbe grosse Axe, aus dem letzteren
und den Argumenten der Breite die wahren Anomalien (v, Fig. 34.);
daraus ergeben sich dann die excentrischen Anomalien und mittels der
Kepler'schen Gleichung die mittleren, die ihrerseits zur mittleren Bewegung führen. Will man schliesslich noch die mittlere Anomalie für
eine bestimmte Zeitepoche kennen, so
erhält man diese aus einer der drei berechneten mittleren Anomalien in Verbindung mit der mittleren Bewegung und
der entsprechenden Zeitdifferenz. Berechnet man dieselbe Grösse mittels der
beiden anderen Anomalien, so ergiebt
sich dadurch zugleich eine Prüfung für
die Richtigkeit der Rechnung. Die beiden Raumelemente: Knotenlänge
(Ω) und Neigung (i) waren schon früher, vor den Argumenten der
Breite, aus den heliocentrischen Längen und Breiten gefunden worden.

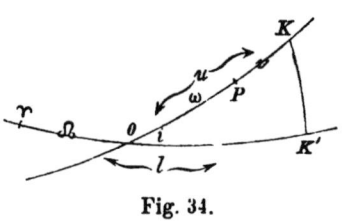

Fig. 34.

Bei der Parabel, in welcher sich die grosse Mehrzahl der Cometen
bewegt, ist die Excentricität gleich eins; statt der (unendlich grossen)

halben grossen Axe bestimmt man hier den Perihelabstand (q); mittlere und excentrische Anomalie fallen weg, da es keinen Mittelpunkt der Parabel giebt; ebenso fehlt, da die Umlaufszeit gleichfalls unendlich, auch der Begriff der mittleren Bewegung. Die zu bestimmenden Elemente reduciren sich dadurch auf fünf; ausser den Raumelementen Knoten, Neigung und Abstand Perihel — Knoten nämlich die Bahnelemente Perihelabstand und Zeit des Durchganges durch das Perihel.

Das Problem der Bahnbestimmung wird für die Parabel auf diese Weise zwar etwas einfacher als bei der Ellipse; eine praktisch brauchbare Lösung ist aber gleichwohl erst Olbers gelungen.

Das Wesentliche der Olbers'schen Methode besteht in der Annahme, dass die mittleren Radiivectores des Cometen und der Erde die Chorden zwischen dem ersten und dritten Cometenort und zwischen dem ersten und dritten Erdort im Verhältniss der Zwischenzeiten schneiden; es entspricht dies der Annahme bei den Planetenbahnen, dass sich die Dreiecksflächen wie die Zwischenzeiten verhalten, während dies, nach dem zweiten Kepler'schen Gesetze, nur die (elliptischen oder parabolischen) Sectoren thun. Bei kleinen und nahe gleichen Zwischenzeiten kommt aber diese Annahme und ebenso die Olbers'sche der Wahrheit sehr nahe. Als Unbekannte nimmt nun Olbers die beiden äusseren curtirten Distanzen des Cometen von der Erde und setzt ihr Verhältniss einer Grösse gleich, die aus den bekannten Grössen der Zwischenzeiten, der geocentrischen Längen und Breiten des Cometen und der heliocentrischen Längen und Breiten der Erde leicht gefunden wird; hat man also eine Unbekannte, z. B. die erste curtirte Distanz gefunden, so ergiebt sich sofort die andere. Zur Ermittelung der ersten curtirten Distanz bedient sich Olbers der sogenannten Lambert'schen Gleichung, welche die Zeit zwischen der ersten und dritten Beobachtung durch die entsprechenden Radiivectores darstellt. Diese Gleichung wird durch Versuche über die erste curtirte Distanz, welche von Encke in eine bequeme Form gebracht wurden, aufgelöst, d. h. es werden Annahmen über die curtirte Distanz gemacht, welche Werthe der Radiivectores ergeben, die der Lambert'schen Gleichung genügen. Hat man also solche Werthe, die die nothwendige Uebereinstimmung ergeben, ermittelt, so findet sich aus der Olbers'schen Gleichung sofort die dritte curtirte Distanz. Aus den Distanzen und Radiivectores bestimmen sich die den letzteren zugehörigen heliocentrischen Längen und Breiten des Cometen, aus diesen dann Knotenlänge und Neigung, und eine einfache trigonometrische Rechnung führt weiter zu den Längen in der Bahn und der Perihellänge, deren Unterschied gleich den wahren Anomalien ist, sowie zum Perihelabstand. Mittels einer Tafel findet man dann schliesslich aus den beobachteten Zeiten und dem Perihelabstand die Durchgangszeit durch das Perihel, womit alle Elemente bekannt sind.

Mit diesen Elementen und den heliocentrischen Coordinaten des zweiten Erdortes berechnet man nun die geocentrischen Coordinaten des zweiten Cometenortes, stimmen diese mit den beobachteten Werthen überein, so ist das eingangs erwähnte Olbers'sche Princip richtig; findet dagegen ein Unterschied statt, so ändert man die Grösse, durch welche Olbers das Verhältniss der beiden curtirten Distanzen ausdrückt (das sogenannte Olbers'sche M) und wiederholt nun die ganze Rechnung, bis sich schliesslich Uebereinstimmung ergiebt. Bei ersten Bestimmungen von Cometenbahnen, wo die Beobachtungen gewöhnlich nur wenige Tage auseinander liegen, genügt in der Regel aber eine einzige Rechnung. Auch muss erwähnt werden, dass bei ihnen von der Breite der Erde, die fast nie 1″ erreicht, da sich die Erde bezw. die Sonne eben in der Ekliptik bewegt, ganz abgesehen werden kann. —

Die umgekehrte Aufgabe: aus bekannten Elementen einen Ort oder eine fortlaufende Reihe von Oertern (*Ephemeride*) eines Planeten oder Cometen zu berechnen, ist begreiflicherweise eine wesentlich leichtere. Der Gang, den man hier befolgt, ist im Vorangehenden zum Theil schon angedeutet. Eine grosse Erleichterung erfahren diese Rechnungen durch Benutzung von Hülfsgrössen, welche die für eine gegebene Bahn bekannten und nicht veränderlichen Grössen: Knotenlänge und Neigung, sowie die gleichfalls bekannte Schiefe der Ekliptik enthalten und ein für allemal berechnet werden. Die heliocentrischen Aequatorial-Coordinaten nehmen dann die einfache Form an:

$$x = r \sin a \sin (A + v), \quad y = r \sin b \sin (B + v), \quad z = r \sin c \sin (C + v),$$

wo nun r und v (Radiusvector und wahre Anomalie) allein die mit der Zeit veränderlichen Grössen des Planeten oder Cometen sind, die aus Zeit, mittlerer Bewegung und Excentricität bei Planeten, aus Zeit und Perihelabstand bei Cometen leicht gefunden werden. Durch die früher erwähnten Transformationsformeln verwandelt man schliesslich die heliocentrischen in die geocentrischen Aequatorial-Coordinaten, findet also die Rectascension und Declination des Himmelskörpers, welche seine Aufsuchung am Himmel und fortdauernde Beobachtung erleichtern.

Zweiter Theil.
Praktische Astronomie.

Einleitung.
Die vorteleskopische Zeit.

Reisen wir in unbekannten Regionen, in Steppen, Wüsten oder auf dem Ocean, so haben wir keine Mittel, durch Beziehung auf irdische Gegenstände anzugeben, wo wir uns befinden. Unser einziger Führer ist dann der Himmel und die Beobachtung der Gestirne, und haben wir gefunden, in welcher Höhe ein bekanntes Gestirn culminirt, zu welcher Zeit, auf unsern wie auf einen bekannten Meridian bezogen, ein vorausberechnetes Ereigniss eintritt, so ist uns damit durch einfache Rechnung die Entfernung vom Aequator oder die geographische *Breite* und von dem ersten Meridian oder die *Länge* gegeben. Die Instrumente und Methoden, durch welche dies geschieht, sind astronomische, und die praktische Astronomie ist unsere Führerin, die sich an geeigneten Orten der civilisirten Welt über diese Aufgaben praktisch-geographischer Natur erheben und, in grösserer Vollendung, den höheren Zwecken rein wissenschaftlicher Forschung leben darf. Bestimmter ausgesprochen, besteht die praktische Astronomie in der Untersuchung und Benutzung von Instrumenten und in der Darlegung der Methoden, welche der Astronom in seiner Arbeit, die Himmel zu durchforschen und auszumessen, anwendet, und die er dann auch braucht, die Lage der Oerter auf der Erde zu bestimmen.

Wie die theoretische, so hat sich auch die praktische Astronomie aus den einfachsten Anfängen im Laufe der Jahrhunderte entwickelt. In vorhistorischen Zeiten haben jedenfalls zur Beobachtung der einfachsten Erscheinungen am Himmel eigentliche Instrumente gänzlich gefehlt. Man brauchte für die Zwecke des alltäglichen Lebens, für Ackerbau oder Schifffahrt nur den Auf- und Untergang der Gestirne oder den Stand der Sonne genähert zu kennen, und so ergaben sich als natürlichste Hülfsmittel der Horizont sowie jeder schattenwerfende Gegenstand. Der in der Natur gegebene Kreis des Horizontes führte allmählich zu maschinellen Nachbildungen, und Thürme und Bäume gaben die erste Idee zu den Gnomonen und Sonnenuhren. Die ältesten wirklichen Instrumente waren in der Hauptsache der Gnomon, das parallaktische Lineal (Triquetrum) und die Armillarsphäre, sowie das Astrolabium.

Der *Gnomon* war wenig mehr, als eine grosse Sonnenuhr einfachster Construction, durch welche die Höhe und Entfernung der Sonne von der Mittagslinie aus der Länge und Richtung des Schattens einer senkrechten Säule (ab, Fig. 35) bestimmt wurde. Wäre die Sonne nur ein leuchtender Punkt, so würde diese Methode ziemlich genau sein, weil dann der Schatten scharf begrenzt wäre. Thatsächlich zeigt aber die Sonne eine Scheibe von beträchtlichem Durchmesser, und der Schatten eines jeden Gegenstandes wird deshalb in einiger Entfernung so verwaschen und schlecht begrenzt, dass man schwer angeben kann, wo er endet.

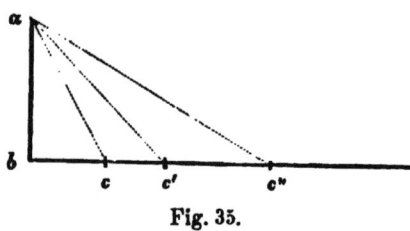

Fig. 35.

Trotz der Einfachheit dieses Instrumentes scheint es doch allein und allgemein von den Alten zur Bestimmung der Zeiten, wenn die Sonne die Aequinoctien und Solstitien erreichte, benutzt worden zu sein. Der Tag, wo der Schatten am kürzesten war (bc Fig. 35), bezeichnete das Sommersolstitium, und eine Vergleichung der Schattenlänge mit der Höhe des Stabes gab durch einfache trigonometrische Rechnung die Höhe der Sonne. Der Tag mit dem längsten Schatten (bc'' Fig. 35) markirte das Wintersolstitium, und die beiden Tage, wo die Sonnenhöhe in der Mitte zwischen den Solstitialhöhen lag (bc'), ergaben die Aequinoctien. So diente dieses einfache Instrument dazu, die Jahreslänge mit einer für die Zwecke des täglichen Lebens ausreichenden Genauigkeit zu bestimmen. Unsere heutigen Methoden sind indessen dieser ursprünglichen so weit überlegen, dass wir jetzt die Stellung der Sonne zu einer beliebigen Zeit, sei es auch vor mehr als 2000 Jahren, weit genauer berechnen können, als sie damals mittels des Gnomon beobachtet werden konnte.

Das *parallaktische Lineal* oder *Triquetrum* bestand im Wesentlichen aus einem Visirstabe, der an einem verticalen Stabe befestigt und auf einem dritten getheilten verschiebbar war; Visirstab und verticaler Stab bildeten die Schenkel eines gleichschenkligen Dreiecks, dessen Grundlinie durch den getheilten Stab gegeben wurde; an letzterem las man die Höhe des visirten Gestirns ab. In Fig. 35 entspräche also ac der Visirschiene, ab dem verticalen, bc, um b drehbar gedacht, dem getheilten Stabe.

Die schon von Hipparch angewandte Armillarsphäre und das Astrolabium bekundeten einen nicht unbedeutenden Fortschritt der astronomischen Instrumente. Die *Armillarsphäre* oder *Armille*, sowie auch das *Astrolabium* bestanden aus einer Combination von mehreren Kreisen, die den Fundamentalkreisen der Sphäre entsprechend gestellt werden konnten. Der eine der beiden äusseren Kreise ($ApMp$ Fig. 36) wurde in die Mittagsebene des Beobachtungsortes gebracht und so gedreht, dass der zweite äussere Kreis (EI) in die Richtung des Aequators (bei der Armillarsphäre) oder der Ekliptik (bei dem Astrolabium) fiel. Im letzteren Falle wären PP die Pole der Ekliptik, in pp etwa lägen die Pole des Aequators. Das innere

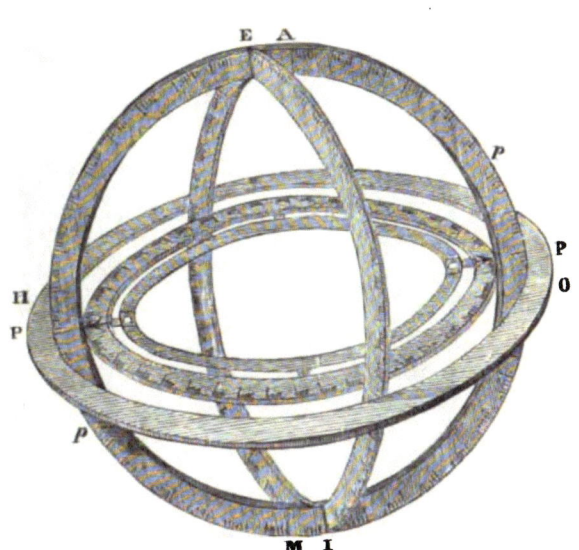

Fig. 36.
Armillarsphäre nach der Beschreibung von Ptolemaeus.

Kreispaar war nun um PP als Axe drehbar und an ihm ein Diopter*) angebracht, welcher durch Einstellung auf das zu beobachtende Gestirn die Rectascension und Declination oder die Breite und Länge desselben ergab. Durch solche Messungen wurden Hipparch und Ptolemaeus in den Stand gesetzt, die grösseren Ungleichheiten in den Bewegungen von Sonne und Mond und von Planeten zu bestimmen.

Die Araber, die Träger der Wissenschaften zu Beginn des Mittel-

---

*) Unter Diopter versteht man eine Einrichtung zum genauen Visiren eines Objectes, die darin besteht, dass durch eine dicht vor dem Auge befindliche feine Oeffnung hindurch eine etwas entfernter befindliche Marke, ein Fadenkreuz in einer grösseren Oeffnung, mit dem Objecte zur Deckung gebracht wird.

alters legten den Hauptwerth zwar auf Vergrösserung der Dimensionen der bekannten Instrumente, ersannen und construirten aber wahrscheinlich auch einige neue; so den *Mauerquadranten*, einen im Meridian an einer Mauer befestigten und mit Absehe (Alhidade) und Theilung versehenen Viertelskreis; die Erfindung des Mauerkreises, eines ähnlich

Fig. 37. Tycho an seinem grossen Mauerquadranten.

construirten und aufgestellten Vollkreises, lässt sich jedoch nicht mit Sicherheit auf die Araber zurückführen.

Das spätere Mittelalter vervollkommnete diese Instrumente und Beobachtungsmethoden nur wenig, und selbst der grösste Beobachter seiner Zeit, Tycho, musste sich mit ihnen im Wesentlichen begnügen. Indessen gelang es ihm doch, durch sorgfältige Ausführung, Aufstellung und Benutzung seiner Instrumente, ganz besonders durch wesentliche Verbesserung der Quadranten, die er vollständig neu und unabhängig von den Arabern erfand, eine weit grössere Genauigkeit als alle seine Vorgänger zu erreichen. Während die Oerter des Ptolemaeus oft noch 10′ und darüber falsch waren, kommen Fehler von 2′ oder dem fünfzehnten Theile des Monddurchmessers bei Tycho nur selten vor.

Die vorstehende, aus Tychos Werk »Astronomiae instauratae mechanica« entnommene Fig. 37 stellt den grossen Beobachter umgeben von Gehilfen an seinem »Quadrans muralis sive Tichonicus« dar, dem mächtigsten Instrumente seiner auf der Insel Hveen errichteten Sternwarte Uranienburg. BC ist der im Meridian an einer Mauer befestigte Quadrant mit den beweglichen Dioptern (»pinnacidia«) D und E; im Centrum des Quadranten an einer zweiten normal zur ersteren stehenden Mauer der feste Diopter A. Der Beobachter F blickt durch E und A nach dem Gestirn; der Gehülfe H bemerkt die Zeit an den Zifferblättern K und I der Uhr; der Gehülfe G notirt diese, sowie die am Quadranten abgelesene Meridianhöhe (CE); Tycho selbst leitet die Beobachtungen von erhöhtem Sitz. — Im Hintergrund andere Räume des Observatoriums mit verschiedenen Instrumenten und Apparaten. — Aehnlich, wenn auch unvollkommener, mögen die Quadranten der Araber gebaut gewesen sein.

Den grössten Fortschritt in der Beobachtungskunst aber und eine neue Epoche der astronomischen Wissenschaft überhaupt inaugurirt die Erfindung des Fernrohres.

Capitel I.

Das Fernrohr.

1. Die ältesten Fernröhre.

Das Fernrohr ist ein so wesentlicher Theil jedes astronomischen Messinstrumentes, dass es, abgesehen von seiner selbständigen Bedeutung, die erste Stelle in jeder Beschreibung astronomischer Instrumente beanspruchen darf. Die Frage, wer das erste Fernrohr construirte, ist lange discutirt worden und wird vielleicht nie endgültig gelöst werden. Lautete die Frage einfach, wem die Ehre der Erfindung unter Bedingungen, nach denen wissenschaftlich beurtheilt und geschätzt wird, gebührt, so meinen wir, dass die Antwort sein müsste: Galilei; denn es ist kaum zweifelhaft, dass Galilei es war, der der Welt zuerst zeigte, wie man ein

Fernrohr verfertigte und benutzte. Aber Galilei selbst sagt, er habe gehört, dass jemand in Holland oder Frankreich ein Instrument gemacht hätte, welches entfernte Gegenstände vergrösserte und sie dem Gesicht näher brächte, und er sei dadurch bewogen worden, nachzudenken, wie ein solches Resultat erreicht werden könnte. Danach scheint er also von anderen die Idee, dass ein solches Instrument möglich sei, empfangen zu haben, aber keine Andeutung, wie es verfertigt werden könne. Neuere Untersuchungen machen indessen wahrscheinlich, dass er nicht nur die Idee gekannt, sondern auch über die Construction nähere Kenntniss besessen habe.

Als geschichtliche Thatsache steht fest, dass das Fernrohr zuerst in Holland wirklich ausgeführt wurde; aber der Wunsch der Erfinder oder der Behörden oder beider, ein Instrument von so ausserordentlichen Eigenschaften möglichst selbst auszunutzen, verhinderte die Verbreitung der Kenntniss seiner Construction. Die Ehre des ersten Erfinders oder Verfertigers nun beanspruchen mit fast gleichem Recht Lippersheim und Metius, mit geringerem Jansen, von denen der zweite Glasschleifer in Alkmaar, die beiden anderen Brillenmacher in Middelburg waren.

Die Ansprüche von Zacharias Jansen wurden seinerzeit von P. Borelli lebhaft verfochten. Nach seinem Bericht hatte Jansen ein Fernrohr von 40 cm (16 Zoll) Länge dem Prinzen Moritz von Nassau gezeigt und dieser, den hohen Werth der Erfindung im Kriege erkennend, ihm eine Summe Geldes angeboten, um Stillschweigen darüber zu bewahren. Jedoch beruht Borellis Erzählung wesentlich auf dem Zeugniss einiger alten, mit Jansen bekannten oder verwandten Leute und kann als beweisend durchaus nicht angesehen werden.

Um 1830 wurden schriftliche Documente aufgefunden, welche zeigen, das Jan Lapprey oder Hans Lippersheim, welchen Borelli den zweiten Erfinder des Teleskops nennt, bei den Generalstaaten von Holland am 2. October 1608 um ein Patent für ein Instrument, mit dem in die Ferne gesehen werden könnte, eingekommen war. Nahe zu derselben Zeit hatte auch Jacob Metius sich um ein Patent beworben. Die Regierung versagte Lippersheim das Patent, weil die Erfindung bereits bekannt wäre; indessen bestellte sie verschiedene Instrumente von ihm und rieth, ihre Construction geheim zu halten.

Es geht hieraus hervor, dass zwar der erste Erfinder des Fernrohres schwer mit Sicherheit zu ermitteln ist, dass indessen das Instrument selbst in Holland Ende 1608 schon bekannt gewesen zu sein scheint. — Etwa zehn Monate nach den Eingaben von Lippersheim und Metius erhielt Galilei, wie er selbst berichtet, aus Paris Nachricht über die merkwürdige holländische Erfindung. Da nichts über die Construction bekannt geworden sei, habe er darüber nachgedacht und sei so glücklich gewesen, in kurzer Zeit*) ein dreimal vergrösserndes Fernrohr zu fertigen. Thatsache ist jedenfalls, dass er schon 1609 Fernröhre construirte und mit ihnen die Flecken der Sonne, die Phasen der Venus, die Satelliten des Jupiter, die sonderbare, henkelförmige Gestalt des Saturn, endlich viele der Millionen von Sternen fand, welche dem blossen Auge die leuchtende Milchstrasse bilden. Aber auch das grösste seiner Instrumente vergrösserte nur etwa 30 mal und war in seiner Construction noch so unvollkommen, dass ein gleich starkes Fernrohr unserer Tage sehr viel mehr gezeigt haben würde.

Das Galilei'sche oder holländische Fernrohr besteht aus zwei Linsen, von denen die dem Gegenstande zugewendete, das Objectiv, convex geschliffen ist, die Lichtstrahlen also sammelt, während die dem Auge zugekehrte Linse, das Ocular, eine concave oder Zerstreuungslinse ist. Die von einem entfernten Lichtpunkte, einem Stern z. B., ausgehenden Strahlen werden von dem Objectiv gebrochen und nach einem Punkte gesammelt; bevor sie aber zu einem Bilde (F, Fig. 39) sich vereinigen, treffen sie das Ocular und werden von demselben wieder zerstreut und scheinen sich nun dem dicht dahinter befindlichen Auge zwischen

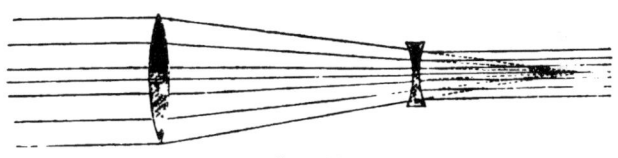

Fig. 38.

Objectiv und Ocular zu vereinigen. Den Gang eines parallel auffallenden Strahlenbündels nach der Brechung in beiden Linsen zeigt die Figur 38. Bei dieser Einrichtung kommt ein reelles Bild des Objectes im Fernrohre nicht zu Stande, vielmehr wird dasselbe erst durch das Auge erzeugt; das Auge gehört also als optischer Theil zum Fernrohre, und man nennt die auf diese Weise erzeugten Bilder *virtuelle* Bilder.

Diese Form des Fernrohres wird noch jetzt in unsern Operngläsern gebraucht, weil sie eine bequeme Kürze des Instrumentes bedingt — kürzer als die Brennweite des Objectives und kürzer als die des *astronomischen* oder *Kepler'schen Fernrohres*. Kepler nämlich, der sich über-

---

*) Er selbst giebt an, in einer Nacht die theoretisch nothwendige Zusammensetzung gefunden und am nächsten Tage das Fernrohr praktisch construirt zu haben. Dies ist indessen wenig wahrscheinlich und wird direct von Zeitgenossen bestritten, die, wie Fontane, behaupten, Galilei habe in Venedig ein holländisches Fernrohr gesehen.

110   II. Praktische Astronomie.

haupt um die Dioptrik oder die Lehre von der Brechung des Lichtes die grössten Verdienste erwarb*), setzte an die Stelle der Concavlinse Galileis als Ocular eine kleine Convexlinse (*o*, Fig. 39). Die von einem Stern ausgehenden Strahlen vereinigen sich im sogenannten *Brennpunkte F* und divergiren von hier aus wieder; dieses reelle Bild *F* wird

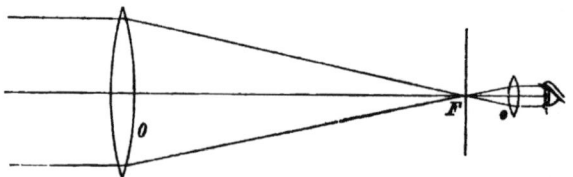

Fig. 39. Kepler'sches Fernrohr.

nun im Kepler'schen Fernrohr, dessen Princip unsern heutigen astronomischen Fernröhren oder Refractoren zu Grunde liegt, vom Auge durch die kleine Convexlinse *o*, welche als Lupe wirkt, betrachtet. Die Vereinigungsweite *OF* parallel auf eine Convexlinse fallender Strahlen heisst die *Brennweite* der Linse. Da das Ocular *o* etwa so stehen muss, dass die von *F* weitergehenden Strahlen nahezu parallel in das Auge treten, so steht *F* auch nahe im Brennpunkte des Oculars und die Länge eines einfachen Kepler'schen Fernrohres ist deshalb ungefähr gleich der Summe der Brennweiten von Objectiv und Ocular.

Haben wir statt eines einfachen Punktes einen ausgedehnten Gegenstand, wie den Mond, ein fernes Haus, Schiff u. s. w., die unter einem bestimmten Winkel dem Auge erscheinen, so wird das von einem jeden Punkte des Objectes ausgehende Licht in einem entsprechenden, in der Nähe von *F* gelegenen Punkte durch das Objectiv *O* vereinigt werden.

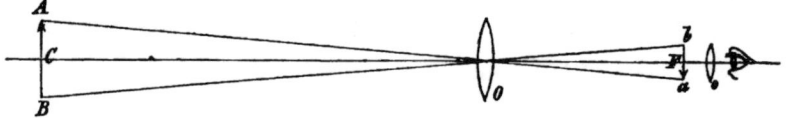

Fig. 40. Gegenstand und Bild im astronomischen Fernrohr.

Nach dioptrischen Gesetzen ist das verkleinerte Bild *ab* des Gegenstandes *AB* (Fig. 40) ein umgekehrtes und liegt in einer zur *optischen Axe CF* senkrechten Ebene, welche bei einem unendlich entfernten Gegenstande die *Brenn-* oder *Focal-Ebene* heisst; man findet einen jeden

---

*) In seiner 1611 zu Augsburg erschienenen Schrift »Dioptrice« entwickelt er zuerst die Theorie des holländischen und des astronomischen Fernrohres.

Bildpunkt, wenn man vom Gegenstandspunkt aus durch den Mittelpunkt von O eine gerade Linie nach der Brennebene zieht. Das kleine Bild ab kann nun wieder durch die vergrössernde Ocularlinse o dem Auge näher gebracht und dadurch beträchtlich vergrössert werden.

Das Verhältniss der beiden Winkel, unter welchem vom Auge oder strenger vom Ocular das Bild ab und der Gegenstand AB gesehen werden, oder die *Vergrösserung* des Fernrohres, hängt von den Brennweiten der Objectiv- und Ocularlinse ab. Ist die Brennweite eines Objectivs noch einmal so gross als die eines anderen, so wird, bei gleichem Ocular, ein Gegenstand durch das erstere noch einmal so gross erscheinen als durch das zweite, dreimal so gross, wenn die Brennweite die dreifache ist u. s. w. Bleibt das Objectiv unverändert, und nehmen wir verschiedene Oculare, so wird umgekehrt die Vergrösserung desto kleiner, je grössere Brennweiten das Ocular hat, weil sich dann das Auge (und Ocular) vom Bilde immer mehr entfernt. Wir werden demnach die Vergrösserung eines Fernrohres finden, wenn wir die Brennweite des Objectives durch die des Oculars dividiren. Ist z. B. die Objectiv-Brennweite 1 m, die Ocular-Brennweite 1 cm, so ist die Vergrösserung 100fach; ist die Ocular-Brennweite aber $1/2$ cm, so wird die Vergrösserung die doppelte, 200fache, sein, ebenso aber auch, wenn Objectiv-Brennweite 2 m, Ocular-Brennweite 1 cm betragen. — Kehrt man das Fernrohr um und sieht durch das Objectiv, wie früher durch das Ocular, so werden jetzt die Gegenstände in demselben Verhältniss verkleinert, wie vorher vergrössert erscheinen.

Es dürfte hiernach scheinen, als könnte man jederzeit durch hinreichend kleine Oculare beliebig starke Vergrösserungen hervorbringen und benutzen. Wünschten wir z. B. für unser Fernrohr von 1 m Brennweite eine 1000fache Vergrösserung, so würden wir ein Ocular von $1/10$ cm oder 1 mm Brennweite anzuwenden haben. Versuchen wir dies aber, so stossen wir auf eine Schwierigkeit, mit welcher der Astronom fortwährend zu kämpfen hat, und die aus der Unvollkommenheit des vom Objectiv entworfenen Bildes entspringt. Keine Linse vereinigt alle Lichtstrahlen absolut genau in demselben Punkte. Geht gewöhnliches Sonnenlicht durch ein Prisma, so werden die verschiedenen Farben ungleichmässig gebrochen, Roth am wenigsten und Violett am meisten. Dasselbe geschieht bei einer Linse, die wir uns als aus Prismen zusammengesetzt denken können; die rothen Lichtstrahlen werden am wenigsten abgelenkt, die violetten am meisten, und die Brennweite ist demnach für die rothen Strahlen eine andere und zwar grössere, als für die violetten, während die mittleren Farben dazwischen fallen (vergl. Fig. 41, wo r der Vereinigungspunkt der rothen, v der der violetten Strahlen ist). Da das von den allermeisten Objecten ausgehende Licht aus verschiedenen Farben zusammengesetzt ist, so ist es im Allgemeinen unmöglich, ein vollkommen farbenfreies Bild eines Sternes, Planeten, Mondes oder sonstigen Gegenstandes zu erhalten; man sieht nur eine Mischung von verschiedenfarbigen Bildern. Wird eine hinreichend schwache Vergrösserung benutzt, so ist die Störung oft gering, die Ränder des Objectes werden aber stets undeutlich und farbig. Bei stärkerer

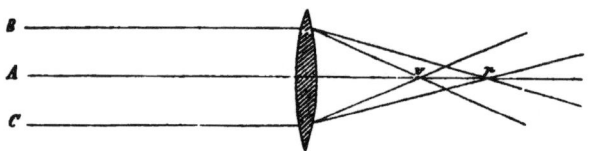

Fig. 41. Chromatische Aberration.

Vergrösserung erscheint zwar das Object grösser, aber die farbigen und verwaschenen Ränder werden gleichfalls und in demselben Verhältniss grösser, und der Beobachter sieht daher nicht mehr als vorher. Diese Trennung und Zerstreuung des Lichtes in einer Linse heisst die Farbenabweichung oder *chromatische Aberration*. Auch das Auge, als optischer Apparat betrachtet, besitzt starke chromatische Aberration, die für gewöhnlich nicht merklich ist, unter besonderen Umständen jedoch sehr deutlich wahrgenommen werden kann.

Diese Farbenabweichung war die Schwierigkeit, auf welche die Nachfolger von Galilei und Kepler bei ihren Versuchen, das Fernrohr zu vervollkommnen, stiessen, und die sie nicht zu überwinden vermochten. Indessen fanden sie, dass bei Vergrösserung des Bildes durch Verlängerung der Brennweite die chromatische Aberration beträchtlich weniger zunimmt als bei stärkerer Ocularvergrösserung. Nimmt man ein Objectiv von bestimmtem Durchmesser, so ist das Bild eines Gegenstandes im Ganzen nicht verwaschener und farbiger bei einer Brennweite von 20 m als von 2 m, und dasselbe Ocular kann daher mit dem gleichen Erfolge in beiden Fällen angewandt werden; das Bild im Brennpunkte des ersteren ist aber 10 mal grösser als das im zweiten Fernrohr, und man erhält daher mit demselben Ocular im ersten Falle auch eine 10 mal stärkere Vergrösserung. Huygens, Dominicus Cassini, Hevelius und andere Astronomen der zweiten Hälfte des 17. Jahrhunderts construirten und benutzten Fernröhre von 30, 40 und mehr Meter Länge. Manche verzichteten ganz auf die Röhre, in die Objectiv und Ocular sonst gefasst werden, und verbanden die beiden Gläser durch eine lange Stange oder brachten das Objectiv auf einer hohen Säule an, während

Die ältesten Fernröhre.

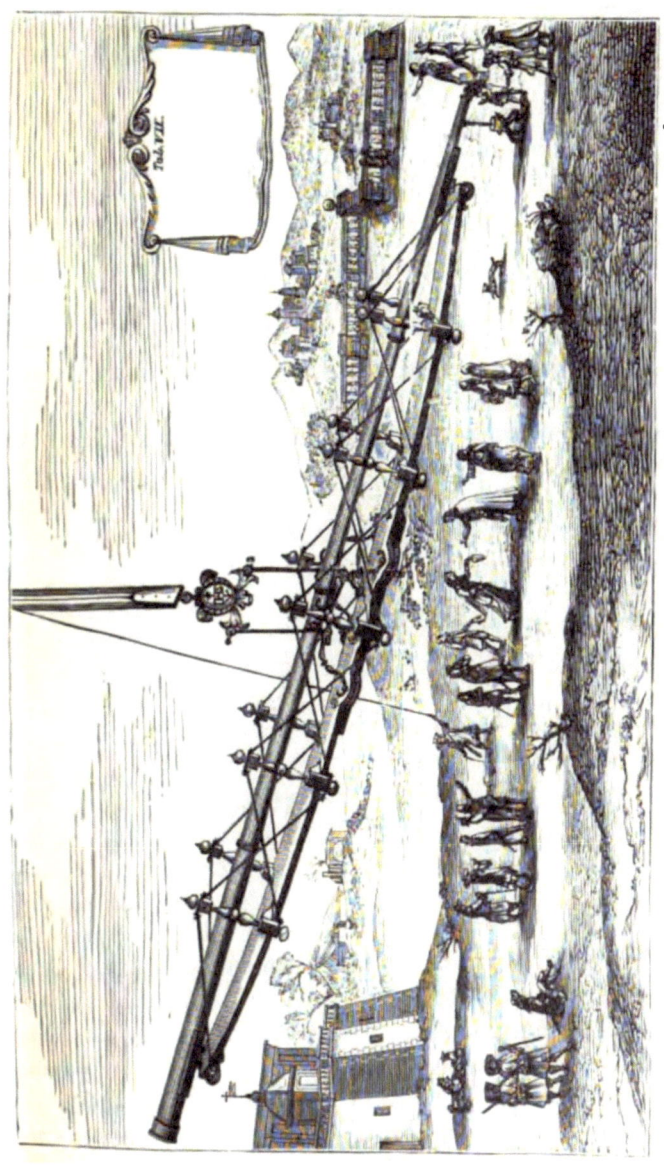

Fig. 42. Fernrohr des 17. Jahrhunderts.

das Ocular sich in der Nähe des Bodens befand. Zur Veranschaulichung der complicirten Vorrichtungen, die den Gebrauch dieser schwerfälligen Instrumente erleichtern sollten, geben wir umstehend (Fig. 42) ein Bild aus Bianchinis Werk: »Hesperi et Phosphori nova phaenomena« (Rom 1728), worin dieser italienische Astronom seine Beobachtungen der Venus-Rotation beschreibt.

2. Das achromatische Fernrohr.

Anderthalb Jahrhunderte verflossen, ehe eine Methode zur Vermeidung der Farbenabweichung einer Linse erdacht und ausgeführt wurde. Erst Leonh. Euler und bald darauf dem schwedischen Mathematiker Klingenstierna gelang es (1747, bezw. 1754), die richtigen Principien aufzufinden, und dem englischen Optiker John Dollond (um 1758), das erste achromatische Fernrohr wirklich zu construiren. Um die Erfindung Dollonds verstehen zu können, müssen wir uns vergegenwärtigen, dass ein Strahl weissen Lichtes, der unter einem beliebigen Winkel auf irgend ein durchsichtiges Medium, in unserem Falle Glas. trifft, bei seinem Durchgange durch das Medium eine zweifache Aenderung erleidet. Einmal wird derselbe von seiner ursprünglichen Richtung abgelenkt oder gebrochen, und der Betrag der Brechung hängt für dasselbe Medium von dem Einfallswinkel ab, für verschiedene Medien ausserdem aber von dem sogenannten Brechungsvermögen derselben. Dann aber findet auch eine Zerlegung des weissen Lichtes in die einzelnen Strahlengattungen statt, das Licht wird dispergirt. Auch hier hängt die Stärke der Dispersion für dasselbe Medium von dem Einfallswinkel ab und für verschiedene Medien von dem Dispersionsvermögen derselben.

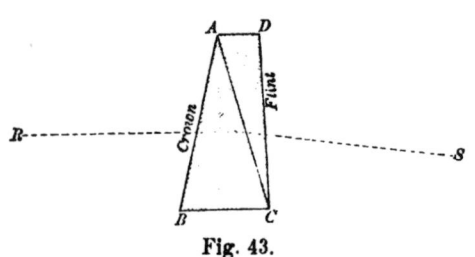

Fig. 43.

Fällt nun ein Lichtstrahl auf ein Glasprisma, so findet beim Durchgange sowohl Brechung als Dispersion statt, d. h. der Lichtstrahl ist von seiner ursprünglichen Richtung abgelenkt, und gleichzeitig ist er in seine verschiedenen Farben zerlegt. Es giebt nun zwei Glassorten, Crown- und Flintglas, welche die Eigenschaft besitzen, dass sie zwar sehr nahe dasselbe Brechungsvermögen haben, dass aber das Dispersionsvermögen des einen (Flint) nahe doppelt so gross ist als das des anderen (Crown). Setzt man demnach ein Crownglasprisma in der Weise, wie dies Fig. 43 zeigt, mit einem Flintglasprisma vom halben brechenden Winkel zusammen, so ist es klar, dass ein Lichtstrahl zwar abgelenkt wird — nahe um die Hälfte des Betrages, wie dies beim Crownglasprisma allein geschehen würde —, dass aber eine Dispersion oder Farbenzerlegung nicht mehr stattfindet. Ein derartig zusammengesetztes Prisma, ein achromatisches, löst also die Aufgabe, einen Lichtstrahl abzulenken, ohne ihn zu dispergiren; und dieselbe Aufgabe ist für eine Linse zu lösen: sie soll die Lichtstrahlen so brechen, dass sie sich in einem Punkte vereinigen ohne gleichzeitige Zerlegung in die Farben.

Um nach diesem Princip ein farbenfreies oder *achromatisches Objectiv* herzustellen, wird eine Convexlinse aus Crownglas mit einer Concavlinse aus Flintglas von etwa halb so starker Krümmung combinirt. Eine genaue Regel über das Verhältniss der beiden Krümmungen kann nicht gegeben werden, weil die Brechungsverhältnisse nicht nur verschiedener Glassorten, sondern selbst von Stücken derselben Glasart verschieden sind; das passende Verhältniss muss vielmehr in jedem einzelnen Falle durch den Versuch ermittelt werden. Nachdem es gefunden, werden die beiden Linsen etwa gleiche, aber entgegengesetzt wirkende Farbenzerstreuung zeigen, und die Lichtstrahlen werden sich, da die Crownglaslinse stärker als die aus Flintglas bricht, in einem Brennpunkte vereinigen, dessen Abstand vom Objectiv etwa gleich der doppelten Brennweite der ersteren ist. Manche der früheren achromatischen Objective bestanden aus drei Linsen: einer biconcaven Flintglaslinse zwischen zwei biconvexen Crownglaslinsen. Jetzt werden aber in der Regel nur zwei genommen: eine biconvexe, dem Object zugekehrte Crownglaslinse und eine nahezu planconcave Flintglaslinse; die beiden Flächen der ersteren und die dichtanliegende Fläche der letzteren sind von nahezu gleicher Krümmung; die äussere, dem Ocular zugekehrte Fläche der Flintglaslinse ist nahezu eben (Fig. 44). Wäre die Zerstreuungskraft des Flintglases genau die doppelte des Crownglases, so würde die Fläche genau eben sein müssen, um Achromatismus zu erzielen. Dies ist aber im Allgemeinen nicht der Fall, und der Optiker muss den Achromatismus durch leichtes Schleifen der äusseren Flintglasfläche, gewöhnlich in convexem Sinne und bei jedem Objectiv in verschiedenem Grade, zu erreichen suchen.

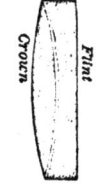

Fig 44.

Durch Reflexion an den verschiedenen Oberflächen geht immer ein Theil des Lichtes, etwa 3—4% für jede Oberfläche, verloren; verkittet man aber beide Linsen mit Canadabalsam, so wird der Totalverlust fast auf die Hälfte reducirt. Die deutschen Objective mittlerer Grösse werden indessen gewöhnlich ohne Balsam unmittelbar aufeinander gelegt und nur an drei Randstellen durch dünne, vollkommen gleichstarke Stanniolblättchen getrennt.

Je grössere und vollkommenere achromatische Objective verfertigt wurden, desto mehr stellte sich eine andere Schwierigkeit heraus, welche bis heute praktisch noch nicht überwunden ist. Auch sie entsteht durch die Dispersion oder Farbenzerstreuung. Entwerfen wir vermittelst eines Prismas aus Flintglas und eines aus Crownglas (mit doppeltem Brechungswinkel) je ein Spectrum, so sind beide im Ganzen zwar ungefähr gleich lang, aber die einzelnen farbigen Theile haben verschiedene Ausdehnung: das rothe Ende ist beim Crown, das Violett beim Flint länger; Crown zerstreut also das Roth stärker als Flint, dagegen das Violett schwächer, und es können sich daher bei der Combination zweier solcher Linsen aus beiden Glassorten die zerstreuenden Wirkungen nicht vollkommen aufheben. Statt dass hier das gebrochene Licht in einem weissen Bilde vereinigt wird, entsteht durch Uebereinanderlagerung ein Spectrum, dessen Mitte nahezu farblos, dessen eines Ende aber durch Vereinigung von Roth und wenig Gelb mit Violett purpurn und dessen anderes Ende durch Vereinigung von Violett mit Roth und viel Gelb gelblichgrün erscheint.

Dieses sogenannte *secundäre Spectrum* ist viel kürzer als die gewöhnlichen, entweder vom Crown- oder vom Flint-Glas gebildeten Spectra, da der grösste Theil der verschiedenartigen Farben sich aufhebt. Seine Wirkung bei einem kleineren Fernrohr, das heisst bei einem Refractor mit kleiner oder mässiger Objectivöffnung, ist oft kaum merkbar, dagegen auffallend und störend bei den grossen Objectiven von 50 und mehr Centimeter Oeffnung; sie zeigt sich schon in kleineren Objectiven in einer blau-violetten Umrandung heller Objecte. Vergrössert man die Brennweite des Doppelobjectivs, also die Länge des Fernrohres, so wird zwar diese Wirkung vermindert, man stösst aber in der Ausführung so ungeheurer Fernröhre und der zugehörigen Apparate auf mechanische Schwierigkeiten, die bald unübersteiglich werden. Wir können daher annehmen, dass in den Riesenrefractoren der neuesten Zeit die Grenze für solche Instrumente nahezu erreicht sein wird.

Ein anderer, obschon weniger wesentlicher Uebelstand lag früher bei grösseren Fernröhren in der sogenannten Kugelabweichung oder *sphärischen Aberration*, welche daher rührt, dass die auf den mittleren Theil und die Randzone einer Linse auffallenden Strahlen nicht vollkommen genau in einem Punkte vereinigt werden. Fig. 45 veranschaulicht dies: die mittleren Strahlen (BAB) allein werden in F, die Randstrahlen (C allein in f vereinigt. Linsen, welche vollkommen frei von

Das achromatische Fernrohr.

diesem Fehler sind, heissen *aplanatische*. Dieser Fehler ist bei den Ocularen wegen deren stärkerer Krümmung von grösserer Bedeutung als bei den Objectiven, wo er kaum mehr vorkommt.

Wie das Objectiv, so besteht bei schwächeren Vergrösserungen auch das *Ocular* eines Fernrohres aus zwei Linsen, die sich indessen nicht unmittelbar be-

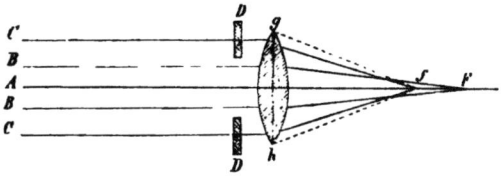

Fig. 45. Sphärische Aberration.

rühren. Zwar würde eine einzelne Linse genügen, um in der Mitte des Gesichtsfeldes ein Object deutlich zu sehen, und man verwendet solche einfachen Linsen auch bei starken Vergrösserungen; aber das Feld selbst ist hier beschränkt und giebt an den Rändern undeutliche Bilder. Es wird deshalb eine zweite Linse F (Fig. 46) in der Nähe des im Brennpunkt entstehenden Bildes angebracht, die die äussersten Strahlen des Bildes so nach dem eigentlichen Augenglase A bricht, dass dadurch ein überall gleich scharfes Bild auf der Netzhaut des beobachtenden Auges entworfen wird. Im

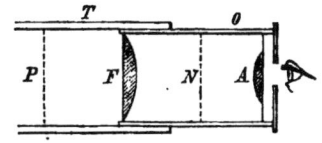

Fig. 46. Positives (Ramsden'sches) Ocular.

Huygens'schen (Campanischen) oder *negativen Ocular* liegt das Bild zwischen beiden Linsen in N (s. Fig. 46), im *Ramsden'schen* oder *positiven* oder *Mikrometer-Ocular* dagegen vor der Feldlinse F in P. Da das ganze Ocular O in dem Tubus T beweglich ist, so ist beim Huygens'schen Ocular die Focal- oder Bildebene nicht immer in gleicher Entfernung vom Objectiv; zur Ausmessung eines Objectes, d. h. zur Bestimmung des Winkelabstandes seiner Bestandtheile, ist es aber erforderlich, dass Bild und mikrometrischer Apparat (Fäden) in unveränderter Entfernung vom Objectiv sich befinden; zur Messung kann daher das Huygens'sche Ocular ohne Weiteres nicht benutzt werden, während es zum blossen Betrachten von Gestirnen vor dem positiven Ramsden'schen Vorzüge besitzt. Die Feldlinse wie die Augenlinse sind in beiden Ocularen planconvex; im Huygens'schen Ocular aber sind die convexen Flächen beider Linsen dem Objectiv zugekehrt, im Ramsden'schen dagegen ist die convexe Seite der Feldlinse gegen die der Augenlinse gerichtet. Zu jedem Fernrohre gehört immer ein Satz von verschiedenen Ocularen, mit denen sich verschiedene Vergrösserungen hervorbringen lassen.

Das astronomische Fernrohr zeigt die Gegenstände umgekehrt, was bei Beobachtungen der Gestirne gleichgültig ist. Um terrestrische

Gegenstände in richtiger Lage zu sehen, muss man ein aus mehreren Linsen zusammengesetztes Ocular anwenden; in der Regel besteht dasselbe aus zwei Linsenpaaren, von denen das erste (rr' Fig. 47) mit der

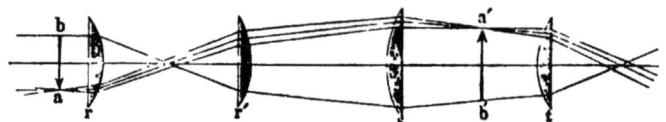

Fig. 47. Ocular des terrestrischen Fernrohres.

ersten (Feld-) Linse (s) des zweiten Paares vom Objectivbilde ab ein zweites Bild $a'b'$ in aufrechter Lage liefert, welches nun durch das Augenglas (t) des zweiten Linsenpaares betrachtet wird.

3. Die Aufstellung des Fernrohres.

Drehte sich die Erde nicht um ihre Axe, und erschiene daher jeder Stern täglich und stündlich in derselben Richtung, so würde die Aufgabe, grosse Fernröhre zweckmässig aufzustellen und zu gebrauchen, eine sehr einfache sein. Die thatsächlich aber stattfindende, gleichmässig fortdauernde Lagenänderung aller Objecte am Himmel, die scheinbar im Verhältniss zur Vergrösserung des Fernrohres wächst, erschwert den Gebrauch, indem bei unverrücktem Instrument und starker Vergrösserung die Gestirne so schnell durch das nur wenige Bogenminuten umfassende Gesichtsfeld ziehen, dass eine genaue Prüfung oft unmöglich wird. Indessen erfordert selbst die leichte Auffindung eines Objectes im Fernrohre besondere Vorkehrungen; mit einem stark vergrössernden Fernrohre ohne besondere Vorrichtungen kann man eine geraume Zeit verschwenden, ehe man selbst helle Gestirne im Gesichtsfelde hat, und schwache, dem blossen Auge kaum oder gar nicht wahrnehmbare Objecte wird man oft ganz vergebens suchen. Man begreift daher, dass zum Gebrauch grosser astronomischer Fernröhre zwei Dinge nöthig sind: erstens, das Fernrohr nach irgend einem hellen oder schwachen Objecte vollkommen genau zu richten, und zweitens, das Fernrohr in dieser Richtung zu erhalten; das erstere ist auch bei kleineren Fernröhren, etwa von $1^1/_2$ m Länge an, wenigstens wünschenswerth.

Um den ersteren Zweck zu erreichen, geschieht die Aufstellung oder *Montirung* eines astronomischen Fernrohres etwa wie folgt: Das Fernrohr OE (Fig. 48), dessen Objectiv O, dessen Ocular E ist, sitzt rechtwinkelig fest an der *Declinations-Axe* AB, die in der Hülse C drehbar ist. Diese Hülse und mit ihr die Declinationsaxe lässt sich um die rechtwinkelig mit ihr verbundene *Stundenaxe DE* drehen; letztere dreht sich in Lagern (bei D und E), behält aber dabei stets dieselbe Richtung. Das Fernrohr lässt sich also durch die doppelte Drehung, um die Declinationsaxe wie um die Stundenaxe, nach jedem Punkte des Himmels richten. Bei einem *parallaktisch montirten* Fernrohre zeigt die Stundenaxe DE nach dem Pole, und das Fernrohr beschreibt bei Drehung um dieselbe einen Declinationskreis, der mit dem Himmelsäquator zusammenfällt, wenn es rechtwinkelig zur Stundenaxe steht. Die Neigung der letzteren gegen die Horizontale ist daher bei solchen Fernröhren gleich der Polhöhe des Ortes. Kleine Fernröhre montirt man meist einfacher, auf Dreifuss oder sogenanntem *Pyramidalstativ*; die der Stundenaxe entsprechende Axe steht hier senkrecht, die der Declinationsaxe entsprechende horizontal; letzteres wird häufig nur durch ein einfaches Gelenk vertreten (horizontale Montirung).

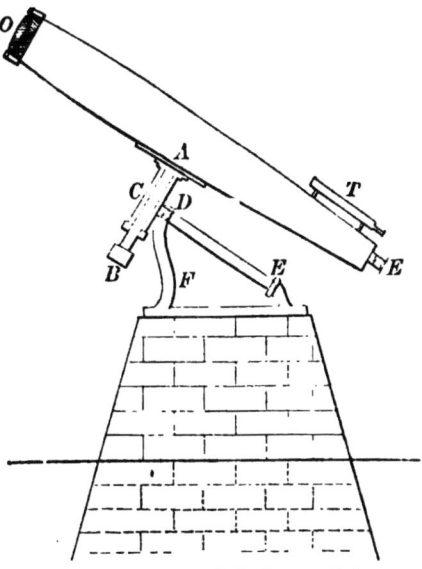

Fig. 48 Parallaktisch montirtes Fernrohr (schematisch).

Um Objecte leichter zu finden, verbindet man mit grösseren Fernröhren einen sogenannten *Sucher* (T, Fig. 48), d. h. ein am Ocularende des grossen Fernrohres diesem parallel befestigtes, wesentlich kleineres Fernrohr mit schwacher Vergrösserung und grossem Gesichtsfelde. Der Mitte des Gesichtsfeldes des Suchers entspricht dann das Gesichtsfeld des grossen Fernrohres.

In vielen, ja den meisten Fällen genügt aber auch der Sucher nicht, um Objecte leicht zu finden. Man hat deshalb an Declinations- und Stundenaxe getheilte Kreise angebracht, die gleichsam Abbilder grösster Kreise am Himmel sind (s. unten), und an denen die aufzusuchenden Objecte direct eingestellt werden können. — Das erhebliche Gewicht der verschiedenen asymmetrisch liegenden Theile eines grossen Fernrohres erfordert zur Herstellung des Gleichgewichts eine Anzahl von Gegengewichten, von denen das hauptsächlichste, zur Balancirung des Tubus dienende (B) am anderen Ende der Declinationsaxe sitzt. — Die Stundenaxe DE ruht auf einem sehr starken eisernen Rahmen F, der mit dem das Ganze tragenden Steinpfeiler*) fest verbunden ist: dieser geht tief in die Erde hinab und ist vom Fussboden, auf dem der Beobachter sich befindet, vollständig isolirt, um jede Erschütterung zu vermeiden.

Dies ist im Allgemeinen Art und Wesen der Montirung eines grösseren astronomischen Fernrohres. Das Wesentliche sind die beiden Axen, die eine unveränderlich nach dem Pole zeigend, die andere rechtwinkelig dagegen und mit ihr sich drehend, an letzterer drehbar das Fernrohr. In der Construction dieser Axen, wie auch ihrer Lager, der Gegengewichte, Kreise u. s. w. bestehen bei den verschiedenen Mechanikern nicht unerhebliche Unterschiede; die in Fig. 48 schematisch dargestellte und in grösserer Vollendung zuerst von Fraunhofer angewandte Construction ist aber die gebräuchlichste und jetzt fast allgemein adoptirt (vergl. auch die Figuren 59, 67, 69, 70, 78).

In der Figur zeigt das Fernrohr, da parallel der Stundenaxe, nach dem Pole; hinter der Ebene des Papiers wäre (für die nördliche Hemisphäre) Osten, davor Westen. Denkt man sich das Fernrohr um die Declinationsaxe AB um $90°$ nach vorn gedreht, das Ocular E dem (westlichen) Beschauer zu, so würde das Objectiv genau nach dem Ostpunkte, also auch nach dem Himmelsäquator zeigen. Dreht man nun das Fernrohr zugleich mit der Declinationsaxe, während es immer rechtwinkelig zur Stundenaxe bleibt, allmählich um diese, so beschreibt seine Visir- oder Absehenslinie am Himmel einen grössten Kreis, und zwar den Aequator oder den scheinbaren täglichen Weg eines $90°$ vom Pole abstehenden Sternes. Drehen wir es dagegen von der Anfangsstellung aus um weniger als $90°$ um die Declinationsaxe, so beschreibt es bei nachheriger Bewegung um die Stundenaxe einen dem Aequator parallelen kleineren oder Parallelkreis und würde dem Wege eines Sternes, der sich in diesem befindet, folgen. Bei parallaktisch montirten Fernröhren ist demnach immer nur die Drehung um eine Axe, die Stundenaxe, erforderlich, um einen Stern zu verfolgen; bei Fernröhren auf senkrechtem Stativ dagegen eine Drehung um zwei Axen, weil die Sterne stets sowohl ihre Höhe wie ihr Azimuth ändern. Man stellt, bei der Beobachtung an ersterem, erst den Declinationskreis, in dem sich das Gestirn befindet, ein und bringt darauf das Fernrohr durch Bewegung um die Stundenaxe in den richtigen Stundenwinkel, der durch die Zeit und die Rectascension des Gestirnes bestimmt ist und sich mit ersterer gleichförmig ändert.

---

*) Statt des oberen Theiles des Steinpfeilers werden in neuerer Zeit fast nur noch solide gusseiserne Stative oder Säulen angewandt.

Um das zu beobachtende Object immer im Gesichtsfelde zu erhalten also der zweiten früher erwähnten Bedingung der Erhaltung der Richtung zu genügen, sind grössere Fernröhre in der Regel mit einem Uhrwerk versehen, welches an Stelle der Hand die Stundenaxe mit gleichmässiger Geschwindigkeit dreht, und zwar in 24 Stunden um 360°.

4. Reflectoren.

Bei den bisher betrachteten Fernröhren wurde das Bild des Objectes durch Brechung (Refraction) in Glaslinsen hervorgerufen, und diese Fernröhre heissen daher auch kurz *Refractoren*; bei der zweiten Gattung, den *Reflectoren* oder Spiegelteleskopen, entsteht das Bild durch Zurückwerfung (Reflexion) an einem concaven Spiegel. Der Erfinder dieses Instrumentes ist nicht genau bekannt; Newton und Gregory haben es aber jedenfalls zuerst in die Astronomie eingeführt. Newton empfahl es zuerst deshalb, weil die Farbenabweichung (vergl. Seite 112) hier nicht auftritt. Fallen parallele Strahlen auf einen Concavspiegel (Fig. 49).

Fig. 49. Reflexion an einem Concavspiegel.

so werden dieselben alle im Brennpunkte F vereinigt, der in der Mitte zwischen Spiegelfläche und Krümmungsmittelpunkt G liegt. Um absolut genaue Vereinigung in einem Punkte zu erzielen, muss der Querschnitt des Spiegels eine Parabel sein, und der Punkt F ist dann der Brennpunkt der Parabel. Gehen die Strahlen von verschiedenen Punkten eines Objectes aus, so entsteht, ähnlich wie bei der Brechung in Linsen, ein umgekehrtes Bild in der Focalebene, senkrecht zur Spiegelaxe, die durch FG geht. Dieses Bild wird dann wieder durch ein vergrösserndes Ocular betrachtet.

Hier entsteht nun eine Schwierigkeit. Das Bild liegt auf derselben Seite des Spiegels wie das Object, und das Ocular wie das beobachtende Auge müsste sich daher, um das Bild direct zu sehen, zwischen F und G, in den Lichtstrahlen selbst, befinden. Dann würde aber ein grosser Theil des auffallenden Lichtes durch den Beobachter weggenommen werden, und ausserdem würde die Schärfe des Bildes in hohem Grade leiden. Um dieser Schwierigkeit zu entgehen, sind nun drei wesentlich verschiedene Arten Reflectoren vorgeschlagen und ausgeführt worden:

122   II. Praktische Astronomie.

1. **Der Gregory'sche Reflector.** Diese der Idee nach älteste Form rührt von James Gregory her, der, sowie Mersenne, noch vor Newton Spiegelteleskope zu bauen versuchte. Hinter dem Focus F (Fig. 50) steht hier ein kleiner Concavspiegel R, der das vom grossen Spiegel M auf ihn fallende Licht reflectirt. M ist in der Mitte durchbohrt und R

Fig. 50. Gregory'scher Reflector.

nun so justirt, dass ein zweites Bild des Objectes nahe der Oeffnung in M entsteht; dieses wird dann durch ein in der Oeffnung befindliches Ocular betrachtet.

Der Reflector von **Cassegrain** unterscheidet sich vom Gregory'schen nur dadurch, dass der kleine Spiegel R convex ist und innerhalb des Focus F steht. Die Strahlen werden also von diesem aufgefangen und nach der Oeffnung im grossen Spiegel reflectirt, bevor sie sich zum ersten Bilde vereinigen. Diese Form hat den Vorzug, dass das Teleskop kürzer ist, und dass dem kleinen Spiegel leichter die richtige Gestalt gegeben werden kann, und sie hat daher die ursprüngliche Gregory'sche vollständig verdrängt.

2. **Der Newton'sche Reflector.** Der kleine, dem Brennpunkte des grossen nahe Spiegel ist nach der von Newton selbst vorgeschlagenen Form eben und unter 45° gegen die Teleskopaxe geneigt; er wirft also die Strahlen seitwärts, und das von ihm reflectirte Bild wird durch ein in dem Tubus angebrachtes Ocular betrachtet. Dieser Spiegel ist von

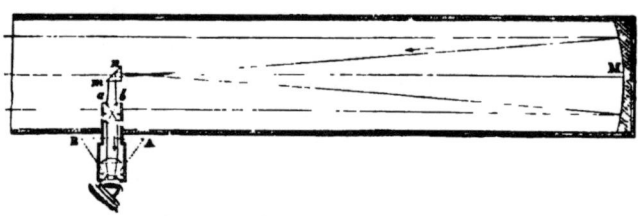

Fig. 51. Newton'scher Reflector.

H. Draper neuerdings durch ein kleines rechtwinkeliges Glasprisma (mn, Fig. 51) ersetzt worden, welches die vom grossen Spiegel M kommenden Strahlen nach totaler Reflexion zum Bilde ab vereinigt, das alsdann durch ein zusammengesetztes Ocular betrachtet wird.

3. **Der Herschel'sche Reflector.** Bei den grössten von W. Herschel gebauten Spiegelteleskopen ist der grosse Spiegel etwas gegen die Fernrohraxe geneigt, so dass das Bild ab anstatt in der Mitte an einer Seite des Tubus entsteht (Fig. 52). Der Beobachter kann es dann betrachten,

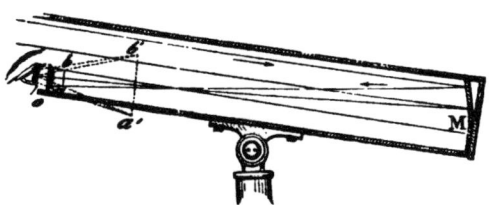

Fig. 52. Herschel'scher Reflector.

ohne viel von dem in den Tubus fallenden Lichte wegzunehmen (vergl. Fig. 54). Nach dieser Art der Beobachtung von vorne her wurde dieses Instrument häufig auch »front-view«-Teleskop genannt. Diese Construction ist aber jetzt ganz aufgegeben, sowohl wegen optischer Nachtheile (Mangel an Bildschärfe, da in Folge des schrägen Einfallens die Strahlen nur ungenau im Focus vereinigt werden), als auch wegen mechanischer Schwierigkeiten und wegen der für den Beobachter stattfindenden Unbequemlichkeiten.

In rein optischer Hinsicht ist der Newton'sche Reflector am vollkommensten; aber auch hier muss der Beobachter am oberen Ende des Rohres stehen, was bei den grossen Reflectoren der Neuzeit mit beträchtlichen Unbequemlichkeiten verbunden ist. Beim Gregory'schen, bezw. Cassegrain'schen Teleskop fallen dieselben weg, weil der Beobachter wie bei einem Refractor am unteren Ende des Tubus steht; in mechanischer Hinsicht ist diese Form am bequemsten, und sie wird jetzt auch für sehr grosse Instrumente am häufigsten angewandt. Der Nachtheil, dass die Figur beider Spiegel eine sehr vollkommene sein muss, sowie dass das Bild von beträchtlicher Grösse ist und darum ein sehr grosses Ocular erfordert, fällt gegenüber dem Vortheile des bequemen Gebrauches nicht zu sehr ins Gewicht.

Die nachstehende Figur 53 bringt ein nach Newton'schem Princip von J. Browning in London construirtes Spiegelteleskop zur Anschauung, wie es bei den zahlreichen Liebhaber-Astronomen Englands nicht selten gefunden wird.

Fig. 53. Browning'scher Reflector.

5. Die grössten Fernröhre neuerer Zeit.

Zwischen Refractor und Reflector hat von jeher eine Art Wettstreit stattgefunden, der auch heute noch nicht beendet, fortdauernde Anstrengungen und entsprechende Erfolge hervorgerufen hat; jede Errungenschaft in einem Gebiete wurde bald auf dem anderen erreicht oder übertroffen, so dass wir abwechselnd von Zeiten der Refractoren und von solchen der Reflectoren sprechen können.

Die Spiegelteleskope Newtons und seiner Zeitgenossen, mit Spiegeln von nur wenigen Zoll Durchmesser, leisteten kaum soviel als die durch ihre Länge freilich unbehülflichen Refractoren, wie sie Huygens benutzte. Wäre die Kunst des Glasschmelzens weiter gediehen gewesen, so hätte man auch ein vollständiges Zurückdrängen der Reflectoren durch die späteren achromatischen Refractoren erwarten können. Aber selbst zu Dollonds Zeiten war es unmöglich, Glasscheiben aus Flintglas von mehr als einigen Zoll Durchmesser rein und gleichförmig herzustellen. Ein guter farbenfreier Refractor von mehr als 5—8 cm (2—3 Par. Zoll) Oeffnung gehörte damals zu den Seltenheiten, und die Achromaten dieser Zeit übertrafen in ihren Leistungen daher die langen Fernröhre des 17. Jahrhunderts nur sehr wenig. Da so grosse Schwierigkeiten beim Schleifen der Metallspiegel nicht zu überwinden waren, so musste man, wo es sich um grosse Lichtstärke, also grosse Oeffnungen handelte, auf den Reflector zurückkommen. Indessen erst nach der Mitte des vorigen Jahrhunderts gelang es dem Scharfsinn und der unermüdlichen Geduld eines Mannes, Reflectoren zu construiren, die auch die besten Dollond'schen Refractoren hinsichtlich ihrer optischen Kraft weitaus übertrafen.

Wilhelm Herschel, damals Organist und Musiklehrer in Bath bei Bristol, kam um 1766 zufällig in den Besitz eines Gregory'schen Reflectors von nur zwei Fuss Länge. Der Anblick des Sternenhimmels, den ihm dieser gewährte, erregte den lebhaften Wunsch, ein ähnliches, aber noch grösseres und besseres Instrument zu besitzen; die von den Londoner Optikern geforderten Preise überstiegen aber seine geringen Mittel sehr erheblich, und er entschloss sich deshalb, selbst eins zu verfertigen. Nach vielen vergeblichen Versuchen und Experimenten mit Metall-Legirungen, um die bestreflectirenden zu finden, und nach langen Anstrengungen gelang ihm endlich 1774 die Vollendung eines siebenfüssigen*) Reflectors Newton'scher Art. Hierbei beruhigte er sich aber

---

*) So giebt Herschel selbst an; nach anderem Bericht war sein erstes 1774 verfertigtes Teleskop ein fünffüssiges.

nicht, und selbst ein 20 füssiges Teleskop, das 1783 vollendet wurde, genügte ihm nicht; das grösste und beste Spiegelteleskop, welches überhaupt möglich sei, wollte er fertigen, und so schliff er, unterstützt von seinem Bruder Alexander, Spiegel in grosser Zahl und von verschiedenstem Durchmesser*). Die Mehrzahl davon erwies sich zwar als unvollkommen; aber er liess sich nicht abschrecken und schliff und polirte nur immer eifriger, und jeder Versuch führte ihn vorwärts. Die Munificenz König Georgs III., der auf den Musiker-Astronomen aufmerksam geworden, gewährte ihm jetzt in einem Jahrgehalt von 200 £ die Mittel,

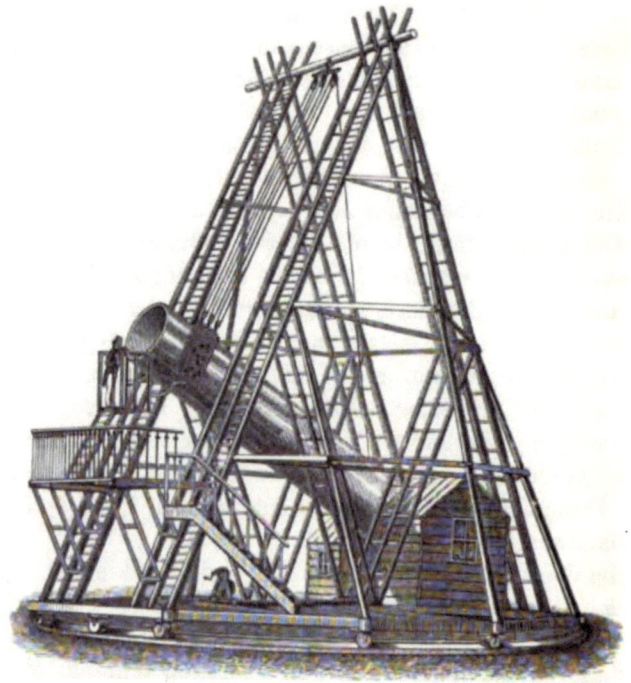

Fig. 54. Herschel'sches Riesenteleskop.

sich dauernd der Astronomie zu widmen. Sie dienten und führten ihn nur zu weiteren Anstrengungen und neuen Erfolgen, die in dem Bau des grossen Teleskops von 39 engl. Fuss Länge mit vierfüssigem Spiegel (1785—1789) ihren Abschluss fanden.

Es zeigte sich, dass hiermit die Grenze praktischer Brauchbarkeit erreicht war. Der Beobachter musste (vergl. Fig. 54), 10 Meter und

---

*) Nach eigener Aussage fertigte er während der 15 Jahre seines Aufenthaltes in Bath 200 siebenfüssige, 150 zehnfüssige und etwa 80 zwanzigfüssige Spiegel.

mehr hoch in freier Luft schweben in einem Kasten, welcher gross genug war, ihn sowie auch alle zu den Beobachtungen erforderlichen Hülfsinstrumente aufzunehmen; dieser Kasten musste den Bewegungen des Teleskops folgen, welch' letztere bei dem enormen Gewicht des Instruments nur durch mehrere Gehülfen ausgeführt und einigermassen gleichmässig erhalten werden konnte. Hierzu trat noch die Schwierigkeit, dem grossen Spiegel die richtige Gestalt zu bewahren, da selbst die Temperaturänderungen in einer einzigen Nacht oft in dieser Hinsicht schädlich wirkten. So darf es nicht Wunder nehmen, dass Herschel sein grösstes Teleskop nicht sehr viel benutzte und selbst bei der Untersuchung sehr schwieriger und schwacher Objecte (wie vieler Nebel) häufig 20 füssige und selbst kleinere Instrumente vorzog. Im Jahre 1839 wurde das Riesenteleskop von Sir John Herschel, dem grossen Sohne des grossen Beobachters, auseinandergenommen, und nach einer Familienfeier im Innern des Tubus für immer zur Ruhe gebracht. Der Spiegel, sowie Theile der Maschinerie und des Tubus sind noch jetzt in Slough, dem Stammsitze der Herschel'schen Familie, zu sehen.

Der einzige unmittelbare Nachfolger Herschels in der Construction grosser Spiegelteleskope war sein Sohn, Sir John Herschel. Indessen fertigte er nur wenige und keins über 20 Fuss, hat aber mit einem solchen den grössten Theil seiner zahlreichen und werthvollen Beobachtungen angestellt. —

Bis gegen das Ende des vorigen Jahrhunderts war, wie wir gesehen, die Herstellung grosser, homogener Scheiben von Flintglas und damit diejenige grösserer Achromaten unmöglich gewesen. Im Anfange des neuen Jahrhunderts erfand nun aber der Schweizer Guinand eine Methode, nach der Flintglasscheiben von bisher unerreichter Grösse und Reinheit hergestellt werden konnten. Auf Veranlassung Utzschneiders, des Gründers des Münchener optischen Instituts, siedelte Guinand 1807 nach Benedictbeuren über und lieferte nun von dort das Rohmaterial an den jungen genialen Fraunhofer, welcher kurz zuvor als Gehülfe in das Institut eingetreten war. Die Verbindung beider, vor allem aber die feinen Untersuchungen Fraunhofers im Gebiete der theoretischen und der praktischen Optik inaugurirten eine neue Aera in der Construction der Achromaten und verschafften dem Münchener Institut bald einen Weltruf. Selbst die kleineren Fernröhre übertrafen die Dollond'schen, welche bis dahin das Feld beherrscht hatten, erheblich, und die grossen Refractoren von 9 Par. Zoll (24 cm) Oeffnung und 13 Fuss (4 m) Brennweite, die das Institut 1824 für Dorpat, 1837 für Berlin lieferte, konnten nach ihrer Lichtstärke selbst mit den Herschel'schen Teleskopen mittlerer Grösse recht gut verglichen werden; durch ihre mechanische

Fig. 55. Riesenteleskop »Leviathan« von Lord Rosse zu Parsonstown in Irland.

Einrichtung, verhältnissmässige Kürze, Festigkeit in Bau und durch die erstmalige Anwendung von Uhrwerken zum exacten Bewegen der Instrumente waren aber die Fraunhofer'schen Refractoren zur astronomischen Messung, die den Werth einer Beobachtung in erster Linie bedingt, so viel mehr geeignet, dass sie die Spiegelteleskope, zumal auf dem Continent, bald gänzlich verdrängten. Mit Fraunhofer und Utzschneider und deren Nachfolgern Merz und Mahler (Fraunhofer starb 1826) beginnt die Epoche der Refractoren, die auch heute noch, nur mehr gelegentlich unterbrochen durch bedeutende Leistungen auf dem Gebiete der Reflectoren, andauert.

Während auf dem Continent und in Amerika der »Merz'sche Refractor« fast unumschränkt herrschte und selbst in England an öffentlichen Sternwarten Eingang fand, bemühten sich reiche und hochsinnige Privatmänner des meerbeherrschenden Inselreiches, die von den beiden Herschel begründeten Methoden des Spiegelschleifens und die Herstellung riesiger Spiegelteleskope weiter zu vervollkommnen. Den grössten Schritt that hier (1845) Lord Rosse, Earl of Parsonstown, mit dem Bau eines Reflectors von 55 engl. Fuss (17 m) Brennweite und 6 engl. Fuss (1.8 m) Spiegeldurchmesser (Fig. 55), der auch heute noch unübertroffen dasteht. Eine der Hauptverbesserungen war hier die Einführung einer durch Dampf betriebenen Maschine zum Schleifen und Poliren des grossen Spiegels. Die Montirung des riesigen Instrumentes weicht, wie die Figg. 54 und 55 zeigen, sehr von der Herschel'schen ab. Der Tubus steht zwischen zwei starken Mauern, die nur eine seitliche Bewegung von ca. 10° nach beiden Seiten vom Meridian zulassen. Nach oben (Norden) und unten (Süden) kann es durch eine sinnreiche Combination von Ketten in jede beliebige Poldistanz gebracht werden. Ist es dann auf ein Object eingestellt, so wird es von einem ausserordentlich kräftigen Uhrwerk mittels einer langen Schraube stetig in der Bewegungsrichtung nach Westen weitergeführt. Gewöhnlich wird es als Newton'scher Reflector gebraucht, indem der Beobachter nahe dem oberen Ende von einer beweglichen Plattform aus seitlich in den Tubus blickt (vergl. die Figur). Ist die Höhe des zu betrachtenden Gestirns, also die Neigung des Teleskops gegen den Horizont, grösser als 45°, so besteigt der Beobachter von der Mauerkrone aus eine gebogene und nach der Oeffnung des Tubus verschiebbare hölzerne Treppe. Dieses mächtigste aller existirenden Instrumente wird hauptsächlich zum Studium der Nebel, ferner für Zeichnungen der Planetenoberflächen und einzelner Mondlandschaften angewandt; eigentliche Messungen sind damit kaum möglich. Häufiger gebraucht der (jüngere) Lord Rosse ein dreifüssiges und beweglicheres Spiegelteleskop.

Von anderen grossen, durch ihre Verfertiger wie durch ihre Leistungen und Entdeckungen bemerkenswerthen Reflectoren verdienen vor allem die von William Lassell Erwähnung. Nahe zu gleicher Zeit mit Lord Rosse (dem älteren) construirte er ein Teleskop mit zweifüssigem (61 cm) Spiegel von sehr vollkommener Figur und bedeutender Lichtstärke und entdeckte mit ihm zwei neue Satelliten des Uranus, die zu Zeiten allerdings auch von J. Herschel und O. Struve gesehen worden sein mögen. Ein späteres grösseres Teleskop, mit Spiegel von

Fig. 56. Vierfüssiger Reflector von Lassell.

4 engl. Fuss (1.2 m), wurde 1863 auf Malta zu werthvollen Beobachtungen an Satelliten und Nebeln benutzt; seine in mancher Hinsicht eigenthümliche Montirung zeigt Fig. 56. Leider hat der Besitzer das schöne Instrument kurz vor seinem Tode vernichtet.

Die bisherigen grossen Reflectoren hatten sämmtlich das Ocular am oberen Ende und erforderten daher, um einigermassen benutzbar zu sein, einen complicirten, schwerfälligen Apparat von Gerüsten, Treppen, Stellagen, dessen Handhabung und Benutzung ebenso unbequem wie zeitraubend war. Diese Uebelstände vermied Grubb in Dublin bei dem grossen Reflector von 4 engl. Fuss (1.2 m) Spiegeldurchmesser, welchen er 1870 für die Sternwarte in Melbourne nach Cassegrain'schem Princip baute. Die Fig. 57 giebt eine Ansicht dieses durch vorzügliche mechanische Einrichtungen auch sonst ausgezeichneten Instrumentes in $\frac{1}{50}$ natürlicher Grösse. Der Tubus T, dessen oberer grösserer Theil durchbrochen ist, enthält unten den grossen Spiegel, oben den kleinen

Fig. 57. Reflector von Melbourne.

convexen Y, der die Lichtstrahlen zurück nach dem Ocular y wirft. CN ist die Stundenaxe, U das Gegengewicht am Ende der Declinationsaxe. Das Uhrwerk Z treibt das Teleskop mittels der Uebertragungsstangen $zeeE$, des Kreissectors D und der Klemme F.

Frankreich hat neuerdings grössere Reflectoren mit versilberten Glasspiegeln, die Foucault herzustellen lehrte, geliefert. Das grösste Instrument dieser Art von 1.2 m Spiegeldurchmesser und 7.3 m Länge

Fig. 58. Pariser grosser Reflector.

bauten Martin und Eichens in Paris 1875 für die dortige Sternwarte Fig. 58).

In Amerika hat bisher nur H. Draper in New York grössere Spiegelteleskope construirt. Das 1872 in seinem Privat-Observatorium aufgestellte Instrument hat einen Silberglas-Spiegel von 26 Zoll (71 cm) Oeffnung und kann sowohl als Newton'sches wie als Cassegrain'sches benutzt werden.

Deutschland endlich und ebenso Russland besitzen kein einziges Spiegelteleskop von Bedeutung. —

Mit den grossen Refractoren von 14 Zoll (38 cm) Oeffnung, die Merz & Mahler 1840 für die Hauptsternwarte des russischen Reiches, Pulkowa bei St. Petersburg, sowie 1843 für die Sternwarte des Harvard College in Cambridge Mass. fertigten, schien im Bau der grossen Achromaten das Aeusserste erreicht. In der That beherrschte das berühmte Münchener Institut das Feld bis tief in die fünfziger Jahre. Um diese Zeit aber erstanden ihm zwei Rivalen, die bald Gleiches und, was die Dimensionen betrifft, selbst Grösseres schufen. Der eine war Alvan Clark in Cambridgeport, Massachusetts, der andere Cooke in York (England). Clarks kleinere Instrumente, von etwa 7 Zoll (19 cm) Objectivöffnung, wurden zuerst durch Rev. Dawes, einen der vorzüglichsten Liebhaber-Astronomen Englands, bekannt. Die ausgezeichneten Beobachtungen, die dieser mit ihnen anstellte, machten indessen bald die Landsleute Clarks aufmerksam, und so erhielt er 1860 den Auftrag, für die Sternwarte der Mississippi-Universität zu Chicago einen grossen Refractor von 17 Zoll (46 cm) Oeffnung zu bauen. Noch vor der Vollendung des Objectives, das also die grössten Merz'schen um etwa 8 cm übertraf, gelang ihm die Entdeckung des von Bessel vorausgesagten Sirius-Begleiters. Das Instrument zeichnet sich durch vorzügliche Bildschärfe aus und hat neuerdings in den Händen Burnhams speciell unsere Kenntniss der Doppelsternwelt wesentlich bereichert.

Nicht lange sollte dieses Fernrohr den ersten Rang einnehmen. Im Jahre 1868 bauten Th. Cooke & Sons in York einen Riesenrefractor von nicht weniger als 23½ Zoll (63 cm) Objectivöffnung, dessen Besitzer, Herr Newall in Gateshead bei Liverpool, in liberaler Weise die Benutzung durch andere, Astronomen von Fach wie Private, gestattete. So weit bekannt, ist indessen von dieser höchst schätzenswerthen Erlaubniss nur geringer Gebrauch gemacht worden.

Aber auch der Cook'sche Refractor blieb nicht der grösste. Die Herstellung homogener Flintglasscheiben von mehr als 2 Fuss Durchmesser war durch die Anstrengungen der Firma Chance Brothers & Co. in Birmingham sowie von Feil in Paris möglich geworden, und es be-

Fig. 59. Grosser Refractor in Pulkowa.

durfte, da die Herstellung des Crownglases gleich grosse Schwierigkeiten nicht bereitete, hauptsächlich nur der Geschicklichkeit und Ausdauer der Optiker, den ungeheuren Scheiben die zu einem achromatischen Objectiv erforderliche Gestalt zu geben. Hatte Cooke diese Aufgabe in England gelöst, so gelang eine noch vollkommenere Lösung Clark mit der Construction des grossen Refractors der Washingtoner Sternwarte (1872 und 1873). Das Objectiv dieses mächtigen Instrumentes hat eine Oeffnung von 24½ Zoll (66 cm), übertrifft also das Cooke-Newall'sche noch um 3 cm. Die Länge des Rohres beträgt 30½ Fuss (10 m), der Durchmesser des Drehthurmes, in dem es aufgestellt ist, über 12 m. Der Preis des Instrumentes mit allen Hülfsapparaten (Uhrwerk, Mikrometer, Spectroskopen u. s. w.) betrug 46 000 Dollars oder 195 000 Mark. Unter allen grossen Fernröhren der neuesten Zeit hat das zu Washington bis jetzt wohl am meisten geleistet, und durch die Entdeckung der Mars-Monde durch Hall ist sein Ruhm auch in weitere Kreise gedrungen. Die Gestalt des Objectives soll eine nahezu vollkommene sein und störend nur das bei so grossen Refractoren immer unvermeidliche secundäre Spectrum wirken.

Einen gleich grossen Refractor hat Clark für McCormick in Chicago vollendet. Grubb in Dublin hat einen Refractor von 25½ Zoll (68½ cm) für die neue Wiener Sternwarte (vergl. Fig. 69) und Martin in Paris einen solchen von 73½ cm Oeffnung für die Pariser Sternwarte gefertigt. Endlich sind zwei noch grössere gleichfalls von Clark vollendet worden: das eine von 28 Zoll (76 cm) Oeffnung für die Pulkowaer Sternwarte mit einer Montirung von Repsold (Fig. 59), das zweite von sogar 33 Zoll (91½ cm) für das in Californien gelegene Lick-Observatory; beide Instrumente haben sich bereits auf das vorzüglichste bewährt; besonders sind mit dem letzteren schon wichtige astrophysikalische Ergebnisse erhalten worden.

Riesenfernröhre wie die letztgenannten vermag bis jetzt Deutschland nicht aufzuweisen. Werth und Bedeutung aber der astronomischen Beobachtung hängt weniger von dem ab, was gesehen, als von dem, was gemessen wird; denn die Messung ist die Grundlage der astronomischen Wissenschaft, und gerade für genaue Messungen eignen sich die Fernröhre grösster Gattung, wenigstens Reflectoren, weniger als mittlere und selbst kleine Instrumente. Für astrophysikalische Beobachtungen, bei denen die Fernröhre wesentlich nur als Lichtsammler dienen, ist die vorstehende Bemerkung allerdings nicht zutreffend.

Nachstehend geben wir ein Verzeichniss der grössten Fernröhre der Welt (Reflectoren von 61 cm, Refractoren von 25 cm Oeffnung an). Da besonders in neuerer Zeit alljährlich mehrere solcher grossen Instrumente hergestellt werden, so kann dieses Verzeichniss natürlich keinen Anspruch auf Vollständigkeit machen. Bedenkt man, dass die Herstellungskosten eines 25 cm-Refractors etwa 20000 Mark, die eines 65 cm-Refractors dagegen fast 200000 Mark betragen, so liefern die folgenden Ziffern einen nicht uninteressanten Beleg und Massstab der Werthschätzung idealer Zwecke von Regierungen wie Privatpersonen. Der Dorpater Refractor, der vor fünfzig Jahren als Wunderwerk angestaunt wurde, steht heute in letzter Linie.

Reflectoren.

Besitzer, Sternwarte	Construction	Oeffnung cm	Zoll[**]	Verfertiger
Earl of Rosse, Parsonstown, Irl.	Newton	183	72	*Earl of Rosse*, 1844.
Common, Ealing, England	Newt. S. Gl.[*]	153	60	*Common*, 1888.
Lassell, Maidenhead, England	Newton	122	48	*Lassell*, 1860. (Zerstört.)
Melbourne, Australien	Cassegrain	122	48	*Grubb*, 1870.
Paris, Observatorium	Newt. S. Gl.	120	47	*Martin, Eichens*, 1876[***]
Earl of Rosse, Parsonstown	"	91¼	36	*Earl of Rosse*.
Toulouse, Observatorium	" " "	85	33½	*Henry, Secretan*.
Marseille, "	" " "	80	31½	*Foucault, Eichens*.
H. Draper, Dobbs Ferry, New York	Cass. " "	71	28	*H. Draper*.
Lassell, Maidenhead	Newton	61	24	*Lassell*.
Edinburgh, Observatorium	"	61	24	*Grubb*, 1878.
Wilson, Westmeath, Irland	Cassegrain	61	24	" 1880.

Refractoren.

Sternwarte oder Besitzer	Oeffnung cm	Zoll		Verfertiger
Lick-Observatory, Californien	91¼	36		*A. Clark & Sons*.
Nizza, Sternwarte	76	30		*Henry*.
Pulkowa, Sternwarte	76	30		*A. Clark & Sons*.
Paris, Observatorium	73¼	27	Par.	*Martin, Eichens*.
Wien, Sternwarte	68½	27		*Grubb*.
Washington, U. S. Naval Observ.	66	26		*Clark*, 1873.
McCormick, Chicago	66	26		" 1879.
Newall, Gateshead, England	63¼	25		*T. Cooke & Sons*, 1868.
Princeton Observ., New Jersey	58¼	23		*Clark*, 1881.
Buckingham, London	56	21		*Buckingham*.
Strassburg, Sternwarte	48½	18	Par.	*Merz, Repsold*, 1879.
Mailand, Sternwarte	48½	18	Par.	" 1879.

---

[*] S. Gl. bedeutet Silberglas-Spiegel nach L. Foucaults Methode.
[**] Zoll, englisch (inch), Par. = Pariser Zoll. (Verhältniss siehe Seite 69.)
[***] Der voranstehende Name bezieht sich auf den Optiker, der folgende auf den Mechaniker. — Das »optische Institut« in München firmirte: Utzschneider & Fraunhofer 1808—1839, Merz & Mahler 1839—1845, Merz & Söhne 1845—1858, G. & S. Merz seit 1858.

Sternwarte oder Besitzer	Oeffnung cm	Zoll		Verfertiger
Dearborn Observ., Chicago	47	$18\frac{1}{2}$		*Clark*, 1863.
Van Duzee, Buffalo, New York	46	18		*Fitz*, New York.
Rochester Observ., New York	$40\frac{1}{2}$	16		*Clark*, 1880.
Madison Observ., Wisconsin	$39\frac{1}{2}$	$15\frac{1}{2}$		» 1879.
Lord Lindsay, Aberdeen, Schottland	$38\frac{1}{2}$	$15\frac{1}{10}$		*Grubb*, 1875.
Pulkowa, Sternwarte	38	14	Par.	*Merz*, 1840.
Harvard Coll. Obs., Cambridge (U. S.)	38	14	»	» 1843.
Paris, Observatorium	38	14	»	*Lerebours*, *Brunner*, 1854.
Lissabon, Sternwarte	38	14	»	*Merz*, *Repsold*, 1861.
W. Huggins, London	38	15		*Grubb*, 1871.
Brüssel, Observatorium	38	14	Par.	*Merz*, *Cooke*, 1880.
Bordeaux, Observatorium	38	14	»	» *Eichens*, 1880.
Hamilton Coll. Observ., New York	34	$13\frac{1}{2}$		*Spencer*.
Markree Castle Observ., Irland	34	$13\frac{1}{3}$		*Cauchoix*, *Grubb*, 1834.
L. M. Rutherfurd, New York	33	13		*Rutherfurd*.
Dudley Observ., Albany, New York	33	13		*Fitz*.
Allegheny Observ., Pennsylvania	33	13		*Clark*, nachgearbeitet 1874.
Catania-Aetna, Sternwarte	$32\frac{1}{2}$	12	Par.	*Merz*, 1877.
Greenwich Observatorium	$32\frac{1}{2}$	$12\frac{3}{4}$		*Merz*, *Troughton & Simms*, 1860.
Ann Arbor Observ., Michigan	32	$12\frac{1}{2}$		*Fitz*.
Vassar Coll. Obs., Poughkeepsie, New York	$31\frac{1}{2}$	$12\frac{1}{3}$		*Fitz*, (*Clark*).
Morrison Observ., Mo.	31	$12\frac{1}{4}$		*Clark*, 1876.
Physical Observ., Oxford, England	31	$12\frac{1}{5}$		*Grubb*, 1875.
Cambridge Observ., England	$30\frac{1}{2}$	12		*Cauchoix*.
Dublin Observatorium	$30\frac{1}{2}$	12		» (1825?).
Radcliffe, Observ., Oxford	$30\frac{1}{2}$	12		»
Middletown Observ., Connect.	$30\frac{1}{2}$	12		*Clark*, 1869.
S. V. White, Brooklyn, New York	$30\frac{1}{2}$	12		» nachgearbeitet 1867.
H. Draper, Dobbs Ferry, New York	$30\frac{1}{2}$	12		» 1876.
Wien, Sternwarte	$30\frac{1}{2}$	12		» 1876.
B. v. Engelhardt, Dresden	$30\frac{1}{2}$	12		*Grubb*, 1880.
Lick-Observatory	$30\frac{1}{2}$	12		*Clark*, 1876.
Astrophys. Observ., Potsdam	30	11	Par.	*Schröder*, *Repsold*, 1879.
Bothkamp Sternwarte, bei Kiel	$29\frac{1}{2}$	11	»	*Schröder*, 1870.
Sydney Observ., Australien	29	$10\frac{3}{4}$	»	» 1875.
Bogenhausen Sternwarte, bei München	$28\frac{1}{2}$	$10\frac{1}{2}$	»	*Merz*, 1835.
Arcetri, Sternwarte, bei Florenz	$28\frac{1}{2}$	$10\frac{1}{2}$	»	*Amici* (1843?).
Cincinnati Observatory	$28\frac{1}{2}$	$10\frac{1}{2}$	»	*Merz*, 1844.
Elchies, Morayshire, Schottland	$28\frac{1}{2}$	$10\frac{1}{2}$	»	» *Ross*, 1853.
Kopenhagen, Sternwarte	$28\frac{1}{2}$	$10\frac{1}{2}$	»	» *Jünger*, 1858.
Cordoba Observ., Südamerika	28	11		*Fitz*.
Moskau, Sternwarte	27	10	Par.	*Merz*.
Madrid, Sternwarte	27	10	»	» 1857.
Genf, Observatorium	27	10	»	» *Soc. génév.*, 1879.
Hamburg, Sternwarte	26	$9\frac{1}{2}$	»	» *Repsold*, 1867.
Marseille, Observatorium	26	$9\frac{1}{2}$	»	» *Eichens*, 1869.

II. Praktische Astronomie.

Sternwarte oder Besitzer	Oeffnung cm	Zoll	Verfertiger
Bazlay, Fairford, England	26	9¼ Par.	*Merz, Cooke*, 1878.
Barclay, Leyton bei London	25½	10	*Cooke*, 1861.
Knight, Harestock, England	25¼	10	„ 1871.
Toulouse, Observatorium	25	9¼ Par.	*Brunner*, 1880.
(Dorpat, Sternwarte	24½	9 „	*Fraunhofer*, 1824.)

Zu erwähnen sind noch die 20 Refractoren von 33 cm Oeffnung (für chemische Strahlen achromatisirt), welche für das grosse internationale Unternehmen der photographischen Himmelskarte bestimmt sind.

6. Leistungen der Fernröhre.

Die Fragen, welche von beiden Arten, Refractor oder Reflector. mehr leiste, welches die Grenze für die Instrumente selbst, wie für ihre Vergrösserungen sei, und ähnliche, lassen sich so allgemein nur schwer oder gar nicht beantworten; denn jede Classe hat ihre besonderen Vorzüge und Nachtheile, und in jeder erschweren viele Umstände und manche für beide zugleich die höchsten Leistungen. Ueber die Vergrösserungen insbesondere haben im Publicum von je her die unklarsten und übertriebensten Vorstellungen geherrscht; es wird daher nicht überflüssig sein, die verschiedenen Verhältnisse, welche die Erfüllung kühner Ideen und Wünsche hindern, sowie die Bedingungen, von denen die Leistungen der Fernröhre, soweit letztere zum Sehen allein und nicht zum Messen dienen, abhängen, etwas näher zu betrachten.

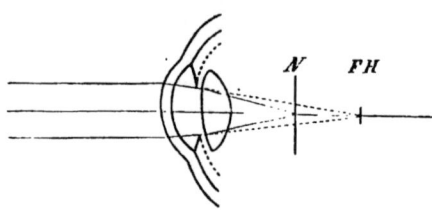

Fig. 60. Brechung der Lichtstrahlen im Auge.

Sehen wir ohne Fernrohr nach einem leuchtenden Punkte. einem Stern z. B., so nehmen wir ihn dadurch wahr, dass das auf die Pupille fallende Licht nach Brechung in der Hornhaut, der Krystalllinse und den anderen Medien des Auges auf der Netzhaut (*N* Fig. 62) zur Vereinigung gelangt. Könnte man die Pupille nach Belieben erweitern (innerhalb enger Grenzen findet dies bekanntlich spontan statt), so würde je nach der Pupillenöffnung mehr oder weniger Licht in das Auge fallen, und Sterne, die bei sehr kleiner Pupille verschwänden, würden bei sehr grosser sichtbar sein. Wir können nun ein Fernrohr als ein grosses künstliches Auge betrachten, dessen Pupille das Objectiv ist. Alles auf das Objectivglas fallende Licht wird nach Vereinigung im Brennpunkte und nach dem Durchgang durch ein angemessenes Ocular auf der

Netzhaut des Auges zu einem (zweiten) Bilde vereinigt, dessen Helligkeit im Verhältniss zu der des mit freiem Auge gesehenen von dem Verhältniss der Objectivöffnung zur Pupillenöffnung abhängt, wenn wir von dem Lichtverlust in den verschiedenen Gläsern absehen. Da nun die Lichtmengen, die auf eine kreisförmige Fläche fallen, sich wie die Oberflächen, diese sich aber wie die Quadrate der Durchmesser verhalten, und da die Pupille durchschnittlich etwa 5 mm im Durchmesser hat, so folgt, dass ein Fernrohr von 20 mm Objectivöffnung 16 mal, eins von 150 mm Oeffnung dagegen schon 900 mal so viel Licht auffängt, als die Pupille. Die Lichtmengen, welche die Netzhaut thatsächlich empfängt, verhalten sich indessen etwa nur wie 13, bezw. 720 zu eins, da beim Durchgange des Lichtes durch die verschiedenen absorbirenden und reflectirenden Glasschichten etwa 20% verloren gehen. Ein durch ein Fernrohrobjectiv betrachteter Stern wird also nicht ganz in dem Verhältniss heller erscheinen, in welchem die Oberflächen von Objectiv und Pupille stehen; doch wollen wir im Folgenden von diesem immerhin nicht sehr erheblichen Lichtverlust absehen.

Damit alles Licht, welches auf das Objectiv (oder den Spiegel) eines Fernrohres fällt, auch in die Pupille des Auges gelange, darf das aus dem Augenglase tretende Strahlenbündel nicht grösser im Durchmesser als die Pupille sein; die Vergrösserung des Fernrohres muss daher wenigstens gleich dem Verhältniss des Objectivdurchmessers zum Pupillendurchmesser sein. Letzterer ist, wie erwähnt, etwa $1/5$ engl. Zoll (5 mm); um also die volle Lichtmenge zu erhalten und den grösstmöglichen Vortheil vom Objectiv zu ziehen, muss für jeden Zoll Oeffnung die Vergrösserung wenigstens 5 sein (für jedes Centimeter wenigstens 2). Nehmen wir z. B. ein Fernrohr von 10 cm Objectivöffnung, so ist 20 die Minimalvergrösserung, bei der noch alles von einem leuchtenden Punkte (Fixstern) ausgehende Licht in die Pupille gelangt; bei geringerer Vergrösserung würde das austretende Strahlenbüschel einen grösseren Durchmesser als die Pupille haben, es würde also ein Lichtverlust eintreten. Hat das Objectiv $1\frac{1}{2}$ m Brennweite, so entspräche einer 20fachen Vergrösserung eine Ocular-Brennweite von $7\frac{1}{2}$ cm; diese oder eine geringere müsste man nehmen, um alles Licht mit dem Auge aufzufangen.

Ist das Object indessen kein leuchtender Punkt, wie ein Fixstern, der auch bei den stärksten Vergrösserungen wegen seines verschwindenden scheinbaren Durchmessers im Wesentlichen immer als Punkt erscheint, sondern von merklicher Ausdehnung, wie die Scheibe eines grossen Planeten oder ein Nebelfleck, so kehren sich die Verhältnisse theilweise um. Das Object erscheint dann nahezu gleichhell mit allen Vergrösserungen unterhalb 5 für einen engl. Zoll Objectivöffnung, wird aber allmählich scheinbar schwächer, wenn wir diese Grenze überschreiten. Der Grund davon ist, dass bei steigender Vergrösserung das Licht über eine grössere Oberfläche auf der Netzhaut ausgebreitet und deshalb geschwächt wird. So lange die Vergrösserung unter der oben genannten Grenze bleibt, compensirt die vermehrte Lichtmenge, welche bei zunehmender Vergrösserung in die Pupille fällt, ziemlich vollständig die Schwächung wegen Ausbreitung auf grösserer Fläche, so dass die scheinbare Helligkeit fast constant bleibt. Oberhalb der Grenze von Vergrösserung fünf auf einen Zoll nimmt nur die Oberfläche, über welche sich das Licht ausbreitet, oder die scheinbare Grösse des Objectes zu, nicht aber die Lichtmenge; das Object erscheint also schwächer. Die scheinbare Helligkeit eines Flächenelementes (eines sehr kleinen Oberflächentheiles des Objectes) auf der Netzhaut verhält sich dann, wie leicht einzusehen, umgekehrt wie die Oberfläche, auf welche das Licht ausgebreitet wird, oder umgekehrt wie das Quadrat der Vergrösserung.

Bei sehr hellen Objecten, wie Sonne, Mond, Venus, stört diese Verminderung der scheinbaren Helligkeit durch stärkere Vergrösserung nicht; aber bei schwächeren Objecten, wie bei den Planeten Uranus und Neptun und den meisten Nebeln und Cometen, wird die Sichtbarkeit wesentlich erschwert, und es ist unvortheilhaft, auf sie Vergrösserungen, die die genannte Grösse irgend beträchtlich überschreiten, anzuwenden. Um schwache und dabei ziemlich ausgedehnte Objecte leicht zu finden, verwendet man am besten Fernröhre von mässiger Oeffnung (ca. 10—15 cm), grossem Gesichtsfeld und schwacher Vergrösserung, sogenannte *Cometensucher*.

Es mag paradox erscheinen, dass der Grad der Helligkeit, von dem wir jetzt sprechen, niemals durch das Fernrohr vermehrt, sondern im günstigsten Falle nur unverändert bleiben kann. Da aber stets etwas Licht beim Passiren des Fernrohres verloren geht, ist in der That diese Helligkeit oder die Erleuchtung eines Flächenelementes beim Fernrohre stets kleiner. Bei den besten Metallspiegeln der Reflectoren wird die Helligkeit auf die Hälfte reducirt oder selbst auf weniger, wenn die Politur unvollkommen ist; bei dem Durchgang durch die verschiedenen Glaslinsen der Refractoren wird sie auf 7 bis 8 Zehntel reducirt. So kann z. B. der Himmelsgrund im Fernrohre niemals so hell wie mit blossem Auge gemacht werden; so gross auch Objectiv oder Spiegel sein mag, es wird immer das übersehene Gesichtsfeld oder die Fläche, die auf der Netzhaut ausgebreitet erscheint, nur sehr klein gegenüber der mit freiem Auge betrachteten sein; der Himmel wird im Fernrohre also verhältnissmässig dunkel erscheinen, desto dunkler, je stärker die Vergrösserung ist. Aus diesem Grunde und unter gleichzeitiger Berücksichtigung des oben für punktförmige Objecte Gesagten können wir auch hellere Sterne am Tage im Fernrohre sehen, während sie dem freien Auge unsichtbar bleiben.

Eine Ursache, die neben mangelnder Achromasie sowie schliesslicher Lichtschwäche ausgedehnter Objecte den Leistungen der Fernröhre eine Grenze setzt, ist die *Diffraction*. Ist der austretende Strahlenkegel auf weniger als $1/50$ engl. Zoll ($3/5$ mm) reducirt, d. h. ist die Vergrösserung mehr als 50 für jeden Zoll Objectivöffnung (20 für jedes cm), so werden die Umrisse eines jeden Objectes verwaschen und unbestimmt, Helligkeit des Gegenstandes und Vollkommenheit des Objectives mögen so gross sein, wie sie wollen. Es rührt dies von der Beugung des Lichtes (Diffraction) am Rande des Objectivglases oder des Spiegels her, welche Erscheinung so auffällig wird, dass, wenn letztere über 100 auf 1 engl. Zoll (40 auf ein 1 cm) Oeffnung beträgt, der Gewinn zufolge stärkerer Vergrösserung vollständig durch die Undeutlichkeit des Bildes compensirt wird. Hellere Sterne werden dann zu Scheibchen von nicht unbeträchtlichem Durchmesser, und diese »falschen Durchmesser« haben früher zu sehr irrigen Vermuthungen über die wirklichen Durchmesser geführt. —

Die unter Berücksichtigung der Diffraction noch statthafte äusserste Vergrösserung findet sich nach dem Voranstehenden durch Multiplication der Objectivöffnung mit 100 bei engl. Zoll (mit 40 bei cm); indessen ist es zweifelhaft, ausser bei Doppelsternbeobachtungen, ob noch ein wirklicher Vortheil bei mehr als 60—70 (24—28) erreicht werden kann. Bei einem Fernrohr von 2 engl. Fuss (61 cm) Oeffnung würde die äusserste Vergrösserungsgrenze also 2400 sein, ein irgend erheblicher Vortheil aber schon bei mehr als 1500 facher Vergrösserung nicht mehr stattfinden. Ebenso wird man bei einem Refractor von 4 engl. Zoll (10 cm) Oeffnung eine stärkere Vergrösserung als 300 kaum mehr mit Erfolg anwenden können. Da, wie wir früher sahen, die Vergrösserung eines Fernrohres gleich der Brennweite des Objectives dividirt durch die des Oculares ist, letztere aber nicht wohl kleiner als $1/5$ Zoll genommen werden kann, so erhalten wir als Vergrösserungsgrenze beiläufig auch die fünffache Objectivbrennweite, diese in engl. Zoll ausgedrückt. Das Verhältniss der Brennweite zur Oeffnung des Objectives schwankt in der Regel zwischen 15 und 18 und ist nur bei Cometensuchern wesentlich kleiner; letztere vertragen daher auch keine so starken Vergrösserungen als die Refractoren von gleicher Oeffnung aber grösserer Brennweite.

Diese Bemerkungen gelten für die vollkommensten Fernröhre und die günstigsten äusseren Bedingungen. Aber auch das beste Fernrohr hat Mängel, welche selbst bei ruhigster Luft den Gebrauch der stärksten Vergrösserung fast stets verhindern. Beim Refractor rührt der Hauptmangel vom secundären Spectrum (vergl. Seite 116) her, welches, bedingt durch dem Glase unveränderlich anhaftende Eigenschaften, auch bei vollendetster Ausführung nicht völlig gehoben werden kann. Beim Reflector liegt ein Hauptübelstand in der Schwierigkeit, dem Spiegel in allen Lagen die Vollkommenheit seiner Figur zu bewahren. Wenn das Teleskop bewegt wird, biegt sich der schwere Spiegel durch sein Gewicht und vermöge seiner Elasticität zuweilen in solchem Masse, dass die Schärfe des Focalbildes sehr beträchtlich leidet; und obschon diese Verbiegungen durch die neuerdings angewandte Methode, den Spiegel auf einem System von Hebeln oder einem Luftkissen ruhen zu lassen, erheblich vermindert sind, so lässt sich doch ein solcher Apparat sehr schwer in Ordnung halten, und der Gebrauch eines grossen Reflectors wird dadurch ungemein erschwert.

Ein summarischer Vergleich der relativen Leistungen von Refractor und Reflector lässt sich leicht machen. Der gut gearbeitete und montirte Refractor ist leichter zu handhaben, bequemer zu gebrauchen, rascher in Ordnung zu bringen, und ist vor allem zur mikrometrischen Messung geeigneter als der Reflector. Wenn sein grösster Uebelstand, das secundäre Spectrum, auch nicht vermindert werden kann, so kann er selbst bei mangelndem Geschick des Beobachters doch auch nicht vergrössert werden. Immerhin ist hierdurch für die Grösse der Refractoren eine Grenze gegeben, über welche hinaus das secundäre Spectrum alle aus vermehrter Lichtstärke entspringenden Vortheile wahrscheinlich vollständig compensiren würde. Das secundäre Spectrum kann für ein gegebenes Fernrohr nicht aufgehoben werden, wohl aber sind in letzter Zeit in Jena Versuche angestellt worden, Glassorten herzustellen, durch deren Combination eine bessere Vereinigung der Farben erzielt werden kann. Wenn auch die bisher gewonnenen Resultate sich noch nicht auf grössere Instrumente anwenden lassen, so besteht doch kaum ein Zweifel, dass in Zukunft eine bedeutende Verbesserung der optischen Leistungen der Refractoren zu erwarten steht. Betrachten wir andererseits die blosse Lichtstärke oder raumdurchdringende Kraft, so giebt wenigstens die Rechnung dem Reflector den Vorzug. Man kann leicht berechnen, dass Lord Rosses »Leviathan« und die vierfüssigen Reflectoren von Lassell, von Paris und Melbourne zwei bis viermal so viel Licht als der grosse Refractor in Washington sammeln. Untersuchen wir aber praktisch, d. h. durch die Beobachtung, welche Objecte wirklich durch die beiden Fernrohrgattungen gesehen worden sind, so scheinen die grössten Refractoren den grossen Spiegelteleskopen an optischer Kraft in der That fast gleich zu stehen. Die wahrscheinliche

Ursache für diese Abweichung zwischen theoretischem und praktischem Ergebniss müssen wir in der Unvollkommenheit der Figur und Politur der grossen Spiegel finden. Die Refractoren, auch die grössten, sind in der Ausführung ihrer Objective nahezu vollkommen; die Spiegel der Reflectoren aber scheinen Unvollkommenheiten zu besitzen, die sich bis jetzt noch nicht vollständig beseitigen lassen. Der Verfertiger des grossen Reflectors in Melbourne wie auch des neuen grossen Refractors der Wiener Sternwarte, H. Grubb in Dublin, glaubt zwar, diese Schwierigkeiten überwunden zu haben und Spiegel von 2 und mehr Metern im Durchmesser construiren zu können, die ebenso vollkommen als entsprechende Objective seien; aber praktisch ausgeführt und durch die Beobachtung bewiesen ist dies bis jetzt noch nicht. Glückt die Ausführung, so hat Grubb das Problem zu Gunsten der Reflectoren, soweit die optische Kraft in Betracht kommt, gelöst. Aber ein solches Riesenteleskop wird so schwer zu handhaben und zu benutzen sein, dass wir auch dann noch den Refractor als das beste »Arbeits«-Instrument ansehen müssen, wie er bisher das beste gewesen ist. Für die Untersuchung äusserst lichtschwacher Objecte wird freilich der Vortheil auf der Seite des grossen Reflectors der Zukunft liegen. —

Der grösste Feind der astronomischen Beobachtung, an den der Laie selten denkt, ist die Atmosphäre. Blicken wir an einem heissen Sommertage nach einem entfernten niedrigen Gegenstande, so bemerken wir leicht ein gewisses Zittern, Wogen und Wallen seiner Umrisse. Sehen wir durch ein Fernrohr, so erscheint dieses Wallen und Zittern zugleich mit dem Gegenstande vergrössert und häufig so stark, dass wir selbst mit dem stärksten Fernrohre nicht viel mehr als mit freiem Auge wahrnehmen. Der Grund dieser Erscheinung liegt in der Mischung der heissen Luft am Erdboden mit der kühleren darüber, welche eine unregelmässige und beständig wechselnde Brechung der Lichtstrahlen in der Atmosphäre verursacht. In grösseren Höhen ist das Zittern zwar weniger bedeutend, aber immer noch heftig genug, um astronomische Beobachtungen, die eine nur mässig starke Vergrösserung erfordern, bei Tage meist sehr unsicher oder selbst unmöglich zu machen. In der Nacht ist die Luft weniger unruhig; aber auch dann giebt es stets und überall Luftströmungen verschiedener Temperatur, deren Durchkreuzung und Mischung dieselbe Wirkung haben, wenngleich in geringerem Grade. Das Funkeln oder *Scintilliren* der Sterne entsteht durch solche Strömungen, und man kann als Regel annehmen, dass bei starkem Funkeln der Sterne eine gute Beobachtung mit starker Vergrösserung nicht angestellt werden kann. Ein Stern erscheint dann nicht mehr als scharfer, ruhiger Punkt, sondern unruhig, verwaschen und oft wie eine kleine flammende Nebelmasse. Der Betrag und Einfluss dieser atmosphärischen Störungen wechselt von Stelle zu Stelle und von Nacht zu Nacht, fehlt aber nie gänzlich; am ruhigsten ist die Atmosphäre in der Regel bald nach Sonnenuntergang. Wird bei einem grösseren Fernrohr von 8—10 Par. Zoll (22—27 cm) Oeffnung mit 500 facher Vergrösserung eine beständige Störung der Bilder nicht wahrgenommen, so darf die Nacht für eine sehr gute gelten; Nächte aber, wo sich Vergrösserungen bis 800 und darüber mit Vortheil benutzen lassen, gehören — wenigstens in unseren Klimaten — zu den sehr seltenen. Erfahrungsgemäss ist bei gleicher wirklicher Vergrösserung die Unruhe der Luft bei einer grösseren Objectivöffnung von schädlicherer Wirkung als bei einer kleineren.

Man hat mitunter gesagt, W. Herschel habe mit seinen grossen Teleskopen Vergrösserungen bis zu 6000 benutzt und in Folge dessen den Mond z. B. bis auf eine Entfernung von nur 65 Kilom. scheinbar nahe bringen können. Wenn wirklich je eine solche Vergrösserung auf den Mond angewandt wurde, so dürfen wir zwar annehmen, dass er in einer scheinbaren Entfernung von 65 Kilom. gesehen wurde, dass aber der Anblick gerade so gewesen sein müsse, als hätte Herschel durch eine kleine Oeffnung von ein paar Zehntel Millimeter Durchmesser und durch verschiedene Meter fliessenden Wassers oder viele Kilometer Luft gesehen. Es ist zweifelhaft, ob der Mond mit einem Fernrohr jemals so gut und scharf gesehen worden ist, als er mit freiem Auge in einer Entfernung von 500 Kilom. gesehen werden könnte; war dies der Fall, so hat die Vergrösserung sicher nicht über 1000 betragen.

Für die meisten astronomischen Forschungen ist eine besonders starke Vergrösserung nicht erforderlich, und zwar glücklicherweise; denn sonst würden durch den eben besprochenen Einfluss der Luftunruhe auf das astronomische Sehen die meisten Beobachtungen vereitelt werden. Bei einer ganzen Classe von Beobachtungen ist aber dennoch möglichste Ruhe der Luft unerlässlichste Bedingung; z. B. bei der Beobachtung der Oberflächenbeschaffenheit der Planeten, bei directen spectroskopischen Untersuchungen u. s. w. Hierfür passende Luftverhältnisse findet man nur in besonders begünstigten Gegenden, entfernt von den grossen Verkehrscentren und in beträchtlichen Höhen über dem Niveau der Umgebung. In neuerer Zeit hat man daher bei der Anlage von Sternwarten hierauf Rücksicht genommen, z. B. bei dem Potsdamer astrophysikalischen Observatorium und ganz speciell bei dem Lick-Observatory auf dem Mount Hamilton in Californien. Für diejenigen Sternwarten, denen ein so günstige Lage nicht beschieden ist, mag die Erfahrung einen Trost gewähren, dass nicht die von einem reinen, ewig klaren Himmel nur selten ein freundliches Antlitz zeigt, und die wir, wie um andere, so auch um die Güter des Sternenhimmels mit einer rauhen, widerwilligen Natur kämpfen müssen.

Capitel II.
Astronomische Messungen und Messinstrumente.

1. Kreise der Himmelskugel. Coordinaten der Gestirne.

Im ersten Capitel dieses Buches (Seite 7 ff.) wurde gezeigt, dass alle Himmelskörper an der Oberfläche einer Sphäre, in deren Innerem sich Erde und Beobachter befinden, zu liegen und sich zu bewegen scheinen. Die Aufgaben der praktischen Astronomie bestehen hauptsächlich in der Bestimmung der scheinbaren Oerter der Himmelskörper an dieser Sphäre. Es giebt nun drei Systeme von grössten Kreisen, auf welche man die Oerter beziehen kann: das des Horizontes, das des Aequators und das der Ekliptik; die beiden ersten sind heute allein in Gebrauch, das der Ekliptik verschwand für die beobachtende, aber nicht für die rechnende Astronomie mit der Einführung des Fernrohres.

Das System des Horizontes ist das in der Natur zunächst gegebene und demzufolge auch geschichtlich das älteste. Die beiden Ebenen oder grössten Kreise der Himmelskugel, auf die man hier die Oerter der Gestirne oder deren Coordinaten bezieht, sind der Horizont und der Meridian. Der *scheinbare Horizont* wird an der Erdoberfläche durch jede ruhige Flüssigkeitsoberfläche (Wasser, Quecksilber u. a.) gegeben und schneidet auf freier Ebene oder dem Meere die Himmelskugel in einem grössten Kreise; der wahre Horizont geht dem scheinbaren parallel durch den Erdmittelpunkt. Der *Meridian* ist die Ebene, welche durch den Nord- und Südpunkt geht und rechtwinkelig auf dem Horizonte steht. Der sichtbare Pol des letzteren, der von allen Punkten des Horizontes gleichweit (90°) absteht und also im Meridian liegt, heisst der Scheitelpunkt oder *Zenith*, ihm diametral gegenüber der unsichtbare Pol, der Fusspunkt oder *Nadir*. Grösste Kreise senkrecht auf dem Horizonte, also durch das Zenith gehend, heissen *Höhen-* oder *Vertical-Kreise*, Kreise parallel zum Horizont *Azimuthal-Kreise* oder *Almucantharate*. Die beiden Coordinaten, durch welche der Ort eines Gestirns in diesem System gegeben wird, sind entsprechend die *Höhe* und das *Azimuth;* erstere wird vom Horizont nach dem Zenith, also bis 90° gezählt, letzteres vom südlichen Theile des Meridians durch Westen, Norden, Osten bis wieder Süden durch alle 360°; oder auch westlich vom Meridian positiv, östlich negativ, jedesmal bis 180°. Statt der Höhe nimmt man auch häufig die *Zenithdistanz*; beide ergänzen sich zu 90°. In diesem Systeme ändern sich beide Coordinaten, Höhe wie Azimuth, continuirlich mit der Zeit.

Die Coordinaten eines Gestirnes im zweiten Systeme, dem des Aequators, entsprechen fast vollkommen den geographischen Längen und Breiten eines Ortes auf der Erde. Die beiden Grundebenen sind hier der Himmelsäquator (der an die Sphäre übertragene Erdäquator) und ein erster Meridian, wofür man den grössten Kreis genommen hat, der durch die beiden Himmelspole und die Nachtgleichenpunkte geht. Grösste Kreise senkrecht zum Aequator, die also auch durch die Pole gehen, heissen *Declinations-* oder *Stundenkreise*, Kreise parallel dem Aequator, die also nach den Polen zu immer kleiner werden, *Parallelkreise*. Der senkrechte Abstand eines Gestirnes (SS, Fig. 61) vom Aequator heisst dessen *Declination* (entspricht der Höhe im Horizontsystem); der Abstand vom ersten Meridian, und zwar von dem Halbkreise gezählt, der durch die Pole und den Frühlingsnachtgleichen- oder Widderpunkt (Υ) geht. wird die *Gerade Aufsteigung* oder *Rectascension* genannt (kurz gewöhnlich AR bezeichnet). Die Declination wird bis 90° gezählt, und zwar nach dem Nordpol zu positiv, nach dem Südpol negativ; die Rectascension dagegen durch den ganzen Umkreis hindurch bis 360°, und zwar von Westen nach Osten. Statt der Declination giebt man auch mitunter die *Poldistanz* an (ähnlich wie beim Horizontsystem die Zenithdistanz) und rechnet diese vom Nordpol an bis 180°, vermeidet also dabei positive und negative Zeichen. Die Rectascension rechnet man häufiger nach Stunden (^{h}), Zeitminuten (^{m}) und Zeitsecunden (^{s}), als nach Graden (°), Bogenminuten (') und Bogensecunden (") aus sogleich zu erwähnendem Grunde.

Im dritten Systeme, dem der Ekliptik, tritt an die Stelle des Aequators die Ekliptik, und an die Stelle der Himmelspole treten die Pole der Ekliptik. Der Declination entspricht hier die *Breite*, der Rectascension die *Länge*; beide Coordinaten werden in gleicher Weise. die Länge von demselben grössten Kreise an, gezählt wie im Systeme des Aequators. In der praktischen Astronomie kommt aber dieses System in neuerer Zeit nicht mehr zur Anwendung.

2. Zeit und Stundenwinkel.

Wir sahen früher (S. 10, 48), dass zufolge der Umdrehung der Erde um ihre Axe sämmtliche Gestirne im Laufe von 24 Stunden den Meridian eines Ortes passiren. Die Zeit, die zwischen zwei analogen Culminationen eines unbeweglichen Gestirnes, eines sogenannten Fixsternes, verfliesst, und die etwa vier Minuten weniger als die zwischen zwei Durchgängen der Sonne beträgt, nennen wir einen *Sterntag* und theilen ihn, wie den mittleren) Sonnentag, in genau 24 Stunden (^{h}), jede Stunde in 60 Minuten (^{m}), jede (Zeit-) Minute in 60 (Zeit-) Secunden (^{s}); er giebt die wahre Umdrehungszeit der Erde. Die *Sternzeit* wird zu zählen angefangen, wenn der Frühlingsnachtgleichenpunkt den Meridian eines Ortes passirt; es ist dann $0^h\ 0^m\ 0^s$ Sternzeit. Da die Gestirne von Osten nach Westen, infolge der Erdrotation, fortrücken, die Rectascensionen aber in der Richtung von Westen nach Osten gezählt werden, so wird nach Verlauf einer Stunde Sternzeit der Stundenkreis, dessen Rectascension $1/24$ des Umkreises oder $15°$ beträgt, in den Meridian des Beobachtungsortes gerückt sein; andererseits wird der Frühlingspunkt und der Stundenkreis $0°$ $1/24$ Umdrehung oder 1^h Sternzeit westlich vom Meridian stehen. Zählen wir 2^h Sternzeit, so passiren die Gestirne, deren Rectascension $30°$ ist, den Meridian, und der Stundenkreis $0°$ und mit ihm der Frühlingspunkt steht $2/24$ Umdrehungszeit oder 2^h westlich vom Meridian; die Gestirne des Stundenkreises $15°$ dagegen werden $1/24$ Umkreis oder 1^h westlich vom Meridian stehen. Jeder Stunde Sternzeit entsprechen also $15°$ Rectascension; theilen wir demnach den Umkreis nicht in $360°$, sondern in 24^h, der Umdrehungszeit gemäss, so wird im Meridian die Rectascension in Zeit unmittelbar gleich der Sternzeit sein; umgekehrt ergiebt letztere, mit 15 multiplicirt, die Rectascension in Bogen.

Der Abstand eines Stundenkreises vom Meridian heisst der *Stundenwinkel* (t Fig. 61); er wird nach Westen und gewöhnlich durch alle $360°$ oder 24^h durchgezählt, seltener nach Westen bis 12^h positiv, nach Osten, gleichfalls bis 12^h, negativ. Nach dem Vorangehenden sieht man sofort, dass der Stundenwinkel des Frühlingspunktes für einen gegebenen Ort gleich der Sternzeit des Ortes ist. Ferner ist offenbar die Summe von Rectascension und Stundenwinkel gleich der Sternzeit. Sind zwei dieser Grössen gegeben, so kann man demnach immer die dritte durch einfache Addition oder Subtraction finden. Aus der nachstehenden Fig. 61 ersieht man am leichtesten die Beziehungen zwischen diesen verschiedenen Grössen. Im Mittelpunkte der unendlich grossen Sphäre ist die Erde mit dem Beobachter B. HH' ist der Horizont, AA' der Aequator, W der Westpunkt, O der Ostpunkt, Z das Zenith, P der (Nord-) Pol, S ein Stern, dessen Declination also durch den Bogen SS' gemessen wird. Der Meridian des Ortes B geht durch $HAZPH'$. H ist der Südpunkt, H' der Nordpunkt. In Υ stehe zu einer bestimmten Sternzeit ϑ der Frühlingspunkt. Rectascension α und Stundenwinkel t sind dann durch die Bögen $S'\Upsilon$ und AS' oder durch die ihnen entsprechenden Winkel am Pol gegeben. Da die Zeit ϑ immer durch eine Uhr

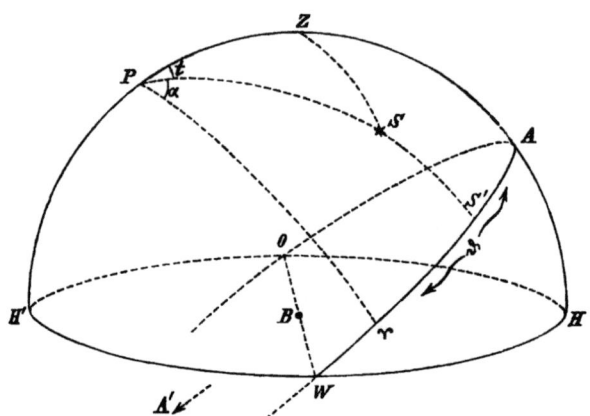

Fig. 61. Sphärische Coordinaten.

und die Rectascension α meist in Zeit angegeben wird, so findet sich der Stundenwinkel t auch zunächst und für gewöhnlich in Zeit; er wird aber sehr einfach in Bogen verwandelt, da $1^h = 15^\circ$, $1^m = 15'$, $1^s = 15''$ ist; nach dem Vorangehenden ist er gleich der Sternzeit weniger der Rectascension.

Für die Zwecke des bürgerlichen Lebens, das von dem Tagesgestirn. der Sonne, beherrscht und regulirt wird, würde die Rechnung nach Sternzeit höchst unbequem sein. Man zählt daher für gewöhnlich und selbst in der Astronomie nach *Sonnenzeit*. Wir sahen schon früher (Seite 14), dass zufolge der Bewegung der Sonne unter den Gestirnen nach Osten, der Zeitraum zwischen zwei Meridiandurchgängen der Sonne grösser als der zwischen zwei Durchgängen eines Sternes sein muss. Im Laufe eines Jahres hat die Sonne einen ganzen Umlauf unter den Sternen gemacht, ein Stern also, rechnet man nach Sonnenzeit, gleichsam einen Umlauf gewonnen; es ergiebt sich also, dass ein Sonnentag durchschnittlich grösser als ein Sterntag ist, im Verhältniss $366^1/_4 : 365^1/_4$. Rechnen wir wie gewöhnlich nach Sonnenzeit, so findet sich die genaue Dauer eines Sterntages $23^h 56^m 4^s\!.1$ mittlere Sonnenzeit; umgekehrt wäre ein Sonnentag gleich $24^h 3^m 56^s\!.6$ Sternzeit. Culminirt die Sonne um 0^h Sternzeit, oder ist die Sternzeit im mittleren Mittag 0^h, so culminirt sie am nächsten Tage nach Sternzeit $3^m 57^s$ später, oder es ist im mittleren Mittag $0^h 3^m 57^s$ Sternzeit; am zweiten Tage wäre die Sternzeit im mittleren Mittag etwa $0^h 7^m 53^s$ u. s. f. Um den 21. März jedes Jahres steht nun die Sonne im Frühlingspunkt, d. h. ihre Rectascension ist 0° oder 0^h, sie culminirt also dann um 0^h Sternzeit; einen Monat später culminirt sie, da $1/_{12}$ des Umkreises zurückgelegt ist oder die Rectascension etwa $30^\circ = 2^h$ beträgt, um 2^h Sternzeit, oder es ist 2^h Sternzeit im mittleren Mittag u. s. f. Die folgende kleine Tafel giebt die Sternzeit im mittleren Mittag oder die Rectascension der mittleren Sonne im gewöhnlichen Jahre genähert an:

Januar 1	18^h	45^m	Juli 1	6^h 38^m
Februar 1 . . .	20	47	August 1	8 40
März 1	22	37	September 1 . .	10 43
April 1	0	40	October 1	12 41
Mai 1	2	38	November 1 . . .	14 43
Juni 1	4	40	December 1 . . .	16 42

Es lässt sich daraus bis auf einige Minuten genau die einer beliebigen mittleren Zeit entsprechende Sternzeit für jeden Jahrestag leicht finden. Um eine genauere Bestimmung der Sternzeit zu ermöglichen, sind in den astronomischen Ephemeriden von Tag zu Tag die Sternzeiten im mittleren Mittag sowie Reductionstabellen angegeben.

Bewegte sich die Sonne stets mit gleichförmiger Geschwindigkeit nach Osten, so würde der eben erwähnte mittlere Mittag stets mit dem wahren zusammenfallen und die mittlere Sonnenzeit gleich der wahren sein. Aus zwei Gründen findet dies aber nicht statt. Erstens ist wegen der Excentricität der Erdbahn, wie wir früher sahen (vergl. Seite 38, 62), die Winkelgeschwindigkeit der Erde um die Sonne, also auch die scheinbare Geschwindigkeit der Sonne, deren Bewegung ja nur das Spiegelbild der Erdbewegung ist, eine verschiedene: am schnellsten im December, wo die Erde der Sonne am nächsten ist, am langsamsten im Juni, wo sie am weitesten absteht. Die Zwischenzeit zweier aufeinander folgenden Culminationen beträgt im Mittel $24^h 3^m 57^s$ (in Sternzeit); infolge der Excentricität der Erdbahn schwankt dieser Betrag zwischen $24^h 3^m 49^s$ im Juni und $24^h 4^m 5^s$ im December.

Die Hauptursache der Abweichung von mittlerer und wahrer Sonnenzeit liegt aber darin, dass die Sonne sich nicht im Aequator oder in einem Parallelkreise, sondern in der Ekliptik bewegt. Nahe den Aequinoctien ist diese und damit die Richtung der Sonnenbewegung unter einem Winkel von 23½° gegen den Aequator oder gegen die Richtung der täglichen Bewegung geneigt. In Folge dessen sind zu diesen Zeiten, also im März und September, die Sonnentage 20^s kürzer als im Mittel. Die umgekehrte Wirkung wird zu den Zeiten der Solstitien, im Juni und December, hervorgebracht. Hier ist die Sonne einem der Pole um 23½° näher, und die tägliche Bewegung erscheint aus diesem Grunde um etwa 20^s vergrössert. Im ersten Falle ist die auf den Aequator projicirte Bewegungsgrösse eine kleinere als im Durchschnitt; im zweiten eine grössere.

So lange die Uhren noch bis auf 20 und mehr Secunden am Tage fehlerhaft gingen, verursachten diese Abweichungen keine ernstliche Unbequemlichkeit. Als aber mit Huygens die Penduluhren in Gebrauch kamen und die Eintheilung und Abmessung der Zeit dadurch eine wesentlich genauere wurde, musste die ungleichförmige Bewegung der Sonne auffallen und stören. Wollte man die Uhren nach dem wirklichen Sonnenlauf richten, so mussten sie bald rascher gehen, wenn die Sonne (im Juni und December) schneller, bald langsamer, wenn sie (im März und September) sich langsamer bewegt. Damit hätte man aber den grössten Vorzug der vollkommeneren Uhren, die Regelmässigkeit und Gleichförmigkeit des Ganges, opfern müssen, und es blieb daher nichts weiter übrig, als von der wahren Sonnenbewegung abzuweichen und der Zeitmessung eine *mittlere* Sonne zu Grunde zu legen, die bald der wirklichen Sonne voraus, bald ihr nach ist. Man zählt also jetzt allgemein die *mittlere Zeit* nach einer fingirten Sonne, die man sich im Aequator und mit gleichförmiger Geschwindigkeit — dem Mittel aus allen Geschwindigkeiten der wirklichen — bewegt denkt. Es ist mittlerer Mittag oder $0^h\ 0^m\ 0^s$ mittlere Zeit, wenn diese gedachte Sonne den Meridian in der oberen Culmination passirt, 12^h, wenn sie in der unteren Culmination ist, also am tiefsten steht. Der Astronom zählt dann weiter 13^h, 14^h bis 24^h oder 0^h, abweichend vom bürgerlichen Leben, welches die Tageszeiten besonders bezeichnet und in den Vormittagsstunden im Datum einen Tag voraus ist. —

Die von der Bewegung der wirklichen Sonne abhängende unregelmässige Zeit heisst die scheinbare oder *wahre Sonnenzeit*; sie wird nur durch die Sonnenuhren direct angegeben. Der Unterschied der wahren und mittleren Zeit heisst die *Zeitgleichung*. Viermal im Jahre ist dieselbe Null, mittlere und wahre Zeit fallen also zusammen; während zwei dazwischen fallenden Zeiten ist die mittlere Zeit der wahren voraus, während der beiden anderen nach. In der folgenden Tafel ist der Betrag der Zeitgleichung für jeden ersten und fünfzehnten Tag der Monate angegeben:

Zeit und Stundenwinkel.

Datum		Zeitgleichung	Datum		Zeitgleichung
Januar	1	$+ 4^m$	Juli	1	$+ 4^m$
»	15	$+ 10^m$	»	15	$+ 6^m$
Februar	1	$+ 14^m$	August	1	$+ 6^m$
»	15	$+ 14^m$	»	15	$+ 4^m$
März	1	$+ 12^m$	September	1	0
»	15	$+ 9^m$	»	15	$- 5^m$
April	1	$+ 4^m$	October	1	$- 10^m$
»	15	0	»	15	$- 14^m$
Mai	1	$- 3^m$	November	1	$- 16^m$
»	15	$- 4^m$	»	15	$- 15^m$
Juni	1	$- 2^m$	December	1	$- 11^m$
»	15	0	»	15	$- 5^m$.

Ist die wahre Sonne nach oder die Zeitgleichung positiv, so passirt sie den Meridian nach dem mittleren Mittag, und eine gewöhnliche Uhr ist einer Sonnenuhr voraus und umgekehrt. Diese grossen, bis zu einer Viertelstunde gehenden Abweichungen sind das Resultat allmählicher Anhäufungen der nur wenige Secunden betragenden täglichen Abweichungen, deren Ursachen oben angeführt sind. So bleibt z. B. in dem Zeitraume vom 2. November bis 10. Februar die wahre Sonne beständig täglich durchschnittlich $18—19^s$ hinter der Uhrzeit zurück, was, durch 100 Tage fortgesetzt, erstere von 16^m vor bis zu 15^m nach bringt.

Eine der Wirkungen dieser Unterschiede von wahrer und mittlerer Zeit, die oft missverstanden wird, zeigt sich darin, dass das Intervall von Sonnenaufgang bis Mittag, wie es aus dem Kalender folgt, nicht das gleiche wie zwischen Mittag und Sonnenuntergang ist, dass also die Vormittage länger oder kürzer als die Nachmittage sind. Es liegt dies einfach daran, dass für den Aufgang oder Untergang der Sonne die wirkliche Sonne in Betracht kommt, der Mittag aber nach der fingirten mittleren bestimmt wird. Verständen wir unter Mittag den Meridiandurchgang der wahren Sonne, so würde kein Unterschied zwischen Vormittags- und Nachmittagsdauer sein; der Mittag unserer Uhren, nach denen wir zählen, ist aber dem wahren Mittag bald vor, bald nach, und so kann ersterer dem Sonnenaufgang beträchtlich (bis zu einer halben Stunde) näher liegen, als dem Sonnenuntergang und umgekehrt; im Februar sind die Nachmittage etwa eine halbe Stunde länger als die Vormittage; im November findet das Umgekehrte statt. Für die Sonnenuhren sind dagegen Vor- und Nachmittage immer gleich lang, wenn wir von der geringfügigen durch die tägliche Aenderung der Declination der Sonne hervorgebrachten Abweichung absehen.

3. Messinstrumente und Sternwarten.

Mit dem Fernrohr lässt sich nur sehen; die Hauptaufgabe der praktischen Astronomie besteht aber im Messen, in der Bestimmung der Abstände unbekannter Punkte der Sphäre von ihrer Lage nach bekannten Punkten derselben. Es wird daher ein Fernrohr seinen höchsten und letzten Zweck nur dann erfüllen, wenn es mit Messapparaten verbunden ist, die eine genaue Festlegung des Ortes eines Gestirnes ermöglichen; ohne einen solchen kann man es wohl zum Betrachten und Studium einzelner naher Objecte (wie Sonne, Mond, Planeten, Cometen), oder sehr ausgedehnter (Nebel), also zur Förderung der topographischen Astronomie, mit Nutzen verwenden; in neuerer Zeit werden die grossen Instrumente ganz besonders noch als Lichtsammler bei astrophysikalischen Untersuchungen benutzt. In der grossen Mehrzahl der Fälle aber ist die Aufgabe zu lösen, den Ort eines leuchtenden Punktes für eine gegebene Zeit mit möglichst grosser Genauigkeit zu bestimmen.

Je nach dem besonderen Zweck unterscheidet man nun zwei Hauptarten astronomischer Messinstrumente: solche, die den *absoluten* Ort eines Gestirnes festlegen, und solche, die den Abstand von einem benachbarten, in der Regel seiner Lage nach bekannten Gestirn, also den *relativen* Ort, ergeben. Bei den Instrumenten der ersten Art, deren Hauptvertreter der Meridiankreis, das Universalinstrument und das Aequatoreal sind, werden die Coordinaten des Gestirnes auf eines der oben (Seite 145 f.) genannten Coordinaten-Systeme bezogen, beim Universalinstrument auf den Horizont, beim Aequatoreal auf den Aequator, beim Meridiankreis auf beides. Das Fernrohr tritt hier mehr in den Hintergrund; es dient nur zum scharfen Sehen und Visiren; das Wesentliche sind die Hülfsmittel zur Winkelmessung: in Grade und deren Unterabtheilungen getheilte Kreise, die gleichsam Abbilder der grössten Kreise der Sphäre darstellen, auf welche die Coordinaten des Gestirnes bezogen werden sollen. Fernrohr und Kreise sind fest verbunden und um Axen drehbar, die den Hauptaxen der Coordinaten entsprechen; die Grundrichtungen der sphärischen Ebenen werden durch die Angaben fester Indices (Nonien, Mikroskope) auf den getheilten Kreisen bezeichnet und die von dem Fernrohre (und den Kreisen) bei der Drehung und Visirung nach dem Gestirne durchmessenen Winkel dann durch eine zweite Ablesung der Indices gewonnen.

Die zur Bestimmung des relativen Ortes dienenden mikrometrischen Apparate sind in der Regel am Ocular des Fernrohres angebracht. Man bestimmt durch sie Abstand und Richtung zweier einander naher Punkte, und zwar im Allgemeinen um so genauer, je stärker die Vergrösserung ist. Das Fernrohr und seine optische Kraft ist also hier wesentlicher, und die Grenze der Genauigkeit hängt mehr vom Sehen ab, als bei den oben genannten zur Messung grösserer Winkel dienenden Instrumenten.

Auf der See und bei Reisen in unwirthlichen Gegenden benutzt man fast ausschliesslich kleine, mit der Hand leicht zu regierende Spiegelinstrumente: Sextanten und Prismenkreise; grössere, eine feste Aufstellung erfordernde Apparate schliessen sich hier durch die Natur der Verhältnisse meist von selbst aus.

Zu jedem Messinstrument gehört fast unzertrennlich eine Uhr, denn die Lage der Gestirne am Himmel ändert sich stetig mit der Zeit; die Bestimmung der einer gewissen Beobachtung entsprechenden Zeit ist daher eine wichtige Aufgabe der praktischen Astronomie, und sie kann unter Umständen (wie bei Ermittelung der Rectascensionen und bei Längenbestimmungen) selbst zur Hauptaufgabe werden. Auf Sternwarten sind die Hauptzeitmesser immer Pendeluhren; doch können auch hier tragbare Uhren oder sogenannte Chronometer nicht gut entbehrt werden.

Die allmähliche Vervollkommnung der astronomischen Messinstrumente und ihre Ausbildung von den einfachsten Anfängen bis zur heutigen Vollendung ist eine stetigere und mit der Entwickelung der Astronomie selbst inniger zusammenhängende gewesen, als die des Fernrohres. Wie die Tochter des Zeus trat das die Ferne naherückende Instrument unvermittelt und mit einem Schlage in die Erscheinung; die Idee dagegen und selbst die Ausführung einfacher astronomischer Messwerkzeuge verstanden und kannten, wie wir wissen, schon die Alten (vergl. S. 105); zur Begründung der Fundamentallehren der Astronomie waren selbst die ungefügen Maschinen der Griechen und des Tycho mit ihren Dioptern und rohen Kreisen wichtiger und nothwendiger als das Fernrohr, das erst ein halbes Jahrhundert nach dem Tode des Coppernicus erfunden wurde. Die Bedeutung dieses wundervollen Apparates soll damit keineswegs geschmälert werden; es ist ja zu bekannt, dass die Astronomie erst durch das Fernrohr und mit dessen Vervollkommnung zu der Höhe gelangen konnte, auf der sie sich zur Zeit befindet. Aber wir dürfen auch nicht den Werth der nur messenden Werkzeuge unterschätzen, und vielleicht ist die Behauptung nicht ungerechtfertigt,' dass das Fernrohr aus dem Anfang des vorigen Jahrhunderts in Verbindung mit den Kreisen und Mikrometern eines Repsold mehr für die Wissenschaft leisten würde, als selbst das grösste und lichtstärkste Teleskop mit der Montirung und den messenden Hülfsmitteln der Vor-Herschel'schen Zeit. Jedenfalls ist die Verbindung des

Fernrohres mit den Messapparaten das Fundament unserer modernen praktischen Astronomie geworden, und die Fortschritte im rein optischen Gebiet haben zum Theil die im mechanischen mit bedingt.

Wie aber die höhere Vollendung in der Construction der Objective und Spiegel durch die theoretischen Untersuchungen der Physiker, so und noch mehr wurde die Vervollkommnung der mechanischen Theile und Messapparate durch die Ideen und Arbeiten der Astronomen gefördert und häufig selbst angeregt. Ohne das innige Zusammenwirken von Astronomen wie Bessel und Struve mit mechanischen Künstlern wie Reichenbach, Ertel und vor allen Repsold hätten speciell die deutschen astronomischen Messwerkzeuge schwerlich die Stufe hoher Vollendung erreicht, welche sie auch heute noch vor den Leistungen der Mechaniker anderer Nationen auszeichnet.

Den ersten Schritt, das Fernrohr zum Messen einzurichten, that der englische Astronom Gascoigne (etwa 1640) dadurch, dass er das Fadenkreuz im Brennpunkte des Objectives anbrachte und so zuerst die genaue Visirung eines Objectes ermöglichte; auch construirte er das erste Fadenmikrometer. Die Verbindung mit Kreisen erfolgte dann sehr bald, hauptsächlich durch Auzout und Picard (1667). Aber erst gegen Ende des 18. Jahrhunderts gelang es Ramsden, De Chaulnes u. a.. der Theilung dieser Kreise, die bis dahin ziemlich rohe Handarbeit gewesen, mittels Theilmaschinen die zu schärferen Messungen erforderliche und der verfeinerten Wahrnehmung entsprechende Genauigkeit zu geben. Der *Vernier* oder *Nonius*, 1631 von P. Vernier nach einer älteren Idee des Portugiesen Nuñez oder Nonius ersonnen*), hatte schon früher die genauere Ablesung der Winkel mittels einer Hülfstheilung ermöglicht und die von Tycho eingeführten Transversalen, welche gleichfalls die unmittelbare Theilung der Bögen in Unterabtheilungen ergeben (vergl. Fig. 37), verdrängt. Erst gegen Mitte unseres Jahrhunderts wich

---

*) Das Princip des Nonius scheint Chr. Clavius aus Bamberg schon 20 Jahre vor Vernier ausgesprochen und angewandt zu haben; letzterer brachte den Nonius indessen zuerst an der beweglichen Hülfstheilung, der Alhidade, an. Das Princip beruht einfach darauf, dass einer gewissen Zahl von Theilungen des Kreises (Limbus L, Fig. 62) auf einem mit ihm concentrischen Hülfsbogen N eine um eins grössere Zahl von Theilungen entspricht; die Ziffer des mit einem Theilstrich coincidirenden Noniusstriches giebt dann unmittelbar die gesuchte Lage des Nullpunktes des Nonius an; so sind z. B. in Fig. 62 9° des Kreises L auf dem Nonius N in 10 Theile getheilt (man kann also unmittelbar Zehntel-Grade ablesen), und da der sechste Noniusstrich mit dem Kreisstriche zusammenfällt, so steht der Nullpunkt des Nonius auf 10°6.

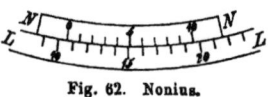

Fig. 62. Nonius.

dann der Nonius dem Ablesemikroskop. Seit jener Zeit haben die stetigen Fortschritte der Technik, geleitet durch die Ideen erfindungsreicher Mechaniker, Astronomen und Physiker, die astronomischen Instrumente zu einem bewundernswerthen Grade der Vollendung geführt; und so verdienen Mechaniker wie Gambart und Eichens in Frankreich, Troughton und Simms in England, vor allen aber deutsche Künstler, wie Fraunhofer, Reichenbach, Ertel, Pistor und Martins und die Repsolds als Förderer der praktischen Astronomie neben den grossen Astronomen der letzten hundert Jahre mit Ehren genannt zu werden. —

Wir wollen nun kurz die Hauptinstrumente der heutigen Astronomie beschreiben, zuerst die zu absoluten Messungen dienenden, dann die Mikrometer. Allen gemeinsam und oft die erste Bedingung zum Gelingen feinerer Beobachtungen ist die möglichst feste Aufstellung der Instrumente. Sie stehen daher meist auf thunlichst niedrigen Steinpfeilern, die selbst, vom Fussboden und umgebenden Gemäuer vollständig isolirt, auf einem massiven, in die Erde gemauerten Fundamente ruhen.

In jeder gut ausgerüsteten Sternwarte findet sich als das neben einem grösseren Refractor wichtigste Instrument der *Meridiankreis*. Es

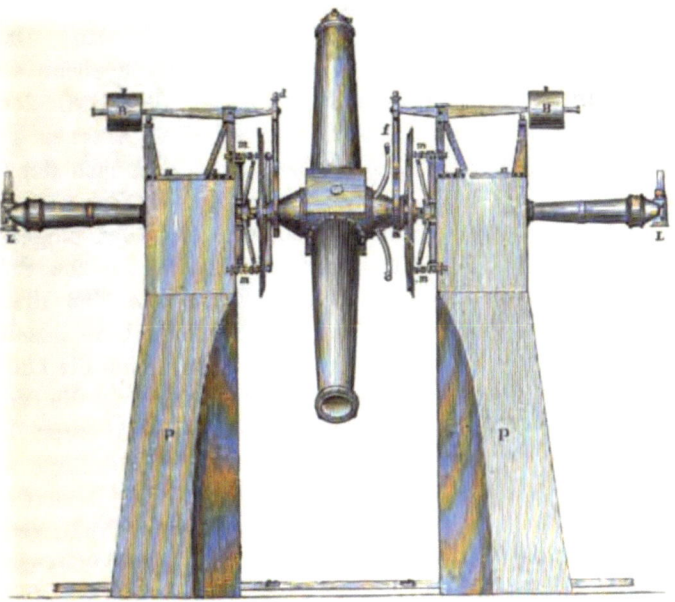

Fig. 63. Meridiankreis von Pistor & Martins (etwas schematisch).

ist dies ein mit einem oder zwei fein getheilten Kreisen versehenes mässig grosses Fernrohr; die Fernrohr und Kreise tragende Axe liegt horizontal in der Richtung West-Ost auf zwei soliden Steinpfeilern (*Pf* Fig. 63) oder eisernen, auf Pfeilern ruhenden Trägern (Fig. 65). Bei de Drehung beschreiben also Fernrohr und Kreise einen Verticalkreis un(zwar den Meridian, da die zur optischen oder Fernrohraxe senkrechte Um drehungsaxe unveränderlich in der Richtung West-Ost liegt. Die Pfeile tragen, ausser den Lagern für die Zapfen der Axe, mehrere (jeder ge wöhnlich vier) Mikroskope (*m*, Fig. 63), die eine oft bis ein Zehnte Bogensecunde genaue Ablesung der direct in 5′ oder 2′ getheilten Kreis(gestatten; letztere erscheinen in der Fig. 63 als gerade Linien. Um die sehr sorgfältig gearbeiteten Zapfen der Axe bei der häufigen Drehung in ihren Lagern nicht abzunutzen und ihre cylindrische Gestalt nicht zu verändern, wird der grösste Theil des Gewichtes von Fernrohr, Axe und Kreisen durch Gegengewichte (*B*), die durch die Aufhängevorrichtung *d* mit der Axe in Verbindung stehen, getragen. Möglichst weit von Fernrohr, Kreisen und Mikroskopen abstehende Lampen (*L*) werfen ihr Licht durch die durchbrochenen Pfeiler und die hohle Axe zugleich in das Innere des Fernrohres und mittels einer besonderen Vorrichtung auf die Kreistheilung. Die bei vielen Meridiankreisen mögliche Drehung von Prismen im Fernrohre bewirkt in der Nacht je nach Bedarf helles Gesichtsfeld, vollständige Dunkelheit oder helle Fäden. Das Fadensystem besteht aus einer grösseren Zahl in der Brennebene des Objectives aufgespannter Spinnenfäden (Fig. 64); an den verticalen werden beim Durchgang eines Sternes durch das Gesichtsfeld die Antritte nach der Sternzeituhr beobachtet; gleichzeitig wird der Stern auf den horizontalen Faden eingestellt. Reducirt man dann die an den Seitenfäden beobachteten Zeiten auf den die optische Axe und die Meridianebene bezeichnenden Mittelfaden, so erhält man die Durchgangszeit durch den Meridian; die Verbindung der Kreisablesung mit derjenigen bei genau verticaler oder horizontaler Lage des Fernrohrs giebt ferner die Zenithdistanz oder die Höhe des Gestirnes. Man erhält also mit dem Meridiankreise zunächst Durchgangszeiten und Zenithdistanzen (bezw. Höhen). Sind aber die Fehler des Instrumentes sowie die Polhöhe des Beobachtungsortes bekannt, so folgen daraus sofort Rectascension (vergl. S 146) und Declination; umgekehrt kann man demnach auch, bei bekannter Rectascension und Declination, die Uhrcorrection und die Polhöhe bestimmen.

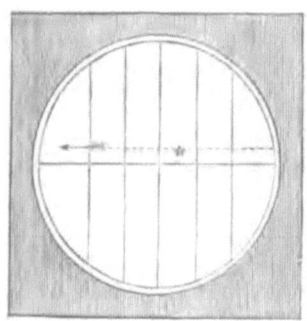

Fig. 64. Gesichtsfeld und Fadennetz.

Fehlen die feingetheilten Kreise, lassen sich also nur Durchgangszeiten (oder Rectascensionen) bestimmen, so erhalten wir das einfachere *Durchgangs-* oder *Passageninstrument*, welches von dem Dänen Olaus Römer (1689) herrührt. Von demselben genialen Astronomen ist auch die Verbindung dieses Instrumentes mit einem genau getheilten Kreise vorgeschlagen und in Anwendung gebracht worden, die indessen erst durch Reichenbach zu Anfang unseres Jahrhunderts allgemein in die Praxis eingeführt wurde.

Fig. 65. Neuerer Repsold'scher Meridiankreis.

Die heutigen Formen der grösseren astronomischen Messinstrumente, und speciell die des Meridiankreises, sind im Einzelnen oft sehr verschieden; doch entsprechen sie im Allgemeinen und Wesentlichen der oben beschriebenen und in Fig. 63 dargestellten, welche die in Deutschland und Amerika noch sehr verbreitete Form der Firma Pistor & Martins in Berlin ist. Bei den neueren Repsold'schen Meridiankreisen (vergl. die detaillirtere Abbildung Fig. 65) sind, abgesehen von anderen nicht unwesentlichen Abweichungen, die oberen Theile der Steinpfeiler durch starke eiserne Rahmen ersetzt, an denen sich, concentrisch zu den feingetheilten Kreisen, die Mikroskopträger-Trommeln befinden.

Früher musste der Astronom die Durchgangszeiten der Sterne durch die Fäden finden, indem er, die Secundenschläge seiner Uhr zählend, die Zehntel der Secunde, zu denen der Stern die Fäden kreuzte, schätzte. Die sogenannte »Auge- und Ohr«-Methode ist neuerdings, wenigstens an grösseren Sternwarten, durch die der »Registrirung« mit Hülfe des galvanischen Stromes ersetzt worden. Das Verdienst, den *Elektro-Chronographen* oder *Registrirapparat* in die zeitmessende Astronomie eingeführt zu haben, gebührt den Amerikanern W. C. Bond und Walker, die ihn (um 1848) zuerst bei Längenbestimmungen anwandten*). Die in Deutschland gebräuchlichste Form weicht im Ganzen nicht sehr von dem Morse'schen Schreibtelegraphen ab. Auf einem schmalen, gleichförmig bewegten Papierstreifen markirt eine Uhr Secundenpunkte, der Beobachter vom Instrument aus die Zeitpunkte der Fadendurchgänge. In jedem der beiden Fälle wird momentan ein galvanischer Strom geschlossen (regelmässig jede Secunde bei der registrirenden Uhr, in unregelmässigen Zwischenräumen durch den Beobachter), der, einen Elektromagneten *M* der schematischen Fig. 66 umkreisend,

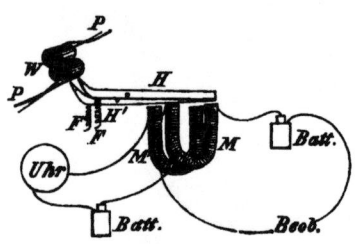

Fig. 66. Chronograph (schematisch).

die Eisenstücke magnetisch macht; dieser Augenblicks-Magnet zieht einen sehr leicht beweglichen doppelarmigen Hebel (*H*) an, der mittels feiner Spitzen punktförmige Signale auf dem zwischen Walzen (*W*) durchlaufenden Papierstreifen (*P*) hervorbringt. Wird der Strom unterbrochen, so hört der Magnetismus des Elektromagneten auf, und der Hebel wird durch eine Feder (*F*) vom Magneten bezw. vom Papierstreifen zurückgezogen. Bei vielen neueren Registrirapparaten ist der lange, ablaufende Papierstreifen durch einen rotirenden Papiercylinder ersetzt, welcher für die Signale mehrerer Stunden hinreichenden Raum bietet.

Die Vortheile dieser Methode bestehen in der grösseren Zahl von Beobachtungen und der etwas grösseren Genauigkeit derselben bei verminderter Anstrengung des Beobachters; ihr Hauptnachtheil ist die durch Instandhaltung der Batterien und des Registrirapparates, wie besonders durch die Ablesung der Signale von den Streifen vermehrte Arbeit. In allgemeine Anwendung ist deshalb der Elektro-Chronograph bis jetzt

---

*) Wheatstone hatte ihn allerdings schon einige Jahre früher vorgeschlagen

noch nicht gekommen; doch wird derselbe bei seinen entschieden überwiegende Vortheilen immer häufiger verwendet.

Wir haben im Vorstehenden nur ganz kurz die wesentlichsten Bestandtheile des Meridiankreises und die Hauptoperationen an demselben beschrieben. Die wirklich genaue Bestimmung einer Sternposition, wie ein erfahrener Beobachter sie auszuführen im Stande ist, ist eine sehr schwierige und complicirte Aufgabe. Jedes Werk von Menschenhand ist unvollkommen, und auch das bestgearbeitete astronomische Messinstrument zeigt Fehler, theils beständige zufolge nicht absolut vollkommener Construction, theils veränderliche zufolge äusserer Einflüsse, speciell der Temperatur. So ist z. B. beim Meridiankreise weder die optische Axe vollkommen rechtwinkelig zur Umdrehungsaxe, noch liegt letztere genau horizontal und im richtigen Azimuth; und selbst wenn dies einmal der Fall wäre, so würde doch solch ein mathematisch vollkommener Zustand auch nicht einen einzigen Tag andauern. Kommt der Astronom zu den Zehnteln der Bogensecunde, so wachsen die Schwierigkeiten mit jedem Schritt. Die Wirkungen der Temperaturänderung und Schwere auf Fernrohr, Kreise und Mikroskope, die Bewegungen der Pfeiler und der Fundamente seines Instrumentes, die Einflüsse der Wärme, der Dichtigkeit und Feuchtigkeit der Luft auf seine Uhr bringen fortdauernde Aenderungen hervor; jede astronomische Beobachtung muss daher, ehe man ein genaues und brauchbares Resultat erwarten darf, wegen dieser Instrumentalfehler erst verbessert werden.

Die Auseinandersetzung der Methoden, durch welche dies geschieht, und die Beschreibung der dazu nöthigen Hülfsapparate, wie Wasserwage (Niveau, Libelle), Quecksilberhorizont, Collimatoren, würde hier zu weit führen; es genüge die Bemerkung, dass eine solche Fehlerbestimmung gewöhnlich die umständlichste und lästigste Operation in der praktischen Astronomie ist.

Eine Fehlerquelle aber, die bei den meisten Beobachtungen und speciell bei allen Höhenmessungen berücksichtigt werden muss, darf nicht unerwähnt bleiben; dies ist die Strahlenbrechung oder *Refraction*. Beim Durchgang durch die Atmosphäre erleidet ein Lichtstrahl, den Gesetzen der Brechung gemäss, eine Ablenkung von seiner geradlinigen Richtung. Nur im Zenith, wo der Strahl senkrecht die Atmosphäre trifft, geht er ungebrochen weiter, es findet keine Refraction statt; bei Entfernung vom Zenith wird er von seiner ursprünglichen Richtung abgelenkt, und diese Ablenkung wird um so grösser, je grösser die Zenithdistanz wird, bis sie zuletzt im Horizont mehr als einen halben Grad beträgt. Im Allgemeinen ist sie der Tangente der Zenithdistanz proportional. Aus dem folgenden Täfelchen geht hervor, wie bedeutend selbst schon in kleineren Zenithabständen die Refraction ist:

Zenithdistanz	Refraction	Zenithdistanz	Refraction
0°	0′ 0″	70°	2′ 37″
20	0 21	75	3 32
40	0 48	80	5 16
50	1 9	85	9 46
60	1 40	90	34 54
65	2 3		

Da die Grösse der Ablenkung, abgesehen von der Zenithdistanz, auch von der Dichte der durchsetzten Luftschichten abhängt, diese aber mit der Wärme und dem Luftdruck veränderlich ist, so muss bei allen feineren Höhenmessungen auf Thermometer- und Barometer-Stand Rücksicht genommen werden; mit steigendem Thermometer und fallendem Barometer wird die Luft dünner und leichter, die Refraction also kleiner als die mittlere; mit fallendem Thermometer und steigendem Barometer wird sie dichter und schwerer und die Refraction damit grösser. —

Als eigentliches Hauptinstrument einer Sternwarte muss der parallaktisch montirte *Refractor* betrachtet werden, den wir schon früher (Seite 119) ausführlicher besprachen. Seinen hauptsächlichen Werth für die astronomische Messung erhält er durch geeignete Mikrometer. Sind alle mechanischen Theile mit besonderer Sorgfalt gearbeitet, Stunden- und Declinationskreis mit feiner, mikroskopisch ablesbarer Theilung versehen, so nennt man das Instrument, dessen Fernrohr in der Regel von sehr mässiger Grösse ist, ein *Aequatoreal;* ähnlich wie der Meri-

Fig. 67. Kleiner Refractor von Reinfelder und Hertel ($^1/_{18}$—$^1/_{23}$ der natürl. Grösse).

diankreis kann es dann zu absoluten Messungen und zwar in beliebiger Entfernung vom Meridian verwandt werden; es steht aber, auch

Fig. 68. Kleiner Refractor von Browning ($^1/_{11}$—$^1/_{17}$ der natürl. Grösse).

bei vollkommenster Ausführung, diesem an Stabilität und Unveränderlichkeit seiner Theile entschieden nach und wird daher neuerdings auch kaum mehr gebaut. Mit dem Aequatoreal erhält man unmittelbar Declination und Stundenwinkel. Fig. 78 zeigt die Repsold'sche Art der parallaktischen Montirung bei Refractoren, Aequatorealen und Helio-

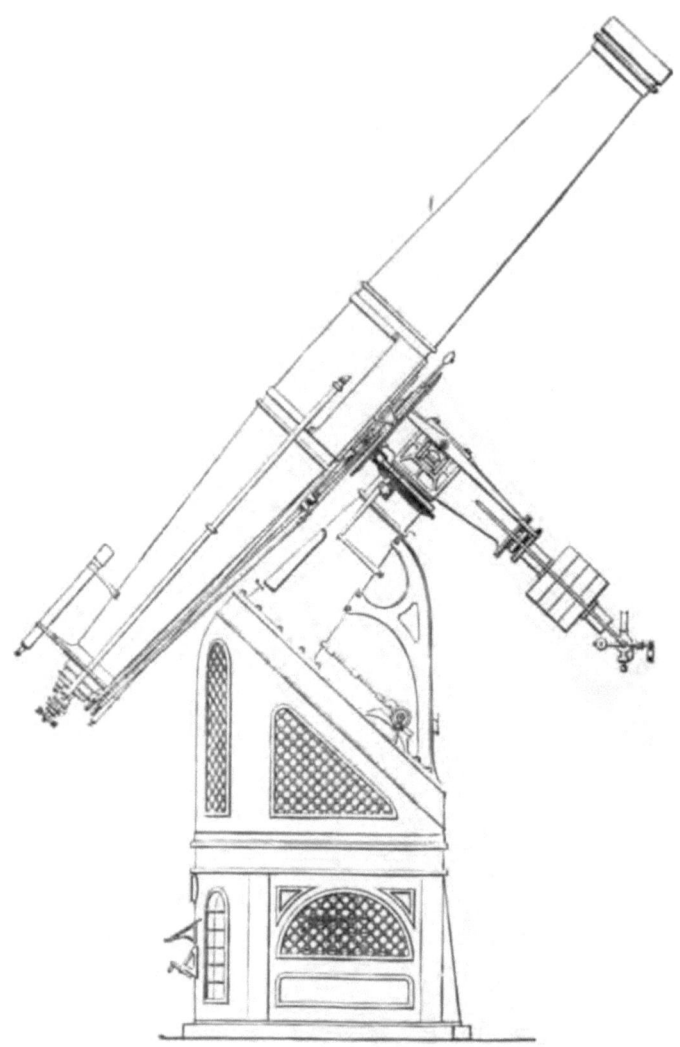

Fig. 69. Grosser Refractor der Wiener Sternwarte von Grubb ($1/_{68}$ der natürl. Grösse).

metern. Die Figg. 67 und 68 stellen kleine Refractoren von Reinfelder & Hertel in München und von J. Browning in London, Figg. 69 und 70 grössere Refractoren von Grubb (in kleinem Massstabe) dar. —
Auf das System des Horizontes bezieht sich und den Uebergang

zu den Instrumenten kleinerer Art bildet das *Universalinstrument* (englisch *Altazimuth*). Die beiden Hauptaxen stehen hier vertical und horizontal. Das Fernrohr (*f*, Fig. 71) sitzt bei grösseren Instrumenten*) fest am einen Ende, der feingetheilte Höhenkreis (*k*) in der Mitte, ein Gegengewicht (*g*) am anderen Ende der horizontalen Axe (*h*), die in den

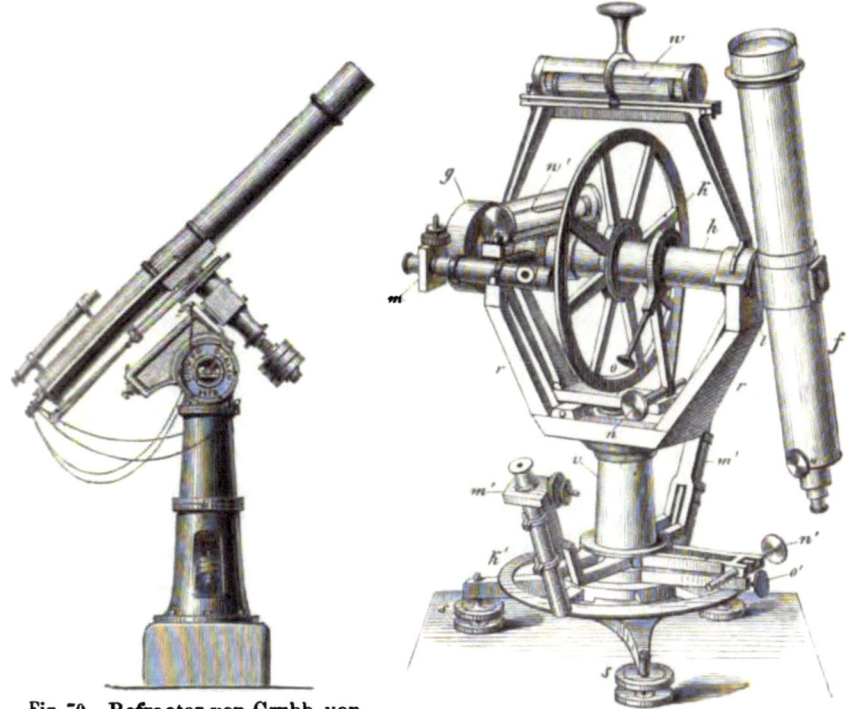

Fig. 70. Refractor von Grubb von 6—8 Zoll Oeffnung ($^1/_{33}$—$^1/_{45}$ der natürl. Grösse).

Fig. 71. Universalinstrument von Repsold ($^1/_6$—$^1/_{10}$ der natürl. Grösse).

Lagern (*l*) ruht, welche durch einen Rahmen (*r*) mit der verticalen, frei beweglichen Hauptaxe (*v*) fest verbunden sind. Fernrohr und Kreis drehen sich also zunächst, wie beim Meridiankreis, mit der horizontalen Axe in den Lagern und diese selbst wieder mit der verticalen Säule, so dass das Fernrohr auf jeden beliebigen Punkt eingestellt werden kann.

---

*) Die kleineren tragbaren Universal- und Passagen-Instrumente versieht man häufiger mit gebrochenen Fernröhren; die vom Objectiv nach dem Ocular gehenden Strahlen werden hier von einem total reflectirenden Prisma aufgefangen und seitlich reflectirt; der untere Theil des Tubus bildet zugleich die eine Hälfte der horizontalen Axe, und das Ocular bezw. das Auge des Beobachters befindet sich in Folge dessen immer in gleicher Höhe, was die Beobachtungen wesentlich erleichtert.

Das eine Kreislager trägt die 180° von einander abstehenden Mikroskope (*m*), die zur Ablesung des Höhenkreises dienen; ähnliche, an der Verticalaxe drehbar befestigte Mikroskope (*m'*) lassen den festen, horizontalen Azimuthalkreis (*k'*) ablesen. Mit Hülfe von Stellschrauben (*s*) und Niveau (Wasserwage) (*w*) bringt man die Kreise *k'* und *k*, bezw.

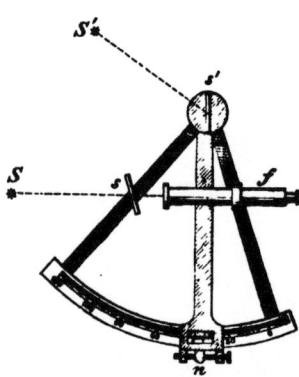

Fig. 72. Spiegelsextant.

die ihnen der Richtung nach entsprechenden Axen *h* und *v*, in die richtige, horizontale und verticale Lage. Auch die Mikroskope *m* können mittels einer in der Figur nicht gezeichneten Vorrichtung genau in die Ebene des Horizontes gebracht und ihre Abweichungen durch das Niveau *w'* controlirt werden. Auf Horizontal- und Verticalaxe wirkende Mikrometerschrauben (*n n'*) bringen feine Verstellungen des Fernrohres in Höhe und Azimuth hervor, nachdem Horizontal- und Verticalaxe mittels der Klemmen *o o'* festgestellt sind*). Fehlt der Azimuthalkreis *a*, oder ist nur ein Einstellungskreis da, lassen sich also

nur Höhen messen, so erhalten wir den *Verticalkreis*.

Kleine Universalinstrumente und Verticalkreise werden neuerdings häufig und mit Vortheil auf Reisen zu geographischen Ortsbestimmun-

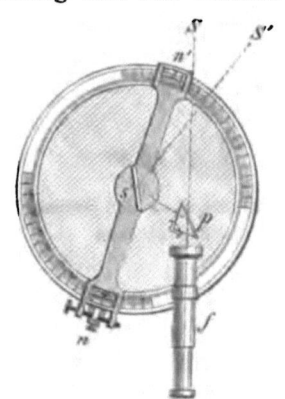

Fig. 73. Prismenkreis.

gen benutzt. Die Hauptinstrumente für solche Zwecke sind aber leichte, bequem zu transportirende und zu handhabende Spiegelinstrumente, der *Spiegelsextant* und der *Prismenkreis*. Der erstere besteht aus einem getheilten Sechstelkreis (Fig. 72), einem kleinen Fernrohr (*f*) und zwei Spiegeln (*s* und *s'*), von denen der erste aber nur in der unteren Hälfte belegt ist. Fernrohr und Spiegel *s* sind fest auf je einem Radius des Gradbogens, *s'* dagegen ist um den Mittelpunkt der Theilung drehbar. Durch den unbelegten Theil von *s* sieht man direct einen Stern *S* und zugleich das doppelt, an *s'* und dem unteren *s*, reflectirte Bild des

Sternes *S'*. Stehen *s* und *s'* parallel, so zeigt der Nonius *n* der mit *s'* verbundenen Schiene auf 0°, und man sieht das directe und das reflec-

---

*) Um die Figur nicht zu compliciren, sind Vorrichtungen, um Instrument und Niveau in den Lagern umzukehren, und anderes Unwesentlichere weggelassen worden.

tirte Bild des Sternes S; dreht man die Schiene und damit s', so werden andere Sterne durch Reflexion am unteren s zugleich mit dem Stern S sichtbar, bis bei einer gewissen, am Gradbogen abzulesenden Grösse der Drehung das Bild des Sternes S' mit dem directen S zusammenfällt. Nach den Gesetzen der Reflexion ist der Winkelabstand zwischen S und S' gleich dem Doppelten des Drehungswinkels von s'; damit aber die Multiplication mit 2 vermieden werde, giebt der Gradbogen gleich diesen doppelten Winkel an; man kann also mit dem Sextanten Winkel von nahezu zweimal 60° wirklich messen.

Beim *Prismenkreis* oder *Reflexionskreis* (Fig. 73) vertritt ein totalreflectirendes Prisma (p) die Stelle des Spiegels s im Sextanten; statt eines Theiles des Kreisumfanges (⅙ beim Sextanten, ⅛ beim Octanten) benutzt man einen Vollkreis, der mittels der beiden Nonien n und n' eine genauere Ablesung der Theile gestattet, besonders aber einen Hauptfehler bei allen getheilten Kreisen und Kreisbögen, die Excentricität*), unschädlich macht.

Direct misst man mit diesen Spiegelinstrumenten Winkelabstände; will man Höhen beobachten, so bedient man sich eines künstlichen kleinen Glas- oder Quecksilberhorizontes und findet durch Reflexion des Lichtes an diesem die doppelte Höhe. Fig. 74 zeigt schematisch die Art der Beobachtung. Man blickt durch das Fernrohr f nach dem künstlichen Horizont k, in welchem sich der helle Gegenstand S spiegelt, so dass er in der Richtung S, erscheint, und dreht nun die Nonienschiene ($s'n$ Fig. 74, $np'n'$ Fig. 73) bei verticaler Haltung des Instrumentes so lange, bis das direct gesehene Bild S, und das an den Spiegeln (Prismen) reflectirte S' einander decken; die Ablesung giebt dann die doppelte Höhe h. —

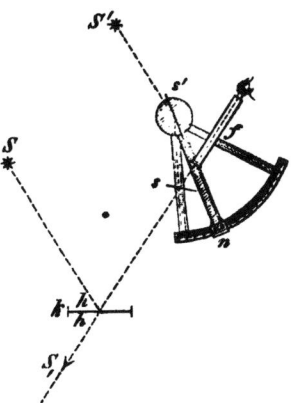

Fig. 74. Beobachtung mit dem Sextanten.

Die *Mikrometer*, von denen wir wenigstens die wichtigsten kurz noch beschreiben wollen, unterscheiden sich von den bisher besprochenen Messinstrumenten, wie schon der Name sagt, dadurch, dass sie nur zur Messung kleiner Winkel, zu Differentialbestimmungen, dienen; meist bilden sie auch integrirende Bestandtheile grösserer Fernröhre, hauptsächlich der Refractoren.

---

*) Der Excentricitätsfehler rührt davon her, dass die Mittelpunkte von Theilung (Theilkreis) und Drehung (Nonienkreis) nicht zusammenfallen.

Das einfachste der Construction nach ist das *Kreismikrometer* oder *Ringmikrometer*. Es besteht aus einem einfachen, in der Focalebene des Objectives angebrachten Stahlring, an welchem bei unbewegtem Fernrohre die Antritts- und Austritts-Zeiten zweier Objecte — eines bekannten und eines unbekannten Sternes — beobachtet werden. Aus diesen Zeiten erhält man durch Rechnung die Rectascensions- und Declinations-Differenz der beiden Gestirne; letztere kann begreiflicherweise nicht grösser als der Ringdurchmesser sein. Der Ring ist stets, auch bei dunkelstem Himmel, deutlich sichtbar, braucht also nicht, wie die zarten Fäden im Fadenmikrometer, künstlich beleuchtet zu werden. Das Fernrohr selbst bedarf keiner parallaktischen Aufstellung und muss nur während der Zeit des Durchganges der Gestirne unverrückt stehen. Das Ringmikrometer wird deshalb vorwiegend bei kleineren Refractoren oder zur Beobachtung lichtschwacher Objecte (Nebel, Cometen) häufig angewandt.

Der Nachtheil künstlicher Beleuchtung wird indessen beim *Fadenmikrometer* (Schraubenmikrometer), wie es jetzt gefertigt wird, durch so entschiedene Vortheile im Gebrauch und für die Reduction der Beobach-

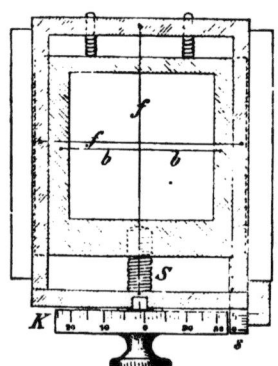

Fig. 75. Einrichtung des Fadenmikrometers.

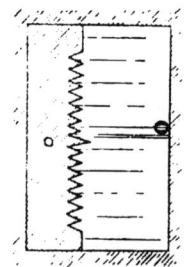

Fig. 76. Theilung, beweglicher Faden und Scala im Gesichtsfelde des Ablesemikroskops.

tungen überwogen, dass dieser Apparat heute das gebräuchlichste und bei den verschiedensten Instrumenten angewandte Mikrometer ist. In der Focalebene des betreffenden Objectives sind hier rechtwinkelig gegen einander zarte Spinnenfäden (fb, Fig. 75) aufgespannt, von denen einer (b) durch eine feine Schraube (S) stetig fortbewegt wird; die Grösse der Bewegung in Schraubentheilen liest man an einer Scala (s) und dem getheilten Schraubenkopf (K) ab; die Schraubenumdrehungen werden leicht in Winkel verwandelt, wenn man weiss, wieviel eine Umdrehung in Bogenmass beträgt.

Bei Refractoren ist mit dem drehbaren Fadenmikrometer gewöhnlich ein *Positionskreis* verbunden, der die Richtung zweier im Gesichtsfelde befindlichen Objecte bestimmt. Zeigt beim parallaktisch montirten Fernrohre der Index (Nonius) des Positionskreises auf 0°, so stehen die Fäden im Stunden- und Parallelkreise, man erhält also durch die Beobachtung der Antrittszeiten an die festen Fäden Rectascensionsdifferenzen, durch Messung mit der Schraube mittels des beweglichen Fadens Declinationsdifferenzen. Durch Drehung des Positionskreises kann man aber auch den festen (Stunden-) Faden in die Richtung der beiden Sterne bringen und dann durch den beweglichen Faden deren Abstand oder *Distanz* finden. So verfährt man z. B. bei Doppelsternmessungen. Die Richtung der Componenten der Doppelsterne oder ihr *Positionswinkel* wird meistens von Norden aus (0°), durch Osten (90°), Süden (180°) und Westen (270°) gezählt, im Fernrohr also von unten durch rechts, oben, links. Die Methode der Positionswinkel und Distanzen giebt, wenigstens wenn das Fernrohr durch ein Uhrwerk getrieben wird, die genauesten Resultate in raschester und einfachster Weise; sie kann aber nur bei verhältnissmässig geringen, den Durchmesser des Gesichtsfeldes nicht übersteigenden Distanzen angewandt werden; die Bestimmungen von Rectascensionsdifferenzen, bei denen das Fernrohr unverrückt bleibt und die Sterne durch die tägliche Bewegung an den Fäden vorübergeführt werden, werden hierdurch nicht beschränkt, sind aber etwas weniger genau. — Das Fadenmikrometer findet sich ausser an Refractoren auch an Meridian- und Universalinstrumenten, besonders aber auch an den Mikroskopen, die zur Ablesung der feingetheilten Kreise dienen; in letzterer Hinsicht, als Mikroskopmikrometer, hat es den früher gebräuchlichen Nonius fast gänzlich verdrängt.

Bei den Ablesemikroskopen vertritt eine im Ocular und in der Focalebene seitlich angebrachte gezahnte Platte (Fig. 76) die Scala s; der Abstand zweier Zähne ist in der Regel gleich einer Umdrehung des Schraubenkopfes. Das feste Fadensystem fällt hier weg, und statt des beweglichen einfachen Fadens benutzt man zur Einstellung auf die Theilstriche des Kreises meist einen Doppelfaden.

Die bisher besprochenen Mikrometer, denen wir noch das Netz- oder Rautenmikrometer hinzufügen könnten, sind sämmtlich Ocularmikrometer, also in der Bildebene des Objectives angebracht. Auch das Airy'sche *Doppelbildmikrometer* gehört noch zu ihnen. Das Princip aber, welches letzterem zu Grunde liegt, das der Verdoppelung des Bildes durch Durchschneidung einer Linse, ist zur vollkommensten Anwendung und Ausbildung im Objectiv-Doppelbildmikrometer oder *Heliometer* gelangt. Die ursprüngliche Idee Saverys und Bouguers, durch zwei nebeneinander befindliche und gegeneinander bewegliche Objective doppelte Bilder zu erzeugen, modificirte J. Dollond (1753), indem er statt der zwei Objective ein einziges, aber durchschnittenes vorschlug und construirte. Erst der Kunst Fraunhofers gelang es, mit der Construction neuer Heliometer, namentlich des grossen Königsberger Instrumentes (1826), einen Mikrometerapparat zu liefern, der nicht nur die älteren Dollond'schen Instrumente weitaus übertraf, sondern selbst mit dem Fadenmikrometer an Genauigkeit wetteiferte und dieses in der Anwendbarkeit bedeutend überbot. Während nämlich das Fadenmikrometer Distanzen von mehr als 12—15' kaum zu messen gestattet, kann man mit dem Heliometer bequem bis zu 1° und darüber gehen. Das Princip der Beobachtung ist das folgende: Man stellt zuerst die Schnittlinie des Objectives in den Positionswinkel der beiden Gestirne S und S', deren Distanz und Richtung gemessen werden soll, und schraubt nun die eine der beiden Objectivhälften, die bei beliebiger Stellung die Bilder S_1 und S_1' (Fig. 77, Hälfte I) und S_2 und S_2' (Hälfte II) liefern, so weit, bis S_2 mit S_1' (oder bei umgekehrter Schraubrichtung S_2' mit S_1) zusammenfällt. Der Unterschied der beiden an einer Scala abzulesenden Stellungen (Deckung der Bilder S_1 und S_2, bezw. S_1' und S_2' und Deckung von S_2 und S_1' oder S_1 und S_2'), wobei entweder Hälfte I oder Hälfte II unverrückt geblieben, giebt die Entfernung in Scalentheilen, die ebenso wie beim Fadenmikrometer in Bogenmass verwandelt wird. Ferner findet sich die Richtung der Gestirne (der Positionswinkel) aus der Ablesung des Positionskreises.

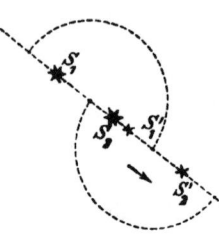

Fig. 77. Bilder beim Heliometer.

So einfach danach die Bestimmung von Distanz zweier selbst 1° und mehr entfernter Gestirne durch das Heliometer scheint, so verwickelt wird in der Praxis diese Aufgabe; fast mehr noch als beim Meridiankreise wirken Schwere und Wärme, um die Reduction der Messungen, von denen man an und für sich eine höhere Genauigkeit als bei absoluten Bestimmungen fordert, in auffallender Weise zu erschweren; und so bietet dieses feinste astronomische Messinstrument dem Astronomen wie dem Mechaniker zwar besonders lockende Probleme, aber die Schwierigkeit ihrer Lösung hat auch abschreckend gewirkt: die Fortschritte in der Construction des Heliometers seit Fraunhofers Zeit gingen nur von den Repsolds aus, und der Mühseligkeit der Untersuchung und Umständlichkeit der Berechnung haben sich bis vor wenigen Jahren nur deutsche Astronomen unterzogen. Die Figur 78 auf Seite 170 zeigt eins der neueren Repsold'schen Heliometer und giebt zugleich einen guten Begriff von der Montirung für Refracturen. Auf gusseisernem Stativ liegt die Stundenaxe, in Neigung gegen den Horizont (also Polhöhe) verstellbar mittels des Kreisstückes K. Fest verbunden mit der Declinationsaxe ist die Büchse B, in der sich das Fernrohr mit allem Zubehör dreht. Diese Drehung wird durch die Schlüssel e und f bewirkt, und zwar, wie alle Manipulationen, direct vom Ocular a aus. Die Ablesung der festen Nonien des Positionskreises P geschieht durch die kleinen Fernröhre c und d; die der Scala, welche die Grösse der Verschiebung der beiden Objectivhälften misst, mittels des langen, in das Innere des Tubus geführten Mikroskopes b. Die Schiebervorrichtung (s) für das zerschnittene Objectiv ist in der Figur nur zum Theil sichtbar; die Scala liegt ganz im Innern. Das vor dem Objectiv befindliche Drahtgitter G kann durch den Schlüssel i gedreht, und es kann dadurch die eine oder die andere Objectivhälfte abgeblendet werden. Ist das Fernrohr mittels des Klemmschlüssels k in Declination festgeklemmt, so gestattet dann m eine mikrometrische Bewegung; ebenso geschieht die feine Bewegung im Stundenwinkel durch den auf ein Rädersystem wirkenden Schlüssel l, nachdem die Stundenaxe durch n festgeklemmt ist. Unabhängig hiervon kann auch das Uhrwerk U die stetige feine Bewegung in AR besorgen, durch Uebertragungsstange und gezahnten Kreisbogen, in den eine Schraube ohne Ende greift. Zur Einstellung der zu messenden Gestirne endlich dienen Declinationskreis D und Stundenkreis S. —

Schon oben (Seite 153) erwähnten wir der Uhren als unentbehrlicher Hülfsinstrumente bei astronomischen Beobachtungen, sowie dass man zwei Hauptarten, die Pendeluhren und die Chronometer, unterscheide. Die feststehende *Pendeluhr**) ist der Hauptzeitmesser der Astronomie und speciell jedem Passageninstrument beigegeben. Die treibende Kraft ist bei ihm die Schwere eines Gewichtes, die regulirende meistens ein Secundenpendel. Das Räderwerk der Uhr wird durch das Gewicht in Umdrehung versetzt und würde für sich allein in immer beschleunigterem Tempo abrollen; das schwingende Pendel hemmt jedoch in der sogenannten Hemmung (Echappement), einem in die Zähne des Steigrades eingreifenden Anker, in bestimmten Intervallen Secunden) die Umdrehung der Welle und macht sie zwar discontinuirlich aber gleichförmig. Soll die Uhr immer genau Secunden schlagen,

---

*) Die Pendeluhr, deren Erfindung gewöhnlich dem Galilei zugeschrieben wird, wurde durch Huygens 1656 in die Praxis eingeführt. Galilei erdachte bloss das Zählerwerk mit dem Pendel, welches von seinem Sohne Vincenzo 1649 ausgeführt wurde. Die Entdeckung des Isochronismus, welcher die Zeitmessung durch das Pendel erst ermöglicht, scheint dem Schweizer Bürgi mit fast gleichem Rechte wie Galilei zugeschrieben werden zu dürfen.

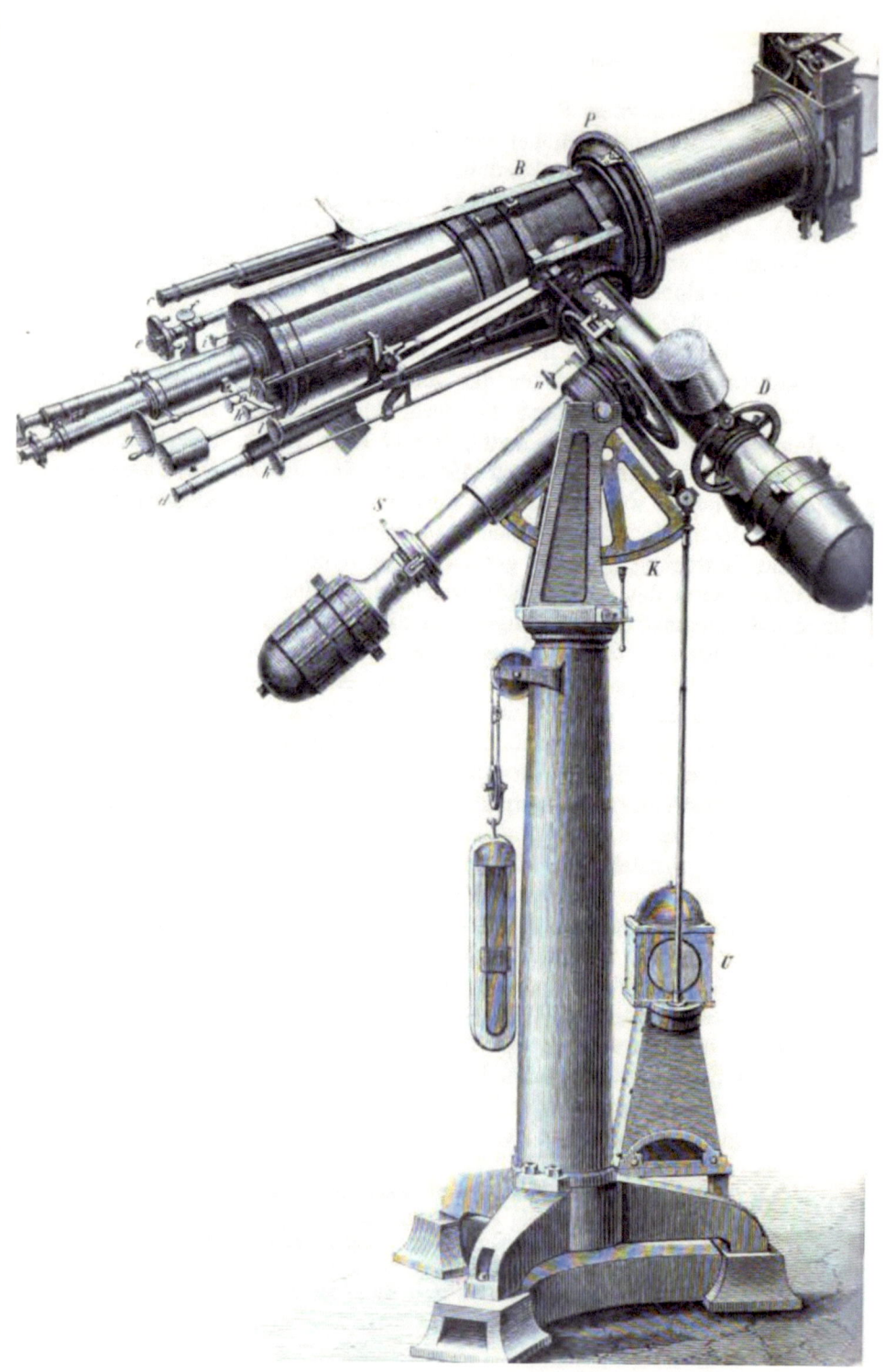

so muss das Pendel mit einer Compensationsvorrichtung versehen sein, welche die Temperaturänderungen ausgleicht. Nimmt nämlich die Wärme zu, so wird die Pendelstange länger und schwingt langsamer: die Uhr geht nach; nimmt die Temperatur ab, so zieht sich das Pendel zusammen und schwingt rascher: die Uhr geht vor. Um nun diese Aenderungen auszugleichen, ist die Metallscheibe der gewöhnlichen Penduluhren beim *Quecksilberpendel* durch ein mit Quecksilker nahezu gefülltes Gefäss ersetzt: nimmt die Wärme zu, so wird zwar die Pendelstange länger, aber auch die Quecksilbermasse dehnt sich aus, und der Schwerpunkt des Pendels, dessen Lage die Schwingungsdauer bestimmt, bleibt daher in derselben Entfernung vom Aufhängepunkt; das Umgekehrte findet bei Wärmeabnahme. statt. Beim *Rostpendel* besteht die Pendelstange aus einer Reihe von Stangen verschiedener Metalle (Stahl und Zink gewöhnlich), die so mit einander verbunden sind, dass ihre Veränderungen durch die Wärme sich gegenseitig aufheben.

In den tragbaren Uhren oder sogenannten *Chronometern* vertritt eine starke Feder die Stelle des Gewichtes der Penduluhr, die Unruhe Balance) nebst der Spiralfeder die Stelle des Pendels; hier ist also, statt der Schwere, die Elasticität sowohl die treibende als auch die regulirende Kraft. Die Spirale setzt eine Spindel oder einen Anker in Bewegung, der am Ende jeder Schwingung in die Zähne des von der starken Feder in Umdrehung versetzten Steigrades eingreift; Spiralfeder mit Anker oder Spindel vertreten demnach die Hemmung bei der Penduluhr. Die Compensation wird beim Chronometer durch Zusammensetzung der Unruhe aus verschiedenen Metallen erreicht. Die englischen Uhrmacher Sully und Harrison brachten zuerst (um 1730) diese Vorrichtung bei Taschenuhren an, und sie sind aus diesem Grunde als die eigentlichen Erfinder des Chronometers zu betrachten, welches bei seinem compendiösen Bau weit empfindlicher gegen alle Störungen und besonders gegen Temperaturänderungen ist, als die grosse, feststehende und relativ einfache Penduluhr. Die Compensation bei dieser wurde zuerst von Graham (um 1722) durch das Rostpendel ausgeführt. —

Hat es sich im Vorstehenden um die wichtigsten astronomischen Messwerkzeuge gehandelt, so darf auch noch ein Wort über die Orte, an denen sie sich aufgestellt finden, über die Sternwarten, gesagt werden. Die erste Bedingung zum Gelingen astronomischer Beobachtungen ist die ruhige, geschützte Lage einer Sternwarte; dann erst lässt sich die feste Aufstellung aller Hauptinstrumente vollständig verwerthen. Ein vollkommen freier Horizont ist weniger wichtig, da wegen der Unregelmässigkeiten der Refraction feinere Messungen in Höhen von weniger als 5° kaum mehr gelingen; man vermeidet daher schon seit Anfang dieses Jahrhunderts hohe Thürme, stellt vielmehr die Hauptinstrumente, von allem den Meridiankreis, ziemlich tief. Nicht unwesentlich ferner ist die Dunkelheit; von allen künstlichen Lichtquellen (Strassenlaternen z. B.) muss eine Sternwarte möglichst entfernt liegen. Diesen Bedingungen kann in unseren grossen Städten nur selten genügt werden, und man baut daher bedeutende Institute (Pulkowa, Wien, Potsdam, Lick-Observatory u. a.) weit ausserhalb der Stadt.

Als Beobachtungsräume, bezw. Instrumente gehören zu einer Sternwarte mittleren Ranges: ein Thurm mit drehbarer Kuppel für den Refractor, ein Meridianzimmer mit Durchschnitt von Norden nach Süden für

Fig. 79. Kaiserliche Universitätssternwarte zu Strassburg.

den Meridiankreis, ein Zimmer nach Süden für gelegentliche Beobachtungen und ausserdem mit einem Durchschnitt von Osten nach Westen für ein Passageninstrument im *ersten Vertical*. Ausser der Hauptuhr, die in einem Raume von möglichst unveränderlicher Temperatur aufzustellen ist, müssen Chronometer vorhanden sein; erwünscht sind feste Uhren im Meridianzimmer, Thurm und Südzimmer; zum Meridiankreis ist zweckmässig ein Registrirapparat (Chronograph) zu gesellen. Ueberdies sind erforderlich kleinere Instrumente für gelegentliche Beobachtungen, Thermometer und Barometer zur genauen Berechnung der Refraction, sowie litterarische Hülfsmittel, hauptsächlich Sternkataloge und Sternkarten. Je nach Bedürfniss und Zweck wird dies oder jenes in den

Vordergrund treten; soll die Sternwarte vorzugsweise zu astrophysikalischen Untersuchungen dienen, wie das Astrophysikalische Observatorium zu Potsdam, so gehören Spectralapparate, photographische und photometrische Hülfsmittel und Aehnliches zur nothwendigen Ausrüstung. Hinreichende Wohn- und Arbeitsräume für Director und Assistenten, Biblio-

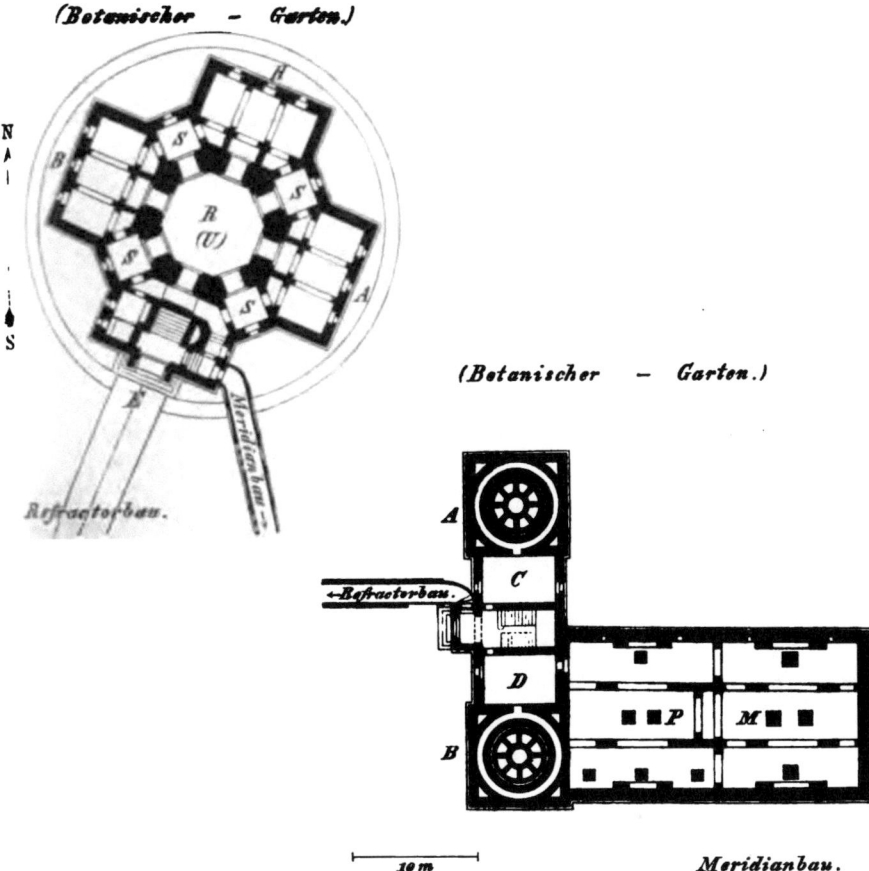

Fig. 80. Grundriss der Strassburger Sternwarte.

Refractorbau: E Haupteingang, A Arbeitszimmer für den Director, B Bibliothek, H Hörsaal, R Refractor, darunter (U) Uhren, S Sammlungen. — Meridianbau: A Altazimuth, B Bahnsucher, C, D Arbeitszimmer, P Passageninstrument, M Meridiankreis.

thek u. a. treten hinzu. In den Figuren 79 und 81 sind die beiden neuesten und grossartigsten deutschen Institute zur Anschauung zu bringen gesucht: die Universitätssternwarte zu Strassburg und das Astrophysikalische Observatorium bei Potsdam. Ferner zeigt Fig. 80

174 II. Praktische Astronomie.

den Grundriss der ersteren, Fig. 82 giebt den Grundriss des zweiten Observatoriums.

Die Strassburger Sternwarte besteht aus drei völlig getrennten Gebäuden: dem Refractorbau A (Fig. 80), dem Meridianbau B und dem Beamtenwohnhaus, die unter sich durch einen Gang in Verbindung stehen. Der Refractorbau enthält in einer Kuppel von 11 m Durchmesser nur ein feststehendes Instrument: den grossen Refractor von 18 Zoll (48½ cm) Oeffnung und 21½ Fuss (7.0 m) Brennweite, dessen Objectiv Merz, dessen Montirung Repsold geliefert haben. Unter der Kuppel, im ersten Stock und im Souterrain, liegen abgeschlossene Räume von

Fig. 81. Astrophysikalisches Observatorium zu Potsdam.

sehr constanter Temperatur, welche u. a. die Hauptuhren enthalten; drei der vier vorspringenden Parterre-Anbauten dienen Unterrichts- und anderen Zwecken; der vierte bildet den Haupteingang (E). Eine die Kuppel umgebende von aussen zugängliche Plattform gestattet Beobachtungen im Freien. — Der Meridianbau, südöstlich vom Refractorbau mehr als 50 m, nordöstlich vom Wohnhaus über 60 m entfernt, bietet in getrennten Abtheilungen Raum für vier grössere Instrumente: auf dem nördlichen Thurme A (Fig. 80) das grosse Repsold'sche Altazimuth von eigenartiger Construction mit Fernrohr von 5 Zoll (13½ cm) Oeffnung und 5 Fuss (1.6 m) Brennweite und Kreisen von 0.65 m Durchmesser; im südlichen Thurme B der sogenannte Bahnsucher von Reinfelder & Hertel und Repsold, ein Refractor mit 6 Zoll (16 cm) Oeffnung und 8 Fuss (2.6 m) Brennweite, dessen Construction eventuell die Drehung um drei Axen gestattet: Declinations- und Stundenaxe wie gewöhnlich, sowie um eine durch die Lage der Bahn eines Cometen am Himmel bestimmte Axe. Erheblich tiefer als diese beiden nach allen Himmelsgegenden zu verwendenden Instrumente, aber doch nicht ganz zu ebener Erde befinden sich in zwei grossen Sälen das Passageninstrument von

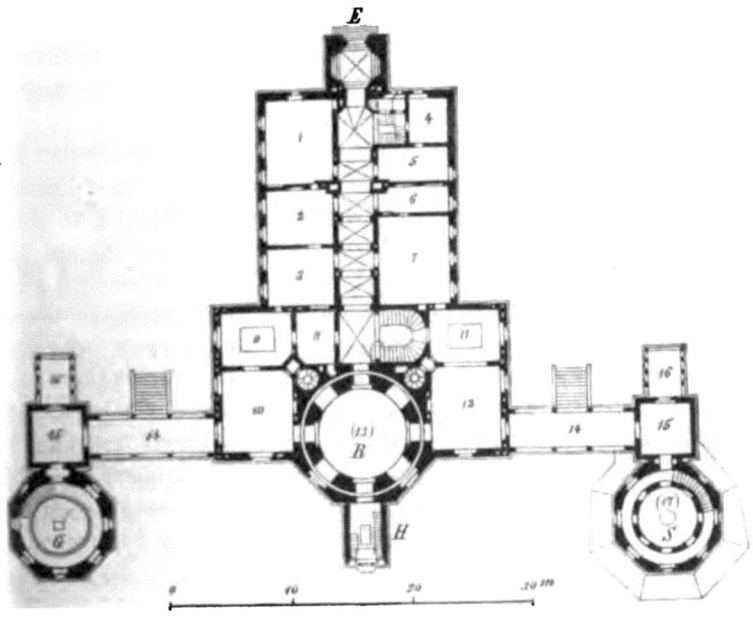

Fig. 82. Grundriss des Astrophysikalischen Observatoriums (Parterre).

1 Assistentenzimmer. 2, 3, 5 Arbeitszimmer der Observatoren. 4 Raum zum Messen und Aufbewahren der photographischen Platten. 6 Vorzimmer zu 7 Arbeitszimmer des Directors. 8 Dunkelkammer. 9 Raum für photographische, 10 für physikalische Untersuchungen. 11, 12 astrophysikalisches Laboratorium. 13, 17 Bibliothek und Sammlungen. 14 Verbindungshallen. 15 Vorräume zu den Thürmen. 16 Holzvorbauten zu meteorologischen Beobachtungen. — E Haupteingang. R Grosser Refractor. G Grubb'scher Refractor. H Heliograph. S Steinheil'sches Fernrohr.

Cauchoix (P, Fig. 80) und der grosse Repsold'sche Meridiankreis (M) mit Merz'schem Objectiv von 6 Zoll (16 cm) Oeffnung und $5^3/_4$ Fuss (1.9 m) Brennweite und Kreisen von 0.65 m Durchmesser. Unter den Thürmen liegen Arbeitszimmer für Assistenten, mechanische Werkstätte u. a.; Galerien und Plattform für Beobachtungen im Freien verbinden und umgeben die Thürme. Im Garten der Sternwarte befinden sich noch ein Drehthurm mit dreizölligem (8 cm) Heliometer, sowie Hülfsapparate (Miren) für Meridiankreis und Altazimuth.

Die Strassburger Sternwarte verfolgt als wissenschaftliches Institut in erster Linie den Zweck, die Oerter der Gestirne mit grösstmöglicher Genauigkeit zu bestimmen, hat also wesentlich Aufgaben der sphärischen Astronomie zu lösen. Diesem Plane dienen alle Einrichtungen instrumenteller wie baulicher Natur in vollkommenster Weise. Die zweite, noch grossartiger angelegte und ausgerüstete Anstalt, das Astrophysikalische Observatorium zu Potsdam, hat es der Hauptsache nach mit der Erforschung der chemischen und physikalischen Natur der Himmelskörper zu thun; es bildet gleichsam ein grosses Laboratorium, dessen Untersuchungsobjecte durch die unermessliche Fülle der Gestirne gegeben sind. Diesem Zweck entsprechend ist Anlage, Einrichtung und Ausrüstung eine ganz andere als in Strassburg.

In Waldeseinsamkeit auf der Höhe des flachen, ausgedehnten Telegraphenberges, südlich von dem anmuthigen Potsdam, umschliesst das Gebiet des Observatoriums einen weiten Raum von mehr als 16 Hectar. Nahe in der Mitte, auf dem vom Walde freien höchsten Punkte, liegt das Hauptgebäude des Observatoriums selbst, nordöstlich in geringer Entfernung davon die Wohnhäuser der wissenschaftlichen Beamten, weiter im Walde herab Gasometer, Maschinenhaus, Brunnen und Maschinistenhaus. Das Observatorium, dessen Ansicht von Südost Fig. 81, dessen Grundriss Fig. 82 zeigt, ist ein dreiflügeliges, geschmackvoll in verschiedenfarbig verkleidetem Backstein ausgeführtes Gebäude. Im erhöhten Parterre des nördlichen Flügels, zu welchem der Haupteingang (E, Fig. 82) führt, liegen die Arbeitszimmer der verschiedenen Astronomen, Bibliothek, Sammlungen und Laboratorien für spectroskopische und photographische Untersuchungen und Experimente, sowie am Ende, von der Kuppel des grossen Refractors überwölbt, eine Empfangsrotunde, die zugleich den Mittelpunkt des südlichen Flügels bildet. Ueber dem Eingang, am nördlichen Ende, erhebt sich der Wasserthurm mit grossem vom Brunnen gespeisten Reservoir. Zwei offene Arkaden stellen die Verbindung des östlichen und westlichen Thurmes mit dem Mittelbau her, an den sich südlich noch ein kleiner, für den Heliographen bestimmter Raum (H) anschliesst. Die unteren Räume enthalten, neben der Wohnung des Castellans und Werkstätten verschiedener Art, eine Gasmaschine, die, mit selbstgewonnenem Gas gespeist, eine dynamoelektrische Maschine treibt.

Die eigentlichen astronomischen Beobachtungsinstrumente sind der grosse Refractor von 12 Zoll (29.8 cm) Oeffnung und 5.4 m Brennweite, mit Schröder'schem Objective und Repsold'scher Montirung in der Mittelkuppel; der Grubb'sche Refractor von $7^{1}/_{2}$ Zoll (20 cm) Oeffnung und 3.2 m Brennweite in der westlichen, und ein älteres Steinheil'sches

Fernrohr von 5 Zoll (13½ cm) Oeffnung in der östlichen Kuppel. In dem Anbau H ist ein Photoheliograph mit Steinheil'schem Objectiv von 6 Zoll (16 cm) Oeffnung und 4 m Brennweite und Repsold'scher Montirung aufgestellt, mit welchem täglich Sonnenaufnahmen hergestellt werden. In einer westlich vom Hauptgebäude liegenden Kuppel ist der neue grosse Photographische Refractor von 13 Zoll (35 cm) Oeffnung mit Leitfernrohr von 9 Zoll (23 cm) Oeffnung aufgestellt, der zu directen photographischen Aufnahmen am Himmel, speciell zur Herstellung einer umfangreichen Himmelskarte benutzt wird. Andere erwähnenswerthe Instrumente sind noch: ein grosses Spectrometer von Bamberg, der grosse Spectrograph, der in einem späteren Capitel beschrieben und abgebildet ist, ein Photometer von Wanschaff, Messapparate u. s. w. — Meteorologische Instrumente jeder Art finden sich in kleineren Holzbauten an den Flanken des östlichen und westlichen Flügels, verschiedene Thermometer überdies noch in dem sehr tiefen und geräumigen Brunnen, welcher zu einem unterirdischen Beobachtungslocale von grösster Ruhe und Stabilität hergerichtet werden kann.

4. Geographische Ortsbestimmungen.

Die geographische Lage eines Ortes auf der Erdoberfläche, seine Breite und Länge, lässt sich im Allgemeinen ohne Zuhülfenahme astronomischer Beobachtungen nicht finden; der Seefahrer, der Reisende, wenn er genau wissen will, wo er sich befindet, muss stets den Himmel zu Rathe ziehen, und ebenso beruhen in cultivirten Ländern die zahlreichen in Karten und Verzeichnissen niedergelegten Daten schliesslich immer auf astronomischen Messungen. Das Problem der geographischen Ortsbestimmung ist demnach ein wesentlich astronomisches; und es mag bei seiner grossen praktischen Bedeutung und den einfachen Beziehungen zu rein astronomischen Ortsbestimmungen hier in aller Kürze dargestellt werden.

Da die früher genannten grössten Kreise im System des Aequators aus der täglichen Bewegung der Erde um ihre Axe hergeleitet und Himmelspole und Himmelsäquator einfache Uebertragungen derselben Grössen auf die Erde sind (vergl. Seite 55), so entspricht der Declination eines Gestirnes die *geographische Breite* eines Ortes auf der Erde, der Rectascension die *geographische Länge*, letztere von einem ersten, an sich willkürlichen Meridian gezählt. Die Erde wird dabei als Kugel betrachtet im Centrum der unendlichen Himmelskugel (vergl. Fig. 18); der Himmelsäquator AQ ist die Verlängerung des Erdäquators aq, die Himmelspole N und S sind die Projectionen der Erdpole auf die Sphäre vom Mittelpunkte der Erde aus.

Steht nun ein Beobachter auf dem Aequator, so fällt sein Zenithpunkt in den Himmelsäquator oder hat 0° Declination und Nord- und Südpol des Himmels liegen im Horizont: die Drehung der Erde um ihre Axe wird hieran nichts ändern und der Zenithpunkt stetig den ganzen Himmelsäquator (also den Declinationskreis 0°) bei unverrücktem Nord- und Südpol zu durchlaufen scheinen. Entfernt sich der Beobachter vom Aequator, so wird sein Zenith allmählich in andere Declinationskreise fallen, da die Richtung Zenith-Beobachter-Nadir stets durch den Erdmittelpunkt geht (strenger, in der Richtung der Schwere liegt), bis er, an einem der Erdpole angelangt, einen der Himmelspole im Zenith haben würde (vergl. Seite 12); der andere Pol sinkt unter den Horizont, so wie der Beobachter sich vom Aequator entfernt. In 50° nördlicher Breite z. B. würde das Zenith durch den Declinationskreis von 50° gehen und ebenso gross die Höhe des Poles über dem Horizonte sein. Allgemein also wird die geographische Breite eines Ortes gleich der Declination vom Zenith des Beobachters und auch gleich der Höhe des Poles über dem Horizonte sein. Man sagt daher statt geographischer Breite auch häufig und kürzer *Polhöhe*.

Die Declination des Zeniths kann man direct nicht messen, weil dasselbe als ein gedachter Punkt selten mit einem wirklichen, d. h. einem Stern zusammenfallen wird. Kennt man aber die Declination eines Sternes (aus den Sternkatalogen) und misst seine Zenithdistanz im Meridian, so folgt hieraus sofort die Declination des Zeniths, also die Polhöhe, durch Addition (wenn Stern südlich) oder Subtraction (wenn Stern nördlich vom Zenith) der Zenithdistanz zu oder von der Declination. Kennt man die Declination nicht, so misst man die Höhe irgend eines dem Pole nahen Sternes bei seiner oberen und unteren Culmination (Seite 10); das Mittel aus beiden Höhen ist dann die Polhöhe des Ortes. Hat man, wie im Allgemeinen der Fall sein wird, die Zenithdistanz, bezw. Höhe des Sternes, nicht im Meridian gemessen, so erhält man bei bekannter Declination die Polhöhe durch einfache Rechnung aus dem sphärischen Dreieck zwischen Pol, Zenith und Stern.

Von der geographischen Breite ist die *geocentrische* zu unterscheiden; diese ist gleich dem Winkel zwischen der im Erdsphäroid Beobachtungsort und Erdcentrum verbindenden Richtung und dem Aequator, erstere dagegen gleich dem Winkel zwischen der Richtung der Schwere, die nur bei der Kugel mit der Richtung nach dem Mittelpunkte zusammenfällt, und dem Aequator. Zufolge der Abplattung der Erde unterscheiden sich beide Winkel im Maximum (bei 45° Breite) um etwa $11^{1}/_{2}'$, und zwar ist die geographische Breite stets grösser als die geocentrische; durch die Beobachtung wird unmittelbar nur die erstere gefunden.

Weniger einfach und rasch als die Breite oder Polhöhe ist die Länge eines Ortes zu bestimmen. Zunächst ist schon die Definition der geographischen Länge keine so unzweideutige als die der Breite. Der Aequator, auf den letztere bezogen wird, ist nur einmal vorhanden; von den Erdmeridianen dagegen, die ihn senkrecht schneiden, hat jeder an und für sich gleiches Recht, als Anfangspunkt der Zählung für die Längen genommen zu werden; und in der That rechnet fast jedes der grossen Culturvölker nach einem anderen Meridian: der Engländer nach Greenwich, der Franzose nach Paris, der Nordamerikaner nach Washington oder Greenwich, der Deutsche nach Ferro, Greenwich oder auch wohl nach Berlin. Der besonders in der Schifffahrt gebräuchlichste erste Meridian ist indessen der durch die Sternwarte zu Greenwich bei London gehende. Vom ersten Meridian aus werden die Längen meist westlich und östlich bis 180° gezählt; Berlin z. B. liegt 13° 24' östlich von Greenwich, Paris 2° 20' ebenfalls östlich, Washington 77° 3' westlich. Da die Rotation der Erde in genau 24^h Sternzeit erfolgt, so wird in dieser Zeit jeder Erdmeridian den ganzen Himmel zu umkreisen, oder umgekehrt, und wenn wir mehr dem Augenscheine folgen, jeder Himmelsmeridian (Stundenkreis) alle Erdmeridiane bis wieder zurück zum ersten zu passiren scheinen. Die Abstände der Erdmeridiane, also die geographischen Längen, können wir demnach, ganz analog der Rectascension oder dem Stundenwinkel, auch in Zeit ausdrücken. Nehmen wir an, es sei 0^h Sternzeit für den ersten Meridian, oder es passire der Frühlingspunkt durch die Meridianebene irgend eines in $0° = 0^h$ Länge liegenden Ortes. Dann wird offenbar der $15° = 1^h$ nach Osten liegende Meridian die Sterne von $15° = 1^h$ Rectascension passiren sehen (1^h Sternzeit haben); die Orte auf dem Meridian $30° = 2^h$ östlich werden gleichzeitig die Gestirne von $30° = 2^h$ Rectascension im Meridian haben (2^h Sternzeit) u. s. f. Ist nun die Sternzeit im ersten Meridian bis 1^h fortgerückt, so werden die Orte des ersten Meridians auch die Sterne von $15° = 1^h$ Rectascension im Meridian haben, die Orte eines 15° östlicher liegenden, der dann 2^h Sternzeit hat, die Gestirne von $30° = 2^h$ Rectascension u. s. f.; es ist mit der Sternzeit gleichsam auch die Rectascension des ersten Meridians 1^h, die des anderen 2^h u. s. f. geworden. Die Gestirne in $0°$ Rectascension sind dann in den Meridian der Orte, die $15° = 1^h$ westlich vom ersten Meridian liegen und 0^h Sternzeit haben, gerückt. Wir können danach sagen, dass die Längendifferenz zweier Orte gleich ist dem Unterschiede ihrer Sternzeiten oder der Rectascension ihrer Meridiane. Zugleich sieht man, dass die östlicher liegenden Orte dieselben Gestirne um die Längendifferenz in Zeit früher, die westlicher liegenden um dieselbe später im Meridian haben. Hat also z. B. Greenwich 3^h 0^m Sternzeit oder passiren die Sterne von 3^h 0^m AR den Greenwicher Meridian, so gehen in diesem Moment durch den Berliner Meridian die Sterne von 3^h 44^m AR, durch den Pariser die von 3^h 9^m, dagegen durch den Washingtoner, der $77°$ (5^h 8^m) westlich oder $283° = 18^h$ 52^m östlich liegt, die Sterne von 21^h 52^m AR, oder es ist 3^h 44^m Sternzeit in Berlin, 3^h 9^m in Paris, 21^h 52^m in Washington.

Theoretisch ist danach die Aufgabe, die Längendifferenz zweier Orte zu bestimmen, eine sehr einfache: man beobachtet ein an beiden Orten zu genau demselben absoluten Zeitpunkte stattfindendes Phänomen, und der Unterschied der beiden beobachteten Zeiten (in Bogen ausgedrückt) giebt die Längendifferenz.

In Wirklichkeit verhält sich aber die Sache nicht so einfach. Zunächst muss immer die Ortszeit, also die Correction der Uhr, nach der man beobachtet, genau bekannt sein, was sich zwar auf Sternwarten, nicht immer aber auf Reisen hinreichend scharf erreichen lässt. Dann aber giebt es nur wenige Erscheinungen am Himmel, die für alle Erdorte zu genau demselben Zeitpunkte eintreten, und sie lassen sich, wenn sie vorkommen, entweder nicht genau genug beobachten (Jupiterstrabanten-Erscheinungen, totale Mondfinsternisse), oder sie treten unvermuthet und in einem beschränkten Raume ein und entziehen sich deshalb in der Regel gleichzeitiger Beobachtung (Sternschnuppen, Feuerkugeln). Bei verhältnissmässig naheliegenden Orten (bis zu 100 km etwa) kann man sich zwar künstlicher Lichtsignale bedienen, und vor Erfindung des elektrischen Telegraphen hat man in der That diese Methode häufig angewandt, aber sie ist begreiflicherweise beschränkt und, will man weiter liegende Orte verbinden, durch die erforderlichen Zwischenstationen sehr umständlich. Man muss daher in der Regel zu coelestischen Erscheinungen bekannter, rasch bewegter Körper seine Zuflucht nehmen, in erster Linie zum Mond. Der Mond legt unter den Sternen im Laufe von 24 Stunden etwa $13°$, in einer Stunde etwa seinen eigenen Durchmesser zurück; mit einem gewöhnlichen Sextanten kann man den Ort bis auf etwa 15—20 Bogensecunden genau bestimmen und wird dementsprechend die Zeit bis auf $1/4$ bis $1/3$ Minute sicher haben. In den astronomischen Ephemeriden, speciell im englischen Nautical Almanac, sind nun die Abstände des Mondes von der Sonne, hellen Planeten und Fixsternen von 3 zu 3 Stunden und bezogen auf einen ersten Meridian (Greenwich z. B.) angegeben. Misst man also an einem Orte den Abstand des Mondes von irgend einem dieser Körper, so kann man aus der Ephemeride leicht die Zeit des ersten Meridians finden, welcher diese Distanz entspricht; der Unterschied beider Zeiten ist dann gleich der Längendifferenz. Sei z. B. in Moskau der Abstand des Mondes vom Jupiter am 5. December 1880 um $9^h 48^m$ mittlere Zeit gleich $64° 20'$ östlich beobachtet worden. Dem Nautical Almanac entnehmen wir, dass um 6^h mittlere Zeit Greenwich der betreffende Abstand $65° 7' 11''$. um 9^h dagegen $63° 18' 44''$ war, hieraus folgt durch einfache Interpolation für den beobachteten Abstand $64° 20'$ die Greenwicher Zeit $7^h 18^m 25^s$: die Längendifferenz zwischen Moskau und Greenwich wäre demnach $2^h 29^m 35^s$. So einfach wie hier stellt sich nun in der That die Rechnung nicht; namentlich ist die genaue Ermittelung der Abstände etwas umständlich, da man, um genau zu verfahren, die Refraction und die wegen der Nähe des Mondes meist beträchtliche Parallaxe in Rechnung ziehen muss. — Sehr häufig benutzt man Sternbedeckungen, die sich sehr scharf beobachten lassen, zur Bestimmung von Längendifferenzen; dann wohl auch Sonnenfinsternisse und die Erscheinungen der Jupiterstrabanten (Ein- und Austritte der Trabanten in und aus dem Schatten); letztere ergeben die Längenunterschiede sofort, da sie, wie die Mondfinsternisse, für alle Erdorte gleichzeitig stattfinden, lassen sich indessen nur sehr ungenau beobachten. Alle diese Erscheinungen, sowie die Entfernungen des Mondes von Fixsternen und Planeten finden sich in den astronomischen und nautischen Ephemeriden, auf einen ersten Meridian (gewöhnlich den von Greenwich) bezogen. Hat man also seine Ortszeit genau bestimmt, so ergeben die Ephemeriden-Daten mittels einer im Ganzen nicht sehr complicirten Rechnung die gewünschte Längendifferenz, welche gleich der Ortszeit weniger der Greenwicher Zeit ist.

Einfacher in der Berechnung ist die auch jetzt noch häufig benutzte Methode der Chronometerübertragungen. Man bringt dabei ein oder besser mehrere Chronometer, deren Gang bekannt ist, von einer Station zur andern und vergleicht ihren Stand mit der Sternzeit oder der mittleren Zeit an beiden Orten; der Unterschied der beiden Stände oder Correctionen, verbessert wegen des Ganges in der Zwischenzeit, ist dann gleich der Längendifferenz. Ist z. B. die Correction eines Chronometers in Washington zu $+ 35^s$, in Greenwich nach 15 Tagen zu $+ 5^h 9^m 25^s$ gefunden worden und beträgt der tägliche *Gang* des Chronometers $+ 3^s,0$, d. h. geht dasselbe in 24 Stunden Sternzeit 3^s nach, so würde die Correction in Washington nach 15 Tagen $+ 1^m 20^s$ betragen haben, die Längendifferenz ergäbe sich also zu $5^h 9^m 25^s - 1^m 20^s = 5^h 8^m 5^s$. Die Schwierigkeit liegt bei dieser Methode in der Ermittelung des wahren Ganges der Chronometer, der besonders durch Erschütterungen während des Transportes Schwankungen und Aenderungen unterworfen ist.

Bis in die vierziger Jahre unseres Jahrhunderts waren die genannten

Methoden (Monddistanzen, Sternbedeckungen, Chronometerübertragungen, Sonnenfinsternisse und Erscheinungen der Jupiterstrabanten) die einzigen, die man bei irgend grösserer Entfernung zweier Orte zur Bestimmung des Längenunterschiedes ihrer Meridiane benutzen konnte. Auch jetzt noch können sie auf Reisen in unwirthlichen Gegenden allein in Anwendung kommen. Ueberall da aber, wo der elektrische Telegraph seine beredten Drähte spannt, besitzt man heutzutage in diesem das einfachste und weitaus genaueste Mittel zur Längenbestimmung. Die Art, wie auf diesem Wege die Aufgabe gelöst wird, versinnlicht schematisch die nachstehende Figur 83. Am Beobachtungsort A registrirt der Beobachter am Passageninstrument P die Meridiandurchgangszeiten eines Sternes am Chronographen C, auf dem zugleich die Registriruhr R die Sternzeitsecunden markirt. Der Chronograph C ist mit dem Chronographen C' des zweiten Ortes B telegraphisch verbunden, so dass

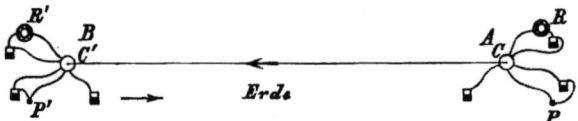

Fig. 83. Schema telegraphischer Längenbestimmungen.

der Durchgang des Sternes durch den Meridian von A zugleich auch auf dem Chronographen C' in B registrirt wird. Nach einer Sternzeit, die gleich der Längendifferenz ist, tritt dann der Stern in den Meridian von B und wird vom Beobachter P' an C' registrirt; zugleich aber auch auf C am Orte A. Die — gehörig reducirte — Differenz der beiden Ablesungen, sowohl auf dem Chronographen von A als auf dem von B, giebt dann die Längendifferenz. Wäre die Fortpflanzungsgeschwindigkeit des elektrischen Stromes unmessbar gross, so müssten diese beiden Differenzen vollkommen übereinstimmen; in der That aber ist die Geschwindigkeit eine wenn auch sehr bedeutende, so doch keineswegs unmessbare, und man sieht leicht ein, dass der Sterndurchgang vom östlicheren Ort am westlicher liegenden Ort um die Zeit (*Stromzeit*) später registrirt werden muss*), welche der elektrische Strom gebraucht, um von dem östlichen nach dem westlichen Orte zu gelangen, dass also die Ablesung des Chronographen in B eine um die Stromzeit kleinere, die in A eine um dieselbe, freilich sehr geringe Zeit grössere Längendifferenz ergeben muss, wenn B westlich von A liegt. Der Unterschied

---

*) Bei vollständig gleicher Empfindlichkeit aller die Registrirung vermittelnden Apparate; auch dann aber ist die sogenannte Stromzeit nicht vollkommen identisch mit der Fortpflanzungsgeschwindigkeit der Elektricität durch den Leiter.

der so gefundenen Längendifferenzen ergiebt also die doppelte Stromzeit, ihr Mittelwerth die wahre Längendifferenz von A und B. Die Geschwindigkeit des galvanischen Stromes ist auf solche Art zu 25000 bis 45000 Kilometern bestimmt worden. Wesentlich grösser dagegen (100000 bis 200000 km und mehr) stellt sie sich bei Benutzung anderer Elektricitätsquellen und recipirenden Apparate heraus. Die Stromzeit bei telegraphischen Längenbestimmungen scheint ausser dem durch Länge der Leitung und Material bedingten Widerstand auch von der Art der Legung (oberirdische, unterirdische, submarine Leitung) abzuhängen*). Als Beispiel möge eine Beobachtung aus der 1865 zwischen Leipzig und Gotha ausgeführten Längenbestimmung angeführt werden. April 20 wurde der Stern ν Virginis beobachtet, wie folgt:

	Durchgang durch den Meridian		Längendiff.	Stromzeit
	in Leipzig	in Gotha		
Leipziger Chronograph	$11^h\,38^m\,53{:}55$	$11^h\,45^m\,36{:}98$	$6^m\,43{:}43$	$0{:}02$.
Gothaer "	11 32 32.74	11 39 16.13	43.39	

Im Mittel aus einer grossen Zahl von Beobachtungen verschiedener Sterne an verschiedenen Abenden ergab sich als Längendifferenz der beiden Passageninstrumente $6^m\,43{:}42$ und als Stromzeit $0{:}025$. —

Die Methoden der telegraphischen Längenbestimmung sind neuerdings mannigfach variirt worden; alle aber erfordern eine sehr genaue Bestimmung der Fehler der Instrumente, und zwar sowohl der Passageninstrumente selbst, als der Uhren und elektrischen Hülfsapparate, und selbst wenn diese auf das sorgfältigste bestimmt sind, bleibt häufig doch noch eine grössere Unsicherheit im schliesslichen Resultate übrig, als sie aus der Zahl der Beobachtungen und nach den Regeln der Wahrscheinlichkeitsrechnung sich ergeben sollte. Eine Hauptunsicherheit bringt meist die sogenannte *persönliche Gleichung* mit sich, zufolge deren die Fadenantritte von verschiedenen Beobachtern auf verschiedene Weise aufgefasst und registrirt werden, und welche in vielen Fällen mit der Zeit etwas veränderlich ist. Diese, auf physiologischen Ursachen beruhende Fehlerquelle spielt nicht nur hier, sondern bei allen Messungen, in denen man den Grenzen der Wahrnehmungsfähigkeit nahe tritt, eine grosse Rolle und hat, speciell auch bei Doppelsternmessungen, neuerdings eingehende Untersuchungen hervorgerufen. —

Die ersten telegraphischen Längenbestimmungen wurden seit 1845 von der Küstenvermessungscommission der Vereinigten Staaten (U. S.

---

*) Die ca. 3500 km der beiden ersten transatlantischen Kabel, zwischen Valentia in Irland und Neufundland, durchläuft der Strom in etwa 0.3 Secunden, woraus nur ca. 12000 km als Geschwindigkeit folgen.

Coast Survey) durch Walker und W. C. Bond ausgeführt; 1846 ermittelte man ebenso die Längendifferenz zwischen Washington und Philadelphia. In Deutschland kam die Methode nach einigen Vorversuchen (1852 z. B. zwischen Berlin und Frankfurt a. M.) in strengerer Weise erst 1856 zwischen Berlin und Königsberg in Anwendung. Seit etwa zwanzig Jahren sind sowohl in Europa als in den Vereinigten Staaten die Längen der meisten grösseren Städte, beinahe aller Sternwarten und in Mitteleuropa speciell der in das Netz der europäischen Gradmessung aufgenommenen Stationen auf diese Art bestimmt worden. Die in vieler Hinsicht merkwürdigste und wichtigste Längenbestimmung war die, welche Gould 1866 mittels des transatlantischen Kabels zwischen Greenwich und Washington ausführte, und die 1870 (von Dean) und 1872 (von Hilgard) wiederholt wurde; das Mittel der drei auf wenige Hundertel Secunden übereinstimmenden Beobachtungsreihen ergab als Längendifferenz zwischen beiden Sternwarten $5^h\,8^m\,12^s.12$.

Die telegraphische Methode liefert bei sorgfältigster Berücksichtigung aller Fehlerquellen eine Längendifferenz auf etwa $0^s.02$ genau. Am Aequator entspricht dieser Zeitgrösse eine lineare Grösse von etwa 10 m; in unseren Breiten, wo der räumliche Abstand zweier Stundenmeridiane nur drei Viertel des auf dem Aequator gemessenen beträgt, sind demnach $0^s.02$ linear etwa 7—8 m. Zu weit weniger genauen Resultaten führen die früher genannten Methoden der Monddistanzen, Sternbedeckungen und selbst die Chronometerübertragungen. Mit den einfachen Mitteln, über die der Seefahrer und der Reisende in der Regel nur verfügen, lässt sich die Länge selten genauer als auf 10—15^s finden; dies macht am Aequator volle 5—7 km, in der Breite von 50° 3½—5 km aus. Wie verderblich schon eine solche Unsicherheit zumal auf der See werden kann, ist einleuchtend, und es wird begreiflich, wie die britische Regierung im vorigen Jahrhundert, wo alle Methoden und Grundlagen zur Längenbestimmung noch weit unsicherer waren, und wo speciell die Bewegung des Mondes noch weit weniger genau als heute bekannt war, Preise von 10 000—20 000 ₤ für die besten Methoden, die Länge zur See zu finden, aussetzen konnte. Sie wurden dem Chronometermacher Harrison, dem Astronomen T. Mayer und dem Mathematiker Euler zu Theil. Sie inaugurirten in theoretischer wie praktischer Hinsicht die Periode des Fortschrittes in Erkenntniss und Erfahrung, die uns heute den Mond gleichsam als genau controlirte Himmelsuhr und andererseits die wirkliche Uhr, speciell das Chronometer, auf einer Stufe feinster Ausführung zeigt. Der Gang eines guten Chronometers ist jetzt ein so regelmässiger, dass es z. B. auf den Fahrten zwischen Europa und Nordamerika selten mehr als 10^s von dem berechneten abweicht. Durch

Beobachtung coelestischer Erscheinungen mittels Sextanten ist, wenigstens auf Schiffen, eine solche Genauigkeit kaum erreichbar, die Berechnung aber von Monddistanzen, die in der Regel nur in Betracht kommen können, doch eine ziemlich umständliche, und die Seefahrer verlassen sich daher, wenn sie überhaupt den Himmel zu Rathe ziehen, im Allgemeinen lieber auf ihre Chronometer und bestimmen nur einfach ihre Ortszeit, als dass sie sich der Mühe einer sorgfältigen Berechnung unterzögen.

5. Anleitung zu astronomischen Beobachtungen.

Es wird manchem unserer Leser vielleicht nicht unwillkommen sein, einige Andeutungen und Rathschläge zu erhalten, in welcher Weise er, auch bei beschränkteren Mitteln, Beobachtungen anzustellen habe, aus denen die Wissenschaft Nutzen ziehen kann. Unzweifelhaft giebt es auch bei uns in Deutschland viele, die Musse, Lust und Talent genug besitzen, für die Sternkunde Erspriessliches zu leisten, denen es aber an Erfahrung und an Gelegenheit, ihre Kräfte zu bethätigen, fehlt, und die überdies die zwar weit verbreitete, aber durchaus unrichtige Meinung hegen, es gehörten sehr bedeutende instrumentelle Mittel und ganz besondere Anlagen dazu, um für die »Königin der Wissenschaften« Nützliches zu schaffen. Man kann vielmehr sagen, dass Lust und Liebe, Geduld und Ausdauer nothwendigere Erfordernisse sind, als ein reicher Instrumentenvorrath, der, wenn nicht in den richtigen Händen, nur ein todtes Capital bildet. Die Begabung, welche ausreichend und nothwendig ist, um durch Beobachtung die Sternkunde zu fördern, spielt im Ganzen nicht die Rolle, die man ihr oft zuschreibt; auch kann sie durch hinreichende Uebung und Ausdauer bis zu gewissem und nicht unerheblichem Grade häufig ersetzt werden; ebenso lassen sich die theoretischen Kenntnisse, die nöthig sind, um brauchbare Messungen zu erlangen und zu verwerthen, erwerben; überhaupt aber ist auch hier »Fleiss das halbe Genie«. —

Die allgemeinen Hülfsmittel, die zur Anstellung astronomischer Beobachtungen erforderlich sind, können wir als physische oder äussere und als psychische oder innere unterscheiden. Erstere werden sich mehr oder weniger nach den äusseren Umständen und den Mitteln des Betreffenden richten; letztere sind in der Hauptsache von allen Beobachtern in gleicher Weise zu fordern.

Ein erster wichtiger Punkt ist der Beobachtungsort. Für Beobachtungen ohne Fernrohr oder für kleine transportable Fernröhre (Cometensucher z. B.) genügt ein beliebiger, nur möglichst frei und ruhig gelegener Platz; hat man ein grösseres Instrument, so muss überdies auf thunlichst feste Aufstellung desselben in geschlossenem, mit passenden Klappen oder Fenstern versehenem Raum Bedacht genommen werden.

Auf die Vorschriften zum besten Gebrauch der Fernröhre näher einzugehen, verbietet hier der Raum; wer ein Instrument besitzt, wird in der Regel sehr bald auch ohne specielle »litterarische« Anleitung wissen, wie er es im Allgemeinen zu benutzen, worauf er bei seiner Behandlung zu achten, wie er es gegen alle äusseren Einflüsse zu schützen hat. Ueberdies findet man in verschiedenen Schriften, wie Webbs Celestial Objects, Kleins Anleitung zur Durchmusterung des Himmels u. a., über vieles hierher Gehörige ausführliche Mittheilungen.

Bei Beobachtungen ohne grösseres Fernrohr wird man in sehr vielen Fällen, namentlich für die veränderlichen Sterne, besser ein Opernglas als das unbewaffnete Auge benutzen. Abgesehen davon, dass man eine grössere Anzahl von Sternen sieht, erscheinen dieselben in der Regel auch schärfer als mit blossem Auge, und man kann ein bestimmtes Object bei dem umgrenzten Gesichtsfelde besser fixiren.

Eine nach Sternzeit gehende compensirte Uhr wird in der Regel nur bei grösseren, mit Kreisen versehenen Fernröhren nothwendig sein; in sehr vielen Fällen genügt ein gut gearbeiteter Secundenzähler in Verbindung mit einer gewöhnlichen Holzpendeluhr, in manchen selbst eine Secunden-Taschenuhr. An einem Orte mit einer Sternwarte wird es immer leicht sein, die Correction seiner Uhr von dieser zu erhalten: sonst aber muss man entweder auf Beobachtungen, die eine Genauigkeit von einer oder wenigen Secunden besitzen müssen, verzichten oder aber in der Lage sein, durch geeignete Instrumente selbst die Zeit zu bestimmen. Zur Ermittelung des Uhrganges kann man sich indessen auch, bei feststehendem Fernrohr, der Verschwindungen von Sternen an entfernten senkrechten Gegenständen bedienen.

Von litterarischen Hülfsmitteln wären Sternkarten (Argelanders »Uranometrie« oder Heis' »Atlas novus coelestis«), Sterncataloge (die vier Bände der Bonner Durchmusterung) und ein astronomisches Jahrbuch — der englische Nautical Almanac hat den Vorzug der Billigkeit — zu erwähnen, als kleinere Requisiten passende Beobachtungshefte, Zeichenmaterial etc. Eine bequeme, gut verschliessbare Blechhandlampe ist für die meisten Beobachtungen erwünscht; denn auf möglichste Vermeidung alles fremden Lichtes kann nicht genug Bedacht genommen werden; Ruhe des Auges ist in den meisten Fällen noch wichtiger als Ruhe des Gehöres.

Sehr nützlich ist, sich in gewissen technischen Fertigkeiten ausreichende Uebung zu verschaffen. Zunächst soll man lernen, im

Dunkeln zu schreiben, um sowohl das Auge für schwache Lichteindrücke empfindlich zu erhalten, als rasch aufeinander folgende Phänomene (wie z. B. die An- und Austritte von Sternen am Ring eines Kreismikrometers) sicher zu erfassen. Zweckdienlich ist hierbei ein mässig grosser, mit Ausschnitten versehener, aufzuklappender Papprahmen, in den man das Papier legt. — Wichtiger noch ist das Zeichnen. Eine gute Zeichnung fasst bildlich mit einem Male zusammen, was durch Worte, ja selbst durch Messung häufig gar nicht oder doch nur sehr schwer wiederzugeben ist; und unsere jetzige Kenntniss der Oberflächenbeschaffenheit der Planeten, vieler Details der Sonne oder der grossen Cometen wie auch der Nebelflecke verdanken wir in der That fast mehr der Zeichnung als der Beschreibung oder Messung. — Endlich darf man hierzu noch die Ausbildung der Fähigkeit rechnen, Secunden zu zählen, dabei die Zeitmomente eintretender Phänomene nach deren Unterabtheilungen (Zehnteln womöglich) abzuschätzen und die Zahlen nebst kurzen Bemerkungen niederzuschreiben, ohne die Secunde der Uhr zu verlieren.

Erfordern die erstgenannten sachlichen und technischen Hülfsmittel der Hauptsache nach nur grössere oder geringere materielle Mittel, so verhält es sich anders mit den Forderungen, die an den beobachtenden Menschen selbst gestellt werden. Schon die eben erwähnten technischen Fertigkeiten, besonders die Sicherheit im Secundenzählen und im Zehntelsecunden-Schätzen, verlangen eine gewisse Anstrengung des Willens, eine nicht unbedeutende Uebung der Aufmerksamkeit und Geduld, selbst unter günstigen Bedingungen. Schwieriger noch ist das Sehen und das Hören und die Verknüpfung der Wahrnehmungen beider Sinnesorgane bei Objecten, die nahe der Grenze des Wahrnehmbaren stehen. Hier tritt zu der rein physiologischen Erregung in dem bewussten Urtheile ein psychologisches Moment, und in verstärktem Masse gilt dies von denjenigen complicirten astronomischen Messungen, die theils beständigen, theils veränderlichen Fehlerquellen ausgesetzt sind. Der Astronom muss in diesem Falle ebenso sehr den Gegenstand, den er beobachten will, kennen, als das Instrument, mit dem er beobachtet, und er muss wissen, was er von diesem überhaupt, wie unter den jedesmaligen speciellen Bedingungen verlangen kann. Wird also hier ein gewisses angeborenes Geschick, eine, so zu sagen, instinctive Erkenntniss, wie eine theoretische Vorbildung und Erfassung des speciellen Problems erforderlich sein, so muss gleichwohl auch der Uebung und Erfahrung ein sehr grosser Werth beigelegt werden, und diese kann sich in genügendem Masse fast jeder aneignen, der nur Eifer und Liebe zur Sache, sowie Geduld und Ausdauer besitzt. —

Ein wichtiger Punkt ist ferner die richtige Wahl der Beobachtungsobjecte. Je nach den vorhandenen Mitteln, der Lage des Beobachtungsortes, wie auch nach der Disposition des Beobachters und nach den sich darbietenden Erscheinungen selbst werden die Beobachtungen sich auf verschiedene Phänomene erstrecken, sie können einfacherer oder schwierigerer Art sein, und wir wollen nun im Folgenden das kurz behandeln, worauf der Liebhaber sein Augenmerk am zweckmässigsten zu richten hat, indem wir vom Einfacheren zum Verwickelteren vorschreiten.

Beobachtungen mit dem blossen Auge.

Vor Beginn aller speciellen Beobachtungen wird es gut sein, sich eine möglichst genaue Kenntniss des Sternenhimmels überhaupt an der Hand guter Sternkarten zu verschaffen; eine beiläufige Vorstellung der Sternbilder wird schon die in dem vierten Theile dieses Buches gegebene Beschreibung der Sternbilder gewähren. Man kann hiermit zugleich eine Prüfung seiner Augen auf Lichtempfindlichkeit und Bildschärfe verbinden; wer z. B. sämmtliche in Argelanders Uranometrie vorkommende Sterne ohne Mühe oder Mizar und Alcor im grossen Bären getrennt sieht, hat ein im gewöhnlichen Sinne gutes, d. h. normalsichtiges Auge; wer dagegen die schwächsten Sterne des Atlas von Heis zu erkennen oder aber Doppelsterne wie $\varepsilon_1 \varepsilon_2$ Tauri in den Hyaden oder gar ε und 5 Lyrae zu trennen vermag, ist ungewöhnlich scharfsichtig.

Kennt man das Terrain, auf welchem sich die verschiedenartigen Erscheinungen abspielen, so wird man bald im Stande sein, die rasch vergänglichen unter ihnen, wie z. B. Sternschnuppen und Meteore, sicher zu notiren, die Phänomene, die sich zeitweise in gewissen Gegenden zeigen, wie das Zodiakallicht, nach Form und Lage richtig aufzufassen, endlich die schwächeren unter den mit freiem Auge sichtbaren Veränderlichen rasch zu finden und festzuhalten; auch die Planeten Mercur und Uranus, sowie von den kleinen Planeten unter den günstigsten Umständen etwa Vesta und Ceres werden leichter gefunden werden können.

Unter den wichtigsten mit freiem Auge zu beobachtenden Objecten sind die Sternschnuppen und die veränderlichen Sterne in erster Linie zu nennen.

Bei den **Sternschnuppen** (Feuerkugeln, Meteoren überhaupt) ist hauptsächlich zu notiren: Anfangs- und Endpunkt der Bahn nach Rectascension und Declination zur Bestimmung des Radiationspunktes, sowie Zeit und Dauer der Erscheinung; in zweiter Linie Helligkeit und Farbe. In Nächten, wo die Sternschnuppen sehr zahlreich fallen, wie im August und November, thut man gut, sein Augenmerk allein auf diese Erscheinungen zu lenken und sich nicht durch andere Beobachtungen abzuziehen und zu ermüden. Als praktisches Hülfsmittel zum sofortigen Eintragen der beobachteten Meteore sind dann die von Heis herausgegebenen Sternschnuppen-Karten (Köln, Du Mont-Schauberg, 1868) zu empfehlen, welche auf wenigen Blättern nur die hellsten Sterne enthalten. Wichtig ist — und dies gilt für alle Beobachtungen, namentlich aber für die von Veränderlichen — das Auge nicht durch übermässiges künstliches Licht abzustumpfen und unempfindlich zu machen; man wird daher Notizbuch, Karten u. s. w. durch mässiges Licht nur soweit, als unumgänglich nöthig ist, erhellen dürfen. Nächst der sorgfältigen Bestimmung des Ortes ist die möglichst genaue Angabe der Zeit, wann ein Meteor fiel, wünschenswerth. Befindet sich am Wohnorte des Beobachters eine Sternwarte, oder ist er im Besitze einer sehr guten Uhr, so wird es nicht schwer fallen, die Zeit bis auf eine Secunde oder genauer zu erhalten; schwieriger wird dies, wenn man fern von grösseren Städten lebt oder nicht die Mittel zu genauer Zeitbestimmung besitzt; man muss sich dann mit Näherungsangaben begnügen, sollte aber dabei nicht unterlassen, anzuführen, für wie genau man etwa, wenn auch nur nach Schätzung, seine Zeit hält.

Einer genauen Angabe der Zeit bedürfen die Beobachtungen der veränderlichen Sterne nicht, und es ist schon dies ein Grund, diese Gruppe von Erscheinungen den Liebhabern besonders zu empfehlen. Für viele und selbst hellere Variable ist aber auch das Material, aus welchem der Verlauf der so merkwürdigen Lichtänderungen ermittelt werden soll, noch immer ein sehr dürftiges, und sie verdienen ganz besonders deshalb lebhaftere und dauerndere Beobachtung, als ihnen bisher zu Theil geworden ist. Bei den Veränderlichen nun ist die einzige Aufgabe der Einzelbeobachtung, mag sie mit freiem Auge oder mit dem Fernrohr angestellt werden, die möglichst genaue Vergleichung mit an Helligkeit nicht zu verschiedenen wie auch örtlich nicht zu entfernten, ihr Licht nicht verändernden Sternen. Argelander hat in Schumachers astronomischem Jahrbuch für 1844 die wichtigsten und von den Astronomen in allem Wesentlichen befolgten Regeln und Rathschläge für diese Beobachtungen gegeben[*]; das Folgende ist eine Zusammenfassung der hauptsächlichsten Punkte. Vor Beginn der Beobachtungen schwächerer Variabeln ist es rathsam, Kärtchen in genügend grossem Massstab zu entwerfen und in ihnen sämmtliche benachbarten Sterne,

---

[*] »Aufforderung an Freunde der Astronomie«. Argelander behandelt aber nicht nur die Veränderlichen; er zieht vielmehr alle mit freiem Auge beobachtbaren Erscheinungen in Betracht und leitet seinen für Liebhaber wie für Astronomen gleich lesenswerthen Aufsatz mit einer Reihe allgemeiner Bemerkungen, Regeln und Rathschläge ein, die für jeden Beobachter von grösstem Werthe sind.

so weit wie möglich, einzutragen; man erleichtert hierdurch die Auffindung und hütet sich vor Verwechselung mit nahestehenden Objecten. Je nach dem Umfang der Lichtänderung müssen nun verschiedene Vergleichsterne ausgesucht werden, die in Helligkeit thunlichst gleichmässig, in Intervallen von etwa einer halben Grössenclasse aufeinander folgen. Für eine Reihe der helleren Variabeln hat Argelander im 7. Bande der Bonner Beobachtungen solche Vergleichsterne mitgetheilt. Für die teleskopischen Veränderlichen wird man in der Regel unschwer eine genügende Zahl Vergleichsterne am Himmel finden; bis zur 9.5. oder 10. Grösse herab (und vom Nordpol bis — 23° Declination) giebt sie übrigens das grosse Bonner Sternverzeichniss »die Durchmusterung« unmittelbar. — Die Lichtvergleichungen geschehen nun so, dass man von den Vergleichsternen wenigstens zwei auswählt, deren Helligkeiten die des Veränderlichen einschliessen und letzterer dabei möglichst nahe kommen. Man vergleicht dann, indem man vom Vergleichstern zum Veränderlichen hin- und hergeht, wobei beide möglichst auf dieselben Stellen des Gesichtsfeldes oder der Netzhaut zu bringen sind. Die Helligkeitsunterschiede drückt man in sogenannten *Stufen* aus, deren eine den geringsten noch erkennbaren Unterschied ausdrückt und etwa 0.1 Grössenclasse entspricht; bei zwei Stufen ist der Unterschied schon deutlicher, bei drei Stufen auf den ersten Blick unzweifelhaft. Sterne, die mehr als fünf Stufen oder etwa eine halbe Grössenclasse auseinanderliegen, vergleicht man nur im Nothfall, da bei solchen Unterschieden die Schätzung schon unsicher wird; bei grösserer Uebung kann man auch noch halbe Stufen unterscheiden. Die gefundene Stufenzahl wird einfach zwischen die verglichenen Objecte gesetzt, so dass das voranstehende immer das hellere ist. So heisst also z. B. a var 3 b, dass der Vergleichstern a völlig gleich dem Veränderlichen, dieser aber drei Stufen heller als der Vergleichstern b war; oder c 2.5 var 1 d, dass Stern c mehr als zwei Stufen, aber weniger als drei Stufen heller als der Veränderliche, und dieser eine Stufe heller als d war. Statt des unbewaffneten Auges wendet man übrigens auch bei den hellsten Veränderlichen lieber ein schwach vergrösserndes Opernglas (Binocle) an, beobachtet aber auch bei einem solchen am besten mit beiden Augen zugleich. —

Ausser den Meteoren und Veränderlichen giebt es noch manche Gegenstände und Erscheinungen, die andauernder Beobachtung mit freiem Auge werth sind; so die Milchstrasse in ihrem Verlauf und die Form, Lage und Helligkeit des Zodiakallichtes, welches im Frühjahr am Abendhimmel, im Herbst am Morgenhimmel als mattschimmernde, schmale Pyramide mit mässiger Neigung gegen den Horizont aufsteigt.

Ferner sind Helligkeitsschätzungen der helleren Sterne überhaupt, sowie Farbenbestimmungen ein nützliches Unternehmen; doch eignen sich zu letzteren nur wenige, besonders farbenempfindliche Augen, und auch in diesem Falle ist die grösste Sorgfalt anzuempfehlen, um sich vor voreiligen Schlüssen zu bewahren.

Von den nicht rein astronomischen Erscheinungen verdienen das Nordlicht und die Dämmerung vor allem beobachtet zu werden. Wegen all dieser hier nur genannten Objecte verweisen wir auf Argelanders lehrreichen Aufsatz, der übrigens sehr eingehend auch die Sternschnuppen und Veränderlichen, wie der letzteren Geschichte, Beobachtung und Berechnung behandelt.

Beobachtungen mit dem Fernrohr.

Weit mannigfaltiger als die mit freiem Auge nutzbringend anzustellenden Beobachtungen sind begreiflicherweise die teleskopischen, und ihre Ausdehnung wächst in dem Masse, als man stärkere optische Mittel und feinere Messapparate zur Verfügung hat. Wir wollen hier hauptsächlich die Erscheinungen und Gegenstände etwas eingehender besprechen, die mit beschränkteren Mitteln, etwa mit Fernröhren von 3—4 Zoll Oeffnung, wie sie sich häufig finden, verfolgt und studirt werden können; diejenigen, für welche grössere Instrumente und besondere mikrometrische Hülfsapparate erforderlich sind, werden wir dagegen nur kürzer erwähnen.

Als geeignete Beobachtungsobjecte bieten sich zunächst die Körper unseres Sonnensystems. Die Sonne selbst mit ihren Flecken mag möglichst täglich, bei klarem Himmel unter Benutzung angemessener (rother oder blauer) Blendgläser, betrachtet, ihrem Fleckenstande nach geprüft und, wenn besonders auffallende Flecken vorhanden, im Einzelnen genauer verfolgt werden; eine Vergrösserung von 70 oder 80 genügt häufig schon für letzteren Zweck, eine solche von 40 bis 50 für Abzählung der Flecken. Sehr zu empfehlen ist für diese wie für alle Beobachtungen topographischer Natur, sich im Zeichnen möglichst zu üben.

Nächst der Sonne ist es der Mond, der unsere Aufmerksamkeit hauptsächlich erregt, und der sie, auch in topographischer Hinsicht, wohl verdient. Ein drei- bis vierzölliges Fernrohr auf gewöhnlichem Pyramidalstativ und mit 40—50maliger Vergrösserung genügt, um über manche Punkte, z. B. die Helligkeit von Flächen und Gebirgscomplexen und die Färbung verschiedener Theile, die noch sehr wenig studirt ist, wichtige Aufschlüsse zu geben. Wesentlich ist dabei aber, die betreffenden Gegenden unter möglichst verschiedenen Beleuchtungen und nicht nur zur Zeit des Vollmondes zu untersuchen. Hat man ein parallaktisch montirtes Fernrohr mit 100maliger und stärkeren Vergrösserungen und ein wenn auch nur einfaches Fadenmikrometer*), sowie eine Secundenuhr, so lassen sich bei hinreichender Sorgfalt recht wohl Positionsbestimmungen und Höhenmessungen ausführen; erstere durch Rectascensions- und Declinations-Differenzen in Bezug entweder auf die Mondränder oder auf schon bestimmte Punkte (Triesnecker, Mösting A, Coppernicus, Kepler, Tycho u. a.), letztere durch Messung der Länge der Schatten, welche hervorragende Punkte auf benachbarte Flächen werfen. Zum erfolgreichen Studium des Details der Formen (Krater, Höhen, Rillen u. s. w.) werden in der Regel, und hat man nicht sehr bedeutende Uebung, schon stärkere Fernröhre von 5 Zoll Oeffnung und darüber, mit 150—200maliger Vergrösserung, gehören.

Die Planeten bieten für kleinere Instrumente wenig dar; speciell kann die Oberflächenbeschaffenheit des Mars, Jupiter oder gar Saturn in unseren Klimaten nur mit lichtstarken Fernröhren, von mindestens 8 Zoll Oeffnung, erfolgreich untersucht werden. Dagegen zeigt das Miniaturbild des Sonnensystems, das System des Jupiter mit seinen vier Trabanten, manche interessante Erscheinungen, und namentlich sind es hier die Ein- und Austritte der Trabanten in den Schatten des Jupiter, die Beachtung verdienen. Möglichst consequent durchgeführte Beobachtungen über den Verlauf dieser Erscheinungen, über Art und Dauer des Verschwindens und Wiedererscheinens sind von grossem Werth und Interesse, namentlich auch mit Rücksicht auf eine Neubestimmung der Aberrationsconstante.

Erscheinungen heller und geschweifter Cometen sind leider so selten, dass man durchschnittlich nur etwa alle 6—8 Jahre Gelegenheit haben wird, einen solchen zu beobachten. Bei grösserer Schweifbildung wird dann unter Umständen schon das freie Auge, bezw. das Opernglas zu mancher interessanten Wahrnehmung über Gestalt, Ausdehnung, Helligkeit u. a. genügen, und mit einem Fernrohr von 3—4 Zoll Oeffnung die Entwickelung von Kopf und Coma sich studiren lassen. Ist man im Besitz eines Cometensuchers von dieser Oeffnung, so mögen klare Nächte ohne Mondschein nützlich zur Aufsuchung von teleskopischen Cometen, deren im Jahre oft fünf oder mehr erscheinen, verwandt werden. Die Aussicht, einen solchen zu finden, ist im Allgemeinen grösser, wenn man in der Nähe der Sonne (nach Sonnenuntergang also

---

*) Neison hat ein einfaches Mikrometer speciell für Positionsbestimmungen auf dem Monde angegeben, welches von Horne und Thornthwaite (London 416 Strand) für den Preis von 50—70 Mark gefertigt wird (Selenograph. Journal I. 14. II. 25).

am nordwestlichen Himmel, vor Sonnenaufgang am nordöstlichen Himmel) als von ihr entfernt (im Süden) sucht, denn die Mehrzahl hält sich in nicht allzugrosser Entfernung von der Sonne. Da das Aussehen der gewöhnlichen Cometen dieser Art sich aber meist nicht wesentlich von dem der Nebelflecken unterscheidet und die Bewegung das einzige sichere Kriterium ihrer wahren Natur giebt, so ist eine möglichst genaue Kenntniss der Nebel zu empfehlen. In einen Himmelsatlas kann man sich leicht wenigstens die helleren Herschel'schen Nebel (I. Classe) eintragen und muss dann — hat sich ein Object gefunden, welches unter diesen fehlt — eins der grossen Nebelverzeichnisse, am besten Sir J. Herschels »General Catalogue« oder den neueren Katalog von Dreyer befragen. Die Veränderung des Ortes unter den benachbarten Sternen lässt sich bei langsam bewegten Cometen und ohne mikrometrische Hülfsmittel im Laufe von wenigen Stunden mitunter schwer nachweisen.

Abgesehen von der Erleichterung, welche die Bekanntschaft mit den Nebeln für die Entdeckung teleskopischer Cometen gewährt, bietet deren Beobachtung aber auch ein selbständiges Interesse. Ein specielles Studium ihrer individuellen Natur erfordert zwar die lichtstärksten Fernröhre; nützliche Wahrnehmungen aber über das Vorhandensein von Nebeln überhaupt, wie die Entscheidung über die mögliche Veränderlichkeit mancher dieser Objecte lassen sich fast ebenso mit einem lichtstarken Cometensucher, als mit Fernröhren ersten Ranges erwarten. Es kommt hier oft mehr auf relative als auf absolute Lichtstärke an, und die Erfahrung zeigt, dass mit verhältnissmässig kleinen Instrumenten (Cometensuchern von 4—6 Zoll Oeffnung) nicht selten hier eben soviel gesehen und erreicht wird, wie mit den kostbarsten Riesenteleskopen.

Auch in der Welt der Fixsterne kann der Liebhaber, selbst bei beschränkten Mitteln, noch manches leisten. Von den Veränderlichen, deren weitaus grösste Zahl sich ja der Beobachtung mit freiem Auge entzieht, sprachen wir schon oben. Ausserdem kann aber auch in der Statistik des Sternenhimmels noch manches Nützliche geschehen. So ist z. B. eine Wiederholung und Weiterführung der Sternzählungen (Aichungen) ein Desideratum, welches auch ohne feinere Messungsmittel mit einem einfachen 3—4 zölligen Fernrohr erheblich gefördert werden kann. —

Wer ein mit mikrometrischen Apparaten versehenes Instrument, sowie eine gute Uhr besitzt, dem bietet sich in Positionsbestimmungen ein unerschöpfliches Feld der Thätigkeit. Kleine Planeten, Cometen, Doppelsterne, Sternhaufen und Nebel können hier als die wichtigsten zur Messung geeigneten Gegenstände genannt werden, und viele der kleinen Planeten und Cometen gestatten, schon mit dem Kreismikrometer eines gewöhnlichen Fernrohres von 4 Zoll Oeffnung brauchbare Messungen anzustellen. Man beobachtet in diesem Falle die Antritte und Austritte eines Planeten (Cometen) und eines passend (womöglich nahe im Parallel) gelegenen und nicht zu hellen Vergleichsternes an dem Ring, einmal nördlich, dann südlich von der Mitte, und findet aus den Zeitdifferenzen durch Rechnung Rectascensions- und Declinationsunterschiede und dann, wenn man den Ort des Vergleichsternes aus den Sternkatalogen kennt, die Rectascension und Declination von Planet oder Comet selbst.

Genauere Resultate ergiebt das Fadenmikrometer eines parallaktisch montirten Fernrohres. Stellt man den festen Faden (f, Fig. 75) in den Stundenkreis, so ist der Zeitunterschied des Vorüberganges beider Objecte vor dem Faden unmittelbar gleich der AR-Differenz; die Declinationsdifferenz findet sich aus der Einstellung des beweglichen, im Parallelkreis liegenden Fadens, einmal auf den Planeten (Cometen), dann auf den Vergleichstern, oder umgekehrt. — Stehen die Objecte einander bis auf wenige Bogenminuten nahe, so misst man statt AR- und Declinationsdifferenzen lieber Positionswinkel und Distanzen, und speciell ist dies die Methode, die bei Doppelsternen ausschliesslich zur Anwendung kommt. Man stellt zunächst den festen Faden der Richtung der beiden Sterne parallel und liest die Grösse des Drehungswinkels, den sogenannten *Positionswinkel*, der von Norden durch Osten, Süden, Westen von 0° bis 360° gezählt wird, am Positionskreise ab: darauf bisecirt man durch den beweglichen Faden einmal den einen, dann den andern Stern und erhält dadurch die Distanz.

Eines der für relative Ortsbestimmungen wichtigsten Mikrometer ist das Doppelbildmikrometer und speciell das Heliometer. Doch kann auf die mit ihm anzustellenden Messungen nicht näher eingegangen werden. Solche Instrumente finden sich ausschliesslich in den Händen von Fachastronomen, für welche diese Bemerkungen nicht bestimmt sind. Aus gleichem Grunde verzichten wir auf Darstellung der Beobachtungsmethoden, die an dem für absolute Ortsbestimmungen wichtigsten Instrumente, dem Meridiankreis, zur Anwendung kommen. Dagegen mag ein Wort noch über die Zeitbestimmungen, sowie über die geographischen Ortsbestimmungen gesagt sein, da diese Beobachtungen auch der Liebhaber der Astronomie, sowie der Reisende öfters anstellen muss.

Für Zeitbestimmungen bedient man sich am zweckmässigsten eines im Meridian aufgestellten Passageninstrumentes. Steht dasselbe richtig, oder kennt man die Instrumentalfehler, so findet sich die Correction einer nach Sternzeit gehenden Uhr unmittelbar aus der Vergleichung der (event. verbesserten) Durchgänge der hellen sogenannten Fundamentalsterne durch den Meridian mit ihren in den astronomischen Ephemeriden enthaltenen Rectascensionen, da, wie wir früher sahen, die AR eines Gestirnes gleich der Sternzeit im Meridian ist. Ebenso verfährt man bei einem Universalinstrument. Hat man dagegen nur ein kleineres Spiegelinstrument (Sextant oder Prismenkreis), so muss man anders vorgehen. Man misst dann die Höhen eines hellen Gestirnes, vorzugsweise der Sonne, in der Nähe des ersten Verticals, berechnet aus diesen mit Hülfe der bekannten Declination und Polhöhe den Stundenwinkel und findet dann, vermittels der AR, die Sternzeit, welche wiederum, verglichen mit der nach der Uhr beobachteten Zeit (Sternzeit), die Uhrcorrection ergiebt. Beim *Dipleidoskop* oder dem *Prismenfernrohr*, einem im Meridian auf passender Unterlage befestigten, mit spiegelndem Prisma versehenen kleinen Fernrohr, beobachtet man unmittelbar den Meridiandurchgang in dem Moment des Vorüberganges der beiden durch das Prisma entstehenden Bilder des Objects.

Ortsbestimmungen werden auf dem festen Lande und in cultivirten Gegenden seltener erforderlich sein, da man fast immer aus den Karten mit hinreichender Genauigkeit die Lage seines (unveränderlichen) Beobachtungsortes wird ermitteln können. Auf Reisen in fremden Ländern und zur See sind sie aber von der grössten Bedeutung. In der Regel benutzt man hier Spiegelinstrumente oder, wo eine feste Aufstellung möglich, kleine Universalinstrumente.

Die geographische Breite oder Polhöhe bestimmt sich mit Spiegelinstrumenten am einfachsten aus Circummeridianhöhen eines Gestirnes; man misst eine Reihe von Höhen im Meridian und zu beiden Seiten desselben, reducirt die ausserhalb des Meridians gemessenen Höhen nach einfacher Formel auf diesen, bringt Refraction und — bei Körpern unseres Sonnensystems — Parallaxe und Halbmesser an, findet so die wahre Meridianhöhe, und, bei bekannter Declination, dann die geographische Breite. Auch Höhen des Polarsternes, bei denen man den Meridiandurchgang nicht nöthig hat, werden sehr häufig angewandt. Genauere Methoden gewährt noch der Verticalkreis oder das Universalinstrument, namentlich in der Messung von Zenithdistanzen bekannter, dem Zenith nahe kommender Gestirne. Am genauesten findet sich die Polhöhe mit dem Meridiankreise oder in unseren Breiten mittels eines im ersten Vertical aufgestellten Passageninstrumentes aus den östlich und westlich vom Meridian beobachteten Durchgangszeiten.

Weniger einfach als die Breite ist die Länge eines Ortes zu bestimmen. Die sehr verschiedenen, hier in Betracht kommenden Methoden sind indessen schon früher (Seite 179 ff.) erwähnt worden, so dass wir hier nicht nochmals darauf zurückkommen.

Wie gleichfalls schon früher bemerkt, spielt bei allen astronomischen Messinstrumenten, namentlich aber bei den festaufgestellten, die Ermittelung der Instrumentalfehler die wichtigste Rolle. Stellen wir ein Passageninstrument im Meridian auf, so soll, wie in der Definition des Meridians liegt, der vom Instrument beschriebene Verticalkreis der Meridian sein. Das ist nun aber genau nie der Fall und zwar wegen drei verschiedener Fehler. Erstens steht die optische Axe des Fernrohres nicht genau senkrecht zur Umdrehungsaxe; zweitens liegt letztere nicht genau horizontal, und drittens zeigt sie nicht genau nach dem Ost- und dem Westpunkte. Die hieraus entspringenden drei Fehler: der *Collimationsfehler*, die *Neigung* und das *Azimuth*, müssen entweder vor den Beobachtungen corrigirt oder durch geeignete Beobachtungen selbst ermittelt und in Rechnung gebracht werden. Der Astronom, der die grösste Genauigkeit verlangt und braucht, thut stets letzteres, bringt die Fehler indessen von Zeit zu Zeit auf ein möglichst geringes Mass · den Collimationsfehler durch Einstellung eines unbewegten Objectes in den beiden umgekehrten Lagen des Fernrohres und durch Verschiebung des Fadennetzes; die Neigung, die durch das Niveau oder die Wasserwage ermittelt wird, durch Veränderung der Höhe eines der beiden Zapfenlager; das Azimuth endlich, welches im Allgemeinen aus dem Meridiandurchgange eines dem Pole nahen und eines weit abstehenden Sternes gefunden wird, durch horizontale Verschiebung des zweiten Zapfenlagers. — Bei den zur Bestimmung von Höhen oder Declinationen dienenden Instrumenten hat man ausser diesen Fehlern auch den Nullpunkt des Höhenkreises zu ermitteln. Will man die höchste Genauigkeit, so müssen weiter bei allen mit Schrauben versehenen Mikrometern die Schrauben untersucht, bei Kreisen die Theilungsfehler, bei Fernrohr und Kreisen die Biegungen infolge der Schwere u. a. ermittelt werden.

Der Liebhaber, der nur im Besitze kleiner Spiegelinstrumente ist, wird diese fast immer als fehlerfrei ansehen dürfen; wer aber ein Passageninstrument benutzen will, kann die Ermittelung wenigstens der drei oben besprochenen Fehler nicht umgehen. Nur die Lage des Nullpunktes der Theilung, der sogenannte Indexfehler, muss auch bei den Prismenkreisen und Sextanten stets, bei letzteren überdies häufig noch der Excentricitätsfehler bestimmt werden.

Bei allen solchen Messungen und Positionsbestimmungen sind Rechnungen auszuführen; dieselben sind aber in der Hauptsache einfacher Art und beruhen meist auf der Lösung von sphärischen Dreiecken, fallen also in das Gebiet der sphärischen Trigonometrie, deren Grundzüge und Grundformeln leicht verstanden und angeeignet werden können. —

Wer Gelegenheit, Neigung und Mittel besitzt, dem bietet auch die Astrophysik ein reiches Feld, auf welchem noch unzählige Früchte zu pflücken sind. Zu erfolgreicher Untersuchung der Gestirne mit Hülfe der Photographie gehören zwar, wie wir schon sahen, sehr kostbare und complicirte Apparate; aber schon das Spectroskop vermag auf einfacherem Wege und mit geringeren Mitteln zu wichtigen Ergebnissen zu führen, auch wenn es nicht mit einem grösseren Fernrohr verbunden ist, und vor Allem scheint dem Liebhaber die Photometrie empfohlen werden zu dürfen. Mit einem einfachen Zöllner'schen Astrophotometer lassen sich unschwer Ergebnisse gewinnen, die für die Wissenschaft von grösstem Werthe sind; denn man darf sagen, dass die Lehre von den Helligkeiten der Gestirne noch auf sehr schwachen Füssen steht, und dass wir da kaum das Wichtigste in Ziffern einigermassen genau ausdrücken können. Ueber die Lichtmengen, die uns selbst die hellsten Sterne 1. und 2. Grösse zusenden, herrscht noch grosse Unsicherheit: nicht viel geringere über die Helligkeiten in unserem Planetensysteme, über die Lichtmengen der unteren Planeten in ihren verschiedenen Phasen, über die Lichtänderungen der Trabanten u. a. Auch sehr viele veränderliche Sterne, manche helle Nebel u. a. geben geeignete Objecte zu photometrischer Untersuchung. Kurz, es eröffnet sich hier ein grosses, noch wenig bebautes Feld, welches bei verhältnissmässig geringer Anstrengung reiche Ausbeute verheisst. —

Schliesslich mögen noch für diejenigen, welche sich der Astronomie auch praktisch widmen wollen, einige Bemerkungen über die Prüfung der Fernröhre in Betreff ihrer für den Laien allein in Frage kommenden optischen Leistungsfähigkeit Erwähnung finden.

Zur Prüfung der Fernröhre benutzt man am besten Doppelsterne und Nebel, erstere hauptsächlich für die Bildschärfe oder trennende Kraft, letztere für die Lichtstärke oder raumdurchdringende Kraft; doch können in letzterer Hinsicht auch die grossen Planeten, sowie terrestrische Gegenstände (Details entfernter Häuser u. a.) Verwendung finden. Bei coelestischen Objecten sind im Folgenden stets die günstigsten atmosphärischen Bedingungen vorausgesetzt: grösste Ruhe und grösste Durchsichtigkeit der Luft; über die letztere freilich lässt sich ein sicheres Urtheil nur schwer bilden, und man muss daher namentlich Nebel häufiger beobachten.

Bildschärfe ist neben Achromasie das erste, was man von einem guten Fernrohre fordert. Sehr helle Fixsterne sollen kleinste, strahlenfreie Scheibchen, umgeben von 2—3 regelmässigen Beugungsringen und einem violetten Schimmer, schwächere einfache Punkte ohne Farben bilden; die Planeten, speciell Jupiter und Saturn, müssen als scharfbegrenzte Scheiben erscheinen; je kleiner unter sonst gleichen Umständen die Sternscheibchen sind, desto vollkommener ist die Bildschärfe und desto grösser die trennende Kraft des Fernrohres. Beim Aus- und Einschieben des Oculars sollen die wachsenden Scheibchen eine regelmässig kreisförmige Figur bewahren und gleichmässig farbige Säume zeigen. Punktförmige Objecte werden mit blossem Auge noch als getrennte wahrgenommen, wenn ihr Winkelabstand etwa 150″ beträgt; die trennende Kraft würde also genähert durch 150″ dividirt durch die Vergrösserung gegeben werden; ein Fernrohr, welches zehnmal vergrössert, müsste also Doppelsterne von 15″ Distanz, ein solches mit 100 maliger Vergrösserung Doppelsterne von 1″.5 Distanz trennen. Doch sind in der That die Grenzen etwas weitere, da die Sterne nie als vollkommene Punkte erscheinen. Wie wir früher sahen (Seite 111), ist die Vergrösserung eines Fernrohres gleich der Brennweite des Objectives dividirt durch die des Oculars; setzen wir gleiche Oculare voraus, so wird demnach die Vergrösserung und damit auch die trennende Kraft eines Fernrohres von seiner Brennweite und, da diese in gewissem Verhältnisse zur Oeffnung steht (S. 141), auch von letzterer abhängen. Beiläufig kann man die stärkste, noch gut verwendbare Vergrösserung zu 70 mal der Objectivöffnung, in Pariser Zollen ausgedrückt, oder zu 180 mal in Centimetern, annehmen. Ferner lässt sich genähert sagen, dass die kleinste noch wahrnehmbare Distanz eines Doppelsternes, welche den besten Massstab für die trennende Kraft eines Fernrohres bildet, gefunden wird, wenn man 4″ durch die Oeffnung des Objectives in Pariser Zollen (oder 11″ durch die Oeffnung in cm) ausgedrückt, dividirt. So würde z. B. ein Fernrohr von 4 Zoll (10.8 cm) Oeffnung Doppelsterne von 1″, ein solches von 8 Zoll (21.5 cm) Oeffnung Doppelsterne von $1/2$″ Distanz trennen. Indessen ist dies, wie gesagt, nur beiläufig richtig; Fernröhre mit grösserer Brennweite trennen mehr als solche gleicher Oeffnung mit geringerer Brennweite, weil erstere bei gleichem Ocular eine stärkere Vergrösserung geben; auch die trennende Kraft der Augen selbst, sowie ihre Lichtempfindlichkeit sind oft ziemlich verschieden, und verschiedene Beobachter werden daher selbst bei einem und demselben Fernrohr nicht gleich viel sehen.

Zur Beurtheilung der Lichtstärke eines Fernrohres sind nicht zu enge, schwache Doppelsterne geeignete gute Objecte, ebenso die schwächeren Sterne in zerstreuten Sternhaufen, wie z. B. in den Plejaden (vergl. IV. Theil, Cap. I); eine noch bessere Prüfung gewähren die Nebel und teleskopischen Cometen. Die Durchsichtigkeit der Luft spielt aber hier fast eine noch grössere Rolle, als die Ruhe bei der Trennung enger Doppelsterne; auch weichen die thatsächlichen Verhältnisse, unter denen Nebel z. B. gesehen werden, oft merkwürdig von den theoretisch geforderten Bedingungen ab. Cometensucher von 4—5 Zoll Oeffnung mit 25 facher Vergrösserung haben mitunter Nebel, namentlich wenn sie sehr ausgedehnt waren, gezeigt, die in Refractoren von 7—8 Zoll Oeffnung aber 80- oder 100 facher Vergrösserung kaum sichtbar waren. Im Allgemeinen kann man indessen sagen, dass unter den günstigsten atmosphärischen Bedingungen gesehen werden: die schwächeren Messier'schen Nebel und die Sterne 10^m0 bei 3 Zoll (8 cm) Oeffnung; die Herschel'schen Nebel 1. Classe und die Sterne 10^m8 bei 4 Zoll (11 cm) Oeffnung; die helleren Herschel'schen Nebel 2. Classe und die Sterne 11^m5 bei 5 Zoll ($13^1/_2$ cm) Oeffnung; die schwächeren Herschel'schen Nebel 2. Classe und die hellsten Herschel'schen Nebel 3. Classe und die Sterne 12^m0 bei 6 Zoll (16 cm) Oeffnung, wobei als Scala der Sterngrössen die Argelander'sche genommen ist. Cometensucher werden etwas weniger Sterne aber mehr Nebel zeigen als Refractoren gleicher Oeffnung, weil sie schwächer vergrössern und das diffuse Nebellicht daher auf eine kleinere Fläche ausgebreitet wird, sich also vom Himmelsgrunde besser abhebt.

Nachstehend geben wir ein kleines Verzeichniss der hellsten Doppelsterne, welche in Fernröhren von der genannten Oeffnung bequem getrennt werden; eine umfangreichere Liste findet sich im Anhang. Die Reihenfolge giebt beiläufig die Leichtigkeit der Sichtbarkeit an. Die angeführten Vergrösserungen sind die stärksten noch mit Erfolg zu benutzenden. Die Fixsterne vertragen stärkere Vergrösserungen als die Planeten; zur Trennung heller Doppelsterne kann man die stärksten anwenden; schwache, nicht zu enge Doppelsterne lassen sich in der Regel mit schwächeren Vergrösserungen deutlicher als solche erkennen.

Oeffnung 1 Zoll (2.7 cm), Vergrösserung 70.

ζ Urs. maj., 12 Can. venat., γ Delph., γ Ariet., γ Androm., ε Equul. (A, C). — Begleiter C von ζ Gemin.

Oeffnung 2 Zoll (5.4 cm), Vergrösserung 140.

ϑ Orion. (Trapez), ξ Librae (C), π Boot., α Gemin., ζ Coronae, ζ Cancri, γ Virgin. (Distanz veränderlich), α Hercul., ξ Boot. — Begleiter von ψ_1 Aquar., σ Orion. (B), χ Cygni, δ Hercul., β Serpent., β Cephei.

Oeffnung 3 Zoll (8.1 cm), Vergrösserung 210.

ζ Aquar., δ Serpent., α Pisc., γ Leon., σ Coronae, ε Lyrae, ε Boot., η Cassiop., p Ophiuchi (Distanz veränderlich), 5 Lyrae, μ Dracon., ξ Urs.

maj. (Distanz veränderlich). — Begleiter von γ Hercul., τ Ophiuchi (C), o_2 Eridani, Polarstern, ζ Orion. (C), ψ Cassiop., ζ Sagittae, δ Gemin.. β Orion. Ausserdem schwache Sternchen zwischen ε und 5 Lyrae für 3—5 Zoll Oeffnung.

Oeffnung 4 Zoll (10.8 cm), Vergrösserung 280.

τ Ophiuchi (AB), λ Ophiuchi, 12 Lync. (Σ 948*) AB), $ι_2$ Cancri, ε Ariet., ε Hydr., ζ Orion. (B), ι Leon., γ Ceti, $σ_2$ Urs. maj., $σ_2$ Cancri, Σ 138, ψ Cassiop. (B, C). — Begleiter von ζ Gemin., α Lyrae, α Tauri, ι Leporis, ϑ Orion. (E), σ Orion. (C und verschiedene schwache Sternchen), λ Gemin.

Oeffnung 5 Zoll (13.5 cm), Vergrösserung 350.

ζ Boot., 36 Androm. (Σ 73), 2 Camelop. (Σ 566), ι Cassiop. (AB), ξ Librae (AB), 80 Tauri (Σ 554), 49 Cephei (Σ 460), 68 Com. Beren. (Σ 1639), 14 Lync. (Σ 963), 32 Orion. (Σ 728). — Begleiter von 84 Ceti (Σ 295), ι Urs. maj., 15 Monocer. (AB).

Oeffnung 6 Zoll (16 cm), Vergrösserung 420.

η Orion., ζ Herc. (Distanz veränderlich), ζ Cancri (AB, Distanz veränderlich), Σ 1555, Σ 1926. — Begleiter von 5 Aur. (OΣ 92), ϑ Aur., 45 Gemin. (OΣ 165), Σ 2521, ϰ Delph.

Wer über stärkere Mittel verfügt, mag sich an Doppelsternen, wie δ Cygni, χ Aquil., Σ 1768, λ Cygni, η Coronae, ω Leon., $μ_2$ Boot.. φ Urs. maj., Σ 1728, δ Equul., γ Coronae oder dem Siriusbegleiter versuchen. Mehrere der letztgenannten Binären, namentlich ε Equul. und Σ 1728, ändern ihre Distanz sehr rasch, bis zur Bedeckung eines Sternes durch den andern. Der Siriusbegleiter ist dagegen auch schon in Objectiven von 6 und selbst 5 Zoll Oeffnung gesehen worden.

Von den Satelliten der Planeten sind die des Mars und des Uranus, sowie der des Neptun nur lichtstarken Fernröhren von 8 und mehr Zoll Oeffnung zugänglich. Dagegen können mehrere Monde des Saturn schon mit kleineren gesehen werden, der hellste mit $1\frac{1}{2}$ Zoll, die 5 hellsten mit etwa 4 Zoll Oeffnung.

---

*) Die Doppelsterne des grossen Kataloges von W. Struve (Mensurae microm.) werden allgemein mit Σ, die des Pulkowaer Kataloges von O. Struve mit OΣ bezeichnet.

Capitel III.
Messung der Entfernungen im Raume.

1. Parallaxe im Allgemeinen.

Die Bestimmung der Entfernungen der Himmelskörper von uns ist ein weit verwickelteres Problem, als die Ermittelung ihrer scheinbaren Oerter an der Himmelskugel. Letztere hängen einzig von den Richtungen ab, in denen sie vom Beobachter aus erscheinen, und zwei Gestirne, die in derselben Richtung liegen, nehmen denselben scheinbaren Ort ein, gleichgültig, wie viel weiter das eine als das andere entfernt sein mag. Trotz der enormen Unterschiede zwischen den Distanzen verschiedener Himmelskörper giebt es doch kein Mittel, nach blossem Augenschein selbst nur zu sagen, welches der nächste und welches der weiteste sei, geschweige denn ihre absolute Entfernung auf solchem Wege zu bestimmen.

Diese Entfernungen können vielmehr nur aus der *Parallaxe* oder Verschiebung der betreffenden Körper abgeleitet werden. Die Parallaxe kann allgemein als der Unterschied zwischen den Richtungen nach einem Gegenstande, welcher von zwei verschiedenen Punkten aus gesehen wird, definirt werden. Je entfernter der Gegenstand, desto geringer ist, unter sonst gleichen Umständen, dieser Unterschied oder seine Parallaxe. Fig. 84 zeigt in einfachster Weise, wie Richtungsunterschied oder Parallaxe von der Entfernung abhängt. Ein Beobachter in A kann nach dem blossen Augenscheine nicht beurtheilen, welches der beiden Lichter O und P das nähere oder entferntere ist. Bewegt er sich nun von A nach B, so werden beide ihre Richtung ändern, und zwar entgegengesetzt der Bewegungsrichtung des Beobachters. Aber das Licht O ändert seine Richtung mehr als P, denn, erst rechts von P, wenn der Beobachter in A, erscheint es links davon, wenn er in B ist. Er kann dann also mit völliger Gewissheit sagen, dass O, oder überhaupt der stärker bewegte Gegenstand, näher ist als P.

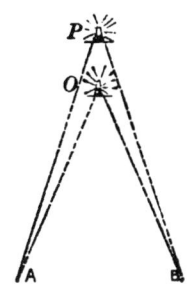

Fig. 84. Wirkung der Parallaxe.

Astronomisch wird die Richtung nach einem Gestirn bestimmt durch seine Lage an der Sphäre, und zwar, wie gezeigt worden ist, meist durch Rectascension und Declination. Infolge der Parallaxe sind beide Coordinaten nicht für die verschiedenen Orte dieselben. Passirt z. B. der Mond den Meridian am Cap der guten Hoffnung, so kann seine

Declination einen Grad und mehr nördlicher sein, als bei dem nahe gleichzeitigen Durchgang durch den Meridian von Greenwich. Die Bestimmung der Parallaxe oder der Entfernung des Mondes war ein Hauptgrund der britischen Regierung, eine Sternwarte am Cap zu errichten, und diese Absicht ist in der That so vollständig erreicht worden, dass die beste Parallaxenbestimmung unseres Nachbars aus der Vergleichung der in Greenwich und am Cap beobachteten Monddeclinationen gewonnen worden ist.

Die Bestimmung der Entfernung eines Himmelskörpers aus seiner Parallaxe beruht auf der Auflösung eines Dreieckes. Stellt in Fig. 85 der Kreis die Erde dar und befindet sich in A ein Beobachter, so sieht derselbe den Körper M (Mond) in der Richtung AM an die Sphäre projicirt. Ein anderer Beobachter in A' sieht ihn gleichzeitig in der Richtung $A'M$. Der Unterschied beider Richtungen ist der Winkel an M. Kennt man also alle Winkel im Viereck $ACA'M$ und die Länge des Erdhalbmessers CA, so ergiebt sich die Entfernung des Körpers M von den drei Punkten A, A' und C durch eine einfache trigonometrische Rechnung.

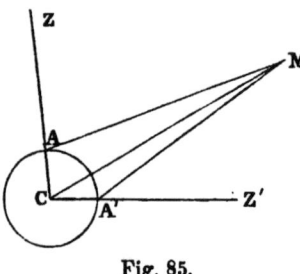

Fig. 85.

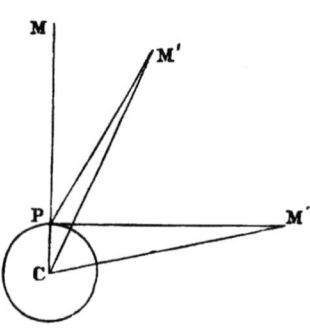

Fig. 86. Parallaxe des Mondes.

Der Ausdruck Parallaxe wird oft in einem beschränkteren Sinne gebraucht, als in welchem wir ihn eben erläutert haben. Der Astronom versteht nämlich in der Regel darunter den Unterschied zwischen der Richtung vom Erdmittelpunkte und vom Beobachter an der Oberfläche nach dem Gestirn. So ist in Fig. 86 der Winkel $PM'C$ der Unterschied der Richtungen vom Erdmittelpunkte C und vom Beobachtungsorte P nach M' die Parallaxe für das Gestirn M' und den Beobachtungsort P. Stände der Körper in M oder wäre der Beobachter an dem Durchschnittspunkte von CM mit der Erdoberfläche, so würde keine Parallaxe stattfinden; in diesem Falle wäre also das Object im geocentrischen Zenith des Ortes. Hat andererseits der Beobachter das Object im Horizont, so dass PM'' eine Tangente an der Erdoberfläche, so ist die Parallaxe $CM''P$, die dann *Horizontalparallaxe* heisst, ein Maximum. Die Horizontalparallaxe ist also gleich dem Winkel, unter welchem der Erdradius vom Gestirn aus erscheint. Wenn wir sagen, die Horizontal-parallaxe des Mondes ist 57' und die der Sonne 8".8, so heisst dies, dass der Erdhalbmesser unter diesen Winkeln von Mond und Sonne aus erscheint.

Die Erde ist nun, wie wir wissen, keine Kugel, sondern nahezu ein Rotationsellipsoid, ihre Halbmesser oder Durchmesser sind also von ungleicher Länge; der längste ist der Aequatordurchmesser, der kürzeste der Polardurchmesser. Als Norm für die Parallaxe ist von den Astronomen der Aequatordurchmesser genommen, und der Winkel, unter dem dieser von einem Himmelskörper erscheint, heisst die *Aequatoreal-Horizontal-Parallaxe* des Körpers. Die beiden letztgenannten Parallaxen unterscheiden sich für die meisten Himmelskörper nur um ganz unmerkliche Quantitäten, da die Erde einer Kugel doch ziemlich nahe kommt.

Um direct die Entfernung des Mondes oder eines anderen Himmelskörpers zu messen, muss die Linie AC Fig. 85 oder PC Fig. 86 durch die Linie, welche die Orte der beiden Beobachter A und A' verbindet, oder die Basis ersetzt werden. Kennt man Länge und Richtung dieser Basis und den Unterschied der Richtungen oder die Parallaxe, so wird die Entfernung sofort erhalten. Ist die absolute Länge der Basis auch nicht bekannt, so kann doch der Astronom das Verhältniss der Entfernung des Objectes zur Basis bestimmen und dann die Ermittelung der Entfernung selbst späterer Zeit, wenn die Basis gemessen werden kann, überlassen.

Es ist nicht immer nöthig, dass zwei Beobachter wirklich in zwei entfernten Punkten der Erde sich aufhalten, um eine Parallaxe zu bestimmen. Könnte ein Beobachter selbst längs einer Basis sich bewegen und eine Reihe von Messungen an dem Objecte machen, um zu sehen, wie es sich, ähnlich wie in Fig. 85, in entgegengesetzter Richtung zu bewegen scheint, so wäre er immer noch im Stande, dessen Entfernung zu bestimmen. Nun wird in der That jeder Beobachter durch zwei solche Bewegungen fortgeführt, da er sich auf der bewegten Erde befindet. Er wird jedes Jahr rund um die Sonne und jeden Tag rund um die Erdaxe getragen, durch Revolution und Rotation der Erde. Wir haben bereits früher (Seite 50) gezeigt, wie infolge der ersteren Bewegung alle Planeten eine Reihe von Epicykeln zu beschreiben scheinen. Diese scheinbare Bewegung ist eine Wirkung der Parallaxe, und mit ihrer Hülfe können die Verhältnisse des Sonnensystems mit grösster Genauigkeit bestimmt werden. Die Basis ist hier der Durchmesser der Erdbahn. Aber die fragliche Parallaxe hilft uns nicht, diese Basis zu bestimmen. Sie zu finden, müssen wir zunächst die Entfernung der Erde von der Sonne kennen, und hier haben wir wiederum keine andere Basis als den Erddurchmesser selbst. Auch die Entfernung des Mondes kann nicht mittels der jährlichen Bewegung der Erde um die Sonne gefunden werden, weil der Mond selbst die Erde auf ihrem Wege begleitet.

Das Resultat der täglichen Bewegung des Beobachters um die Erdaxe ist, dass die scheinbare Bewegung eines Planeten am Himmel nicht vollkommen gleichförmig ist; befindet sich der Beobachter im Osten, so steht der Planet etwas westlich, und umgekehrt. In der Messung der kleinen, der Rotation der Erde entsprechenden Ungleichheiten in der Bewegung eines Planeten hätten wir ein Mittel, seine Entfernung mit dem bekannten Erddurchmesser als Basis zu messen*); unglücklicherweise ist aber die Erde im Vergleich mit den Entfernungen der Planeten so klein, dass die fragliche Parallaxe der Messung sich fast entzieht, ausgenommen bei den wenigen der Erde sehr nahe kommenden Planeten, und selbst da ist die Verschiebung so gering, dass ihre genaue Bestimmung eine sehr schwierige Aufgabe ist.

Bei der Messung sehr kleiner Parallaxen versagen Instrumente, welche absolute Positionen ergeben, selbst der Meridiankreis, in der Regel den Dienst. Man sucht daher in diesem im Allgemeinen häufigsten Falle mittels feinster Mikrometer (Fadenmikrometer und Heliometer) oder sonst geeigneter Methoden die relative Parallaxe zu bestimmen, das heisst also den Unterschied in den Parallaxen zweier nahen in derselben Richtung liegenden Himmelskörper. So vergleicht man Mars oder einen der kleinen Planeten mikrometrisch mit benachbarten Fixsternen, und so hat man auch die Fixsterne selbst auf ihre Parallaxe untersucht. Das bemerkenswertheste und bekannteste Beispiel relativer Parallaxe gewähren aber die Vorübergänge des Mercur und vor allem der Venus vor der Sonnenscheibe. Die absolute Richtung der Venus, wenn sie der Erde am nächsten ist, lässt sich mit einer für Parallaxenbestimmung erforderlichen Genauigkeit nicht finden, weil die Messung am Tage gemacht werden muss, wo die Ruhe der Atmosphäre in der Umgebung der Sonne durch deren Strahlung sehr gestört ist, und auch weil nur ein kleiner Theil des Planeten als schmale Sichel dann sichtbar ist. Steht aber der Planet gerade zwischen uns und der Sonne, so dass er sich auf ihre Scheibe projicirt, so kann der scheinbare Abstand des Planeten vom Sonnen-Rand oder -Mittelpunkt mit grosser Genauigkeit gefunden werden. Wegen der Parallaxe wird dann dieser Abstand zu demselben Zeitpunkt von verschiedenen Erdorten aus ein verschie-

---

*) Diese Methode, Parallaxen zu bestimmen, ist in der That schon von Regiomontan vorgeschlagen und später von Tycho auf Cometen angewandt worden, begreiflicherweise ohne Erfolg und positives Ergebniss.

dener sein, oder verschiedene Beobachter werden gleichzeitig Venus an verschiedenen Stellen der Sonnenscheibe projicirt sehen. Aber der so gemessene Unterschied entsteht nur aus der Differenz der Parallaxen beider Körper; während die Richtungen beider sich ändern, wird die des näheren Körpers (der Venus) sich mehr ändern und so, ganz wie bei den Lichtern in Fig. 84, sich an der andern vorbei zu bewegen scheinen.

Wenn nun solche Beobachtungen nur den Unterschied zwischen der Parallaxe der Venus und der der Sonne zeigen, so entsteht die Frage, wie aus ihnen die Parallaxe der Sonne selbst gefunden werden könne. Dies ist aber möglich, wenn das Verhältniss beider Parallaxen bekannt ist. Wir haben nun gesehen, dass die Verhältnisse des Sonnensystems mit grosser Genauigkeit aus dem dritten Kepler'schen Gesetz, sowie aus den jährlichen Parallaxen, welche die Bewegung der Erde um die Sonne bewirkt, hervorgehen; die umgekehrten Verhältnisse der Entfernungen sind aber unmittelbar die Verhältnisse der Parallaxen. So wissen wir, dass beim Venusdurchgange von 1874 die Sonne nahe viermal so weit als die Venus von uns entfernt war. Die Parallaxe der Venus war also nahe viermal so gross als die der Sonne. Der Unterschied beider Parallaxen oder die relative Parallaxe muss dann nahe dreimal so gross als die Sonnenparallaxe gewesen sein. Wir haben demnach nur die aus der Beobachtung folgende relative Parallaxe durch 3 (genauer 2.783) zu dividiren, um die Parallaxe der Sonne selbst zu erhalten.

Eine andere Parallaxe, die bei Fixsternentfernungen in Anwendung kommt, ist die sogenannte *jährliche Parallaxe*. Die Basis bei dieser ist nicht mehr der Halbmesser der Erde, sondern der Halbmesser der Erdbahn; die jährliche Parallaxe eines Sternes ist also der Winkel, unter welchem von dem betreffenden Sterne aus die Sonne und Erde verbindende Linie, der Erdbahnhalbmesser, erscheint. Die Entfernungen der Sterne sind, wie wir sehen werden, so enorm, dass der Halbmesser oder Durchmesser der Erde ihnen gegenüber vollständig unmerklich ist.

Aus dem Vorstehenden wird ersichtlich, dass alle Messungen von wirklichen Entfernungen in den Himmelsräumen wesentlich zwei Operationen erfordern. Die eine besteht in der Ermittelung der Entfernung der Erde von der Sonne, welche unmittelbar aus der Parallaxe der Sonne oder dem Winkel, unter welchem der Aequatorealhalbmesser der Erde von der Sonne aus erscheint, folgt, und welche die Einheit bei der Messung himmlischer Entfernungen bildet. Die andere besteht in der Bestimmung der Entfernungen von Planeten und Sternen in Vielfachen dieser Einheit, und diese giebt uns die Verhältnisse des Universums, soweit wir überhaupt mit unseren Messwerkzeugen in dessen Tiefe dringen können. Kennen wir diese Verhältnisse, so können wir alle Entfernungen im Sonnen- und Welt-System bestimmen, sobald nur die Länge unserer Einheit oder die Sonnenentfernung bekannt ist, früher aber nicht. Die Ermittelung dieser Entfernung ist demnach eines der Hauptprobleme der Astronomie, aber auch eines der schwierigsten, an dessen Lösung die Astronomen aller Zeiten gearbeitet haben.

2. Messungen der Sonnenentfernung.

Wir haben schon früher gesehen (Seite 20), wie Aristarch die Entfernung der Sonne dadurch zu bestimmen versuchte, dass er den Winkel zwischen Sonne und Mond mass, wenn letzterer gerade halb erleuchtet war. Aus solchen Messungen leitete der griechische Astronom die Entfernung der Sonne zu 19 mal der des Mondes ab, ein Resultat, dessen Ungenauigkeit durch die Rohheit der Beobachtungsmethode vollständig erklärt wird.

Eine andere Methode, das Problem anzugreifen, wurde von Hipparch, sowie später von Ptolemaeus angewandt. Sie beruht auf dem Satze, dass die Summe der Sonnen- und der Mondparallaxe gleich der Summe der scheinbaren Halbmesser von Sonne und Erdschatten (in der Mondentfernung) ist. Der Durchmesser des Erdschattens wurde durch Combination zweier partiellen Mondfinsternisse gefunden, bei deren einer die Hälfte des Mondes südlich von der Schattengrenze war, während bei der anderen drei Viertel des Monddurchmessers nördlich vom Schatten standen, wo also nur ein Viertel des Mondes verfinstert war. So fand sich der scheinbare Monddurchmesser zu 31' und der scheinbare Durchmesser des Erdschattens zu 40'. Die erstere Zahl kommt der Wahrheit merkwürdig nahe. Hieraus und aus den Aristarch'schen Bestimmungen wurde die Sonnenparallaxe 3' und die Entfernung 1200 Erdradien abgeleitet. Der grosse Fehler auch dieses Resultates liegt an der Ungenauigkeit jeder Messung eines so kleinen Winkels. In der That ist die Parallaxe so klein, dass sie sich der Messung an jedem Instrument entzieht, bei welchem die Wahrnehmung nicht wesentlich durch Hülfe des Fernrohres verschärft ist. Das Hipparch'sche Resultat aber wurde die vierzehn Jahrhunderte, in denen der Almagest des Ptolemaeus und die Weltanschauung des Aristoteles als höchste Autorität galten und kein Astronom Muth oder Geschick besass, dasselbe ernsthaft zu prüfen, als das allein richtige betrachtet.

Erst Kepler und seine Zeitgenossen sahen klar, dass diese Distanz viel zu klein sein musste; aber auch ihre Schätzungen (3500—7000 Erdhalbmesser) blieben noch beträchtlich unter der Wahrheit. Am nächsten kam ihr, freilich mehr zufolge eines zufälligen Zusammentreffens glücklicher Umstände, noch Wendelin mit der Bestimmung der Parallaxe von 14″, die er nach der Aristarch'schen Methode gefunden hatte. Die genaueste Schätzung aus dem 17. Jahrhundert rührt von Huygens her, der freilich nicht die Parallaxe selbst zu messen versuchte, was damals in der That unmöglich war, sondern sie auf hypothetischem Wege aus der wahrscheinlichen Grösse der Erde als Planet ableitete. Die scheinbaren Grössen der Planeten von der Erde aus werden durch directe Messung mittels des Fernrohres gefunden, und da die Verhältnisse des Sonnensystems, wie früher (Seite 54) erklärt, bekannt sind, so ist es sehr leicht, die scheinbaren Grössen aller Planeten von der Sonne zu bestimmen, die Erde selbst ausgenommen. Die Idee von Huygens war nun, dass die Grösse der Erde beiläufig in der Mitte zwischen der der beiden benachbarten Planeten Venus und Mars liegen werde; er nahm daher das Mittel der Durchmesser dieser beiden als Erddurchmesser und fand damit den Winkel, den der Halbmesser der so vorgestellten Erde von der Sonne aus haben müsste, also die Sonnenparallaxe.

Diese Annahme ist nun freilich falsch, da die Erde sogar noch etwas grösser als Venus ist; die unvollkommenen Fernröhre jener Zeit zeigten aber die Planeten grösser, als sie wirklich sind, und so traf die Huygens'sche Schätzung zufällig nahe das Richtige; sein Resultat für die Sonnenentfernung war nämlich 25086 Erdhalbmesser oder 160 Millionen Kilometer. Hätte er die richtigen Durchmesser von Venus und Mars benutzt, so würde er weiter von der Wahrheit geblieben sein.

Wir kommen nun zu den modernen Methoden, die Parallaxe der Sonne zu messen. Sie bestehen nicht in directer Messung der Parallaxe, weil dies auch heute noch nicht mit irgend welcher Genauigkeit geschehen kann, sondern in der Bestimmung der Parallaxe eines der Erde nahe kommenden Planeten, hauptsächlich der Venus und des Mars. Diese Planeten kommen uns zeitweise viel näher als die Sonne, haben dann also eine weit grössere und verhältnissmässig leichter messbare Parallaxe. Kennt man diese, so bestimmt sich die Sonnenparallaxe sofort aus dem Verhältnisse ihrer respectiven Distanzen.

Die erste Anwendung dieser Methode machten französische Astronomen mit dem Planeten Mars. Im Jahre 1671 ging eine Expedition unter Richer nach Cayenne, welche Ortsbestimmungen des Mars zur Zeit der Opposition 1672 machte, während correspondirende Beobachtungen an der Pariser Sternwarte angestellt wurden. Der Unterschied der beiden scheinbaren Oerter, auf denselben Zeitpunkt reducirt, gab die Parallaxe des Mars. Aus einer Discussion dieser Beobachtungen leitete

D. Cassini die Sonnenparallaxe 9".5 ab, entsprechend einer Entfernung von 21 600 Erdhalbmessern. Diese Distanz war ebensoviel zu klein, als die frühere von Huygens zu gross, so dass, wie wir jetzt wissen, ein wirklicher Fortschritt damit nicht gethan war. Indessen waren die Daten, die ersterer Zahl zu Grunde lagen, viel sicherer als die, welche Huygens zu seiner Schätzung benutzte, und so wurde für etwa 100 Jahre allgemein angenommen, dass die Parallaxe der Sonne ungefähr 9—10", ihre Entfernung zwischen 129 und 146 Millionen Kilometer betrage.

Die Methode der Marsbeobachtungen ist auch heute noch, in mancher Hinsicht variirt, eine der schätzbarsten zur Ermittelung der Sonnenparallaxe. Etwa einmal in 16 Jahren kommt Mars der Erde so nahe, als Venus zur Zeit ihrer Durchgänge, nämlich dann, wenn die Opposition des Mars mit dem Perihel seiner sehr excentrischen Bahn nahe zusammenfällt. Seine Entfernung von der Erde ist dann nur 0.37 des Erdbahnhalbmessers, während sie bei der Opposition im Aphel nahe doppelt so gross ist. In diesen nächsten Oppositionen beträgt seine Parallaxe über 23", und ein Fehler in ihr von 0".1 macht in der Sonnenparallaxe nur einen von etwa 0".03 aus.

Beobachtungsreihen, die auf diesem Wege die Sonnenparallaxe ermitteln sollten, sind neuerdings mehrfach ausgeführt worden. Im Jahre 1849 wurde Capitän Gilliss von der Regierung der Vereinigten Staaten nach Chile gesandt, um sowohl Mars als Venus während der Zeit der grössten Parallaxe unter gleichzeitiger Mitwirkung nördlicher Sternwarten zu beobachten. Den Hauptzweck, die Bestimmung der Sonnenparallaxe, erreichte diese Expedition zwar durch ein Zusammentreffen verschiedener ungünstiger Umstände nicht; sie war aber in anderer Hinsicht der astronomischen Wissenschaft nutzbringend. Erfolgreicher waren die Beobachtungen, die nach Winneckes Plan während der sehr günstigen Mars-Opposition 1862 zugleich an verschiedenen Orten Europas und Nordamerikas, sowie an den neuerdings gegründeten Sternwarten der südlichen Hemisphäre, am Cap der guten Hoffnung und in Santiago de Chile, angestellt wurden. Die Sonnenparallaxe wurde aus ihnen von Winnecke zu 8".96, von Stone zu 8".94, später von Newcomb zu 8".85 berechnet. — Die vorletzte günstige Opposition von 1877 ist gleichfalls nicht unbenutzt vorübergegangen. Gill hat aus Beobachtungen der täglichen Parallaxe (Mikrometervergleichungen des Mars mit benachbarten Sternen) auf der Insel Ascension den Werth 8".78 gefunden, Downing aus correspondirenden Meridianbeobachtungen mit geringerer Sicherheit 8".96. — Eine andere Methode hat Galle in Breslau vorgeschlagen. Sie besteht in der Bestimmung der Parallaxe von einigen der kleinen Planeten zwischen Mars und Jupiter zur Zeit günstiger Oppositionen aus gleichzeitigen Differential-Messungen an nördlichen und südlichen Sternwarten. Zwar ist auch in den günstigsten Fällen die Parallaxe dieser Körper nur sehr wenig grösser als die der Sonne; allein sie eignen sich zu einer genauen Messung weit mehr als die Planeten Mars und Venus, weil sie nicht wie diese als Scheiben, sondern als Punkte erscheinen und darum genauer mit nahe gleich hellen und gleichfalls punktförmigen Fixsternen verglichen werden können. Beobachtungen der Flora während der Opposition 1873, die auf solche Weise gleichzeitig an verschiedenen Sternwarten der nördlichen und südlichen Halbkugel ausgeführt wurden, haben nach Galle als Resultat der Sonnenparallaxe den Werth $8''.87$ ergeben. Lindsay und Gill fanden aus Beobachtungen der täglichen Parallaxe der Juno auf Mauritius $8''.77$. Die sehr günstigen Oppositionen der Planeten Victoria und Sappho im Jahre 1889 sind von Auwers zu einer umfangreichen Parallaxenbestimmung mit Hülfe des Heliometers und auch der Photographie benutzt worden; das Resultat derselben ist aber bis jetzt noch nicht publicirt.

3. Sonnenparallaxe aus Venusdurchgängen.

Die bekannteste und berühmteste Methode, die Sonnenparallaxe zu bestimmen, ist die der Vorübergänge der Venus vor der Sonnenscheibe. Aus unseren astronomischen Tafeln wissen wir, dass diese Erscheinung sich in einem gewissen regelmässigen Cyclus viermal im Zeitraume von 243 Jahren wiederholt, und zwar nach je $105^{1}/_{2}$, 8, $121^{1}/_{2}$ und 8 Jahren. Die Daten für fünf Jahrhunderte sind die folgenden:

1518 Juni 2, 1769 Juni 3,
1526 Juni 1, 1874 December 9,
1631 December 7, 1882 December 6,
1639 December 4, 2004 Juni 8,
1761 Juni 6, 2012 Juni 6.

Dass ein Vorübergang nur immer im Juni oder December stattfinden kann, hat seinen Grund in der Lage der Knoten der Venusbahn, in deren Nähe die Venus stehen muss, wenn sie bei einer unteren Conjunction vor der Sonne sichtbar sein soll. Es verhält sich hier gerade wie bei den Sonnenfinsternissen, die wir früher (Seite 21) besprachen: wäre die Neigung der Venusbahn gegen die Ekliptik verschwindend klein, so müsste bei jeder unteren Conjunction auch ein Vorübergang stattfinden.

Erst seit verhältnissmässig kurzer Zeit hat dieses Phänomen vorhergesagt und beobachtet werden können, da hierzu sowohl eine schon ziemlich genaue Kenntniss der Elemente der Venusbahn, als auch ein

Fernrohr gehörte, wenn auch nur ein kleines. In den Jahren 1518 und 1526 fehlte das letztere noch; es scheint aber auch, abgesehen davon, niemand auf den Gedanken eines Venusdurchganges gekommen zu sein. Im folgenden Jahrhunderte war es Kepler, der die Planetentafeln soweit verbesserte, dass er im Stande war, einen Durchgang für den 6. December 1631 vorherzusagen. Dieser begann aber in Europa erst nach Sonnenuntergang und war vor Sonnenaufgang wieder zu Ende, so dass er unbeobachtet blieb. Unglücklicherweise waren die Tafeln noch nicht genau genug, um den Durchgang 8 Jahre später, bei dem die Venus ziemlich nahe am Sonnenrande hinging, sicher anzuzeigen, und Kepler verkündete daher erst eine Wiederholung für 1761. Gleichwohl blieb der Durchgang von 1639 nicht ganz unbeobachtet. Ein junger talentvoller englischer Privatastronom, J. Horrox, fand aus der Vergleichung verschiedener Tafeln mit seinen eigenen Beobachtungen der Venus, dass ein Durchgang am 4. December 1639 wohl erwartet werden dürfe, und es gelang ihm auch, die Venus kurze Zeit vor Sonnenuntergang auf der Sonnenscheibe zu sehen.

Im Laufe der nächsten hundert Jahre machte die astronomische Wissenschaft durch die Entdeckung des Gravitationsgesetzes, wie durch die Anwendung des Fernrohres auf coelestische Messungen enorme Fortschritte. Für den Venusdurchgang von 1761 speciell erweckte der Hinweis von Halley, dass aus Beobachtungen desselben an weit entfernten Erdorten die Distanz der Sonne abgeleitet werden könne, ein hohes Interesse.

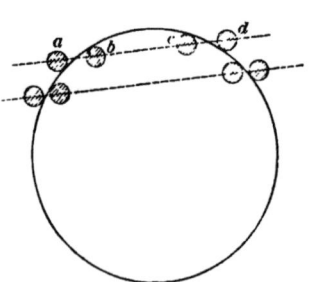

Fig. 87. Wirkung der Parallaxe bei einem Venusdurchgang.

Das Princip, nach welchem die Parallaxen und daher auch die Entfernungen von Venus und Sonne nach der Halley-schen Methode ermittelt werden, ist sehr einfach. Betrachten zwei auf der südlichen und nördlichen Hemisphäre stationirte Beobachter den Weg der Venus vor der Sonnenscheibe, so stellt sich dieser etwa wie in Figur 87 dar*); der südliche Beobachter wird die Venus den Weg $abcd$, der nördliche den darunter liegenden beschreiben sehen. Aus dem Abstand dieser beiden Wege lässt sich dann die Parallaxe finden.

Den Abstand der Wege bestimmt nun der Zeitunterschied zwischen

---

*) Um die Unterschiede deutlicher hervortreten zu lassen, ist Venus grösser, als sie wirklich erscheint, dargestellt; ihr Durchmesser beträgt in Wirklichkeit nur etwa $1/30$ des Sonnendurchmessers.

den Durchgängen der Venus an beiden Stationen. Man sieht aus der Figur, dass der obere, vom Sonnenmittelpunkte entferntere Weg kürzer als der andere ist; am südlicheren Beobachtungsort wird also Venus kürzere Zeit vor der Sonne verweilen, als am nördlicheren. Halley schlug demgemäss vor, dass die verschiedenen Beobachter mit Fernrohr und Chronometer die Zeiten des Durchganges vor der Sonnenscheibe notiren sollten, deren Unterschied dann die Differenz der Parallaxen der Venus und der Sonne und daraus die Parallaxe der letzteren selbst berechnen lässt.

Auch noch auf andere Weise wird sich die Wirkung der Parallaxe zeigen. Findet nämlich an einem bestimmten Orte der Eintritt der Venus statt, so wird in diesem Momente ein beträchtlich östlicher liegender den Eintritt noch nicht haben, die Venus wird ihm noch westlich von der Sonne zu stehen scheinen; sieht umgekehrt ein östlicher Ort den Austritt, so ist derselbe für einen westlichen schon vorbei. Man kann daher auch, und diesen Vorschlag machte De l'Isle zu Anfang des vorigen Jahrhunderts, die Parallaxe aus den Zeiten des Eintrittes oder Austrittes für sich bestimmen, sobald nur die geographische Länge der Beobachtungsorte bekannt ist. Diese gebraucht man nothwendig, um die nach Ortszeit beobachteten Momente auf die Zeiten eines ersten Meridians beziehen zu können. Hierin liegt aber ein Nachtheil der Methode De l'Isles, da, wie wir schon oben sahen (Seite 179 ff.), die Längen häufig einer sehr genauen Bestimmung nicht fähig sind. Andererseits hat sie vor der Halley'schen den Vortheil, dass man nur während einer ganz kurzen Zeit (des Eintrittes oder des Austrittes) klaren Himmel braucht.

Nach Halleys Plan muss nun der Beobachter vier Hauptmomente mit möglichster Genauigkeit beobachten: die erste äussere Berührung (a, Fig. 87) und die erste innere Berührung (b) beim Eintritt der Venus, dann beim Austritt, in umgekehrter Folge, die zweite innere Berührung (c) und die zweite äussere Berührung (d). Ausserhalb der Sonnenscheibe ist Venus im Allgemeinen unsichtbar, da sie uns die nicht beleuchtete Seite zukehrt; sie kann erst wahrgenommen werden, wenn sie das Licht der Sonne direct wegnimmt, und es ist daher ersichtlich, dass die äusseren Berührungen, zumal mit schwächeren Fernröhren, nur sehr ungenau beobachtet werden können*). Halley erkannte dies praktisch schon beim Durchgange des Mercur, den er 1677 auf St. Helena beobachtete, und empfahl, nur die inneren Berührungen zu notiren. Auch

---

*) Spectroskopisch lässt sich allerdings Venus ausserhalb der Sonnenscheibe wahrnehmen; übrigens ist sie auch direct im Fernrohre schon mehrfach ausserhalb derselben gesehen worden.

bei diesen überschätzte er aber die Genauigkeit bedeutend; nach der Erfahrung beim Mercurdurchgange glaubte er, die Sicherheit einer inneren Berührung der Venus zu etwa 1ˢ, die der Durchgangszeit selbst also zu 2ˢ annehmen zu können. Die Dauer der Vorübergänge weicht nun für sehr verschiedene Orte um 20—25ᵐ in Folge der Parallaxe von einander ab, und daraus würde hervorgehen, dass die Parallaxendifferenz bis auf mindestens ein Sechshunderttel, die Parallaxe der Sonne selbst also noch wesentlich genauer sich bestimmen lassen müsste. Der erste in grossem Massstabe beobachtete Venusdurchgang sollte indessen diese Erwartung vereiteln.

Als, ein Menschenalter nach Halleys Tode, der lange ersehnte 6. Juni 1761 endlich erschien, befanden sich Beobachter der verschiedensten Nationen an zahlreichen Punkten der Erde. Die Franzosen hatten die Astronomen Le Gentil nach Pondichéry, Pingré nach Rodriguez, den Abbé Chappe nach Tobolsk gesandt; die Engländer den Astronomer Royal Maskelyne nach St. Helena, Mason nach Sumatra; auch Dänemark, Schweden und Russland hatten Expeditionen ausgerüstet.

Die Beobachter, die rechtzeitig an Ort und Stelle kamen — Le Gentil, Pingré und Mason wurden durch den englisch-französischen Krieg an rechtzeitigem Eintreffen verhindert — und überdies vom Wetter begünstigt waren, sahen den Eintritt der Venus in erwarteter Weise vor sich gehen, bis nahe zum Moment der inneren Berührung. Da wurden sie durch eine sonderbare Erscheinung gestört und verwirrt, die seitdem wiederholt beobachtet und vielfach discutirt und geprüft worden ist. Sie sahen nämlich, dass der Planet nicht seine vollständig kreisrunde Form, wie in Fig. 88, beibehielt, sondern eine Gestalt annahm, die der einer Birne oder eines Ballons entfernt ähnelte, indem sich zwischen Venus- und Sonnenrand

Fig. 88. Fig. 89.
Verschiedener Eintritt der Venus am Sonnenrande.

an der Stelle, wo die innere Berührung erfolgen sollte, eine Art Brücke, der sogenannte »schwarze Tropfen«, bildete (Fig. 89). Man begreift nun leicht, dass ein Beobachter, der dies wahrnimmt, über den Augenblick der wirklichen inneren Berührung ganz unklar sein muss. Der Planet ist, vollkommen rund, ganz innerhalb der Sonne, so dass, danach zu urtheilen, der innere Contact vorbei sein muss. Aber die Hörner sind noch getrennt, und durch diese Brücke (Tropfen) ist der Planet mit dem Sonnenrande verbunden, so dass hiernach wiederum die innere Berührung noch nicht stattgefunden hat. Das Resultat der Beobachtungen war eine Unsicherheit, die in manchen Fällen bis nahe zu einer Minute stieg, während man eine Genauigkeit von einer Secunde erhofft hatte.

Als die Expeditionen in die Heimath zurückgekehrt und ihre Beobachtungen berechnet waren, fand sich, dass die Sonnenparallaxe einmal (bei Short) zu $8\rlap{.}''5$, das anderemal dagegen (bei Pingré) zu $10\rlap{.}''5$ herauskam, während andere dazwischenliegende Werthe fanden. Trotz oder gerade wegen dieser beträchtlichen Unsicherheit wurden für den Durchgang von 1769 noch umfassendere Vorbereitungen getroffen. Von Indien und dem Stillen Ocean an, wo auf Otaheiti der Weltumsegler Cook beobachtete, durch Amerika, Schweden, das nördliche Russland und Sibirien waren Astronomen und Naturforscher zur Beobachtung bereit, aber manchem vereitelte der Himmel noch in den letzten Secunden die lange gehegte Hoffnung. Von einem wahren Verhängniss wurde namentlich Le Gentil heimgesucht. Für den Durchgang von 1761 war er zu spät eingetroffen, und er entschloss sich nun, acht volle Jahre in Pondichéry zu warten, um wenigstens den Durchgang von 1769 zu beobachten. Am 3. Juni liess sich alles erst günstig an; aber neidische Wolken verhüllten kurz vor dem Eintritte der Venus die Sonne und raubten dem Forscher die Frucht achtjährigen Hoffens und Harrens. — Dieser Durchgang war nicht nur der erste Venusdurchgang, an dessen Beobachtung sich Nordamerika betheiligte, sondern überhaupt eines der ersten Phänomene, welches von amerikanischen Gelehrten wissenschaftlich verfolgt wurde. Die amerikanische philosophische Gesellschaft schickte wesentlich auf Antrieb und unter Leitung des enthusiastischen Rittenhouse Beobachter nach Norristown, Philadelphia und Cape Henlopen, die sämmtlich vom Himmel begünstigt wurden.

Die Verzerrung des Planeten und der »schwarze Tropfen« zeigte sich bei diesem wie beim vorangehenden Durchgange und überraschte und störte wieder die Beobachter, mit Ausnahme vielleicht der sehr wenigen, die auch den ersten Durchgang beobachtet hatten.

Eine etwas ausführlichere Klarlegung des Phänomens des schwarzen Tropfens dürfte wohl hier an der Stelle sein. Bei jedem optischen Apparate, also auch einem Fernrohre, wird jeder leuchtende Punkt eines Objectes nicht wieder als Punkt, sondern als ein Scheibchen von angebbarer Ausdehnung und mit einer bestimmten Helligkeitsvertheilung abgebildet; das Licht wird über die Fläche dieses Scheibchens diffundirt. In erster Linie rührt diese Diffusion her von der sphärischen und chromatischen Aberration des Fernrohres, sowie von der sogenannten Beugung des Lichtes; es können jedoch noch andere Umstände, wie z. B. Unruhe der Luft, in demselben Sinne wirken. Das wirkliche Bild eines Objectes entsteht nun durch die Uebereinanderlagerung aller dieser Scheibchen. Die allgemeine Wirkung der Diffusion besteht daher zunächst in einer gewissen Unschärfe der Bilder, die unter sonst gleichen Umständen um so grösser wird, je grösser das Diffusionsscheibchen ist.

Das frappanteste Beispiel für die Wirkung der Diffusion ist nun der »dunkle Tropfen«. Um die Entstehung desselben klar zu machen, genügt es, hier anzunehmen, dass das leuchtende Object, nämlich die Sonnenscheibe mit der Venus darauf, allenthalben gleichmässig erleuchtet, dass die Helligkeit des Hintergrundes gleich Null zu setzen und dass ferner das Diffusionsscheibchen eine gleichmässig erleuchtete Kreisfläche sei. Unter diesen Voraussetzungen gilt nun folgender Lehrsatz: Die Helligkeit in einem Punkte des Bildes ist proportional dem Flächenstück des um diesen Punkt als Mittelpunkt beschriebenen Diffusionskreises, welches dieser Kreis mit der erleuchteten Fläche des geometrischen oder diffusionsfreien Bildes gemeinsam hat. Liegt also der Diffusionskreis ganz auf der Sonnenscheibe und ausserhalb der Venus, so ist die Helligkeit in seinem Mittelpunkte constant gleich der Helligkeit der Sonnenscheibe; geht der Kreis über einen der Ränder hinweg, so nimmt die Helligkeit ab und wird Null, sobald der Kreis den Rand passirt hat. Lässt man endlich den Kreis nach der Linie des kürzesten Abstandes zwischen dem Sonnenrande und dem Rande der noch ganz innerhalb der Sonne liegenden Venus wandern, so erkennt man aus dem angeführten Lehrsatze, dass die Helligkeit auf dieser Linie und in einem bestimmten Abstande zu beiden Seiten allemal dann kleiner ist, als die Helligkeit der übrigen Sonnenfläche, sobald jener kürzeste Abstand kleiner ist als der Durchmesser des Diffusionskreises, dass ferner die Breite dieser Verdunkelungsstelle und ebenso die Dunkelheit in derselben mit abnehmendem Ränderabstande zunimmt, während gleichzeitig die Breite dieses dunklen Bandes zunimmt. Das ist aber genau die Erscheinung, welche der »schwarze Tropfen« bietet.

Die Ergebnisse der Beobachtungen von 1769 stimmten besser als die von 1761 überein und schienen auf eine Parallaxe von etwa $8''{.}5$ zu deuten. Sonderbarerweise verfloss mehr als ein halbes Jahrhundert ehe die verschiedenen Beobachtungen vollständig und genau discutirt und berechnet wurden. Es geschah dies erst 1824 durch Encke, der aus beiden Durchgängen $8''{.}578$ als Sonnenparallaxe ableitete. Ein mit einzelnen Wahrnehmungen verbundener Zweifel veranlasste indessen später eine Wiederholung der Rechnung, und so gab er endlich, 1835, als definitives Resultat der Parallaxe den Werth $8''{.}571$, mit einem wahrscheinlichen Fehler von $\pm 0''{.}037$ an. Dieser Werth oder die ihm entsprechende Entfernung der Sonne von 20 682 300 Meilen (153 Millionen Kilometer) ist eine classische Zahl und jedem vertraut geworden, der nur ein Werk über Astronomie je gelesen hat.

Encke's Resultat wurde ohne irgend welchen Zweifel volle dreissig Jahre hindurch festgehalten. Erst 1854 zeigte Hansen bei Gelegenheit seiner Untersuchung der Mondbewegung, dass die beobachteten Mondörter nahe dem ersten und letzten Viertel nur durch eine Vermehrung der Sonnenparallaxe und dementsprechend durch Verminderung der Sonnen-Entfernung um ein Dreissigstel ihres ganzen Betrages dargestellt werden könnten. Die Existenz dieses Fehlers ist seitdem auf den verschiedensten Wegen vollauf bestätigt worden, und auch die Neubearbeitung der Venusdurchgänge des vorigen Jahrhunderts durch Powalky, Stone u. a. hat wesentlich grössere Werthe (8.″79 bis 8.″91) als den früheren Encke'schen ergeben. Die grossen Fortschritte der neueren Beobachtungskunst und die Anwendung und Ausbildung theoretischer Untersuchungsmethoden führten im Laufe der letzten hundert Jahre auf genauere Wege, die Parallaxe zu bestimmen, als sie damals die Venusdurchgänge gewährten; doch es ist merkwürdig, dass während jetzt beinahe jede Art astronomischer Beobachtungen mit einer Schärfe ausgeführt wird, welche die Astronomen des vorigen Jahrhunderts nicht einmal für möglich gehalten hätten, gerade dieses specielle Phänomen der inneren Berührung eines Planeten mit dem Sonnenrande niemals und auch jetzt noch nicht mit entfernt der Genauigkeit hat beobachtet werden können, welche Halley bei seiner Beobachtung des Mercurdurchgangs vor zwei Jahrhunderten erreicht zu haben gemeint hatte.

Die Kenntniss dieses Irrthums in dem Grundmasse der Astronomie vermehrte noch das Interesse, welches der am 8. December 1874 wiederkehrende Venusdurchgang, bei der Seltenheit des Ereignisses, schon an und für sich erweckte. Pläne zur möglichst umfassenden und sorgfältigen Beobachtung wurden schon sehr früh ausgearbeitet, reiche Mittel von Regierungen, Akademien und Privaten rechtzeitig gewährt, und so konnte man, von allen Seiten und in jeder Hinsicht wohl gerüstet, auf ein Gelingen der Beobachtungen mit grosser Sicherheit rechnen.

Das erste war die zweckmässige Wahl der Beobachtungsstationen. Aus der Rechnung war bekannt, dass der Anfang der Erscheinung, der Eintritt der Venus in die Sonnenscheibe, im mittleren Theile des grossen Oceans, der ganze Durchgang in dessen westlichem Theile, im grössten (östlichen) Theile von Asien, in Australien, dem indischen Ocean bis herab zum Südpol, der Austritt endlich im westlichen Asien, östlichen Europa, östlichen und südlichen Afrika sichtbar sein würde. Dementsprechend wählte man als wichtigste Beobachtungsorte Japan und die benachbarten Küsten Chinas und Sibiriens als nördlichste, Neu-Seeland, die Aucklands-Inseln, Kerguelen und andere möglichst südlich gelegene

Punkte als südlichste Stationen; der Eintritt sollte ferner hauptsächlich auf den Sandwich-Inseln, der Austritt am Cap der guten Hoffnung und in Aegypten beobachtet werden. Für den Mittelpunkt der Erde und nach mittlerer Zeit Berlin fand die erste äussere Berührung statt: $12^h 53^m$ (oder bürgerlich gerechnet den 9. December früh $0^h 53^m$), die erste innere Berührung $13^h 22^m$, die zweite innere Berührung $17^h 4^m$. die zweite äussere Berührung $17^h 34^m$. Die Durchgangsdauer betrug also über $4^1/_2{}^h$; sie schwankte für die verschiedenen in Betracht kommenden Erdorte zwischen $4^h 51^m$ (Nertschinsk in Sibirien) und $4^h 27^m$ (Kerguelen); der kleinste Abstand der Mittelpunkte $13' 46.''5$ fand $15^h 13^m 4^s$ statt. Entsprechend verschieden fielen die absoluten Zeiten des Ein- und Austrittes für östliche und westliche Orte aus; so fand der Eintritt in Honolulu auf den Sandwich-Inseln zu $3^h 5^m$ Ortszeit am 8. December ($12^h 43^m$ Berliner Zeit), dagegen auf den Kerguelen um $18^h 32^m$ Ortszeit ($13^h 3^m$ Berlin) statt; der Austritt in Sydney am 9. December um $4^h 25^m$ (am 8. December $17^h 27^m$ Berlin), am Cap der guten Hoffnung dagegen am 8. December $19^h 40^m$ ($17^h 33^m$ Berlin). In den westlichen Gegenden (Russland, Türkei, östliches und südliches Afrika) war der Eintritt, auf den Sandwich-Inseln der Austritt unsichtbar. Aus der Gesammtheit dieser Zeitdifferenzen musste die Parallaxe durch Rechnung ermittelt werden.

Man machte sich indessen nicht von der Dauer des Durchganges und den Ein- und Austrittszeiten allein abhängig. Die Beobachtung dieser vier Zeitmomente konnte an wichtigen Stationen durch Ungunst des Wetters zufällig vereitelt werden, und doch konnte während des Durchganges selbst die Venus längere oder kürzere Zeit vor der Sonne sichtbar sein. Die moderne Astronomie besass im Heliometer und in der Photographie Hülfsmittel, die mit beinahe gleicher Schärfe direct die zur Parallaxenbestimmung erforderlichen Daten zu liefern versprachen, und man versah daher viele der wichtigeren Stationen auch mit Instrumenten dieser Art.

Die Heliometer, deren sich vorzugsweise die Deutschen und Russen bedienten, waren von Repsold theils ganz neu zu diesem Zwecke hergestellt, theils nach einheitlichem Plane umgearbeitet worden; sie massen unmittelbar den Abstand der Venus vom Rande, bezw. vom Mittelpunkte der Sonne mit einer Genauigkeit von etwa $\pm 0.''3$. — Grössere Unterschiede zeigten die photographischen Apparate und Methoden. Die Amerikaner, die vom Heliometer überhaupt gänzlich absahen, benutzten zur photographischen Abbildung der Sonne und Venus Objective von sehr bedeutender (ca. 13 m) Brennweite. Dieselben wurden so aufgestellt und unveränderlich befestigt, dass die Sonnenstrahlen, nach Reflexion von einem Spiegel, in horizontaler Richtung nach der Camera geworfen wurden. Der Spiegel war mit einem Heliostaten in Verbindung, der durch ein Uhrwerk getrieben wurde, so dass er stets die Strahlen der ihre Höhe fortdauernd ändernden Sonne horizontal nach dem Objectiv warf (Fig. 90). Der Abstand zwischen Objectiv und photographischer Platte konnte sehr genau direct gemessen und damit dann die Scala, mit der zugleich die Bilder photographirt wurden, also der Sonnendurchmesser selbst, in Bogenmass unmittelbar scharf ermittelt werden. Nach ähnlicher Methode verfuhren die französische und die von Lord Lindsay auf eigene Kosten ausgerüstete englische Expedition. Für die deutschen mit photographischen Hülfsmitteln versehenen Expeditionen wählte man nach reiflicher Erwägung gewöhnliche Fernröhre mittlerer Grösse, deren

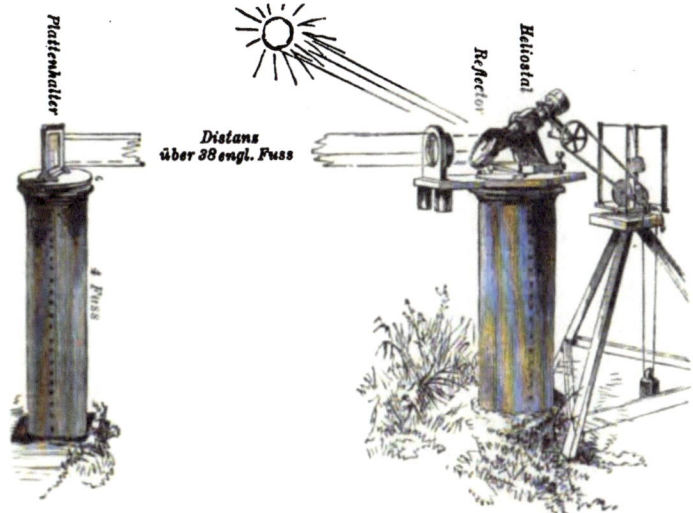

Fig. 90. Apparat zur photographischen Aufnahme eines Venusdurchganges.

Ocularapparat die Camera mit der photographischen Platte bildete. Bei diesen musste also der Scalenwerth der Sonnendurchmesser, zunächst in linearem Masse ausgedrückt, mittels besonderer Messapparate nachträglich bestimmt und auf Bogenmass zurückgeführt werden.

Ausserdem wurden an vielen Orten mit Hülfe des Fadenmikrometers während der Zeiten des Ein- und Austrittes die Hörnerabstände der Venus gemessen, aus welchen Abständen sich die genauen Momente der Berührung berechnen lassen.

Auch die Contactbeobachtungen selbst wurden keineswegs vernachlässigt. Im Gegentheil wandte man die grösste Sorgfalt auf Erkennung und Vermeidung der Fehlerquellen, die 1769 so viel Störung verursacht

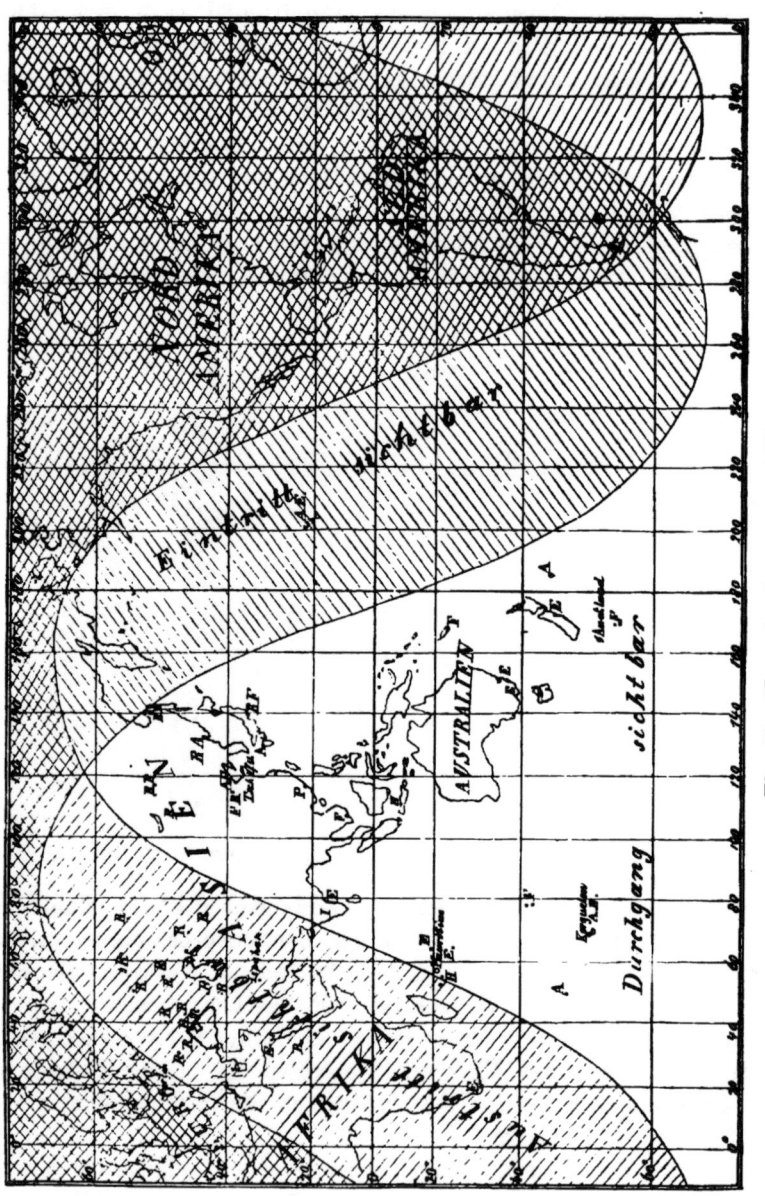

Fig. 91. Venusdurchgang von 1874.

hatten. Um zu erfahren, von welcher Art und Ursache diese seien, und um die Beobachter sie vermeiden zu lehren, construirte man vorher Modelle, die das Phänomen eines Venusdurchganges möglichst getreu nachahmten, und übte die Beobachter an diesen ein.

Trotz aller dieser Vorbereitungen und Untersuchungen sind aber doch die Beobachtungen des Durchganges selbst, zumal die Contactbeobachtungen, mehrfach durch unerwartete Erscheinungen gestört und beeinträchtigt worden. Der Hauptgrund, weshalb speciell die künstlichen Modelle die Berührungen wesentlich anders zeigten, als sie sich factisch nachher beim Durchgang selbst darstellten, lag in der Existenz einer ziemlich dichten Atmosphäre der Venus; aus anderen Wahrnehmungen hatte man zwar schon früher auf das Vorhandensein einer luftartigen Hülle geschlossen; jedenfalls aber konnte man sich von deren Wirkung auf die Erscheinungen bei der Berührung keine deutliche Vorstellung machen.

Das Wetter, immer ein Hauptfactor für jede astronomische Beobachtung, hat sich im Ganzen ziemlich günstig verhalten; nur die sibirischen Stationen hatten bedeckten Himmel; in China, Japan war es theilweise klar, und die in den südlichen Meeren gelegenen Stationen, die in meteorologischer Hinsicht die ungünstigsten Bedingungen zu bieten schienen, wurden in der Hauptsache auffallend vom Himmel begünstigt.

Wie die verschiedenen Nationen der civilisirten Welt sich an dem Durchgange von 1874 betheiligten, welche Erdorte besetzt und welche Beobachtungsmittel zur Anwendung kamen, zeigt für die wichtigeren Stationen (von Osten nach Westen fortschreitend) die folgende Zusammenstellung. Die vorstehende Figur 91 giebt den Verlauf der Erscheinung für die verschiedenen Erdgegenden; die Namen der deutschen Beobachtungsorte sind ausgeschrieben, die der fremdländischen durch Buchstaben angedeutet.

Ort	Nation	Phänomen	Beobachtungs-Methoden
Sandwich-Inseln	Engländer	Eintritt	Eintr., Mikrom., Photogr.
Chatam-Inseln	Amerikaner	Durchg.	Photogr.
Neuseeland		"	Eintr., Photogr.
"	Engländer	"	Mikrom., Photogr.
Neucaledonien	Franzosen	"	Eintr., Photogr.
Auckland	Deutsche	"	Eintr., Austr., Heliom., Photogr.
Südöstl. Australien (8)	Engländer	"	" " Mikrom., Photogr.
Tasmanien (2)	Amerikaner	"	" Photogr.
Japan	"	"	" Austr., Photogr.
"	Franzosen	"	" " Mikrom., Photogr.
"	Mexicaner	"	" " Photogr.
"	Russen	"	" " Photogr.

220 II. Praktische Astronomie.

Ort	Nation	Phänomen	Beobachtungs-Methoden
Oestliches Sibirien	Amerikaner	Durchg.	Eintr., Austr., Photogr.
″ ″ (8)	Russen	″	″ ″ Heliom., Mikrom., Photogr.
″ China	Amerikaner	″	″ ″ Photogr.
″ ″	Deutsche	″	″ ″ Photogr., Heliom.
″ ″	Franzosen	″	″ ″ Photogr.
Ostindien (4)	Engländer	″	″ ″ Photogr., Mikrom.
″	Italiener	″	″ ″
Insel St. Paul	Franzosen	″	″ ″ Photogr.
Kerguelen	Amerikaner	″	Photogr.
″	Deutsche	″	Eintr., Austr., Photogr., Heliom.
″	Engländer	″	″ ″ ″
Persien	Deutsche	″	Austr., Photogr.
″	Russen	″	Eintr., Austr., Photogr.
Seychellen	Engländer	″	Austr., Heliom.
″ (3)	″	″	Eintr., Austr., Photogr., Heliom., Mikrom
″	Holländer	″	Austr., Photogr.
Südöstl. Europa (2)	Oesterreicher	Austritt	Austr.
″ ″	Russen	″	″
Ober-Aegypten	Deutsche	″	″
″ ″ (2)	Engländer	″	″ Photogr., Mikrom.
″ ″	Russen	″	″
Unter-Aegypten (2)	Engländer	″	″ Mikrom.
Cap der g. Hoffnung	Engländer	″	″ Photogr.

Es braucht kaum erwähnt zu werden, dass alle wichtigeren Stationen mit Hülfsmitteln, besonders zur Bestimmung der geographischen Lage, reichlich versehen waren, und dass speciell auf die Längenbestimmungen die möglichste Sorgfalt verwandt wurde. Auch Beobachtungen anderer Art wurden während des wochenlangen Aufenthaltes mancher Expeditionen erhalten, und eine oder die andere vom Wetter nicht begünstigte durfte sich wenigstens mit dem Bewusstsein trösten, für Physik, Meteorologie und beschreibende Naturwissenschaft werthvolle Wahrnehmungen und Daten mit nach der fernen Heimath zurückgebracht zu haben.

Die sehr umfangreiche, von Auwers ausgeführte Berechnung des Resultates der deutschen Beobachtungen des Venusdurchganges von 1874 hat zu dem Werthe von $8.''877$ geführt, eine Zahl, welche, wie wir gleich sehen werden, sehr genau mit dem aus dem Venusdurchgange von 1882 gewonnenen Ergebnisse übereinstimmt. Aus den Contactbeobachtungen der englischen und französischen Expeditionen sind vorläufig Werthe gefunden worden, die zwischen $8.''75$ und $8.''88$ schwanken.

Im Allgemeinen hat man den Resultaten des Venusdurchganges von 1874 eine mehr untergeordnete Bedeutung beigelegt, sie gleichsam als Studium für den Durchgang von 1882 betrachtet, für dessen Beobachtung von Seiten fast aller Nationen, vornehmlich aber Deutschlands,

Sonnenparallaxe aus Venusdurchgängen.

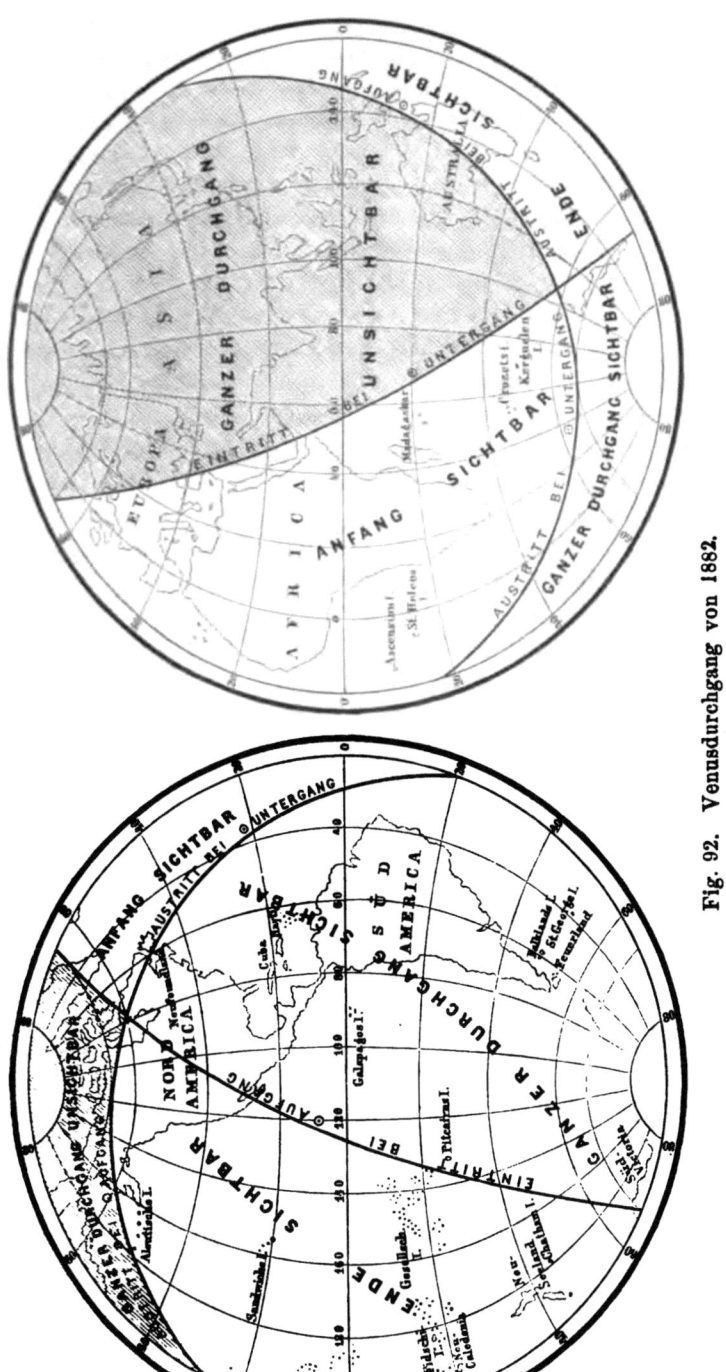

Fig. 92. Venusdurchgang von 1882.

die grossartigsten Vorbereitungen stattgefunden haben. Es möge hier genügen, nur von einigen Ländern ein Verzeichniss der Expeditionen zu geben.

Frankreich hatte acht Expeditionen nach folgenden Orten ausgerüstet: Port-au-Prince, Mexico, Martinique, Florida, Santa Cruz, Chile, Chubut und Rio Negro. England hatte folgende Punkte besetzt: Madagascar, Neu-Seeland, Brisbane, Jamaica, Barbadoes, Bermuda, 3 Stationen von der Capsternwarte aus, mehrere im Gouvernement Victoria und 5 Stationen an der Ostküste von Australien. Die Vereinigten Staaten hatten Stationen ausgerüstet nach: Cap der guten Hoffnung, Santa Cruz, Neu-Seeland, Santiago de Chile, San Antonio (Texas), Cedar Keys (Florida) und Washington. Brasilien hatte folgende Stationen besetzt: St. Thomas, Maghellan, Pernambuco und Rio de Janeiro. Dänemark hatte eine Expedition nach St. Thomas entsandt.

Deutschland hatte vier Expeditionen ausgerüstet: Punta Arenas (Prof. Auwers, Dr. Küstner, Dr. Kempf), Bahia Blanca (Dr. Hartwig, Dr. Peter, Wislicenus), Aiken (Dr. Franz, Dr. Kobold, Marcuse), Hartford (Dr. Müller, Dr. Deichmüller, Bauschinger). Ausserdem befand sich in Süd-Georgien noch eine Station von mehr untergeordneter Bedeutung.

Während die Beobachtung der Contacte natürlich eine Aufgabe aller Stationen bildete, waren die Ausrüstungen in Betreff der Messungen während des Durchganges sehr verschieden. So hatten die amerikanischen Astronomen das Hauptgewicht auf photographische Aufnahmen und deren spätere Ausmessung gelegt; die deutschen Expeditionen waren dagegen ganz speciell auf heliometrische Messungen angewiesen. Fast durchweg sind die Stationen von gutem Wetter begünstigt gewesen. die deutschen Expeditionen haben ihre Aufgabe voll lösen können. Resultate über die Sonnenparallaxe aus dem Venusdurchgange von 1882 sind bereits von einigen Ländern ausgearbeitet worden; das Resultat der deutschen Beobachtungen dieses Durchganges ist erst in neuester Zeit von Auwers veröffentlicht worden. Als wahrscheinlichster Werth der Sonnenparallaxe ergiebt sich hiernach $8.''879$. Die photographischen Aufnahmen der Engländer, Franzosen und Amerikaner führen zu den Zahlen $8.''84$ bis $8.''86$, während die Contactbeobachtungen Werthe zwischen $8.''82$ und $8.''86$ ergeben. Wenn sich auch jetzt noch nicht ein definitives Urtheil über das Endresultat aus allen Beobachtungen des Venusdurchganges von 1882 fällen lässt, so wird man im Allgemeinen doch sagen können, dass die Sicherheit desselben nicht ganz den Erwartungen entsprechen wird, welche an diesen letzten für unsere Generation sichtbaren Venusdurchgang geknüpft worden sind, und man scheint sich neuerdings mehr anderen Methoden, speciell derjenigen der Parallaxenbestimmung aus kleinen Planeten, zuzuneigen.

4. Andere Methoden zur Bestimmung der Sonnenentfernung.

Die Methoden zur Bestimmung der astronomischen Längeneinheit, welche wir bisher beschrieben, beruhen durchaus auf der Messung von Parallaxen, das heisst von Winkeln, die selten 20″ übersteigen und daher nur sehr schwer mit der erforderlichen Genauigkeit gemessen werden können. Aber die verfeinerten Untersuchungsmittel moderner Wissenschaft haben auch andere Methoden erstehen lassen, von deren zweien wir hoffen dürfen, einen gleichen, wenn nicht noch höheren Grad von Genauigkeit zu erlangen, als auf dem Wege der Parallaxen. Von diesen beiden beruht die eine auf der Wirkung der Anziehung der Sonne auf den Mond, die andere auf der Geschwindigkeit des Lichtes.

Die Bewegung des Mondes um die Erde wird sehr bedeutend durch die Anziehungskraft der Sonne, oder strenger durch die Differenz ihrer Anziehung auf den Mond und auf die Erde, beeinflusst. Ein Theil dieses Unterschiedes hängt von dem Verhältnisse zwischen den respectiven Entfernungen des Mondes und der Sonne ab, so dass, wenn jene Kraft bekannt ist, das Verhältniss bestimmt werden kann. Da die Mondentfernung hinreichend scharf bekannt ist, so brauchen wir sie nur mit der so erhaltenen Verhältnisszahl zu multipliciren, um die Sonnenentfernung zu erhalten. Die fragliche Kraft zeigt sich nun darin, dass sie eine gewisse Ungleichheit in der Bewegung des Mondes hervorruft, zufolge deren der Mond in der Nähe des ersten Viertels zwei Minuten hinter seinem mittleren Orte zurückbleibt und in der Nähe des letzten Viertels ebensoviel vor ist. Bei der Bestimmung dieser sogenannten *parallaktischen Ungleichheit* des Mondes haben wir also einen Winkel zu messen, der etwa sechsmal so gross ist, als das Mittel der planetarischen Parallaxen, die uns oben zur Sonnenentfernung führten, so dass der Fehler, wenn wir beide Winkel mit derselben Genauigkeit messen könnten, bei Benutzung des Mondes etwa sechsmal kleiner als bei der (directen) Parallaxenmessung sein würde. Dies ist aber keineswegs der Fall; denn der Ort des Mondcentrums, welchen wir für den genannten Zweck brauchen, lässt sich nicht direct, sondern nur unter Zuhülfenahme der Beobachtungen der Ränder bestimmen; und das Schlimme ist, dass diese weder genau noch gleichzeitig beobachtet werden können, vielmehr der vorangehende Rand nur beim ersten, der nachfolgende nur beim letzten Viertel, wie leicht einzusehen. Wir können also nicht mit Sicherheit sagen, wieviel von der beobachteten Ungleichheit reell ist, und wieviel auf Beobachtungsfehler kommt. Diese Unsicherheit ist so gross, dass die Ungleichheit vor 1854 und in Uebereinstimmung mit dem Encke'schen Werthe der Sonnenparallaxe zu 122″ angenommen werden konnte, und erst Hansen wies nach, dass sie etwa 4″ grösser sei. Hieraus schloss er dann, dass die Parallaxe der Sonne um ein Dreissigstel ihres Werthes vermehrt, ihre Entfernung umgekehrt um ebensoviel vermindert werden müsse.

Es ist nicht unwahrscheinlich, dass nach dieser Methode und bei noch verbesserter Beobachtungsart die Sonnenentfernung genauer ermittelt werden wird, als durch die Planetenparallaxen. Man hat sich bereits viele Mühe gegeben, den genauen Betrag der Ungleichheit aus den Beobachtungen zu bestimmen, und das Ergebniss, 125″.0, mag in der That auf etwa 0″.3 oder 0″.4 sicher sein. Hieraus würde dann die Sonnenparallaxe 8″.82 folgen, mit einer Unsicherheit von 0″.02 oder 0″.03. In neuerer Zeit ist man darauf gekommen, nicht die Ränder des Mondes, sondern einen bestimmten, gut markirten Punkt der Mondoberfläche als Beobachtungsobject zu wählen, z. B. den kleinen Krater Moesting A. Es bleibt noch abzuwarten, ob hiermit eine wesentlich grössere Genauigkeit der Mondpositionsbestimmungen erreicht werden kann.

Eine zweite, ebenso schöne als im Principe einfache Methode der Bestimmung der Sonnenentfernung basirt auf dem Umstande, dass das Licht einer merklichen Zeit zu seiner Fortpflanzung bedarf. Aus physikalischen Experimenten hat man die Lichtgeschwindigkeit und aus gewissen astronomischen Erscheinungen (Aberration und Jupiterstrabanten-Verfinsterungen) die Zeit, die das Licht braucht, um von der Sonne zur Erde zu gelangen, zu bestimmen vermocht, und fand für die erstere 298 000 Kilometer (40 170 Meilen), für die Lichtzeit 498^s. Das Product dieser beiden Zahlen giebt sofort die Sonnenentfernung zu 148½ Millionen Kilometer (20 005 000 Meilen), oder die Parallaxe 8″.86. Die im Jahre 1862 aus Foucaults Experiment abgeleitete Zahl für die Lichtgeschwindigkeit ist neuerdings angezweifelt und durch diejenige von 300 400 Kilometern (40 490 Meilen) ersetzt worden, welche Cornu nach einer weiter unten zu erwähnenden Methode ermittelt hatte. Damit findet sich dann die Entfernung 149½ Millionen Kilometer oder die Parallaxe 8″.79. Endlich folgt aus dem neuesten von Michelson ermittelten Werthe der Lichtgeschwindigkeit 299 940 Kilometer die Entfernung 149.37 Millionen Kilometer (20 122 000 Meilen) und die Parallaxe 8″.81, fast völlig übereinstimmend mit dem Mittel aus allen zuverlässigen anderen Bestimmungen.

Die genannten beiden Methoden, die Sonnenentfernung zu bestimmen, dürfen mit Recht. wenn sie in bester Weise angewandt werden, als der Durchgangsmethode gleichwerthig gelten. Es giebt indessen noch einige andere, die, obschon weniger genau, doch Erwähnung verdienen. Eine

Andere Methoden zur Bestimmung der Sonnenentfernung.

der sinnreichsten wurde zuerst von Leverrier angewandt. Aus der Theorie der Gravitation ist bekannt, dass die Erde infolge der Anziehung des Mondes eine kleine Ellipse um den gemeinschaftlichen Schwerpunkt beider Körper beschreibt, die dem Monatslauf des Mondes um die Erde oder genauer um das gemeinschaftliche Gravitationscentrum entspricht. Kennen wir die Masse (das Gewicht) des Mondes im Verhältniss zu der der Erde und seine Entfernung, so können wir danach den Halbmesser der kleinen erwähnten Bahn berechnen; in runder Zahl ist er 5000 Kilometer. Diese monatliche Oscillation der Erde wird eine entsprechende Oscillation in der Länge der Sonne bewirken, da ja die scheinbare Bewegung der letzteren das Spiegelbild der wirklichen Bewegung der ersteren ist, und durch Messung ihres scheinbaren Betrages können wir dann die Entfernung der Sonne ermitteln. Leverrier fand die Oscillationen zu $6.''50$ und leitete hieraus die Sonnenparallaxe $8.''95$ ab. Aber Stone in Greenwich entdeckte zwei Irrthümer in Leverriers Rechnung und reducirte das Resultat auf $8.''85$.

Eine andere theoretische Methode ist gleichfalls von Leverrier vorgeschlagen und angewandt worden. Sie beruht auf dem Princip, dass, wenn die relativen Massen von Sonne und Erde bekannt sind, ihre Distanz gefunden werden kann durch Vergleichung des Raumes, den ein schwerer Körper an der Erdoberfläche in einer Secunde durchfällt, mit dem Raume, den die Erde selbst in derselben Zeit gegen die Sonne hin fällt. Die Masse der Erde war aus ihrer Wirkung auf die Planeten Venus und Mars, deren Bahnen merklich durch sie gestört werden, bekannt, und Leverrier bestimmte nach dieser Methode die Sonnenparallaxe zu $8.''86$. Nach Anbringung einer kleinen Correction, welche eine seiner Zahlen erfordert, wird sie auf $8.''83$ reducirt. Einen anderen Werth der Masse der Erde im Verhältniss zur Sonne hat v. Asten in Pulkowa aus der Wirkung der Erde auf den Encke'schen Cometen abgeleitet. Die hieraus resultirende Parallaxe ist $9.''01$, der grösste neuere Werth; die Anomalien in der scheinbaren Bewegung dieses Cometen sind indessen zu bedeutend, als dass man diesem Ergebniss grosses Vertrauen schenken könnte. —

Verbinden wir die Resultate aller der genannten Methoden, unter Berücksichtigung der Genauigkeit einer jeden, so ist soviel sicher, dass die Sonnenparallaxe zwischen den Grenzen $8.''80$ und $8.''90$, und sehr wahrscheinlich, dass sie zwischen $8.''82$ und $8.''88$ liege; die Entfernung der Sonne liegt somit, letzteren Werthen entsprechend, zwischen 149.14 und 148.12 Millionen Kilometer (20 099 000 und 19 962 000 Meilen). Da ein Hundertstel Bogensecunde Aenderung in der Parallaxe schon 170 000 Kilometer Aenderung in der Entfernung bedingt, so dürfen wir uns über eine Unsicherheit von etwa einer Million Kilometer in unserer Kenntniss der Sonnenentfernung nicht wundern. Auf ein wesentlich geringeres Mass wird dieselbe vor der definitiven Berechnung der Parallaxenbestimmungen aus Victoria und Sappho schwerlich gebracht werden.

Wenn mitunter noch die Distanz zu 147 Millionen Kilometer angegeben wird, so rührt dies daher, dass in mehreren der ersten Bestimmungen nach den neueren Methoden kleine Fehler und Ungenauigkeiten sich eingeschlichen hatten, welche zufälligerweise alle dahin strebten, die Parallaxe zu gross, die Entfernung also zu klein zu machen. So führten z. B. Hansens ursprüngliche Rechnungen, aus der Bewegung des Mondes, zu einer Parallaxe von 8″.96. Nach Revision seiner Rechnungen reducirte er sie aber auf 8″.917. Als seine 1857 publicirten Mondtafeln mit den Beobachtungen verglichen wurden, fand sich, dass seine parallaktische Ungleichheit unzweifelhaft um 1″ oder noch mehr zu gross war. Verbessert man dies, so reducirt sich die Parallaxe um weitere 0″.1.

Die Marsbeobachtungen der Opposition 1862 führten nach den Reductionen von Winnecke und Stone anfangs zu Werthen zwischen 8″.92 und 8″.94. Bei diesen Untersuchungen wurde jedoch nur ein Theil der Beobachtungen benutzt; berücksichtigt man sämmtliche, so wird das Resultat 8″.85.

Die früheren Bestimmungen der Zeit, die das Licht von der Sonne zur Erde gebraucht, basirten auf sehr ungenauen Beobachtungen der Verfinsterungen der Jupitertrabanten und waren 5^s bis 6^s zu klein. Dementsprechend wurde die Distanz nach der Methode der Lichtgeschwindigkeit ebenfalls zu klein gefunden.

In beiden Bestimmungen Leverriers sind einige kleine Rechnungsfehler gefunden worden, deren Wirkung die Parallaxe gleichfalls zu gross macht. Verbessert man diese, ändert aber sonst an seinen Daten nichts, so werden die Resultate beziehentlich 8″.85 und 8″.83.

Die von verschiedenen Astronomen neuerdings auf verschiedenen Wegen erhaltenen Werthe der Sonnenparallaxe sind im Folgenden kurz nochmals zusammengestellt.

Name und Zeit	Methode	Werth
Hansen, 1854	Parallaktische Ungleichheit	(8″.96
Leverrier, 1858	Mondgleichung der Erde	8.95
Foucault, 1862	Lichtgeschwindigkeit	8.86
Hall, 1863	Marsbeobachtungen 1862 (Theil)	8.84
Stone, 1863	″ ″ ″	8.94
Hansen, 1863	Parallaktische Ungleichheit	8.97
″ ″	″ ″ (genauer)	8.92
Winnecke, 1863	Marsbeobachtungen 1862 (Theil)	8.96

Sternparallaxen.

Name und Zeit	Methode	Werth
Powalky, 1864	Venusdurchgang 1769	8″.83
Stone, 1867	Correction von Hansen (1863)	8.92
" "	" " Leverrier (1858)	8.91
" "	Parallaktische Ungleichheit	8.85
Newcomb, 1867	Discussion der Hauptmethoden	8.85
Stone, 1868	Venusdurchgang 1769	8.91
Powalky, 1870	" " (zweite Berechnung)	8.79
" 1871	Erdmasse aus Venusbewegung	8.77
Leverrier, 1872	" " Planetenbewegungen	8.86
Newcomb	Discussion von Leverrier 1872	8.83
Cornu, 1874—1876	Lichtgeschwindigkeit	8.79
Galle, 1875	Opposition der Flora 1873	8.87
Puiseux, 1875	Venusdurchgang 1874 (kleiner Theil)	8.88
Lindsay und Gill, 1877	Opposition der Juno 1874	8.77
Airy, 1877	Venusdurchgang 1874 (englische Beobachtungen)	8.75
Stone, 1878	" " " "	8.88
Tupman, 1878	" " " "	8.81
Michelson, 1879	Lichtgeschwindigkeit	8.81
Neison, 1880	Parallaktische Ungleichheit	8.77
Gill, 1880	Opposition des Mars 1877	8.78
Auwers, 1891	Venusdurchgang 1874	8.88
" "	" 1882	8.88

5. Sternparallaxen.

Denkenden Männern früherer Zeit hat wahrscheinlich nichts mehr den Glauben an die Unbeweglichkeit der Erde erweckt und gestärkt, als das Fehlen der Parallaxe der sogenannten Fixsterne. Erinnern wir uns, dass die jährliche Parallaxe der Sterne aus der Richtungsänderung entsteht, welche die Bewegung der Erde um die Sonne verursacht. Eine der frühesten Formen, in der vermuthlich nach einer solchen Parallaxe gesucht worden sein mag, zeigt Fig. 93. AB ist die Erdbahn um die Sonne S, R und T sind zwei Sterne, die genau einander gegenüberliegen, d. h.

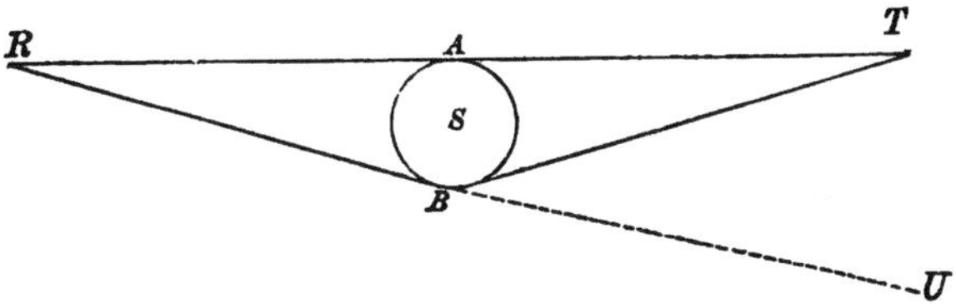

Fig. 93. Wirkung der jährlichen Parallaxe bei Sternen.

beide 90° von der Sonne abstehen, wenn die Erde in A ist. Befindet sich nun nach sechs Monaten die Erde in B, so werden offenbar die beiden Sterne nicht mehr einander gegenüber liegen; denn dann wäre U mit T identisch; sie machen vielmehr einen von 180° verschiedenen Winkel, und zwar werden, wie man leicht sieht, die Sterne immer in der Richtung nach der Sonne versetzt erscheinen. Als man fand, dass auch die sorgfältigsten Beobachtungen keine solche Abweichung erkennen liessen, war der Schluss, die Erde bewege sich nicht, unvermeidlich. Wir haben gesehen (Seite 59), wie selbst der grösste Beobachter des Mittelalters, Tycho, auf diese Weise dazu gebracht wurde, die Coppernicanische Lehre zu verwerfen und ein System aufzustellen, in welchem die Sonne um die Erde sich bewegte.

Nach der Erfindung des Fernrohres, welches alle Wahrnehmungen verschärfte und bis dahin unmerkliche Winkel der Messung zugänglich machte, war es natürlich, dass die Anhänger des Coppernicus sich eifrig bemühten, die jährliche Parallaxe der Sterne zu entdecken. Aber die älteren Beobachter hatten sehr unvollkommene Ansichten über die mechanischen Hülfsmittel, ohne welche das Fernrohr zur Messung himmlischer Objecte nicht zu gebrauchen war. Ein erster Schritt, das Fernrohr als Messapparat auf die Bestimmung der Sternparallaxen anzuwenden, wurde erst 1669 von R. Hooke in London unternommen. Er befestigte ein 36 Fuss langes Fernrohr vertical in seinem Hause, das Objectiv in einer Oeffnung des Daches, das Ocular in einem der unteren Räume. Ein feines Loth hing vom Objectiv nach einem Punkte unterhalb des Oculars herab, welches also eine verticale Linie gab, von der aus gemessen werden konnte. Natürlich liessen sich mit einem solchen Fernrohr nur die wenigen helleren Sterne messen, die nahe durch das Zenith gingen. Hooke wählte einen der hellsten davon, γ Draconis, und beobachtete ihn so, dass er den Abstand seines Bildes vom Loth täglich beim Meridiandurchgange mass. Leider wurde, nachdem er vier Beobachtungen gemacht, das Objectiv durch Zufall zerbrochen, und der Versuch endete daher resultatlos.

Mehr als 30 Jahre vergingen bis zu einer zweiten Beobachtungsreihe. In den Jahren 1701 bis 1704 versuchte Ole Römer in Kopenhagen, die Summe der doppelten Parallaxen von Sirius und Wega nach dem in Fig. 93 dargestellten Princip zu ermitteln. Diese Sterne liegen nahe entgegengesetzt an der Himmelskugel, und der Winkel zwischen ihnen würde vom Frühling zum Herbst sich um ziemlich die doppelte Summe ihrer Parallaxen ändern. Statt des Abstandes, der direct nicht messbar, mass Römer mittels Passageninstrument und Uhr die Rectascensionsdifferenz oder den Unterschied der Zeiten des Durchganges durch den Meridian und fand so die doppelte Summe zu $1—1\frac{1}{2}^m$; Horrebow, der die Römer'schen Beobachtungen nochmals berechnete, fand den Unterschied gleichfalls im Frühjahre um 4^s grösser als im Herbst. Es ist sehr begreiflich, dass Horrebow diesen Unterschied der Parallaxe, das heisst der Bewegung der Erde, zuschrieb und seiner Freude sogar in einer besonderen, »Copernicus triumphans« betitelten

Schrift Ausdruck gab. Man weiss jetzt, dass keiner der beiden Sterne eine Parallaxe besitzt, die selbst nur den hundertsten Theil der obigen beträgt, und C. A. F. Peters hat gezeigt, dass diese von dem enthusiastischen Dänen der Parallaxe zugeschriebene Differenz zum grössten Theile von der Ungleichförmigkeit des täglichen Ganges seiner Uhr herrührte, eine Folge der täglichen Temperaturänderung auf ein uncompensirtes Pendel. Im Frühling nämlich, wo Sirius am Abend, Wega am Morgen den Meridian passirt, fiel das gemessene Zeitintervall in die Nacht. Die Nachtkälte liess nun die Uhr zu rasch gehen und so das gemessene Zeitintervall zu gross werden. Umgekehrt passirt im Herbst Sirius am Morgen, Wega am Abend; die Zeitdifferenz fiel in den Tag, dessen Wärme den Uhrgang verlangsamte und das Intervall zu klein machte.

Unter den zahlreichen anderen Versuchen, welche die Astronomen des vorigen Jahrhunderts — freilich vergeblich — machten, um eine Sternparallaxe zu entdecken, wollen wir nur noch einen von Bradley, dem Tycho des 18. Jahrhunderts, erwähnen, weil er zu der merkwürdigen Entdeckung der Aberration des Lichtes führte. Das Princip seines Instrumentes war dasselbe wie bei Hooke, indem er die Zenithdistanz des Sternes γ Draconis beim Meridiandurchgang aus der Neigung eines Fernrohres gegen ein feines Loth bestimmte. An Genauigkeit übertrafen seine Messungen weitaus die von Hooke, so dass er mit Sicherheit anzugeben vermochte, die Parallaxe des fraglichen Sternes müsse unter einer Secunde (Bogen) betragen. Aber er fand dabei eine andere jährliche Oscillation von sehr merkwürdigem Charakter, die von der fortschreitenden Bewegung des Lichtes herrührt, und welche wir im nächsten Capitel beschreiben wollen. Es ist in der Geschichte der Wissenschaften schon häufig vorgekommen, und es wird auch ferner geschehen, dass die Untersuchung irgend einer Erscheinung oder Wirkung einer Ursache zu Entdeckungen in wesentlich verschiedener Richtung und von ganz unerwartetem Charakter führt.

Es würde ermüden, wollten wir detaillirt alle die Anstrengungen beschreiben, die von verschiedenen Astronomen des vergangenen Jahrhunderts und der ersten Jahrzehnte des jetzigen Jahrhunderts gemacht worden sind, um die Sternparallaxen zu ermitteln. Die Bemerkung genüge, dass sie im Allgemeinen auf absoluten Messungen beruhten (Zenithdistanzen, in der Regel nach der Methode Bradleys) oder auf grossen, durch die Uhr ermittelten Rectascensionsdifferenzen. In beiden Fällen mussten meist bedeutende Winkel gemessen werden, welche infolge der Temperaturwirkungen auf die Instrumente und aus manchen anderen Gründen stets sehr unsicher bleiben. Das schliessliche Resultat all dieser Bemühungen war, dass zwar einige Astronomen, wie Piazzi, Calandrelli und Brinkley, für manche der helleren Sterne Parallaxen bis zu zwei und mehr Bogensecunden zu finden glaubten, doch stimmten die Resultate theils zu wenig untereinander, theils blieben sie ihrer Ableitung nach zu vielen Zweifeln unterworfen, als dass man den gefundenen Werthen grosses Vertrauen hätte schenken können.

Im zweiten Jahrzehnt unseres Jahrhunderts versuchten Lindenau, Bessel und Struve, auf anderem Wege zum Ziele zu gelangen. Sie massen Rectascensionsunterschiede, wie Römer, machten sich aber von Uhrgang und Instrumentalfehlern durch kleine Intervalle und geeignete Wahl der Vergleichsterne unabhängig. Das Endresultat war aber auch für sie ein unbefriedigendes oder negatives, indem sich die gefundenen geringfügigen Werthe in der Regel kleiner als ihre Unsicherheiten oder ihre wahrscheinlichen Fehler herausstellten.

Dies war der Zustand der Dinge bis in die dreissiger Jahre. Jede spätere und genauere Untersuchung hatte fast immer geringere, bezw. verschwindende Parallaxen für Sterne ergeben, die entweder durch ihre grosse Helligkeit oder ihre starke Eigenbewegung die Vermuthung grösserer Nähe und damit die Hoffnung auf eine merkliche Parallaxe erwecken durften, und eine gewisse Resignation diesem Problem gegenüber hatte sich wohl bei den meisten Astronomen eingestellt. Nur Bessel und Struve verzweifelten an der Lösung der Aufgabe nicht; aber sie sahen ein, dass sie anders erfasst werden müsste, und dass die Parallaxen nicht durch Kreise oder Uhr, sondern relativ und in strengerem Sinne als anfangs auf mikrometrischem Wege gesucht werden müssten. Die Idee dieser Methode ist fast so alt als die Erfindung des Fernrohres. Schon Galilei und Huygens sprachen die Vermuthung aus, dass, wenn ein heller und ein schwacher Stern im Gesichtsfelde des Fernrohres nahe bei einander ständen, relative Parallaxen sich zu erkennen geben müssten, da der hellere Stern aller Wahrscheinlichkeit nach uns viel näher sei als der schwächere und beide demnach ihre relative Lage ändern würden, je nachdem sich die Erde von der einen Seite der Sonne nach der anderen bewegte. Wäre z. B. ein Stern dreimal so weit als der andere, so würde seine durch die Parallaxe hervorgerufene scheinbare Bewegung nur ein Drittel derjenigen des anderen sein, und es würde eine Parallaxe gleich zwei Drittel der des näheren Sternes übrig bleiben, welche entdeckt werden könnte, indem man den Winkelabstand beider Sterne Tag für Tag ein Jahr hindurch mässe. Solche Ueberlegungen veranlassten gegen Ende des vorigen Jahrhunderts W. Herschel, den Doppelsternen besondere Aufmerksamkeit zu schenken. Er mass in den achtziger Jahren eine ganze Reihe in der ausgesprochenen Absicht, eine Parallaxe zu finden. Als sich aber, bei eifrigem Suchen nach geeigneten Objecten, deren Zahl so ausserordentlich vermehrte, kam er zur Ueberzeugung, dass wir es bei ihnen nicht mit zufällig und nur scheinbar nahe stehenden Sternen, sondern mit factisch benachbarten, durch ein gemeinsames Band verbundenen Körpern zu thun hätten, dass also die Doppelsterne im Allgemeinen nicht zur Parallaxenbestimmung dienen könnten.

Die Wahrscheinlichkeit der Auffindung messbarer Parallaxen konnte und kann im Wesentlichen auch heute nur bei zwei verschiedenen Sternarten gegeben sein. Unter der Voraussetzung, dass die Sterne durchschnittlich von gleicher Leuchtkraft sind, ist es klar, dass die helleren Sterne im Allgemeinen auch die näheren sein werden; andererseits werden auch, wenn man annimmt, die Bewegungen der Sterne seien durchschnittlich etwa die gleichen, die stärker bewegten Sterne die näheren sein. Es werden also einestheils die hellen, anderntheils die Sterne von grosser Eigenbewegung der Entdeckung einer Parallaxe günstig sein. Die beiden Astronomen, denen wir die Entdeckung der ersten sicheren Parallaxen verdanken, gingen von diesen beiden Voraussetzungen aus, der eine von dieser, der andere von jener; aber auch ihnen hätte die Bestimmung nicht gelingen können, wären sie nicht durch die feinsten und zweckmässigsten Messapparate, die sie auf das vollkommenste zu benutzen verstanden, unterstützt worden.

Als Bessel in Königsberg Ende 1829 das grosse Fraunhofer'sche Heliometer erhielt, beschloss er sogleich, es zur Parallaxenbestimmung hauptsächlich mit zu verwenden; andere wichtige Arbeiten verhinderten aber, die Beobachtungen, die womöglich ein Jahr lang keine Unterbrechung gestatten, sofort zu beginnen, und er gelangte erst im August 1837 dazu. Als Object hatte er den ihm schon von früheren Versuchen bekannten Doppelstern 61 Cygni gewählt, der die grösste damals bekannte Eigenbewegung zeigte, indem er seinen Ort unter den benachbarten Sternen um volle 5″ im Jahre ändert. Diese Bewegung war so gross, dass ziemlich sicher auf eine merkliche Parallaxe gerechnet werden durfte, obschon die beiden Componenten dieses Sternpaares nicht grösser als 5.6 Grösse sind. Dazu kam dann noch die günstige Lage am Himmel und die Nähe passend gelegener Vergleichsterne. Und in der That, die Bemühungen Bessels wurden belohnt. Aus der ersten, von August 1837 bis October 1838 fortgesetzten Beobachtungsreihe fand er die Parallaxe von 61 Cygni relativ zu zwei schwächeren, symmetrisch stehenden Sternen zu 0″.314. Er nahm dann das Instrument auseinander, verbesserte manche Theile des complicirten Mikrometerapparates und begann nach Wiederaufstellung eine neue Messungsreihe, die sein

Assistent Schlüter bis zum März 1840 fortsetzte. Das Endresultat aller Messungen war $0''{.}348$. Die Realität dieser Parallaxe konnte kaum bezweifelt werden; man hatte hier zum ersten Male eine Zahl, die durch die Art, wie sie gewonnen wurde, volles Vertrauen verdiente und dasselbe auch fand. Nur haben spätere Untersuchungen, hauptsächlich von Otto Struve und Auwers, einen etwas grösseren Werth ergeben, so dass man vielleicht nur um sehr wenige Hundertel einer Bogensecunde irrt, wenn man sie gerade zu einer halben Secunde annimmt. Die Entfernung, die dieser Parallaxe entspräche, würde über 412 500 Erdbahnhalbmesser betragen, und das Licht würde volle $6^{1}/_{2}$ Jahre (2377 Tage) gebrauchen, um sie zu durchlaufen.

Der Stern, den W. Struve in Dorpat zur Bestimmung der relativen Parallaxe wählte, war die helle Wega (α Lyrae). Eine bedeutende Eigenbewegung hat dieser Stern zwar nicht, aber er ist einer der hellsten des nördlichen Sternhimmels, so dass man allen Grund hatte, ihn zu den uns näheren zu rechnen. Der Vergleichstern, den Struve benutzte, war ein einzelner schwacher Stern 10. Grösse in etwa $43''$ Entfernung; als Mikrometerapparat wurde das Fadenmikrometer des neunzölligen Fraunhofer'schen Refractors der Dorpater Sternwarte benutzt. Das Resultat, welches sich aus den Messungen von November 1835 bis August 1838 ergab, war eine relative Parallaxe von einer viertel Secunde. Spätere Untersuchungen haben etwas geringere Werthe ergeben, im Mittel etwa $0''{.}2$, so dass also danach Wega, obschon fast 100 mal heller als jeder der Sterne 61 Cygni, doch mehr als zweimal soweit entfernt von uns ist. Die Entfernung von 206 265 Erdbahnhalbmessern oder 4 Billionen Meilen, der eine Parallaxe von $1''$ und eine Lichtzeit von $3^{1}/_{4}$ Jahren (1189 Tagen) entspricht, nennt man mitunter eine *Sternweite*; der Stern 61 Cygni wäre also etwa zwei Sternweiten von uns entfernt, Wega dagegen fünf Sternweiten.

Ungefähr zu derselben Zeit, als Bessel und Struve ihre ersten genauen Messungen relativer Parallaxen anstellten, untersuchte Henderson, königlicher Astronom am Cap der guten Hoffnung, den schönsten und hellsten Doppelstern des Himmels, α Centauri, auf seine Parallaxe. Die Beobachtungen Hendersons bestanden in der Messung von Zenithdistanzen mit dem Mauerkreise und beruhten daher auf absoluten Bestimmungen, statt, wie bei Bessel und Struve, auf Mikrometer-Vergleichungen mit benachbarten Sternen. Aus einer Discussion seiner eigenen Beobachtungen und einer sorgfältigen Messungsreihe seines Nachfolgers Maclear fand Henderson die Parallaxe des Sternpaares, aus welchem α Centauri gebildet wird, zu $0''{.}91$. Dieses Resultat wurde durch spätere Bestimmungen Maclears und Moestas nahezu bestätigt; dagegen hat eine von Elkin ausgeführte Untersuchung einen geringeren Werth wahrscheinlich gemacht. Dieser fand nämlich, und zwar gleichfalls aus Beobachtungen wesentlich von Maclear, die relative Parallaxe von α gegen β Centauri zu wenig mehr als einer halben Bogensecunde. Wie unsicher gerade noch die Parallaxe von α Centauri ist, geht daraus hervor, dass selbst die aus den besten Messungen (von Maclear und Stone) folgenden Werthe zwischen $0''.50$ und $1''.07$ liegen; ja dass man sogar aus gleichfalls anscheinend zuverlässigen Beobachtungen einen Werth von nur $0''.21$ berechnet hat. Aehnlich verhält es sich bei manchen anderen Parallaxen, wenn auch die Unterschiede nicht so gross wie bei α Centauri sind. Immerhin lässt sich annehmen, dass bis heute die Parallaxen von etwa 30 Sternen, die zwischen $0''.75$ bei α Centauri und $0''.10$ liegen, mit einiger Genauigkeit bekannt sind. Ein Theil davon sind kleine Sterne, bei denen aber eine starke Eigenbewegung grössere Nähe wahrscheinlich machte, andere, vornehmlich Sirius, Wega und α Centauri, gehören zu den sehr hellen. Es ist indessen auffallend, dass von den 13 oder 14 Sternen 1. Grösse, die in unseren Breiten sichtbar sind, nur wenige eine Parallaxe zu erkennen gegeben haben. Es beweist auch dies, wie wenig wir berechtigt sind, von grosser Helligkeit oder Leuchtkraft auf grosse Nähe der Sterne zu schliessen; Thatsachen anderer Art, die wir später erwähnen werden, zeigen das Gleiche. Selbst das Zusammentreffen grosser Helligkeit und starker Bewegung sind kein verlässliches Merkmal grösserer Nähe; dies zeigt der helle Stern Arctur (α Bootis), der bei einer jährlichen Eigenbewegung von $2''.3$, und obschon er zur 1. Grösse gehört, doch nur eine Parallaxe von weniger als $0''.1$ andeutet, die kleinste, die wir überhaupt noch unter den allergünstigsten Bedingungen mit einiger Zuverlässigkeit zu bestimmen vermögen.

Die Parallaxen der vorstehend genannten Sterne sind fast ohne Ausnahme aus Mikrometer-Vergleichungen mit benachbarten Sternen abgeleitet worden; denn bei der Kleinheit dieser Grössen kann die sorgfältigste mikrometrische Messung allein zu einem sicheren Ergebniss führen. Nur einmal in diesem Jahrhundert noch wurden auf absolutem Wege Parallaxenbestimmungen versucht. Dies geschah in den vierziger Jahren durch C. A. F. Peters, der mit dem Ertel'schen Verticalkreis der Pulkowaer Sternwarte eine Reihe hellerer Sterne durch directe Messung der Zenithdistanzen auf ihre Parallaxen prüfte. Seine Resultate haben im einzelnen Falle vielleicht weniger Werth als in Bezug auf die allgemeinen Schlüsse, die sich über das Verhältniss von Helligkeiten zu den Entfernungen der Sterne ziehen lassen.

Noch auf anderen Wegen als dem der directen Messung, die bei der Kleinheit der Winkel nur selten sichere Werthe geliefert hat, versuchte man die Parallaxen oder Entfernungen der Sterne zu bestimmen oder vielmehr zu schätzen. Die eine Methode beruht auf der Annahme durchschnittlich gleicher Leuchtkraft der Sterne, welche, wenn man die Gesammtheit der Sterne in Betracht zieht, jedenfalls eine gewisse Berechtigung besitzt. Aus dem bekannten Helligkeitsverhältnisse zweier auf einander folgenden Grössenclassen lässt sich dann das Verhältniss der Entfernungen berechnen. In einer zweiten, gleichfalls hypothetischen Methode benutzt man die Vertheilung der Sterne im Raume, die man als gleichförmig (in derselben Richtung) annimmt, zur Beurtheilung der relativen Entfernungen. Auf solche Art hat man für die durchschnittlichen Entfernungen der verschiedenen Sternclassen folgende Relativzahlen gefunden:

Grössenclasse	Entfernung	Grössenclasse	Entfernung
1. Grösse	1.00	5. Grösse	5.49
2. »	1.54	6. »	8.61
3. »	2.36	7. »	13.23
4. »	3.64	8. »	20.35.

Danach wären also die Sterne 4. Grösse durchschnittlich etwa $3\frac{1}{2}$ mal, die 8. Grösse etwa 20 mal so weit als die der 1. Grösse. Nehmen wir nach den neuesten Untersuchungen von Gylden*) die mittlere Parallaxe der Sterne 1. Grösse zu rund $0''.09$ an, so erhalten wir als Durchschnittswerthe:

Grösse	Parallaxe	Entfernung Mill. Erdbahnhalbm.	Lichtzeit Jahre	Grösse	Parallaxe	Entfernung Mill. Erdbahnhalbm.	Lichtzeit Jahre
1.	$0''.090$	2.3	36	5.	$0''.016$	12.8	202
2.	0.058	3.5	56	6.	0.010	19.7	311
3.	0.038	5.4	85	7.	0.007	30.3	478
4.	0.025	8.3	132	8.	0.004	46.6	736.

Nach neueren Untersuchungen von Oudemans ist bei denjenigen Sternen, deren Parallaxen bestimmt worden sind, ein Zusammenhang zwischen Helligkeit und Parallaxe kaum zu erkennen, dagegen deutlicher zwischen letzterer und Grösse der Eigenbewegung. Es ist nach

---

*) Peters findet in seinen »Recherches« etwa das Doppelte: $0''.21$ für die Sterne 1. Grösse, $0''.12$ für die der 2. Grösse.

Oudemans wahrscheinlich, für Sterne, deren jährliche Eigenbewegung 0″.05 überschreitet, eine Parallaxe von 0″.10 bis 0″.50 zu finden.

Ein dritter Weg der Parallaxenschätzung lässt sich nur bei den Doppelsternen einschlagen. Unter der Voraussetzung, dass die Summe der Massen der beiden Componenten eines physischen Doppelsternes gleich der Sonnenmasse sei, findet sich bei bekannter Umlaufszeit und grosser Axe der Bahn die hypothetische Parallaxe aus einer einfachen Formel (nach dem dritten Kepler'schen Gesetze). Man hat so genäherte Werthe für etwa 20 Doppelsterne ableiten können; bei zwei derselben, α Centauri und p Ophiuchi, deren Parallaxen auch direct gemessen wurden, stimmen beide Werthe recht gut überein, so dass man hiernach dieser Methode nicht jede Berechtigung absprechen kann. Die Voraussetzung, worauf sie beruht, ist vermuthlich ebenso sicher oder unsicher als die der anderen Methoden.

Bei den Messungen von Parallaxen hat man mitunter auch negative Werthe durch die Rechnung gefunden. Eine solche negative Parallaxe bedeutet geometrisch und im Falle von absoluten Messungen, dass die Richtungslinien von den entgegengesetzten Punkten der Erdbahn nicht nach einem bestimmten Punkte, dem Orte des Sternes, convergiren, sondern dass sie divergiren und es also keine Lage (Entfernung) des Sternes giebt, die den Beobachtungen entspricht. Bei relativen Parallaxen braucht aber der Grund dieser Erscheinung nicht in Beobachtungsfehlern zu liegen; sie kann vielmehr auch davon herrühren, dass der Vergleichstern uns näher als der steht, dessen Parallaxe man bestimmen wollte.

Nachstehend geben wir noch ein Verzeichniss der bisher mit einiger Sicherheit bestimmten Parallaxen, geordnet nach ihren Grössen, die Lichtzeiten in Julianischen Jahren zu $365^{1}/_{4}$ Tagen. Die angegebenen Parallaxen sind zum Theil Mittelwerthe, von verschiedenen Beobachtern erhalten. In wenigen Fällen, in denen die Werthe allzusehr differiren, ist der grössere Werth, mit einem Fragezeichen versehen, angegeben worden. Es sind in das Verzeichniss auch Resultate von Ausmessungen photographischer Platten (von Pritchard) aufgenommen, worüber in einem anderen Capitel noch Näheres angegeben werden wird.

Stern	Parallaxe	Entfernung in Lichtjahren	Stern	Parallaxe	Entfernung in Lichtjahren
α Centauri	0″.75	4	α Geminorum	0″.20	16
α Tauri	0.52 ?	6	o² Eridani	0.19	17
Lalande 21185	0 50	6.5	β Cassiopejae	0.16	20
6 Cygni	0.48 ?	7	α Lyrae	0.16	20
61 Cygni	0.40	8	η Cassiopejae	0.15	22
η Herculis	0.40	8	70 p Ophiuchi	0.15	22
Sirius	0.39	8	e Eridani	0.14	24
Σ 2398	0.35	9	ι Ursae maj.	0.13 :	25
μ Cassiopejae	0.34 ?	10	α Aurigae	0.11	30
Groombridge 1618	0.32	10	α Leonis	0.09	36
ν¹ Draconis	0.32	10	γ Draconis	0.09	36
Groombridge 34	0.29	11	Groombridge 1830	0.07	47
Lalande 9352	0.28	12	B. A. C. 8083	0.07	47
Σ 1516	0.28	12	β Geminorum	0.07	47
ν² Draconis	0.28	12	α Cassiopejae	0.07	47
Procyon	0.27	12	α Ursae min.	0.07	47
Lalande 21258	0.26	12.5	α Herculis	0.06	54
Argel.-Oeltz. 11677	0.26	12.5	ζ Tucani	0.06	54
σ Draconis	0.25	13	85 Pegasi	0.05	65
Arg.-Oeltz. 17415-6	0.25	13	α Argus	0.03	109
ε Indi	0.20	16	Arcturus	0.02	163
α Aquilae	0.20	16	γ Cassiopejae	0.01	326
10 Ursae maj.	0.20	16	π Herculis	0.00	—

Capitel IV.

Das Licht.

1. Die Bewegung des Lichtes.

Bewegung ist eine allgemeine Eigenschaft der Materie. Absolute Ruhe können wir uns wohl vorstellen; die Erfahrung zeigt aber, dass sie nicht existirt, und dass wir nur von relativer Ruhe sprechen dürfen. Mit der Erde und allem auf ihr Befindlichen sind die Planeten und deren Trabanten, die Cometen und Meteore, ist die Sonne selbst und die Welt der Sterne und Nebel in ewiger Bewegung, wenn auch unsere beschränkten Sinne nicht immer diese Bewegung wahrzunehmen vermögen. Und wie die Materie selbst sich bewegt, so wird sie auch dem Gefühle und dem Auge nur durch einen Bewegungsvorgang wahrnehmbar.

Das, was wir als Wärme an einem Körper empfinden, wird hervorgerufen durch die Schwingungen seiner kleinsten Theilchen, die sich einem alles durchdringenden und erfüllenden ungemein feinen Stoffe, dem Aether, mittheilen und durch denselben fortgepflanzt werden. Werden diese Schwingungen immer schneller und schneller — durch vermehrte Intensität der Wärme — so vermögen sie endlich auf die Netzhaut des Auges einzuwirken, die Wärmestrahlen gehen über in die Lichtstrahlen, der Körper ist nicht mehr bloss warm, sondern er wird selbstleuchtend, er glüht. Während dem Physiker schon lange bekannt war, dass diese Kräfte, Licht und Wärme, nicht nur unter sich, sondern auch mit anderen Kräften, Elektricität und Magnetismus, nahe verwandt sind, indem sich die einen in die anderen umsetzen lassen und umgekehrt, ist es durch die epochemachenden Untersuchungen Maxwells und ganz besonders durch diejenigen von Hertz bewiesen worden, dass überhaupt alle diese Kräfte identisch sind und sich in continuirlicher Reihe aneinander schliessen. Der Erkenntniss der Einheit der Naturkräfte sind wir hierdurch schon recht nähe getreten.

Die Schwingungen, welche die Körper- und Aethermoleküle ausführen, verlaufen ungeheuer schnell und zählen nach Billionen in der Secunde. Dementsprechend ist die Fortpflanzungsgeschwindigkeit der Aethererschütterungen auch ausserordentlich gross, aber keineswegs unmessbar.

Wir wissen jetzt, dass ein Stern, den wir sehen, uns einen vergangenen Zustand repräsentirt; dass das Licht, das in Gestalt von Aetherschwingungen von ihm ausgegangen, Jahre gebraucht hat, um zu uns zu gelangen. Und sollte der Stern plötzlich erlöschen, wir würden ihn doch noch einige Jahre leuchten sehen, ehe er unserm Gesicht entschwände.

Es waren die Beobachtungen der Jupitersatelliten, die zuerst zu erkennen gaben, dass Erscheinungen in den fernen Himmelsräumen ihrer Wahrnehmung um einen mehr oder weniger grossen Zeitraum voraus waren; dass also die Geschwindigkeit des Lichtes, die man bis dahin meist für unendlich gross gehalten hatte, eine endliche sei. Diese Körper. die in weit kürzerer Zeit den Jupiter umkreisen, als der Mond die Erde, werden wegen der geringen Neigung ihrer Bahnen und der Grösse des Jupiter und seines Schattens fast bei jedem Umlauf — die drei inneren Trabanten sogar bei jedem — verfinstert. Die verhältnissmässige Genauigkeit, mit der man die Zeiten ihres Verschwindens im Jupiterschatten beobachten konnte, und der Werth, den solche Beobachtungen für Längenbestimmungen hatten, führte die Astronomen des 17. Jahrhunderts zur Berechnung von Tafeln für die Erscheinungszeiten dieser Finsternisse. Ole Römer (damals in Paris) fand nun etwa 1676*), indem er die Tafeln seiner Vorgänger, speciell D. Cassinis, verbessern wollte, dass diese Finsternisszeiten nicht durch eine gleichmässige Bewegung der Satelliten dargestellt werden könnten. War Jupiter in Opposition mit der Sonne und die Erde ihm also am nächsten, so stimmten Beobachtung und Rechnung überein. Entfernte sich aber die Erde, bei ihrem Jahreslauf um die Sonne, vom Jupiter, so wurden die Verfinsterungen immer später gesehen, bis endlich, beim grössten Abstand, die Zeiten volle 22 Minuten zu spät schienen. Eine solche Ungleichförmigkeit — schloss Römer — konnte nicht reell sein, besonders da sie für alle Satelliten gleichzeitig und in gleichem Betrage eintrat; und mit Recht schrieb er sie dem Umstande zu, dass das Licht Zeit gebrauchen müsse, um vom Jupiter nach der Erde zu gelangen, und dass diese Zeit um so grösser sei, je entfernter die Erde von dem Planeten ist. Aus den Beobachtungen folgerte er, dass das Licht in 22 Minuten die Erdbahn und also in 11 Minuten den Abstand von der Sonne nach der Erde durcheile.

Den nächsten grossen Schritt in der Erkenntniss der fortschreitenden Bewegung des Lichtes that Bradley, dessen Beobachtungen in Kew, um die Parallaxe des Sternes γ Draconis zu bestimmen, wir schon oben (Seite 229) erwähnt haben**). Die Wirkung der Parallaxe hätte die Declination des Sternes am grössten im Juni, am kleinsten im December ergeben müssen, während im Frühjahr und Herbst ein mittlerer Werth zu erwarten war. Aber das wirkliche Resultat der Messungen war ein ganz verschiedenes und wies Erscheinungen auf, die Bradley anfangs durchaus nicht zu erklären vermochte. Zunächst verrieth sich kein Einfluss einer Parallaxe, indem die Declinationen im Juni und December gleich waren. Dann aber stellte sich heraus, dass die Declinationen etwa 40 Secunden grösser im September als im März waren, wo eine Parallaxe keinen Einfluss äussern konnte. So zeigte also der Stern

---

*) Römers epochemachende Entdeckung wurde von ihm zuerst im September 1676 der Pariser Akademie mitgetheilt; seine erste Arbeit darüber steht im Journal des Savants vom Jahre 1676.

**) Bei diesen Beobachtungen Bradleys (und seiner Entdeckung der Aberration) darf der Name von Molyneux nicht unerwähnt bleiben. Den Zenithsector in Kew, an welchem auch Bradley beobachtete, hatte Molyneux errichtet und die Beobachtungen von γ Draconis mit dem Zwecke, seine Parallaxe zu bestimmen, projectirt und Anfang December 1725 begonnen; beide Astronomen vereint bemerkten sehr bald die eigenthümliche, mit einer parallaktischen Wirkung in Widerspruch stehende Bewegung des Sternes. Scharfsinnige Versuche zur Erklärung der Erscheinung machten beide, die Erklärung selbst gelang aber erst nach dem Tode von Molyneux im April 1728 Bradley.

zwar eine regelmässige jährliche Oscillation; aber anstatt eine der Bewegung der Erde auf ihrer jährlichen Bahn entgegengesetzte, wie es die Gesetze der relativen Bewegung erforderten, gab sich eine Bewegung rechtwinkelig gegen die der Erde kund.

Endlich erkannte Bradley den Grund dieser Erscheinung in der Combination der fortschreitenden Bewegung des Lichtes mit der Bewegung der Erde in ihrer Bahn. Es wird erzählt, Bradley wäre in einem Segelboote auf der Themse gefahren und hätte bemerkt, wie der Wimpel desselben, bei jeder Aenderung in der Richtung des Bootes, eine andere Richtung des gleichmässig wehenden Windes anzeigte. Diese einfache Wahrnehmung führte ihn zur Erklärung des coelestischen Phänomens. In Fig. 94 sei S ein Stern und OT das auf ihn gerichtete Fernrohr. Wäre letzteres in Ruhe, so würde der von S ausgehende Lichtstrahl nach Durchsetzung des Objectives O, in der Richtung SOT zum Oculare gelangen, der Stern würde also im Gesichtsfelde rechts erscheinen. Aber unsere Fernröhre sind nicht in Ruhe, sondern werden mit der Erde und allem auf ihr mit einer Geschwindigkeit von 30 Kilometern in der Secunde um die Sonne geführt. Gebe der Pfeil die Richtung dieser Bewegung an; dann bewegt sich das Fernrohr, während der Strahl es durchläuft, um ein kurzes Stück in der Pfeilrichtung, und der Lichtstrahl wird daher das Ocular T nicht mehr rechts, sondern etwas links treffen, und zwar so viel scheinbar nach links abweichen, als das Fernrohr in der kurzen Zeit fortgerückt ist, die der Strahl vom Objectiv O zum Ocular T gebraucht hat. Wir werden also den Stern nicht mehr in der wahren Richtung TOS sehen, sondern in der TOS'; der Stern wird in der Richtung der Erdbewegung versetzt erscheinen.

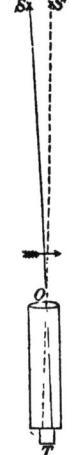

Fig. 94. Aberration.

Diese Versetzung der Gestirne zufolge der Lichtbewegung heisst die Abirrung oder *Aberration* des Lichtes. Ihr Betrag, d. h. die Grösse des Winkels SOS', hängt von dem Verhältnisse der Geschwindigkeit der Erde in ihrer Bahn zur Geschwindigkeit des Lichtes ab, und er lässt sich bestimmen, wenn man, wie schon Bradley und Molyneux thaten, Zenithdistanzen oder Declinationen geeigneter Sterne durch eine Reihe von Jahren zu den Zeiten beobachtet, wo ihr Betrag oder die Abweichung vom mittleren Orte am grössten ist. Der jetzt gewöhnlich gebrauchte und fast allgemein angenommene Werth, die sogenannte Constante der Aberration, 20″.45, rührt von W. Struve her und wurde aus Beobachtungen am grossen Verticalkreis der Pulkowaer Sternwarte abgeleitet. In neuerer Zeit hat Nyrén aus Beobachtungen an drei Pulkowaer Instrumenten, dem Passageninstrumente, dem Passageninstrumente im ersten Vertical und dem Verticalkreis, in vollkommener Uebereinstimmung für alle drei Instrumente den Werth 20."490 als Aberrationsconstante abgeleitet.

Aus der Struve'schen Constante ergiebt sich durch eine sehr einfache trigonometrische Rechnung, dass die Geschwindigkeit des Lichtes 10089 mal so gross ist als die der Erde in ihrer Bahn*). Hieraus können wir dann die Zeit, welche das Licht von der Sonne zur Erde braucht, sofort und ganz unabhängig von den Jupitersatelliten finden. Die Erde vollendet ihren Umlauf um die Sonne in $365^1/_4$ Tagen; das Licht also würde die Erdbahn in $\frac{365.25}{10089}$ Tagen, oder $52^m 8^s\!.5$ umlaufen. Dividiren wir diese Zahl durch das Verhältniss von Kreisumfang zu Kreisdurchmesser (3.1416), so erhalten wir $16^m 35^s\!.6$, und die Hälfte davon $8^m 17^s\!.8$ giebt dann offenbar die gesuchte Zeit an.

Wir sahen oben, dass Römer aus den Verfinsterungen der Jupitertrabanten dafür den Werth von 11^m fand. Der Unterschied von $2^m 42^s$ ist nun zwar bedeutend, aber doch nicht so gross, als dass er nicht aus den ziemlich rohen Beobachtungen, die Römers Resultat zu Grunde lagen, erklärt werden könnte. In der That fand Delambre aus einer sehr umfangreichen Untersuchung aller Finsternisse zwischen 1662 und 1802 (mehr als 1000) den Werth $8^m 13^s\!.2$.

Die Differenz der Werthe für die Lichtzeit, wie sie aus der Aberration der Fixsterne und aus den Verfinsterungen der Jupitersatelliten folgen, ist hierdurch schon auf $4^s\!.8$ gesunken. Es fragt sich, welches der wahre Werth ist, und ob dieser Unterschied reell oder nur in den Beobachtungsfehlern begründet sei. Vollständig streng ist diese Frage noch nicht beantwortet; mit überwiegender Wahrscheinlichkeit kann man aber behaupten, der Struve'sche Werth sei bis auf eine Kleinigkeit richtig, und der von Delambre, der für den Aberrationswinkel 20."25 ergeben würde, durch die Ungenauigkeit der Finsternissbeobachtungen entstellt. Neuere Beobachtungen deuten mit Sicherheit sogar auf eine geringe Vergrösserung der Struve'schen Aberrationsconstante hin, um etwa 0."07. Einige Physiker und Astronomen (namentlich Klinkerfues) haben zu zeigen versucht, dass die Differenz reell und eine physische Ursache vorhanden sei, welche die oben dargestellten Aberrationsbeobachtungen beeinflusse. Durch das Experiment und aus der Theorie des Lichtes weiss man, dass das Licht in Glas oder einem anderen

---

*) Wird nämlich die Geschwindigkeit der Erde mit g, die des Lichtes mit G, die Aberrationsconstante mit a bezeichnet, so ist $G = g \cot g\, a$ oder 10089, wenn $g = 1$ gesetzt wird.

brechenden dichten Medium langsamer als im leeren Raum sich fortpflanzt. Bei Beobachtungen mit einem Fernrohr hat nun das Licht das Objectivglas zu passiren, und der durch die langsamere Bewegung in ihm bedingte Zeitverlust wird die Aberration grösser erscheinen lassen, als sie wirklich ist. Nach der allgemein angenommenen Theorie des Lichtes von Fresnel wird indessen dieser Zeitverlust dadurch compensirt, dass das Objectiv, so zu sagen, den Lichtstrahl theilweise mit fortzieht. Von dem Wunsche erfüllt, diese Frage definitiv zu lösen, construirte nun Airy vor Jahren ein Fernrohr, welches mit Wasser gefüllt war und nur zur Bestimmung des Aberrationswinkels, der Aberrationsconstante, dienen sollte. Das Resultat war eine vollständige Bestätigung von Fresnels Theorie, indem die Aberration eben so gross wie mit gewöhnlichen Fernröhren gefunden wurde, während sie nach der anderen Ansicht durch das Wasser hätte bedeutend vergrössert werden müssen.

Diese Erklärung der Differenz beider Resultate fällt also, und dies macht nur wahrscheinlicher, dass in Delambres Zahl irgend ein Fehler stecken müsse. Die vollständige kritische Untersuchung aller Finsternissbeobachtungen ist aber eine so mühsame Arbeit, dass sie im weitesten Umfang niemand seit Delambres Zeit unternommen hat. Indessen geht schon aus der neuesten Bearbeitung der Finsternisse des ersten Jupitertrabanten durch Glasenapp in Pulkowa hervor, dass der aus Struves Aberration folgende Werth der Lichtzeit (498^s) schwerlich um 1^s falsch sein könne. Aus den Beobachtungen, die 1848—1873 in Greenwich und anderen Sternwarten angestellt wurden, fand sich nämlich die Lichtzeit zu $8^m\ 20^s$; also nicht wie bei Delambre kleiner, sondern noch 2^s grösser als Struves Werth, was mit der oben erwähnten, auf anderem Wege gefundenen Vergrösserung derselben übereinstimmt. Es ist daher fast sicher, dass die Abweichung von Delambre einzig und allein von den Fehlern der Beobachtungen herrührt, deren sich Delambre bediente. Zugleich wird durch die Uebereinstimmung der Werthe aus der Aberrationsconstante und aus den Satellitenverfinsterungen bewiesen, dass die Lichtgeschwindigkeit unabhängig ist von der Qualität des Lichtes, dass es gleichgültig ist, ob wir direct ausgesandtes Fixsternlicht oder reflectirtes Sonnenlicht in Betracht ziehen.

Jede der beiden beschriebenen Methoden giebt uns nur die Zeit, welche das Licht braucht, um von der Sonne zur Erde zu gelangen, keine aber direct die Geschwindigkeit des Lichtes. Um diese aus der ersteren zu bestimmen, müssen wir die Entfernung der Sonne kennen. Dividiren wir dann die Entfernung durch 498, so haben wir die Geschwindigkeit des Lichtes, d. h. den Weg, welchen das Licht in einer

Secunde zurücklegt. Können wir umgekehrt durch Experimente auf der Erde die Lichtgeschwindigkeit finden, so haben wir durch Multiplication mit 498 sofort die Entfernung der Sonne. Bedenken wir aber, wie ungeheuer gross jene Geschwindigkeit, so lässt sich begreifen, dass es eine sehr schwierige Aufgabe ist, sie durch Experimente zu bestimmen. Sehr selten nur können Gegenstände auf der Erdoberfläche in einer Entfernung von 70 oder 80 Kilometern deutlich gesehen werden, und eine solche Distanz durcheilt das Licht im viertausendsten Theile einer Secunde. Wie zu begreifen, waren demnach alle früheren Versuche, die Zeit zu bestimmen, welche das Licht braucht, um solche auf der Erde erreichbare Entfernungen zu durchlaufen, vollkommen vergeblich. Galilei war der erste, der solche anstellte, und seine Methode verdient Erwähnung, da sie das Princip zeigt, nach welchem derartige Bestimmungen gemacht werden können. Er stellte in der Dunkelheit zwei Beobachter in einigen Kilometern Entfernung von einander auf, jeden mit einer Laterne, welche in einem Moment bedeckt werden konnte. Der eine Beobachter, A, hatte seine Laterne zu bedecken, und der entfernte, B, bedeckte die seinige auch, sobald er das Licht verschwinden sah. Damit nun A das Verschwinden des Lichtes von B sah, musste das Licht den Weg von A nach B und umgekehrt zurücklegen. Nehmen wir an, das Licht gebrauche eine Secunde, um von A nach B zu gelangen; B würde dann noch eine Secunde nach der Bedeckung das Licht von A wahrnehmen, und ebenso A das von B; abgesehen von der Zeit, die B gebrauchte, um sein Licht zu verdecken, würden also zwei Secunden vergangen sein zwischen der Zeit, wo A sein Licht verdeckte, und wo er das von B verdeckte verschwinden sah.

Natürlich fand Galilei durch diese rohe Methode überhaupt kein Intervall. Eine Erscheinung, die, um sich durch die gegebene Entfernung fortzupflanzen, den hundertsten Theil von einer Tausendstelsecunde gebrauchte, musste sich nothwendigerweise als eine momentane darbieten. Immerhin ist das Princip aber ein durchaus richtiges und in gewisser Hinsicht dasselbe, auf dem auch die verfeinerten Methoden der Neuzeit beruhen; denn ein wesentliches Moment in ihr, die Vergrösserung der Distanz und demzufolge des Zeitintervalls zwischen dem Geben und dem Empfangen des Lichtsignales, kommt auch bei Fizeau und Foucault zur Anwendung. Die Art und Weise, wie der französische Physiker Fizeau in den vierziger Jahren die Lichtgeschwindigkeit bestimmte, erläutert einigermassen schematisch die nebenstehende Figur 95. Ein Licht L wirft vermittelst dreier Linsen und eines Glasspiegels P seine Strahlen nach einem etwa 9 Kilometer entfernten Spiegel S, der sie in derselben Richtung wieder reflectirt; das in der Strahlenrichtung stehende

Auge A sieht den durch P hindurchgegangenen Theil des reflectirten Lichtes. An der Stelle, wo nach Spiegelung an P ein Bild des Lichtpunktes L entsteht, befindet sich der gezahnte Umfang eines Rades R, welches in sehr rasche Umdrehung versetzt werden kann. Ist das Rad in Ruhe, so sieht A entweder Licht, oder es hat Dunkelheit, je nachdem eine Lücke oder ein Zahn in den Weg des Lichtes tritt. Wird das Rad in Drehung versetzt, so fällt das Licht zwischen den Zahnlücken hindurch nach S, wird reflectirt und gelangt zum Auge zurück. Ist nun aber die Drehgeschwindigkeit des Rades so gross, dass in der Zeit, welche das Licht brauchte, um nach S und wieder zurück zu gelangen, ein Zahn an die Stelle der Lücke getreten ist, so wird das Licht von dem Zahn aufgefangen, und das Auge hat Dunkelheit. Dreht sich das Rad doppelt so rasch, so wird jetzt wieder eine Lücke da sein, wenn

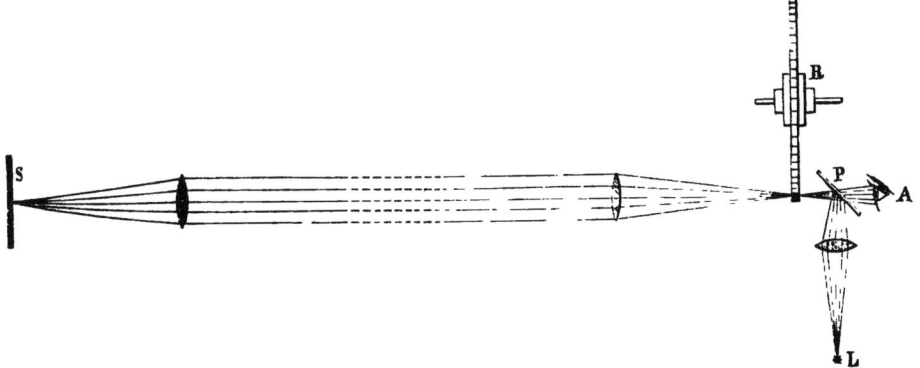

Fig. 95. Fizeaus Apparat zur Bestimmung der Lichtgeschwindigkeit.

das Licht von S zurückkehrt, das Auge wird dasselbe also wahrnehmen; bei dreifacher Geschwindigkeit des Rades ist wiederum Dunkelheit für A; bei vierfacher Licht u. s. f. Kennt man die Umdrehungsgeschwindigkeit und die Zahl der Zähne, so lässt sich leicht die Zeit berechnen, in der ein Zahn an Stelle einer Lücke tritt; und die kleinste Drehgeschwindigkeit, für welche dies stattfindet, das Auge also kein Licht wahrnimmt, giebt dann die Zeit, welche das Licht braucht, um von P nach S und zurück zu gelangen. Der Spiegel S im Fizeau'schen Experiment vertritt die Stelle der Laterne des Beobachters B bei Galileis Versuchen. Auf diesem Wege fand Fizeau die Geschwindigkeit des Lichtes zu 313000 Kilometern in der Secunde.

So schön und sinnreich auch diese Methode ist, so wird sie durch die von Foucault angewandte doch fast noch übertroffen. Bei derselben tritt an die Stelle des rotirenden Rades ein rotirender Spiegel, nach

II. Praktische Astronomie.

Wheatstones Vorgang, der zuerst darauf aufmerksam machte, wie mit Hülfe eines solchen ausserordentlich kleine Zeitintervalle gemessen werden können. Das Princip von Foucaults Methode ist kurz dieses. AB (Fig. 96) sei ein ebener, um die Axe X rotirender Spiegel und C ein fester Concavspiegel, dessen Krümmungsmittelpunkt mit X zusammenfällt. O sei ein leuchtender Punkt, der einen einzelnen Lichtstrahl OX aussendet. Dieser Strahl wird vom Spiegel AB nach C reflectirt, trifft diesen stets normal und geht in derselben Richtung nach X wieder zurück und von da wieder nach O und zum Auge bei E. Wird der Spiegel AB nur langsam gedreht, so ist seine Stellung gleichgültig; der Strahl OX wird immer in derselben Richtung, nach E, zurückkehren und nur den Spiegel C an anderen Punkten treffen. Wird AB aber in so rasche Drehung versetzt, dass, wenn der Strahl von C nach X zurückkommt, der erste Spiegel die Lage $A'B'$ angenommen hat, so wird er nicht mehr in der Richtung XE reflectirt, sondern in der XE', welche dem Reflexionsgesetze zufolge von XE um den doppelten Betrag der Winkeldrehung von AB abweicht. Kennt man dann die Umdrehungsgeschwindigkeit des Spiegels und den Winkel EXE', so kann die Zeit, welche der Strahl von X nach C und zurück gebraucht hat, leicht gefunden werden.

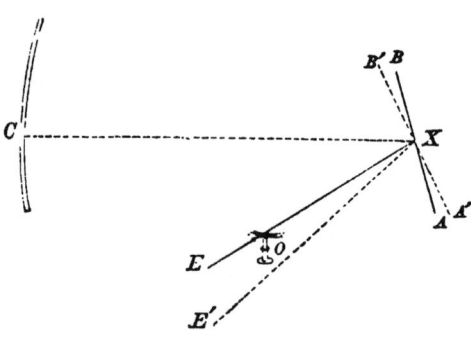

Fig. 96. Foucaults Apparat zur Bestimmung der Lichtgeschwindigkeit (schematisch).

Offenbar kann der Beobachter nicht ein continuirliches Licht bei E sehen, weil der Strahl nur zurückgeworfen werden kann, wenn der rotirende Spiegel den Strahl nach irgend einem Punkte des festen Spiegels wirft. Wirklich gesehen wird nur eine Reihenfolge von Lichtblitzen, indem jedesmal ein Blitz erscheint, wenn der rotirende Spiegel durch die Lage AB geht. Rotirt der Spiegel indessen sehr rasch, so werden diese Blitze dem Auge ein continuirliches Licht zu bilden scheinen, welches aber schwächer ist, als wenn der Spiegel sich in Ruhe befindet. Diese Schwächung des Lichtes, wie auch der Mangel vollkommener Continuität, bildet einen immerhin nicht unerheblichen Uebelstand dieser Methode. Auf solche Art fand nun Foucault (1862) die Geschwindigkeit des Lichtes zu 298 000 Kilometern, ein Resultat, welches mit späteren gut übereinstimmt.

Diese Methode ist so fein und empfindlich, dass selbst der millionte

Theil einer Zeitsecunde dadurch ebenso genau gemessen werden kann, als der Astronom die Winkel am Himmel bestimmt. Ihre Vervollkommnung verdankt sie den vereinten Bemühungen verschiedener Physiker. Die erste Idee rührt, wie schon erwähnt, von Wheatstone her, der durch einen derartigen schnell rotirenden Spiegel die Dauer des elektrischen Funkens mass. Dann zeigte Arago, dass sie benutzt werden könne, zu bestimmen, ob die Lichtgeschwindigkeit grösser in Luft oder in Wasser sei. Fizeau und Foucault verbesserten endlich den Arago'schen Apparat noch weiter durch Einführung des concaven Spiegels und brachten ihn dadurch zu seiner heutigen Vollendung.

Man hat sich indessen nicht mit dem letzten Foucault'schen Resultat begnügt. Der französische Physiker Cornu wiederholte 1872 und 1874 die Versuche und zwar nach der älteren Fizeau'schen Methode. Seine ersten Ergebnisse stimmten mit dem oben erwähnten Foucault'schen Resultate gut überein und deuteten höchstens eine kleine Vermehrung der Lichtgeschwindigkeit an. Nach zwei Jahren wiederholte er indessen die Experimente und zwar mit noch vollkommneren Mitteln. Durch ein passendes Fernrohr wurden Lichtblitze von der Pariser Sternwarte nach dem Thurme von Montlhéry, in eine Entfernung von etwa 24 Kilometern, gesandt und zurückempfangen. Das feingezahnte Rad konnte mehr als 1600 Umdrehungen in einer Secunde machen und die Zeit mittelst eines Elektro-Chronographen, auf welchem die Radumdrehungen registrirt wurden, genauer als auf eine Tausendstel Secunde bestimmt werden. Das Fernrohr in Montlhéry, in dessen Focus der reflectirende Spiegel stand, wurde von einer starken, in dem Mauerwerke des Thurmes befestigten eisernen Röhre gehalten. In dieser Entfernung und mit der grössten Radgeschwindigkeit war Cornu im Stande, 20 Zähne des Rades passiren zu lassen, bevor die Lichtblitze zurückkamen, und dieselben bei ihrer Rückkehr am 21. Zahne aufzufangen. Die Bestimmungen wurden indessen nicht nur bei ihrer grössten, sondern auch bei geringeren Geschwindigkeiten (4 bis 21 Zähne) gemacht. Als Endresultat leitete Cornu die Lichtgeschwindigkeit in der Luft zu 300330, im leeren Raume zu 300400 Kilometern ab, welche Zahl jedoch nach Helmerts Untersuchungen auf 299990 Kilometer zu reduciren ist. Dieses Resultat ist etwas geringer als das von Cornu selbst, aber immer noch nahe 2000 Kilometer grösser als das von Foucault. In jüngster Zeit endlich hat der amerikanische Marinebeamte Michelson in Annapolis nach einer der Foucault'schen verwandten Methode (rotirender Spiegel) die Geschwindigkeit zu 299940 Kilometern bestimmt. Die beiden letztgenannten Werthe harmoniren vortrefflich, und man wird daher der Wahrheit jedenfalls sehr nahe kommen, wenn man 300000 Kilometer als Lichtgeschwindigkeit im leeren Raume annimmt.

2. Die Spectralanalyse.

Das Auge ist nicht bloss befähigt, die Schwingungen des Aethers als Licht aufzufassen, sondern auch Unterschiede in der Geschwindigkeit der Schwingungen, oder, was auf dasselbe hinausläuft, in der Länge der Lichtwellen wahrzunehmen. Auf dieser Eigenschaft des Auges beruht es, dass wir uns an der Farbenpracht, welche die Natur uns darbietet, erfreuen können. Die Natur arbeitet mit einfachen Mitteln; je nach der Länge der Schwingungen des Lichts, welches ein Körper aussendet, entsteht in dem Menschen der Begriff der verschiedenen Farbe. Diese Thatsache mit ihren Consequenzen ist heute jedem Gebildeten bekannt. Strahlt von einem Körper Licht aller Art aus, so erscheint er uns weiss; sendet er nur eine ganz bestimmte Art des Lichtes, also Licht von einer ganz bestimmten Wellenlänge, aus, so erscheint er in einer ganz reinen Farbe. Zwischen diesen Grenzfällen sind alle anderen möglich, und hierdurch entstehen die zahlreichen Modificationen der verschiedenen Farbentöne.

Es wird als eine der schönsten geistigen Errungenschaften unseres Jahrhunderts betrachtet werden müssen, dass es gelungen ist, das Licht, welches uns ein leuchtender Körper zusendet, und sei es auch aus den fernsten Gegenden des Weltalls, auf seine Zusammensetzung untersuchen und hieraus zum Theil geradezu unfehlbar zu nennende Schlüsse auf die chemische Zusammensetzung des Körpers und auf seinen Aggregatzustand ziehen zu können, ja sogar seine Bewegung durch Untersuchung seines Lichtes festzustellen. Alles das gewährt die Spectralanalyse in ihrer heutigen Vollkommenheit, ein Wissenszweig, der vor 50 Jahren noch kaum dem Namen, jedenfalls aber noch nicht seinem Wesen nach bekannt war. Zu jener Zeit würde jedermann denjenigen, welcher ihre Erfolge geweissagt hätte, für einen Phantasten erklärt haben; heutzutage sind ihre Grundprincipien jedem Freunde der exacten Wissenschaften wohl bekannt. Wie bei so vielen Dingen verschwindet auch hier das Wunderbare mit der zunehmenden Erkenntniss, und so wollen wir versuchen, dem Leser einen kurzen Einblick in die Spectralanalyse darzubieten, hierbei die Darstellung der Resultate selbst auf die späteren Capitel dieses Buches verlegend.

Die zur Untersuchung des Lichtes nothwendige Zerlegung in die elementaren Bestandtheile oder in die Regenbogen- oder Spectralfarben kann auf verschiedene Weise erfolgen, am einfachsten mit Hülfe eines Prismas. Lichtstrahlen von verschiedener Wellenlänge oder verschiedener Farbe werden beim Durchgange durch ein dichteres Medium (Glas) verschieden stark gebrochen, die violetten am stärksten, die rothen am wenigsten. Fällt also ein Bündel weissen Lichtes auf ein Prisma, so wird es zerlegt; man erhält nach dem Durchgange das Lichtbündel divergirend in den Farben des Regenbogens roth, orange, gelb, grün, blau, indigo, violett. Fängt man ein derartig zerlegtes Lichtbündel auf einem Schirme auf, so nennt man das entstehende farbige Band ein Spectrum. Diese Erscheinung war den Physikern schon lange bekannt; doch verwendeten dieselben zu ihren Versuchen stets runde Lichtbündel, erhalten durch einfache runde Oeffnungen in einem Schirme, durch welche das Sonnenlicht fiel, und in diesem Falle erhält man kein reines Spectrum wegen der Breite der Oeffnung; die Farben decken sich zum Theil. Wollaston (1802) war der erste, der an Stelle der runden Oeffnung einen feinen Spalt zur Anwendung brachte und daher zum erstenmale ein reines Spectrum erhielt. Ein Spectrum, welches mit Hülfe eines Spaltes erzeugt ist, kann man sich nämlich vorstellen als eine continuirliche Aneinanderreihung von Spaltbildern, welche aber alle von verschiedener Farbe sind. Wollaston fand bei dieser Anordnung, dass das Spectrum, welches die Sonnenstrahlen lieferten, nicht völlig continuirlich, sondern von dunklen Linien durchzogen war, welche er jedoch wenig beachtete. Erst Fraunhofer untersuchte sie genauer und fand, dass sie stets dieselbe Lage im Sonnenspectrum hatten, dagegen verschiedene bei gewissen Sternen; er benutzte sie wesentlich als Marken im Spectrum bei der Bestimmung von Brechungscoefficienten seiner Glassorten; sie sind nach ihm Fraunhofersche Linien genannt worden. Man erkannte auch, dass das Licht einer Kerzenflamme z. B. ein continuirliches Spectrum ohne Fraunhofer'sche Linien gab, dass eine Natriumflamme ein Spectrum lieferte, welches aus nur einer hellen Linie im Gelb bestand, und dass sich diese Linie genau an dem Orte zeigte, wo im Sonnenspectrum die Fraunhofer'sche Linie D stand; aber man wusste mit allen diesen Thatsachen nichts Rechtes anzufangen, bis es im Jahre 1858 dem hohen mathematischen Genie Kirchhoffs gelang, das Räthsel zu lösen. Kirchhoffs berühmtes Gesetz eröffnete eine Wissenschaft, die seitdem unter den exacten eine der ersten Stellen einnimmt.

Wir werden nun zunächst eine Beschreibung der wichtigsten Formen derjenigen Instrumente geben, welche zur Beobachtung und Messung der Spectra dienen, der Spectroskope, und naturgemäss vorwiegend die Anordnungen ins Auge fassen, die bei der Beobachtung der Spectra der Himmelskörper benutzt werden.

Die principielle Construction eines Spectroskopes beruht stets darauf, das von einer spalt- oder punktförmigen Quelle kommende Licht durch ein dispergirendes Mittel (Prisma oder Gitter) in die Elementarfarben zu zerlegen und das entstehende Spectrum in die deutliche Sehweite zu bringen, resp. bei photographischen Spectralaufnahmen das reelle Bild des Spectrums auf die empfindliche Platte zu werfen. Die denkbar einfachste Construction besteht demnach darin, mit dem blossen Auge durch ein Prisma hindurch nach einem Lichtspalte zu sehen; beträchtlich vollkommener wird diese Einrichtung schon dadurch, dass man nicht mit dem blossen Auge, sondern mit Hülfe eines Fernrohrs das durch das Prisma dispergirte Spaltbild betrachtet. Nach optischen Gesetzen erhält man nun die günstigsten Bedingungen für die Beobachtung eines Spectrums, wenn die Lichtstrahlen, welche durch das Prisma gehen, parallel sind, und wenn das Prisma sich in dem sogenannten »Minimum der Ablenkung« befindet. Ersteres erreicht man annähernd dadurch, dass man den Spalt in weite Entfernung setzt, eine Anordnung, die zuerst von Fraunhofer getroffen worden ist. Der ideale Fall, dass sich der Spalt oder ein Punkt desselben in unendlicher Entfernung befindet, wird auch heute noch vielfach in der Astronomie angewendet, bei dem sogenannten Objectivprisma, bei welchem ein zu untersuchender Stern selbst als Spaltpunkt anzusehen ist. In der compendiösesten Form lässt sich der Parallelismus der vom Spalt kommenden Strahlen durch eine sogenannte Collimatorlinse herstellen, eine achromatische Convexlinse, deren Brennpunkt sich im Spalt befindet, so dass die von letzterem ausgehenden Strahlen die Linse unter sich parallel verlassen müssen. Die Stellung des Prismas, bei welcher das Minimum der Ablenkung stattfindet, documentirt sich dadurch, dass der das gleichseitige Prisma passirende Lichtstrahl parallel zu der der brechenden Kante gegenüberliegenden Fläche läuft; alsdann ist die Ablenkung des Strahles in Bezug auf das Prisma vor und hinter demselben die gleiche.

In vieler Beziehung äusserst bequem ist die Anwendung geradsichtiger Prismensysteme an Stelle gewöhnlicher Prismen. Solche Systeme werden hergestellt durch die Verbindung eines Prismas von stark dispergirendem Flintglase mit zwei an den Seitenflächen aufgekitteten Crownglasprismen von kleinerem brechenden Winkel. Die brechenden Winkel und die Brechungsverhältnisse werden hierbei so gewählt, dass der mittlere Lichtstrahl die drei Prismen passirt, ohne Ablenkung zu erfahren, dass aber immer noch ein grosser Betrag der ursprünglichen Dispersion des Flintglasprismas übrig bleibt. Ausser der Bequemlichkeit, die der gerade Durchgang der Strahlen gewährt, bieten die geradsichtigen Systeme noch den Vortheil, dass bei ihnen die Bedingung, paralleles Licht zu verwenden, nicht vorhanden ist; sie werden daher vorwiegend bei den Ocularspectroskopen benutzt.

Man unterscheidet nun drei Arten von Spectroskopen in der Astro-

Die Spectralanalyse.

nomie: das Spectroskop mit Objectivprisma, das Ocularspectroskop und die zusammengesetzten Spectroskope.

Die Einrichtung des Objectivprismas ist aus Fig. 97 ersichtlich. Der unendlich weit entfernte Stern S ist als ein Punkt eines Spaltes zu betrachten; die von demselben ausgehenden parallelen Lichtstrahlen fallen auf das im Minimum der Ablenkung stehende Prisma P, und das in die Farben zerlegte Licht wird durch das dicht dahinter befindliche Fernrohr mit dem Objectiv O betrachtet. In der Brennebene des Objectivs wird z. B. im Punkte R das Bild des Sternes in einer bestimmten rothen Strahlenart gebildet, in V in einer bestimmten violetten. Dazwischen sind alle anderen Farben vertheilt, und man erblickt im Fernrohre also an Stelle des punktförmigen Sternes eine feine Linie in den Regenbogenfarben. In einer so feinen Linie können übrigens Einzelheiten, wie z. B. die Fraunhofer'schen Linien, nicht mehr erkannt werden, und es ist deshalb erforderlich, das linienartige Spectrum nicht durch ein gewöhnliches Ocular zu betrachten, sondern durch ein solches, welches besonders in einer Richtung, nämlich in der zur Längsrichtung des Spectrums senkrechten, vergrössert. Dies lässt sich am besten durch Combination eines Oculars mit einer Cylinderlinse erreichen, durch welche alle Gegenstände wesentlich nur in einer Richtung vergrössert werden. Bei allen Spectroskopen, welche zur Betrachtung der Spectra punktförmiger Objecte, also besonders der Fixsterne, dienen, muss eine derartige Cylinderlinse verwendet werden, die aber je nach der Construction des Spectroskopes an verschiedenen Stellen in den Gang der Lichtstrahlen eingeschaltet wird.

Um die volle Lichtstärke eines Refractors auszunützen, muss dem Prisma vor dem Objectiv die Grösse des letzteren gegeben werden; für

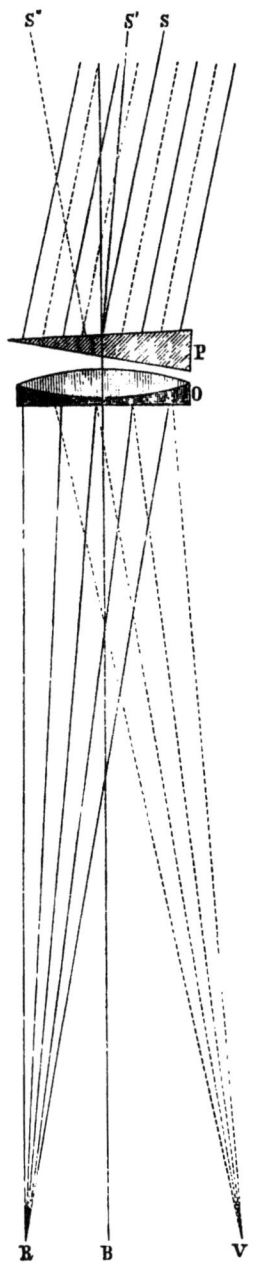

Fig. 97.

grössere Fernröhre erreicht das Prisma also schon beträchtliche Dimensionen, und die Herstellung eines solchen ist sehr schwierig und kost-

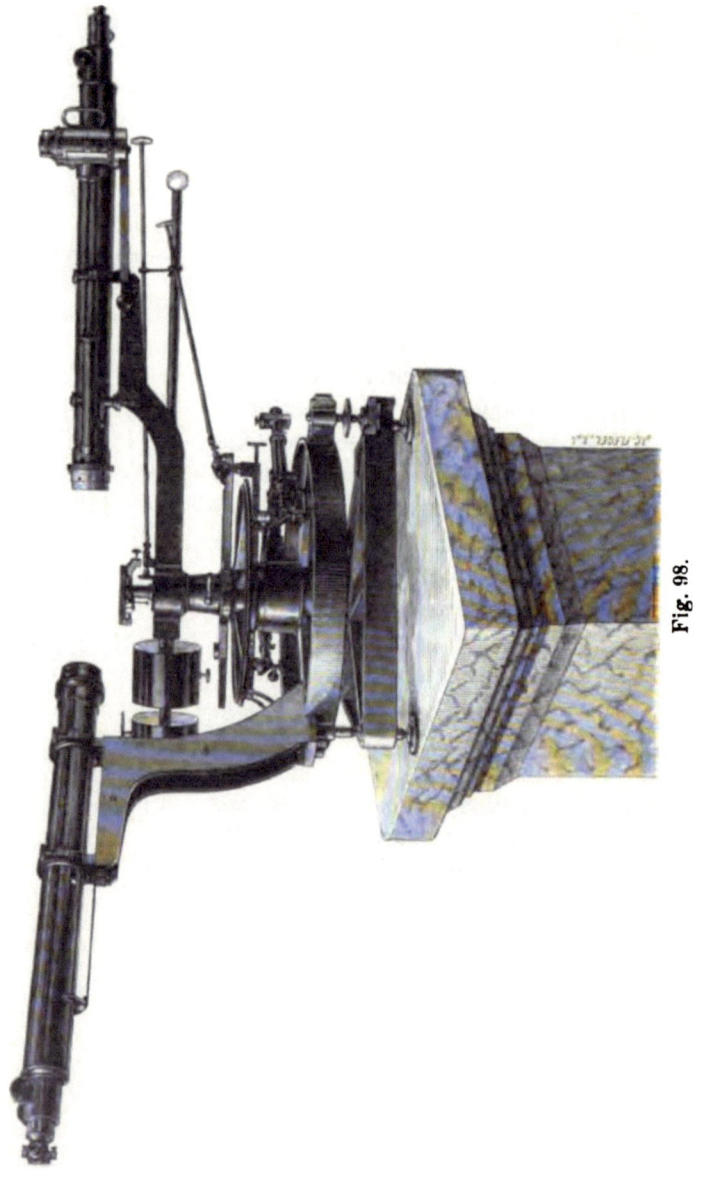

Fig. 98.

spielig. Dafür erlangt man aber auch den Vortheil grosser Helligkeit, sowie ferner den, dass man auf photographischem Wege gleichzeitig die Spectra aller Sterne fixiren kann, welche sich im Gesichtsfelde befinden. Das Objectivprisma ist daher vorzüglich zu spectroskopischen Durchmusterungen des Himmels geeignet.

Am einfachsten und billigsten herzustellen sind die Ocularspectroskope, von denen wir hier nur die beste Art beschreiben wollen. Es genügt nämlich zur Beobachtung des Spectrums eines Sternes vollständig, in eine kleine Hülse ein Prismensystem mit gerader Durchsicht und eine Cylinderlinse zu fassen und die Hülse vor das Ocular eines Refractors zu setzen. Trifft man die Anordnung so, dass man die Hülse leicht aufsetzen und wegnehmen kann, so ist das Fernrohr wie gewöhnlich zu benutzen, um den zu untersuchenden Stern mit Bequemlichkeit aufzusuchen und in die Mitte des Gesichtsfeldes zu bringen, worauf man nach Aufsetzen der Hülse sofort das Spectrum beobachten kann.

Die beschriebenen Anordnungen sind im Wesentlichen nur zum Betrachten, weniger zum Ausmessen von Sternspectren geeignet. Letzteres lässt sich in vollkommenerer Weise nur mit Hülfe der zusammengesetzten Sternspectroskope oder der Sternspectrometer erreichen. Dieselben besitzen die Anordnung der eigentlichen, im Laboratorium zur Beobachtung der Spectra der Sonne und irdischer Lichtquellen benutzten Spectrometer, also Spalt, Collimatorlinse, Prisma, Beobachtungsfernrohr. Messungen können entweder dadurch ausgeführt werden, dass man das Fadenkreuz des Beobachtungsfernrohrs auf die zu messende Linie einstellt und an einem Kreise die Drehung des Fernrohrs abliest, oder dadurch, dass das Beobachtungsfernrohr ein Mikrometer besitzt, mit welchem innerhalb des Gesichtsfeldes gemessen werden kann. Im ersteren Falle kann man absolute Messungen ausführen, d. h. man kann aus den bekannten optischen Constanten des Prismas und aus der gemessenen Ablenkung die Wellenlänge der Linie im Spectrum direct bestimmen; im letzteren Falle sind nur relative Messungen möglich.

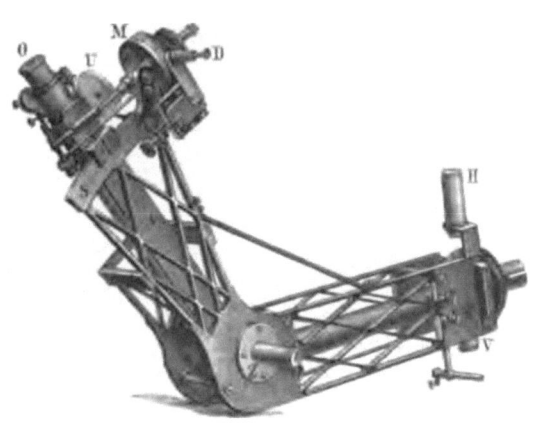

Fig. 99.

Die Fig. 98 zeigt die Construction eines im Laboratorium des

Potsdamer Observatoriums benutzten grossen Spectrometers von sehr vollkommener Ausrüstung. Wollte man ein solches Spectrometer so am

Fig. 100.

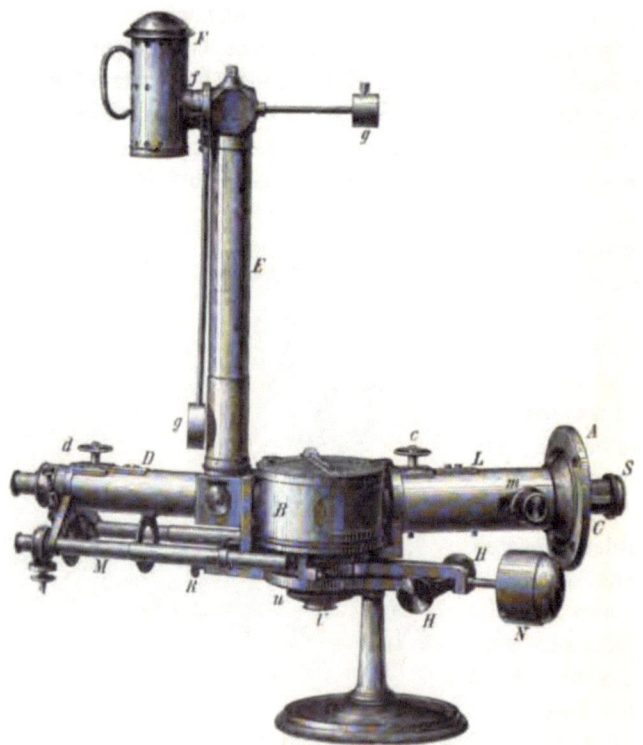

Fig. 101.

Ocularende eines Refractors anbringen, dass das Brennpunktsbild eines Sterns genau in den Spalt fällt, so würde man gewiss die vollkommenste

Form eines Sternspectrometers besitzen; aber es ist klar, dass so grosse und schwere Apparate nicht an einem Refractor angebracht werden können. Es ist deshalb bei der Construction eines Sternspectrometers vor allem das Augenmerk darauf zu richten, dass bei grosser Stabilität doch nur ein geringes Gewicht vorhanden ist, und mit Rücksicht hierauf sind die neueren Sternspectrometer construirt, von denen eine Anzahl dem Leser in den Figg. 99, 100, 101 vorgeführt ist. Dieselben stellen sämmtlich Apparate dar, welche auf dem Potsdamer Observatorium benutzt werden. Fig. 102 zeigt ein Sternspectroskop älterer Construction von Merz.

Will man mit Hülfe eines Sternspectrometers die Spectra photographiren, so ist nur erforderlich, an Stelle des Oculars des Beobachtungsfernrohrs eine kleine Camera anzubringen, in welcher sich die empfindliche Platte in der Brennebene des Objectivs vom Beobachtungsfernrohr befindet. Da die Aufnahme von Spectren der Himmelskörper,

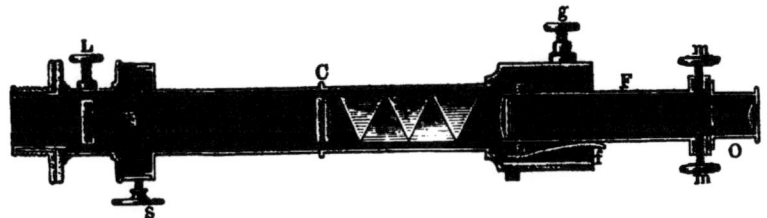

Fig. 102. Sternspectroskop von Merz, nach Secchi (Querschnitt).

Bei L Cylinderlinse; ss Spalt durch S verstellbar; bei C Collimatorlinse; P Prismensystem mit gerader Durchsicht; FO Beobachtungsfernrohr, mittels Mikrometerschraube g und Feder f verschiebbar; r kleines Prisma für Vergleichsspectrum.

sofern man die Sonne ausser Acht lässt, meistens sehr lange Expositionen erfordert, so ist bei den hierzu bestimmten Spectroskopen, den Sternspectrographen, noch mehr Gewicht als sonst auf möglichste Stabilität zu legen. Fig. 103 zeigt die Construction des grossen Potsdamer Sternspectrographen. — Es ist noch zu erwähnen, dass bei allen diesen Apparaten besondere Vorrichtungen erforderlich sind, mit Hülfe deren es möglich ist, das Brennpunktsbild des Sterns immer genau auf dem Spalte des Spectroskops zu halten.

Diejenigen Spectroskope, welche zur Beobachtung der Protuberanzen am Sonnenrande dienen, die Protuberanzspectroskope, unterscheiden sich in ihrer Construction nicht wesentlich von den Sternspectrometern, nur wird bei ihnen im Allgemeinen eine beträchtlich stärkere Dispersion in Anwendung gebracht, einmal, weil die grosse Helligkeit der Sonne dies erlaubt, dann aber auch, weil es allein mit Hülfe starker Dispersion

254   II. Praktische Astronomie.

möglich ist, die Protuberanzen sichtbar zu machen. Die Anwendung des Spectroskopes zur Beobachtung von Protuberanzen ist deshalb so interessant, weil die Protuberanzen für gewöhnlich nicht sichtbar sind. Es beruht dies auf Folgendem. Die Helligkeit einer Protuberanz am Sonnenrande ist immer beträchtlich geringer, als diejenige unserer erleuchteten Erdatmosphäre. Nur bei totalen Sonnenfinsternissen, wenn die Erdatmosphäre in nächster Umgebung des Sonnenrandes kein directes Sonnenlicht mehr empfängt, tritt das umgekehrte Verhältniss der Helligkeiten ein, und die Protuberanzen werden sichtbar. Nun besteht das Spectrum einer Protuberanz aus wenigen hellen Linien, von denen besonders eine im Roth, die Wasserstofflinie C, sich durch ihre Helligkeit auszeichnet. Je stärker nun die Dispersion eines Spectroskopes ist, um so mehr werden die hellen Linien von einander entfernt, ohne indessen an Helligkeit in demselben Masse abzunehmen. Dagegen wird die Helligkeit des continuirlichen Spectrums der Erdatmosphäre bei grosser Dispersion sehr stark geschwächt, und man kann die Verhältnisse so wählen, dass selbst bei weitem Spalte das continuirliche Spectrum schwächer ist als die Protuberanzlinien. Damit sind aber die Bedingungen für die Sichtbarkeit der Protuberanzen erfüllt, indem man

Fig. 104.

dieselben nun direct durch den Spalt hindurch in dem eigenthümlichen Lichte der betreffenden Linie, meistens der C-Linie, mit allen ihren Details beobachten kann. Es ist zu diesem Behufe erforderlich, den Spalt des Spectroskopes genau am Sonnenrande tangiren zu lassen. was mit Hülfe eines guten Uhrwerks am Refractor und bei einiger Uebung ohne Schwierigkeit gelingt. Fig. 104 zeigt die Construction eines Protuberanzspectroskops des Potsdamer Observatoriums. —

Wenn ein fester oder flüssiger Körper glüht, so sendet er Licht von allen Strahlengattungen aus, besonders, wenn er bis zur Weissglut erhitzt ist. Wird dieses Licht im Spectroskope zerlegt, so muss ein continuirliches Spectrum ohne jede Unterbrechung entstehen. Bei einer Leuchtflamme (Kerze, Leuchtgas, Petroleum) sind es die glühenden Kohlenstofftheilchen, welche der Flamme ihre Leuchtkraft verleihen: daher erhält man auch hierbei stets ein continuirliches Spectrum. Welche chemische Zusammensetzung der leuchtende Körper hat, ob Metall, ob Stein, ist ganz gleichgültig; es tritt deshalb keine Verschiedenheit des Spectrums ein, und mithin ist die Spectralanalyse nicht im Stande, bei glühenden festen oder flüssigen Körpern die Art des Stoffes anzugeben. Glühende Gase dagegen senden nicht alle Strahlengattungen aus, sondern nur eine beschränkte Zahl. Jede ausgesandte Strahlengattung aber erzeugt im Spectrum eine helle Linie, und deshalb besteht ein Gasspectrum aus einer oder mehreren discreten hellen Linien. Für jeden Stoff ist die Anzahl und die Anordnung dieser Linien eine andere, so dass es hierdurch möglich ist, die verschiedenen Stoffe von einander zu unterscheiden. So erzeugt z. B. Natriumdampf eine sehr helle Doppellinie im Gelb, Thalliumdampf eine sehr charakteristische Linie im Grün; andere Metalle, wie Calcium, Strontium, Barium, geben schon eine Reihe von Linien durch das ganze Spectrum hindurch, wenn ihre Dämpfe glühen, und Eisendampf z. B. erzeugt über 1200 helle Linien, welche über das ganze Spectrum zerstreut sind. Andere Gase geben Spectra, in denen die Linien eine gewisse rhythmische Anordnung zeigen, indem Liniengruppen von ähnlicher Zusammenstellung mehrfach wiederkehren. So giebt z. B. glühender Kohlenwasserstoff ein sogenanntes Bänderspectrum, welches aus 4 bis 5 Gruppen von Linien besteht, deren Anordnung dadurch auffällig ist, dass sie nach der rothen Seite des Spectrums zu plötzlich mit einer sehr starken Linie beginnen, auf welche alsdann eine Anzahl von Linien von abnehmender Stärke und in zunehmendem Abstande folgen.

In vielen Fällen genügt der blosse Anblick eines Spectrums, um zu entscheiden, welchem Gase oder Metalldampfe dasselbe angehört; im Allgemeinen ist es jedoch erforderlich, zur Identificirung Messungen anzustellen, und es ist deshalb als eine Hauptaufgabe der praktischen Spectroskopie zu betrachten, möglichst genaue Tafeln der Spectrallinien der verschiedenen Stoffe herzustellen. Unentbehrlich sind derartige Messungen stets, sobald Gemische von verschiedenen Stoffen vorliegen, in denen die einzelnen Stoffe ermittelt werden sollen, und das ist ja der gewöhnliche Fall in der Natur.

Während nun, wie wir gesehen haben, ein glühendes Gas unter gewöhnlichen Umständen helle Linien im Spectrum erzeugt, tritt eine sehr eigenthümliche Erscheinung ein, wenn Licht von einem glühenden festen oder flüssigen Körper durch das Gas hindurchgeht. Sobald nämlich der glühende Körper heisser als das Gas ist, werden aus dem weissen Lichte des ersteren durch das Gas alle diejenigen Strahlen absorbirt, welche das Gas sonst selbst aussendet. Dies kann sich im Spectrum offenbar nicht anders äussern als dadurch, dass nunmehr die früheren hellen Linien in dunkle übergehen; es findet eine sogenannte Linien-Umkehr statt, und aus dem Emissionsspectrum des Gases ist ein Absorptionsspectrum geworden. Man erblickt also jetzt auf hellem Hintergrunde eine Anzahl dunkler Linien, die nach ihrer Stellung und nach ihrer Stärke genau den früheren hellen entsprechen, so dass es gleichgültig ist, ob man in einem Emissions- oder einem Absorptionsspectrum die Messungen ausführt. Die Sonne und die meisten Fixsterne haben nun derartige Absorptionsspectra aufzuweisen, und es folgt aus dieser Thatsache allein schon, dass diese Himmelskörper nothwendigerweise eine Oberflächenschicht besitzen, welche aus glühenden festen oder flüssigen Stoffen gebildet ist, und dass ferner oberhalb dieser Schicht sich eine Atmosphäre glühender Gase befinden muss, welche absorbirend auf das von der Oberfläche ausgesandte weisse Licht wirken. Die Ausmessung der Absorptionslinien giebt in zweiter Linie dann Aufschluss über die Natur der Stoffe, welche in der Atmosphäre der Sterne enthalten sind.

Die vollkommene Identität zwischen Emissions- und Absorptionsspectrum ist nun die unmittelbare Folge des von Kirchhoff entdeckten und bewiesenen Satzes: »Für jede Strahlengattung ist das Verhältniss zwischen Emissions- und Absorptionsvermögen für alle Körper bei derselben Temperatur das gleiche.« Wie schon bemerkt, erstreckt sich die Identität beider Arten von Spectren nicht bloss auf die Lage der Linien, sondern auch auf ihr Aussehen, und dieser Umstand erlaubt noch andere Schlüsse auf die Constitution der Himmelskörper aus der Vergleichung der Spectra derselben mit denen irdischer Lichtquellen. Im Allgemeinen giebt jedes Gas im Spectrum eine Anzahl heller, scharf begrenzter Linien; vermehrt man aber den Druck des Gases oder die Dicke der Schicht, in welcher es leuchtet, so tritt eine sehr charakteristische Aenderung im Aussehen der Linien ein. Dieselben werden nicht bloss heller, sondern gleichzeitig auch breiter und verwaschener, und man kann dies soweit treiben, dass sich die Linien über das ganze Spectrum verbreiten, so dass letzteres schliesslich continuirlich erscheint. Untersucht man durch ein solches Gas hindurch das weisse Licht eines glühenden festen Körpers, so erscheinen die umgekehrten, dunklen Absorptionslinien des Gases ganz genau in derselben Weise verbreitert und verwaschen. Wie wir später sehen werden, zeigen aber sehr viele Fixsterne stark verbreiterte und verwaschene Linien, und die Spectralanalyse geht daher einen Schritt weiter und schliesst aus den verbreiterten Linien auf verhältnissmässig starke und dichte Atmosphären auf den betreffenden Himmelskörpern.

Es könnte nach unseren bisherigen Auseinandersetzungen scheinen, als ob die Aufgabe, aus den beobachteten Spectren der Himmelskörper die Constitution der letzteren festzustellen, eine sehr einfache und leicht zu lösende sein müsste. Dies ist indessen keineswegs der Fall, einmal, weil wegen der enormen Schwierigkeit der Beobachtung das Material, aus welchem die Schlüsse gezogen werden sollen, meistens nur ein wenig zureichendes ist; dann aber besonders aus dem Grunde, dass die Erscheinungen, welche in den Spectren bei Temperatur- und Druckänderungen eintreten, durchaus nicht auf einfache Verbreiterungen oder auf Hellerwerden der Linien beschränkt sind. Bei Temperatur- und Druckerhöhung treten häufig ganz neue, vorher nicht vorhandene Linien auf, schwächere Linien werden heller und schliesslich die hellsten des ganzen Spectrums, einige Linien verbreitern sich, andere weniger oder gar nicht, ja es giebt Fälle, in denen ein und dasselbe Gas zwei völlig verschiedene Spectra besitzt, die keine Aehnlichkeit mehr mit einander haben. Ferner hört unter gewissen Verhältnissen die Gültigkeit des Kirchhoff'schen Satzes überhaupt auf, z. B. bei phosphorescirendem Leuchten und beim Leuchten von Gasen bei niedrigen Temperaturen. Bedenkt man nun ferner, dass gerade bei den ausserordentlichen Massen- und Grössenverhältnissen der Himmelskörper Druck- und Temperaturzustände vorhanden sein müssen, wie sie in unseren Laboratorien künstlich nicht hergestellt werden können, so wird man begreifen, dass die oben formulirte Aufgabe zu den schwierigsten und verwickeltsten Problemen der Astronomie gehört, und dass ihre Lösung nur auf höchst mühsame Weise zu erreichen ist.

Die Leistungsfähigkeit der Spectralanalyse schliesst mit dem bisher Erwähnten aber keineswegs ab, vielmehr setzt sie den Astronomen auch in den Stand, Geschwindigkeitsmessungen an Gestirnen auszuführen, was sonst nur die reine messende Astronomie gestattet. Ja noch mehr, sie ermöglicht exacte Messungen von Bewegungen in der Gesichtslinie, zu deren Erkennen, geschweige denn Messen, überhaupt keine andere Methode geeignet ist. Diese Fähigkeit der Spectralanalyse beruht auf dem Doppler'schen Principe, welches, nach seinem Entdecker benannt, die Aenderungen der Lichtschwingungen deutet, die das Licht erleidet, wenn sich die Lichtquelle und der Beobachter einander nähern oder von einander entfernen. Das Doppler'sche Princip ist übrigens für alle Arten von Schwingungen gültig, also auch für Schallschwingungen, und gerade bei diesen ist es nicht schwierig, den praktischen Beweis des Princips zu führen, ja jedermann ist leicht in der Lage, die Wirkungen desselben zu erkennen. Wenn sich uns ein tönender Körper nähert, so ist der Ton höher als beim Stillstande; entfernt er sich von uns, so ist er tiefer. Dasselbe gilt auch, wenn der tönende Körper in Ruhe und der Beobachter in Bewegung ist. Am leichtesten ist diese Beobachtung auf der Eisenbahn zu machen, weil hier beträchtliche Geschwindigkeiten vorliegen; steht man dicht neben dem Geleise, und eine pfeifende Locomotive fährt vorbei, so ist die plötzliche Tonänderung im Momente des Vorbeipassirens sehr auffallend, ebenso, wenn man selbst im Zuge fahrend eine Station passirt, auf welcher ein Läutewerk in Thätigkeit ist. Bei der Annäherung gelangen eben mehr Schallwellen in unser Ohr als bei der Ruhe, bei der Entfernung weniger; dasselbe gilt für die Lichtwellen, und da bei diesen die Farbe der Tonhöhe bei Schallwellen entspricht, so muss bei bewegter Lichtquelle oder sich bewegendem Beobachter eine Farbenänderung eintreten, bei der Annäherung nach dem Violett hin, bei der Entfernung nach dem Roth zu. Eine merkliche Farbenänderung könnte indessen nur dann eintreten, wenn die Lichtquelle homogenes Licht aussendete, wie z. B. glühender Natriumdampf; in allen anderen Fällen findet ein Ersatz aus den unsichtbaren Strahlen im Ultraroth oder Ultraviolett statt, so dass die ursprüngliche Farbe nicht geändert wird. Während beim Schalle die Geschwindigkeit der Locomotive schon vollkommen ausreicht, um das Phänomen beobachten zu lassen, existirt im sichtbaren Weltall keine genügend grosse Geschwindigkeit, um bei der so ausserordentlich grossen Lichtgeschwindigkeit merkliche Farbenänderungen hervorzurufen, und hier tritt eben das Spectroskop hülfreich ein, um das Phänomen selbst bei relativ kleinen Geschwindigkeiten zu beobachten. Das Licht ändert nämlich in Folge des Doppler'schen Princips nicht nur seine Farbe, sondern auch seine Brechbarkeit; von letzterer hängt aber die Lage der Linien im Spectrum ab; mithin bedingen Aenderungen der Brechbarkeit, verursacht durch Bewegung in der Gesichtslinie, Lagenänderungen oder Verschiebungen der Spectrallinien. Findet eine Annäherung zwischen Beobachter und Lichtquelle statt, so verschieben sich die Spectrallinien nach Violett, bei Entfernung nach Roth. Die blosse Betrachtung entscheidet also schon über den Sinn der Bewegung, die Messung über ihre Grösse. Es muss indessen bemerkt werden, dass selbst bei den stärksten vorkommenden Geschwindigkeiten — gegen 50 Kilometer in der Secunde — die Verschiebungen noch immer äusserst gering sind, nur kleine Bruchtheile z. B. von der Distanz der Natriumlinien, und dass es daher nicht verwundern darf, dass es erst in der jüngsten Zeit gelungen ist, mit Hülfe verbesserter Spectroskope und verfeinerter Messungsmethoden Messungen in grösserem Umfange anzustellen, welche den übrigen Messungen in der Astronomie völlig ebenbürtig an die Seite gestellt werden können.

3. Die Photometrie.

Nächst der Spectralanalyse bildet die Photometrie die wichtigste Disciplin der Astrophysik; sie lehrt den Astronomen, die Helligkeiten der Gestirne messen, und setzt ihn damit in den Stand, aus diesen Daten ebenfalls Schlüsse auf ihre Constitution zu ziehen.

Das Hauptprincip, nach welchem alle Arten von Photometern construirt werden müssen, ist durch die physiologische Eigenthümlichkeit unseres Auges gegeben, Vergleichungen zwischen zwei verschiedenen Helligkeiten nur dann einigermassen genau ausführen zu können, wenn die Unterschiede nur gering sind. Jedes Auge sieht sofort, dass die Sonne ausserordentlich viel heller ist als der Mond; es ist aber nicht im Stande, zu schätzen, wie vielmal heller, ob tausend- oder millionenmal. Dagegen kann ein geübter Beobachter mit ziemlicher Genauigkeit angeben, wenn zwei Sterne z. B. gleich hell sind; die Erfahrung hat gelehrt, dass der Fehler bei diesen Angaben nur zwischen 1 und 2 Procent der Gesammthelligkeit liegt, und damit ist das Princip der Photometer gegeben: sie sollen in messbarer Weise das Licht des helleren der beiden zu vergleichenden Objecte durch Abschwächen gleich dem des schwächeren machen.

Auch ohne besondere Apparate sind mit dem blossen oder mit dem mit Fernrohr bewaffneten Auge recht gute photometrische Messungen möglich, wenn man von der gleichen Helligkeit der Objecte absieht und dafür nur sehr geringe Helligkeitsdifferenzen anwendet. Es ist dies die besonders von Argelander eingeführte und auch heute noch mit Erfolg angewandte Methode der »Stufenschätzungen«. Soll z. B. die Lichtcurve eines veränderlichen Sternes bestimmt werden, dessen Helligkeit zwischen der 3. und 4. Grössenclasse schwankt, so wählt man in der Nähe dieses Sternes eine Anzahl von Sternen aus, deren Helligkeiten von etwas oberhalb der 3. bis etwas unterhalb der 4. Grösse liegen. Man kann alsdann für jede Helligkeit des Veränderlichen zwei Sterne angeben, von denen der eine etwas heller, der andere etwas schwächer als der Veränderliche ist. Bedarf es einiger Ueberlegung, um zu erkennen, ob der eine Stern z. B. etwas heller ist als der zu bestimmende, so nennt man die Differenz eine Lichtstufe; ein gut wahrnehmbarer Unterschied bedeutet zwei Stufen, ein sofort auffallender drei Stufen. Wenn ein geübter Beobachter in den Differenzen nicht weiter geht, so zeigt es sich, dass der Begriff einer Stufe dann ein recht sicherer und constanter ist, deren Werth zwar bei verschiedenen Beobachtern verschieden ausfällt, im Allgemeinen aber annähernd 0.1 Grössenclasse beträgt. — So einfach diese Methode ist, hat sie doch in den Händen gewissenhafter

Beobachter, wie Argelander und Schönfeld, den wichtigsten Beitrag zur Kenntniss der veränderlichen Sterne geliefert.

Die eigentlichen Photometer unterscheiden sich im Wesentlichen nur durch die Art, wie die Abschwächung des Lichtes erreicht wird. Die ältesten Photometer von Lambert, Bouguer, Rumford, aber auch das Astrometer von J. Herschel und das von Steinheil später modificirte Objectiv-Prismen-Photometer von Schwerd schwächen die Lichtquelle, speciell das zu messende Gestirn, unter Zugrundelegung des Fundamentalgesetzes ab, dass die Helligkeit einer Lichtquelle im quadratischen Verhältniss der Entfernung vom Auge abnimmt, also z. B. nur $1/4$ ist, wenn die Entfernung die doppelte wird. Die Vergleichung eines unbekannten Sterns mit einem bekannten geschieht bei Herschels Astrometer indirect, durch Erzeugung eines durch veränderliche Entfernung vom Auge seine Helligkeit ändernden künstlichen Sternes; bei Steinheils Photometer findet sie direct statt, und zwar durch Herstellung zweier, sich möglichst berührender Lichtflächen. Die beiden Sterne werden bei diesem durch zwei vor dem durchschnittenen Fernrohrobjectiv angebrachte Prismen nach dem Ocular geworfen und durch Verschiebung der Objectivhälften die Sternpunkte in Lichtflächen verwandelt. Mit einem solchen Instrument hat Seidel die Helligkeiten der Hauptplaneten und einer grossen Zahl (über 200) von Fixsternen ermittelt.

Die Kostbarkeit des Instrumentes, seine unbequeme Handhabung und die nur auf helle Objecte beschränkte Anwendbarkeit haben dem Steinheil'schen Photometer grössere Verbreitung nicht verschafft, und Seidel scheint der einzige geblieben zu sein, der mit ihm Messungen ausgeführt hat. Diese Uebelstände vermeidet nun das in den sechziger Jahren von Zöllner construirte Polarisations-Astrophotometer, welches bei der

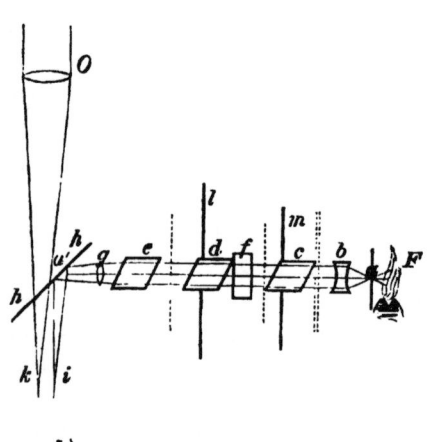

Fig. 105. Zöllner'sches Astrophotometer (schematischer Durchschnitt).

Verbreitung, die es mit Recht gefunden, und den zahlreichen Resultaten, die es bereits geliefert, hier etwas eingehender beschrieben werden mag.

Das Wesentliche besteht in der Hervorbringung eines künstlichen Sternes in der Focalebene eines beliebigen Fernrohres und in der Aenderung von Helligkeit und von Farbe desselben durch polarisirende

Medien. Fig. 105 giebt ein schematisches Bild. Von einer Petroleumflamme F fällt Licht durch ein Diaphragma a auf eine Biconcavlinse b, geht durch diese und durch drei Nicol'sche (Polarisations-) Prismen c, d, e, sowie durch eine Bergkrystallplatte f und schliesslich durch eine Biconvexlinse g hindurch; durch letztere werden die Strahlen so gebrochen, dass sie, von der Glasplatte h reflectirt, ein Bild der Oeffnung a im Punkte i geben; h sitzt nun im Innern eines Fernrohres; die Strahlen, die von einem beliebigen Sterne ausgehen, fallen auf das Objectiv O, werden gebrochen, gehen durch die Glasplatte h und vereinigen sich im Punkte k, so dass ein Auge (A) in i und k das Bild eines künstlichen und eines natürlichen Sternes neben einander in gleicher Schärfe erblickt. Die vorderen Prismen c, d sind um die Axe aa' drehbar, das vorderste c auf zweifache Weise, allein oder mit d zusammen (wie durch die punktirten Linien angedeutet); durch die Drehung von d (und c) wird die Intensität des durch das vorderste Nicol polarisirten Lichtstrahles und damit auch des Bildes i nach dem sogenannten Sinusquadrat-Gesetz geändert, d. h. die Helligkeit von i ändert sich proportional dem Quadrate des Sinus des mit Hülfe des getheilten Kreises l abgelesenen Drehungswinkels von d; man hat also auf diese Weise ein einfaches Mittel, die Helligkeit verschiedener Sterne mit einander zu vergleichen. Die Drehung des vordersten Prismas (c) allein ändert dagegen die Farbe von i; die Grösse der Drehung, einer gewissen Farbe entsprechend, kann mit Hülfe des Kreises m abgelesen werden. Man kann demnach mit dem Zöllner'schen Photometer sowohl die Helligkeiten als auch die Farben der Gestirne bestimmen; doch ist der letztere

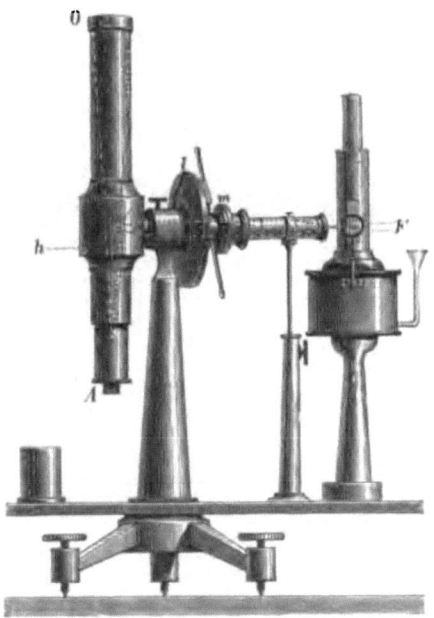

Fig. 106.

Zweck nur als ein nebensächlicher zu betrachten, da die Polarisationsfarben keineswegs mit Farben der Sterne genau übereinstimmen. Man benutzt das sogenannte Colorimeter beim Zöllner'schen Photometer wesentlich nur, um bei Helligkeitsmessungen die Farbe des künstlichen Sterns derjenigen der zu bestimmenden Sterne zu nähern. Fig. 106 stellt

262 II. Praktische Astronomie.

Fig. 107. Grosses Photometer von Wanschaff.

das ganze Instrument, wie es von Ausfeld in Gotha geliefert wurde, in etwa $1/8$ natürlicher Grösse vor; der Gang der Lichtstrahlen, sowie die Glasplatte (h) sind durch punktirte Linien angedeutet; die Buchstaben haben dieselbe Bedeutung wie in Fig. 105. Statt des besonderen Fernrohres kann man aber, und dies ist ein Hauptvorzug des Zöllner'schen Photometers, den eigentlichen photometrischen Apparat (F—h) mit jedem beliebigen Fernrohr in Verbindung bringen und demnach die Helligkeiten von Sternen bestimmen, die man überhaupt in dem betreffenden Fernrohre noch wahrzunehmen vermag. In neuerer Zeit wird das Instrument in wesentlich verbesserter Form von Wanschaff in Berlin geliefert. Fig. 107 stellt ein solches für das Potsdamer Observatorium gebautes Instrument dar.

In gewisser Beziehung ist das Pickering'sche Meridianphotometer dem Zöllner'schen Photometer ähnlich. Dasselbe besteht aus einem horizontal liegenden, im Meridian orientirten Fernrohre mit zwei genau gleichen Objectiven. Vor diesen Objectiven befindet sich je ein totalreflectirendes Prisma, von denen das eine durch eine Feinbewegung in geringem Masse beweglich ist, so dass das Bild des Polarsterns, der stets als Vergleichsstern benutzt wird, mit Leichtigkeit beständig im Gesichtsfelde gehalten werden kann. Das andere Prisma ist mit einem Positionskreise versehen und erlaubt, das Licht eines jeden in der Nähe des Meridians befindlichen Sterns in das Fernrohr zu werfen. In der Nähe der Focalebene der beiden Objective befindet sich ein doppeltbrechendes Kalkspathprisma, dessen Dimensionen so gewählt sind, dass die von den beiden Objectiven herrührenden Bilder sehr nahe zusammenliegen, so dass deren Licht dieselben Theile des Oculars und des Auges passiren muss. Vor dem Oculare ist ein Nicol'sches Prisma angebracht, durch dessen Drehung die Gleichheit der Bilder in derselben Weise wie beim Zöllner'schen Photometer hergestellt wird.

Ein ganz abweichendes Princip ist dem sogenannten Keilphotometer zu Grunde gelegt, welches zuerst von Kayser in Danzig construirt und hauptsächlich von Pritchard in Oxford in Anwendung gebracht worden ist. Dasselbe besteht im Wesentlichen aus einem Keil von neutral absorbirendem dunklem Glase, der durch das Gesichtsfeld des Fernrohrs gezogen wird. Eine Scala giebt an, bei welcher Dicke des Keils das Licht eines Sternes zum Verschwinden oder zum Wiederauftauchen gebracht wird, und es lassen sich dann aus den bekannten Absorptionsverhältnissen des Keils die verschiedenen Helligkeiten auf einander reduciren. Scheinbar hat diese Methode mit dem anfangs auseinandergesetzten Principe, bei einer Vergleichung das hellere Object auf die gleiche Stufe wie das schwächere zu bringen, nichts zu thun; es ist das aber doch der Fall, da das Verschwinden eines Sternes erfolgt, wenn seine Helligkeit gleich derjenigen des Hintergrundes, hier der absoluten Dunkelheit, ist. Ein Nachtheil dieser Methode beruht übrigens darauf, dass die Empfindlichkeit des Auges bei den allerschwächsten Eindrücken beschränkt wird, ähnlich wie bei sehr grossen absoluten Helligkeiten.

4. Die Photographie.

Wie fast jede neue Entdeckung oder Erfindung aus kleinem Anfange sich weiter entwickelnd, ist die Photographie von einer weit über ihre selbständige Bedeutung hinausgehenden Tragweite geworden. Ihre Anwendung in der Astronomie ist so alt, wie die Kunst des Lichtzeichnens überhaupt. Schon Daguerre hat mit den ersten Versuchen begonnen, die Gestirne des Himmels auf der empfindlichen Platte festzuhalten; natürlich sind seine Resultate noch sehr unvollkommen, entsprechend dem damaligen Zustande seiner geistvollen Erfindung. Von Daguerre an sind von Zeit zu Zeit immer neue Versuche in dieser Richtung angestellt worden, und man hat bereits vor längeren Jahren in Bezug auf die photographische Darstellung der Sonnen- und Mondoberfläche Resultate erhalten, die den neuesten Errungenschaften sehr nahe kommen, zum Theil noch heute unübertroffen dastehen. Es ist der Beginn dieser Zeit markirt durch die Entdeckung des nassen Collodiumverfahrens von Le Gray im Jahre 1850, ein Verfahren, durch welches die Empfindlichkeit der photographischen Schicht bis zu dem 30 fachen der von Daguerre erreichten gesteigert werden konnte. In Bezug auf die Anwendung der Photographie in der Astronomie ist diese Zeit durch die Aufnahme der hellsten Gestirne und ferner durch Darstellungen des ultravioletten Theiles des Sonnenspectrums ausgezeichnet.

Eine neue und die wichtigste Epoche beginnt im Jahre 1871 durch die Erfindung des Engländers Maddox, dem es gelang, photographische Platten von ausserordentlich hoher Empfindlichkeit herzustellen, die gleichzeitig die höchst wichtige Eigenschaft besitzen, beliebig lange exponirt werden zu können; es sind dies die sogenannten Bromsilber-Gelatine-Trockenplatten, mit denen es unter Benutzung lichtstarker Fernröhre gelingt, weiter in die Tiefen des Weltalls einzudringen, als dies bisher dem Auge vergönnt gewesen ist.

Sehen wir von der Aufnahme des hellsten Gestirnes, der Sonne, und in gewissem Sinne auch noch von der des Mondes ab, so ist das Haupterforderniss, welches bei der Anwendung der Photographie in der Astronomie zu erfüllen ist, die höchste Empfindlichkeit der photographischen Schicht; in zweiter Linie kommt dann die möglichste Feinheit der photographischen Zeichnung. Leider lassen sich beide Bedingungen nicht gleichzeitig erfüllen, im Allgemeinen ist das Silberkorn, von dessen mehr oder weniger grossen Feinheit die Schärfe der Zeichnung abhängt, um so gröber, je empfindlicher die Platte ist, und umgekehrt, und das ist ein sehr grosser Nachtheil der jetzt allgemein in Gebrauch befindlichen Trockenplatten; denn bei einigermassen kräftiger Vergrösserung löst sich eine moderne photographische Aufnahme in ein unverständliches Gewirr von kleinen schwarzen Körperchen auf, ähnlich einem Sternhaufen am Himmel, in welchem jegliche feinere Darstellung verloren geht.

Im Allgemeinen steht die Schärfe einer Bromsilber-Gelatineaufnahme zu der einer Collodiumaufnahme etwa in dem Verhältniss wie eine Kreide- zu einer feinen Bleistiftzeichnung, und es ist daraus wohl ohne Weiteres ersichtlich, dass hiermit ein grosser Nachtheil verknüpft ist, sobald es sich um die Ausführung von Messungen handelt; doch gelingt es auch hier, durch Uebung einen Theil dieser Schwierigkeit unschädlich zu machen, indem man z. B. bei Messung einer Linie nach der Vertheilung des Korns die dunkelste Stelle und damit die Mitte der Linie zu beurtheilen lernt: auch zur Ausmessung einer Photographie bedarf es einer gewissen Beobachtungskunst, die allerdings von derjenigen am Himmel sehr verschieden ist. Ausser ihrer hohen Empfindlichkeit besitzt aber nun die Gelatineplatte eine vorzügliche Eigenschaft, welche die Unschärfe des Bildes wohl mehr als aufwiegt. Bei dem Collodiumverfahren treten nämlich innerhalb der Schicht in Folge der Entwickelungsmanipulationen nach der Aufnahme starke Verzerrungen auf, die unter Umständen so bedeutend werden können, dass jegliche Messung überhaupt illusorisch wird. Solchen Verzerrungen oder Verziehungen ist aber die Gelatineschicht nur in weit geringerem Masse unterworfen, so dass man mit Leichtigkeit durch Vorsicht beim Messen oder durch die Anwendung feiner Gitter, die auf die Platte mit aufcopirt werden, einen Fehler infolge der Verzerrungen vollständig vermeiden kann. Dies ist aber ein ausserordentlicher Vortheil; denn es ist stets besser, beim Messen die einzelne Einstellung weniger genau zu haben, als die Grösse, die man bestimmen will, durch principielle Fehler entstellt zu wissen.

Wie schon vorhin angedeutet, sind photographische Aufnahmen von Sonne und Mond zur Zeit des Collodiumverfahrens bereits in vorzüglicher Weise gelungen, und es darf dies auch nicht Wunder nehmen, da bei diesen Gestirnen eine solche Lichtfülle vorhanden ist, dass es keiner grossen Empfindlichkeit der Platte bedarf; ja, wenn wir uns zunächst die bei Sonnenaufnahmen erhaltenen Resultate vergegenwärtigen wollen, so müssen wir hierbei bedenken, dass es gerade das Uebermass von Licht ist, welches Schwierigkeit bereitet, so dass besondere Instrumente zur Herstellung von Sonnenphotographien construirt werden mussten, die man unter dem Namen der Heliographen zusammenfasst.

Diese Instrumente bestehen im Wesentlichen aus einem Fernrohre mit einer Camera am Ocularende und sind mit einem sogenannten Momentverschlusse versehen. Sie sind entweder genau wie ein gewöhnliches astronomisches Fernrohr beweglich aufgestellt, so dass sie direct auf die Sonne gerichtet werden können, oder man giebt ihnen eine unveränderliche feste Richtung und wirft die Sonnenstrahlen durch einen guten Silberspiegel, der beweglich aufgestellt ist, in das Fernrohr hinein. Beide Aufstellungsarten haben ihre besonderen Vorzüge und Nachtheile, zu Messungszwecken dürfte die feste Aufstellung mit Heliostat am besten sein; wenn es sich aber nur darum handelt, schöne, detailreiche Aufnahmen zu erhalten, verdient wohl die bewegliche Aufstellung den Vorzug, da die Reflexion des Lichtes an dem Spiegel für die Güte der Bilder nur schädlich sein kann. Wegen des grossen Lichtreichthums nimmt man das Sonnenbild nicht im Focus des Objectivs auf; vielmehr kann man hier mit Vortheil ein vergrösserndes Linsensystem einschalten, so dass man Sonnenbilder von stärkerer Vergrösserung erhält, auf denen sehr viel mehr Detail erkannt werden kann, als dies bei den kleinen Brennpunktsbildern möglich ist. Selbst bei den stärksten Vergrösserungen, die man hierbei anwenden kann, ist die Lichtfülle des Sonnenbildes noch eine so enorme, dass es gar nicht möglich ist, die Aufnahme mit der Hand auszuführen, etwa durch rasches Oeffnen einer Klappe; auch die sogenannten Momentverschlüsse, wie sie neuerdings bei kleinen photographischen Kammern zur Herstellung der Momentbilder angebracht werden, können nicht im entferntesten die nöthige Kürze der Exposition erzielen. Im Allgemeinen muss bei Sonnenaufnahmen die Expositionszeit unter $1/1000$ einer Secunde liegen. Die gewöhnliche Einrichtung des Momentverschlusses besteht bei den Heliographen in einem Schieber, der, sich im Brennpunkt des Objectivs bewegend, einen feinen Spalt enthält, dessen Weite je nach der Durchsichtigkeit der Luft und nach der Höhe der Sonne über dem Horizonte regulirt werden kann. Dieser Spalt wird durch eine starke Feder im Momente der Exposition vorbeigeschnellt, so dass also das Sonnenbild nicht auf einmal aufgenommen wird, sondern in den einzelnen Theilen, die dem vorbeifliegenden Lichtspalte entsprechen, in ausserordentlich kurzer Zeit hinter einander. Wollte man den Spalt so weit nehmen, dass das ganze Sonnenbild auf einmal freigelassen würde, so würde es grosse Schwierigkeiten bereiten, alsdann noch dem Schieber die nöthige Geschwindigkeit zu ertheilen.

Wie bei allen astronomischen Beobachtungen ist es die Unruhe der Luft, welche auch bei den photographischen Aufnahmen der Sonne im höchsten Grade störend einwirkt, aber in gänzlich anderer Weise, als dies bei directen Sonnenbeobachtungen stattfindet. Man muss überhaupt zwei Arten von Störungen unterscheiden, welche durch die Luftunruhe verursacht werden. Einmal findet ein beständiges Hin- und Herschwanken der Bilder statt, aber nicht in dem Sinne, dass z. B. das ganze Sonnenbild gleichzeitig seine Lage etwas verändert, sondern ganz nahe benachbarte Theile des Bildes führen für sich besondere Bewegungen aus. Ein zweiter Act der Luftunruhe äussert sich darin, dass sich Schlieren ungleich warmer, also ungleich dichter Luft bilden, die, da sie mit nahe kugelförmigen Grenzflächen versehen sind, ähnlich schwachen Linsen vor dem Objective wirken, also dessen Brennweite bald verkleinern, bald vergrössern, so dass das Bild meistens unscharf erscheint und scharfe Bilder nur momentan auftreten. Beide Erscheinungen sind gleichzeitig im Fernrohr vorhanden, und es gehört die Beobachtungskunst des Astronomen dazu, um aus diesem fortwährenden Wechsel der Gestalten das Feste und Richtige messend zu erfassen.

Diese Kunst kann die photographische Platte nicht erlernen; sie zeichnet getreu das Bild, wie es in dem Momente der Exposition sich darstellte, mit allen seinen Verzerrungen, Verschiebungen und Undeutlichkeiten. Scharf wird ein solches Bild bei einigermassen unruhiger Luft nur dann, wenn gerade der kurze Moment getroffen wurde, wo die Luftschlieren sich nahe aufheben, so dass die Brennweite des Objectivs keine wesentliche Aenderung erfahren hat. Diesen Moment aber zu treffen, ist sehr unwahrscheinlich, und so kann es kommen, dass man unter 20 Sonnenaufnahmen, die man hinter einander anfertigt, kaum eine erhält, die alle Einzelheiten der Sonnenoberfläche mit wünschenswerther Schärfe wiedergiebt.

In Bezug auf die Anwendung der Photographie zur Aufnahme der Mondoberfläche muss bemerkt werden, dass hierbei die Schwierigkeiten, welche schon bei Sonnenaufnahmen störend auftreten, in dem Masse wachsen, dass beim Monde die Photographie sich der directen Beobachtung keineswegs überlegen gezeigt hat, ja dass sie nicht einmal mit letzterer concurrenzfähig ist, da die Intensität des von der Mondoberfläche reflectirten Lichtes im Verhältnisse zu der des Sonnenlichtes eine so ausserordentlich viel geringere ist, dass selbst bei der Anwendung äusserst empfindlicher Platten von einer eigentlichen Momentaufnahme nicht mehr die Rede sein kann.

In einer noch etwas ungünstigeren Lage befindet sich die Photographie gegenüber den Aufnahmen der Oberflächen der grossen Planeten. Es kommt bei diesen der Umstand hinzu, dass, um überhaupt Details erkennen zu können, ziemlich kräftige Vergrösserungssysteme angewendet werden müssen, wobei die vorhin erwähnten Schwierigkeiten in gleichem Masse sich mit vergrössern. Die besten Aufnahmen von Planeten, diejenigen von Jupiter und Saturn, von den Gebrüdern Henry in Paris angefertigt, sowie die mit dem Riesenfernrohr des Lick-Observatory hergestellten lassen auch nicht annähernd die Feinheiten und Details erkennen, die man selbst mit mittleren Fernröhren mit Leichtigkeit sehen und sogar messen kann. Es scheint auch nicht, als ob Aussicht vorhanden sei, von der Anwendung der Photographie auf diese Himmelskörper besondere Vortheile zu erhalten, die etwa gar mit den classischen Entdeckungen Schiaparellis auf der Marsoberfläche concurriren könnten.

Der eigentliche Schwerpunkt der Bedeutung der coelestischen Photographie liegt in zwei Gebieten der Astronomie, in der Darstellung und Ausmessung des Fixsternhimmels und der Nebelwelten und in der Spectralanalyse der Gestirne. Auf beiden Gebieten ist sie bereits epochemachend aufgetreten und wird sie noch weiterhin zu grossartigen Entdeckungen führen. Es wird daher nunmehr unsere Aufgabe sein, etwas ausführlicher, als dies bis jetzt geschehen ist, die technischen Schwierigkeiten, welche zur Herstellung von derartigen photographischen Aufnahmen zu überwinden waren, hervorzuheben.

Der physiologische Unterschied zwischen der Empfindlichkeit einer photographischen Platte und derjenigen unseres Auges beruht auf dem Umstande, dass die Netzhaut ihr Urtheil über die Helligkeit eines Gegenstandes nach der Intensität des Lichtes bildet, die photographische Platte dagegen nach der Menge des Lichtes. Durch diese letztere Eigenschaft tritt als wichtiger Factor die Zeit hinzu; das Auge sieht bei stundenlanger Betrachtung ein schwaches Sternchen nicht besser als binnen wenigen Secunden; bei der photographischen Platte dagegen wächst die chemische Einwirkung der Strahlen zwar nicht genau, wohl aber annähernd proportional mit der Zeit, so dass man innerhalb gewisser Grenzen eine Proportionalität annehmen kann. Während also die directe Empfindlichkeit der Photographie thatsächlich geringer ist als diejenige des Auges — man erkennt z. B. innerhalb eines Zeitraumes von etwa 2 Secunden deutlich im Fernrohr weit mehr Sterne, als in diesen 2 Secunden auf der Platte erscheinen — kommt die Ueberlegenheit der Photographie über das Auge erst in Betracht, wenn die Zeit summirend hinzutritt. Damit ist ohne Weiteres die Bedingung für die Herstellung von Sternaufnahmen, die mehr geben sollen, als das Auge zu leisten vermag, die **Dauerexposition** gegeben und mit ihr die Forderung, die vom Objective des Fernrohrs erzeugten Sternbilder mit einer sonstigen astronomischen Messungen entsprechenden Genauigkeit stundenlang auf derselben Stelle der Platte festhalten zu können; es ist dieselbe Forderung, die in geringerem Masse schon bei den Aufnahmen von Mond und Planeten zu stellen ist.

Eine solche Forderung erfüllt aber nicht die beste Aufstellung und nicht das beste Uhrwerk, ja selbst wenn dies der Fall wäre, geben doch die Veränderungen der Refraction in unserer Atmosphäre infolge von Temperaturänderungen und wechselnder Höhe der Gestirne über dem Horizont neue Fehlerquellen von diesem Betrage. Es muss daher das menschliche Auge helfend hinzutreten und durch irgend eine Vorrichtung bei sehr starker Vergrösserung einen der abzubildenden Sterne stets genau im Durchschnittspunkte eines Fadenkreuzes halten. Als einfachste Vorrichtung hierzu kann man den Sucher des Hauptinstrumentes benutzen, falls man denselben mit einer starken Ocularvergrösserung versieht. Diese Methode hat sich aber in vielen Fällen nicht bewährt, weil die Durchbiegung von Hauptrohr und Sucher je nach der Lage des Instrumentes eine verschiedene ist und infolge dessen, wenn der Stern auch im Sucher genau gehalten worden ist, dies nicht für die Platte stattfindet. Eine andere Vorrichtung, die von diesem Fehler gänzlich frei ist, besteht darin, seitlich der photographischen Cassette ein Ocular anzubringen, um so neben der Platte her den Stern sehen zu können; aber auch diese Methode hat ihre Mängel, und gänzlich einwurfsfrei dürfte wohl nur diejenige sein, welche zuerst von den Gebrüdern Henry in Paris in Anwendung gebracht worden ist, und die darin besteht, dass in einem gemeinschaftlichen Rohre sich 2 Objective von gleicher Brennweite befinden, ein grösseres für die photographische Aufnahme und ein etwas kleineres für das Halten des Sterns bestimmt. Bei dieser innigen Verbindung zweier Fernröhre ist natürlich nun die Garantie vorhanden, dass das photographische Instrument genau den Bewegungen des andern folgt.

Die Aufgabe des Beobachters besteht bei allen Anordnungen übrigens gleichmässig darin, vermittels der Feinbewegungen einen als Marke ausgewählten Stern stets auf dem Fadenkreuze des Beobachtungsfernrohrs zu erhalten, also alle Ungenauigkeiten im Gange des Instrumentes und die Wirkung der Refraction auf den Anhaltstern zu corrigiren.

Es ist klar, dass bei diesen langen Expositionszeiten die Unruhe der Luft eine wenn möglich noch stärkere Wirkung ausüben wird, als bei den Aufnahmen von Mond und Planeten, und doch ist sie im vorliegenden Falle sehr viel weniger schädlich als bei ersteren Objecten.

Dieser scheinbare Widerspruch löst sich sofort auf, wenn man bedenkt, dass es sich in dem einen Falle um Darstellung von Zeichnungen innerhalb einer Fläche, in dem anderen Falle aber nur um Abbildung eines Punktes ohne weiteres Detail handelt. Der Stern selbst kann wegen seiner ausserordentlichen Entfernung als mathematischer Punkt gelten, sein Bild im Fernrohr ist dies nicht und zwar infolge von Ungenauigkeiten in der Gestalt und Achromasie des Objectives und der Lichtbeugung an den Rändern desselben. Das Bild eines Sterns ist also stets ein Scheibchen, umgeben von Interferenzringen, und bei photographischen Aufnahmen hat ein solches Scheibchen immer einen messbaren, beträchtlichen Durchmesser, der je nach der Helligkeit des Sterns oder nach der Länge der Expositionszeit sehr gross werden kann, bis zu 1 Bogenminute und darüber. Die Unruhe der Luft, durch welche der Stern in einer gewissen Amplitude um seinen eigentlichen Ort herumpendelt, bewirkt also nur eine geringe Vergrösserung des ohnehin nicht völlig scharf begrenzten Scheibchens, ist also bei nicht zu ungünstigen Luftverhältnissen fast ganz ohne störenden Einfluss. Das Wichtigste ist hierbei, dass der Mittelpunkt des Bildchens natürlich auf derselben Stelle bleibt, dass also die Position des Sterns nicht geändert wird.

Es bereitet keine besondere Schwierigkeit, aus dem Durchmesser der Sternscheibchen die Grösse der betreffenden Sterne abzuleiten, wenn man sich hierbei mit der Genauigkeit begnügt, wie sie bei Zonenbeobachtungen zu erreichen ist. Untersuchungen von Scheiner u. a. haben nämlich ergeben, dass die Durchmesser der Sternscheibchen nahe proportional mit den Grössenclassen wachsen, wenigstens ist dieses Gesetz innerhalb gewisser Grenzen als gültig anzunehmen. Aber die sich so bildende Grössenordnung der Sterne stimmt im Allgemeinen nicht mit derjenigen überein, welche man mit dem Auge erhält. Es ist dies eine Folge der verschiedenen Färbung der Sterne, für welche das menschliche Auge anders empfindlich ist, als die photographische Platte. Für ersteres liegt die stärkste Lichtwirkung im Gelb, für die letztere im Blau oder Violett; daher erscheint dem Auge ein rother Stern sehr viel heller als der Platte. Genauer ausgedrückt, hängt der Helligkeitsunterschied nicht so sehr von der Farbe ab, als von dem Spectraltypus der Sterne, der die Ursache der Färbung ist, und dieser Unterschied kann sehr beträchtlich werden; so erscheint z. B. der rothe Stern α Orionis, der dem dritten Spectraltypus angehört, dem Auge etwa eben so hell, als der weisse Stern α Aquilae; bei einer photographischen Aufnahme beträgt aber der Helligkeitsunterschied beider Sterne, in dem Sinne, dass α Orionis der schwächere wird, mehrere Grössenclassen.

In neuerer Zeit hat man nun verschiedene Verfahren erfunden, durch welche die Empfindlichkeit der photographischen Platten in Bezug auf Farben sich mehr derjenigen des Auges nähert; indessen werden die »orthochromatischen« Platten nur mit Unrecht so genannt, da sie sich dem gewünschten Ziele nur nähern, es aber wenigstens in der coelestischen Photographie noch lange nicht erreichen, indem die Empfindlichkeit der Schicht nicht dieselbe für alle Farben ist. Es wird nichts Anderes übrig bleiben, als eben eine neue photographische Helligkeitsscala in der Astronomie einzuführen, die nur in Bezug auf die weissen Sterne mit der jetzt gebräuchlichen übereinstimmen würde.

Während wir in Bezug auf die Vortheile, welche die Photographie in ihrer Anwendung auf die Nebelflecke gebracht hat, auf das Capitel der Nebelflecke verweisen müssen, da sich diese Vortheile leichter am einzelnen Objecte als im Allgemeinen klarlegen lassen, wollen wir noch einige Zeilen der Spectralphotographie widmen.

Die photographischen Darstellungen des Sonnenspectrums gewähren zwar keine grössere Genauigkeit in der Wellenlängenbestimmung der Linien, aber sie geben naturgemäss ein viel treueres Bild des Aussehens des Spectrums in Bezug auf Intensität und Begrenzung der Linien, als die Zeichnungen vermögen. Der Hauptvortheil der Anwendung der Photographie in der Spectralanalyse liegt auf dem Gebiete der Fixsternspectra, wie sich dies in wenigen Worten begründen lässt.

Die Beobachtung und Messung eines Fixsternspectrums am Himmel ist unstreitig eine der schwierigsten Aufgaben der Beobachtungskunst, wegen der Lichtschwäche und der flatternden Bewegungen des Spectrums. Bei den sichersten Messungen, welche bis jetzt an Spectren heller Sterne erhalten wurden, hat man im günstigsten Falle eine Genauigkeit erreicht, welche etwa dem sechsten Theile des Abstandes der beiden D-Linien entspricht, und nur ganz wenige Spectra sind thatsächlich mit dieser Genauigkeit gemessen. Mit Hülfe der Photographie aber kann man nunmehr sehr viel stärkere Dispersionen anwenden, so starke, dass bei Betrachtung mit dem Auge wegen der Lichtschwäche des Spectrums nicht mehr die Spur einer Linie zu erkennen ist; die photographische Platte aber registrirt sie alle und gewährt nachher ein Spectrum, dessen Linienreichthum bei sonnenähnlichen Sternen den bis vor wenigen Jahren besten Darstellungen des Sonnenspectrums, selbst der von Ångström, nur sehr wenig nachsteht. Die in Ruhe auszuführende Messung dieser Linien gestattet eine Genauigkeit, welche die vorhin bei Sternspectren angegebene um das 10- bis 20 fache übersteigt und den feinsten Messungen am Sonnenspectrum sehr nahe kommt. Auch hier wird die Mittheilung der Ergebnisse ein besseres Bild gewähren als allgemeine Auseinandersetzungen.

Dritter Theil.

Das Sonnensystem.

Capitel I.
Allgemeine Beschaffenheit des Sonnensystems.

In den vorangehenden Theilen haben wir die Entwickelung unserer Vorstellungen über die Vorgänge und Gesetze, die sich am Himmel und speciell im Sonnensysteme offenbaren, zu schildern versucht; wir haben ferner die Methoden und Instrumente beschrieben, die der Astronom zur Messung am Himmel und zur Untersuchung coelestischer Erscheinungen gebraucht, und müssen nun im Einzelnen die Körper betrachten, welche das Universum bilden, und uns ferner bemühen, auf Grund der Thatsachen der Beobachtung und ihrer unabweisbaren Folgerungen zu Schlüssen über Beschaffenheit und Bau des Weltganzen zu gelangen. Naturgemäss beginnen wir dabei mit einer allgemeinen Beschreibung des Sonnensystems, zu welchem unsere Erde gehört, mit ihrem Centralkörper, der Sonne, den einzelnen Planeten und den unregelmässig erscheinenden Cometen und Meteoren.

Wie wir sahen, haben Coppernicus, Kepler und Newton gezeigt, dass das Sonnensystem im Wesentlichen aus der Sonne, als mächtigem Mittelpunkte, und einer Anzahl von Planeten besteht, die in Ellipsen die Sonne umkreisen, alles zusammengehalten durch das Band der allgemeinen Anziehung. Die neuere Wissenschaft hat eine grosse Zahl von Körpern hinzugefügt und das System zu einem viel verwickelteren gemacht, als selbst Newton es vermuthete. So weit wir jetzt wissen, können die Körper dieses Systems folgendermassen classificirt werden:

1. Die Sonne, der grosse Centralkörper.
2. Eine Gruppe von mittleren Planeten — Mercur, Venus, Erde und Mars.

3. Ein Schwarm von kleinen Planeten oder Asteroiden, ausserhalb der Marsbahn.

4. Eine Gruppe von vier grossen Planeten — Jupiter, Saturn, Uranus und Neptun.

5. Eine Anzahl von Planetentrabanten, deren weitaus grösster Theil (17 von 20) den grossen äusseren Planeten zugehört.

6. Eine unbekannte Zahl von Cometen und Meteoren, die in sehr excentrischen Bahnen laufen und ursprünglich vielleicht nicht zum Sonnensysteme gehören.

Der Unterschied in Grösse, Masse und Entfernung, selbst unter den grösseren Planeten, ist enorm. Neptun ist 80 mal so weit von der Sonne entfernt als Mercur, und Jupiter ist mehrere tausendmal so schwer als letzterer. Man kann daher eine Karte des ganzen Systems in demselben Massstabe nicht wohl entwerfen. Wäre z. B. die Bahn des Mercur mit einem Durchmesser von 1 cm gezeichnet, so würde die des Neptun 80 cm Durchmesser haben müssen (vergl. auch die Figg. 109 und 110).

Mit Ausnahme von Neptun schreiten die Entfernungen der acht grösseren Planeten von der Sonne in leidlich regelmässiger Progression vorwärts, und die Gruppe der kleinen Planeten nimmt dabei die Stelle eines einzelnen Planeten ein. Diese Progression ist unter dem Namen des Titius'schen Gesetzes oder der Bode'schen Reihe*) bekannt und wird auf folgende Weise gefunden: Man nimmt die Reihe der Zahlen 0, 3, 6, 12, 24, 48, von denen (mit Ausnahme der zweiten) jede das Doppelte der vorhergehenden ist, und addirt 4 zu jeder Zahl. Im Folgenden ist dieselbe mit den wirklichen Entfernungen zusammengestellt und dabei die Erdentfernung gleich 10 gesetzt.

Planet	Reihe	Wirkl. Entfernung	Unterschied
Mercur	0 + 4 = 4	3.9	0.1
Venus	3 + 4 = 7	7.2	0.2
Erde	6 + 4 = 10	10.0	0.0
Mars	12 + 4 = 16	15.2	0.8
Kleine Planeten	24 + 4 = 28	21—43	—
Jupiter	48 + 4 = 52	52.0	0.0
Saturn	96 + 4 = 100	95.4	4.6
Uranus	192 + 4 = 196	191.9	4.1
Neptun	384 + 4 = 388	300.6	87.4

Man sieht, dass vor der Entdeckung des Neptun die Uebereinstimmung eine so nahe war, dass die Annahme eines wirklichen Gesetzes

---

*) Von dem Wittenberger Professor Titius zuerst (1766) aufgestellt, durch Bode aber erst später allgemeiner bekannt geworden.

der Entfernungen wohl berechtigt erschien. Aber die Entdeckung dieses Planeten vernichtete vollständig das vermuthete Gesetz, und wir haben jetzt durchaus keinen Grund, zu glauben, die Verhältnisse im Sonnensystem seien der ziffernmässige Ausdruck irgend welches einfachen und genauen Gesetzes. Manche begabte, scharfsinnige und speculative Menschen beschäftigen sich zwar von Zeit zu Zeit damit, numerische Beziehungen zwischen Distanzen, Massen, Umlaufszeiten der Planeten u. s. w. auszugrübeln, und werden das wahrscheinlich auch fernerhin thun; aber wenn auch die Zahl solcher Beziehungen, die sich durch gewisse Zahlenfolgen ausdrücken lassen, eine sehr grosse ist, so beweist dies doch keineswegs, dass dabei irgend ein Naturgesetz wirksam sei. Nehmen wir 40 oder 50 Zahlen irgend welcher Art, z. B. die Jahre, in welchen einige wenige Personen geboren sind; ihr Alter in Jahren, Monaten und Tagen bei einem besonderen Ereignisse ihres Lebens; die Nummern der Häuser, in denen sie wohnen, u. s. w., so werden wir ebenso viele eigenthümliche Beziehungen zwischen diesen Zahlen auffinden können, als zwischen jenen des Planetensystems je gefunden wurden. Niemand wird aber behaupten wollen, dass solche Verhältnisse in irgend einem tieferen gesetzmässigen Zusammenhange ständen. Es bleiben Spiele der Phantasie und Combinationssucht.

Die grosse Verschiedenheit in Grösse (siehe Fig. 108) und Masse der Planeten und ihre relative Kleinheit gegenüber der Sonne wird offenbar, wenn man die Sonne und die acht grösseren Planeten betrachtet. Die Masse eines jeden dieser neun Körper mit Ausnahme des Neptun übertrifft nämlich die vereinigte Masse aller, die kleiner als er selbst sind. Theilen wir die Sonnenmasse in tausend Millionen gleicher Theile, deren einer die Einheit des Gewichtes darstelle, dann wird. nach den besten bisherigen Bestimmungen, die Masse eines jeden der Planeten durch die Zahlen der folgenden Zusammenstellung gegeben, welche zugleich die eben erwähnte Thatsache sichtbar macht. Die Planeten sind dabei ihren Massen entsprechend geordnet.

Masse des Mercur	117
Masse des Mars	373
Vereinigte Masse von Mercur und Mars . .	490
Masse der Venus	2 488
Vereinigte Masse von Mercur, Mars, Venus	2 978
Masse der Erde	3 082
Vereinigte Masse der vier inneren Planeten	6 060
Masse des Uranus	45 450
Vereinigte Masse der fünf Planeten . . .	51 510

Allgemeine Beschaffenheit des Sonnensystems. 275

Masse des Neptun	50 760
Vereinigte Masse der sechs Planeten .	102 270
Masse des Saturn	285 580
Vereinigte Masse der sieben Planeten .	387 850
Masse des Jupiter	954 305
Vereinigte Masse aller Planeten . . .	1 342 155
Masse der Sonne	1 000 000 000

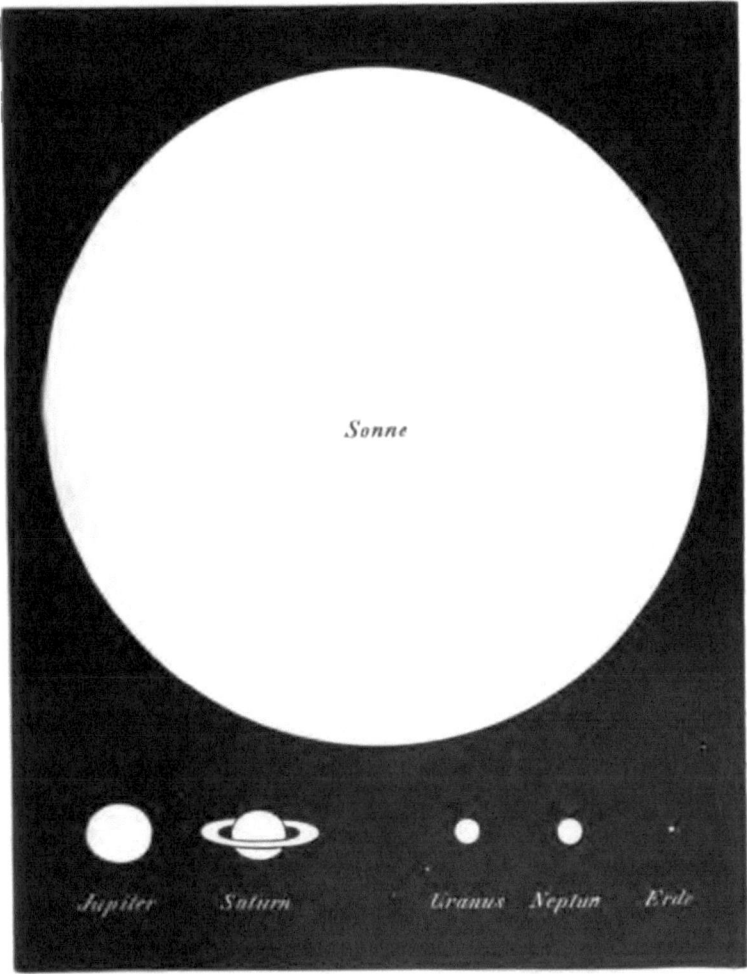

Fig. 106. Grössenverhältnisse im Sonnensystem.

Man sieht, dass die combinirten Massen aller Planeten weniger als $^1/_{700}$ der Sonnenmasse betragen; dass Jupiter etwa $2^1/_2$ mal so schwer

276　　　　　　　　　　III. Das Sonnensystem.

ist als die anderen sieben Planeten zusammen; Saturn fast dreimal so schwer als die sechs andern u. s. w. Allerdings sind die Massen weder von Neptun, noch von Uranus oder Venus bis jetzt so genau bekannt, dass nicht an den betreffenden beiden Stellen eine kleine Abweichung von der oben als Thatsache ausgesprochenen Erscheinung der grösseren Masse eines Planeten gegenüber der Summe aller vorhergehenden stattfinden könne.

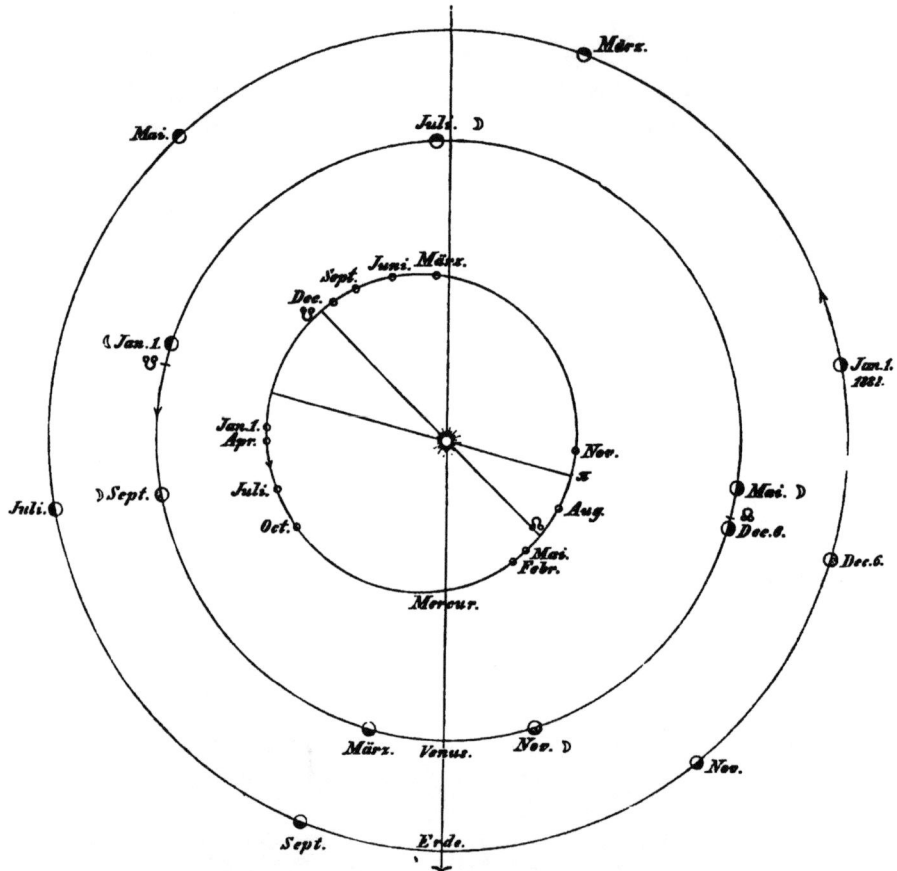

Fig. 109. Bahnen von Erde, Venus und Mercur.
Stellungen für die Monatsanfänge 1882. — Dec. 6 Venusdurchgang. — ☽ Venus Abendstern. — ☾ Venus Morgenstern. — ♈ Richtung des Frühlingspunktes. — π Perihel der Mercurbahn, — ☊, ☋ Knoten.

Die scheinbaren Bewegungen der Planeten wurden im 1. Capitel dieses Buches beschrieben, und im 2. Capitel wurde dann gezeigt, wie diese scheinbaren Bewegungen aus den wirklichen, von Coppernicus zuerst erkannten, folgen. Die Planeten, deren Bahnen innerhalb der Erdbahn liegen, Venus und Mercur also, halten sich, wie eine leichte Ueberlegung zeigt, immer in der Nähe der Sonne und können nicht wie die äusseren Planeten der Sonne gegenübertreten oder in den späteren Nachtstunden sichtbar werden (siehe Fig. 109). Stehen sie in der Richtungslinie von der Erde nach der Sonne, so heisst es, sie sind in *Conjunction* (☌), und zwar in *oberer*, wenn die Sonne zwischen Erde und Planet liegt, in *unterer*, wenn letzterer zwischen Erde und Sonne steht. In der oberen Conjunction kehren sie uns zwar die vollbeleuchtete Seite zu, sind aber wegen zu grosser Nähe der Sonne nicht sichtbar; andererseits wenden sie der Erde in der unteren Conjunction die nichtbeleuchtete Seite zu und sind aus diesem Grunde dem blossen Auge unsichtbar. Am besten nimmt man sie in der Nähe ihrer östlichen oder westlichen grössten Entfernung (*Digression*) von der Sonne wahr; am hellsten erscheinen sie aber zwischen diesen Punkten und der unteren Conjunction.

Die beste Zeit, einen der äusseren Planeten zu sehen, ist, wenn er der Sonne gegenüber oder in *Opposition* (☍) mit ihr steht. Er geht dann um Sonnenuntergang auf und um Mitternacht durch den Meridian. Während der drei auf die Opposition folgenden Monate geht der Planet täglich zwischen drei bis sechs Minuten früher auf. Einen Monat nach der Opposition steht er bald nach Sonnenuntergang schon ziemlich hoch am östlichen Himmel (wenn nicht gerade seine Declination sehr südlich ist und passirt den Meridian zwischen 9^h und 10^h; während er drei Monate nach der Opposition schon um 6^h etwa im Meridian sein wird. Er steht um letztere Zeit in *Quadratur* (□) mit der Sonne, d. h. der Winkel an der Erde zwischen Planet und Sonne ist ein rechter. Kennt man also die Zeit der Opposition eines Planeten, so wird man immer nahezu wissen, wo man ihn zu suchen hat; zugleich wird er, da die Neigungen aller Planetenbahnen sehr unbedeutend sind, sich stets in der Nähe der Ekliptik halten. Die mit unbewaffnetem Auge in der Regel allein wahrnehmbaren äussern Planeten sind nur die drei: Mars, Jupiter und Saturn; Uranus, der nahe an der Grenze der Sichtbarkeit steht, wird ohne Hülfe einer Sternkarte nicht leicht zu finden sein. Von den kleinen Planeten lassen sich nur einige der hellsten, wie Vesta oder Ceres, in günstigen Oppositionen mit freiem Auge erkennen.

Die Anordnung der Planeten mit ihren Satelliten ist die folgende:

Innere Gruppe der mittleren Planeten $\begin{cases} \text{Mercur} \\ \text{Venus} \\ \text{Erde, mit 1 Mond} \\ \text{Mars, mit 2 Monden.} \end{cases}$

Gruppe der kleinen Planeten.

278   III. Das Sonnensystem.

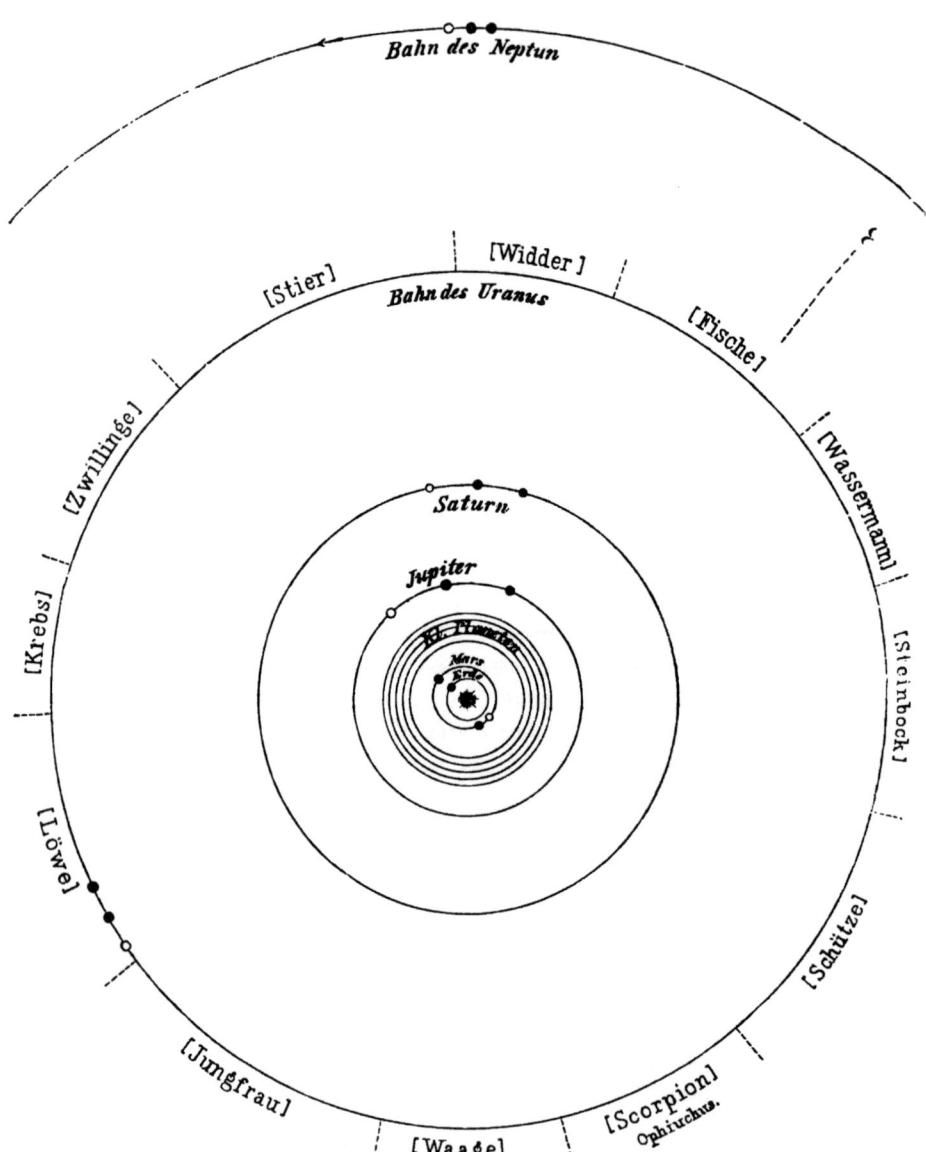

Fig. 110. Bahnen der Erde und der oberen Planeten.

Aeussere Gruppe der grossen Planeten
{ Jupiter, mit 4 Monden
Saturn, mit Ringen und 8 Monden
Uranus, mit 4 Monden
Neptun, mit 1 Mond.

Diese Anordnung ist zum Theil in Fig. 110 dargestellt, welche die relativen Bahngrössen von der Erde aufwärts zeigt; die schwarzen Kreise bezeichnen die Stellungen der Planeten am 1. Januar 1881, die schraffirten Anfang 1882, die weissen 1883. Der Massstab ist $1/17$ von dem in Fig. 109.

Capitel II.

Die Sonne.

Die Sonne zeigt sich unserem Auge als eine glänzende Scheibe von mehr als einem halben Grad*) scheinbarem Durchmesser. Ihre leuchtende Oberfläche, die wir mit dem Auge oder Fernrohr wahrnehmen, und welche die sichtbare Sonne bildet, heisst die Photosphäre. Ihr Licht übertrifft an Intensität jedes künstlich darstellbare weitaus, und das elektrische Kohlenlicht ist das einzige, welches nicht geradezu gegen die unbewölkte Sonne verschwindet; immerhin ist es noch hundert- bis zweihundertmal schwächer. Noch viel grösser ist aber ihre Helligkeit verglichen mit der des Mondes oder der hellsten Fixsterne. Die genauesten photometrischen Messungen (von Zöllner) haben ergeben, dass die Sonne 619000 mal so hell als der Vollmond, dagegen über 5000 Millionen mal so hell als Jupiter und gar über 55000 Millionen mal so hell ist als der Stern 1. Grösse Capella.

Unsere Kenntniss der Natur dieses leuchtenden Körpers beginnt erst mit der Erfindung des Fernrohres, da es begreiflicherweise vorher unmöglich war, sich irgend eine einigermassen deutliche Vorstellung von seiner Beschaffenheit zu bilden. Die Alten hielten allerdings die Sonne für eine mächtige Feuerkugel und kamen damit der Wahrheit näher als manche der neueren Astronomen; allein es fehlte ihren Meinungen so durchaus jede reelle Begründung, dass dieselben eigentlich nur dem Philosophen und Geschichtsschreiber der Naturforschung ein

---

*) Die genauen Zahlenangaben aller Elemente des Sonnensystems finden sich im Anhang. Den dort wie hier im Texte angegebenen linearen Grössen liegt die Sonnenparallaxe 8″.85 oder die ihr entsprechende Entfernung 148.6 Millionen Kilometer zu Grunde.

Interesse bieten. Wir können uns daher in der Darstellung auf die Betrachtung der teleskopischen Untersuchungen und Ergebnisse der späteren und speciell der neuesten Zeit beschränken.

1. Die Photosphäre.

Dem blossen Auge erscheint die *Photosphäre* oder leuchtende Oberfläche der Sonne von solcher Gleichförmigkeit, dass jeder Versuch, einen Einblick in ihre Structur zu gewinnen, aussichtslos erscheint. Benutzen wir aber ein Fernrohr, so finden wir die Sonne im Allgemeinen besetzt mit Gruppen dunkel aussehender Flecken; und ist das Fernrohr gut, so nehmen wir bei sorgfältiger Betrachtung wahr, dass die ganze helle Oberfläche ein körniges, granulirtes Aussehen hat, ähnlich wie eine milchige Flüssigkeit, in der Reiskörner suspendirt sind. Vor einer Reihe von Jahren machte der englische Astronom und eifrige Sonnenbeobachter Nasmyth bekannt, dass dieses scheckige Aussehen ihm von dem Durcheinanderlagern länglicher, schmaler, wie Weidenblätter (willow-leaves) geformter Objecte herzurühren scheine, welche, in allen Richtungen laufend und sich kreuzend, ein die ganze Photosphäre bedeckendes Netzwerk bildeten. Diese Anschauung ist indessen durch spätere Beobachtungen nicht bestätigt worden.

Unter den neuesten mit besonderer Sorgfalt ausgeführten Untersuchungen über die Beschaffenheit der Photosphäre verdienen die des Amerikaners Langley und des Franzosen Janssen vorzüglich Erwähnung. Nach Langleys unter sehr günstigen instrumentalen und klimatischen Bedingungen ausgeführten Beobachtungen ist das beschriebene scheckige Aussehen die Folge einer wollig-wolkenähnlichen Beschaffenheit der Photosphäre. Neben diesen wolkenähnlichen Erscheinungen unterscheidet man auf dem hellen Grunde zahlreiche schwache Fleckchen. Mit starken Vergrösserungen löst sich unter günstigen Verhältnissen die Oberfläche eines dieser wolkenartigen Gebilde in eine Reihe kleiner, intensiv heller, unregelmässig vertheilter Körperchen auf, die den oben genannten reiskorn- oder weidenblattartigen Formen entsprechen; sie erscheinen wie in einem relativ dunklen Medium suspendirt, und ihre Begrenzung, obschon nicht vollkommen bestimmt, überrascht doch gegenüber der Unbestimmtheit der wolkenartigen grösseren Complexe. Die schon erwähnten Fleckchen zeigen sich jetzt als beträchtliche Oeffnungen oder Poren, die durch Abwesenheit der weissen Wolkenknoten und Durchscheinen des dunkleren Grundes entstehen. Ihre Grösse ist sehr verschieden, die besser sichtbaren haben einen Durchmesser von ungefähr $2''-4''$.

Bei der besten Luftbeschaffenheit findet Langley, dass die hellen Knötchen oder »Reiskörner« aus Haufen winziger Lichtpunkte bestehen, deren Durchmesser er auf etwa $1/_3''$, Secchi, der die Oberfläche der Sonne gleichfalls durchforscht hat, sogar noch kleiner schätzt. Die Thatsache, dass diese nach Secchi besonders häufig an den Rändern der Poren auftretenden Lichtpunkte in kleine Häufchen (die Reiskörner) zusammengeballt sind, giebt letzteren, was zuerst Huggins bemerkte, eine gewisse Unregelmässigkeit des Umrisses. Eine scharfe Grenze lässt sich zwischen den Lichtpunkten und Reiskörnern nicht ziehen: wir kommen der Wahrheit vielleicht ebenso nahe, wenn wir sagen, dass die Reiskörner von sehr verschiedener Grösse (eindrittel Secunde bis eine Secunde und mehr im Durchmesser) sind, und dass die kleineren sich oft zu Häufchen zusammenballen, welche von Körnern grösserer Dimension kaum unterschieden werden können.

Neuerdings hat Janssen in Meudon bei Paris mit Hülfe der Photographie sehr eingehende Untersuchungen über die Beschaffenheit der Sonnenoberfläche angestellt. Da seine photographischen Bilder die seiner Vorgänger an Grösse nicht unbeträchtlich übertreffen — bei den grössten hat die Sonne einen Durchmesser von 30 cm und mehr — so zeigt sich die Granulation mit bedeutender Schärfe und Bestimmtheit, wie man aus umstehender Fig. 111 ersieht, welche indessen noch sehr vergrössert ist (die Sonne würde nach gleicher Scala einen Durchmesser von etwa 1 m haben). Janssen findet nun die Granulationen von sehr verschiedener Grösse und Helligkeit und die Durchmesser der Körner von wenigen Zehnteln einer Secunde bis zu drei oder vier Secunden. Im Allgemeinen ist ihre Form etwas elliptisch, jedoch starken Veränderungen unterworfen. Die Unterschiede in der Helligkeit scheinen von der Lage der Granulationen in verschiedenen Tiefen der Photosphäre herzurühren. Das bemerkenswertheste Ergebniss von Janssens Photographien ist jedoch das, was er unter dem Namen des »photosphärischen Netzes« (réseau photosphérique) begreift. Es ist dies nicht ein Netzwerk von Linien, sondern eine weitere Theilung der Photosphäre in Gegenden, in denen die Körner oder Granulationen scharf und gut begrenzt erscheinen, und in solche, wo sie zart und verwaschen aussehen. Dieses verschiedene Aussehen tritt auch in Fig. 111, wenngleich nicht sehr auffallend, hervor. Die Grenzen der Gegenden mit scharfen und verwaschenen Granulationen sind begreiflicherweise nicht genau zu ziehen, und sie erscheinen manchmal gerade, manchmal gekrümmt. Die Ausdehnung der Gegenden mit unbestimmten Granulationen ist sehr veränderlich. Mitunter erreichen sie einen Durchmesser von einer Minute und mehr. In ihnen verschwinden die körnerartigen Gebilde öfters gänzlich, und eine Art Streifen oder Ströme von Materie tritt an ihre Stelle. Die Ursache dieser Erscheinung scheint in heftigen Bewegungen der photosphärischen Substanz zu liegen, welche die Körnerelemente zerstören. Ferner haben Janssen und Huggins mitunter auch eine auffallend spiralige Lagerung und Anordnung der Granulationen bemerkt.

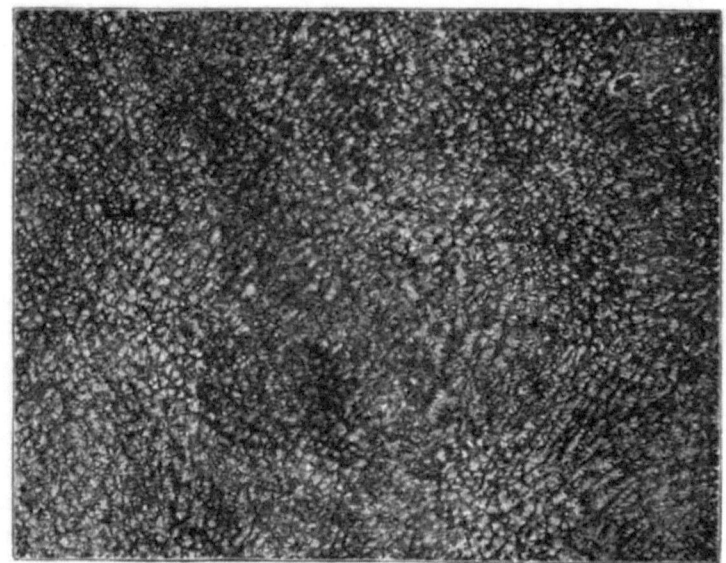

Fig. 111. Janssens »photosphärisches Netz«.

Da ein Winkel von einer Secunde in der Entfernung der Sonne einer linearen Ausdehnung von 720 Kilometern entspricht, so folgt, dass die kleinsten Körner etwa 200 Kilometer gross sind.

So scheinen also, nach unseren jetzigen Kenntnissen, in den helleren Regionen der Photosphäre wesentlich drei Aggregationsformen zu bestehen: wolkenähnliche Gebilde, die jederzeit sichtbar sind; Lichtknoten oder Reiskörner (Weidenblätter), in welche sich die Wölkchen auflösen, und die mit einem guten Fernrohr bei guter Luftbeschaffenheit stets gesehen werden können; endlich die kleinen, die Körner bildenden Lichtpunkte.

Von den Wolken sind die sogenannten *Fackeln* durchaus zu unterscheiden. Diese ziehen sich als mannigfach gekrümmte und verschlungene Lichtadern an gewissen Stellen, hauptsächlich in der Nähe des Randes und in Häufigkeit, Intensität und Form wechselnd, Tausende von Meilen an der Sonnenfläche hin und fallen meist schon im kleinsten Fernrohr selbst dem ganz ungeübten Auge auf. Mit den Sonnenflecken und Protuberanzen stehen sie jedenfalls in engem Zusammenhang, denn alle diese Phänomene nehmen in der Hauptsache zugleich an Intensität, Häufigkeit und Ausdehnung zu und ab.

Prüfen wir die Sonne sorgfältig mittelst eines sehr dunklen Glases, so finden wir, dass sie am hellsten im Mittelpunkte ist und nach allen Seiten gleichmässig bis zum Rande an Helligkeit abnimmt. Genaue Vergleichungen der Intensität der Strahlung an verschiedenen Stellen der Oberfläche zeigen, dass diese Abnahme nach dem Rande zu für Wärme-, Licht- und chemische Strahlen in gleicher Weise, wenn auch nicht in gleichem Verhältniss stattfindet. Die neuesten Messungen der Wärmestrahlen rühren von Langley her, der Lichtstrahlen von H. C. Vogel. Auch Secchi hat über die Intensitätsabnahme des Lichts und der Wärme Untersuchungen angestellt, die aber keine grosse Sicherheit besitzen. Seine Vermuthung, dass die äquatorealen Gegenden der Sonne heisser als die polaren seien, haben übrigens neuere Beobachtungen von Langley nicht bestätigt. Auch die aus meteorologischen Daten abgeleitete Annahme Buijs-Ballots, die verschiedenen Meridiane der Sonne strahlten ungleich Wärme aus, scheint sehr unwahrscheinlich; immerhin ist bemerkenswerth, dass Buijs-Ballot hierdurch eine Rotationszeit der Sonne fand (25.7 Tage), die mit der aus den Fleckenbeobachtungen sich durchschnittlich ergebenden recht gut übereinstimmt.

In der folgenden Tabelle finden sich die Resultate der Messungen. Der Abstand vom Mittelpunkte ist in Theilen des gleich 1 genommenen Halbmessers der Sonne, die Intensität der Strahlung im Mittelpunkte gleich 100 angesetzt.

Entfernung vom Centrum	Wärmestrahlen (Langley)	Lichtstrahlen (Vogel)		
		Roth	Grün	Violett
0.00	100	100	100	100
0.125	—	100	100	99
0.25	99	99	98	98
0.375	—	98	95	94
0.50	95	97	91	89
0.625	—	94	85	81
0.75	86	88	76	69
0.85	—	79	65	57
0.95	—	58	44	35
0.96	62	53	39	31
0.98	50	42	28	22
1.00	—	30	16	13

Man sieht, dass in der Nähe des Randes die violetten Strahlen am meisten abnehmen, die rothen weniger und die Wärmestrahlen am wenigsten. Annähernd giebt jede Quadratminute nahe dem Rande etwa $2/5$ so viel Wärme als am Mittelpunkte, ungefähr $1/3$ so viel rothes Licht. $1/6$ so viel grünes und $1/8$ so viel violettes Licht. Ueber die Ursache dieser Abnahmen ist man nicht im Zweifel; sie liegt in der Absorption der Strahlen durch die Atmosphäre der Sonne, die andere Beobachtungen nachgewiesen haben. Aehnlich wie beim Durchgange des Lichtes durch die Erdatmosphäre, haben auch die Strahlen, die von der Sonnenphotosphäre in horizontaler Richtung, also vom Rande, ausgehen, eine grössere Schicht der die Sonne umgebenden Atmosphäre zu durchsetzen, als die vertical vom Mittelpunkte ausgehenden. Die für die verschiedenen Strahlengattungen verschiedenen Absorptionsmengen entsprechen genau dieser Voraussetzung, da es bekannt ist, dass die brechbarsten oder chemisch wirksamsten Strahlen am meisten, die Wärmestrahlen am wenigsten durch Gase oder Dämpfe absorbirt werden.

Hieraus folgt, dass wir nur einen Theil der von der Sonne wirklich ausgestrahlten Licht- und Wärmemenge empfangen; und dass sie, ohne Atmosphäre, viel heisser, viel heller und weisser an Farbe sein würde, als sie in der That ist. Der Totalbetrag der Absorption ist sehr verschieden geschätzt worden; Laplace schätzte ihn auf volle elf Zwölftel. Secchi unter Zugrundelage der Annahme von Laplace auf neun Zehntel des Gesammtbetrages. Vogel hat berechnet, dass die Sonne ohne Atmosphäre für violettes Licht 3mal, für rothes Licht 1.5mal heller erscheinen müsste, und es ist anzunehmen, dass diese niedrigeren Werthe der Wahrheit sehr nahe kommen werden; die Sonne würde also, wenn ohne Atmosphäre, etwa doppelt so hell und heiss erscheinen, als sie jetzt wirklich ist.

Eine wichtige physikalische und astronomische Aufgabe besteht darin, den Totalbetrag der Wärme zu messen, der von der Sonne im Laufe einer bestimmten Zeit, z. B. in einem Tage oder einem Jahre. ausgestrahlt wird. Diese Aufgabe ist zwar vollständig bestimmt, bietet aber zwei Schwierigkeiten; die eine liegt in der Unterscheidung der Wärme, welche von der Sonne selbst kommt, von der, welche von der Atmosphäre und den umgebenden Objecten herrührt; die andere besteht in der Berücksichtigung der Absorption der Sonnenwärme durch unsere Atmosphäre, welche ermittelt werden muss, um die Gesammtmenge bestimmen zu können. Die erfolgreichsten zu diesem Zwecke angestellten Versuche rühren von Pouillet und Sir John Herschel her. Die Resultate des ersteren können wir so ausdrücken, dass im Laufe von 24 Stunden eine Eisschicht von 37 cm Dicke schmelzen würde, wenn die Sonnenstrahlen senkrecht darauf fielen, keine Absorption in der Erdatmosphäre und vollständige Absorption durch das Eis stattfände. Da die Sonne einen Teil der Zeit unter dem Horizonte ist, und, wenn darüber, nur auf einen Punkt der Erde senkrecht strahlt, so würde die durchschnittlich an der ganzen Erdoberfläche geschmolzene Eisschicht nur einen Bruchtheil der genannten Quantität betragen, nämlich 9.2 cm im Tage oder etwa 33 m im Jahre.

Man hat versucht, die Temperatur der Sonne aus der Quantität der Wärme, welche sie ausstrahlt, zu bestimmen; die Schätzungen variiren aber, wegen der Unsicherheit über das Gesetz der Strahlung bei hohen Temperaturen, sehr beträchtlich. Unter der Voraussetzung, dass die Strahlung der Temperatur proportional sei, fand Secchi für die letztere mehrere Millionen Grad, und zu einem ähnlichen Resultate gelangte, auf etwas abweichendem Wege, der Schwede Eriksson. Dagegen fanden französische Physiker, hauptsächlich Violle, unter Zugrundelegung eines von Dulong und Petit experimentell abgeleiteten Gesetzes, dass die Temperatur der Sonne 2000° wenig übersteige, die höchsten irdischen Temperaturen also noch nicht erreiche. Zöllner hat auf eigenthümlichem, auf spectralanalytischen Betrachtungen beruhendem Wege eine Temperatur von mindestens 28000° gefunden; Rosetti in Padua endlich 10000°, bei Berücksichtigung der Absorption nur durch die Erdatmosphäre, dagegen etwa 20000°, wenn auch die Absorption der Sonnenatmosphäre (nach Secchis Schätzung) in Betracht gezogen wurde. Die Temperatur der Photosphäre wird wahrscheinlich den niedrigeren Schätzungen besser entsprechen; dagegen wird die des Innern der Sonne weit höher sein. Es lässt sich zur Zeit aber gar nichts Bestimmtes über die Temperatur der Sonne sagen.

2. Sonnenflecken und Rotation.

Selbst die ärmlichen Fernröhre des Galilei und seiner Zeitgenossen mussten die Flecken, welche die Sonne häufig in grosser Zahl zeigt, erkennen lassen, und es darf nicht auffallen, dass schon sehr bald nach der Erfindung des Fernrohres, Anfang 1611, Joh. Fabricius, der Sohn des ostfriesischen Pfarrers und eifrigen Astronomen Dav. Fabricius, ihr Vorhandensein bekannt machte. Diese Entdeckung, wenn man die erste vielleicht zufällige Auffindung einer so einfachen, sich von selbst darbietenden Thatsache so nennen will, wurde zu fast gleicher Zeit auch von Galilei und von dem Jesuitenpater Scheiner gemacht, welche beide die Natur der Flecken zu ergründen suchten.

Die erste Idee Scheiners war, die Flecken seien kleine Planeten in der Nachbarschaft der Sonne; aber dies wurde sehr bald von Galilei bestritten, welcher zeigte, dass sie auf der Oberfläche der Sonne selbst existiren müssten. Die Vorstellung, das Urbild der Reinheit, die Sonne, sei mit Flecken behaftet, widerstritt der scholastischen Philosophie jener Zeiten, und es ist daher nicht unmöglich, dass die Erklärung des Jesuiten Scheiner aus dem Wunsche entsprang, die Vollkommenheit unseres Centralkörpers zu retten.

Sehr oberflächliche Beobachtung schon zeigte bald, dass die Flecken sich auf der Sonnenscheibe in der Richtung von Osten nach Westen bewegten. In der Regel erschien ein Fleck nahe dem östlichen Rande, rückte regelmässig über die Scheibe und verschwand nach 12 bis 14 Tagen am Westrande, um dann häufig nach Verlauf von abermals 14 Tagen wiederum am Ostrande aufzutauchen. Indessen fand man bald, dass die Flecken durchaus nicht bleibende Objecte seien; manche verschwanden schon nach einigen Tagen, andere waren Wochen hindurch, ja selbst während mehrerer Umläufe um die Sonnenscheibe sichtbar. Aber so lange sie dauerten, so lange zeigten sie auch die beschriebene Bewegung, und Scheiner, der die Bewegung der Flecken zuerst sorgfältiger verfolgte, schloss daraus, dass die Sonne in etwa 25 Tagen um eine Axe rotire, die ungefähr $83°$ gegen die Ekliptik geneigt sei, der Sonnenäquator also $7°$. Der weitschauende Blick Keplers hielt die Flecken für etwas unseren Wolken Analoges, und er schliesst seine Ansichten und Bemerkungen, die er dem Jesuiten Malcotius im Juli 1613 brieflich mittheilte, mit der Frage: »Steigen diese undurchsichtigen Rauchwolken aus dem weissglühenden Sonnenkörper auf? Gott weiss es; denn die Analogie lässt sich nicht mit Sicherheit bis dahin anwenden.«

Die Astronomen des 17. und 18. Jahrhunderts benutzten speciell zur Beobachtung der Sonne und ihrer Flecken eine Methode, die auch heute noch unter Umständen mit Vortheil angewandt wird, besonders wenn man die auf der Sonne stattfindenden Erscheinungen und Vorgänge mehreren zugleich zeigen will. Man entwirft dabei in einiger Entfernung vor dem Ocular des Fernrohres auf einem weissen Schirm das Bild der Sonne; durch grösseres oder geringeres Ausziehen des Oculares lässt sich die Grösse des Sonnenbildes nach Belieben ändern. Zweckmässig ist es hierbei, die directen, am Fernrohr vorbeifallenden Strahlen durch einen Schirm am Objective oder in anderer Weise abzublenden.

Als man zu Herschels Zeit zuerst mächtigere Fernröhre auf die Sonne anwandte, ergab sich sehr bald, dass die Flecken nicht einfach dunkle Punkte oder kleine Flächentheile waren, als welche sie zuerst erschienen, sondern dass sie im Wesentlichen aus zwei verschiedenartigen Theilen bestanden. Der centrale Theil oder *Kern* (auch Umbra) ist der dunkelste und umgeben von dem helleren *Hofe* oder der *Penumbra*, die bei schwacher Vergrösserung in der Regel gleichmässig grau erscheint. Betrachtet man sie aber bei guter Luft mit einem stärkeren Fernrohre, so findet man sie radial und mannigfach gestreift, auch die Kerne sehr häufig nicht gleichförmig dunkel (siehe Fig. 112—114). Uebrigens sind selbst die letzteren keineswegs sehr dunkel oder gar schwarz, wie man bei ihrem Anblicke zunächst vermuthen könnte. Sie erscheinen vielmehr, verglichen mit den unteren Planeten Mercur oder Venus, wenn diese vor der Sonnenscheibe vorübergehen, nur grau, und Langley hat gefunden, dass sie den Vollmond an Helligkeit noch 590 mal übertreffen.

Fig. 112. Sonnenfleck, nach Secchi.

Die Flecken sind von äusserst unregelmässiger Form und verschiedenster Grösse; man hat schon solche von über zwei Minuten scheinbarem oder 85 000 und mehr Kilometer wirklichem Durchmesser gesehen, die also die Erde an Grösse um das siebenfache und mehr übertrafen. Gewöhnlich treten sie in Gruppen auf, mitunter zwei oder mehrere combinirt; häufig geschieht es auch, dass ein grosser Fleck in verschiedene kleinere sich zertheilt. Dabei verändern sie ihre Form und Grösse oft in kürzester Zeit unglaublich, wie die umstehenden Figg. 113 und 114 zeigen, welche den grossen Sonnenfleck von Anfang Juli 1872 nach Lohses Beobachtungen zu Bothkamp darstellen. Ihre Dauer ist, wie bereits erwähnt, gleichfalls sehr veränderlich, von wenigen Tagen bis zu Wochen und selbst in einzelnen Fällen einigen Monaten. Dabei kommen sie in der Regel nur in den äquatorealen Gegenden der Sonne, bis zu etwa 30° heliographischer Breite, vor; Flecken von über 40° Breite gehören zu den grössten Seltenheiten.

Bis vor einem Jahrhundert etwa verglich man häufig die Sonnenflecken mit Schlacken, die auf der geschmolzenen Oberfläche der Photosphäre schwämmen. Der schottische Astronom Wilson fand indessen, dass sie vielmehr als Vertiefungen in der Photosphäre erschienen, indem der dunkle Kern offenbar viel tiefer liege als die leuchtende Oberfläche und selbst als der Rand der Penumbra. Er beobachtete nämlich, dass bei Annäherung eines Fleckens an den Sonnenrand die Penumbra an der dem Mittelpunkte der Sonnenscheibe zugekehrten Seite immer schmäler ward und schliesslich ganz verschwand, und erklärte diese Thatsache durch einfache perspectivische Wirkung der in verschiedenem Niveau liegenden Theile von Kern, Penumbra und Photosphäre. In

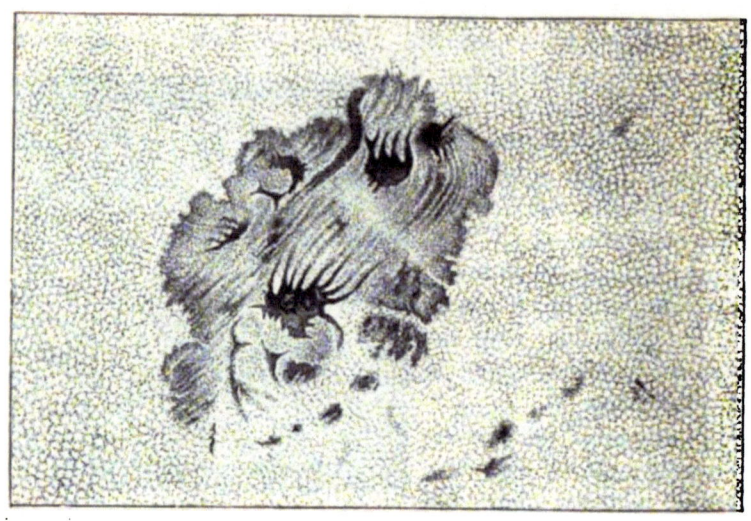

Fig. 113. Grosser Sonnenfleck vom Juli 1872, nach Lohse (Juli 2, Mittag).

Grösse der Erde.

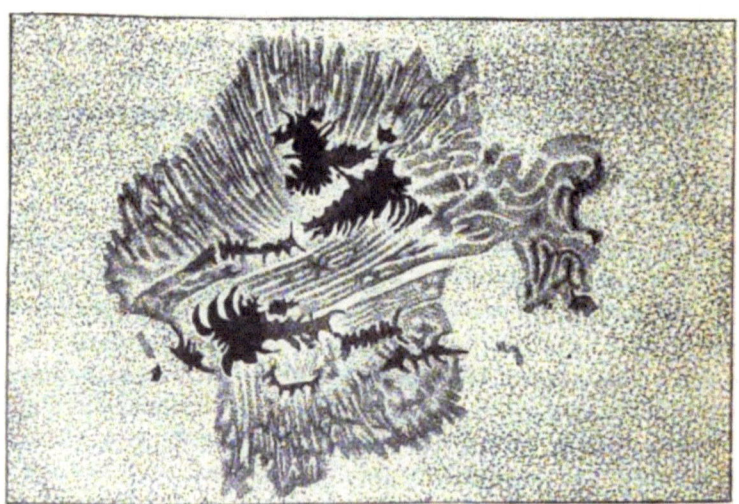

Fig. 114. Grosser Sonnenfleck vom Juli 1872, nach Lohse (Juli 4, Nachmittag).

übertriebenem Massstabe zeigt dies die Fig. 115; bei grossen, regelmässig gestalteten Flecken mit deutlichen Kernen verschwindet in der That am Sonnenrande der Kern selbst oft gänzlich. Danach würde also ein Sonnenfleck im Wesentlichen eine trichterförmige Gestalt haben; der Kern bildete den Boden des Trichters, die Penumbra seine Wände.

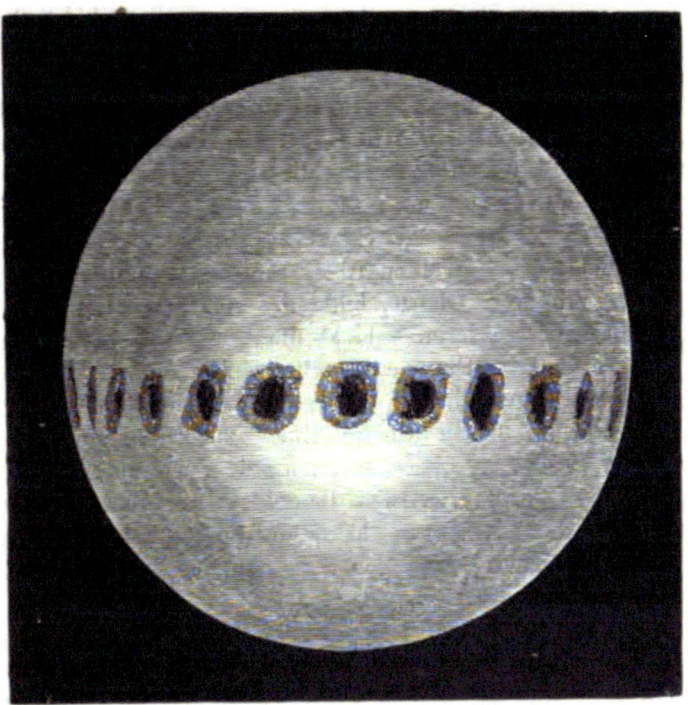

Fig. 115. Veränderungen eines Sonnenfleckens beim Passiren der Sonnenscheibe.

Nicht uninteressant ist das Verhältniss, welches in der Flächenentwickelung von Flecken und Fackeln alljährlich und in Beziehung zur Sonnenfläche selbst stattfindet; nach sehr zahlreichen, in Greenwich aufgenommenen Sonnenphotographien war, in Millionteln der sichtbaren Oberfläche, die tägliche Durchschnittsfläche von

	Kernflecken	Flecken überhaupt	Fackeln
1873	116	678	2882
1874	83	582	(1300)
1875	45	255	475
1876	25	132	226
1877	20	94	168
1878	5	25	84
1879	10	44	163
1880	45	208	635

Man sieht hieraus sehr deutlich, wie Flecken und Fackeln gemeinsam ab- und zunehmen, und dass ein Fleckenminimum Anfang 1879, ein Fackelminimum vielleicht etwas früher stattgefunden hat. Zur Zeit des Minimums beträgt also die Fläche der an einem Tage sichtbaren Sonnenflecken nur etwa $2/_{100000}$, die Fläche der Fackeln etwa $8/_{100000}$ der Sonnenoberfläche; durchschnittlich bedecken die Fackeln etwa $2^{3}/_{4}$ mal so viel Fläche als die Flecken, die ganzen Flecken etwa $5^{1}/_{2}$ mal soviel als die Kernflecken allein. —

Das vorhin erwähnte trichterförmige Aussehen des Flecken bildet das Fundament der bekannten und von fast einem Jahrhundert angenommenen Wilson'schen Theorie, die indessen mit Herschels Namen, der sie weiter entwickelte, noch häufiger verknüpft wird. Nach dieser Anschauung soll das Innere der Sonne ein dunkler, kühler Körper sein, den zwei Schichten von wolkenartiger Bildung umhüllen. Die äussere Schicht, von intensivem Glanze, bilde die sichtbare Photosphäre, während der inneren, dunkleren Schicht die Penumbra der Flecken ihre Entstehung verdanke. Die Kerne selbst seien einfach Oeffnungen in diesen Schichten, durch die wir den dunklen Sonnenkörper wahrnähmen. Aengstlich bedacht, diesen Körper einem speciellen Zwecke in dem Haushalte der Schöpfung dienstbar zu machen, wurde er dann mit intelligenten Wesen bevölkert, denen die Schicht der kühlen inneren Wolken Schutz vor der feurigen Strahlung der Photosphäre gewährte, während die gelegentlichen Oeffnungen doch dann und wann einen Ausblick in das Universum gestatteten.

Sehen wir von den Phantasiegebilden lebender Wesen ab, so trug in der That diese Theorie den Erscheinungen selbst im Wesentlichen Rechnung. Dass die Photosphäre nicht absolut und durchaus fest, flüssig oder auch gasförmig sein könnte, schien nach dem Aussehen der Flecken unbestreitbar. Wäre sie fest, so könnten die Flecken nicht einem beständigen Wechsel der Form unterliegen; wäre sie flüssig oder gasförmig, so könnten diese Vertiefungen nicht Wochen oder gar Monate hindurch dauern, weil die flüssige oder gasförmige Materie von allen Seiten einbrechen und sie ausfüllen würde. Die einzige Hypothese, die für Herschel übrig zu bleiben schien, war, dass die Photosphäre aus Wolken bestände, die in einer Atmosphäre schwämmen. Da die Ränder der Vertiefungen verhältnissmässig dunkel aussahen, schien die Folgerung unvermeidlich, die Photosphäre leuchte nur an und nahe der Oberfläche; und da der Grund der Vertiefungen ganz dunkel war, so schien ein dunkler innerer Sonnenkörper ebenso unbestreitbar.

Die Entdeckung aber des Gesetzes von der Erhaltung der Kraft und von der gegenseitigen Umwandlung von Wärme, als einer Art der

Bewegung, und Kraft, musste der Wilson-Herschel'schen Theorie verhängnisvoll werden. Eine Sonne wie die Herschels würde sich in kürzester Zeit vollkommen abkühlen und uns weder Licht noch Wärme spenden. Eine so beständige Wärmemenge, wie sie die Sonne seit Jahrtausenden ausstrahlt, kann nur durch eine beständige Ausgabe von Kraft in einer ihrer Formen erhalten werden; nach Herschels Theorie aber wäre die zur Ersetzung dieser ausgegebenen Wärmequantität erforderliche Kraftmenge, die doch jedenfalls hauptsächlich in der Sonne selbst zu suchen ist, nicht zu finden. Und wenn auch selbst die Gluthitze der Photosphäre durch irgend welches Agens, z. B. chemischer Natur, oder durch das Aufstürzen von Milliarden von Meteoriten erhalten bliebe, so würde sie durch Leitung und Strahlung doch beständig in das Innere übertragen werden und seit langem schon übertragen worden sein; die ganze Sonne würde also so heiss wie die Photosphäre werden und ein dunkler, kühler Kern unmöglich sein.

Herschels Autorität und die Uebereinstimmung mit vielen einzelnen Erfahrungsthatsachen haben seiner Hypothese durch Generationen hindurch bis in die Mitte unseres Jahrhunderts Anhang und Anerkennung verschafft; sie musste aber weichen und anderer Anschauungsweise Platz machen, als unsere Erkenntniss eine bessere und die Einsicht in allgemeinere physikalische Vorgänge eine tiefere geworden war. Das Verdienst, hier den ersten und grössten Schritt gethan und zur Erklärung solarischer Erscheinungen speciell nur die Gesetze angewandt zu haben, die sich aus der Beobachtung irdischer Erscheinungen ergaben, gebührt Kirchhoff, der zuerst eine unserer jetzigen physikalischen Erkenntniss entsprechende Erklärung der Sonnenflecken gab. Wir werden auf diese weiter unten, bei Besprechung der verschiedenen Ansichten über die physische Beschaffenheit der Sonne überhaupt, noch zurückkommen.

3. Periodicität der Flecken.

Die zahlreichen und sorgfältigen Beobachtungen der Sonnenflecken, die während des letzten Jahrhunderts angestellt worden sind, haben deutlich eine etwa 11 jährige Periode in der fleckenerzeugenden Thätigkeit der Sonne nachgewiesen. Während zwei oder drei Jahren sind die Flecken grösser und häufiger als im Durchschnitt; dann beginnen sie abzunehmen bis zu dem etwa sechs bis sieben Jahre nach dem Maximum eintretenden Minimum. Nach weiteren vier bis fünf Jahren sind sie zum Maximum zurückgekehrt. Die Intervalle sind ziemlich ungleich; aus neueren Untersuchungen geht aber sicher hervor, dass die Zunahme vom Minimum zum Maximum rascher stattfindet als die Abnahme (ähnlich wie bei der Helligkeits-Zu- und -Abnahme der meisten veränderlichen Sterne), doch sind noch weitere Beobachtungen erforderlich, ehe diese Periode im Einzelnen mit Sicherheit abgeleitet werden kann. Eine Vorstellung über den Verlauf der Erscheinung mögen einige Resultate der Beobachtungen Schwabes in Dessau geben, der seit 1826 fast 50 Jahre hindurch die Sonne consequent beobachtet und 1843 zuerst*) auf die Periodicität der Sonnenflecken aufmerksam gemacht hat. Er sah die Sonne fleckenfrei

von 1828—1831 an nur 1 Tage,
in 1833 an 139 Tagen,
von 1836—1840 an 3 Tagen,
in 1843 an 147 Tagen,
von 1847—1851 an 2 Tagen,
in 1856 an 193 Tagen,
von 1858—1861 an keinem Tage,
in 1867 an 195 Tagen.

Bemerkenswerth frei von Flecken war die Sonne danach also in den Jahren 1833, 1843, 1856 und 1867. Diese Wiederkehr der Periode hat R. Wolf in Zürich bis zu Scheiners Zeit zurückverfolgen können und die durchschnittliche Länge zu $11^1/_9$ Jahren abgeleitet. Ausser der 11jährigen Periode hat Wolf neuerdings auch entschiedene Andeutungen einer grösseren, 55jährigen gefunden; doch sind hierfür die Beobachtungen noch nicht ausgedehnt genug. Die Jahre der geringsten Fleckenzahl in diesem Jahrhundert waren nach seinen sorgfältig angestellten Ermittelungen 1810, 1823, 1833, 1845, 1856, 1867, 1879 und 1889; die Jahre der grössten Zahl 1804, 1816, 1829, 1837, 1848, 1860, 1870 und 1882; setzt man die Reihe weiter fort, so ergeben sich Minima für 1900, 1911 etc., Maxima für 1893, 1904 etc.

Die Beobachtungen Schwabes und die Untersuchungen Wolfs haben die Existenz der Periode zwar ausser Zweifel gestellt; man hat aber noch keine genügende Erklärung dafür gefunden. Ihr nahes Zusammenfallen mit der Umlaufszeit des Jupiter hat manche zu der Ansicht geführt, es bestände ein causaler Zusammenhang zwischen den beiden Erscheinungen, indem die Attraction dieses mächtigsten Planeten unseres Systems irgend eine Störung in der Sonne bewirke, die grösser im Perihel als im Aphel sei. Aber einem solchen Zusammenhange wird durch die Thatsache widersprochen, dass die Sonnenfleckenperiode mehr als ein halbes Jahr kürzer ist als die Umlaufszeit des Jupiter. Ausserdem kann bei der grossen Entfernung und verhältnissmässig geringen

---

*) Die erste, aber unbekannt gebliebene Andeutung rührt von dem dänischen Astronomen Chr. Horrebow aus dem Jahre 1776 her.

Excentricität der Jupiterbahn der Wirkungsunterschied zwischen Perihel und Aphel nur ein sehr geringer sein. Es ist vielmehr gewiss, dass die Ursache der Erscheinung nicht ausserhalb der Sonne zu suchen, sondern nur das Resultat innerer Kräfte ist, über deren Natur wir aber noch nichts Genaueres wissen. In dieser Richtung haben Zöllner und besonders in neuester Zeit Wilsing einen bemerkenswerthen Erklärungsversuch gemacht, auf den wir später noch zurückkommen werden. Als wichtig werden wir die Thatsache betrachten müssen, dass die erste Fleckenentwickelung nach einem Minimum fast immer in höheren Breiten stattfindet und erst später die eigentliche Fleckenzone, der Aequatorealgürtel, ergriffen wird.

Von Interesse ist, dass einige terrestrischen Erscheinungen gewisse Beziehungen zu den Vorgängen auf der Sonnenoberfläche zu verrathen scheinen. Die Ansicht Herschels zwar, der aus der Bearbeitung eines umfangreichen statistischen Materials eine Abhängigkeit der Kornpreise von der Zahl der Sonnenflecken nachzuweisen suchte, haben spätere Untersuchungen nicht bestätigt; andere Erscheinungen zeigen aber in ihrem Verhalten in der That auffallende Aehnlichkeit mit dem Gange der Fleckenperiode. So weiss man jetzt aus den Untersuchungen von Wolf, Sabine, Fritz und Loomis, dass die Nordlichter und magnetischen Störungen eine der Fleckenperiode entsprechende Periode der Häufigkeit haben, indem diese Erscheinungen zugleich mit den Flecken am häufigsten auftreten. Speciell scheint für die magnetischen Erscheinungen nach den neuesten Untersuchungen an einem physischen Zusammenhange nicht gezweifelt werden zu können; die Variationen der magnetischen Declination zeigen nämlich einen auffallend übereinstimmenden Gang mit der Sonnenfleckenperiode, so dass erstere mittelst einer von Wolf aufgestellten Formel ganz gut aus der sogenannten Relativzahl der Sonnenflecken berechnet werden können. Einen analogen Einfluss des Fleckenzustandes der Sonne, aber für kurze Zeiträume, hat ferner Hornstein wahrscheinlich gemacht. Immerhin müssen noch weitere Beobachtungen abgewartet werden, ehe man einen inneren Zusammenhang als vollkommen constatirt und die beiden Erscheinungsformen zu Grunde liegende Kraft als dieselbe betrachten kann.

4. Rotationsgesetz der Sonne.

Die zahlreichen Beobachtungen, welche Carrington (1853—1861) und Spörer (seit 1861) über Oerter und Bewegungen der Sonnenflecken angestellt haben, führen zu dem, freilich schon von Scheiner ausgesprochenen merkwürdigen Resultate, dass die Rotationsdauer der sichtbaren Oberfläche der Sonne um ihre Axe nicht für alle Theile dieselbe ist. Während nämlich die Periode für Flecken in der Nähe des Sonnenäquators zu etwa 25.1 Tagen folgt, ergiebt sich dieselbe nach Spörer in 30° Breite zu 26.5 Tagen. Ueberdies scheint die Rotationsperiode zu verschiedenen Zeiten, d. h. bei verschiedenem Fleckenstande, verschieden zu sein; doch sind diese Veränderungen und ihre Gesetze noch nicht genau ermittelt; ihre Erkenntniss wird übrigens noch dadurch erschwert, dass die Sonnenflecken, abgesehen von der Rotationsbewegung, auch eine oft nicht unerhebliche Eigenbewegung besitzen. Wir können nach alledem für die Sonne nicht, wie für die Erde und einige der anderen Planeten, überhaupt die Körper unseres Sonnensystems, die uns eine feste, starre Oberfläche zeigen, eine ganz bestimmte Rotationszeit angeben, sondern nur sagen, dass dieselbe je nach Umständen zwischen 25 und 27 Tagen variirt. Die *synodische* Umdrehungszeit, oder die Zeit, nach welcher ein Fleck von der Erde aus gesehen wieder an derselben Stelle der Sonnenoberfläche erscheint, ist wegen der mit der Rotationsbewegung gleichgerichteten Bewegung der Erde in ihrer Bahn um die Sonne etwa zwei Tage grösser.

Auch über die physische Ursache dieser Veränderungen herrschen wesentliche Meinungsverschiedenheiten. Zöllner sah in den allgemeinen Bewegungen der Flecken Anzeichen von Strömen, die sich von beiden Polen der Sonne nach ihrem Aequator zu bewegen. Derselbe nahm zur Erklärung der in verschiedenen Breiten verschiedenen Rotationsgeschwindigkeiten Oberflächenströmungen an und zwar am Aequator vorherrschend westliche, in höheren Breiten vorherrschend östliche. Zöllner betrachtete die Sonnenflecken als schlackenartige Abkühlungsproducte, die auf der glühendflüssigen Oberfläche schwimmen, schloss aus den Gleichgewichtsstörungen der Sonnenatmosphäre auf obere, nach den Polen, und untere, von dort nach dem Aequator gerichtete Strömungen und leitete auf mathematischem Wege die in verschiedenen Breiten verschiedene Rotation aus den Einwirkungen dieser Strömungen auf die Sonnenoberfläche ab. Seine Hypothese wie überhaupt seine ganze Theorie über die physische Beschaffenheit der Sonne leidet zwar im Einzelnen an entschiedenen Mängeln, ist aber von allen vielleicht die am consequentesten und ausführlichsten entwickelte. Faye, der den Sonnenkörper als wesentlich gasförmig und die Flecken als Oeffnungen in der Photosphäre betrachtet, sucht die genannten Rotationsunterschiede auf verticale, aus den tieferen Schichten aufsteigende Gasströme zurückzuführen. Wir werden später auf diese verschiedenen Ansichten im Zusammenhange eingehen und bemerken hier nur, dass wir in allen diesen Punkten Fragen berühren, von deren Beantwortung die Wissenschaft auch heute noch weit entfernt ist. Es ist übrigens interessant, dass die Beobachtungen der Geschwindigkeiten am Sonnenrande (in der Gesichtslinie) wie sie nach dem Doppler'schen Principe (siehe S. 257 f.) im Spectroskope gemessen werden können, die Abnahme der Winkelgeschwindigkeit nach den Polen zu bestätigen; besonders ist dies vor kurzem durch eine umfangreiche Untersuchung von Dunér in Upsala auf das sicherste nachgewiesen worden.

Um in analoger Weise wie bei den Flecken auch aus den Fackeln das Rotationsgesetz abzuleiten, hat Wilsing in Potsdam zahlreiche Positionsbestimmungen von Fackeln mit Hülfe von Sonnenphotographien angestellt. Dieselben haben zu dem auffallenden Resultate geführt, dass die Fackeln eine völlig gleichmässige Rotation besitzen, woraus sich sehr wichtige Schlüsse für die Sonnentheorie ziehen lassen.

5. Die Umgebungen der Sonne.

Wäre die Sonne niemals mit einem anderen Instrumente als dem blossen Fernrohre untersucht oder niemals vom Monde total verfinstert worden, so würden wir wohl kaum eine Vorstellung von den auf ihrer Oberfläche und in ihrer unmittelbaren Umgebung stattfindenden Vorgängen und Erscheinungen haben gewinnen können. Und doch ist es merkwürdig, dass die moderne Wissenschaft uns auf der Sonne weit mehr Mysterien gezeigt als enthüllt und erklärt hat, so dass wir uns weiter als je von einer befriedigenden Erklärung aller jener Phänomene finden. Wenn die Alten die Sonne für eine Kugel von geschmolzenem Eisen hielten, so hatten sie damit eine Vorstellung, welche dem Wissen jener Zeit vollständig genügte. Als Galilei und Scheiner die Sonnenflecken beobachteten, konnten sie dieselben einfach nur für dunkle Stellen der Photosphäre, als welche sie erschienen, halten. Ihre Deutung durch Herschel entsprach vollständig der Erkenntniss seiner Zeit, und er mag als der letzte angesehen werden, der eine Theorie der physischen Beschaffenheit der Sonne entwickelte und festhielt, die in der That der Zeit, in der sie ausgesprochen wurde, genügte. Wir haben gesehen, wie seine Anschauungsweise nach der Entdeckung des Gesetzes von der Erhaltung der Kraft verschwinden musste, und wie unserem Jahrhundert schon die genauere Beobachtung der Sonnenflecken und die Erklärung ihrer Erscheinungen Räthsel darbot, die weder für Herschel, noch für die Alten existirten. Aber die neue Zeit hat uns noch andere und sonderbarere Phänomene gezeigt.

Wenn während des Fortschreitens einer totalen Sonnenfinsterniss die stetig abnehmende Sonnensichel beobachtet wird, bemerkt man nichts

Auffallendes bis nahe dem Moment ihres vollständigen Verschwindens. Wenn aber der letzte Strahl des Sonnenlichtes verschwindet, bietet sich dem erstaunten Auge ein Anblick ungeahnter Schönheit und Grösse, der, einmal nur wahrgenommen, nie wieder dem Gedächtnisse entschwindet. Die Mondkugel, von tiefstem Schwarz, scheint in der Luft zu hängen, umgeben von einem Strahlenkranze milden Silberlichtes, gleich dem, mit welchem die alten Maler die Häupter der Heiligen zu umgeben pflegten. In dieser *Corona* ragen Zungen und Wolken rosenfarbiger

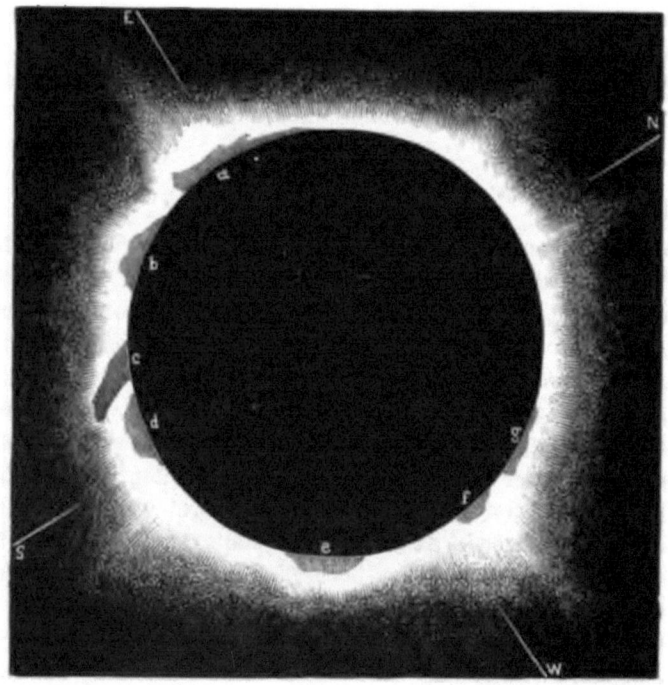

Fig. 116. Sonnenfinsterniss am 17. August 1879. (Nach Eastmans Wahrnehmung zu Des Moines, Jowa.)

Flammen in den phantastischsten Formen von verschiedenen Punkten des Mondrandes auf (siehe Fig. 116, a—g). Von diesen zwei Erscheinungen war die jeder Zeit auffällige Corona sicher den Zeitgenossen Keplers, wahrscheinlich aber schon dem Alterthum bekannt; aber erst seit wenigen Jahrzehnten ist die Aufmerksamkeit der Astronomen auf die rosigen Flammen, die Protuberanzen, gerichtet, obgleich eine vereinzelte Beobachtung derselben sich schon vor über 150 Jahren in den Philos. Transactions (1733) findet.

Die von der Corona gegebenen Beschreibungen stimmen in der Hauptsache überein, wenn sie auch in vielen Details differiren. Halley beschreibt die während der totalen Sonnenfinsterniss vom Jahre 1716 gesehene so: »Wenige Secunden, bevor die Sonne ganz bedeckt war, zeigte sich rund um den Mond ein leuchtender Ring von der Breite eines Digitus (Zoll) oder etwa ein Zehntel von des Mondes Durchmesser. Er war blass-weiss oder vielmehr perlfarben und schien mir etwas von dem Teint der Iris-Farben zu haben und concentrisch mit dem Monde zu sein.«

Die sorgfältigeren und umfassenderen Beobachtungen neuerer Zeit zeigen, dass die Corona nicht die Kreisform hat, die ihr früher zugeschrieben wurde, sondern dass sie von ganz unregelmässigem Umriss ist. Mitunter ist die Form viel eher quadratisch als rund, wobei die Ecken des Quadrates in etwa 45° Sonnenbreite liegen, die Seiten also den Polen und dem Aequator der Sonne entsprechen. Dieses quadratische Aussehen scheint indessen nicht von irgend einer Regelmässigkeit der Form herzurühren, sondern nur daher, dass die Corona heller und höher halbwegs zwischen Polen und Aequator als an diesen Punkten selbst erscheint. Oft gleichen diese vorragenden Theile Strahlen, die von der Sonne ausschiessen. An der Basis ist die Corona immer am hellsten und nimmt allmählich nach aussen an Helligkeit ab. Wie weit sie geht, ist unmöglich zu sagen, aber man hat sie unzweifelhaft schon bis zu einem Mondhalbmesser, also über einen Viertel Grad vom Mondrande, verfolgen können. Nach Photographien, welche bei den letzten totalen Sonnenfinsternissen erlangt wurden, ist ihre Structur eine fast haarige, ähnlich langen Büscheln von Flachs, die nicht immer genau radial verlaufen, sondern zuweilen beträchtliche Winkel mit dem Radius bilden; in gewöhnlichen Fernröhren erscheint sie wie eine Masse nebligen oder milchigen Lichtes.

Man hielt die Corona früher für eine Atmosphäre der Sonne oder des Mondes. Vor dreissig oder vierzig Jahren war die plausibelste Annahme, sie sei eine Sonnenatmosphäre, und die rothen Protuberanzen seien in ihr schwimmende Wolken. Dass die Corona keine Atmosphäre des Mondes sein könne, bewies sehr bald ihr unregelmässiger Umriss; denn die Atmosphäre eines Körpers wie der Mond würde sich nothwendigerweise in nahe gleichförmigen Schichten regelmässig ausbreiten und könnte nicht, wie es in der That so häufig geschieht, an einzelnen Stellen sich aufthürmen. Wir werden bald sehen, dass die Corona ohne Zweifel etwas die Sonne Umgebendes ist.

Die Frage, ob die *Protuberanzen* dem Monde oder der Sonne zugehörten, wurde endgültig während der totalen Sonnenfinsterniss in

Sicilien 1860 beantwortet. Messungen ihrer Höhe über den Mondrand bewiesen, dass der Mond sie nicht mit sich fortführe, sondern über sie wegginge; sie gehörten also der Sonne an.

Zu dieser Zeit war die Spectralanalyse noch wenig entwickelt, und niemand dachte daran, sie auf Corona und Protuberanzen anzuwenden. Die nächste bedeutende Finsterniss fand acht Jahre später, am 18. August 1868, in Indien und Siam statt. Das Spectroskop war in der Zwischenzeit in allgemeineren Gebrauch gekommen, und Expeditionen wurden daher von verschiedenen Nationen (hauptsächlich Engländern, Franzosen und Deutschen) ausgerüstet, um die fraglichen Objecte spectroskopisch zu untersuchen. Der glücklichste Beobachter war der Franzose Janssen, der im Innern Vorderindiens an einem hohen Punkte beobachtete, wo die Luft ausnehmend ruhig war. Als der letzte Sonnenstrahl von dem fortrückenden Monde weggenommen war, zeigte sich eine enorme, viele tausend Meilen über die Oberfläche der Sonne emporragende Protuberanz. Das Spectroskop wurde sofort darauf gerichtet, und Janssen erkannte in einem Moment, dass ihr Spectrum einfach aus den hellen Linien des glühenden Wasserstoffes bestand. Die Protuberanz leuchtete also nicht als eine vom Sonnenlicht bestrahlte Substanz, sondern selbständig als eine ungeheure Masse glühend heissen Wasserstoffgases. Damit war die Ansicht, die Protuberanzen seien wolkenähnlicher Natur, mit einem Schlage gestürzt.

Diese Beobachtung bezeichnet den Anfang einer neuen Aera in der Physik der Sonne, welche durch ein eigenthümliches Zusammentreffen unabhängig noch von einem zweiten Forscher inaugurirt werden sollte. Als Janssen die Linien betrachtete, kam ihm der Gedanke, dass sie hell genug seien, um auch wohl nach der Sonnenfinsterniss, zunächst nach der Phase der Totalität, gesehen zu werden. Er beschloss also, sie möglichst lange zu verfolgen, und so gelang es ihm in der That, sie nicht nur nach der Totalität, sondern nach der Finsterniss überhaupt wahrzunehmen. Die Tage und Wochen nach der Finsterniss zeigten ihm, dass die Protuberanzlinien mit einem genügend kräftigen Spectroskop und bei vollständig klarem Himmel jederzeit zu erkennen waren, so dass die so wechselnden Formen dieser merkwürdigen Gebilde, die bisher nur während der seltenen und kurzen Momente totaler Finsternisse gesehen worden waren, nun zum Gegenstande regelmässiger Beobachtung gemacht werden konnten.

Wie gesagt, wurde diese wichtige Entdeckung aber noch an einem anderen Orte, unabhängig von Janssen und der Sonnenfinsterniss des 18. August, gemacht, und zwar von dem Engländer Norman Lockyer. Dieser war durch Nachdenken zu der Ueberzeugung geführt worden, man müsse das Spectrum der Protuberanzen mit hinreichend starken Spectroskopen jederzeit wahrnehmen können, wenn ihre Materie ein selbstleuchtendes Gas sei, dessen Spectrum, wie wir wissen, aus nur wenigen hellen Linien besteht. Er hatte seine Methode schon 1866 der Royal Society mitgetheilt und auch Versuche angestellt, die aber wegen ungenügender Instrumente resultatlos blieben. Ein neues kräftigeres Instrument wurde bestellt, und mit diesem fand nun Lockyer, ohne von Janssens Beobachtung zu wissen, gleichfalls, als er es am 20. October nach dem Sonnenrande richtete, in dem Spectrum der Sonne selbst drei helle Linien, von denen zwei dem Wasserstoff angehörten. Sein Resultat wurde sofort der Pariser Akademie der Wissenschaften mitgetheilt, welche die Nachricht an demselben Tage erhielt, als auch von Janssen in Indien der ausführliche Bericht über seine Beobachtungen eintraf. Ganz unabhängig übrigens sowohl von Janssen als auch von Lockyer hat Zöllner bereits mehrere Monate vor der Beobachtung Janssens eine spectroskopische Methode zur Beobachtung der Protuberanzen angegeben.

Im Verfolg seiner Untersuchungen fand Lockyer, dass die Protuberanzen, von deren ausserordentlich wechselnden Formen und wunderbaren Gestaltungen die nachstehende Fig. 117 einen Begriff geben möge, aus einer dünnen, die ganze Oberfläche der Sonne umgebenden Umhüllung entspringen und nur besonders hervorragende Theile dieser Hülle seien. Die Sonne ist danach von einer Atmosphäre umgeben, welche hauptsächlich aus Wasserstoffgas besteht, dessen Theile hier und da in Gestalt von flammigen Wolken und Zungen oft zu enormer Höhe emporgeschleudert werden. Jener schmalen, hellleuchtenden Atmosphäre gab Lockyer wegen ihrer stark rothen Färbung den Namen *Chromosphäre*. Sie ist, wie die Protuberanzen, nur mit dem Spectroskop oder während totaler Sonnenfinsternisse wahrzunehmen und bei letzteren Gelegenheiten auch früher schon von verschiedenen Beobachtern bemerkt worden, ohne dass man über ihre Natur etwas wusste.

Die soeben beschriebenen Beobachtungen und Untersuchungen werfen kein Licht auf die Frage der Corona, ein Phänomen, welches fast vergessen zu sein schien in der Aufregung über die Entdeckung der Natur der Protuberanzen. Glücklicherweise traf aber 1869, am 7. August, eine in den Vereinigten Staaten sichtbare totale Finsterniss ein, welche zu wichtigen Aufschlüssen führen sollte. Die sorgfältigen spectroskopischen Beobachtungen von Harkness und Young zeigten nämlich, dass die Corona ein schwaches, continuirliches Spectrum giebt, durchzogen von einer einzelnen hellen grünen Linie, welche auch im Spectrum der Protuberanzen vorkommt und mit K (Kirchhoff) 1474 bezeichnet wird. Diese einfache Linie wurde auch bei der nächsten, in civilisirten Gegenden sichtbaren Sonnenfinsterniss, am 21. December 1870, in Sicilien und Spanien gesehen und seitdem bei jeder spectroskopisch beobachteten Sonnenfinsterniss; man hat sie aber bisher nicht in dem Spectrum irgend einer auf der Erde bekannten Substanz nachweisen können. Zwar liegen

Fig. 117. Protuberanzen der Sonne.

verschiedene Eisenlinien, deren es mehrere Hundert giebt, in ihrer Nähe; aber keine stimmt mit ihr überein, und so können wir nur sagen, dass die Substanz, welche diese Linie erzeugt, das sogenannte *Coronium*, und die das einzige Element gasartiger Natur der Corona zu sein scheint, ein unbekanntes, auf der Erde wahrscheinlich nicht existirendes Gas ist, welches beträchtlich leichter als Wasserstoff ist. In dem schwachen continuirlichen Spectrum treten bei manchen Finsternissen die dunklen Linien des Sonnenspectrums ziemlich deutlich auf; sie zeigen an, dass ein Theil des Corona-Lichtes von kleinen Partikeln reflectirtes Sonnenlicht ist.

Fortgesetzte Beobachtungen der Spectra der verschiedenen die Sonne umgebenden Gase haben eine weit grössere Zahl von Linien ergeben, als je bei totalen Sonnenfinsternissen gesehen wurden. Lockyer fand bei seinen stetig über mehrere Jahre ausgedehnten Beobachtungen schon über 100; noch bedeutend mehr aber entdeckte Young bei Gelegenheit einer Expedition, welche 1871 von der amerikanischen Coast Survey nach dem Felsengebirge entsandt wurde, um dort über eventuelle Errichtung eines Observatoriums an einem möglichst hochgelegenen Orte Untersuchungen anzustellen. An dem gewählten, an der Pacificbahn liegenden Orte Sherman zeigte sich in der That, dass bei klarem Wetter weit weniger Licht von den die Sonne umgebenden Theilen der Erdatmosphäre reflectirt wurde, als in niedriger gelegenen Gegenden, was für die spectroskopische Untersuchung der Sonne und ihrer Hüllen von grossem Vortheil war*). Young war daselbst im Stande, nicht weniger als 273 helle Linien mit den entsprechenden Fraunhofer'schen Linien zu identificiren. Die Anwesenheit besonders von Eisen, Magnesium und Titan in glühendgasförmigem Zustande ist danach fast völlig sicher; es giebt dagegen auch viele Linien, welche nicht zu uns bekannten und auf der Erde vorkommenden Stoffen gehören.

H. Draper in New York glaubte im Spectrum der Sonne selbst ausser den gewöhnlichen dunklen Absorptionslinien auch eine Reihe heller Linien wahrgenommen zu haben, welche, wenn sie reell wären, andeuten würden, dass die glühenden Gase der Chromosphäre zum Theil mächtig und leuchtend genug sind, um selbst auf der Sonnenfläche die ihnen entsprechenden Linien und Streifen sichtbar zu machen. Vogel hat indessen nachgewiesen, dass diese hellen Linien, die er gleichfalls sah, thatsächlich nur Lücken zwischen zarten Gruppen dunkler Linien sind, welche durch Contrast jenen Eindruck hervorrufen.

6. Ansichten verschiedener Forscher über die physische Beschaffenheit der Sonne.

Ueber die physische Beschaffenheit der Sonne und die Gesetze, welche die so mannigfaltigen Erscheinungen und Vorgänge auf ihr

---

*) Es ist dies neuerdings von Langley und anderen Astronomen für hochgelegene Punkte bestätigt worden.

regeln, herrscht im Grossen und Ganzen noch viel Dunkel und Zweifel, wenn auch einige Punkte ziemlich sicher erforscht und begründet zu sein scheinen. Da die wesentlichen Eigenschaften der Materie nothwendigerweise überall dieselben sind, so werden wir zur Erklärung der Erscheinungen auf der Sonne auch nur die Gesetze anwenden dürfen und können, welche wir auf der Erde in Wirksamkeit sehen, und das Problem der physischen Constitution der Sonne würde gelöst sein, sobald wir im Stande wären, alle Erscheinungen durch diese Gesetze zu erklären. Die logische Forderung, dass die physischen Gesetze, die auf der Sonne wirken, in Uebereinstimmung mit den auf der Erde wirksamen sein müssen, ist nicht immer von denen genügend beachtet worden, die über jenes Thema speculirten und so zu mancherlei oft gewagten Hypothesen geführt worden sind. Das bekannteste Beispiel ist die oben erwähnte Wilson-Herschel'sche Hypothese eines kühlen Sonnenkernes. Wir müssten von dem Begriff der Wärme eine wesentliche und allgemeine Eigenschaft, die der Fortpflanzung, wegnehmen, wollten wir annehmen, das Innere der Sonne könne bei der Gluthitze der umgebenden Photosphäre sich auch nur kurze Zeit relativ kalt erhalten. Ja selbst die strenge Verwendung der uns bekannten physikalischen Gesetze auf die Physik der Sonne braucht keineswegs stets zum Ziele zu führen, da sich die Vorgänge auf der Sonne in solch' ungeheueren Massen und bei so enormen Temperatur- und Druckverhältnissen abspielen, dass die Gültigkeit unserer Gesetze durchaus nicht für die Sonne erwiesen ist. So darf es nicht überraschen, dass sich auch die besten der von verschiedenen Forschern aufgestellten Sonnentheorien in vielen wesentlichen Punkten widersprechen, ja dass wohl keine einzige derselben als in jeder Beziehung befriedigend zu betrachten ist. Gerade in neuester Zeit hat sich der Mangel einer alle Erscheinungen gleich gut deutenden Theorie der Sonnenphysik fühlbar gemacht und wird immer fühlbarer werden, je mehr unsere Einzelkenntniss in solaren Vorgängen wächst. Es fehlt eben zur Zeit noch an einem »Newton«, der den richtigen Zusammenhang der Dinge von einer übersichtlichen Höhe aus erblickt, und so wollen wir uns darauf beschränken, eine Zusammenstellung von Sonnentheorien verschiedener Forscher zu geben, und zwar in deren eigener Darstellung.*)

Ansichten des Pater Secchi. — »Für mich, wie für jedermann sonst, ist die Sonne ein leuchtender Körper von enormer Temperatur, in welchem die unseren Chemikern und Physikern bekannten

---

*) Der Herausgeber der zweiten deutschen Auflage hat es vorgezogen, die in einem besonderen Abschnitte gegebene Ansicht Newcombs der Gleichförmigkeit halber in diese Zusammenstellung zu versetzen.

Substanzen, sowie einige andere noch unbekannte sich in einem dampfförmigen Zustande befinden, zu einem solchen Grade erhitzt, dass das Spectrum des Dampfes continuirlich ist, entweder zufolge des Druckes, welchem der Dampf ausgesetzt ist, oder zufolge seiner hohen Temperatur. Diese leuchtende, glühende Masse ist es, welche die Photosphäre bildet. Ihre Grenze ist bestimmt, wie im Falle glühender Gase im Allgemeinen, durch die Temperatur, auf welche die äussere Schicht durch ihre Strahlung in den freien Weltraum reducirt wird, wie zugleich durch die von dem Körper ausgeübte Schwerkraft. Die Photosphäre stellt sich dar als zusammengesetzt aus kleinen, glänzenden Granulationen, die durch ein dunkles Netzwerk von einander getrennt sind. Diese Granulationen werden von den Spitzen der Flammen gebildet, welche sich über die untere absorbirende Schicht erheben; letztere bildet, wie wir bald genauer sehen werden, das erwähnte Netzwerk.

»Ueber der Photosphärenschicht liegt eine Atmosphäre von sehr verwickelter Beschaffenheit. Auf ihrem Grunde befinden sich die schweren metallischen Dämpfe von einer Temperatur, welche, als von geringerem Grade, nicht länger die Ausstrahlung von Licht mit einem continuirlichen Spectrum zulässt, obschon sie genügt, direct Spectra mit glänzenden Linien zu geben, die während totaler Sonnenfinsternisse am Sonnenrande wahrgenommen werden können. Diese Schicht ist ausserordentlich schmal, indem sie nur eine Tiefe von ein bis zwei Bogensecunden hat. Gemäss dem von Kirchhoff aufgestellten Gesetz absorbiren jene Dämpfe die Spectralstrahlen vom Licht der Photosphäre, welches sie passirt, und verursachen so die Unterbrechungen, die man als die dunklen Fraunhofer'schen Linien im Sonnenspectrum kennt. Die Dämpfe sind mit einer enormen Quantität Wasserstoffgas gemischt. Dieses Gas ist in solcher Menge vorhanden, dass es sich beträchtlich über die andere Schicht erhebt und eine zu einer Höhe von $10''-16''$ und mehr ansteigende Umhüllung bildet, welche das ausmacht, was wir die Chromosphäre nennen. Dieses Wasserstoffgas ist stets vermischt mit einer anderen, vorläufig *Helium* genannten Substanz, welche die gelbe Linie D_3 des Spectrums der Protuberanzen bildet, und mit einer zweiten noch dünneren Substanz, welche die grüne Linie 1474 K (Kirchhoff) giebt. Diese letztere Substanz steigt zu weit grösserer Höhe als der Wasserstoff an; aber sie ist im Sonnenspectrum nicht so leicht sichtbar wie dieser. Wahrscheinlich giebt es in der Sonnenatmosphäre auch noch eine andere, noch nicht sicher bestimmte Substanz. So erscheinen also die Substanzen, welche diese Sonnenumhüllung zusammensetzen, nach ihrer Dichtigkeit angeordnet zu sein, aber doch ohne bestimmte Trennung, indem die Diffusion der Gase eine beständige Mischung hervorbringt.

»Diese Atmosphäre wird bei totalen Finsternissen in der Gestalt der Corona sichtbar. Es ist sehr schwer, ihre absolute Höhe zu fixiren. Die Finsternisse beweisen, dass sie in ihren höchsten Theilen bis zu einer Höhe gleich dem Sonnendurchmesser reichen mag.

»Kein Zweifel, dass sie sich noch weiter erstreckt, und sie mag wohl mit dem Zodiakallicht in Verbindung stehen. Die sichtbare Schicht dieser Atmosphäre ist nicht sphärisch; sie ist höher in mittleren Breiten, bei 45 Grad, als am Aequator, und an den Polen am niedrigsten. An der Basis der Chromosphäre hat der Wasserstoff die Gestalt kleiner Flammen, die aus sehr dünnen, schmalen Fasern zusammengesetzt sind, welche den Granulationen der Photosphäre zu entsprechen scheinen. In Perioden der Ruhe ist die Richtung dieser Fasern senkrecht zur Sonnenoberfläche; in Zeiten lebhafter Bewegung aber sind sie im Allgemeinen mehr oder weniger geneigt und oft symmetrisch gegen die Pole gerichtet.

»Der Sonnenkörper ist niemals in einem Zustande absoluter Ruhe. Die verschiedenen im Innern des Körpers zusammenkommenden Substanzen streben danach, sich zufolge ihrer chemischen Verwandtschaft zu verbinden, und bringen nothwendigerweise Erregungen und innere Bewegungen jeder Art und von grosser Intensität hervor. Daher rühren die zahlreichen Krisen, welche sich an der Oberfläche in der Erhebung der tieferen Atmosphärenschichten durch Eruptionen und oft durch wirkliche Explosionen zeigen. Die niedrigeren metallischen Dämpfe, besonders Wasserstoff, werden dann zu beträchtlichen Höhen emporgeschleudert, zu Höhen, die sich im Spectroskop (im vollen Sonnenlicht) bis zu ein Viertel des Sonnendurchmessers verfolgen lassen. Diese Wasserstoffmassen, welche die Atmosphäre mit einer Temperatur höher als die der Atmosphäre selbst verlassen, steigen in die höheren Regionen der letzteren, bleiben dabei in ihr suspendirt, breiten sich aber in beträchtlichen Höhen aus und bilden das, was wir Prominenzen oder Protuberanzen nennen. Die Structur dieser Wasserstoffprotuberanzen gleicht durchaus jener von Flüssigkeitsschichten, die sich aus dichteren Schichten erheben und in die dünneren diffundiren; aber ihre, selbst an der Basis, ausserordentlich grosse Veränderlichkeit und die rapiden Aenderungen im Orte des Ausganges und in der Diffusion beweisen, dass sie nicht irgend einen Schlund in einer soliden widerstehenden Schicht passiren.

»Diese Eruptionen sind oft vermischt mit Säulen metallischer Dämpfe von grösserer Dichte, welche die Höhe des Wasserstoffes nicht erreichen, und deren Natur mit Hülfe des Spectroskopes erkannt werden kann: gelegentlich sehen wir sie in der Form parabolischer Strahlen auf die Sonne zurückfallen. Die häufigsten Substanzen sind Natrium, Magnesium, Eisen, Calcium u. s. w. — thatsächlich dieselben Substanzen, die man die niedrige, absorbirende Schicht der Sonnenatmosphäre bilden sieht, und welche durch ihre Absorption die Fraunhofer'schen Linien hervorbringen. Eine strenge und unvermeidliche Consequenz dieser Umstände ist die Thatsache, dass, wenn die so erhobene Masse durch die Rotation der Sonne zwischen die Photosphäre und das Auge des Beobachters zu liegen kommt, die Absorption sehr merkbar wird und einen dunklen Flecken auf der Photosphäre selbst hervorruft. Die metallischen Absorptionslinien sind in dieser Gegend dann wirklich breiter und verschwommener, und wenn die erhobene Masse hoch und dicht genug ist, so können wir selbst die Rückumkehrung der bereits umgekehrten Linien sehen, d. h. wir können die hellen Linien der Substanz selbst auf dem Grunde des Fleckens sehen. Dies geschieht oft mit Wasserstoff, der sich zu einer grossen Höhe erhebt, und auch mit Natrium und Magnesium, welche Metalle die wenigst dichten Dämpfe haben. Hier haben wir also den Ursprung der Sonnenflecken. Sie werden gebildet durch Massen absorbirender Dämpfe, welche, aus dem Innern der Sonne hervorgebrochen, wenn zwischen die Photosphäre und das Auge des Beobachters gestellt, einen grossen Theil des Lichtes verhindern, uns zu erreichen.

»Aber diese Dämpfe sind schwerer als die umgebenden Massen, in welche sie hineingeworfen sind. Sie fallen deshalb durch ihr eigenes Gewicht und bringen, im Bestreben in die Atmosphäre zu sinken, in ihr eine Art von Höhlung oder ein Bassin, welches mit einer dunkleren und mehr absorbirenden Masse erfüllt ist, hervor. Daher rührt die bei den Flecken wahrgenommene Vertiefung. Ist die Eruption plötzlich oder von sehr kurzer Dauer, so wird diese Dampfmasse, auf die Photosphäre zurückgefallen, bald glühend, erhitzt sich, löst sich auf, und der Fleck verschwindet schnell; aber die inneren Krisen des Sonnenkörpers mögen sich eine lange Zeit fortsetzen, und die Eruption kann sich an derselben Stelle während mehrerer Sonnenrotationen erhalten. Daher die Beständigkeit der Flecken; denn die Wolke kann fortfahren, sich so lange und so weit zu bilden, als die Photosphäre sie auflöst, wie es mit den Dampfstrahlen unserer Vulkane geschieht. Die Eruptionen können, wenn nahe an ihrem Ende, sich wieder beleben und mehrere Male nahe an derselben Stelle sich wiederholen und so in Form und Lage sehr veränderliche Flecken verursachen.

»Die Flecken bestehen aus einer centralen Gegend, die Nucleus oder Umbra heisst, und aus einem umgebenden, weniger dunklen, Penumbra genannten Theile. Die Penumbra besteht in Wirklichkeit aus dünnen, dunklen Schleiern und aus Fasern oder Strömen photosphärischer Materie, welche auf die dunkle Masse hereinzubrechen streben. Diese Ströme haben die Form von Zungen, welche oft aus kugeligen,

306 III. Das Sonnensystem.

wie Perlenschnüre oder Weidenblätter aussehenden Massen bestehen und offenbar nur die »Körner« der Photosphäre sind, welche sich gegen das Centrum des Fleckens stürzen und es mitunter gleich einer Brücke kreuzen.

»In jedem Flecken müssen wir drei Perioden seiner Existenz unterscheiden: die erste, der Bildung; die zweite, der Ruhe; die dritte, der Auflösung. In der ersten wird die photosphärische Masse erhoben und zugleich verzerrt durch eine mächtige Erregung, oft in der Art eines Wirbels, welcher sie über die flüssigen Strömungen ringsum erhebt und unregelmässige Erhebungen bildet, entweder ohne Penumbra oder mit einer sehr unregelmässigen. Diese unregelmässigen Bewegungen spotten

Fig. 118. Zustände und Vorgänge in einem Sonnenflecken nach Secchis Anschauung.

jeder Beschreibung: ihre Geschwindigkeiten sind enorm, und die betroffene Gegend erstreckt sich über mehrere Quadratgrade; aber das Aufwerfen gelangt bald zu einem Ende, und die Erregung lässt allmählich nach und ist von Ruhe gefolgt. In der zweiten Periode fällt die erregte und erhobene Masse wieder zurück und strebt, sich zu mehr oder weniger kreisförmigen Massen zu verbinden und ihrem Gewichte entsprechend in die Oberfläche der Photosphäre zu sinken. Daher die herabgedrückte Form der Photosphäre, die einer Röhre oder einem Trichter gleicht, und die zahlreichen Ströme, welche von jedem Punkte des Umfanges kommen, um über diese {dunkle Masse herzustürzen; aber gleichzeitig dauert der Contrast zwischen ihr und der ausströmenden Substanz fort. Der Fleck nimmt eine nahezu stabile und kreisähnliche Form an, ein Gegensatz, welcher lange Zeit dauern kann — so lange in der That, als die inneren Wirkungen der Sonnenkugel neues Material liefern. Wenn endlich die letzteren aufhören, lässt die eruptive Thätigkeit nach und erschöpft sich schliesslich; die auf allen Seiten von der Photosphäre überströmte, absorbirende Masse ist aufgelöst und absorbirt, und der Fleck verschwindet.

»Das Dasein dieser drei Phasen wird durch das vergleichende Studium der Flecken und Eruptionen bestätigt. Wenn ein Fleck während seiner ersten Periode am Sonnenrande sich befindet, so wird seine Lage, obschon die dunkle Region unsichtbar ist, durch Eruption metallischer Dämpfe angezeigt, falls der Fleck beträchtlich ist. In den dunkelsten werden die Dämpfe von Natrium, Eisen und Magnesium in grösster Menge und zu den grössten Höhen erhoben gesehen. Ein ruhiger und kreisförmiger Fleck ist gekrönt von schönen Fackeln und Strahlen von Wasserstoff und metallischen Dämpfen, die sehr niedrig, aber dabei ganz glänzend sind. Ein Fleck, welcher auf dem Punkte des Schliessens steht, zeigt keine metallischen Auswürfe und höchstens nur einige kleine Wasserstoffstrahlen, sowie eine bewegtere und erhöhte Chromosphäre. Uebrigens lehrt die Beobachtung, dass Eruptionen im Allgemeinen die Flecken begleiten, und dass sie zu den Zeiten, wo die Flecken fehlen, gleichfalls mangeln. So wird die Sonnenthätigkeit gemessen durch die doppelte Thätigkeit von Eruptionen und Flecken, die eine gemeinsame Quelle haben, und die Flecken sind in Wirklichkeit nur eine secundäre Erscheinung, welche von den Eruptionen und der mehr oder weniger absorbirenden Fähigkeit der Materien abhängt: absorbirten die ausgestossenen Substanzen nicht, so könnten wir überhaupt keine Flecken sehen.

»Die nur aus Wasserstoff bestehenden Eruptionen bringen keine Flecken hervor; so sieht man jene an allen Punkten der Scheibe, während die Flecken sich auf die tropischen Zonen, wo allein die metallischen Eruptionen erscheinen, beschränken. Die Eruptionen einfachen Wasserstoffes verursachen die Fackeln. Der grössere Glanz der Fackeln hat zwei Ursachen: die erste liegt in der Erhebung der Photosphäre über das absorbirende Stratum von Dampf, welches sehr dünn ist (nur 1—2″, wie wir früher sagten); diese höhere Region entgeht so der Absorption der tieferen Schicht und erscheint glänzender. Die andere Ursache mag sein, dass der Wasserstoff beim Hervorbrechen die absorbirende Schicht dislocirt und, indem er an die Stelle der metallischen Dämpfe tritt, einen besseren Blick auf das Licht der Photosphäre selbst gestattet.

»So also sind schliesslich die Flecken eine secundäre Erscheinung: sie unterrichten uns aber trotzdem von den heftigen Bewegungen, welche im Innern der strahlenden Kugel vor sich gehen. Die Häufigkeit der Flecken correspondirt mit der Häufigkeit der Eruptionen, diese beiden Phänomene zusammengenommen sind das Kennzeichen solarischer Thätigkeit. Die Flecken nehmen die Zone zu beiden Seiten des Sonnenäquators ein und gehen selten über den Parallel von 30 Grad. Ein oder zwei in 45° gesehene sind Ausnahmen. Dieser Parallel ist daher die Grenze der grössten Thätigkeit des Körpers. Es ist bemerkenswerth, dass die Parallele von 30° die Hemisphären in zwei Sectoren von gleichem Rauminhalte theilen. Ueber diese Parallele hinaus sehen wir Fackeln, aber nicht wahre Flecken — oder höchstens nur verschleierte Flecken, die eine sehr schwache metallische Eruption anzeigen.

»Solch eine flüssige Masse, in welcher die Theile sehr verschiedenen Temperaturen ausgesetzt sind, könnte nicht bestehen ohne eine innere Circulation. Wir kennen deren Gesetze bis jetzt noch nicht; aber die folgenden Thatsachen sind fest genug begründet: die Fleckenzonen sind nicht fixirt, sondern haben eine vom Aequator nach den Polen zu fortschreitende Bewegung. Die Flecken beginnen, in einer gewissen höheren Breite angekommen, zu verschwinden, erscheinen aber nach einiger Zeit in niedrigeren Breiten wieder und gehen nachher von neuem weiter. Zwischen diesen Phasen der Ortsveränderung findet gewöhnlich ein Fleckenminimum statt. Während der Perioden der Thätigkeit haben die Protuberanzen eine vorherrschende Richtung gegen die Pole, ebenso auch die Flammen der Chromosphäre. Dies zeigt eine allgemeine Bewegung der Photosphäre vom Aequator nach den Polen zu an. Diese Bewegung wird gestützt durch die Dislocirung der Zonen der Eruptionen und Protuberanzen, welche sich stets gegen die Pole zu bewegen scheinen.

»Ausser dieser Bewegung in Breite hat die Photosphäre auch eine Bewegung in Länge, welche am grössten am Aequator ist. Diese Erscheinungen führen zu dem Schluss, dass die ganze Masse von einer Wirbelbewegung afficirt wird, welche vom Aequator nach den Polen zu, in einer Richtung schief gegen die Meridiane, geht. Die Theorie dieser Bewegungen muss noch erforscht werden und hängt ohne Zweifel mit der ursprünglichen Art, in welcher die Sonne gebildet wurde, zusammen.

»Die Thätigkeit des Körpers unterliegt beträchtlichen Fluctuationen: die bestbegründete Periode ist die von $11^{1}/_{3}$ Jahren, aber die Thätigkeit nimmt rascher zu als ab — sie wächst ungefähr vier Jahre und nimmt ab ungefähr sieben. Diese Thätigkeit ist mit den Erscheinungen des Erdmagnetismus verknüpft; wir können aber nicht sagen, in welcher

Weise. Wir können einen directen elektromagnetischen Einfluss der Sonne auf unsere Kugel annehmen oder einen indirecten aus der thermischen Wirkung der Sonne entspringenden, welche auf ihren Magnetismus zurückwirkt. Es ist sehr natürlich, anzunehmen, dass die Aethermasse, welche die Räume unseres Planetensystems füllt, durch die Thätigkeit des Centralkörpers erheblich alterirt und modificirt werden mag. Was aber die Ursache dieser Aenderung der Thätigkeit sein möge, wir sind über sie in völliger Unklarheit. Man hat sie der Einwirkung der Planeten zuschreiben wollen, doch genügt diese durchaus nicht. Die wahre Erklärung bleibt der Erkenntniss vorbehalten, welche einst die Natur des Bandes, welches Wärme mit Elektricität, mit Magnetismus und mit der Ursache der Gravitation verknüpft, entschleiern wird.

»Ueber das Innere der Sonne haben wir keine sichere Kenntniss. Die Temperatur der Oberfläche ist trotz des fortwährenden Wärmeverlustes, welchen sie erleidet, so gross, dass wir für das Innere keine geringere annehmen können; und folglich kann keine solide Schicht dort existiren, ausgenommen vielleicht in Tiefen, wo der durch die Schwere entstehende Druck die von der Wärme hervorgerufene molekulare Ausdehnung erreicht oder übertrifft. Wie dem auch sein mag, die der Erforschung durch unsere Instrumente zugängliche Schicht ist zweifelsohne flüssig und gasförmig, und wir können so die Aenderungen des Sonnendurchmessers erklären, die von manchen Astronomen gefunden wurden*). Trotz dieser kleinen Schwankungen ist die Wärmestrahlung des Körpers in sein Planetensystem doch nahezu constant während langer Zeiträume und im Besonderen während der historischen Zeit. Diese Constanz hat mehrere Ursachen: zuerst die enorme Masse des Körpers, welcher sich wegen der sehr hohen Temperatur nur sehr langsam abkühlen kann; dann die Zusammenziehung der Masse, welche die dem Wärmeverlust folgende Condensation begleitet; endlich die Ausstrahlung der Dissociations- oder Zersetzungswärme, welche aus chemischen Wirkungen entsteht, die in der ganzen Masse stattfinden mögen.

»Der Ursprung dieser Wärme muss in der Gravitation gesucht werden; denn es ist gezeigt worden, dass die Sonnenmasse, indem sie sich von den Grenzen des Planetensystems bis zu ihrem jetzigen Volumen zusammengezogen hat, nicht nur ihre wirkliche, sonder eine mehrere Male grössere Wärmemenge erzeugen würde. Was den absoluten Werth dieser Temperatur betrifft, so können wir ihn nicht mit Sicherheit bestimmen. Da die Wissenschaft bis jetzt noch nicht die Beziehung ermittelt hat,

---

*) Diese besonders von Secchi selbst behaupteten Aenderungen haben genauere Untersuchungen von Auwers, Wagner u. a. nicht bestätigt.

welche zwischen molekularer lebendiger Kraft (vis viva) und der Intensität der Strahlung in die Ferne (welch' letztere die einzige durch die Beobachtung gegebene Grösse ist) besteht, so befinden wir uns in einem Zustande peinlicher Ungewissheit. Trotzdem aber muss diese Temperatur mehrere Millionen Grad unseres Thermometers betragen und fähig sein, alle bekannten Substanzen im Dampfzustande zu erhalten.«
»Rom, Februar 11, 1877.«

Ansichten von Faye. — »Untersuchen wir ohne Vorurtheil die Bewegungen der Flecken, so finden wir, mit R. C. Carrington, dass eine einfache Beziehung zwischen ihrer Breite und ihrer Winkelgeschwindigkeit besteht. Immerhin genügt dies Gesetz nicht, um die Beobachtungen mit der Genauigkeit, welche sie zulassen, darzustellen. Es ist noch erforderlich, der Tiefen-Parallaxe Rechnung zu tragen, welche ich auf $1/200$ des Sonnenradius schätze, sowie gewisser Oscillationen sehr kleinen Umfangs und langer Periode, denen die Flecken senkrecht auf ihre Parallelen unterliegen. Dann werden die Beobachtungen mit grosser Schärfe dargestellt, woraus ich schliesse, dass wir es mit einer ganz einfachen mechanischen Erscheinung zu thun haben. Das fragliche Gesetz kann durch die Formel ausgedrückt werden:
$$\omega = a - b \sin^2 \lambda ,$$
wo ω die Winkelgeschwindigkeit eines Fleckens in der Breite λ und a und b Constanten sind, die denselben Werth ($a = 857.''6$ und $b = 157.''3$) über die ganze Oberfläche der Sonne haben. Diese Constanten mögen sich langsam mit der Zeit ändern, ich habe aber ihre Veränderungen nicht studirt.

»Lassen wir, wie wir weiter unten sehen werden', zu, dass die Geschwindigkeit eines Fleckens dieselbe ist, wie die mittlere Geschwindigkeit der Photosphärenzone, in welcher er gebildet ist, so sehen wir:

1. Dass die benachbarten Streifen der Photosphäre mit einer Rotationsgeschwindigkeit begabt sind, die wenigstens für die Dauer einiger Monate oder Jahre für jeden Streifen nahe constant ist, aber sich von einem Streifen zum andern mit der Breite ändert.

2. Dass diese Streifen nahe parallel dem Aequator sich bewegen und niemals Strömungen verrathen, die, wie in den oberen Regionen unserer Atmosphäre, constant gegen jeden Pol gerichtet wären.

3. Dass die Flecken hohl sind, oder wenigstens, dass der schwarze Kern in Bezug auf die Photosphäre merklich herabgedrückt liegt.

»Die gegen die Pole zu mehr und mehr markirte Abnahme der Oberflächen-Rotationsgeschwindigkeit und die Abwesenheit jeder Bewegung vom Aequator aus kann nur hervorgehen aus einem verticalen Aufsteigen von Substanzen, die sich aus einer grossen Tiefe unaufhörlich nach allen Punkten der Oberfläche erheben. Es ist genügend, dass diese Tiefe vom Aequator gegen die Pole hin wachse und ein Gesetz ähnlich dem der Rotation befolge, um an der Oberfläche eine mit der Breite wachsende Verzögerung hervorzubringen. Diese Verzögerung beträgt bei 45° Breite etwa zwei Tage in jeder Rotation. Da die Masse der Sonne hauptsächlich aus metallischen, bei einer gewissen Temperatur condensirbaren Dämpfen gebildet ist und diese Temperatur zufolge der äusseren Abkühlung in einer bestimmten Tiefe erreicht ist, so sollte eine doppelte verticale Bewegung bewirkt werden von aufsteigenden Dämpfen, welche eine Wolke von condensirter, intensiver Radiation fähiger Materie und von condensirten Producten zu bilden suchen, die in Form von Regen in das Innere zurückfallen. Die letzteren werden in der Tiefe aufgehalten, in welcher sie eine Temperatur treffen, hoch genug, sie von neuem zu verdampfen und dann zum Wiederaufsteigen zu zwingen. Da fast die ganze Masse der Sonne an dieser doppelten Bewegung theilnimmt, so wird die von der Wolke ausgestrahlte Wärme dieser Masse entlehnt sein und nicht einer oberflächlichen Schicht, deren Temperatur rapid fallen, und welche bald sich zu einer vollständigen Kruste condensiren würde. Daher rührt die Bildung und Erhaltung der Photosphäre und die Constanz und lange Dauer ihrer Strahlung, welche theilweise auch durch die langsame Zusammenziehung der ganzen Sonnenmasse genährt wird.

»Da die benachbarten Zonen der Photosphäre mit verschiedenen Geschwindigkeiten begabt sind, so resultirt daraus eine Menge kreisförmig drehender Bewegungen um eine in grosse Tiefe sich erstreckende verticale Axe, ähnlich wie in unseren Flüssen und den grossen oberen Strömungen unserer Atmosphäre. Diese Wirbel, welche die eben erwähnten Geschwindigkeitsdifferenzen auszugleichen streben, folgen den Strömungen der Photosphäre in derselben Weise, wie die Wirbelwinde, Tornados und Cyclone unserer Atmosphäre den oberen Strömungen, in denen sie entspringen. Wie diese steigen sie herab, wie ich (gegenüber den Meteorologen) durch ein specielles Studium dieser terrestrischen Erscheinungen nachgewiesen habe. Sie führen in die Tiefen der Sonnenmasse die kühleren, hauptsächlich aus Wasserstoff gebildeten Materien der oberen Schichten und rufen so in ihrem Centrum eine entschiedene Extinction von Licht und Wärme so lange hervor, als die kreisende Bewegung dauert. Schliesslich wird der an der Basis des Wirbels freigewordene Wasserstoff in dieser grossen Tiefe von neuem erhitzt und stürzt tumultuarisch durch den Wirbel nach oben, unregelmässige Strahlen bildend, welche über der Chromosphäre erscheinen. Diese Ausstrahlungen bilden die Protuberanzen.

»Die Wirbel der Sonne sind, wie die der Erde, von allen Dimensionen, von kaum sichtbaren Poren an bis zu den enormen Flecken, die wir von Zeit zu Zeit sehen. Sie haben, wie jene auf der Erde, eine entschiedene Tendenz, zuerst zu wachsen und dann aufzubrechen, und bilden so eine Reihe von Flecken, die sich längs desselben Parallels ausdehnen. Die Penumbra entsteht aus einem Theile der Photosphäre, welcher sich um ihre conische Oberfläche in einer niedrigeren Schicht bildet, zufolge der durch den Wirbel bewirkten Erniedrigung der Temperatur. Mitunter sehen wir in dieser Art leuchtenden Decke die Spuren einer wirbelnden, im Innern vor sich gehenden Bewegung.

»Schwerer ist die Erklärung der Periodicität der Flecken. Mir scheint, dass sie von Schwankungen in der Form der inneren Lagen, auf welche die condensirte Materie der Photosphäre in Gestalt eines Regens herabfällt, abhängen müsse. Diese Flut von Substanzen von oben herab muss allmählich die Rotationsgeschwindigkeit dieser Schichten ändern. Wenn ihre Compression im Laufe der Zeit verändert ist und sie runder werden, so werden die Veränderungen der Oberflächengeschwindigkeit der Photosphäre sowohl wie die kreiselnden Bewegungen an Intensität und Häufigkeit abnehmen.

»Endlich wird eine Zeit kommen, wo die verticalen Bewegungen, welche die Photosphäre nähren, mehr und mehr gehindert werden. Die Abkühlung wird dann rein oberflächlich werden, und die Oberfläche der Sonne wird zu einer continuirlichen Kruste erhärten.«

»Paris, Februar 1877.«

Ansichten von Professor Young. — »1. Es scheint mir fast bewiesen, als eine Folge der geringen mittleren Dichte der Sonne und ihrer grossen Schwerkraft, dass die centralen Teile dieses Körpers und in der That alles, bis auf eine verhältnissmässig dünne Schale nahe der Oberfläche, in einem Gaszustande sein müsse und die Gase von einer so hohen Temperatur, dass sie zum grössten Theile von einander getrennt (dissociirt) bleiben und unfähig, chemisch aufeinander zu wirken. Unter dem Einflusse des grossen Druckes und der hohen Temperatur sind indessen ihre Dichte und Zähigkeit wahrscheinlich der Art, dass sich ihr mechanisches Verhältniss ähnlicher dem von solchen Substanzen wie Theer oder Honig gestaltet als von Luft, mit der wir vertraut sind.

»2. Die sichtbare Oberfläche der Sonne, die Photosphäre, besteht aus Wolken, welche durch Condensation und Verbindung von solchen solarischen Gasen gebildet sind, die durch ihre Ausstrahlung in den Weltraum hinreichend abgekühlt sind. Diese Wolken sind in der Masse uncondensirter Gase suspendirt wie die Wolken in unserer eigenen

Atmosphäre; sie haben wahrscheinlich grösstentheils die Form annähernd verticaler Säulen von unregelmässigem Querschnitt und eine ihren Durchmesser vielmals übersteigende Länge. Die flüssigen und festen Theilchen, aus denen sie bestehen, steigen continuirlich herab, indem ihre Stellen beständig durch frische Condensation von zwischen den Wolkensäulen aufsteigenden Strömen ersetzt werden. Von der unteren Fläche der Photosphäre muss ein ungeheurer Niederfall von solarischem »Regen und Schnee« stattfinden, welcher in das gasige Innere hinabsinkt und durch die innere Wärme wieder verdampft, zersetzt und in seinen ursprünglichen gasförmigen Zustand gebracht wird; gleichzeitig wird die durch die Oberflächen-Strahlung verlorene Wärme wieder ersetzt, hauptsächlich durch die mechanische Arbeit, welche in der allmählichen Verminderung des Sonnenkörpers und der Verdichtung der Photosphäre geleistet wird. Ich kenne keine Mittel, die Dicke der photosphärischen Schale zu bestimmen, schliesse aber aus den Erscheinungen der Flecken, dass sie kaum weniger als 10 000 engl. Meilen (17 000 Kilometer) betragen kann und leicht viel mehr betragen mag.

»3. Das Gewicht der Wolkenhülle und der durch die herabfallenden Condensationsproducte bedingte Widerstand übt auf das eingeschlossene gasige Innere einen zusammenpressenden Druck aus, welcher die Gase durch die Zwischenräume zwischen den Wolken mit grosser Geschwindigkeit nach oben treibt, so dass Strahlen oder Ströme erhitzten Gases continuirlich über die ganze Sonnenoberfläche aufsteigen, dann aber dasselbe Material in die Wolkensäulen wieder zurücksinkt, zum Theil in solide oder flüssige Theilchen verdichtet und zum Theil unverdichtet, aber beträchtlich abgekühlt. Es scheint auch nicht unwahrscheinlich, dass in dem oberen Theile der Canäle, durch welche die aufsteigenden Ströme schiessen, oft verschiedene Gase sich mischen werden, Gase, die durch Ausdehnung auf Temperaturen unter den Dissociationspunkt abgekühlt sind, hinreichend, um ihre explosive Verbindung zu ermöglichen.

»4. Die Chromosphäre ist einfach die Schicht uncondensirter Gase, welche über der Photosphäre, obschon durch keine bestimmte Grenze von ihr getrennt, liegt. Der tiefere Theil der Chromosphäre ist reich an allen Dämpfen und Gasen, welche die Sonne zusammensetzen helfen; aber die dichteren und weniger permanenten Gase verschwinden in verhältnissmässig geringer Höhe, und in den oberen Regionen bleiben nur Wasserstoff und einige andere noch nicht identificirte Substanzen. Die dunklen Linien des Sonnenspectrums rühren hauptsächlich von der Absorption her, welche durch die dichteren, die photosphärischen Wolken umspülenden Gase bewirkt wird, und diese metallischen Dämpfe werden nur gelegentlich, durch aufsteigende Strahlen von ungewöhnlicher Heftigkeit, in die oberen Regionen getragen. Wenn dies stattfindet, so steht fast stets ein Sonnenfleck damit in Verbindung. Die Protuberanzen sind nur erhitzte Massen von Wasserstoff und anderen chromosphärischen Gasen, welche durch die aufsteigenden Ströme zu einer beträchtlichen Höhe getragen werden und augenscheinlich in der die Chromosphäre durchdringenden und sie überragenden »coronalen Atmosphäre« schwimmen.

»5. Ich weiss nicht, was aus der Corona zu machen ist. Ihr Spectrum beweist, dass ein beträchtlicher Theil ihres Lichtes von irgend einer äusserst dünnen Art gasiger Materie herrührt, welche nicht mit irgend einer der terrestrischen Chemie bekannten verglichen werden kann; und dieses Gas, was es auch sein mag, existirt in einer Höhe von nicht weniger als 1 Million engl. Meilen (über $1\frac{1}{2}$ Millionen Kilometer) über der Sonnenoberfläche, die »coronale Atmosphäre« bildend. Ein anderer Theil ihres Lichtes scheint einfach reflectirtes Sonnenlicht zu sein. Durch welche Kräfte aber die eigentümlich strahlige Structur der Corona bestimmt werde, davon habe ich keine deutliche Vorstellung. Die Analogien von Cometenschweifen und Nordlichtbändern scheinen sich beide an die Hand zu geben; aber andererseits sind die Spectra der Corona, des Nordlichtes, der Cometen und der Nebel sämmtlich verschieden — nicht zwei im geringsten gleich.

»6. Was die Sonnenflecken betrifft, so kann, wie ich glaube, nicht länger irgend ein Zweifel darüber bestehen, dass sie Höhlungen in der oberen Fläche der Photosphäre sind, und dass ihre Dunkelheit einfach durch die absorbirende Wirkung der Gase und Dämpfe, welche sie füllen, entsteht. Auch ist sicher, dass sehr häufig, wenn nicht beständig, ein heftiges Aufströmen von Wasserstoff und metallischen Dämpfen rings um den äusseren Rand der Penumbra und eine beträchtliche Depression der Chromosphäre über dem Mittelpunkte des Fleckens stattfindet; wahrscheinlich existirt auch ein durch sein Centrum absteigender Strom. Was die Ursache der Flecken und die Deutung ihres teleskopischen Details angeht, so bin ich nicht befriedigt. Die Theorie von Faye scheint mir im Ganzen die vernünftigste von allen, die noch in Vorschlag gebracht wurden; aber ich kann sie mit dem Mangel einer systematischen Rotation der Flecken oder mit ihren eigenthümlichen Formen nicht vereinigen. Unzweifelhaft jedoch hat sie wichtige Elemente von Wahrheit und kann vielleicht modificirt werden, um diesen Schwierigkeiten zu begegnen. In Hinsicht auf die Periodicität der Flecken bin ich unfähig, diese mir als irgendwie durch planetarische Wirkung bedingt zu denken; wenigstens erscheint für mich die Evidenz bis jetzt noch gänzlich ungenügend, aber ich habe keine Hypothese zu bieten, noch kann ich irgend eine Theorie vorschlagen, welche den sicheren Zusammenhang zwischen Störungen der Sonnenoberfläche und von terrestrischem Magnetismus erklären könnte.

»7. Was die Temperatur der Sonnenoberfläche angeht, so habe ich noch keine endgültige Meinung, ausgenommen, dass ich denke, sie müsse viel höher sein, als die des elektrischen Kohlenlichtes. Die Schätzungen jener, die ihre Berechnungen auf Newtons, zugestandenermassen nur angenähertes, Abkühlungsgesetz gründen, scheinen mir offenbar falsch und übertrieben; andererseits scheinen mir die sehr niedrigen Schätzungen französischer Physiker, die ihre Rechnungen auf die Gleichung von Dulong und Petit basiren, kaum mehr vertrauenswerth, da ihr ganzes Resultat von der Genauigkeit eines numerischen Exponenten abhängt, welcher durch das Experiment bei niedrigen Temperaturen und unter Umständen, die weit von jenen der Sonnenoberfläche abweichen, bestimmt wurde. Der Process ist eine unsichere Extrapolirung. Die merkliche Constanz der Sonnenstrahlung scheint mir sehr gut durch die Hypothese einer langsamen Contraction des Sonnendurchmessers erklärt zu werden.

»8. Ich betrachte die beschleunigte Bewegung des Sonnenäquators als die wichtigste der in der Sonnenphysik unerklärten Thatsachen und bin überzeugt, dass ihre genügende Erhellung die Lösung der meisten noch schwebenden Probleme mit sich bringen wird.

»Solches sind, in Kurzem, »meine Meinungen«; aber viele davon halte ich mit wenig Vertrauen und Hartnäckigkeit fest und erwarte begierig mehr Licht, speciell soweit es die Theorie der Sonnenrotation betrifft, die Ursache und Beschaffenheit der Flecken und die Natur der Corona. Die einzige Eigenthümlichkeit meiner Ansichten liegt, wie ich glaube, in der Bedeutung, welche ich den Wirkungen der herabsinkenden Condensationsproducte beimesse, die nach meiner Anschauung wirklich eine Art einengender Haut bilden, welche einen Druck auf die darunter befindliche Gasmasse ausübt, etwa wie die Haut einer Wasserblase die eingeschlossene Luft comprimirt. Dem so bewirkten Druck schreibe ich hauptsächlich die eruptiven Erscheinungen der Chromosphäre und Protuberanzen zu.«

»Dartmouth College (Vereinigte Staaten), März 1877.«

Ansichten von Professor Langley. — »Es scheint mir, dass wir jetzt mit Evidenz das Schlussurtheil über Ansichten fällen können, welche die Photosphäre als eine glühende Flüssigkeit oder die Flecken analog entweder schlackenartiger Materie einerseits (Zöllner) oder Wolken über der leuchtenden Oberfläche andererseits (Kirchhoff u. a.) betrachten.

Gemäss directer teleskopischer Wahrnehmung ist die Photosphäre rein dampfförmig, und ich halte diese oberen Dämpfe für leichter als die dünnsten Cirri unseres eigenen Himmels. Die Beobachtung der Flecken verbindet sie und die ganze »granulirt« wolkige Structur der Oberfläche ausserordentlich eng mit chromosphärischen, durch das Spectroskop gesehenen Formen und associirt beide mit der Vorstellung eines überall wirkenden Systems von Strömen, welche die durch Condensation erzeugte innere Wärme an die Oberfläche lassen und wieder die kalte absorbirende Materie aufnehmen. Diese verticale Circulation geht, wie ich glaube, bis zu einer selbst im Vergleich mit dem Sonnendurchmesser merklichen Tiefe. Sie existirt gleichzeitig mit nahe horizontalen Bewegungen, die in — wie wir sagen können — successiven oberen photosphärischen Schichten in der Nachbarschaft der Flecken beobachtet werden. Die Flecken verschaffen die Ueberzeugung von cyclonartiger Wirkung, wie sie nur in einer Flüssigkeit auftreten könnte. Ihre Dunkelheit verdanken sie der in ungewöhnlicher Tiefe anwesenden verfinsternden Atmosphäre, welche das graue Medium bildet, in welchem die leuchtenden photosphärischen Formen suspendirt erscheinen, und durch welches wir hier hindurchsehen; da, wo es Oeffnungen in der photosphärischen Schicht erfüllt, bis hinab zu Gegenden des Sonneninnern, die durch das matte Licht von Wolken leuchtenden Dampfes sichtbar gemacht werden, welche Wolken in niedrigere Schichten gestürzt sind, wo der Thaupunkt durch veränderte Bedingungen von Temperatur und Druck geändert ist. Alle Beobachtungen und jede berechtigte Schlussfolgerung zeigen, dass die Sonne durch ihre ganze Masse gasförmig ist, obschon hierdurch das wahrscheinliche Hinabstürzen abkühlender photosphärischer Dämpfe in einer Art von Regen nicht bestritten werden soll, eine Bedingung, die zur Erhaltung des Gleichgewichtes im Austausch von kalter und erhitzter Materie zwischen Aeusserem und Innerem vielleicht nothwendig ist; noch auch wird damit gemeint, dass die Eigenschaften einer vollkommenen Flüssigkeit zu erwarten seien, wo diese durch die zufolge des ausserordentlichen Druckes stattfindende Zähigkeit (wenn nicht durch andere Ursachen) wesentlich modificirt sind. Die Temperatur der Sonne ist, nach meiner Ansicht, nothwendigerweise viel grösser als die von zahlreichen Physikern angenommene, welche sie für vergleichbar mit der in den Oefen des Laboratoriums erreichbaren halten; aber wir können für sie irgend eine obere Grenze nicht sicher angeben, so lange nicht die Physik über ihre, jetzt rein empirischen, Regeln, die Emission und Temperatur verknüpfen, hinausgekommen ist: denn dies, und nicht der Mangel genauer Daten aus der physikalischen Astronomie, ist die Quelle von fast all der Dunkelheit, die jetzt diese wichtige Frage umgiebt. Keine Theorie der Sonnenbeschaffenheit ist bisher in Vorschlag gebracht worden, welche frei von irgend einem Einwurf wäre; aber wenn auch der Schlüssel zu den verschiedenen Problemen, die sie darbietet, noch nicht gefunden worden ist, so ist es doch zweifelsohne die Faye'sche Theorie, welche die meisten Aufschlüsse giebt.

»Ueber die potentielle Energie der Sonne können wir sagen, dass wir sie für genügend halten, um die gegenwärtige Wärme während Zeiträumen, die nach Millionen von Jahren zu zählen sind, zu erhalten. Was uns aber unmittelbar berührt, ist die Constanz des Masses der Umwandlung dieser potentiellen in wirkliche strahlende Energie, wie wir

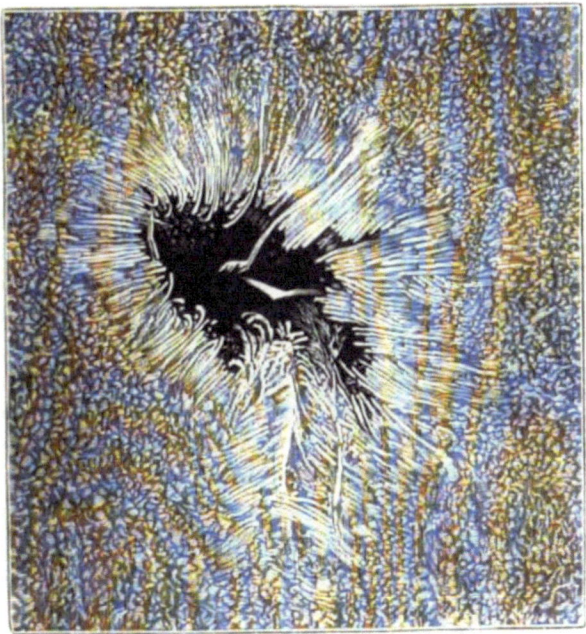

Fig. 119. Sonnenfleck nach Langley.

sie erhalten, denn hiervon hängt die Gleichförmigkeit der Bedingungen ab, unter denen wir leben. Nun hängt ihrerseits diese Gleichförmigkeit ab von der Gleichheit des oben erwähnten Austausches zwischen Oberfläche und Innerem der Sonne, eine Gleichheit, von deren Constanz wir nichts wissen, ausser durch beschränkte Erfahrung. Der wichtigste Ausspruch vielleicht, den wir hinsichtlich der Sonne mit Sicherheit thun können, ist selbst nur ein negativer. Es ist der, dass wir beim gegenwärtigen Stand unserer Kenntniss keine andere als empirische Gründe haben, wenn wir an die Gleichförmigkeit der Sonnenstrahlung in prähistorischen und in zukünftigen Zeiten glauben.

»Die voranstehenden Bemerkungen, beschränkt wie sie sind, scheinen mir nahe alle die Punkte über die physische Beschaffenheit der Sonne (abgesehen von dem positiven Zeugniss des Spectroskops) zu enthalten, über welche wir in der gegenwärtigen Zeit mit Vertrauen zu sprechen berechtigt sind.«

Ansichten von Professor Newcomb. — »Bei der Untersuchung von dem, was wahrscheinlich und was möglich in der Erklärung solarischer Erscheinungen ist, wollen wir, von aussen beginnend, nach innen zu gehen, weil weniger Zweifel über die Vorgänge an der Aussenseite der Sonne bestehen, als über die an ihrer Oberfläche oder im Innern.

»Die erste Materie, die wir bei der Annäherung an die Sonne treffen, ist die Corona, die zu Höhen von 5—10, häufig bis zu 20 Minuten, und zuweilen bis zu mehreren Sonnendurchmessern über die Oberfläche ansteigt, d. h. bis zu Höhen von weit über 300000 Kilometern. Von dieser Umhüllung dürfen wir mit Sicherheit behaupten, dass sie eine Atmosphäre im gewöhnlichen Sinne des Wortes, das ist eine continuirliche, durch eigene Elasticität sich erhaltende Masse elastischen Gases, nicht sein kann. Von den zwei dagegen sprechenden Gründen scheint der eine fast, der andere vollkommen überzeugend zu sein. Es sind die folgenden:

»1. Die Schwerkraft ist auf der Sonne ungefähr 27 mal so gross als auf der Erde, und jedes Gas ist dort 27 mal so schwer als hier. In einer Atmosphäre wird jede Schicht durch das Gewicht aller über ihr befindlichen Schichten gedrückt. Das Resultat davon ist, dass wenn wir um gleiche Stücke, d. h. in arithmetischer Progression, von der äussersten bis zur untersten Schicht herabsteigen, die Dichte der Atmosphäre in geometrischer Progression wächst. Eine aus dem leichtesten unter den uns bekannten Gasen, dem Wasserstoff, bestehende Atmosphäre würde ihre Dichtigkeit alle 10 Kilometer etwa verdoppeln, wenn auch zu so hoher Temperatur erhitzt, als sie wahrscheinlich in einer Höhe von 200000 Kilometern über der Oberfläche der Sonne besteht. Aber es existirt auch nicht annähernd ein so rapides Wachsthum in der Dichte der Corona, wenn wir von den äusseren zu den inneren Schichten herabsteigen. Nehmen wir also an, die Corona sei eine solche Atmosphäre, so müssten wir sie für Hunderte von Malen leichter als Wasserstoff halten.

»2. Der grosse Comet von 1843 ging an der Oberfläche der Sonne in einem Abstande von drei oder vier Minuten vorbei, lief also mitten durch die Corona. Zur Zeit der grössten Nähe war seine Geschwindigkeit 570 Kilometer in der Secunde, und mit nahe dieser

Geschwindigkeit passirte er wenigstens 500 000 Kilometer der Corona, ohne aber nach seinem Austritte auch nur die geringste Verzögerung oder Störung erfahren zu haben. Um eine Vorstellung von dem zu erhalten, was aus ihm geworden wäre, hätte er auch nur die dünnste Atmosphäre durchkreuzt, so brauchen wir nur an die Sternschnuppen zu denken, die augenblicklich und vollständig durch die Hitze in Dampf verwandelt werden, welche durch den Widerstand unserer Erdatmosphäre in einer Höhe von etwa 100 Kilometern entsteht, also in einer Höhe, wo die Atmosphäre die Fähigkeit, das Sonnenlicht zu reflectiren, schon gänzlich verloren hat. Die Geschwindigkeit der Sternschnuppen beträgt etwa 40—60 Kilometer in der Secunde. Erinnert man sich nun, dass Widerstand und Wärme mindestens wie das Quadrat der Geschwindigkeit wachsen, was würde dann das Schicksal eines Körpers oder einer Ansammlung von Körperchen wie eines Cometen sein, der durch viele Hunderttausende von Kilometern der dünnsten Atmosphäre mit einer Geschwindigkeit von über 500 Kilometer stürzt! Und wie dünn müsste eine derartige Atmosphäre sein, wenn ein Comet nicht nur ohne Zerstörung, sondern ohne selbst das Geringste von seiner Geschwindigkeit zu verlieren, hindurchliefe! Sicherlich müsste sie gänzlich unsichtbar und überhaupt unfähig sein, irgend welche physische Wirkung hervorzubringen.

»Was ist dann aber die Corona? So weit wir aus den dürftigen Beobachtungsdaten schliessen können, besteht sie wahrscheinlich aus getrennten Partikeln, die durch die enorme auf sie wirkende Hitze ganz oder theilweise zu Dampf verflüchtigt sind. Ein einzelnes Staubtheilchen im Raume eines Kubikkilometers würde intensiv leuchten, wenn es einer solchen Flut von Licht ausgesetzt würde, wie sie die Sonne über jeden Körper in ihrer Nachbarschaft ausgiesst. Die Schwierigkeit liegt hauptsächlich darin, wie diese Theilchen in der Höhe erhalten werden, und hier kann man nur Vermuthungen aufstellen. Dass aber die Theilchen nicht beständig in derselben Lage sich befinden, zeigt die Thatsache, dass die Form der Corona grossen Veränderungen unterliegt, und bei der Finsterniss von 1869 hat Gould selbst schon während der drei Minuten langen Dauer Veränderungen wahrgenommen. Die plausibelsten Annahmen über die Corona sind die folgenden:

»1. Die Materie der Corona gehört der Sonne an; sie ist in einem Zustande dauernder heftiger Bewegung und wird beständig aus der Sonne hervorgeschleudert, und jedes Theilchen fällt, dem Gesetze der Schwere folgend, wieder zur Sonne zurück. Bei dieser Hypothese müssen wir allerdings enorme Wurfgeschwindigkeiten, bis fast 400 Kilometer in der Secunde, beständig in jeder Region der Sonnenkugel annehmen.

2. Die — gleichfalls aus der Sonne emporgeworfenen — Partikel werden kürzere oder längere Zeit durch elektrische Abstossung oben gehalten. Wir wissen, dass die atmosphärische Elektricität eine nicht unbedeutende Rolle in der Meteorologie der Erde spielt; und wenn die elektrischen Wirkungen an der Sonnenoberfläche der physikalischen und chemischen Thätigkeit entsprechen, die hier auf der Erde die elektrischen Phänomene hervorruft, so muss dort die Elektricitätsentwickelung in enormem Masse stattfinden.

3. Die Corona verdankt ihren Ursprung Schwärmen winziger Meteore, die in unmittelbarer Nähe die Sonne umkreisen.

Keine dieser Erklärungen ist viel besser als eine Conjectur, aber keine widerspricht auch geradezu physikalischen Gesetzen oder den beobachteten Thatsachen. Ganz besonders scheint nach den neuesten Beobachtungen die Meteoriten-Hypothese an Boden zu gewinnen. Aus der Thatsache, dass das Coronalicht polarisirt ist, folgt jedenfalls, dass es zum Theil wenigstens reflectirtes Licht ist, und hiermit stimmen auch die oben erwähnten spectroskopischen Beobachtungen (dunkle Sonnenlinien im Spectrum) überein. —

Zunächst der Corona nach Innen liegt die Chromosphäre. Hier treffen wir auf die wahre Atmosphäre der Sonne, die im Allgemeinen nur wenige Secunden über ihre Oberfläche emporreicht, aber dann und wann in enormen Massen, den Protuberanzen, nach oben geschleudert wird. Der Name Flamme, den wir diesen Erscheinungen geben könnten, gewährt nur eine sehr unvollkommene Vorstellung von ihnen. Was wir Feuer und Flamme nennen, ist das Resultat der Verbrennung; aber die Gase auf der Oberfläche der Sonne wie alle ihre Bestandtheile sind schon so heiss, dass der Vergleich auch mit den heissesten Feuern auf der Erde nicht angebracht erscheint und man die glühenden Gasmassen kaum als Verbrennungsproducte betrachten darf. Wasserstoff bildet den Hauptbestandtheil des oberen Theiles der Chromosphäre; in grösserer Tiefe finden wir die Dämpfe einer grossen Zahl von Metallen, wie Eisen, Magnesium etc. Am Grunde, wo die Metalle am häufigsten und in grösster Dichte auftreten, findet die Absorption der Sonnenstrahlen statt, welche die dunklen Fraunhofer'schen Linien im Spectrum hervorruft. Young hat bei der Sonnenfinsterniss von 1870 in Spanien einen directen Beweis dafür liefern können. Im Moment des Verschwindens der letzten Sonnenstrahlen, als einen Augenblick die Basis der Chromosphäre sichtbar war, sah er nämlich alle Spectrallinien umgekehrt, d. h. hell auf dunklem Grunde. Die Dämpfe also, welche gewisse Lichtstrahlen der Sonne selbst absorbiren, sandten dieselben Strahlen aus, als das Sonnenlicht abgeschnitten war.

»Die Protuberanzen bilden die wunderbarste in der Chromosphäre auftretende Erscheinung. Man theilt dieselben sehr häufig in zwei Classen: die wolkenähnlichen (Fig. 120) und die eruptiven (Fig. 121). Die erste Classe bietet den Anblick von rosigen Wolken, die in einer Atmosphäre schwimmen; da aber keine Atmosphäre, dicht genug, um etwas schwimmend zu erhalten, dort existiren kann, so stossen wir hier auf dieselbe Schwierigkeit, wie oben bei der Corona und dem Versuch, das Beharren ihrer Materie zu erklären. In der That scheinen von den

Fig. 120. Wolkenähnliche Protuberanzen.

Fig. 121. Eruptive Protuberanzen.

drei vorhin genannten Erklärungsversuchen der Corona zwei unzulässig, wenn wir sie auf die Protuberanzen anwenden wollen, da diese wolkenähnlichen Formen mitunter zu lange in Ruhe bleiben, um dem Einfluss der Schwere zu gehorchen. Dies lässt hier die elektrische Hypothese als die einzige zur Erklärung übrig. Die eruptiven Protuberanzen scheinen Wasserstoff- und Magnesiumdämpfe zu sein, die aus der Sonne selbst oder der untersten Chromosphärenschicht mit einer Geschwindigkeit von mitunter 250 Kilometern in der Secunde aufgeschleudert werden.

Die Eruption dauert oft Stunden, ja selbst Tage, und die Dämpfe breiten sich Tausende von Meilen weit aus, allmählich auf den Grund der Chromosphäre zurücksinkend. Noch muss erwähnt werden, dass die Protuberanzen überall am Sonnenrande auftreten, lebhafter und häufiger allerdings in den Aequatorealgegenden, während die Fackeln und besonders die Flecken nur in einem beschränkten Raume, bis zu etwa 40°, höchstens 45° heliographischer Breite, beobachtet werden. Aber wie die Flecken und Fackeln wechseln auch die Protuberanzen in ihrer Häufigkeit mit der Zeit: um die Zeit des Sonnenfleckenminimums sind sie seltener, zur Zeit des Maximums häufiger; und dies scheint ebenso für die Corona zu gelten; überhaupt findet zwischen den meisten dieser Erscheinungen jedenfalls ein enger Zusammenhang statt, welchen speciell für Protuberanzen und Flecken nachzuweisen jedoch schwierig ist, weil wir im Allgemeinen die ersteren nur am Rande, die letzteren nur auf der Oberfläche, also nicht gleichzeitig, beobachten können.

»Unmöglich ist es nun, sich von der Grösse und Intensität aller dieser Erscheinungen und Vorgänge eine selbst entfernte Vorstellung zu bilden. Man bedenke, dass die ganze Erdkugel bequem in einem der kleinen Sonnenflecken Platz fände, dass Protuberanzen, die an Breite oder Höhe 10 bis 20mal den Erddurchmesser übertreffen, zu den gewöhnlichen gehören, dass ihre und die Bewegungen der übrigen Chromosphärentheile mit der Geschwindigkeit von Hunderten von Kilometern in der Secunde stattfinden, und alles dies in einer Glut, die wir hier auch nicht entfernt zu erreichen vermögen — und man wird die Ohnmacht auch der lebhaftesten Phantasie diesen Erscheinungen gegenüber empfinden. Was mittelalterliche Dichter und Schwärmer zu schildern, was die extravaganteste Kunst der Maler darzustellen suchte im Weltuntergange, in den Gluten höllischen Feuers, es wäre hier mit einem Schlage erreicht und gethan: die alle irdischen Begriffe übersteigende Sonnenglut würde die Erde mit allem Lebendigen und Leblosen in einem Momente zu glühendem Dampfe verflüchtigen, der sich vielleicht dem fernen Betrachter als kleines, leichtes, duftiges Wölkchen verriethe. —

»Das gewöhnliche Fernrohr zeigt uns nichts von Corona und Chromosphäre. Beide sind allein während totaler Finsternisse oder mittels des Spectroskops sichtbar; alles, was wir mit dem Auge oder Fernrohr wahrnehmen, ist nur die leuchtende Oberfläche der Sonne, die sogenannte Photosphäre, über welcher die Chromosphäre liegt. Von der Photosphäre aber gehen in der Hauptsache das Licht und die Wärme, die uns erreichen, aus. Die Ansichten der Forscher über ihre Beschaffenheit sind nun so verschieden, dass es schwer, ja kaum möglich ist, irgend Bestimmtes darüber zu sagen. Zunächst scheint, trotz gegentheiliger Meinung einzelner, Licht und Wärme nicht von Gasen, sondern von glühend-flüssiger Materie herzurühren. Es wird dies durch die Thatsache wahrscheinlich, dass das Spectrum der Photosphäre continuirlich und dabei ihre Leuchtkraft von einer Stärke ist, welche kein uns bekanntes Gas entfernt erreicht. Hieraus folgt nicht gerade, dass die Photosphäre eine continuirliche feste Masse oder Kruste bilde, denn schwimmende Theile fester Materie werden in gleicher Weise leuchten. Die verbreitetste Ansicht hält sie für wolkenähnlicher Natur, d. h. dass kleine Theilchen in einer Atmosphäre erhitzter Gase schwämmen. Continuirlich solid, ähnlich wie unsere Erde, kann sie wegen der mannigfach wechselnden Bewegungserscheinungen der Sonnenflecken, die durchaus wie in einer Flüssigkeit oder einem Gase erfolgen, nicht wohl sein. In der That haben bedeutende Forscher (Faye u. a.) sie für rein gasförmig erklärt und ihr lebhaftes Glänzen in dem sehr erheblichen Drucke gesucht.

»Allein diese Anschauungsweise stösst wieder auf eine Schwierigkeit. Die Photosphäre steht, abgesehen von anderem, in schneidendem Contrast zur Chromosphäre dadurch, dass sie keine merklichen Niveauänderungen erleidet. Wäre sie gasförmig, so müssten wir erwarten, dass durch jene heftigen, die eruptiven Protuberanzen verursachenden Ausbrüche die festen, unter sich nicht zusammenhängenden Partikel zum Theile mit emporgetragen würden, so dass sie dann und wann unregelmässige Umrisse, wie häufig die Chromosphäre, zeigte. Aber auch die feinsten Beobachtungen haben niemals Abweichungen von regelmässig kreisförmiger Begrenzung verrathen, ausgenommen in der Umgebung der Flecken, wo ihre Continuität durch die ungeheuren kaminähnlichen Oeffnungen unterbrochen erscheint.

»Die Ruhe der Photosphäre bei solchen heftigen Bewegungen um sie her verleiht der Annahme Zöllners einige Wahrscheinlichkeit, nach welcher sie aus einer verhältnissmässig dichten Flüssigkeit besteht, die auf einer das glühende Innere der Sonne umgebenden Art Kruste ruht. —

»Innerhalb der Photosphäre haben wir dann schliesslich die enorme eigentliche Sonnenkugel von mehr als einer Million Kilometer Durchmesser. Von welcher Beschaffenheit dieses Innere sei, darüber haben wir gleichfalls nur Vermuthungen. Die beste Hypothese scheint indessen die von Faye verfochtene, wonach es bloss eine riesige Gasmasse ist, deren nahe einer Flüssigkeit entsprechende Dichte durch den grossen, auf die inneren Theile ausgeübten Druck bedingt wird, während die Temperatur eine so hohe ist, dass sie die verschiedenen Substanzen in einem zwischen flüssig und gasförmig liegenden Zustande hält, in welchem alle Elemente in dem Zustande der Dissociation sich befinden und eine chemische Wirkung zwischen ihnen unmöglich wird. Diese Gashypothese erscheint deshalb besonders wahrscheinlich, weil sie die Erhaltung von Licht und Wärme der Sonne am besten erklärt und überhaupt mit unseren kosmogonischen Anschauungen am besten übereinstimmt.«

Von deutschen Forschern hat hauptsächlich Zöllner eine umfassende und in vieler Hinsicht plausible Theorie der physischen Constitution der Sonne entwickelt, welche wir bei verschiedenen Gelegenheiten schon oben kurz andeuteten. Nach ihm ist die Sonne wesentlich ein glühendflüssiger Körper, der Rest des ungeheuern glühenden Nebelballes, den einst unser ganzes Sonnensystem bildete. Durch die Ausstrahlung in den Weltraum hat sich die Temperatur der Sonnenoberfläche, die Zöllner zu 26 000° — 29 000° berechnet*), so weit erniedrigt, dass an geeigneten Stellen ein Schlackenbildungsprocess beginnen konnte. Für solche Schlacken, also Abkühlungsproducte, die auf der glutflüssigen Oberfläche schwimmen, hält Zöllner die Sonnenflecken. Bedeutende Temperaturdifferenzen in der Umgebung dieser »Schlacken« rufen Störungen des Gleichgewichtes der über ihnen lagernden Atmosphäre hervor und geben Anlass zu wolkenartigen Condensationserscheinungen, die uns als Penumbren der Flecken erscheinen. Je grösser die Ruhe und Klarheit der Atmosphäre, desto grösser ist die Ausstrahlung der Oberfläche, also deren Temperaturerniedrigung, und desto grösser damit auch die Fleckenbildung. Durch die »Wolken« (Penumbren) aber, wie durch Herbeiströmen heisserer Gasmassen und durch directe Leitung glühender Flüssigkeitstheile der Nachbarschaft gleichen sich allmählich die Temperaturdifferenzen aus, und die Flecken verschwinden, bis von neuem an den gleichen oder an anderen Stellen die Bedingungen eintreten, die zur Wiederholung des Phänomens führen. Auch auf die Umgebung des Fleckens werden sich die gleichen Wirkungen bis zu einem gewissen Grade erstrecken, wodurch die so häufig auftretenden Fleckengruppen ihre Erklärung finden; überhaupt werden sich, nach Zöllners Auffassung, gleichartige Zustände begünstigen, ungleichartige hemmen, also wird eine Tendenz zum gleichzeitigen Bestehen gleichartiger Zustände stattfinden.

Die Periodicität der Sonnenflecken wie ihre auf die Aequatorealzonen beschränkte örtliche Verbreitung erklärt Zöllner durch dieselbe, nur in grösserem Massstabe wirkende Ursache, nämlich eine allgemeine Ausdehnung der Gleichgewichtsstörungen der Sonnenatmosphäre. Eine solche wird in der That sehr wahrscheinlich, da die Beobachtungen zeigen,

---

*) Für die Temperatur des Innern findet er mindestens 60 000°.

dass zur Zeit der Sonnenfleckenmaxima sich auf der ganzen Sonnenoberfläche gewaltige Revolutionen vollziehen. Die 11jährige Periode wäre nach Zöllner daher nichts Anderes als das Resultat eines grossen, in der ganzen Sonnenatmosphäre gleichzeitig stattfindenden Ausgleichungsprocesses von Druck- und namentlich von Temperaturdifferenzen.

Als eine Folge von Druckdifferenzen oder als ein Phänomen der Ausströmung eines Gases aus einem Raume (im Innern der Sonne) in einen anderen (äusseren) betrachtet Zöllner auch die eruptiven Protuberanzen, die er, wie andere Beobachter, den dampf- oder wolkenförmigen gegenüberstellt. Einen engeren Zusammenhang zwischen Flecken und Protuberanzen nimmt er insofern an, als er letztere als durch die »Wirbelstürme«, welche die Penumbren der Flecken hervorrufen, in höhere Schichten emporgerissene Bestandtheile der Chromosphäre ansieht. Den im Innern der Sonne stattfindenden Druck findet übrigens Zöllner nach den Principien der mechanischen Wärmetheorie so gross (über 4 Millionen Atmosphären), dass dabei die sogenannten permanenten Gase, wie Wasserstoff, nur im glühendflüssigen Zustande existiren können.

Die Fackeln sind nach seiner Theorie Theile der Sonnenatmosphäre, welche durch die an der Grenze der Flecken aufsteigenden Luftströme aus der Tiefe emporgerissen werden und daher wirkliche Erhebungen der glühenden Atmosphäre über ihr gewöhnliches Niveau erzeugen.

Die Thatsache der in verschiedenen Breiten verschiedenen Rotationsgeschwindigkeit der Flecken wird auf Strömungen zurückgeführt, welche durch die Einwirkung (Reibung) polarer Strömungen der Atmosphäre auf die glühendflüssige Oberfläche entstehen. —

Ansichten über die physische Beschaffenheit der Sonne, die mit denen Zöllners in vielen Punkten übereinkommen, hat Bredichin in Moskau ausgesprochen. Als Kirchhoff, der Begründer unserer heutigen Anschauungsweise, vor zwanzig Jahren seine Ansichten entwickelte, war das Material an beobachteten Thatsachen noch ein überaus spärliches; die Fülle von Erscheinungen, die uns Spectralanalyse, Photometrie und Photographie wie die rein teleskopische Beobachtung auf der Sonne und in ihrer Umgebung seitdem enthüllt haben, war noch unbekannt. Seine Theorie konnte sich daher nur auf Weniges, aber freilich das Wesentlichste beziehen, auf den leuchtenden, wärmestrahlenden Sonnenkörper überhaupt und auf die Sonnenflecken. Damit, dass Kirchhoff bewies, ein kühler Sonnenkern mit seinen gekünstelten Hüllen widerspreche den einfachsten physikalischen Gesetzen, und die Sonne müsse durchaus ein in der höchsten Gluthitze befindlicher Körper sein, ist der Grund zu allen späteren Untersuchungen und Anschauungen gelegt, die nun die Menge sich häufender Einzelthatsachen zu erklären haben.

Capitel III.

Die Gruppe der inneren (mittleren und kleinen) Planeten.

1. Mercur.

Mercur (☿) ist der der Sonne nächste Planet und der kleinste der acht grossen Planeten. Seine mittlere Entfernung von der Sonne ist 58 Millionen Kilometer und sein Durchmesser etwa ein Drittel von dem

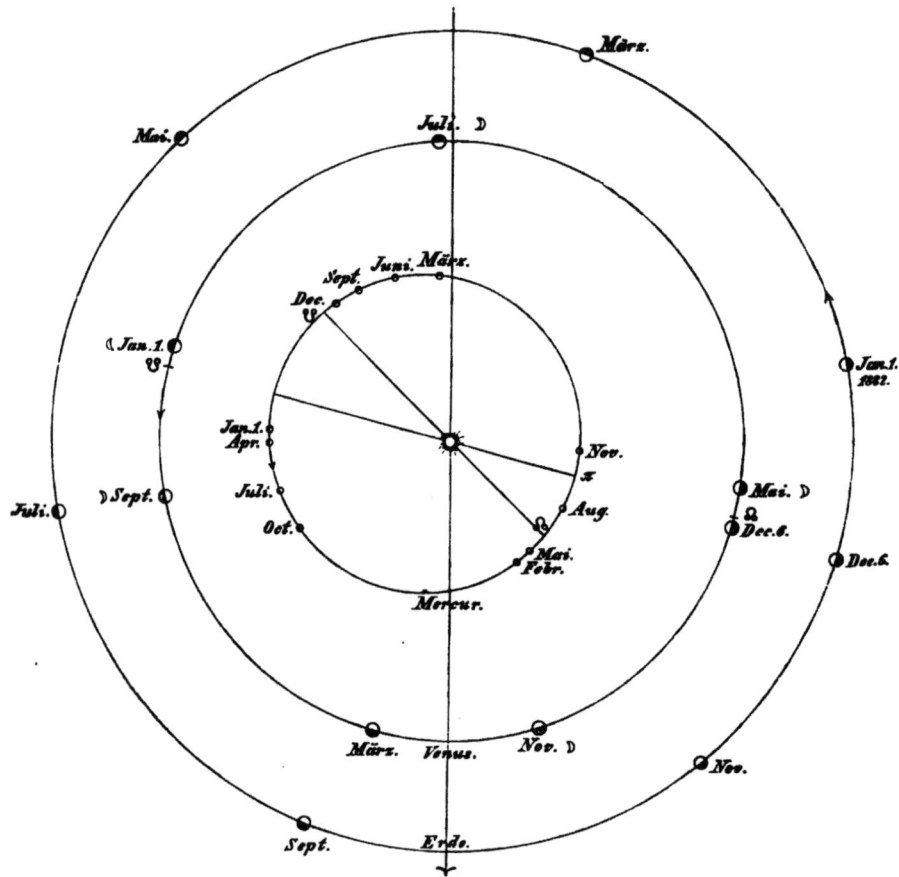

Fig. 122. Bahnen von Erde, Venus und Mercur (vergl. Seite 276).

der Erde. Er war den Alten wohl bekannt, da er zu günstigen Zeiten, und wenn der Beobachter nicht in zu hoher Breite ist, dem blossen Auge sichtbar wird. Die mittleren und nördlichen Gegenden Europas liegen indessen für seine Sichtbarkeit so ungünstig, dass z. B. Coppernicus gestorben sein soll, ohne je seinen Anblick gehabt zu haben. Die Schwierigkeit, ihn zu sehen, entspringt aus seiner Nähe an der Sonne, da er selten mehr als $1^1/_2{}^h$ nach der Sonne unter- oder vor ihr aufgeht. Er ist daher in der Dämmerung dem Horizonte meist so nahe, dass er in den Dünsten der Atmosphäre sich verliert. Doch kann er bei einiger Aufmerksamkeit im mittleren Deutschland um die folgenden Tage nach Sonnenuntergang wahrgenommen werden: 1892 März 31, Juli 28, November 22; 1893 März 13, Juli 10, November 4; 1894 Februar 25, Juni 22, October 18. In jedem folgenden Jahre fallen die entsprechenden Zeiten etwa 18 Tage früher; die synodische Umlaufszeit, nach der er also wieder in die gleiche Stellung zur Erde kommt, beträgt nämlich etwa 116 Tage. Die Periode der Sichtbarkeit dehnt sich auf einen Zeitraum von etwa 8—10 Tagen zu beiden Seiten der obigen Daten aus. Die beste Zeit, ihn zu finden ist, ungefähr $^3/_4{}^h$ nach Sonnenuntergang, und der Frühling ist hierfür günstiger als der Herbst.

Mit dem Fernrohre unter günstigen Umständen betrachtet, zeigt der Planet Phasen wie der Mond. Nahe der oberen Conjunction erscheint er rund und klein, nur etwa 5″ im Durchmesser. Nahe seinem grössten Winkelabstand von der Sonne erscheint er als Halbmond und nahe zwischen Sonne und Erde (in der Nähe der unteren Conjunction) als sehr schmale Sichel mit einem Durchmesser von 10″—12″. Die Art und Weise, wie diese verschiedenen Phasen von der Stellung des Planeten relativ zu Sonne und Erde abhängen, ist dieselbe wie bei Venus (siehe Seite 334 und Fig. 123). —

Die Helligkeit Mercurs innerhalb seiner bequemen Sichtbarkeit ist beträchtlichen Schwankungen unterworfen; nach den neuesten Untersuchungen von Müller in Potsdam kann er im Maximum so hell werden wie Sirius, im Minimum gleicht er an Glanz etwa dem Aldebaran. Diese Schwankungen sind wesentlich durch die Phasenänderungen bedingt; doch treten auch bei gleichen Phasen Unterschiede bis zu einer Grössenclasse auf, die durch die starke Excentricität der Mercurbahn und die dadurch bedingten Aenderungen in der Entfernung von der Sonne hervorgebracht werden. Nach Müller entspricht die Abnahme der Helligkeit bei zunehmender Phase nicht den bisher angenommenen Theorien, zeigt aber eine auffallende Uebereinstimmung mit den Helligkeitsänderungen unseres Mondes, so dass der Schluss auf eine ähnliche Oberflächenbeschaffenheit beider Himmelskörper wohl berechtigt erscheint. Danach würde Mercur keine merkliche Atmosphäre besitzen, und seine Oberfläche würde rauh und gebirgig sein.

Um den Beginn des laufenden Jahrhunderts glaubte Schröter in

Lilienthal, der das teleskopische Studium der Planetenoberflächen mit besonderem Eifer betrieb, dass zu den Zeiten, wenn Mercur die Sichelgestalt zeigte, das südliche Horn dieser Sichel in gewissen Intervallen gezackt erschiene. Er schrieb dieses Aussehen dem Schatten eines hohen Berges zu und schloss aus den Zeiten der Beobachtung seiner Rückkehr, dass der Planet in $24^h\ 5^m$ um seine Axe rotire. Gleichzeitig schätzte er die Höhe des Berges auf 19 Kilometer.

Im Jahre 1881 fand Schiaparelli, dass es zuweilen auch am Tage möglich ist, Flecken auf der Mercurscheibe zu erkennen, ja dass dieselben alsdann wegen des hohen Standes des Mercur besser zu sehen sind als in der Dämmerung. Jahrelange, mit grosser Energie durchgeführte Beobachtungen haben nun in neuester Zeit Schiaparelli zu der äusserst wichtigen Entdeckung geführt, dass die Rotationszeit des Mercur gleich seiner Umlaufszeit, also gleich 88 Tagen ist. Mercur wendet also, wie unser Mond der Erde, so der Sonne stets dieselbe Seite zu, und wir dürfen dieselben Schlüsse, die später bei Besprechung des Mondumlaufs gezogen werden sollen, auf Mercur anwenden. Die Rotation des Mercur ist keine gleichmässige, vielmehr finden beträchtliche Schwankungen um die mittlere Lage statt, ähnlich wie sie in weit geringerem Masse unser Mond zeigt, und die mit dem Namen der Libration bezeichnet werden.

Schiaparelli ist es auch gelungen, dieselben Flecken zu verschiedenen Zeiten ihrer Form nach wieder zu erkennen und daraus eine Karte seiner Oberflächenfiguration festzulegen; ferner hat derselbe unzweifelhafte Andeutungen einer Atmosphäre gefunden, in welcher häufig wolkenartige Condensationen stattfinden.

Vogel hat 1873 das Spectrum des Mercur untersucht und in den Hauptlinien vollkommenste Uebereinstimmung mit dem Sonnenspectrum gefunden. Einige Streifen schienen ihm aber anzudeuten, dass der Planet eine Atmosphäre besitze, welche auf die Sonnenstrahlen in ähnlicher Weise wie die Atmosphäre der Erde absorbirend wirkt. Die Nähe dieses Planeten an der Sonne erschwert jedenfalls seine genaue Beobachtung und damit die spectroskopische Entscheidung über eine etwaige Atmosphäre sehr bedeutend. Sieht man von den Vorübergängen vor der Sonne ab, wo er uns immer seine dunkle Seite zukehrt, so müssen wir ihn entweder am Tage, wo die Luft durch die Sonnenhitze unruhig ist, betrachten, oder zeitig am Abend oder Morgen, wo der Planet sehr nahe dem Horizont und daher in ungünstiger Stellung ist. —

Vorübergänge des Mercur vor der Sonnenscheibe sind viel häufiger als bei der Venus, indem das mittlere Intervall zwischen aufeinanderfolgenden Durchgängen weniger als 10 Jahre und das längste

13 Jahre beträgt. Wegen der Fragen, zu denen sie Veranlassung gegeben haben, sind diese Durchgänge stets mit grossem Interesse von den Astronomen erwartet und beobachtet worden. Von den frühesten Zeiten her, wo man nur wusste, dass Mercur sich um die Sonne bewëge, war auch bekannt, dass er, wenn zwischen Erde und Sonne, mitunter die Scheibe der letzteren passiren müsse; aber sein Durchmesser ist zu klein, als dass er in dieser Stellung mit blossem Auge hätte gesehen werden können. Den ersten, von Kepler vorausgesagten Durchgang des Mercur vor der Sonnenscheibe beobachteten Gassendi u. a. am 7. November 1631. Gassendis Beobachtungsmethode war die schon früher bei Beobachtung der Sonnenflecken beschriebene, nämlich die Entwerfung eines Bildes der Sonne durch ein kleines Fernrohr auf einen weissen Schirm. Da er indessen den Planeten weit grösser, als er wirklich war, vermuthet hatte, so wäre seine Beobachtung fast misslungen. Die unvollkommenen Fernröhre der damaligen Zeit umgaben nämlich jedes glänzende Object mit einem Streifen diffusen Lichtes, welches dessen scheinbare Grösse bedeutend vermehrte; vor der Sonnenscheibe erscheint aber ein Planet schwarz, und so kam es, dass Gassendi keine Vorstellung davon hatte, wie klein der Planet in der That war.

Diese ältesten Beobachtungen sind zu ungenau, um für die jetzige Zeit irgend einen wissenschaftlichen Werth zu besitzen. Die erste wirklich gute Beobachtung gelang erst Halley am 7. November 1677 auf der Insel St. Helena. Wir haben schon erwähnt (siehe Seite 211), welche grosse Genauigkeit er seiner Beobachtung zuschrieb, und dass er zuerst damals das Phänomen des »schwarzen Tropfens« wahrnahm.

Seit jener Zeit sind Mercurdurchgänge häufig beobachtet worden; indessen ist ihr wissenschaftlicher Nutzen ein verhältnissmässig geringer; zur Bestimmung der Sonnenparallaxe eignen sie sich, wegen der grösseren Entfernung des Mercur von uns, weit weniger als die Venusdurchgänge, und auch für die Erkenntniss seiner physischen Beschaffenheit lässt sich, da der Planet uns seine dunkle Seite zukehrt, nur wenig erwarten. Dagegen lassen sich einige Bahnelemente und die Grössenverhältnisse des Planeten bei solcher Gelegenheit besser bestimmen, und in dieser Hinsicht ist besonders der vielfach beobachtete Durchgang vom 6. Mai 1878 von Nutzen gewesen. Die bei diesem von verschiedenen Beobachtern wahrgenommenen Erscheinungen eines hellen Punktes nahe dem Mercurcentrum, sowie einer ringartigen Umhüllung sind, wie so manche ähnliche Phänomene, jedenfalls auf subjective Ursachen (Reflexe an den Ocularen oder in den Fernrohr-Röhren) zurückzuführen.

Da analog den Sonnen- und Mondfinsternissen die Sonne immer in der Nähe eines Knotens der Mercurbahn stehen muss, wenn ein Durch-

gang stattfinden soll, so können die Durchgänge nur in zwei etwa sechs Monate von einander entfernt liegenden Jahreszeiten eintreten, und zwar geschieht dies beim Mercur im Mai und November (vergl. Fig. 122). Die nächsten zwei Durchgänge finden statt:
    1894 November 10,   1901 November 4.
Nur der Durchgang von 1894 ist bei uns theilweise sichtbar.

2. Intramercurielle Planeten.

In der Gegenwart entspringt das grösste an Mercurdurchgängen haftende Interesse aus der Schlussfolgerung, welche Leverrier und neuerdings Bauschinger aus einer eingehenden Vergleichung der vor 1848 beobachteten Durchgänge mit der durch die Gravitationstheorie bestimmten Bewegung des Mercur gezogen haben. Diese Vergleichung lehrt, dass das Perihel der Mercurbahn um $40''$ im Jahrhundert sich schneller bewegt, als es nach der Anziehung aller bekannten Planeten unseres Sonnensystems thun sollte. Leverrier suchte nun diese Bewegung durch die Einwirkung eines oder einer Gruppe von kleinen Planeten zwischen Mercur und Sonne zu erklären, und die Frage, ob solche Planeten wirklich existiren, wird daher von Wichtigkeit.

Was zunächst ältere Wahrnehmungen betrifft, so wird Leverriers Hypothese scheinbar dadurch gestützt, dass verschiedene Beobachter innerhalb des letzten Jahrhunderts den Vorübergang dunkler Körper vor der Sonnenscheibe verzeichnet haben, die das Aussehen von Planeten hatten und für Flecke zu rasch vorübergingen und verschwanden. Prüfen wir aber diese Beobachtungen, so finden wir, dass sie nicht zum geringsten Vertrauen berechtigen. Es giebt eine grosse Zahl notirter astronomischer Erscheinungen, die nur durch ungeübte Beobachter, mit unvollkommenen Instrumenten oder unter ungünstigen Bedingungen wahrgenommen sind. Die Thatsache, dass sie von erfahrenen Beobachtern mit guten Instrumenten nicht gesehen wurden, ist genügender Beweis, dass an ihnen mindestens sehr bedeutende Zweifel haften. Nun gehören aber die Beobachtungen intramercurieller Planeten zu dieser Classe. Wolf hat 19, von 1761—1865 reichende Wahrnehmungen ungewöhnlicher Erscheinungen auf der Sonnenscheibe gesammelt, deren Beobachter, mit zwei oder drei Ausnahmen, sämmtlich als Astronomen so gut wie unbekannt sind. In wenigstens einem dieser Fälle hat der Beobachter nach eigener Aussage nicht etwas einem Planeten Aehnliches, sondern nur eine wolkenartige Erscheinung gesehen. Andererseits ist die Sonne seit fünfzig Jahren beständig und eifrig durch Männer wie Schwabe, Carrington, Secchi und andere beobachtet worden, und keiner von diesen hat je etwas Derartiges notirt. Dass Planeten in solcher Zahl vor der Sonnenscheibe von Liebhabern der Sternkunde gesehen worden, aber allen diesen geübten Astronomen entgangen sein sollten, ist im höchsten Grade unwahrscheinlich.

Bei der Schätzung einer solchen Wahrscheinlichkeit müssen wir bedenken, dass ein wirklicher, auf der Sonne erscheinender Planet viel leichter durch einen geübten als durch einen ungeübten Beobachter erkannt werden würde, ebenso wie eine neue Pflanzen- oder Thierspecies leichter durch einen Botaniker oder Zoologen als durch einen, der dies nicht ist, gefunden wird. Jemand, der nicht an das genaue Studium der Sonnenflecken gewöhnt ist, würde nur schwer einen ungewöhnlich runden kleinen Fleck von einem Planeten unterscheiden können, und ein solcher neigt leicht auch zu Selbsttäuschungen mannigfacher Art*). Durch ihre scheinbare tägliche Bewegung kehrt z. B. die Sonne im Laufe eines Tages verschiedene Theile ihres Randes dem Horizonte zu; in der nördlichen Hemisphäre scheint dieser in der Richtung des Uhrzeigers sich zu drehen. Wird daher ein Fleck nahe am Rande der Sonnenscheibe gesehen, so wird er, obschon wirklich in Ruhe, doch in Bewegung erscheinen. Sähe andererseits ein erfahrener Beobachter einen Planeten auf die Sonnenoberfläche projicirt, so könnte er ihn kaum auch nur einen Moment verkennen; und sollte doch irgend ein Zweifel noch bestehen, so würde dieser durch eine sehr kurze Prüfung beseitigt werden.

Das stärkste Argument aber gegen die Auffassung dieser Erscheinungen als Planeten ist, dass der Durchgang eines Planeten in solcher Lage durchaus kein seltenes Phänomen sein könnte, sondern sich nothwendig in gewissen Intervallen, die von seinem Sonnenabstand und der Neigung seiner Bahn abhängen, wiederholen müsste. Nehmen wir z. B. eine Neigung von 10° an, grösser als die von irgend einem der Hauptplaneten, und eine Entfernung von der Sonne halb so gross als die des Mercur, so würde der Planet durchschnittlich einmal im Jahre die Sonnenscheibe passiren, und seine successiven Durchgänge würden entweder nahe an demselben Tage des Jahres oder ein halbes Jahr später stattfinden. Die erwähnten hypothetischen Durchgänge fallen nun auf alle Jahreszeiten, und wir müssten, wenn wir sie für reell halten wollten, logisch consequent schliessen, dass die Durchgänge dieser verschie-

---

*) Vor etwa 40 Jahren wurde die teleskopische Beobachtung einer Erscheinung bekannt gemacht, von der wir jetzt wissen, dass sie von dem Vorüberfliegen sehr entfernter Vögel vor der Sonnenscheibe hergerührt hat. Aehnliche Täuschungen auf spectroskopischem Gebiete hat neuerdings Tacchini erwähnt.

denen Planeten oftmals im Jahre wiederkehren und dennoch der Nachforschung aller guten Beobachter entgehen, obschon sie gelegentlich von Ungeübten gesehen werden. Dies ist eine genügende reductio ad absurdum der Behauptung ihrer Realität. Wollte man sagen, die Bahnneigung könne viel grösser als 10° sein, und die Durchgänge würden in Folge dessen viel seltener eintreten, so hiesse dies nur, eine Hypothese durch eine zweite, noch unwahrscheinlichere stützen wollen.

Müssen wir also die von verschiedenen Seiten als Thatsache notirten Durchgänge solcher kleinen Planeten unbedingt bestreiten, so ist eine andere Frage doch die, ob diese Planeten, ihre Existenz vorausgesetzt nicht unter ganz besonders günstigen Bedingungen ausserhalb der Sonne sichtbar werden können. Fast die einzige Möglichkeit bieten hier totale Sonnenfinsternisse, und in der That schien, nachdem alle früheren Sonnenfinsternisse gleichfalls zu einem negativen Resultate geführt hatten, die vom 29. Juli 1878 einiges Licht über die wichtige Frage verbreiten zu wollen. Diese Sonnenfinsterniss war im grössten Theile der Vereinigten Staaten sichtbar, und sie wurde dort an den verschiedensten Punkten von zahlreichen und geübten amerikanischen Astronomen beobachtet. In Denver im Felsengebirge beobachteten Watson und Swift, beide in der ausgesprochenen Absicht, wenigstens einen Theil der verfügbaren Zeit nur auf das Suchen des oder der hypothetischen Planeten zu verwenden, und beiden ist es in der That geglückt, Objecte zu finden, die zunächst für Planeten gehalten werden mussten. Spätere Untersuchungen haben aber mit Sicherheit ergeben, dass die fraglichen Objecte doch nur Fixsterne. nämlich die Sterne ζ und ϑ Cancri, waren. Auch die totale Sonnenfinsterniss vom Mai 1883 hat in dieser Beziehung nur negative Resultate ergeben.

Jedenfalls steht fest, dass, wenn die Bewegung des Mercur-Perihels von der Wirkung einer Gruppe von Planeten herrührt, diese so klein sein müssen, dass man sie bei Vorübergängen vor der Sonne nicht wahrnehmen kann. Um aber die beobachtete Wirkung auf Mercur hervorzubringen, muss ihre gesammte Masse drei- bis viermal so gross als die des Mercur sein; ihre Anzahl müsste eine sehr grosse sein und sich auf Tausende oder Zehntausende belaufen, so dass sie höchstens zusammen als wolkenartige Massen erscheinen könnten. Nun haben wir in dem Zodiakallicht eine derartige Masse, und es entsteht die Frage, ob die Materie, welche dieses Licht reflectirt, dieselbe sein kann, welche die Bewegung des Mercur afficirt. Die Bejahung dieser Frage führt zwar zu keiner offenbaren Unwahrscheinlichkeit oder Unmöglichkeit, sie kann aber ohne weitere Untersuchung nicht angenommen werden. Die Schwierigkeit liegt darin, dass, wenn wir nicht annehmen, die hypothetische Planetengruppe bewege sich nahe in der Ebene der Mercurbahn, dieselbe den Knoten dieses Planeten ebensowohl ändern müsse, als sein Perihel. Nun deuten aber die von Leverrier discutirten Beobachtungen keinerlei Bewegung des Knotens an, abgesehen von der aus der Wirkung der bekannten Planeten folgenden. Wir müssen daher schliessen, dass, wenn die Perihelbewegung die von Leverrier bezeichnete Ursache hat, die Planetoiden, welche erstere hervorrufen, sich durchschnittlich nahe in derselben Ebene wie Mercur bewegen. Dem widerspricht aber die geringe Neigung der Axe des Zodiakallichtes gegen die Ekliptik, während die des Mercur 7° beträgt. Nach alledem sind wir daher noch weit von der Lösung der Frage der intramercuriellen Planeten entfernt.

3. Venus.

Die Venus (♀) bewegt sich etwa halbwegs zwischen den Bahnen des Mercur und der Erde in einem mittleren Abstand von 108 Mill. km um die Sonne. Ihre Bahn nähert sich der Kreisform mehr als die von irgend einem andern der Hauptplaneten. Sie ist von gleicher Grösse wie die Erde, vielleicht noch etwa 100 Kilometer im Durchmesser kleiner. Nächst Sonne und Mond ist sie das glänzendste Gestirn des Firmaments und erzeugt zuweilen selbst deutliche Schatten. Ihre grösste Elongation oder Winkelentfernung von der Sonne beträgt etwa 45°, und man sieht sie daher des Abends, bei östlicher Ausweichung, am Westhimmel, des Morgens, wenn westlich von der Sonne, am Osthimmel. Während der Zeit des grössten Glanzes kann sie leicht am Tage gesehen werden, wenn man nur ihre Stellung genau kennt. Die Alten bezeichneten sie als Hesperus und Phosphorus, Abend- und Morgenstern, je nachdem sie des Abends nach Sonnenuntergang oder früh vor Sonnenaufgang sichtbar war. Man meint, dass vor dem Entstehen einer wissenschaftlichen Astronomie Hesperus und Phosphorus für zwei verschiedene Gestirne gehalten wurden, und dass erst nach der Kenntniss ihrer Bewegungen, und nachdem man bemerkt, dass der eine aus den Sonnenstrahlen hervortauchte, bald nachdem der andere in ihnen verschwunden war, ihre Identität festgestellt wurde. —

Dem unbewaffneten Auge zeigt sich Venus als blosser Stern, von andern Sternen nur durch intensiveren Glanz unterschieden. Schon Galilei fand aber, als er das Fernrohr auf sie richtete, dass sie von erheblichem Durchmesser erschien und Phasen, ähnlich wie der Mond, zeigte. Um sich durch längere Beobachtung von der Realität seiner Entdeckung zu überzeugen und zugleich ihre Priorität zu sichern, publicirte er das folgende Anagramm:

Haec immatura a me jam frustra leguntur o. y.
(Diese unreifen Dinge werden jetzt vergebens von mir gelesen), welches er später in die Worte umsetzte:
Cynthiae figuras aemulatur mater amorum
(Cynthias Gestalten [Phasen] ahmt die Mutter der Liebe nach).

Dass die Scheibe der Venus nicht rund sei, wurde von Galilei zuerst im September 1610 bemerkt. Eine Rückberechnung ihrer Position für jene Zeit ergiebt, dass sie etwas mehr als halb erleuchtet gewesen sein muss; nach wenigen Monaten aber veränderte sie sich in eine Sichel. Galilei brauchte daher nicht lange mit der Erklärung seines Anagramms zu warten.

Die Aenderungen in Aussehen und scheinbarer Grösse der Venus sind sehr bedeutend. Wenn sie sich hinter der Sonne nahe ihrer oberen Conjunction befindet, ist sie 256 Mill. km von uns entfernt und bietet den Anblick eines kleinen runden Scheibchens von 10″ Durchmesser. Wenn der Erde am nächsten, in unterer Conjunction, steht sie nur 40 Mill. km ab und würde, wenn überhaupt sichtbar, mehr als 60″ Durchmesser haben; da sie aber auf derselben Seite der Sonne wie die Erde ist, so kehrt sie uns, wie der Mond zur Zeit des Neumonds, die dunkle Seite zu, ist also unsichtbar. Zwischen diesen beiden Lagen geht sie, wie Fig. 123 zeigt, durch alle Phasen; halb erleuchtet ist sie in der östlichen und westlichen grössten Elongation (gleichsam erstes Viertel in

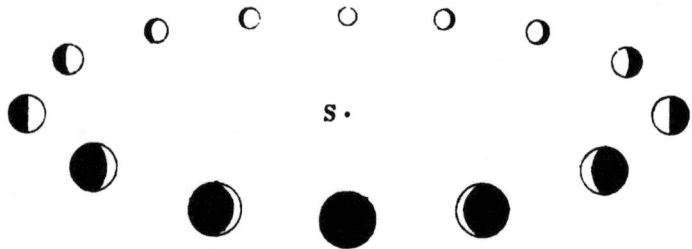

Fig. 123. Phasen der Venus.

ersterer, letztes Viertel in letzterer); je näher der Erde, desto schmaler, aber auch grösser wird die Sichel. Trotzdem sind nach neueren Untersuchungen Müllers die Schwankungen der Helligkeit der Venus viel geringer als man bisher geglaubt hatte, und betragen nur etwa $1\frac{1}{2}$ Grössenclassen. In der Nähe der oberen Conjunction bleibt die Helligkeit sehr lange constant, wächst dann langsam bis zur grössten Helligkeit bei 140° Phasenwinkel und beginnt bei 140° sehr rasch abzunehmen. Ein besonders auffallender »grösster Glanz« tritt also gar nicht ein. Von der grössten Digression an schwankt die Helligkeit während zweier Monate nur um 1.3 Grössenclassen, und in dieser ganzen Zeit ist Venus am hellen Tage mit blossem Auge bequem wahrzunehmen. Im Uebrigen zeigt die Helligkeit der Venus bei verschiedenen Phasenwinkeln ein ganz anderes Verhalten als diejenige des Mercur, und wir müssen hieraus auf eine sehr von Mercur verschiedene Oberflächenbeschaffenheit schliessen. Dies folgt auch schon aus der beträchtlich stärkeren Albedo, die nach Zöllner = 0.6 ist. Diese Resultate stehen vollständig in Einklang mit den gleich zu erwähnenden aus anderen physikalischen Betrachtungen.

Begreiflicherweise untersuchte man mit dem Fernrohr sehr bald neben den anderen Planeten auch die Venus auf Ungleichförmigkeiten, Flecken und Zeichen ihrer Oberfläche, aus denen man einen Schluss auf die Rotationszeit hätte ziehen können. Im April 1667 glaubte D. Cassini einen hellen Fleck auf der Venus zu sehen, durch dessen Verfolgung an mehreren auf einander folgenden Abenden er eine Rotationszeit von 23—24^h fand. Sechzig Jahre später vermuthete der italienische Astronom Bianchini (Blanchinus), dessen Fernrohr Seite 113 abgebildet ist, die Existenz verschiedener Flecken auf dem Planeten, die er für Meere hielt. Indem er dieselben Nacht für Nacht beobachtete, glaubte er sich zu dem Schlusse berechtigt, die Venus brauche zur Umdrehung um ihre Axe mehr als 24 Tage. Dieses überraschende Resultat wurde vom jüngeren Cassini kritisirt, welcher zeigte, dass Bianchini, der nur den Planeten für eine kurze Zeit jeden Abend betrachtete und dabei die Flecken stets in nahe derselben Position fand, ganz irrthümlich gefolgert habe, der Planet hätte sich nur ganz wenig von Nacht zu Nacht gedreht, während er in Wirklichkeit eine volle Umdrehung und etwas darüber gemacht habe. Am Schlusse von vierundzwanzig Tagen würde er in der ursprünglichen Lage gesehen werden, mittlerweile aber 25 Umdrehungen, anstatt einer, wie Bianchini annahm, gemacht haben. Dies würde als Rotationszeit 23^h 2^m.5 ergeben, während Cassini aus seines Vaters Beobachtungen 23^h 15^m fand.

Zwischen 1788 und 1793 wandte Schröter auf Venus eine Beobachtungsmethode an, ähnlich derjenigen, die er zur Ermittelung der Mercurrotation benutzt hatte. Er beobachtete nämlich die Hörner des Planeten, wenn derselbe als Sichel erschien. Indem er nun auch hier wieder gezahnte ungleichförmige Spitzen zu bemerken glaubte und dieses Aussehen wie beim Mercur einem hohen Berge zuschrieb, leitete er eine Rotationsdauer von 23^h 21^m 19^s ab.

Herschel andrerseits war, nahe um dieselbe Zeit, niemals im Stande, beständige Flecken auf der Venus oder Ungleichmässigkeiten der Beleuchtungsgrenze, sowie Veränderungen der Hörnerspitzen wahrzunehmen. Gelegentlich zwar glaubte er Flecken zu erkennen; dieselben veränderten sich aber so sehr und verschwanden so rasch, dass er über die Rotation des Planeten nicht ins Klare kommen konnte. Er vermuthete daher, dass Venus von einer Atmosphäre umgeben sei, und dass, wenn etwa besondere Zeichen gelegentlich gesehen würden, diese Wolken oder anderen veränderlichen atmosphärischen Erscheinungen zuzuschreiben seien.

Auch Beer und Mädler, die 1833—1836 die Venus eifrig beobachteten, kamen in Hinsicht auf Flecken und daraus abzuleitende Rotationszeit zu einem negativen Resultat. Wenige Jahre später glaubte dagegen De Vico in Rom die von Bianchini mehr als ein Jahrhundert früher gefundenen Merkmale und Flecken wieder entdeckt zu haben, und er leitete aus ihnen als Rotationszeit des Planeten $23^h\ 21^m\ 22^s$ ab, nur 3^s grösser als Schröters Resultat.

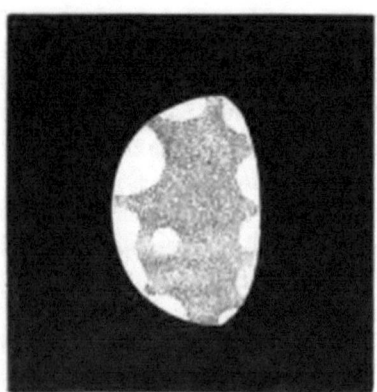 

Fig. 124. Venus am 24. Mai 1871 (nach H. C. Vogel). Fig. 125. Venus am 1. September 1871 (nach H. C. Vogel).

Neuerdings haben die sorgfältigsten Beobachtungen Schiaparellis, sowie eine Discussion aller älteren Beobachtungen unter Einschluss solcher von Vogel, Holden etc. diesen berühmten Astronomen zu dem Resultate geführt, dass auch Venus, ebenso wie Mercur, eine Rotationszeit gleich ihrer Umlaufszeit, also gleich 225 Tagen besitze. Selbst die alten Beobachtungen Bianchinis und Schröters lassen sich unter dieser Annahme weit besser darstellen, als durch Annahme einer Rotationsdauer von nahe 24 Stunden. Auch bei Venus vermuthet Schiaparelli die Beständigkeit einiger Flecken der Oberfläche; indessen ist dies nicht so sicher zu entscheiden wie bei Mercur, wie denn überhaupt die Entdeckung der langsamen Rotation der Venus nicht denselben Sicherheitsgrad beanspruchen kann wie die bei Mercur.

Die physischen Beobachtungen Vogels sowie der Anblick der Venus, wenn nahe der unteren Conjunction, endlich die bei den Venusdurchgängen festgestellten Thatsachen machen die Existenz einer dichten Atmosphäre sehr wahrscheinlich. Wenn die Venus als schmale Sichel erscheint, ist öfters auch der der Sonne fernere Rand erleuchtet gesehen worden, so dass sie als vollständige, von einem feinen Lichtsaum umgebene Scheibe erschien. Wäre nur die Hälfte der Planetenkugel von der Sonne erleuchtet, so könnte diese Erscheinung niemals stattfinden, da es unmöglich ist, dass ein Beobachter mehr als die Hälfte einer Kugel mit einem Blicke übersieht, und nur durch Refraction in einer Atmosphäre lässt sich die Thatsache genügend erklären.

Diese Erscheinung wurde zuerst von Dav. Rittenhouse in Philadelphia beim Venusdurchgang von 1769 bemerkt. Als Venus etwa halbwegs in die Sonnenscheibe eingetreten war, so dass sie einen Flecken in Gestalt eines Halbkreises ausschnitt, erschien jener Theil des Planetenrandes, der ausserhalb der Sonne war, erleuchtet, so dass der Umriss des ganzen Planeten gesehen werden konnte. Da diese Wahrnehmung durch andere Beobachter nicht bestätigt wurde, so scheint sie keine Aufmerksamkeit erregt zu haben. Indessen fand Mädler 1849, dass, als Venus nahe ihrer unteren Conjunction war, die erleuchtete Sichel sich über mehr als einen Halbkreis ausdehnte. Dies zeigte, dass mehr als die Hälfte der Venuskugel durch die Sonne erleuchtet war, und Mädler fand, dass die brechende Kraft einer Atmosphäre, die zur Hervorbringung dieser Wirkung nothwendig wäre, die unserer eigenen Atmosphäre überträfe und zwar 44′ betrüge, während die der Erde nur 35′ beträgt. Er schloss demnach, dass Venus von einer etwas dichteren Atmosphäre als die der Erde umgeben sei.

Die nächste Beobachtung dieser Art wurde von Lyman in New Haven (Vereinigte Staaten) angestellt. Im December 1866 war Venus in der unteren Conjunction sehr nahe ihrem Knoten, passirte demnach sehr nahe die von der Erde zur Sonne gezogene Linie. Bei Prüfung der schmalen Sichel des Planeten mit einem mässig vergrössernden Fernrohre konnte er nun den ganzen Umriss der Planetenscheibe sehen, indem sich ein freilich äusserst zarter Lichtfaden um die der Sonne fernere Seite zog. Aus seinen Messungen der Hörnerabstände um diese Zeit ermittelte übrigens Lyman den Werth von 45′ für die Horizontalrefraction der Venus, also mit dem von Mädler fast identisch. Neison hat indessen die Messungen beider Astronomen, die sich derselben Formel bedienten, aufs Neue und strenger berechnet und als wahrscheinlichsten Werth der Horizontalrefraction sogar 54.′7 gefunden, woraus die Dichte der Atmosphäre an der Oberfläche der Venus nahezu doppelt so gross als die der Erdatmosphäre folgt.

Trotz der zusammentreffenden Zeugnisse von Rittenhouse, **Mädler** und Lyman wurde die Tragweite ihrer Beobachtungen in Beziehung auf das während des Venusdurchganges von 1874 zu Erwartende gänzlich übersehen. Viele Beobachter waren dementsprechend sehr überrascht, zu finden, dass, als Venus zum Theil in, zum Theil ausser der Sonnenscheibe stand, der Umriss des Theiles ausserhalb der Sonne an einer zarten, sich an ihm hinziehenden Lichtlinie unterschieden werden konnte. In einigen Fällen wurde die Zeit der inneren Berührung beim Austritte des Planeten verloren, da der Beobachter irrthümlich diese Lichtlinie für den Sonnenstrahl hielt.

Dass niemand ausser Rittenhouse diesen Lichtring beim Durchgange von 1769 sah, muss der geringen Höhe des Planeten auf den meisten Stationen und der Unvollkommenheit vieler der benutzten Instrumente zugeschrieben werden. Auch müssen wir bemerken, dass die Beobachter jener Zeit eine falsche Vorstellung von dem Anblick, den eine Atmosphäre der Venus gewähren würde, hatten. Man setzte voraus, die Atmosphäre würde dem Planeten vor der Sonnenscheibe einen nebelartigen Rand zufolge theilweiser Absorption des Lichtes beim Passiren der Atmosphäre geben. In Wirklichkeit würde es aber nicht möglich sein, unter solchen Umständen irgend welche Spuren einer Atmosphäre wahrzunehmen, weil das die dichteren Theile passirende Licht gänzlich von seiner Richtung abgelenkt werden und einen Beobachter auf der Erde überhaupt nicht erreichen würde.

Das Spectroskop giebt keine Andeutung, dass die Atmosphäre der Venus irgend eine beträchtliche auswählende Absorption auf das Licht, welches sie durcheilt, ausübt. In dem vom Planeten reflectirten Licht werden weder neue Spectrallinien gefunden, noch weicht das Spectrum mit Sicherheit vom normalen Sonnenspectrum ab, mit der Ausnahme vielleicht, dass einige tellurische Absorptionsstreifen etwas verstärkt auftreten (Vogel). Es würde dies anzeigen, dass die fragliche Atmosphäre in irgend bemerklichem Grade von unserer eigenen nicht abweicht, oder wenigstens, dass sie nicht Gase enthält, welche eine kräftige elective Absorption auf das Licht ausüben. —

Viele Astronomen haben die **dunkle Seite der Venus** schwach erleuchtet gesehen, ähnlich, nur in weit geringerem Grade, wie man an klaren Abenden zwischen Neumond und erstem Viertel die nicht beleuchtete Mondseite sehen kann. Es ist bekannt, dass im Falle des Mondes dessen dunkle Hemisphäre durch das von der Erde reflectirte Licht sichtbar wird. Für die Venus aber ist das Erdenlicht bei weitem nicht stark genug, um ihre dunkle Seite sichtbar zu machen. Da also keine genügende äussere Lichtquelle existirt, so hat man das schwache

Leuchten einer Phosphorescenz der Oberfläche des Planeten zugeschrieben. Wäre ein solches phosphorescirendes Leuchten unter günstigen Bedingungen stets wahrzunehmen, so würde man bei Annahme dieser Erklärungsweise keiner ernsten Schwierigkeit begegnen. Da es aber nur selten gesehen wird, so ist schwer zu begreifen, wie eine bloss zeitweilige Ursache auf einmal so auf die Oberfläche eines Planeten von der Grösse unserer Erde wirken sollte, dass dieselbe leuchtend würde. In der That macht nun ein Umstand es wahrscheinlich, dass die ganze Erscheinung auf irgend einer noch unerklärten optischen Täuschung beruhe. Die Erscheinung wird nämlich fast immer am Tage oder in der hellen Dämmerung wahrgenommen, selten oder nie in der Dunkelheit. Ein solches mattes Licht würde aber leichter in der Nacht als am Tage gesehen werden, weil am Tage ein bei Nacht sichtbares Leuchten durch das Licht des Himmels verschwinden würde. Die Frage, warum das Phänomen unter günstigeren Bedingungen nicht gesehen wird, ist genügend also noch nicht beantwortet, und bis sie es ist, sind wir vielleicht ebenso berechtigt, die Erscheinung für eine subjective, für das Product einer optischen Täuschung zu halten, als einen objectiven, in der Venus selbst gelegenen Grund anzunehmen. Erwähnt muss indessen werden, dass Vogel und Lohse 1871 in Bothkamp zwar auch diesen Lichtschein an verschiedenen Tagen gesehen haben; er verbreitete sich aber nicht über die ganze Nachtseite, sondern war nur bis 30° oder 40° von der Beleuchtungsgrenze zu verfolgen (siehe Fig. 126). Vogel lässt unentschieden, ob wir es hier mit einem durch sehr dichte Atmosphäre hervorgerufenen Dämmerungsphänomen oder mit einer spontanen, elektrischen Lichtentwickelung zu thun haben. —

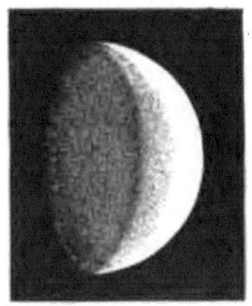

Fig. 126. Venus am 3. Nov. 1871 (nach Vogel).

Man kann die Fehler, denen Beobachtungen mit unvollkommenen Instrumenten unterworfen sind, nicht besser illustriren, als durch die Beobachtungen eines hypothetischen Satelliten der Venus, die in der Kindheit des Fernrohres gemacht worden sind. Im Jahre 1672 und dann wieder 1686 sah D. Cassini ein schwaches Object nahe der Venus, welches, wie sie, eine Phase zeigte. Aber er sah es nur in diesen beiden Fällen. Ein ähnliches Object wurde von Short in England am 23. October 1740 wahrgenommen. Der Durchmesser des Objectes war ein Drittel von dem der Venus, und es zeigte wiederum eine ähnliche Phase. Verschiedene andere Beobachter bemerkten dasselbe zwischen 1760 und 1764. Ja, Lambert ging so weit, aus allen diesen Beobachtungen eine

Bahn zu berechnen; aber es war eine Bahn, in welcher kein Satellit die Venus umlaufen konnte, wenn nicht die Masse des Planeten zehnmal grösser sein sollte, als sie es wirklich ist. Ein Jahrhundert ist seitdem verflossen, ohne dass man den Satelliten gesehen hat, und die Thatsache, dass der Planet in dieser Zeit mit weit besseren Fernröhren als früher geprüft worden ist, beweist hinreichend, dass das Object ein vollkommen mythisches gewesen ist.

Wie jene Beobachter, die es zu sehen glaubten, so getäuscht werden konnten, ist jetzt nach so langer Zeit nicht mit Gewissheit zu sagen. Mit einiger Wahrscheinlichkeit können wir indessen behaupten, dass sie durch die falschen Bilder irre geführt wurden, welche sehr helle Objecte bis zu einem gewissen Grade in jedem Fernrohre geben. und die durch das Licht hervorgerufen werden, welches von der Hornhaut des Auges nach der nächsten Oberfläche des Oculars und von da zurück zum Auge reflectirt wird. Aehnliche falsche Bilder entstehen mitunter durch Reflexion des Lichtes zwischen den Oberflächen der verschiedenen Linsen des Oculars, und eine der ersten Aufgaben des angehenden Beobachters ist es, sie von wirklichen Objecten unterscheiden zu lernen. Sie können auch durch fehlerhafte Justirung der Ocularlinsen entstehen und mögen dann, sobald das wirkliche Object im Centrum des Gesichtsfeldes ist, für einen Augenblick selbst den erfahrensten Beobachter täuschen*).

Stehen in einem gewöhnlichen achromatischen Fernrohre, in welchem die inneren Krümmungen der Ocularlinsen die gleichen sind, diese letzteren nicht ringsum in genau gleichem Abstande, so erscheint ein solches falsches Bild an allen Punkten längs jedes hellen Objectes. Es ist wahrscheinlich, dass alle oben erwähnten Beobachtungen aus irgend einer kleinen Ungenauigkeit und Unordnung im Fernrohre hervorgegangen sind, welche durch Spiegelung an den Gläsern falsche Bilder erzeugte. —

Ueber die Vorübergänge der Venus und deren Bedeutung für die Bestimmung der Sonnenentfernung haben wir früher gesprochen (S. 209 ff.).

4. Die Erde.

Unsere Erde ($\oplus$) ist der dritte Planet in der Ordnung der Entfernungen von der Sonne und der grösste der Gruppe der vier sonnennächsten.

---

*) Eines der Oculare des grossen Washingtoner Refractors zeigt beim Planeten Uranus oder Neptun einen schönen kleinen Satelliten, wenn das Bild des Planeten genau in das Centrum des Gesichtsfeldes gebracht wird, aber er verschwindet, sobald man das Fernrohr bewegt.

Ihre mittlere Entfernung von der Sonne beträgt etwa 149 Millionen Kilometer oder rund 20 Millionen geographische Meilen (s. Seite 224); aber die Entfernung ist Anfang Januar jeden Jahres mehr als 2 Millionen Kilometer geringer und Anfang Juli ebenso viel grösser als dieses Mittel; die wirkliche Distanz variirt also zwischen $146^{1}/_{2}$ und $151^{1}/_{2}$ Millionen Kilometer. Wie bereits bemerkt, sind diese Zahlen um mehrere Hunderttausend Kilometer unsicher.

Vieles von dem, was wir die Astronomie der Erde nennen könnten — wie die Länge des Jahres, die Neigung ihres Aequators gegen ihre Bahn oder die Schiefe der Ekliptik, die Ursache der Aenderungen in den Jahreszeiten und in der Tageslänge, ferner ihre Gestalt, Grösse und Dichtigkeit — ist in früheren Capiteln schon erwähnt und behandelt worden, so dass hier nur Weniges von rein astronomischem Charakter hinzuzufügen ist. Die Darstellung der speciellen Oberflächengestaltung und der Erscheinungen ihrer Atmosphäre gehört mehr in das Gebiet der Geographie und Meteorologie, als in das der Astronomie. Aber ihre Beschaffenheit giebt zu verschiedenen Fragen Anlass, bei deren Behandlung astronomische Betrachtungen ins Spiel kommen.

Wichtig unter diesen ist besonders die Betrachtung über den Zustand der grossen inneren Masse unserer Kugel, ob sie fest oder flüssig sei. Es ist bekannt, dass wir beim Hinabsteigen ins Innere der Erde eine Temperaturzunahme finden, und zwar 1° C. auf beinahe 30 Meter. Diese Temperaturerhöhung ist, obwohl an verschiedenen Orten und in verschiedenen Gesteinsarten etwas verschieden, doch im Wesentlichen von den Gegenden, von der Erhebung des Landes unabhängig und findet, haben wir in etwa 25 Meter Tiefe den Punkt der constanten Temperatur überschritten, ziemlich gleichmässig statt. Wo nun eine Temperaturdifferenz wie diese existirt, findet auch nothwendigerweise durch Leitung oder Strahlung von wärmeren zu kälteren Theilen das Bestreben einer Ausgleichung statt. Würde also nicht vom Innern her die Wärme stetig ergänzt, so würde die Ungleichheit durch Abkühlung der wärmeren Schichten bald verschwinden. Die Temperaturzunahme kann deshalb nicht etwas rein Oberflächliches sein, sondern muss sich in eine grosse Tiefe fortsetzen. Verfolgen wir die Bedingungen, die existirt haben müssen, damit die Wärmezunahme sich in der Gegenwart noch zeige, bis zu vergangenen Zeiten zurück, so können wir mit grosser Wahrscheinlichkeit aussprechen, dass die ganze Erde vor tausend Jahren in einer Entfernung von etwa 20—30 Kilometern unter der Oberfläche rothglühend gewesen sein müsse, weil sonst ihr Inneres nicht die Wärmemenge geliefert haben könnte, welche die jetzt beobachtete Zunahme verursacht. Verhält sich dies so, so ist sie wahrscheinlich auch jetzt noch in verhältnissmässig geringer Tiefe (50 Kilometer) rothglühend und in einer Tiefe von etwa 200 Kilometern würden wir vermuthlich eine Hitze finden, die die meisten der auf der Oberfläche befindlichen Gesteine zum Schmelzen bringen würde.

Wir werden so zu der jetzt fast allgemein von den Geologen angenommenen Hypothese geführt, dass die Erde in der That eine Kugel geschmolzener Materie ist, umgeben von einer relativ dünnen Kruste oder Rinde*), auf der wir leben, und man muss zugeben. dass geologische Thatsachen, wie kosmogonische Betrachtungen, auf die wir später eingehen werden, dieser Anschauung im Ganzen sehr günstig sind. Pendelbeobachtungen scheinen zu zeigen, dass das specifische Gewicht der Erde unter den grossen Bergketten im Allgemeinen geringer als unter den umliegenden Ebenen ist, welches Ergebniss mit dieser Theorie in völligem Einklang steht. Die schwereren Massen würden, indem sie auf das innere Fluidum drücken, die umgebenden leichteren Massen zu erheben streben, und, wenn beide im Gleichgewichte wären, würden die letzteren die höheren sein, ebenso wie ein schwimmender Block Tannenholz höher aus dem Wasser hervorragt, als ein Block Eichenholz. Die in vielen Weltgegenden so häufigen heissen Springquellen zeigen, dass es im Erdinnern zahlreiche heisse Regionen giebt, und diese Hitze kann nicht wohl rein local sein, weil sie sich dann rasch zerstreuen würde. Die grössere Zahl der Geologen findet aber das stärkste Argument für jene Theorie in den Vulkanen und Erdbeben. Die Lavaströme, welche seit Tausenden von Jahren den ersteren entströmen, beweisen, dass im Innern der Erde grosse Massen geschmolzener Materie existiren, während die Erdbeben erkennen lassen, dass dieses Innere heftigen Veränderungen unterworfen ist, Veränderungen, denen eine solide Materie kaum widerstehen könnte.

Die Mathematiker indessen haben die fragliche Theorie niemals vollkommen mit den Thatsachen der Präcession, Nutation und der Ebbe und Fluth vereinigen können. Augenscheinlich widersteht die Erde der flutherzeugenden Wirkung von Sonne und Mond genau so, als ob sie vom Mittelpunkt bis zum Umfang eine feste Masse wäre. Der englische Physiker Thomson hat gezeigt, dass, wenn die Erde weniger starr als Stahl wäre, sie dieser Wirkung so viel nachgeben würde, dass die Gezeiten viel kleiner als auf einer absolut starren Erde werden würden; d. h. die Anziehung der genannten Körper würde die Erde selbst in eine ellipsoidische Form bringen, statt nur das Wasser vom Ocean hinwegzuziehen. Da Erde und Ocean zusammen in gleicher Formveränderung

---

*) Man hat ihre Dicke zu 40 bis 120 Kilometern berechnet.

wären, würden wir überhaupt Ebbe und Fluth nicht wahrnehmen. Wäre die Erdoberfläche nur eine dünne, auf dem flüssigen Innern schwimmende Schale oder Kruste, so würden die Gezeiten in jenem hervorgerufen werden; die dünne Schale würde in solcher Weise sich biegen, dass Fluth und Ebbe des Oceans nahezu aufgehoben würde. — Ferner ist die Frage aufgeworfen worden, ob das flüssige Innere durch die Präcession afficirt würde; ob die Kruste nicht in der That über dasselbe gleiten würde, so dass zeitweilig die Flüssigkeit in einer Richtung und die Kruste in einer andern rotirte.

Alles in Allem ist die Ansicht von der Flüssigkeit des Erdinnern so mit Schwierigkeiten umgeben, dass sie trotz der stark zu ihren Gunsten sprechenden Argumente doch noch als mindestens zweifelhaft betrachtet werden muss. Es mag indessen hinzugefügt werden, dass niemand daran zweifelt, das Innere unseres Planeten müsse intensiv heiss sein — intensiv genug, die Felsen an ihrer Oberfläche zu schmelzen — aber es wird vermuthet, dass der enorme Druck der äusseren Theile die inneren am Schmelzen verhindere. Von Thomson wird auch nicht bestritten, dass es im Erdinnern grosse Massen geschmolzener Materie geben müsse, aus denen die Vulkane ihre Nahrung zögen; aber er behauptet, dass diese Massen, verglichen mit der der ganzen Erde, immerhin nur klein seien.

Wir können uns übrigens keine Vorstellung von der Wirkung eines Druckes machen, der im Mittelpunkt der Erde über 2 Millionen Kilogramm auf das Quadratcentimeter beträgt, während die höchsten Drucke, die wir auf der Erdoberfläche und nur auf Theile von verschwindender Ausdehnung im Vergleich mit den Massen des Erdinnern erzielen können, nur Tausende von Kilogrammen auf die gleiche Fläche betragen; alle Substanzen mögen sich da in einem breiartig verdichteten Zustande befinden, den zu verstehen oder künstlich hervorzubringen wir niemals im Stande sein werden.

Nicht unwahrscheinlich ist, dass in einer gewissen, immerhin erheblichen Tiefe eine glutflüssige Schicht existire, welche zum Theil frei beweglich, sich nach der Oberfläche zu an geeigneten Stellen durch vulkanische und ähnliche Reactionen bemerklich macht, dass sie aber nach unten in einen Zustand der Materie übergeht, über den wir uns zwar keine genaue Rechenschaft geben können, der sich aber wegen des enormen Druckes vermuthlich dem festen nähert. Bei allen Hypothesen dürfen wir jedenfalls nie vergessen, dass uns auch im günstigsten Falle nur ein verschwindender Theil, etwa $1/8000$ von der Oberfläche bis zum Mittelpunkt gerechnet, erreichbar und erforschbar bleibt, und dass darum Vorsicht in der Verallgemeinerung von Schlüssen, die wir aus unseren im wörtlichsten Sinne sehr oberflächlichen Kenntnissen ziehen, geboten ist. —

Man hat öfters auch die Frage aufgeworfen und zu lösen versucht, ob Massenumsetzungen auf oder in der Erde einen merklichen Einfluss auf die Lage der Rotationsaxe der Erde und damit auf die geographische Lage auszuüben vermöchten, da neuere Beobachtungsreihen eine geringe Veränderung der Polhöhe einiger Orte anzudeuten schienen. Besonders in den letzten drei Jahren sind durch umfangreiche Polhöhenbestimmungen, welche auf Veranlassung der Internationalen Erdmessungscommission ausgeführt worden sind und noch werden, Schwankungen der Polhöhe innerhalb grösserer Gebiete zweifellos nachgewiesen worden, ohne dass es indessen bis jetzt gelungen wäre, eine definitive Erklärung dieses Phänomens aufzufinden. Unter den Erklärungsversuchen befinden sich auch solche auf Grund von Massenumsetzungen im Innern der Erde, doch ist schon Bessel, wie in neuerer Zeit G. H. Darwin und Gyldén, unter plausibeln Annahmen zu Resultaten gekommen, welche den Beobachtungen widersprechen. Auch die im Laufe der Zeiten erfolgten sehr bedeutenden klimatischen Veränderungen der Erdoberfläche, wie die recente geologische Eiszeit würden ihre Erklärung nur unter höchst unwahrscheinlichen Annahmen über die Aenderung der Lage der Erdaxe finden. —

Die Atmosphäre. — Ueber die lichtbrechenden Eigenschaften der unsere Erde umhüllenden Gase (Sauerstoff, Stickstoff, sowie etwas Kohlensäure), welche in der Refraction oder der Brechung und Ablenkung des Lichts in der Atmosphäre hervortreten, haben wir schon früher bei den astronomischen Beobachtungen und Instrumenten gesprochen (vergl. Seite 159 f.) und müssen hier noch einiger wichtiger Erscheinungen, die ihr Dasein der Einwirkung des Lichts auf die Atmosphäre verdanken, Erwähnung thun.

Die alltägliche Erfahrung zeigt alle Gegenstände am Tage in gleichmässiger Helle. Der Grund hiervon liegt einfach in der Thatsache, dass die mit kleinsten Bläschen (besonders Wasserdampfbläschen) angefüllte Atmosphäre wie die in ihr suspendirten zahllosen und winzigen festen Theilchen (Stäubchen, organische Partikelchen) das Sonnenlicht auffangen und überall hin zerstreuen und reflectiren. Wäre die Luft absolut durchsichtig und wäre nichts in ihr enthalten, so würde die Sonne an einem tiefschwarzen Himmel strahlen, und alle nicht direct von ihr beschienenen und alle nicht selbstleuchtenden Objecte wären unsichtbar. Dass wir am Tage alles weit gleichförmiger hell sehen, als in der Nacht bei Mondschein, liegt an der ausserordentlichen Intensität des Sonnenlichts, welches die secundären Wirkungen viel stärker erscheinen lässt, als das sechshunderttausendmal schwächere Mondlicht. Analog

Die Erde. 345

wie die allgemeine Tageshelle erklären sich die Erscheinungen der Dämmerung, der unter besonders günstigen Verhältnissen stattfindenden sogenannten Gegendämmerung, wie die Unsichtbarkeit der Sterne am Tage

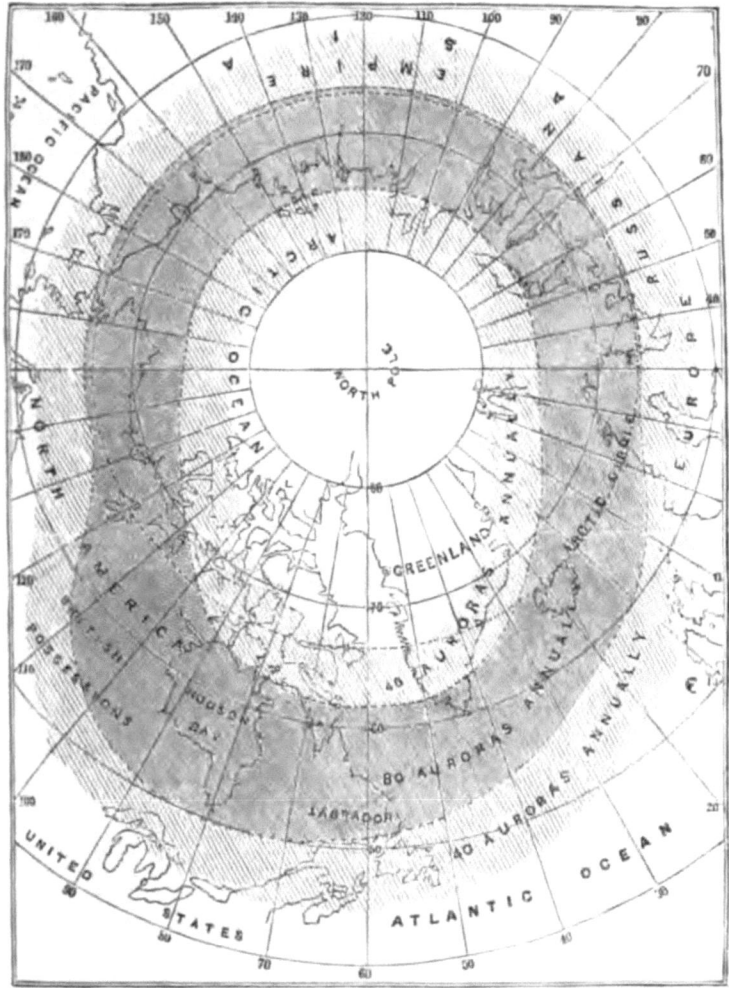

Fig. 127. Vertheilung der Nordlichter, nach Loomis.

(mit blossem Auge) aus der Anwesenheit kleinster gasförmiger und flüssiger, das Sonnenlicht überall hin zerstreuender Theilchen der Atmosphäre. Die lebhaften, im Abend- und Morgenroth auftretenden Farben sind, wie das Blau des Himmels beim Sonnenschein, das Resultat verschiedenartiger Spiegelung des vielfarbigen Sonnenlichts in den Wasserdampfbläschen der oberen Luftschichten: die Intensität der Farben hängt dabei wesentlich von der Menge des in der Luft enthaltenen Wasserdampfes ab.

Das Nordlicht. — Eine völlig genügende Erklärung dieser so wohlbekannten Erscheinung ist bis jetzt nicht gegeben worden. Dass sie in gewisser Beziehung zu den Erdpolen steht, zeigt die Thatsache, dass ihre Häufigkeit von der Breite abhängt. In den äquatorealen Gegenden unserer Erde ist sie sehr selten, sie wird häufiger, je weiter wir nach Norden oder Süden gehen. Die Region der grössten Häufigkeit scheint indessen nicht an den Polen, sondern in der Nachbarschaft der Polarkreise zu liegen, von wo sie nach Norden wie Süden abnehmen. Genauer zeigt dies Verhalten (für nördliche Erdgegenden) die umstehende Nordlichtkarte von Loomis (Fig. 127 S. 345), in welcher die dunkelste Schraffirung die grösste Häufigkeit der Erscheinung angiebt. Die Zone der grössten Frequenz ist zugleich am breitesten in der Nähe des magnetischen Nordpols (etwa 260° östl. Länge von Greenwich, 72° nördl. Breite). Für die in südlichen Gegenden auftretenden Südlichter und deren Beziehungen zum magnetischen Südpol (150° östl. Länge, 72° südl. Breite) ist das Beobachtungsmaterial noch ein sehr dürftiges.

Fig. 128. Ansicht eines säulenförmigen Nordlichtes.

Das Nordlicht zeigt in der Hauptsache zwei bestimmte Formen, von denen bald die eine, bald die andere vorherrscht. Es sind dies:

1) die wolkenähnliche Form. Dieselbe besteht in einem breiten unregelmässigen, häufig rothen oder purpurnen Bande von Licht. Man

sieht sie in jeder Richtung, besondes häufig aber am oder nahe am nördlichen Horizont, wo sie die Form eines Lichtbogens annimmt. Die beiden Enden des Bogens ruhen zu beiden Seiten des magnetischen Nordpunkts auf dem Horizont; der mittlere Theil erhebt sich bis 10 und mehr Grad über den Horizont.

2) Die Streifen- oder Säulenform. Diese Form besteht aus langen Streifen oder Säulen, die sich in der Richtung einer horizontal frei hängenden Magnetnadel erstrecken. Sie erscheinen gekrümmt oder gebogen, wie das Himmelsgewölbe, auf welches sie sich projiciren, sind aber in Wirklichkeit gerade. Sie befinden sich in einem Zustande beständiger Bewegung; mitunter werden sie ausgebreitet in die Form einer Wolke oder einer ungeheuren Flagge mit zahlreichen Falten, tanzend, zitternd und undulirend, wie durch Wind bewegt (vergl. Fig. 128). —

Es ist längst nachgewiesen, dass das Nordlicht auf das engste mit der Elektricität und dem Magnetismus der Erde zusammenhängt. Während eines grossen Nordlichts passiren so starke und unregelmässige elektrische Ströme die Telegraphendrähte, dass die Beförderung von Depeschen oft schwierig, mitunter selbst unmöglich wird. Die Magnetnadel ist gleichfalls in einem Zustande heftiger Bewegung. Vor der Anwendung des Spectroskopes veranlassten diese elektrischen Erscheinungen die Meinung, das Nordlicht entstehe gänzlich durch elektrische Ströme, welche durch die oberen Atmosphärenschichten von einem Pole zum anderen zögen. Neuere Untersuchungen aber scheinen zu zeigen, dass diese Ansicht, obwohl sie theilweise wahr sein mag, doch keineswegs eine vollständige Erklärung liefert. Die grosse Höhe der Nordlichter wie die Natur ihres Spectrums sprechen beide dagegen.

Verschiedene Versuche sind neuerdings gemacht worden, um aus gleichzeitigen Beobachtungen besonders auffälliger Streifen oder Bänder von mehreren weit entfernten Stationen aus die Höhe des Nordlichtes über der Erdoberfläche zu bestimmen. Das allgemeine Resultat ist, dass es sich bis zu einer Höhe von 600 bis zu mehr als über 900 Kilometern erstreckt. Sternschnuppen und Meteore scheinen aber anzuzeigen, dass die Grenze der Atmosphäre in etwa 170 Kilometer Höhe liege. Dehnt sie sich noch weiter aus, so muss sie so dünn sein, dass eine Elektricitätsleitung, lange bevor die grösste Nordlichthöhe erreicht ist, unmöglich wird; es ist in der That zweifelhaft, ob sie eine solche Verdünnung nicht schon in der Höhe von nur 70 oder 80 Kilometern erreiche. Wir müssen nach alledem das Nordlicht unter die Erscheinungen und Objecte rechnen, bei denen moderne Beobachtungen mehr Schwierigkeiten aufweisen, als moderne Theorien erklärt haben.

Das Spectrum des Nordlichtes besteht in der Hauptsache aus

einer einzigen hellen Linie im Gelbgrün, die Ångström zuerst fand. Da derselbe weitere Linien nicht wahrnehmen konnte, hielt er das Nordlicht für durchaus einfarbig (monochromatisch); spätere Beobachter, wie H. C. Vogel, Winlock, Capron, haben indessen noch verschiedene schwächere Linien gefunden, die aber in verschiedenen Nordlichtern nicht immer die gleiche Lage hatten; die rothe Linie erscheint nur in den Theilen der Nordlichter, welche auch schon dem blossen Auge eine röthliche Färbung zeigen.

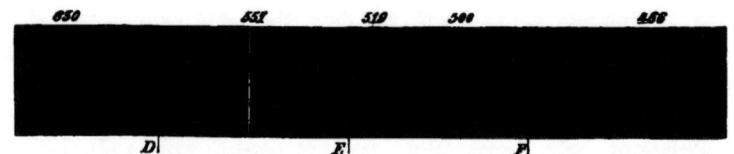

Fig. 129. Spectrum des Nordlichtes vom 9. April 1871, nach Vogel.
(*D*, *E*, *F* Lage der Sonnenlinien. Die Ziffern bezeichnen die Wellenlängen in Millientel-Millimetern.)

Die vorstehende Fig. 129 zeigt das Spectrum des grossen Nordlichtes vom 9. April 1871 nach H. C. Vogel. Zwischen *D* und *E* oder im Gelbgrün des Sonnenspectrums lag die charakteristische scharfe und helle Linie, während die übrigen sämmtlich ziemlich breite, matte und schlecht begrenzte Streifen bildeten. Bemerkenswerth erscheint die Uebereinstimmung des Nordlichtspectrums mit dem Eisenspectrum; doch ist ein Zusammenhang beider Spectra sehr unwahrscheinlich. Ein vollständigeres Studium der Spectra glühender Gase bei verschiedenen Temperaturen und Drucken, als wir es bis jetzt besitzen, ist nothwendig, ehe über die wahre Natur des Nordlichtes eine bestimmte Meinung ausgesprochen werden kann.

Von der Periodicität der Nordlichter und ihrer vermutheten Verbindung mit den Sonnenflecken haben wir schon früher (Seite 293) gesprochen. Besteht ein solcher Zusammenhang wirklich, so dürfen wir zahlreiche Nordlichter im Laufe der nächsten Jahre erwarten.

Die Astronomie und das Wetter. — Von jeher hat die grosse Mehrzahl der Menschen zwischen astronomischen Erscheinungen und meteorologischen Vorgängen einen engen Zusammenhang und einen Einfluss mancher Himmelskörper, vor allem des Mondes, auf das Wetter angenommen. Es ist dies begreiflich; denn für die unmittelbare Anschauung spielen sich beide Gruppen von Erscheinungen einfach über der Erde »am Himmel« ab, und erst Abstraction und Urtheil lassen den wesentlichen Unterschied erkennen, der auch in räumlicher Hinsicht beides trennt. Dem naiven, nicht reflectirenden Menschen kommt nicht zum Bewusstsein, dass zwischen dem Monde und den »über ihn« ziehenden Wolken ein Zwischenraum von vielen Tausenden von Meilen liegt.

den erst der Verstand statuirt; er nimmt die Dinge einfach, wie sie ihm der Augenschein zeigt, und sucht instinctiv causale Beziehungen, wo es in Wirklichkeit keine giebt. Begünstigt wird er in seiner Auffassung durch die Thatsache, dass auf gewisse coelestische Phänomene gewisse Aenderungen im Zustande der Atmosphäre häufig genug folgen, und er nimmt dann diese zeitliche Folge für den Ausdruck einer gesetzmässigen Beziehung, verwechselt, wie dies ja häufig auch sonst geschieht, das »Nacheinander« mit dem »Durcheinander« und ignorirt einfach die ebenso häufigen Thatsachen, die seiner Auffassung direct widersprechen. Dazu kommt noch die der Mehrzahl der Menschen überhaupt innewohnende Neigung zur Verallgemeinerung, einzelnes in engem Kreise Wahrgenommenes und Erfahrenes als allgemein gültig zu betrachten.

Das bekannteste Beispiel bietet der Mondwechsel und die Wetteränderung. Die meteorologische Statistik hat längst nachgewiesen, dass eine Abhängigkeit des Wetters von den Mondphasen nicht existirt, oder doch höchstens in so geringem Grade, dass sie eben erst durch sorgfältige, auf lange Zeiträume ausgedehnte Untersuchung, niemals aber unmittelbar zu einiger Wahrscheinlichkeit gebracht werden kann. Trotzdem hält sich der Landmann, Schiffer u. a. immer wieder an die Fälle, wo für ihn und seine nächste Umgebung nach Neumond oder Vollmond oder erstem und letztem Viertel eine Aenderung des Wetters eintrat: dass in anderen ähnlich beschaffenen Gegenden, für welche doch zu vollkommen gleicher Zeit dieselbe Mondphase stattfindet, oder dass in anderen Fällen, deren Zahl erwiesenermassen nahezu die gleiche ist, eine Aenderung nicht eintritt, wird übersehen.

Allerdings scheint ein geringer Einfluss insofern nicht ganz geleugnet werden zu können, als vermuthlich ein Theil der vom Monde empfangenen und nach der Erde ausgestrahlten Sonnenwärme in den höheren Schichten der Atmosphäre absorbirt wird; denn wir werden weiter unten sehen, dass die messbare Quantität Wärme, die selbst bei Vollmond auf die Erdoberfläche gelangt, eine fast verschwindende ist. Hierdurch würde die von vielen behauptete »wolkenzerstreuende Kraft« des Vollmondes wenigstens zum Theil ihre Erklärung finden können. Indessen wäre dies nur ein Bruchtheil der dem Monde zugeschriebenen meteorologischen Wirkungen, und selbst hier steht die Thatsache noch keineswegs fest. In neuerer Zeit macht eine von R. Falb aufgestellte Theorie grosses Aufsehen, nach welcher Mond und Sonne je nach ihrer Constellation Fluthwirkungen auf die Atmosphäre und auf das flüssige Erdinnere hervorrufen. Die hiernach berechneten, von Falb »kritische« Tage genannten Zeiten sind besonders der Wahrscheinlichkeit heftiger Stürme und Erdbeben ausgesetzt. Es kann nicht genug hervorgehoben werden, dass weniger der dieser Theorie zu Grunde liegende Gedanke als die Art der Verwerthung desselben jeder wissenschaftlichen Bedeutung bar ist.

Aehnlich, obschon weniger einfach, verhält es sich mit der Sonne. Dass Licht und Wärme der Sonne die directe Ursache vieler, ja der wichtigsten Vorgänge und Zustände auf der Erde sind, ist bekannt; dass ferner zwischen gewissen, auf ihr und auf der Erde auftretenden Erscheinungen ein physischer Zusammenhang besteht, machen die vorhin erwähnten Thatsachen wenigstens wahrscheinlich. Die Beziehungen aber, die möglicherweise zwischen den elektrischen Kräften und Phänomenen beider Himmelskörper bestehen, sofort auf andere Vorgänge zu übertragen und z. B., wie es neuerdings geschehen ist, zwischen der Sonnenfleckenperiode und der auf der Erde herrschenden Witterung einen causalen Zusammenhang zu suchen, erscheint mindestens bedenklich. So lange wir nicht im Stande sind, für analog gelegene und beschaffene Gegenden der gesammten Erde, nicht bloss für einen beschränkten Raum, wie es ein einzelnes Land ist, einen Parallelismus dieser oder ähnlicher Erscheinungen nachzuweisen, so lange erscheinen auch Betrachtungen solcher Art als durchaus hypothetisch. Zu diesem Nachweis aber gehören Jahrzehnte hindurch an den verschiedensten Orten der Erde consequent und systematisch durchgeführte Beobachtungen, wie wir sie bis jetzt nur für wenige und beschränkte Gegenden besitzen. Es ist daher nicht anzunehmen, dass schon in kurzer Zeit über diesen Punkt ein sicheres Resultat zu erwarten ist.

Immerhin mag zugegeben werden, dass die Wahrscheinlichkeit eines Bandes zwischen derartigen periodischen Erscheinungen und den meteorologischen Vorgängen auf der Erde grösser für die Sonne ausfalle als für den Mond, welcher schon durch seine Stellung in unserem Planetensystem, durch seine geringe Masse und physische Beschaffenheit eine weit untergeordnetere Rolle als der mächtige, in höchster Thätigkeit befindliche Centralkörper spielt.

Dass andere Himmelskörper, wie die Planeten, die Millionen von Meilen von uns entfernt, und wie die Cometen, die ausserdem noch Tausende von Malen geringer an Masse als die Erde sind, auf diese keinen irgendwie merkbaren Einfluss ausüben können, braucht nicht ausführlich erörtert zu werden. Nur die lebhafte Phantasie einer kindlichen Menschheit hat auch diese Körper, besonders aber die Cometen, von je her in Verbindung mit irdischen Vorgängen zu bringen gesucht und wird dies wohl auch weiterhin, wenngleich vielleicht in beschränkterem Umfange, thun. Denn die Erkenntniss, die solche Phantasiebilder vernichtet, ist das Ergebniss eines allmählichen Erziehungsprocesses, den nur ein geringer Theil der Menschheit durchzumachen vermag.

5. Der Mond.

Von allen Himmelskörpern ist der Mond unserer Erde bei weitem der nächste, denn kein anderer, mit Ausnahme vielleicht einmal eines Cometen, kommt ihr näher als die hundertfache Mondentfernung. Diese Entfernung wie die Grösse des Mondes lässt sich, eben wegen seiner Nähe, mit besonderer Genauigkeit aus seiner Parallaxe ableiten, welche (genauer die horizontale Aequatoreal-Parallaxe) sich zu 57′ 2″.3 ergeben hat. Damit folgt die Entfernung zu 60.270 Erdäquatorhalbmessern oder zu rund 384 000 Kilometern. Wegen der Ellipticität seiner Bahn und der Anziehungskraft der Sonne schwankt dieselbe im Laufe einer Revolution um etwa 15—30 000 Kilometer um diesen Mittelwerth; die kleinstmögliche Distanz ist etwa 354 000, die grösstmögliche 414 000 Kilometer. Der Durchmesser des Mondes ist 3475 Kilometer oder etwas weniger als $2/7$ von dem der Erde, die Oberfläche also $1/13$; sein Rauminhalt ist etwa $1/50$ des Erdvolumens, und wäre er von gleicher Dichte, so würden auch die Massen in demselben Verhältniss stehen. In Wirklichkeit beträgt aber die Masse des Mondes nur etwa $1/80$ von der der Erde; es folgt also, dass seine Dichte oder das specifische Gewicht des Materials, aus welchem er besteht, wenig mehr als die Hälfte der mittleren Erddichte beträgt.

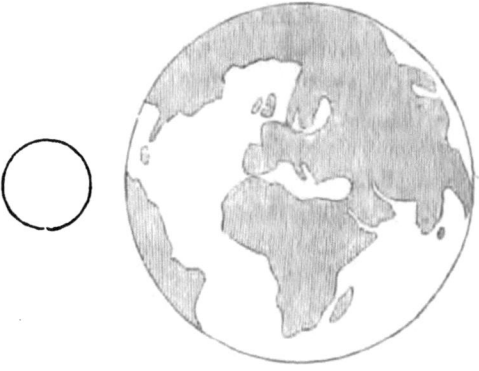

Fig. 130. Grösse von Mond und Erde.

Verhalten von Rotation zu Revolution und Figur des Mondes. — Die auffallendste Eigenthümlichkeit der Mondbewegung ist, dass er in derselben Zeit um seine Axe rotirt, in welcher er um die Erde läuft, und uns so stets dieselbe Seite zuwendet; die andere Seite bleibt dem menschlichen Auge für immer verborgen. Die Ursache dieser Eigenthümlichkeit liegt in der ellipsoidischen Gestalt des Mondkörpers. Dass er ursprünglich um seine Axe mit genau derselben Geschwindigkeit rotirt haben sollte, mit welcher er um die Erde läuft, so dass nicht die geringste Veränderung in dem Verhältnisse der beiden Bewegungen je aufgetreten sein würde, ist höchst unwahrscheinlich. Wäre dies im Anfang der Fall gewesen, so hätte die Uebereinstimmung beider Bewegungen nicht erhalten werden können ohne eine Aenderung der

Rotationsdauer; denn zufolge der früher (Seite 89 ff.) beschriebenen säculären Beschleunigung ändert sich im Laufe der Zeiten die Umlaufsdauer des Mondes, und damit würden die beiden Bewegungen aufhören zu correspondiren. Aber die Anziehung der Erde auf den etwas deformirten Mondkörper bewirkt, dass, wenn die beiden Bewegungen anfangs nur nahe zusammenfielen, sich nicht allein die Axendrehung der Bahnrevolution anpassen, sondern auch die erstere sich ändern muss, wenn die letztere sich ändert, und dass so die Uebereinstimmung erhalten wird.

Nehmen wir an, der Mond sei eine flüssige Masse oder von Wasser bedeckt, so würde seine Figur die eines Ellipsoids mit drei ungleichen Axen sein; die kürzeste Axe wäre die Rotationsaxe, ziemlich senkrecht zur Ekliptik; die nächste läge in der Richtung der Mondbewegung; die längste endlich wäre gegen die Erde gerichtet. Die Ursache, dass die Umdrehungsaxe die kürzeste ist, ist wie bei der Erde die durch die Rotation hervorgerufene Centrifugalkraft. Zögen wir nur die Wirkung dieser Kraft in Betracht, so müssten wir schliessen, dass der Mond ein abgeplattetes Sphäroid und sein Aequator ein vollkommener Kreis sei. Aber die Anziehung der Erde auf den Mond strebt, ihn in der Richtung der Verbindungslinie beider Körper zu verlängern, ebenso wie die Anziehung des Mondes auf die flüssige Erdoberfläche Ebbe und Fluth hervorruft, und so entsteht, bei einer flüssigen Mondmasse, aus der gemeinsamen Wirkung dieser Kräfte ein dreiaxiges Sphäroid mit nach der Erde gerichteter längster Axe.

Indessen sind die aus der theoretischen Betrachtung der Wirkungen dieser Kräfte sich ergebenden Unterschiede der drei Axen so gering, dass sie sich der Beobachtung entziehen; nach Newton und Lagrange ist nämlich die mittlere Axe nur 15, die längste Axe nur 75 Meter länger als die kürzeste. Die Uebereinstimmung zwischen der Rotations- und Revolutionsbewegung des Mondes macht aber eine kleine Verlängerung in der Richtung nach der Erde sehr wahrscheinlich und deutet damit auf einen besonderen, vielleicht ehemals flüssigen Zustand des Mondes hin.

Hansen, dessen schönen Arbeiten wir so viel in der Erkenntniss der verwickelten Bewegung unseres Trabanten verdanken, hat gezeigt, dass man, um gewissen beobachteten Bewegungsungleichheiten zu genügen, annehmen müsse, der Mittelpunkt und der Schwerpunkt des Mondes fielen nicht zusammen, ersterer läge vielmehr etwa 59 Kilometer der Erde näher als letzterer. Die Mitte der uns zugekehrten Seite werde dann 59 Kilometer über dem mittleren, durch den sichtbaren Rand gegebenen Niveau, die Mitte der abgewandten Seite eben so viel darunter liegen.

Zufolge der langsamen Rotation des Mondes um seine Axe ist ein Mondtag $29^1/_2$ mal so lang als ein irdischer Tag. Nahe dem Mondäquator scheint die Sonne ohne Unterbrechung fast 15 unserer Tage lang für einen Punkt und ist ebenso lange Zeit unter dem Horizonte. Einem Beobachter auf dem Monde würde die Sonne als blendende Kugel im Osten sich zu erheben, langsam zu steigen und nach etwa sieben Erdtagen nach Westen zu sinken scheinen; die Erde dagegen würde um einen mittleren Punkt langsam und nur wenige Grade hin und her oscilliren und dabei die gleichen Phasen wie für uns der Mond, nur um 14 Tage in der Zeitepoche verschieden, zeigen. —

Ueber die hauptsächlichsten sonstigen Eigenthümlichkeiten der Mondbewegung und deren Ungleichheiten, sowie über die Finsternisse haben wir schon früher gesprochen. Es bleiben hier noch die Veränderungen zu erwähnen, welche sich als Folge der Revolutions- und Rotationsbewegung für die scheinbare Lage und Gestalt der Oberflächenformen ergeben, und die man unter dem Namen der *Libration* zusammenfasst.

Bewegte sich der Mond in einer Kreisbahn, also mit gleichförmiger Geschwindigkeit und zwar in der Ebene der Ekliptik um die Erde, und fiele sein Aequator mit der Bahn zusammen, so läge bei der vollkommen gleichen Rotations- und Revolutionsdauer das scheinbare Centrum der Mondscheibe immer auf der Verbindungslinie der Mittelpunkte von Erde und Mond, und mit dem scheinbaren Centrum fiele das mittlere zusammen, welches durch den Durchschnittspunkt des mittleren (ersten) Meridians mit dem Mondäquator gegeben ist. Es verhält sich aber in Wirklichkeit anders: der Mond bewegt sich mit ungleichförmiger Geschwindigkeit in einer über $6^1/_2°$ gegen die Ekliptik geneigten Bahn, und seine Axe weicht von der Senkrechten zur Ekliptik um etwa $1^1/_2°$ ab. Die Folge hiervon ist, dass mittleres und scheinbares Mondcentrum um nicht unbeträchtliche Grössen von einander abweichen; zieht man vom Mittelpunkte der Erde nach dem des Mondes eine Linie (vergl. Fig. 131), so

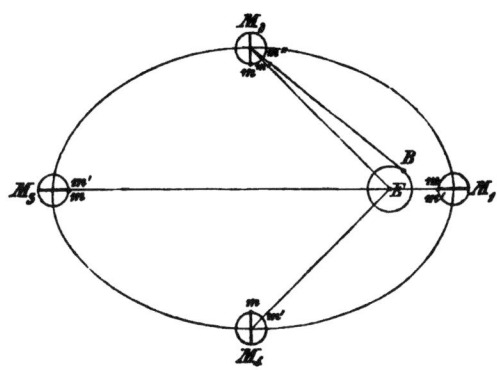

Fig. 131. Libration des Mondes.

schneidet diese die Oberfläche im scheinbaren Centrum (m'); das mittlere Centrum (m) schwankt nun um dieses scheinbare nach Osten und Westen, nach Norden und Süden, je nachdem die wahre Länge des Mondes der bei einer durchschnittlichen (Kreis-) Geschwindigkeit stattfindenden voraus oder nach, und wenn ausserdem seine Breite gegen die Ekliptik eine nördliche oder südliche ist. Diese Erscheinung heisst die *Libration* des Mondes und bewirkt, dass etwas mehr als die Hälfte, etwa $^6/_{10}$, der ganzen Mondoberfläche uns sichtbar wird. In den Punkten M_1 und M_3 (Fig. 131), den Apsiden der Mondbahn, fällt z. B., wenn wir nur die Libration in Länge betrachten, das scheinbare Centrum m' mit dem mittleren m zusammen; an den Endpunkten der kleinen Axe in M_2 und M_4 weichen beide um den Maximalbetrag der Libration in Länge, der durch den Bogen mm' gegeben ist, von einander ab. Zu der Libration in Länge und in Breite tritt für einen bestimmten Erdort, der nicht gerade auf der Verbindungslinie zwischen Erd- und Mondcentrum liegt (wie B, Fig. 131), noch die parallaktische Libration $(m'm'')$, so dass unter Umständen die vereinigte Wirkung dieser drei Librationen eine Verschiebung des scheinbaren Mondcentrums gegen das mittlere von mehr als 10° (der Mondkugel) hervorbringen und hierdurch das Aussehen der dem Rande nahe liegenden Formen sehr bedeutend verändern kann. —

Mondtopographie. Schon das blosse Auge zeigt, dass die Oberfläche des Mondes nicht gleichmässig leuchtet, sondern von dunklen und hellen Flecken bedeckt ist. Das Fernrohr erschliesst eine ausserordentliche Fülle der verschiedenartigsten Formen, die neuerdings Gegenstand des eifrigsten Studiums geworden sind. Es ist sehr natürlich, dass lebhafte Phantasie zu allen Zeiten diese auffallenden Gebilde gedeutet, in ihnen nicht nur Meere und Continente wie die der Erde, sondern mitunter selbst blosse Reflexe und Spiegelbilder irdischer Gegenden gesucht hat; aber es ist ebenso begreiflich, dass eine genauere Kenntniss und damit eine Erkenntniss erst mit der Erfindung des Fernrohres möglich wurde. So ist denn auch Galilei der erste, der eine, wenngleich rohe, Vorstellung von der wahren Natur der Mondoberfläche gewann. Das Fernrohr zeigte ihm, dass die dem blossen Auge als dunkle Flecken erscheinenden Stellen ausgedehnte, mit einzelnen runden kraterähnlichen Formen besetzte und von Höhenzügen durchzogene Flächen, die helleren Stellen mächtige Berge und Krater seien, von denen besonders die letzteren durch ihre regelmässige Gestalt und ihre terrestrische Formen weit übertreffende Grösse auffallen. Dass es in der That Berge und Thäler sind, die wir auf dem Monde in grosser Menge wahrnehmen, ergiebt sich sowohl aus dem Schatten, den die Gebilde in der Nähe der Lichtgrenze werfen, und der regelmässig sich mit der Höhe der Sonne über dem Horizont des betreffenden Punktes ändert, wie auch aus der Betrachtung des Randes, der durchaus keine scharfe regelmässige Kreislinie bildet, sondern besonders am Südpol unregelmässig gezackt erscheint.

War Galilei der erste, der den Mond einigermassen wissenschaftlich betrachtete, die ersten Versuche zu Höhenbestimmungen und selbst zur Construction einer Mondkarte machte, so muss doch Hevel als erster eigentlicher Selenograph gelten; seine Mondkarte wie seine Beschreibung der Mondoberfläche waren das Resultat eifriger und sorgfältiger Bemühungen, die auch noch viel später ihren Werth behielten. Zu Ende

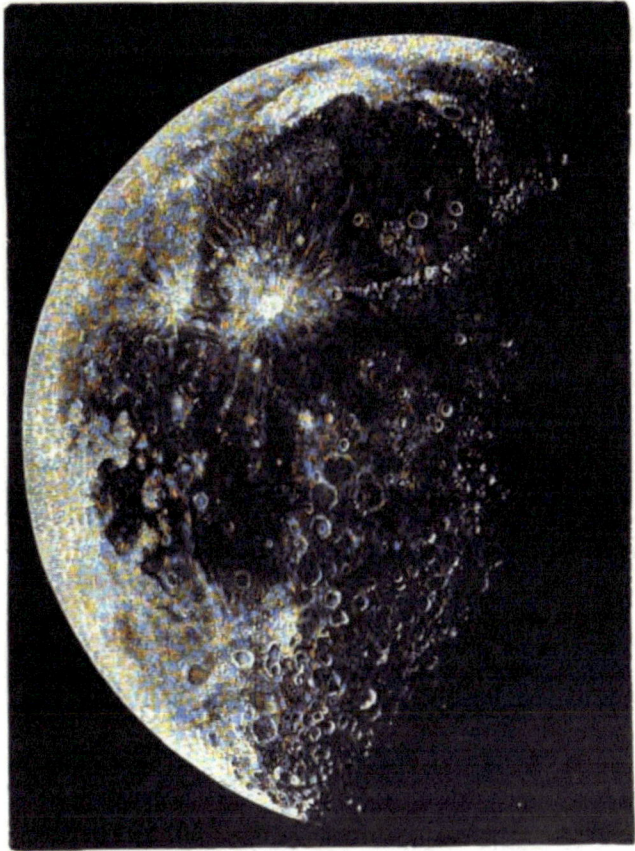

Fig. 132. Ansicht des Mondes nahe dem letzten Viertel. Nach einer Photographie von H. Draper, New York.

des vorigen Jahrhunderts hat sich namentlich Schröter um die Kenntniss besonders einzelner Theile der Mondoberfläche entschiedene Verdienste erworben; seine Arbeiten wurden erst durch die umfassenderen von Beer und Mädler, sowie durch Lohrmann in den Schatten gestellt. In der neuesten Zeit endlich hat die Selenographie in den grossen Kartenwerken von Neison und Schmidt, wie im Specialstudium einzelner Gegenden von Seiten der englischen Selenographical Society Fortschritte gemacht und Erfolge errungen, die unsere Kenntnisse seiner Oberflächengestaltung erheblich erweitern und unser Urtheil über etwaige auf ihm vorgehende Veränderungen fester begründen werden, als es seither möglich war.

Die ausserordentlich verschiedenartigen Formationen, die wir auf der Mondoberfläche wahrnehmen, lassen sich wesentlich in vier Hauptgruppen bringen: Ebenen, Krater, Berge und Rillen. Die Ebenen bedecken mehr als die Hälfte der Oberfläche und zerfallen nach der Nomenclatur von Hevel und Riccioli in Maria, »Meere«, grosse, dunkle, dem blossen

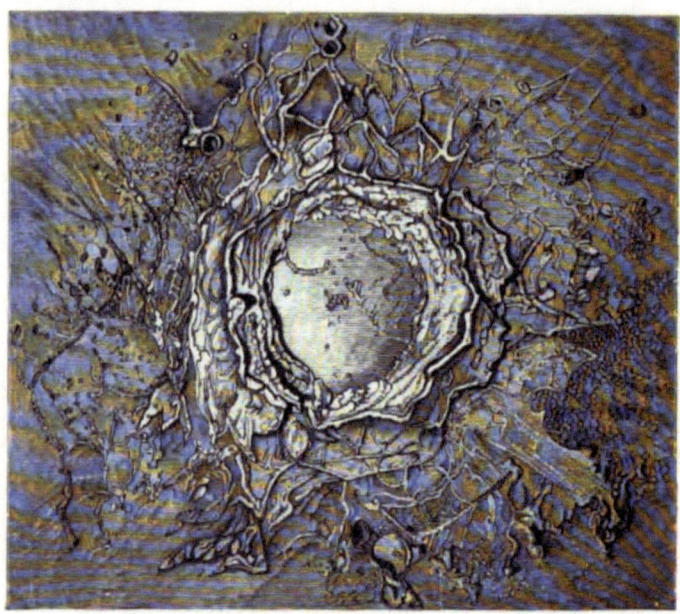

Fig. 133. Ringgebirge Coppernicus, nach Secchi.

Auge schon auffallende Flächen, Paludes, Lacus und Sinus, welche mit den Maria, wie auch diese unter sich, in der Regel in Verbindung stehen und meist heller oder weniger gut begrenzt sind. Die Mehrzahl der »Meere« findet sich im nördlichen Theile der Oberfläche, nur vier reichen nach der südlichen Hemisphäre herüber*). Helle Ebenen finden sich

---

*) Von Westen nach Osten fortschreitend, sind die Namen der hauptsächlichsten Meere: M. Crisium, Foecunditatis, Nectaris, Tranquillitatis, Serenitatis, Vaporum, Frigoris (am Nordpol), Imbrium, Nubium, Humorum und Oceanus Procellarum. Im Ganzen zählt man 14 Maria, 8 Paludes, Lacus und Sinus, sowie 17 Gebirge und grössere Bergcomplexe. Die grösseren Ringgebirge zählen nach Hunderten, die eigentlichen Krater nach vielen Tausenden.

seltener und sind weniger ausgedehnt. Die charakteristischste und häufigste Mondformation aber bilden die **Krater**, im Allgemeinen kreisähnliche Gebilde, umschlossen von Wällen, mit mässigem Abfall nach aussen, steilerem nach innen, im Mittelpunkte eine oder mehrere bergige Massen (Berge und Kraterkegel), niedriger als der Wall. Je nach ihrer Grösse und besonderen Bildung unterscheidet man Wallebenen, Bergringe, Ringgebirge, welche die grosse Mehrzahl der Krater ausmachen, Kraterebenen, eigentliche Krater und kleinere kraterähnliche Formen. Man

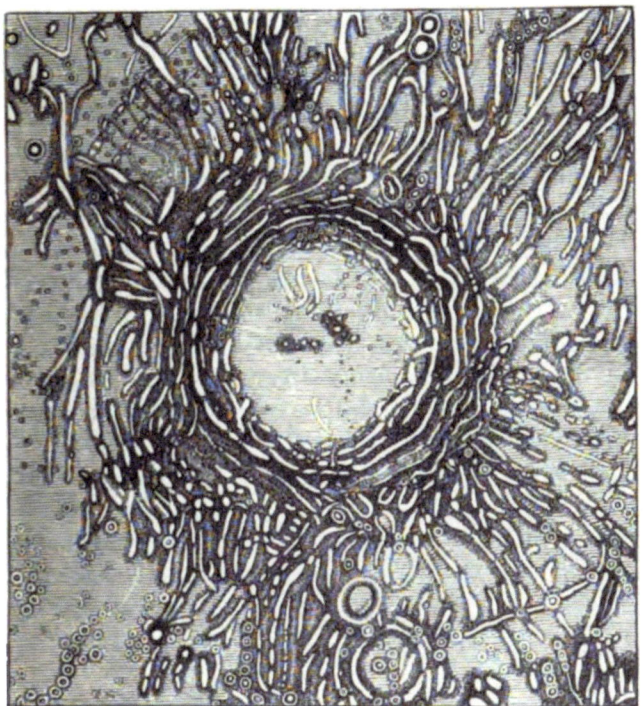

Fig. 134. Ringgebirge Coppernicus, nach Schmidt.

kennt Wallebenen, wie Clavius, Maginus u. a. von mehr als 200 Kilometern Durchmesser, und kleinste Kraterchen (sogenannte Kratergrübchen und die Kraterkegel) von kaum 1 Kilometer Durchmesser, und ebenso verschieden wie ihre Grösse ist Form und Aussehen. Die meist sehr regelmässig umwallten Ringgebirge haben etwa 40—80 Kilometer Durchmesser und finden sich häufig paarweise, wie Atlas und Hercules, Aristillus und Autolycus u. a. Zu den bedeutendsten Ringgebirgen gehören Posidonius im Nordwest-, Coppernicus (Figg. 133 und 134) im Nordost-, Tycho im

Südost- und Theophilus im Südwest-Quadranten. Die mannigfachen **Erhebungen** (montes des Hevel) zeigen unter allen Objecten die grössten Aehnlichkeiten mit tellurischen Formen. Mächtige Gebirgsketten, wie die Alpen, Apenninen und der Caucasus im Norden, wechseln mit einzelnen Bergen, Hügellandschaften und Bergrücken, die sich mehr im Süden und in der Umgebung der besonders dort sehr zahlreichen Ringgebirge finden, in reicher Folge ab. — Als eine Classe für sich erscheinen endlich die räthselhaften **Rillen**, schmale, meist gerade, oft 300—500 Kilometer lange Schluchten und Furchen, die Wälle, Bergrücken und Gruben ohne Unterbrechung durchsetzen. Die grösste Rille, beim Hyginus im Nordwestquadranten, war schon Schröter bekannt; die Beobachtungen von Lohrmann, Mädler, ganz besonders aber von Neison und Schmidt haben viele Hunderte dieser oft schwer erkennbaren Gebilde gezeigt. Von der Zahl der Krater erhält man einen Begriff aus der neuesten und grossartigsten Karte von Schmidt, die nahezu 33000 derartige Formen aufweist.

Die **Höhe** der Gebirge des Mondes kommt denen der Erde etwa gleich; der höchste gemessene Berg auf der sichtbaren Oberfläche, am Nordost-Rande des Ringgebirges Curtius (nahe dem Südpol), überragt dessen innere Fläche um etwa 8000 Meter; noch grössere finden sich vielleicht in den südlichen Randgebirgen Doerffel und Leibnitz, wie überhaupt der südliche Theil des Mondes den nördlichen an wilder Grossartigkeit weit übertrifft; doch treten auch in den Gebirgszügen der Apenninen und des Caucasus Berge von 6000 Meter Höhe und darüber auf. Die Wälle der grossen Ringgebirge erheben sich in der Regel nur 3—4000 Meter über die innere Fläche; einzeln stehende Berge sind noch niedriger. Da auf dem Monde eine Niveauebene, wie die des Meeres auf der Erde, nicht existirt, so kann man auch bei ihm von absoluten Höhen nicht sprechen, sondern dieselben nur auf benachbarte Ebenen beziehen.

Wie die Form so weicht auch die Helligkeit der verschiedenen Formationen in mannigfacher Weise ab, und selbst in den Farbennüancen finden sich Differenzen. Am dunkelsten erscheinen Theile der grossen Wallebenen Riccioli und Grimaldi in der Nähe des Ostrandes, sowie mitunter auch Plato (im Norden), am hellsten in der Regel die kleineren Krater. Der hellste Punkt des Mondes ist Aristarch mit seiner Umgebung. Wenige Tage nach dem Neumond, wenn sich die Nachtseite des Mondes in dem bekannten aschfarbenen Licht, dem Reflex der hell erleuchteten Erde, zeigt, erscheinen Aristarch sowie Kepler und andere kleinere Krater bei schwachen Vergrösserungen auf der dunklen Mondfläche oft wie hell erleuchtete Punkte, so dass die in früherer

Zeit mitunter ausgesprochene Ansicht, der Mond hätte noch thätige Vulkane, durchaus begreiflich erscheint.

Ein charakteristisches Gepräge geben dem Vollmond die zahlreichen hellen Streifensysteme, die sich von den grössten Ringgebirgen, wie von Tycho, Coppernicus und Kepler aus, Hunderte von Kilometern weit über die Mondfläche hinziehen, und über deren Natur bisher nicht das Geringste bekannt ist.

Die beiden Figuren 133 und 134 veranschaulichen eins der bedeutendsten Ringgebirge, den Coppernicus, und liefern zugleich ein gutes Beispiel, wie selbst verhältnissmässig einfache Formationen von verschiedenen, geübten Beobachtern verschieden aufgefasst und abgebildet worden sind; zwischen Lohrmann, Mädler und Neison bestehen häufig nicht minder grosse Abweichungen, wie hier zwischen Schmidt und Secchi. —

Veränderungen und physische Beschaffenheit des Mondes. — Im Jahre 1866 machte Schmidt darauf aufmerksam, dass mit dem im Mare Serenitatis gelegenen kleinen Krater Linné eine Veränderung vorgegangen zu sein scheine, da statt des tiefen, 1823 von Lohrmann und später von Mädler und ihm selbst gesehenen und gezeichneten Kraters jetzt ein einfacher, nur ganz wenig vertiefter weisser Fleck vorhanden sei. Dies erwies sich in der That als richtig; ob aber der Grund dieses verschiedenen Aussehens in einer reellen Veränderung, oder nur in Fehlern der früheren Beobachtungen zu suchen sei, lässt sich mit Sicherheit nicht entscheiden; seit 1867 hat wenigstens Linné seine neue Gestalt ohne irgend wahrnehmbare Aenderung beibehalten. Aehnlich verhält es sich auch wohl mit dem Doppel-Ringgebirge Messier im Mare Foecunditatis, für dessen Componenten Beer und Mädler eine vollkommen gleiche Form gefunden hatten, während sie jetzt, schon bei Anwendung schwacher Fernröhre, sich entschieden unähnlich zeigen. Ein anderer Fall ist neuerdings der Gegenstand lebhafter Discussion geworden; er betrifft die Möglichkeit einer gruben- oder kraterähnlichen Neubildung nordwestlich von Hyginus. H. Klein, der zuerst auf die Erscheinung aufmerksam machte, tritt für wirkliche Aenderungen sehr entschieden ein; andere Selenographen verhalten sich indessen zweifelnd. Jedenfalls sind die Acten hierüber ebenso wenig wie über Linné und Messier geschlossen. Wenn man aber bedenkt, wie ausserordentlich verschiedenartig das Aussehen solcher immerhin kleinen und wenig auffälligen Formen ist, je nach Beleuchtung, Luftzustand, Fernrohr etc., so muss man die Ansicht, dass in diesen Fällen einfach Uebersehen oder kleine Fehler älterer Beobachter vorlägen, für unbedingt wahrscheinlicher halten als die, dass Neubildungen, also objective Veränderungen, stattgefunden hätten.

Dass reelle physische Veränderungen einzelner Formationen des Mondes oder von Theilen derselben bei den enormen Temperaturschwankungen, denen sie zufolge 14 tägiger Sonnenbestrahlung und 14-tägiger eiskalter Nacht unterliegen, nicht unmöglich seien, wird kaum bestritten werden können. Es fragt sich nur, ob sie bedeutend genug sind, um uns sichtbar zu werden. Bedenkt man, dass schon 1" nahe der Mondmitte einer linearen Ausdehnung von 1800 Metern entspricht, so müssten es furchtbare Umwälzungen und enorme ihnen zu Grunde liegende Kräfte sein, die Krater und Ringgebirge von der Grösse der Hyginus-Grube beeinflusst hätten. Fundamentale Aenderungen von Formen selbst mit 1—2 Kilometer Durchmesser, den nahezu kleinsten, in der Entfernung des Mondes mit einiger Sicherheit wahrzunehmenden, erheischen Kräfte, die auf dem Monde noch jetzt in Thätigkeit anzunehmen schwer wird, wenn wir nicht zu gewagten Hypothesen unsere Zuflucht nehmen wollen; denn blosse Temperaturänderungen, die, wenn auch bedeutend, doch periodisch wiederkehren und die Aequatorealgegenden des Mondes gleichmässig betreffen, dürften schwerlich eine solche Wirkung hervorbringen, wie wir sie in den oben genannten Fällen zu beobachten scheinen; für die Existenz anderer innerer Kräfte fehlen uns aber alle Anhaltspunkte. Die mächtigen Ringgebirge und die vielen Tausende kleiner Krater — die häufigsten und charakteristischsten Formationen — entstanden sehr wahrscheinlich in Zeiten, zu denen die Oberfläche noch eine plastische Masse war, und haben sich jedenfalls in historischen Zeiten wesentlich nicht mehr verändert; ob sie Ursprung und Bildung rein vulkanischen Kräften oder einem Zusammenwirken solcher mit dem Wasser, welches der Mond jedenfalls besessen hat, verdanken, muss dahin gestellt bleiben.

Ebenso werden wir vermuthlich auch nie erfahren, welches die chemische Zusammensetzung und die innere Anordnung der unsern Begleiter bildenden Stoffe ist; das Spectroskop, welches im Mondlicht begreiflicherweise nur die Linien des Sonnenspectrums zeigt, versagt hier seinen Dienst, und auch von Photographie und Photometrie lassen sich unmittelbare Aufschlüsse nicht erwarten. Aus dem von Zöllner ermittelten Werth der Albedo (0.17) folgt nur, dass durchschnittlich die Oberfläche aus ziemlich dunklen Substanzen besteht, die etwa die gleiche Lichtmenge zurückwerfen wie unser irdischer Thonmergel; für die verschiedenen Gegenden schwanken aber, wie der erste Anblick zeigt, die rückstrahlenden Kräfte ausserordentlich.

Die erfahrensten heutigen Selenographen sind übrigens der Ansicht, dass die Aehnlichkeiten zwischen Mond und Erde, soweit die Oberflächenbeschaffenheit in Frage kommt, grösser seien, als früher und besonders von Mädler angenommen wurde, und als es dem oberflächlichen Beschauer in der That erscheinen muss. — Wie die erwähnten Formveränderungen, so ist auch eine Atmosphäre des Mondes noch nicht nachgewiesen. Dass eine etwa vorhandene sich mit der Erdatmosphäre an Dichtigkeit nicht vergleichen lassen könne, beweisen mannigfache Erscheinungen, wie die ausserordentliche Schärfe und Schwärze der Schatten, das momentane Verschwinden der Sterne am Mondrand bei Sternbedeckungen, sowie der Umstand, dass bei diesen die Strahlen keine Ablenkung erfahren. Immerhin aber ist, nach Neisons Untersuchungen, die Möglichkeit einer solchen von etwa $1/380$ der Dichte der Erdatmosphäre nicht ausgeschlossen. Vereinzelte neuere Wahrnehmungen haben besonders das gelegentliche Auftreten localer Trübungen oder Nebel- und Wolkenbildungen einigermassen wahrscheinlich zu machen gesucht, wodurch also die Existenz von Wasserdampf an diesen Stellen angedeutet würde.

Nach Zöllners Untersuchungen ist übrigens die Existenz von Wasser in fester Form, als Eis, und damit auch eine Atmosphäre von freilich sehr geringer Spannung zulässig. Der Hansen'schen Ansicht, wonach auf der von uns abgekehrten Seite eine dünne Atmosphäre vorhanden sein könne, müssen wir hier des historischen Interesses wegen gedenken. —

Licht und Wärme des Mondes. Die gesammte vom Vollmonde uns zugesandte Lichtmenge beträgt nach den genauesten photometrischen Bestimmungen Zöllners den 619 000 ten Theil der Lichtmenge der Sonne. Die Versuche, die vom Monde auf die Erde fallende Wärmemenge zu ermitteln, sind dagegen bis vor kurzem erfolglos geblieben; da er aber von der Sonne Licht empfängt und reflectirt, so muss er auch deren Wärme zum Theil wenigstens reflectiren. Nun zeigt allerdings die Rechnung, dass die nach der Erde direct reflectirte Wärmemenge nur etwa den 280 000 sten Theil der von der Sonne empfangenen beträgt, und dass diese Quantität sich der gewöhnlichen thermometrischen Wahrnehmung gänzlich entzieht, da sie nur ein Steigen des Thermometers von $1/5000°$ bewirken würde. Die gewöhnlichen Mittel versagen demnach hier den Dienst, und erst mit Hülfe der thermoelektrischen Säule, sowie der Concentration des Mondlichtes durch mächtige Metallspiegel ist es Lord Rosse und Marié-Davy gelungen, die Mondwärme nachzuweisen. Der erstere suchte nicht nur den Gesammtbetrag der Wärme zu ermitteln, sondern auch den Betrag in verschiedenen Phasen, ferner welcher Theil rein reflectirte Sonnenwärme und welcher vom Mond selbst als einem warmen (die absorbirte Sonnenwärme abgebenden) Körper ausgestrahlt sei. Als Resultat seiner Untersuchungen fand sich für die Wärmemenge nahezu die gleiche Veränderung wie für die Lichtmenge; das heisst, die grösste Quantität beim Vollmond*) und eine kaum merkliche nahe dem Neumonde. Ferner ergab sich, dass nur ein geringer Bruchtheil der vom Monde überhaupt ausgesandten Wärme reflectirte, der grössere dagegen ausgestrahlte absorbirte Sonnenwärme sei. Während nämlich 86 % der Sonnenwärme durch Glas gingen und nur 14 % absorbirt wurden, passirten nur 12 % der Mondwärme das Glas und volle 88 % wurden verschluckt. Diese Absorption durch Glas findet aber statt bei der Wärmeentwicklung von Körpern, die nicht selbst eine hohe Temperatur besitzen, sondern nur empfangene Wärme ausstrahlen. Dasselbe Resultat ergiebt sich im Wesentlichen aus der Thatsache, dass die Sonne nur 82 000 mal mehr Wärme uns zusendet als der Mond, dagegen 619 000 mal mehr Licht. So zeigen also sowohl das Verhältniss der Sonnen- zur Mondwärme, als der Procentsatz der letzteren, der durch Glas absorbirt wird, an, dass etwa $6/7$ der auf den Mond fallenden Sonnenwärme von diesem ausgestrahlt wird infolge der Erwärmung, welche seine Oberfläche durch die Absorption der Sonnenstrahlen erfahren hat.

Lord Rosse wurde durch seine Messungen in den Stand gesetzt, auch die Temperaturdifferenzen der Mondoberfläche bei voller Bestrahlung und bei Nacht zu schätzen, und fand diese über 300° C. Die Temperaturen selbst liessen sich aber mit einiger Genauigkeit nicht bestimmen. Wahrscheinlich ist indessen, dass für Punkte an den Polen die Temperatur nahe auf die des Weltraumes**) sinken wird, während sie für die äquatorealen Gegenden, welche 14 tägiger Sonnenstrahlung ausgesetzt sind, im Maximum die des kochenden Wassers weit übersteigen mag. Durch eine Atmosphäre von irgend merklicher Dichte würden jedoch diese Grenzwerthe einander beträchtlich näher gerückt werden. Neuere Untersuchungen von Böddicker über die Mondwärme haben interessante Ergebnisse über die Ab- und Zunahme derselben bei totalen Mondfinsternissen geliefert. —

Wirkung des Mondes auf die Erde. — In dem Capitel über die Gravitation (vergl. Seite 85) haben wir schon gezeigt, wie die Anziehung des Mondes die Ebbe und Fluth des Oceans hervorbringt. Dies ist jedenfalls die sicherste und bestbekannte Wirkung der Mondattraction. Theoretisch besteht nun zwar eine ähnliche Wirkung für die Luft, als

---

*) Lord Rosse fand diese gleich der einer Kugel, welche, bei gleicher Grösse und Entfernung, eine constante Temperatur von 110° C. besitzt, oder gleich dem 82 600 sten Theile der Sonnenwärme.

**) Man hat durch Rechnung den sogenannten absoluten Nullpunkt der Temperatur zu —273° bestimmt.

eine Masse merklicher Dichtigkeit; aber sie ist so geringfügig, dass sie durch die Aenderungen, welche im atmosphärischen Druck aus anderen Ursachen beständig erfolgen, fast vollständig maskirt wird. Nur an wenigen Orten, wo die grösseren Schwankungen des Barometers genauer bekannt sind oder sehr regelmässig sich wiederholen, hat man mit einiger Wahrscheinlichkeit auch einen Einfluss des Mondes auf Steigen und Fallen des Barometers zu erkennen vermocht. Ferner nehmen einige Naturforscher an, dass auch vulcanische Ausbrüche und gewisse mit diesen zusammenhängende Erdbeben vom Monde und dessen Anziehung auf die glutflüssigen Massen im Erdinnern beeinflusst werden; indessen können erst wesentlich zahlreichere Beobachtungen und genauere Untersuchungen, als bis jetzt vorliegen, zur Einsicht in diesen vermutheten Zusammenhang führen.

So haben wir also bis jetzt noch keinen Nachweis, dass der Mond die Erde direct in anderer Weise als durch seine Anziehung beeinflusst, und auch diese ist so unbedeutend, dass sie sich mit Ausnahme ihrer Wirkung auf das Wasser der sicheren Wahrnehmung gänzlich entzieht. Aber der dem Menschen innewohnende zum Wunderbaren neigende Sinn, dessen Kind der Aberglaube ist, hat von je her noch andere Einflüsse gesucht, nicht nur auf die todte Natur, sondern auch auf den Menschen selbst und seine psychischen wie physischen Zustände. Der häufigst vorkommende Glaube oder Aberglaube, der Mond habe einen entschiedenen Einfluss auf das Wetter, findet, wie wir schon oben erwähnten, in den Beobachtungen keine irgend thatsächliche Stütze. Diese Meinung beschränkt sich indessen nicht auf die Kreise der Ungebildeten; auch in der wissenschaftlichen Litteratur stösst man auf lange Reihen meteorologischer Beobachtungen, welche beweisen sollen, dass die mittlere Temperatur, die Regenmenge mit dem Alter des Mondes, d. h. mit der Stellung in seiner Bahn, variire. Wir haben aber keinen Grund, anzunehmen, dass diese Aenderungen aus anderen Ursachen entsprängen als den zufälligen und unberechenbaren Schwankungen, denen das Wetter zu allen Zeiten unterliegt.

6. Mars und seine Satelliten.

Der vierte Planet nach der Ordnung der Entfernung von der Sonne und der nächstfolgende ausserhalb der Erdbahn ist der Mars ($\male$). Sein mittlerer Abstand von der Sonne ist etwa 227 Millionen Kilometer; bei der beträchtlichen Excentricität seiner Bahn schwanken aber die Entfernungen um 42 Millionen Kilometer, so dass die Periheldistanz nur 206

Millionen Kilometer, die Apheldistanz dagegen 248 Millionen Kilometer beträgt. Nächst dem Mercur ist er der kleinste der Hauptplaneten, indem sein Durchmesser wenig mehr als 6700 Kilometer beträgt; eine Abplattung hat man bisher durch Messungen nicht sicher nachweisen können; Adams und Tissandier finden auf theoretischem Wege, dass sie etwa $1/_{200}$ betragen werde, welcher Betrag sich der directen Messung aber kaum verrathen könnte. Mars vollendet einen Umlauf um die Sonne in 687 Tagen oder $43^1/_2$ Tagen weniger als 2 (Julianischen) Jahren: wäre die Umlaufsdauer genau 2 Jahre, so würde er einen Umlauf machen. während die Erde deren zwei macht, und die Oppositionen oder Gegenscheine würden in Intervallen von 2 Jahren stattfinden; da er aber etwas rascher geht, so braucht die Erde durchschnittlich etwa 50 Tage über die 2 Jahre, um ihn einzuholen, die synodische Umlaufszeit beträgt also etwa 780 Tage; die nächsten Oppositionen finden 1892 August 3 und 1894 October 19 statt.

Dem blossen Auge erscheint er nahe der Opposition als ein heller Stern erster Grösse von ruhigem Licht und auffallend rother Färbung. Wegen der starken Aenderungen seiner Entfernung von der Sonne und von der Erde schwankt seine Helligkeit ziemlich beträchtlich, ist aber in der Regel grösser als die eines Durchschnittssterns 1. Grösse; nach Zöllners Messungen sendet er in der mittleren Opposition 8 mal mehr Licht uns zu, als der helle Stern Capella im Fuhrmann, dagegen fast 7000 Millionen mal weniger als die Sonne. Die Albedo seiner Oberfläche findet Zöllner gleich 0.27, die geringste unter allen Hauptplaneten nächst Mercur. Das Marsperihel liegt in derselben Länge, in welcher sich die Erde am 27. August befindet, und wenn eine Opposition um diese Zeit stattfindet, ist er nur etwa 55 Millionen Kilometer von der Erde entfernt; fällt eine Opposition dagegen in den Februar oder März, wo der Planet nahe dem Aphel ist, so beträgt sein Abstand von der Erde 100 Millionen Kilometer. Ueberhaupt schwanken die Entfernungen des Mars von der Erde zwischen 55 Millionen Kilometern in der nächsten Opposition und 400 Millionen Kilometern in der weitesten Conjunction und entsprechend die scheinbaren Durchmesser zwischen $25^1/_2''$ und $3^1/_2''$. Eine Folge dieser Aenderungen der Entfernung ist, dass Mars mehr als 4 mal so hell erscheint, wenn eine Opposition in den August oder September, als wenn sie in den Februar oder März fällt. Die Opposition vom 5. September 1877 war in dieser Hinsicht merkwürdig, da sie nur neun Tage nach dem Periheldurchgange stattfand; Mars wurde in dieser Zeit auch auf das eifrigste beobachtet; die Entdeckung der Marssatelliten fällt in diesen Zeitraum.

Für die teleskopische Untersuchung ist Mars von je her eines der interessantesten Objecte gewesen*), aus dem Grunde, dass dieser Planet die grössten Analogien mit der Erde zeigt. Selbst mit einem verhältnissmässig kleinen Fernrohre kann man auf der Oberfläche helle und dunkle Flecken und Stellen wahrnehmen (vergl. Figg. 135—138), die ihre Lage, wie die Vergleichungen neuester Beobachtungen mit

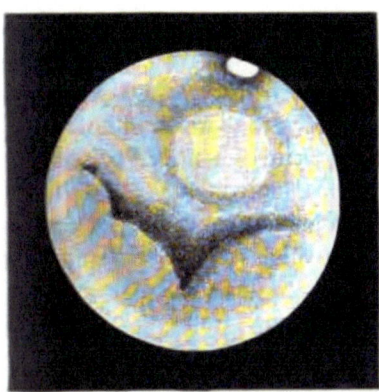

Fig. 135. Mars, 1877 September 8 ($9^1/_2{}^h$ Berlin), nach O. Lohse.

Fig. 136. Mars 1877 September 21 ($9^1/_2{}^h$), nach O. Lohse.

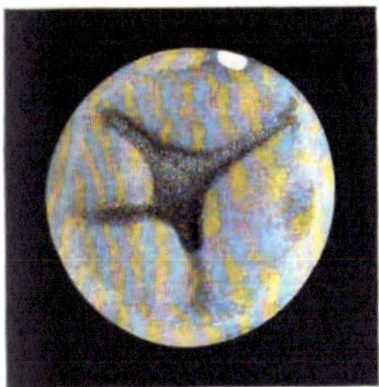

Fig. 137. Mars, 1877 October 3 ($9^1/_2{}^h$) nach O. Lohse.

Fig. 138. Mars, 1875 Juni 23 (11^h) nach Holden in Washington.

älteren ergeben, in der Hauptsache nicht verändern, also der Oberfläche des Planeten selbst angehören. In der Nähe der Pole, besonders des

---

*) In seinen Untersuchungen über den Planeten Mars führt Kaiser von 1636, wo Fontana zuerst den Planeten zeichnete, bis 1867 weit über 400 Abbildungen an.

Südpoles, finden sich weisse Flecken, die, je nachdem die betreffende Marsgegend Sommer oder Winter hat, an Grösse ab- oder zunehmen, und welche man daher mit einigem Recht für Eis- und Schneebildungen halten darf. Ob, wie manche meinen, die hellen und dunklen Flecken der Aequatorealgegenden Continente und Oceane seien, muss dahingestellt bleiben. Würde unsere Erde vom Mars aus und mit denselben optischen Mitteln, die wir auf diesen anzuwenden im Stande sind, betrachtet, so würde sie vermuthlich einen sehr ähnlichen Anblick darbieten; aber möglich ist auch, dass alle Aehnlickeit verschwände, wenn die optische Kraft unserer Fernröhre so gesteigert werden könnte, dass wir den Mars in der Entfernung einiger Tausend Kilometer sähen.

Aus seinen spectralanalytischen Untersuchungen des Marslichtes schliesst Vogel auf eine Atmosphäre, deren Zusammensetzung von der unserer Erde nicht sehr abweicht, und die vor allem reich an Wasserdampf sein muss. Vogel fand nämlich ausser zahlreichen Linien des Sonnenspectrums in den weniger brechbaren (rothen) Theilen des Marsspectrums auch Streifen, die mit denen im Absorptionsspectrum unserer eigenen Atmosphäre übereinstimmen. Eine Atmosphäre merklicher Dichte und die Anwesenheit von Wolken folgt übrigens auch aus der Veränderlichkeit mancher Flecken, wie aus der Verschwommenheit aller Details gegen die Ränder (vergl. die Fig. 135—138). Durch diese Verwaschenheit am Rande unterscheidet sich Mars von Jupiter, bei welchem die Streifen und grösseren Flecken viel weiter nach dem Rande hin verfolgt werden können.

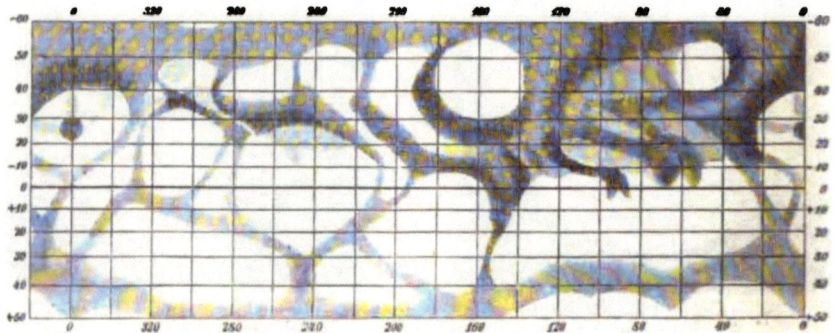

Fig. 139. Marskarte nach Kaiser und Schiaparelli.

Nach den zahlreichen, neuerdings von Kaiser, Lockyer, Green, Harkness, Lohse und vor allem von Schiaparelli und Perrotin entworfenen Zeichnungen und zum Theil Messungen ist es möglich geworden, schon jetzt leidlich genaue Karten der Marsoberfläche zu construiren; wir geben in der Figur 139 eine wesentlich auf den Beobachtungen von Kaiser und Schiaparelli beruhende Karte in Mercators Projection, sowie Ansichten der nördlichen und südlichen Hemisphäre nach Kaiser (Figg. 140 und 141). Zufolge der ziemlich bedeutenden Neigung (von 27°) des Marsäquators gegen seine Bahn, welche auch grössere Unterschiede der Jahreszeiten als bei uns bedingt, sehen wir bald den einen, bald den anderen Pol. Befindet sich der Planet in 350° Länge oder in derselben Richtung von der Sonne aus, in welcher die Erde am 10. September steht, so ist der Südpol gegen die Sonne geneigt; ist der Planet zugleich in Opposition, so ist dieser Pol dann auch der Erde zugekehrt, und wir können die Gegenden bis 27° über den Pol hinaus sehen; bei einer Opposition im März dagegen ist der Nordpol des Planeten gegen die Erde gekehrt. Wir sahen oben, dass Mars in den letzteren Oppositionen viel weiter von uns absteht, als in den ersteren, so dass wir also, unter sonst gleichen Umständen, bessere Ansichten und Beobachtungen des Südpoles als des Nordpoles erhalten würden.

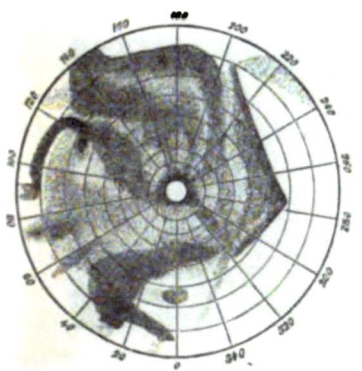 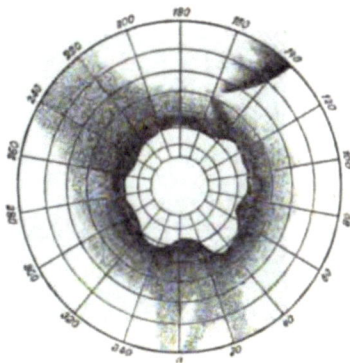

Fig. 140. Nördliche Hemisphäre des Mars nach Kaiser.   Fig. 141. Südliche Hemisphäre des Mars nach Kaiser.

Eine ganz besonders interessante Entdeckung in Betreff der Marstopographie ist Schiaparelli gelungen. Derselbe fand, dass die dunkleren Flecken, die sogenannten Continente, von feinen Linien in allen möglichen Richtungen durchzogen waren, die bald gerade, bald gekrümmt, sich häufig durchschnitten. Später fand Schiaparelli, dass viele dieser »Canäle« sich verdoppelt hatten, in der Weise, dass anstatt der Systeme einfacher Linien, solche von Parallellinien vorhanden waren. Wenn auch im Grossen und Ganzen diese Gebilde ziemlich constant zu sein scheinen, so sind doch schon mehrfach Veränderungen und Neubildungen bei ihnen beobachtet worden, zuweilen sogar innerhalb sehr kurzer Zeiträume. Gerade solche Veränderungen bei sonst constanter Lage eines Canals deuten darauf hin, dass die Verdoppelung der Canäle, was dieselben auch immer seien, ihren Ursprung in der Atmosphäre des Mars haben müssen. Eine befriedigende Erklärung für das Phänomen der Canäle und ihrer Verdoppelung ist bisher nicht gefunden worden.

Ausser der Erde ist Mars der einzige Planet, dessen **Rotationsdauer** wir mit vollkommener Schärfe, durch die Unveränderlichkeit vieler Flecken, bestimmen können. Zwei Jahrhunderte alte Zeichnungen von Huygens weisen Stellen auf, die wir noch jetzt erkennen können; theils aus der Vergleichung dieser, theils aus der späterer mit neueren Darstellungen haben Kaiser und Schmidt die Umdrehungszeit zu $24^h 37^m 22{,}6$ gefunden, welche bis auf wenige Hundertstel der Secunde genau sein wird.

Marsmonde. — Eine der merkwürdigsten Entdeckungen, welche die moderne Astronomie kennt, ist die Auffindung zweier Marsmonde, welche A. Hall am 11. und 17. August 1877 mit dem grossen Refractor der Sternwarte zu Washington gelang. Der innere, dem Mars nächste

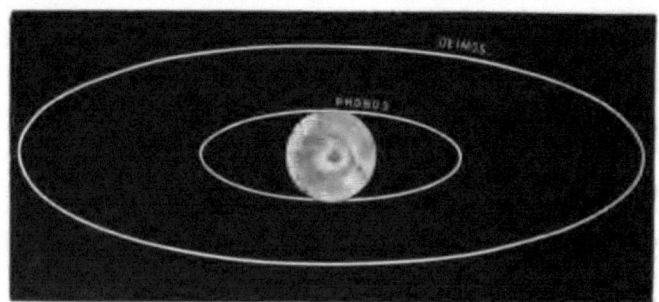

Fig. 142. Bahnen der Marstrabanten.

Trabant Phobos ist eines der am schwierigsten wahrzunehmenden Objecte im ganzen Planetensystem; den äusseren, Deimos, zeigen dagegen unter günstigen Umständen schon Fernröhre mittleren Ranges (8 Zoll Oeffnung). Aus ihrer Helligkeit, die Sternen 12. Grösse nach Argelanders Scala gleichkommt, lässt sich unter der Voraussetzung, dass sie das Licht in gleicher Weise wie Mars selbst reflectiren, auf ihre Durchmesser schliessen, die Pickering in Cambridge (U. S.) auf solche Art zu nur etwa 10 Kilometern gefunden hat. Das merkwürdigste aber ist ihre ausserordentlich geringe Entfernung und (was damit verbunden ist) ihre kurze Umlaufszeit. Der innere Trabant, der vom Marscentrum nur 9300 Kilometer (von seiner Oberfläche 5900 Kilometer) absteht, umkreist nämlich den Mars in nur $7^h 39^m$; der äussere 23000 Kilometer (bezw. 19600 Kilometer) entfernte in $30^h 18^m$. Ein Beobachter auf dem Mars würde den inneren der Trabanten, die ihm als mässig helle

Fixsterne erscheinen würden, nicht im Osten sondern im Westen aufgehen und im Osten statt im Westen untergehen sehen.

Wie bei den Satelliten des Jupiter und Saturn besteht auch zwischen den Umlaufszeiten der Marstrabanten, sehr nahe wenigstens, eine einfache Beziehung, indem der äussere in fast genau viermal so langer Zeit seinen Umlauf vollendet als der innere. Die Entdeckung der beiden Trabanten hat mit Hülfe des dritten Kepler'schen Gesetzes die Masse des Mars weit leichter und genauer ergeben, als es früher möglich war; sie beträgt nur ein Dreimilliontel der Sonnenmasse, die Dichtigkeit etwa drei Viertel der Erddichte.

7. Die kleinen Planeten.

Es war unmöglich, das Sonnensystem, wie es der Astronomie zu Anfang dieses Jahrhunderts bekannt war, zu betrachten, ohne auf die grosse Lücke aufmerksam zu werden, welche zwischen Mars und Jupiter bestand. Von diesem Raume abgesehen, folgten alle damals bekannten Planeten auf einander in einer ziemlich regelmässigen Reihe, welche schon früher (Seite 273) angeführt wurde. Die Reihe der Sonnenabstände wäre eine regelmässige gewesen und die erwähnte Lücke ausgefüllt worden, wenn man einen Planeten in doppelte Marsentfernung gesetzt hätte. Die Idee, dass ein unbekannter Planet in dieser Gegend wirklich existiren möchte, tauchte schon zu Keplers Zeiten auf. Lebhafter wurde sie in Deutschland gegen Ende des vorigen Jahrhunderts discutirt; aber erst in den letzten Jahren des Jahrhunderts fasste man den Plan, durch systematisches Suchen an verschiedenen Orten diesem unbekannten Planeten, der von vielen angenommen wurde, auf die Spur zu kommen, und gründete hauptsächlich zu diesem Zwecke eine aus Astronomen verschiedener Länder bestehende Gesellschaft.

Das Glück oder das Verdienst der ersten Planetenentdeckung wurde indessen einem nicht zu dieser Vereinigung gehörenden Astronomen, deren Thätigkeit nicht über die ersten Anfänge hinauskam, zu Theil. Am ersten Tage des Jahrhunderts, den 1. Januar 1801, fand Piazzi in Palermo einen teleskopischen Stern 8. Grösse im Stier, der sich durch seine Bewegung bald als einen Planeten erwies. Er verfolgte ihn etwa sechs Wochen lang, nach welcher Zeit er sich in den Sonnenstrahlen verlor, ohne dass ihn ein anderer gesehen hätte. Seine Wiederauffindung durch Rechnung nach Ablauf eines halben Jahres war nun das grosse Problem, welches gelöst werden musste, und welches, wie wir wissen, der Scharfsinn von Gauss in der That löste. Seine Methode, die Bahn eines Planeten aus vier verhältnissmässig nahe liegenden Beobachtungen zu bestimmen, erprobte sich bei der Ceres, wie Piazzi den neuen Planeten genannt hatte, indem sie noch vor Ablauf des Jahres sehr nahe an der von Gauss bezeichneten Stelle gefunden wurde. Aus der Gauss'schen Bahn ergab sich, dass der Planet in nahe der doppelten Marsentfernung zwischen Mars und Jupiter die Sonne umkreiste und also wirklich der längst vermuthete Planet war. Aber es gab nicht nur einen derartigen Körper. Schon im März 1802 fand Olbers in Bremen einen zweiten kleinen Planeten, die Pallas, der gleichfalls zwischen Mars und Jupiter um die Sonne läuft. Der Umstand, dass bei der auffallend grossen Neigung der Bahn dieses Planeten gegen die Ekliptik (35°) doch beide Bahnen sich in einem Punkte nahe kommen, führte den scharfsinnigen Arzt und Astronomen auf die Idee, dass die beiden kleinen Körper Fragmente eines einzigen Planeten sein könnten, der durch eine Explosion in Stücke gegangen wäre. In diesem Falle war noch eine grössere Zahl von Fragmenten oder kleinen Planeten wahrscheinlich, deren Bahnen sich an dem Punkte, wo die Trennung stattgefunden hatte, kreuzen mussten. Auf Grund dieser Hypothese suchte Olbers selbst, wie Harding in Lilienthal bei Bremen, und letzterer fand in der That 1804 einen Planeten, die Juno, welcher dem genannten Kreuzungspunkte nahe kam, während die von Olbers selbst 1807 entdeckte Vesta dieser Bedingung nicht genügte.

Beinahe 40 Jahre vergingen nun ohne weitere Entdeckung, bis endlich ein Liebhaber der Astronomie, Hencke in Driesen, im December 1845 den fünften der kleinen Planeten, die Astraea, fand und damit eine bis heute ununterbrochene Reihe von Planetenentdeckungen eröffnete. Wesentlich erleichtert wurden diese Entdeckungen anfangs durch die sogenannten akademischen Sternkarten, später durch die Ekliptikalkarten von Hind und Chacornac. Erstere waren die Frucht gemeinsamer Bemühungen zahlreicher Astronomen, welche nach einem consequenten, von Bessel entworfenen Plane seit dem Ende der zwanziger Jahre eine 30° breite Zone des Himmels bis zu den Sternen 9. Grösse beobachteten und mappirten. Die Ekliptikalkarten umfassen nur eine schmale, die Ekliptik einschliessende Zone, enthalten aber die Sterne bis zur 11. und 12. Grösse herab. Seit jener Zeit bis Ende 1890 sind nicht weniger als 302 kleine Planeten oder Planetoiden gefunden worden, die sich auf Zeiträume von je fünf Jahren, wie folgt, vertheilen:

(1801—45 . . . . 5)   1866—70 27
1847—50 8   1871—75 45
1851—55 24   1876—80 62
1856—60 25   1881—90 . . . . 83.
1861—65 23

Die seit 1850 so bedeutend vermehrte Zahl der Entdeckungen beruht weniger auf der Anzahl der Planeten selbst, als auf dem grossen und systematischen Eifer und Geschick, mit dem jetzt gesucht wird. Von den 302 bis jetzt (Ende 1890) gefundenen Planetoiden wurden 37 in Deutschland (24 allein durch R. Luther in Bilk), 18 in England, 82 in Frankreich, 11 in Italien, 77 in Nordamerika, 76 in Oesterreich (75 allein durch Palisa) entdeckt. Die glücklichsten Planetenentdecker sind J. Palisa in Wien mit 75 Planeten und C. H. F. Peters in Clinton mit 49.

Alle diese Planeten sind so klein, dass selbst die hellsten und grössten nur als Punkte, wie die Fixsterne, erscheinen; die allermeisten von ihnen sind auch in der Opposition kaum so hell wie Sterne 10. bis 11. Grösse, und nur sehr wenige, besonders Vesta und Ceres, können mitunter gerade noch mit freiem Auge erkannt werden. Bei einer Anzahl der hellsten dieser kleinen Planeten sind in neuerer Zeit von Müller in Potsdam und später auch von Parkhurst in Cambridge (Amerika) durch genaue photometrische Messungen Helligkeitsänderungen nachgewiesen worden, die ohne Zweifel in Zusammenhang stehen mit den Phasenänderungen, welche selbst bei diesen Himmelskörpern noch sehr merklich sein können. Es ist sehr wahrscheinlich, dass die Helligkeitsänderungen, welche auch schon früher bei einigen kleinen Planeten beobachtet worden sind, und welche damals durch die Existenz von dunklen Flecken erklärt wurden, ebenfalls auf Phaseneinfluss zurückzuführen sind; wenigstens ist dies aus einer der zuverlässigsten älteren Beobachtungsreihen an dem Planeten Frigga durch Müllers Untersuchungen überzeugend nachgewiesen worden. Aus den photometrischen Messungen der kleinen Planeten geht hervor, dass die Gesammtschwankungen der Lichtstärke bei den einzelnen Körpern nicht unwesentlich von einander verschieden sind, und dass sie im Maximum fast den Betrag einer vollen Grössenclasse erreichen können. Bei dem grössten Theil der untersuchten Planetoiden hat die Form der Lichtcurve grosse Aehnlichkeit mit der des Mondes und des Planeten Mercur, während bei den andern der Verlauf der Helligkeitsänderungen etwas davon abzuweichen und sich mehr der Lichtcurve des Planeten Mars zu nähern scheint. Weitere Untersuchungen auf diesem Gebiete sind erwünscht, doch lässt sich schon jetzt aus der Aehnlichkeit in dem photometrischen Verhalten der Schluss ziehen, dass die kleinen Planeten ebenso wie der Mond und voraussichtlich auch der Mercur von gar keinen oder höchstens sehr dünnen Atmosphären umgeben sind. Eine, wenngleich ziemlich rohe Methode, die Durchmesser genähert zu schätzen, erhalten wir unter der Voraussetzung, dass die Oberflächen in gleichem Grade wie die der genannten grossen Planeten das Sonnenlicht reflectiren, aus den Helligkeiten. Auf diese Weise hat man gefunden, dass Ceres und Vesta mit einem Durchmesser von ca. 300—400 Kilometern die grössten Planetoiden sind, während zu den kleinsten, mit Durchmessern von kaum 30 bis 40 Kilometern, Echo, Maja und Vala gehören mögen. Jedenfalls dürfen wir behaupten, dass erst Tausende selbst der grössten unter ihnen eine Erde ausmachen würden.

Die Frage, welche Olbers durch seine bereits erwähnte Hypothese zu beantworten suchte, ob diese Körperchen jemals einen einzigen Weltkörper gebildet haben könnten, gehört mehr in das Capitel der Kosmogonie als zur reinen Astronomie. Zufolge der säcularen Aenderungen der Bahnen hat der gemeinschaftliche Kreuzpunkt der Bahnen, welcher bei dieser Hypothese zu Anfang vorhanden gewesen sein müsste, keinen dauernden Bestand, und die Nichtexistenz eines solchen gemeinschaftlichen Durchschnittspunktes zur Jetztzeit ist kein Beweis, dass es nicht vor vielen Tausenden oder Millionen von Jahren einen solchen wirklich gegeben habe. Indessen scheinen doch spätere Rechnungen (von Encke u. a.) zu zeigen, dass ein Kreuzungspunkt auch vor vielen Jahren nicht existirt habe und vermuthlich nur existirt haben könne, wenn in der Zwischenzeit einige Bahnen durch die Anziehung der kleinen Planeten bedeutende Aenderungen erlitten haben. Eine solche Wirkung ist nicht unmöglich; wir können sie aber wegen der grossen Zahl dieser Körper und der Unbekanntschaft mit ihren Massen nicht berechnen. Hat je eine Explosion und Zertrümmerung eines Körpers in sehr viele wirklich stattgefunden, so ist dies höchst wahrscheinlich vor Millionen von Jahren geschehen. Eine verschiedene und im Ganzen plausiblere Erklärung giebt die Nebelhypothese, über welche wir später reden werden; die Annahme von Olbers ist hierdurch wohl gänzlich verdrängt worden.

Ausser durch ihre Kleinheit unterscheiden sich die meisten der kleinen Planeten von den grossen auch durch die erheblichen Excentricitäten und Neigungen ihrer Bahnen aus. Mit Ausnahme des Mercur hat keiner der grossen Planeten eine Excentricität von $1/10$ des Bahndurchmessers und ist keine Bahn mehr als 2°—3° gegen die Ekliptik geneigt. Die Neigungen von vielen der kleinen Planeten dagegen übersteigen 10°, und ihre Excentricitäten erreichen häufig $1/8$ der grossen Axe. Hieraus folgt, dass derselbe kleine Planet in verschiedenen Punkten seiner Bahn sehr verschieden weit von der Sonne ist; und da auch die mittleren Entfernungen der nächsten und entferntesten von ihnen sehr verschieden sind, so dehnen sie sich über eine Zone aus, deren Breite volle 450 Millionen Kilometer beträgt. Ueberschritte einer der kleinen Planeten nach der einen oder anderen Seite gewisse Grenzen, so würde die

Anziehung von Jupiter oder Mars so gross, dass seine Bahn vollständig verändert würde. Wir besitzen also in der Attraction dieser beiden grossen Körper das Mass für eine Grenze der Planetoiden-Zone; ob indessen diese so gezogene Grenze mit der thatsächlichen und jetzt bekannten übereinstimmt, vermögen wir noch nicht zu sagen.

Es giebt auch innerhalb der Grenzen der Gruppe selbst gewisse Gegenden, in denen die Bahnen, wenn sie dort lägen, durch die Einwirkung des Jupiter bedeutend verändert werden würden. Diese Bahnen sind die, für welche die Umlaufszeiten genau einem einfachen Bruch der Jupiterumlaufszeit gleich sein würden, wie $1/2$, $1/3$, $2/5$, $3/7$ etc. Der amerikanische Astronom Kirkwood hat nun die merkwürdige Thatsache betont, dass es in der Reihe der kleinen Planeten wirklich Lücken giebt, welche diesen Verhältnissen entsprechen. Es kann indessen noch nicht festgestellt werden, ob diese Lücken wirklich in causalem Zusammenhange mit den erwähnten Verhältnissen der Umlaufszeiten stehen, oder ob sie nur ein Resultat des Zufalls sind.

Ueber die wahrscheinliche **Zahl** und **Gesammtmasse** der kleinen Planeten lässt sich gleichfalls Gewisses noch nicht sagen. Obschon über 300 jetzt bekannt sind, merkt man doch noch keine Abnahme in der Zahl der jährlich neu entdeckten. Giebt es keine untere Grenze für ihre Grösse, so mag ihre Zahl eine unermessliche sein, und die Mehrzahl wird zu klein sein, um mit den Fernröhren, die jetzt zu ihrer Aufsuchung benutzt werden, gefunden zu werden. Gehen sie aber andererseits nur bis zu einer gewissen Grenze, z. B. von 30 Kilometern im Durchmesser, so dürfen wir mit ziemlicher Bestimmtheit behaupten, dass ihre Gesammtzahl eine beschränkte ist und der bei weitem grösste Theil von der jetzigen Generation der Astronomen entdeckt werden wird.

So weit wir jetzt sehen können, ist die Wahrscheinlichkeit für eine untere Grenze und damit für eine beschränkte Zahl und Grösse grösser als gegen sie. Dafür spricht die Helligkeit der jetzt gefundenen Planetoiden, welche nicht wesentlich kleiner als diejenige der vor 10 Jahren entdeckten ist. Lehrt nun die Anwendung noch stärkerer Fernröhre neue und wesentlich schwächere kennen, so können wir ihre Zahl als unbeschränkt betrachten. Werden dagegen solche nicht entdeckt, so darf man annehmen, dass die Grenze ihrer Anzahl nahezu erreicht ist.

In der physischen Astronomie ist die Frage nach der Gesammtmasse der kleinen Planeten noch wichtiger als die nach ihrer Gesammtzahl, weil von dieser Masse ihr Einfluss auf die Bewegung der grossen Planeten abhängt. Jeder einzelne dieser Körper ist nun so winzig, dass seine Anziehung auf die anderen Planeten vollkommen unmerklich ist. Aber es ist nicht unmöglich, dass die ganze Gruppe durch ihre vereinigte Wirkung eine säculare Aenderung in der Form der Bahnen von Mars und Jupiter hervorbringen könnte, welche im Laufe der Zeiten der Beobachtung merklich würde. Indessen ist bis jetzt wenigstens, und obschon genaue Beobachtungen der genannten Planeten schon seit mehr als 100 Jahren vorliegen, eine solche Wirkung noch nicht bemerkt worden. Die Gesammtsumme ihrer Massen muss daher viel geringer als die eines Planeten mittlerer Grösse sein, aber wir können die Grenze dafür nicht genau angeben. Wenn die Durchmesser nach den Helligkeiten näherungsweise bestimmt werden, so finden wir, dass sämmtliche jetzt bekannte, zusammen genommen, einen Planeten von kaum 650 Kilometern Durchmesser geben würden; tausend mehr, von der Durchschnittshelligkeit der seit 1850 entdeckten, würden den Durchmesser dieses imaginären Planeten auf noch nicht 800 Kilometer bringen. Ein solcher Planet würde nur $1/4000$ des Erdvolumens und, bei gleicher Dichte, $1/4000$ der Erdmasse oder $1/20$ der Mercurmasse besitzen. Wir mögen demnach wohl behaupten, dass, wenn nicht die Gruppe der kleinen Planeten aus Zehntausenden winziger Körperchen besteht, von denen nur wenige der grössten bis jetzt gefunden seien, ihre gesammte Masse weit geringer als die von irgend einem der grösseren Planeten ist.

Die Zeit und Mühe, welche viele Astronomen auf die Berechnung der Bahnen dieser Körper verwenden, ist eine höchst bedeutende, und es fragt sich, ob der Gewinn diesem Aufwand an Kräften entspreche. Sollten noch sehr viele mehr gefunden werden, so dürfte, wie schon vorgeschlagen ist, kaum etwas Anderes übrig bleiben, als die grosse Mehrzahl ihres Weges gehen zu lassen und nur eine kleine Zahl besonders interessanter durch Beobachtung und Rechnung genauer zu verfolgen.

Zur Beurtheilung numerischer Verhältnisse mögen schliesslich noch die folgenden statistischen Daten Platz finden. Unter den bis Ende 1890 berechneten 297 Bahnen finden sich:

Mittlere Distanzen (halbe grosse Axen) zwischen 2.133 und 2.50 bei 71 Planeten
    » » » » » 2.50 » 2.75 » 89 »
    » » » » » 2.75 » 3.00 » 61 »
    » » » » » 3.00 » 4.262 » 76 »

Excentricitäten zwischen 0.012 und 0.10 bei 78 Planeten
    » » 0.10 » 0.15 » 79 »
    » » 0.15 » 0.20 » 60 »
    » » 0.20 » 0.383 » 80 »

Neigungen zwischen 0° und 5° bei 98 Planeten
    » » 5 » 10 » 105 »
    » » 10 » 15 » 57 »
    » » 15 » 34 44' » 37 »

Die kleinen Planeten.

Knotenlängen zwischen   0° und 90° bei 91 Planeten
     »   »   90 » 180 » 79 »
     »   »   180 » 274 » 65 »
     »   »   270 » 360 » 62 »
Perihellängen zwischen 0° und 90° bei 98 Planeten
     »   »   90 » 180 » 59 »
     »   »   180 » 270 » 52 »
     »   »   270 » 360 » 88 »

Wie man sieht, liegt die Mehrzahl der mittleren Distanzen zwischen 2.5 und 3 Erdbahnhalbmessern, der Marsbahn, mit 1.5 mittlerer Entfernung, demnach näher als der Jupiterbahn mit 5.2; die grösste mittlere Distanz 4.262 oder 630 Millionen Kilometer bei (279) Thule übertrifft aber die geringste 2.132 oder 318 Millionen Kilometer bei (149) Medusa um genau deren eigenen Betrag, und nimmt man Rücksicht auf die zum Theil sehr bedeutenden Excentricitäten, so dehnt sich der Raum, innerhalb dessen kleine Planeten überhaupt vorkommen, noch beträchtlich weiter aus. Den halben grossen Axen entsprechend verhalten sich die Umlaufszeiten. Die Mehrzahl der Planetoiden braucht zwischen 4 und 5 Jahren, ihren Umlauf um die Sonne zu vollenden; Thule aber 8 Jahre 292 Tage, Medusa dagegen nur 3 Jahre 41 Tage. — Die Bahnexcentricitäten sind, wie die Zusammenstellung zeigt, weit erheblicher als bei den grossen Planeten; beinahe die Hälfte hat über 0.15 Excentricität; die geringste kommt mit 0.012 bei (286) Iclea vor; dagegen hat (132) Aethra volle 0.38 und kommt damit in der That schon den wenigst excentrischen Cometenbahnen, den periodischen Cometen Faye und Tempel II, nahe. — Aehnlich verhält es sich mit den Neigungen gegen die Ekliptik; während von den alten Planeten nur der Mercur eine Bahnneigung von 7° hat, treten bei den kleinen Planeten solche bis zu fast 35° (Pallas) auf, und der dritte Theil hat Neigungen von über 10°. — Die Längen des aufsteigenden Knotens der Bahnen in der Ekliptik scheinen ziemlich regelmässig durch den Umkreis vertheilt zu sein; immerhin liegen aber in den beiden ersten Quadranten 43 mehr als in den beiden letzten. Sehr auffallend aber ist die überwiegend grosse Zahl der Perihellängen in dem letzten und ersten Quadranten; während nämlich 186 Perihellängen zwischen 270° und 90° fallen, liegen zwischen 90° und 270° deren nur 111, also über ein Drittel weniger. — Diese Thatsachen der starken Neigungen, grossen Excentricitäten und der ungleichen Vertheilung wenigstens der Perihelien erscheinen sehr bemerkenswerth; sie hängen vermuthlich mit der Art der Entstehung der kleinen Planeten zusammen, da Störungen einen so bedeutenden Einfluss nicht wohl haben können. Indessen sind wir nicht im Stande, eine Erklärung dafür zu geben. Aus der Kant-Laplace'schen Nebelhypothese lassen sich, wie wir später sehen werden, nur die wesentlichsten Züge und allgemeinsten Eigenschaften des Planetensystems überhaupt mit einiger Wahrscheinlichkeit ableiten; Abweichungen aber von diesen Grundzügen, wie sie gerade das Heer der kleinen Planeten uns fast als Regel aufweist, liegen zur Zeit noch ausserhalb des Bereichs unserer Erkenntniss.

Capitel IV.

Die Gruppe der äusseren (grossen) Planeten.

1. Jupiter.

Jupiter (♃), der »Riesenplanet« unseres Systems, überragt an Masse bei weitem die Massen aller anderen Planeten zusammengenommen. Sein mittlerer Durchmesser beträgt etwa 137 000 Kilometer; indessen übertrifft, infolge der grossen Abplattung von $1/16$, der Aequatorealdurchmesser den polaren um volle 9000 Kilometer. Sein Volumen ist etwa 1300 mal grösser als das der Erde. Da aber seine Masse die der Erde nur 310 mal übertrifft, so folgt, dass sein specifisches Gewicht erheblich geringer und nur wenig grösser als das des Wassers ist, nämlich nur 1.4. Wegen der Excentricität seiner Bahn schwanken die Sonnenabstände um den mittleren (777 Millionen Kilometer) zwischen 740 und 814 Millionen Kilometer. Seine siderische Umlaufszeit ist 50 Tage geringer als 12 Jahre.

Man erkennt Jupiter leicht an seinem ruhig glänzenden weissen Lichte, welches das aller andern Planeten, mit einziger Ausnahme der Venus, weit überstrahlt und in der mittleren Opposition zehnmal intensiver als das der Capella ist. Die Schwankungen der Helligkeit sind nur gering, und diejenigen, welche von der Phase herrühren, die im Maximum nur 12 Grad erreichen kann, sind vollständig unmerklich. Um seine Auffindung zu erleichtern, geben wir im Folgenden die Zeiten der nächsten Oppositionen:

1892 October 11,
1893 November 17,
1894 December 22.

In jedem folgenden Jahre fallen sie etwa $1^{1}/_{4}$ Monat später, da Jupiter in dieser Zeit ($13^{1}/_{4}$ Monate) um so viel weiter nach Osten gerückt ist. Die synodische Umlaufszeit beträgt demnach etwa 38 Tage über ein Erdjahr.

Mit Ausnahme von Sonne und Mond ist kein Körper unseres Systems in den letzten Jahren so andauernd und sorgfältig beobachtet worden wie Jupiter. Verschieden von Mars zeigt seine Oberfläche keine unveränderlich dauernden Gestaltungen, und es ist daher auch die Construction einer Karte vom Jupiter unmöglich. Das Aussehen der Oberfläche variirt vielmehr fortwährend und zeigt selbst in kürzeren Zeiträumen oft erhebliche Verschiedenheiten. Frühere Beobachter erwähnen helle und dunkle Streifen, welche die Oberfläche etwa in der Richtung des Jupiteräquators durchziehen, und bis in ganz neue Zeit waren der letzteren wesentlich nur zwei bekannt, einer nördlich, der andere südlich vom Aequator, die als charakteristisches Merkmal der Jupiterscheibe gelten. Genauere Untersuchungen und die stärkeren Fernröhre der neueren Zeit haben nun gezeigt, dass diese sogenannten Aequatorealstreifen von weit verwickelterer Structur sind, als früher vermuthet wurde, und dass sie aus einer grossen Zahl schichtwolkenähnlicher, sehr verschiedenartiger Formen bestehen (vergl. Figg. 143—146). Diese Gebilde, wie die gleichfalls neuerdings häufig wahrgenommenen mehr haufenwolkenähnlichen, verändern sich so schnell, dass die Oberfläche des Planeten das gleiche Aussehen kaum in zwei aufeinander folgenden Nächten hat.

Fig. 143. Jupiter 1870 Januar 31 (7½h Greenwich), nach Gledhill.

Fig. 144. Jupiter 1875 Mai 8 (10h Berlin), nach Lohse.

Auch auf die Farbe der »Wolken« ist man jetzt aufmerksam geworden und hat gefunden, dass auch sie beträchtlichen Veränderungen unterliegt. Die Aequatorgegenden mit ihren Streifen und Flecken sind oft von einer fast rosigen Färbung, und diese Färbung ist mitunter so stark ausgeprägt, dass sie selbst dem oberflächlichsten Beobachter auffällt, während zu anderen Zeiten wiederum kaum eine Spur davon wahrzunehmen ist. So wurde z. B. seit 1878 in der südlichen Hemisphäre ein grosser, fast ovaler, von hellem Rande umgebener und auffallend stark roth gefärbter Fleck beobachtet (Fig. 146), der allmählichen Veränderungen unterworfen war.

Fig. 145. Jupiter 1876 März 21 (15½ʰ Washington), nach Holden.

Nicht selten bemerkt man Flecken auf der Oberfläche, welche beständiger als die gewöhnlichen, an den Streifen auffallenden Punkte sind und so das Mittel zur genäherten Bestimmung der Rotationsdauer des Jupiter gegeben haben. Gewöhnlich sind diese Flecken dunkel; aber in einzelnen Fällen zeigen sich auch helle, runde, kleine Flecken, ähnlich wie die Satelliten, wenn sie vor der Jupiterscheibe stehen.

Aus der Veränderlichkeit der Streifen und nahezu aller auf dem Jupiter sichtbaren Bildungen folgt, dass das, was wir vom Planeten sehen, nicht die Oberfläche eines soliden Kernes ist, sondern dass es dampf- und wolkenähnliche Formationen sind, welche die ganze Oberfläche bedecken und bis zu einer grossen Tiefe hinabreichen. Aller Wahrscheinlichkeit nach ist der Planet mit einer tiefen und dichten Atmosphäre bedeckt, durch welche das Licht wegen enormer Massen von Wolken und Dämpfen nicht dringen kann.

Fig. 146. Jupiter 1880 August 31 (14½ʰ Berlin), nach Lohse.

In der Anordnung dieser Wolken zu den dem Aequator parallelen Streifen und in dem Wechsel ihrer Formen mit der Breite (in der Nähe der Pole finden sich nur zarte oder gar keine Streifen) könnte man etwas den Wolken- und Regenzonen unserer Erde Analoges finden. In den letzten Jahren ist indessen darauf aufmerksam gemacht worden, dass die physische Beschaffenheit des Planeten weit mehr Aehnlichkeit mit der der Sonne als der Erde zu haben scheint.

Aehnlich der Sonne ist Jupiter heller in der Mitte als an den Rändern. Dies zeigt sich sehr auffallend bei den Vorübergängen der Satelliten vor der Scheibe, die am Rande hell auf dunklem Grunde, in der Mitte dagegen umgekehrt erscheinen. Vermuthlich ist die Helligkeit der Mitte zwei- oder dreimal grösser als die des Randes; und diese Lichtabnahme nach dem Rande mag, wie bei der Sonne, daher rühren, dass das Licht nahe dem Rande eine grössere Schicht der Atmosphäre durchsetzt und so durch Absorption schwächer wird. Die Existenz einer dichten atmosphärischen Hülle wird bestätigt durch neuere Wahrnehmungen bei Fixsternbedeckungen, wo eine allmähliche Lichtabnahme und gleichsam ein Eintritt des Sternes in die Jupiterscheibe beobachtet worden ist.

Eine andere noch merkwürdigere Aehnlichkeit mit der Sonne, dass nämlich Jupiter zum Theil mit eigenem Licht leuchte, ist mehrfach ausgesprochen, aber bis jetzt noch nicht nachgewiesen worden. Zöllner hat die durchschnittliche reflectirende Kraft oder die Albedo der Jupiteroberfläche zu 0.62 gefunden. Wirft der Planet aber in diesem Masse durchschnittlich das empfangene Sonnenlicht zurück, so müssen seine hellsten Theile, die sicher zwei- bis dreimal mehr Licht aussenden, noch zum Theil selbständig leuchten, wenn wir nicht annehmen wollen, dass gewisse Stellen durch Spiegelung eine unverhältnissmässig grosse Menge des empfangenen Lichtes nach der Erde zu reflectiren. Andererseits dürften aber bei einer noch stark selbstleuchtenden Oberfläche die Satelliten, wenn sie in den Schattenkegel des Jupiter treten, nicht, wie sie dies wirklich thun, vollständig verschwinden. Nach Allem ist nicht unwahrscheinlich, dass die helleren auf Jupiter häufig erscheinenden Flecken zeitweise selbständig leuchten, dass aber diese Lichtentwickelung jedenfalls nicht sehr erheblich ist. In dieser Hinsicht ist übrigens eine Photographie lehrreich, die H. Draper im Jahre 1870 vom Jupiterspectrum erhalten hat, und welche in der That einer solchen Auffassung — spontaner gelegentlicher Lichtentwickelung in den äquatorealen Theilen — günstig ist.

Ferner scheint auch das Innere des Jupiter der Sitz einer lebhaften, durch hohe Wärme bedingten Thätigkeit zu sein, ähnlich wie bei der Sonne. Es wird dies in hohem Grade durch die rapiden auf seiner

Oberfläche vor sich gehenden Bewegungen wahrscheinlich, welche das Aussehen der Scheibe oft in wenigen Stunden merkbar verändern. Bedenkt man, dass in der Jupiterentfernung eine Bogensecunde einer linearen Ausdehnung von mehr als 2000 Kilometern entspricht, und dass andererseits die Intensität der Wirkungen von Licht und Wärme der Sonne auf Jupiter nur etwa ein Dreissigstel von der auf der Erde beträgt, so lässt sich kaum annehmen, dass so ausserordentliche Kräfte, die gewaltige Massen in einer Stunde Tausende von Meilen weit führen, in der Sonne ihren Grund haben sollten. Es ist daher wahrscheinlich, dass Jupiter noch nicht wie unsere Erde von einer festen Kruste bedeckt, sondern dass ein noch heisser oder glühender und dabei nicht zu ausgedehnter Kern von einer mächtigen Hülle dichter Gase oder Dämpfe umgeben ist, die sich aus ihm, vielleicht selbst in der Form energischer Eruptionen, entwickeln. Es steht dies auch in Einklang mit den oben erwähnten optischen Erscheinungen, sowie mit der geringen Dichte, die nur $^1/_4$ von der der Erde beträgt, und wird überdies durch die kosmogonetische Hypothese, über welche wir später reden werden, wahrscheinlich*).

Wegen einer solchen physischen Beschaffenheit kann die Rotationsdauer des Jupiter nicht in der Weise und Schärfe wie die des Mars oder die der Erde bestimmt werden, denn es ist demnach nicht nur möglich, sondern es ist in der That auch häufig beobachtet worden, dass die Flecken eine eigene Bewegung ausser der Rotationsbewegung besitzen. Zu manchen Zeiten sind indessen Flecken von grosser Beständigkeit der Form und Dauer sichtbar gewesen und zur Bestimmung der Rotationsdauer benutzt worden. Nach den bis auf wenige Secunden übereinstimmenden Beobachtungen von Airy, Mädler und Schmidt kann man die Rotationsdauer zu $9^h\ 55^m\ 25^s$ annehmen. Schröter schloss zuerst aus seinen zwischen $9^h\ 55^m$ und $9^h\ 57^m$ ergebenden Beobachtungen auf heftige Stürme in den die Oberfläche bedeckenden und verhüllenden Wolkenmassen, für welche er zuerst die Flecken erklärte. Dasselbe folgt aus der Vergleichung älterer Werthe, $9^h\ 50^m$ (Cassini 1692) und $9^h\ 51^m$ (W. Herschel 1779), mit neueren von Schmidt; letzterer fand aus Beobachtungen im Jahre 1865, die helle oder dunkle Flecken an den beiden Streifen betrafen, gleichfalls $9^h\ 51^m$ bis 52^m, dagegen 1873 mehr als $9^h\ 56^m$. In neuester Zeit hat Belopolsky in Pulkowa eine ausführliche Discussion alle bisherigen Rotationsbeobachtungen des Jupiter ausgeführt und kommt hierbei zu dem Resultat, dass der Aequatorgürtel (bis etwa

---

*) G. H. Darwin hat aus theoretischen Untersuchungen geschlossen, dass die innere Dichtigkeit des Jupiter (und ebenso die des Saturn) eine erheblich grössere als die seiner Oberfläche sei, was gleichfalls mit Obigem gut harmonirt.

5°—10° Breite) in $9^h 50^m 5$ rotirt, dass dagegen die ganze übrige Oberfläche mit einer constanten Winkelgeschwindigkeit von ungefähr $9^h 55^m$ eine Umdrehung vollendet.

Die Untersuchungen von Huggins, Secchi und Vogel über das Jupiterspectrum zeigen bei den meisten der zahlreichen Linien Uebereinstimmung mit den Sonnenlinien. Nur in den weniger brechbaren Theilen treten beim Jupiter einige Streifen auf, und namentlich im Roth zeigt sich ein dunkles Band; die brechbareren Theile (Blau und Violett) erleiden eine mehr gleichförmige, aber starke Absorption. Vogel schliesst aus letzterer auf die Anwesenheit von Wasserdampf in der Jupiteratmosphäre, lässt aber unentschieden, ob das erwähnte dunkle Band im Roth auf einen fremden, in der Atmosphäre des Jupiter vorhandenen Stoff oder nur auf ein anderes Mischungsverhältniss der Gase zurückzuführen sei. Er glaubt übrigens, dass die beträchtlichen, regelmässigen wie unregelmässigen Veränderungen, denen die Jupiteratmosphäre offenbar unterworfen ist, sich auch bis zu einem gewissen Grade in seinem Spectrum zeigen, ähnlich wie auch das Spectrum der Erdatmosphäre je nach dem Wasserdampfgehalt der Luft verschieden ist.

2. Die Jupiter-Satelliten.

Eine der frühesten teleskopischen Entdeckungen Galileis war die der vier den Jupiter umkreisenden Trabanten, die mit ihm gleichsam ein Miniaturbild des Sonnensystems darstellen. Wie im Falle der Sonnenflecken wurde auch diese Entdeckung mit ungläubigem Lächeln seitens derer aufgenommen, die an die Unfehlbarkeit des Aristoteles allein glaubten. Einer jener Philosophen — Clavius — änderte freilich seine Meinung, als er die Trabanten mit eigenen Augen sah. Ein anderer aber, vielleicht vorsichtiger, verweigerte es, sich durch den Augenschein überzeugen zu lassen; als er kurz darauf starb, meinte Galilei sarkastisch: »Ich hoffe, dass er sie auf seinem Wege zum Himmel gesehen hat.«

Ein sehr kleines Fernrohr, ja schon ein gutes Opernglas genügt, diese Körper zu zeigen. Es sind sogar Fälle constatirt worden, wo einzelne, mit ungewöhnlich scharfen Augen begabte Menschen den einen oder den anderen ohne jedes künstliche Hülfsmittel wahrgenommen haben. Die Schwierigkeit, sie zu sehen, liegt nicht an ihrer geringen Helligkeit — diese kommt bei dem dritten, hellsten Trabanten einem Stern 5.6. Grösse gleich — sondern nur an der Nähe des sie weit überstrahlenden Jupiter, von welchem sich auch der vierte nicht weiter als 14 Bogenminuten entfernen kann.

Ein gutes Fernrohr zeigt mit hinreichender Vergrösserung die Trabanten als kleine Scheibchen von 0″9 bis 1″5 im Durchmesser. Die wahren Durchmesser liegen zwischen etwa 3400 und 5800 Kilometern; der grösste ist der dritte, der kleinste, dem Erdmond ungefähr gleichkommende, der zweite.

Das Licht dieser Trabanten unterliegt merkwürdigen und besonders bei den drei innern unregelmässigen Veränderungen. Die regelmässigsten Aenderungen zeigt nach photometrischen Beobachtungen von Auwers und Engelmann der vierte Trabant, und für diesen ist danach die Gleichheit von Rotations- und Revolutionsdauer, wie beim Erdmonde, wahrscheinlich. Bei den drei inneren scheinen dagegen bedeutende Flecken-(Wolken-)Bildungen auf den Oberflächen vor sich zu gehen, welche die Regelmässigkeit der Lichtänderungen in hohem Grade beeinflussen und den Nachweis der Coincidenz der genannten beiden Zeiträume sehr erschweren. Für directe teleskopische Prüfung sind die Scheibchen zu klein*), so dass man sich zur Untersuchung und Lösung jener Frage wohl stets nur der Messung ihres Lichts wird bedienen müssen.

Die Jupitersatelliten bieten auch dem Mathematiker, welcher die Wirkung ihrer gegenseitigen Anziehung zu berechnen unternimmt, Probleme von grosser Schwierigkeit. Die säcularen Aenderungen ihrer Bahnen sind so bedeutend, dass die bei den Planeten anwendbaren Methoden hier nicht ohne wesentliche Modificationen benutzt werden können. Die merkwürdigste und interessanteste Wirkung ihrer gegenseitigen Anziehung liegt in dem Zusammenhang, welcher zwischen den Bewegungen der drei inneren Trabanten stattfindet und auch im Saturnsysteme vorkommt; allgemein gehören in dieselbe Kategorie auch das Cassini'sche Gesetz für den Mond und Schiaparellis neueste Entdeckung über die Rotation von Mercur und Venus. Die folgenden beiden Gesetze drücken diesen Zusammenhang aus:

1) Die mittlere Bewegung des ersten Satelliten plus zweimal der mittleren Bewegung des dritten ist genau gleich dreimal der mittleren Bewegung des zweiten.

2) Die mittlere Länge des ersten Satelliten plus zweimal der mittleren Länge des dritten ist genau gleich dreimal der mittleren Länge des zweiten vermehrt um 180°.

Die Beobachtung zeigte diese merkwürdigen Beziehungen schon sehr früh; dass dieselben aber nicht nur ein Werk des Zufalls seien, sondern auf einem wirklichen Naturgesetz beruhten, bewies erst Laplace; er

---

*) Unter besonders günstigen Umständen haben allerdings Dawes, Secchi u. a. auch direct Flecken wahrzunehmen geglaubt.

legte dar, dass, wenn die Satelliten nur sehr nahe in der durch die Beobachtung erkannten Weise sich bewegten, die geringste aus ihrer gegenseitigen Anziehung entspringende Kraft genügen würde, diese Beziehungen streng und für immer zu erhalten. Es beruht hierauf eben eine gewisse Aehnlichkeit mit der Rotationsdauer des Mondes, welche in Folge eines geringen Kraftüberschusses der Erdanziehung genau mit seiner Revolutionsdauer zusammenfallen muss.

Ueber die Verfinsterungen der Trabanten beim Passiren des Jupiterschattens, und wie diese zur Bestimmung der Lichtgeschwindigkeit sowie zur genäherten Ermittelung von Längendifferenzen dienen können, haben wir schon früher einiges gesagt (vergl. Seite 181, 237). Sowohl die Verfinsterungen wie auch die Vorübergänge der Trabanten vor der Jupiterscheibe bieten interessante Daten für die Beobachtung, und diese Erscheinungen werden deshalb häufig und mit Nutzen auch von Liebhabern der Astronomie, die nur über kleine Fernröhre von 3—4 Zoll Oeffnung verfügen, verfolgt. In den astronomischen Ephemeriden finden sich zur Erleichterung der Beobachtungen die Zeiten angegeben, wann die betreffenden Ereignisse für die verschiedenen Trabanten eintreten.

3. Saturn.

Saturn ($\saturn$), der sechste der alten Planeten in der Entfernung von der Sonne, ist nach Masse und Grösse der zweite; und obschon er noch nicht $^1/_3$ der Jupitermasse erreicht, so übertrifft er doch die sechs Planeten, die kleiner als er sind, um etwa das Zweifache an Masse. Um die Sonne läuft er in mässig excentrischer Bahn in $29^1/_2$ Jahren, bei einem mittleren Abstand von über 1400 Millionen Kilometer. Durch seine Ringe und die 8 ihn umkreisenden Trabanten wird der Saturn zum eigenthümlichsten und prächtigsten Object des Sonnensystems.

Aehnlich wie Jupiter ist der Hauptkörper des Saturn ein abgeplattetes Rotationsellipsoid, dessen Axen im Verhältniss von etwa 9 : 8 stehen; die Abplattung ist also noch stärker als beim Jupiter. Der Aequatorealdurchmesser beträgt über 118 000, der Polardurchmesser dagegen nur 106 000 Kilometer.

Die Helligkeit des Saturn ist, je nachdem wir mehr oder weniger von seinen Ringen sehen, eine verschiedene; durchschnittlich leuchtet er aber mit etwas mattem gelblichem Licht wie ein Stern 1. Grösse. In den Jahren 1876—78 erschien er schwächer als im Durchschnitt, da die Ringe in dieser Zeit uns nahezu ihre schmale Kante darboten; um 1885, wo die Ringe am weitesten geöffnet waren, und wo er sich überdies dem Perihel näherte, erschien er dagegen heller als für gewöhnlich. Der Unterschied in der Helligkeit Saturns bei weitgeöffnetem und bei verschwindendem Ringe beträgt etwa eine Grössenclasse. Neuere Untersuchungen von Müller haben einen merklichen Einfluss der Phase gezeigt, obgleich der grösste mögliche Phasenwinkel nur etwa 6° beträgt. Dieser Einfluss wird durch eine von Seeliger aufgestellte Theorie vollständig erklärt, indem derselbe die Phase in Rechnung zieht, welche jedes einzelne Körperchen des Saturnringes (siehe weiter unten) erfährt. Nach Zöllner reflectirt Saturn genau die Hälfte des von der Sonne empfangenen Lichtes; die Albedo ist also 0.5.

Die Zeiten seiner Opposition sind für die nächsten Jahre:
1892 März 15, 1893 März 28, 1894 April 11,
fallen also in jedem folgenden Jahr um etwa 14 Tage später.

Fig. 147. Saturn 1875 September nach Trouvelot in Washington.

Die physische Beschaffenheit des Saturn scheint der des Jupiter sehr ähnlich zu sein, kann aber, da der Planet doppelt so weit ist, nicht so gut erforscht werden. Je weiter ein Object von der Sonne steht, desto schwächer ist es beleuchtet, und je weiter von der Erde, desto kleiner erscheint es; aus beiden Gründen bietet die Untersuchung der ferneren Planeten Schwierigkeiten. Die Oberfläche des Saturn erscheint unter günstigen Bedingungen und bei hinreichend starker Vergrösserung von zarten, wolkenartigen Streifen durchzogen, und besonders erkennt man zwei oder mehr schwache Streifen in der Gegend des Aequators und diesem parallel (siehe Fig. 147). Wie beim Jupiter ändern diese Striche und Streifen ihr Aussehen von Zeit zu Zeit, sie sind aber so schwach, dass die Veränderungen nicht leicht verfolgt werden können. Es ist daher im Allgemeinen schwer zu sagen, ob wir in verschiedenen Nächten denselben Anblick der Saturnoberfläche haben oder nicht, und ebenso bieten sich Gelegenheiten zur Bestimmung seiner Rotationsdauer nur sehr selten.

Die erste, durch das Auftreten und längere Verweilen eines gut begrenzten Flecks gegebene Gelegenheit fand zu W. Herschels Zeit statt, und dieser Beobachter bestimmte durch Verfolgung des Flecks während mehrerer Wochen die Rotationszeit Saturns zu $10^h\ 16^m\ 0^s$*). Seit jener Zeit sind nur wenige Versuche zur Bestimmung der Umdrehungsdauer gemacht worden, und erst im December 1876 bot das Erscheinen eines glänzenden weissen Flecks nahe dem Aequator des Planeten dem Washingtoner Astronomen Hall und andern Gelegenheit zur Ermittelung dieser Grösse. Aus zahlreichen Beobachtungen fand Hall in ziemlich naher Uebereinstimmung mit Herschel $10^h\ 14^m\ 24^s$. Ebenso wie bei Jupiter lässt sich aber nicht entscheiden, ob dies die wahre Umdrehungszeit Saturns ist, da der Fleck möglicherweise, wenn in höheren Schichten einer Atmosphäre, eine Eigenbewegung besessen hat. Er machte übrigens den Eindruck, als wäre eine enorme weissglühende Masse plötzlich aus dem Innern des Planeten hervorgebrochen. Allmählich breitete er sich nach Osten (für einen Beobachter auf dem Saturn) zu einem langen hellen Streifen aus, dessen hellster, von Hall beobachteter Punkt nahe dem in Rectascension folgenden Ende lag. Er blieb bis Januar 1877 sichtbar, wurde aber dann schwach und schlecht begrenzt und konnte auch, da die Sonne dem Planeten zu nahe rückte, nicht mehr verfolgt werden. Wollte man dieses Ausbreiten Stürmen zuschreiben, die auf der Oberfläche des Planeten wehten, so würde sich für dieselben eine Geschwindigkeit von 90 bis 160 Kilometern in der Stunde ergeben.

Vogel hat im Spectrum des Saturn die auffallendsten Linien des Sonnenspectrums erkannt, findet aber — ganz ähnlich wie beim Jupiter — im Roth und Orange dunkle (Absorptions-)Bänder, während die brechbareren Strahlen wieder eine gleichmässige Absorption erfahren. Aus dieser Uebereinstimmung der Spectra beider Planeten lässt sich

---

*) Irrthümlich geben manche Schriftsteller noch $10^h\ 29^m\ 17^s$ als Herschels Resultat; es ist dies vielmehr der Werth, den Laplace für die Rotationsdauer des Ringes anführt.

386 III. Das Sonnensystem.

auf ähnliche physische Beschaffenheit schliessen. Indessen zeigte das Spectrum des Saturnringes das charakteristische Band im Roth nicht, woraus für den Ring die Abwesenheit einer absorbirenden Atmosphäre folgen würde, eine Beobachtung, die neuerdings von Keeler mit dem grossen Refractor der Lick-Sternwarte bestätigt worden ist.

4. Die Ringe des Saturn.

Die merkwürdigste Erscheinung an Saturn und im ganzen Sonnensystem sind die Ringe, welche den Planeten umgeben. Für die teleskopischen Beobachter der frühesten Zeit, welche mit ihren schwachen

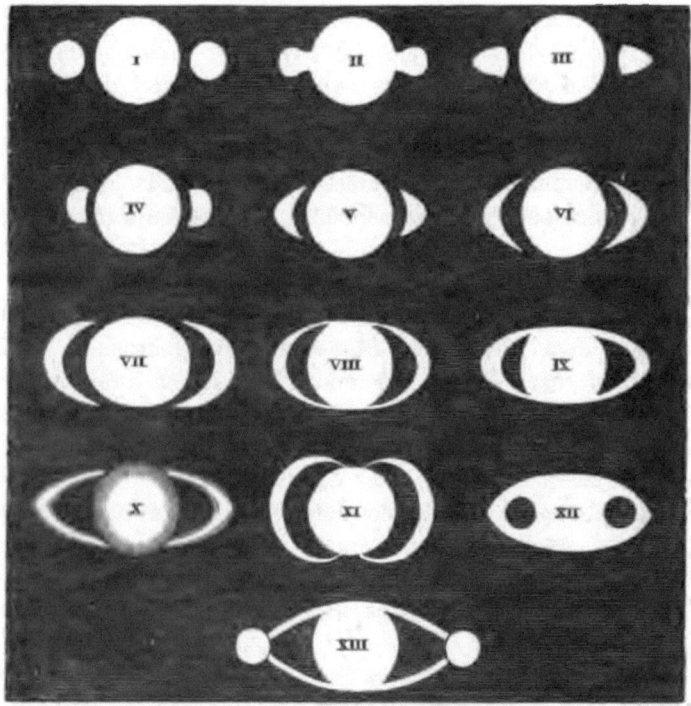

Fig. 148.   Darstellungen des Saturn aus dem 17. Jahrhundert.

Hülfsmitteln nicht genau erkennen konnten, was es war, bildeten dieselben eine Quelle grosser Verwirrung und Meinungsverschiedenheit. Galilei beschrieb 1610 den Planeten als dreifach, eine grosse Kugel mit zwei kleinen an jeder Seite (vergl. I Fig. 148). Nach 1—2jähriger Beobachtung war er sehr erstaunt, zu finden, dass die kleinen Anhängsel gänzlich verschwunden waren, und dass Saturn eine einfache runde

Kugel wie die übrigen Planeten geworden war. Seine Bestürzung wurde noch durch die unter diesen Umständen nicht unnatürliche Furcht erhöht, dass die früher wahrgenommene sonderbare Form irgend einem optischen Mangel oder Fehler seines Fernrohrs entspränge. Es wird sogar behauptet, sein Aerger über die vermeintliche Täuschung sei so gross gewesen, dass er niemals wieder nach dem Saturn geblickt habe.

Wenige Jahre genügten anderen, mit besseren Fernröhren versehenen Beobachtern, um zu zeigen, dass die sonderbare Form keine Täuschung, sondern dass sie wirklich war, sich aber von Zeit zu Zeit änderte. Die vorstehende Fig. 148 enthält (nach Huygens Systema Saturnium) eine Reihe von Darstellungen aus jener ersten Zeit teleskopischer Beobachtung: I von Galilei (1610); II von Scheiner (1614), die dem Saturn gleichsam »Ohren« giebt; III von Riccioli (1640 und 1643); IV—VII von Hevel (VII 1646), sie deuten schon die durch verschiedene Stellung der Ringe gegen die Gesichtslinie verursachten Veränderungen an; VIII und IX wieder von Riccioli zwischen 1647 und 1650, als die Ringe am weitesten geöffnet erschienen; X von einem Jesuiten mit dem Pseudonym Eustachius de Divinis (1646—48); XI von Fontana; XII von Gassendi und Blancanus; XIII endlich von Riccioli (1644 und 1645). — Vergleicht man diese Bilder mit dem thatsächlichen Aussehen des Saturn und seiner Ringe, so sieht man, dass viele Beobachter der wirklichen scheinbaren Form sehr nahe kamen, obschon niemand von ihnen die wahre Natur des sonderbaren Anhängsels ahnte.

Huygens gelang endlich die Lösung des Räthsels. »Als er im März und April 1655 Saturn untersuchte, sah er statt der henkelartigen Anhängsel einen langen schmalen Arm zu jeder Seite des Planeten sich erstrecken. Im nächsten Frühjahr war dieser Arm verschwunden, und der Planet erschien vollkommen so rund, wie ihn Galilei 1612 gesehen hatte. Im October 1656 waren die Henkel dagegen wieder erschienen, gerade wie er sie 1½ Jahr früher gesehen hatte. Seinem scharfsinnigen und mathematisch geschulten Geist genügte diese Art des Verschwindens und Wiedererscheinens der Henkel, um die Ursache der sonderbaren Formveränderung zu finden. Aber er erwartete erst von zukünftigen Beobachtungen die volle Bestätigung und theilte nur befreundeten Astronomen seine Ansicht in dem folgenden Anagramm mit, welches sich ohne weitere Erklärung am Schlusse seiner kleinen Schrift über die Entdeckung des ersten (hellsten) Saturntrabanten findet:

aaaaaaa ccccc d eeee g h iiiiiii llll mm nnnnnnnnn oooo pp q rr s tttt uuuuu,

welches, richtig gelesen, heisst:

Annulo cingitur, tenui, plano, nusquam cohaerente, ad eclipticam

388   III. Das Sonnensystem.

inclinato (er wird von einem dünnen, ebenen, nirgends zusammenhängenden, gegen die Ekliptik geneigten Ringe umgürtet).

Diese Beschreibung ist auffallend genau und vollständig und befähigte Huygens, eine genügende Erklärung der verschiedenen Phasen, die er und andere an den Ringen wahrgenommen hatten, zu geben.

Wegen ihrer ausserordentlich geringen Dicke (die vermuthlich noch nicht 200 Kilometer beträgt) und ihrer Ebenheit waren die Ringe in den Fernröhren der damaligen Zeit und sind sie auch in den meisten jetzigen vollkommen unsichtbar, sobald ihr Rand dem Beobachter auf der Erde zugekehrt ist. Dies geschieht zweimal bei jedem Saturnumlauf, und ebenso bieten sie sich zweimal in ihrer weitesten Oeffnung, die der Neigung 28° der Ebene der Ringe gegen die Ekliptik entspricht, dem Auge dar. Die Erscheinungen überhaupt erläutert die beistehende Fig. 149, die gewissermassen ein Analogon der Fig 19, Seite 56 ist, indem der

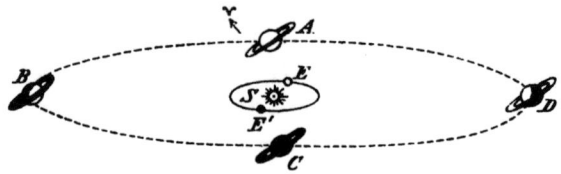

Fig. 149. Verschiedener Anblick des Saturnringes.

Neigung des Erdäquators gegen die Ekliptik dort die Neigung der Ringebene gegen die Ekliptik hier entspricht*). Steht Saturn in den Punkten A und C seiner Bahn oder in den Längen 352° und 172° (im Sternbild der Fische bez. des Löwen), so geht die Ringebene verlängert durch die Sonne S nahezu wenigstens auch durch die Erde E (vollständig, wenn E sich in der Richtung AS oder CS befindet). Die Ringe sind dann, da sie ihre Kante gegen die Sonne kehren, unsichtbar oder höchstens in den stärksten Fernröhren als äusserst feine Lichtlinie wahrzunehmen. Steht der Planet dagegen in den Punkten B und D oder in den Längen 82° und 262° (zwischen Stier und Zwillingen und im Schützen), so erscheinen die Ringe, der constanten Neigung 28° gegen die Ekliptik entsprechend, am weitesten geöffnet, und zwar sieht der Beobachter bei der Stellung B die südliche Fläche, bei der Stellung D die nördliche. Zwischen je

---

*) Der Ausdruck $b = \sin i \sin \omega$ stellt sämmtliche Erscheinungen in mathematischer Sprache dar: b ist hier die halbe kleine Axe der Ringellipse in Theilen der halben grossen Axe; i die Neigung gegen die Ekliptik, ω die Länge des Knotens weniger der heliocentrischen oder geocentrischen Länge des Saturn; b wird Null, oder der Ring verschwindet, wenn $\omega = 0$ oder $= 180°$.

zwei solchen Phasen, Unsichtbarkeit und weitester Oeffnung, verfliessen der Saturnumlaufszeit gemäss etwa 7 Jahre 4 Monate. So erschien z. B. 1870, als der Planet zwischen dem Scorpion und dem Schützen stand (etwa in Punkt D), die nördliche Ringfläche in ihrer grössten Breite, und dasselbe tritt wieder gegen Ende 1899 ein. Im Februar 1878, wo Saturn zwischen dem Wassermann und den Fischen stand (etwa im Punkt A), fiel dagegen die Ringebene in die Gesichtslinie, und die Ringe waren für gewöhnliche Instrumente unsichtbar. Im Jahre 1885 stand der Planet im Stier (nahe B) und die Südseite der Ringe erschien am weitesten geöffnet; 1892 endlich, Saturn im Löwen (Punkt C), wird die Ringkante wieder der Sonne zugekehrt sein.

Für die um die Sonne sich bewegende Erde fallen die erwähnten vier Phasen mit den für die Sonne gültigen genau nur an den Punkten zusammen, wo die Erde sich in den Richtungen AS, BS etc. befindet, wie dies auch Fig. 149 zeigt. Steht aber die Erde z. B. in E (Fig. 149), während Saturn in A ist, so würde, falls der Ring durchsichtig wäre, die Ringfläche als äusserst langgestreckte Ellipse sichtbar sein. Ist umgekehrt Saturn den Punkten A oder C nahe genug, dass die verlängerte Ringebene noch durch die Erde gehen kann, auch wenn diese in ihrer Bahn am weitesten von der Richtung Saturn — Sonne abweicht, so wird in diesem Falle der Ring unsichtbar, obschon seine Fläche noch ein wenig von der Sonne beleuchtet wird. In der Nähe der Punkte A und C kann also für den Beobachter unter günstigen Umständen ein mehrmaliges Verschwinden und Wiedererscheinen der Ringe stattfinden, je nachdem die Erde oder die Sonne in die Ringebene tritt und in den Zwischenzeiten die Erde sich auf der der Sonne zugekehrten Ringseite befindet. Die interessantesten Beobachtungsgelegenheiten würden sich in den seltenen Fällen darbieten, wo die Ringebene zwischen Sonne und Erde durchgeht, wo also die Sonne die eine Seite beleuchten würde, während die andere, dunkle, der Erde zugekehrt wäre. Dies war z. B. zwischen dem 9. Februar und 1. März 1878 der Fall; unglücklicherweise standen aber damals Saturn und Erde auf verschiedenen Seiten der Sonne (siehe Fig. 149, wo A etwa der Position des Saturn, E' der der Erde entspricht), ersterer war also der Conjunction nahe, so dass der Planet nur noch kurze Zeit nach Sonnenuntergang beobachtet werden konnte. Umgekehrt war 1891, wo dieselbe Erscheinung eintrat, Saturn nur in den frühen Morgenstunden des October kurz vor Sonnenaufgang zu beobachten. Eine günstige Gelegenheit wird erst 1907 wieder eintreten. In unseren nördlichen Breiten hat man die besten Ansichten von Saturn und seinen Ringen zwischen 1882 und 1888 erhalten, weil in dieser Zeit Saturn sein Perihel passirte, seine grösste nördliche Declination erreichte und zugleich der Ring am weitesten geöffnet erschien (Stellung *B*, Fig. 149).

Nachdem Huygens zuerst das die Saturnkugel umgebende Gebilde als Ring deutlich erkannt hatte, geschah ein weiterer Schritt in seiner Erkenntniss von dem englischen Liebhaber-Astronomen Ball, welcher 1665 bemerkte, dass der Ring von einer scharfen dunklen Linie durchzogen sei, welche dann wenige Jahre später von D. Cassini und Maraldi als eigentliche Trennungslinie zweier Ringe erkannt wurde. Bei ruhiger Luft zeigt jetzt schon ein sehr mässiges Fernrohr diese Theilung des Ringes an den äusseren Enden; aber nur mit einem sehr starken Fernrohre und bei sehr günstiger Luft kann man diese Trennungslinie auf der ganzen, überhaupt sichtbaren Seite des Ringes verfolgen. Von verschiedenen Beobachtern sind, besonders im äusseren Ringe, seitdem zeitweise noch andere Theilungen vermuthet worden; existiren sie aber wirklich, so können sie nur gelegentliche Bildungen sein, die zu Zeiten entstehen und wieder vergehen; wahrscheinlicher sind sie indessen auf blosse Beobachtungsfehler zurückzuführen.

Endlich ist in diesem Jahrhundert noch ein dritter und zwar relativ dunkler Ring, innerhalb des inneren, aufgefunden worden. Galle hat ihn mit dem Berliner Refractor zuerst (1838) gesehen; die von Encke gegebene Beschreibung ist aber nicht völlig klar und unzweideutig. Jedenfalls richteten erst G. P. Bond in Cambridge (U. S.) und Dawes in England 1850 die allgemeine Aufmerksamkeit auf ihn. Dieser sogenannte dunkle Ring ist jetzt ein so auffälliges Object, dass man sich darüber wundern kann, dass ihn frühere Beobachter nicht schon längst gesehen haben, und in der That findet man in den Beschreibungen älterer Astronomen (wie Hadley) auch Andeutungen, die sich vermuthlich auf ihn beziehen.

Es ist indessen zu beachten, dass zwischen ihm und dem inneren hellen Ringe eine scharfe Grenzlinie nicht zu bestehen scheint. Ebenso wenig findet auch der Helligkeit nach ein schroffer Gegensatz statt (vergl. Fig. 147, Seite 384), so dass es nicht leicht wird, zu entscheiden, wo der helle Ring aufhört und der dunkle anfängt. Mit dem grossen Washingtoner Refractor gesehen, schien 1874 fast der eine in den anderen ganz allmählich überzugehen, und niemand konnte damals eine deutliche Trennung der beiden Ringe wahrnehmen. Nicht unmöglich ist es daher, dass der dunkle Ring auf Kosten des inneren hellen wachse oder vielleicht sogar aus ihm sich entwickelt habe. Wie beim äusseren Ringe haben manche gelegentlich auch beim dunklen Ringe eine Theilung zu bemerken geglaubt.

Im Jahre 1851 stellte O. Struve die Ansicht auf, der innere Rand des ersten hellen Ringes nähere sich allmählich der Saturnkugel, der Ring selbst nähme also, da der Gesammtdurchmesser derselbe sei als früher, entsprechend an Breite zu, und suchte dies aus dem Complex sämmtlicher seit Huygens angestellten Messungen darzuthun. Könnte man sich auf die Schätzungen und Messungen des 17. und 18. Jahrhunderts verlassen, so ginge aus ihnen allerdings eine Verringerung des Abstandes von Kugel und innerem Ringe von $1.''3$ im Jahrhundert mit grosser Sicherheit hervor. Aber Messungen aus jener Zeit, die an und für sich schon nur mit grösster Vorsicht zur Ableitung dimensionaler Veränderungen benutzt werden dürfen, verdienen in diesem Falle um so weniger Vertrauen, als, wie wir sahen, der innere helle Ring in den dunklen (den früheren Beobachtern unbekannten) nur allmählich überzugehen scheint, so dass selbst mit den feinsten Messapparaten unserer Zeit es sehr schwer ist, die Grenze des inneren hellen Ringes genau anzugeben. Ueberdies haben directe Messungen der letzten Jahre, verglichen mit denen von W. Struve aus dem Jahre 1826, ergeben, dass eine Ausdehnung des Ringes oder eine Annäherung seines Randes an den Saturn selbst, wenn sie überhaupt stattfindet, jedenfalls weit geringer ist, als von O. Struve angenommen wurde.

Freilich ist es fast unmöglich, nicht an Veränderungen zu denken, wenn man die Beschreibungen und Zeichnungen von Huygens und seinen Zeitgenossen mit dem Anblicke vergleicht, den das Ringsystem jetzt darbietet (vergl. die Figg. 147 und 148). Huygens sagt, der dunkle Zwischenraum zwischen Saturn und Ring sei eben so gross oder selbst etwas grösser als die gesammte Ringbreite, während jetzt auch der oberflächlichste Blick sofort zeigt, dass er nur etwa halb so gross ist. An der Unvollkommenheit der damaligen Fernröhre kann dies nicht liegen, denn es müsste dadurch gerade das Gegentheil bewirkt werden, indem, wie wir früher sahen (Seite 329), mangelhafte Objective helle Körper grösser erscheinen lassen, als sie in Wirklichkeit sind. — Die Frage nach Veränderungen in den Grössenverhältnissen des Ringsystems bleibt demnach noch eine offene, deren Lösung erst von der Zukunft zu erwarten ist. —

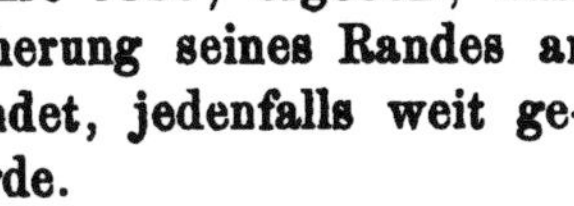

Fig. 150. Dimensionen des Saturn.

Wir stellen im Folgenden noch die Dimensionen des Saturnsystems nach den Messungen von W. und O. Struve zusammen (vergl. Fig. 150); sie gelten für die mittlere Entfernung 9.54 von der Sonne:

	Secunden	Kilometer
AF äusserer Halbmesser des äusseren Ringes	20.05	138400
BF innerer » » » »	17.65	121900

		Secunden	Kilometer
CF äusserer Halbmesser des inneren Ringes		17.30	119 500
DF innerer » » » »		13.00	89 800
EF äquatorealer Halbmesser des Saturn		9.00	62 100
AB Breite des äusseren Ringes		2.40	16 600
CD » » inneren »		4.30	29 700
BC » » Zwischenraumes		0.45	3 100
AD » der beiden hellen Ringe		6.70	46 600
DE Entfernung des inneren Ringes von ♄		4.00	27 600

Als inneren Halbmesser des dunklen Ringes fand O. Struve 10″54, als seine Breite 2″03. —

Die Schwierigkeiten, welche sich bei der Erklärung der Beschaffenheit der Saturnringe darbieten, sind von derselben Art, wie jene hinsichtlich der Umhüllungen der Sonne nach den spectroskopischen Beobachtungen. Sie illustriren den Satz, dass Ueberraschung und Erstaunen ein Resultat theilweiser Erkenntniss ist und weder bei völliger Unwissenheit noch bei vollkommenem Wissen existiren kann. Jene, die über eine Erscheinung absolut Nichts wissen, setzt auch Nichts in Erstaunen, weil sie Nichts erwarten, während absolute Erkenntniss alles Geschehenden gleichfalls diese Empfindung ausschliessen würde. Die Astronomen zweier Jahrhunderte sahen nichts Ueberraschendes in dem Dasein eines die Saturnkugel frei umschwebenden Ringpaares. weil ihnen die Wirkungen der Gravitation auf solche Körper, wie die Ringe zu sein schienen, unbekannt waren. Erst der Scharfsinn des grossen Laplace erkannte die Schwierigkeit des hier sich bietenden Problems, indem er zeigte, dass ein homogener und gleichförmiger, einen Planeten umgebender Ring nicht im Zustande stabilen Gleichgewichtes sein könne. Mag er anfangs noch so genau balancirt sein, so würde die geringste äussere Kraft, wie die Anziehung eines Satelliten oder eines entfernten Planeten, das Gleichgewicht stören und den Ring alsbald auf den Planeten stürzen lassen. Laplace schloss daher theoretisch auf Unregelmässigkeiten in der Form, wie sie schon Herschel praktisch durch die Beobachtung gefunden haben wollte, und wie neuere Wahrnehmungen, namentlich von Trouvelot, sie in der That zu bestätigen scheinen; er untersuchte indessen nicht, ob bei solchen Ungleichförmigkeiten das Gleichgewicht stabil werden würde.

In neuerer Zeit griffen die amerikanischen Astronomen Peirce und Bond den Gegenstand und zwar von verschiedenen Seiten an. Letzterer schloss aus dem zeitweiligen Auftreten und Schliessen neuer Theilungen, welche Erscheinungen er als reell ansah, auf einen flüssigen Zustand der Ringe. Peirce, der auf Grund theoretischer Betrachtungen diese

Ansicht im Wesentlichen adoptirte, verfolgte die Sache noch weiter und fand, dass auch ein flüssiger Ring ohne eine äussere erhaltende Kraft nicht vollkommen stabil sein würde. Er schrieb nun der Anziehung der Satelliten diese erhaltende oder stützende Kraft zu, hat aber hiermit noch nicht bewiesen, dass der flüssige Ring unter dem Einflusse dieser Anziehung wirklich stabil sein müsse, und es erscheint jetzt in der That sehr zweifelhaft, ob dieselbe den von Peirce vermutheten Effect haben würde.

Den letzten und wichtigsten Schritt in der Untersuchung dieser schwierigen Frage hat (1856) Clerk Maxwell in England gethan. Er brachte Einwürfe sowohl gegen den festen als gegen den flüssigen Ring vor und erneuerte und begründete tiefer eine Theorie, die schon von D. Cassini am Anfang des vorigen Jahrhunderts aufgestellt worden war*). Dieser Astronom dachte sich den Ring als bestehend aus einer Art Wolke von Satelliten, die zu klein seien, um einzeln mit dem Fernrohre gesehen werden zu können, und zu nahe an einander, als dass man die Zwischenräume zwischen ihnen wahrnehmen könne. Diese Anschauung nun ist es, die von Maxwell weiter ausgeführt und begründet wurde, und welche jetzt ziemlich allgemein adoptirt ist. Die danach den Ring zusammensetzenden Miniatursatelliten sind den getrennten winzigen Wassertröpfchen oder Bläschen vergleichbar, aus denen Wolken oder Nebel bestehen, die dem blossen Auge als solide Massen erscheinen. In dem dunklen Ringe mögen die einzelnen Partikelchen so zerstreut sein, dass wir durch die »Wolke« hindurch sehen können, und der Grund, dass er verhältnissmässig dunkel aussieht, liegt dann vermuthlich nur in der relativ kleinen Zahl von Theilchen, so dass sie dem entfernten Auge ähnlich wie lose punktirte Theile eines Kupferstiches erscheinen.

Ob das vergleichsweise dunkle oder doch mattere Aussehen mancher Stellen des hellen Ringes gleichfalls durch die dort geringere Zahl von Diminutiv-Satelliten hervorgerufen sei, können erst weitere Beobachtungen entscheiden. Die grössere Wahrscheinlichkeit scheint aber für die Annahme zu sprechen, dass der ganze helle Ring bis zu einem gewissen Grade durchscheinend und dabei continuirlich sei und das dunklere Aussehen gewisser Stellen nur von ihrer dunkleren Färbung herrühre. Definitiv beantworten lässt sich die Frage über die eine oder andere Beschaffenheit der Ringe, wie gesagt, noch nicht. Ueber die dunklen Stellen des hellen Ringes wird man vermuthlich dann etwas Entschei-

---

*) Zu nahe denselben Folgerungen wie Maxwell ist später unabhängig auch Hirn in Colmar gekommen.

dendes erfahren können, wenn sie über einen hinreichend hellen Stern weggehen; eine solche Gelegenheit hat sich aber bisher noch nicht dargeboten, und die Erscheinung ist der Natur der Sache nach eine so überaus seltene *), dass auch noch Jahrzehnte vergehen können, ehe sie einmal eintrifft. Hinsichtlich des dunklen Ringes könnte man Aufschluss erwarten, wenn man genau beachtete, ob der Körper des Planeten selbst durch ihn hindurch gesehen werden könnte oder nicht. Wegen der schlechten, verwaschenen Begrenzung des Ringes ist aber eine solche Beobachtung ausserordentlich schwierig, und man wird Untersuchungen in dieser Richtung mit Erfolg nur zu Zeiten, wo der Ring weit geöffnet erscheint, anstellen können. Nach Lassells und Trouvelots auf sehr sorgfältigen Beobachtungen beruhendem Zeugniss hat man indessen Grund, auch den dunklen Ring für wenigstens theilweise transparent zu halten. — Dass Ringe wie Kugel des Saturn aus einer jedenfalls äusserst lockeren und leichten Materie bestehen, folgt übrigens aus der geringen Dichtigkeit des Saturn, welche mit nur $1/8$ der Erddichte die geringste ist, die sich überhaupt im Sonnensysteme, abgesehen von den Cometen, findet.

Wenn der Saturnring aus kleinen Körperchen besteht, die in selbständigen Bahnen den Saturn umkreisen, so müssen diese Bahnen gewissen Störungen durch die eigentlichen Monde des Saturn unterworfen sein, und zwar sind derartige Störungen am bedeutendsten bei solchen Körperchen, deren Umlaufszeiten zu den Umlaufszeiten eines Mondes in möglichst einfachem Verhältniss stehen. Es ist nun darauf aufmerksam gemacht worden, dass die Haupttheilungen des Ringes thatsächlich solchen Entfernungen entsprechen, und dass daher anzunehmen sei, dass an diesen Stellen die Bahnen nicht lange ihre Form behalten, also die Körperchen hier am wenigsten auf die Dauer verweilen können.

5. Die Saturn-Satelliten.

Als Huygens im März 1655 seine Beobachtungen des Saturn begann, bemerkte er sofort ein Sternchen neben dem Planeten, welches die Verfolgung durch wenige Tage als einen Trabanten, der den Hauptkörper nahe der Ringebene und in etwa 15 Tagen umkreiste, kennen lehrte. Er sprach in seinem »Systema Saturnium« die Ansicht aus, diese Entdeckung vervollständige das Sonnensystem, indem sie ihm neben sechs Hauptplaneten nun auch sechs Satelliten zuertheile, und diese vorgefasste Meinung hat ihn wohl verhindert, noch andere Satel-

---

*) Man kann annehmen, dass ein Stern 9. Grösse etwa alle $1\frac{1}{2}$ Jahre bedeckt wird, ein Stern 3. Grösse dagegen vielleicht nur im Jahrtausend einmal.

liten des Saturn zu finden. Dies gelang erst eine Reihe von Jahren später D. Cassini, der nach einander noch vier Trabanten auffand. Mit diesen fünf war für länger als ein Jahrhundert die Zahl der bekannten Trabanten abgeschlossen, bis 1789 im Verlauf von wenig Wochen Herschel noch zwei entdeckte, von denen der eine, dem Saturn nächste, auch jetzt noch eins der schwierigsten Objecte ist. Endlich glückte im September 1848 den beiden Bond in Cambridge (U. S.) und nur wenige Tage später dem englischen Astronomen Lassell die Auffindung noch eines achten und schwächsten Trabanten. Hiermit scheint die Zahl erschöpft zu sein. Die folgende Zusammenstellung enthält, geordnet nach Abständen (die Spalte 3 in Saturnhalbmessern aufführt), diese acht Trabanten nebst Entdeckern und Datum der Entdeckung.

Nr.	Name	Entfernung	Entdecker	Datum
1	Mimas	3.3	Herschel	1789 September 17
2	Enceladus	4.3	»	1789 August 28
3	Tethys	5.3	Cassini	1684 März
4	Dione	6.8	»	1684 März
5	Rhea	9.5	»	1672 December 23
6	Titan	20.7	Huygens	1655 März 25
7	Hyperion	26.8	Bond	1848 September 16
8	Japetus	64.4	Cassini	1671 October.

Die Helligkeit oder genauer Sichtbarkeit der Satelliten entspricht, wie zu erwarten, etwa ihrer Entdeckungszeit. Das kleinste Fernrohr schon zeigt Titan und ein sehr mässiges Japetus (im westlichen Theile seiner Bahn); vier Zoll Oeffnung genügen für Rhea und vielleicht für Tethys und Dione; dagegen kann Enceladus erst mit ca. 7—8 Zoll und dann auch nur bei grösster Entfernung vom Planeten gesehen werden. Mimas erfordert eine Oeffnung von mindestens 10 Zoll; für gewöhnlich kann er sowohl wie Hyperion nur mit den stärksten Fernröhren und unter günstigsten Bedingungen gesehen werden; nach Pickerings photometrischen Messungen erscheint Hyperion als Sternchen 13.14. Grösse. —

Mit Ausnahme des Japetus umkreisen alle Trabanten den Saturn nahe in der Ringebene und in wenig excentrischen Bahnen; nur Hyperion hat etwa $1/9$ Excentricität.

Einigermassen ähnlich wie bei den Mars- und Jupitersatelliten bestehen auch zwischen den Umlaufszeiten der Saturnsatelliten gewisse einfache Beziehungen; die Umlaufszeit des dritten, bezw. vierten ist nämlich nahezu doppelt so gross als die des ersten, bezw. zweiten. Ferner besteht, worauf d'Arrest hingewiesen hat, noch eine Periode von $465^3/_4$ Tagen zwischen den Umläufen der vier inneren Trabanten, nach welcher Zeit sich die Stellungen wiederholen; auf diesen Zeitraum kommen nämlich 494 Umläufe des ersten, 340 des zweiten, 247 des dritten und 170 des vierten Trabanten. In neuerer Zeit ist von H. Struve in Pulkowa noch eine weitere eigenthümliche Beziehung zwischen Mimas und Tethys und zwischen Enceladus und Dione gefunden worden, welche sich durch folgende zwei Sätze ausdrücken lässt: 1) Die Conjunctionen von Mimas und Tethys finden für alle Zeiten um den Punkt statt, der sich in der Mitte zwischen den aufsteigenden Knoten ihrer Bahnen auf dem Saturnäquator findet. Sie können sich von diesem Punkte aus um fast 48° entfernen und führen diese Libration in 68 Jahren aus. 2) Die Conjunctionen von Enceladus und Dione fallen für alle Zeiten mit dem Perisaturnium des Enceladus zusammen, oder sie müssen wenigstens um diesen Punkt oscilliren.

Die wahren Grössen und Massen der Trabanten sind noch fast unbekannt; auch der hellste, Titan, ist jedenfalls noch kleiner als der kleinste (zweite) Jupitertrabant, da er ein Scheibchen von etwa $1/2$ Secunde Durchmesser, in welcher Grösse er bei einem linearen Durchmesser von 3500 Kilometern erscheinen müsste, jedenfalls nicht zeigt. Aus photometrischen Vergleichungen hat Pickering Durchmesserwerthe gefunden, die zwischen 310 Kilometer bei Hyperion und 2260 Kilometer bei Titan fallen; letzterem Werthe entspricht ein scheinbarer Durchmesser von nur $1/3$ Secunde, welcher sich, auch unter den günstigsten Umständen, kaum je direct wird wahrnehmen lassen.

Wie einige der Jupitersatelliten, so zeigt auch Japetus, der äusserste Saturntrabant, merkwürdige und sogar noch bedeutendere Lichtwandelungen; westlich vom Planeten ist er hell und steht nur Titan und Rhea nach; dagegen ist er östlich um volle $1^1/_2$ Grössenclassen schwächer und kommt fast Mimas gleich. Nimmt man, wie dies für die Jupitersatelliten wahrscheinlich ist, auch für die des Saturn, speciell den Japetus, das Zusammenfallen von Rotations- und Revolutionsdauer an, so würde sich diese auffallende Veränderlichkeit erklären, wenn die eine Seite des Trabanten sehr hell, die andere ganz dunkel wäre; ein so bedeutender Unterschied in der Leuchtkraft oder Reflexionsfähigkeit zweier Hemisphären hat freilich im ganzen Sonnensysteme kein Analogon, doch giebt dies noch die plausibelste Erklärung für die beobachteten Thatsachen.

6. Uranus und seine Satelliten.

Am 13. März 1781 fand Herschel im Sternbilde der Zwillinge ein nebelähnliches, jedoch nur einige Secunden grosses rundes Object, dessen Bewegung bald zeigte, dass es weder ein Nebel noch ein Fixstern sein könne. An einen neuen Planeten dachte Herschel nicht; er kündigte vielmehr der Royal Society in London seine Entdeckung als die eines neuen Cometen an. Verschiedene Astronomen versuchten auf Grund der Beobachtungen Herschels und anderer und von dieser Voraussetzung, d. h. der Annahme einer parabolischen Bahn ausgehend, die Bahn dieses »Cometen« zu bestimmen; allein schon nach wenigen Wochen zeigte sich, dass, wenn seine Bahn wirklich eine Parabel sei, die Periheldistanz wenigstens 14 mal grösser als die Entfernung der Erde von der Sonne oder vielmal grösser als die irgend eines anderen bekannten Cometen sein müsse, dass dagegen die Annahme, der Körper bewege sich in einem Kreise, dessen Radius etwa 19 mal grösser als der Erdbahnhalbmesser sei, den Beobachtungen recht gut genüge. Man hatte es demzufolge nicht mit einem Cometen zu thun, sondern mit einem Planeten im doppelten Abstande des Saturn.

Ein begreifliches Gefühl des Dankes gegen den königlichen Gönner, der ihm die Mittel zu seinen Entdeckungen so reich gewährt, liess Herschel als Namen des neuen Planeten »Georgium Sidus« wählen und vorschlagen. Dieser Name, abgekürzt in »the Georgian«, wurde in England bis 1850 vielfach gebraucht, fand aber auf dem Continente weder Beifall noch Eingang. Nicht besser erging es der von Lalande vorgeschlagenen Bezeichnung »Herschel«; dagegen bürgerte sich der von Bode empfohlene und den anderen Planetennamen entsprechende Name Uranus (mit dem Zeichen ♅) immer mehr ein und wurde bald allein angewandt.

Nach genauer Berechnung seiner Bahn zeigte sich sehr bald, dass Uranus von verschiedenen Beobachtern schon lange vor Herschel gesehen worden war, ohne dass sie seine wahre Natur erkannt hatten. So ist er z. B. von Flamsteed schon 1690, also fast ein Jahrhundert vor Herschel, gesehen und am Passageninstrument beobachtet worden, und später von demselben Astronomen noch viermal. Merkwürdig ist die achtmalige Beobachtung von Lemonnier zu Paris im December 1768 und Januar 1769. Hätte dieser nur seine Beobachtungen sofort reducirt, so würde ihre ganz oberflächliche Vergleichung schon die stetige Bewegung des Planeten gezeigt haben und Herschel so der Ruhm des Entdeckers entgangen sein. Dass er nicht schon längst selbst mit freiem Auge, welchem er noch leidlich sichtbar ist, wahrgenommen, also ohne Fernrohr entdeckt wurde, dürfte manche vielleicht noch mehr Wunder nehmen; indessen war die Katalogisirung selbst der helleren Sterne zu Herschels Zeit noch eine sehr mangelhafte, und Uranus würde aus diesem Grunde möglicherweise Jahre lang unbekannt geblieben sein, selbst wenn er noch heller als 6. Grösse, wie er in der That erscheint, gewesen wäre.

Der Planet rotirt bei einem mittleren Abstande von etwa 2900 Mill. Kilometern um die Sonne in einer nur wenig excentrischen und weniger als bei einem anderen gegen die Ekliptik geneigten Bahn im Zeitraume von 84 Jahren. Seine Bewegung ist danach eine so langsame, dass die Oppositionen sich nur um vier bis fünf Tage jährlich verschieben (1892 findet die Opposition April 22, 1893 April 27 u. s. f. statt).

Wie erwähnt, kann Uranus, wenn man seinen Ort ungefähr kennt, als Stern 6. Grösse noch recht gut von einem normalen Auge gesehen werden. Genauer ist nach den photometrischen Messungen Zöllners seine Helligkeit 150 mal geringer als die der Capella; die lichtreflectirende Kraft seiner Oberfläche findet derselbe Forscher zu mehr als sechs Zehnteln, noch etwas grösser als die des Jupiter und unter allen Körpern unseres Sonnensystems am grössten. Um den Planeten auch nach seinem Aussehen von Fixsternen zu unterscheiden, also seine Scheibe (von nahe 4″ Durchmesser) deutlich zu erkennen, ist eine wenigstens 100 malige Vergrösserung erforderlich. Mit starken Fernröhren betrachtet, erscheint die Oberfläche in grünlicher Färbung; Streifen oder Flecken sind auf ihr bis jetzt mit Sicherheit noch nicht gesehen worden, daher ist auch seine Rotationsdauer und die Lage seiner Umdrehungsaxe noch unbekannt; doch darf angenommen werden, dass er in derselben Ebene rotirt, in welcher seine Trabanten ihn umkreisen. Eine Abplattung hat sich bisher gleichfalls noch nicht sicher ermitteln lassen; der Werth $^1/_{10}$, den der ältere Herschel und nach ihm Mädler fanden, ist sehr wahrscheinlich zu gross; doch könnte sich selbst eine noch grössere zu gewissen Zeiten der Wahrnehmung entziehen, wenn seine Umdrehungsaxe nur wenig gegen die Ekliptik geneigt ist und seine Pole daher nur etwa alle 42 Jahre am scheinbaren Rande der Scheibe stehen. Die Messungen der Abplattung mit Hülfe eines Reversionsprismas, von Seeliger in München, deuten übrigens nur eine geringe Abplattung an und machen es wahrscheinlich, dass die gefundenen starken Werthe wesentlich auf persönlichen Fehlern der Beobachter beruhen.

Das Spectrum des Uranus lässt wegen seiner Schwäche nur wenige Fraunhofer'sche Linien erkennen, zeigt aber wieder eine Anzahl Bänder oder Streifen, von denen eines wenigstens (im Roth) mit einem Bande im Jupiter- und Saturn-Spectrum identisch ist. —

Im Januar 1787 entdeckte Herschel zwei Trabanten, von denen der innere in etwa 9, der äussere in 13$^1/_2$ Tagen den Uranus umkreist. Sind schon diese Objecte nur grossen Instrumenten (11 Zoll und mehr Oeffnung) zugänglich, so dürften die beiden von Lassell 1846 aufgefundenen und später (1852) von ihm und Marth auf Malta genauer verfolgten als die schwierigsten Gegenstände des ganzen Planetensystems gelten; sie erscheinen etwa wie Sternchen 15. Grösse und können in der That nur mit den wenigsten der vielen grossen jetzt existirenden Fernröhre wahrgenommen werden. Die Umlaufszeiten dieser, Ariel und Umbriel genannten Körperchen betragen nur $2^1/_2$ und 4 Tage.

Ob Herschel einen von diesen beiden inneren Trabanten gesehen hat, als er (1779) aussprach, Uranus besitze vermuthlich noch vier weitere Trabanten, ist sehr zweifelhaft. Jedenfalls haben neuere Nachforschungen von Lassell mit seinem grossen vierfüssigen Reflector, von Holden u. a. am grossen Washingtoner Refractor bewiesen, dass, wenn ausser den beiden älteren Herschel'schen sowie den beiden Lassell'schen wirklich noch weitere Satelliten existiren sollten, diese auch für die kraftvollsten Instrumente der Jetztzeit, um so eher also für Herschels Teleskope, unsichtbar sind. Wir müssen also die vier späteren, von Herschel angekündigten streichen und dem Uranus nach unseren jetzigen Kenntnissen überhaupt nur vier Trabanten zusprechen.

Aehnlich wie für die Trabanten des Mars und Saturn, unter der Annahme nämlich, dass die Albedo dieselbe wie beim Hauptkörper sei, hat Pickering neuerdings auch die Durchmesser der beiden hellsten Uranustrabanten auf photometrischem Wege zu ermitteln versucht und für den dritten, Titania, 940, für den vierten, Oberon, 870 Kilometer gefunden. Sie gleichen an Helligkeit etwa Sternen 14. Grösse.

Die grösste Eigenthümlichkeit der Uranustrabanten ist die grosse Neigung ihrer Bahnen gegen die Ekliptik. Statt wie bei allen anderen Planeten (und dem Uranus selbst) und deren Satelliten, eine Neigung von nur wenigen Graden zu haben, stehen die Bahnen der Uranustrabanten nahezu senkrecht zur Ekliptik; ja in geometrischem Sinne sind sie sogar mehr als 90° gegen dieselbe geneigt, da die Bewegungsrichtung der Satelliten in ihren Bahnen, verglichen mit den anderen, eine rückläufige oder retrograde, ähnlich wie bei vielen Cometen, ist. Um die Lage der Bahn eines gewöhnlichen Satelliten in die jener Trabanten zu verändern, müsste sie über 100° geneigt oder gekippt werden; so dass, wenn die Bahn erst die Lage AA (Fig. 151) hat, sie nach der Drehung im Sinne des Pfeiles in die $A'A'$ versetzt würde

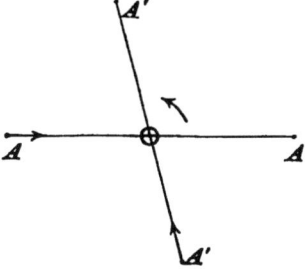

Fig. 151. Bahnneigung der Uranustrabanten.

und die Bewegungsrichtung also die umgekehrte wie anfangs wäre.

Wie bei den übrigen von Trabanten begleiteten Planeten lässt sich auch die Masse des Uranus am bequemsten, raschesten und genauesten durch

Beobachtungen seiner Trabanten finden; in diesem Falle geben sie sogar das einzige zuverlässige Resultat, weil die Störungen, die Uranus auf seine beiden Nachbarplaneten, den Saturn und Neptun, ausübt, wegen der Ungenauigkeit der Beobachtungen des ersteren und ihrer zu geringen Zahl beim letzteren sich nicht scharf genug berechnen lassen, um die Masse daraus ableiten zu können. Aus Messungen der Trabantenabstände am grossen Washingtoner Refractor hat Newcomb die Uranusmasse zu $1/22000$ der Sonnenmasse gefunden, welcher Werth vermuthlich auf $1/200$ sicher ist.

Der Durchmesser des Uranus beträgt etwa 4.0 Erddurchmesser oder 51 000 Kilometer, seine Dichtigkeit dagegen wenig mehr als $1/5$ von der der Erde.

7. Neptun und sein Satellit.

Die Entdeckung des Neptun gehört zu den glänzendsten Thaten moderner Astronomie; sie hat vielleicht mehr als irgend eine andere und mehr als die Entdeckung der Gravitation selbst, deren Consequenz sie war, dazu beigetragen, vor den Resultaten astronomischer Forschung Staunen und Bewunderung bei allen zu erregen, denen die verschlungenen dornigen Pfade der mathematischen Analyse und Abstraction unzugänglich sind. Der Planet wurde, so zu sagen, gefühlt durch die Anziehung, die er auf Uranus ausübt, und mit geistigem Auge geschaut, ehe ihn das leibliche erkannte. Ein Analogon, wenngleich einfacherer Art, bietet die Entdeckung dunkler Fixsternbegleiter, speciell die der Sirius- und Algolbegleiter; denn in diesen Fällen handelt es sich wesentlich um dasselbe: die Existenz eines Körpers nachzuweisen und seinen Ort zu berechnen aus den Wirkungen, die er auf einen bekannten Körper ausübt.

Um die Geschichte der Neptunentdeckung vom Beginne zu verfolgen, müssen wir bis zum Jahre 1821 zurückgehen. In diesem Jahre hatte Bouvard in Paris verbesserte Tafeln von Jupiter, Saturn und Uranus herausgegeben, welche, obschon nach heutigen Begriffen sehr unvollkommen, doch die Basis für die meisten seit jener Zeit über die Bewegung jener Körper angestellten Berechnungen abgegeben haben. Er fand, dass, während die Bewegungen von Jupiter und Saturn mit der Theorie der Gravitation in Einklang sich befanden, dies beim Uranus nicht der Fall war. Auch nach sorgfältiger Berücksichtigung der Störungen der bekannten Planeten war es unmöglich, eine Bahn für Uranus zu finden, die sowohl den älteren Vor-Herschel'schen als auch den neueren, seit Herschels Auffindung angestellten Beobachtungen genügt hätte. Bouvard verwarf daher die ersteren und gründete seine Tafeln nur auf die neueren Beobachtungen, überliess also späteren Forschern die Untersuchung der Frage, ob die Unmöglichkeit, beide Beobachtungsreihen gleichzeitig darzustellen, nur an der Ungenauigkeit der älteren Beobachtungen liege, oder ob sie von der Wirkung irgend eines unbekannten äusseren Einflusses herrühre.

Schon nach wenigen Jahren begann der Planet von Bouvards Tafeln abzuweichen; der Fehler stieg 1830 auf 20", 1840 auf $1\frac{1}{2}'$, 1844 auf $2'$. Nun sind zwar diese Abweichungen scheinbar nicht bedeutend, da auch das schärfste Auge nicht im Stande ist, zwei Sterne, deren Entfernung nur $1\frac{1}{2}$ bis $2'$ beträgt, getrennt zu sehen. Aber im Fernrohr sind es beträchtliche Quantitäten, und schon viel geringere dürfen da durchaus nicht vernachlässigt werden. — Die wahrscheinliche Ursache dieser stetig zunehmenden Abweichungen war der Gegenstand mancher Discussion unter den Astronomen, und vermuthlich haben nicht wenige ihren wahren Grund richtig erkannt, wenn auch nicht ausgesprochen. Sehr bestimmte Ansichten scheinen wenigstens, mit einer Ausnahme, nicht geäussert worden zu sein.

Diese Ausnahme bildete Bessel. Schon 1823 deutete der grosse Königsberger Astronom in einem Briefe an Olbers auf die unerklärlichen Abweichungen der Uranusbewegung von der Theorie hin und sprach die Hoffnung aus, die darauf bezüglichen Untersuchungen durchzuführen, die nach seiner Ansicht »zu der schönsten Bereicherung der Wissenschaft« leiten müssten. Indessen kam er selbst nicht dazu, veranlasste aber (1838) einen seiner Schüler, Flemming, die nöthigen Vorarbeiten zu unternehmen. Dieser widmete sich mit Eifer und Hingebung der Sache und wäre vielleicht weit genug gekommen, um ein genaues Urtheil über die Ursache der Abweichungen der Rechnung von der Beobachtung zu ermöglichen, wenn nicht Krankheit und ein frühzeitiger Tod (1840) die Arbeit unterbrochen hätten.

Glücklicher waren zwei andere Astronomen, deren Untersuchungen freilich auch tiefer und umfassender angelegt waren, als die nicht über das vorbereitende Stadium gediehenen Arbeiten Flemmings.

Im Jahre 1845 empfahl Arago einem jungen Freunde, dem damals noch ganz unbekannten Leverrier, den er aber als scharfsinnigen Mathematiker und geschickten Rechner kannte, die Uranusbewegung zu untersuchen. Leverrier ergriff die Aufgabe sofort und behandelte sie in strengster systematischer Weise. Zunächst versicherte er sich, dass die Abweichungen nicht von Fehlern in Bouvards Theorie und Tafeln herrührten; er unternahm daher eine sorgfältige Neuberechnung der Störungen des Uranus durch Jupiter und Saturn und eine kritische Prüfung der Tafeln. Das Resultat war die Auffindung einer Menge kleiner Fehler in letzteren, die aber nicht der Art waren, um die beobachteten Abweichungen zu erklären.

Der nächste Schritt war nun, zu untersuchen, ob bei gehöriger Berücksichtigung der Jupiter- und Saturn-Störungen für Uranus irgend eine Bahn berechnet werden könnte, welche die neueren Beobachtungen darstellte. Das Ergebniss war wieder negativ: die beste Bahn, die man annehmen konnte, wich erst nach der einen, dann nach der andern Seite um entschieden mehr ab, als die Beobachtungsfehler zuliessen. Leverrier nahm jetzt erst als Ursache der Abweichungen die Wirkungen eines noch unbekannten Planeten an und untersuchte, wo sich dieser Planet befinden müsse. Zwischen Saturn und Uranus konnte seine Bahn nicht liegen, da er dann auch die Bewegung des Saturn hätte stören müssen, was die Beobachtungen durchaus nicht anzeigten. Er musste also ausserhalb des Uranus gesucht werden, und vermuthlich, indem man die Titius'sche Reihe weiter fortsetzte, in nahe der doppelten Entfernung von der Sonne stehen. Unter der weiteren plausibeln Annahme, der unbekannte Planet bewege sich in der Ekliptik, gelang es nun Leverrier, im Sommer 1846 bereits vollständige Bahnelemente des unbekannten Planeten abzuleiten, die seinen Ort für Anfang 1847 zu 325° Länge, von der Erde gesehen, ergaben.

Leverrier war nicht der einzige, der dieses Resultat erreichte. 1843, also schon zwei Jahre vor ihm, hatte J. C. Adams, damals Student in Cambridge (England), das Problem der Uranusbewegung zu bearbeiten unternommen. Im October 1845 theilte er auf Veranlassung von Challis in Cambridge Airy Elemente des Planeten mit, die so nahe der Wahrheit kamen, dass derselbe, hätte man mit einem hinreichend starken Fernrohr gesucht, höchst wahrscheinlich, wenn nicht sicher, gefunden worden wäre. Airy war indessen, wie auch Challis, etwas ungläubig und verschob seine Nachforschungen bis auf weitere Erklärungen von Adams, welche er aber, aus nicht aufgeklärtem Grunde, nicht empfing. Mittlerweile war der Planet, nachdem die Opposition Mitte August gewesen, in den Sonnenstrahlen verschwunden und konnte nicht vor Sommer 1846 wieder aufgesucht werden. Sehr merkwürdig ist nun in der That, dass nichts über die Arbeiten von Adams veröffentlicht und kein Versuch gemacht wurde, ihm das Recht der Priorität zu sichern, obschon in Wirklichkeit seine Untersuchungen und deren Resultate denen Leverriers um nahezu ein Jahr vorausgingen.

Im Sommer 1846 erschienen Leverriers Bahnelemente, und die Uebereinstimmung mit den von Adams gefundenen war so auffallend, dass Challis jetzt eine systematische Nachsuchung nach dem Planeten begann. Unglücklicherweise war seine Beobachtungsmethode, obschon ein Resultat sichernd, doch sehr umständlich; er suchte nämlich den Planeten nicht mit hinreichend starker Vergrösserung an seiner Scheibe, sondern vielmehr durch seine Bewegung unter den Sternen zu erkennen, und da diese nur eine langsame sein konnte, so mussten alle Sterne in der Umgebung des berechneten Orts öfters beobachtet werden, um zu sehen, welcher seinen Ort mit der Zeit veränderte. In der That hat nun Challis den Planeten unter anderen Sternen am 4. und 12. August 1846 beobachtet und würde ihn, wenn er die Beobachtungen reducirt hätte, als solchen erkannt haben. Es erging ihm indessen ähnlich wie Lemonnier früher mit dem Uranus (obschon dieser dessen Existenz nicht ahnte), und sein Verfahren lässt sich einigermassen dem eines Menschen vergleichen, der weiss, dass er einen Diamanten an einem bestimmten Fleck am Meeresstrande verloren hat und nun den ganzen, die Stelle umgebenden Sand mit nach Hause nimmt, um den darin enthaltenen Stein nach Bequemlichkeit herauszusuchen.

Im September 1846, während Challis noch mit der Fortführung seiner Beobachtungen beschäftigt war, ohne zu wissen, dass er den ersehnten Gegenstand seines Suchens schon in den notirten Ziffern des Beobachtungsbuchs gefangen hielt, schrieb Leverrier an Galle nach Berlin und bat diesen, mit Hülfe des soeben fertig gewordenen Blattes 21^h der akademischen Sternkarten, nach dem Planeten zu suchen. Galle, unterstützt von d'Arrest, fand noch an demselben Abend, den 23. September, ein Object, welches auf der neuen Karte, die viel schwächere Sterne enthielt, fehlte und mit stärkerer Vergrösserung ein planetenähnliches Scheibchen zeigte. Die folgende Nacht gab deutlich die Bewegung des verdächtigen Sterns zu erkennen, und so war nun Neptun (Ψ), der neue Planet, kaum 1° von dem von Leverrier theoretisch vorausgesagten Orte wirklich aufgefunden.

Man hat mitunter gestritten, wem wohl der grössere Ruhm und das Recht der ersten Entdeckung gebühre, ob Leverrier oder Adams. Muss als Entdecker der angesehen werden, welcher seine Entdeckung zuerst veröffentlicht, so besteht kein Zweifel, dass es Leverrier war; er machte sowohl die Resultate seiner Berechnung zuerst bekannt, als auch veranlasste er unmittelbar die optische Auffindung durch Galle. Aber das schmälert das Verdienst von Adams, der schon etwa ein Jahr früher zu demselben Ergebniss wie Leverrier gekommen war, nicht im geringsten; man darf ihn sachlich mit gleichem Recht wie den glücklicheren Leverrier als den Entdecker betrachten und soll fruchtlose Prioritätsstreitigkeiten, die nicht der Wissenschaft, sondern der menschlichen Eitelkeit wegen geführt werden, bei Seite lassen; die Astronomie durfte sich, um an das drastische Wort unseres grossen Dichters zu erinnern, freuen,

»zwei solche Kerle zu besitzen«, von denen jeder unabhängig vom andern ein Problem zu lösen im Stande war, das ebenso viel Scharfsinn und theoretische Kenntnisse als Geduld und Ausdauer erforderte.

Die Entdeckung des Neptun veranlasste Petersen in Hamburg und S. C. Walker in Washington zu einer Untersuchung hinsichtlich etwaiger älterer Beobachtungen, die für die Bahnbestimmung unter Umständen von grossem Werthe sein konnten. Schwieriger als beim Uranus, denn der Neptun erscheint nur als ein Stern 8. Grösse und bewegt sich zur Zeit der Opposition fast doppelt so langsam als jener, waren die Nachforschungen unter älteren Beobachtungsreihen, die beide Astronomen unternahmen, doch endlich erfolgreich; es fand sich nämlich, dass Lalande in Paris am 8. und 10. Mai 1795 die Gegend am Himmel beobachtet hatte, wo der Planet damals stehen musste, und dass unter dessen damaligen Beobachtungen sich ein Stern fand, den spätere Astronomen nicht notirt hatten, und welcher der berechneten Bahn nahe war. Die Einsicht in die Originalmanuscripte Lalandes, die auf der Pariser Sternwarte aufbewahrt werden, ergab denn wirklich, dass er an jenen beiden Abenden den Neptun beobachtet hatte.

So hatte man nun einen Ort, der durch sein altes Datum von grosser Wichtigkeit für die genaue Bestimmung der Neptunbahn wurde, und Walker und nahe gleichzeitig mit ihm Peirce in Cambridge (U. S.) berechneten nun sorgfältig die Elemente, letzterer auch als der erste die Störungen, welche Neptun von den anderen Planeten erleidet. Die vollständigsten neueren Untersuchungen über die Bewegung des Neptun, wie auch des Uranus rühren indessen von Newcomb und Leverrier her: der letztere construirte auch genaue Tafeln für beide Planeten. Danach braucht Neptun bei einem mittleren Abstand von 4490 Millionen Kilometer fast 165 Jahre, um die Sonne in seiner nahezu kreisförmigen Bahn zu umlaufen. Bei dieser langsamen Bewegung verschieben sich die Zeiten der Opposition nur um etwa $2^1/_2$ Tage (1893 fällt die Opposition auf den 3. December), oder mit anderen Worten, Neptun rückt in einem Jahre am Himmel nur etwas über 2° fort.

Die nur etwa $2^1/_2''$ im Durchmesser haltende Scheibe des Planeten erscheint auch bei günstigster Luft und unter Benutzung der kraftvollsten Instrumente vollkommen rund, ohne besondere Merkmale und von bleicher bläulicher Färbung. Ueber die Rotationsdauer und Axenlage lässt sich daher auch, wie beim Uranus, nichts angeben. Das Spectrum, welches Vogel und Huggins untersucht haben, ist noch wesentlich schwächer als das des Uranus, zeigt aber einige breite und dunkle Absorptionsstreifen, welche dieselbe Lage wie bei jenem zu haben scheinen. Die Lichtstärke des Neptun ist nach Zöllners photometrischen

Bestimmungen 1460 mal geringer als die der Capella, und er erscheint nur als Stern 8. Grösse; von dem empfangenen Sonnenlicht strahlt er fast die Hälfte zurück.

Lassell, der mit seinen grossen Reflectoren den Planeten in Malta und in England häufig beobachtet hat, glaubte anfangs einen Ring oder dem ähnliches Anhängsel wahrzunehmen; indessen haben spätere, unter günstigeren Bedingungen angestellte Beobachtungen nichts Derartiges zu erkennen gegeben.

Dagegen glückte ihm die Entdeckung eines Trabanten. Sehr bald nach der Auffindung des Planeten bemerkte er verschiedene Male ein schwaches Lichtpünktchen, konnte aber erst 1847 die Trabantennatur desselben nachweisen. Seine Messungen, wie die von Bond in Cambridge (U. S.) und O. Struve in Pulkowa zeigten, dass der Satellit in $5^t\ 21^h$ seine Bahn durchläuft, die 35° gegen die Ekliptik geneigt ist. Man konnte damals aber nicht entscheiden, ob die Bewegung eine directe oder retrograde sei, da sich nicht sagen liess, welcher Theil der scheinbaren elliptischen Bahn der Sonne (oder Erde) zu- und welcher abgekehrt war. Erst als der Planet nach einigen Jahren in wesentlich veränderter Richtung stand, zeigte sich, dass die Bewegung des Trabanten in rückläufigem (retrogradem) Sinne erfolgte. Diese Abweichung von der gewöhnlichen Bewegungsrichtung ist noch auffallender als bei den Trabanten des Uranus, denn wir müssen hier, um die Bewegungsrichtung in der gebräuchlichen Weise zu bezeichnen, wo nur von Bewegung in einem — directen — Sinne gesprochen wird, die Bahn gegen die Ekliptik um volle 145° (180°—35°) gedreht denken (vergl. Fig 151).

Pickering hat wieder auf photometrischem Wege den Durchmesser annähernd zu bestimmen gesucht. Ist die Voraussetzung gleicher Reflexionskraft mit der des Neptun selbst richtig, so käme der Neptunstrabant, mit einem Durchmesser von 3600 Kilometern, dem 1. Jupitertrabanten an Grösse fast gleich und überträfe sämmtliche Saturn- und Uranustrabanten sehr erheblich. Ob noch andere Trabanten ausser diesem existiren, wissen wir nicht; wesentlich kleinere würden sich vermuthlich der directen Wahrnehmung dauernd entziehen, da schon der jetzt bekannte ein äusserst schwaches Object ist und nur als Sternchen 13. bis 14. Grösse erscheint.

Messungen der Entfernung des Satelliten vom Hauptkörper am grossen Refractor zu Washington haben als Masse des Neptun $1/_{19350}$ der Sonnenmasse ergeben, ein Resultat, welches mit dem aus den Störungen des Uranus folgenden ($1/_{19700}$) so gut stimmt, als sich nur erwarten lässt. Da der Durchmesser etwa $4^2/_3$ Erddurchmesser oder 60 000 Kilometer beträgt, so folgt als Dichtigkeit des Neptun $1/_5$ der Erddichte; mit Ausnahme des Saturn ist also Neptun der wenigst dichte oder relativ leichteste der vier grossen Planeten, die sämmtlich von wesentlich geringerer Dichte als die vier mittleren sind.

Mit Neptun sind für jetzt die Grenzen unseres Planetensystems bezeichnet. Ob über ihn hinaus noch ein Planet existirt, wissen wir vorläufig noch nicht; es ist indessen nicht ganz unmöglich, dass die im folgenden Capitel zu erwähnenden Beziehungen zwischen Planeten und Cometen, speciell die Störungen, welche die Bahnen der letzteren durch erstere erfahren, zur Entdeckung ultraneptunischer Planeten führen werden. Jedenfalls können wir sagen, dass die anziehende Kraft der Sonne stark genug ist, um auch in weit grösseren Entfernungen noch Planeten um sie herum zu führen, wie dies nicht wenige der Himmelskörper beweisen, deren Betrachtung uns auf den folgenden Blättern beschäftigen soll.

Capitel V.

Cometen und Meteore.

1. Aussehen und Formen der Cometen.

Die Bewegungen der Himmelskörper, welche wir bis jetzt betrachteten, zeigen eine grossartige Uebereinstimmung, welche die Gemüther der Menschen von je her mit der Idee der Unveränderlichkeit der Sphären erfüllt hat. Aber diese harmonische Einheit wird zuweilen durch ausserordentliche Erscheinungen gestört, die sich, wie übernatürliche Besucher, längere oder kürzere Zeit am Himmel blicken lassen und dann spurlos verschwinden.

Es sind dies die *Cometen**)*, Weltkörper, die den frühesten Epochen bekannt waren, über deren wahre Natur und Beschaffenheit aber bis zum heutigen Tage noch ein erhebliches Dunkel herrscht.

Cometen, die hell genug sind, um mit dem unbewaffneten Auge gesehen zu werden, bestehen aus drei, jedoch nicht scharf abgegrenzten Theilen, nämlich aus dem *Kern*, der umgebenden *Hülle* oder *Coma* und dem *Schweif*.

Kern wird der helle Mittelpunkt genannt, welcher das Aussehen eines gewöhnlichen Sternes oder eines Planeten, obschon selten in gleicher Schärfe, zeigt und ohne Hülle und Schweif schwerlich Aufmerksamkeit erregen würde.

---

*) $Κομήτης$, Haarstern.

Die Hülle oder **Coma** ist eine wolken- oder dunstartige Masse, welche den Kern von allen Seiten umgiebt, da, wo sie ihn berührt, so hell leuchtet, dass man sie kaum davon unterscheiden kann, und erst, je mehr sie sich nach allen Richtungen ausdehnt, an Glanz verliert. Kern und Coma vereinigt haben das Aussehen eines mehr oder weniger hellen Sternes, der durch eine dünne Nebelschicht hindurch scheint, und bilden zusammen den *Kopf* des Cometen.

Der **Schweif** ist eine Fortsetzung der Coma und besteht in einem Strom mattweissen Lichtes, der breiter wird und schwächer leuchtet, je mehr er sich vom Cometen entfernt, bis das Auge ihn nicht mehr verfolgen kann. Eine Eigenthümlichkeit, die man seit den ältesten Zeiten an ihm wahrgenommen hat, ist, dass der Schweif fast ohne Ausnahme der Sonne abgewandt erscheint. Seine Ausdehnung ist bei den verschiedenen Cometen sehr verschieden, und zwar ist er in der Regel um so heller und länger, je glänzender der Kopf des Cometen ist. Während er oft kaum bemerkbar war, erstreckte er sich bei einigen der grossen Cometen, deren die Geschichte erwähnt, über die Hälfte des Himmelsgewölbes. Seine Länge beträgt sehr häufig viele Millionen Kilometer. Zuweilen, aber selten, erscheint der Schweif des Cometen auch in mehrere Theile gespalten, die sich dann in leicht divergirender Richtung ausbreiten.

Dies ist im Allgemeinen das Aussehen der dem blossen Auge sichtbaren Cometen, welche jedoch, wie man später fand, als der Himmel erst durch die Teleskope erforscht wurde, nur einen kleinen Bruchtheil der Gesammtzahl bilden. Wo man emsig und anhaltend suchte, entdeckte man oft schon in einem Jahre mehr Cometen mit dem Fernrohr, als man in einem Menschenalter mit dem blossen Auge sehen kann; aber diese sogenannten »teleskopischen Cometen« bieten nicht immer denselben Anblick, wie die andern. Bei den meisten scheint die Coma oder dunstige Hülle auf Kosten des Kernes und des Schweifes mehr ausgebildet, bei andern bemerkt man entweder gar keinen Kern, oder er ist so schwach und unbestimmt, dass man ihn kaum erkennt.

In diesem Falle ist es meistens auch unmöglich, den Schweif von der Coma zu unterscheiden, da der erstere entweder ganz unsichtbar oder nur eine Verlängerung der letzteren ist. Nicht wenige wohlbekannte Cometen bestehen nur aus einer nebeligen Lichtmasse von mehr oder weniger regelmässiger Form.

(Wenn wir aber ihre besondere Entwicklung betrachten, finden wir ungeachtet solcher bedeutender Unterschiede zwischen den grossen Cometen und den teleskopischen, dass sie alle einer Classe angehören. Es verhält sich damit, wie mit vielen Thieren, welche für den oberflächlichen Beobachter nichts mit einander gemein haben, in denen aber das geübte Auge des Zoologen doch wesentliche Aehnlichkeiten erkennt. In der Regel gleichen sich alle Cometen, wenn sie zuerst in den Bereich des Fernrohrs kommen; die späteren Verschiedenheiten entstehen erst aus der verschiedenartigen Entwicklung correspondirender Theile. Zuerst sieht man nur eine kleine nebelige Masse ohne Schweif und sehr oft auch ohne Kern; so bei dem Donati'schen Cometen von 1858, einem der prächtigsten, bei welchem mehr als zwei Monate nach seiner Entdeckung verstrichen, bis sich die Anfänge eines Schweifes zeigten.

Wenn der Kern eines teleskopischen Cometen sich zu zeigen anfängt, sieht man ihn gewöhnlich auf der der Sonne abgewandten Seite, während einige kleine Arme in der Richtung nach der Sonne ausgestreckt erscheinen, so dass es scheinen könnte, als ob der Comet einen kurzen, fächerförmigen Schweif der Sonne zuwendete, anstatt ihn, wie gewöhnlich, von ihr abzukehren.

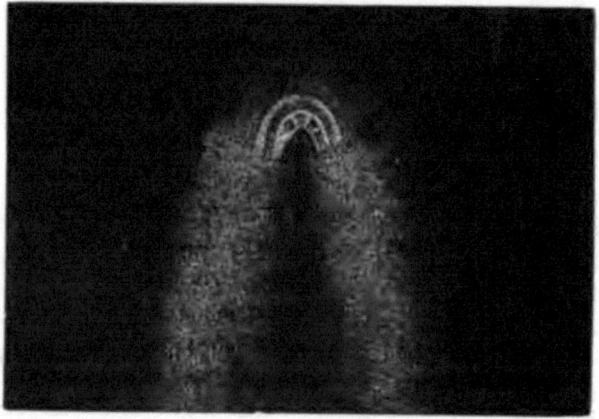

Fig. 152. Kopf des Donati'schen Cometen, Anfang October 1858 (nach Bond).

Betrachten wir dagegen die vorstehende Ansicht des Donati'schen Cometen, so gewahren wir mehrere helle Linien, die sich vom Mittelpunkte des Kopfes aufwärts erstrecken, und diese Theile sind es, denen die kleinen der Sonne zugewandten Schweife einiger teleskopischen Cometen entsprechen. In der That zeigt die Mehrzahl der grossen Cometen solchen fächerartigen Bau der Lichthüllen des Kopfes; der Griff des Fächers liegt im Kern, und sein mittlerer, zuerst sichtbar werdender Theil oder Arm weist gegen die Sonne. Dieser Fächer ist dann von einem oder mehreren halbkreisförmigen Bögen oder Umhüllungen umgeben, deren innerster seinen gekrümmten Rand bildet; bei schwachen

Cometen zeigt sich indessen dieser Bogen nicht. Der eigentliche Schweif des Cometen erscheint nach der der Sonne entgegengesetzten Richtung und ist daher auch vom Fächer abgekehrt.

Bei Figur 152 ist der eigentliche Schweif nach unten gekehrt und wegen des grossen Massstabs nur der Anfang davon zu sehen. Man wird auch bemerken, dass die centrale Gegend des Schweifes verhältnissmässig dunkel erscheint, was fast bei allen hellen Cometen der Fall ist.

Im Einzelnen freilich sind die physischen Erscheinungen, die sich am Kopfe der grossen Cometen vom Kern aus entwickeln, ausserordentlich verschieden, und keiner der bisher genauer beobachteten hat vollständig dem andern geglichen. Als allen gemeinsam kann nur gelten, dass vom Kern aus fortdauernd oder periodisch Ausströmungen leuchtender Materie stattfinden, in häufig bogen- und fächer-, mitunter raketenähnlicher Form; dass diese Materie sich in den Schweif fortsetzt, und dass alle diese Erscheinungen um so lebhafter und intensiver werden, je mehr sich der Comet der Sonne nähert; ein Maximum erreicht speciell die Schweifbildung fast immer erst kurze Zeit nach dem Periheldurchgange.

2. Bewegung und Ursprung der Cometen.

Als durch Kepler festgestellt war, dass alle Planeten in Ellipsen um die Sonne laufen, und nachdem Newton gezeigt, dass diese Art der Bewegung die nothwendige Folge des den Planeten eigenen Strebens nach dem Schwerpunkt unseres Systems, der Sonne, d. h. die Folge der Gravitation sei, entstand natürlich die Frage, ob wohl auch die Cometen diesem Gesetze gehorchten. Hevel und sein Schüler, der Pfarrer Dörfel in Plauen, sprachen zuerst aus, dass ihre Bahnen vermuthlich Parabeln seien; Newton aber bewies es zuerst und zeigte speciell für den grossen Cometen von 1680 eine Bahn, welche sehr excentrisch und allem Anschein nach eine Parabel sein musste.

Da die Parabel eine der Curven ist, welche die Gravitation verursachen kann, so wurde auf diese Art zur Gewissheit, dass die Cometen gegen die Sonne gravitirten, wie die Planeten; indessen blieb immer noch unentschieden, ob diese Bahn in der That eine Parabel, oder ob sie nicht vielmehr eine sehr langgestreckte Ellipse sei. Diese Schwierigkeit rührt daher, dass die Cometen meist nur in einem sehr kleinen Theil ihrer Bahnen, in der Sonnennähe, für uns sichtbar sind, und dass bei diesem kleinen Theil die Formen einer Parabel und einer sehr excentrischen Ellipse fast zusammenfallen (Fig. 153).

Die sehr wichtige Differenz zwischen einer elliptischen und einer parabolischen Bahn besteht, wie wir wissen, darin, dass die erstere geschlossen ist, so dass ein Comet, der sich in ihr bewegt, nothwendig wieder zurückkommen muss, während die zwei Arme der letzteren in den unendlichen Raum reichen, ohne sich je wieder zu vereinigen.

Ein Comet, der sich in einer Parabel bewegt, wird deshalb nie wiederkommen, sondern, nachdem er die Sonne umzogen hat, auf immer in den unendlichen Raum zurückkehren. Dasselbe wird der Fall sein, wenn der Comet eine Hyperbel beschreibt, welche die dritte unter dem Einflusse des Gesetzes der Schwere mögliche Bahn ist. Die Parabel würde sich bei der geringsten Verzögerung der Bewegung des Cometen in eine Ellipse verwandeln, bei der geringsten Beschleunigung in eine Hyperbel; die parabolische Bewegung bildet also den Uebergang zwischen der elliptischen und der hyperbolischen.

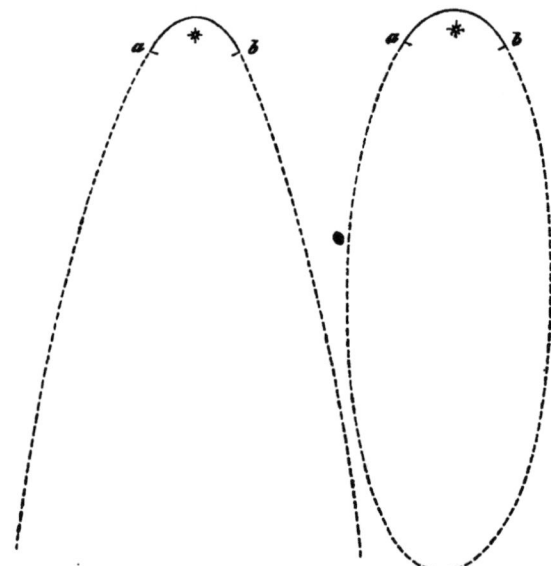

Fig. 153. Parabel und excentrische Ellipse.

Der Astronom, der die Lage einer Bahn kennt, weiss genau, welcher Grad von Geschwindigkeit für jeden Punkt in ihr nöthig ist, um einen Körper, der sich darin bewegt, auf Nimmerwiederkehr in den Raum hinauszustossen. So würde ein von der Erde mit einer Geschwindigkeit von 11 Kilometern in der Secunde fortgeworfener Körper, vorausgesetzt, dass er durch die Atmosphäre nicht gehemmt wird, nie wieder zur Erde zurückkehren, sondern eine selbständige Bahn um die Sonne beschreiben — er würde in der That ein kleiner Planet werden. Bewegte sich ein Körper — ein Comet — in seinem Perihel genau in der Erdbahn und zwar mit der Geschwindigkeit von 42 Kilometern in der Secunde, so besässe er gerade die zur Beschreibung einer Parabel erforderliche Schnelligkeit. Uebersteigt aber die Geschwindigkeit des Cometen an diesem Punkte seiner Bahn, der 149 Millionen Kilometer von der Sonne entfernt ist, diese Grenze, so würde er in den unendlichen Raum hinausgetrieben, um nie wieder in unser System zurückzukehren; während derselbe bei geringerer Geschwindigkeit vermöge der Anziehungskraft der Sonne in einer zukünftigen Zeit, die um so ferner wäre, je näher die Geschwindigkeit dem Werthe von 42 Kilometern in der Secunde käme, zurückkehren müsste. Die Geschwindigkeit ist es also, welche im Allgemeinen dem Astronomen die Mittel an die Hand giebt, die Form einer Bahn zu bestimmen, welche, wenn sie genau der berechneten Grenze entspricht, eine Parabel, wenn sie diese Grenze überschreitet, eine Hyperbel, wenn sie sie nicht erreicht, eine Ellipse ist.

Nun kommt bei der grossen Mehrzahl der Cometen die Geschwindigkeit der parabolischen Grenze so nahe, dass es nicht möglich ist, durch die Beobachtung zu entscheiden, welcher der drei Arten ihre Bahn angehört. Bei einigen dieser Himmelskörper ergeben die Beobachtungen einen Ueberschuss von Geschwindigkeit, welcher aber so gering ist, dass daraus nichts Bestimmtes auf die Form der Bahn geschlossen werden kann, weshalb man auch nicht sicher weiss, ob irgend ein bekannter Comet eine Hyperbel beschreibt; es wäre daher denkbar, dass sie alle unserem Systeme angehören und schliesslich einmal zu uns zurückkehren werden. Wäre dies aber auch der Fall, so würde die Wiederkehr in den allermeisten Fällen um viele Jahrhunderte, ja Jahrtausende sich verzögern. Andererseits giebt es indessen eine Anzahl von Cometen, die sicher periodisch sind; sie bewegen sich in entschieden elliptischen Bahnen und kehren in regelmässigen Intervallen zur Sonne zurück. Bei einigen von ihnen hat man durch wiederholte Beobachtungen die Umlaufszeit mit grosser Genauigkeit festgestellt, bei anderen hat man auf die periodische Wiederkehr nur aus der Thatsache geschlossen, dass der Betrag der Geschwindigkeit die parabolische Grenze bei weitem nicht erreicht und die elliptische Bahn des Cometen somit keinem Zweifel unterworfen ist.

Die Frage nach den Bahnen der Cometen schliesst also die andere, sehr interessante in sich, ob man die Cometen als zu unserem System gehörig oder nur als Besucher aus der Sternenwelt betrachten dürfe. Nach weiterhin zu erwähnenden Untersuchungen können wir sie uns als irrende Fragmente von ursprünglich nebeliger Materie denken, die in dem weiten, leeren Raume um uns her zerstreut sind und schliesslich einmal in den Anziehungsbereich der Sonne gerathen. Wäre diese nicht von Planeten umkreist, oder wären die sie umgebenden Planeten unbeweglich, so würde ein auf solche Weise hereingezogener Comet sich in einer parabolischen Bahn um die Sonne bewegen und sie wieder verlassen, um nicht zurückzukehren, da die Geschwindigkeit, welche er im Fallen gegen die Sonne erlangen würde, gerade ausreichte, um ihn in die Unermesslichkeit, aus der er kam, zurückzutragen. Vermöge der Bewegungen der verschiedenen Planeten in ihren Bahnen muss jedoch ein Comet seine Umlaufsgeschwindigkeit ändern, so oft er einen derselben passirt, und diese Veränderung hat je nach dem Wege, den er beschreibt, eine Beschleunigung oder eine Verzögerung derselben zur Folge. Wenn alle Beschleunigungen, die sämmtliche Planeten verursachen, die Verzögerungen übersteigen, so wird der Comet unser System mit mehr als parabolischer Geschwindigkeit verlassen und sicherlich nicht wiederkehren, während, wenn die zurückhaltenden Kräfte überwiegen sollten, sich die Bahn je nach dem Grade dieses Ueberschusses in eine mehr oder weniger gestreckte Ellipse verwandeln würde. In weitaus den meisten Fällen wird aber die Verzögerung eine so geringe, dass die scrupulösesten Beobachtungen nicht im Stande sein dürften, sie zu erkennen, und man nur durch Rechnung oder durch die Rückkehr des Cometen nach Zehn- oder Hunderttausenden von Jahren darauf schliessen könnte. Sollte indessen ein Comet zufällig einem Planeten und besonders einem grossen Planeten, wie z. B. Jupiter, sehr nahe kommen, so könnte die Verzögerung so gross werden, dass sie dem Cometen eine Bahn mit ganz kurzer Umlaufsdauer gäbe und ihn so scheinbar zu einem beständigen Gliede unseres Systems machte. Es ist nicht wahrscheinlich, dass eine solche Annäherung sehr häufig vorkommt; aber jedesmal, wo dies der Fall, wäre die Möglichkeit für einen weiteren Cometen von kurzer Umlaufszeit gegeben, dessen Bahn zuerst die des Planeten, der die Störung verursacht, beinahe kreuzen würde. Und dennoch brauchte er uns nicht nothwendig bekannt zu werden, da seine Bahn gänzlich ausser dem Bereich unserer Instrumente liegen könnte.

Es ist unmöglich, beim jetzigen Stande der Wissenschaft mit Gewissheit zu sagen, ob die periodischen Cometen auf solche Weise unserem System einverleibt wurden; man kann aber annehmen, dass es so war, da thatsächlich viele, wenn nicht alle Bahnen dieser Cometen sehr nahe an denen gewisser Planeten vorübergehen. Dass, wenn dies der Fall, die Planeten- und Cometenbahnen sich jetzt noch durchschneiden sollten, ist nicht zu erwarten, weil beide durch die Veränderungen, die sie vermöge der planetarischen Störungen in grossen Zeiträumen erleiden, sich anders gestalten. Voraussichtlich werden künftige Untersuchungen noch mehr Licht auf diese Frage werfen.

3. Statistik der Cometenerscheinungen.

Es war Keplers Meinung, dass die Himmelsräume so voll seien von Cometen, wie das Meer von Fischen, und dass nur ein kleiner Theil derselben zur Sichtbarkeit gelangte. Als gewiss dürfen wir annehmen, dass nur ein unbedeutender Bruchtheil aller überhaupt existirenden je beobachtet wurde. Vermöge ihrer ausserordentlich langgestreckten Bahnen können sie nur in ihrer Sonnennähe gesehen werden, und da es wahrscheinlich ist, dass die Zeitdauer der Revolution bei der grossen Mehrheit der bereits beobachteten nach Jahrtausenden zählt — wenn sie überhaupt je zurückkehren — so müssten unsere Beobachtungen noch Jahrtausende lang fortgesetzt werden, bis wir alle die gesehen haben, die in den Bereich unserer Teleskope kommen. Ebenso wahrscheinlich ist es, dass die Zahl derer, die wir je sehen können, im Verhältniss zur Gesammtzahl sehr gering sein wird, weil ein Comet selten gesehen wird, wenn nicht sein Perihel entweder innerhalb der Erdbahn oder doch nur wenig ausserhalb derselben liegt. Eine der wenigen Ausnahmen von dieser Regel machte der Comet von 1792, der bei seinem Perihel mehr als vier Erdenweiten von der Sonne entfernt war und, darnach zu schliessen, von ganz aussergewöhnlicher Grösse gewesen sein musste, indem wohl jeder andere bekannte Comet in solcher Entfernung den Fernröhren der damaligen Zeit unerreichbar gewesen wäre.

Die Anzahl der Cometen, die seit Beginn der christlichen Zeitrechnung als dem blossen Auge sichtbar verzeichnet wurden, geben wir in folgender Tabelle. Die Daten bis zum Ende des 15. Jahrhunderts beruhen fast ausschliesslich auf den Angaben chinesischer Chronisten, speciell des Ma-tuan-lin. Bis auf wenige Erscheinungen der neuesten Zeit wurden sie sämmtlich auf der nördlichen Erdhälfte beobachtet.

Jahre unserer Zeitrechnung	Zahl der Cometen	Jahre unserer Zeitrechnung	Zahl der Cometen
Von 1— 100	22	von 701— 800	16
» 101— 200	23	» 801— 900	42
» 201— 300	44	» 901—1000	26
» 301— 400	27	» 1001—1100	36
» 401— 500	16	» 1101—1200	26
» 501— 600	25	» 1201—1300	26
» 601— 700	22	» 1301—1400	29

Jahre unserer Zeitrechnung	Zahl der Cometen	Jahre unserer Zeitrechnung	Zahl der Cometen
von 1401—1500	27	von 1701—1800	36
» 1501—1600	31	» 1801—1890	30
» 1601—1700	12		

In runder Summe sind also seit Christi Geburt ungefähr 500 dem unbewaffneten Auge sichtbare Cometen gezählt worden, so dass durchschnittlich auf vier Jahre einer trifft. Ausserdem hat man seit Erfindung des Fernrohres etwa 200 teleskopische Cometen beobachtet; beide Zahlen zusammengenommen ergeben demnach gegen 700 solcher Himmelskörper für diese Zeit von 1890 Jahren. Jetzt werden fast jedes Jahr mehrere, oft bis zu sechs und mehr, teleskopische Cometen entdeckt, was zu der Annahme berechtigt, dass ihre Auffindung grossentheils von der Geschicklichkeit, dem Fleisse und dem guten Glück der Astronomen abhängt, die mit ihrem Suchen beschäftigt sind.

Eine Regel oder Gesetzmässigkeit zeigt sich in den oben genannten Ziffern nicht, wenn sie auch von Jahrhundert zu Jahrhundert ziemlich bedeutend schwanken und es wohl schwerlich auf Zufall beruht, dass z. B. im 18. Jahrhundert dreimal so viel Cometen gesehen wurden als im 17. Die teleskopischen Cometen werden seit zu kurzer Zeit erst systematisch aufgesucht, als dass man aus ihrer relativen Häufigkeit schon jetzt Schlüsse ziehen könnte.)

Betrachtet man die 258 parabolischen Cometen, deren Bahnen (von 372 v. Chr. bis 1880 n. Chr.) berechnet werden konnten — bis zum Ende des 15. Jahrhunderts sind dies nur etwa 30 —, rücksichtlich ihrer Bahnelemente und ordnet sie nach den verschiedenen Periheldistanzen, Neigungen, Längen von Knoten und Perihel, so ergiebt sich folgende Uebersicht:

Periheldistanz	Anzahl	Neigung	Anzahl	Knotenlänge	Anzahl	Perihellänge	Anzahl
0.0—0.3	31	0°—15°	25	0°— 60°	43	0°— 60°	42
0.3—0.6	62	15 —30	27	60 —120	45	60 —120	53
0.6—0.9	73	30 —45	48	120 —180	42	120 —180	30
0.9—1.2	56	45 —60	58	180 —240	49	180 —240	42
1.2—1.5	18	60 —75	44	240 —300	34	240 —300	61
grösser als 1.5	18	75 —90	56	300 —360	45	300 —360	30

Diese Ziffern lehren mancherlei. Aus der Betrachtung der Anzahl der Cometen, geordnet nach den Periheldistanzen, ersieht man sogleich, dass ausserhalb der Erdbahn (Periheldistanz 1.0) unverhältnissmässig viel weniger liegen, als innerhalb; von Cometen mit Periheldistanzen grösser als die doppelte Erdentfernung kennt man sogar nur 7. Die überwiegende Mehrzahl der Periheldistanzen fällt zwischen ein Drittel und eins; vermuthlich aber nur aus dem Grunde, weil Cometen mit solchen Abständen, als zugleich der Sonne und der Erde nahe, heller sind und uns leichter sichtbar werden, als namentlich weiter ausserhalb der Erdbahn liegende. — Bei den Neigungen fällt sofort auf, dass grössere entschieden häufiger sind, als kleinere unter 30°; ob die Abnahme zwischen 60° und 75°, sowie das doppelte Maximum bei etwa 50° und 80° reell oder nur scheinbar sei, müsste eingehendere Discussion zeigen; jedenfalls steht fest, dass die Zahl der Cometen mit Neigungen unter 45° nur etwa den dritten Theil derer mit Neigungen über 45° beträgt. Hierdurch unterscheiden sich die parabolischen von den elliptischen mit kurzer Umlaufszeit, die in der Regel geringe Neigungen besitzen, was sehr zu Gunsten unserer oben gegebenen Erklärung der Herkunft der Cometen mit kurzer Umlaufszeit spricht, da die Cometen mit geringen Bahnneigungen weit grössere Chancen haben, durch einen Planeten für immer an das Sonnensystem gefesselt zu werden. — Ziemlich gleichmässig durch den ganzen Umkreis vertheilt sind die Knotenlängen; der Minimalwerth zwischen 240° und 300° tritt wenigstens nicht sehr hervor. Die Cometenbahnen schneiden also die Ekliptik nach allen Richtungen fast gleich häufig. — Sehr entschieden und regelmässig aber erscheinen die Schwankungen der Perihellängen. Hier zeigen sich deutlich zwei Maxima und zwei Minima; erstere bei etwa 90° und 270°, letztere bei etwa 170° und 350°, Maxima wie Minima also je 180° entfernt. Da die Neigungen sehr verschieden sind, so entsprechen freilich diesen Punkten nicht vollkommen dieselben Räume, doch wird dies genähert wenigstens der Fall sein. Man hat lange geglaubt, dass diese Erscheinung mit dem Ursprung der Cometen in Verbindung stände, und dass Cometen mit ähnlichen Perihellängen möglicherweise zu im Raume benachbarten Gruppen gehörten, die in gewissen Richtungen also dann besonders häufig wären. Durch neuere Untersuchungen Holetscheks ist indessen klargelegt worden, dass auch die Schwankungen in den Perihellängen nicht auf einer Eigenthümlichkeit der Cometen beruhen, sondern dass dieselben durch terrestrische Verhältnisse schon vollständig erklärt werden können. Ueberhaupt hat Holetschek nachgewiesen, dass aus der statistischen Betrachtung der Cometenbahnelemente keine Schlüsse auf den Ursprung der Cometen zu ziehen sind.

4. Physische Beschaffenheit der Cometen.

Eine Theorie von der physischen Beschaffenheit der Cometen müsste sich, um gänzlich zu befriedigen, auf solche Eigenschaften der Materie gründen, wie wir sie hier auf der Erde als wesentliche erkennen; sie müsste ferner im Stande sein, zu zeigen, welche Formen und Verbindungen bekannter Substanzen dazu gehören, um, in Bedingungen versetzt wie sie im Himmelsraume stattfinden, die Erscheinung eines Cometen darzustellen.

Dies Ziel ist weder bis jetzt erreicht worden, noch wird es vermuthlich je erreicht werden. Denn wir müssen festhalten, dass unsere Vorstellungen und Kenntnisse von den physischen Eigenschaften der Materie stets unvollkommene sein und nur den jeweiligen Zustand unseres Wissens repräsentiren werden; überdies aber werden die ausserhalb der Erde stattfindenden Bedingungen, namentlich der Temperatur und des Druckes, vollständig und gleichzeitig schwerlich je von uns hergestellt werden können. So fehlte also den zahlreichen Hypothesen, die über die Natur der Cometen aufgestellt wurden, immer wenigstens zu einzelnen und anscheinend charakteristischen Erscheinungen der Schlüssel, oder aber die Erklärung geschah in einer Weise, die mit den uns bekannten Gesetzen nicht in Einklang stand. Mit manchen davon können wir uns nicht befassen und wollen uns nur auf die Ansichten und Erklärungsversuche beschränken, welche bis zu einem gewissen Grade durch Thatsachen unterstützt werden und unseren heutigen Vorstellungen über die Constitution der Materie im Weltraume und die sie beherrschenden Kräfte entsprechen.

Die einfachste Form dieser Körper haben wir in den teleskopischen Cometen, welche im Fernrohre das Aussehen eines kleinen, meist ziemlich regelmässigen und granulirten Nebels oder Wölkchens zeigen. Nun wissen wir, dass eine Masse, die auf der Erde in einer solchen Gestalt erscheint, aus getrennten Theilchen fester oder flüssiger Stoffe besteht, wie z. B. Wolken und Dampf aus kleinen Partikeln Wasser, oder Rauch aus Kohlentheilchen. Die äussere Aehnlichkeit der teleskopischen Cometen mit solchen Massen liesse also zunächst für dieselben auf eine ähnliche Constitution schliessen. Ihr Durchmesser beträgt meist Zehntausende von Meilen; dabei aber sind sie von so geringer Masse, dass sie nicht den geringsten erkennbaren Einfluss auf die Bewegungen der Himmelskörper, denen sie etwa nahe kommen, ausüben, und von solcher Durchsichtigkeit, dass man die Sterne ohne erhebliche Schwächung ihres Lichtes durch sie hindurch sehen kann; auch wird deren Licht, selbst wenn sie nicht central vom Cometennebel bedeckt werden, durchaus nicht aus seiner geradlinigen Richtung abgelenkt. Hierdurch wird wahrscheinlich, dass die den Cometen bildende Materie aus discreten, durch relativ weite Zwischenräume getrennten Partikelchen besteht.

Das stärkste Argument zu Gunsten dieser Ansicht liefert die innige Verwandtschaft, die nach allem, was wir jetzt wissen, zwischen den

Cometen und den Meteoroiden besteht, und auf welche wir noch ausführlicher zurückkommen werden.

Die spectroskopische Untersuchung befindet sich hiermit in vollkommener Uebereinstimmung, da das Spectrum der Cometen zunächst ein continuirliches ist, herrührend wahrscheinlich von dem von den festen Partikelchen reflectirten Sonnenlichte. Ueber dieses continuirliche Spectrum ist nun aber das charakteristische Bänderspectrum der Cometen superponirt, welches im Wesentlichen aus 3 hellen Bändern besteht, die nach dem Roth zu scharf begrenzt erscheinen, nach Violett zu dagegen verwaschen. Die zahlreichen Messungen an diesen Bändern haben mit absoluter Sicherheit zu dem Schlusse geführt, dass sie identisch mit den Bändern des glühenden Kohlenwasserstoffgases sind, wenngleich dem Anblicke nach noch einige Unterschiede bestehen. Dieselben beruhen

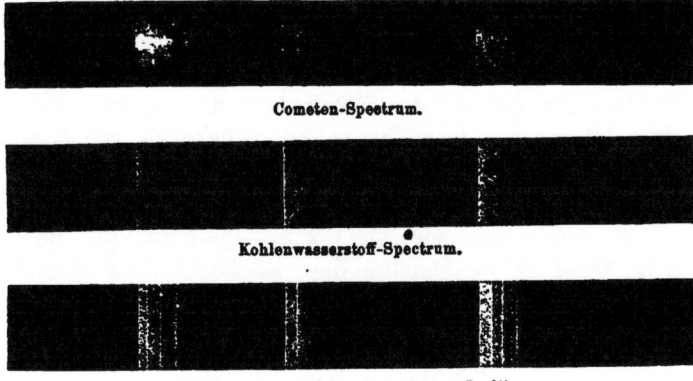

Cometen-Spectrum.

Kohlenwasserstoff-Spectrum.

Kohlenwasserstoff-Spectrum (enger Spalt).

Fig. 154.

darauf, dass bei den Kohlenwasserstoffspectren die hellste Stelle der Bänder an der rothen Kante liegt, während bei den Cometenbändern dieselbe sich mehr in der Mitte der Bänder befindet. Eine Erklärung dieses Unterschiedes ist nicht einfach, doch haben die Untersuchungen von Vogel und Hasselberg zu dem Schlusse geführt, dass sowohl durch Beimengungen von Kohlenoxydgas als auch durch eigenthümliche Temperaturverhältnisse eine entsprechende Modification des Kohlenwasserstoffspectrums entstehen kann. Bemerkenswerth hierbei ist das übereinstimmende Resultat beider, dass diese Modification nur beim elektrischen Glühen der Gase und zwar nur bei sogenannten disruptiven Entladungen auftritt. Es ist dies wesentlich, weil, wie wir gleich sehen werden, die Anwesenheit elektrischer Wirkungen auch durch andere Erscheinungen bei den Cometen sehr plausibel wird.

Ueber andere Eigenthümlichkeiten des Cometenspectrums wird noch bei Gelegenheit der Einzelbesprechung bemerkenswerther Cometenerscheinungen berichtet werden; es tritt aber jetzt die Frage heran, wie das Vorhandensein von Gas und speciell von Kohlenwasserstoff in den Cometen zu erklären ist. Dass die discreten Theilchen, aus denen die Cometen wesentlich bestehen, und welche, wie hier vorgreifend bemerkt werden soll, mit den Meteoriten identisch sind, gleichsam mit einer Atmosphäre von Kohlenwasserstoffen umgeben sind, ist wenig wahrscheinlich. Es ist viel einleuchtender, anzunehmen, dass diese Theilchen den Kohlenwasserstoff eingeschlossen enthalten, und dass derselbe erst bei der Annäherung an die Sonne in Folge der Erwärmung frei wird. Dieses Freiwerden wird mit grösserer Annäherung an die Sonne immer intensiver werden, und wir haben uns dann weiter nur noch vorzustellen, dass die Sonne auch elektrisch erregend auf den Cometen wirkt, um das Glühen des Kohlenwasserstoffs zu erklären; dass damit auch gleichzeitig eine Erklärung für die Schweifbildung der Cometen gegeben ist, wird gleich gezeigt werden. Einen directen Beweis für die Möglichkeit der obigen Erklärung hat H. C. Vogel gegeben. Derselbe schloss Stückchen von Meteorsteinen in einer luftleeren Röhre ein und erhitzte dieselbe. Wurde nun ein elektrischer Strom durch die Röhre gesandt, so leuchtete dieselbe und zeigte auf das vollkommenste das Cometenspectrum, ein Beweis also, dass die im Cometen leuchtenden Gase im Meteorsteine enthalten sind.

Gehen wir auf Erklärungsversuche der Einzelheiten bei grossen Cometen ein, so bieten diese des Räthselhaften genug. Wir wissen zunächst nicht, woraus der Kern besteht, ob er ein fester Körper von oft vielen Hundert Kilometern Durchmesser oder ob er eine dichtere Masse von derselben Zusammensetzung und Beschaffenheit sei, welche die teleskopischen Cometen zeigen. Indessen kann wohl kaum bezweifelt werden, dass er aus einer Materie besteht, welche durch die Sonnenwärme verdampft oder vielmehr, welche gasförmige Materie ausscheidet. Der Kopf eines solchen Cometen erscheint bei genauer Betrachtung als aus übereinander liegenden Dunstschichten oder Umhüllungen gebildet, welche bei regelmässiger Beobachtung ein stufenweises oder periodisch wiederkehrendes Aufsteigen erkennen lassen, wobei sie schwächer und undeutlicher in den Umrissen werden, je mehr sie sich vom Kern entfernen, bis sie sich in den äussersten Theilen der Coma verlieren. Diese wechselnd aufsteigenden Dunstmassen sind es, welche die früher beschriebenen, oft fächerförmigen Schichten bilden.

Den stärksten Beweis für einen vom Kern des Cometen ausgehenden Verdunstungsprocess liefern die Bewegungen des Schweifes. Es war längst klar geworden, dass dieser nicht ein Anhängsel sein konnte, welches der Comet mit sich zog; denn erstens ist eine Cohäsion nicht möglich bei einer Materie von solcher Dünne, dass man die kleinsten Sterne auf Millionen von Meilen durch sie hindurchsehen kann, und welche überdies ihre Form beständig ändert; dann aber scheint sich auch der Schweif, während der Comet im Perihel die Sonne in rasender Eile umläuft, von einer Seite der Sonne zur anderen mit solcher Geschwindigkeit zu bewegen, dass er unfehlbar auseinander stäuben müsste und die einzelnen Theilchen in hyperbolischen Bahnen davon fliegen müssten, wäre die Bewegung eine wirkliche. Wir müssen demnach schliessen, dass der Schweif kein festes oder sonst beständiges Anhängsel ist, welches der Comet nach sich zieht, sondern eine Art Dampfsäule, die von ihm aufsteigt wie Rauch aus einem Kamin. Ebenso wie die Rauchwolke, die diesen Augenblick aus der Esse emporsteigt, nicht dieselbe ist, die wir eine Minute früher sahen, so sehen wir auch nicht die ganze Zeit ein und denselben Schweif des Cometen, weil die den Schweif bildende Substanz beständig ausströmt und sich andrerseits beständig aus dem dem Kern entsteigenden Dunst neu ersetzt. Ist die Erscheinung also eine Art Verdampfung, so wird sie zweifellos durch die Sonnenwärme verursacht, da ohne Wärme keine Verdampfung möglich, und da die Cometenschweife geradezu enorm an Ausdehnung gewinnen, wenn sie sich der Sonne nähern. Ein ziemlich klares Bild von dem, was in einem Cometen vor sich gehen mag, erhalten wir, wenn wir uns den Kern als aus Wasser oder einer ähnlichen leicht verdampfbaren Flüssigkeit bestehend denken, die unter dem Einfluss der Sonnenwärme ins Sieden geräth.

Die merkwürdigste und räthselhafteste Thatsache ist nun aber die, dass die Ausströmung vom Kern eines grossen Cometen zunächst in der Richtung gegen die Sonne geschieht, dass aber die ausgeströmte Materie bald, indem sie sich verbreitet, umbiegt und nun als eigentlicher Schweif eine entgegengesetzte Richtung einschlägt und von der Sonne gleichsam wegfliegt, während eigentlich dieser Dampf nach allen bekannten Gesetzen um den Kopf herum gelagert bleiben sollte und höchstens seine äusseren Theile allmählich sich absondern könnten, welche sodann eine eigene Bahn einschlügen. Verschiedene Hypothesen sind nun aufgestellt worden, um dieses eigenthümliche Verhalten der ausgeströmten Kernmaterie zu erklären, von denen besonders eine aus neuester Zeit mit allen beobachteten Thatsachen im Einklang steht.

Die der Zeit nach erste Erklärung verdankt man Kepler, welcher sich die Bestandtheile des Schweifes als durch Einwirkung (Stoss, Druck) der Sonnenstrahlen weggetrieben dachte, welche auf diese Weise den Cometen, so zu sagen, bleichten, wie sie unsere Wäsche bleichen. Wäre das Licht ein Ausfluss stofflicher Partikelchen, wie Newton vermuthete, so könnte man dieser Ansicht einige Glaubwürdigkeit nicht absprechen. Allein nach allem, was wir wissen, entsteht das Licht durch Schwingungen eines Aethermediums, und man kann sich nicht vorstellen, wie diese eine forttreibende Kraft auf die Materie ausüben sollten.

Newton konnte, als Urheber der Emissionstheorie des Lichtes, die Möglichkeit, dass Keplers Ansicht die richtige sei, nicht bestreiten; gleichwohl gab er einer andern Hypothese den Vorzug. Er nahm nämlich an, die Himmelsräume seien mit einem ausserordentlich dünnen Medium angefüllt, welches die Sonnenstrahlen, ähnlich scheinbar wie kalte Luft, durchdringen, ohne es zu erhitzen. Der Comet jedoch würde dadurch erwärmt und durch Leitung dann ebenfalls das umgebende Medium, und auf diese Weise entsendete der Comet einen warmen Strom, gleich dem Strom warmer Luft, der von einem erhitzten Körper auf der Oberfläche der Erde aufsteigt. Dieser Strom nun führe den Cometendampf mit sich fort und erzeuge den Schweif, gerade wie der warme aus einem Kamin aufsteigende Luftstrom den Dampf als Rauchsäule emporträgt. Ein Medium oder Stoff, welcher einen solchen Process zulässt, existirt indessen im Planetenraume, so weit wir wissen, nicht, und Newtons Hypothese kann daher auch kaum mehr ernstlich in Betracht kommen.

Richtigere Vorstellungen und plausiblere Erklärungsversuche verdanken wir erst, in unserem Jahrhundert, Olbers und Bessel. Olbers, der die merkwürdigen Ausströmungserscheinungen auf Grund neuerer Beobachtungen prüfte, führt das offenbar bestehende Bestreben der Schweifmaterie, sich vom Kern wie von der Sonne zu entfernen, auf eine **Repulsivkraft** sowohl der Sonne wie des Kerns zurück und deutet bereits auf elektrische Anziehungen und Abstossungen als deren Ursache hin. Bessel wurde durch die genauen Beobachtungen, die er am Halley'schen Cometen anstellte, gleichfalls zur Annahme repulsiver oder polarer (elektrischer) Kräfte geführt. Er entwickelte zuerst eine mathematische Theorie für die Bewegung ausströmender Schweiftheile, welche an einer abstossenden Kraft der Sonne in Beziehung auf die Cometenschweife nicht zweifeln lässt, und gelangte weiter durch den Nachweis, dass die Ausströmung des Halley'schen Cometen pendelartige Schwingungen um den Kern und zwar in der Ebene seiner Bahn gemacht hatte, zu dem Schluss, dass man sich der Annahme einer Polarkraft nicht entziehen könne, welche den einen Halbmesser des Cometen zu der Sonne zu wenden, den entgegengesetzten von ihr abzuwenden strebe.

Ferner hat Zöllner in Leipzig im Anschluss an Olbers gesucht, die Schweifbildung der Cometen durch eine zwischen Sonne und Cometenkern wirksame elektrische Kraft zu erklären. Wir dürfen von seinen

Ansichten, die er in verschiedenen Abhandlungen und dem bemerkenswerthen Buch »über die Natur der Cometen« niedergelegt hat, und welche übrigens in vielem Wesentlichen auch mit denen Lamonts übereinstimmen, sagen, dass sie im Allgemeinen die Erscheinungen sehr vollständig erfassen und deuten. Bredichin scheint es nunmehr gelungen zu sein, im Anschluss an die Bessel'schen und Zöllner'schen Ansichten eine Cometenschweiftheorie aufzustellen, welche alle Erscheinungen der Cometenschweife vollständig zu deuten vermag. Es lassen sich nämlich alle Formen der Cometenschweife in drei Typen classificiren, und es zeigt sich alsdann, dass die abstossenden Kräfte in Einheiten der Schwerkraft folgende Werthe besitzen müssen:

Typus I 11
» II 1.3
» III 0.2

Wie wir gezeigt haben, geht die Dampfentwickelung an der der Sonne zugeneigten Seite des Cometenkernes vor sich, es wird also ein Ausströmen in dieser Richtung so weit stattfinden, bis die abstossende Kraft stärker ist als die austreibende Kraft; alsdann fliesst die dampfförmige Materie zurück, umgiebt als Hülle den Kern und flieht schliesslich vom Cometen als Schweif weg. Je stärker die Repulsivkraft wird, um so geradliniger wird der Schweif werden, da dessen Form aus der repulsiven Geschwindigkeit und der Bahngeschwindigkeit der betreffenden Theilchen resultirt. Unter der Voraussetzung nun, dass die abstossende Kraft eine elektrische Abstossung ist, muss sie sich verschieden stark auf Gase von verschiedenem specifischen Gewicht äussern, und da nun der Sprung von 11 auf 1.3 genau dem Verhältnisse der specifischen Gewichte von Wasserstoff und Kohlenwasserstoff (CH_2) entspricht, so schliesst Bredichin, dass die Schweife des I. Typus wesentlich aus Wasserstoff, diejenigen des II. aus Kohlenwasserstoff bestehen. Die Repulsivkraft beim III. Typus würde etwa dem Eisendampf zukommen müssen. In seltenen Fällen hat man auch kurze Schweife beobachtet, welche nicht umkehren, sondern auf die Sonne zu gerichtet bleiben; bei diesen müsste also die Repulsivkraft gleich Null sein, was nach Bredichin am einfachsten dadurch zu erklären ist, dass dieser Schweif aus mitgerissenen festen Theilchen besteht, auf welche ihrer hohen Dichtigkeit wegen eine elektrische Abstossung nur unmerklich wirken würde. Es verdient hervorgehoben zu werden, dass Bredichin mit Hülfe seiner Theorie nicht nur die Schweiferscheinungen früherer Cometen alle erklären kann, sondern dass er auch im Stande ist, im Voraus, sobald nur die Bahnelemente eines neuen Cometen bekannt sind, die Figuren der möglichen Schweife anzugeben.

Eine scheinbar nothwendige Folge des beständigen »Verdampfens«

bei Schweifcometen (wenn wir der Kürze wegen diesen Ausdruck beibehalten, ohne indessen damit die Identität mit dem Verdampfen irdischer Substanzen behaupten zu wollen) ist, dass diese Körper beständig an Masse, wenigstens an den schweifbildenden Gasen verlieren müssen, wenn sie sich in der Nähe der Sonne befinden. Diese Folgerung wird durch die Thatsache bekräftigt, dass kein einziger Comet von sehr kurzer Periode einen Schweif besitzt, was sich dadurch erklären würde, dass der flüchtige Stoff, woraus einst der Schweif gebildet war, im Laufe der Zeiten verdunstete. In der That lassen auch die Beschreibungen alter Chronisten vermuthen, dass der Halley'sche Comet bei seinen früheren Erscheinungen einen viel ansehnlicheren und helleren Schweif besessen habe, als den er bei seiner Wiederkehr in neuerer Zeit zeigte. Es ist indessen nicht unbedingt nöthig, eine so schnelle Abnahme vorauszusetzen, denn die zur Erzeugung des prachtvollsten Schweifes erforderliche Masse ist so ausserordentlich gering, dass ein Comet sie vielemal verlieren könnte, ohne erheblich kleiner zu werden. Dieses beständige Aufzehren von Stoff liefert einen neuen Beweis für die Annahme, die Cometen seien im Allgemeinen gelegentliche Besucher, die unserem System durch die Anziehungskraft der Sonne zugeführt werden. Wäre z. B. ein Comet wie der Halley'sche schon seit Millionen von Jahren ein Glied unseres Systems und Hunderttausende von Malen in die Sonnennähe gekommen, so müssten seine vergänglichen Bestandtheile längt verdunstet sein.

Ueber die Masse und Dichtigkeit der Cometen hat man im Allgemeinen noch wenig befriedigende Resultate erzielt. Aus der blossen teleskopischen Betrachtung lässt sich nicht mit Sicherheit entscheiden, ob der Kern ein einziger solider Körper sei, wie ein Planet oder Mond, oder ob er nur den dichtesten Theil einer ungeheuern Wolke von Meteoroiden bilde. Die den Kern umgebende nebelige Masse verdichtet sich so ganz allmählich nach dem Mittelpunkte, dass es in der Regel kaum möglich ist, zu bestimmen, wo der Kern anfängt; je stärker das Fernrohr, desto kleiner erscheint er gewöhnlich. Ueberdies ist bei ein und demselben Cometen die scheinbare Grösse des Kerns oft bedeutenden Veränderungen unterworfen, und es folgt daraus, dass er nicht bis zu seinen scheinbaren Grenzen ein fester Körper sein kann. Aus dieser Thatsache und der allgemeinen Aehnlichkeit der grossen mit den teleskopischen Cometen würden wir vielmehr schliessen dürfen, dass selbst der dichteste Theil des Cometen nichts weiter als eine Wolke, ein Aggregat fester oder flüssiger Theilchen sei, so dicht zusammengedrängt, dass er wie eine solide Masse aussieht, ähnlich wie die grossen Haufenwolken unserer Atmosphäre. Es ist dies vollkommen in Einklang mit dem Umstande, dass selbst bei sehr grossen Annäherungen von Cometen an Planeten eine störende Wirkung auf letztere oder auf deren Monde nicht hat nachgewiesen werden können. Ueber die Masse eines Cometen lässt sich also nur sagen, dass sie sehr gering sein muss, und dass der Kern selbst der grössten Cometen schwerlich eine compacte Masse sein wird. Wenn auch noch manche Erscheinungen, die ein Comet bietet, in undurchdringliches Dunkel gehüllt sind, so ist doch bei vielen anderen, die vor wenigen Jahrzehnten noch unerklärt waren, der Schleier bereits gelüftet. Die früher schreckenerregenden »abenteuerlichen« Formen der Cometen sind in Wirklichkeit nichts weniger als abenteuerlich, es sind mathematisch discutirbare Formen, die aus verhältnissmässig einfachen mechanischen Gesetzen resultiren. Es ist eine paradox klingende, aber wahre Behauptung, dass heute die physikalische Beschaffenheit der Cometen besser bekannt ist, als diejenige z. B. des Planeten Jupiter!

Häufig wird die Frage nach den Folgen des Zusammentreffens eines Cometen mit der Erde aufgeworfen. Darauf kann zunächst erwidert werden, dass Art und Stärke der Wirkung wesentlich von der Gattung, der der Comet angehört, wie von dem Theile, der mit der Erde in Berührung käme, abhängen würde. Durch den Schweif auch des grössten Cometen könnte letztere hindurch gehen, ohne die geringste Wirkung zu verspüren; denn der Schweif ist, wie wir sahen, so ausserordentlich leicht und luftig, dass er selbst bei einer Stärke von 1 Million Meilen wie Gaze im Sonnenlicht aussehen würde. Es ist durchaus nicht unwahrscheinlich, dass Derartiges schon öfters vorgekommen ist, ohne bemerkt zu werden. Der Durchgang durch einen teleskopischen Cometen würde von einem Meteorschauer begleitet sein, ungleich brillanter noch als irgend einer der bisher verzeichneten, und es wäre damit keine ernstere, als die aus einem möglichen Meteorfall entstehende Gefahr verbunden. Ein Zusammenstoss aber mit dem Kern eines grossen Cometen dürfte vielleicht eine bedenklichere Sache sein. Wenn der Kern ein fester Körper von metallischer Beschaffenheit und vielen Meilen Durchmesser wäre, was er aber, wie wir gesehen haben, voraussichtlich nicht ist, würde da, wo der Zusammenstoss erfolgt, die Wirkung eine über alle Begriffe schreckliche sein; die sich in den wenigen Secunden des Durchgangs durch die Atmosphäre entwickelnde Hitze würde alles im Umkreise vieler Meilen Existirende zerstören, selbst bevor der Körper mit unvorstellbarer Gewalt aufschlüge, und alles, was nicht bereits vernichtet ist, tief in die Erde vergrübe. Glücklicherweise ist die Wahrscheinlichkeit eines solchen Ereignisses so gering, das sie nicht das leiseste Unbehagen zu verursachen braucht. Es giebt wohl kaum eine denkbare Todesart, die nicht tausendmal wahrscheinlicher wäre als diese; denn die Erde ist im Vergleich mit dem Himmelsraum so winzig, dass ein

Blinder, der aufs Gerathewohl eine Flinte in die Luft abfeuerte, viel eher einen Vogel treffen könnte, als ein Zusammenstoss unseres Planeten mit einem Cometenkern zu erwarten wäre.

5. Meteore und Sternschnuppen.

Wenn wir in einer wolkenlosen Nacht das Firmament länger betrachten, so gewahren wir nicht selten etwas wie einen rasch dahin schiessenden Stern, der ebenso rasch verschwindet, als er kam. Solcher *Sternschnuppen* (*shooting stars, étoiles filantes*) kann man für gewöhnlich etwa 5 im Laufe einer Stunde zählen; sie sind meist nur eine oder zwei Secunden sichtbar, bewegen sich aber mitunter auch langsamer und durch eine grössere Strecke. Nicht selten hinterlassen die helleren einen noch kurze Zeit nachleuchtenden Schweif; manche verbreiten auch einen solchen Glanz, dass sie den ganzen Himmel erleuchten, und man nennt sie dann Meteore oder *Feuerkugeln* (*bolides*); doch kann die Bezeichnung *Meteore* auf alle die ausserordentlich mannigfaltigen Erscheinungen von der schwächsten teleskopischen Sternschnuppe bis zur glänzendsten Feuerkugel angewandt werden. Wie erwähnt, sind sie in der Regel in so geringer Anzahl und Helligkeit sichtbar, dass sie kaum die Aufmerksamkeit auf sich ziehen. Zu manchen Zeiten aber steigert sich ihre Zahl ausserordentlich, und nicht wenige der grossen Sternschnuppenfälle, über welche die Geschichte berichtet, haben wie die Cometenerscheinungen das Erstaunen und Entsetzen der Menschen in hohem Grade hervorgerufen: »Man sah vom Firmament die Himmelsfackeln fallen wie vom Rauch umhüllte Flammen, ... die Sterne fielen zu Tausenden vom Himmel herab«, heisst es in einem altindischen Gedicht, den Mahabharata.

Wie die Cometen aber und noch länger als diese wurden sie als Erzeugnisse der Erde oder der Erdatmosphäre betrachtet, und erst der ausserordentlich reiche Sternschnuppenfall von 1799, sowie die Untersuchungen von Chladni über Meteorsteine lenkten die Vorstellungen über diese aufs engste zusammenhängenden Phänomene in richtigere Bahnen.

In der Nacht des 12. November 1799 sahen Humboldt und Bonpland, welche damals auf den Anden waren, wie gegen 2^h ein wahrer Regen von Sternschnuppen seinen Anfang nahm. In wenigen Stunden erschienen Tausende von Meteoren, an Glanz oft die Venus übertreffend: sie stiegen zwischen Osten und Nordosten über den Horizont auf und schossen gegen Süden. Humboldt entging, vermuthlich weil er die Beobachtungen nicht lange genug fortsetzte, dass die Bahnen, die die Meteore beschrieben, alle von einem engbegrenzten Raume des Himmels im Löwen auszugehen schienen, eine Thatsache, wie wir sehen werden, von der grössten Bedeutung. — Der nächste grosse Sternschnuppenfall wurde in Nordamerika im Jahre 1833, und zwar besonders genau von Olmsted in Newhaven beobachtet. Dieser stellte eine Theorie der Erscheinung auf, welche, wenn auch vielfach auf irrigen Anschauungen beruhend, doch anderen die Mittel zur genaueren Ergründung ihrer Ursachen an die Hand gab. Die Grossartigkeit beider Erscheinungen und manche Aehnlichkeiten brachten zuerst Olbers auf die Idee der Zusammengehörigkeit beider Phänomene und einer Periode von 34 Jahren und veranlassten ihn, eine abermalige Wiederkehr für 1867 vorauszusagen. H. A. Newton nahm dann einige Jahre vor der erwarteten Zeit die Frage auf, und seine Untersuchungen sind es hauptsächlich, denen wir die Kenntniss der wahren Ursache dieser Erscheinung verdanken.

Von den Sternschnuppen sind zwei andere Erscheinungsformen meteorischer Natur, die Feuerkugeln und die *Aërolithe (Meteorite, Meteorsteine)*, vermuthlich nur graduell, nicht aber ihrem Wesen nach verschieden. In der That sind die Uebergänge von teleskopischen Sternschnuppen — man hat gelegentlich schon solche von der 9. Grösse und schwächere beobachtet — zu den gewöhnlichen und von diesen zu vielen glänzenden Feuermeteoren so allmähliche, dass sich bestimmte Grenzen wenigstens nicht mit Sicherheit angeben lassen.

Die Sternschnuppen nehmen wir nur in den höchsten und dünnsten Regionen der Atmosphäre weit über den Wolken wahr; kein Laut dringt von ihnen an unser Ohr, und nichts gelangt auf die Oberfläche der Erde, woraus man auf ihre Natur schliessen könnte. In einzelnen Fällen aber folgt auf die Erscheinung eines Meteors von ungewöhnlichem Glanz eine starke Detonation, wie bei Entladung eines schweren Geschützes, während in anderen, noch selteneren, überdies grosse Massen metallischer oder steiniger Substanzen zur Erde fallen. Diese letzteren, die sogenannten Aërolithe, waren den Naturphilosophen früherer Zeiten ein Räthsel; selbst die Thatsache der Erscheinung wurde bezweifelt, da man es für viel wahrscheinlicher hielt, dass die Verfasser solcher Beschreibungen sich geirrt hätten, als dass wirklich schwere Massen gleichsam vom Himmel niedergefallen wären. Später, als ihre Existenz nicht mehr bestritten werden konnte, suchte man sie auf alle mögliche Weise zu erklären und stellte die verschiedensten Hypothesen auf, deren bekannteste, von Benzenberg u. a. hartnäckig festgehaltene, die Aërolithe als von Mondvulcanen ausgeschleudert annahm. Mehrere Mathematiker, welche die Bewegung eines vom Monde zur Erde geworfenen Körpers untersuchten, zeigten jedoch, dass ein solcher Körper die Erde nicht erreichen könne, oder er müsse eine Geschwindigkeit besitzen, die alles, was man von der Art auf unserm Planeten bemerkt, bedeutend übersteige *). Der Physiker Chladni war übrigens der erste, der in seiner epochemachenden Schrift: Ueber den Ursprung der von Pallas gefundenen und anderer Eisenmassen (Riga 1764) ihre kosmische Natur fest behauptete und damit richtigeren Anschauungen Bahn brach.

Seit dem Ende des vorigen Jahrhunderts sind von Chemikern und Mineralogen zahlreiche Untersuchungen und Analysen neuerer wie älterer Meteoriten ausgeführt worden. Sie ergaben zwar keine neuen chemischen Elemente, aber die Verbindung der alten war zum Theil derart, wie man sie auf der Erde nicht findet; sie mussten daher ausserhalb der Erde ihren Ursprung haben. Ueberdies zeigten diese Verbindungen gewisse charakteristische Merkmale, so dass man diese Massen stets als Bestandtheile eines solchen Körpers erkennen kann, ohne ihn wirklich fallen gesehen zu haben. Auf derartige Weise sind grosse Mengen von Körpern meteorischen Ursprungs in verschiedenen Gegenden der Erde nachgewiesen worden, besonders im nördlichen Mexico, wo in einer früheren unbekannten Periode sehr zahlreiche Massen von Meteoriten zur Erde gefallen sein müssen.

Nach ihrer Zusammensetzung theilte G. Rose die Aërolithe in *Eisenmeteorite*, die reich an Nickeleisen sind, und in *Steinmeteorite*, deren wesentlichste Bestandtheile — Kieselsäure, Thonerde, Kalk — sich zu Olivin, Enstatit, Broncit und ähnlichen Mineralien verbunden finden. Daubrée ging bei seiner Classification nur vom metallischen Eisen, als der häufigsten Substanz aus und unterschied

Fig. 155. Eisenmeteorit oder Siderit (geätztes Meteoreisen von Tolucca in Mexico).

die *Siderite*, in denen sich metallisches Eisen entweder allein oder neben anderen Mineralien findet, von den *Asideriten*, in denen ersteres fehlt:

---

*) Olbers, der zuerst diese Hypothese als möglich aufstellte, zeigte später, dass die Geschwindigkeit, mit der der Aërolith vom Monde ausgeworfen wird, mindestens 2400 Meter in der Secunde betragen müsse, welche alle auf der Erde vorkommenden Geschwindigkeiten erheblich übertrifft, dabei aber weit unter den bei den Meteoriten wirklich stattfindenden bleibt.

die Siderite (Fig. 155) bilden die grosse Mehrzahl aller Aërolithe, und unter ihnen sind wieder die am häufigsten, in denen das Eisen in körniger Gestalt in der Gesteinsmasse auftritt. Die Zusammensetzung der Mineralien in den Meteoriten weicht von der in terrestrischen Stoffen, wie schon erwähnt, im Allgemeinen erheblich ab, und ihr specifisches Gewicht schwankt je nach dem Eisengehalte zwischen 2 und 8.5. —

Zahl und Aussehen der Meteore. Ueber die Anzahl der teleskopischen Sternschnuppen, welche die Erde auf ihrem Wege im Weltraum trifft, fehlen selbst ganz beiläufige Schätzungen; doch mag sie eine sehr bedeutende sein. Die gewöhnlichen sporadischen Sternschnuppen zeigen sich, wie erwähnt, zu allen Zeiten in einer stündlichen Durchschnittshäufigkeit von etwa 4—6 für den einzelnen Ort. Die Häufigkeit schwankt aber nach Coulvier-Gravier sowohl in der Jahres- als in der Tageszeit; im Frühjahr treten sie am seltensten, im Herbst am häufigsten auf, und andererseits sind die Stunden nach Mitternacht etwa doppelt so reich als die frühen Abendstunden; das Maximum findet nach Jul. Schmidt und Coulvier-Gravier etwa um 3^h morgens statt. Der Grund dieser Erscheinung liegt, wie Schiaparelli zuerst gezeigt hat, in der Umlaufsbewegung der Erde um die Sonne.

Die Helligkeit dieser sporadischen Sternschnuppen ist meist eine mässige, die Farbe gewöhnlich weiss, seltener orange oder roth. Ihre Bahnen am Himmel dehnen sich in der Regel nicht über 15^0—20^0 aus; die Höhe, in der sie zuerst sichtbar werden, beträgt durchschnittlich etwa 100—120 Kilometer, beim Verschwinden oft nicht unbeträchtlich weniger. Nach Zählungen von Heis, Zezioli, Schiaparelli u. a., die sich auf viele Tausende erstreckten, findet Denning nach den Helligkeiten folgende relative Häufigkeiten[*]):

Helligkeit grösser als 1^m 1^m 2^m 3^m 4^m und kleiner
relative Häufigkeit   2.8   11.9   20.2   26.2   38.9 Procent.

Hiernach sind die schwächeren Sternschnuppen, 4. Grösse und kleiner, die häufigsten, und wir dürfen aus dieser Zunahme bei abnehmender Helligkeit auf eine nicht unerhebliche Zahl teleskopischer schliessen, womit auch directe Beobachtungen von Winnecke u. a. stimmen.

Die hellen Meteore, die wir Feuerkugeln zu nennen pflegen, unterscheiden sich in Form und Aussehen, wie in der Art und Weise und der Häufigkeit ihres Auftretens oft nicht unerheblich von den gewöhnlichen Sternschnuppen. Es sind meist langsam, mitunter nur durch wenige Grade hinziehende, häufig roth oder grün und nicht selten mit solchem Glanze strahlende Körper, dass sie die Gegend taghell erleuchten;

---

[*]) Vergl. auch Anmerkung S. 433.

wie z. B. die mächtigen Meteore, die 1861 und 1863 über Deutschland zogen. Dem Glanz entspricht die scheinbare Grösse, die schon die des Vollmonds erreicht hat, und fast immer folgt dem Kopf ein langsam verlöschender Schweif. Ihre Zahl ist weit geringer als die der Einzelsternschnuppen, immerhin aber nicht unbeträchtlich, da seit Christi Geburt allein 1500 etwa aufgezeichnet worden sind; mehr noch werden überdies erschienen, aber nicht notirt sein, und bedenkt man, dass sich die bekannt gewordenen doch nur auf einen kleinen Theil der Erdoberfläche beziehen, so wird man für die Erde überhaupt ihre Anzahl in dieser Zeit nach Zehntausenden schätzen müssen.

Häufig sind diese Erscheinungen von heftigen Detonationen begleitet, selbst in Höhen von 100 und mehr Kilometern; da hier die Atmosphäre eine ausserordentlich geringe Dichtigkeit besitzt, kommen vermuthlich Gasexplosionen mit ins Spiel. Das Detoniren oder Zerplatzen jener Meteore, die als Aërolithe zur Erde fallen, scheint im Allgemeinen allerdings in wesentlich niedrigeren Höhen angenommen werden zu müssen. Unzweifelhaft sind übrigens alle explodirenden Feuerkugeln auch Aërolithe; wir werden aber nur in relativ seltenen Fällen die Identität nachweisen können, da die Bestandtheile des Meteores in der Regel auf nicht bewohnte Theile der Erde fallen werden. Ob auch die übrigen geräusch- und scheinbar spurlos verschwindenden Feuerkugeln schliesslich explodiren und als Meteorsteine herabfallen, lässt sich schwer nachweisen. Ein Theil derselben wird jedenfalls wieder in den Weltraum, aus dem sie kamen, hinauswandern; ein anderer dagegen zur Erde herabstürzen; das eine wie das andere wird von der Bahn, die der Bolid im Raume beschreibt, abhängen. Jedenfalls dürfen wir sagen, dass Aërolithe stets die Folge des mit heftiger Detonation verbundenen Zerplatzens von Feuerkugeln sind, denn nie ist ein Meteorstein ohne solche voraus gehende Erscheinungen gefallen.

Wie die Sternschnuppen, zeigen auch die grossen Meteore in der Häufigkeit ihres Erscheinens gewisse Schwankungen. Die wenigsten sind im Frühling, die meisten im Spätsommer und Herbst beobachtet worden; Detonationen scheinen umgekehrt am häufigsten in den ersten, am seltensten in den späteren Monaten vorzukommen, und für die Meteorsteinfälle selbst stellt sich ein nach Schmidts Aufzeichnungen entschiedenes Maximum für Mai heraus. Die beschweiften Meteore sind entschieden am häufigsten im August und September.

So weit wir nach den vorläufig noch spärlichen und bei der Schwierigkeit der Beobachtung unsicheren spectroskopischen Untersuchungen schliessen dürfen, bestehen die gewöhnlichen Sternschnuppen und die Feuerkugeln zum Theil aus gas- oder dampfförmigen, zum Theil aus

festen oder flüssigen Stoffen; ihre Spectra sind nämlich in der Regel sowohl Gasspectra, als continuirliche; von glühenden Metalldämpfen scheint speciell Natrium ziemlich sicher vorhanden. —
Natur und Ursache der Meteore. — Es wird jetzt fast allgemein angenommen, dass unser Sonnensystem mit unzähligen kleinen Körpern angefüllt sei, welche sich in allen möglichen Richtungen um die Sonne bewegen. Das Wort »angefüllt« ist hier allerdings ein relativer Begriff; denn wenn nur ungefähr einer auf mehrere oder viele Millionen Kubikkilometer kommt, muss ihre Gesammtzahl doch alle Schätzung übersteigen. Ueber die Beschaffenheit der kleineren und kleinsten dieser Körper ist nichts Genaues bekannt; aber welcher Art sie auch sein mag, soviel steht fest, dass die Erde ihnen fortwährend auf ihrem Lauf um die Sonne begegnet. Indem sie die höheren Schichten unserer Atmosphäre durchdringen, gerathen sie durch die Reibung an derselben ins Glühen, und das Licht, welches diese Erhitzung hervorruft, erscheint uns als Sternschnuppe. H. A. Newton hat nicht unpassend für diese ausserhalb der Erdatmosphäre unsichtbaren Körperchen die Bezeichnung »*Meteoroide*« gewählt.

Die Frage nach der Ursache der enormen Erhitzung der Meteoroide beim Passiren der Erdatmosphäre ist an der Hand der mechanischen Wärmetheorie mit aller Schärfe zu beantworten. Es steht fest, dass die Wärme nur eine Art und Form der Bewegung kleinster Theile ist; dass die warme Luft sich von kalter nur durch die schnelleren Schwingungen ihrer kleinsten Theile unterscheidet; dass sie ihre Wärme anderen Körpern durch die blosse Berührung dieser ihrer Moleküle mittheilt und so deren kleinste Theile in Schwingung versetzt, d. h. Wärme wieder hervorruft.

Stösst ein mit einer gewissen Geschwindigkeit bewegter Körper auf einen anderen ruhenden, so geht ein gewisser Theil der Bewegung verloren und wird in Wärme verwandelt, welche um so grösser ist, je grösser die lebendige Kraft des Körpers, d. h. das Product seiner Masse in das Quadrat seiner Geschwindigkeit ist. Aehnlich verhält es sich, wenn ein schwerer Körper mit grosser Geschwindigkeit die ihm Widerstand entgegensetzende Luft durcheilt; der Körper verliert einen Theil seiner Geschwindigkeit, und die vor ihm befindliche Luft wird verdichtet und bei Seite gedrängt. Ein Theil der äusseren Bewegung des Körpers wird also vernichtet und geht über in innere Bewegung der kleinsten Theile der Luft wie des Körpers selbst oder in Wärme. Setzte sich die ganze verlorene lebendige Kraft in Wärme um, und würde diese allein zur Erhitzung des Körpers verwandt, so würde im Falle der Meteoroide, deren Anfangsgeschwindigkeit beim Eintritt in die Atmosphäre zwischen

20 und 70 Kilometern etwa beträgt — welche Geschwindigkeit indessen innerhalb einer Secunde auf den dreissigsten Theil und weniger reducirt wird —, eine Temperaturerhöhung von Millionen von Graden stattfinden. Diese Annahme entspricht aber der Wirklichkeit nicht. Schiaparelli hat vielmehr gezeigt, indem er von plausibeln Voraussetzungen über das Verhalten der Luft beim Durchgange der Meteore ausging, dass die factische Temperaturerhöhung des Meteoroids schwerlich einige Tausend Grad in der Secunde übersteigen dürfte. Immerhin reicht diese aus, um besonders die leichteren und kleineren Meteoroide, aus denen vermuthlich die Sternschnuppen bestehen, innerhalb solcher Zeit vollständig zu verdampfen.

Um die verschiedenen Erscheinungen der Aërolithe, Feuerkugeln und Sternschnuppen hervorzubringen, kommt es wahrscheinlich nur auf die Zahl und Natur der sie bildenden Meteoroide an. Ist einer dieser Körper so gross und fest, dass er die Atmosphäre passirt und die Erde erreicht, ohne durch die erlangte Wärme zerstört zu werden, so haben wir einen Aërolith. Dann hat, weil der Weg nur einige Secunden in Anspruch nimmt, die Hitze nicht Zeit, ganz in das Innere des Körpers zu dringen, und verbraucht sich im Schmelzen und in Dampfverwandeln der äusseren Theile. Die Ursache des Zerplatzens der grösseren Meteoroide oder der Aërolithe ist noch nicht ganz aufgeklärt; es sind verschiedene Ursachen denkbar, die wohl häufig zusammenwirken. Einmal die ungeheure Temperaturdifferenz zwischen den inneren und äusseren Theilen des Körpers, die ein Zerspringen allein als Folge der verschiedenen Ausdehnung bewirken kann; dann das Freiwerden oder Expandiren der im Meteor eingeschlossenen Gase, eventuell wirkliche Explosionen von Gasgemischen. Schliesslich mag auch der bei der enormen Geschwindigkeit fast einem Aufprallen auf einen festen Körper entsprechende Stoss der Aërolithen gegen die dichteren Schichten der Atmosphäre ein Zerspringen der spröden Masse zur Folge haben.

Ist anderseits das Meteoroid so klein, dass es in den höheren Schichten der Atmosphäre verdampft, so haben wir eine gewöhnliche Sternschnuppe oder ein Meteor von grösserem oder geringerem Glanze. Man hat früher Feuerkugeln und Aërolithe häufig für specifisch verschieden von den Sternschnuppen und erstere für feste, letztere für flüssige oder sogar gasförmige Körper gehalten. Das ist in hohem Grade unwahrscheinlich; nicht nur der continuirliche Uebergang der einen Erscheinungsform in die andere spricht dagegen*), sondern auch die bei nicht wenigen

---

*) Lehrreich ist hier besonders das grosse Meteor vom 30. Januar 1868, welches zu Pultusk in Polen nach heftiger Detonation als wahrer Steinregen zur Erde fiel.

Sternschnuppen beobachteten gekrümmten Bahnen, das Funkensprühen und Zertheilen bei anderen, sowie auch das spectroskopische Verhalten; die helleren Meteore wie die Sternschnuppen, die eine spectroskopische Beobachtung zulassen, ergeben nämlich im Allgemeinen ein von hellen (Gas-) Linien durchzogenes continuirliches Spectrum.

Der einzige, freilich nicht unwesentliche Punkt, in welchem diese Körper von einander abzuweichen scheinen, betrifft ihre Bahnen im Raume. Einige der von Feuerkugeln beschriebenen Bahnen haben sich nämlich als entschieden hyperbolisch herausgestellt, während die Sternschnuppen sich, wie die Cometen, in nahezu parabolischen Bahnen bewegen. Wäre der Schluss von einzelnen Feuerkugeln auf sämmtliche gestattet, so hätten sie und somit auch die Meteorsteine, wie Schiaparelli gezeigt hat, einen anderen Ursprung als Sternschnuppen und Cometen; sie wären die eigentlichen Boten aus der Sternenwelt und zwar aus sehr verschiedenen Gegenden. Da sie nun aber aus uns bekannten und auch auf der Erde vorkommenden Elementen, wie besonders Eisen, bestehen, so würde dies auf eine merkwürdige Uebereinstimmung und Gleichförmigkeit der Materie im Weltraume hinweisen.

Beobachtungen, die man öfters zu dem Zwecke angestellt hat, die Höhe der Meteore bei ihrem Erscheinen und Verschwinden zu bestimmen[*]), haben mit ziemlicher Sicherheit ergeben, dass kein Meteor in einer viel bedeutenderen Höhe als 160 Kilometer über der Erde sichtbar wird. Es scheint also hieraus hervorzugehen, dass unsere atmosphärische Hülle nicht, wie man früher vermuthete, eine Höhe von nur 70 oder noch weniger Kilometern, sondern von mindestens 160 Kilometern erreicht. Freilich wissen wir nichts über ihre Beschaffenheit und Zusammensetzung in jenen Höhen und können nur sagen, dass ein widerstehendes Mittel schon dort existiren muss, dicht genug, um dunkle und kalte Körper, wie die Meteoroide es an und für sich sind, auf den höchsten Grad von Hitze und Helligkeit zu bringen und die kleineren Körper dieser Art völlig zu verdampfen.

Ob von ihrer Substanz allmählich etwas zur Erde herabgelangt, wissen wir bis jetzt noch nicht sicher. Jedenfalls haben die gallertartigen schleimigen Massen, die man hier und da gefunden und wohl als Sternschnuppenmaterie gedeutet hat, absolut nichts damit zu thun, sondern sind organischen Ursprungs. Nicht unwahrscheinlich ist dagegen, dass der Eisenstaub, der fern von allen cultivirten Gegenden

---

an anderen Orten dagegen nur als glänzende Feuerkugel, an noch weiteren gar nur als helle Sternschnuppe erschien.

*) Die ersten zuverlässigen Beobachtungen und Rechnungen dieser Art rühren von Brandes und Benzenberg aus dem Ende des vorigen Jahrhunderts her.

432 III. Das Sonnensystem.

(z. B. von Nordenskjöld auf Spitzbergen) in Schnee suspendirt gefunden wurde, einen kosmischen Urprung habe und als Rückstand der in kleinste Bestandtheile zerstäubten Meteoroidensubstanz zu betrachten sei. —

Periodische Sternschnuppen. — Wir haben bisher nur von den regellos und verhältnissmässig selten auftretenden sporadischen Sternschnuppen gesprochen und müssen uns jetzt jenen massenhaften Ansammlungen meteorischer Materie zuwenden, die uns in den periodisch wiederkehrenden Sternschnuppenschwärmen vor Augen treten, und deren

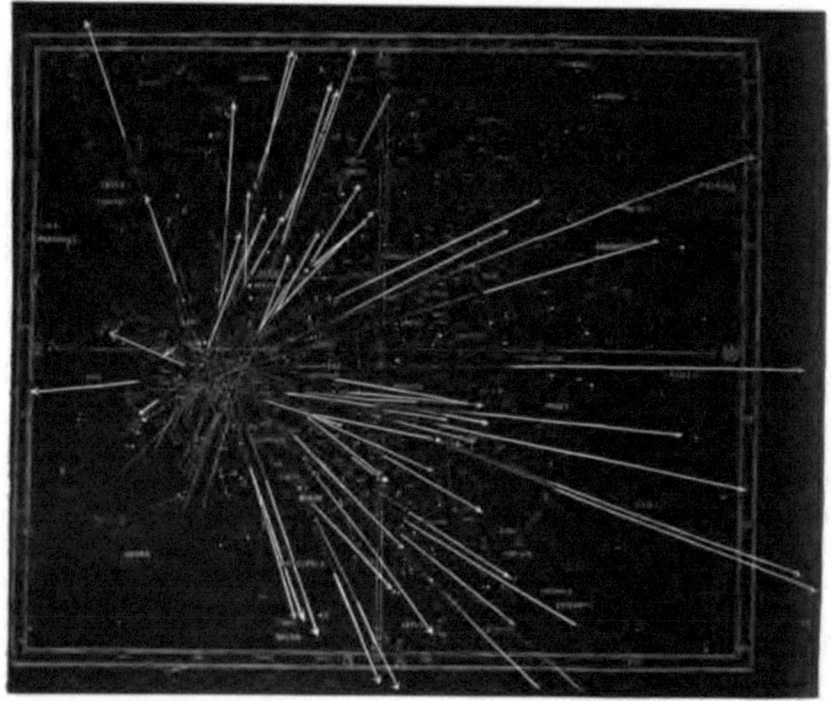

Fig. 156. Radiationspunkt der November-Sternschnuppen.

Studium zur Entdeckung der so merkwürdigen Verwandtschaft zwischen ihnen und den Cometen geführt hat.

Gewöhnliche Meteore, wie wir sie an jedem klaren Abend bemerken, bewegen sich nach allen Richtungen und zeigen dadurch, dass ihre Bahnen jede beliebige Lage haben und scheinbar ganz regellos im Raume vertheilt sind. Anders verhält es sich mit den periodisch wiederkehrenden Erscheinungen, jenen Meteoroiden, welche die Sternschnuppenschwärme bilden, und die sich alle in derselben wahren Richtung bewegen. Wenn wir an einem Himmelsglobus die scheinbaren Wege der Meteore aufzeichnen, die während eines Meteorschauers fallen, oder wenn wir uns ihre Bahnen an der Himmelssphäre gezogen denken und sie dann nach rückwärts fortsetzen, so finden wir, dass sie alle sehr nahe in einem Punkte des Firmaments zusammenlaufen (Fig. 156). Diesen Punkt nennt man den *Radiationspunkt* oder *Radiant*. Er erscheint unabhängig von der Rotation der Erde und, wo sich auch der Beobachter befinden mag, immer an derselben Stelle; d. h. wie sich die Sterne scheinbar von Osten nach Westen bewegen, so bewegt sich der Radiationspunkt mit ihnen. Hieraus folgt, dass diese Meteore nicht der Erdatmosphäre angehören, da sich sonst der Radiationspunkt den Sternen entgegengesetzt von Westen nach Osten bewegen müsste. Der fragliche Punkt ist lediglich eine Wirkung der Perspective, indem in ihm die parallelen Bahnen, in denen sich die Meteore im Raume bewegen, verschwinden; entsprechend dieser Perspective aber und ähnlich wie die Strahlen der Sonne hinter Wolken erscheinen die Bahnen an der Sphäre von diesem Punkte aus nach allen Richtungen auseinander zu gehen. Ein direct gegen den Beobachter zuschiessendes Meteor sieht aus, als ob es stillstände, und bezeichnet den Radiationspunkt, von dem die anderen ausgehen. Die genaue Bestimmung dieses Punktes ist deshalb von so grosser Wichtigkeit, weil wir durch ihn die Bewegung der Meteore gegen die Erde und die Lage und die Dimensionen ihrer Bahnen ermitteln können.

Die Beobachtungen von Heis, Greg, Schmidt, Zezioli, Denning u. a. haben eine ungemein grosse Zahl solcher Radiationspunkte und ihnen entsprechend periodisch, d. h. jährlich um dieselbe Zeit wiederkehrender Sternschnuppenschwärme kennen gelehrt, und jedes Jahr treten noch neue hinzu. So finden zwei der eifrigsten Beobachter, Denning und Zezioli, für die verschiedenen Monate die folgenden Ziffern, die zum grössern Theil denselben Meteorströmen angehören mögen [*]:

---

[*] Andere Ergebnisse Dennings mögen hier noch angeführt werden. Ausser 762 August-Perseïden hat derselbe in 548 Stunden der Jahre 1876—1879 fast 5400 Sternschnuppen beobachtet. Hiervon kommen nur etwas über 700 auf die erste Hälfte des Jahres; die Anzahl vor und nach Mitternacht ist fast gleich. Die Gesammtzahl seiner 1876—1880 beobachteten Radianten beträgt 296, die sich auf 173 bestimmt verschiedene Ströme beziehen. Für die verschiedenen Helligkeiten findet Denning:

	> 1. Grösse	1. Grösse	2. Grösse	3. Grösse	4. Grösse	5. Grösse und kleiner
Zahl	195	348	919	1051	1200	517
Procent	4.6	8.2	21.8	24.8	28.4	12.2

für die Durchschnittslänge der sichtbaren Bahn $11\frac{1}{4}°$.

	Denning	Zezioli		Denning	Zezioli
Januar	14	24	Juli	36	46
Februar	7	17	August	55	16
März	6	4	September	36	8
April	18	20	October	62	10
Mai	5	11	November	37	14
Juni	2	7	December	18	13

Die bekanntesten und wichtigsten unter diesen Meteorströmen, von denen die weitaus grösste Zahl in die zweite Hälfte des Jahres fällt, sind die folgenden:

Januar 2—3 im Hercules,
April 9—11 in der Leier u. a.,
April 12 in der Leier,
Juli 25—30 im Schwan u. a.,
August 8—12 im Perseus (Laurentius-Strom),
October 15—23 im Orion, Stier,
November 12—14 im Löwen (November-Strom),
November 27—29 in der Andromeda,
December 6—13 in den Zwillingen.

Nach den Sternbildern, in denen die Radianten liegen, spricht man von Leoniden, die aus dem Löwen, Perseiden, die aus dem Perseus kommen, etc.

Die meisten dieser Ströme oder Schauer zeigen nach Zahl, Aussehen und Bahnen der sie bildenden Individuen gewisse charakteristische Verschiedenheiten, durch welche sie dem mit diesen Phänomenen vertrauten Beobachter leicht kenntlich werden; verwandte Ströme, um diesen Ausdruck zu gebrauchen, scheinen häufig auch gruppenweise am Himmel vorzukommen, d. h. nicht weit von einander entfernte Radianten zu haben. Der Hauptunterschied liegt indessen in der in verschiedenen Jahren verschiedenen Intensität der Erscheinungen; während manche Schauer jedes Jahr nahe mit der gleichen Zahl ihrer Individuen auftreten, findet bei anderen eine entschiedene Periodicität der Intensität statt; Jahrzehnte hindurch ist ihre Zahl nahe die gleiche und relativ sehr mässige und wächst dann mit einem Male enorm, um allmählich wieder zu sinken.

Diese Eigenthümlichkeit ist es, die namentlich die beiden grössten und bekanntesten Sternschnuppenschauer, den vom August und den vom November, unterscheidet. Während ersterer Jahr für Jahr in nahe gleicher Stärke wiederkehrt und sein Eintreten überdies auch dann allmählich sich ankündigt, findet beim Novemberschwarm ein ausserordentliches Zusammendrängen vielmehr nur alle 33 bis 34 Jahre statt, und gerade diese auffallende Periodicität war es, welche, wie wir schon früher bemerkten, die Aufmerksamkeit auf sich lenkte und zu so wichtigen Aufschlüssen über die Natur der Sternschnuppen und die Beschaffenheit ihrer Bahnen führte.

6. Beziehungen zwischen Meteoroiden und Cometen.

H. A. Newton, dem wir über die Natur des Novemberstroms die eingehendsten und wichtigsten Untersuchungen verdanken, fand, dass das 1799 und 1833 in so grosser Pracht aufgetretene Sternschnuppenphänomen sich fast ein Jahrtausend zurückverfolgen liess, dass aber die Erscheinung in jedem früheren Jahrhundert um einige Tage früher eintrat; während sie 1799 und 1833 am 12. und 13. November stattfand, traf nämlich im Jahre 902, welches das früheste von Newton discutirte war, die Erde bereits am 12. October (alten Stils) den Schwarm. Die hauptsächlichsten Folgerungen, zu denen der amerikanische Astronom gelangte, waren diese:

1) Der Meteoroidenschwarm, welcher den Novembersternschnuppenfall verursacht, läuft in geschlossener Bahn um die Sonne, und die Erdbahn kreuzt diese Bahn in einem Punkte, in welchem die Erde jetzt sich am 13. November befindet.

2) Der Durchschnittspunkt beider Bahnen rückt infolge einer stetigen Aenderung in der Lage der Meteorbahn jährlich etwa 52″ oder in einem Jahrhundert nahe $1\frac{1}{2}°$ vorwärts.

3) Der Meteoroidenschwarm ist nicht gleichmässig längs seiner Bahn zerstreut, sondern auf etwa dem 15. Theil ihres Umfangs zu einer Art Wolke verdichtet.

4) Die Erde trifft diesen Theil durchschnittlich alle $33\frac{1}{4}$ Jahre. Zu anderen Zeiten hat der eigentliche Schwarm noch nicht den Kreuzungspunkt erreicht oder ihn schon überschritten, und ein grösserer Sternschnuppenfall kann nur eintreten, wenn Erde und Schwarm sich zur selben Zeit treffen.

Newtons Untersuchungen schlossen mit der Vorhersagung der Wiederkehr des Schwarms für etwa das Jahr 1866. Und in der That traf die Erscheinung in der Nacht vom 13. zum 14. November dieses Jahres ein und — wenigstens in Europa — in einer alle Erwartung übersteigenden Grossartigkeit. Die Zahl der Sternschnuppen, die um 2^h Nachts, als das Phänomen das Maximum seiner Intensität erreichte, vom Kopfe des Löwen aus nach allen Richtungen schossen, konnte man nur ungefähr und nach Tausenden schätzen; sie fielen wie ein feuriger Regen. Dabei stieg die Intensität sehr rasch an, um fast ebenso rasch wieder zu sinken. In Greenwich beobachtete man z. B.

  von   9 bis 12^h nur   193 Meteore
  » 12 » 2 dagegen   6892   »
  »   2 » 5 wiederum   1400   »

Das Maximum fiel auf 2^h 10^m mittlere Berliner Zeit, und der Radiationspunkt ergab sich zu 148° Rectascension und + 23° Declination.

In den beiden nächsten Jahren wiederholte sich der Schauer und zwar besonders grossartig 1868 in Nordamerika. Das Maximum trat in letzterem Jahre am 14. November früh 5^h etwa nach mittlerer Zeit Washington ein, wo es in Europa schon Tag war; die Erscheinung entzog sich daher unsern Augen, zeigte sich aber in den Vereinigten Staaten in um so grösserer Pracht. In der kurzen Zeit von 1½ Stunde sollen für einen Beobachter etwa 30 000 Sternschnuppen gefallen sein.

Trotz des richtigen Eintreffens der Erscheinung und ihrer sorgfältigen Beobachtung im Einzelnen blieb man aber doch noch über die Form und Grösse der Bahn, speciell über die Umlaufszeit des Schwarms um die Sonne in Unsicherheit.

Newton hatte die letztere nicht definitiv bestimmt, sondern nur gezeigt, dass sie einen von fünf Werthen haben müsse. Der grösste und zugleich natürlichste war der von 33¼ Jahren oder gleich dem durchschnittlichen Intervall zwischen den verschiedenen Schauern. Die Umlaufszeit konnte aber auch viel kürzer und selbst nur 1 Jahr 11 Tage sein. In letzterem Falle wäre z. B. der Schwarm, den Humboldt am 12. November 1799 sah, im Jahre 1800 erst am 23. November an den Kreuzungspunkt von Meteor- und Erdbahn gekommen, nachdem die Erde also diesen schon 11 Tage passirt hatte. Indem er nun jedes Jahr 11 Tage später die Stelle erreicht hätte, würde er 33 Umläufe in 34 Jahren gemacht und gegen Mitte November 1833, wie in der That beobachtet, durch Zusammentreffen mit der Erde zu einem neuen Sternschnuppenfall Anlass gegeben haben. Und ebenso verhielte es sich dann später.

Aus der Veränderung, welche die Position des Knotens der Bahn zeigte, und die kaum eine andere Ursache als die Anziehung der Planeten haben konnte, war indessen, wie auch Newton bemerkte, ein Schluss auf die wahre Umlaufszeit zulässig. Adams in Cambridge (England) führte die hierzu nöthigen Rechnungen durch und bewies, dass in der That die Knotenbewegung durch keine andere Bahn als die langgestreckte Ellipse von 33¼ Jahren Umlaufszeit erklärt werden könne. Zu dem gleichen Resultat waren auf verschiedenen Wegen fast gleichzeitig auch Schiaparelli in Mailand und Leverrier in Paris gelangt.

Man wusste nun, dass wenigstens der grosse Novemberstrom eine stark excentrische Ellipse um die Sonne durchläuft, und dass die schon von Erman 1839 ausgesprochene Idee von »Meteorringen«, die man freilich von wesentlich geringeren Dimensionen und wenig excentrisch anzunehmen geneigt war, sich nicht allzuweit von der Wahrheit entferne.

Zu einer Kenntniss der absoluten Geschwindigkeit der Sternschnuppen im Raume, aus der allein die Form der Bahnen abzuleiten war, konnte man freilich zu Ermans Zeit noch nicht kommen, und auch die Entdeckung des Zusammenhanges der Bahnen gewisser Cometen und Sternschnuppenschwärme musste späterer Zeit vorbehalten bleiben.

Als aber Anfang der sechziger Jahre das Gesetz der täglichen Variation in der Häufigkeit der Sternschnuppen festgestellt war und man erkannte, dass diese früher bereits erwähnte Veränderlichkeit eine Folge der Bahnbewegung der Meteore in Verbindung mit der Bahnbewegung der Erde sei, führte diese Erkenntniss fast gleichzeitig Newton und Schiaparelli zu dem Schlusse, dass die Durchschnittsgeschwindigkeit der Meteore die der Erde bedeutend übertreffe, und dass die Bahnen der ersteren sich nicht dem Kreise, sondern der Parabel und damit der Form der Cometenbahnen nähern müssten.

Dass zwischen Cometen und Meteoren eine gewisse Verwandtschaft bestehe, hatte schon Chladni vermuthet und 40 Jahre später dann Kirkwood vollständiger und in einer Weise ausgesprochen, die unseren heutigen Vorstellungen ziemlich nahe entspricht. Es war aber bei Vermuthungen und Conjecturen geblieben, und es konnte auch nicht anders sein, da alle Thatsachen fehlten, auf Grund deren man einen Zusammenhang der Bahnen beider Erscheinungsformen hätte nachweisen können. Auch der Umstand, dass gewisse Meteorbahnen eine sehr grosse Neigung gegen die Ekliptik besitzen, auf den schon Erman aufmerksam gemacht hatte, dass ferner manche Meteorströme, wie gerade die des August und November, sich rückläufig bewegen, welche beide Thatsachen mit grosser Wahrscheinlichkeit anzeigen, dass die Sternschnuppen nicht gleichen Ursprunges wie die Planeten sind, sondern wie die Cometen aus den fernen Himmelsräumen zu uns kommen, machte einen Connex beider Erscheinungen zwar wahrscheinlicher als früher, bewies ihn aber nicht. Diese Ergebnisse, wie die von Hoek gezeigte Existenz von Cometenbahngruppen oder Cometensystemen, bildeten aber Momente, welche weitere Forschungen wesentlich erleichtern und die Aussichten auf besondere Erfolge vermehren mussten.

In der That, kaum hatten Leverrier und Schiaparelli Anfang 1867 ihre Bahnelemente des November-Sternschnuppenstromes bekannt gemacht, als zu gleicher Zeit mehrere Astronomen auf die merkwürdige Aehnlichkeit hinwiesen, die zwischen diesen und den Bahnelementen des soeben von Oppolzer berechneten, von Tempel 1866 entdeckten teleskopischen Cometen stattfand. Im Folgenden geben wir die Elemente der Leoniden oder des Novemberstromes nach der (späteren) Rechnung Schiaparellis und die des Cometen 1866 I nach Oppolzer:

Elemente	Leoniden	Comet
Durchgang durch das Perihel	November 10.09	Januar 11.16
Länge des Perihels	56° 26′	60° 28′
Länge des Knotens	231 28	231 26
Neigung	17 44	17 18
Excentricität	0.905	0.905
Periheldistanz	0.987	0.976
Umlaufszeit (Jahre)	33.25	33.18
Bewegung	rückläufig.	

In Berücksichtigung der relativ grossen Unsicherheit, die mit der Berechnung einer Sternschnuppenbahn stets verbunden ist, war die Uebereinstimmung der Elemente eine wahrhaft überraschende zu nennen, und man konnte kaum zweifeln, dass **die November-Meteore in der Bahn des Tempel'schen Cometen von 1866 einhergingen** und die Theile, welche uns als Comet erscheinen, dem Schwarm der Leoniden voran 10 Monate früher das Perihel passirten (vergleiche Fig. 157).

Hiermit war die längst geahnte Beziehung und Verwandtschaft beider Erscheinungen, wenn auch zunächst nur in dem Falle einer Bahn, entschieden, und jede folgende Untersuchung brachte nun neue und wichtige Aufschlüsse. Schiaparelli selbst hatte schon vor der Untersuchung des Novemberschwarmes die Bahn der August-Meteore, der sogenannten Perseiden, berechnet; die Vergleichung mit den Oppolzer'schen Elementen des hellen Cometen vom Sommer 1862 ergab nun auch hier eine merkwürdige Uebereinstimmung, wie die folgende Zusammenstellung zeigt:

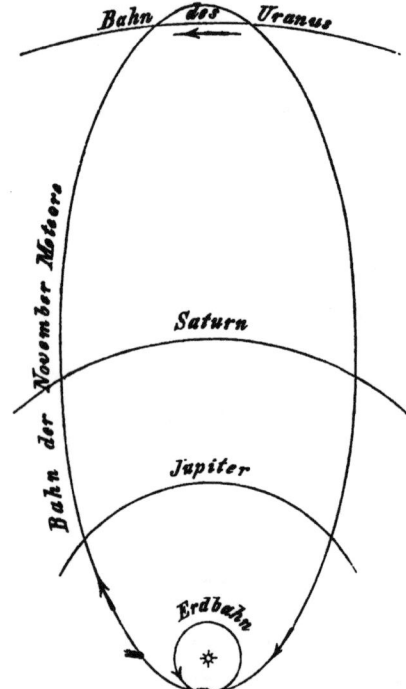

Fig. 157. Bahn der November-Meteore.

	Perseiden	Comet 1862 III.
Durchgang durch das Perihel	1866 Juli 23.6	1762 August 22.9
Länge des Perihels	343° 38'	344° 41'
Länge des Knotens	138 16	137 27
Neigung	63 3	66 26
Periheldistanz	0.964	0.961
Umlaufszeit (Jahre)	108 ?	121.5
Bewegung		rückläufig.

Die scheinbar grosse Differenz in der Umlaufszeit verliert ihr Auffallendes, wenn wir das früher (Seite 409) über langgestreckte Ellipsen und Parabeln Gesagte berücksichtigen. Schiaparelli hat übrigens alle Bahnelemente unter der Voraussetzung einer parabolischen Bahn abgeleitet und nur die Umlaufszeit aus Beobachtungen über besonders reiche August-Sternschnuppenfälle zu ermitteln gesucht.

Wir bemerkten schon oben, dass die Leoniden sich vor den Perseiden hauptsächlich durch ein sehr entschiedenes Intensitätsmaximum auszeichnen; die Umlaufszeit wird daher bei ihnen sich weit genauer bestimmen lassen als bei den Perseiden, die alljährlich in fast gleicher Zahl wiederkehren und überdies eine mindestens dreimal längere Umlaufszeit haben. Jedenfalls sind die den Auguststrom bildenden Meteoroiden über ihre ganze Bahn weit gleichmässiger vertheilt als die November-Meteore; indessen findet doch auch bei jenen eine grössere Anhäufung von Stoff wenigstens an einer Stelle statt, und die dort befindlichen Theile, welche also ihr Perihel etwa vier Jahre nach dem August-Cometen von 1862 passirten, traf eben die Erde in den Tagen vom 9. bis 12. August 1866 (s. Fig. 158).

Die Figur 159 zeigt die räumliche Lage beider Meteorströme, bezw. Cometen, gegen die Erdbahn.

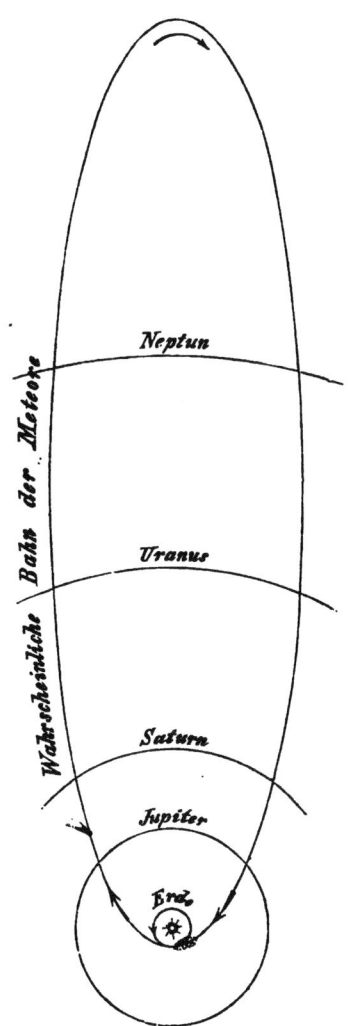

Fig. 158. Bahn der August-Meteore.

440   III. Das Sonnensystem.

Ein drittes merkwürdiges Beispiel der Beziehungen von Meteoren zu Cometen bieten die grossen Sternschnuppenfälle vom 27. November 1872 und vom 27. November 1885 und der Biela'sche Comet. Wie weiter unten (Seite 448) genauer berichtet wird, theilte sich der periodische Biela'sche Comet 1846 in zwei Theile, welche in grösserem Abstande bei der nächsten Erscheinung wieder sichtbar waren, aber späterhin nicht mehr gesehen worden sind. Bielas Comet kann der Erde unter Umständen sehr nahe kommen, da letztere seine Bahn Ende November jedes

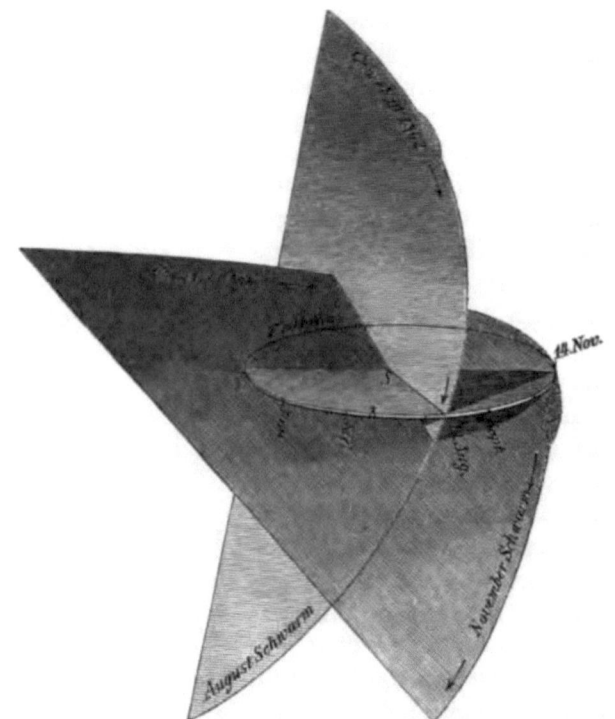

Fig. 159. Bahnen der Cometen 1862 III (August-Meteore) und 1866 I (November-Meteore) im Raume.

Jahres fast kreuzt. Um diese Zeit fallen, wie schon länger bekannt war, jährlich eine nicht unbedeutende Zahl Sternschnuppen, deren Radiationspunkt in der Andromeda liegt. Verschiedene Astronomen kamen nun auf den Gedanken, dass zwischen diesen Sternschnuppen und Bielas Cometen ein gewisser physischer Zusammenhang bestehe; d'Arrest machte darauf aufmerksam, dass zwischen den ungewöhnlich reichen Sternschnuppenfällen, die Anfang December 1798 und 1838 beobachtet wurden, gerade sechs Umläufe des Biela'schen Cometen liegen, und Weiss fand, dass, wenn Meteore aus der Bahn dieses Cometen die Erde treffen sollten, ihr Radiant mit dem für die Sternschnuppen aus directer Beobachtung gefolgerten fast identisch sein müsse. Die Berechnung der Bahn des verschwundenen Biela'schen Cometen hatte ergeben, dass er im Jahre 1872 Anfang September den Kreuzungspunkt seiner und der Erdbahn (und zwar den niedersteigenden Knoten) passire. Nahm man dann an, dass seine Bestandtheile sich noch mehr längs der Bahn zerstreut hätten, so war sehr wahrscheinlich, dass die Erde, die am 27. November sehr nahe am niedersteigenden Knoten vorbeiging, an diesem Tage noch auf Reste des Cometen treffen würde. Diese Annahmen, die allerdings nicht in gleicher Weise wie beim Sternschnuppenfall von 1866 vorhersagend deutlich ausgesprochen wurden, fanden ihre thatsächliche Bestätigung, indem wirklich am 27. November dieses Jahres ein Sternschnuppenfall sich ereignete, der zwar nicht an Helligkeit, aber an Zahl der einzelnen Meteore den Vergleich mit den früheren November-Erscheinungen sehr wohl aushielt, während der Sternschnuppenfall vom Jahre 1885 an Grossartigkeit nur mit den Phänomenen, welche der Leonidenschwarm bietet, verglichen werden kann.

Die genannten drei Fälle blieben nicht die einzigen ihrer Art. Eingehendere Untersuchungen von Schiaparelli, Weiss, Galle, A. S. Herschel u. a. haben vielmehr gezeigt, dass es mehrere hundert Meteorströme giebt, deren Radiationspunkte mit den Knoten von Cometenbahnen so nahe coincidiren, dass ein Zusammenfallen der Bahnen beider Erscheinungen zum mindesten wahrscheinlich wird. —

Fassen wir kurz zusammen, was sich aus den Untersuchungen der genannten Forscher, namentlich aber aus denen Schiaparellis ergiebt, so lässt sich Folgendes aussprechen.

Als Erstes steht durch Beobachtung fest, dass die periodischen Sternschnuppen täglich an Häufigkeit variiren, dass sie am häufigsten aus dem Punkte herzukommen scheinen, gegen den die Erde sich momentan bewegt (dem *Apex*, nach Schiaparellis Bezeichnung), und der der Sonne in Länge um etwa 90° vorangeht. Diese beobachtete tägliche Veränderlichkeit wird durch die Theorie sehr nahe dargestellt, wenn man als die mittlere Geschwindigkeit der Meteore die parabolische nimmt oder etwa 1.4 mal die mittlere Geschwindigkeit der Erde*). Hieraus würden also für die von den Meteorströmen beschriebenen Bahnen Parabeln folgen.

Die Anzahl der Sternschnuppen eines Schwarmes, die von der Erde in einer bestimmten Zeit aufgefangen werden, wird hauptsächlich von

---

*) Genau ist das Verhältniss der parabolischen zur Kreisbewegung wie $\sqrt{2}:1$.

der relativen Geschwindigkeit beider Körper bezw. Körpercomplexe abhängen. Meteore, die mit parabolischer Geschwindigkeit von der Richtung des Apex die Erde treffen, müssen eine grössere Geschwindigkeit haben, nämlich die Summe von Meteor- und Erdgeschwindigkeit, als die aus dem entgegengesetzten Punkte (dem *Antiapex*), wo die relative Geschwindigkeit nur gleich der Differenz ist; es werden daher von ersterem Punkte viel mehr Meteore herkommen müssen, als von letzterem (siehe Fig. 160).

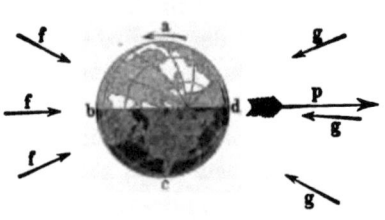

Fig. 160. Bewegung der Sternschnuppen und der Erde (*p* Richtung des Apex; *g* entgegenkommende, *f* folgende Sternschnuppen).

Die Vergleichung der Elemente solcher Meteorbahnen mit denen von Cometen ergab dann als wichtiges Resultat, dass eine nicht geringe Anzahl periodischer Sternschnuppenströme die Sonne in Bahnen umkreisen, welche mit denen gewisser Cometen identisch sind, und zwar zum Theil von Cometen von sehr kurzer Umlaufszeit, z. B. dem Biela'schen Cometen. —

Weitere Untersuchungen führten darauf zum Nachweis der verwandtschaftlichen Beziehungen, die nicht nur zwischen den Bahnen, sondern auch zwischen der die Cometen und die Meteorschauer bildenden Materie bestehen, und zwar Untersuchungen über die störenden Wirkungen im Sonnensystem.

Die Anziehung der Erde äussert sich sowohl auf die Fallgeschwindigkeit der Meteore, welche sie nothwendigerweise vermehrt, als auch auf deren scheinbare Bahnen; sie hat besonders einen grossen Einfluss auf die Lage des Radiationspunktes, wenn derselbe dem Antiapex nahe liegt. Ganz umgestaltend kann die Erde aber und noch mehr einer der grossen Planeten, Jupiter z. B., auf Lage und Form der Bahnen selbst wirken, wenn die Meteore aus der Gegend des Antiapex kommen und folglich rechtläufig sich bewegen. Die Ablenkung solcher Meteore kann schon bei der Erde, wenn sie dicht an ihr vorbeigehen, so bedeutend werden, dass sich die Bahn aus einer parabolischen in eine elliptische von ganz kurzer Umlaufszeit verwandelt und ein Theil der Glieder des Schwarmes in den weiten Raum hinausgeschleudert wird.

Noch weit verderblicher aber wird auf solche Meteorströme einer der grossen äusseren Planeten, vor allem Jupiter, wirken können. Schiaparelli findet die Ursache der Radiationsgegenden, d. h. der benachbarten Radiationspunkte von periodischen Strömen, wie selbst der sporadischen Sternschnuppen, in dieser zerstörenden Kraft der grossen Planeten, welche gewisse Meteorschwärme unter Umständen gänzlich vernichten, andere wenigstens aus ihren anfänglichen Bahnen mehr oder weniger ablenken kann.

Auf diese Weise lässt sich dann aber auch selbst die Existenz mancher Meteorströme erklären, und Leverrier hat speciell für den grossen Novemberschwarm, die Leoniden, wahrscheinlich zu machen gewusst, dass derselbe erst durch die Anziehung des Uranus, dem der Strom im Jahre 126 n. Chr. nahe kam, in seine jetzige Bahn, welche die Erde jährlich kreuzt, gelenkt worden sei. — Forbes in Edinburgh hat den Versuch gemacht, aus gewissen bekannten periodischen Cometen umgekehrt auf die etwaige Existenz eines oder zweier transneptunischer Planeten zu schliessen, deren Wirkung jene Bahnen hervorgerufen habe. Seine Untersuchungen sind bisher freilich noch ohne praktisches Ergebniss geblieben, doch ist ein Erfolg nicht unmöglich; jedenfalls erscheint die Idee beachtenswerth und das Princip richtig.

Die Anziehung der Planeten und der Sonne selbst auf die Bestandtheile eines Meteorschwarmes äussert sich indessen auf noch andere und nicht minder merkwürdige Weise, welche auf die innere Verwandtschaft der Meteore und Cometen führt.

Betrachten wir einen gewöhnlichen teleskopischen Cometen, wie in der Regel schon der unmittelbare Anblick zeigt, als eine Art kosmische »Wolke« von kugelförmiger Gestalt, so wird eine Auflösung dieser Wolke, eine Auseinanderziehung und Trennung in einzelne Partikel dann beginnen, wenn die Annäherung an die Sonne, bezw. einen Planeten so gross wird, dass deren Anziehung auf die näheren Theile der Wolke bedeutend grösser als auf die entfernteren und zugleich der Unterschied dieser Anziehungen grösser als die im Systeme des Cometenkörpers selbst bestehenden Attractionen ist. Zunächst werden die äusseren, lockereren Theile, allmählich auch die inneren, dichteren sich trennen und in Bahnen weiterziehen, die von der des Urkörpers oder des schliesslich restirenden Kernes jedenfalls sehr wenig verschieden sind. Die Materie der Cometen-»Wolke« wird sich also allmählich zerstreuen, einen immer grösseren Theil der Bahn einnehmen, und wenn diese elliptisch ist, sie im Laufe der Zeit ganz ausfüllen. Im Allgemeinen wird hiernach der Grad der Zerstreuung einen Massstab für das Alter der cometarischen Wolke oder doch für die Dauer, während der der Comet unserem Sonnensysteme angehört, bilden. Durch Einwirkung von Planeten, denen der Comet besonders nahe kommt, kann diese Zerstreuung beschleunigt werden, oder es können auch secundäre Anhäufungen von Materie auftreten.

Kreuzt nun die Erdbahn die Bahn eines solchen Cometen, so wird die Erde an dem Tage, wo sie diesen Kreuzungspunkt, d. h. den Knoten der Cometenbahn, passirt, auf eine gewisse Zahl der in der Bahn zerstreuten Partikel des Cometen treffen. Diese an sich dunklen und kalten Theilchen stürzen mit grosser Vehemenz in die Erdatmosphäre, erhitzen sich, werden leuchtend und verdampfen: sie bilden die Erscheinungen der Sternschnuppen.

Nach dieser von Weiss und Schiaparelli entwickelten und immer mehr zur allgemeinen Geltung kommenden Anschauung sind demnach diese Cometen als Complexe von Körperchen (Meteoroiden) zu betrachten, die sich unter dem Einflusse der Sonnen- oder Planetenanziehung längs ihrer Bahn zerstreuen und unter besonderen Bedingungen den Erdbewohnern als Sternschnuppen sichtbar werden.

Wir sind also auf unserem Wege durch die Meteor-Astronomie jetzt wieder bei den Cometen angelangt und wollen nun dazu übergehen, mit Hülfe des gewonnenen Ueberblicks einige specielle Fälle zu betrachten.

7. Periodische und sonstige interessante Cometen.

Im Folgenden sollen nach einigen allgemeinen Bemerkungen über periodische Cometen einzelne dieser Himmelskörper etwas ausführlicher beschrieben werden, welche entweder durch die Mächtigkeit ihrer Erscheinung oder durch besonders interessante physikalische Phänomene, oder aber durch ihre periodische Wiederkehr ein allgemeineres Interesse beanspruchen.

Dass übrigens ein wesentlicher Unterschied zwischen den sogenannten periodischen und den anderen Cometen vermuthlich nicht besteht, wurde schon früher erwähnt. Es ist vielmehr wahrscheinlich, dass alle Cometen kurzer Umlaufszeit ihre geschlossenen Bahnen durch die Einwirkung eines der grossen Planeten erhalten haben, und dass sie sich ursprünglich in parabolischen Bahnen bewegten. Das merkwürdigste Beispiel für die Veränderungen, welche eine Cometenbahn durch solche Ursache erleiden kann, bietet der Lexell'sche Comet von 1770. Genaue Untersuchungen ergaben nämlich, dass er dem Jupiter im Jahre 1767 sehr nahe gekommen und durch ihn in eine wenig excentrische Bahn von $5^{1}/_{2}$ Jahren Umlaufszeit gezwungen war; in ihr bewegte er sich nun 12 Jahre; 1779 aber kam er diesem mächtigen Körper wiederum so nahe, dass seine Bahn aufs Neue gänzlich umgestaltet und zu einer, wie anfangs, sehr excentrischen wurde. Uebrigens äusserte er seinerseits nicht die geringste Wirkung, weder auf die Bahnen der Jupitertrabanten, welche er bei der zweiten Annäherung thatsächlich durchkreuzte, noch auf die Erde, der er gleichfalls sehr nahe kam, so dass

Laplace daraus auf eine Masse von weniger als $1/5000$ der Erdmasse schloss. Wie es viele Cometen geben mag, die wegen zu grosser Entfernung von Erde und Sonne uns niemals sichtbar werden, so mögen unter ihnen auch Fälle der erwähnten Art häufig vorkommen.

Je grösser sich die Umlaufszeit eines Cometen herausstellt, um so unsicherer ist sie natürlich bestimmt, oder um so fraglicher darf es erscheinen, ob die Bahn überhaupt merklich von einer Parabel abweicht. Setzt man als obere Grenze in dieser Beziehung eine Umlaufszeit von 1000 Jahren fest, so erhält man folgende Zusammenstellung der Cometen, deren Umlaufszeit zwischen 1000 und 100 Jahren liegt:

Comet:	Umlaufszeit:	Comet:	Umlaufszeit:
1854 V	994	1793 II	422
1811 II	875	1861 I	415
1853 II	782	1861 II	409
1882 II	772	1840 IV	344
1763	733	1874 IV	306
1843 I	533	1857 IV	235
1855 I	520	1889 III	128
1846 VII	500	1862 III	121.5

Von diesen Cometen ist nur die Umlaufszeit desjenigen von 1862 III recht sicher nach Oppolzers Rechnung bekannt.

Bei den Cometen von unter 100 Jahren Umlaufszeit ist dieselbe im Allgemeinen schon viel sicherer bekannt, doch immerhin noch mehr oder weniger zweifelhaft bei denjenigen, welche erst in einer Erscheinung beobachtet worden sind. Es sind dies die folgenden:

Comet:		Umlaufszeit:	Comet:		Umlaufszeit:
1846 IV	de Vico	75.7	1886 VII	Finlay	6.7
1847 V	Brorsen	75.0	1858 III	Tuttle	6.6
1852 IV	Westphal	60.7	1890	Spitaler	6.4
1867 I	Stephan	33.6	1886 IV	Brooks	6.3
1866 I	Tempel	33.2	1783	Pigott	5.9
1846 VI	Peters	12.8	1770 I	Lexell	5.6
1881 V	Denning	8.9	1844 I	de Vico	5.4
1889 V	Brooks	7.1	1884 II	Barnard	5.4
1889 VI	Swift	6.9	1766 II	Helfenzrieder	5.0
1773 I	Grischow	6.7	1819 IV	Blanpain	4.8

In mehr als einer Erscheinung beobachtet und daher mit sehr sicher bestimmter Umlaufszeit sind die folgenden:

Halley	76.4	Biela	6.6
Olbers	72.6	Erster Tempel	6.5
Pons	72.1	Winnecke	5.8
Tuttle	13.8	Dritter Tempel	5.5
Faye	7.6	Brorsen	5.5
Wolf	6.8	Zweiter Tempel	5.2
d'Arrest	6.7	Encke	3.3

Der Halley'sche Comet. — Im August 1682 erschien am nördlichen Himmel ein auffallender Comet, dessen Bahn, wie Halley nachwies, eine so grosse Aehnlichkeit mit einem im Jahre 1607 von Kepler beobachteten Cometen zeigte, dass an der Identität beider, trotz der relativ kurzen Sichtbarkeitsdauer des späteren von nur einem Monat, kaum gezweifelt werden konnte. Der Verlauf beider Bahnen war nach der Rechnung in der That so nahe derselbe, dass sie für das blosse Auge als eine und dieselbe Curve erschienen wären, hätte man sie an den Himmel zeichnen können. Die Wahrscheinlichkeit andererseits, dass zwei Cometen, von einander getrennt, in ein und derselben Bahn sich bewegen sollten, war damals wenigstens äusserst gering, und so war Halley zur Annahme der Identität beider Cometen berechtigt. Danach lief der Comet also in einer langgestreckten Ellipse in ungefähr 75 Jahren um die Sonne. Dieser Umlaufszeit entsprechen nun in der That noch mehrere Cometenerscheinungen; denn es finden sich sowohl 1531 als 1456 Cometen erwähnt, die allem Anschein nach dieselbe Bahn beschrieben, und von denen der letztere übrigens einen so grossen Schrecken in der Christenheit verbreitete, dass Papst Calixtus sogar Gebete um Schutz vor den Türken und vor dem Cometen anordnete.

Auch noch vor 1456 finden wir, der Umlaufszeit von etwa $75\frac{1}{2}$ Jahren entsprechend, Cometenerscheinungen notirt, doch kann bei der Unbekanntschaft mit ihren Bahnen nicht behauptet werden, dass sie identisch mit den späteren seien. Die späteren vier Erscheinungen genügten indessen Halley, um die Wiederkehr des Cometen für das Jahr 1758 vorher zu sagen. Der erhebliche hier gegebene Spielraum liess den Mathematikern Zeit, seine Bewegung zu untersuchen, und die inzwischen fest begründete Gravitationstheorie zeigte, wie verfahren werden musste: es war nothwendig, die Wirkung der Anziehungskraft der grösseren Planeten auf die Bewegung des Cometen während voller 76 Jahre zu berechnen. Diese grosse Arbeit vollbrachte Clairaut, welcher fand, dass zufolge der Anziehung des Jupiter und des Saturn das Wiedererscheinen des Halley'schen Cometen um etwa 618 Tage verzögert werden und er daher sein Perihel nicht vor Mitte April 1759 erreichen würde. Clairaut hielt das Resultat seiner Rechnung auf ungefähr einen Monat sicher.

und in der That erschien der Comet Ende 1758 und passirte sein Perihel am 12. März 1759. Bis zur nächsten Erscheinung, die 1835 erwartet werden durfte, waren die Rechnungsmethoden so vervollkommnet worden, dass der Einfluss der Planetenattraction auf die Bewegung des Cometen viel genauer und dabei leichter als früher bestimmt werden konnte. Zwei Deutsche, Rosenberger und Lehmann, und zwei Franzosen, Damoiseau und Pontécoulant, unternahmen unabhängig von einander die Berechnung der Wiederkehr. Damoiseau gab als Zeit des Periheldurchganges den 4. November 1835 an, Pontécoulant, der seinen Rechnungen noch genauere Planetenmassen zu Grunde legte, fand dafür den 13., Rosenberger in naher Uebereinstimmung den 12. November. Begreiflicherweise wurde der so von verschiedenen Seiten berechnete Comet mit grosser Spannung erwartet und auch am 5. August 1835 zuerst gesehen; am 16. November, nur drei Tage nach Pontécoulants Angabe, passirte er sein Perihel.

Dies war die letzte Erscheinung des berühmten Halley'schen Cometen. Er konnte noch bis Mitte Mai 1836 verfolgt werden, verschwand aber dann auch den mächtigsten Fernröhren damaliger Zeit. Das geistige Auge des Astronomen kann ihm indessen beinahe ebenso sicher folgen, als wenn er sich im Bereich seiner Instrumente befände, und so weiss man, dass er 1873 den entferntesten Punkt seiner Bahn, der noch ausserhalb der Neptunbahn liegt, erreicht hat und sich nun auf dem Rückwege befindet. Beistehende Fig. 161 giebt seine Bahn und die Stellung in ihr im Jahre 1874 an. Die Zeit des nächsten Periheldurchganges, welche nach Pontécoulant Mitte Mai 1910 zu erwarten ist, wird sich genau erst dann ermitteln lassen, wenn der Einfluss sämmtlicher grösserer Planeten berechnet ist, und dies wird mehr Mühe als früher kosten. Als

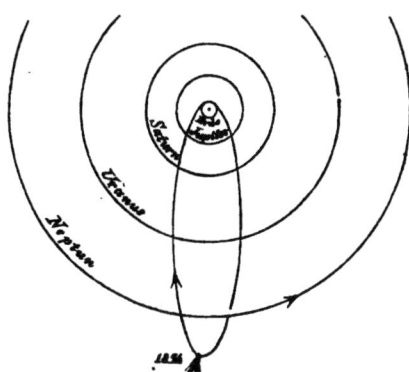

Fig. 161. Bahnen des Halley'schen Cometen und der grossen Planeten.

Clairaut seine Erscheinung für 1759 berechnete, war Saturn der äusserste bekannte Planet; vor der Wiederkehr 1835 war Uranus hinzugetreten und in Rechnung zu ziehen; endlich ist jetzt noch Neptun bekannt, und es muss für die nächste Wiederkehr auch dessen Wirkung berechnet werden. Wir dürfen hoffen, dass dann aber die Zeit seines Periheldurchganges innerhalb eines Tages genau vorhergesagt werden wird.

Der Biela'sche Comet. — Nichts zeigt schlagender den Unterschied zwischen Cometen und anderen Himmelskörpern, als die thatsächliche Auflösung eines solchen. Im Jahre 1826 entdeckte ein Oesterreicher, Biela, einen teleskopischen Cometen, der bald als periodisch und identisch mit einem im Jahre 1772 und Ende 1805 beobachteten erkannt wurde. Trotzdem seine Umlaufszeit, wie die Rechnung bald ergab, nur $6^3/_4$ Jahre betrug, war er doch in so kurzen Zwischenräumen, wegen ungünstiger Stellung zur Erde und Sonne, nicht beobachtet worden. Auch nach 1826 vollendete er mehrere Umläufe, ohne gesehen zu werden; erst bei der dritten Erscheinung Ende 1845 wurde er wieder beobachtet. Im November und December zeigte er nichts Auffallendes, im Januar 1846 aber gingen sehr sonderbare und bis dahin, wie es scheint, nie wahrgenommene Veränderungen mit ihm vor. Der Comet theilte sich nämlich in zwei Componenten von ungleichem Glanze und Aussehen. Der kleinere nahm im Februar erst an Grösse zu, bis er seinem Genossen gleichkam, dann aber wurde er kleiner und schwächer und verschwand im März gänzlich, während der andere einen vollen Monat länger verfolgt werden konnte. Die scheinbare Entfernung beider Theile wuchs von 2' (Mitte Januar) bis über 9' (Anfang März); die wahre betrug Mitte Januar 45, Mitte Februar 49, Ende März dagegen nur 43 Erdhalbmesser, variirte also zwischen 274000 und 310000 Kilometern.

Die nächste Wiederkehr des Cometen, 1852, wurde natürlich mit der grössten Spannung erwartet. Er wurde zuerst im August sichtbar, und zwar getheilt; aber die Distanz beider Theile hatte sich inzwischen bis zu 378 Erdhalbmessern oder 2411000 Kilometern erweitert und nahm im Laufe des September noch um 30 Erdhalbmesser zu. An Helligkeit übertrafen beide Componenten sich wechselweise, so dass man nicht entscheiden konnte, welcher von beiden den Hauptcometen repräsentirte. Ende September 1852 kamen sie ausser Sehweite und sind seitdem nicht wieder gesehen worden. Seit dieser Zeit würde der Comet dreimal den Umlauf um die Sonne vollendet und 1859, 1865, 1872 und 1878 sein Perihel passirt haben. Das erste Mal stand er gegen die Erde zu ungünstig, um gesehen werden zu können; 1865 konnte man ihn nicht finden, schrieb dies aber seiner ziemlich grossen Entfernung zu; als er aber auch 1872, wo die Stellung beider Körper zu einander ausserordentlich günstig war, nicht erschien, musste man annehmen, dass er verschwunden sei, d. h. dass er sich zerstreut und aufgelöst habe. Einige an sich unsichtbare Fragmente bewegten sich indessen noch in der Comentenbahn, und auf diese ist mit einer an Gewissheit grenzenden Wahrscheinlichkeit der bekannte Sternschnuppenfall vom 27. November jenes Jahres, sowie derjenige vom 27. November 1885 zurückzuführen, wie bereits auf Seite 441 erwähnt worden ist. Gleich nach dem Meteorfall des Jahres 1872 und auf eine telegraphische Aufforderung von Klinkerfues in Göttingen hin fand allerdings Pogson in Madras ein cometenähnliches Object, das ein Fragment des Biela'schen Cometen sein konnte. Aber dieses Object war um zwei Monate hinter dem berechneten Orte zurück, so dass die Identität beider Körper von den Astronomen nie anerkannt worden ist.

Der Biela'sche Comet bietet übrigens nicht das einzige Beispiel einer Theilung oder Auflösung von Cometen. In ähnlicher und zum Theil noch eclatanterer Weise hat man diese Erscheinung auch bei hellen Cometen und zwar bei dem zweiten von 1618, sowie bei dem von 1652 wahrgenommen. Der Kern des ersteren löste sich bald in eine ganze Schaar kleinerer Kerne auf; und der Kopf des Cometen von 1652 hatte von Anfang an das Aussehen einer bleichen, mit Flecken (Kernen) übersäten Scheibe von fast Mondgrösse. Selbst eine grosse Anzahl der gewöhnlichen teleskopischen Cometen deutet durch das eigenthümlich Granulirte ihres Aussehens auf einen beginnenden Theilungsprocess hin, und im letzten Jahrzehnt sind an solchen mehrfach derartige Theilungen thatsächlich wahrgenommen worden. Wir werden später auf die Bedeutung dieser Erscheinung noch weiter eingehen.

Der Encke'sche Comet und das widerstehende Mittel. Dieser zuerst im Januar 1786 gesehene, später 1795 und 1805 wieder entdeckte und nach Encke, dem sorgfältigsten Berechner seiner Bahn, benannte Comet hat in neuerer Zeit hauptsächlich die Aufmerksamkeit der Astronomen auf sich gelenkt. Die drei ersten Erscheinungen waren zu kurz und wurden zu ungenau beobachtet, um eine sorgfältige Bahnbestimmung zu ermöglichen. Erst bei dem vierten Wiedererscheinen, Ende 1818, wo ihn Pons in Marseille fand, gelang es, die Identität zunächst mit dem Cometen von 1805 festzustellen; es blieb indessen noch unentschieden, ob seine Umlaufszeit 13 Jahre oder weniger sei. Encke nahm nun die Untersuchung auf und führte sie mit einer bis dahin unbekannten Gründlichkeit und Genauigkeit durch. Er zeigte, dass die Umlaufszeit etwa 1200 Tage betragen müsse, dass also zwischen 1805 und 1818 vier Revolutionen um die Sonne lägen, und constatirte überdies die Identität mit den Cometen von 1786 und 1805. Dass so viele Erscheinungen unbeobachtet vorüber gegangen waren, lag an der häufig ungünstigen Stellung des Cometen zur Erde. Das Resultat von Enckes Rechnungen war von höchstem Interesse, denn man hatte hier den ersten Fall eines Cometen von ganz kurzer Umlaufszeit. Die Wiedererscheinung im Jahre 1822, in der ihn G. Rümker und Sir Th. Brisbane in Paramatta (Neu-Süd-Wales) nach Enckes Rechnungen auffanden und beobachteten, bestätigte die Richtigkeit letzterer in vollem Masse.

Seitdem ist der Comet noch oft beobachtet und durch Encke selbst sowie durch andere Astronomen fortdauernd auf das schärfste berechnet und verfolgt worden. Durch eine Vergleichung der beobachteten Bewegung mit der, welche sich aus der Anziehung der Sonne und der Planeten ergeben würde, fand nun Encke, dass seine Umlaufszeit beständig abnahm, und er wurde dadurch auf die schon von Olbers aufgestellte Hypothese geführt, dass der Comet einen merklichen Widerstand im Raume erfahre. Die Verkürzung seiner Periode betrug bei jeder Revolution ungefähr $2^1/_2$ Stunden. Der Schluss nun, den Encke und Olbers daraus zogen, war, dass der Himmelsraum von einem ausserordentlich dünnen Stoff erfüllt sei, so dünn, dass er zwar nicht den geringsten Einfluss auf die Bewegung der Planeten ausüben, wohl aber auf einen so äusserst leichten Körper wie einen Cometen, dessen Durchschnittsdichtigkeit viel geringer als die der Luft ist, irgendwie einwirken könne. Allerdings beweisen Enckes Untersuchungen die Existenz eines solchen Mediums noch nicht streng. Denn erstens würde aus der beständigen Abnahme der Umlaufszeit an sich noch nicht folgen, dass eine Widerstandskraft die einzige denkbare Ursache davon sei. Dann haben auch, wie wir sehen werden, fast alle anderen periodischen Cometen kurzer Periode keine Andeutung derartiger Verkürzung verrathen. Endlich sind auch die Rechnungen, worauf Encke seine Hypothese gründet, so verwickelt, dass kleine Irrthümer wohl vorkommen können, man also ihre Resultate nicht als vollkommen sicher hinnehmen darf, bevor nicht andere dieselbe Untersuchung nach neuen und verbesserten Methoden durchgeführt haben.

Eine solche Untersuchung hat nun v. Asten in Pulkowa unternommen, welche, obgleich sein frühzeitiger Tod den Abschluss verhinderte. doch Enckes Vermuthung zum Theil wenigstens zu bestätigen schien. v. Asten fand merkwürdigerweise in dem Intervall von 1865 bis 1871, also während zweier Umläufe, keine Abweichung von den unter alleiniger Zugrundelegung der Gravitationstheorie berechneten Oertern. Als er jedoch bis 1861 zurückrechnete, fand sich, dass zwischen hier und 1865 eine Art verzögernder Kraft wirksam gewesen sein musste. und ebenso ergaben die späteren Rechnungen das Vorhandensein einer solchen, aber etwas geringeren, zwischen 1871 und 1875. Dass eine derartige Wirkung zwischen 1865 und 1871 nicht merkbar gewesen. schien auf einen schwer zu erklärenden Ausnahmefall zu deuten.

Man könnte auf den ersten Blick meinen, ein widerstebendes Mittel müsse die Umlaufszeit verlängern und nicht verkürzen. Indessen ist klar, dass ein solches die Anziehungskraft der Sonne gleichsam vermehren, und dass diese sich in einer Abnahme der halben grossen Axe und dementsprechend in einer Verminderung der Umlaufszeit zeigen muss.

Ausser dem Encke'schen periodischen Cometen kennen wir vorläufig nur noch einen einzigen andern, dessen Bahn hinreichend genau untersucht ist, um über eine etwaige Widerstandskraft zu entscheiden. Es ist dies der von Faye 1843 entdeckte und von Möller in Lund sorgfältig berechnete Faye'sche Comet von etwa 7 Jahren Umlaufszeit. Möller glaubte anfangs eine ähnliche Widerstandskraft wie beim Encke'schen Cometen annehmen zu müssen, da sich auch bei diesem eine Verkürzung der Umlaufszeit zu ergeben schien. Wiederholte Rechnungen mit genaueren Daten zeigten ihm aber, dass jenes Ergebniss die Folge der Unvollkommenheit der seiner ersten Rechnung zu Grunde liegenden Angaben war, und dass der Comet in Wirklichkeit keine Spur einer Veränderung seiner mittleren täglichen Bewegung verrieth.

Dagegen schien nach Untersuchungen Oppolzers die Möglichkeit nicht ausgeschlossen, dass für den periodischen Cometen von Winnecke, der $5^1/_2$ Jahre Umlaufszeit hat, eine Widerstandskraft, wenngleich in geringerem Masse als beim Encke'schen Cometen, merklich sei. Zugleich machte der Wiener Astronom darauf aufmerksam, dass die anscheinende Abwesenheit des Einflusses einer widerstehenden Kraft beim Faye'schen Cometen nicht als Beweis gegen die Existenz derselben gedeutet werden dürfe, da ihre Wirkung dort eine weit geringere als beim Encke'schen und selbst beim Winnecke'schen Cometen sei. Es ist auch möglich, dass die den Widerstand hervorrufende Materie von ungleicher Dichte, viel sehr dichter in der Nähe der Sonne als in grösseren Entfernungen sei, dass sie also einen grösseren Einfluss auf die Cometen kleinerer Periheldistanz, wie den Encke'schen, als auf weiter entfernte, wie den Faye'schen, ausübe. Durch die neuesten Untersuchungen auf diesem Gebiete ist man indessen zu dem Schlusse gelangt, dass die Anomalien in der Bahnbewegung der erwähnten periodischen Cometen keinerlei Veranlassung zur Annahme eines widerstehenden Mittels geben, dass dieselben vielmehr in Unvollständigkeiten in den Störungsrechnungen, welche hauptsächlich durch ungenaue Kenntniss der Planetenmassen resultiren, ihren Ursprung haben.

Der grosse Comet von 1680 ist, wie schon oben erwähnt, bemerkenswerth, nicht allein wegen seines Glanzes, sondern auch weil er derjenige war, an welchem Newton nachwies, dass die Cometen unter dem Einfluss der Anziehungskraft der Sonne stehen. Er erschien zuerst im Herbst des Jahres 1680 und blieb bis zum nächsten Frühjahr sichtbar. Sein Perihel, in welchem er der Sonne näher kam als alle späteren, mit einziger Ausnahme des grossen Cometen von 1843, passirte er am 18. December. Obschon aus den Rechnungen von Newton u. a. eine Abweichung von der Parabel nicht zu erkennen war, sprach doch Halley die Vermuthung aus, er sei periodisch mit einer Umlaufszeit von 575 Jahren, auf Grund der Thatsache, dass 43 v. Chr., 531 und 1106 n. Chr. grosse Cometen erschienen waren. Encke aber, der später alle vorhandenen Beobachtungen genau berechnete, fand eine so geringe Abweichung von der Parabel und dementsprechend eine so grosse Umlaufszeit (über 8800 Jahre), dass die Verschiedenheit der vier Cometen kaum mehr einem Zweifel unterliegt.

Einer der merkwürdigsten ist der Comet von 1744. Zunächst zeichnete er sich durch sehr bedeutende Helligkeit aus, die zur Zeit seines Periheldurchgangs (den 1. März) so gross war, dass man ihn an

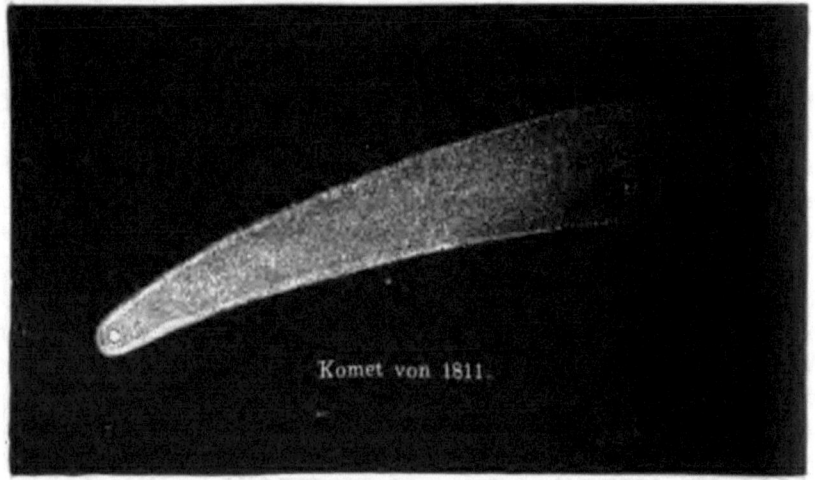

Fig. 162. Grosser Comet von 1811.

diesem Tage mit freiem Auge selbst um Mittag wahrnehmen konnte. Besonders bemerkenswerth erscheint er aber durch seine Schweifbildung. Statt eines einzigen wie gewöhnlich, den mitunter noch ein secundärer, wesentlich schwächerer Schweif begleitet, entwickelte dieser Comet bald nach seinem Periheldurchgang nicht weniger als sechs, 30°—45° lange und fast gleichstark ausgebildete Schweife, die sich fächerförmig und von der Sonne abgewandt ausbreiteten. Durch dieses Phänomen, welches einen wundervollen Anblick gewährt haben mag, steht der Comet von 1744 einzig in seiner Art da.

Bedeutendere Cometen noch als das vergangene hat uns das gegenwärtige Jahrhundert gebracht, mit der genaueren Kenntniss ihrer äusseren Erscheinung aber auch neue Aufgaben für ihre physische Erforschung.

Den Reigen eröffnet der Comet von 1811. Die grosse Neigung seiner Bahn und die günstige Stellung des Cometen in ihr zur Zeit des Periheldurchgangs (12. September) machte ihn wochenlang zu einem herrlichen Wahrzeichen des nördlichen Himmels (Fig. 162) und dehnte die Zeit seiner teleskopischen Sichtbarkeit auf volle 17 Monate aus (März 1811 bis August 1812). Seinen grössten Glanz erreichte er, wie alle grösseren Cometen, erst nach dem Periheldurchgang Anfang October: der Schweif mass um diese Zeit fast 90 Millionen Kilometer,

Fig. 163. Grosser Comet von 1843 (Mitte März).

seine scheinbare Länge betrug indessen, da er der Erde nicht sehr nahe stand, nur 25°. Der Kern zeigte sich nicht wie in der Regel scharf und klein und allmählich in die Coma und von da in den Schweif übergehend, sondern als verwaschene lichte Scheibe, umgeben von einer Art dunklen Ringes, jenseits welches dann der Lichtbogen der Coma lag, der in die beiden scharf geschiedenen Zweige des schmalen Schweifes sich fortsetzte. Nach den Beobachtungen von Olbers bildete so der Kern gleichsam den Brennpunkt einer aus Lichtbogen und Schweif sich zusammensetzenden Parabel. Argelander, der die Bahn dieses Cometen auf's schärfste berechnet hat, findet eine Ellipse von 3065 Jahren Umlaufszeit, mit der verhältnissmässig sehr geringfügigen Unsicherheit von etwa 45 Jahren.

Der grosse Comet von 1843, in vieler Hinsicht einer der bedeutendsten und merkwürdigsten des Jahrhunderts, erschien plötzlich Ende Februar 1843 ganz in der Nähe der Sonne (Fig. 163). Er war in südlicheren Gegenden anfangs am hellen Tage sichtbar, so dass einige Astronomen unmittelbar den scheinbaren Abstand von der Sonne messen konnten, der am 27. Februar nur etwa $1^{1}/_{2}°$ betrug. Indessen wurde er sehr bald schwächer und verschwand im April auch den Fernröhren gänzlich. Die grösste Eigenthümlichkeit seiner Bahn haben wir schon angeführt: er kam der Sonne näher als irgend ein anderer bekannter Weltkörper vor ihm — ja so nahe, dass er bei der geringsten Veränderung seiner ursprünglichen Bewegungsrichtung mit ihr zusammengestossen wäre. Seine Periheldistanz betrug nämlich vom Mittelpunkte der Sonne nur etwa 1 Million Kilometer, von ihrer Oberfläche gar nur 310 000 Kilometer; er näherte sich der Sonne also bis auf weniger als die Hälfte ihres Halbmessers. Dabei erreichte sein Schweif, besonders im Verhältniss zu dem sehr unscheinbaren Kern, sofort nach dem Periheldurchgang die enorme Ausdehnung von nicht weniger als 250 Millionen Kilometer. — Ueber seine Bahn herrscht noch grosse Unsicherheit; verschiedene Berechnungen ergeben Umlaufszeiten von 530, 175, 150, ja selbst von 35 Jahren; aber das Stück seiner Bahn, in welchem er während der sechs Wochen seiner Sichtbarkeit beobachtet werden konnte, ist so kurz, dass es fast ebenso wohl einer Parabel als einer Ellipse, selbst von kurzer Umlaufszeit, angehören kann.

Die anscheinend genaueste Bahnbestimmung (von Hubbard) machte bisher eine mindestens Jahrhunderte betragende Umlaufszeit wahrscheinlich. Dieselbe ist indessen neuester Zeit zufolge eines eigenthümlichen Umstandes wieder zweifelhaft geworden. Anfang Februar 1880 erschien nämlich auf der südlichen Halbkugel ein grosser Comet in unmittelbarster Nähe der Sonne, welcher zwar sehr bald unsichtbar wurde, dessen Bahn aber doch genau genug bestimmt werden konnte, um ihre grosse Aehnlichkeit mit der des Cometen von 1843 zu zeigen. Da nun umgekehrt die Beobachtungen des neuen Cometen durch die Hubbard'schen Elemente sehr nahe dargestellt werden, so liegt die Annahme nahe, dass beide Cometen, die auch sonst in ihrem physischen Verhalten viel Aehnlichkeit zeigten, in der That nur einer seien, der in äusserst excentrischer Bahn um die Sonne in 37 Jahren liefe. Dass er nicht früher gesehen wurde (nur aus vergangenen Jahrhunderten finden sich einige Beobachtungen, die auf ihn gedeutet werden können), kann an der eigenthümlichen Beschaffenheit seiner Bahn liegen, zufolge der er nach einer Erscheinung die zwei oder drei folgenden für die nördliche Erdhalbkugel unsichtbar sein würde. Andererseits ist es indessen doch wahrscheinlich, dass wir es hier mit zwei Cometen zu thun haben, welche zu einem System gehören, aber nicht identisch mit einander sind, und diese letztere Annahme wird fast unumstösslich sicher durch die Erscheinung des Cometen 1882 II, der wiederum fast identische Elemente mit den beiden vorigen aufweist, während eine so schnelle Wiederkehr völlig ausgeschlossen ist.

Fig. 164. Donati'scher Comet am 5. October 1858 (nach G. P. Bond, Cambridge, Mass.).

Der Donati'sche Comet von 1858. Diesen grossen Cometen, einen der herrlichsten der Neuzeit, der im Herbst 1858 den westlichen Himmel zierte, werden heute noch viele in lebhafter Erinnerung haben. Abweichend von dem vorangehenden, entwickelte er sich ganz allmählich aus unbedeutenden Anfängen zu einer der glanzvollsten Erscheinungen. Als eine schwache Nebelmasse von 3′ Durchmesser sah ihn zuerst Donati in Florenz am 2. Juni 1858, und so blieb er ziemlich lange Zeit. Erst Mitte August begann ein Schweif sich zu entwickeln, der aber noch zu Ende des Monats, während der Comet kaum dem unbewaffneten Auge wahrnehmbar war, erst einen halben Grad lang war. Von da an nahm er aber rascher zu; Kern und Schweif entwickelten sich zusehends, und in der ersten Hälfte des October, bald nach dem Periheldurchgang, erreichte er seinen höchsten Glanz. Den schönsten Anblick gewährte er um den 5. October, wo der Stern 1. Grösse Arcturus ganz nahe dem Kopfe stand (siehe Fig. 164). Der Schweif, der gegen Mitte dieses Monats eine merkwürdige, federartige Form annahm, war fast 60° lang und an seinem äussersten Ende über 10° breit; ein schwacher, secundärer, fast geradliniger Schweif begleitete ihn. Am Kopfe zeigten sich zugleich auffallende Erscheinungen; vom Kern aus und in Perioden von etwa vier bis sieben Tagen und länger entwickelten sich nämlich eine Reihe von Hüllen, welche stetig in den deutlich gespaltenen Schweif übergingen (s. Fig. 165); pendelartige Schwingungen

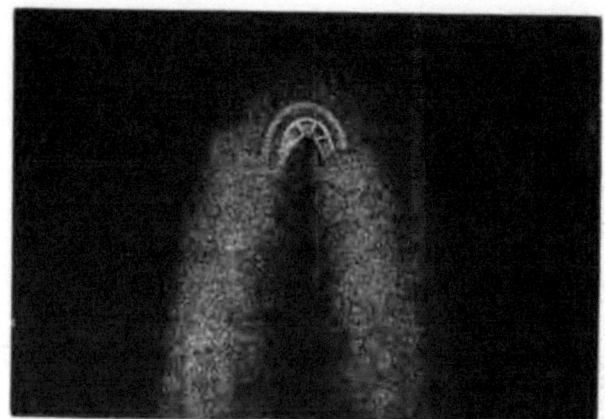

Fig. 165. Kopf des Donati'schen Cometen, Anfang October 1859 (nach Bond).

leuchtender Ausströmungen, wie sie besonders am Halley'schen Cometen 1835 beobachtet wurden, fanden hier nicht statt. Im October wandte sich der Comet rasch nach Süden und entschwand den nördlichen Sternwarten gegen Ende des Monats; auf der südlichen Halbkugel konnte er aber noch bis März 1859 verfolgt werden. Die lange Sichtbarkeit des Cometen, seine stetige Annäherung an die Erde und der relativ schnelle Uebergang auf die südliche Hemisphäre wird aus der Fig. 166 verständlich, welche die Bahn des Cometen und der Erde darstellt. Die Bestimmung seiner Bahn ergab bald eine Ellipse von etwa 2000 Jahren Umlaufszeit. Ist die Rechnung von G. W. Hill, der unter Berücksichtigung aller Beobachtungen 1950 Jahre fand, richtig, so müsste der Comet

schon 92 Jahre v. Chr. erschienen sein und im Jahre 3808 wiederkehren; wegen der Ungenauigkeit der Beobachtungen kann indessen diese Periode immerhin um 50 Jahre und mehr unsicher sein. In der That finden v. Asten mit fast gleicher Berechtigung 1879, Löwy 2040 Jahre. —
Mit dem Donati'schen Cometen lässt sich kaum einer der späteren an Glanz und dauernder Schönheit der Erscheinung vergleichen. Zwar

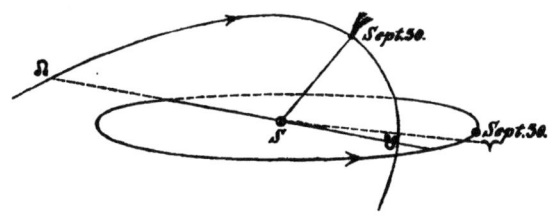

Fig. 166. Bahn des Donati'schen Cometen und der Erde.

zeigte der mächtige Comet, der am 30. Juni 1861 abends für Europa plötzlich aus den Sonnenstrahlen hervortauchte, einen weit ausgedehnteren Schweif und einen helleren Kern, beides aber nur für kurze Zeit; in 14 Tagen nahm der Hauptschweif — ein zweiter schwacher und gekrümmter begleitete ihn — von etwa 100° bis zu 25° Länge, der Kern entsprechend an Intensität ab; letzterer entwickelte ähnliche Lichtbogenhüllen wie der Donati'sche Comet. Im August verschwand er dem freien Auge nach etwa dreimonatlicher Sichtbarkeit, konnte aber mit dem Fernrohre noch bis in den Frühling 1862 verfolgt werden. Seine Bahn (Fig. 167) stand fast senkrecht zur Ekliptik, wodurch, sowie durch die Nähe des Cometen an der Erde, die am 30. Juni nur 15 Millionen Kilometer betrug, das plötzliche glänzende Erscheinen auf der nördlichen Hemisphäre seine Erklärung findet. Aus letzterem Grunde war der Schweif in Wirklichkeit auch nicht so lang, als er erschien, nämlich nur

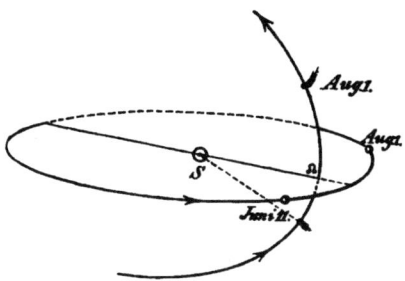

Fig. 167. Bahn des grossen Cometen von 1861.

30 Millionen Kilometer, während der Schweif des Donati'schen Cometen sich gegen den 10. October über 70 Millionen Kilometer erstreckte.

Zu den grösseren und merkwürdigeren Cometen gehört auch der August-Comet von 1862. Aehnlich wie der Halley'sche und verschieden von den beiden letztgenannten, entwickelte sein Kern leuchtende, in regelmässig pendelartiger Schwingung befindliche Materie, deren Perioden überdies, nach Jul. Schmidts Wahrnehmungen, mit periodischen Veränderungen der Kernhelligkeit, wie der Kopfhüllenform in Einklang waren; sämmtliche Erscheinungen kehrten nach etwa drei Tagen in gleicher Weise wieder. Uebrigens war der Kopf auch sonst auffallenden Formänderungen unterworfen. Ausser dem Hauptschweife zeigte sich kurze Zeit noch ein zweiter; ersterer lag anfangs wie gewöhnlich der Sonne diametral gegenüber, wich aber von Mitte August an, und zwar schon am Kopfe, um etwa 15° von dieser Richtung ab. Schiaparelli sieht hierin, ähnlich wie Bessel beim Halley'schen Cometen, einen Beweis für eine vom Kern ausgehende Repulsivkraft. Besonders wichtig ist dieser Comet indessen durch die grosse Aehnlichkeit oder selbst Identität seiner Bahn mit der des bekannten August-Sternschnuppenschwarmes, über welche wir bereits Näheres berichtet haben, und erwähnen hier nur noch, dass er wegen seiner relativ kurzen Umlaufszeit von $121^1/_2$ Jahren schon zu den entschieden periodischen Cometen gerechnet werden muss.

Der am 17. April 1874 von Coggia entdeckte Comet war anfangs schwach und unterschied sich in nichts von den gewöhnlichen teleskopischen Cometen; auch die Bewegung blieb lange Zeit sehr unbedeutend und erschwerte die Bahnbestimmung, welche jedoch bald zeigte, dass er im Juni und Juli ein augenfälliges Object werden müsse. Anfang Juni wurde er denn auch dem blossen Auge sichtbar, nur wenige Grad von der Stelle, wo er entdeckt war, und entwickelte sich von nun an, bei gleichzeitiger Beschleunigung der Bewegung nach Süden, sehr rasch. Von dem kleinen, etwas ovalen Kern aus strömte wieder die Lichtmaterie; anfangs (seit Mitte Juni etwa) in zwei einfachen Lichtbogen, welche sich in den innen scharf abgegrenzten Schweif fortsetzten; später, im Juli, in verwickelterer Weise, wie es scheint in verschiedenen zum Theil übereinander lagernden und bald auf der einen, bald auf der anderen Seite des Kernes helleren Sectoren. Der Schweif, der Mitte Mai zuerst im Fernrohre sichtbar wurde, bildete sich gleichfalls erst von Mitte Juni an, wo ihn Schmidt in Athen mit freiem Auge wahrnahm, lebhafter aus. Anfang Juli betrug er etwa 15°, nahm vom Kopf aus sehr rasch an Helligkeit ab und erschien nur mässig gekrümmt. Nach dem Periheldurchgange (den 9. Juli) gewann er noch bedeutend an Ausdehnung und leuchtete in den Tagen vom 15. bis 23. Juli um die Mitternachtszeit, als der Kopf des Cometen

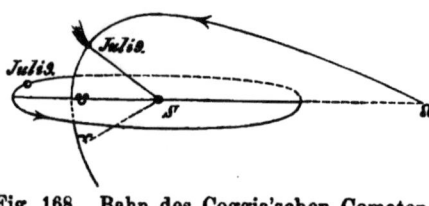

Fig. 168. Bahn des Coggia'schen Cometen.

schon längst untergegangen war, noch weit, wie ein breiter Nordlichtstrahl, am nördlichen Horizont hinauf; seine Länge betrug um diese Zeit etwa 55°—60°. Die Bewegung des Cometen in seiner Bahn, welche in nebenstehender Fig. 168 dargestellt ist, unterbrach auf der nördlichen Hemisphäre die Beobachtungen Mitte Juli (am 20. Juli ging er durch seinen niedersteigenden Knoten); doch wurde er Ende des Monates auf der Südhalbkugel in freilich matterem Lichte wiedergesehen und konnte dort noch bis Anfang October verfolgt werden.

Das letzte Decennium ist sehr reich an interessanten Cometenerscheinungen gewesen. Der erste grosse Comet desselben (1881 III) wurde am 22. Mai 1881 von Tebbutt in Windsor entdeckt, konnte aber erst am 22. Juni auf der Nordhalbkugel beobachtet werden. Er bildete in den letzten Tagen des Juni und den ersten des Juli eine sehr auffallende Erscheinung, indem sein Schweif sich bis zu 20° Länge verfolgen liess. Die im Sinne der täglichen Bewegung vorausgehende Begrenzung des Schweifes bildete eine scharf markirte gerade Linie, welche nahezu in einer durch Sonne und Erde gehenden Ebene lag; die folgende Begrenzung war von ein Drittel der Schweiflänge ab ganz diffus und verlief sich allmählich in der Helligkeit des Himmelsgrundes. Der Kopf des Cometen bot sehr interessante Erscheinungen dar; eine starke Ausströmung an der der Sonne zugewandten Seite zeigte fortwährende pendelnde Bewegungen, so dass von Tag zu Tag Neigungsänderungen gegen die Schweifaxe bis zu 90° vorkamen. Dem Spectroskop war der helle Comet ein sehr geeignetes Object; Huggins hat das Spectrum photographirt und fand zwei helle Linien jenseits H, welche auch die Cometen von 1866 und 1868 gezeigt hatten. Vogel kam auf Grund der spectroskopischen Beobachtungen an diesem Cometen zu dem Schlusse, dass das Spectrum desselben nicht das des reinen Kohlenwasserstoffes sei, sondern das eines Gemenges von Kohlenwasserstoff und Kohlenoxyd.

Für eine genaue Bahnbestimmung des Cometen war die lange Dauer seiner Sichtbarkeit (über 9 Monate) sehr günstig; auch konnte er vier Wochen lang in der unteren Culmination mit Meridiankreisen beobachtet werden.

Weniger auffallend, aber von ganz besonderer Bedeutung für die physikalische Erforschung der Cometen war der Comet I von 1882, der am 17. März von Wells in Albany entdeckt wurde. Derselbe kam der Sonne sehr nahe; doch wurde seine Erscheinung in Folge ungünstiger Bahnlage keine hervorragende, obschon es gelang, ihn während des Perihels am hellen Tage im Fernrohre aufzufinden. Das ganze Interesse liegt bei diesem Cometen in seinem spectroskopischen Verhalten. Gleich anfangs zeigte er eine Abweichung vom gewöhnlichen Cometenspectrum, indem das continuirliche Spectrum recht hell erschien, während die Kohlenwasserstofflinien nur schwach zu erkennen waren. Am 27. Mai, 13 Tage vor dem Periheldurchgange, bemerkte Copeland in Dunecht eine helle gelbe Linie im Cometenspectrum, die sich unzweifelhaft als die Natriumlinie zu erkennen gab. Am 31. Mai wurde diese Linie unabhängig auch von Vogel, Dunér und Bredichin aufgefunden und konnte von Vogel sogar deutlich als doppelt erkannt werden. Man konnte übrigens auch mit blossem Auge schon die stark gelbliche Färbung des Cometenkernes wahrnehmen. Die Mitte beider Linien erschien etwas gegen Roth verschoben, was vollständig durch die zunehmende Distanz des Cometen von der Erde erklärt werden konnte. Der auffällige Vorgang, der sich im Kerne durch das Auftreten der Natriumlinie documentirte und zweifelsohne auf die in Folge der Sonnennähe gesteigerte Wärme- und Elektricitätswirkung der Sonne zurückzuführen ist, konnte von Müller in Potsdam auch auf photometrischem Wege erkannt werden. Der Comet zeigte nämlich zu dieser Zeit eine viel stärkere Lichtentwickelung, als er nach den Gesetzen der Lichtreflexion hätte aufweisen können.

Es ist noch zu erwähnen, dass während des Auftretens der Natriumlinien die eigentlichen Cometenbänder, die Kohlenwasserstofflinien, fast vollständig verschwunden waren. Diese Thatsache spricht sehr für ein elektrisches Glühen der Dämpfe, da bei solchen die Linien von Metalloiden und chemischen Verbindungen sofort verschwinden, wenn ein Metalldampf mitglüht; letzterer scheint alsdann ausschliesslich Träger der elektrischen Strömung zu sein.

Die grossartigste Erscheinung, die ein Comet in diesem Jahrhundert geboten hat, war diejenige des Septembercometen 1882 II. Derselbe wurde zuerst am 3. September auf der Südhalbkugel mit blossem Auge gefunden und am 8. September von Finlay am Cap der guten Hoffnung beobachtet. Bevor die Nachricht von seiner Entdeckung verbreitet war, wurde er am hellen Tage von Common und Thollon in unmittelbarer Nähe der Sonne entdeckt. Die Aehnlichkeit, die er in dieser Beziehung mit dem Cometen von 1843 zeigte, ist nicht bloss eine äusserliche, sondern erstreckt sich, wie schon erwähnt, auch auf die Bahnelemente. Bei diesem Cometen ist das einzig in der Geschichte der Astronomie dastehende Phänomen aufgetreten, dass der Durchgang des Cometen vor der Sonnenscheibe beobachtet werden konnte. Finlay und Elkin haben auf der Capsternwarte den Eintritt des Cometen in die Sonnenscheibe genau so beobachten können, wie sonst eine Sternbedeckung durch den Mond. Uebrigens verschwand der Comet vor der Sonnenscheibe völlig. In spectroskopischer Beziehung war der Comet dem Wells'schen Cometen sehr ähnlich. Die Natriumlinie wurde sehr deutlich erkannt; ausserdem aber konnten Copeland und J. G. Lohse in Dunecht auch einige Linien des Eisens wahrnehmen.

Sehr eigenthümliche Veränderungen hat der Kern dieses grossen Cometen gezeigt. Zuerst völlig rund, wurde er Ende September länglich mit zwei deutlich erkennbaren Lichtknoten. Die Theilung setzte sich darauf immer weiter fort; Ende October waren vier in einer der Schweifaxe parallelen Linie liegende ungleich helle Lichtcentra vorhanden, bis schliesslich sogar vollständige Lostrennungen von nebliger Materie stattfanden. Besonders Schmidt in Athen beobachtete eine solche Lostrennung, bei welcher der neue Comet sich von dem alten um etwa einen Grad täglich entfernte. Alle diese Vorgänge hat Bredichin durch seine Theorie der Schweifbildungen mathematisch erklären können; auf welche Weise dies geschehen ist, ist an anderer Stelle schon näher auseinandergesetzt worden.

Nach dem Periheldurchgange bildete der Comet noch mehrere Monate lang eine sehr auffallende Erscheinung; erst Mitte Februar 1883 verschwand er dem blossen Auge in einer Entfernung von 2.6 Erdbahnhalbmessern. Nach der Conjunction mit der Sonne wurde er auf der Südhalbkugel noch am 20. Mai beobachtet, als er sich in einer Entfernung von 4.4 Erdbahnhalbmessern von der Erde befand. Die Sichtbarkeit des Cometen hat sich also über 260 Tage erstreckt, und in dieser Zeit hat er 340° seiner Bahn zurückgelegt und ist dabei der Sonnenoberfläche auf 461 000 Kilometer nahe gekommen. Nach den neuesten Rechnungen hat sich seine Umlaufszeit zu 772 Jahren ergeben; man hat seine Identität mit den Cometen von 342 v. Chr. und 1131 oder 1132 nach Chr. vermuthet, und hiernach müsste seine Umlaufszeit 751 Jahre betragen. Wie schon erwähnt, verrathen die Bahnelemente dieses Cometen eine sehr bedeutende Aehnlichkeit mit denen der Cometen von 1843 und 1880 I; es ist heute jedoch ausser Zweifel gestellt, dass diese drei Cometen nicht identisch sind, sondern dass wir es mit einem Cometensystem zu thun haben, dessen einzelne Glieder nahe dieselbe Bahn durchlaufen. Die vor unseren Augen erfolgte Lostrennung von Theilen des Cometen lässt auch die Entstehung der einzelnen Glieder des Systems durchaus nicht unwahrscheinlich erscheinen.

Der sonst ziemlich unscheinbare Comet von 1888 I., von Sawerthal am Cap entdeckt, ist bemerkenswerth wegen der eigenthümlichen Vorgänge, welche der Kern zeigte. Aehnlich wie bei dem grossen Septembercometen von 1882 fand eine allmähliche Trennung des ursprünglich einfachen Kernes in mehrere Theile statt. Besonderes Interesse erregte aber ein plötzlicher Lichtausbruch des Cometen, in Folge dessen seine Helligkeit um ungefähr zwei Grössenclassen zunahm. Gleichzeitig waren aus dem Kerne zwei sehr helle Ausläufer hervorgeschossen, welche sich kreisförmig nach beiden Seiten des Kernes umbogen und den eigentlichen Schweif an Helligkeit weit übertrafen. Diese Katastrophe fand erst zwei Monate nach dem Periheldurchgange statt, so dass ein directer Einfluss der Sonnenstrahlung auf den Cometen als Ursache wohl auszuschliessen ist.

Der von Brooks entdeckte Comet 1889 V gehört zur Classe der Cometen mit kurzer Umlaufszeit (7 Jahre). Die mächtigen Fernröhre der Sternwarten auf dem Mount Hamilton, in Wien und Pulkowa haben für diesen Cometen äusserst interessante Daten geliefert. Barnard bemerkte zuerst zwei Begleiter des Cometen, die schwächer als der Hauptcomet waren, jedoch bedeutende Aehnlichkeit mit demselben zeigten. In Wien wurde später noch ein dritter Begleiter aufgefunden. Der eine dieser Begleiter verlor bald seinen deutlichen Kern, wurde diffus und verschwand schliesslich. Dagegen wurde der dritte Begleiter immer heller, übertraf schliesslich sogar den Hauptcometen an Helligkeit und nahm dann in ähnlicher Weise wie der erste Begleiter ab. Es ist gelungen, die Bahnen der Nebencometen aus den Beobachtungen abzuleiten, und es hat sich ergeben, dass dieselben alle in der Bahnebene des Hauptcometen lagen, dass ferner die Trennung vom Hauptcometen gleichzeitig und zwar im Aphel der Bahn eingetreten ist. Nun hat Chandler darauf aufmerksam gemacht, dass im Mai 1886 eine sehr beträchtliche Annäherung des Cometen an Jupiter stattgefunden hat, so dass es nicht unwahrscheinlich ist, die Trennung der Cometen auf die störende Wirkung dieses Planeten zurückzuführen. Chandler hat ferner gefunden, dass in Folge der Einwirkung von Jupiter eine totale Umänderung der Bahn eingetreten ist, derart, dass die früher 27 Jahre betragende Umlaufszeit auf 7 Jahre verkürzt worden ist. Hiernach wären 4 Umläufe des Cometen gleich 9 Umläufen von Jupiter; folglich müsste der Comet im Jahre 1779 dem Jupiter ebenfalls sehr nahe gekommen sein, und dieser Zeitpunkt fällt nahe mit der Zeit zusammen, zu welcher der Lexell'sche Comet die bereits auf Seite 444 beschriebene Umgestaltung seiner Bahn durch Jupiter erfahren hat. Es ist daher die Chandler'sche Ansicht von der Identität beider Cometen durchaus nicht unwahrscheinlich; eine Gewissheit hierüber wird man aber erst nach der Rückkehr des Cometen 1889 V erlangen können.

8. Das Zodiakallicht.

Das Zodiakal- oder Thierkreislicht erscheint in unseren Gegenden als zarte, schwache Lichtpyramide, die man an einem klaren Winter- oder Frühlingsabende nach der Dämmerung am westlichen Himmel, im

Sommer und Herbst dagegen vor Tagesanbruch am östlichen Himmel schräg aufsteigen sehen kann.

Von der Sonne als Mittelpunkt scheint das Zodiakallicht sich in der That nach beiden Seiten in gleicher Weise und zwar nahe in der Ebene der Ekliptik zu erstrecken. Aus diesem Grunde ist es auch bei uns im Sommer und Winter nicht so gut als im Frühling und Herbst wahrzunehmen, weil da die Bahn der Ekliptik dem Horizont so nahe liegt, dass das matte Licht in den Dünsten der Atmosphäre sich leicht verliert. In der Nähe des Aequators, wo die Ekliptik stets steil gegen den Horizont geneigt ist, kann man es fast gleich gut das ganze Jahr hindurch beobachten, und sein Glanz soll sich dort oft mit dem der hellsten Stellen der Milchstrasse messen können. Es wird um so schwächer, je weiter es sich von der Sonne entfernt, kann aber doch in der Regel bis zu etwa 90° Abstand verfolgt werden. Unter günstigen Umständen erkennt man indessen der Sonne diametral gegenüber einen zweiten, wesentlich schwächeren und weniger ausgedehnten Lichtschimmer, den sogenannten Gegenschein, und unter den Tropen, in einer sehr viel reineren Atmosphäre, ist die ganze Erscheinung, die Pyramide des eigentlichen Zodiakallichts wie der Gegenschein, längs des ganzen Himmels verfolgt worden, wodurch auf diese Weise ein förmlicher Ring gebildet wird.

So stellt sich das Zodiakallicht dem Auge dar. Ueber seine wahre Lage im Sonnensystem, seine Gestalt und besonders seine Beschaffenheit wissen wir aber noch sehr wenig. Manche halten es für einen die Erde in unmittelbarer Nähe umgebenden Nebelring, nach anderen ist es ein die Sonne umschwebender Ring discreter Theilchen. Fassen wir indessen alle Thatsachen der Wahrnehmung zusammen, so ist die Annahme wohl die wahrscheinlichste, dass es einer die Sonne in linsenförmiger Gestalt umgebenden äusserst dünnen Substanz zuzuschreiben sei, welche sich ein wenig über die Erdbahn hinaus erstreckt. Mit der Ekliptik liegt es nahe in einer Ebene; indessen ist die genaue Lage schwer zu bestimmen, nicht nur wegen seiner undeutlichen Umrisse überhaupt, sondern auch weil in unseren Breiten sein unterer Rand durch die dort dichtere Atmosphäre erheblich verändert wird und das Licht daher nördlicher zu sein scheint, als es in der That ist.

Einige Astronomen haben eine Veränderlichkeit des Glanzes erkennen wollen, und in der That mag es auffallen, dass wir aus dem Alterthum und Mittelalter gar keine Nachrichten darüber haben und erst D. Cassini gegen Ende des 17. Jahrhunderts die Aufmerksamkeit auf die Erscheinung gelenkt hat. Gleichwohl ist ein Uebersehen oder Nichterwähnen weitaus wahrscheinlicher als eine objective Veränderung, beziehentlich

Zunahme der Helligkeit. Auch die schon von Cassini vermuthete periodische Veränderlichkeit wie die Beziehungen zur Sonnenthätigkeit (Fleckenbildung) sind noch durchaus problematisch. Bevor wir nicht sorgfältige und Jahrzehnte lang in südlichen Klimaten fortgesetzte Beobachtungen über die Thatsachen der Erscheinung, ihre Form, Lage und Helligkeit besitzen, sind alle Schlüsse, zumal über etwaige Veränderlichkeit des Glanzes, verfrüht und unsicher.

Die Natur der das Zodiakallicht erzeugenden Materie ist noch gänzlich unbekannt. Das Spectrum wurde zwar von verschiedenen Beobachtern untersucht, aber ohne völlige Uebereinstimmung der Resultate zu liefern. Einige, wie Ångström, nahmen nur eine einzige gelb-grüne Linie (die helle Nordlichtlinie) wahr, welche also von glühendem Gas herrühren und auf eine Substanz von ausserordentlicher Feinheit hindeuten würde; andere, wie Wright und Liais, fanden das Spectrum continuirlich und dem Sonnenspectrum ähnlich; Vogel endlich hat ausser einem schwachen continuirlichen Spectrum gleichfalls noch die Nordlichtlinie erkannt. Besonders die Untersuchungen von Wright ergeben aber mit grosser Bestimmtheit, dass das Zodiakallichtspectrum ein rein continuirliches ist, und dass die Nordlichtlinie nicht von demselben herrührt, sondern von schwachen, sonst nicht bemerkbaren Nordlichtern. In der That kann man die Nordlichtlinie sehr häufig an fast allen Stellen des Himmels auffinden. Ein continuirliches Spectrum würde nun zu dem Schluss führen, dass die Ursache der Erscheinung in reflectirtem Sonnenlicht zu suchen sei, reflectirt wahrscheinlich von einer ungeheueren Menge von Meteoroiden, die den Raum zwischen Sonne und Erde ausfüllen. Hat auch diese Hypothese nach dem augenblicklichen Stand unserer Kenntnisse wohl die grösste Wahrscheinlichkeit für sich, so müssen doch jedenfalls noch weitere Beobachtungen gemacht werden, ehe wir hoffen dürfen, die Wahrscheinlichkeit der Gewissheit nahe zu bringen. —

So bietet uns, je weiter wir auch in der Kenntniss der Thatsachen, in der Untersuchung der Erscheinungen, in der Ergründung der Vorgänge und der Gesetze, die sie beherrschen, dringen, doch jeder neue Schritt auch neue Räthsel. Für viele der wichtigsten Erscheinungen selbst in den uns verhältnissmässig nahen Räumen des Sonnensystems fehlt noch jede stichhaltige Erklärung, jede vorwurfsfreie Zurückführung auf bekannte Ursachen. Wir wissen nicht, welches die Substanzen sind, die uns in der Sonnen-Corona, im Zodiakallicht, in den grossen Cometen, ja selbst in dem uns so nahen Nordlicht entgegentreten; wir kennen die Ursachen und Kräfte nicht, die hier diese, dort jene Form und Bewegungserscheinung hervorbringen, und können nur vermuthen, dass gewisse, auf der Erde nur in sehr beschränktem Masse zu verfolgende

Kraftformen, vor allem die Elektricität und der Magnetismus, in den uns umgebenden Räumen des Sonnensystems und besonders auf der Sonne selbst in ungeheurem Masse wirksam sind.

Vielleicht gelingt es einer nicht allzufernen Zukunft, den Schleier zu lüften, der über diesen Räthseln der physischen Welt liegt; vielleicht vermögen wir dereinst zu zeigen, wie Kräfte, deren schwaches Abbild wir hier nur kennen, unter Bedingungen, die auf dem Grunde unseres warmen Luftmeeres nicht oder nur sehr ungenügend zu erfüllen sind, Wirkungen verursachen, die wir als Erscheinungen wohl bis zu einem gewissen Grade kennen: als Sonnenumhüllungen, Zodiakallicht, Cometenschweife und Nordlicht, von denen wir aber heute noch nicht wissen, ob und wieweit sie zusammenhängen. Zahlreiche Thatsachen der Wahrnehmung deuten auf eine wesentliche Gleichartigkeit der Stoffe und Elemente der Materie hin, nicht nur im Sonnensystem selbst, sondern auch in den weiteren Räumen des sichtbaren Universums; aber die physischen Formen, welche diese Elemente annehmen, sind unserem Erkennen und Begreifen nur schwer und unvollkommen zugänglich, da die Bedingungen, unter denen sich die Erscheinungen darstellen, sehr häufig verschieden von denen sind, die wir hier, an die Scholle gefesselt, auch mit unseren feinsten Apparaten und sorgfältigsten Experimenten zu erreichen vermögen.

Vierter Theil.
Stellarastronomie.

Einleitung.

Wir haben uns bisher hauptsächlich mit den Körpern beschäftigt, welche unsere Sonne umgeben und mit ihr das Sonnensystem ausmachen. Trotz der ungeheuren Entfernungen, in denen wir viele von ihnen finden, können wir sie doch, im Vergleich mit den Sternen*), als eine isolirte, uns unmittelbar umgebende Familie betrachten, da selbst eine Kugel von dem Durchmesser der Neptunbahn einem Beobachter auf dem nächsten Sterne nur wie ein Punkt erscheinen würde. Ob der Raum, welcher die Bahn des Neptun von den nächsten Sternen und die Sterne selbst von einander trennt, von merkbarer Materie frei sei, wissen wir nicht. Sehr wahrscheinlich existiren in ihm mächtige Ansammlungen eines, so zu sagen, kosmischen Staubes, welche dann und wann in die Attractionssphäre unserer Sonne gelangen und als Cometen oder Meteorschwärme uns sichtbar werden.

In unserem System von Sonne, Planeten und Satelliten haben wir eine wundervoll geordnete, durch ein Gesetz beherrschte Vereinigung kennen gelernt, wo jeder Körper durch endlose Revolutionen hindurch auf seiner bestimmten eigenen Bahn durch fortwährende Ausgleichung gravitirender und centrifugaler Kräfte gehalten wird. Bilden die Millionen Sonnen und Sternhaufen, welche uns das Fernrohr im unermesslichen Raume aufweist, ein oder verschiedene grössere Systeme ähnlich

---

*) Der Ausdruck »Fixsterne«, zur Unterscheidung der Sterne von den Planeten und Cometen, hat strenggenommen nur historische Berechtigung, weil wir jetzt wissen, dass auch ausserhalb des Sonnensystems keine Ruhe existirt, vielmehr auch diese sogenannten Fixsterne in — zum Theil sehr beträchtlicher — Bewegung sich befinden.

geregelter Structur, und wenn so, welches ist die Structur? Schätzen wir die Bedeutung einer Frage nicht nach ihren Beziehungen zu unserem menschlichen Interessenkreise und Wohlbefinden, sondern nach der Grossartigkeit des Gegenstandes, dem sie gilt, dann müssen wir diese als eine der edelsten und grössten betrachten, mit denen des Menschen Geist sich je beschäftigt hat. Als der geheimnissvolle Schleier, der das Sonnensystem, seine Natur und Grösse bedeckte, gelüftet ward und sich die Erde, die wir bewohnen, nur als einen der kleineren die Sonne umlaufenden Planeten erwies, that die Menschheit einen grossen Schritt vorwärts in der Erweiterung ihres Vorstellungskreises, auf dem Wege zur Erkenntniss von der Unermesslichkeit der Schöpfung und der verhältnissmässigen Kleinheit und Kleinlichkeit unserer sublunarischen Interessen. Wenn wir aber, unseren Blick erweiternd, finden, dass unsere mächtige Sonne nur eine von ungezählten Millionen ist, dass unser ganzes System nur ein verschwindender Theil des Universums, so eröffnet sich damit dem geistigen Auge ein unermesslich weiterer Raum, und wir sehen, dass wir in dem Gebäude des Weltalls nur einen beschränkten Winkel kennen gelernt hatten. Haben wir dereinst aber alle die Sterne, Sternhaufen und Nebel, welche uns das mit dem Fernrohre bewaffnete leibliche Auge zeigt, zusammengefasst und gebunden mit dem unserer Sonne in ein einziges System, gezeigt, in welchem Verhältnisse ein jedes seiner Glieder zum anderen steht, erkannt, welches die Bewegungen und deren Ursachen sind, die in dem Ganzen wie in seinen Theilen wirken und stattfinden, so werden wir das Problem des materiellen Universums in seinem weitesten Umfange gelöst haben. Wann, ob überhaupt je diese Zeit kommen werde, vermögen wir nicht zu sagen; aber selbst die Gewissheit, dass unser Geschlecht noch für Jahrhunderte nichts wird thun können, als die Steine zusammenzutragen, aus denen eine ferne Zukunft das Gebäude des Universums zu bauen hat, darf uns nicht abhalten, unser Theil zu thun; auch das Einzelne und Kleine ist schön, wenn reine und freie Geistesthätigkeit es erringt, und weniger die Wahrheit selbst, als das unablässige Streben danach befriedigt dauernd. —

Von der Zeit, da Coppernicus die Sterne für selbstleuchtende, weit ausserhalb des Sonnensystems stehende Körper erklärte, hat die genannte Frage die Philosophen unter den Astronomen fortdauernd beschäftigt. Galilei und besonders Kepler scheinen zuerst die Vorstellungen der Alten über den Sternhimmel als eine Kugel, in deren Mittelpunkt die Erde stehe, wesentlich erweitert zu haben; denn auch Coppernicus, der an die Stelle der Erde die Sonne setzte, dehnte nur die Grenzen der Sternsphäre weiter aus, ohne über deren Beschaffenheit und Beziehung zur Sonne im Besonderen tiefer nachzudenken. Galilei sorgte durch die

Wahrnehmungen und Entdeckungen, die er mit dem Fernrohre machte, und speciell, indem er dadurch die Milchstrasse in einzelne Sterne auflöste, für Erweiterung unserer Begriffe vom Weltall mehr praktisch als speculativ. Kepler aber, vielleicht der speculativste und tiefsinnigste Geist unter den Astronomen aller Zeiten, sprach zuerst aus, dass unsere Sonne nur ein Sternindividuum unter unzähligen im Raume zerstreuten sei, welches nur wegen seiner Nähe uns so hell und gross erscheine. In Bezug auf das Sternsystem nimmt diese kühne Idee denselben Platz und Rang ein, wie die Vorstellung der Erde als eines Planeten in Bezug auf das Sonnensystem. Aber Kepler war weniger glücklich als Coppernicus; er entwickelte seine Idee nicht weiter, und so trug sie erst zu jener Zeit Früchte, als Kant und Herschel daran ihre Untersuchungen über die Constitution des Sternhimmels knüpften.

Trotz des Aufwandes an Mühe und Scharfsinn, welche Herschel und seine Nachfolger ihm gewidmet haben, sind wir doch noch sehr weit, selbst von einer angenäherten Lösung des grossen Problems entfernt. Wie weit und nach welcher Richtung wir es auch betrachten und verfolgen, wir finden uns bald der Unendlichkeit in Raum und Zeit gegenüber. Besonders tritt dies zu Tage, wenn wir zu erfahren suchen, nicht nur was das Universum jetzt ist, sondern was es einst war, und welche Ursachen es im Laufe der Zeiten ändern und modificiren. Alle Kenntniss und Erkenntniss, die der Mensch bisher errungen, schrumpft dann zu einem Nichts zusammen und gleicht einzelnen schwachen Lichtpünktchen, die hier und da durch die grenzenlose Dunkelheit hervorschimmern. Für jede folgende Generation ist zwar der Schimmer etwas heller und häufiger, aber voraussichtlich werden noch Jahrhunderte vergehen, ehe wir mehr wissen werden, als wie die Sterne im Raume liegen, und volles Licht wird dem an die Endlichkeit gebundenen Menschengeschlechte niemals zu Theil werden. Alles, was wir jetzt und in Zukunft thun können, ist, Hypothesen von grösserer oder geringerer Wahrscheinlichkeit aufzustellen, auf der Basis des sich allmählich anhäufenden Beobachtungsmaterials und unserer sich steigernden und vertiefenden Erkenntniss der Naturgesetze. Indessen auch das, was wir als Naturgesetz definiren, trägt in gewissem formalen Sinne einen hypothetischen Charakter; so lässt sich denken, dass die Form, in welcher Newton das Gesetz der allgemeinen Schwere ausgedrückt hat, späteren Zeiten nur als der specielle Fall eines allgemeineren Gesetzes erscheinen mag; doch selbst wenn dies einst nachgewiesen werden sollte, so würde nicht viel damit gewonnen sein. Wenn wir Bewegung als die allgemeinste Eigenschaft der Materie ansehen und einen gesetzmässigen Ausdruck gefunden haben, der die verschiedensten Arten der Bewegung in sich vereinigt darstellt, der für jeden beliebigen Zeitpunkt den Ort eines Sternes in seiner Bahn am Himmel, wie den eines Moleküls in einer chemischen Verbindung zu berechnen erlaubt, der die verschiedenartigsten Naturerscheinungen als Folge von Bewegungsvorgängen erkennen lehrt, so würden wir damit in der Enderklärung dieser Naturerscheinungen, das heisst in der Zurückführung auf ihre letzten Ursachen, nicht weiter gekommen sein; wir würden nur einen dem menschlichen Geiste erfassbaren neuen und weiteren Ausdruck der Beziehungen zwischen thatsächlichen Verhältnissen erlangt haben. Hiermit aber müssen wir uns begnügen; dem Causalitätsbedürfnisse, welches uns innewohnt, ist, soweit die materielle Welt in Betracht kommt, Genüge gethan, wenn wir alle Bewegungen als Folge eines Kraftgesetzes, alle zu irgend einer Zeit stattfindenden Erscheinungen im Weltall als Resultat dieser Bewegungen darstellen und ausdrücken können. Was darüber hinausliegt, gehört nicht mehr ins Gebiet der Naturforschung sondern der Metaphysik, und damit haben wir uns nicht zu beschäftigen. So müssen wir von vornherein auch Fragen: was ist Materie, Kraft, Anziehung? und ähnliche, als transcendente Elemente enthaltend, von der Betrachtung ausschliessen; eine Antwort, die nicht selbst wieder eine Frage enthielte, können wir nicht geben, weder vom Boden realer Naturerkenntniss noch einfacher Logik aus. —

Ehe wir nun die Ansichten und Hypothesen darlegen, die zu verschiedenen Zeiten über die Beschaffenheit des Weltgebäudes wie über die Entwickelung seines Inhaltes ausgesprochen worden sind, müssen wir die **Thatsachen** anführen als die Fundamente, auf denen jene mit grösserer oder geringerer Sicherheit aufgebaut worden sind; und wir wollen auch hier, wie früher, vom Augenschein und von dem ausgehen, was die unmittelbare Betrachtung am Himmel zeigt.

Die Stellarastronomie im engeren Sinne des Wortes als Lehre von den Bewegungserscheinungen der Gestirne*) erweitert sich hier, einerseits durch die Astrognosie**), welche die Thatsachen des Sternhimmels,

---

*) Bessel spricht überhaupt als Aufgabe der Astronomie aus, dass sie »die Bewegungen aller Himmelskörper so vollständig kennen zu lernen hat, dass für jede Zeit genügende Rechenschaft davon gegeben werden kann«. Wir dürfen heute zu »Bewegungen« noch »Zustände« fügen; denn es hat für uns die Beschaffenheit der Individuen eine zu Bessels Zeit noch nicht erkannte Bedeutung, und die moderne Astronomie hat es nicht ausschliesslich mehr mit materiellen **Punkten** und deren durch äussere Kräfte bestimmten Bewegungserscheinungen zu thun.

) Man versteht unter Astrognosie gewöhnlich speciell die Kenntniss des Sternhimmels, wie er dem blossen **Auge erscheint. Im weiteren Sinne wird man indessen alles dazu rechnen dürfen, was überhaupt die Beobachtung an thatsächlichem

wie er dem blossen Auge und dem Fernrohre erscheint, aufführt, sie ordnet und gruppirt, andererseits durch die Astrophysik, welche Natur und Wesen des Sternindividuums kennen lehrt. Die Ergebnisse der Astrognosie und Astrophysik leiten dann über zur Erkenntniss des Baues des Sternhimmels, wie zur Kosmogonie oder zur Entwickelungsgeschichte des Universums und seiner einzelnen Bestandtheile.

Capitel I.
Astrognosie und Astrophysik.

1. Anblick des Sternhimmels im Allgemeinen. Sternverzeichnisse und Sternbilder.

Das Erste, was dem Beobachter bei Betrachtung eines schönen Sternhimmels in wolkenloser Nacht auffällt, ist die Mannigfaltigkeit und Verschiedenartigkeit des Gesehenen; das Nächste, was er thut, ist das Bemühen, durch Beziehung auffallender Objecte, einzelner Sterne wie Sterngruppen, zu einander Ordnung in das regellose Gewirr der Erscheinungen zu bringen. Und so wie der moderne Mensch verfährt, der zum ersten Male den Sternhimmel sieht, um ihn kennen zu lernen, nicht nur um ihn unmittelbar auf Empfindung und Gemüth wirken zu lassen, so geschah es auch in den Zeiten des Kindesalters der Menschheit. Die ältesten schriftlichen Ueberlieferungen, wie chinesische Annalen, ägyptische Papyrus, assyrische Inschriften, die Bibel, Homer erwähnen schon einzelne am Himmel besonders auffallende Objecte und zu *Sternbildern* oder *Constellationen* zusammengefasste Gruppen von Sternen; so den Grossen Bären, den Orion, ferner die Plejaden, den Sirius u. a. Jede folgende Generation fügte dann weitere Sternbilder hinzu, bis schliesslich sämmtliche hellere Gestirne zusammengefasst waren und dadurch deren Beschreibung erleichtert und die Kenntniss der Gestirne, wie sie erscheinen, oder die Astrognosie im speciellen Sinne ermöglicht war. Die am südlichen Himmel noch bestehenden Lücken füllten die neueren Zeiten aus, so dass wir jetzt über den ganzen Himmel ein Netz von 86 Sternbildern (nach Argelander und Gould) haben, 32 davon nördlich vom

---

Material gesammelt hat, welches nach statistischer und mathematischer Methode behandelt und in Verbindung mit den Resultaten der Physik und Chemie der Gestirne die Grundlage für alle weiteren Untersuchungen liefert.

Aequator, 54 südlich. Die Namen der älteren, hauptsächlich von den Griechen eingeführten Sternbilder sind meist der Mythologie entnommen, die der Thierkreisbilder haben zum Theil vielleicht, wie wir schon früher (Seite 16) sahen, symbolische Bedeutung; die neueren Sternbilder dagegen, besonders die südlichen, tragen in ihrer Bezeichnung keinen bestimmten Charakter.

Schon dem oberflächlichsten Beschauer fällt unter der scheinbar zahllosen Menge in verschiedenstem Glanze strahlender Sterne ein bald wolkenartig zusammengeballtes, bald gleichmässig und sanft schimmerndes, hier schmales, dort breiteres oder getheiltes, in unregelmässigem Laufe die Sternbilder durchziehendes Band, die *Milchstrasse*, auf. Das blosse Auge nimmt in ihr wohl einzelne hellere Sterne wahr, und der Aufmerksamere erkennt vielleicht, dass die schwächeren Sterne, je näher sie diesem schimmernden Gürtel stehen, desto zahlreicher werden; aber dass dieses fast gleichmässige sanfte Licht durch Millionen einzelner Sterne hervorgebracht werde, vermag er nicht zu erkennen. Erst das Fernrohr zeigte die Ursache dieses Leuchtens in einer unermesslichen Zahl dicht gedrängter schwacher und schwächster Sterne, die, je näher an den hellsten Stellen der Milchstrasse, desto zahlreicher und gedrängter werden. In der That zeigt schon ein kleines Fernrohr ein rasches Anwachsen der Zahl der teleskopischen Sterne, je mehr man der Milchstrasse sich nähert; in ihren dichtesten und glänzendsten Partien lässt aber selbst ein starkes Fernrohr, trotzdem es Tausende einzelner Lichtpunkte mehr abtrennt, noch einen matten Schimmer als Grund zurück, der auf unzählbare weitere und auf das dichteste aneinander gedrängte Sterne schliessen lässt; ähnlich wie man in mässiger Entfernung die feinsten Sandkörner eines Sandhaufens nicht mehr von einander zu unterscheiden vermag, während sich die grösseren von dem granulirten Grunde einzeln abheben.

Ausser der Milchstrasse nehmen wir schon mit blossem Auge an einigen Stellen des Himmels kleine neblig schimmernde Flecken, sowie dicht zusammengedrängte Haufen einzelner Sterne wahr, die *Nebelflecken* und *Sternhaufen*. Das Fernrohr hat von den ersteren schon Tausende kennen gelehrt und hat gezeigt, dass viele aus einzelnen Sternen bestehen, also zu den Sternhaufen gehören, viele dagegen, auch bei Anwendung der lichtstärksten Instrumente, neblige Massen bleiben. Unter den Sternhaufen im weitesten Sinne des Wortes finden demnach die mannigfaltigsten Uebergänge und Zwischenstufen statt; von den grob zerstreuten an, wie den Plejaden z. B., in denen schon ein gewöhnliches Auge die hellsten Sterne einzeln erkennt, bis zu den schwachen, auch in vielen Fernröhren nur als Nebel erscheinenden Bildungen. In welchen Beziehungen zu einander und zum Heer der einzelnen Sterne sie stehen, welcher Natur besonders die räthselhaften eigentlichen Nebel sind, werden wir später sehen.

Auch zwischen den Einzelgestirnen und den Sternhaufen besteht scheinbar eine Art von Uebergangsglied in den *Doppelsternen* und den Systemen mehrfacher Sterne, von denen das scharfe Auge gleichfalls am Himmel einige der leichtest erkennbaren wahrnimmt, deren Zahl aber das Fernrohr in fast noch höherem Masse vermehrt hat, als selbst die der Nebelflecke und Sternhaufen. —

Um die Benennung der einzelnen Sterne haben sich im frühen Mittelalter die Araber Verdienste erworben, nachdem sie bei Griechen und Römern nur wenige der hellsten mit besonderen Namen gefunden hatten (z. B. Sirius*), Procyon, Arcturus, Capella); auf sie zurückzuführen sind unter anderen Rigel, Antares, Beteigeuze, Aldebaran etc. von den Sternen der 1. Grösse; Mizar, Benetnasch, Algol etc. von den Sternen der 2. Grösse. Für sämmtliche Sterne, selbst nur der ersten zwei oder drei Grössenclassen, Namen einzuführen, würde indessen sehr unpraktisch gewesen sein; es war daher ein entschiedener Fortschritt, als Bayer, zu Anfang des 17. Jahrhunderts, griechische und lateinische Buchstaben ausserdem zur Bezeichnung vorschlug, und zwar so, dass die Buchstabenfolge $\alpha, \beta, \gamma, \delta, \ldots$ ungefähr auch die Helligkeitsfolge bebezeichnen, α also im Allgemeinen der hellste Stern in dem betreffenden Sternbild sein sollte. Dieses System reicht für alle helleren Sterne aus und ist daher in allgemeine Anwendung gekommen, wo es sich um die Sterne bis zur 3. oder 4. Grösse handelt. Schwächere Sterne, bis zur 6. Grösse etwa, werden häufig nach den Nummern des Flamsteed'schen Sternkataloges unterschieden; doch kann auch dies nicht genügen, zumal bei dem grossen Heer der teleskopischen Sterne; und diese werden daher nicht mehr durch Name oder Buchstabe, sondern durch ihren Ort an der Sphäre (Rectascension und Declination) gekennzeichnet. So ist z. B. α im Bootes oder α Bootis die Bezeichnung für Arcturus, α in der Leier oder α Lyrae die für Wega; dagegen 9^m AR (α) 21^h 39^m 58^s, Decl. (δ) $+ 27^\circ$ $52'$ $27''$ (1880) ein Stern der 9. Grösse, dessen Rectascension und nördliche Declination für das Jahr 1880 durch die angeführten Zahlenwerthe gegeben ist.

Systematisch geordnete Verzeichnisse solcher Sternörter oder *Sternkataloge* hat man schon frühzeitig zusammengestellt. Der älteste, den wir kennen, ist der Almagest des Ptolemaeus (siehe Seite 29), der auf den Beobachtungen des grossen Hipparch beruht. Letzterer soll ihn

---

*) σείριος, »der brennende«, funkelnde.

in der bestimmten Absicht construirt haben, späteren Generationen das Material zur Ermittelung etwaiger Ortsveränderungen der Gestirne (abgesehen von der allen gemeinsamen Bewegung der Präcession) an die Hand zu geben. Eine Prüfung des Kataloges zeigt, dass die Sternbilder denselben Anblick vor 2000 Jahren geboten haben, den sie jetzt bieten. Zwei oder drei Sterne, die nicht sicher identificirt werden können, sind entweder Originalfehler des Hipparch, bezw. Ptolemaeus, oder durch die zahlreichen Transcriptionen entstanden, welche der Almagest vor Erfindung der Buchdruckerkunst erfuhr. Die Beobachtungen von Hipparch selbst beziehen sich auf 1080 Sterne, der Almagest enthält sogar nur 1025; Hipparch hat also bei weitem nicht alle Sterne aufgeführt, die er sehen konnte; doch sind sie bis zur 4. Grösse herab ziemlich vollständig.

Der nächste Katalog von einiger Wichtigkeit datirt aus dem 15. Jahrhundert und hat den eifrig der Sternkunde ergebenen Tartarenfürsten Ulugh Beigh zum Autor; er enthält 1019 grösstentheils Hipparch'sche Sterne, die in Samarkand aufs Neue bestimmt wurden. Das dritte und genaueste der Sternverzeichnisse aus der vorteleskopischen Zeit rührt von Tycho Brahe her und enthält 1005 Sterne, deren Ort bis auf etwa 1′ sicher ist; das erste, wobei das Fernrohr zur Anwendung kam, ist das in Flamsteeds grosser »Historia coelestis Britannica« enthaltene mit 2866 Sternen.

Unsere heutigen Sternkataloge kann man in zwei Classen theilen: solche, in denen die Sternörter mit aller erreichbaren Genauigkeit, und solche, in denen sie nur genähert gegeben werden. Die Verzeichnisse der ersten Art sind sehr zahlreich, die besten aber begreiflicherweise unvollständig, selbst hinsichtlich der helleren Sterne, weil eine genaue Bestimmung eines Sternortes, wie wir früher (Seite 159) sahen, einen grossen Aufwand an Zeit und Mühe erfordert. Das erste und wichtigste derartige Verzeichniss — wichtig nicht nur wegen der Zahl der Sterne und der Genauigkeit ihrer Positionen, sondern fast mehr noch wegen der Untersuchungen ihrer Grundlagen — sind die Fundamenta astronomiae, die Bessel 1818 veröffentlichte, und welche 3222 von Bradley um die Mitte des vorigen Jahrhunderts mit grösster Sorgfalt beobachtete Sterne enthalten. Die von Bessel angewandten Reductionsmethoden, die er hier und in einem eng damit zusammenhängenden Werke, den »Tabulae reductionum observationum«, entwickelt, haben bis in die neueste Zeit die Grundlage für alle derartigen Berechnungen gebildet; eine neue Reduction der Bradley'schen Beobachtungen ist in den letzten Jahren von Auwers ausgeführt worden. Durch die Bemühungen von Bessel, Argelander, Airy, W. Struve und vielen andern kennen wir jetzt die genauen Positionen von etwa 30 000 Sternen. Weit grösser ist begreiflicherweise die Zahl der nur näherungsweise bestimmten Sterne. Hier ist es vor allem das colossale Werk Argelanders und seiner Mitarbeiter Schönfeld und Krüger, das Bonner Sternverzeichniss oder die sogenannte »Durchmusterung«, welches die Statistik des Sternhimmels seit circa 25 Jahren auf einen hohen Grad der Vollendung gebracht hat. Dieser grosse Katalog enthält zwischen Nordpol und 2° südlicher Declination nicht weniger als 324 198 Sterne, darunter sämmtliche Sterne bis zur 9. Grösse und sehr viele der 10. Grösse. Die Arbeit ist von Schönfeld in Bonn bis zum 23. Grade südlicher Declination fortgeführt worden und enthält in diesem Gürtel des Himmels 133 659 Sterne. Von den Millionen Sternen 10. und schwächerer Grösse ist kaum einer unter tausend seiner Lage nach genauer bekannt, oder kann es sein. Zwischen diesen beiden Hauptclassen finden sich nun noch eine Anzahl von Katalogen, die eine mittlere Genauigkeit, näher aber an der ersten besitzen, und die wir (neben Lalande) gleichfalls wesentlich Bessel und Argelander verdanken. Es sind dies die sogenannten *Zonenbeobachtungen*, bei denen die zunächst in einem Gürtel oder einer Zone des Himmels von mässiger Breite enthaltenen Sterne bis etwa zur 9. Grösse herab durch Meridianbeobachtungen festgelegt werden. Von dieser Art, bei denen die Oerter auf etwa 2″ genau sein mögen*), kennen wir etwa 100 000 Sterne. Eine Fortsetzung hierzu, in welcher aber grössere Genauigkeit erstrebt wird, bildet das auf Argelanders Anregung von der Astronomischen Gesellschaft ins Leben gerufene Unternehmen, eine Bestimmung sämmtlicher Sterne der Bonner Durchmusterung bis zur 9. Grösse herab, welches, soweit die Beobachtungen selbst in Betracht kommen, zum grössten Theile bereits vollendet ist. Eine ähnliche Arbeit am südlichen Himmel ist von Gould in Cordoba begonnen worden und wird daselbst z. Z. noch weiter fortgeführt.

Endlich giebt es noch eine beschränkte Zahl (etwa 400) heller Sterne, die sogenannten *Fundamentalsterne*, welche seit Jahrzehnten auf verschiedenen Sternwarten mit der grössten Genauigkeit beobachtet worden sind und den meisten anderen Sternörtern zu Grunde liegen. Ihre Positionen mögen durchschnittlich bis auf eine halbe oder zweidrittel Bogensecunde genau sein.

Ein sehr vollständiges Verzeichniss von Sternkatalogen, welches seit der Zeit des Eudoxus bis 1876 volle 527 Nummern umfasst (darunter 55 Kataloge von Doppelsternen, 14 von Sterngruppen, 15 von veränderlichen und farbigen Sternen), hat neuerdings Knobel zusammengestellt. —

---

*) Die Positionen der ersterwähnten Classe sind auf etwa 1″ und darunter, die der zweiten innerhalb 1′ genau.

Hand in Hand mit der Herstellung der Sternverzeichnisse gingen die Versuche, den Himmel und die daran beobachteten Sterne bildlich auf Globen und *Sternkarten* darzustellen. Aus dem Alterthum sind uns im Thierkreise von Denderah und ähnlichen Erzeugnissen einer primitiven Technik, aus dem Mittelalter in arabischen Globen nicht uninteressante Darstellungen dieser Art erhalten geblieben. Genauere, die Sterne selbst und nicht die Sternbilder in den Vordergrund stellende Versinnlichungen datiren erst seit dem 17. Jahrhundert, wo Tycho und nach ihm sein Schüler J. Blaeuw Himmelsgloben nach strengeren Principien zu construiren lehrten. Die ältesten Sternkarten enthält die Uranometria nova des Augsburger Rechtsgelehrten J. Bayer (1603), welche hauptsächlich wegen der oben erwähnten praktischen Bezeichnung der helleren Sterne von wissenschaftlichem Werthe sind; auch sie legen aber noch auf die Zeichnung der Sternbilder mehr Werth als auf die Sterne selbst, und erst spät hat man von ersteren abstrahirt und sich mit Andeutungen, hauptsächlich der Grenzen der Sternbilder, begnügt. Seit Anfang unseres Jahrhunderts sind auch hier die Fortschritte, nicht wenig begünstigt durch die Vervollkommnung der technischen Methoden, beträchtlich, und so besitzen wir jetzt eine ganze Reihe zum Theil werthvoller Himmelsatlanten. Für die mit blossem Auge bei uns sichtbaren Sterne sind die Uranometria nova Argelanders, sowie der neuere Heissche Atlas die besten; der umfangreichste und grossartigste ist der Atlas der Bonner Durchmusterung, der die graphische Darstellung des oben erwähnten Verzeichnisses bildet. Durch die Einführung der Photographie in die Astronomie wird binnen wenigen Jahrzehnten unsere Kenntniss des gestirnten Himmels in ein ganz anderes Stadium gelangt sein. Sich die Vortheile der photographischen Methode zu eigen machend, haben sich eine Anzahl Sternwarten aller Länder der Erde zur Herstellung einer Himmelskarte und eines genauen Sternverzeichnisses vereinigt, um ein Fundament zu schaffen, dessen Hauptzweck erst durch eine nach 50 oder 100 Jahren anzustellende Wiederholung der Arbeit erreicht werden wird. Aber auch für jetzt schon werden hierdurch unsere Kenntnisse in einer bisher ungeahnten Weise erweitert werden. Die den ganzen Himmel umfassende Sternkarte wird nahe an 30 Millionen Sterne enthalten, und die Ausmessung der Sterne bis zur 11ten Grösse incl. wird einen Sternkatalog der ersten Classe mit etwa 3 Millionen Sternen liefern. Die Vorarbeiten zu diesem grossartigen Unternehmen sind z. Z. bereits nahe vollendet, und die Inangriffnahme der Arbeit selbst hat begonnen. Von Seiten Deutschlands hat sich die Potsdamer Sternwarte an dem Unternehmen betheiligt. —

Um die Kenntniss des Sternhimmels oder die specielle Astrognosie in etwas zu erleichtern, möge nachstehend eine kurze Beschreibung der wichtigsten Sternbilder folgen. Zu einer genaueren Orientirung und specielleren Kenntniss des Inhaltes und Umfanges der einzelnen Constellationen wird man indessen einen Himmelsatlas zu Hülfe nehmen müssen.

Wir gehen von dem jedermann bekannten Grossen Bären (Ursa major) oder Wagen aus. Denkt man durch die beiden Hinterräder eine Linie gezogen und nach Norden verlängert, so trifft man, in etwa fünffachem Abstande der beiden Sterne, den einsamen und fast unbeweglichen Polarstern und auf dessen anderer Seite in etwas geringerem Abstande die Cassiopeja, deren fünf hellste Sterne ein flaches W bilden. Zwischen Cassiopeja und Grossem Bären, ungefähr symmetrisch zum Pol und zu beiden Sternbildern, liegen zwei der hellsten Sterne des nördlichen Himmels: die Capella (α Aurigae) in 5^h Rectascension (AR) und die Wega (α Lyrae in $18^{1}/_{2}^{h}$ AR. Diese vier Formen, zwei Sternbilder und zwei Sterne, bilden die beste Vermittelung zwischen weiteren Constellationen, welche nun in allgemeinen Umrissen in der Folge der Rectascension und vom Pol nach Süden fortschreitend angeführt werden mögen.

Das dem Pol nächste Sternbild ist der Kleine Bär (Ursa minor), dessen hellster Stern α der Polarstern ist. Zwischen ihm, der Cassiopeja und dem Grossen Bären ziehen sich um den Pol herum die Giraffe (Camelopardalus), der Drache (Draco) und der Cepheus; keins von diesen bei uns circumpolaren Sternbildern hat auffallend helle Sterne oder bemerkenswerthe Gruppirung schwächerer Sterne. Südlich von der Cassiopeja treffen wir zunächst die Andromeda mit einem der hellsten Nebelflecke des Himmels; nach Osten (im Sinne zunehmender Rectascension und gegen die scheinbare Bewegungsrichtung) fortschreitend, weiter den Perseus, mit dem bekannten veränderlichen Stern Algol (β Persei) und zwei schönen Sternhaufen; ihm schliesst sich der Fuhrmann (Auriga) mit der Capella an; sein zweithellster Stern β vermittelt den Uebergang zu den beiden hellen Sternen Castor und Pollux in dem Thierkreisbilde der Zwillinge. Nördlich von diesem, zwischen Fuhrmann und Grossem Bären, liegt das ziemlich unbedeutende Sternbild des Luchses (Lynx). An den weithin sich erstreckenden Grossen Bären grenzen die Jagdhunde (Canes venatici) und der Bootes mit dem hellen Stern Arctur. Dann kommt das grosse Sternbild des Hercules mit einem der schönsten Sternhaufen und nun die kleine, aber charakteristische Leier (Lyra) mit der Wega. An sie stösst der Schwan (Cygnus), dessen vier hellste Sterne ein ziemlich regelmässiges Kreuz bilden; endlich vermittelt die Eidechse (Lacerta) den Uebergang zur Andromeda. — Südlich der Andromeda beginnen nun die Thierkreis- oder Zodiakalbilder, deren erste sechs im Allgemeinen und dem Sonnenlauf entsprechend nördlich, die folgenden sechs südlich vom Himmelsäquator liegen: die Fische (Pisces ♓), in denen jetzt, zufolge der Präcession, der Frühlingsnachtgleichenpunkt (♈) liegt; der Widder (Aries ♈); der Stier (Taurus ♉) mit dem Aldebaran in den Hyaden (sie bilden ein schräges V) und mit den Plejaden; die bereits erwähnten Zwillinge (Gemini ♊), in denen die Sonne ihren höchsten Stand erreicht; der Krebs (Cancer ♋) mit dem zerstreuten Sternhaufen Praesepe; der Löwe (Leo ♌) mit dem Stern Regulus; dann südlich vom Aequator die Jungfrau (Virgo ♍) mit der Spica; die Wage Libra ♎); der Scorpion (♏) mit dem Antares; der Schütze (Sagittarius ♐), von wo aus die Sonne wieder zu steigen beginnt; der Steinbock (Capricornus ♑), endlich der Wassermann (Aquarius ♒). Das Distichon des Anianus: Sunt Aries, Taurus, Gemini, Cancer, Leo, Virgo, — Libraque, Scorpius, Arcitenens, Caper, Amphora, Pisces prägt die Thierkreisbilder dem Gedächtniss leicht ein. Von wichtigeren nördlichen Sternbildern wären noch zu erwähnen: der prächtige Orion, östlich vom Stier, mit den beiden Sternen 1. Grösse Rigel (β Orionis) und Beteigeuze (α Orionis), dem Gürtel oder Jacobsstab und darunter dem schönsten und glänzendsten Nebel des Himmels; ferner angrenzend der kleine Hund (Canis minor) mit dem Procyon; dann zwischen Löwe und Bootes das Haar der Berenice (Coma Berenices) mit zahlreichen kleineren Sternen; zwischen Bootes und Hercules nördlich die Krone (Corona borealis), südlich die Schlange (Serpens) mit dem Schlangenträger (Ophiuchus); an diese östlich grenzend der Adler (Aquila) mit dem Atair oder Altair; endlich der Pegasus, dessen drei hellste Sterne (α, β, γ) mit dem Stern α Andromedae ein grosses regelmässiges Viereck, fast Quadrat, bilden.

Unter den in unseren Breiten noch gut sichtbaren südlicheren Sternbildern mögen genannt werden: der Walfisch (Cetus) mit dem merkwürdigen Veränderlichen Mira (o Ceti), der grosse Hund mit dem hellsten Stern des Himmels, Sirius; die lang sich hinziehende Wasserschlange (Hydra); der Rabe (Corvus) unterhalb der Jungfrau, mit vier charakteristischen Sternen; der südliche Fisch mit dem Stern Fomalhaut.

Kleinere oder wenig auffallende Sternbilder sind noch: der Triangel (Triangulum); der kleine Löwe (Leo minor); Antinous, der häufig mit dem Adler zusammengefasst wird; der Pfeil (Sagitta); der Fuchs mit der Gans (Vulpecula cum Ansere); der Delphin; das kleine Pferd (Equuleus) am nördlichen Himmel; der Fluss Eridanus, der Hase (Lepus), das Einhorn (Monoceros), der Sextant (Sextans), der Becher (Crater), der Schild des Sobieski (Scutum Sobiesii) am südlichen Himmel, aber in unseren Gegenden sichtbar.

Von bei uns unsichtbaren südlichen Constellationen ist das Kreuz die schönste, der Centaur und das Schiff Argo (nördlicher Theil sichtbar) die grössten. — Die Milchstrasse zieht, von letzterem aufsteigend, durch Einhorn, über die Grenze von Orion, Zwillinge und Stier, durch Fuhrmann, Perseus, nach der Cassiopeja und dem Cepheus, und von hier durch den Schwan, Adler, östlichen Theil des Ophiuchus, Schützen und Scorpion wieder nach Süden. —

Theilt man die Sternbilder in nördliche, vom Nordpol bis zum Aequator, und in südliche, vom Aequator bis zum Südpol, so erhalten wir nach Heis (Atlas coelestis novus) und Gould (Uranometria Argentina) für die verschiedenen Sternbilder folgende Anzahl der Sterne bis zur 6.7. oder 7. Grösse. Die Ordnung ist im Allgemeinen nach dem Abstande vom Nordpol und im Sinne zunehmender Rectascension gewählt, so dass das nördlichste Sternbild, der Kleine Bär, beginnt und das südlichste, der Octant, schliesst. Die mit * bezeichneten Constellationen der südlichen Hemisphäre greifen mehr oder weniger auch in die nördliche über.

Nördliche Sternbilder.
(Sterne bis 6.7. Grösse nach Heis.)

Sternbild	Sternzahl
1. Kleiner Bär, Ursa minor	54
2. Cepheus	159
3. Drache, Draco	220
4. Cassiopeja	126
5. Giraffe, Camelopardalus	138
6. Grosser Bär, Ursa major	227
7. Jagdhunde, Canes venatici	88
8. Leier, Lyra	69
9. Schwan, Cygnus	197
10. Eidechse, Lacerta	48
11. Andromeda	139
12. Perseus	136
13. Fuhrmann, Auriga	144
14. Luchs, Lynx	87
15. Kleiner Löwe, Leo minor	40
16. Haar der Berenice, Coma Berenices	70
17. Bootes	140
18. Nördliche Krone, Corona borealis	31
19. Hercules	227

Sternbild	Sternzahl
20. Füchschen, Vulpecula	62
21. Pfeil, Sagitta	18
22. Delphin, Delphinus	31
23. Triangel, Triangulum	30
24. Widder, Aries	80
25. Stier, Taurus	188
26. Zwillinge, Gemini	106
27. Kleiner Hund, Canis minor	37
28. Krebs, Cancer	92
29. Löwe, Leo	161
30. Kleines Pferd, Equuleus	16
31. Pegasus	178
32. Fische, Pisces	128

Südliche Sternbilder.
(Sterne bis 7. Grösse nach Gould.)

Sternbild	Sternzahl
*33. Walfisch, Cetus	321
34. (Fluss) Eridanus	293
*35. Orion	186
36. Hase, Lepus	103
*37. Einhorn, Monoceros	165
38. Grosser Hund, Canis major	178

	Sternbild	Sternzahl		Sternbild	Sternzahl
*39.	Wasserschlange, Hydra	393	63.	Wolf, Lupus	159
*40.	Sextant, Sextans . .	75	64.	Winkelmass, Norma .	64
41.	Becher, Crater . . .	53	65.	Altar, Ara	86
42.	Rabe, Corvus . . .	53	66.	Südliche Krone, Corona austrina	49
43.	Wage, Libra . . .	122			
*44.	Jungfrau, Virgo . .	271	67.	Fernrohr, Telescopium .	87
*45.	Schlange, Serpens . .	123	68.	Mikroskop, Microscopium	69
*46.	Schlangenträger, Ophiuchus	209	69.	Kranich, Grus . . .	106
			70.	Phoenix	139
47.	Sobiesky'scher Schild, Scutum Sobiesii . .	33	71.	Penduluhr, Horologium	68
			72.	Netz, Reticulum . . .	34
*48.	Adler und Antinous, Aquila et Ant. . .	146	73.	Schwertfisch, Dorado .	43
			74.	Fliegender Fisch, Piscis volans	46
49.	Scorpion, Scorpius . .	185			
50.	Schütze, Sagittarius .	298	75.	Kreuz, Crux	54
51.	Steinbock, Capricornus	134	76.	Fliege, Musca . . .	75
52.	Wassermann, Aquarius	276	77.	Zirkel, Circinus . . .	48
53.	Südlicher Fisch, Piscis austrinus	75	78.	Südliches Dreieck, Triangulum austr. . .	46
54.	Bildhauer, Sculptor .	131	79.	Pfau, Pavo	129
55.	Ofen, Fornax . . .	110	80.	Indier, Indus	84
56.	Grabstichel, Caelum .	28	81.	Tukan, Tucanus . . .	81
57.	Taube, Columba . .	112	82.	Kleine Wasserschlange, Hydrus	64
58.	Maler, Pictor . . .	67			
59.	Schiffscompass, Pyxis	65	83.	Tafelberg, Mensa (Mons mensae)	44
60.	Luftpumpe, Antlia . .	85			
61.	(Schiff) Argo . . . (Vela 248, Puppis 313, Carina 268)	829	84.	Chamaeleon	50
			85.	Paradiesvogel, Apus .	67
			86.	Octant, Octans . . .	88
62.	Centaurus	389			

Die Sternbilder 54—86 sind bei uns nicht oder nur zum geringsten Theil sichtbar. Unter den nördlichen Sternbildern sind der Grosse Bär, Hercules und Drache die grössten und sternreichsten; unter den südlichen das Schiff Argo, die Wasserschlange und der Centaur.

Um zu finden, welche Sternbilder in jeder Jahreszeit über unserem Horizonte liegen, oder welche Gestirne zu einer bestimmten Stunde der Nacht den Meridian passiren, brauchen wir uns nur der einfachen Thatsache zu erinnern, dass die Sonne am 21. März im Frühlingsnachtgleichenpunkte, Ende Juni in grösster nördlicher Declination in den Zwillingen, am 23. September im Herbstnachtgleichenpunkte und Ende

December in grösster südlicher Declination im Schützen steht. Hieraus folgt sofort, dass im Frühling die Sternbilder des Löwen, der Jungfrau, des Bootes und die benachbarten; im Sommer die Krone, Schlange und Ophiuchus, Hercules, Leier und Adler; im Herbst der Schwan, Wassermann, Pegasus, Andromeda und Fische; im Winter endlich der Widder, Perseus, Stier, Orion, grosser und kleiner Hund, Zwillinge, Krebs und ähnlich liegende in den früheren Nachtstunden durch den Meridian gehen, also den grössten Theil der Nacht sichtbar sind. Ueberhaupt culminiren um Mitternacht stets die Gestirne, die der Sonne diametral gegenüber liegen, oder deren Rectascension $180°$ von der der Sonne verschieden ist. Die circumpolaren Sternbilder sind, wie wir schon früher sahen, das ganze Jahr sichtbar, stehen aber natürlich zu derselben Stunde der Nacht in den verschiedenen Jahreszeiten an verschiedenen Punkten des nördlichen Himmels; so z. B. der Grosse Bär um Mitternacht im Frühling hoch oben im Zenith*), im Sommer um dieselbe Stunde im Nordwesten, im Herbst unterhalb des Poles im Norden, im Winter endlich im Nordosten. Von den hellsten Sternen culminiren um Mitternacht:

Aldebaran am 28. November
Capella und Rigel am 8. December
Beteigeuze am 18. December
Sirius am 31. December
Procyon am 14. Januar
Pollux am 15. Januar
Regulus am 21. Februar

Spica am 11. April
Arcturus am 24. April
Antares am 27. Mai
Wega am 29. Juni
Atair am 18. Juli
Deneb am 31. Juli
Fomalhaut am 3. September

und, wie bekannt, rücken diese Culminationszeiten um 1 Stunde in etwa 14 Tagen vor, so dass also z. B. Sirius am 15. Januar um 11^h, am 29. Januar um 10^h, am 14. Februar um 9^h u. s. w. und am 1. Juli mit der Sonne zugleich culminirt.

2. Zahl, Helligkeit und Farbe der Sterne.

Die Zahl der Sterne, welche wir mit blossem Auge sehen können, wechselt je nach der Schärfe und Uebung des Auges und nach der grösseren oder geringeren Durchsichtigkeit der Luft so sehr, dass sie nur ungefähr angegeben werden kann; indessen ist sie weit geringer, als man gewöhnlich und nach dem blossen allgemeinen Eindruck annimmt. Dem normalen Auge mögen bei guter Luft am ganzen Himmel etwa 5500 Sterne einzeln sichtbar sein; in unseren Breiten, wo etwa $^3/_4$

---

*) Der letzte Schwanzstern, η, geht für Orte auf dem 50. Breitengrade fast genau durch das Zenith.

sämmtlicher Sterne nach und nach über den Horizont treten, also ungefähr 4000. Argelander, der ein Auge mittlerer Schärfe besass, führt bis zum 35. Grade südlicher Declination nur 3256, Heis dagegen, der ganz ungewöhnlich scharfsichtig war, 5421 einzelne Sterne auf. Diese Zahl wächst natürlich, wenn wir ein Fernrohr anwenden, sehr bedeutend. Aus den Stern-Aichungen (»star-gauges«) von W. Herschel — Schätzungen, die Herschel über die Sternfülle an verschiedenen Stellen des Himmels anstellte — hat W. Struve die Gesammtzahl der mit dem 20 füssigen Herschel'schen Teleskope noch sichtbaren Sterne auf über 20 Millionen geschätzt, und die grossen Fernröhre der neuesten Zeit zeigen jedenfalls noch weit mehr. Indessen ist eine verlässliche Schätzung darüber nicht gemacht worden, und wir können nur sagen, dass die Zahl vermuthlich nahe 100 Millionen betragen werde.

Schon im Alterthum hat man die Sterne nach ihrer Helligkeit oder scheinbaren Grösse in sogenannte *Grössenclassen* getheilt*). Man nannte die hellsten 1. Grösse, die nächsthellsten 2. Grösse u. s. f. und bezeichnete endlich die dem blossen Auge gerade noch wahrnehmbaren als 6. Grösse. Da jede Classe allmählich in die andere übergeht, so finden sich über die Zahl der einer jeden zugehörigen Sterne bei verschiedenen Astronomen auch verschiedene Angaben. Die folgende Zusammenstellung enthält die Zahl nach Argelander, Heis und Behrmann.

Grössenclasse	Argelander bis —20° Decl. südl.		Heis bis —20° Decl. südl.		Behrmann südlich von —20° Decl.
1	12	2	11	2	7
2	45	6	42	6	21
3	129	24	128	24	56
4	274	51	262	51	123
5	705	105	744	110	462
6	1799	72	1861	149	1652
schwächer	—	—	1896	68	—

Bei den schwächeren Sternen 6. Grösse macht sich, wie man sieht, die verschiedene Schärfe der Augen, bei den sehr südlichen überdies die Extinction des Lichtes in der Atmosphäre schon geltend. Behrmanns

---

*) Die wirklichen Grössen der Sterne in linearem Masse (Meilen, Kilometern) ausgedrückt, sind uns ganz unbekannt; nur bei den sehr wenigen, deren Massen wir angenähert bestimmen können, lässt sich auch eine ungefähre Schätzung der factischen Durchmesser machen; danach scheinen sie durchschnittlich von ähnlicher Grösse wie die Sonne zu sein. Die scheinbaren Durchmesser, welche die helleren Sterne im Fernrohre zeigen, sind, wie wir früher sahen (Seite 141), die Folge optischer Vorgänge.

Angaben für den südlichen Himmel beruhen wie die von Argelander und Heis auf Ocularschätzungen.

Ausserdem führen als mit blossen Augen in den angegebenen Grenzen sichtbar auf:

	Argelander	Heis	Behrmann
Veränderliche	13 und 1	38 und 3	4
Sternhaufen	14 » 1	18 » 1	12
Nebel	4	7	4

Houzeau, der die nördliche und südliche Hemisphäre gleichmässig beobachtete, findet die folgenden Zahlen:

Grösse	nördlich	südlich	total
	vom Aequator		
1	11	9	20
2	26	25	51
3	88	112	200
4	277	318	595
5	595	618	1213
6	1919	1721	3640

Gould endlich, der in seinem neuen grossen Werke, der Uranometria Argentina, das für den südlichen Himmel geleistet hat, was Argelander und Heis für den nördlichen, findet als Sternmengen:

Grösse	+10° Decl. bis Aequator	südlich vom Aequator	nördlich vom Aequator
0.0—1.4	2	9	8
1.5—2.0	1	10	14
2.1—3.0	6	66	56
3.1—4.0	29	166	150
4.1—5.0	55	321	412
5.1—6.0	174	1238	1415
6.1—7.0	724	4884	5745

Die Zahlen der letzten Columne (Sterne nördlich vom Aequator) ergeben sich nach Heis und dem grossen Bonner Sternverzeichniss.

Dieses Eintheilungssystem der Sterne nach Grössenclassen hat man bei den teleskopischen Sternen fortgesetzt, hier aber mit weniger Uebereinstimmung. In Deutschland, den nordischen Reichen und meist auch in Nordamerika hält man sich an die Scalen von Argelander oder W. Struve; in England dagegen folgt man meist noch J. Herschel, der die Unterschiede zwischen den einzelnen Classen wesentlich kleiner macht und z. B. zur 19. oder 20. Classe rechnet, was nach Struve nur etwa 12. Grösse ist. Das ungefähre Verhältniss zwischen diesen drei Scalen zeigt die folgende Uebersicht:

Herschel	Struve	Argelander	Herschel	Struve	Argelander
7^m	$6^m.3$	$6^m.4$	13^m	$10^m.6$	$11^m.0$
8	7.2	7.4	14	10.8	(11.6)
9	8.1	8.4	15	11.0	(12.2)
10	8.8	9.2	16	11.2	(12.6)
11	9.6	9.8	:	:	:
12	10.2	10.4	20	12.0	(13—14)

Nach dem grossen Bonner Sternverzeichniss finden sich nun überhaupt am nördlichen Himmel, also vom Nordpol bis zum Aequator, folgende Zahlen:

Grösse	Sterne	Grösse	Sterne
1.0 bis 1.5	8	6.6 bis 7.5	9 955
1.6 » 2.5	35	7.6 » 8.5	34 169
2.6 » 3.5	99	8.6 » 9.4	120 451
3.6 » 4.5	230	9.5	111 276
4.6 » 5.5	748	(Veränderliche	64)
5.6 » 6.5	3002	(Nebel	62)

wobei jedoch zu bemerken ist, dass die mit 9.5. Grösse bezeichneten Sterne eine grosse Anzahl schwächerer, bis zur 10. und selbst geringerer Grösse umfassen.

Bezeichnet man die Sterne bis zur Grösse 1.5 als 1. Grösse, die zwischen 1.6 und 2.5 als 2. Grösse u. s. f., so lassen sich unter Berücksichtigung der angeführten Einzelwerthe und der photometrischen Bestimmungen für den ganzen Himmel folgende Zahlen annehmen:

Grösse	Sterne	Grösse	Sterne	Oeffnung
1	19	7	19 900	0.9
2	65	8	68 000	1.5
3	200	9	241 000	3.0
4	490	10	723 000	6
5	1400	11	2 170 000	10
6	4900	12	6 500 000	16
		13	19 500 000	25
		14	58 500 000	40

Für die schwächeren Grössenclassen, unter 9. Grösse, ist dabei angenommen worden, dass jede folgende dreimal soviel Sterne enthalte als die vorhergehende, welche Verhältnisszahl sich ungefähr als Durchschnittswerth aus den helleren Classen ergiebt. In der Columne »Oeffnung« ist angegeben, welche Oeffnung in Centimetern etwa ein Fernrohr haben muss, um Sterne von einer bestimmten Grösse zu zeigen. Es braucht kaum bemerkt zu werden, dass diese Schätzungen für die schwächeren Sterne ziemlich unsicher sind, und dass man zu erheblich anderen Ziffern kommen kann, wenn man das Verhältniss der Sternhäufigkeit in den verschiedenen Classen anders annimmt, oder wenn die Zahl der Sterne südlich vom Aequator eine andere als die der Sterne der nördlichen Hemisphäre ist.

Ueber die Vertheilung der Sterne wie auch der Nebel am Himmel werden wir weiter unten etwas ausführlicher handeln.

Es fragt sich nun, ob wir nicht die uns von den Sternen wirklich zugesandten Lichtmengen ermitteln und so auch das Helligkeitsverhältniss, welches zwischen den einzelnen Grössenclassen stattfindet, bestimmen können. Es wird dann das Willkürliche, was sich mit dem Begriff der Grössenclasse verbindet, schwinden. Versuche nach dieser Richtung sind seit Begründung der wissenschaftlichen Photometrie durch Bouguer und Lambert öfters und besonders in der neuesten Zeit gemacht worden, haben aber wegen der Unbestimmtheit der Grössenclassen zu einem endgültigen Resultat noch nicht geführt. Die sorgfältigsten neueren photometrischen Messungen, mit Hülfe hauptsächlich von Zöllners Photometer (vergl. Seite 260 ff.) erhalten, haben ergeben, dass das Helligkeitsverhältniss zweier auf einander folgenden Grössenclassen für Sterne mittlerer Helligkeit (circa 4—7. Grösse) etwa 2.5 sein mag, d. h. also, dass z. B. ein Stern 6. Grösse uns etwa 2.5 mal weniger Licht zusendet als ein Stern 5. Grösse; dass aber die helleren Sterne andere Werthe und zwar grössere zu liefern scheinen, als die teleskopischen bis zur 10. Grösse. So finden Seidel und Steinheil für erstere 2.8, Rosén für letztere dagegen 2.3 und Peirce sogar 2.2 oder 2.1. Nehmen wir indessen, was für unsere Zwecke ausreicht, das Verhältniss zu durchschnittlich 2.5, so finden wir folgende Helligkeiten:

1. Grösse = 1.0000   6. Grösse = 0.0102
2.   »   = 0.4000   7.   »   = 0.0041
3.   »   = 0.1600   8.   »   = 0.0016
4.   »   = 0.0640   9.   »   = 0.00065
5.   »   = 0.0256   10.   »   = 0.00025

Es würden also einem Sterne 1. Grösse an Helligkeit gleichkommen:

2½ Sterne 2. Grösse   244 Sterne 7. Grösse
6   »   3.   »   610   »   8.   »
16   »   4.   »   1526   »   9.   »
39   »   5.   »   3813   » 10.   »
98   »   6.   »

Vergleicht man hiermit die Anzahl der Sterne in den verschiedenen Grössenclassen, so ergiebt sich, dass die Gesammthelligkeit sämmtlicher Sterne bis zur 6. Grösse für eine Hemisphäre ungefähr soviel beträgt, wie die Helligkeit von 100 Sternen 1. Grösse. Hierzu tritt dann die Helligkeit der schwächeren Sterne und der Milchstrasse, deren Gesammtbetrag nach annähernder Schätzung etwa das vier- bis fünffache ausmachen mag, so dass man wohl annehmen kann, die Schätzung der Helligkeit des Sternenlichtes in klarer Herbstnacht zu etwa einhundertstel der Vollmondhelligkeit werde sich nicht allzuweit von der Wahrheit entfernen.

Ziehen wir nur die Sterne bis zur 9. Grösse in Betracht, so darf gesagt werden, dass, wenn sämmtliche einer Grössenclasse zugehörigen Sterne in einen einzigen vereinigt wären, dieser an Helligkeit wenigstens nicht allzusehr von einem auf ähnliche Weise aus den Sternen einer anderen Classe gebildeten verschieden sein würde. Für die schwächeren teleskopischen Sterne kann dies freilich nicht mehr gelten; entweder muss das Verhältniss der Anzahl der Sterne in den weiteren Classen ein geringeres werden, oder auch, es muss die Zahl der Sterne mit einer gewissen, von unseren Fernröhren allerdings noch nicht erreichten Grössenclasse oder Helligkeit schliessen, da sonst (von Absorption abgesehen) der ganze Himmelsgrund leuchten müsste. Wir werden auch auf diese Frage, die schon hypothetische Elemente enthält, später bei Betrachtung des Weltbaues zurückkommen.

Das nachstehende Verzeichniss enthält nun, nach ihrer Helligkeit geordnet, die Grössen und relativen Helligkeiten der 22 hellsten Sterne des Himmels; die Grössen nach den Schätzungen von Argelander, Heis, Gould und J. Herschel in 0.1 Grössenclassen ausgedrückt; die relativen Helligkeiten oder Lichtmengen, die wir von den verschiedenen Sternen empfangen, nach den photometrischen Messungen von J. Herschel (1835—1838), Seidel (1844—1848), Wolff (1870—1875) und Pickering (1878—1880). Bei Herschel und Seidel ist die Helligkeit der Wega gleich eins gesetzt; Wolff ging von Sternen 3. Grösse aus, deren Durchschnittshelligkeit er 0.087 findet und das durchschnittliche Helligkeitsverhältniss zweier Grössenclassen 2.42; Pickering endlich hat den Polarstern als Normalstern 2. Grösse und das Helligkeitsverhältniss gleich 2.51 genommen.

Stern	Grössen-classe	Helligkeit			
		Herschel	Seidel	Wolff	Pickering
Sirius, α Canis maj.	0.1	4.99	4.57	—	4.41
Canopus, α Argus	0.3	2.45	—	—	—
— α Centauri	0.6	1.23	—	—	—
Arcturus, α Bootis	0.8	0.89	0.85	0.99	1.21
Rigel, β Orionis	0.8	0.80	0.99	1.12	0.89
Wega, α Lyrae	0.9	(0.55)	1.00	0.80	1.05
Capella, α Aurigae	1.0	—	0.82	0.89	1.03
Procyon, α Canis min.	1.0	0.64	0.73	0.71	0.75
Beteigeuze, α Orionis	(1.0)	0.58	(0.36)	0.57	0.44
Achernar, α Eridani	1.0	0.54	—	—	—
Aldebaran, α Tauri	1.1	—	0.36	0.56	0.48
— β Centauri	1.2	0.49	—	—	—
— α Crucis	1.2	0.46	—	—	—
Altair, α Aquilae	1.3	0.43	0.49	0.52	0.42
Spica, α Virginis	1.3	0.38	0.49	0.43	0.33
Antares, α Scorpii	1.3	0.50	0.34	—	0.45
Regulus, α Leonis	1.3	—	0.32	0.35	0.33
Fomalhaut, α Piscis austr.	1.4	0.32	—	—	—
Pollux, β Geminorum	1.4	—	0.28	0.41	0.45
— β Crucis	1.6	0.26	—	—	—
Deneb, α Cygni	1.7	—	0.30	0.37	0.31
Castor, α Geminorum	1.7	—	0.26	0.28	0.29

Hiernach wäre Arctur der hellste Stern am nördlichen Himmel; dann folgten Wega und Capella. Beteigeuze ist um einige Stufen veränderlich: die drei letztgenannten Sterne würden schon zur 2. Grössenclasse gehören, 19 also als 1. Grösse und heller zu betrachten sein. Uebrigens sieht man aus den oft nicht unbedeutenden Abweichungen, dass die Reihenfolge durchaus nicht fest steht, und dass die möglichst genaue photometrische Bestimmung der hellsten Sterne nach wie vor ein Desideratum der Astronomie bleibt. Es ist nicht unwahrscheinlich, dass sich bei einer stetigen und sorgfältigen Verfolgung noch einige dieser Sterne als in geringem Grade veränderlich herausstellen werden.

Ausser den genannten ist nun noch eine ziemlich erhebliche Anzahl schwächerer Sterne von J. Herschel, Seidel, Zöllner, Wolff, Pickering u. a. photometrisch bestimmt worden, doch würde deren Aufzählung hier zu weit führen; es möge aber noch erwähnt werden, dass auf dem Potsdamer Observatorium eine sehr umfangreiche photometrische Durchmusterung aller Sterne des nördlichen Himmels bis zur $7^{1}/_{2}$ten Grösse herab begonnen worden ist. Unsere Kenntniss der Helligkeiten der südlichen Sterne beschränkte sich bis vor Kurzem auf die Schätzungen und Messungen Sir J. Herschels am Cap der guten Hoffnung und ist erst jetzt durch die wichtigen Arbeiten von Gould, in der Uranometria Argentina, beträchtlich erweitert worden.

Einen einigermassen verlässlichen Werth für das Helligkeitsverhältniss der Sonne zu Fixsternen hat zuerst Zöllner ermittelt und gefunden, dass unser Centralkörper 55 800 Millionen Mal so hell ist als die Capella. Da die scheinbare Helligkeit im quadratischen Verhältniss der Entfernung abnimmt, so würde daraus folgen, dass die Sonne uns so hell wie dieser Stern erst in einer 236 000 mal so grossen Entfernung oder in 35 Billionen Kilometer Entfernung erscheinen würde, vorausgesetzt, dass keine Absorption des Lichtes im Weltraume stattfindet. —

Weit weniger Mannigfaltigkeit als in den Helligkeiten findet sich in den Farben der Sterne, und es ist daher erklärlich, warum Beobachtungen und Untersuchungen über diese erst sehr jungen Datums sind.

Dem blossen Auge erscheinen die meisten Sterne weiss, und nur wenige zeigen eine entschiedene, vorzugsweise röthliche Färbung; als solche fallen dem nicht sehr farbenempfindlichen Auge unter den Sternen 1. Grösse namentlich Antares, Arcturus, Aldebaran und Beteigeuze auf. Sirius, Wega, Altair sind weisse Sterne, Capella ist gelblich. Auch im Fernrohre treten andere Farben als gelb und roth bei den Einzelsternen fast gar nicht auf; dagegen sind bei diesen die rothen Nüancen und bei den Doppelsternen auch Farben wie blau, grün, aschfarben nicht selten. Ueber letztere werden wir weiter unten noch Einiges sagen. Den orangefarbigen und rothen Sternen hat man neuerdings und hauptsächlich mit Rücksicht darauf, dass die Veränderlichen zum weitaus grössten Theil diese Farbe zeigen, grössere Aufmerksamkeit geschenkt, und die Kataloge, welche Schjellerup und Birmingham zusammengestellt haben, lehren, dass ihre Zahl in der That keine ganz unbeträchtliche ist. Das in neuer Auflage von Espin herausgegebene Verzeichniss des letztgenannten Astronomen enthält bis zur 8. oder 9. Grösse herab über 300 solcher Sterne, darunter die meisten Veränderlichen.

Der rötheste Stern unter allen dem freien Auge noch sichtbaren ist der Veränderliche μ Cephei, Herschels »Granat-Stern« (garnet star), der gewöhnlich als Stern 6. Grösse erscheint; ein zweiter fast ebenso auffallender, aber etwas schwächerer und in unseren Breiten nicht so gut sichtbarer ist Hinds »crimson star«, der Veränderliche R Leporis; der rötheste teleskopische Stern, den man bisher fand, steht im südlichen Kreuz und ist nur 8. Grösse. Sir J. Herschel beschreibt ihn als vom intensivsten Blutroth.

Die Bestimmung der Farbe durch blosse Ocularschätzung ist, wenn sie sich nicht sehr deutlich ausspricht, mit grosser Unsicherheit behaftet; denn verschiedene Augen zeigen hier eine sehr verschiedene Empfindlichkeit, sowohl der Intensität nach — es giebt sehr verschiedene Grade der Farbenempfindlichkeit — als auch hinsichtlich der Qualität der Farbe selbst; manchen Augen, den sogenannten farbenblinden, fehlt mitunter die Empfindung einer oder selbst mehrerer Farben ganz. Ueberdies spielt auch die Intensität der Lichtquelle in der Beurtheilung der Farbe eine nicht unwichtige Rolle. Zuverlässiger wären Farbenbestimmungen mittels eines Colorimeters, wie es z. B. Zöllner an seinem Astrophotometer angebracht hat; doch fehlen systematische, mit einem derartigen Apparate angestellte Beobachtungen zur Zeit noch fast gänzlich, und nur Zöllner selbst hat vor einer Reihe von Jahren eine kleine Zahl heller Fixsterne, sowie Venus, Mars, Jupiter und Saturn in dieser Weise beobachtet.

Die Untersuchungen und Beobachtungen, welche Admiral H. Smyth, Sestini, Schmidt u. a. über diesen Gegenstand publicirt haben, sind daher mit Vorsicht zu benutzen, zumal wenn man aus ihnen und den Vergleichungen mit anderen früheren Beobachtungen Schlüsse auf etwaige Farbenänderungen ziehen will, deren Möglichkeit oder selbst Wahrscheinlichkeit, zumal für grössere Zeiträume, freilich nicht zu bestreiten ist. Als eine mit einiger Sicherheit constatirte Farbenänderung betrachtete man bisher das Beispiel des Sirius; bei der späteren Betrachtung über die Spectra der Fixsterne werden wir aber sehen, dass diese Farbenänderung eine äusserst unwahrscheinliche ist. Ebenso unsicher und einer sorgfältigen Controle bedürftig sind die anscheinenden Aenderungen in der Intensität derselben Farbe, welche Einzelne bei mehreren hellen Sternen (z. B. einigen Hauptsternen im Grossen Bären) bemerkt haben wollen*).

Ueberhaupt aber ist die Farbe des Sternes, wie sie dem Auge erscheint, durchaus keine einfache Erscheinung, und wie das Weiss der Sonne sich aus einer grossen Zahl der verschiedenartigsten Farben, den Farben des Spectrums, zusammensetzt, ebenso verhält es sich mit den Farben der Sterne. Erst die Zerlegung des Sternlichtes im Spectroskope giebt uns ein sicheres Urtheil über das, was das blosse Auge die Farbe eines Sternes nennt, und die Spectralanalyse erst hat gezeigt, dass das Weiss, Gelb oder Roth der Sterne sich durch Vermischung von Strahlen der verschiedensten Brechbarkeit bildet, und dass der Verschiedenheit des Gesammteindruckes oder der Farbe eine Verschiedenheit in der Zusammensetzung, Intensität und Ausdehnung der Einzelfarben und der sie durchziehenden Linien, Streifen und Bänder entspricht. — Anderer-

---

*) Nach den Schätzungen von Baxendell soll Beteigeuze (α Orionis) merklichen Farbenänderungen und zwar in kurzen Zeitintervallen unterliegen; doch wird dies von anderer Seite bestritten.

seits kommt, wie wir schon sagten, durch die verschiedene Farbenempfindlichkeit verschiedener Augen (möglicherweise auch eines und desselben zu verschiedener Zeit) ein subjectiv-physiologisches Element hinzu, welches ein allgemein gültiges Urtheil über die Farbe eines Sternes oder deren etwaige Veränderlichkeit erschwert.

3. Physische Beschaffenheit der Sterne.

Vor der Anwendung des Spectroskops auf die Untersuchung der Himmelskörper war über deren Natur und Beschaffenheit so gut wie nichts bekannt. Das Fernrohr brachte wohl die Objecte näher, liess die Oberflächenbeschaffenheit der Körper unseres Sonnensystems, die Formen von Cometen und Nebelflecken erkennen, über ihren inneren Bau aber, über die Elemente, aus denen sie gebildet sind, gab es keinen Aufschluss. Galt dies schon für die wenigen Körper unseres Systems, so versagte es vollends bei den Tausenden von Sternen; sie bleiben auch im lichtstärksten Fernrohr einfach Punkte. Auch die Photometrie, so werthvolle Beiträge sie zur Kenntniss der Oberflächenbeschaffenheit der uns nächsten Himmelskörper liefert, kommt bei den Fixsternen nicht weiter, als zur Bestimmung ihrer Helligkeitsverhältnisse. Erst die Zerlegung und Prüfung des Lichtes im Spectroskope, die Spectralanalyse, hat uns einen Einblick vergönnt in die chemische Constitution jener fernen Körper, und zwar leistet sie ihrer Natur nach gerade bei ihnen mehr als bei den Gliedern unseres Systems, die nur mit erborgtem Lichte leuchten, also in der Hauptsache auch nur das Sonnenspectrum reflectiren; die einzige Ausnahme macht die Sonne selbst, und was die Spectralanalyse uns hier entschleiert hat, haben wir schon früher besprochen.

Die spectroskopische Untersuchung der Fixsterne ist naturgemäss mit sehr grossen Schwierigkeiten verbunden, die besonders in der Lichtschwäche der meisten Objecte ihren Grund haben. Es wird gewiss dem Laien als eine der räthselhaftesten Thatsachen im ganzen Gebiete der Astronomie erscheinen, dass es möglich ist, die Spectra von Sternen zu untersuchen, die bereits zu schwach sind, als dass das unbewaffnete Auge sie überhaupt wahrnehmen könnte. Und doch ist dies thatsächlich wahr, ja mit Hülfe der Photographie ist es in den letzten Jahren sogar gelungen, die Spectra der helleren Fixsterne mit einer Genauigkeit zu untersuchen und auszumessen, die derjenigen bei Messungen im Sonnenspectrum nicht mehr weit nachsteht.

Bei Gelegenheit der allgemeinen Darstellung über das Wesen der Spectralanalyse (Seite 246 ff.) ist schon kurz angedeutet worden, dass

Fraunhofer der erste gewesen ist, der die Verschiedenheiten in den Fixsternspectren erkannt hat. Er hat sie natürlich nur erkannt, ohne ihre Bedeutung verstehen zu können; dazu musste erst Kirchhoffs umgestaltende Entdeckung vorhanden sein. Erst seit Anfang der sechziger Jahre ist die methodische Untersuchung der Fixsternspectra begonnen worden, und zwar durch Huggins und Secchi, denen sich dann weiterhin anschliessen d'Arrest, Vogel, Dunér, Pickering, Scheiner u. a. Secchi war der erste, der eine mit Erfolg durchgeführte Classificirung der Fixsternspectra unternahm, die stellenweise noch jetzt im Gebrauche ist, wenngleich sie nach den neueren Untersuchungen nicht mehr als auf streng wissenschaftlicher Grundlage beruhend zu betrachten ist.

Von einem einheitlichen Gesichtspunkte ausgehend, nämlich die Entwickelungsgeschichte eines Sternes zu Grunde legend, ist die folgende Classificirung der Fixsternspectra nach H. C. Vogel aufgestellt:

Classe I.

Spectra, in welchen die Metalllinien nur äusserst zart auftreten oder gar nicht zu erkennen sind, und deren brechbarere Theile, Blau und Violett, durch ihre Intensität besonders auffallen.

    a. Spectra, in denen ausser den sehr schwachen Metalllinien die Wasserstofflinien sichtbar sind und sich durch Breite und Intensität auszeichnen (hierher gehören die meisten weissen Sterne, z. B. Sirius, Wega).

    b. Spectra, in denen die Wasserstofflinien und die wenigen Metalllinien alle von nahe gleicher Breite und scharfer Begrenzung erscheinen (β Orionis, α Cygni).

    c. Spectra, in denen die Wasserstofflinien hell erscheinen und ausser diesen Linien noch die Linie D_3, ebenfalls hell, sichtbar ist (β Lyrae, γ Cassiopejae).

Classe II.

Spectra, in denen die Metalllinien sehr deutlich auftreten. Die brechbareren Theile des Spectrums sind im Vergleich zur vorigen Classe matt, in den weniger brechbaren Theilen treten zuweilen schwache Bänder auf.

    a. Spectra mit sehr zahlreichen Metalllinien, die besonders im Gelb und Grün durch ihre Intensität leicht kenntlich werden. Die Wasserstofflinien sind meist kräftig, aber nie so auffallend verbreitert wie bei Classe Ia, bei einigen Sternen jedoch schwach. und bei solchen Spectren sind dann gewöhnlich in den brechbareren Theilen durch zahlreiche dichtstehende Linien entstan-

dene schwache Bänder zu erkennen (Capella, Arcturus, Aldebaran).
b. Spectra, in denen ausser dunklen Linien und einzelnen schwachen Bändern mehrere helle Linien auftreten (wahrscheinlich die von Wolf und Rayet beobachteten Sterne im Schwan, sowie der Veränderliche R Geminorum).

Classe III.

Spectra, in denen ausser dunklen Linien noch zahlreiche dunkle Bänder in allen Theilen des Spectrums auftreten, und deren brechbarere Theile auffallend schwach sind.

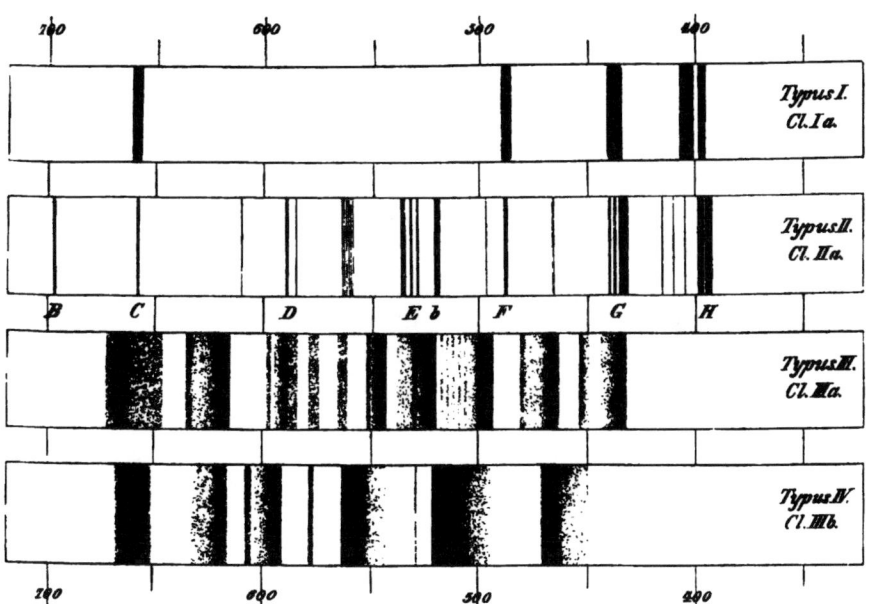

Fig. 169. Spectra der verschiedenen Sterntypen (nach H. C. Vogel).
(400 ... 700 = Milliontel Millimeter; B, C, ... H Sonnenlinien).

a. Ausser den dunklen Linien sind in den Spectren Bänder zu erkennen, von denen die auffallendsten nach dem Violett dunkel und scharf begrenzt, nach dem Roth matt und verwaschen erscheinen (α Herculis, α Orionis, β Pegasi).
b. Spectra, in denen dunkle, sehr breite Bänder zu erkennen sind, deren Intensitätszunahme entgegengesetzt ist, wie bei der vorhergehenden Unterabtheilung, bei denen also die am stärksten

hervortretenden Bänder nach dem Roth scharf begrenzt und am dunkelsten sind, nach dem Violett dagegen allmählich erblassen (bisher sind nur schwächere Sterne der Art bekannt, welche sämmtlich mehr oder weniger roth gefärbt sind).

Wir wollen nun den Versuch machen, durch die Entwickelungsgeschichte eines einzelnen Sternes den Uebergang von einer Classe in die andere klarzulegen unter einer Voraussetzung, die wohl ohne Weiteres als richtig anerkannt werden muss. Diese Voraussetzung besteht nur in der Annahme, dass jeder Stern durch Ausstrahlung immer mehr Wärme verliert, wobei gleichzeitig eine Verdichtung desselben stattfindet. In letzterer Beziehung ist zu bemerken, dass für eine gewisse Zeit die ausstrahlende Wärme durch die Verdichtung wieder ersetzt wird, so dass sich die Temperatur auf derselben Höhe erhalten kann. Erst wenn der Körper nicht mehr genügend verdichtungsfähig ist, muss stärkere Temperaturabnahme eintreten.

Das Anfangsstadium eines Sternes, mit welchem also der Begriff »Stern« überhaupt erst beginnt, documentirt sich dadurch, dass sich ein in höchster Gluthitze befindlicher Kern gebildet hat, dessen Oberfläche ähnlich der Photosphäre unserer Sonne constituirt ist und also weisses Licht aussendet, welches ein continuirliches Spectrum erzeugt. Um diesen Kern herum befindet sich eine mächtige Atmosphäre, welche wesentlich aus Wasserstoff (und Helium?) besteht. Auch diese Atmosphäre besitzt noch eine sehr hohe Temperatur. Das Gesammtspectrum besteht also aus einem continuirlichen hellen Spectrum, in welchem aber die dunklen Absorptionslinien des Wasserstoffs erscheinen und zwar stark verbreitert und verwaschen, da die Wasserstoffatmosphäre eine sehr grosse Mächtigkeit besitzt. Wir haben hier das Spectrum der Classe Ia. Es ist nun denkbar, dass bei allen Sternen, oder bei einzelnen Sternen im ersten Anfange, die umgebende Atmosphäre im Verhältnisse zum Kern so gross ist, dass das Emissionsspectrum der in der sichtbaren Projection neben dem Kern befindlichen Atmosphäre das Absorptionsspectrum der vor dem Kern gelegenen Theile überstrahlt: es müssen alsdann die Wasserstofflinien (und die Heliumlinie) hell auf dem hellen continuirlichen Spectrum erscheinen: Classe Ic. Durch die Untersuchungen von Scheiner in Potsdam an Spectralphotographien der Sterne vom I. Typus ist diese Erklärung sehr wahrscheinlich gemacht worden, da es gelungen ist, alle Zwischenstufen zwischen Classe Ia und Ic aufzufinden.

Bei allmählicher Abkühlung eines Sternes Ia tritt eine Verdichtung ein, in Folge deren der Kern zunimmt, während die Atmosphäre abnimmt. Gleichzeitig muss sich derjenige Zustand der Oberfläche, welcher durch den schnelleren Uebergang des Kernes nach dem kühlen Weltraum hin verursacht und auf unserer Sonne leicht zu studiren ist, nämlich eine absorbirend wirkende Schicht kühlerer Metalldämpfe, immer mehr herausbilden. Es müssen also neben den noch immer starken und breiten Wasserstofflinien zarte und feine Metalllinien auftreten, deren Zahl und Stärke mit zunehmender Abkühlung bei gleichzeitiger Abnahme der Intensität der Wasserstofflinien immer mehr wächst, bis schliesslich das vollständige Bild des Typus IIa vorhanden ist, als dessen Repräsentant das Sonnenspectrum gilt. Es lässt sich dieser Uebergang deutlich an den einzelnen Sternindividuen verfolgen, z. B. an der Reihe: α Ophiuchi, α Lyrae, Sirius, Procyon und α Aurigae, dessen Spectrum mit dem der Sonne schon völlig identisch ist. Gerade der Nachweis derartiger allmählicher Uebergänge von einer Spectralclasse in die andere ist als wichtigster Beweis für die Richtigkeit der Vogel'schen Erklärung des physikalischen Zusammenhanges zwischen den Classen zu betrachten. Scheiner hat in dem photographischen Spectrum von α Aquilae noch eine andere interessante Uebergangsstufe gefunden. Dasselbe zeigt keine einzelnen feinen Metalllinien, wohl aber alle hervorragenden Liniengruppen des Sonnenspectrums neben den noch sehr breiten Wasserstofflinien. Die absorbirende Schicht auf α Aquilae ist also schon nahe von derselben Zusammensetzung wie auf der Sonne, doch ist die Absorption noch so schwach, dass die einzelnen Linien nicht zu erkennen sind und nur zu Gruppen vereinigte Linien sichtbar werden.

Die Classe IIb, zu welcher, wie wir später sehen werden, die sogenannten neuen Sterne gerechnet werden müssen, unterscheidet sich von IIa wesentlich durch das gleichzeitige Vorhandensein heller Linien neben den dunklen Absorptionslinien (Fig. 170). Eine Erklärung für die hellen Linien ist entsprechend der Classe Ic zu geben: Die im übrigen schon ziemlich verdichteten Sterne müssen von einer äusserst mächtigen Atmosphäre glühender, in diesem Falle zum Theil unbekannter Gase umgeben sein. Bemerkenswerther Weise hält Pickering die Sterne der Classe IIb für sehr enge Doppelsterne, deren eine Componente ein Spectrum besitzt, welches nur aus hellen Linien besteht, eine Ansicht, die sich, wie wir gleich sehen werden, mit einer von Wilsing gegebenen Theorie der neuen Sterne einigermassen deckt.

Eine weitere Abkühlung der zum Sonnentypus gehörenden Sterne wird nun zunächst ein vermehrtes Auftreten dunkler Absorptionslinien bei gleichzeitiger Verstärkung dieser Linien verursachen. Sinkt endlich die Temperatur der Atmosphäre so weit, dass chemische Verbindungen entstehen können, so müssen sich diese letzteren durch ihre charakteristischen Spectra bemerkbar machen. Es ist dies der Fall der Classen

IIIa und IIIb, die besonders auffallend sind durch die mächtigen, bänderartigen Absorptionsstreifen, wie sie fast nur bei complicirten chemischen Verbindungen auftreten. Während bei den Sternen der Classe IIIa die Natur der absorbirenden chemischen Verbindungen noch völlig unbekannt ist, ist es gelungen, bei der Classe IIIb diese Absorptionen auf die Wirkung von Kohlenwasserstoffen zurückzuführen.

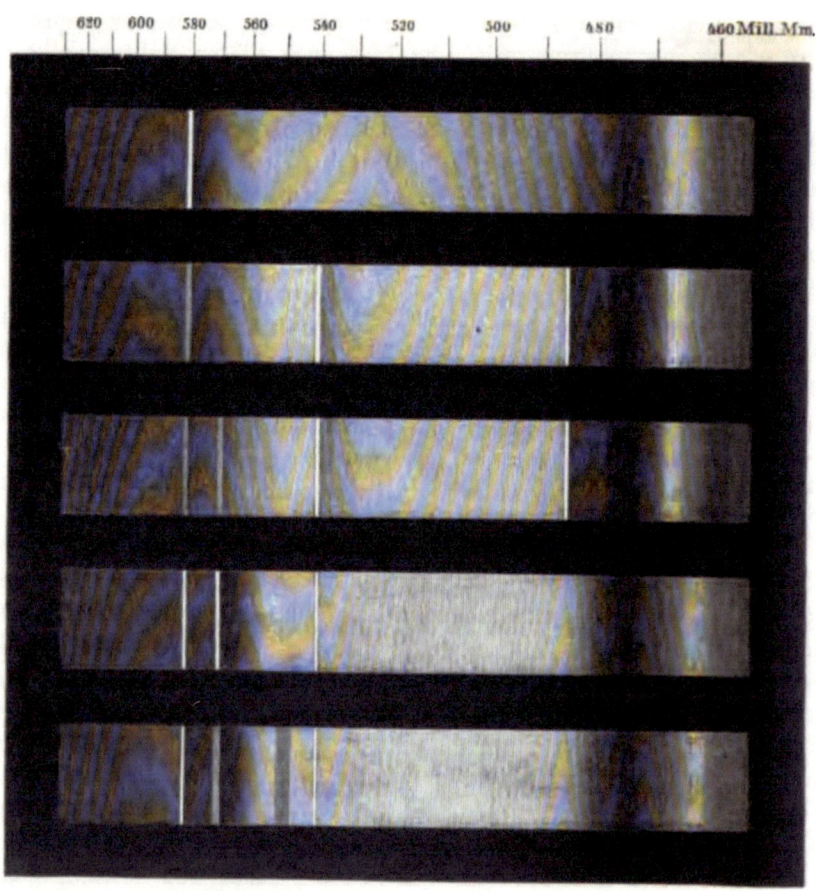

Fig. 170. Sternspectra der Classe IIb nach H. C. Vogel.

Auch beim Uebergange von IIa nach IIIa oder IIIb sind alle Zwischenstufen zu constatiren, die sich zunächst nur durch die grössere Anzahl und die grössere Stärke der Linien zu erkennen geben. Eine solche Stufenfolge lässt sich sehr schön an folgenden Sternen wahrnehmen: α Aurigae, α Bootis, α Tauri, γ Cygni, α Orionis.

Diese in kurzen Zügen gegebene Entwickelungsgeschichte eines Sternes zeigt sich nun auch in der Farbe, wie dies von vornherein klar ist, da ja die spectroskopischen Eigenthümlichkeiten die Farbe bedingen. Die Sterne der Classe I sind völlig weiss, da die wenigen Wasserstofflinien nicht genügend sind, eine merkliche Aenderung des von der im höchsten Glühzustande befindlichen Materie ausgestrahlten Lichtes zu bewirken. Bei weiterer Abkühlung treten die Absorptionslinien vornehmlich im Blau und Violett auf, es prävaliren daher die rothen, gelben und grünen Strahlen, deshalb die gelbliche Farbe der Sterne in der Classe IIa. Bei noch weiterer Abkühlung wird sowohl die elective als auch die allgemeine Absorption im Blau und Violett so stark, dass eine merkliche Menge dieser Strahlen überhaupt nicht mehr ausgesandt wird; auch das Grün wird schon geschwächt, und der Stern ist daher orange oder roth gefärbt.

Mit der Classe III ist das sichtbare Entwickelungsstadium der Sterne abgeschlossen; in Wirklichkeit hört die Entwickelung hiermit natürlich nicht auf, und als IV. Classe würde diejenige der dunklen Sterne aufzufassen sein. Das Aufhören der Sichtbarkeit eines Sternes wird sehr wahrscheinlich schon eintreten, bevor die Abkühlung seiner Oberfläche bis unter die Glühtemperatur erfolgt ist, verursacht durch die sehr stark zunehmende Absorption innerhalb der Atmosphäre des Sternes, die ihrerseits ihre Entstehung dem Auftreten von massenhaften Condensationen — Wolkenbildungen — verdanken wird.

Wir haben bisher die Sterne nur ihrer allgemeinen Constitution nach betrachtet, ohne auf die naheliegende Frage einzugehen, aus welchen Stoffen sie sich zusammensetzen. Diese Frage könnte man sehr einfach in der folgenden, freilich etwas problematischen Weise erledigen. Die Sterne der Classe IIa haben bis in die Einzelheiten hinein dasselbe Spectrum wie die Sonne, sie enthalten also im Allgemeinen auch dieselben Stoffe. Da nun nach unserer vorigen Deduction alle Sterne entweder schon im Zustande der Classe IIa gewesen sind oder aber denselben noch erreichen werden, und da ferner von aussen ein Zuwachs von Stoffen ausgeschlossen ist, so würde also folgen, dass ungefähr alle Sterne, die wir überhaupt sehen, dieselben Stoffe wie die Sonne enthalten werden. Leider ist man wegen der auch heute immer noch nicht genügenden Kenntniss der Metallspectra nicht in der Lage, auch nur annähernd alle Stoffe mit Sicherheit anzugeben, welche auf der Sonne vorhanden sind. Im Anfangsstadium der Sterne verräth von allen diesen Stoffen das Spectroskop nur Wasserstoff und Helium; in der ferneren Entwickelung treten dann neben unbekannten Elementen noch Natrium, Magnesium, Calcium und vor allem Eisen auf. Besonders das letztere

Metall beherrscht bei seinem enormen Linienreichthum fast vollständig das Spectrum der ausgebildeten Sterne. Des schliesslichen Auftretens chemischer Verbindungen, besonders des Kohlenwasserstoffes, haben wir bereits gedacht.

Wir werden später bei der Besprechung der veränderlichen Sterne noch mehrfach Gelegenheit haben, auf die in diesem Abschnitte gegebene kurze Beschreibung der physischen Constitution der Sterne zurückzukommen. Es ist dies auch der Grund, weshalb wir diesen allerneuesten Zweig der Astronomie schon vor die viel älteren Untersuchungen über Veränderliche, Doppelsterne etc. gesetzt haben; der historischen Entwickelung nach dürfte er erst an letzter Stelle stehen.

Es gewährt noch ein besonderes Interesse, die Vertheilung der Sterne in Hinsicht ihres Spectraltypus zu untersuchen. Wenngleich das Material hierzu durchaus noch nicht vollständig genug ist, so lässt sich doch mit Gewissheit angeben, dass mehr als die Hälfte aller Sterne zur Classe Ia gehört, und dass von den übrigen etwa $1/4$ auf die Classe III entfällt, während $3/4$ zu IIa gehören. Die Frage nach der Ursache dieser ungleichmässigen Vertheilung liegt nun nahe; ihre Beantwortung ist aber auf exactem Wege nicht möglich, und man ist vollständig auf Hypothesen angewiesen. Scheiner hat die mit der vorigen identische Frage: »Weshalb wird die Anzahl der Sterne immer geringer, je weiter ihre Verdichtung und Abkühlung vorgeschritten ist?« in folgender Weise zu erledigen versucht.

»Man könnte dieselbe durch die Annahme beantworten, dass die Bildung der Sterne in unserem Sternsystem nahe gleichzeitig begonnen habe, und dass alsdann, da der Grad der Abkühlung innerhalb gegebener Zeit von der Masse des Sternes abhängt, die weissen Sterne die grössten seien und diejenigen des dritten Typus die kleinsten. Unsere Sonne würde ein Stern mittlerer Grösse sein, und die übrigen Sterne wären in ihrer Hauptanzahl beträchtlich grösser als unsere Sonne.

»Es ist klar, dass unter allen Umständen in Folge der verschiedenen Masse die einzelnen Sternindividuen eine sehr verschieden lange Zeit zu ihrer Entwickelung bedürfen werden, und dass daher die obige Erklärung nicht ohne Weiteres von der Hand gewiesen werden darf. Aber gerade die Art der Vertheilung in den Spectralclassen deutet darauf hin, dass diese Erklärung unwahrscheinlich ist; denn man muss annehmen, dass die Massen der Sterne bei der grossen Anzahl nach dem Zufall vertheilt sind, dass also die mittleren Massen am häufigsten und die grösseren oder kleineren am wenigsten häufig auftreten. Hiernach müsste die grösste Anzahl der Sterne einem mittleren Spectralzustande, also jedenfalls nicht der Classe Ia angehören.

»Ich glaube, dass die einzige, nach dem jetzigen Wissen mögliche Erklärung der Vertheilung der Spectraltypen die folgende sein würde:

»Wenn das uns sichtbare Sternsystem thatsächlich eine Insel in der Unendlichkeit des Weltalls ist, so kann dieselbe, unbeschadet der zeitlichen Unendlichkeit des Weltalls, doch für sich einen Entwickelungsanfang haben. Dieser Anfang braucht aber durchaus nicht in der Weise erfolgt zu sein, dass nahe gleichzeitig alle Sterne in den Zustand gelangt sind, bei welchem der Begriff eines Sternes überhaupt anfängt, sondern die Dauer des Anfangs kann von derselben Ordnung sein, wie etwa die Dauer des Entwickelungsganges eines Sternes. Während dieser Zeit — und es ist kein Grund vorhanden, weshalb wir uns nicht noch in derselben befinden sollten — findet ein Entstehen und Vergehen statt, alle Zwischenstufen zwischen beiden sind vorhanden, und das absolute Alter der Sterne ist nach dem Zufall vertheilt. Da dies mit der Masse des Sternes ebenfalls der Fall ist, so ist auch das relative Alter nach dem Zufall vertheilt, und man müsste demnach alle Spectralclassen gleich häufig antreffen, wenn die Dauer des Verweilens innerhalb derselben für alle Classen die gleiche wäre. Dies ist aber entschieden nicht der Fall, sondern die Dauer desjenigen Zustandes, in welchem das Gestirn noch wesentlich verdichtungsfähig ist, muss die längere sein, weil durch diesen Process ein Ersatz der durch Ausstrahlung verloren gegangenen Wärme und damit ein längeres Erhalten höherer Temperaturgrade stattfindet.

»Die grösste Fähigkeit der Verdichtung besitzen aber naturgemäss die am wenigsten verdichteten Sterne, also diejenigen der Classe I; dann folgen die der Classe II und schliesslich die der Classe III. Diese Annahme erklärt ungezwungen das Verhalten der einzelnen Typen, ja man könnte vielleicht umgekehrt aus diesem Verhalten auf die relative Dauer des Verweilens in den Spectralclassen schliessen und würde hierbei zu dem Resultate gelangen, dass ein Stern doppelt so lange im Zustande I bleibt als im Zustande II, und in diesem wiederum viermal so lange als in III.

»Auch bei dieser Betrachtung folgt natürlich der Schluss, dass es dunkle Sterne geben wird; ihre Anzahl hängt dann davon ab, wie weit der erste Anfang der Sternbildung in unserem Sternsystem zurückzudatiren ist, ausgedrückt in der mittleren Zeitdauer einer Sternentwickelung. Ein weiteres Ausspinnen dieser Deductionen möge indessen an dieser Stelle unterbleiben.«

4. Veränderliche Sterne.

Die grosse Mehrzahl der Sterne erscheint dem Auge immer in gleicher Helligkeit, und erst die aufmerksamere Betrachtung des Himmels in neuerer Zeit hat nicht wenige kennen gelehrt, deren Glanz eigenthümlichen Veränderungen unterworfen ist. Am 12. August des Jahres 1596 bemerkte der friesische Pfarrer D. Fabricius im Walfisch einen Stern 2. Grösse, den er früher niemals wahrgenommen hatte, und den er auch im October des folgenden Jahres vergebens suchte. Auf den Gedanken, der Stern könne sein Licht geändert haben, scheint Fabricius nicht gekommen zu sein, und erst Holwarda in Franecker erkannte im November 1639 die Variabilität, nachdem er den Stern im December 1638 als 3. Grösse, im folgenden Sommer aber nicht mehr gesehen hatte. Man verfolgte ihn später weiter und fand, dass er in äusserst unregelmässiger Weise im Laufe von fast einem Jahre sein Licht änderte: die grösste Zeit blieb er dem blossen Auge unsichtbar, und auch in den wenigen Wochen, wo er gesehen werden konnte, nahm seine Helligkeit in merkwürdiger Weise zu und ab; einmal erreichte er im Maximum die 2. Grösse, ein anderes Mal nur die 4., und die Zeiten, die er gebrauchte, um zu einer bestimmten Helligkeit zu wachsen und wieder auf das Minimum zu sinken, waren gleichfalls ganz verschiedene. Der »Wunderbare im Walfisch« (Mira Ceti), wie er genannt wurde, blieb nicht der einzige seiner Art. Im Jahre 1667 fand Montanari, dass der seit lange bekannte Stern β im Perseus oder Algol gleichfalls sein Licht änderte: doch erst Goodricke wies 1782 darauf hin, dass dies in durchaus anderer Art als bei Mira Ceti geschehe. Während dieser sich durch Unregelmässigkeit auszeichnet, ist die Lichtänderung von Algol sowohl nach Umfang wie nach Zeitdauer und Art des Verlaufes eine der regelmässigsten, die man kennt. Der Stern bleibt nämlich $2^t\ 11^{1/2\,h}$ vollkommen unverändert 2. Grösse, sinkt dann in $4^{1/2}$ Stunden zum Minimum, der 3. Grösse, herab und steigt ebenso rasch wieder zur 2. Grösse auf.

Seit dem Ende des 18. Jahrhunderts hat man nun eine ganze Reihe solcher veränderlichen Sterne gefunden, und jedes Jahr bringt neue hinzu, so dass wir jetzt über 200 Sterne als sicher veränderlich kennen. Hauptsächlich deutsche und englische Astronomen haben sich auf diesem Gebiete durch Entdeckung und besonders durch sorgfältige Erforschung der Art und Weise des Lichtwechsels Verdienste erworben; namentlich muss hier Argelander genannt werden, der für die Beobachtung die besten Hinweise und Rathschläge gegeben, wie für die Bestimmung der Elemente, nämlich die Epoche des grössten oder kleinsten Lichtes (Maximum oder Minimum), die Zeitdauer der Periode, Quantität und Verlauf der Lichtänderung, die genauesten Methoden begründet und selbst über die wichtigsten Veränderlichen ausgedehnte Untersuchungen angestellt hat. Auch die Bezeichnung der Veränderlichen mit grossen lateinischen Buchstaben von R an, vor dem Namen des Sternbildes, rührt von Argelander her.

Es giebt vielleicht keine Classe von Erscheinungen am Himmel, in welcher sich so viel Abstufungen, Uebergänge und Unterschiede finden, wie bei den veränderlichen und den aufs engste damit zusammenhängenden sogenannten neuen Sternen. Zwischen Perioden von 20 Stunden (U Ophiuchi) bis zu zwei und mehr Jahren (R Librae) oder zwischen Lichtänderungen von nur wenigen Stufen (R Lyrae) bis zu sieben und mehr Grössenclassen finden sich alle möglichen Uebergänge; ohne allzu künstlich zu verfahren, lassen sich indessen zwei Hauptgruppen aufstellen. In der ersten Gruppe erfolgt der Lichtwechsel mit erheblicher Regelmässigkeit; sowohl die Dauer der Periode, als der Gang der Lichtänderung, die Helligkeit des Sternes im Maximum oder Minimum, ist nur geringen Schwankungen unterworfen. Von sämmtlichen Veränderlichen mögen hierzu über zwei Fünftel gehören. Der grössere Theil davon hat lange Perioden von 150 bis über 600 Tagen Dauer; der kleinere kurze von weniger als einem bis 150 Tagen; und zwar sind bei ersteren die sehr langen Perioden (300^t und darüber) wiederum entschieden häufiger, bei letzteren die sehr kurzen; es finden sich nämlich (nach Chandlers Katalog):

27 zwischen $< 2 - 20^t$ Periode
11 » $20 - 100^t$ »
16 » $100 - 200^t$ »
36 » $200 - 300^t$ »
77 von mehr als 300^t »

Bei den Veränderlichen langer Periode findet in der Regel die Lichtzunahme rascher, oft sehr bedeutend rascher als die Abnahme statt, und häufig bleibt der Stern im Maximum oder im Minimum längere Zeit nahe constant. Unter den Veränderlichen sehr kurzer Periode treten die der Algolgruppe zugehörigen besonders hervor: Algol, λ Tauri, S Cancri, δ Librae, U Coronae, U Cephei, U Ophiuchi und R Canis majoris; die Dauer der Lichtänderungen beschränkt sich hier auf Stunden (9 bei Algol, 21 bei S Cancri), den grössten Theil der Zeit sind sie unveränderlich. Einige andere (namentlich β Lyrae) zeigen ein doppeltes Maximum oder Minimum. Während die meisten anderen Veränderlichen roth sind, sind die acht der Algolgruppe rein- oder gelblich-weiss.

Eine absolute Gleichförmigkeit zeigen indessen auch die regelmässigst Veränderlichen, wie z. B. δ Cephei und Algol, nicht; das eine oder andere Element, mitunter auch alle, unterliegen geringen, nicht selten selbst wieder periodischen Schwankungen. Im Allgemeinen sind dieselben aber sehr unbedeutend gegenüber den Unregelmässigkeiten der zweiten Classe, der **irregulär** Veränderlichen. Hier kann oft weder Dauer der Periode, noch Gang und Umfang des Lichtwechsels bestimmt werden, und in den meisten und günstigsten Fällen muss man sich mit Näherungswerthen begnügen. Von den etwa 60 Variabeln dieser Art sind Mira Ceti und η Argus die bekanntesten. Unter den teleskopischen Irregulären ist U Geminorum vielleicht der merkwürdigste. Gewöhnlich ist er nahe unveränderlich etwa 12. Grösse und springt dann in kürzester Zeit zu einem Maximum empor, um darauf langsamer, aber in ganz unregelmässiger Weise wieder abzunehmen.

Es giebt ferner nicht wenige Veränderliche, von denen wir bis jetzt weiter nichts wissen, als dass sie ihr Licht ändern; in welcher Weise dies aber geschieht, ist noch unbekannt. Bei einer weiteren Anzahl von Sternen endlich vermuthet man Veränderlichkeit, ohne die Thatsache bis jetzt constatirt zu haben. Gould hält — vielleicht nicht mit Unrecht — überhaupt die Mehrzahl der Sterne für merkbar veränderlich: nur seien bei den meisten die Lichtschwankungen sehr klein und fast von derselben Ordnung, wie die Beobachtungsfehler.

Von allen jetzt bekannten Veränderlichen gehören etwa $5/8$ der nördlichen, $3/8$ der südlichen Hemisphäre an, und von letzteren haben nur etwa 18—20 eine südlichere Declination als 30°. Bei einer solchen, selbst numerisch höchst lückenhaften Kenntniss wären alle Schlüsse über Vertheilung der Veränderlichen an der Sphäre, Verhältniss zu den Unveränderlichen, Beziehungen der hellen zu den teleskopischen Veränderlichen, begreiflicherweise ganz unsicher. Dass sie im Allgemeinen nahe der Milchstrasse häufiger vorkommen, als weit davon entfernt, darf nicht auffallen, da der Sternreichthum dort überhaupt ein grösserer ist. Bei den neuen Sternen beruht es allerdings wohl kaum auf Zufall, dass sie sämmtlich in oder nahe der Milchstrasse erschienen sind; ebenso dass nicht wenige Veränderliche fast gruppenweise zusammenstehen, wie im Ophiuchus, Sagittarius und an einigen anderen Stellen. Aehnlich wie die Doppelsterne scheinen auch die Veränderlichen unter den helleren Sternen relativ häufiger vorzukommen, als unter den schwächeren teleskopischen; doch mag dies Zufall sein und sich ändern, wenn wir von letzteren erst eine grössere Anzahl genauer kennen; auch werden relativ gleiche Lichtschwankungen bei helleren Sternen, weil grösser erscheinend, stets leichter wahrzunehmen sein als bei schwächeren. Der Thatsache, dass die grosse Mehrzahl der eigentlichen Veränderlichen die rothe Farbe zeigt, liegt mit Sicherheit eine gemeinsame physische Ursache zu Grunde; im Allgemeinen scheinen sie desto röther zu sein, je länger ihre Perioden sind.

Die Spectralanalyse hat über diesen Punkt sehr bemerkenswerthe Aufschlüsse gegeben; sie hat gezeigt, dass die stärker gefärbten Veränderlichen fast alle dem Spectraltypus III a und III b angehören, und dass dieser Umstand eine verhältnissmässig einfache Erklärung der Veränderlichkeit zulässt. Die zum Algoltypus gehörenden Sterne zeigen alle ein Spectrum der I. Classe, so dass diese Erklärung hier nicht gültig sein kann; wir werden weiter unten lernen, wie auch hier die Spectralanalyse das Räthsel der Erscheinung gelöst hat.

Einen gewissen Uebergang zu den neuen Sternen bildet vielleicht der Stern η Argus am südlichen Himmel, einer der merkwürdigsten Veränderlichen des ganzen Himmels. In früherer Zeit wurde er nur gelegentlich beobachtet, je nachdem Astronomen nach der südlichen Halbkugel der Erde kamen. So notirte ihn Halley 1677 als Stern vierter Grösse, Pater Noel zwischen 1685 und 1689 als zweiter Grösse, ebenso Lacaille 1751; Burchell 1827, der zuerst auf die Veränderlichkeit aufmerksam machte, als erster Grösse. Die ersten sorgfältigen und mehrere Jahre fortgeführten Beobachtungen rühren von J. Herschel während seines Aufenthaltes am Cap her. Nachdem ihn Herschel über drei Jahre constant zwischen erster und zweiter Grösse gefunden, war er gegen Ende 1837 rasch gewachsen und erreichte ein Maximum Anfang Januar 1838, wo er dem dritthellsten Stern des Himmels, α Centauri, an Glanz gleich kam. Von da nahm er allmählich bis April 1839, wo Herschel seine Beobachtungen schloss, ab, war aber immer noch so hell wie Aldebaran. Bis Anfang 1843 blieb er nahe in dieser Helligkeit; im April 1843 jedoch wuchs er rasch gewaltiger als je, so dass er nur dem Sirius nachstand. Während der folgenden 25 Jahre nahm er nun stetig ab, war 1867 dem blossen Auge gerade noch sichtbar und verschwand für dasselbe gänzlich im nächsten Jahre. Seit dieser Zeit ist er constant mit sehr geringen Schwankungen als Stern 6.—7. Grösse sichtbar geblieben. Von manchen Veränderlichen (z. B. Mira Ceti) wird er an Unregelmässigkeit wie an Umfang des Lichtwechsels übertroffen, aber keiner von diesen lässt sich an Helligkeit im Maximum nur entfernt mit ihm vergleichen. Nähme er, wie das ja nicht selten vorkommt, an Licht jetzt plötzlich sehr rasch zu, und hätte man ihn nicht schon früher beobachtet, so würde er dem freien Auge als neuer Stern erscheinen. η Argus steht in einem der grössten und merkwürdigsten Nebelflecke des Himmels; ob er aber mit diesem physisch verbunden sei, oder weit davor oder dahinter stehe, ist unentschieden.

Solche Erscheinungen, wo bis dahin unbekannte Gestirne plötzlich aus dem Dunkel der Nacht aufflammen, sind nun nicht gar zu selten, und man hat diese neuen oder temporären Sterne in der vorteleskopischen Zeit stets mit Staunen betrachtet und sie häufig, zumal sie immer auch spurlos dem Auge entschwanden, für Zeugnisse einer »Schöpfung aus dem Nichts« angesehen. In anderen Fällen schienen längst bekannte Sterne plötzlich verschwunden zu sein, und man schloss, mit scheinbar gleichem Recht, auf eine Zerstörung und Vernichtung. Lassen sich nun die »verschwundenen Sterne« in der Regel auf mannigfache Fehler in den früheren Beobachtungen und Aufzeichnungen zurückführen, so sind allerdings die »neuen« vollkommen verbürgte Thatsachen; die moderne Beobachtung hat aber gezeigt, dass diese neuen Sterne nur als im weiteren Sinne veränderliche zu betrachten sind, und das Spectroskop hat im Besonderen die — nach unserer heutigen Erkenntniss einzig plausible — Erklärung für ihr Aufleuchten geliefert.

Aus der Zeit vor Erfindung des Fernrohres kennt man sieben gut verbürgte Fälle neuer Sterne und etwa sechzehn, wenn man die Aufzeichnungen chinesischer Annalen, hauptsächlich des Ma-tuan-lin, auf solche Erscheinungen bezieht; seit 1610 sind dann weitere sechs dazu getreten. Die grösste Berühmtheit haben zwei erlangt: der Tychonische Stern vom Jahre 1572 und der Kepler'sche Stern vom Jahre 1604. Am 11. November 1572 fand Tycho, als er zufällig seinen Blick nach der Cassiopeja richtete, einen Stern, den er nie zuvor gesehen, und der durch seine Helligkeit (er war heller als Sirius) dem bekannten Sternbild ein ganz verändertes Aussehen gab. Tycho hat den Stern zwar nicht zuerst gesehen, er war vielmehr schon am 7. November von Lindauer in Winterthur bemerkt worden; der dänische Astronom hat ihn aber besonders andauernd und sorgfältig beobachtet und sogar ein dickes Buch über ihn geschrieben. Er nahm in den nächsten Tagen noch an Helligkeit zu, so dass er Ende November der Venus in ihrem höchsten Glanze gleichkam und von guten Augen selbst bei Tage gesehen werden konnte. Im December fing er an abzunehmen, war im Januar gleich Sirius, im April und Mai gleich einem Stern zweiter Grösse und verschwand im März 1574 dem blossen Auge gänzlich, um nicht wieder zu erscheinen. Seine Farbe war erst blendend weiss, dann gelblich, im Frühling 1573 roth, wurde aber nachher wieder weisslich.

Im October 1604 erschien ein neuer Stern im Schlangenträger: von Brunowski am 10. October zuerst gesehen, wurde er von Fabricius, Kepler u. a. aufmerksam beobachtet; letzterer hat eine besondere Schrift über ihn veröffentlicht. Er war schwächer als der Tychonische Stern, übertraf aber doch alle Sterne erster Grösse und soll sich besonders durch sein starkes Funkeln ausgezeichnet haben. Anfang 1605 war er noch etwa so hell wie α Orionis, im April gleich einem Stern dritter Grösse und verschwand Anfang 1606. Lebhafte Farben scheint er nicht gezeigt zu haben.

Vier Jahre früher (1600) wurde von Janson ein Stern im Schwan wahrgenommen, den Kepler 1602 von der dritten Grösse fand. Diese erreichte er abermals 1655, nachdem er 1621 verschwunden war; ein zweites Verschwinden fand um 1660 statt; darauf sah ihn Hevel 1665 wieder, aber nicht so hell, und seit 1677 ist er unverändert als Stern fünfter Grösse sichtbar geblieben. Das 17. Jahrhundert brachte noch zwei andere neue Sterne; über den ersten, 1612, den Byrgius beobachtet haben soll, herrscht noch einiges Dunkel; dagegen ist der andere, am 20. Juni 1670 vom Karthäuser Anthelme gefunden, zweifellos. Er erschien damals als Stern dritter Grösse im Kopf des Fuchses, verschwand im September desselben Jahres, tauchte im März 1671 wieder auf, nach D. Cassini an Helligkeit wechselnd, aber durchschnittlich vierter Grösse, und verschwand, nachdem er im März 1672 nochmals kurze Zeit als sechster Grösse sichtbar gewesen, dauernd.

Das 18. Jahrhundert verging ohne eine solche Erscheinung, und erst 1848 tauchte wieder ein neuer Stern im Ophiuchus auf. Als ihn Hind am 27. April entdeckte, war er etwa 6. Grösse und von rother Farbe; er nahm noch kurze Zeit etwas zu, dann aber, anfangs ziemlich rasch und regelmässig, ab; 1850 war er 10., 1856 11. Grösse; seit 1867 ist er constant 12.13. Grösse. Einen zweiten fand Auwers am 21. Mai 1860 in dem nebligen Sternhaufen Messier 80 im Scorpion; er erschien als Stern 7. Grösse (drei Tage früher war er jedenfalls noch unsichtbar), nahm aber rasch ab, so dass er schon am 16. Juni von dem umgebenden Nebellichte nicht mehr unterschieden werden konnte; seitdem ist er nicht wieder sichtbar geworden.

Das interessanteste und meist besprochene Gestirn dieser Art im 19. Jahrhundert ist ein Stern 9.5. Grösse der Bonner Durchmusterung, welcher im Mai 1866 im Sternbild der Krone plötzlich zu bedeutender Helligkeit aufflammte. Die Acten darüber, wer ihn zuerst gesehen, sind noch nicht geschlossen, ebenso darüber, ob er sofort in der grössten Helligkeit auftauchte, oder mehrere Tage brauchte sie zu erreichen; im letzteren, vermuthlich unwahrscheinlicheren Falle hätte ihn (nach Newcombs Ansicht) Hallowell, ein Lehrer in der Nähe von Washington, zuerst notirt; Schmidt versichert, dass ein Stern selbst von der 4. Grösse auch am 12. Mai vor 10^h abends noch nicht dagewesen sei. An diesem Abend wurde er dann von wenigstens fünf verschiedenen Astronomen in Europa und Amerika fast gleichzeitig als Stern 2. Grösse wahrgenommen; die ersten scheinen Birmingham in Tuam (Irland) und

Farquhar in Washington gewesen zu sein. Der Name thut indessen nichts zur Sache, und der einzige wichtige Punkt ist, wann der Stern und hauptsächlich, ob er plötzlich im grössten Glanze erschienen sei, oder aber mehrere Tage gebraucht habe, um ihn zu erreichen. Der Natur der Erscheinung nach, welche wir bald kennen lernen werden, sowie nach Analogie früherer Fälle ist das erstere wahrscheinlicher. Der Stern nahm sehr rasch an Helligkeit ab; schon am 14. Mai war er 3. Grösse, am 16. Mai 4., und am 18. Mai entschwand er dem blossen Auge; seit Mitte 1867 hat er die Helligkeit eines Sternes 9. Grösse mit geringen Schwankungen beibehalten.

Ein weiteres Beispiel eines rasch zu relativ grossem Glanze anwachsenden Sternes datirt vom November 1876. Schmidt sah ihn im Schwan, am 24. November, zuerst als 3. Grösse; er wurde indessen sehr bald schwächer und verschwand in wenigen Wochen dem unbewaffneten Auge. Die Lichtabnahme ging auch weiterhin ziemlich regelmässig vor sich; Anfang 1877 war er etwa 8. Grösse, 1878 10.—11. Grösse, und jetzt ist er nur in sehr starken Fernröhren noch sichtbar. In der Durchmusterung kommt der Stern nicht vor; er ist also früher jedenfalls schwächer als 9. oder 9.10. Grösse gewesen. Als jüngste Erscheinung eines neuen Sterns ist diejenige der Nova Andromedae aus dem Jahr 1885 zu verzeichnen, welche sehr nahe im Centrum des grossen Nebels plötzlich auftauchte.

Die drei letztgenannten Fälle sind dadurch von grosser Bedeutung geworden, dass bei ihnen zum ersten Male das Spectroskop zur Anwendung kam, welches über die Natur dieser bis dahin räthselhaften Vorgänge die ersten sicheren Aufschlüsse gewährt hat.

Die verworrenen Ideen früherer Zeiten, dass wir es hier mit gewissermassen neuen Schöpfungen zu thun hätten, dass die sogenannten neuen Sterne nicht als solche wirklich früher dagewesen, und dass sie nach einem kurzen Dasein wieder in das »Nichts« verschwänden, aus dem sie entstanden seien, sind zwar längst überwunden. Niemand kann zweifeln, dass jene Gestirne an dem Orte, an welchem sie aufleuchteten, immer vorhanden waren und nach ihrem scheinbaren Verschwinden auch vorhanden blieben. Der Beweis aber dafür, dass die neuen Sterne nur veränderliche von sehr unregelmässiger Natur des Lichtwechsels seien, ist streng doch erst neuerdings gebracht worden: der phoronomische durch die Ortsbestimmung am Himmel, der physikalische durch das Spectroskop. Sofort nach dem Aufleuchten des Sternes in der Krone ergab schon eine genäherte Ortsbestimmung, dass der Stern als 9.5. Grösse in der Bonner Durchmusterung verzeichnet stände, und die Durchsicht der Originalbeobachtungen zeigte, dass er in Bonn schon im Mai

1855 als Stern von dieser Grösse beobachtet worden war. Seine frühere Existenz war also bewiesen und nur eine plötzliche starke Lichtänderung im Mai 1866 war mit ihm vorgegangen. Die Entscheidung in den früheren Fällen, wo die Oerter der neuen Sterne nicht mit dem Fernrohr, sondern nur nach Ocularschätzungen und an einfachen Messinstrumenten ermittelt werden konnten, ist nicht leicht. Schwache Sterne 10. Grösse und darunter sind so häufig am Himmel, dass die an den älteren Beobachtungen haftende Unsicherheit, die auch im günstigsten Falle noch 1′ und mehr beträgt, ein Urtheil darüber nicht zulässt, ob ein mit dem früher beobachteten Ort des neuen Sternes bis auf einige Minuten übereinstimmender, jetzt vorhandener schwacher Stern mit jenem identisch sei oder nicht. So können wir es nur als nicht unwahrscheinlich hinstellen, dass z. B. ein Sternchen 10. Grösse, das innerhalb 1′ mit dem aus der genauesten Discussion der Tychonischen Beobachtungen berechneten Ort des Sternes von 1572 übereinstimmt, wirklich jener berühmte Stern sei, und noch geringer ist die Wahrscheinlichkeit im Falle des Sternes von 1604, wo die jetzige Beobachtung ein Sternchen 11. bis 12. Grösse bis auf 3′ nahe dem berechneten Ort der Nova zeigt. —

Hat uns das mit Fernrohr versehene Messinstrument die Identität von neuen und veränderlichen Sternen, ihre Beständigkeit am Himmel unter den anderen Sternen gezeigt, von denen ein grosser Theil bei Anwendung hinreichend genauer photometrischer Hülfsmittel sich wohl als veränderlich an Licht herausstellen würde, so giebt uns das Spectroskop in der Analyse des Lichtes das bis jetzt einzige Mittel, über Natur und Beschaffenheit der Sterne überhaupt, wie über die wahrscheinlichen Ursachen des Lichtwechsels vieler Variablen einen einigermassen sicheren Aufschluss zu gewinnen.

Nach den Ergebnissen der Spectralanalyse und nach der Analogie dürfen wir schliessen, dass die Ursachen der besprochenen Lichtänderungen in der grossen Mehrzahl der Fälle innere, den Körpern selbst eigenthümliche sind. Wir wissen, dass die Sterne Körper von wesentlich derselben Art und Ordnung und physischen Constitution wie unsere Sonne sind, denn wir werden später sehen, dass sie uns, in die Entfernung der nächsten Sterne versetzt, ungefähr ebenso hell wie diese erscheinen würde, und dass sie auch an Masse und Grösse sehr vielen Sternen vergleichbar sei. In dem Capitel über die Sonne besprachen wir nun eingehend die Sonnenflecken und fanden deren Ursachen und die Ursache ihrer periodischen Zu- und Abnahme in Vorgängen auf dem Sonnenkörper selbst und ihrer nächsten Umgebung begründet. Wäre die Sonne in der Entfernung der nächsten Sterne, und könnte man ihr Licht hinreichend genau messen, so würde man finden, dass es kleinen Schwankungen von elfjähriger Periode unterliege, dass sie also ein, wenngleich sehr wenig, veränderlicher Stern sei; zur Zeit eines Fleckenmaximums würde man ein Minimum des »Sonnensternes«, zur Zeit eines Fleckenminimums ein Maximum der Helligkeit beobachten; wir könnten also die Sonnenfleckenperiode aus der Beobachtung des Lichtwechsels jenes Sternes erkennen. Nun sind zwar die Schwankungen in der Helligkeit der Sonne entsprechend grösserer oder geringerer Fleckenzahl so unbedeutend, dass auch unsere genauesten photometrischen Messungen zu ihrer Wahrnehmung nicht ausreichen; trotzdem aber würden sie stattfinden, den sehr unwahrscheinlichen Fall ausgeschlossen, dass eine gerade zur Zeit der grössten Häufigkeit der Sonnenflecken auftretende Lichtentwickelung den Ausfall an Helligkeit compensire. Wie mit der Sonne verhält es sich nun wahrscheinlich mit der Mehrzahl der veränderlichen, sowie auch mit einer grossen Anzahl der nicht veränderlichen Sterne; zwischen beiden findet kein qualitativer, wesentlicher, sondern nur ein gradueller und quantitativer Unterschied statt, und es ist durchaus nicht unmöglich, dass bei vielen Sternen, deren Helligkeit für unsere jetzigen Hülfsmittel vollkommen constant erscheint, Flecken von noch grösserer Ausdehnung als die auf der Sonne periodisch auftreten und verschwinden.

Diese Annahme wird durch die folgende Betrachtung bis zur höchsten Wahrscheinlichkeit erhoben. Die Erfahrung hat gelehrt, dass die meisten veränderlichen Sterne von längerer Periode der 3. Spectralclasse angehören, und dass ferner das Spectrum der Classe III in gewissen Punkten eine sehr grosse Aehnlichkeit mit dem der Sonnenflecken bietet. Es ist also anzunehmen, dass der durch weitere Abkühlung bedingte Uebergang der Sterne von der zweiten in die dritte Classe sich durch vermehrte Fleckenbildung kennzeichnet, so dass schliesslich die ganze Oberfläche des Sternes von Flecken bedeckt ist. Die Veränderlichkeit wird wesentlich vor diesem letzten Zustande vorhanden sein, entweder dadurch, dass sich die Menge der Flecken periodisch ändert, entsprechend unserer 11jährigen Sonnenfleckenperiode, oder dadurch, dass eine ungleichmässige Vertheilung der Flecken statthat und die Rotation die Helligkeitsänderungen bedingt. Für die unregelmässig Veränderlichen ist die erste Erklärung plausibler, für die regelmässigen aber die zweite, auch ist nicht ausgeschlossen, dass beide Ursachen gemeinsam wirken.

Spectralanalytische Untersuchungen der Veränderlichen im Minimum der Helligkeit sind wegen der Schwierigkeit der Beobachtung bisher nicht in der Weise angestellt worden, dass sie die eben erwähnten Annahmen durch die nothwendig werdenden Aenderungen des Spectrums beweisen könnten. Nach neueren Beobachtungen sollen bei einigen veränderlichen Sternen im Maximum der Helligkeit helle Linien im Spectrum auftreten; diese Sterne würden sich dann nach ihrem spectroskopischen Verhalten mehr den neuen Sternen anschliessen, über deren Spectrum wir noch Näheres bringen werden.

Alle diese Erklärungen der Veränderlichkeit aus einer im Stern selbst befindlichen Ursache werden hinfällig, sobald die Veränderlichen nicht ein Spectrum der 3. oder vielleicht noch der 2. Classe besitzen, sondern der ersten Spectralclasse angehören. Nach allem, was wir im vorigen Capitel über die Constitution dieser Sterne erfahren haben, ist es ganz ausgeschlossen, kurze zeitliche oder gar räumliche physikalische Aenderungen in solchen Sternen anzunehmen. Nun gehören alle Vertreter des Algoltypus zur Classe I, ausserdem sind ihre Veränderungen im Verhältnisse zu denen der übrigen Sterne von ausserordentlicher Regelmässigkeit, und so hat man schon lange vermuthet, dass bei diesen Sternen die Ursache der Veränderlichkeit eine äussere sei, dass also nur Verfinsterungen durch einen oder mehrere umlaufende Körper oder durch Meteorschwärme vorliegen könnten. Speciell für Algol sind aus den Lichtverhältnissen im Minimum und Maximum schon vor längerer Zeit die Elemente des präsumptiven Doppelsternes abgeleitet worden; es er-ergab sich aber hierbei ein so geringer Abstand der beiden Körper, dass man in die Stabilität eines solchen Systems Zweifel setzte. Ein etwaiges directes Auflösen Algols in einen Doppelstern war ausgeschlossen, da die scheinbare Distanz der beiden Componenten weit unterhalb der Trennungsfähigkeit selbst der mächtigsten Riesenfernröhre liegen musste. Schon vor längerer Zeit hatte H. C. Vogel darauf aufmerksam gemacht, dass es möglich sein könnte, mit Hülfe des Doppler'schen Princips Gewissheit über diese Frage zu erhalten. Wie wir im Capitel über Spectralanalyse gesehen haben, wird durch die Annäherung eines leuchtenden Objects die Wellenlänge verkürzt oder vergrössert und hiermit die Brechbarkeit des Lichtes entsprechend vermehrt oder vermindert, so dass in dem Spectrum eines derartig im Visionsradius bewegten Objectes die etwa vorhandenen Linien nach dem Violett oder nach dem Roth hin verschoben werden müssen. Bestand nun das Algolsystem aus einem hellen Stern mit einem dunklen Begleiter, so mussten in dem Spectrum des ersteren die Linien nach Roth verschoben sein, wenn er sich von uns fort bewegte, nach Violett, wenn er sich uns näherte. In Folge der Bewegung der hellen Componente musste aber ein Umschlag in der Bewegungsrichtung zweimal während einer Periode des Lichtwechsels eintreten. Die ausserordentliche Schwierigkeit der Messung solcher geringen Verschiebungen hatte aber alle Versuche, die Frage auf diesem Wege zu entscheiden, vereitelt, bis es im Jahre 1889 H. C. Vogel und Scheiner in Potsdam gelang, auf spectrographischem Wege den sicheren Nachweis einer periodisch wechselnden Verschiebung der Wasserstofflinien im Spectrum Algols zu liefern.

Mit Hülfe der bekannten Erscheinungen des Lichtwechsels war es nun leicht, nicht bloss die wesentlichsten Elemente der Doppelsternbahn Algols abzuleiten, sondern sogar die wahren Dimensionen derselben in bekanntem Längenmasse. Es ergab sich Folgendes:

Durchmesser des Hauptsternes	= 2 510 000 Kilometer
„ des dunklen Begleiters	= 1 960 000 „
Entfernung der Mittelpunkte	= 5 190 000 „
Bahngeschwindigkeit des Hauptsternes =	42 „ pro Secunde
„ „ Begleiters =	89 „ „ „
Massen der beiden Körper	= $4/9$ und $2/9$ der Sonnenmasse.

Die früher geltend gemachten Bedenken, dass derartige enge Doppelsterne nicht lange bestehen könnten, sind durch die vorstehende Entdeckung praktisch beseitigt. Theoretisch ist dies neuerdings durch Wilsing geschehen, der nachgewiesen hat, dass noch beträchtlich engere Systeme als völlig stabil zu betrachten sind.

Es liegt nun auf der Hand, dass man unbedenklich bei allen veränderlichen Sternen des Algoltypus die Ursache des Lichtwechsels auf Verfinsterungen durch einen oder mehrere Begleiter zurückführen wird, wenngleich es wegen der Lichtschwäche dieser Sterne bis jetzt nicht möglich ist, wie bei Algol einen directen Beweis hierfür aus den Beobachtungen zu liefern. Wir werden bei der Besprechung der Doppelsterne Gelegenheit haben, nochmals auf dem Algolsystem ähnliche Objecte zurückzukommen.

Wir haben bis jetzt zwei Ursachen der Veränderlichkeit, die eine von grosser Wahrscheinlichkeit, die andere von zweifelloser Gewissheit, kennen gelernt, und es erübrigt noch, kurz aus den vielen anderen Hypothesen einige zu erwähnen, die ebenfalls eine Erklärung für den Lichtwechsel geben können. So hat man angenommen, dass ausserordentlich stark abgeplattete Körper von ungleicher Intensität auf verschiedenen Seiten die Erscheinungen deuten können, wie sie sehr regelmässig veränderliche Sterne von kurzer Periode, die aber nicht dem Algoltypus entsprechen, zeigen. Die erforderliche Helligkeitsverschiedenheit bedingt aber wieder eine Zulässigkeit dieser Hypothese nur für die Sterne, die in ihrer Entwickelung schon die 2. Classe überschritten haben. — Verfinsterungen durch den Hauptstern umkreisende Meteorschwärme sind bereits erwähnt, und so bleibt nur noch eine Auseinandersetzung der Erklärungsversuche der Erscheinungen der Neuen Sterne übrig.

Die erste Nova, die spectroskopisch untersucht werden konnte, war die im Jahre 1866 von Birmingham in der Krone entdeckte. Die hauptsächlich von Huggins und Miller angestellten Beobachtungen ergaben, dass das Spectrum aus hellen und dunklen Linien auf continuirlichem Untergrund zusammengesetzt war. Viel ausführlicher und mit besseren Hülfsmitteln konnte die Nova Cygni von 1876 spectroskopisch untersucht werden. Alle Beobachter erkannten übereinstimmend das gleichzeitige Vorhandensein von hellen und dunklen Linien, und es konnten mit grosser Sicherheit die hellen Wasserstofflinien, eine helle Linie bei der Wellenlänge 500 $\mu\mu$, die D_3-Linie (Helium), sowie andere, mit den

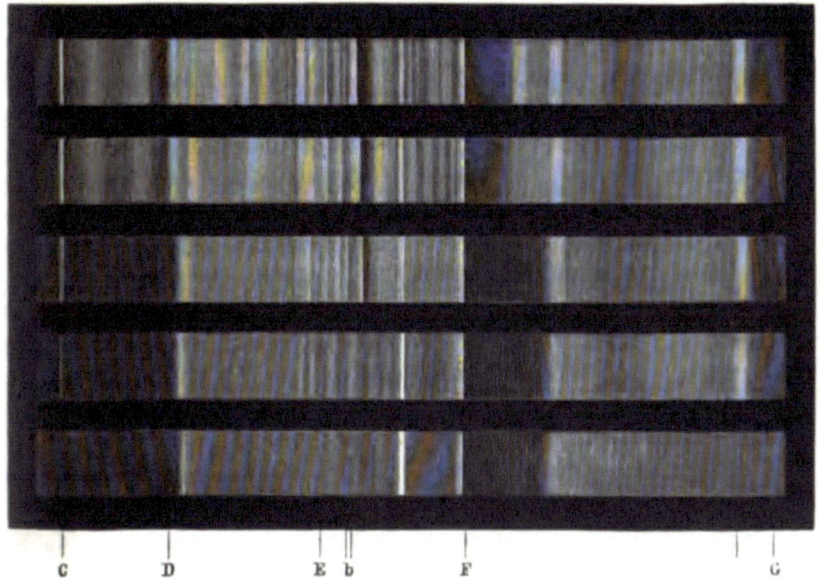

Fig. 171. Spectrum der Nova Cygni nach Vogel. Die Beobachtungsdaten sind: 1876 Dec. 8, Dec. 14; 1877 Jan. 1, Febr. 2, März 2.

hellen Linien der Classe IIb übereinstimmende Linien constatirt werden. Vogel hat diese Nova sehr lange spectroskopisch verfolgt, und es hat sich hierbei das merkwürdige Phänomen gezeigt, dass zunächst das continuirliche Spectrum an Glanz abnahm, so dass die hellen Linien scheinbar an Intensität zunahmen, und dass schliesslich bei weiterer Abnahme der Helligkeit auch der hellen Linien die Linie im Grün bei 500 $\mu\mu$ als die hellste erschien, so dass nach Jahresfrist, als der Stern überhaupt nur noch 11. Grösse war, sein Licht monochromatisch erschien, indem das Spectrum nur noch aus dieser Linie bestand.

Ganz abweichend hiervon erwies sich das Spectrum des neuen Sternes, der im Jahre 1885 im Andromedanebel erschien. In demselben konnten helle Linien nicht constatirt werden, vielmehr schien das ganze Spectrum rein continuirlich zu sein.

Zöllner hat bereits im Jahre 1865 eine Erklärung der neuen Sterne gegeben, die, obschon ohne Kenntniss der spectroskopischen Resultate geliefert, auch heute noch in ihren Grundzügen gültig erscheint. Er nimmt an, dass die Abkühlung eines Sternes vorgeschritten sei bis zur Bildung einer nicht mehr glühenden Schlackendecke. Durch irgend einen Vorgang wird diese Schlackendecke zerrissen, durch die Oeffnung strömt die innere eingeschlossene Glutmasse hervor und wird je nach der Grösse ihrer Ausbreitung mehr oder weniger grosse Stellen des Körpers wieder leuchtend machen. Durch das plötzliche Hervorbrechen der sehr heissen Glutmassen werden die an der Oberfläche des Gestirns bereits vorhandenen chemischen Verbindungen wieder zersetzt, und diese Zersetzung wird wie bei irdischen Körpern mit einer Licht- und Wärmeentwickelung von statten gehen. Das starke Aufleuchten ist also nicht nur den durch die hervorgequollene Glutmasse wieder leuchtend gewordenen Theilen der Oberfläche zuzuschreiben, sondern gleichzeitig einer Art Verbrennungsprocess, der durch die Berührung bereits erkalteter Verbindungen mit der glühenden Masse des Innern eingeleitet wurde.

Diese Hypothese lässt sich ohne Zwang mit allen beobachteten Spectralerscheinungen in Einklang bringen.

Da die Masse der hervorgeströmten glühendflüssigen Materie keine sehr grosse zu sein braucht, so ist ihre oberflächliche Erkaltung binnen wenigen Monaten durchaus plausibel. Das continuirliche Spectrum würde durch diese glühende Masse, das Absorptionsspectrum theils durch die Atmosphäre des Sternes, theils durch die bei der Zersetzung der chemischen Verbindungen frei werdenden Gase erzeugt werden. Die hellen Linien würden ebenfalls von den letzteren sowie von den aus dem Inneren hervorgebrochenen Gasen herrühren. Hierbei wäre diesmal gegen die Annahme nichts einzuwenden, dass die betreffenden Gase eine höhere Temperatur besässen als die glühenden Massen und daher ein Emissionsspectrum ergäben. Es würde ferner auch denkbar sein, dass sich die glühenden Gase sehr viel weiter über die Oberfläche des Körpers vertheilten als die flüssigen Massen und daher mit einer viel grösseren Fläche ausstrahlten, mithin ein übergelagertes Emissionsspectrum erzeugten, und schliesslich kann auch eine weite Ausbreitung der Gase in die Höhe die Ursache der hellen Linien sein, ähnlich wie bei Typus Ic. Für die Gültigkeit der letzteren Erklärung auch im vorliegenden Falle würde eine allerdings ganz vereinzelte Beobachtung von

Huggins sprechen. Huggins sagt: Am 16. Mai wurde eine sehr schwache Nebelhülle rund um den Stern herum bemerkt, welche, an Helligkeit abnehmend, sich bis zu einem gewissen Abstande vom Sterne erstreckte. Eine vergleichende Beobachtung an benachbarten Sternen zeigte, dass diese Erscheinung nur der Nova eigenthümlich war.

Vogel bemerkt noch zur Zöllner'schen Hypothese, dass das sehr helle continuirliche Spectrum und die an Intensität dasselbe anfänglich nur wenig übertreffenden hellen Linien sich nicht gut erklären lassen würden allein dadurch, dass gewaltsame Gasausbrüche aus dem Inneren die Oberfläche ganz oder theilweise wieder leuchtend machen, wohl aber unter der Annahme, dass die Lichtausstrahlung durch einen Verbrennungsprocess um ein Beträchtliches erhöht wird. Ist derselbe von kurzer Dauer, so wird das continuirliche Spectrum, wie es bei dem neuen Sterne von 1876 der Fall war, sehr rasch bis zu einer gewissen Grenze an Intensität abnehmen, während die von den glühenden Gasen, welche in enormen Quantitäten dem Inneren entströmt sind, herrührenden hellen Linien im Spectrum sich längere Zeit erhalten werden. Dass das Erblassen des Sternes mit einer Abkühlung der Oberfläche im Zusammenhange steht, geht aus den Beobachtungen des Spectrums unverkennbar hervor, da der violette und blaue Theil desselben schneller an Intensität abgenommen hat als die anderen Theile, und da die Absorptionsstreifen, welche das Spectrum durchzogen, nach und nach dunkler und breiter geworden sind.

Wenn nun auch nach allem kein Zweifel bestehen kann, dass die Erscheinung eines neuen Sternes durch einen Ausbruch wesentlich von Gasen aus dem Inneren erfolgt, so bleibt immer noch die Frage nach der Ursache dieses Ausbruches offen. Sehr viele Forscher neigen der Ansicht zu, dass dies in Folge eines directen, nahezu centralen Zusammenstosses zweier Sterne geschehe, und es ist keine Frage, dass die bei einem solchen Zusammenstosse sich entwickelnde Temperatur eine so enorme sein wird, dass sie im Stande ist, einen abgekühlten Körper in die höchste Gluthitze zu versetzen. Gerade aber die Mächtigkeit eines solchen Vorganges, der eine enorme Temperaturerhöhung für den ganzen Körper bedingen würde, spricht gegen diese Annahme. In diesem Falle könnte nicht eine so schnelle, in wenigen Monaten vor sich gehende Abkühlung erfolgen, wie sie thatsächlich meist beobachtet worden ist. Die Erregung muss also eine bloss oberflächliche sein, und diese könnte allerdings durch den Zusammenstoss eines abgekühlten Fixsternes mit einem relativ sehr kleinen Körper erfolgen. Die Ursache kann auch eine innere sein, ähnlich wie bei den Protuberanz-Erscheinungen auf der Sonne, nur von ungleich grösserer Mächtigkeit.

Schliesslich sei noch auf die bereits erwähnte Hypothese von Wilsing aufmerksam gemacht. Man hat sich nach derselben einen neuen Stern als einen sehr excentrischen Doppelstern mit sehr geringer Periastrondistanz vorzustellen, so dass die durch die gegenseitige Anziehung bewirkte Deformation der Atmosphäre von der Ordnung der Höhe der Atmosphäre ist. Es wird in diesem Falle zur Zeit des Periastrons die Oberfläche des mit einer stark absorbirenden Atmosphäre umgebenen Sternes zum Theil von letzterer freigelegt, so dass also zunächst eine beträchtliche Aufhellung des continuirlichen Spectrums erfolgt. Mit der Deformation der Atmosphäre wird gleichzeitig auch im Inneren des Sternes eine Flutwirkung stattfinden, in Folge deren gewaltige Eruptionen glühender Gasmassen erfolgen können.

Das continuirliche Spectrum ist durchzogen von den Absorptionsbändern, welche von den noch mit Atmosphäre bedeckten Theilen der Oberfläche herrühren, und von hellen Linien, welche die aus dem Inneren hervorbrechenden glühenden Gase liefern. Bei zunehmender Entfernung des Begleiters nach dem Durchgange durch das Periastron bedeckt sich die Oberfläche allmählich wieder mit der Atmosphäre, und die Intensität des continuirlichen Spectrums wird immer geringer. Die wegen der geringeren Dichtigkeit wesentlich oberhalb der absorbirenden Atmosphäre befindlichen glühenden Gasmassen kühlen sich langsam ab, und hiermit findet auch eine Abnahme der Intensität der hellen Linien statt. Es muss darauf hingewiesen werden, dass unter Annahme dieser Hypothese auch die Nova Andromedae in die Classe der neuen Sterne passen würde, indem man nur anzunehmen braucht, dass wohl eine Deformation der Atmosphäre, nicht aber ein Hervorbrechen der glühenden Gase aus dem Inneren stattgefunden habe; es würde in diesem Falle nur eine Aufhellung des continuirlichen Spectrums erfolgen.

Es ist klar, dass es nicht erforderlich ist, dass das Phänomen auf zwei zusammengehörende Sterne beschränkt ist, vielmehr kann auch eine zufällige beträchtliche Annäherung zweier Sterne erfolgen, die nach geschehener Katastrophe dann in hyperbolischen Bahnen auseinandergehen würden. In diesem Falle würde die Erscheinung des neuen Sternes natürlich nur eine einmalige sein.

Die bei der Classificirung der Fixsterne sich ergebende Folgerung, dass dunkle Sterne existirten, wird durch die neuen Sterne zur Gewissheit erhoben. Die Novae sind in Wahrheit keine neuen Sterne, sondern vielmehr relativ recht alte, die, zum Theil schon vollständig unsichtbar, durch irgend eine der oben erwähnten Ursachen auf kurze Zeit zu einem neuen Leben erweckt werden.

Im Anhange geben wir ein Verzeichniss der Veränderlichen, die im

Maximum wenigstens die 8. Grösse erreichen, und von denen viele sich schon mit sehr geringen optischen Mitteln, zum Theil selbst mit dem blossen Auge durch alle Phasen verfolgen lassen.

5. Doppelsterne.

Richtet ein Beobachter den Blick nach dem zweiten Sterne im Schwanze des Grossen Bären, ζ Ursae majoris oder Mizar, so wird er dicht daneben ohne Mühe ein kleineres Sternchen erkennen, den Alcor, welchen die Araber el Suha, »den Vergessenen«, nannten; blickt er nach den Hyaden, so findet er ein ähnliches Doppelgestirn nahe westlich von Aldebaran, in ϑ_1 und ϑ_2 Tauri. Ein schärferes Auge schon gehört dazu, um die beiden nahe zusammen stehenden Sterne im Kopfe des Steinbockes, α_1 und α_2 Capricorni, einzeln wahrzunehmen; endlich gelingt nur dem scharfsichtigsten Auge die Trennung der beiden Sterne ε und 5 Lyrae nahe der Wega. Nimmt man nun aber ein Fernrohr, selbst nur mit 20—30 facher Vergrösserung, so vermehrt sich die Zahl solcher dicht aneinander stehender oder Doppelsterne in hohem Grade, und ihre Zahl nimmt, je stärkere Mittel man benutzt, so sehr zu, dass die erstgenannten, schon dem blossen Auge auffallenden kaum mehr als Doppelsterne betrachtet werden können. In der That rechnet der Astronom nur die Tausende solcher Gebilde zu den Doppelsternen im engeren Sinne, deren scheinbarer Abstand nur wenige Secunden (nicht über eine halbe Minute) beträgt. Manche von den Componenten der für das blosse Auge doppelt erscheinenden Sterne lässt das Fernrohr als teleskopische Doppelsterne erkennen; so zeigt es Mizar als aus zwei Sternen in 14″ Abstand bestehend, von denen Alcor fast 11′ entfernt ist; die beiden Sterne ε und 5 Lyrae trennen sich sogar in zwei eigentliche Doppelsternpaare, deren einzelne Componenten nur 2″—3″ von einander abstehen, während die beiden Paare 3′ 23″ entfernt sind.

Die ausserordentliche Zahl von Doppelsternen, die das Fernrohr zeigt, führte W. Herschel, der zuerst (seit 1779) in grossartigem Massstabe seine Aufmerksamkeit ihnen zuwandte, zu der Ueberzeugung, dass wir es hier nicht mit zufällig und nur scheinbar an der Sphäre einander nahe stehenden Sternen zu thun hätten, sondern dass die allermeisten räumlich benachbart seien, dass zwischen ihnen ein inniger physischer Zusammenhang bestehen müsse, oder dass sie nicht optische, sondern physische Doppelsterne seien. Es gelang ihm in der That, dies bei einigen durch die Beobachtung nachzuweisen; als er nämlich von solchen Gedanken geleitet nach 20 jähriger Unterbrechung in den ersten Jahren des neuen Jahrhunderts die Messungen wiederholte, fand sich, dass nicht wenige der Componenten ihre gegenseitige Stellung geändert hatten, und zwar in einer Weise, welche die Erklärung durch die Bewegung des einen um den anderen als die weitaus wahrscheinlichste erscheinen liess. Vor Herschel hatten zwar schon J. Michell in England und der Mannheimer Astronom Chr. Mayer auf die wahre Natur der Doppelsterne hingewiesen; ihre Ansichten waren aber nicht weiter bekannt geworden, auch hatten sie dieselben nicht durch die Beobachtung unterstützen und bekräftigen können. Ein vollkommen strenger Beweis war freilich auch Herschel nicht möglich, man musste vielmehr sich zum Theil damals noch auf Wahrscheinlichkeitsbetrachtungen (Michell hatte nur diese seinen Folgerungen zu Grunde gelegt) stützen. Es wird dies aus der beistehenden Fig. 172 ersichtlich. A und B seien die gegenseitigen Stellungen*) der beiden Componenten eines Doppelsternes zu einer gewissen Zeit; nach einer Reihe von Jahren beobachte man die Stellungen A und B', also den Begleiter in der Richtung BB', relativ zu A, fortgerückt. Diese Ortsveränderung kann einen doppelten Grund haben; entweder stehen die Sterne nur scheinbar an der Sphäre einander nahe, im Raume aber sehr weit hinter einander, bilden also einen optischen Doppelstern; dann hat Stern B eine Eigenbewegung, deren Richtung und Grösse durch BB' gemessen wird (oder auch A eine solche nach entgegengesetzter Richtung); oder aber die Sterne sind physisch verbunden, stehen also auch im Raume einander nahe, dann beschreibt der Begleiter B um den Hauptstern A eine Bahn, und BB' ist das zurückgelegte Bahnstück. Eigenbewegungen, über die wir später sprechen werden, erfolgen geradlinig, Bahnbewegungen krummlinig. Eine dritte Beobachtung wird demnach über den Charakter des Doppelsternes entscheiden können; steht dann der Begleiter in B'', so ist die Bewegung krummlinig und das Sternpaar physisch verbunden; steht er dagegen in B''', so dass $B'''B'$ gleichgerichtet mit $B'B$ ist, so ist das Paar nur ein optischer Doppelstern. Ein strenger Beweis für die physische Verbindung erfordert also im einzelnen Falle wenigstens drei Beobachtungen. Aber wenn wir nur die Gesammtzahl der (teleskopischen) Doppelsterne betrachten, so lässt sich mit Hülfe der Wahrscheinlichkeitsrechnung zeigen, wieviel Procent davon physische, wieviel optische Doppelsterne sein werden. In der That sieht man leicht ein, dass ein nur optisch nahes Zusammenstehen bei hellen Sternen, die

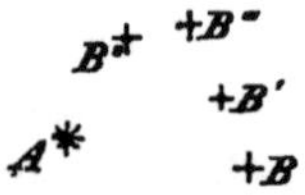

Fig. 172.
Bewegung bei optischen und physischen Doppelsternen.

---

*) Man giebt bei Doppelsternen die relative Stellung durch Distanz und Positionswinkel an; erstere in Bogensecunden und Decimaltheilen, letzteren in Graden und deren Theilen, von Norden durch Osten, Süden, Westen gezählt, siehe Seite 194.

in geringer Anzahl über die ganze Himmelssphäre scheinbar regellos zerstreut sind, eine sehr geringe Wahrscheinlichkeit haben werde, um so geringere, je heller die Sterne sind, und je näher sie stehen. So hat man gefunden, dass bis zu etwa 2″ Distanz kein einziger optischer Doppelstern heller als 8. Grösse am Himmel vorkommen werde, zwischen 2″ und 4″ Abstand erst einer, zwischen 12″ und 16″ erst fünf. Die Beobachtung hat nun aber in diesen Grenzen schon viele Hunderte kennen gelehrt; es lässt sich also annehmen, dass dieselben zum weitaus grössten Theile wirklich physisch verbunden seien. Einen anderen Wahrscheinlichkeitsbeweis liefern die Eigenbewegungen. Viele der helleren Doppelsterne verändern ihren Ort an der Sphäre mit merklicher Geschwindigkeit; ist nun die Bewegung für Hauptstern und Begleiter gleich oder doch nahezu gleich, so wird man auch hieraus auf eine physische Verbindung schliessen dürfen.

Herschel hatte, wie wir schon früher (Seite 231) gesehen haben, im Anschluss an eine Idee Galileis seine Doppelsternbeobachtungen anfangs in der Absicht der Parallaxenbestimmung unternommen; die grosse Zahl solcher Sternverbindungen führte ihn aber sehr bald zu der Ueberzeugung, dass die bei weitem grösste Zahl der Doppelsterne durch das Band der Anziehung physisch vereinigt sei, und er machte sie nun in dieser Hinsicht zum Gegenstand eifrigsten Studiums. Waren bis zu Chr. Mayer nur einige wenige der hellsten bekannt geworden — der erste, ζ Ursae majoris, wurde 1700 von Kirch beobachtet — und hatte der Mannheimer Astronom diese Zahl nur auf etwa 80 gebracht, so vermehrten Herschels Entdeckungen sie um fast 800. Er zählte sie aber nicht nur, sondern mass sie auch zuerst mikrometrisch, während noch Mayer nur AR- und Declinationsdifferenzen am Meridianinstrumente beobachtet hatte. Diese Messungen befähigten ihn, 1802 der Royal Society über 50 Paare als physische Doppelsterne anzukündigen.

Doch auch Herschels Arbeiten wurden, so bedeutungsvoll und inhaltsreich sie waren, durch die von W. Struve in Dorpat bald in den Schatten gestellt. Kurze Zeit nachher, als Herschel seine dritte und letzte Reihe bekannt gemacht hatte, begann Struve mit dem neuen Dorpater Refractor eine planmässige Aufsuchung und Ausmessung aller Doppelsterne bis —15° Declination und innerhalb 32″ Distanz, nachdem er schon früher an kleineren Instrumenten eifrig auf diesem Gebiete gearbeitet hatte. Die Frucht seiner Bemühungen, die fast drei Lustra (1824—1837) in Anspruch genommen, waren, neben einem grossen über 3000 Doppelsterne enthaltenden Katalog, das Fundamentalwerk der Doppelsternastronomie, die Mensurae micrometricae, welches Werk hier dieselbe Rolle spielt, wie Bessels Fundamenta in der Stellarastronomie überhaupt und wie die Bonner Durchmusterung in der Statistik des Himmels, und in ähnlicher Weise wie diese für alle späteren Untersuchungen als Basis und Ausgangspunkt dienen wird. Enthalten die Mensurae die Messungen der Paare selbst — fast 11 000 von etwa 2700 Paaren — nebst werthvollen allgemeinen Untersuchungen und Beobachtungen der Grössen und Farben der Componenten, so giebt ein zweites, fast gleich bedeutendes Werk, die 1852 erschienen Positiones mediae. die genauen Oerter der Hauptsterne selbst sowie zahlreicher einfacher Sterne, also die Grundlagen für spätere Untersuchungen über Eigenbewegungen.

Auf W. Herschel und W. Struve fusst in Bezug auf die Doppelsterne die neuere Zeit. Gleichzeitig fast mit letzterem und nicht weniger eifrig und glücklich widmete sich der grosse Sohn Wilhelm Herschels, Sir John, den Doppelsternen; das beste Zeugniss seines rastlosen Eifers geben die sechs Kataloge nördlicher Doppelsterne, besonders aber der grosse Katalog südlicher, welche zusammen nicht weniger als 6600 solcher Objecte enthalten (4500 davon am nördlichen, 2100 am südlichen Himmel), von denen die meisten von J. Herschel entdeckt und — wenn auch nur genähert — gemessen wurden*). Aber J. Herschels Verdienst liegt, wie das seines Vaters, nicht nur im Praktischen, im Entdecken und Beschreiben: ein weiteres gebührt dem Sohne im theoretischen Theile der Doppelsternastronomie, in der Berechnung der Bahnen, wie dem Vater in der Entwickelung und Begründung allgemeiner Ideen. Und wie im Sohne des einen, so lassen sich auch im Sohne des andern die Eigenschaften, Gaben und Talente, die den Vater auszeichnen, unschwer erkennen; denn auch der Sohn Wilhelm Struves, Otto Struve, hat im Sinne und Geiste seines Vaters dessen Arbeiten über Doppelsterne fortgeführt und ihre sorgfältige Untersuchung und Ausmessung zum Lebensziel sich gesetzt. Sein neuestes grosses Werk enthält die Resultate von Beobachtungen, die sich über mehr als dreissig Jahre erstrecken.

Die Doppelsterne sind seit Herschel und Struve ein besonders gepflegtes Gebiet der beobachtenden Astronomie geworden: Mädler, Struves Nachfolger in Dorpat, Dawes in England, Dembowski in Gallarate bei Mailand, Dunér in Lund, Burnham in Chicago, R. Engelmann in Leipzig, Schiaparelli in Mailand u. a. haben durch sorgfältige Messung und zahlreiche Entdeckungen hier gewirkt. Ein besonderes Interesse erhielten die Doppelsterne, als sich bei der Vergleichung einer sehr genauen

---

*) Sämmtliche bis 1870 von Herschel, Struve u. a. aufgefundenen mehrfachen Sterne sind in Vol. 40 der Memoirs of the R. Astron. Soc. zu einem grossen Kataloge, der über 10 000 Objecte enthält, vereinigt worden.

Messungsreihe zwischen Bessel und W. Struve eigenthümliche Unterschiede herausstellten, die weit grösser waren, als erwartet werden konnte, und auch hier eine Art von »persönlicher Gleichung« (vergl. Seite 183) andeuteten. Diese systematischen Fehler, die auch hier hauptsächlich physiologischen Ursprunges sind und gänzlich vielleicht niemals fehlen, hat seitdem besonders O. Struve zum Gegenstande eingehender Studien gemacht. Ihre Ermittelung und Berücksichtigung ist in der That gerade bei den Doppelsternen von besonderer Bedeutung; denn die Bahnen, die sie um einander beschreiben, erscheinen dem irdischen Beobachter so klein, dass schon sehr geringe Messungsfehler einen höchst bedeutenden Einfluss auf die Bahnbestimmung haben. —

Als die Beobachtungen der zwanziger Jahre eine entschiedene Bahnbewegung bei mehreren der älteren Herschel'schen Doppelsternen anzeigten, musste die Frage nach der Art dieser Bewegung entstehen; und diese Erforschung der Bewegung, die Untersuchung der gegenseitigen Beziehungen zwischen mehreren im Raum nahen, aber in ausserordentlicher Entfernung von unserem Sonnensysteme befindlichen Körpern ist es gerade, welche den Doppelsternen einen so wichtigen Platz in der Astronomie als Bewegungslehre anweist; sie bieten sowohl dem Theoretiker Probleme besonders interessanter Natur, wie dem Praktiker durch die Beobachtungen und die Ermittelung der scheinbaren Bahn.

Dass das Newton'sche Attractionsgesetz auch in jenen fernen Systemen gelte, konnte zwar nicht ernsthaft bezweifelt werden, falls es wirklich der Ausdruck eines allgemeinen Naturgesetzes war, und jede der Methoden, die seit Savary (1827), Encke (1830) und J. Herschel (1832) ersonnen und angewandt wurden, hat es daher als Princip zu Grunde gelegt; immerhin musste man praktisch den Beweis seiner Gültigkeit beigebracht zu sehen wünschen. Seit jener Zeit hat es nun in allen Fällen seine Bestätigung erfahren. Wenn früher mitunter die Bahnbestimmungen nicht immer so gut ausgefallen sind, als man erwartet hatte, so lag dies nicht in einer Fehlerhaftigkeit der Theorie und des Princips, sondern in den Beobachtungsfehlern der älteren Beobachter, namentlich W. Herschels, dessen Messungen begreiflicherweise den ersten Bahnbestimmungen meist zu Grunde gelegt werden mussten. Immerhin und gerade in Folge der Attraction können aber Eigenthümlichkeiten und Störungen der Bewegung vorkommen, welche das Problem verwickeln, und diese scheinen auch schon jetzt in einigen mehrfachen Systemen merkbar zu werden.

Die Bestimmung der Bahn eines Doppelsternes erfordert, wie im Sonnensystem, die Ermittelung einer gewissen Zahl constanter Grössen, der Elemente der Bahn; indessen nimmt die Aufgabe hier eine etwas andere Form als dort an. Betrachten wir zunächst die absolute Bahnbewegung eines Doppelsternpaares um seinen gemeinschaftlichen Schwerpunkt, so weicht dieselbe von der elliptischen Bewegung eines Planeten um den Schwerpunkt des Sonnensystems darin ab, dass die Massen der Componenten des Doppelsternes weit weniger verschieden sind, als die Massen von Sonne und irgend einem Planeten; der Schwerpunkt kann demnach bei jenen weit ausserhalb des einen (Haupt-) Körpers liegen, und jeder der beiden Sterne wird um den gemeinsamen Schwerpunkt eine Ellipse beschreiben. Die Lage dieses Schwerpunktes wird von dem Verhältnisse der beiden Massen abhängen; da wir aber die Massen der Doppelsterne und daher auch die Lage des Schwerpunktes nicht kennen, so nehmen wir den helleren Stern als ruhend an und betrachten die relative elliptische Bahn des Begleiters um diesen ruhend gedachten. Diese Bahn wird der um den Schwerpunkt beschriebenen ähnlich sein.

Diese von uns wahrgenommene Ellipse entsteht nun offenbar durch die Projection der wahren Ellipse im Raume auf die Sphäre. Sei A (Fig. 173) der Brennpunkt der wahren Ellipse EE, in welchem der ruhend gedachte Hauptstern steht; legen wir durch A und senkrecht zur Gesichtslinie von der Erde nach dem Sterne, die durch die Richtung der Pfeile angedeutet ist, eine Ebene, so wird $E'E'$ die scheinbare oder Projectionsellipse in ihr sein; die Mittelpunkte (C) beider Ellipsen fallen in gleiche Richtung, die Brennpunkte aber im Allgemeinen nicht. $BB_1\ldots$ seien Oerter des Begleiters zu verschiedenen Zeiten und deren Projectionen in der scheinbaren Ellipse $B'B_1'\ldots$; nach N liege der Nullpunkt der Zählung der Positionswinkel, NA sei also die Richtung eines Stundenkreises. Aus den beobachteten Abständen oder projicirten Radii vectores AB', $AB_1'\ldots$ und den Positionswinkeln, welche dieselben mit AN machen, muss nun zuerst die scheinbare Ellipse und aus dieser dann die wahre Ellipse gefunden werden.

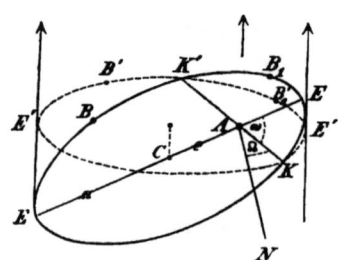

Fig. 173. Scheinbare und wahre Bahn eines Doppelsternes.

Die Elemente der letzteren sind, ähnlich wie im Sonnensystem, die, welche die Lage der Bahn im Raume und die, welche ihre Form und Grösse bestimmen; erstere sind: die Länge des Knotens ☊ oder der Positionswinkel der Richtung KK', in welcher sich wahre und scheinbare Ellipse schneiden, ferner der Abstand des Periastrons vom Knoten ω, wie im Sonnensystem in der Bahn gezählt, endlich die Neigung i der wahren gegen die scheinbare Ellipse; letztere sind: die Excentricität e, die

Umlaufszeit U, die halbe grosse Axe a in Secunden und endlich die Epoche des Periastrondurchganges. Die Bewegung nennt man rechtläufig (direct) oder rückläufig (retrograd), je nachdem sie im Sinne der Zählung der Positionswinkel, also von Norden durch Osten, Süden, Westen, oder umgekehrt erfolgt. Uebrigens ist es klar, dass wir nicht wissen können, ob K der aufsteigende oder der absteigende Knoten ist, da z. B. das in der Fig. 173 rechts gezeichnete Stück der wahren Ellipse eben so gut oberhalb als unterhalb der scheinbaren liegen kann. Beträgt die Neigung nahe 90°, so wird sich der Begleiter in gerader Linie zu bewegen scheinen und von Zeit zu Zeit durch den Hauptstern verdeckt werden. Solche Bedeckungen sind in der That schon bei mehreren Binären kurzer Umlaufszeit, wie δ Equulei, 42 Comae Berenices, Σ 3121, beobachtet worden. Umlaufszeit und halbe grosse Axe sind bei den Doppelsternen, deren Massen unbekannt sind, unabhängig von einander; wir haben also hier ein Element mehr als bei den Planetenbahnen zu bestimmen.

Andererseits wird aber dadurch, dass die Doppelsterne mit sehr wenigen Ausnahmen in unmessbar grosser Entfernung stehen, die Ortsveränderung der Erde also ohne Einfluss auf die scheinbare Bahnbewegung ist, die Aufgabe wesentlich vereinfacht.

Beistehende Figur 174 stellt die wahre und scheinbare Bahn des bekannten und zuerst berechneten Doppelsternes ξ Ursae majoris dar. In A steht der Hauptstern; durch die kleinen Kreise sind die Oerter des Begleiters für 1815, 1820, 1830 bis 1875 in der scheinbaren Ellipse (gestrichelt) angedeutet; P ist die Lage des wahren Periastrons, dessen Projection in der scheinbaren Ellipse

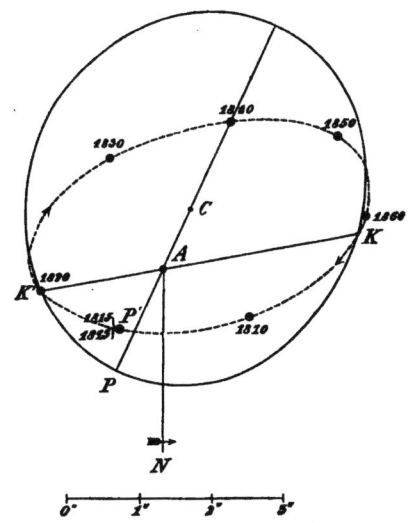

Fig. 174. Scheinbare und wahre Bahn von ξ Ursae majoris.

P'; KK' die Lage der Knotenlinie, N die Lage des Nullpunktes; die Bewegung ist rückläufig. —

Ein besonders interessantes Problem bieten der mathematischen Analyse die drei- und mehrfachen Sterne, von denen durch und seit Herschel und Struve gleichfalls eine grosse Zahl gefunden worden sind[*].

---

[*] In den Mensuris micrometr. führt Struve 125 dreifache, neun vierfache und zwei fünffache Sterne auf, bei denen die Distanz vom Hauptstern unter 120″ beträgt;

Bei diesen ist von vornherein die physische Verbindung noch weit wahrscheinlicher als bei den binären, und man hat auch in einigen Fällen den Versuch einer Bahnbestimmung machen können; doch treten hier durch die gleichzeitige Einwirkung dreier beträchtlicher Massen auf einander erhebliche Verwickelungen und Störungen der Bewegung ein, welche sich einigermassen den Störungen in unserem Planetensysteme vergleichen lassen, aber wegen der Unbekanntschaft mit den Massen sich einer selbst genäherten Schätzung entziehen. Es liegt bei solchen Sternen das bisher mathematisch noch nicht gelöste »Problem der drei Körper« vor. Ein sehr interessantes Beispiel dieser Art liefert das dreifache System ζ Cancri, dessen Bewegungsverhältnisse in neuerer Zeit von Seeliger einer umfangreichen Untersuchung unterzogen worden sind. Seeliger kommt zu dem Resultate, dass bei keinem der drei Sterne in den scheinbaren Bewegungen beträchtliche Abweichungen von den Kepler'schen Gesetzen zu constatiren sind, obwohl die Einwirkungen der drei nicht sehr von einander verschiedenen Massen gross sein müssen. Es liegt also der merkwürdige Fall vor, dass die Projection einer an sich verwickelten Bewegung sich noch durch die Kepler'schen Gesetze darstellen lässt. Der dritte Stern bei ζ Cancri zeigt dagegen Anomalien einer anderen Art, die schon O. Struve zu der Vermuthung geführt haben, dass der dritte Stern einen äusserst nahen Begleiter besitze, etwa 0."2 Distanz, der, dem Auge nicht sichtbar, nur durch seine Störungen merklich wird. Durch die Untersuchungen Seeligers ist diese Vermuthung zur Gewissheit erhoben worden. Häufig ist übrigens in den letzten Jahrzehnten der Fall vorgekommen, dass Doppelsterne sich bei genauerer Prüfung als dreifach herausstellten, so γ Andromedae, μ Herculis u. a. —

Bis zu $32''$ Distanz mag es etwa 6000 Doppelsterne am Himmel geben, bei denen der Begleiter 10. Grösse und heller ist, und neuere Nachforschung mit kräftigen Instrumenten hat besonders die Zahl der sehr nahen Paare bis zu $2''$ Distanz relativ beträchtlich vermehrt. Je weiter wir in der Distanz oder in der Grösse des Begleiters gehen, desto mehr wächst begreiflicherweise mit der Zahl der Systeme auch die Wahrscheinlichkeit bloss optischer Verbindung; doch tritt das Ueberwiegen letzterer erst bei Distanzen über $30''$ hervor, wenn wir den Begleiter nicht schwächer als 8. Grösse nehmen; für geringere Distanzen überwiegt die Wahrscheinlichkeit einer physischen Verbindung weitaus.

Ausser Verbindungen zu 2, 3 und mehr einzelnen Sternen kennen

---

der bekannteste vielfache Stern ist das sogenannte Trapez im hellsten Theile des Orionnebels.

wir auch eine Anzahl von Doppelsterngruppen, Paare, die auf relativ engem Raume am Himmel einander nahe stehen. Das bekannteste System ist das schon erwähnte ε und 5 Lyrae; ein anderer, sehr merkwürdiger Complex von sogar fünf Paaren besteht aus Σ 950, 951, 952, 3117, 3118; der Hauptstern des ersten Paares ist der Veränderliche S Monocerotis. Solche Verbindungen leiten zu Systemen höherer Ordnung über, auf die wir später noch eingehen werden. —
Unter den etwa 800 doppelten und mehrfachen Sternen, welche eine relative Bewegung bis jetzt mit Sicherheit erkennen lassen*), giebt es etwa 300, die sicher als physische gelten dürfen, dagegen nur äusserst wenige, für welche die bloss optische Verbindung wahrscheinlicher oder nachgewiesen wäre. Bei etwa 30 Paaren hat man eine mehr oder minder sichere Bahn berechnen können; diese finden sich in der folgenden Tabelle, während im Anhange andere wichtige, zumeist stark bewegte Doppelsterne aufgeführt sind.

Berechnete Doppelsternbahnen.

Stern	Periode in Jahren	Periastrondurchgang	Halbe grosse Axe	Excentricität	Neigung	Knoten	Periastron vom Knoten	Berechner
δ Equulei	11.478	1892.03	0″.406	0.2011	81°45′	24° 3′	26°37′	Wroblewsky
β Delphini	16.955	1868.85	0.460	0.0962	61 35	10 55	220 57	Celoria
ζ Sagittarii	18.69	1882.86	0.53	0.1698	—	83 22	—	Gore
42 Comae	25.7	1859.9	0.66	0.480	90 0	11 0	99 12	O. Struve
ζ Herculis	34.411	1864.79	1.284	0.4627	43 14	41 44	252 45	Doberck
Σ 3121	34.649	1878.52	0.672	0.3086	75 26	24 50	129 27	Celoria
Procyon	39.972	—	0.698	—	—	—	—	L. Struve und Auwers
η Coronae	41.562	1850.79	0.892	0.2667	59 41	25 43	218 36	Doberck
Σ 2173	45.4	1872.9	1.01	0.135	80 30	152 42	7 18	Dunér
Sirius	49.399	1843.28	2.331	0.6148	47 9	61 58	18 54	Auwers
τ Cygni	53.87	1863.99	1.19	0.3475	44 40	83 0	205 26	Gore
μ² Herculis	54.25	1877.13	1.46	0.3023	60 43	57 57	156 21	Doberck
γ Coron. austr.	55.582	1882.77	2.40	0.6989	111 22	229 9	75 24	Schiaparelli
OΣ 298	56.65	1882.86	0.883	0.5836	65 50	2 8	21 54	Celoria
ζ Cancri	60.327	1868.02	0.853	0.3907	15 32	81 33	109 44	Seeliger
ξ Urs. maj.	60.72	1815.20	2.62	0.381	56 18	102 48	128 36	R. Wolf
OΣ 234	63.45	1881.15	0.339	0.3629	47 21	124 11	71 58	Gore
α Centauri	87.44	1875.45	18.89	0.5443	79 47	25 49	48 59	Powell
OΣ 235	94.41	1839.10	0.980	0.5000	54 27	99 35	134 55	Doberck

---

*) Flammarion führt in seinem »Catalogue des Étoiles doubles et multiples« 731 doppelte, 73 dreifache, 12 vierfache, 2 fünffache und 1 sechsfachen Stern auf, die relative Bewegung zeigen.

IV. Stellarastronomie.

Stern	Periode in Jahren	Periastron- durchgang	Halbe grosse Axe	Excen- tricität	Neigung	Knoten	Periastron vom Knoten	Berechner
70 p Ophiuchi	94.44	1808.90	4″.790	0.4672	58° 5′	127°23′	151°55′	Pritchard
γ Coron. bor.	95.50	1843.70	0.70	0.350	85 12	110 24	233 30	Doberck
ξ Scorpii	95.90	1859.62	1.26	0.0768	68 42	12 15	89 16	»
Σ 3062	102.943	1835.51	1.270	0.4472	32 11	39 9	92 7	»
ω Leonis	110.82	1841.81	0.890	0.5360	121 4	148 46	64 5	»
OΣ 208	115.4	1877.12	0.54	0.788	57 57	105 18	72 7	Casey
p Eridani	117.51	1817.51	3.82	0.378	44 40	81 42	327 15	Doberck
25 Canum	119.92	1863.04	0.81	0.7221	33 20	42 22	245 0	»
λ Ophiuchi	122.51	1800.76	0.809	0.8190	68 25	65 49	111 5	Seeliger
ξ Bootis	127.35	1770.69	4.86	0.7081	36 55	26 22	117 46	Doberck
4 Aquarii	129.84	1751.96	0.717	0.4613	56 37	340 14	235 0	»
40 Eridani	139.0	1863.88	5.99	0.136	76 20	146 18	354 24	Gore
η Cassiop.	148.9	1965.02	8.786	0.6296	56 22	45 3	238 17	L. Struve
γ Virgin.	169.48	1836.28	3.86	0.88	25 25	62 9	79 4	Mädler
OΣ 400	170.37	1882.09	0.59	0.669	37 0	146 18	43 30	Gore
Σ 2107	186.21	1893.33	1.00	0.387	45 52	186 20	104 3	Berberich
14 ι Orionis	190.5	1959.1	1.22	0.246	44 57	99 36	302 42	Gore
τ Ophiuchi	217.87	1821.91	—	0.6055	58 42	65 26	41 24	Doberck
44 Bootis	261.12	1783.01	3.093	0.71	70 5	65 29	1 18	»
μ² Bootis	280.29	1863.51	1.47	0.5974	39 57	173 42	20 0	»
36 Androm.	316.07	1801.73	1.65	0.6537	51 53	93 46	115 42	»
Σ 1819	340.1	1797.0	1.46	0.305	37 30	156 24	348 54	Casey
λ Ophiuchi	373.5	1787.9	1.53	0.442	38 6	105 30	152 30	v. Glasenapp
Σ 1757	401.0	1797.42	2.29	0.508	29 32	344 43	315 28	Casey
γ Leonis	407.04	1741.00	1.98	0.7327	43 6	111 34	195 22	Doberck
δ Cygni	415.11	1904.10	2.31	0.2858	37 46	91 8	203 2	Behrmann
12 Lyncis	485.8	1716	1.64	0.229	46 3	166 30	93 36	Gore
μ Draconis	648	1940.35	3.38	0.493	—	—	—	Berberich
61 Cygni	782.6	1468.2	29.5	0.174	63 54	341 6	288 24	C. F. W. Peters
σ Coronae	845.86	1826.93	5.88	0.7515	31 56	16 27	73 51	Doberck
α Gemin.	1001.21	1749.75	7.43	0.329	44 33	27 46	297 13	»
ζ Aquarii	1578.3	1924.15	7.65	0.652	44 42	140 51	134 40	»

In neuerer Zeit sind durch Burnham sehr viele äusserst enge Doppelsterne aufgefunden worden, von denen zweifelsohne manche eine sehr kurze Umlaufszeit haben werden.

Wie bei anderen Erscheinungen finden sich auch in den Elementen der Doppelsternbahnen, zumal in den Umlaufszeiten, alle möglichen Abstufungen, von δ Equulei mit 11 Jahren, 42 Comae Berenices (Σ 1728) mit 26 und ζ Herculis mit 34 Jahren bis zu Paaren mit vermuthlich Tausenden von Jahren Umlaufszeit. Von Binären mit mehr als 200 oder 300 Jahren Periode lassen sich einigermassen genaue Elemente noch nicht angeben. Die zuletzt genannten zehn oder zwölf Bahnen sind daher noch wenig zuverlässig, wie auch daraus hervorgeht, dass z. B. für η Cassiopejae Dunér 176, Doberck 222, L. Struve (der Sohn O. Struves) dagegen nur 149 Jahre Umlaufszeit finden. Ganz unsicher sind die Umlaufszeiten von 800 und mehr Jahren, die man z. B. für σ Coronae, Castor und ζ Aquarii berechnet hat. Eine starke Bahnbewegung verrathen u. a. noch folgende Paare: $O\Sigma$ 4*), o_2 Eridani (AB), β Leporis, Σ 1216, 8 Sextantis, $O\Sigma$ 234, ν Scorpii, $O\Sigma$ 400, β Delphini, τ Cygni, und man wird bei mehreren von diesen, die aber sämmtlich schwierige Objecte sind, in kürzerer Zeit den Versuch einer Bahnbestimmung machen können.

Ueber die wahren Dimensionen der Doppelsternbahnen im gewöhnlichen Sinne wissen wir ebenso wenig wie über ihre Massen; es gehört dazu die Kenntniss ihrer Entfernungen von unserem Sonnensystem, also die Kenntniss der Parallaxen, und diese sind, wie wir früher sahen, nur für äusserst wenige Sterne bekannt. Unter diesen befinden sich, abgesehen vom Sirius, fünf Doppelsterne: α Centauri, der glänzendste des ganzen Himmels, bei uns aber nicht sichtbar, p Ophiuchi, 61 Cygni, Wega und der Polarstern. Wega ist mit ihrem Begleiter 10. Grösse nur optisch verbunden; von 61 Cygni und Polaris kennt man die Bahnen noch nicht; es bleiben also nur α Centauri und p Ophiuchi übrig. Von diesen hat ersterer vermuthlich eine Parallaxe von $0''.8$ (vergl. Seite 236) und eine halbe grosse Axe von $19''$; daraus würde also als linearer Werth der halben grossen Axe 27 Erdbahnhalbmesser oder 4030 Millionen Kilometer folgen; die Gesammtmasse ergäbe sich nach dem dritten Kepler'schen Gesetze**) zu 0.8 der Sonnenmasse. Für p Ophiuchi beträgt die Parallaxe nach Kruegers Rechnungen $0''.16$ oder die Entfernung 1272000 Erdbahnhalbmesser; aus dem Winkelwerth der halben grossen Axe $4''.88$ folgt dann deren absoluter Werth zu 29 Erdbahnhalbmessern oder 4330 Millionen Kilometern, die Gesammtmasse ergiebt sich zu 3.1 Sonnenmassen. Nimmt man an, dass die Gesammtmasse eines Doppelsternes gleich der Sonnenmasse sei, so lassen sich dann umgekehrt aus Umlaufszeit und Halbaxe hypothetische Werthe für die Parallaxen berechnen. Unter dieser Voraussetzung würden sich z. B. für η Cassiopejae $0''.29$, ξ Bootis $0''.19$, γ Coronae austr. $0''.16$, ξ Ursae majoris $0''.15$,

---

*) $O\Sigma$, Doppelsterne des Pulkowaer Kataloges.
**) Ist a die halbe grosse Axe in Erdbahnhalbmessern, M die Masse eines Doppelsternpaares, U die Umlaufszeit in Jahren, so ist nach dem dritten Kepler'schen Gesetz $a = M^{\frac{1}{3}} U^{\frac{2}{3}}$, oder da $a = \dfrac{\alpha}{p}$, wo α die halbe grosse Axe in Secunden und p die Parallaxe, so folgt die Masse $M = \dfrac{\alpha^3}{p^3 U^2}$.

μ^2 Bootis 0."13, δ Equulei 0."13, ζ Herculis 0."11 als Parallaxenwerthe ergeben, und man hätte bei einigen dieser Sterne wohl Aussicht, durch directe Messung eine Parallaxe zu finden (vergl. auch Seite 235). —

Im Jahre 1844 kündigte Bessel der astronomischen Welt an, die Sterne Procyon und Sirius seien vermuthlich Doppelsterne, von denen uns aber nur die eine Componente sichtbar sei. Aus der Vergleichung zahlreicher und genauer Meridianbeobachtungen hatte er nämlich gefunden, dass die Eigenbewegung dieser beiden Sterne nicht regelmässig, sondern veränderlich sei, und er zeigte nun, dass diese Veränderlichkeit sich am einfachsten und naturgemässesten aus der Einwirkung beträchtlicher dunkler Massen erklären lasse, die dem Procyon und Sirius relativ sehr nahe ständen. Das Neue und Ueberraschende dieser Annahme brachte ihr anfangs viele Gegner, wenngleich Bessel schon vollkommen richtig erklärt hatte, es sei durchaus kein Grund vorhanden, das Leuchten für eine wesentliche Eigenschaft der Masse zu halten. Nach seinem Tode gelang es auch in der That C. A. F. Peters, die Richtigkeit der Bessel'schen Ansicht nachzuweisen und die ersten Bahnelemente des Sirius aufzustellen; direct fand sie ihre Bestätigung in der optischen Entdeckung des Begleiters durch A. Clark in Cambridge (Vereinigte Staaten) im Januar 1862. Auwers, der sich neuerdings am eingehendsten mit den Untersuchungen über veränderliche Eigenbewegungen beschäftigt hat, findet die Umlaufszeit 49 Jahre und die halbe grosse Axe 2."33; aus der Parallaxe 0."19 folgt dann die Masse des hellen Hauptsternes zu 13.8, die Masse des Begleiters zu 6.7 Sonnenmassen und die mittlere Entfernung beider Körper zu 37 Erdbahnhalbmessern oder 5600 Millionen Kilometern. An Helligkeit übertrifft Sirius seinen Begleiter von 8. bis 9. Grösse um mehr als 5000 Mal.

Auch für Procyon hat Auwers eine Bahnbestimmung unternommen; die Umlaufszeit wäre für diesen 40 Jahre, der mittlere Abstand 0."98; während aber die Siriusbahn ziemlich elliptisch ist, genügt der Bewegung des Procyon eine Kreisbahn am besten. Der directen Beobachtung hat sich der Procyonbegleiter, welcher jedenfalls beträchtlich schwächer als der des Sirius ist, bisher noch entzogen. Uebrigens hat Auwers bei seinen Untersuchungen über Procyon auch eine Parallaxe von etwa 0."2 als sehr wahrscheinlich gefunden.

Die Vermuthung einiger Astronomen, dass auch Rigel, Spica und α Hydrae eine veränderliche Eigenbewegung zeigten, hat Auwers nicht bestätigt gefunden. Die Möglichkeit ist selbstverständlich nicht ausgeschlossen, dass sowohl unter den anscheinend einfachen Sternen, wie auch bei manchen Doppelsternen selbst relativ dunkle Begleiter vorkommen und mit der Zeit gefunden werden, welche eine Veränderlichkeit der scheinbaren Bewegung hervorbringen; bis jetzt sind aber Sirius und Procyon die einzigen verbürgten Beispiele dieser Art. —

Die relative Bewegung der beiden Componenten von 61 Cygni hat noch nicht zu sicheren Ergebnissen geführt. Schon W. Struve bemerkte, dass dieser Doppelstern eine relative Bewegung der Componenten zu besitzen scheine, die nicht merklich von einer Geraden abwiche, und spätere Beobachtungen bestätigten anscheinend dieses Resultat. Ein optischer Doppelstern konnte nun das Paar nicht sein; dagegen sprach schon die höchst bedeutende Eigenbewegung (siehe Fig. 175), wie noch mehr die Parallaxe; denn es ist fast absolut gewiss, dass beide Sterne, bei einem gegenseitigen Abstande von zur Zeit nur etwa 40 Erdbahnradien, durch einen Raum des Himmels wandern, der ungefähr 400 000 Erdbahnradien von uns entfernt ist. Stände demnach die relative geradlinige Bewegung fest, so würde kaum eine andere Annahme zulässig sein als die, dass beide Sterne sich unabhängig von einander um ein sehr entferntes Attractionscentrum in ausserordentlich grossen Zeiträumen bewegten. Indessen hat O. Struve gezeigt, dass die Annahme einer geradlinigen Bewegung unstatthaft erscheint, da, abgesehen von den ältesten und weniger zuverlässigen Beobachtungen, sämmtliche Messungen mit einer kreisförmigen Bahn von etwa 1100 Jahren Umlaufszeit gut harmoniren. Wir haben nach der eingehenden Untersuchung Struves keinen Grund mehr, die Bahnbewegung von 61 Cygni für eine wesentlich andere als die von anderen Doppelsternen zu halten, werden aber allerdings über die Bahnelemente genaueren Aufschluss erst nach geraumer Zeit erwarten dürfen. —

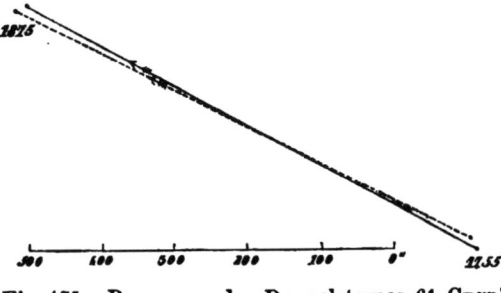

Fig. 175. Bewegung des Doppelsternes 61 Cygni an der Sphäre.

Es lässt sich kaum bezweifeln, dass auch die Doppelsterncombinationen der Kategorie von ε und 5 Lyrae nicht nur optisch, sondern auch räumlich einander nahe stehen, und dass die Schwerpunkte der einzelnen Paare sich um ein gemeinschaftliches Attractionscentrum bewegen werden, wie jedes der Doppelsternindividuen sich um einen besonderen Schwerpunkt bewegt; doch können bei den weit grösseren Zeiträumen, die hier in Frage kommen, noch Jahrhunderte vergehen, ehe wir etwas Anderes aus den Beobachtungen abzuleiten vermögen, als dass die Paare wirklich in einem physischen Connex stehen, der in diesen Fällen zunächst nur wahrscheinlich ist. —

Mit etwas grösserer Berechtigung und Aussicht auf Erfolg wie bei den Veränderlichen können wir bei den Doppelsternen, von denen jetzt, im weiteren Sinne, nahe 11 000 registrirt sind, Zusammenstellungen und Betrachtungen statistischer Art vornehmen; über die physikalische Natur der Individuen sind wir freilich nicht besser unterrichtet als bei jenen, da eine Untersuchung nach dieser Richtung eben seit zu kurzer Zeit überhaupt erst möglich geworden ist. Was nach der Bewegung in den Systemen selbst, über die wir schon sprachen, noch zu erwähnen wäre, bezieht sich in der Hauptsache auf Vertheilung, Helligkeit und Farbe.

Die Vertheilung der Doppelsterne entspricht, wie zu erwarten, im Grossen und Ganzen der Vertheilung der einfachen Sterne; sie sind in und nahe der Milchstrasse am häufigsten, in deren Polen am seltensten. Dass sich mitunter Stellen finden, wo Doppelsterne in Gruppen zu zwei und mehr nahe zusammenstehen, wurde schon erwähnt; in Struves Mensuris giebt es neun Beispiele dieser Art, wo zwei, vier Beispiele, wo drei, ein Beispiel (im Cepheus), wo vier und eines, wo fünf Doppelsterne auf engem Raume zusammenstehen. — Das Verhältniss der Doppelsterne zu den einfachen ist, ähnlich wie bei den Veränderlichen, für die helleren Sterne ein stärkeres als für die schwächeren; in der That finden sich unter den hellen Sternen auffallend viele doppelte, und bei der sehr grossen Zahl von Doppelsternen, die man kennt, ist dies schwerlich nur zufällig oder scheinbar; bis zu den Sternen 7. Grösse kommt nämlich schon auf 10, bei den schwächeren dagegen erst auf 40 einfache ein Doppelstern.

Die Farbe der Doppelsterne ist nicht wie die der Variablen und einfachen Sterne auf wenige Nuancen beschränkt; es kommen vielmehr fast alle Farben des Spectrums, wenngleich sehr verschieden oft vor, am häufigsten weiss, am seltensten grün. Sehr oft sind die Sternpaare von gleicher Farbe; unter den verschiedenfarbigen sind Combinationen der Complementärfarben, grün und roth und besonders gelb und blau, am häufigsten. Eine bemerkenswerthe, von W. Struve hervorgehobene Thatsache ist, dass die Farbenunterschiede der Componenten durchschnittlich um so bedeutender werden, je beträchtlicher ihre Helligkeitsunterschiede sind, und zwar haben die Doppelsterne mit grösserem Helligkeitsunterschied am häufigsten einen blauen Begleiter. Im Allgemeinen scheint man dem Phänomen wohl grössere Bedeutung beigelegt zu haben, als es verdient, da die Farbencontraste wohl zum grössten Theil nur scheinbare sind und ihr Auffallendes meist verschwindet, sobald eine Componente verdeckt wird. Eine endgültige Entscheidung für jeden einzelnen Fall ist nur durch die Anwendung der Spectralanalyse zu erwarten. Bis vor kurzem waren indessen die sich hierauf beziehenden Untersuchungen nur sehr unvollkommen und wenig zahlreich, was hauptsächlich seinen Grund darin hat, dass es einerseits sehr schwer hält, so nahe Doppelsterne im Spectroskop mit Sicherheit zu trennen, andererseits aber die Lichtschwäche der meisten Begleiter kaum mit den mächtigsten Instrumenten eine spectralanalytische Untersuchung zulässt. Die wenigen bisher angestellten Beobachtungen haben zu dem Resultate geführt, dass die Farben der Componenten der Doppelsterne durchaus im Einklange mit dem Spectraltypus stehen, genau so wie bei den einfachen Sternen.

Durch die von Vogel in Potsdam zuerst angewandte spectrographische Methode zur exacten Ermittelung der Eigenbewegung der Fixsterne im Visionsradius sowie durch die Untersuchungen an Sternspectren, welche auf der Sternwarte des Harvard College auf Veranlassung Pickerings ausgeführt worden sind, ist eine ganz neue Classe äusserst enger Doppelsterne entdeckt werden, die sich der directen Beobachtung für immer entziehen werden.

In dem Capitel über die veränderlichen Sterne haben wir bereits über den Nachweis der Doppelsternnatur Algols, der gleichzeitig die Doppelsternnatur sämmlicher Veränderlichen vom Algoltypus beweist, berichtet. Es ist nun ohne Weiteres klar, dass derartige Doppelsterne für uns nur dann Veränderliche sind, wenn ihre Bahnebene nahe durch unsere Erde geht, so dass wirklich totale oder theilweise Bedeckungen der beiden Componenten stattfinden. Sind die Bahnen so geneigt, dass die Körper an einander vorbeipassiren, ohne sich zu bedecken, so ist ein Lichtwechsel ausgeschlossen. Dieser Fall ist aber der wahrscheinlichere, und so konnte man schliessen, dass auch unter den Sternen von constanter Helligkeit noch manche spectroskopische Doppelsterne sich befinden würden. In der That sind auch bis jetzt drei derartige Objecte mit Sicherheit constatirt worden: α Virginis von Vogel, β Aurigae und ζ Ursae majoris von Pickering.

Die spectrographischen Aufnahmen von α Virginis zeigen ähnlich wie bei Algol eine periodische Aenderung in der Verschiebungsrichtung, und es liess sich hieraus unter Voraussetzung einer Kreisbahn Folgendes ableiten: Die Umlaufszeit beträgt $4^t\ 0^h.3$; und zwar läuft der Hauptstern mit einer Geschwindigkeit von mindestens 89 Kilometern in der Secunde. Bei dieser Geschwindigkeit beträgt der Abstand des Hauptsterns von dem gemeinschaftlichen Schwerpunkt etwa 4 880 000 Kilometer. Da hier keine anderen ergänzenden Beobachtungen, wie bei Algol, vorliegen, so lassen sich weitere Elemente nicht berechnen, besonders nicht diejenigen, welche den Begleiter betreffen, der zwar nicht dunkel zu sein braucht, aber doch beträchtlich lichtschwächer als der Hauptstern sein muss.

Die Doppelsternnatur von β Aurigae und ζ Ursae majoris wurde nicht durch Verschiebungen der Spectrallinien gegen eine von irdischer Lichtquelle herrührende Linie gefunden, sondern durch die eigenthümliche Thatsache, dass stärkere Linien im Spectrum periodisch einfach oder doppelt erschienen. Letzteres konnte nur der Fall sein, wenn zwei gleich helle Sterne vorlagen, die sich nach entgegengesetzter Richtung im Visionsradius bewegten, wie dies ja bei Doppelsternen in den Quadraturen thatsächlich sein muss. Für β Aurigae hat sich fast dieselbe Periode von nahe 4 Tagen wie für α Virginis ergeben; die Geschwindigkeit der beiden als gleich gross angenommenen Componenten beträgt 112 Kilometer pro Secunde und der Abstand derselben von einander 12 300 000 Kilometer; ihre Gesammtmasse würde 4.7 mal so gross als die der Sonne sein.

Die Verhältnisse in dem Doppelsternsystem von ζ Ursae maj. sind noch nicht völlig klargelegt, indem noch eine gewisse Unsicherheit darüber herrscht, ob die Umlaufszeit 105 oder 210 Tage beträgt. Im ersteren Falle müsste eine sehr beträchtliche Excentricität der Bahnen angenommen werden, da die Verdoppelung der Linien nicht mit Sicherheit alle 52 Tage beobachtet worden ist. Die Cambridger Beobachtungen würden auf eine Maximalgeschwindigkeit der Bahnbewegung von 165 Kilometern in der Secunde schliessen lassen. Wollte man dies als mittlere Bahngeschwindigkeit annehmen, so würde man zu ganz enormen Massenwerthen des Systems gelangen, und auch dieser Umstand macht daher die Annahme einer sehr excentrischen Bahn wahrscheinlich.

6. Sternhaufen und Nebelflecke.

Die mehrfachen Sterne bilden dem Anschein nach eine Art von Uebergang zu den Sternhaufen, wenn wir zu diesen auch jene Gruppen von Sternen rechnen, die, wie die Plejaden und Hyaden und die Krippe (Praesepe), auf verhältnissmässig weitem Raume zerstreut, schon dem blossen Auge auffallen. Zwischen den letzteren und den regelmässig gestalteten teleskopischen Sternhaufen, die sich nur bei Anwendung der stärksten Fernröhre in ein Gewimmel zahlloser Sternchen auflösen, sind indessen die Beziehungen weit engere; Gebilde der verschiedensten Form, Grösse und Sternfülle bilden hier natürliche Uebergangsglieder, die dort, auch zwischen fünf- und mehrfachen Sternen und den genannten Sternhaufen gröbster Zerstreuung, fehlen. Andererseits existirt wiederum zwischen den feinsten Sternhaufen und den Nebelflecken wenigstens für das Fernrohr eine bestimmte Grenze nicht, und erst das Spectroskop hat nachgewiesen, dass viele der letzteren Art in der That wesentlich andere Erscheinungsformen der Materie sind und zu den Sternhaufen und auflösbaren Nebeln nur in einem sehr entfernten Grade der Verwandtschaft stehen.

Wie bei den Doppelsternen beginnt auch bei den Sternhaufen und Nebeln unsere Kenntniss erst mit Herschel. Zwar wurden die auffallendsten Objecte schon sehr bald nach der Erfindung des Fernrohres bemerkt, so der Andromedanebel von Simon Marius 1612, der Orionnebel von Cysat 1619, welche Nebel schon dem blossen Auge sichtbar sind, und einzelne Astronomen, besonders kurz vor Herschel Messier, der hier eine noch hervorragendere Stellung einnimmt wie Chr. Mayer bei den Doppelsternen, hatten nach und nach eine ziemliche Anzahl dieser Formen kennen gelehrt. Eine Nachforschung in grossem Massstabe, unterstützt durch bedeutende Mittel, unternahm aber erst seit dem Jahre 1779 W. Herschel. Schon 1784 theilte er der Royal Society ein Verzeichniss von 466 neu entdeckten Sternhaufen und Nebelflecken mit, während Messiers Kataloge in den Schriften der Pariser Akademie 1771 und 1777 nur 103 Objecte enthalten, davon 61 von ihm gefundene; bis 1802 hat der grosse Beobachter dann noch über 2000 Objecte dieser Art aufgefunden, beschrieben und an sie hauptsächlich seine Betrachtungen über den Bau des Weltalls geknüpft, welche uns bald näher beschäftigen werden.

Was der Vater begonnen, setzte der Sohn Sir John Herschel in fast noch grossartigerer Weise fort. Mit dem 20 füssigen Reflector beobachtete er erst (1825—1833) in Slough in England, dann (bis 1838) am Cap der guten Hoffnung und bereicherte namentlich unsere Kenntniss der südlichen Nebel, von denen bis dahin nur wenige von Lacaille, Dunlop u. a. gefunden worden waren. Die Resultate seiner Arbeiten legte er in drei grossen Katalogen nieder, von denen der erste 2370, der zweite südliche 1708 Objecte enthält und der dritte sämmtliche 5097 bis dahin beobachtete Nebel und Sternhaufen in einem General Catalogue zusammenfasste. Seit Herschels Zeiten ist das Gebiet der Nebelflecke durch Entdeckung neuer (Rosse, Lassell, Marth, d'Arrest, Tempel, Stephan) und genauere Beobachtung bekannter (d'Arrest, Schönfeld, Schultz, Vogel u. a.) eifrig gepflegt, im Ganzen erweitert und im Einzelnen ausgebaut worden, so dass wir jetzt am ganzen Himmel vielleicht 6000 Objecte dieser Art kennen, deren Zahl sich fortwährend noch vermehrt. Der grösste Theil hiervon ist freilich nur lichtstarken Teleskopen zugänglich, und von den übrigen gestatten verhältnissmässig nur wenige eine genaue Ortsbestimmung; etwa 15—20 mögen einem guten Auge bei uns sichtbar sein*). Was indessen schon schwächere Mittel zu leisten vermögen, hat d'Arrest, einer der verdienstvollsten neueren Astronomen auf diesem Gebiete, mit seiner ersten (Leipziger) Messungsreihe an einem Fernrohre von nur 48 Linien Oeffnung gezeigt.

Durch den ausserordentlichen Aufschwung, welchen die coelestische Photographie in den letzten Jahren genommen hat, ist die Kenntniss der Nebelflecken in einer ganz neuen Richtung vorgeschritten. Man hat in Objecten, die dem mit den grössten Instrumenten bewaffneten Auge als einfache gleichmässige Nebelmassen erscheinen, die reichste Detaillirung gefunden, und die Ausdehnung mancher Nebel ist die dreifache geworden gegenüber früheren Beobachtungen. Ganz besonders vortheilhaft hat sich die Anwendung der Photographie bei solchen Nebeln gezeigt, die physisch mit helleren Sternen verbunden sind. Bei solchen Objecten erkennt das Auge, geblendet von dem hellen Sterne, in der nächsten Nachbarschaft desselben keine neblige Materie, während dieselbe sich auf der photographischen Platte bis zum Sterne, meistens sogar mit zunehmender Verdichtung, verfolgen lässt. In dieser Beziehung werden wir beim Orionnebel ein markantes Beispiel kennen lernen.

Das Verhältniss der eigentlichen Nebel zu den Sternhaufen lässt sich mit Hülfe des Fernrohres allein nicht genau feststellen; denn wir erwähnten schon, dass viele der Objecte, die in schwächeren Fernröhren als kleine schwache Nebel erscheinen, durch lichtstärkere Instrumente in dichtgedrängte Sternhaufen aufgelöst werden; und andererseits giebt es wieder mächtige, helle Nebel, die auch mit dem stärksten Teleskop kaum eine Spur von Auflösbarkeit verrathen, z. B. der Andromedanebel. Im Ganzen wird man indessen nach den neuesten Ergebnissen der Spectralanalyse annehmen können, dass sehr viele nebelartige Objecte, selbst wenn sie auch in den lichtstärksten Teleskopen dieses Aussehen nicht verlieren, doch, streng genommen, Sternhaufen sind. Speciell scheint dies für das grosse Heer der ziemlich regelmässigen, etwas elliptischen in der Jungfrau, dem Löwen, dem Grossen Bären zu gelten, die, soweit sie untersucht sind, fast ohne Ausnahme ein continuirliches Spectrum zeigen. Hiernach lässt sich bis jetzt die Zahl der Sternhaufen im weitesten Sinne des Wortes auf mindestens neun Zehntel der Gesammtzahl schätzen; indessen übertreffen die eigentlichen Nebel an Mannigfaltigkeit der Formen die Sternhaufen höchst bedeutend.

Während die Gebilde, die man nach dem rein teleskopischen Anblick als Sternhaufen bezeichnet, nur in mehr oder weniger gedrängte

---

*) Heis hat mit seinem ungewöhnlich scharfen Auge 19 Sternhaufen und 7 Nebel wahrnehmen können.

zerfallen und unter ersteren besonders die regelmässig kugelförmigen Sternhaufen bemerkenswerth erscheinen, theilte Herschel (1802) die Nebel in fünf Classen*): in helle, schwache, sehr schwache, planetarische und sehr grosse Nebel; in den drei ersten sowie in der letzten Classe kommen aber wieder die verschiedensten Formen vor: elliptische, spiralige, regelmässige und unregelmässige; ebenso die verschiedensten Grade der Grösse und der Verdichtung, vom nur wenige Secunden haltenden, blassesten, gleichmässigen Nebelschimmer bis zum Nebelstern, oder bis zu den unregelmässigen Ansammlungen nebliger Materie, die sich über viele Quadratgrade erstrecken; in der letzten Classe zumal scheint die

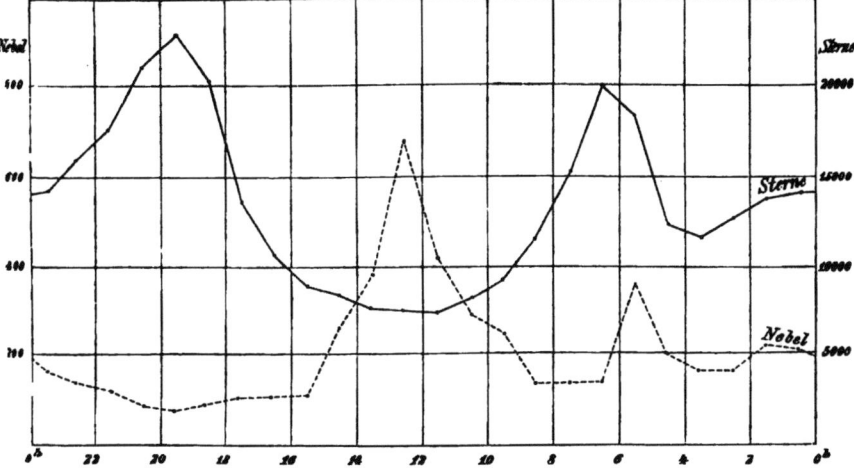

Fig. 176. Vertheilung der Sterne und Nebel, nach der Rectascension.

Natur ihre ganze Schöpfungskraft aufgeboten zu haben, die unendlichste Verschiedenartigkeit der Formen hervorzubringen; und dass wir es hier mit Erscheinungen und Zuständen der Materie zu thun haben, die von denen grundverschieden sind, welche wir in den Sternen treffen, leuchtet auf den ersten Blick ein.

Eine natürlichere Eintheilung wäre, regelmässige und unregelmässige Nebel und unter ersteren elliptische, planetarische, spiralige und ringförmige zu unterscheiden; denn helle und schwache, grosse und kleine Nebel finden sich in allen diesen Gruppen. Sehr lichtstarke Fernröhre haben jedoch bei vielen elliptischen und einzelnen planetarischen Nebeln deutlich die spiralige Structur gezeigt; überhaupt hat die Eintheilung

---

*) Die Bezeichnung nach diesen wird auch jetzt noch häufig gebraucht; H II 531 bedeutet den (schwachen) Nebel 531 der zweiten Classe von W. Herschel. In der Abhandlung von 1811 unterscheidet Herschel noch weit mehr Classen.

der Nebel nach ihrem teleskopischen Aussehen immer nur einen relativen Werth; sie ändert sich, streng genommen, von Fernrohr zu Fernrohr.

Ganz besonders deutlich haben dies die wichtigen Resultate der Photographie auf dem Gebiete der Nebelflecke gezeigt; es wird späteren Zeiten vorbehalten werden müssen, rationellere Eintheilungen nach den photographischen Ergebnissen vorzunehmen.

Weitaus am zahlreichsten sind die Nebel der drei ersten Herschel'schen Classen, die in der Regel etwas elliptisch geformt, nach der Mitte wesentlich heller sind und einen Durchmesser von meist nur wenigen Minuten haben; von den planetarischen Nebeln, kleinen, meist gleichmässig leuchtenden runden Scheibchen, kennt man nur etwa 80, sowie 12 Ringnebel; unter die sehr grossen und fast durchaus höchst unregelmässig gestalteten Nebel lassen sich ungefähr 100 bringen. Von einigen der merkwürdigsten Nebel und Sternhaufen finden sich am Schlusse dieses Abschnittes Darstellungen; ein grösseres Verzeichniss geben wir im Anhange. Wie die Doppelsterne für die Bildschärfe, so sind die Nebel für die Lichtstärke eines Fernrohres das beste Prüfungsmittel; aus diesem Grunde bilden erstere im Ganzen mehr für den Refractor, letztere mehr für den Reflector die geeignetsten Beobachtungsobjecte.

Hinsichtlich ihrer **Vertheilung** am Himmel verhalten sich die Nebelflecke, wenn wir sie nach dem blossen teleskopischen Aussehen beurtheilen, umgekehrt wie die Sternhaufen; während letztere wie die teleskopischen Sterne um so zahlreicher werden, je näher man der Milchstrasse kommt, sind die Nebel dort am seltensten; diese erreichen am nördlichen Himmel ein Maximum der Häufigkeit vielmehr im Sternbilde der Jungfrau (in ungefähr 12^h Rectascension und $+20°$ Declination. die Sternhaufen dagegen ein Maximum in 17^h und 18^h Rectascension. Fig. 176 zeigt die Vertheilung der Nebel und Sternhaufen des grossen Herschel'schen General Catalogue und der nördlichen Sterne der Bonner Durchmusterung. Eine ganz besondere Anhäufung von Hunderten von Nebeln, wozu indessen auch zahlreiche Sternhaufen und einzelne Sterne treten, bilden am südlichen Himmel die merkwürdigen sogenannten Maghellanischen oder Capwolken (nubecula major und minor), deren grössere, wie sie dem blossen Auge erscheint, in Fig. 177 abgebildet ist. Neuere Untersuchungen von Bauschinger in München haben ferner ergeben, dass in Beziehung auf Vertheilung helle und schwache Nebel keinen Unterschied zeigen, dass sich dagegen die planetarischen Nebel wie die Sternhaufen verhalten, d. h. sie befinden sich fast nur in der Milchstrasse oder ganz in der Nähe derselben. Ueber die Vertheilung der einzelnen oben genannten Classen lassen sich genauere Angaben noch nicht machen; indessen treten doch die grossen unregelmässigen Nebel, wie auch die planetarischen in und nahe der Milchstrasse, die gewöhnlichen elliptischen Nebel dagegen weit entfernt davon entschieden am häufigsten auf.

Die Welt der Nebel bietet in verschiedener Hinsicht merkwürdige Analoga zur Welt der Sterne, in den mehrfachen und vielleicht in den veränderlichen Nebeln. Unter den 5079 Objecten des J. Herschel'schen General Catalogue finden sich 229 doppelte, 49 dreifache, 30 vierfache und ein sogar neunfacher Nebel; also relativ noch mehr vielfache Nebel als Doppelsterne unter den einfachen Sternen oder als Combinationen von Doppelsternen; in den meisten Fällen sind elliptische Nebel der ersten Herschel'schen Classen miteinander verbunden; ob aber diese Verbindung eine mehr als zufällige und der Verbindung einfacher Sterne in

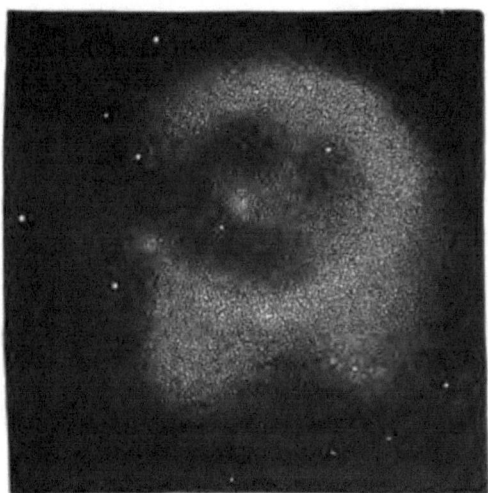

Fig. 177. Grosse Capwolke mit blossem Auge (nach J. Herschel).

den physischen Doppelsternen vergleichbar sei, lässt sich mit völliger Bestimmtheit noch nicht sagen. Unsere Kenntniss dieser Objecte ist eine zu neue, und besonders sind ihre Oerter im Allgemeinen noch viel zu selten und zu ungenau bestimmt, als dass wir eine Bewegung, den untrüglichsten Beweis der Zusammengehörigkeit, zu constatiren vermöchten. Selbst bei den hellen Einzelnebeln mit scharf ausgeprägtem Kern hat sich noch keine Bewegung sicher nachweisen lassen, und ebenso fruchtlos sind bisher die — allerdings sehr wenigen — Bemühungen gewesen, eine Parallaxe zu finden. Immerhin ist ein physischer Connex bei den meisten Doppel- und mehrfachen Nebeln in höchstem Grade wahrscheinlich, und bei einem Nebel (H. II. 316) hat sich sogar eine Veränderung in der gegenseitigen Stellung schon ziemlich deutlich zu erkennen gegeben. In der Aehnlichkeit der äusseren Erscheinung haben wir hier übrigens ein Merkmal, welches bei einfachen Punkten wie den Doppelsternen fehlt, und diese Aehnlichkeit ist in der That bei vielen Doppelnebeln eine überraschend grosse.

Fast mehr Dunkel noch herrscht über die **veränderlichen** Nebel. Vollkommen verbürgt scheint hier nur ein Fall zu sein. Im October 1852 entdeckte Hind im Stier (AR $4^h 13^m 49^s$, Declination $+ 19° 11.'4$ für 1860) einen kleinen Nebel mit centraler Verdichtung, den auch Chacornac 1854, sowie Auwers 1858 sahen. Dieser Nebel war 1861. als ihn Auwers, Schönfeld und d'Arrest, letzterer mit einem weit lichtstärkeren Fernrohr, suchten, vollständig verschwunden, und ebenso wenig konnten ihn im Januar 1862 Leverrier, Chacornac und Secchi finden: dagegen wurde er wieder Ende März 1862 in Pulkowa, wenngleich als sehr schwach, wahrgenommen. Seit dieser Zeit scheint der Nebel nicht wieder gesehen worden zu sein. Einen zweiten, möglicherweise veränderlichen Nebel glaubte d'Arrest 1861, einen dritten Chacornac 1853 gefunden zu haben; indessen ist bei diesen beiden die Veränderlichkeit noch sehr zweifelhaft. Diese drei verdächtigen Objecte stehen im Stier, in einer sonst nebelarmen Gegend; d'Arrests Nebel nämlich in AR $3^h 20^m.7$, Declination $+ 30° 55'$, Chacornacs in AR $5^h 29^m.7$, Declination $+ 21° 8'$; sehr nahe oder fast in dem ersten der genannten Nebel befindet sich der veränderliche Stern T Tauri. Auch der früher erwähnte Variable η Argus steht in einem grossen und unregelmässig geformten Nebelfleck. bei welchem einige Astronomen gleichfalls Aenderungen in der Helligkeit und Form einzelner Theile wahrgenommen zu haben glauben.

Zwei andere, sehr verdächtige Nebel, auf die man neuerdings aufmerksam geworden ist, stehen weder in der Nähe von Veränderlichen. noch der Milchstrasse; beide verrathen nach Winnecke starke Anzeichen einer periodischen Variabilität. Der erstere steht im Walfisch (H. II. 278); AR $= 2^h 23^m 25^s$, $\delta = - 1° 43.'0$ für 1860. Von den beiden Herschel wurde er ziemlich hell gesehen, ebenso von d'Arrest 1856 mit dem 4 zölligen Leipziger, 1863 mit dem 10 zölligen Kopenhagener Refractor beobachtet; dagegen sah ihn Schönfeld 1861 nicht sicher (Refractor von 6 Zoll Oeffnung); Vogel 1865 gar nicht (Refractor von 8 Zoll); 1877 fand ihn aber Winnecke wieder recht hell. Der zweite Nebel (H. I. 20) steht in der Nähe von ι Leonis (AR $= 11^h 17^m 11^s$, $\delta = + 12° 7'$ für 1860); der ältere Herschel nennt ihn sehr hell, Sir John Herschel dagegen 45 Jahre später sehr schwach und schwach; ebenso d'Arrest 1863 in Kopenhagen; dagegen fand ihn Winnecke 1856 in Berlin und 1878 und 1879 in Strassburg wieder ziemlich hell. Diese Wahrnehmungen lassen sich in der That schwer mit der Annahme der Unveränderlichkeit vereinigen; gleichwohl ist die Möglichkeit der letzteren nicht ausgeschlossen, da das Aussehen gerade solcher Objecte nicht nur von Fernrohr und Vergrösserung, sondern auch vom Luftzustande in hohem Grade abhängt. In welchem Verhältnisse veränderliche Sterne zu veränderlichen Nebeln stehen, und ob von letzteren noch erheblich mehr mit der Zeit bekannt werden, dies sind Fragen, deren Lösung der Zukunft vorbehalten bleiben muss. —

Die Spectralanalyse hat zuerst die wirklichen Nebel von den Sternhaufen zu unterscheiden gelehrt. Während nämlich letztere ein continuirliches Spectrum zeigen, besteht das der Nebelflecke aus 4 hellen Linien, von denen aber in Instrumenten mittlerer Grösse gewöhnlich nur 3 zu sehen sind; bei schwächeren Objecten bleibt schliesslich nur eine Linie sichtbar. Zwei der Nebellinien gehören ohne Zweifel dem Wasserstoffspectrum an; die Natur der übrigen ist noch völlig unbekannt. Man hielt früher die hellste Nebellinie, im Grün gelegen, für identisch mit einer Componente einer doppelten Stickstofflinie; neuere Untersuchungen haben aber die Unrichtigkeit dieser Ansicht dargethan. Huggins, Vogel, Copeland u. a. haben zuweilen noch weitere, sehr schwache Linien im Nebelfleckspectrum aufgefunden, besonders Huggins durch seine photographischen Aufnahmen Linien im Blau und Violett; doch ist über die Natur aller dieser Linien (mit Ausnahme der 3. Wasserstofflinie) nichts bekannt. Es ist durch diese Beobachtungen auf das unzweifelhafteste dargethan, dass es wirkliche Gasnebel giebt, zu denen hauptsächlich die grossen unregelmässigen und die planetarischen Nebel gehören. Wir haben uns diese Nebel als ausserordentlich ausgedehnte Gasmassen von äusserster Verdünnung zu denken und dementsprechend von einer sehr niedrigen Temperatur, die sich nur wenig von der des Weltalls unterscheiden wird. Dass trotz dieser niedrigen Temperatur ein Glühen der Gase statthaben kann, ist durch Untersuchungen von Hasselberg, Wüllner und E. Wiedemann nachgewiesen worden, wenngleich auch hierbei die Aufklärung noch mancher unklarer und dunkler Punkte der Zukunft überlassen bleiben muss. Systematisch durchgeführte Beobachtungen haben übrigens, wie bereits erwähnt, dargethan, dass weitaus die Mehrzahl aller untersuchten Nebel ein continuirliches Spectrum zeigt, dass sie also vermuthlich nur unermesslich entfernte Ansammlungen von Sternen, also Sternhaufen sind; damit würde man auf die ursprüngliche Ansicht Herschels, der die meisten Nebel für unauflösbare Sternhaufen hielt, zurückkommen.

Weniger noch als über die physische Natur wissen wir über die Entfernung und räumliche Ausdehnung von Sternhaufen und Nebeln; selbst über ihre relativen Entfernungen können wir nicht viel mehr als Vermuthungen aussprechen. Parallaxen sind bisher noch gar nicht erkannt worden, Ortsveränderungen nicht mit völliger Sicherheit und zwar weder bei Sternhaufen noch bei Nebelflecken; denn erst seit kurzem werden diese Objecte mit hinreichender Genauigkeit beobachtet, d. h. gemessen, und die Veränderungen sind jedenfalls so geringfügig, dass erst nach Jahrzehnten darüber entschieden werden kann. Dasselbe gilt von Bewegungen innerhalb der Sternhaufen oder von Veränderungen innerhalb der Nebel selbst. Wir haben indessen allen Grund, anzunehmen, dass die Sternhaufen mit ihren zahllosen einzelnen Sternchen dem Sternsysteme analoge Bildungen sind, welchem wir und die Tausende von Einzelsternen nebst der Milchstrasse angehören; dass die Nebel dagegen, welche das Spectroskop als solche zeigt, Ansammlungen gasförmiger Materie sind, theils ausserhalb, theils innerhalb unseres Sternsystems selbst; in letzterem Falle würden dann für die Sternhaufen erheblich grössere Entfernungen von unserem Sonnensystem folgen. Jedenfalls sind aber die Dimensionen selbst der uns nächsten Nebel ungeheuer gross und dürften in den meisten Fällen die unseres Sonnensystems weitaus übertreffen. Jene ausgedehnten unregelmässigen Nebel aber, die uns den Anfangszustand stellarer Bildungen zu repräsentiren scheinen, könnten sich zum Sonnensystem, der Grösse nach, verhalten, wie dieses zur Sonne selbst.

Wir stehen hier den Grenzen menschlichen Erkennens und der Nothwendigkeit, auf Hypothesen zu bauen, näher als vielleicht an irgend einem anderen Punkte der Schöpfung; denn der Massstab in Raum und Zeit, mit dem wir zu messen vermögen, verschwindet hier mehr als je, und selbst die physikalischen Gesetze, die wir hier auf Erden als gültig und wirksam erkennen, können bei so wesentlich veränderten Existenzbedingungen der Materie, wie wir sie zumal in den Nebeln treffen, vielleicht nur auf eine beschränkte Gültigkeit Anspruch erheben.

Die eben ausgesprochene Ansicht, dass wenigstens einige der wirklichen Nebel sich innerhalb unseres Sternsystems befinden, ist in den letzten Jahren immer wahrscheinlicher geworden. Durch die Photographie ist eine Menge von Nebeln aufgefunden worden, deren physische Verbindung mit darin befindlichen oder mit benachbarten Sternen auf den ersten Blick klar ist; es kann hier von einem zufälligen Zusammentreffen nicht mehr die Rede sein. Hierhin gehören z. B. die Nebel in den Plejaden, die sich zum Theil mit einem förmlichen Stiele an helle Sterne ansetzen. Bei dem grossen Orionnebel, über den noch Ausführlicheres berichtet werden wird, ist ein Zusammenhang mit den darin befindlichen Sternen nicht aus dem blossen Anblicke zu entscheiden. Aber schon Huggins hat aus gewissen Aehnlichkeiten der photographirten Spectra der sogenannten »Trapezsterne« und des Nebels auf einen Zusammenhang zwischen beiden Objecten geschlossen, und Scheiner hat neuerdings eine von Copeland im Spectrum des Orionnebels entdeckte Linie in den Spectren aller helleren Orionsterne der ersten Spectral-

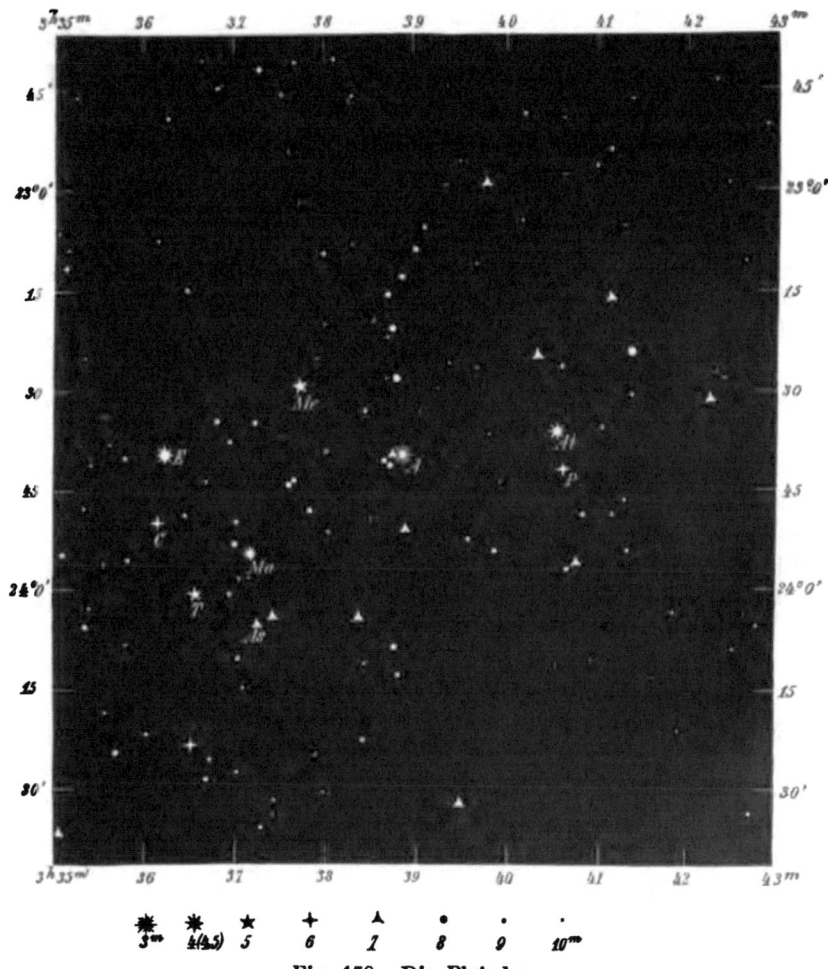

Fig. 178. Die Plejaden.

$C =$ Celaeno, $E =$ Electra, $T =$ Taygeta, $M =$ Maja, $As =$ Asterope, $Me =$ Merope, $A =$ Alcyone, $At =$ Atlas, $P =$ Plejone. — Stellungen für 1855.

classe auffinden können, während diese Linie sonst nur sehr selten in den Spectren anderer Sterne vorkommt. Der hieraus naheliegende Schluss auf einen physischen Zusammenhang zwischen den weit von einander entfernten Sternen des Orionsternbildes und mit dem Nebel selbst hat durch spätere directe photographische Aufnahmen dieses Nebels mit sehr lichtstarken Instrumenten eine gewisse Bestätigung empfangen, indem auf diesen Aufnahmen eine noch viel weitere Ausdehnung des Nebels zu erkennen ist, als man nach den directen Beobachtungen vermuthen konnte. — Im Folgenden sollen nun einige der **merkwürdigsten Sternhaufen und Nebel** kurz besprochen werden; wir gehen dabei von den hellsten und bekanntesten aus und werden von jeder der Hauptkategorien wenigstens ein charakteristisches Beispiel anführen.

Als Extrem der Sternhaufen gröbster Zerstreuung können wir die allbekannten Plejaden oder das »Siebengestirn« im Stier betrachten. Dem kurzsichtigen Auge erscheinen sie als stark granulirte Nebelmasse; das normale Auge nimmt sechs, ein äusserst scharfes dagegen neun bis elf Sterne von der 3. bis zur 7. Grösse einzeln wahr. Die Figur 178 enthält die Sterne bis zur 10. Grösse, die in einem Fernrohre von 3 Zoll (8 Centimeter) gut sichtbar sind. Ein Fernrohr von 4½ Zoll (12 Centimeter) Oeffnung zeigt dagegen auf demselben Raume schon etwa 230 Sterne bis zur 12. Grösse. Von dem hellen Sterne Merope nach Süden erstreckt sich ein zuerst (1859) von Tempel gesehener, sehr bleicher und grosser elliptisch geformter Nebel, der für Cometensucher von 4—5 Zoll Oeffnung ein gutes Prüfungsobject bildet. Manche halten ihn für veränderlich. Andere zum Theil recht helle neblige Massen sind neuerdings durch die Photographie auch in Verbindung mit anderen hellen Sternen der Gruppe gefunden worden. Die Plejaden sind in den dreissiger Jahren auf das genaueste von Bessel mit dem Königsberger Heliometer gemessen worden; eine kürzlich von Elkin mit dem grossen Heliometer der Yale-Sternwarte ausgeführte Wiederholung dieser Messungen hat durch die Vergleichung mit den Bessel'schen Resultaten zu dem sehr interessanten Ergebnisse geführt, dass die hellsten Sterne der Gruppe eine gemeinschaftliche Eigenbewegung besitzen, die den übrigen schwächeren Sternen nicht zukommt. Es würde also die Plejadengruppe hiernach aus zwei Gruppen bestehen, die nichts mit einander gemeinsam haben, sondern ausserordentlich weit von einander abstehen und nur zufällig für uns in derselben Richtung erscheinen.

Eine zweite bekannte, aber weniger reiche Sterngruppe, die Krippe im Krebs oder Praesepe, ist in mondloser Nacht dem blossen Auge gleichfalls als neblige Lichtmasse sichtbar. Die Sterne sind aber hier zu schwach (nicht heller als 7. Grösse), um einzeln wahrgenommen zu werden.

Einen prachtvollen Anblick, schon in kleinen Fernröhren und bei Vergrösserungen von 20—50mal, gewähren die beiden kaum 1° entfernten Sternhaufen h und χ im Perseus: Hunderte von Sternchen drängen sich hier auf engem Raume zwischen helleren und besonders um die hellsten Sterne der beiden Gruppen zusammen. Mit blossem Auge nimmt man beide als kleine Lichtfleckchen wahr. Aehnlich wie Bessel die Plejaden, hat Krueger die helleren Sterne in h Persei vermessen. Vogel hat χ Persei, Hall die Praesepe, Lamont, Helmert, Schultz u. a. haben andere Sternhaufen gemessen. Durch die Benutzung der Photographie ist auch die mühsame und zeitraubende Ausmessung der Sternhaufen um ein Bedeutendes erleichtert worden.

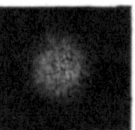

Fig. 179.
Kugliger
Sternhaufen.

Weit kleiner, aber trotzdem dichter besäet noch als diese und dabei schon einer regelmässig »kugeligen« Form sich stark nähernd, ist der glänzende Sternhaufen zwischen ζ und η im Hercules; die Anzahl der Sterne lässt sich nur nach Hunderten schätzen, und gegen die Mitte zu treten selbst in stärkeren Instrumenten die flimmernden Pünktchen kaum aus dem weiss granulirten Grunde mehr deutlich hervor. Photographische Aufnahmen dieses interessanten Objectes von Scheiner in Potsdam weisen in diesem kleinen Fleckchen des Himmels über 800 Sterne auf und zeigen ausserdem deutlich einen nebligen Hintergrund, auf welchen sich die Sterne projiciren. In kleineren Fernröhren und mit schwachen Vergrösserungen ähnelt das Aussehen den regelmässigen, kugeligen Sternhaufen, den »globular clusters« W. Herschels, wie sie Fig. 179 zeigt.

Fast noch reichere Sternhaufen als die nördliche Hemisphäre enthält die südliche; als zwei Beispiele, gleichfalls wie der vorige dem

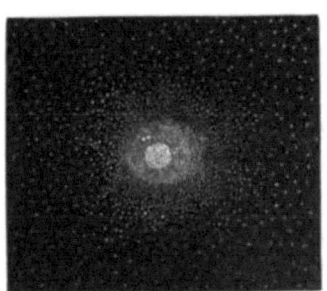
Fig. 180. Sternhaufen 47 Tucani
(nach J. Herschel).

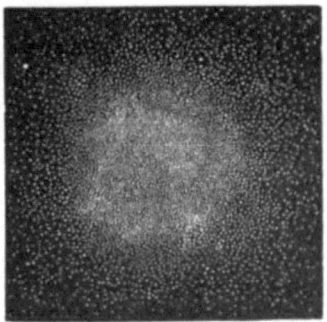
Fig. 181. Sternhaufen ω Centauri
(nach J. Herschel).

freien Auge sichtbar, führen wir in Figg. 180 und 181 die beiden 47 Tucani und ω Centauri auf; ersterer ist nach der Mitte zu einer 30″ Durchmesser haltenden Lichtmasse verdichtet; den letzteren nennt J. Herschel den »weitaus reichsten und grössten Sternhaufen des Himmels. Die Sterne sind buchstäblich unzählig, und da ihr Gesammtlicht

540 IV. Stellarastronomie.

dem blossen Auge nur den Eindruck eines Sternes 5. oder $4^1/_2$. Grösse macht, so kann man sich vorstellen, von welcher Kleinheit jeder einzelne Stern ist«. —

Die Nebel beginnen wir am besten mit dem mächtigen Orionnebel, der durch Glanz, Grösse und Form, wie durch die Mannigfaltigkeit der in ihm stehenden Sterne wohl das wundervollste Object des ganzen Himmels bildet, welches von je her mehr als alle anderen die Aufmerksamkeit der Astronomen auf sich gezogen hat. Er steht unterhalb der drei hellen Sterne im Gürtel des Orion und umgiebt einen der merkwürdigsten vielfachen Sterne, das sogenannte Trapez (ϑ_1 Orionis). Die auf der Tafel gegebene photographische Reproduction nach einer einstündigen Aufnahme mit dem Potsdamer photographischen Refractor

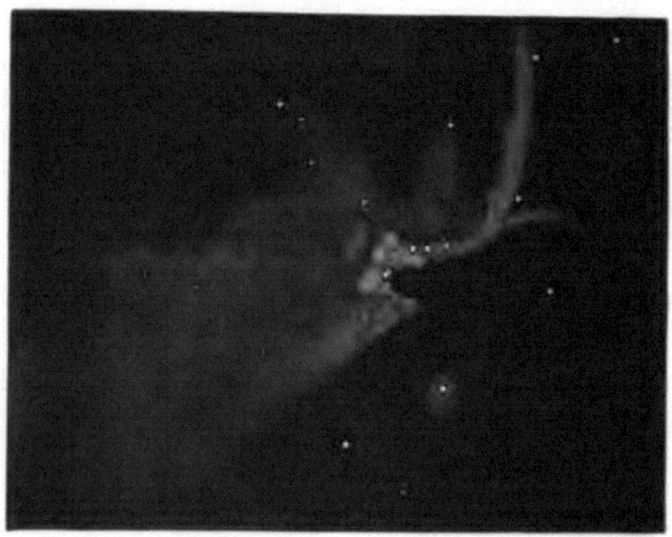

Fig. 182. Orionnebel (in einem Cometensucher von 4—5 Zoll Oeffnung).

zeigt den Nebel so, wie er bei guter Luftbeschaffenheit etwa in einem 12zölligen Refractor erscheint. Die erste ausführlichere Beschreibung hat Huygens 1659 in seinem »Systema Saturnium« gegeben; seit jener Zeit ist er von zahlreichen Beobachtern, Messier, den beiden Herschel, Struve, Liapunoff, W. C. und G. P. Bond, Rosse, Secchi u. a. studirt, und viele Sterne in ihm sind verzeichnet und gemessen worden: die sorgfältigste bildliche Darstellung des Ganzen rührt von Lord Rosse her. Bei Objecten wie den Nebeln kann man indessen nur schwer von einer ganz bestimmten Form und Ausdehnung reden: beides hängt zu sehr von der Grösse des Fernrohres und für jedes Fernrohr dann wieder von

der Beschaffenheit der Luft ab. Rosses grösstes Spiegelteleskop hat jedenfalls, wie bei den übrigen Nebeln, so auch beim Orionnebel das meiste Detail und neblige Materie gezeigt, wo schwächere Instrumente nichts mehr erkennen lassen. Trotzdem sind die Leistungen geringerer Instrumente auch auf diesem Gebiete und selbst in topographischer Hinsicht nicht zu unterschätzen, und speciell beim Orionnebel verdanken wir ihnen höchst Bedeutendes. So hat Bond z. B. zuerst auf die spiralige Structur einzelner Partien, so wie auf das flockige, fast sternartige Zusammenballen der Nebelmaterie im südlichen centralen Theile hingewiesen, das seitdem noch oft — freilich in immerhin lichtstarken Fernröhren — sichtbar gewesen ist und besonders ausgeprägt auf den photographischen Aufnahmen erscheint. Man hat die letztere Erscheinung noch an einigen anderen Nebeln wahrgenommen und daraus wohl auf die sternartige Natur solcher Theile geschlossen. Die Spectralanalyse hat diese Vermuthung aber nicht bestätigt. Das Spectrum des Orionnebels besteht überall nur aus den bereits beschriebenen hellen Linien, die um so besser zu erkennen sind, je näher man an die Trapezsterne herankommt. Die Ausdehnung des Nebels oder genauer der verschiedenen nebligen Massen, deren weitaus hellste ϑ_1 Orionis umgiebt, ist sehr bedeutend; Secchi hat ihn durch etwa 6° in Declination und 5° in Rectascension verfolgen können, und die photographischen Aufnahmen lassen ihn wohl noch weiter verfolgen. Dieselben zeigen auch, dass die Form des Nebels nur scheinbar so regellos ist. Besonders auf den Roberts'schen Photographien stellt sich derselbe als ein enormer Ringnebel dar, nur ist der grössere Theil des Ringes so schwach, dass er nicht optisch sichtbar ist und nur die hellste Stelle des Ringes, der eigentliche Orionnebel, hervortritt; dieser Theil ist allerdings dann sehr unregelmässig gestaltet. Das Trapez selbst und die Gegend östlich davon erscheint beinahe frei von Nebel, so dass dieser Theil einem geöffneten Thierrachen nicht allzu unähnlich ist; es beruht dies aber nur auf der Blendung durch die hellen Sterne, der Nebel scheint nach Ausweis der Photographien vielmehr gerade im Trapez am dichtesten zu sein. — Bei mehreren der vielen schwachen, im Nebel zerstreuten Sterne vermuthet man Veränderlichkeit; so scheinen die beiden schwächsten Sterne des Trapezes, der fünfte und sechste, an Helligkeit zuzunehmen, da sie jetzt schon in Fernröhren von nur 4 Zoll Oeffnung gesehen worden sind, während man sie vor 50 Jahren nur in lichtstarken Fernröhren von 8 und mehr Zoll Oeffnung wahrnehmen konnte; es ist aber sehr zu bezweifeln, dass diese Erscheinung reell ist, da auch bei vielen anderen astronomischen Entdeckungen man dieselbe Erfahrung gemacht hat, dass nämlich allmählich die Sichtbarkeit eine leichtere zu werden scheint. —

Der grosse Andromedanebel ist einer der regelmässigsten Nebel, die es giebt, wenigstens für nicht sehr starke Fernröhre. Dem blossen Auge ist er fast noch besser sichtbar als der Orionnebel, weil hellere Sterne in seiner nächsten Umgebung fehlen. S. Marius, der ihn 1612 zuerst beschrieb*), vergleicht sein Licht sehr gut mit dem einer Kerze, welche durch dünnes Horn scheint. Diesen Eindruck empfängt man in der That von dem stark elliptischen Nebel mit einem Fernrohr mittlerer Grösse; bei einem sehr lichtstarken aber ändert er sich. Zwar bleibt die Ellipticität auch dann noch stark ausgeprägt, und ein Theil erscheint wie transparent; aber nach Newcomb ist der Eindruck im Ganzen mehr, als wenn eine grosse Masse dunstiger oder nebliger Materie das Licht eines hellen, nahe der Mitte liegenden Körpers zerstreue und reflectire. G. P. Bond bemerkte überdies zwei lange dunkle Streifen, die sich nahe der grossen Axe der Ellipse und dieser parallel an der östlichen Seite hinziehen. Dieser Beobachter vermochte mit seinem 14 zölligen Refractor den Nebel, der für kleinere Instrumente etwa $1\frac{1}{2}°$ lang und $\frac{1}{2}°$ breit erscheint, über $3°$ in Länge und über $2°$ in Breite zu verfolgen. Wohl niemals ist unsere Ansicht über die wahre Gestalt eines himmlischen Objectes so geändert worden, wie bei diesem Nebel durch die Photographie. Uebereinstimmende Aufnahmen des Nebels von verschiedenen Astronomen, besonders von Roberts, zeigen, dass die Lichtabnahme des Nebels nach den Rändern hin keineswegs eine gleichförmige ist, sondern sie lehren, dass der Kern von mächtigen elliptischen Ringen umgeben ist, die auf den ersten Anblick eine grosse Aehnlichkeit mit dem Saturnsystem zeigen. Bei genauerer Betrachtung wird es dagegen augenscheinlich, dass nicht getrennte concentrische Ringe vorhanden sind, sondern dass der Nebel ein mächtiger Spiralnebel, ähnlich dem gleich zu beschreibenden ist, nur mit dem Unterschiede, dass man fast gegen die Kante des Systems blickt. Die Tafel enthält eine photographische Copie einer Aufnahme dieses Nebels von Roberts. Seine physische Beschaffenheit scheint mehr Zweifel zu bieten als die des Orionnebels; während man nämlich gerade dieser neu erkannten Structur wegen mit Sicherheit auf einen Gasnebel schliessen möchte, ist sein Spectrum ein continuirliches ohne Andeutung heller Linien. Nun ist andererseits die Auflösung auch in den stärksten Teleskopen bisher noch nicht gelungen. und man müsste daher annehmen, dass wir es mit einem ungeheuern Sternhaufen zu thun hätten, der zu entfernt sei, um aufgelöst zu werden. Dass aber die äusseren Partien aus Sternen bestehen sollten, ist höchst unwahrscheinlich, und so wird man wohl zu dem Schlusse gelangen,

---

*) Die Araber des Mittelalters kannten ihn aber jedenfalls schon.

dass der Nebel zwar ein gasförmiger ist, dass aber in der Mitte die Verdichtung bereits soweit vorgeschritten ist, und zwar wahrscheinlich in einer grossen Anzahl von Centren, dass das Spectrum der Mitte schon continuirlich erscheint. Die äusseren Theile würden zwar helle Linien im Spectrum geben, jedoch zu schwach, als dass sie noch erkannt werden könnten. — Ueber die im Jahre 1885 in der Nähe der Mitte erschienene Nova ist bereits berichtet worden. Die Streitfrage, ob diese Nova in physischem Zusammenhange mit dem Nebel steht oder nicht, ist noch nicht entschieden. — Etwa $1/2°$ südlich vom Andromedanebel steht ein

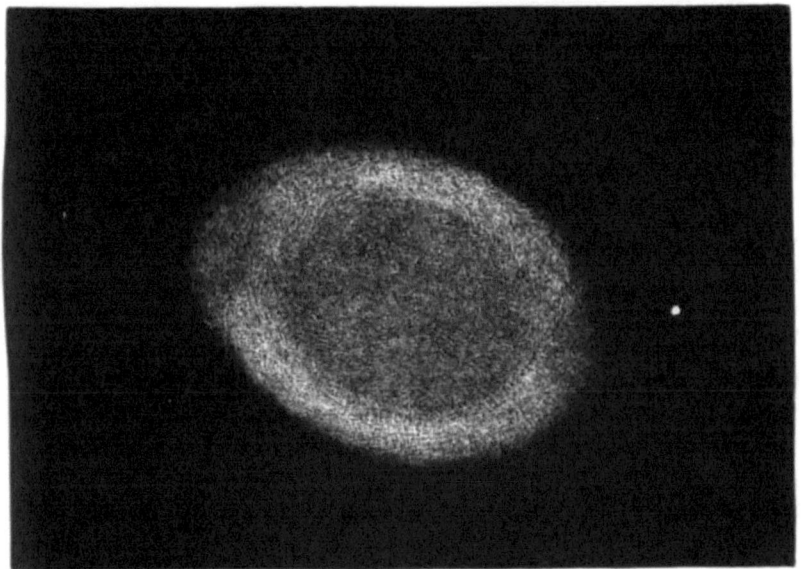

Fig. 183. Ringnebel in der Leier, General Catalogue 4447, nach Holden.

zweiter, gleichfalls heller, aber viel kleinerer und wenig elliptischer Nebel. —

Ein anderes, höchst merkwürdiges und noch regelmässiger als der Andromedanebel gebildetes Object ist der berühmte Ringnebel in der Leier, etwa in der Mitte zwischen den Sternen β und γ. In kleinen Fernröhren sieht er wie ein kleiner elliptischer Ring von etwa 1' Durchmesser aus; grössere zeigen aber, dass auch die Oeffnung des Ringes mit nebliger Materie erfüllt ist; die Axen der Ringellipse verhalten sich etwa wie 5 zu 4. Man glaubt zwar, die ganze Nebelmasse in einzelne Lichtpunkte aufgelöst zu haben: trotzdem aber scheinen dies Sterne im gewöhnlichen Sinne nicht zu sein, da Huggins und Vogel das Spectrum rein gasförmig gefunden haben. Fig. 183 zeigt den Nebel nach einer

Zeichnung von Prof. Holden. Auch bei diesem Nebel hat die Photographie eine eigenthümliche Erscheinung zu Tage gefördert. Auf allen

Fig. 184. Spiralnebel in den Jagdhunden, Gen.-Cat. 3572, nach J. Herschel (18zöll. Reflector).

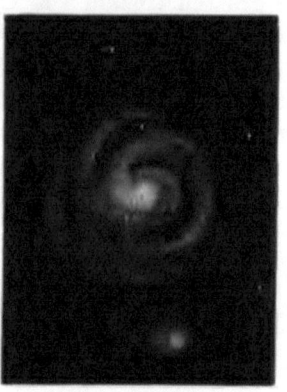

Fig. 185. Spiralnebel in den Jagdhunden, nach H. C. Vogel (8zölliger Refractor).

Aufnahmen des Nebels erscheint nämlich in der Mitte ein deutlicher Kern, der selbst in sehr grossen Instrumenten nicht gesehen worden ist, in den neuesten Riesenrefractoren indessen sichtbar zu sein scheint. Wir werden hierauf gleich bei Besprechung der planetarischen Nebel noch zurückkommen.

Fig. 186. Spiralnebel in den Jagdhunden, nach Rosse (6 füssiger Reflector).

Von Ringnebeln kennen wir ausser dem in der Leier nur noch wenige; dagegen ist die Spiralform der Nebel, besonders seitdem Lord Rosse seine mächtigen Spiegelteleskope auf sie richtete, jetzt sehr häufig zu Tage getreten. Das prächtigste Beispiel dieser Art bietet wohl der Nebel in den Jagdhunden, etwa 4° südwestlich von Benetnasch, dem äussersten Schwanzstern (η) des Grossen Bären. Wie verschieden die Darstellungen der Nebel in verschiedenen Fernröhren sind, lehren die

Sternhaufen und Nebelflecke. 545

Figuren 184—187, von denen erstere den genannten Nebel nebst seinem nördlichen $4^1/_2'$ entfernten Begleiter zeigt, wie ihn Sir J. Herschel mit seinem 20 füssigen Teleskop (von 46 Centimeter Oeffnung), Fig. 185, wie ihn Vogel mit dem 8 zölligen Leipziger Refractor, Fig. 186 dagegen, wie ihn Rosse mit seinem 45 füssigen Teleskop (183 Centimeter Oeffnung) sah. Wie man sieht, tritt die spiralige Structur in Vogels Darstellung weit deutlicher hervor, als in J. Herschels mit einem bedeutend lichtstärkeren Teleskop entworfenen Bilde. Nach Rosse ist der Doppelring, den Herschel als ein Miniaturbild der Milchstrasse bezeichnet, aufgelöst in zahlreiche, spiralig gewundene Arme, die von dem knotenartigen Centrum

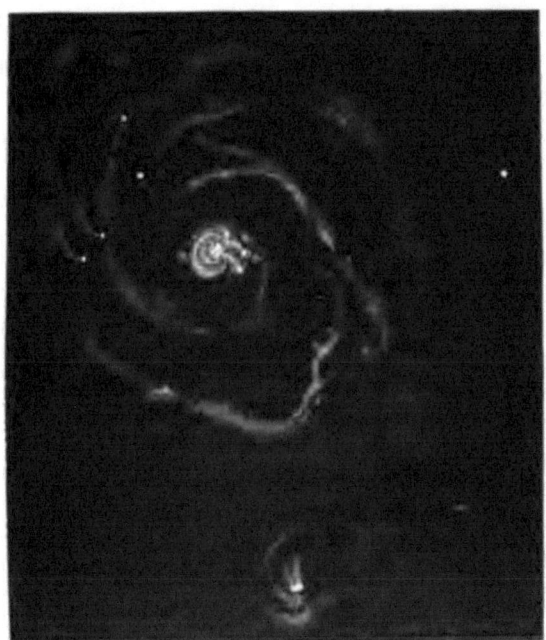

Fig. 187. Spiralnebel in den Jagdhunden, nach einer Potographie von E. v. Gothard (10 zölliger Reflector).

ausgehen, und deren äusserster bis zu dem zweiten kleineren Nebel reicht. Die letzte Abbildung ist nach einer photographischen Aufnahme des Nebels von v. Gothard mit einem verhältnissmässig kleinen zehnzölligen Spiegelteleskope. Diese Aufnahme, die viel mehr Detail als die früheren Zeichnungen aufweist, lehrt besser als alle Worte die ausserordentliche Ueberlegenheit der Photographie über das directe Sehen auf dem Gebiete der Nebelflecke. Der zehnzöllige Spiegel leistet hier beträchtlich mehr als der 6 füssige grösste Reflector der Welt. Der Auflösbarkeit in Sterne, die Rosse, wie auch schon früher Bond, angedeutet findet, entspricht zwar bis zu einem gewissen Grade das continuirliche Spectrum, das Resultat der photographischen Aufnahme steht ihr aber entgegen.

Sehr nahe den Ringnebeln, wenigstens der äusseren Erscheinung nach, stehen die planetarischen Nebel, meist sehr regelmässige und fast gleichmässig, in der Regel bläulich leuchtende kleinere Scheibchen von mitunter nur wenigen Secunden Durchmesser, die bei schwachen Vergrösserungen ganz wie ein Stern erscheinen*). Die merkwürdigsten, meist der Milchstrasse nahe stehenden finden sich südlich vom Aequator, jedoch in mässigen Breiten, doch giebt es auch nicht wenige und zwar besonders schöne am nördlichen Himmel; so z. B. einer im Drachen (Nr. 4373 des General Catalogue). Die Zeichnungen, welche Vogel am grossen Wiener Refractor von planetarischen Nebeln erhalten hat, lehren übrigens, dass die kleinen Scheiben der planetarischen Nebel keineswegs so gleichmässig sind. Es treten vielmehr recht complicirte Formen der Ring-, ja sogar der Spiralnebel hervor, und nur die Kleinheit der Objecte hat hier der besseren Erkenntniss im Wege gestanden. Photographische Aufnahmen von planetarischen Nebeln von Scheiner bestätigen die Mannigfaltigkeit der Formen durchaus; sie haben gleichzeitig die Existenz von Kernen ergeben, die optisch gar nicht oder nur äusserst schwierig zu erkennen sind. Dadurch wird die Aehnlichkeit der planetarischen Nebel mit dem typischen Ringnebel in der Leier eine ganz ausgesprochene. Die einzige Erklärung des Phänomens der nur photographisch sichtbaren Kerne dürfte die folgende sein: Die photographischen Aufnahmen zeigen schon, dass die Kerne nur nebelige Verdichtungen sind, es bedarf also bloss der Annahme, dass dieselben wesentlich aus einem Gase bestehen, welches nur blaue oder violette Strahlen emittirt, ähnlich wie Natriumdampf nur gelbe aussendet. Die früher wohl schon aufgestellte Behauptung, dass im Ringnebel in der Leier ein Stern sei, der nur violette Strahlen aussende, ist nach allem, was wir über die Constitution der Sterne wissen, nicht aufrecht zu erhalten. Das Spectrum der planetarischen Nebel ist identisch mit demjenigen des Orionnebels, in welchem Huggins übrigens eine grosse Anzahl von Linien im Violett auf photographischem Wege constatirt hat. Auch Spuren eines continuirlichen Spectrums sind von Huggins und Vogel beobachtet worden.

Wir kommen jetzt zu den eigentlichen Nebelsternen oder Sternnebeln, einfachen Sternen, die von einer Nebelhülle umgeben sind. Die Form der letzteren ist sehr verschieden; bei dem hellen dreifachen Sterne ι Orionis bildet sie einen grossen, 3′ Durchmesser haltenden Ring;

---

*) Einen der kleinsten, von nur 4″ Durchmesser, hat 1879 Webb in England im Schwan gefunden; er kommt in der Bonner »Durchmusterung« als Stern 8.5. Grösse vor.

bei einem anderen Stern 8. Grösse (Nr. 1532 des General Catalogue) scheint ein Doppelring vorhanden zu sein; der Stern 2.3. Grösse ε Orionis steht in einer sehr ausgedehnten Nebelatmosphäre*); der Nebel des Nebelsternes 4514 des General Catalogue lässt nach Secchi bei starker Vergrösserung eine grosse Zahl leuchtender Punkte erkennen, und zugleich erscheint der Kern nicht mehr als Stern, sondern als unregelmässige, glänzende Nebelmasse. Das Spectrum der am Spectroskop untersuchten Nebelsterne ist ein doppeltes: das bekannte Gasspectrum des Nebels mit den drei hellen Linien gelagert über einem continuirlichen, vom Kern ausgehenden. Welche reichen Entdeckungen durch die Photographie auf diesem Gebiete erlangt worden sind, ist bereits früher angedeutet worden.

Fig. 188. Der Omeganebel, Gen.-Catal. 4403, nach Holden und Trouvelot.

Von den grossen mehr oder weniger unregelmässig gestalteten Nebeln wollen wir noch einige der hellsten und merkwürdigsten aufführen. Einer der interessantesten ist der sogenannte »Dumbbell«-Nebel im Fuchs (Gen.-Cat. 4532). In mittleren Fernröhren, bis zu etwa 9 Zoll Oeffnung, erscheint er als regelmässige Ellipse, deren Axen im Verhältniss von 3 zu 4 stehen. Die übrigens gleichmässig leuchtende Nebelmaterie verdichtet sich symmetrisch gegen die Enden der kleinen Axe und breitet sich zugleich

---

*) Die Nebel um ι und ε Orionis gehören vermuthlich zu dem ganzen Complex der Orionnebel.

dort nach beiden Seiten aus, so dass dieser hellste Theil das Aussehen einer kurzen Doppelkeule oder einer Hantel gewinnt. Diese einfache und fast symmetrische Form, die der Nebel selbst noch in dem J. Herschel'schen Teleskop von 18 Zoll Oeffnung zeigte, wird eine sehr sonderbare in dem Riesenreflector Lord Rosses: die hantelartige Gestalt des hellsten Theiles geht in eine unregelmässig keulen- oder hammerartige über; die Brücke wird schmaler und länger; der elliptische Umriss, besonders im südlichen Theile, unkenntlicher; dabei tauchen eine Menge sternähnlicher Flöckchen und Punkte (ähnlich wie im Orionnebel) auf. Das Spectrum zeigt nach Vogel nur die bekannten Nebellinien.

Ein anderer sehr merkwürdiger und noch unregelmässiger geformter ist der sogenannte Omeganebel im Schützen, der entfernt einem Ω ähnelt; in dem Arme linker Hand der Fig. 188, die nach einer Zeichnung von

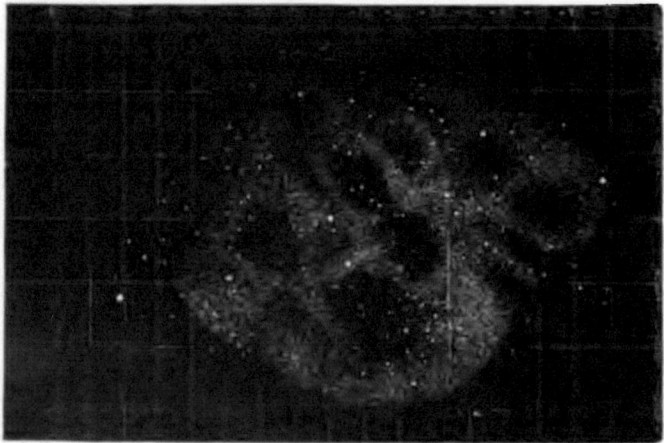

Fig. 189. Nebel im Schützen, Gen.-Catal. 4361, nach J. Herschel.

Holden und Trouvelot am grossen Washingtoner Refractor hergestellt ist, ist diese Form durchaus nicht mehr kenntlich, und Holden glaubt daher, aus der Vergleichung mit früheren Beschreibungen auf eine Formveränderung schliessen zu dürfen. Eine solche, die auch beim Orionnebel, dem Nebel um η Argus und einigen anderen vermuthet wird, ist indessen, wie schon früher erwähnt wurde, ausserordentlich schwierig nachzuweisen. Dass mit der Zeit auch diese Bildungen uns merkbare Aenderungen in Form und Helligkeit zeigen werden, darf nicht bezweifelt werden; eine andere Frage aber ist, ob sie jetzt schon, wo wir erst wenige Jahrzehnte zuverlässige Beobachtungen haben, für unsere beschränkten Mittel erkennbar seien; in sehr vielen Fällen und nicht am wenigsten bei den so mannigfach gestalteten, eine genaue Messung der Form meist ausschliessenden Nebeln müssen wir subjective Abweichungen oder Irrthümer vielmehr für wahrscheinlicher halten, als objective Veränderungen. Wie wenig der Anblick von Nebeln in verschiedenen Instrumenten übereinstimmt, haben wir ja auch bereits bei dem Spiralnebel in den Jagdhunden erkannt.

Als ein drittes Beispiel der wunderbaren in der Nebelwelt vorkommenden Formen geben wir noch die Abbildung des gleichfalls im Schützen stehenden Nebels 4361 des General Catalogue nach Sir J. Herschels Darstellung (Fig. 189), der indessen nur in südlicheren Gegenden gut sichtbar ist. Das Spectrum der beiden letztgenannten Nebel ist wieder gasförmig mit den gewöhnlich sichtbaren drei Linien. Den gleichfalls höchst unregelmässigen und ausgedehnten Nebel um η Argus, wie die beiden Maghellanischen Wolken, ein wundervolles über viele Grade des südlichen Himmels sich erstreckendes Conglomerat von Sternen, Sternhaufen und Nebelflecken (vergl. Fig. 177), erwähnten wir schon früher. Zwei andere sehr sonderbare und complicirte Nebel suchen noch

Fig. 190. »Crab«-Nebel im Stier, Gen.-Catal. 1157, nach Rosse (6 füssiger Reflector).

die Figg. 190 und 191 zur Anschauung zu bringen. Erstere stellt den sogenannten Crab-Nebula im Stier dar, wie er in Lord Rosses 6 füssigem Reflector erscheint; das mächtige Instrument verwandelte die sonst ziemlich regelmässige elliptische Form in eine mit zahlreichen Aesten und Armen versehene unregelmässige; der letztere Nebel (Fig. 191) zeigt in seiner Structur eine entschiedene Aehnlichkeit mit dem in Fig. 189 dargestellten, dem er auch räumlich sehr nahe steht; überhaupt finden sich gerade im Schützen eine grosse Anzahl sehr merkwürdiger unregelmässiger Nebel.

Es ist wohl kaum ein Zufall, dass die Nebel dieser Art wie auch die planetarischen sich fast durchaus in der Nähe der Milchstrasse finden*), die gewöhnlichen regelmässig elliptischen dagegen weit davon entfernt, vorzugsweise in 12^h und 13^h Rectascension. Und wie ihre Lage, so scheint auch ihre Beschaffenheit sehr verschieden zu sein, indem nach den neuesten Beobachtungen Vogels die grosse Mehrzahl der letzteren, wie er erwähnt, ein continuirliches Spectrum geben.

Schon W. Herschel macht in seiner Abhandlung von 1811 auf zahlreiche Stellen des Himmels aufmerksam, die wie mit milchigem Nebel überzogen seien. Solche meist ausserordentlich zarte und oft viele Quadratgrade bedeckende Nebelschimmer haben die starken Teleskope der Neuzeit in ganz besonderem Masse aus den Tiefen des Himmels hervorgeholt, und es scheint, als ob ihnen eine besonders wichtige Rolle in der Entwickelung und im Haushalte des Universums zukomme. Eine bestimmte Grenze zwischen ihnen und den oben erwähnten grossen und unregelmässigen, aber hellen Nebeln lässt sich nicht ziehen. Ueberhaupt darf angenommen werden, dass alle diese scheinbar so verschiedenen Formen, vom unregelmässigsten und blassesten Nebelschimmer bis zu den glänzenden, einfach und symmetrisch gebauten planetarischen und Ringnebeln, wesentlich Bil-

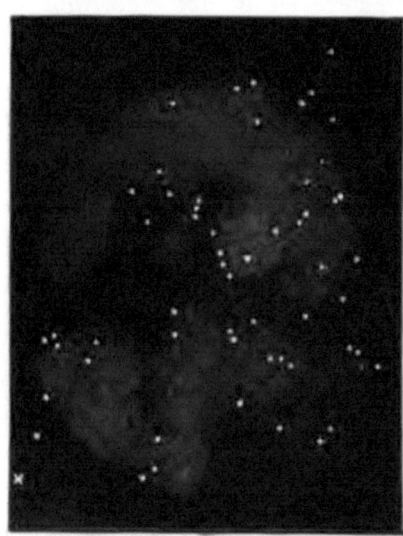

Fig. 191. Nebel im Schützen, Gen.-Catal. 4355, nach Lassell (4 füssiger Reflector, Malta).

---

*) Sir J. Herschel weist darauf hin, dass die grossen unregelmässigen Nebel hauptsächlich in vier grossen Nebelgegenden, sämmtlich der Milchstrasse nahe, vorkommen: im Orion, Schiff Argo, dem Schützen und Schwan, und dass wir durch sie eine Vorstellung von der Structur der Milchstrasse gewinnen könnten, welche in gleicher Entfernung vermuthlich einen ebenso complicirten und unregelmässigen Anblick darbieten würde. Ob diese letztere Anschauung berechtigt sei, lassen allerdings spectroskopische Beobachtungen, sowie neuere, später zu erwähnende Untersuchungen über die Milchstrasse mindestens zweifelhaft erscheinen.

dungen einer Art seien, und dass ihre so mannigfache Gestalt uns in der That die verschiedensten Entwickelungsstufen, welche die im Universum verbreitete und in glühend-gasförmigem Zustande befindliche Materie zufolge der in ihr wirkenden Kräfte annehmen kann, uns zu gleicher Zeit vor Augen führt. Wir werden hierauf wie auf die Beziehungen zwischen der Natur von Nebeln und Sternen noch weiter unten eingehen und bemerken jetzt nur kurz, dass die Ansicht W. Herschels, der zuerst in den Nebeln das Rohmaterial sah, aus welchem Sonnen und Systeme von Sonnen sich bilden, ein gut Theil Wahrheit enthalten wird. —

Im Anhange finden sich, ausser den hier genannten, noch eine grössere Anzahl heller oder sonst merkwürdiger Nebel und Sternhaufen, nach ihren Positionen am Himmel und mit kurzen Beschreibungen.

7. Bewegungen der Sterne.

Dem unbewaffneten Auge scheinen die Sterne dieselbe gegenseitige Lage am Himmel schon seit undenklichen Zeiten einzunehmen, und Hipparch, kehrte er ins Leben zurück, würde den Orion, die Plejaden, den Aldebaran und andere Gestirne scheinbar genau an derselben Stelle wie vor 2000 Jahren finden. Die verfeinerten Methoden der modernen messenden Astronomie haben aber gezeigt, dass diese scheinbare Unveränderlichkeit keine wirkliche ist, und dass die Sterne sich in der That an der Sphäre merklich bewegen oder, wie man sagt, eine *Eigenbewegung* haben; freilich aber würde diese dem blossen Auge in den meisten Fällen erst nach Jahrtausenden merkbar werden, und hunderttausend Jahre müssten vergehen, ehe der Anblick der Sternbilder ein wesentlich anderer werden würde.

Der erste, der auf Grund der Vergleichung neuerer Beobachtungen mit denen des Almagest eine Ortsveränderung der sogenannten Fixsterne nachwies, war Halley, nach ihm bald darauf J. Cassini. Bei der Ungenauigkeit der älteren Beobachtungen konnte freilich aus diesen nicht viel gefolgert werden, und so benutzten denn Tob. Mayer und Maskelyne die der Zeit nach zwar viel näheren, aber auch viel genaueren Beobachtungen von Römer zur Ableitung der Eigenbewegungen hellerer Sterne. Mayers 80 Sterne enthaltender Katalog von 1760 (enthalten in dem 1775 veröffentlichten werthvollen Zodiakal-Katalog von nahe 1000 Sternen) wurde aber begreiflicherweise durch neuere Arbeiten überholt, ähnlich wie die Doppelsternbeobachtungen Chr. Mayers durch die Untersuchungen W. Herschels. Den genauesten Katalog von Sternen mit starker Eigenbewegung aus der ersten Hälfte unseres Jahrhunderts verdanken wir

Argelander im sogenannten Åboer Katalog von 560 Sternen; der umfassendste und reichste ist die Bearbeitung Mädlers der mehr als 3200 Sterne des berühmten Bradley'schen Sternverzeichnisses. Nimmt man hierzu noch die Arbeiten neuerer Astronomen, so darf man die Zahl der Sterne mit sicher erkannter Eigenbewegung — eine ziemlich grosse Zahl zeigt selbst seit Bradleys Zeiten noch keine merkliche Ortsveränderung — auf wenigstens 4000 schätzen.

Im Durchschnitt haben zwar die helleren Sterne auch die grösseren Eigenbewegungen; es giebt aber doch sehr viele Ausnahmen von dieser Regel. So sind die beiden Sterne mit der grössten bekannten Eigenbewegung, Groombr. 1830 und Lac. 9352, nur 7. und 7.8. Grösse, der dann folgende, 61 Cygni, 5.6. Grösse; erst an elfter Stelle kommt ein Stern 1. Grösse, α Centauri. Im Folgenden geben wir die meisten der bis jetzt bekannten Sterne mit über 1″ jährlicher Eigenbewegung, nach der Grösse dieser Bewegung geordnet; die meisten nördlichen nach den Untersuchungen Argelanders, die südlichen auf Grund der Neubestimmungen der Lacaille'schen Sterne durch Stone und, für Lacaille 9352. durch Gould.

Eigenbewegungen über 1 Secunde.

Stern	Grösse	1900.0 AR	Decl.	Eigenbewegung	Bemerkungen
1830 Groombridge	$6^m.7$	$11^h\ 46^m$	$+38°\ 31'$	$7''.0$	
LC. 9352	7.2	22 59	−36 27	6.9	
61 Cygni	5.6	21 2	+38 14	5.2	dpl. 17″
LL. 21185	7.3	10 58	+36 42	4.7	
ε Indi	4.5	21 55	−57 10	4.5	
LL. 21258	8.6	11 1	+44 2	4.4	
40 Eridani	4.5	4 11	− 7 46	4.1	tripl. Comes dpl. 4″ Dist. 82″
μ Cassiopejae	5.6	1 1	+54 27	3.7	
α Centauri	1	14 33	−60 26	3.7	dpl. 15″
A.Ö. 14318—19	9.1	15 5	−15 56	3.6	d = 5″.0
„ 14320, 21, 22	8.9	15 5	−15 51		
LC. 8760	6.7	21 12	−39 15	3.5	
A.Ö. 11677	9	11 15	+66 23	3.0	
ο Eridani	4.4	3 16	−43 27	3.0	
34 Groombridge	8.2	0 12	+43 27	2.8	dpl. 40″
Pi. II. 123	6.3	2 31	+ 6 24	2.4	
LL. 25372	8.0	13 41	+15 27	2.3	
α Bootis	1	14 11	+19 44	2.3	
PM. 2164	8.5	18 42	+59 27	2.3	dpl. 16″
LC. 661	6.4	2 6	−51 19	2.2	
LL. 7443	8.5	3 57	+35 3	2.2	
W. V. 592	9	5 27	− 3 40	2.2	
β Hydri	3	0 20	−77 49	2.1	

Bewegungen der Sterne.

Stern	Grösse	1900.0 AR	Decl.	Eigen-bewegung	Bemerkungen
Br. 3077	5ᵐ9	23ʰ 8ᵐ	+56° 37'	2″1	
ζ Tucani	4.5	0 15	—65 29	2.0	
Pi. XIV. 212	4.9	14 52	—20 57	2.0	dpl. 13″
LL. 15290	8.3	7 47	+30 56	2.0	
τ Ceti	4	1 40	—16 29	1.9	
σ Draconis	5	19 32	+69 31	1.9	
W. IX. 954	9.2	9 46	—11 48	1.8	
Fed. 1457, 58	7.8	9 8	+53 8	1.7	dpl. 20″
LC. 8362	6	20 5	—36 20	1.6	
LL. 30694	6.9	16 48	+ 0 12	1.6	
δ Pavonis	4.5	20 2	—66 25	1.6	
61 Virginis	4.5	13 13	—17 45	1.5	
LC. 2957	6	7 42	—34 0	1.5	
LL. 31055	7.5	17 0	— 4 53	1.5	
Pi. 0. 130	5.6	0 32	—25 19	1.4	
20 Mayeri	6	0 42	+ 4 47	1.4	
Σ 443	8.2	3 40	+41 10	1.4	dpl. 9″
ν Indi	6.7	22 16	—72 44	1.4	
Fed. 1384	8.8	8 46	+71 11	1.4	
1618 Groombridge	6.7	10 5	+49 58	1.4	
LL. 30044	7.8	16 26	+ 4 27	1.4	
LL. 38333	7.3	20 0	+23 6	1.4	
LL. 46650	8.7	23 44	+ 1 53	1.4	
ι Persei	4	3 2	+49 14	1.3	
W. IV. 1180	6.7	4 56	— 5 51	1.3	
Sirius	1	6 41	—16 34	1.3	dpl. 10″
Procyon	1	7 34	+ 5 30	1.3	
LC. 3386	6.7	8 29	—31 11	1.3	
LL. 27744	7.0	15 9	— 0 58	1.3	
γ Serpentis	3.4	15 52	+16 0	1.3	
A.Ö. 17415	9	17 37	+68 27	1.3	
Pi. XX. 29	5.3	20 9	—27 20	1.3	
W. XXIII. 175	8.0	23 12	—14 21	1.3	dpl. 1″ 8.7 u. 8.9 Burnham
85 Pegasi	6	23 57	+26 34	1.3	
η Cassiopejae	3.4	0 43	+57 18	1.2	dpl. 7″
δ Trianguli	5.6	2 11	+33 46	1.2	
LL. 15565	7.8	7 56	+29 32	1.2	
LC. 4955	6.7	11 53	—27 8	1.2	
43 Comae	4.5	13 7	+28 22	1.2	
LL. 28607	7	15 38	—10 36	1.2	
36 Ophiuchi	5.6	17 9	—26 26	1.2	dupl. 4″ d = 12″1
30 Scorpii	7	17 10	—26 22		
W. XVII. 322	8.2	17 21	+ 2 15	1.2	
Lamont₂ 3744	9	18 53	+ 5 49	1.2	
ζ¹ Reticuli	6.0	3 15	—62 58	1.1	d = 5″1
ζ² Reticuli	5.7	3 16	—62 54		

IV. Stellarastronomie.

Stern	Grösse	1900.0 AR	Decl.	Eigen-bewegung	Bemerkungen
ϑ Ursae Majoris	3ᵐ	9ʰ 6ᵐ	+52° 8′	1″.1	
20 Crateris	6	11 30	—32 19	1.1	
LL. 27298	7.6	14 52	+54 4	1.1	
70 Ophiuchi	4.5	18 0	+ 2 32	1.1	dpl. 4″
LC. 2138	5.6	5 50	—80 34	1.0	
LL. 16304	5.7	8 14	—12 17	1.0	
w Herculis	5.6	17 17	+32 37	1.0	
LC. 8620	6	20 51	—44 29	1.0	
b Aquilae	5.6	19 20	+11 43	1.0	

Mädler fand als durchschnittliche Eigenbewegung der Bradley'schen Sterne in 100 Jahren für

    65 Sterne 1. und 2. Grösse 22″.2
   154   » 3.   » 16″.8
   312   » 4.   » 13″.7
   690   » 5.   » 11″.1
   994   » 6.   »   9″.0
   921   » 7.   »   8″.6.

Die Durchschnittsbewegung nimmt danach mit der Grösse offenbar ab; wie wenig aber hieraus im einzelnen Falle zu schliessen ist, zeigt das obige Verzeichniss, welches unter 78 Sternen mit E. B. grösser als 1″ nur 38 enthält, die heller als 6. Grösse sind. Von den Sternen erster Grösse haben α und β Orionis, α Virginis, α Scorpii, α Argus und β Centauri eine Eigenbewegung von weniger als 0″.1 jährlich. Es verhält sich hier ähnlich wie mit den wirklichen Grössen, bezw. den Massen der Sterne und ihren Helligkeiten; Sterne wie Sirius und dessen Begleiter zeigen, dass Helligkeit oder Leuchtkraft weder für die Masse, noch für die Eigenbewegung ein einigermassen sicheres Kriterium abgeben. Dass starke Bewegung andererseits nicht ein Beweis von grosser Nähe ist, sieht man an Sternen wie Arctur, o^2 Eridani u. a., die bisher noch keine sichere Parallaxe verrathen haben; umgekehrt gehören freilich die Sterne mit messbarer Parallaxe zu den stärkstbewegten, und nur wenige, wie z. B. Wega, die nur 0″.35 jährliche E. B. hat, machen hiervon eine Ausnahme. Da wir indessen nur die Projection der wirklichen Bewegung auf die Sphäre wahrnehmen, so könnten die helleren Sterne immerhin eine bedeutende factische Bewegung im Raume besitzen, was indessen nach den Potsdamer spectrographischen Beobachtungen thatsächlich nicht der Fall zu sein scheint.

Soweit beobachtet worden ist, und vermuthlich soweit wir noch sehr lange Zeit werden beobachten können, finden die scheinbaren oder Eigenbewegungen vollständig geradlinig statt. Selbst wenn jeder der Sterne, deren Eigenbewegung wir kennen, sich in einer geschlossenen Bahn bewegt, so ist diese doch so immens, dass in dem kurzen Bogen, welcher beschrieben ist, seitdem wir genaue Beobachtungen anstellen, nicht die geringste Krümmung wahrgenommen werden kann. Wir sahen (Seite 514), dass diese scheinbar vollkommen geradlinige Bewegung das beste Unterscheidungsmittel der bloss optischen Doppelsterne von den physischen, in relativ kleinen Bahnen um einander sich bewegenden, ist.

Soweit die Beobachtung, d. h. die Ortsbestimmung der Sterne uns lehren kann, ist kein Grund zu der Annahme, dass die Sterne sich in bestimmten und bestimmbaren Bahnen irgend welcher Art bewegen, vorhanden. Es ist wahr, dass Mädler durch eine Prüfung der Eigenbewegungen zu zeigen suchte, dass für das ganze sichtbare Sternheer und zugleich für unser Sonnensystem der Schwerpunkt oder Mittelpunkt der Bewegung in den Plejaden liege, und dass speciell deren hellster Stern, die Alcyone, gleichsam als »Centralsonne« für das ganze Fixsternsystem zu betrachten sei — eine Hypothese, deren Grossartigkeit zu ihrer weiten Verbreitung in populären Schriften vielfach beigetragen hat. Allein C. A. F. Peters hat das Haltlose dieser Annahme vollkommen überzeugend nachgewiesen, so dass sie jetzt wohl als beseitigt gelten darf. Bewegten sich die Sterne in kreisähnlichen Bahnen, die einen gemeinsamen Mittelpunkt hätten, so würden wir einige Regelmässigkeit in ihren Eigenbewegungen wahrnehmen müssen. Aber nichts dergleichen ist zu bemerken. In allen Gegenden des Himmels bewegen sich die Sterne mit den verschiedensten Geschwindigkeiten nach den verschiedensten Richtungen. Auch Untersuchungen in Betreff einer Rotation der Fixsterne in der Ebene der Milchstrasse, die durch Schönfeld angeregt worden, sind ohne Resultat geblieben.

Freilich können wir eine gewisse Gesetzmässigkeit hier nachweisen, die jedoch nur in einer gemeinsamen scheinbaren Eigenbewegung besteht, welche ihren Grund in der wirklichen Bewegung unseres Sonnensystems hat, deren Spiegelbild sie thatsächlich ist. Da unsere Sonne nur einer unter den Millionen von Sternen ist, so wird sie eben so gut wie diese eine Bewegung haben, und wir werden ihre Bewegung, an der das ganze Sonnensystem Theil nimmt, aus den Eigenbewegungen der Sterne erkennen können. Wäre ein Stern an der Sphäre in Ruhe, so würde er uns zufolge der Sonnenbewegung bewegt erscheinen und zwar nach entgegengesetzter Richtung, als sich diese bewegt. Zeigt er aber eine Eigenbewegung, so wird diese sich aus den beiden Bewegungen, der des Sternes selbst (motus peculiaris) und der aus der Bewegung der

Sonne folgenden (motus parallacticus), zusammensetzen. Wie viel von der ganzen Bewegung eines Sternes auf Rechnung der ersteren kommt, wissen wir freilich von vornherein nicht; beobachten wir indessen eine sehr grosse Zahl von Sternen, so dürfen wir annehmen, dass die den Sternen eigenthümlichen Bewegungen, als nach allen Richtungen erfolgend, sich im Mittel aufheben und nur die parallaktische Bewegung übrig bleibt. Ausserdem ist klar, dass die Sterne, denen wir uns nähern, auseinander, die, von denen wir uns entfernen, aneinander zu rücken scheinen werden, ebenso wie die Bäume im Walde; ferner, dass Sterne, die in der Richtung der Sonnenbewegung liegen, keine parallaktische Verschiebung zeigen können. Diese Erscheinungen fanden nun W. Herschel und nahe gleichzeitig Prévost bestätigt, als sie zu Ende des vorigen Jahrhunderts die damals bekannten Eigenbewegungen untersuchten. Die Grundlagen beider waren aber so dürftige, dass die Resultate, die auch nicht gut übereinstimmten, mit Recht stark angezweifelt wurden. Spätere Untersuchungen, namentlich von Argelander, dem der Åboer Katalog zuerst eine genügend grosse Zahl von bewegten Sternen bot, haben indessen die Richtigkeit wenigstens von Herschels Resultat nahe bestätigt, und es liegen nunmehr eine grosse Anzahl von Bestimmungen des Punktes, nach welchem die eigene Bewegung unseres Sonnensystems gerichtet ist, des sogenannten »Apex« des Sonnensystems, vor. Die gleich folgende Zusammenstellung der bisherigen Bestimmungen zeigt zwar, dass die einzelnen Werthe noch sehr stark von einander abweichen, dass aber ein Zweifel über die Richtung der Bewegung innerhalb geringer Grenzen nicht mehr möglich ist. Es gehen so viele unsichere Elemente und Hypothesen in diese Rechnungen ein, dass eine bessere Uebereinstimmung nicht zu erwarten ist.

Bestimmung des Apex des Sonnensystems.

Berechner	AR	Declination	Anzahl der benutzten Sterne
W. Herschel	$260°6$	$+26°3$	— 14
	245.9	$+40.4$	—
Gauss	259.2	$+30.8$	—
Argelander	259.9	$+32.5$	390
Lundahl	252.5	$+14.4$	147
O. Struve	261.5	$+37.6$	392
Galloway	260.1	$+34.4$	78
Mädler	261.6	$+39.9$	2163
Airy	261.5	$+24.7$	113
Dunkin	263.7	$+25.0$	1167
Gyldén	273.9	—	—

Berechner	AR	Declination	Anzahl der benutzten Sterne
Gyldén	260°5	—	—
de Ball	269.0	+23°2	67
Rancken	284.6	+31.9	106
Bischoff	285.2	+48.5	480
Ubaghs	262.4	+26.6	464
L. Struve	273.3	+27.3	2509
Stumpe	285.1	+36.2	1054

Hiernach lässt sich der Punkt, auf welchen zu sich das Sonnensystem bewegt, als in AR 267° und Decl. + 31° gelegen angeben. Dieser Punkt befindet sich im Sternbilde des Hercules.

Könnte man die Sonnenbewegung aus der mittleren Entfernung der Bradley'schen Sterne betrachten, so würde man, nach den Untersuchungen von O. Struve, Dunkin und Gyldén, für diese in hundert Jahren etwa 40″ finden; ein Resultat, welches freilich wegen der Unsicherheit über die genannte Entfernung noch ziemlich zweifelhaft ist. —

Es giebt am Himmel einige zum Theil weit zerstreute Sterngruppen, welche eine gemeinsame und von den Bewegungen in ihrer Umgebung ganz verschiedene Eigenbewegung besitzen. Nach den Untersuchungen von Proctor, Safford, Stone u. a. ist es sehr wahrscheinlich, dass solche Gruppen physische Systeme, so zu sagen, vielfache Sterne einer höheren Ordnung bilden, in denen alle Sterne gemeinsam und ohne grössere Aenderung ihrer relativen Stellungen fortgeführt werden. Das auffallendste Beispiel dieser Art findet sich im Stier, zwischen Aldebaran und den Plejaden, wo eine grosse Zahl hellerer Sterne gemeinsam nach Osten, etwa 10″ im Jahrhundert, fortrücken; ob und wie viele schwächere Sterne dazu gehören, wissen wir nicht, da deren Bewegungen noch unbekannt sind. Eine eben solche gemeinschaftliche Bewegung, die Proctor nicht unpassend *star-drift* nennt, zeigen fünf von den sieben Hauptsternen des Grossen Bären. Dass auch die Gruppe der Plejaden zum Theil eine derartige Bewegung und zwar nach Südwesten besitzt, wurde schon oben erwähnt. Am südlichen Himmel hat Stone eine bemerkenswerthe Gruppe gefunden; sie besteht aus den vier Sternen ζ Tucani, e Eridani, ζ_1 und ζ_2 Reticuli, die bei sehr bedeutender Eigenbewegung (siehe Verzeichniss Seite 552 ff.) sich langsam von einander zu trennen scheinen; ζ_1 und ζ_2 Reticuli bilden einen weiten Doppelstern. Unter den weiten Doppelsternen zeichnen sich noch die Sterne 9. Grösse Argel.-Oeltzen (südl. Zonen) 14318 und 14320, auf welche Schönfeld aufmerksam gemacht hat, sowie die schon länger bekannten helleren

Sterne 30 Scorpii und 36 Ophiuchi durch starke gemeinsame Eigenbewegung aus (siehe Seite 552). —

Wir haben bisher nur von den scheinbaren Bewegungen der Sterne an der Sphäre gesprochen und können in der That nur diese aus den gewöhnlichen teleskopischen Beobachtungen ermitteln. Erst die neueste Zeit hat uns im Spectroskop ein Mittel an die Hand gegeben, auch die wirklichen Bewegungen im Raume zu erkennen.

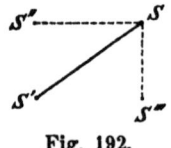

Fig. 192.

Seien in der Fig. 192 S und S' zwei Oerter eines Sternes im Raume, SS' also der im Laufe einer gewissen Zeit vom Stern zurückgelegte Weg. Steht dann in der Richtung SS''' in ausserordentlich grosser Entfernung die Erde oder das Sonnensystem, so wird von ihr aus der Weg SS' an der Sphäre in der Grösse SS'' als scheinbare oder Eigenbewegung projicirt erscheinen (wenn von der Bewegung der Erde und Sonne abgesehen wird), dagegen das Stück SS''' die Bewegungsgrösse des Sternes in der Richtung der Gesichtslinie darstellen. Bisher vermochten wir nur die Grössen SS'' oder die den Sternen eigenthümlichen scheinbaren Bewegungen an der Sphäre zu ermitteln; über die Bewegungen im Raume oder in der Richtung der Gesichtslinie (SS''') wussten wir nichts. Auf welche Weise das Spectroskop uns mit Hülfe des Doppler'schen Princips in den Stand setzt, die Bewegungen in der Gesichtslinie zu erkennen und zu messen, haben wir bereits gesehen: die enormen Bewegungen im Raume werden im Spectroskope in äusserst geringe Verschiebungen der Spectrallinien umgesetzt.

Diese Verschiebungen sind bei ihrer Geringfügigkeit nur äusserst schwer zu beobachten und zu bestimmen. Einer Bewegung von 75 Kilometern in der Secunde entspricht nämlich nur eine Verschiebung von etwa einem Sechstel der Entfernung der beiden Natriumlinien oder von $0.1\,\mu\mu$, und Bewegungen von dieser Grösse kommen zwar am Sternhimmel vor, scheinen aber sehr selten zu sein. Uebrigens muss bemerkt werden, dass hier die Bewegung der Erde im Raume in ähnlicher Weise eintritt, wie bei der früher betrachteten scheinbaren (Eigen-) Bewegung. Die Bewegungen von Stern und Erde vermischen sich in ihrer Wirkung, und wie unter Umständen die Eigenbewegung eines Sternes keine thatsächliche, sondern nur das Bild der Bewegung des Sonnensystems und mit ihm der Erde sein kann, so kann auch die Bewegung des Sternes in der Gesichtslinie nur scheinbar und durch die entgegengesetzte der Erde hervorgebracht sein. Soweit letztere von der Bewegung der Erde um die Sonne abhängt, kennen wir sie zwar; steht nämlich der Stern 90° von der Sonne entfernt und nahe der Ekliptik, so entfernt oder nähert sich ihm die Erde mit einer Geschwindigkeit von 30 Kilometern in der Secunde; die Grösse der Bewegung aber des ganzen Sonnensystems ist noch sehr wenig bekannt, und man kann sie nur ganz beiläufig auf etwa 25 Kilometer in der Secunde oder 800 Millionen Kilometer im Jahre schätzen.

Huggins und H. C. Vogel sind die ersten, welche derartige Messungen an hellen Sternen vorgenommen haben; später sind dieselben in Greenwich systematisch an allen helleren Sternen fortgesetzt worden. Die sehr mangelhafte Uebereinstimmung der Resultate lehrte aber, dass auf alle diese Bestimmungen nur sehr wenig Werth zu legen sei, ja dass sie kaum im Stande waren, auch nur den Sinn der Bewegung richtig zu geben. Wie schon bei Gelegenheit der veränderlichen Sterne angedeutet worden, ist es indessen neuerdings H. C. Vogel in Potsdam gelungen, durch die Anwendung der Photographie diesen Zweig der Forschung in ganz andere Bahnen zu lenken. Der folgende kleine Katalog enthält die Eigenbewegungen im Visionsradius von 50 Sternen in Kilometern, und die angegebenen Geschwindigkeiten dürften mit Ausnahme von α Geminorum, β Librae und β Pegasi, deren Bewegung mit beträchtlich grösserer Unsicherheit behaftet ist, nur in wenigen Fällen um mehr als 3 Kilometer unsicher sein. Ein positives Vorzeichen bedeutet Entfernung von der Sonne, ein negatives Annäherung zu derselben.

α Andromedae	+ 5	γ Orionis	+ 9	γ Leonis	− 39	β Librae	− 9
β Cassiopejae	+ 8	β Tauri	+ 8	β Ursae maj.	− 29	α Coronae bor.	+32
α Cassiopejae	−15	δ Orionis	+ 1	α Ursae maj.	− 12	β Herculis	−35
γ Cassiopejae	− 4	ε Orionis	+26	δ Leonis	− 14	α Ophiuchi	+19
β Andromedae	+11	ζ Orionis	+15	β Leonis	− 12	α Lyrae	−15
α Ursae min.	−26	α Orionis	+17	γ Ursae maj.	− 27	α Aquilae	−37
γ Andromedae	−13	β Aurigae	− 28	ε Ursae maj.	− 30	γ Cygni	− 6
α Arietis	−15	γ Geminorum	−17	α Virginis	− 16	α Cygni	− 8
β Persei	− 2	α Canis maj.	−16	ζ Ursae maj.	− 31	ε Pegasi	+ 8
α Persei	−10	α Geminorum	−30	η Ursae maj.	− 26	β Pegasi	+ 7
α Tauri	+49	α Canis min.	− 9	α Bootis	− 8	α Pegasi	+ 1
α Aurigae	+24	β Geminorum	+ 1	ε Bootis	−16		
β Orionis	+16	α Leonis	− 9	β Ursae min.	+14		

Capitel II.

Der Bau des Universums.

Nachdem wir im vorhergehenden Capitel die einzelnen Theile des Weltalls behandelt, welche uns das Fernrohr offenbart, gleichsam den Inhalt der einzelnen Räume des Gebäudes kennen gelernt haben, müssen wir jetzt untersuchen, welches Licht teleskopische Entdeckungen auf die Structur des Universums als eines Ganzen werfen können. Selbstverständlich treten wir damit auf einen im Allgemeinen weniger sicheren Grund als bisher; denn wir befinden uns hier den Grenzen positiven Wissens näher als sonst, und viele unserer Schlüsse müssen mehr oder weniger Hypothesen sein, die durch nachfolgende Entdeckungen bestätigt oder aber umgestossen werden können. Wir werden indessen alle blossen Vermuthungen zu vermeiden trachten und keinen Schluss anführen, der nicht irgendwie in der Beobachtung oder Analogie begründet ist. Der menschliche Geist kann es nicht unterlassen, über die Ordnung der Schöpfung, während er sie bewundert, in ihrem weitesten Umfange nachzudenken, und die Wissenschaft wird ihm Dienste leisten, wenn sie jedes mögliche Licht auf seinen Pfad wirft und ihn verhindert, Schlüsse zu ziehen, die mit beobachteten Thatsachen ganz unvereinbar wären.

Die erste und wichtigste Frage, mit der wir uns beschäftigen wollen, betrifft die **Raumvertheilung der Sterne**. Wir wissen aus directer Beobachtung, wie die helleren an der Sphäre von unserem Sonnensystem aus geordnet erscheinen, kennen also die Richtung, in der sie sich befinden. Aber dies giebt uns noch keinen Aufschluss über ihre Lage im Raume; denn um diese zu bestimmen, müssten wir ebenso wohl die Entfernung wie die Richtung jedes Sternes kennen, während wir durch factische Messung ihrer Parallaxen doch nur die Entfernungen von kaum einem Dutzend annähernd ermittelt haben. Wir müssen demnach, um über die Raumvertheilung des ganzen Sternheeres oder nur einzelner Classen von Sternen etwas zu erfahren, uns mit mehr oder weniger plausiblen Hypothesen begnügen, die sich auf die Thatsachen der Beobachtung, auf die Helligkeiten und Bewegungen der Sterne und auf ihre Lage an der Sphäre stützen. Wären die Himmelskörper alle von gleicher wirklicher Grösse und strahlten sie das Licht in gleicher Weise aus, so könnten wir ihre Entfernung nach ihrer scheinbaren Grösse ziemlich gut schätzen; aber das ist bekanntlich nicht der Fall. Gleichwohl dürfen wir annehmen, dass die Verschiedenheit der absoluten Grössen erheblich geringer als die der scheinbaren ist, so dass ein auf die letzteren gegründetes Urtheil immerhin besser ist, als gar keins. Es waren solche Erwägungen, welche den Anschauungen der ersten Beobachter zu Grunde lagen.

Ueber die scheinbare Vertheilung der Sterne wissen wir jetzt durch die Arbeiten der Bonner Sternwarte und zum Theil durch die von Gould wesentlich mehr als zur Zeit Struves; aber doch sind unsere Kenntnisse noch immer sehr lückenhaft und gestatten nur beschränkte Folgerungen auf die Vertheilung im Raume. Noch unsicherer aber ist der Schluss von den scheinbaren Bewegungen auf die Entfernungen, wie wir früher sahen, weit unvollständiger als die Helligkeiten der Sterne, die uns in den mannigfaltigsten Abstufungen unmittelbar vor das Auge treten, oder als ihre Lage.

1. Ansichten der Forscher vor Herschel.

Vor der Erfindung des Fernrohres waren einigermassen plausible Vorstellungen über die Structur des Sternsystems kaum möglich. Wir haben gesehen, wie tief der Gedanke eines sphärischen Universums in den Gemüthern der Menschen wurzelte; war doch selbst Coppernicus ganz davon erfüllt und hielt vermuthlich die Sonne in irgend welcher Beziehung für den Mittelpunkt dieser Sphäre. Diese Idee musste zunächst verschwinden, ehe ein Schritt zur wahren Auffassung des Universums möglich war, und die Sonne musste lediglich als ein Stern unter den unzähligen Sternen, die dasselbe ausmachen, erkannt werden. Die Ansicht von der Möglichkeit, dass dies der Fall sein könnte, scheint sich zuerst Kepler aufgedrängt zu haben, doch hinderte ihn eine ungenaue Schätzung der relativen Helligkeit der Sterne an ihrer unbedingten Annahme. Er folgerte, dass, wenn die Sonne ein Stern wäre unter einer grossen Anzahl gleichmässig im Raume vertheilter Fixsterne von gleicher Helligkeit, es deren nicht mehr als zwölf sein könnten, welche in der geringsten Entfernung von uns sich befänden. Wir würden dann eine andere grössere Zahl von Sternen in der doppelten, eine weitere in der dreifachen Entfernung haben u. s. f., und da sie um so schwächer erscheinen, je weiter sie von uns abstehen, so würden wir bald an eine Grenze kommen, über die hinaus keine Sterne mehr zu sehen sind.

In Wirklichkeit sehen wir nun aber zahlreiche Sterne von gleicher Grösse dicht bei einander, wie im Gürtel des Orion, während die Gesammtzahl der sichtbaren Sterne nach Tausenden zu rechnen ist. Kepler schliesst daraus, dass die Entfernungen der einzelnen Sterne von einander viel kleiner seien als ihre Entfernungen von unserer Sonne, so dass die letztere nahe dem Mittelpunkte einer verhältnissmässig leeren Region sich befinde.

Hätte er gewusst, dass das Licht von hundert Sternen sechster Grösse erst dem eines Sternes erster Grösse gleichkommt, so würde er einen anderen Schluss gezogen haben. Eine ganz einfache Berechnung hätte ihm gezeigt, dass bei zwölf Sternen in der Entfernung Eins die vierfache Zahl in der doppelten, die neunfache in der dreifachen Entfernung u. s. f. stehen müssten, bis es innerhalb der zehnten Sphäre mehr als 4000 gewesen wären. Die 1200 Sterne an der Oberfläche der zehnten Sphäre würden nach der Berechnung Sterne sechster Grösse gewesen sein, eine Zahl, die dem Ergebnisse der thatsächlichen Zählung nahe genug kommt, um zu zeigen, dass die Hypothese einer gleichförmigen Vertheilung mit den Beobachtungen im Einklang stehe. Es ist wahr, dass, wo mehrere helle Sterne zusammenstehen, ihr Abstand wahrscheinlich kleiner als ihre Entfernung von der Sonne sein wird, aber solche Anhäufungen bilden doch eine Ausnahme und deuten nicht auf ein allgemeines Zusammengedrängtsein aller Sterne, wie Kepler anzunehmen schien. Doch muss, um ihm Gerechtigkeit widerfahren zu lassen, betont werden, dass er diese seine Anschauung nicht als wohlbegründete Theorie hinstellte, sondern als blosse Vermuthung in einer Frage, deren sichere Beantwortung unmöglich sei. Die Milchstrasse übrigens hielt Kepler für einen ungeheuren, mit Sternen erfüllten Ring, in dessen Mitte ungefähr unsere Sonne stehe.

Ansichten von Kant. — Diejenigen, welche Kant nur als speculativen Philosophen kennen, mögen überrascht sein, zu erfahren, dass er, obwohl kein Astronom von Fach, doch der Urheber einer Theorie des Sternsystems war, die mit einigen Abänderungen bis auf den heutigen Tag fast allgemein beibehalten worden ist. Er wusste, dass die das Himmelsgewölbe umspannende Milchstrasse durch das combinirte Licht unzähliger kleiner Sterne entstehe, und schloss daraus, dass das Sternsystem sich viel weiter in der Richtung der Milchstrasse als nach anderer ausdehne, mit anderen Worten, dass die Sterne in einer verhältnissmässig dünnen, flachen Schicht sich befänden, deren Mittelpunkt unsere Sonne ziemlich nahe sei. Wir betrachten diese Art linsenförmiger Schicht längs der Schneide, d. h. also in der Richtung der Milchstrasse, und sehen daher eine ungeheure Anzahl von Sternen, während in der senkrechten Richtung (nach den Polen der Milchstrasse) nur wenige sichtbar werden[*].

Diese dünne Schicht brachte Kant auf die Idee einer gewissen Aehnlichkeit mit dem Sonnensystem. Wegen der nur geringen Neigung ihrer Bahnen sind die Planeten in einer flachen Schicht ausgebreitet, und wir haben uns statt der wenigen existirenden eine grosse Anzahl Planeten, die sich in Bahnen mässiger Neigung um die Sonne bewegen, zu denken, um uns im Kleinen eine Vorstellung des Sternsystems zu machen, wie Kant es sich construirte. Wäre der Ring der kleinen, zwischen Mars und Jupiter befindlichen Planeten damals bekannt gewesen, so würde

---

[*] Die erste Anregung zu seiner Theorie, die er in der »Allgemeinen Naturgeschichte und Theorie des Himmels« (Königsberg 1755) darlegte, hat Kant zum Theil durch Th. Wright empfangen, der in seiner Schrift: »Theory of the Universe« (London 1750) zuerst auf die Beziehungen der Sterne rücksichtlich der Milchstrasse als gleichsam einer Grundebene hingewiesen zu haben scheint.

er scheinbar einen schlagenden Beweis für Kants Anschauung geliefert haben, indem er eine noch grössere Uebereinstimmung des Planetensystems mit Kants vermuthetem Sternsystem gezeigt haben würde. Der Schluss, dass zwei dem Anschein nach so ähnliche Systeme sich auch in der Structur gleichen sollten, wäre in der Analogie anscheinend wohl begründet gewesen.

Wie bei den Planeten eine durch die Bewegung in ihren Bahnen erzeugte Centrifugalkraft wirksam ist, die sie in ihren bestimmten Abständen hält und verhütet, dass sie aufeinander oder in die Sonne fallen, so nahm Kant für die Fixsterne eine in ähnlicher Weise wirksame Revolution um einen gemeinsamen Mittelpunkt an. Die Eigenbewegungen der Sterne waren damals fast gänzlich unbekannt, und es wurde daher, scheinbar mit Recht, der Einwurf erhoben, die Sterne seien Jahrhunderte hindurch in derselben Stellung am Himmel geblieben, und von einer Bewegung um einen Mittelpunkt könne deshalb nicht die Rede sein. Kants Antwort darauf war, die Umlaufszeit sei so lang und die Bewegung eine so langsame, dass die letztere mit den damals vorhandenen unvollkommenen Mitteln der Beobachtung nicht bemerkbar sei. Künftige Generationen würden, wie er nicht zweifle, durch Vergleichung ihrer Beobachtungen mit denen ihrer Vorgänger finden, dass die Sterne thatsächlich eine Bewegung haben.

Diese Muthmassung Kants ist, wie wir gesehen haben, vollauf bestätigt worden; aber die Bewegungen sind nicht der Art, wie er sie sich dachte. Nach seiner Theorie müssten sich alle Sterne in Bahnen bewegen, die der Richtung der Milchstrasse beinahe parallel liefen, gerade so, wie im Planetensystem alle Planeten nahe der Ekliptik die Sonne umkreisen. Aber die wirklich beobachteten Sternbewegungen haben keine gemeinsame Richtung und gehorchen keinem Gesetz irgend welcher Art, ausgenommen, dass im Durchschnitt die Bewegungen von dem Sternbild des Hercules her etwas vorherrschen, was einer wirklichen Bewegung der Sonne nach dieser Richtung zugeschrieben werden muss. Mit Rücksicht hierauf finden wir, dass die Sterne scheinbar in jeder beliebigen Richtung sich bewegen, weshalb sie nicht irgendwie regelmässig vorgezeichnete Bahnen beschreiben können, wie Kant glaubte. Ein Verfechter des Kant'schen Systems könnte allerdings behaupten, dass, da überhaupt nur bei wenigen der uns nächsten Sterne eine Bewegung beobachtet wurde, doch die grosse Menge der Sterne, die die Milchstrasse ausmachen, in ihren Bahnen eine Regel und Ordnung einhalten könnte, eine Ansicht, deren grössere oder geringere Wahrscheinlichkeit wir später besser zu beurtheilen im Stande sein werden.

Die Kant'sche Theorie nimmt an, das eben beschriebene System umfasse die ungeheure Sternenmasse der Milchstrasse, die unseren Himmel ziert, mit Einschluss aller Sterne, die mittelst des Teleskops uns einzeln sichtbar werden. Kant will aber damit nicht sagen, dass dieses, wenngleich riesige System das ganze materielle Weltall ausmache. In den Nebelflecken sah er andere ähnliche Systeme in so unabsehbaren Entfernungen, dass das vereinte Licht ihrer Millionen Sonnen auch in den mächtigsten Teleskopen sie nur als schwache Wolke erscheinen lasse. Diese Anschauung, die auf Grund der Beobachtungen W. Herschels lange Zeit von diesem und anderen Astronomen getheilt, dann aber durch die ersten Ergebnisse der Spectralanalyse anscheinend widerlegt wurde, gewinnt in jüngster Zeit wieder an Boden, da, wie wir früher sahen (vergl. Seite 530), die Mehrzahl der regelmässigen Nebel continuirliche Spectra zeigt, was auf einen stellaren Zustand der sie bildenden Elemente hindeutet.

Das Lambert'sche System. — Einige Jahre nach dem Kant'schen entwickelte Lambert in seinen »Kosmologischen Briefen« ein ähnliches, aber weiter ausgearbeitetes System. Er dachte sich das Universum nach Systemen verschiedener Art angeordnet. Das kleinste und einfachste System, das wir kennen, besteht aus einem Planeten, dessen Satelliten um ihn als ihren Mittelpunkt kreisen. Das nächstgrössere ist ein Sonnensystem, in welchem eine Anzahl kleinerer Systeme um die Sonne laufen. Jeder einzelne Stern, den wir sehen, ist eine Sonne und hat sein Gefolge von Planeten, die sich um ihn bewegen, so dass es ebenso viele Sonnensysteme als Sterne giebt. Diese Systeme sind jedoch nicht aufs Gerathewohl im Raume zerstreut, sondern zu grösseren Gruppen vereinigt, welche durch unsere Fernröhre als Sternhaufen erscheinen. Eine Unzahl solcher Sternhaufen bildet unsere Milchstrasse und das Universum, soweit wir es mit unseren Instrumenten zu durchmessen vermögen. Es kann auch noch grössere Systeme geben, deren jedes aus Milchstrassen besteht, und so weiter ins Unendliche; nur sind ihre Entfernungen so ungeheure, dass sie unserer Wahrnehmung entgehen. Jedes der kleineren Systeme hat seinen Centralkörper, dessen Masse weit grösser ist, als die der ihn umkreisenden zusammengenommen. Diese bekannte Eigenthümlichkeit übertrug Lambert auch auf die anderen Systeme. Wie die Planeten grösser sind als ihre Trabanten und wiederum die Sonne grösser ist als ihre Planeten, so nahm Lambert für jeden Sternhaufen einen grossen Körper als Mittelpunkt an, um welchen sich die verschiedenen Sonnensysteme bewegten, und welcher, weil uns unsichtbar, nach seiner Meinung undurchsichtig und dunkel sein müsste. Alle Systeme, vom kleinsten bis zum grössten, sollten durch das eine allgemeine Gesetz der Schwere zusammengehalten sein.

So geistreich und durch die Analogie verlockend auch diese Ideen Lamberts erscheinen, so müssen wir ihnen doch jetzt jede wissenschaftliche Berechtigung absprechen, da wir nicht das geringste Anzeichen für die Existenz solcher dunklen Centralkörper kennen.

2. Untersuchungen Herschels und seiner Nachfolger.

Herschel war der erste, der den Bau des Sternsystems durch eine lange Reihe von Beobachtungen erforschte, bei deren Ausführung er ein bestimmtes Ziel im Auge hatte. Seine Methode war die der »*Sternaichungen*« (*star-gauges*), worunter in erster Linie das einfache Abzählen aller mit einem lichtstarken Teleskope in einem bestimmten Theile des Himmels sichtbaren Sterne zu verstehen ist. Er benutzte hierzu ein Teleskop von 18 Zoll Oeffnung, welches 160 mal vergrösserte und ein Gesichtsfeld von einem Viertel Grad Durchmesser hatte. Jede Zählung oder Aichung umfasste also Sterne, die in einem etwa dem vierten Theil der Mondfläche gleichkommenden Raume sichtbar waren. Aus der Zahl der Sterne in irgend einem solchen Gesichtsfeld schloss er auf die relative Entfernung, die das Auge durchmass, indem er eine gleichförmige Vertheilung der Sterne durch den ganzen, vom Gesichtskegel umschlossenen Raum annahm. Wenn nämlich ein Beobachter durch ein Fernrohr nach dem Himmel blickt, so schliesst sein Gesichtsfeld einen Raum ein, welcher sich nach allen Seiten beständig und um so mehr erweitert, je grösser die Entfernung wird; und der mit der Geometrie vertraute Leser sieht sofort, dass dieser Raum einen Kegel bildet, dessen Spitze im Brennpunkte des Teleskops und dessen Basis in der äussersten Entfernung liegt, welche das Teleskop erreicht. Der Rauminhalt dieses Kegels wird dem Cubus der Entfernung, auf die er sich erstreckt, proportional sein; wenn z. B. das Teleskop zweimal so weit dringt, so wird der Gesichtskegel nicht allein zweimal so lang sein, sondern, da seine Basis nach jeder Richtung hin auch zweimal so gross ist, im Ganzen den achtfachen Inhalt haben und also, nach Herschels Hypothese, achtmal so viel Sterne enthalten. Fand demnach Herschel in einer Region achtmal so viel Sterne, als in einer anderen, so schloss er, dass das Sternsystem sich in der Richtung der ersten Region doppelt so weit erstrecke.

Alle mit seinem Teleskop sichtbaren Sterne aufzuzählen, war begreiflicherweise für Herschel unausführbar; er hätte sein Instrument Hunderttausende von Malen einstellen und jedesmal alle sichtbaren Sterne zählen müssen. Seine Beobachtungen erstreckten sich daher nur auf einen weiten Streifen, der sich mehr als halbwegs über das Himmelsgewölbe hinzog und die Milchstrasse in einem rechten Winkel schnitt. Innerhalb dieser Zone zählte er die Sterne in 3400 Gesichtsfeldern. Indem er die Durchschnittszahlen der Sterne verschiedener Regionen mit Rücksicht auf deren Lage zur Milchstrasse mit einander verglich, fand er, dass die Sterne am wenigsten zahlreich waren, wo sie der Milchstrasse am fernsten standen, und dass ihre Zahl, je näher derselben, desto mehr zunahm. Einen Begriff von dem Grade dieser Vermehrung mag nachstehende Tabelle geben, welche für jede von sechs Zonen die durchschnittliche Anzahl der Sterne in einem Gesichtsfelde des Teleskops enthält:

I. Zone: 90°—75° von der Milchstrasse = 4 Sterne pro Feld
II. Zone: 75°—60° » » » = 5 » » »
III. Zone: 60°—45° » » » = 8 » » »
IV. Zone: 45°—30° » » » = 14 » » »
V. Zone: 30°—15° » » » = 24 » » »
VI. Zone: 15°—0° » » » = 53 » » »

Eine ähnliche Zählung machte Sir John Herschel für die entsprechende Region auf der anderen, südlichen Seite der Milchstrasse und zwar mit demselben Teleskop und derselben Vergrösserung; ihr Resultat war folgendes:

I. Zone = 6 Sterne pro Feld
II. Zone = 7 » » »
III. Zone = 9 » » »
IV. Zone = 13 » » »
V. Zone = 26 » » »
VI. Zone = 59 » » »

Denkt man sich an einen Ort, wo zu gewisser Zeit die Milchstrasse gerade im Horizonte liegt, so wird die erste Zone das Zenith umgeben und sich nach allen Seiten bis zu einem Sechstel des Weges gegen den Horizont erstrecken; die zweite wird zunächst unter ihr liegen und rings herum bis zu einem Drittel des Weges reichen; und so folgen die anderen, der Reihe nach bis zur sechsten, der Milchstrassenzone, welche vom Horizonte aus bis zu einer Höhe von 15° oder einem Sechstel des Abstandes vom Zenith aufsteigt. Die angeführten Zahlen sagen also, dass die Sterne bei der vorausgesetzten Stellung des Beobachters um das Zenith am dünnsten gesäet sind, und dass ihre Anzahl gegen den Horizont zu fortwährend wächst (vergl. übrigens auch Fig. 193).

Analog verhält es sich mit den Zahlen der zweiten Tabelle, nur wäre hier statt des Zeniths der Fusspunkt oder Nadir zu setzen.

Die angegebenen Zahlen sind nur Mittelwerthe und geben keinen vollständigen Begriff von der zum Theil sehr ungleichen Vertheilung in gewissen Himmelsgegenden. Manchmal war kein einziger Stern im Gesichtsfelde, während zu anderen Zeiten mehrere Hunderte von Sternen im Gesichtsfeld waren. In dem Gürtel der Milchstrasse selbst beträgt die Zahl der Sterne mehr als das Doppelte der Durchschnittszahl der sechsten Zone, welche nicht allein diesen, sondern einen Raum von überhaupt je 15° zu beiden Seiten desselben umfasst. An vielen Stellen der Milchstrasse häufen sich aber die Sterne so, dass diese Zahl noch bedeutend überstiegen wird, und nicht selten war es Herschel ganz unmöglich, alle die kleinsten Sternchen einzeln wahrzunehmen; auch noch stärkere Fernröhre versagten dort. Andererseits freilich kommen gerade in der Milchstrasse, die überhaupt eine sehr verwickelte Structur besitzt, Stellen vor (z. B. im Schwan und in den sogenannten »Kohlensäcken« der südlichen Hemisphäre), die ganz frei von Sternen erscheinen, während in unmittelbarster Nähe die grösste Fülle sich findet. Wir werden auf diese Verhältnisse unten noch etwas specieller eingehen.

Von der Hypothese einer gleichförmigen Vertheilung der Sterne im Raume ausgehend, schloss Herschel aus seinen früheren Untersuchungen, dass das Sternsystem im Allgemeinen die von Kant angenommene Form habe, und zwar, dass es sich fünfmal so weit in der Richtung der Milchstrasse als senkrecht zu ihr ausdehne. Er modificirte indessen später diese Ansicht insofern, als er eine Art riesiger Spalte annahm, die sich vom Rande bis etwa halbwegs zur Mitte des Systems erstrecke

Fig. 193. Anordnung des Sternsystems nach W. Herschel.

(Fig. 193). Diese Spalte sollte der Theilung der Milchstrasse entsprechen, die im Sternbilde des Schwans anfängt und, durch den Adler, die Schlange, den Scorpion hindurchgehend, bis weit in die südliche Hemisphäre reicht. Eine Schätzung der Entfernung nach der Anordnung und scheinbaren Grösse der Sterne führte ihn dazu, die mittlere Dicke der Sternschicht auf 155 Einheiten, den Durchmesser auf 850 Einheiten zu schätzen — unter einer Einheit die durchschnittliche Entfernung eines Sternes erster Grösse verstanden. Angenommen, diese Entfernung sei gleich derjenigen, welche das Licht in 16 Jahren durchläuft — eine auf die Schätzung der mittleren Parallaxe von Sternen dieser Grösse gestützte Annahme — so würde das Licht nahezu 14 000 Jahre brauchen, um von dem einen Ende des Systemes zum anderen zu kommen, und 7000 Jahre, um uns von der äussersten Grenze zu erreichen, Grössen, die mit Rücksicht auf eine mögliche Absorption des Lichtes im Weltraume allerdings erheblich reducirt werden würden.

Die hier dargestellten älteren Anschauungen Herschels gründeten sich, wie erwähnt, auf die Hypothese, die Sterne seien im Raume gleich vertheilt oder gleich zahlreich in jedem Theile des Systemes, so dass ihre Anzahl in jeder beliebigen Richtung einen Massstab für ihre Entfernung in dieser Richtung liefere. Weitere Untersuchungen zeigten aber Herschel, dass diese Voraussetzung und damit seine Schlüsse wesentlich modificirt werden müssten. Zwar hatte er auch schon früher eine physische Verbindung, also ein factisches Dichterstehen der Sterne in den zerstreuten Sterngruppen wie den dicht gedrängten Sternhaufen anerkennen müssen; indessen waren dies seiner Ansicht nach mehr partielle Erscheinungen und standen mit unserem Sternsystem, welches aus gehöriger Entfernung als ein mehr oder weniger gedrängter Sternhaufen oder gar als Nebelfleck sich darstellen würde, in keinem Zusammenhang.

Je weiter er aber in seinen Untersuchungen über die Natur der einzelnen Glieder und Bestandtheile des Weltsystems kam, je mehr er einsah, dass die doppelten und vielfachen Sterne nicht, wie früher vermuthet, nur optisch, sondern wirklich physisch verbunden seien, als er dann weiter Uebergänge von Nebeln zu Sternen fand und die Ueberzeugung gewann, dass die Nebelflecke nicht nur unermesslich weit entfernte Sternhaufen seien, sondern dass die Constitution der Materie selbst in vielen eine wesentlich verschiedene sei, da begannen sich auch seine Anschauungen über den Bau der Milchstrasse und unseres Sternsystemes zu ändern. Die Abzählung der Sterne durch Aichungen und die Hypothese der gleichen Raumvertheilung der Sterne schien ihm kein verlässliches Mittel mehr, über ihre relative Entfernung und die Tiefe, bis zu der unsere Teleskope dringen, etwas zu erfahren; er gelangte vielmehr immer mehr zur Ueberzeugung, dass die relativen Entfernungen der Sterne richtiger und sicherer auf photometrischem Wege, durch Vergleichung also der **Helligkeiten der Sterne**, ermittelt würden.

Wären nun alle Sterne von derselben wirklichen Grösse oder Leuchtkraft, so dass die Unterschiede ihrer scheinbaren Grösse nur der grösseren oder geringeren Entfernung von uns zuzuschreiben wären, so würde diese Methode die Bestimmung der Entfernung jedes einzelnen Sternes ermöglichen. Wir wissen aber, dass dies durchaus nicht der Fall ist, und können deshalb die Methode auch nicht auf irgend einen einzelnen Stern sicher anwenden, eine Thatsache, deren Herschel selbst sich klar bewusst war. Es folgt daraus jedoch nicht, dass wir uns nicht auf diese Art einen Begriff von den relativen Entfernungen ganzer Sternclassen machen könnten. Obgleich z. B. ein einzelner Stern fünfter Grösse uns viel näher als ein anderer der vierten Grösse sein mag, so können wir doch nicht zweifeln, dass die mittlere Entfernung aller Sterne der fünften Grösse beträchtlicher ist als die der vierten, und überdies in einem Verhältnisse bedeutender, welches eine erträglich genaue numerische Schätzung zulässt. Herschel versuchte es, eine solche Schätzung zu machen, und verfuhr dabei nach folgendem Plane:

Nehmen wir an, um unsere Sonne als Mittelpunkt sei eine Kugel von solcher Grösse gelegt, dass sie dem Durchschnittsraume, den einer der dem blossen Auge sichtbaren Sterne einnimmt, gleichkäme; das heisst, dass, wenn wir uns den Theil

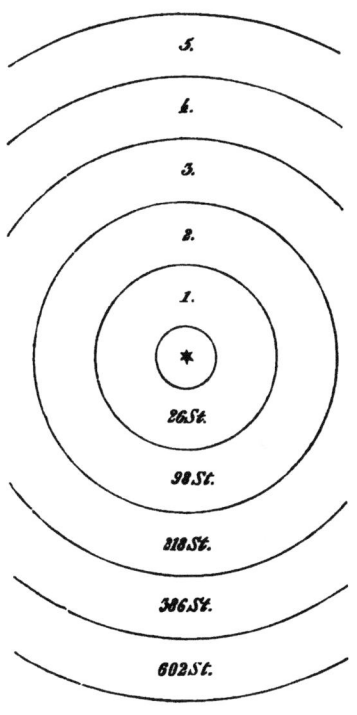

Fig. 194. Relative Entfernungen und Häufigkeit der Sterne, nach W. Herschel.

des Himmelsraumes, den die 6000 helleren Sterne innehaben, in 6000 Theile getheilt denken, die Kugel gleich einem dieser Theile wäre. Der Halbmesser dieser Sphäre wird vermuthlich nicht viel von der Entfernung des nächsten Fixsternes abweichen, welche Entfernung wir als Einheit annehmen wollen. Lassen wir dann eine Reihe grösserer Kugeln folgen, alle um unsere Sonne als Mittelpunkt und mit den Halbmessern 3, 5, 7, 9 u. s. w. gezogen, und da der Rauminhalt dieser Kugeln oder Sphären gleich dem Cubus ihrer Durchmesser ist, so wird die erste

Sphäre 3 × 3 × 3 = 27 mal das Volumen der Einheitssphäre haben und daher gross genug sein, um 27 Sterne zu enthalten; die zweite wird 125 mal die Einheitssphäre enthalten und daher 125 Sterne zählen, und so bei den folgenden Sphären weiter. Fig. 194 giebt einen Schnitt durch einen Theil dieser Sphären bis zu der mit dem Radius 11. Vom Mittelpunkte aufwärts stehen die verschiedenen zwischen den einzelnen Kreisen liegenden Sternordnungen, während in den entsprechenden Zwischenräumen unterhalb die Zahl der Sterne angegeben ist, welche die Sphäre ihrer Grösse nach enthalten kann, z. B. die Kugel mit dem Radius 7 hat Raum für 343 Sterne, aber von diesem Raume gehören noch 125 Theile (Sterne) den innerhalb derselben liegenden Kugeln an: folglich ist zwischen Sphäre 5 und 7 Raum für 218 Sterne.

Herschel bezeichnet die verschiedenen Entfernungen dieser Sternschichten als Ordnungen; die Sterne zwischen Sphäre 1 und 3 gehören der ersten Ordnung der Entfernung, die zwischen 3 und 5 der zweiten u. s. f. an. Indem er den Raum für die Sterne zwischen den einzelnen Sphären mit der Anzahl der Sterne verschiedener Grössen verglich, fand er dann folgendes Resultat:

Ordnung der Entfernung	Zahl der Sterne, für welche Raum ist	Grösse	Zahl der Sterne dieser Grösse
1	26	1	17
2	98	2	57
3	218	3	206
4	386	4	454
5	602	5	1161
6	866	6	6103
7	1178	7	6146
8	1538		

Augenscheinlich existirt hiernach keine Uebereinstimmung zwischen den berechneten Ordnungen der Entfernung und den nach der gebräuchlichen Scala geschätzten Grössen. Dies kam aber, wie Herschel fand, daher, dass die Grössen, wie sie gewöhnlich geschätzt wurden, einer von der seinigen ganz verschiedenen Scala der Entfernungen entsprachen. Während nach seiner Scala die verschiedenen Entfernungen nach arithmetischer Progression zunahmen, findet die Zunahme bei den Grössenclassen nach geometrischer Progression statt. Folglich entsprechen die Sterne sechster Grösse der achten, neunten oder zehnten Ordnung der Entfernung, d. h. wir müssten einen Stern erster Grösse um das Achtfache, Neunfache oder Zehnfache seiner wirklichen Entfernung versetzen, damit er als Stern sechster Grösse erscheine.

Ein Versuch, nach diesem Systeme die Ausdehnung der Milchstrasse zu messen, belehrte Herschel, dass diese mit seinem 20 füssigen Teleskope nicht zu ergründen sei, welches nach seiner Rechnung bis zur 900sten Ordnung der Entfernung dringen musste, d. h. bis zu Sternen, die 900 mal weiter entfernt waren, als das Mittel der Sterne erster Grösse. Mit seinem 40 füssigen Teleskop scheint er keine sehr ausgedehnten Untersuchungen gemacht zu haben, schloss aber, dass es ihn hinsichtlich der Ausdehnung der Milchstrasse in derselben Ungewissheit lassen würde, wie das erstere Instrument. Dieser unvergleichliche Mann, dem weiter als irgend einem anderen vor ihm in die Geheimnisse der Schöpfung zu dringen vergönnt war, scheint von seiner Arbeit ausgeruht zu haben, ohne über die Grenzen des Sternsystemes irgend welche andere, bestimmtere Theorie zu hinterlassen, als dass sie sich zum mindesten in der Richtung der Milchstrasse weit über den Bereich seines Teleskops erstreckten. Schätzen wir die Zeit, welche das Licht brauchen würde, um von der äussersten Region, bis zu welcher seiner Meinung nach sein Blick reichte, zu uns zu kommen, so ergeben sich ungefähr 14 000 Jahre oder mehr als das Doppelte dessen, was er aus seinen früheren Aichungen abgeleitet hatte. Mit Bestimmtheit können wir wohl sagen, dass die Zeit, die das Licht braucht, um von den entferntesten uns sichtbaren Sternen zu uns zu gelangen, sich nach Tausenden von Jahren bemisst, wenn auch zugegeben werden muss, dass Herschels Schätzung der Ausdehnung der Milchstrasse möglicherweise viel zu gross ist, weil sie auf der Annahme einer gleichen absoluten Leuchtkraft aller Sterne beruht. Wenn die kleinsten in seinem Teleskop sichtbaren Sterne durchschnittlich dieselbe wirkliche Grösse oder Leuchtkraft hätten, wie die grösseren glänzenderen, dann wäre der Schluss wohl begründet. Wenn wir aber eine Grenze annehmen, so ist es doch unmöglich, aus Herschels Zahlen zu ersehen, ob die geringe Helligkeit jener Sterne ihrer weiten Entfernung oder ihrer verhältnissmässig geringen Grösse zuzuschreiben sei. Ungeachtet dieser Ungewissheit haben manche Astronomen behauptet, Herschels Ansichten bezüglich der Constitution der Milchstrasse oder des Sternsystems seien durch diese zweite Methode des »Stern-Visirens« von Grund aus andere geworden. Das ist in solchem Masse wohl nicht der Fall. Obgleich sich Herschel nicht sehr bestimmt über diesen Gegenstand ausspricht, finden sich doch in seiner letzten Abhandlung über die Vertheilung der Sterne mehrere Bemerkungen, welche anzudeuten scheinen, dass er für das Sternsystem im Allgemeinen die in Fig. 193 gegebene Form und in Uebereinstimmung mit dieser Ansicht annahm, die Gruppen und Haufen von Sternen deuteten auf hervorragende Theile der Milchstrasse. Er wandte in der That zwar eine andere Methode der Untersuchung an, aber die Resultate, zu denen sie führte, blieben in der Hauptsache doch die der alten Methode. —

Nach Herschel beschäftigte sich einer der bedeutendsten Astronomen der neueren Zeit, W. Struve, besonders eingehend mit diesem Gegenstande. Seine in den »Etudes stellaires« niedergelegten Untersuchungen stützen sich hauptsächlich auf die Zahl der Sterne verschiedener Grössenclassen, welche Bessel in seinen ersten Zonen, 15° zu beiden Seiten des Aequators, beobachtet hatte. Mit diesen verband er Herschels Aichungen. Die Hypothese, auf die er seine Theorie gründete, war der in Herschels späteren Untersuchungen angewandten insoweit ähnlich, als auch ihm die Helligkeit der Sterne im Allgemeinen den Massstab für ihre relative Entfernung lieferte. Indem er, nach Herschels Vorgang, eine Anzahl concentrischer Sphären um die Sonne als Mittelpunkt gezogen dachte, deren auf einander folgende Zwischenräume den Sternen der verschiedenen Grössenclassen entsprachen, fand er, dass je ferner desto mehr die Sterne in und nahe der Milchstrasse zusammengedrängt erschienen. Dieser Schluss kann gleichfalls aus der schon öfters erwähnten Thatsache gezogen werden, dass, je kleiner die Sterne sind, sie desto dichter in der Gegend der Milchstrasse concentrirt sind. Struve fand, dass, wenn wir nur die Sterne bis zur fünften Grösse nehmen, diese in der Milchstrasse nicht dichter stehen, als in anderen Theilen des Himmels. Die sechster Grösse sind in dieser Region schon etwas dichter, die siebenter noch dichter u. s. f., und die Ungleichheit der Vertheilung nimmt beständig zu, je stärker das angewandte Fernrohr ist.

Aus alle dem schloss Struve, dass man annehmen könne, das Sternsystem bestehe aus Stern-Lagen oder -Schichten von verschiedener Dichte, die alle der Milchstrasse parallel laufen. In und um die Hauptebene oder mittlere Schicht, welche er sich wie ein weites, schmales Band von Sternen ausgespannt dachte, sind die Sterne am dichtesten. Nahe dem Mittelpunkte dieser Sternschicht befindet sich unsere Sonne. Gehen wir aus dieser Schicht hinaus, so werden der Sterne auf jeder Seite immer weniger, ohne dass wir jedoch eine bestimmte Grenze erreichen. Ebenso wie die Atmosphäre, wenn wir in ihr nach Belieben aufsteigen könnten, beständig dünner werden würde, ohne dass wir deshalb sagen könnten, wo sie aufhört, ebenso würde es sich, nach Struves Ansicht, mit dem Sternsystem verhalten, wenn es uns möglich wäre, von der Milchstrasse aus in senkrechter Richtung aufzusteigen. Struve giebt in der folgenden Tabelle die Dichtigkeit der Sterne zu beiden Seiten der Hauptebene an, wobei er als Einheit der Entfernung die äusserste Grenze annimmt, die Herschel mit seinem 20 füssigen Teleskope erreichte:

Entfernung von der Hauptebene	Dichtigkeit	Mittlere Entfernung zwischen benachbarten Sternen
In der Hauptebene	1.0000	1.000
0.05 von der Hauptebene	0.4857	1.272
0.10 » » »	0.3329	1.458
0.20 » » »	0.2389	1.611
0.30 » » »	0.1798	1.772
0.40 » » »	0.1302	1.973
0.50 » » »	0.0865	2.261
0.60 » » »	0.0551	2.628
0.70 » » »	0.0308	3.190
0.80 » » »	0.0141	4.136
0.866 » » »	0.0053	5.729

Danach wäre also schon für die Entfernung $1/20$ von der Hauptebene, der Milchstrasse, die Dichtigkeit oder Fülle der Sterne weniger als die Hälfte von der in der Milchstrasse selbst, für die Entfernung 0.8 dieselbe nur wenig mehr als ein Hundertstel und die Durchschnittsentfernung benachbarter Sterne hier viermal grösser als im Centrum der Hauptebene.

Diese Anhäufung der Sterne in der Gegend der Hauptebene und das rasche Abnehmen ihrer Anzahl nach beiden Seiten hin sollen nur die allgemeine oder durchschnittliche Vertheilung dieser Körper ausdrücken. Es ist sehr wahrscheinlich — und die Untersuchungen Argelanders (siehe S. 574) scheinen dies zu bestätigen —, dass selbst in der Hauptebene die Sterne in manchen Regionen vielmals dichter stehen als in anderen, und dass ebenso beim Verlassen der Ebene das Dünnerwerden in den einzelnen Regionen in ganz verschiedenem Masse vor sich geht. Dass ein allmähliches Dünnerwerden im Allgemeinen stattfindet, ist nicht zu leugnen; aber gegen Struves Versuch, bestimmte Zahlenwerthe zu ermitteln, darf der ernstliche Einwurf erhoben werden, dass er, wie Herschel, die Unterschiede zwischen den scheinbaren Grössen der Sterne lediglich aus ihren verschiedenen Entfernungen ableitete, also gleiche absolute Helligkeit voraussetzte. Obgleich da, wo eine nahezu gleichförmige Vertheilung der Sterne herrscht, diese Annahme nicht erheblich fehlerhaft sein mag, muss doch der Fall ein ganz anderer werden, wo wir es mit unregelmässig vertheilten Massen von Sternen zu thun haben, und ganz besonders da, wo unsere Teleskope bis an die Grenze des Sternsystems dringen. Im letzteren Falle ist es nicht wohl möglich, kleinere innerhalb der Grenze liegende Sterne von grösseren ausserhalb gelegenen zu unterscheiden, und Struves allmähliches Dünnerstehen der Sterne lässt sich auch durch grosse Unterschiede in der absoluten Helligkeit derselben genügend erklären. —

Die scheinbare Vertheilung der Sterne bis etwa zur zehnten Grösse herab kennen wir jetzt, seit Vollendung der grossartigen Bonner Durchmusterung für den nördlichen Himmel und für den südlichen bis —23°, weit genauer als zu Herschels oder Struves Zeit, und die Basis für Hypothesen über die Anordnung der Sterne im Raume ist hierdurch nicht unerheblich sicherer geworden. Bei der Bedeutung dieser thatsächlichen Verhältnisse wollen wir hierüber einige speciellere Mittheilungen machen, die den Seeliger'schen Untersuchungen über diesen Gegenstand entnommen sind.

Theilt man die Sterne der nördlichen Durchmusterung ihrer Helligkeit nach in 7 Classen ein:

1. Classe 1.0 bis 6.5 Grösse
2.   »   6.6 » 7.0   »
3.   »   7.0 » 7.5   »
4.   »   7.6 » 8.0   »
5.   »   8.1 » 8.6   »
6.   »   8.6 » 9.0   »
7.   »   9.1 » 9.5   »

und fügt bei den Sternen der südlichen Durchmusterung noch die 8. Classe 9.6 bis 10.0 Grösse hinzu, so erhält man die folgende Zahl der Sterne in diesen Classen:

Classe	Nördl. Durchm.	Südl. Durchm.
1	4 120	1 265
2	3 887	1 276
3	6 054	1 828
4	11 168	3 516
5	22 898	7 601
6	52 852	18 633
7	213 973	55 565
8		43 896
Summe	314 952	133 580

Es ist nun von besonderem Interesse, die Dichtigkeitszunahme der Sterne nach der Milchstrasse hin, die ja schon das blosse Auge erkennen kann, aus den Zahlen der Durchmusterung festzustellen. Einen ungefähren Ueberblick hierüber giebt für den nördlichen Himmel schon die folgende Zusammenstellung Argelanders:

Vertheilung der Sterne nach Argelander.

Gegend	9m	8m	7m	1—6m	Summe	Fülle
Die fünf ärmsten Gegenden.	644	95	22	18	779	6.8
Am Pol	140	25	10	1	185	8.5
30° vom Pol	1 969	283	84	31	2 367	9.1
50° » »	2 304	328	98	45	2 775	10.9
70° » »	3 553	437	117	60	4 167	16.4
Milchstrasse	18 916	2068	562	244	21 790	29.3
105° vom Pol	4 850	576	159	70	5 655	19.8
125° » »	2 509	330	88	53	2 980	11.2
140° » »	982	130	37	10	1 159	9.3

Hieraus sieht man zunächst, dass zwar die Sternfülle vom Pol der Milchstrasse nach dieser selbst hin sehr rasch anwächst, dass die Gegend um den Pol selbst aber (22 Quadratgrade umfassend) nicht die sternärmste ist; vielmehr giebt es verschiedene Gegenden — und eine davon liegt nur etwa 20° von der Milchstrasse selbst, an den Hörnern des Stieres — die noch weniger Sterne als die Polgegend enthalten. Ferner beweisen die Zählungen Argelanders, dass die Vertheilung der Sterne in gleichem Abstande von der Milchstrasse, aber nach verschiedenen Richtungen hin (in verschiedenen Längen) keine gleichförmige ist. In jeder Zone um die Milchstrasse herum und am auffallendsten in dieser selbst, scheint eine ziemlich regelmässige Ab- und Zunahme der

Fig. 195. Vertheilung der Sterne der »Durchmusterung« in Beziehung zur Milchstrasse.

durchschnittlichen für sie geltenden Sternfülle stattzufinden, und Argelander kommt danach zu dem Schlusse, dass die Sterne bis zur 10. Grösse etwa in auf der Milchstrasse ungefähr senkrechten Schichten vertheilt stehen, die in dieser selbst bei weitem am dichtesten sind und nach beiden Seiten hin ziemlich rasch dünner werden. Fig. 195 sucht dies einigermassen für einen Theil des Umkreises zu veranschaulichen.

Die Ansicht W. Herschels, dass in und nahe der Milchstrasse eine starke Tendenz zur Bildung von Gruppen und Partialsystemen von Sternen herrsche, wird durch diese Untersuchungen bekräftigt und noch erheblich über die Milchstrasse hinaus ausgedehnt.

In exacterer Weise werden diese Verhältnisse durch die Seeligerschen Untersuchungen klargelegt. Seeliger theilte den Himmel in 8 Zonen von je 20° Breite ein, und zwar vom Pole der Milchstrasse an gerechnet, so dass die 5. Zone die Milchstrasse selbst enthält. In diesen Zonen wurde nun für jede der oben erwähnten Helligkeitsclassen die Sterndichtigkeit ermittelt, wobei dieselbe für die Milchstrasse selbst gleich 1 angenommen wurde. Hiernach ergaben sich folgende zwei Tafeln für die nördliche und die südliche Durchmusterung.

Nördliche Durchmusterung.

Classe	1	2	3	4	5	6	7	Summe 2—7
Zone 1	0.5507	0.4311	0.5185	0.4037	0.4195	0.3820	0.3219	0.3458
2	0.5716	0.4447	0.4967	0.4237	0.4410	0.4043	0.3395	0.3678
3	0.6389	0.5416	0.5987	0.5092	0.5121	0.4840	0.4254	0.4480
4	0.7901	0.6893	0.7646	0.7305	0.7196	0.7280	0.6627	0.6815
5	1.0000	1.0000	1.0000	1.0000	1.0000	1.0000	1.0000	1.0000
6	0.9116	0.7870	0.8424	0.7720	0.7995	0.7892	0.7595	0.7692
7	0.5720	0.4266	0.4673	0.4805	0.5211	0.5274	0.4538	0.4711
8	0.4276	0.3154	0.3517	0.3729	0.4620	0.5272	0.3890	0.4142

Südliche Durchmusterung.

Classe	1	2	3	4	5	6	7	8	Summe
Zone 1	0.777	0.701	0.584	0.671	0.541	0.442	0.391	0.530	0.463
2	0.789	0.781	0.549	0.603	0.574	0.454	0.419	0.529	0.477
3	0.926	0.765	0.724	0.743	0.693	0.552	0.527	0.627	0.582
4	1.144	1.025	0.815	1.015	0.901	0.782	0.791	0.725	0.784
5	1.000	1.000	1.000	1.000	1.000	1.000	1.000	1.000	1.000
6	0.854	0.974	0.833	0.887	0.793	0.628	0.629	0.840	0.716
7	0.700	0.781	0.692	0.678	0.573	0.494	0.456	0.456	0.479
8	0.776	0.814	0.606	0.683	0.498	0.445	0.410	0.480	0.455

Es ist aus diesen Zahlen, besonders denen der nördlichen Durchmusterung, zu ersehen, dass für die Sterne von der $6^{1}/_{2}^{ten}$ bis $9^{1}/_{2}^{ten}$ Grösse die Zunahme der Dichtigkeit nach der Milchstrasse hin nahe dieselbe ist, während sie sich für die helleren Sterne von 1ter bis $6^{1}/_{2}^{ter}$ Grösse merklich kleiner gestaltet. Wollte man den Schluss annehmen, dass die erwähnte Constanz der Zunahme auch für die Sterne noch schwächer als $9^1/_2^{ter}$ Grösse bestände, so hätte man sich das Sternsystem nicht als eine flache Scheibe zu denken, sondern als mehr oder weniger kugelförmig angeordnet, so aber, dass die Sterne in der Ebene der Milchstrasse dichter ständen als in jeder anderen Ebene.

Zu bemerkenswerthen Ergebnissen über die scheinbare Vertheilung besonders der helleren Sterne, über die Position unseres Sonnensystems im Sternsysteme, über Zunahme und Helligkeitsverhältniss der Sternzahl für verschiedene Grössenclassen ist Gould gelangt. Er verband seine eigenen Zählungen, die sich auf die Sterne bis zur Grösse 7.0 von $+ 10°$ Decl. bis zum Südpol erstrecken, mit denen von Heis und der Durchmusterung, und die Folgerungen, die er aus ihnen ableitet, und die in vieler Hinsicht Vertrauen zu verdienen scheinen, sind in der Hauptsache die nachstehenden: Es giebt am Himmel einen Gürtel von hellen Sternen, dessen Mittellinie wenig von einem grössten Kreise abweicht, der gegen die Milchstrasse etwa $19°$ geneigt ist und sie in der Cassiopeja und im südlichen Kreuz schneidet. Die Sterne heller als 4. Grösse gruppiren sich symmetrischer gegen diese Mittellinie als gegen die Milchstrasse, und sie sind in jeder Gegend des Himmels um so häufiger, je geringer ihre Entfernung von der Mittellinie ist. Die bekannte Vermehrung der schwachen Sterne nach der Milchstrasse findet in einem Verhältniss statt, welches mit abnehmender Helligkeit rapide wächst; für die hellen Sterne ist eine Zunahme kaum merklich. Diese und andere Thatsachen deuten die Existenz eines relativ kleinen, ziemlich flachen, vielleicht zweispaltigen Sternhaufens an, der aus etwa 400 Sternen 1. bis 7. Grösse besteht, und in welchem excentrisch, aber nicht weit von der Ebene der Milchstrasse, unser Sonnensystem liegt (vergl. Fig. 196). Die allgemeine Vertheilung der Sterne den Grössenclassen nach lässt sich durch einen einfachen algebraischen Ausdruck genau nicht darstellen, indessen genügt doch nahezu der Werth $\Sigma_m = 1.007 \cdot (3.912)^m$, wo Σ_m die Gesammtzahl aller bis zur m^{ten} Grösse vorhandenen Sterne bedeutet. Diesem Ausdrucke liegt die Hypothese zu Grunde, dass im Allgemeinen die räumliche Vertheilung der Sterne eine gleichmässige und ihre absolute Grösse oder Leuchtkraft dieselbe sei. Dem Coefficienten 3.912, der also die Zunahme der Sternzahl zweier aufeinander folgender Grössenclassen angiebt, entspricht das Helligkeitsverhältniss 0.403 für abnehmende, oder 2.48 für zunehmende Grössenclassen.

Das so complicirte Phänomen der Milchstrasse, welches Gould unter Benutzung der Heis'schen Beobachtungen am nördlichen Himmel sorgfältig studirt hat, scheint ihm eine bessere Erklärung durch die Annahme zu finden, dass nicht nur ein einziger Milchstrassenring existire, sondern mehrere, die sich zum Theil übereinander lagern. —

Unter den neueren Untersuchungen über die Constitution unseres Sternsystems mögen noch die von R. Proctor Erwähnung finden, da sie sich auf Thatsachen stützen, welche den älteren Forschern nicht vollständig bekannt waren, von den neueren hingegen nicht in Berücksichtigung gezogen wurden. Proctor geht so weit, zu sagen, dass alle Ansichten über die Anordnung des Sternsystems, die sich auf die Annahme gleicher wirklicher Helligkeit oder in den verschiedenen Regionen annähernd gleichförmiger Vertheilung gründen, vollkommen illusorisch seien. Er führt die Erscheinung gemeinsamer Bewegung von Sternen (*star-drift*), die wir im letzten Capitel beschrieben, als einen Beweis dafür an, dass Sterne, welche man sich weit von einander entfernt dachte, in der That zusammengehörige Systeme bilden, und behauptet, die Milchstrasse sei eine Ansammlung solcher Systeme und habe nicht entfernt die Ausdehnung, welche Herschel ihr zuschrieb.

In wie weit die Betrachtungen von Proctor unsere bisherigen Ansichten zu beeinflussen im Stande sind, kann ohne hinreichend zahlreiche weitere Beobachtungen über Gruppenbildung von Sternen verschiedener Grössen nicht entschieden werden. Mit einiger Wahrscheinlichkeit dürfen wir allerdings annehmen, dass die Sterne eine grössere Tendenz zur Vereinigung in Gruppen zeigen, als man früher glaubte.

Es ist nicht unwahrscheinlich, dass wir auch in gewissen Doppelsternsystemen Andeutungen solcher Gruppen haben. Als das anscheinend schlagendste Beispiel durfte man bis vor kurzem 61 Cygni betrachten, dessen Componenten sich scheinbar unabhängig von einander mit erheblicher Geschwindigkeit fortbewegten. Indessen haben die neuesten Untersuchungen, wie wir früher sahen (Seite 525), die reine Doppelsternnatur dieses Paares zur völligen Evidenz erhoben.

Solche Sternpaare aber, die sich in Bahnen von ungeheurer Ausdehnung um einen gemeinsamen Schwerpunkt bewegen, würden andeuten, dass im Universum Paare, Gruppen und Systeme in grösserer Menge existiren, deren einzelne Glieder so weit von einander getrennt sind, dass sie nicht als direct zusammengehörig betrachtet werden können; auch die erwähnten, weit zerstreuten Gruppen mit gemeinsamer Eigenbewegung können wohl Systeme dieser Art sein.

3. Ueber die wahrscheinliche Anordnung des sichtbaren Weltalls (Newcomb).

Die vorstehende Beschreibung der Hypothesen und Theorien, die sich mehrere Generationen tiefer Denker und scharfsinniger Beobachter über die Anordnung des sichtbaren Universums gebildet haben, giebt uns ein lehrreiches Beispiel für die Entwickelung wissenschaftlicher Erkenntniss. Von keinem der Männer, die wir angeführt haben, und namentlich von Herschel nicht, kann man behaupten, seine Ansichten seien ganz und gar irrig; ebenso wenig aber lässt sich sagen, sie hätten das Richtige gefunden. Es ging ihnen mit ihren Versuchen, das Räthsel zu lösen, wie dem Menschen, der das genaue Gefüge eines Baues durchschauen und zeichnen will, den er im trüben Zwielicht in der Entfernung sieht. Zuerst bemerkt er, dass das Gebäude wirklich da ist, und skizzirt sich, was er von Umrissen und Einzelheiten gewahrt. Sowie es heller wird, findet er, dass seine erste Skizze nur eine entfernte Aehnlichkeit hat mit dem, was ihm jetzt als die wahre Form erscheint, und corrigirt sie demgemäss. Dennoch war sein erstes Bild bis zu einem gewissen Grade correct, und selten wird er in fundamentale oder erhebliche Fehler verfallen. Die folgenden Verbesserungen an seiner Skizze, von den ersten rohen Umrissen bis zum vollendeten Gemälde, bestehen nicht darin, dass er bei jedem Schritt das Gezeichnete wieder auslöscht und von Neuem anfängt, sondern darin, dass er ändert und berichtigt und die Einzelheiten ausführt.

Die Fortschritte unserer Erkenntniss der Natur tragen in der Regel diesen Charakter an sich. In dem vorliegenden Falle ist das Licht so trübe, die Entfernung so gross und unsere Kenntniss von den Grundlagen, auf welchen das grosse Gebäude aufgeführt ist, so unzulänglich und schwach, dass wir nicht über einige wenige grobe Striche hinauskommen. Dennoch giebt es einzelne Züge, mit deren Aufzeichnung wir der Wirklichkeit nahe kommen können, und andere, die wir trotz unseres mangelhaften Wissens bis zu einem grösseren oder geringeren Grade von Wahrscheinlichkeit zu bestimmen vermögen. Wir können sie unter die folgenden Punkte vereinigen.

1. Sehen wir von den Nebelflecken ab und beschränken uns auf das Sternsystem, so können wir mit grosser Bestimmtheit sagen, dass die Hauptmasse der Sterne, welche dieses System bilden, nach allen Seiten hin vertheilt ist, und zwar in oder nahe einer weit ausgedehnten Ebene, die durch die Milchstrasse gegeben ist. Mit anderen Worten: die grosse Mehrzahl der Sterne, welche wir mit Hülfe des Fernrohres erblicken, befindet sich in einem Raume von der Form einer ziemlich runden und verhältnissmässig flachen Scheibe, deren Durchmesser also ihre Dicke erheblich übersteigt. Dies war schon Kant klar geworden und wurde durch Herschel und Struve bestätigt und bildet die Grundlage, worauf diese Forscher ihre Gebäude errichteten. Kant sah in dieser Anordnung nicht mit Unrecht eine Analogie mit dem Sonnensystem, worin die Planeten alle nahe einer bestimmten mittleren Ebene

kreisen. Demnach ist der Raum, welcher die meisten Sterne enthält, im Allgemeinen durch zwei nahe parallele Ebenen begrenzt, welche die untere und obere Fläche der Scheibe darstellen, und deren Abstand von einander einen kleinen Bruchtheil ihrer Längenausdehnung, wahrscheinlich weniger als ein Achtel, beträgt.

2. Innerhalb des beschriebenen Raumes sind die Sterne nicht gleichförmig vertheilt, sondern meist zu unregelmässigen Haufen oder Gruppen vereinigt, zwischen denen sich verhältnissmässig leere Räume finden. Diese Anhäufungen haben gewöhnlich keine bestimmte Grenze, sondern gehen mit unmerklichen Abstufungen in einander über. Die Zahl der Sterne in den einzelnen Gruppen, den eigentlichen Sternhaufen, dürfte zwischen zwei und vielen Tausenden variiren; grosse Complexe bestehen aus kleineren Gruppen verschiedener Grösse, ähnlich wie an einem Sommertage schwere Wolken auf einander gethürmt erscheinen.

3. Unsere Sonne liegt mit den sie umgebenden Planeten nahe dem Centrum des beschriebenen Raumes, so dass wir etwa die gleiche Anzahl Sterne in den entgegengesetzten Regionen des Himmels haben*).

4. Die circa 6000 Sterne um uns, welche wir mit unbewaffnetem Auge gewahren, sind ziemlich gleichförmig im Raume vertheilt, mit der einzigen Ausnahme localer Sternhaufen, deren Bestandtheile jedoch gering an Zahl und ziemlich weit von einander entfernt sind. Es sind dies namentlich die Plejaden und das Haar der Berenice und allenfalls die grösseren Sterne mancher anderen Constellationen (z. B. des Orion).

5. Die genannte Scheibe stellt nicht die Form des Sternsystems dar, sondern nur die Grenzen, die den hauptsächlichsten Theil desselben einschliessen. In Ermangelung irgend einer bestimmten Grenze der gröberen Sternhaufen sowohl wie der helleren Sternindividuen und wegen der beträchtlichen Anzahl verhältnissmässig leerer Räume zwischen den Sternhaufen können wir dem System ebenso wenig eine bestimmte Form geben, wie einer Staubwolke. Immerhin mögen wir den ausgedehnten schmalen Gürtel, worin die Sterne am dichtesten stehen, mit dem Namen »galaktische Region« oder »Region der Milchstrasse« bezeichnen.

6. Zu beiden Seiten der »Region der Milchstrasse« sind die Sterne gleichmässiger und dünner gesäet, aber vermuthlich erstrecken sie sich nicht annähernd so weit, wie diese Region. Würden sie die gleiche Ausdehnung haben, so wäre ihre Anzahl sehr klein. Es ist indessen

---

*) Nach Gould würde die Sonne zu einem kleinen, nahe der Mitte der Milchstrassenebene gelegenen Sternhaufen gehören, dessen Glieder, vielleicht nur wenige Hundert an der Zahl, die Milchstrasse umsäumen und uns in den dortigen zahlreichen hellen Sternen vor Augen treten (vergl. auch Fig. 196).

unmöglich, eine genauere Grenze anzugeben, nicht allein wegen unserer Unwissenheit in Betreff der Entfernung der kleinsten teleskopischen Sterne, sondern auch weil die Dichtigkeit derselben (die Sternfülle) gegen die Ausläufer hin wahrscheinlich stufenweise abnimmt.

7. Zu beiden Seiten der Region der Milchstrasse haben wir eine Region der Nebelflecken, in welcher wir wenige oder keine Sterne, aber Nebelflecken in grosser Anzahl finden. Ihre Anzahl nimmt nach der Milchstrasse hin bedeutend ab, während die der Sternhaufen wächst.

Eine übersichtliche Darstellung der Anordnung der Sterne und Nebelflecken, wie wir sie beschrieben, zeigt Fig. 196; wir haben hier wahr-

Fig. 196. Wahrscheinliche Anordnung der Sterne und Nebelflecke (nach Newcomb und Gould).

scheinlich das annähernde Bild eines Theiles des sichtbaren Universums in einem Querschnitte rechtwinklig zur Milchstrassenebene. Im mittleren Theile der Abbildung ist die Region der Milchstrasse, in welcher die Sterne meist zu grossen Haufen zusammengedrängt erscheinen. Von der Anordnung dieser Haufen ist nichts Näheres bekannt; sie sind daher ganz willkürlich gezeichnet. Es ist noch unentschieden, ob die Anhäufungen der Sterne, welche die Milchstrasse ausmachen, sich über den ganzen Durchmesser der galaktischen Region erstrecken, oder ob sie mehr in der Form eines Ringes angeordnet sind, mit unserem Sonnensystem und dessen Nachbarsternen in der Mitte. Da diese innere Region die ist, in welcher wir uns befinden, so hat unsere Unsicherheit in Betreff der Dichtigkeit oder Fülle der Sterne zur Folge, dass wir nicht wissen, ob die mit blossem Auge sichtbaren Sterne einem der Haufen angehören, welche die Milchstrasse bilden, oder ob wir uns in einer verhältnissmässig leeren Region befinden. Obgleich diese Frage noch ungelöst ist, so kann sie doch vielleicht auf dem Wege teleskopischer Beobachtung beantwortet werden. Wir müssten dazu die Anzahl der Sterne im Umkreise der Herschel'schen »Sphären« (siehe S. 569) mit der Zahl der Sterne um uns vergleichen.

Eine andere Frage ist noch die, ob alle sichtbaren Himmelskörper innerhalb der drei oben genannten Regionen sich befinden, oder ob die ganze Milchstrasse mit allem, was sie umschliesst, nur eines ist aus einer grossen Zahl weit verstreuter Systeme? Da die Beschäftigung mit unsichtbaren Milchstrassen und Systemen müssig und zwecklos wäre, so mag sich obige Frage auf diese reduciren: liegen die entferntesten Sternhaufen oder Nebelflecke, welche uns das Teleskop zeigt, innerhalb der Grenzen unseres Sternsystems oder weit darüber hinaus, mit einem ungeheuren leeren Raume dazwischen? Die letztere, zuerst von Kant vorgeschlagene Annahme war bis vor kurzem die gebräuchliche, und man vermuthete, die entferntesten Nebelflecke bildeten andere Milchstrassen oder Sternsysteme von ähnlichem Umfange, wie das unsrige.

Obgleich die Möglichkeit, dass diese Ansicht die richtige sei, nicht ausgeschlossen ist, so spricht doch die Anordnung der Sternhaufen und auflösbaren Nebelflecke dagegen. Wir haben früher gesehen, dass die Mehrzahl der letzteren nach der Milchstrasse zu liegt, während in grösserem Abstande von ihr verhältnissmässig wenige zu finden sind. Wären dieselben andere Milchstrassensysteme, weit ausserhalb des uns umgebenden, so müssten sie doch wohl nach allen Richtungen annähernd gleich vertheilt sein, und die Wahrscheinlichkeit, dass die grosse Masse derselben nahezu in einer Ebene liegen sollte, wäre sehr gering. Am wahrscheinlichsten ist daher, dass auch sie einen Theil unseres Sternsystems bilden. Sie mögen wohl in der Nähe und selbst ausserhalb der äussersten Grenzen, in welchen einzelne Sterne zu sehen sind, zerstreut liegen, aber nicht in so grossen Entfernungen, dass sie als selbständige Systeme von der Art und Ordnung unseres Stern- oder Milchstrassensystems betrachtet werden müssten. Die bestbegründete Annahme scheint nach dem gegenwärtigen Zustande der Wissenschaft eben die zu sein, nach welcher das in Fig. 196 gegebene Schema dem

Wesen nach das ganze sichtbare Universum umfasst. Die Spectralanalyse hat gezeigt, dass auch ein beträchtlicher Theil der sogenannten eigentlichen Nebelflecken, weit von der Milchstrasse, einen entschieden stellaren Charakter hat, und das spricht wieder mehr zu Gunsten der Kant'schen Ansicht. Wir müssen danach die Mehrzahl dieser Nebel für unermesslich weite und äusserst dicht gedrängte Sternhaufen halten, für mächtige Sternsysteme, unserem Milchstrassensysteme ähnlich. In der Fig. 196 würde letzteres in diesem Falle gleichfalls zu einem Sternenwölkchen wie die äusseren zusammenschrumpfen, jedoch unter Beibehaltung seiner inneren Structur, welche ähnlich auch noch in anderen Systemen (Nebelflecken) vorkommen mag. Dagegen sprechen die neuesten Ergebnisse der Spectralanalyse und der coelestischen Photographie sehr für einen directen Zusammenhang zwischen einzelnen wirklichen Nebelflecken (Orionnebel) und benachbarten Sternen. Man wird wahrscheinlich die eigentlichen Gasnebel auch in Bezug auf ihre Stellung im Raume streng von den anderen Nebelflecken oder Sternhaufen scheiden müssen.

Die Meinungsverschiedenheiten, welche jetzt noch hinsichtlich der wahrscheinlichen Anordnung der Sterne im Raume existiren, entspringen hauptsächlich aus der Unkenntniss ihrer absoluten Grössen oder Leuchtkräfte und ihrer Entfernungen — Punkte, auf die wir schon mehrmals gekommen sind. Auch die neueren photometrischen Bestimmungen in Verbindung mit den für einige Sterne ermittelten Entfernungen haben diese Ungewissheit nicht erheblich zu mindern vermocht; Untersuchungen anderer Art dagegen, die wir zum Theil schon erwähnten, haben wenigstens hinsichtlich der Entfernungen der Sterne verschiedener Grössenclassen zu nicht unwahrscheinlichen Ergebnissen geführt. Wie wir schon früher bemerkten, fand Zöllner durch Vergleichung des Lichtes der Sonne mit dem der Capella, dass erstere, um gleich hell wie diese, also wie ein mittlerer Stern erster Grösse zu erscheinen, 236 000 mal weiter von der Erde entfernt sein müsste, als sie wirklich ist. In dieser Entfernung würde die jährliche Parallaxe der Sonne etwa $0.''85$ betragen; da aber Capella und mit ihr die Mehrzahl der Sterne 1. Grösse eine weit kleinere hat, d. h. viel weiter entfernt ist, so folgt, dass unsere Sonne in dieser Entfernung wesentlich schwächer und vielleicht nur in der Helligkeit eines Sternes 3. oder 4. Grösse erscheinen würde. Sie gehört darum aber noch nicht zu den kleinsten oder lichtschwächsten von allen, weil wir Sterne 5., 6. und selbst 7. Grösse mit messbarer Parallaxe haben; vielmehr darf sie als ein Stern mittlerer Grösse oder Leuchtkraft betrachtet werden. Die Thatsache aber, dass nicht wenige verhältnissmässig schwache Sterne uns erheblich näher stehen als andere sehr helle, oder mit anderen Worten, dass die Leuchtkraft oder auch die absolute Grösse der Sterne eine höchst verschiedene ist, macht die Schlüsse, die sich auf durchschnittlich gleiche Leuchtkraft gründen, sehr illusorisch.

Unsere Bemühungen, die Entfernungen der Sterne direct, durch Messung ihrer Parallaxen, zu ermitteln, sind, wie wir früher sahen, nur bei äusserst wenigen erfolgreich gewesen. Um über die relativen Entfernungen der Sterne verschiedener Grössenclassen etwas zu erfahren, sind wir auf mehr oder weniger plausible Annahmen angewiesen, und der Natur der Sache nach können dies nur die beiden sein, die den oben besprochenen · Anschauungen über die Form und Ausdehnung des Sternsystems in der Hauptsache zu Grunde lagen: einmal die Voraussetzung gleicher Leuchtkraft, dann die Annahme gleichförmiger Vertheilung in entsprechenden Räumen. Beide Hypothesen sind, wie wir öfters betonten, nicht streng richtig; doch liefern uns die Beobachtungen vorläufig noch keine anderen Grundlagen.

Nach dem bekannten Gesetz, dass die scheinbare Helligkeit im Verhältnisse des Quadrats der Entfernung abnimmt — wir kennen das Helligkeitsverhältniss zweier Grössenclassen —, lassen sich die mittleren relativen Entfernungen berechnen und unter Berücksichtigung der mittleren Parallaxe der Sterne 1. Grösse auch die absoluten Entfernungen wenigstens näherungsweise bestimmen. Diese von Gyldén abgeleiteten Werthe sind schon in dem früheren Capitel über die Parallaxen angeführt worden und mögen hier nochmals zugleich mit denen folgen, welche W. Struve unter der Annahme gleicher Vertheilung in denselben (Kegel-)Räumen (vergl. Seite 572) gefunden hat.

Grösse	Entfernungen		
	relativ (Struve)	relativ (Gyldén)	absolut, Millionen Sonnenweiten
1	1.00	1.00	2.3
2	1.80	1.54	3.5
3	2.76	2.36	5.4
4	3.91	3.64	8.3
5	5.45	5.59	12.8
6	7.73	8.61	19.7
7	(11.6)	13.23	30.3
8	(20.0)	20.35	46.6

Wie man sieht, stimmen die aus beiden Hypothesen abgeleiteten relativen Entfernungen recht gut mit einander überein, so dass wir letztere für nahezu richtig halten dürfen.

Gyldén giebt als mittlere Parallaxe der Sterne 1. Grösse den Werth 0."09 an; dagegen hatte früher C. A. F. Peters die Parallaxe der Sterne 2. Grösse zu durchschnittlich 0."116, also beträchtlich grösser, und die Entfernungen dem entsprechend erheblich geringer gefunden. Halten wir uns indessen an die wohl zuverlässigeren Gyldén'schen Zahlen, so würden danach die Sterne 1. Grösse durchschnittlich über zwei Millionen Erdbahnhalbmesser von uns entfernt sein, die Sterne 8. Grösse dagegen fast 47 Millionen. Das Licht würde von letzteren über 700 Jahre gebrauchen, um bis zu uns zu gelangen. Für die schwächeren teleskopischen Sterne sind die Schätzungen noch weit unsicherer; vielleicht wird sich aber die Annahme, dass die kleinsten mit unseren lichtstärksten Fernröhren erkennbaren Sterne durchschnittlich etwa 300 mal so weit entfernt sind, als im Mittel die Sterne 1. Grösse, nicht allzuweit von der Wahrheit entfernen.

Bei der Schätzung der Entfernungen, zumal der schwächeren Sterne, stossen wir noch auf eine andere Schwierigkeit. Schon Olbers sprach die Idee aus und suchte sie zu begründen, im Weltraume finde eine Absorption des Lichtes statt, da sonst bei Annahme einer unendlichen Anzahl von Sternen im unendlichen Raume das ganze Himmelsgewölbe mit Sternen besetzt und daher leuchtend erscheinen müsste, während dies bekanntlich nicht der Fall ist und die Beobachtung auch mit den lichtstärksten Fernröhren nicht wenige Gegenden des Himmels fast absolut sternfrei und ganz dunkel zeigt. Nun ist zwar die Voraussetzung einer unendlichen Zahl von Sternen, oder strenger einer unendlichen Menge von leuchtender Materie, keineswegs nothwendig, und Absorption brauchte aus diesem Grunde nicht stattzufinden; die Möglichkeit ihrer Existenz lässt sich aber doch nicht ableugnen, und sie ist namentlich von W. Struve lebhaft vertheidigt worden. Struve fand nämlich, in naher Uebereinstimmung mit W. Herschel, die Entfernung der schwächsten Sterne 6. Grösse 11 mal grösser, als die Durchschnittsentfernung der Sterne 1. Grösse und berechnete hieraus die raumdurchdringende Kraft des 20 füssigen Herschel'schen Teleskops zu 664 solcher Entfernungen. Aus der factischen Zählung der Sterne aber, unter Zugrundelegung der Aichungen Herschels, der Zonen Bessels und der Uranometrie Argelanders, ergab sich dieselbe nur 228 mal so gross, und Struve glaubte diese Abweichung der Rechnung von der Beobachtung nur dadurch erklären zu können, dass die Helligkeit der Sterne im Weltraume nicht einfach im quadratischen Verhältnisse der Entfernung, sondern in einem stärkeren abnehme, dass also ein Theil des Lichtes eine Absorption oder Extinction erfahre. Er versuchte sogar, ähnlich wie schon Olbers, die Stärke dieser Absorption zu bestimmen, und fand sie für die mittlere Distanz der Sterne 1. Grösse zu $^1/_{107}$ ihrer Helligkeit.

Gegen diese Hypothese einer Lichtabsorption lässt sich indessen anführen, dass die Voraussetzung der gleichen Sternhäufigkeit in gleichen Räumen, welche Struves Untersuchungen zu Grunde liegt, durchaus nicht bewiesen ist, besonders nicht für die schwächeren teleskopischen Sterne, die hier hauptsächlich in Betracht kommen. Nähme die Häufigkeit der Sterne mit ihrer wachsenden Entfernung ab, so würden wir zu demselben Ergebniss gelangen. —

Wir sehen aus alledem, wie unsicher noch unsere Schlussfolgerungen auf diesem ganzen Gebiete sind, und dass wir nur mehr oder weniger plausible Vermuthungen aussprechen können, die auf verhältnissmässig immer noch dürftigen Thatsachen der Beobachtung sowie auf Hypothesen beruhen, deren innere Wahrscheinlichkeit keineswegs eine sehr grosse genannt werden darf.

4. Stabilität und Bewegungen im Sternsystem.

Wir haben die Ideen eines Kant und Lambert kennen gelernt, welche, da sie sahen, wie die Körper unseres Sonnensystems ihre Revolution ohne Veränderung während unermesslicher Zeitperioden vollführen, analog schlossen, dass das Sternsystem nach demselben allgemeinen Plane gebaut und dass jedem einzelnen Sterne seine Bahn vorgeschrieben sei, in welcher er unendliche Zeiträume hindurch laufen werde. Dieser Vorstellung konnten sich Herschel und Struve nicht anschliessen; für sie war erste Bedingung, zu erfahren, wie die Sterne jetzt stehen, bevor sie versuchten, deren Bahnen zu bestimmen. Ohne genaue Kenntniss des Baues und der Ausdehnung des Sternsystems ist es zwar unmöglich, mit Gewissheit zu sagen, welcher Art der Zustand dieses Systems sein werde nach den Millionen Jahren, welche die Sterne vielleicht brauchen, um ihre Revolution um einen Mittelpunkt zu vollenden; aber ebenso, wie wir für Gestalt und Ausdehnung des Sternsystems gewisse Anhaltspunkte fanden, auf die wir uns mit einem ziemlichen Grade von Sicherheit stützen konnten, so giebt es auch über die Bewegungen und Bahnen der Sterne einige Anschauungen und Grundsätze, für die man eine nicht unerhebliche Wahrscheinlichkeit annehmen darf. —

Was zunächst die Stabilität des Systems betrifft, so lässt sich soviel mit ziemlicher Sicherheit sagen, dass die Sterne kein stabiles System in dem Sinne bilden, in welchem wir vom Sonnensystem als einem solchen reden. Unter einem stabilen System verstehen wir kurz ein solches, in welchem jeder einzelne Stern in unveränderlicher Bahn kreist, wobei ihn jede Revolution wieder zum Ausgangspunkte zurückbringt, so dass das System als Ganzes dieselbe allgemeine Gestalt, Ausdehnung und Anordnung während zahlloser Revolutionen seiner einzelnen Körper beibehält. Zur Existenz eines derartigen Systems ist ein grosser centraler Körper, dessen Masse bedeutend grösser ist, als die der einzelnen Körper, die sich um ihn bewegen, beinahe nothwendige Bedingung. Von einem solchen centralen Körper könnte man wenigstens nur dann absehen, wenn die einzelnen Sterne eine Regelmässigkeit der Bewegung und Anordnung zeigten, wie sie sich im Sternsystem, so wie wir es sehen, in Wirklichkeit nicht findet. Unsere Fragen werden sich deshalb darauf reduciren: Giebt es irgend welche riesige Attractionscentren, um welche die verschiedenen einzelnen Ansammlungen oder Gruppen von Sternen kreisen, oder giebt es einen Mittelpunkt, um welchen alle Sterne, die das sichtbare Universum ausmachen, sich bewegen? Aller Wahrscheinlichkeit nach müssen diese beiden Fragen mit einem entschiedenen Nein beantwortet werden.

Es ist bekannt, dass besonders Mädler eine Zeit lang die Idee eines derartigen Centralkörpers, einer Art »Centralsonne«, lebhaft verfochten und den Mittelpunkt unseres Sternsystems speciell in den Plejaden gesucht hat. Indessen wurden seine Ansichten ebenso heftig, namentlich von Peters, bekämpft und bald überwunden. In der That lässt uns schon die Analogie annehmen, dass, wenn es solche centrale Körper gäbe, sie nicht allein grösser als die anderen Sterne, sondern auch heller sein müssten. Zwar ist, wie dies Lambert wollte, die Existenz ungeheurer dunkler Körper möglich, und wir kennen in der That relativ dunkle und beträchtliche Massen in gewissen Doppelsternsystemen; aber es ist im höchsten Grade unwahrscheinlich, dass solche Massen in grosser Zahl und namentlich als Anziehungscentra isolirter Sterne oder ganzer Sterngruppen existiren sollten. Auch unter den sichtbaren Sternindividuen giebt es, trotz der Verschiedenheit ihrer Grösse, doch keine, welche in ähnlicher Weise über die anderen hervorragen, wie z. B. die Sonne über die sie umkreisenden Planeten.

Den deutlichsten Beweis dafür, dass die Sterne nicht um bestimmte Attractionscentra sich bewegen, liefert jedoch die Mannigfaltigkeit und Unregelmässigkeit ihrer eigenen Bewegungen. Wir haben schon erwähnt, dass, wenn man die Durchschnittsbewegungen einer grossen Anzahl von Sternen ermittelt, eine vorherrschende Bewegung von der Constellation des Hercules aus stattfindet, welche man mit Recht einer Bewegung der Sonne nach jener Gegend des Weltraums zuschreibt, und dass, wenn man die Bewegungen der Sterne einer Region mit einander vergleicht, diese nicht selten eine gewisse Uebereinstimmung aufweisen.

Diese Tendenz betrifft aber nur ganze Complexe von Sternen und deutet keine solche Regelmässigkeit in den Bewegungen der einzelnen Sterne an, wie sie sich, gleich unseren Planeten, bei kreisförmigen Bahnen ergeben würden. Die Bewegungen der einzelnen Sterne weichen meist so sehr von einander ab, dass sie alle Wahrscheinlichkeit einer Revolution um gemeinsame grosse Centralkörper auszuschliessen scheinen.

Die auffallendsten Beispiele von Unregelmässigkeiten dieser Art liefern die Sterne von ungewöhnlich grosser Eigenbewegung; sie eilen nämlich mit solcher Geschwindigkeit dahin, dass die Anziehung aller bekannten Sterne sie nicht aufhalten könnte, bis sie durch das sichtbare Universum und darüber hinaus gekommen wären. Der merkwürdigste dieser Sterne ist der Stern 1830 Groombridge, welcher, soweit wir wissen, die grösste Eigenbewegung besitzt. Da seine Parallaxe nach den besten Bestimmungen nur etwa $0.''1$ beträgt, seine scheinbare (Eigen-) Bewegung an der Sphäre dagegen über $7''$, so folgt eine jährliche Bewegung von mindestens 70 Erdbahnhalbmessern oder von mehr als 300 Kilometern in der Secunde.

Zum besseren Verständniss dessen, was diese enorme Schnelligkeit sagen will, sei darauf hingewiesen, dass nach dem Gravitationsgesetze die Geschwindigkeit, die ein Körper erlangen kann, wenn er von einem anderen angezogen wird, an jedem Punkte seiner Bahn eine begrenzte ist. Beispielsweise würde ein Körper, der aus unbestimmter Ferne gegen die Oberfläche der Erde fiele und nur von der Anziehungskraft der Erde beeinflusst wäre, eine Geschwindigkeit von 11 Kilometern in der Secunde erlangen. Im umgekehrten Falle würde ein von der Erde mit dieser Geschwindigkeit fortgeschleuderter Körper nie durch die Anziehung der Erde allein aufgehalten werden können, sondern eine elliptische Bahn um die Sonne beschreiben müssen. Ueberstiege seine Geschwindigkeit 44 Kilometer in der Secunde, so könnte selbst die Anziehungskraft der Sonne ihn nie aufhalten, und er müsste für immer durch den Weltraum fliegen. Je grösser die Entfernung der Sonne vom Ausgangspunkte des Körpers, desto geringerer Geschwindigkeit bedarf es, um ihn für alle Zeiten aus deren Bereich zu treiben. Bei der Bahn des Uranus würde die erforderliche Geschwindigkeit zehn, bei Neptun nur etwa acht Kilometer in der Secunde betragen; halbwegs zwischen der Sonne und dem Sterne α Centauri, wenn wir dessen Parallaxe zu $0.''8$ annehmen, betrüge sie nur ein Kilometer in acht Secunden oder den vierten Theil der Geschwindigkeit einer Kanonenkugel. Wenn wir die Massen der einzelnen Sterne und ihre Vertheilung im Raume genau wüssten, so wäre es leicht, diese Grenzgeschwindigkeit für einen Körper zu berechnen, der aus unendlicher Entfernung nach einem beliebigen Punkte des Sternsystemes fällt. Fände man, dass die Geschwindigkeit eines Sternes diese Grenze überschritte, so würde daraus folgen, dass derselbe überhaupt nicht zu unserm Sternsysteme gehört, sondern nur ein flüchtiger Besucher ist, dessen Lauf durch den endlosen Raum ein so schneller ist, dass ihn die vereinte Anziehungskraft aller Sterne nicht zum Stillstand bringen könnte.

Wir wollen nun einmal sehen, was es mit unserem Stern 1830 Groombridge für eine Bewandtniss hat, und in welcher Beziehung seine Geschwindigkeit zu der wahrscheinlichen Anziehungskraft aller bekannten Sterne steht. Die Zahl der mit den mächtigsten Teleskopen thatsächlich sichtbaren Sterne kann man auf mindestens 80 Millionen schätzen; wir wollen indessen für die fernsten Regionen weitere 20 Millionen annehmen, die zu klein sind, um gesehen zu werden, so dass wir im Ganzen 100 Millionen haben. Ebenso wollen wir annehmen, diese Sterne hätten durchschnittlich das Fünffache der Masse des Sonnenkörpers und seien in einem Raume ausgebreitet, dessen Durchmesser das Licht in 30000 Jahren durchläuft. Die Berechnung der durch die Gesammtmasse dieser Körper ausgeübten Anziehungskraft ergiebt dann für einen Körper, der aus unendlicher Entfernung gegen den Mittelpunkt des Systems fällt, eine Geschwindigkeit von 40 Kilometern in der Secunde. Umgekehrt würde ein Körper, vom Mittelpunkte eines solchen Systemes mit einer Geschwindigkeit von mehr als 40 Kilometern in der Secunde in einer beliebigen Richtung hinausgeschleudert, nicht allein das ganze Sternsystem passiren, sondern in den unendlichen Raum auf Nimmerwiederkehr hinausfliegen. Befände sich der Körper nicht im Mittelpunkte des Systems, sondern irgendwo anders, so wäre eine noch geringere Geschwindigkeit genügend, um ihn fortzutragen. Diese berechnete Geschwindigkeitsgrenze ist nur der achte Theil der wahrscheinlichen Geschwindigkeit des Sternes 1830 Groombridge. Die Kraft, die nothwendig ist, um einem durch einen beliebigen Raum fallenden Körper eine bestimmte Geschwindigkeit mitzutheilen, ist nun dem Quadrat derselben proportional, so dass das Vierfache der Kraft die doppelte, das Neunfache der Kraft die dreifache Geschwindigkeit hervorbringt u. s. w. Zur achtfachen Geschwindigkeit wäre also 64 mal die anziehende Masse nothwendig. Gehörte demnach der Stern zu unserem Sternsystem, so müsste die Masse und Ausdehnung dieses Systems sehr viel grösser sein, als directe Beobachtung und astronomische Untersuchung andeuten, oder aber, er müsste einem anderen Gesetze als dem der gewöhnlichen Anziehung folgen. Wir können die Alternative in gedrängter Form so ausdrücken:

Entweder sind die Körper, die unser Universum ausmachen, viel schwerer und zahlreicher, als teleskopische Untersuchungen zu zeigen scheinen, oder 1830 Groombridge ist ein irrender Stern, der mit solcher Schnelligkeit seinen endlosen Lauf durch den Raum vollbringt, dass die Anziehungskraft aller Körper unseres Sternsystems ihn nicht aufzuhalten vermag.

Welche von beiden Möglichkeiten die glaubwürdigere ist, wagen wir nicht zu entscheiden. So viel ist gewiss, dass der Stern weder aufgehalten, noch von seinem Wege erheblich abgelenkt werden kann, so lange er nicht die äusserste Grenze, welche das Teleskop je erreichte, überschritten hat. Dazu bedarf er zwei bis drei Millionen Jahre. Ob er dann durch Kräfte beeinflusst werden, von denen die Wissenschaft keine Kenntniss hat, und wieder zu seinem Ausgangspunkte zurückgetrieben werden kann, oder ob er immerzu geradeaus fortfliegen werde, kann man unmöglich sagen.

Hinsichtlich der Vergangenheit dieses Körpers befinden wir uns in derselben Verlegenheit. Wenn wirklich die Geschwindigkeit von 300 oder mehr Kilometern in der Secunde, die ihm eigen ist, jedes Mass übersteigt, das durch die Anziehungskraft aller Körper des Sternsystems hervorgebracht werden könnte, muss er von Anfang an in gerader Richtung durch den Raum hingeschossen sein, und, aus unendlichen Fernen kommend, unser System jetzt zum ersten und einzigen Mal durchmessen.

Es mag die Frage aufgeworfen werden, ob man nicht in den von Lambert statuirten ungeheuren anziehenden Körpern, die, weil sie dunkel sind, uns nicht sichtbar werden, mit einem Mal die nöthigen Mittelpunkte habe, die dem Sternsysteme allgemeine Stabilität geben und den eben besprochenen Stern in irgend einer regelmässigen Bahn festhalten können? Wir antworten mit Nein. Um solche Stabilität zu sichern, müssten Sterne, die von den Schwerpunkten gleich fern sind, beinahe dieselbe Geschwindigkeit haben. Ein Attractionscentrum, das übrigens mächtig genug ist, um einen Körper, welcher 300 Kilometer in der Secunde zurücklegt, in eine regelmässige Bahn zu lenken, würde die meisten anderen Sterne von geringerer Geschwindigkeit in seine unmittelbare Nähe ziehen und so das System zerstören. Wir begegnen so der doppelten Schwierigkeit, dass alle Anzeichen gegen die Existenz solcher dunkler Körper sprechen, und dass dieselben, wären sie wirklich vorhanden, ihre Bestimmung doch nicht erfüllen könnten.

Das allgemeine Ergebniss unserer Betrachtung ist, dass das Weltall, soweit es Sterne umfasst, nicht die Form unveränderlicher Stabilität zu besitzen scheint, welche das Sonnensystem aufweist, und dass sich die Sterne in ungeregelten Bahnen bewegen, die von ihrer Stellung zu den umgebenden Sternen abhängen und wahrscheinlich sich verändern, sobald jene Stellung sich ändert. Gäbe es überhaupt keine Bewegung unter den Sternen, so würden sie alle gegen einen gemeinsamen Mittelpunkt fallen, und allgemeine Zerstörung wäre die Folge. Aber die Bewegungen, die wir thatsächlich an den Himmelskörpern beobachten, reichen hin, um eine solche Katastrophe zu verhindern, da sie jedem Stern einen Ueberschuss von Kraft verleihen, welcher ihn im Allgemeinen vor einem Zusammenstosse mit seinen Nachbarn bewahrt. Wenn daher irgend ein Stern gegen ein Anziehungscentrum fällt, so wird die Geschwindigkeit, die er bei diesem Fallen erlangt, ihn in einer anderen Richtung forttragen, und so mag er auf diese Weise, unter dem Einflusse stets wechselnder Kräfte, einen fortwährenden Tanz aufführen, so lange das Weltall in seiner gegenwärtigen Gestalt fortbesteht.

Denjenigen, die von dem hohen Gedankenfluge eines Kant und Lambert entzückt waren, mag dies als ein sehr unbefriedigender Schluss erscheinen, während er denen, die sich das sichtbare Universum als von ewiger Dauer denken, unglaubwürdig erscheinen dürfte. Fassen wir aber die ungeheuren Zeitabschnitte ins Auge, die bei der wechselseitigen Anziehung der Sterne erforderlich wären, um eine grosse Veränderung im Sternsysteme herbeizuführen, so mögen wir wohl Ansichten wie diese ändern. Während, wie wir sahen, schon Zehntausende von Jahren nöthig waren, um eine bedeutende Umwandlung in den gegenseitigen Stellungen der dem unbewaffneten Auge sichtbaren Sterne zu bewirken, so berechnet sich die Zeit, in welcher alle mit dem Teleskop sichtbaren Sterne vermöge ihrer eigenen Anziehungskraft zusammenfallen könnten, nach Millionen Jahren. Hätte das Universum in seiner gegenwärtigen Gestalt von Ewigkeit her existirt, und sollte es auch ewig fortexistiren, so würde die Unermesslichkeit dieser Perioden noch nichts heissen, da Millionen Jahre nicht minder ein Theil der Ewigkeit sind, wie ein einzelner Tag. Die ganze moderne Wissenschaft scheint aber auf eine endliche Dauer unseres Systems in seiner jetzigen Gestalt hinzudeuten und uns in die Zeit zurückzuversetzen, wo die Sonne und die Planeten nur als glühende Gasmassen da waren. Wie weit diese zurückdatirt, kann sie nicht mit Bestimmtheit sagen; man kann nur vermuthen, dass dieser Zeitraum wohl nach Millionen, aber vielleicht nicht nach Hunderten von Millionen Jahren zu schätzen sein wird. Sie weist auch hin auf die Zeit, wo Sonne und Sterne ihren Glanz verlieren werden und die Natur in Finsterniss und Tod gehüllt sein wird, bis eine noch unbekannte Kraft sie wieder erwecken und neu beleben mag. Der Zeitpunkt für diese Ereignisse ist unberechenbar, wahrscheinlich jedoch nicht so fern, dass das Sternsystem unterdessen durch die gegenseitige Anziehungskraft seiner Theile vernichtet werden könnte.

Es scheint also, als ob alle Einrichtungen, die dem Sternsystem Stabilität und Harmonie der Bewegung sichern, nicht vorzufinden sind, so weit sie nicht gerade nöthig sind, um dasselbe, so lange es bestehen soll, vor dem Zusammensturz zu schützen; ähnlich wie das Rad einer Maschine, das, so lange dieselbe Dienste thun soll, nur zwei oder drei Umdrehungen in der Secunde zu machen hat, nicht auf 1000 Umdrehungen eingerichtet zu sein braucht. Die Körper unseres Sonnensystems andererseits sind ungefähr gleich Rädern, die Millionen von Umdrehungen zu machen haben, bevor sie still stehen. Wenn unter den entgegenwirkenden Kräften, unter deren Einfluss sie sich bewegen, keine fortwährende Ausgleichung herrscht, muss eine Störung der Bewegung eintreten, lange bevor die Maschine sich abnutzt. — So kann man die gegenwärtige Anordnung der Sterne wohl studiren, ohne auf ihre Entstehung Rücksicht zu nehmen; um aber die Gesetze ihrer Bewegung zu erforschen und die Umwandlungen vorauszusehen, welche ihre Bewegungen verursachen können, müssten wir erst die Frage ihrer Dauer, über ihren Anfang und ihr Ende lösen.

Capitel III.

Kosmogonie.

Der Gedanke, dass die Welt nicht von Anfang an ihre jetzige Gestaltung hatte, sondern dass es eine Zeit gab, wo sie entweder gar nicht oder als eine »formlose, nichtige« Masse existirte, war von jeher unter der Menschheit verbreitet. Das »Chaos« der Griechen, die rohen, gestaltlosen Stoffe, die keinem Gesetz unterworfen waren, aus denen die Schöpferkraft alle Dinge schuf — es entspricht in ganz auffallender Weise den Nebelmassen der neueren Astronomie.

Wollen wir die Vorstellungen der Menschen vom Ursprunge der Welten nach den Daten und Theorien ordnen, welche ihnen zu Grunde liegen, so können wir sie in drei Classen einreihen. Die erste Classe enthält die Ideen, die sich die Menschheit vor Entdeckung des Gesetzes der Schwere bildete, und welche deshalb, so richtig sie an sich gewesen sein mögen, der wissenschaftlichen Grundlage entbehren. Die zweite Classe umfasst die Ansichten, die sich auf die Lehre der Gravitation stützen, aber ohne Kenntniss der modernen Theorie von der Erhaltung der Kraft, während die dritte auf diesem Principe fusst. Es braucht deswegen jedoch nicht angenommen zu werden, dass die Anschauungen der letztgenannten Classe denen der anderen widerstreiten. Kant und Laplace gründeten ihre Nebelhypothese bloss auf die Gravitationstheorie, da ihnen der Grundsatz von der Erhaltung der Kraft ganz unbekannt war; sie war deshalb, so wie sie ihren Köpfen entsprang, unvollständig, aber nicht nothwendigerweise irrig in ihren Grundbedingungen.

Eine Betrachtung der Ideen der Alten über den Ursprung der Welt gehört eher in das Gebiet der Philosophie als in das der Astronomie, da sie natürlich rein speculativer Art waren und mehr den Gedankengang der Gemüther, in welchen sie wurzelten, wiederspiegelten, als dass sie irgend ein bestimmtes System darstellten, die Triebkräfte der Natur zu erforschen. Die Vorstellung der Hindu vom Gotte Brahma, der durch Jahrtausende in tiefem Sinnen brütend auf einem Lotosblatte sitzt und dann ein goldenes Ei von der Grösse des Universums zu Tage fördert, aus welchem sich das letztere allmählich herausentwickelt, weist nicht eine Spur selbst von rohester Beobachtung auf, sondern ist lediglich ein Ausfluss der phantastischen Neigungen des Hindugemüthes. Die jüdische Kosmogonie ist der Ausdruck der monotheistischen Ansichten dieses Volkes und der Identität ihres obersten Gottes mit dem Schöpfer Himmels und der Erde. Hipparch und Ptolemäus dagegen bewiesen die wissenschaftliche Richtung ihres Geistes dadurch, dass sie sich darauf beschränkten, das Universum zu untersuchen, wie es ist, ohne vergebliche Versuche zu machen, seinen Ursprung zu ergründen.

Obgleich die Systeme, welche wir erwähnten, im Wesentlichen unwissenschaftlich sind, so brauchen wir doch nicht anzunehmen, dass sie in ihren Resultaten sämmtlich irrig seien, oder dass sie ausschliesslich alten Zeiten angehören. Die Ansichten Swedenborgs z. B., obgleich zu dieser Classe gehörig, stimmen in mancher Hinsicht merkwürdig überein mit den neuesten Ansichten hinsichtlich der thatsächlichen Veränderungen, welche während der Bildung der Planeten eintraten, und so finden sich auch in den kosmogonischen Hypothesen eines Cartesius, Leibnitz, Whiston, Buffon, Franklin u. a. hier und da wohl Bemerkungen und Ideen, welche ein Körnchen Wahrheit enthalten und darum Beachtung verdienen mögen; aber im Grossen und Ganzen sind die Hypothesen auch dieser Männer weit mehr als die Ausgeburt phantasiereicher Combinationen und Speculationen, denn als Ergebniss exacter Beobachtungen und consequenter Untersuchungen zu betrachten. — Ein grosser Theil dessen, was jetzt über dieses Thema geschrieben wird, muss ebenfalls zu dieser ersten Classe gerechnet werden, da es im Gehirn von Menschen entstanden, welche keine Mathematiker oder Astronomen waren und aus dem Grunde nicht beurtheilen konnten, ob ihre Ideen mit den Gesetzen der Mechanik und den Beobachtungsthatsachen übereinstimmten. Alle Hypothesen dieser Art wollen wir also übergehen, gleichviel, wann oder von wem sie ausgegangen, dagegen in geschichtlicher Reihenfolge die Arbeiten derer betrachten, die wirklich dazu beigetragen haben, die Gesetze der Entwickelung der Welt auf wissenschaftlicher Grundlage zu erforschen.

1. Die moderne Nebelhypothese.

Vom rein wissenschaftlichen Standpunkte aus hat Kant wohl das erste Anrecht darauf, als Urheber der Nebelhypothese betrachtet zu werden, da er seine Untersuchungen auf die Thatsachen des Sonnensystems und auf die Newton'sche Theorie der gegenseitigen Anziehung aller Materie gründete. Seine Schlüsse sind kurz folgende: Bei der Untersuchung des Sonnensystems drängen sich zwei bemerkenswerthe Eigenthümlichkeiten unserer Betrachtung auf. Die eine ist, dass sechs Planeten und neun Satelliten (so viele waren damals bekannt) sich in Kreisen um die Sonne bewegen, nicht allein in derselben Richtung, wie die Sonne selbst sich um ihre Axe dreht, sondern auch nahezu in der gleichen Ebene. Dieser Grundzug in der Bewegung so vieler Körper kann, nach aller vernünftigen Beurtheilung, kein rein zufälliger sein; wir müssen vielmehr glauben, dass er einer bestimmten Ursache zuzuschreiben sei, die anfänglich auf alle Planeten einwirkte.

Eine andere Eigenthümlichkeit ist, dass wir die Räume, in denen die Planeten kreisen, leer oder so gut als leer finden; denn wenn auch irgend welche Materie in ihnen enthalten sein sollte, so ist diese doch jedenfalls so dünn und fein, dass sie keinen Einfluss auf die Bewegungen der Planeten ausübt. Es besteht also heute zwischen ihnen keine stoffliche Verbindung irgend welcher Art, durch welche sie in ihre gemeinsame Bewegungsrichtung gezwungen worden sein konnten. Wie können wir nun diese Gleichartigkeit der Bewegung mit dem Fehlen jeder materiellen Verbindung in Einklang bringen? Die natürlichste Erklärung ist, anzunehmen, dass früher einmal eine solche Verbindung existirte, welche die von uns beobachtete Gleichsinnigkeit der Bewegung hervorbrachte; dass die Bestandtheile der Planeten ehemals den ganzen zwischen ihnen liegenden Raum ausfüllten. »Ich nehme an«, sagt Kant »dass alle Materien, daraus die Kugeln, die zu unserer Sonnenwelt gehören, alle Planeten und Cometen bestehen, im Anfange aller Dinge in ihren elementarischen Grundstoff aufgelöst, den ganzen Raum des Weltgebäudes erfüllt haben, darin jetzt diese gebildeten Körper herumlaufen.« Es waren keine festen Gestaltungen in diesem Chaos, da die

Bildung der einzelnen Körper durch die gegenseitige Anziehung der Theilchen der Masse erst später erfolgte. »Allein die Verschiedenheit in den Gattungen der Elemente trägt zu der Regung der Natur und zur Bildung des Chaos das vornehmste bei, als wodurch die Ruhe, die bei einer allgemeinen Gleichheit unter den zerstreuten Elementen herrschen würde, gehoben und das Chaos in den Punkten der stärker anziehenden Partikeln sich zu bilden anfängt.« So mochten also einige Theile dichter sein als andere und um sich daher den feinen Stoff ansammeln, der die Zwischenräume füllte. Die so entstandenen grösseren Gruppen zogen dann die kleineren in ihren Bereich, und dieser Process dauerte fort, bis einige runde Körper an Stelle der ursprünglichen chaotischen Masse getreten waren.

Prüfen wir das Resultat dieser Hypothese nach dem heutigen Stande der Wissenschaft, so sehen wir leicht, dass alle so geformten Körper gegen einen gemeinsamen Mittelpunkt gezogen werden würden und wir dann nicht, wie im Sonnensystem, eine Anzahl von Körpern hätten, sondern eine einzige, aus der Vereinigung aller gebildete Sonne. Bei dem Versuch, zu zeigen, wie die kleineren Massen dazu kamen, sich um die grösseren in kreisrunden Bahnen zu drehen, erweist sich Kants Schlussweise als ungenügend. Er scheint zu denken, dass die Rotationsbewegung indirect durch die repulsiven Kräfte erzeugt werden könnte, welche unter den dünneren Massen der sich verdichtenden Materie thätig seien, und welche eine wirbelnde Bewegung verursachen müssten. Die Gesetze der Mechanik lehren aber, dass die Summe der Rotationsbewegung in einem Systeme nie durch die wechselseitige Einwirkung seiner einzelnen Theile vergrössert oder verringert werden kann, so dass also die gegenwärtigen Rotationsbewegungen der Sonne und der Planeten äquivalent denen sein müssen, welche sie von Anfang an hatten.

Herschels Hypothese. — Es ist merkwürdig, dass der Gedanke der allmählichen Umwandlung der Nebelflecken in Sterne sich Herschel nicht durch die Verhältnisse des Sonnensystems aufgedrängt zu haben scheint, sondern durch die Beobachtung der Nebelflecken selbst. Viele dieser Körper schienen ihm aus ungeheuren Massen phosphorescirenden Dampfes oder Dunstes zusammengesetzt zu sein, und er vermuthete, dass sich diese Massen allmählich verdichten müssten, jede um ihren eigenen Mittelpunkt, beziehungsweise um ihre dichtesten Theile, bis sie endlich in einen Stern oder einen Sternhaufen verwandelt wären. Bei der Classificirung der zahlreichen Nebelflecken, die er entdeckte, glaubte er jede Phase dieses Processes vor Augen zu haben. Da waren die grossen schwachen, verschwommenen Nebelflecken, worin der Verdichtungsprocess kaum begonnen hatte; ferner die kleineren, helleren, welche sich so weit verdichtet hatten, dass ihre inneren Theile schon anfingen, Sterne zu bilden; wieder andere, welche schon Sterne aufwiesen, und endlich Sternhaufen, bei denen die Verdichtung schon vollständig erfolgt war. Wie Laplace bemerkt, verfolgte Herschel die Verdichtung der Nebelflecken etwa in derselben Weise, wie wir in einem Walde das Wachsthum der Bäume an den verschiedenalterigen Stämmen studiren können, die der Wald gleichzeitig birgt. Die spectroskopischen Untersuchungen der gasförmigen Natur der wahren Nebelflecken dienen nur dazu, diese Ansichten Herschels zu bestätigen und uns in der Meinung zu bestärken, dass diese Massen sich alle einst in Sterne oder Sternhaufen verdichten werden.

Laplaces Ansichten über die Nebeltheorie. — Laplace kam zu seiner Nebel-Hypothese durch ähnliche Betrachtungen, wie sie Kant vierzig Jahre früher ausgesprochen hatte. Die merkwürdige Uebereinstimmung der Planeten-Rotationen und -Revolutionen, die geringen Neigungen und Excentricitäten der Planetenbahnen konnten nicht das Ergebniss des blossen Zufalls sein, und so suchte er nach ihrer wahrscheinlichen Ursache. Nach seinem Dafürhalten konnte diese nichts Anderes sein, als die rotirende, glühende Sonnenatmosphäre, die einmal den ganzen Raum ausfüllte, den die Planeten jetzt innehaben. Laplace beginnt nicht, wie Kant, mit dem Chaos, aus welchem sich durch das Spiel anziehender und abstossender Kräfte langsam eine Ordnung herausbildete, sondern mit der Sonne, die von dieser ungeheuren feurigen Atmosphäre umgeben gewesen sei, und welche einem entfernten Beobachter denselben Anblick geboten habe, den uns jetzt viele regelmässige Nebelflecken mit centraler Verdichtung zeigen. Da er aus der Mechanik wusste, dass die Summe aller Rotationsbewegung, welche das Planetensystem jetzt aufweist, von Anfang an vorhanden gewesen sein musste, nahm er an, die ausgedehnte dunstige Masse, die die Sonne und ihre Atmosphäre bildete, habe eine langsame Axenbewegung gehabt. Die glühend heisse Masse würde sich durch Ausstrahlung in den Weltraum langsam abgekühlt und während dieses Processes allmählich verdichtet haben. Je mehr sie sich zusammendrängte, desto mehr würde die Geschwindigkeit ihrer Rotation, nach einem Fundamentalgesetze der Mechanik, zunehmen, so dass eine Zeit kommen musste, wo an der äusseren Grenze der Masse die durch die Rotation hervorgerufene Centrifugalkraft der vom Mittelpunkte ausgehenden Anziehungskraft das Gleichgewicht halten würde. Dann würden sich diese äusseren Theile als kreisender Ring ablösen, während die inneren sich weiter verdichteten, bis an ihrer äusseren Schicht die Centrifugalkraft abermals mit der Schwerkraft sich ins Gleichgewicht setzen und ein zweiter Ring sich ablösen würde u. s. f. So wäre die Sonne endlich, anstatt von einer alles füllenden Atmosphäre, von einer Reihe concentrischer und rotirender glühender Dunst- oder Dampfringe umgeben.

Was würde nun aus diesen Ringen werden? Bei der Abkühlung würden sich die dichteren Theile zuerst zusammendrängen, und der Ring bestände dann aus einer theils festen, theils dampfartigen Masse, wobei die feste Masse auf Kosten der anderen beständig an Quantität gewinnen würde. Wäre der Ring vollkommen gleichförmig, so würde der Verdichtungsprocess in gleicher Weise an seinem ganzen Umfange stattfinden, und derselbe würde in eine Gruppe von Planeten zerfallen, ähnlich wie die, welche wir zwischen Mars und Jupiter haben. Wir müssen jedoch erwarten, dass im Allgemeinen einzelne Theile dichter wären, als die anderen, so dass die dichteren Theile allmählich die dünneren anzögen, bis wir anstatt eines Ringes einen einzigen Körper bekämen, der aus einem ziemlich dichten Mittelpunkte und einer ungeheuren Atmosphäre feurigen Dampfes bestände. Die Rotation dieses Körpers müsste in gleichem Sinne wie die Umdrehung des Ringes erfolgen, da seine äusseren Theile nach dem Gesetz von der Gleichheit der Flächenräume, welche die Radiivectoren beschreiben, von Anfang an in schnellerer Bewegung als seine inneren sein müssten. Der von seiner feurigen Atmosphäre umgebene Planet würde deshalb rotiren und im Kleinen ein Abbild der von ihrer Atmosphäre umgebenen Sonne darstellen, von welcher unsere Betrachtung ausging. In gleicher Weise, wie die Sonnenatmosphäre sich zuerst in Ringe umwandelte und diese Ringe sich allmählich zu Planeten verdichteten, würden auch die Planetenatmosphären bei genügender Ausdehnung Ringe und diese Ringe wiederum Satelliten bilden. Bei dem Planeten Saturn war indessen einer der Ringe so gleichmässig beschaffen, dass sich seine Theile ohne Trennung condensiren konnten, und auf diese Weise hätten wir die Saturnringe erhalten.

Gäbe es unter den Bestandtheilen der Sonnenatmosphäre irgend welche so dünne und flüchtige Stoffe, dass sie sich nicht zu einem Ringe oder zu einem Planeten vereinigen könnten, so müssten sie fort und fort um die Sonne kreisen und eine ähnliche Erscheinung wie die des Zodiakallichtes hervorrufen. Der Bewegung der Planeten würden sie keinen merkbaren Widerstand entgegensetzen, nicht allein wegen ihrer ausserordentlichen Feinheit, sondern auch weil ihre Bewegungsrichtung ganz dieselbe wäre.

Die Cometen hielt Laplace für kleine, von Sonnensystem zu Sonnensystem irrende Nebel, gebildet durch Condensation der im Weltraume ausgebreiteten nebligen Materie. Kämen sie von irgend welcher Seite in die Attractionssphäre der Sonne, so zwänge diese sie in elliptische oder hyperbolische Bahnen von allen möglichen Neigungen oder Excentricitäten.

Dies ist in ihren Grundzügen die berühmte Nebelhypothese von Laplace, die zu so vielen Erörterungen Anlass gegeben hat. Sie beginnt nicht bei einer einfachen Nebelmasse, sondern bei der Sonne, die von einer feurigen, rotirenden Atmosphäre umgeben ist, aus welcher sich die Planeten entwickelten. Nach dieser Theorie ist die Sonne älter als die Planeten; anders liesse sich ihre langsame Axendrehung nicht erklären. Wäre ihr Körper aus homogener Materie entstanden, die sich gleichförmig bis etwa zur Bahn des Mercur erstreckt hätte, so würde er, durch die Centrifugalkraft verhindert, keine Kugel gebildet haben, die sich in 25 Tagen um ihre Axe dreht, sondern einen flachen, fast linsenförmigen Körper. Da aber die dichteren Bestandtheile sich vielleicht zuerst zu einem Körper, wie wir ihn beschrieben, condensirt hätten, so würde die Reibung der nicht verdichteten Atmosphäre die Rotation der Sonne vermindert und die Rotationskraft, die sie verloren, den werdenden Planeten mitgetheilt und diese weiter hinausgeschleudert haben.

Gemäss der Laplace'schen Theorie hat man immer angenommen, dass sich die äusseren Planeten zuerst gebildet haben. Doch liegt ein schwacher Punkt in seiner Ansicht über die Bildung der Ringe. Als die Centrifugal- und die Centripetalkraft sich an der äusseren Grenze der rotirenden Masse das Gleichgewicht hielten, trennten sich nach seiner Meinung die äusseren Theile von den übrigen, welche fortfuhren, gegen die Mitte zu streben. Wären die Planetenringe in der That so entstanden, so müsste sich nach Ablösung jedes Ringes die Atmosphäre beinahe um die Hälfte ihres Durchmessers verringert haben, ehe sich ein neuer bilden konnte, denn wir wissen, dass jeder folgende Planet im Allgemeinen nahezu doppelt so weit als der nächstinnere ist. Weil jedoch zwischen Dampftheilen keine Cohäsion besteht, wäre eine solche Ablösung ungeheurer Massen von den äusseren Schichten der rotirenden Masse unmöglich. In dem Augenblick, wo die Kräfte sich gegenseitig aufheben, würden die äusseren Theile der Masse in der That aufhören, gegen die Sonne zu streben und sich theilweise von den angrenzenden Theilen absondern, dann würden diese sich ablösen u. s. f.; die Lostrennung von Materie von den äusseren Schichten wäre also eine fortwährende, und statt einer Anzahl getrennter Ringe würde eine flache Scheibe, gebildet aus unzähligen zusammenhängenden Ringen, entstanden sein.

Untersuchen wir den Gegenstand genauer, so finden wir, dass die Schlüsse, nach welchen die inneren Theile der Masse sich von den äusseren abtrennen sollen, in der That gewisse Modificationen erfahren müssen. Die dünne neblige Atmosphäre muss früher, als sie noch weit über die Grenzen des Sonnensystems hinausreichte, beinahe kugelförmig gewesen sein. Bei ihrer allmählichen Verdichtung und indem dadurch die Wirkung der Centrifugalkraft deutlicher wahrnehmbar wurde, musste sie die Form eines Sphäroids annehmen. War die Zusammenziehung so weit fortgeschritten, dass sich die Centrifugal- und die Schwerkraft an der äusseren äquatorialen Grenze der Masse gegenseitig aufhoben, so musste die Contraction in der Richtung des Aequators gänzlich aufgehört und sich auf die Polargegenden beschränkt haben, indem jedes Theilchen nicht gegen die Sonne, sondern gegen die Ebene des Sonnenäquators strebte. In dieser Weise würde eine beständig vermehrte Abplattung der kugelförmigen Atmosphäre stattgefunden haben, bis diese allmählich eine dünne, flache Scheibe bildete. Diese Scheibe konnte sich dann in Ringe aufgelöst, und diese wieder konnten sich zu Planeten umgestaltet haben, ähnlich wie es Laplace voraussetzte. Wahrscheinlich würde aber kein wesentlicher Unterschied im Alter der Planeten bemerkbar sein, da sich die kleinen inneren Ringe vermuthlich schneller zu Planeten verdichtet haben, als die ausgedehnten äusseren.

Man kann sagen, dass Kant und Laplace auf deductivem Wege zur Nebelhypothese gekommen sind, indem sie zu zeigen suchten, dass die Bildungen, die das Sonnensystem aufweist, sich erklären liessen, wenn man annähme, der Raum, den dasselbe jetzt inne hat, sei einst von einer glühenden dunst- oder dampfförmigen Masse erfüllt gewesen, aus welcher sich die Planeten gebildet haben. Wir müssen jetzt darlegen, wie unsere moderne Wissenschaft ein zum mindesten sehr ähnliches Resultat auf mehr inductivem Wege erzielt, indem sie aus Ereignissen und Wirkungen, die vor unseren Augen vor sich gehen, zurückschliesst auf deren Ursachen.

2. Fortschreitende Veränderungen in unserem System.

Während des kurzen Zeitraumes, innerhalb dessen genaue Beobachtungen existiren, konnte, abgesehen von der Ortsveränderung, keine wirkliche und dauernde Veränderung in unserem System bemerkt werden. Erde, Sonne und Planeten zeigen dieselbe Grösse und dasselbe Aussehen jetzt wie früher; die Sterne sind fast alle gleich hell und die Nebelflecken von gleicher Form geblieben. Nicht der geringste Unterschied kann in dem Wärmebetrag entdeckt werden, welchen die Erde von der Sonne empfängt, noch auch in der durchschnittlichen Anzahl und dem Umfange der Flecken auf der Oberfläche der letzteren. Und doch haben wir allen Grund, zu glauben, dass diese Dinge sich alle verändern, und dass eine Zeit kommen wird, wo Gestalt und Zustand des Universums ganz andere sind als gegenwärtig. Wie man einen Wechsel wahrscheinlich machen kann, wo keiner ist, mag ein einfaches Beispiel erläutern.

Denken wir uns, ein Mensch komme in ein scheinbar verlassenes Gebäude und sähe ein gehendes Uhrwerk. Wenn er keinen Begriff von Mechanik hat, wird er nicht einsehen, warum es nicht durch unendliche Zeiträume in Gang gewesen sein sollte, und warum das Pendel nicht fortschwingen und die Zeiger ihren Umlauf fortsetzen sollten, so lange das Werk bestehen wird. Er sieht eine continuirliche Kette von Bewegungen und kann nicht begreifen, warum sie nicht gewesen sein sollten, seit die Uhr aufgestellt ist, und fortdauern, bis sie zu Grunde geht. Aber lassen wir ihn sich in den Gesetzen der Mechanik unterrichten und die Kräfte erforschen, welche die Zeiger und das Pendel in Bewegung erhalten. Er wird dann erkennen, dass diese Bewegung dem Pendel durch eine Anzahl von Rädern mitgetheilt wird, deren jedes vielmal langsamer sich dreht als das andere, und dass das erste Rad durch ein Gewicht getrieben wird, mit dem es eine Schnur verbindet. Er wird in dem auf das Pendel unmittelbar wirkenden Rade und vielleicht in dem nächstfolgenden eine langsame Bewegung wahrnehmen, während er in der kurzen Zeit seiner Untersuchung keine Bewegung in den anderen gewahrt. Sieht er jedoch, wie die Räder in einander greifen, so weiss er, dass sie alle sich bewegen müssen, und verfolgt er die Bewegung zurück zum ersten Rade, so sieht er, dass es, obschon anscheinend in Ruhe, durch ein allmähliches Sinken des Gewichtes in Bewegung gebracht werden muss. Er kann dann mit völliger Gewissheit sagen: »Ich sehe nicht, dass das Gewicht sich bewegt, aber ich weiss, es muss allmählich zu Boden sinken, da ich ein System sich bewegender Maschinentheile vor mir habe, deren Thätigkeit nothwendig ein langsames Fallen des Gewichtes bedingt. Wenn ich die Zahl der Zähne eines jeden Rades kenne, weiss ich, um wieviel es jeden Tag fallen muss, und kann berechnen, wann es abgelaufen sein wird. Dann muss das Uhrwerk stille stehen, da das Fallen des Gewichtes es ist, was das Pendel in Bewegung erhält. Ebenso kann ich zurückberechnen, wann es am Anfange seines Weges stand. Ich weiss also, dass das Gewicht von oben nach unten einen gewissen Weg macht; dass irgend eine Kraft es aufgezogen und das Werk dadurch in Gang versetzt hat, und dass, wenn nicht dieselbe Kraft wieder eintritt, das Gewicht in einer bestimmten Anzahl von Tagen den Boden erreichen und die Uhr dann stehen bleiben muss.«

Die diesem Beispiel entsprechende fortschreitende Veränderung im Sonnen- und Sternsystem besteht in einer beständigen Umwandlung von Bewegung in Wärme und in einem beständigen Verlust dieser Wärme durch Ausstrahlung in den Raum. Wie Sir Will. Thomson es ausdrückt, geht in der Natur eine beständige »Zerstreuung der Energie«·vor sich. Wir wissen alle, dass die Sonne Wärme in den Raum ausstrahlt, und dass ein äusserst geringer Theil davon die Erde trifft und Leben und Bewegung auf ihr hervorruft. Diese empfangene Sonnenwärme strahlt die Erde zum Theil selbst wieder in den Raum aus, nachdem sie ihre Bestimmung erfüllt hat. Der Theil der Sonnenwärme, welchen die Erde empfängt, steht, da unser Centralkörper nach allen Richtungen hin gleichmässig ausstrahlt, zur ganzen ausgestrahlten Wärmemenge offenbar in demselben Verhältniss, wie die scheinbare Oberfläche der Erde, von der Sonne gesehen, zu der ganzen Himmelsoberfläche, und er berechnet sich danach auf 1 zu 2170000000. Ebenso wie die Sonne, strahlen auch die Sterne Wärme aus. Man hat die von ihnen kommende Wärme in dem Brennpunkte grosser Teleskope concentrirt und durch besonders empfindliche Apparate (Thermomultiplicatoren) merkbar zu machen gewusst, und man hat danach allen Grund zu glauben, dass Sternwärme und Sternlicht sich ebenso zu einander verhalten, wie Sonnenwärme zum Sonnenlicht. Wenn Sterne leuchten, müssen sie auch Wärme aussenden, und da, wie wir wissen, ihre Leuchtkraft im Allgemeinen eine grössere als die der Sonne ist, so ist anzunehmen, dass sie durchschnittlich auch mehr Wärme ausstrahlen.

Bis ganz vor Kurzem war unbekannt, dass dieses Ausstrahlen die Verzehrung oder Ausgabe eines gewissen Etwas, dessen Vorrath beschränkt ist, mit sich bringt, und man wusste nicht anders, als dass es ohne Nachlassen der Kraft seitens der Sonne und Sterne für immer fortdauere. Jetzt weiss man aber, dass Wärme nur eine Form der Bewegung kleinster Theilchen ist, die dabei eine Arbeit leisten, und dass sie, wie jede Arbeitsleistung, nur auf Kosten oder durch Ausgabe von Kraft erzeugt und erhalten werden kann, und man weiss ebenso, dass der im sichtbaren Universum vorhandene Kraftvorrath ein endlicher und beschränkter ist. Einer der bestbegründeten Sätze der neueren Naturwissenschaft ist der, dass Kraft ebenso wenig wie Materie aus Nichts entstehen kann: wäre es so, so hätten wir ein ebenso vollkommenes Wunder, als wenn eine Erde vor unseren Augen aus Nichts erschaffen würde. Die Ausstrahlung der Sonne kann demnach nicht immer so fortgehen, oder aber, die durch die Erzeugung von Wärme verbrauchte Kraft der Sonne müsste ihr in irgend einer Form wieder ersetzt werden. Dass sie ihr jetzt nicht oder nur sehr unvollständig zurückgegeben wird, können wir als gewiss betrachten. Für die Radiation können wir keine andere als eine geradlinige Fortpflanzung vom strahlenden Mittelpunkte aus annehmen. Kehrte die ausgestrahlte Wärme aus dem Raume wieder zur Sonne zurück, so müsste es aus allen Richtungen zum Mittelpunkte geschehen; die Erde würde dann ebenso viel von der herzuströmenden wie von der zurückströmenden Wärme auffangen, d. h. wir würden bei Nacht vom Firmament ebenso viel Wärme erhalten, wie bei Tage von der Sonne. Das ist bekanntlich nicht der Fall; man hat in der That nicht die geringsten Anzeichen irgend einer Wärme, die uns aus dem Raume zukäme, ausgenommen der äusserst geringen, welche wir von den Sternen empfangen. In neuerer Zeit hat zwar Siemens eine sehr geistreiche Theorie aufgestellt, nach welcher gleichsam ein Kreislauf der strahlenden Wärme stattfinden soll, indessen sind die ihr zu Grunde liegenden Voraussetzungen noch zu wenig befestigt, als dass man dieser Theorie einen praktischen Werth beimessen könnte.

Da also die Sonnenwärme nicht zur Sonne zurückkehrt, müssen wir untersuchen, was aus ihr wird, und ob nicht zu gleicher Zeit ein Ersatz stattfindet, wodurch die Sonne alle verlorene Wärme zurückerhält. Verfolgen wir die in den Weltraum ausgestrahlte Wärme, so können wir drei Hypothesen über ihr letztes Ziel aufstellen:

1. Sie mag ganz und gar vernichtet werden, wie man dies früher vielfach angenommen hat.

2. Sie mag ihren Weg weiter durch den Raum und für ewig fortsetzen.

3. Sie mag durch irgend eine Kraft, von der wir keine Ahnung haben, zuletzt gesammelt und an die Quellen, denen sie entsprang, zurückgegeben werden.

Die erste dieser Hypothesen kann der naturwissenschaftliche Denker der Gegenwart nur für gänzlich unphilosophisch halten. Für uns ist die Lehre, dass die Kraft nicht vernichtet werden könne, gleichbedeutend mit der, dass sie nicht geschaffen werden könne, und die inductiven Schlussfolgerungen, auf denen die letztere beruht, sind beinahe ebenso unantastbar wie die, nach welchen wir folgern, dass die Materie nicht geschaffen werden könne. Gleichzeitig mag freilich hervorgehoben werden, dass alle derartigen Lehren hinsichtlich der Unschaffbarkeit und Unzerstörbarkeit von Materie und Kraft nicht weiter als durch Herleitung aus Versuchen begründet werden können, und dass die absolute Wahrheit einer Doctrin wie dieser auf solchem inductiven Wege nicht zu beweisen ist. Besonders mag dies in Bezug auf die Kraft gelten. Die genauesten Messungen über Kraftwirkung oder Kraft, die wir machen können, zeigen, dass sie weder durch Uebertragung, noch durch Umwandlung eine merkliche Abnahme erleidet. Dies allein beweist aber nicht, dass sie auf einem Wege, der Hunderttausende oder Millionen Jahre in Anspruch nehmen kann, keinem Verluste unterworfen sei. Zwischen Kraft und Materie besteht auch der wesentliche Unterschied, dass die letztere als aus einzelnen Theilen bestehend gedacht wird, welche ihre Identität bei allen Veränderungen der Form, denen sie unterliegen, beibehalten, während die Kraft etwas ist, bei dem wir nicht an eine solche Identität denken. So kann ich, wenn ich einen Wassertropfen in meiner Hand verdunsten lasse, im Geiste jedes Molekül des Wassers verfolgen, auf seiner Reise durch die Luft in die Wolken und in einem Regentropfen wieder zu Erde zurück, so dass ich, wenn ich nur die Mittel hätte, diesen Vorgang wirklich zu beobachten, sagen könnte: diese Schale enthält eins, zwei oder zwanzig Moleküle, und zwar dieselben, die vor einer Woche oder einem Monat aus meiner Hand verdunsteten. Auf diese Vorstellung von der selbständigen Identität der kleinsten Theile der Materie gründet sich unsere Ansicht von der Unzerstörbarkeit der Materie, da Materie nicht zerstört werden kann ohne Zerstörung individueller Moleküle und jede Ursache, welche ein einzelnes Molekül zerstörte, ebenso die Zerstörung aller das Universum bildenden Moleküle zur Folge haben könnte.

Mit der Kraft dagegen verhält es sich anders. Heben wir ein Gewicht, so wird ein gewisses Quantum Wärme ausgegeben werden; hier ist Wärme verschwunden und ersetzt durch eine blosse Veränderung der Lage, — etwas, das nicht als identisch mit ihr aufgefasst werden kann. Lassen wir das Gewicht fallen, so erzeugt sich dasselbe Quantum Wärme wieder, das beim Heben verbraucht wurde; aber obwohl gleich an Quantität, kann diese Wärme doch nicht als mit der anderen in gleicher Weise identisch betrachtet werden, wie z. B. das aus Dampf condensirte Wasser identisch ist mit dem bei der Dampfbildung verdunsteten. Wenn Messungen auch eine geringere Wärmemenge zeigten, so könnten wir deshalb doch nicht sagen, es habe eine Zerstörung eines identischen Etwas, das vorher da war, stattgefunden, wie wir es sagen könnten, wenn der condensirte Dampf nicht gleich dem verdunsteten Wasser wäre. Deshalb kann man, obschon der Satz von der Unzerstörbarkeit der Kraft allgemein als physisches Princip gilt, doch nicht behaupten, die inductive, von der Beobachtung oder dem Experiment ausgehende Methode habe seine absolute Richtigkeit festgestellt, und in einem Falle wie dieser, wo wir etwas sehen, das der Erklärung unzugänglich ist, muss unter den möglichen Alternativen das Fehlschlagen auch der weitgehendsten und scheinbar sichersten Induction in Betracht gezogen werden. —

Die zweite Alternative, dass die von der Sonne und den Sternen ausgestrahlte Wärme ihren Weg durch den Raum geradlinig und ewig fortsetzt, ist diejenige, welche am meisten mit unseren wissenschaftlichen Vorstellungen übereinstimmt. Wir erhalten thatsächlich Wärme von den entferntesten, durch das Teleskop sichtbaren Sternen, und diese Wärme war, soweit wir wissen, Tausende von Jahren unterwegs, ohne in Verlust gerathen zu sein. Von diesem Gesichtspunkte aus setzt jede von der Sonne oder Erde je ausgegangene Radiation ihren Weg durch den Raum jetzt noch fort, ohne andere Verringerung, als die aus der Ausbreitung auf eine grössere Fläche entspringende. Wenn, wie ein neuerer Schriftsteller sich ausdrückt, ein intelligentes Wesen ein so scharfes Auge hätte, dass es den kleinsten Gegenstand bei schwächstem Lichte erkennen könnte, und eine so schnelle Bewegung, dass es in wenigen Jahren von einem Ende des Sternsystems zum anderen zu gelangen vermöchte, so würde es die Erde aus einer Entfernung, weit geringer noch, als die des fernsten Sternes, in dem Lichte sehen, welches sie mehrere tausend Jahre vorher verlassen hatte, und durch die blosse Betrachtung könnte es so das ganze Drama der menschlichen Geschichte noch einmal vor seinen Augen sich abwickeln sehen. Das Licht einer jeden menschlichen, unter klarem Himmel vollbrachten That setzt noch seinen Weg unter Sternen fort, und es bedarf nur der vorausgesetzten Fähigkeit, damit jenes Wesen die That noch einmal sehen könne. Ist diese zweite Hypothese die richtige, dann ist die von der Sonne und den Sternen ausgestrahlte Wärme für sie auf immer verloren. Es giebt keinen bekannten Weg, auf welchem die so entsendete Wärme zur Sonne wieder zurückgelangen könnte. Sie verzehrt sich ganz und gar in der Erzeugung von Schwingungen eines ätherischen Mediums, welche sich weiter und weiter im Raume fortsetzen.

Die dritte Hypothese ist, wie die erste, eine blosse Conjectur, die sich durch die nothwendige Unvollkommenheit unseres Wissens entschuldigen lässt. Alle Gesetze der Ausstrahlung und alle unsere Begriffe vom Raume führen zu dem Schlusse, dass die ausgestrahlte Sonnenwärme nie mehr zu ihr zurückkehrt. Eine solche Rückkehr könnte nur erfolgen, wenn entweder der Raum selbst eine Krümmung hätte, so dass, was uns als gerade Linie erscheint, in sich selbst zurückkehrte, wie der grosse Mathematiker Riemann sich vorstellte*); oder wenn das ätherische

---

*) Diese Vorstellung gehört zu jener »transscendentalen« Geometrie, die, indem sie von Raumvorstellungen, die aus der Erfahrung abgeleitet sind, ausgeht, untersucht, welche Beziehungen zwischen Theilen des Raumes, nach ihrem weitesten Umfange betrachtet, möglich sein können. Man giebt jetzt zu, dass die vorausgesetzte apriorische Nothwendigkeit der Axiome der Geometrie eine wirkliche logische Be-

Medium, dessen Schwingungen die Wärme fortpflanzen, eine beschränkte Ausdehnung hat, oder endlich vermöge einer Kraft, die der Wissenschaft bis jetzt gänzlich unbekannt ist. Die erstere Idee ist zu sehr speculativ, um eine Erörterung zuzulassen; die beiden anderen Annahmen aber übersteigen unser Wissen und Begreifen ebenso vollständig, wie jene einer thatsächlichen Vernichtung der Kraft.

3. Die Quellen der Sonnenwärme.

Wir können es fast als beobachtete Thatsache betrachten, dass die Sonne seit vielen Tausenden oder Zehntausenden von Jahren Wärme in den Raum ausstrahlt, scheinbar ohne Abnahme ihres Vorrathes. Eine der schwierigsten Fragen der kosmischen Naturlehre, eine Frage, deren Schwierigkeit vor der Entdeckung des Gesetzes von der Erhaltung der Kraft man nicht einsah, ist die gewesen, wie dieser enorme Vorrath von Wärme erhalten werde[*]. Berechnen wir, in welchem Masse die Temperatur der Sonne zufolge der Ausstrahlung ihrer Oberfläche jährlich sinken müsste, so finden wir etwa 2° C., wenn ihre specifische Wärme gleich der des Wassers ist, und 4°—8°, wenn sie gleich derjenigen der meisten Stoffe, die unsere Erde bilden, ist. Sie würde daher

---

gründung nicht hat, und dass die Frage nach den Grenzen, innerhalb deren sie wahr sind, durch die Erfahrung beantwortet werden müsse. Speciell gilt dies für das Parallelen-Theorem, indem kein genügender Beweis dafür möglich ist, dass zwei parallele gerade Linien sich entweder niemals treffen oder niemals divergiren. Verschiedene geometrische Systeme, die man unter dem Namen der Nicht-Euklidischen Geometrie begreift, sind neuerdings ersonnen worden, welche jene Grenzen, die unseren fundamentalen geometrischen Vorstellungen auferlegt schienen, erweitern oder verwerfen, ohne jedoch etwas einzuführen, was ihnen positiv widerspricht. Das berühmteste und merkwürdigste dieser Systeme ist das von Riemann, welcher zeigte, dass wir zwar gezwungen sind, den Raum als unbegrenzt aufzufassen, da kein Ort möglich oder denkbar ist, der nicht den Raum auf allen Seiten hätte, dass aber keine Nothwendigkeit vorliegt, ihn als unendlich zu betrachten. Er mag in sich selbst zurückkehren, etwa in der Weise, wie die Oberfläche einer Kugel, welche, obschon ohne Abgrenzung, doch nur eine begrenzte und bestimmte Anzahl von Flächeneinheiten (Quadratmeter o. a.) enthält, und auf der man, in gerader Linie aufs Unbestimmte vorwärts schreitend, schliesslich zum Ausgangspunkte zurückkommen wird. Obgleich diese Deutung des endlichen Raumes über unser Begreifen und Vorstellen hinausgeht, widerspricht sie ihm doch nicht; das aber, was uns Erfahrung hierüber sagen kann, beschränkt sich darauf, dass das ganze wahrnehmbare Universum nur ein sehr geringer Bruchtheil des ganzen, aber endlichen Raumes sein mag.

[*] Die von der Sonne stündlich gelieferte Wärmemenge entspricht der Verbrennungswärme von 7500 Kilogr. Kohle auf jedes Quadratmeter ihrer Oberfläche.

wenige Jahrtausende nach ihrer Entstehung sich vollständig abgekühlt haben, wenn die Quelle ihrer Wärme keine andere wäre, als die durch ihre Temperatur angezeigte.

Davon, dass ihre Temperatur, wie diejenige irdischer Feuer, durch die Verbrennung auf ihr befindlicher Stoffe erhalten werden sollte, kann gleichfalls nicht die Rede sein, denn die Rechnung zeigt, dass ihre Wärme dann ebenfalls nur wenig mehr als 3000 Jahre andauern würde. Nun hat man aber eine andere Wärmequelle vermuthet, die sich auf die mechanische Wärmetheorie, auf den Satz von der Aequivalenz von Wärme und Arbeit gründet. Fiele aus bedeutender Höhe ein Körper auf die Sonne, so würde sich der ganze, durch seine Masse und Geschwindigkeit repräsentirte Kraftvorrath in Wärme verwandeln, und die so erzeugte Hitze müsste viel grösser sein, als die aus der blossen Verbrennung jenes fallenden Körpers entstehende. Ein schon früher erwähntes Beispiel dieser Art liefern die Sternschnuppen und Aërolithen bei ihrem Durchgange durch unsere Atmosphäre. Nun ist die Geschwindigkeit, mit welcher aus weiter Entfernung kommende Körper auf die Sonne fallen, entsprechend der ausserordentlich viel grösseren Masse der letzteren, ganz bedeutend grösser als die irdische Fallgeschwindigkeit — mehr als 560 Kilometer in der Secunde. Nehmen wir also an, wie es Rob. Mayer in der meteorischen Theorie thut, dass von den Milliarden in unserem Sonnensysteme enthaltenen winzigen Körpern, den Meteoroiden, fortwährend Tausende auf die Sonne stürzen, so erhielten wir in ihrem Sturze eine ausgiebige Quelle für die Sonnenwärme.

Indessen würde diese nicht hinreichen, den in Form von Wärme von der Sonne fortdauernd abgegebenen Kraftvorrath zu ersetzen. Man hat berechnet, dass im Laufe eines Jahrhunderts mindestens eine unserer Erde gleiche Masse in die Sonne fallen müsste, um ihre Wärme zu erhalten. Diese Quantität meteorischen Stoffes übersteigt aber so weit jede Wahrscheinlichkeit, dass man die Ergänzung der Sonnenwärme nicht auf solche Weise erklären kann. Nur ein kleiner Bruchtheil von den Meteoroiden und ähnlichen Körpern, die den Raum durchfliegen oder um die Sonne laufen, kann auf sie fallen. Um dieses Gestirn zu erreichen, müssten sie aus dem Raume gerade auf sie zuschiessen oder zufolge einer durch die Planetenattraction bewirkten Störung ihrer Bahnen hineingeworfen werden. Wären die Meteore so häufig, wie es diese Hypothese erfordert, so würde auch die Erde von ihnen überschüttet werden und zwar derart, dass ihre ganze Oberfläche durch die in Wärme umgesetzte lebendige Kraft erhitzt und alles Leben vollständig zerstört würde. Die Sonne mag also wohl zu einem längst vergangenen Zeitpunkte einen grossen Betrag von Wärme in dieser Weise bekommen haben und mag einen Theil auch jetzt noch so erhalten; aber es ist unmöglich, dass ihr Verlust fortwährend auf diesem Wege ersetzt werde.

Die Contractions-Theorie. — Wir wissen jetzt, dass kein Grund vorliegt, anzunehmen, die Sonne müsse aus irgend welcher äusserlichen Quelle ihren enormen Wärmevorrath empfangen und ihn dadurch erhalten. Da ihr Körper im Abkühlen begriffen ist, muss er sich zusammenziehen und zugleich dichter werden; durch solche Zusammenziehung wird Wärme erzeugt, und diese genügt, wie Helmholtz gezeigt hat, um fast den ganzen Verlust zu ersetzen. Diese Theorie ist nicht allein im Einklang mit den Gesetzen, denen die Materie gehorcht, sondern sie lässt auch eine genaue mathematische Untersuchung zu. Da man den jährlichen Kraftbetrag kennt, den die Sonne in der Form von Wärme ausstrahlt, so ist es leicht, aus dem mechanischen Aequivalent der ausgestrahlten Wärme zu berechnen, in welchem Masse die Zusammenziehung erfolgen muss, um jene Wärme hervorzubringen. Es ist so gefunden worden, dass bei der gegenwärtigen Grösse der Sonne ihr Durchmesser jährlich nur um 70 Meter kleiner zu werden braucht, damit so viel Wärme erzeugt werde, als sie ausstrahlt. Dies beläuft sich in 25 Jahren auf ungefähr $1\frac{1}{2}$ Kilometer oder auf 6 Kilometer in einem Jahrhundert.

Die Frage, ob die Temperatur der Sonne durch ihre Contraction steigen oder fallen würde, beantwortet sich danach, ob wir ihr Inneres als gasförmig oder aber als fest oder flüssig annehmen. Ein bekanntes, obschon auf den ersten Anblick paradox scheinendes Gesetz für die Zusammenziehung gasförmiger Körper sagt aus, dass, je mehr Wärme ein solcher Körper verliert, er desto heisser wird. Wegen der Ausstrahlung der Wärme zieht er sich zusammen, aber die durch die Zusammenziehung erzeugte Wärme übersteigt die, welche er verlieren musste, damit die Zusammenziehung vor sich gehen konnte*). Wenn

---

*) Lane und Ritter haben die Umstände bei Abkühlung und Zusammenziehung von Gasmassen ausführlich erörtert. Wenn eine Gaskugel sich auf die Hälfte ihres anfänglichen Durchmessers zusammenzieht, so wird die centrale Anziehung auf jeden Theil ihrer Masse auf das Vierfache vermehrt, die Oberfläche dagegen, auf welche die Anziehung ausgeübt wird, auf den vierten Theil vermindert. Der Druck auf ein Oberflächenelement wird daher sechzehnmal, die Dichtigkeit aber nur achtmal vermehrt. Wären demnach elastische und anziehende Kräfte im Anfangszustande der Gasmasse im Gleichgewichte, so müsste ihre Temperatur verdoppelt werden, damit, bei Reduction des Durchmessers auf die Hälfte, noch Gleichgewicht bestände. — Ein ähnliches anscheinendes Paradoxon ist dies, dass ein widerstehendes Mittel die Bewegung eines Planeten oder Cometen in ihm beschleunigt. Der Widerstand des Mittels bringt nämlich den Körper näher zur Sonne, und die durch diese Annäherung erzeugte Geschwindigkeit übertrifft die durch den Widerstand verlorene.

die Gasmasse sich so weit verdichtet hat, dass sie fest oder flüssig zu werden beginnt, so hört diese Erscheinung auf, und die weitere Zusammenziehung ist von da an nur ein Abkühlungsprocess. Wir können nicht sagen, ob die Sonne in ihrem Innern schon fest oder flüssig zu werden beginnt, und deshalb auch keine genaue Schätzung darüber machen, wie lange ihre Wärme dauern wird. Eine rohe Schätzung lässt sich indessen aus der Stärke der Zusammenziehung herleiten, die nöthig ist, um den gegenwärtigen Wärmevorrath zu erhalten. Diese Stärke nimmt, wie die Sonne kleiner wird, in dem Masse ab, dass in 5 Millionen Jahren die Sonne auf die Hälfte ihres jetzigen Volumens beschränkt sein wird. Hat ihr Festwerden jetzt noch nicht begonnen, so wird es doch vermuthlich eintreten, und ihre Wärme muss bald nachher abnehmen.

Die Contractions-Theorie befähigt uns, die Vergangenheit der Sonne etwas genauer zu bestimmen, als ihre Zukunft. Vor 100 Jahren muss sie danach um etwa 6 Kilometer grösser gewesen sein, als jetzt, vor 1000 Jahren etwa 60 Kilometer u. s. f. Nehmen wir also an, ihre Zusammenziehung hätte von je her und in gleichmässiger Weise stattgefunden, so vermögen wir ihren Durchmesser genähert für jeden vergangenen Zeitpunkt zu bestimmen, ähnlich wie im Fall der aufgezogenen Uhr die Höhe des Gewichtes an vorhergehenden Tagen berechnet werden kann. Wir können so bis zu einer Zeit zurückgehen, wo die Sonnenkugel bis zur Mercurbahn reichte, dann bis zur Erdbahn, und so zurück bis dahin, wo sie den ganzen Raum ausfüllte, den das Sonnensystem jetzt einnimmt. Wir werden so durch Rückwärtsschliessen auf die Nebelhypothese geführt, in einer Form, welche der der Kant-Laplace'schen Theorie sehr nahe kommt — nur mit dem Unterschiede, dass unsere Schlüsse auf Naturgesetzen beruhen, von denen jene grossen Denker keine Kenntniss hatten.

Nehmen wir den Satz von der Zusammenziehung und Verdichtung der Sonne als ausreichend zur Erklärung der Sonnenwärme während der ganzen Dauer ihres Bestehens an, so können wir leicht den Gesammtbetrag der Wärme berechnen, den ihre Contraction aus irgend einem gegebenen Umfange erzeugen konnte. Dieser Betrag hat seine Grenze, so gross auch die Sonne im Anfange gewesen sein mag; jeder aus unbestimmter Entfernung herabfallende Körper würde nur eine beschränkte Quantität Wärme erzeugen, ebenso, wie er nur einen beschränkten Grad von Geschwindigkeit erlangen könnte. Man hat so gefunden, dass, wenn die Sonne im Anfange als glühender Nebelball den ganzen Raum unseres Planetensystems erfüllt hätte, der durch ihre Contraction auf den gegenwärtigen Umfang erzeugte Wärmevorrath genügend gewesen wäre, um bei dem jetzigen Masse ihrer Ausstrahlung 18 Millionen Jahre zu dauern.

Mit Sicherheit kann man behaupten, dass sie für einen längeren Zeitraum in dem Masse wie jetzt nicht Wärme ausstrahlen konnte, ohne in der Zwischenzeit aus irgend einer äusseren Quelle einen wunderbaren Zuschuss an Kraft zu erhalten. Der Ausdruck »wunderbar« wird hier gebraucht, um alles das zu bezeichnen, was mit den wohlbegründeten, um uns her wirksamen Naturgesetzen absolut unverträglich ist. Diese Gesetze lehren uns, dass kein Körper Wärme erlangen kann, ausser es gehen Veränderungen ähnlich einer Zusammenziehung seiner Theile in seiner eigenen Masse vor sich, oder er erhält Wärme von einem andern Körper, der heisser ist, als er selbst. Die durch Contraction aus einer unbestimmten Grösse oder durch das Herabfallen aller Theile der Sonne aus unermesslicher Entfernung, d. h. durch Verdichtung entwickelte Wärme giebt das äusserste Mass der Wärme an, welche die Sonne vermöge innerer Veränderungen erlangen könnte, und diese Wärmemenge würde, wie eben gesagt, nur 18 Millionen Jahre ausreichen. Damit die Sonne von einem andern Körper Wärme erhalte, ist es nicht allein nothwendig, dass derselbe überhaupt heisser sei als sie, sondern er müsste so viel heisser sein, dass der geringe Bruchtheil von Wärme, den er an die Sonne abgäbe, bedeutender wäre, als die Gesammtsumme der Wärme, welche die Sonne selbst ausstrahlt. Um uns einen Begriff davon zu machen, was diese Bedingung fordert, bemerken wir, dass der Körper in dem Verhältniss mehr Wärme ausstrahlen muss, als die Sonne, als das ganze sichtbare Himmelsgewölbe grösser ist, als seine scheinbare von der Sonne gesehene Winkelgrösse. Wäre z. B. sein scheinbarer Durchmesser 12°, so würde er etwa den 3000sten Theil der Himmelsfläche einnehmen, und er müsste, um die Sonne überhaupt zu wärmen, mehr als 3000 mal so viel Wärme als sie abgeben. Ueberdies müsste er, um der Sonne die für einen beliebig langen Zeitraum nöthige Wärme mitzutheilen, so lange in ihrer Nähe bleiben, dass der Ueberschuss, den sie über die Menge ihrer ausgestrahlten Wärme erhält, einen für die Zeit ausreichenden Vorrath lieferte. Die Annahme, die Sonne habe auch nur einen Wärmevorrath für 1000 Jahre in dieser Weise erhalten, ist nicht zulässig ohne die ungeheuerlichsten Voraussetzungen hinsichtlich des Volumens, der Temperatur und der Bewegung des Wärme abgebenden Körpers — Voraussetzungen, welche, auch abgesehen von ihrer Ungeheuerlichkeit, die vollständige Zerstörung der Planeten durch die Hitze des Körpers, und selbst angenommen, sie seien in irgend einer Art gegen die Hitze geschützt, die gänzliche Verwirrung ihrer Bahnen durch seine Anziehungskraft bedingen würden.

Noch auf einem andern, von Helmholtz eingeschlagenen Wege können wir eine Vorstellung von der Wärmemenge gewinnen, die im

Laufe der Zeiten als Arbeitsleistung des überhaupt im Sonnensystem vorhandenen Kraftvorraths resultirt.

Wir nehmen dabei als Voraussetzung die ursprünglich nebelartige Constitution des Sonnensystems gemäss der Kant-Laplace'schen Hypothese und die allgemeine Gültigkeit des Gesetzes von der Gleichwerthigkeit von Wärme und mechanischer Arbeit. Nach diesem Gesetz musste der Nebelball, aus welchem sich das Sonnensystem entwickelte, in sich und in den mechanischen anziehenden Kräften, die von Anfang an in Wirksamkeit waren, den ganzen Vorrath von Arbeitskraft enthalten, der im Laufe der Zeiten in die verschiedensten Formen der Bewegung kleinster Theilchen, namentlich aber in Wärme, übergeführt wurde. Zufolge der gegenseitigen Anziehung der Nebelmassentheilchen verdichtete sich nämlich der Nebelball, dessen Dichtigkeit als eine ausserordentlich geringe anzunehmen ist, im Laufe der Jahrmillionen und leistete damit eine Arbeit, die zum grössten Theil in Wärme überging, zum geringsten Theil in der gegenseitigen Anziehung von Sonne und Planeten und in der lebendigen Kraft ihrer Bewegung als mechanische Kraft dem Sonnensystem, wie es jetzt existirt, erhalten geblieben ist.

Helmholtz hat nun berechnet, dass von der ursprünglich vorhandenen mechanischen Kraft nur etwa der 454ste Theil als solche noch jetzt besteht, während alles Uebrige in Wärme verwandelt worden ist. Der bei weitem grösste Theil dieser Wärme ist jedenfalls in den Weltraum ausgestrahlt worden; ihr Gesammtbetrag wäre aber hinreichend, um eine Wassermasse, die den Massen von Sonne und Planeten zusammengenommen gleich ist, auf volle 28 Millionen Grad zu erhitzen.

Uebrigens repräsentirt auch der jetzt vorhandene Vorrath an mechanischer Kraft noch ganz ungeheure Wärmemengen. Würde z. B. die Erde plötzlich in ihrer Bewegung um die Sonne gehemmt, so würde durch diesen Stillstand so viel Wärme erzeugt wie bei der Verbrennung von 14 Erden aus reiner Kohle, und ihre Masse würde auf mindestens $112000°$ erhitzt werden. Fiele sie dann aber, wie es geschehen müsste, in die Sonne, so würde die durch einen solchen Stoss erzeugte Wärmemenge noch 400mal grösser sein. —

Die angeführte Berechnung des Zeitraums, innerhalb dessen die Sonne Wärme hat ausstrahlen können, beruht auf der Voraussetzung, dass die Quantität ausgestrahlter Wärme stets dieselbe gewesen sei. Wenn wir annehmen, diese Quantität sei früher geringer gewesen als jetzt, so kann die Periode der Sonnenexistenz von längerer, im entgegengesetzten Fall aber von kürzerer Dauer gewesen sein. Die fragliche Wärmemenge hängt von verschiedenen Ursachen ab, deren Wirkungen nicht genau berechnet werden können — nämlich von der Grösse,

Temperatur und Beschaffenheit der Sonnenkugel. Setzen wir eine gleichmässige Ausstrahlung voraus, so war der Durchmesser dieser Kugel vor 9 Millionen Jahren zweimal so gross als jetzt. Ihre Oberfläche hatte dann die vierfache Ausdehnung, so dass auch, bei derselben Beschaffenheit und Temperatur des Sonnenkörpers wie jetzt, die Ausstrahlung eine viermal stärkere gewesen sein müsste. Aber ihre Dichtigkeit würde nur ein Achtel der jetzigen gewesen sein und ihre Temperatur niedriger. Diese Umstände würden ihrerseits die Ausstrahlung zu vermindern gesucht haben, so dass es leicht möglich ist, dass der Totalbetrag der ausgestrahlten Wärme nicht grösser gewesen ist als jetzt. Die grössere Wahrscheinlichkeit scheint indessen auf der Seite einer bedeutenderen Totalausstrahlung zu liegen, und diese Wahrscheinlichkeit wird noch vermehrt durch den geologischen Beweis, dass die Erde in früheren Epochen wärmer als jetzt war. Bedenken wir, dass eine Abnahme der Sonnenwärme um weniger als ein Viertel ihres Betrags unsere Erde vermuthlich so stark abkühlen würde, dass alles Wasser auf ihrer Oberfläche gefröre, während eine Zunahme der Wärme um mehr als die Hälfte alles Wasser voraussichtlich in Dampf verwandeln würde, so kommen wir zu dem Schluss, dass die Compensation der Ursachen, welche bei der Sonne eine Wärmeausstrahlung zur Folge hatten, genügend, um die Erde in ihrem gegenwärtigen Zustande zu erhalten, vermuthlich nicht länger als 10 Millionen Jahre existirt habe. Dies wäre deshalb nahe die äusserste Grenze des Zeitraums, während dessen auf der Erde Wasser in flüssigem Zustande vorhanden gewesen sein könnte.

4. Die säculare Abkühlung der Erde.

Ein Beispiel eines fortschreitenden Wärmeverlustes, der an Wichtigkeit nur von der Abnahme der Sonnenwärme selbst übertroffen wird, gewährt die säculare, d. h. in langen Zeiträumen vor sich gehende Abkühlung der Erde. Wie wir wissen, ist das Innere der Erde wärmer als ihre Oberfläche, und wo immer ein solcher Unterschied der Temperatur besteht, muss eine Leitung oder Uebertragung der Wärme von den wärmeren zu den kälteren Theilen stattfinden. Damit die Wärme so geleitet werden könne, muss innen ein Wärmevorrath sein. Die Zunahme der Wärme nach innen kann deshalb nicht plötzlich aufhören, sondern muss sich, allmählich wachsend, bis zu einer ansehnlichen Tiefe erstrecken.

Welche Ansicht wir auch über den Zustand des Erdinnern haben mögen, so viel muss zugegeben werden, dass die Erde in früheren

Perioden wärmer als jetzt war. Um ein Bild Sir William Thomsons zu gebrauchen, so ist der Fall etwa derselbe, wie bei einem heissen Steine, den wir auf einem Felde liegen fänden. Wir könnten mit voller Gewissheit sagen, der Stein habe während eines gewissen Zeitraums im Feuer oder an irgend einem heissen Orte gelegen. — Hinsichtlich der Quellen der Erdwärme haben zwei Hypothesen vorgeherrscht: eine, die sich auf die Nebeltheorie gründet, sagt, die Erde hätte sich ursprünglich als geschmolzene Masse verdichtet und sei noch nicht abgekühlt, die andere behauptet, sie habe ihre Wärme von einer äusseren Quelle erhalten. Letztere Ansicht stammt von Poisson, welcher das Steigen der Temperatur dadurch zu erklären suchte, dass das Sonnensystem in früherer Zeit eine heissere Region des Raumes als die, in welcher es sich jetzt befindet, passirt habe. Heute ist diese Ansicht aus verschiedenen Gründen ganz unhaltbar. Der Raum selbst kann nicht warm sein, und die Erde könnte nur Wärme erhalten haben, wenn sie in die Nähe eines heissen Körpers gekommen wäre. Indessen würde ein Stern, der nahe genug gekommen wäre, um die Erde zu erwärmen, durch seine Anziehungskraft die Planetenbahnen vollständig in Verwirrung gebracht und durch seine Hitze alles Leben auf der Oberfläche des Erdballs vernichtet haben.

So gelangen wir, indem wir die Erdwärme rückwärts verfolgen, zu der Zeit, wo die Erde weissglühend war, und weiter zu der, wo sie in die feurige Atmosphäre der Sonne eingehüllt war, und endlich zurück bis dahin, wo sie mit dieser nur eine Masse feurigen Dampfes bildete. Hinsichtlich der Zeit, die sie zu ihrer Abkühlung gebraucht hat, können wir nicht wie bei der Sonne eine genaue Berechnung machen, weil die Umstände ganz verschiedene sind. Vermöge der Festigkeit, wenigstens der äusseren Kruste der Erde, hat die Wärme, welche sie verliert, kein bekanntes Verhältniss zu ihrer inneren Temperatur. In der That, wollten wir berechnen, wie lange die Erde in dem gegenwärtigen Masse Wärme hat ausstrahlen können, so möchten wir finden, dass diese Zeit nach hundert und tausend Millionen von Jahren zählt. Die Hauptschwierigkeit liegt darin, dass, nachdem sich eine solide Kruste um die feuerflüssige Erde gebildet, eine plötzliche Verzögerung im Masse der Abkühlung eingetreten sein musste. So lange die Erdkugel im flüssigen Zustande sich befand, fanden jedenfalls beständige Strömungen zwischen ihrer Oberfläche und dem Innern statt, indem die abkühlenden äusseren Schichten fortwährend sanken und durch neue, heisse Materie aus dem Innern ersetzt wurden. Hatte sich aber einmal die feste Kruste gebildet, so konnte die Wärme nur vermittelst Leitung durch die Kruste die Oberfläche erreichen, und jene diente, wenn auch nur wenige Fuss dick, als

Schirm, um den ferneren Wärmeverlust sehr erheblich zu vermindern. Während die Kruste sich weiter abkühlte, erfolgten muthmasslich ungeheuere Ausbrüche geschmolzener Substanz aus dem Innern; aber diese mussten schnell erkalten und noch zur Verdickung der Kruste beitragen.

Ein Umstand, den man nicht aus den Augen verlieren darf, und welcher in gewisser Hinsicht die Erde der Sonne ähnlich macht, ist der, dass der Verlust an Wärme (durch Ausstrahlung) nicht ein Sinken der Temperatur auf der Erde hervorrufen, sondern zum grössten Theil durch ihre Zusammenziehung auch jetzt noch ersetzt werden mag. Ein gewisses Sinken der Temperatur muss allerdings stattfinden, aber für jeden Grad, um den die Temperatur fällt, werden durch die Zusammenziehung unseres Erdballs möglicherweise 100 Wärmegrade entwickelt.

Die plötzliche Veränderung, welche die Bildung einer festen Kruste auf der Oberfläche eines geschmolzenen Körpers in Bezug auf dessen Wärmeausstrahlung hervorruft, kann uns einigen Aufschluss über die Zeit geben, wann die Wärme spendende Kraft der Sonne sich erschöpft haben werde. Wenn je die letztere sich so weit abkühlt, dass sich eine ununterbrochene feste Kruste auf ihrer Oberfläche bildet, so wird sie sehr schnell aufhören, die zur Erhaltung des Lebens auf der Erde nöthige Wärme auszustrahlen. Nach dem Masse ihrer gegenwärtigen Ausstrahlung wird sie in ungefähr 12 Millionen Jahren so dicht sein wie die Erde; und einleuchtend ist, dass wir schon lange vor dieser Zeit die bleibende Bildung einer solchen Kruste erwarten müssen.

Die allgemeine kosmische Theorie, welche wir betrachtet haben, erklärt die wahrscheinliche physikalische Beschaffenheit des Jupiter, die wir bei der Besprechung dieses Planeten beschrieben. Nach der Nebelhypothese ist, wie wir dargelegt, das Alter der einzelnen Planeten nicht allzusehr verschieden, wenn auch die äusseren und grösseren vermuthlich zuerst anfingen, sich zu bilden. Es lässt sich aber annehmen, dass die kleineren Planeten sich wegen geringerer Masse rascher abkühlten, als die grösseren, und der Abkühlungsprocess der grossen Massen des Jupiter und Saturn so langsam vor sich ging, dass sich auch jetzt noch keine feste Kruste um sie gebildet hat. In diesem Falle würden sie als selbstleuchtende Gestirne erscheinen, wären sie nicht von ungeheuern Atmosphären umgeben, die, mit Wolken und Dünsten angefüllt, ihr Eigenlicht verdecken, sowie einen grossen Theil der inneren Wärme absperren und so zugleich den Abkühlungsprocess verzögern.

5. Folgerungen aus der Nebelhypothese.

Aus allem, was wir erwähnt, geht hervor, dass die umfassendsten auf Induction beruhenden Schlüsse der modernen Wissenschaft mit den Speculationen denkender Geister vergangener Zeiten darin übereinstimmen, dass sie die Schöpfung des materiellen Universums unseren Augen mehr als Process denn als That darstellen; denn wie im Mikrokosmos, in der organischen Welt auf der Oberfläche unserer Erde, ist auch, wenn wir den Blick auf andere Weltkörper und in die Fernen des Sternhimmels richten, die allmähliche Entwickelung und stete Fortbildung aus einfachsten Anfängen und auf Grund ewiger, der Materie immanenter Gesetze anzunehmen, wenn wir überhaupt die Thatsachen, Zustände und Vorgänge der natürlichen Welt begreifen wollen.

Jener Process der Entwickelung begann, als das jetzt wahrnehmbare materielle Universum eine den Raum füllende Masse feurigen Dunstes war; er dauert fort in seinem stetigen und nothwendigen Verlaufe und wird enden, wenn Sonne und Sterne dunkle und kalte Massen todter Materie geworden. Der Leser wird fragen, ob diese Auffassung der Kosmogonie als feststehende wissenschaftliche Thatsache oder nur als ein Ergebniss der Forschung aufzunehmen sei, welches die Wissenschaft mehr oder weniger glaubwürdig mache, über dessen Werth und Gültigkeit die Ansichten jedoch noch auseinander gehen. Es wäre vermessen, das Erstere behaupten zu wollen, und wir müssen letztere Annahme für richtiger halten. Alle wissenschaftlichen Schlüsse beruhen mit Nothwendigkeit auf dem Postulat, dass die Gesetze der Natur absolut unveränderlich sind, und dass deren Wirkungen nie von einer übernatürlichen Kraft oder Ursache durchkreuzt worden sind oder werden, von einer Kraft also, die nicht auch jetzt in der Natur in Wirksamkeit ist oder die irgendwie von der Art abweicht, in welcher sie stets wirksam war. Die Frage nach der Richtigkeit dieses Postulats ist weniger eine Frage der Naturwissenschaft speciell, als der Philosophie und des gesunden Menschenverstandes, und alles, was wir zu seinen Gunsten sagen können, ist die allgemeine Regel, dass je besser die Menschen es verstehen, sie desto schwerer finden werden, es zu bezweifeln. Und alles, was wir zu Gunsten der Nebelhypothese speciell beibringen können, gipfelt darin, zu sagen: Die Vorgänge in der Natur in ihrem weitesten Umfange scheinen uns, wenn wir sie rückwärts verfolgen, auf sie allein zu führen, so wie die Art und Weise des Gehens einer Uhr uns zu dem Schlusse führt, dass sie einst aufgezogen wurde.

Wie wir schon erwähnten, haben Helmholtz, Thomson und andere dargethan, dass, wenn wir die Abkühlungsprocesse, die jetzt in der Natur vor sich gehen, zurückverfolgen, wir zu einem Zeitpunkte kommen, wo die Planeten in die Feueratmosphäre der Sonne eingehüllt waren und daher selbst flüssige oder dampfartige Form hatten. Aber das umgekehrte Problem: zu zeigen, dass eine neblige Masse sich in ein System von der wunderbaren Symmetrie unseres Sonnensystems verdichten und umwandeln könne oder müsse — so dass die Planeten um die Sonne und die Satelliten um ihre Hauptplaneten in beinahe kreisförmigen Bahnen rotirend sich bewegen — ist in keiner irgendwie befriedigenden Weise gelöst worden. Wir haben gesehen, dass Kants Ideen in mancher Hinsicht mit den seither entdeckten Gesetzen der Mechanik in Widerspruch standen. Die Art, wie Laplace die Formation der Planeten aus der Sonnenatmosphäre erklärt, ist nicht mathematisch entwickelt genug, um überzeugend zu sein. In Ermangelung einer mathematischen Untersuchung des Gegenstandes ist es wahrscheinlicher, dass die Sonnenatmosphäre sich unter den von Laplace angenommenen Bedingungen in einen Schwarm kleiner Körper, ähnlich den Planetoiden, verdichtet haben würde, welche den ganzen Raum inne hätten, den jetzt die Planeten ausfüllen. Andererseits finden wir bei der Prüfung der wirklichen Nebelflecken, dass verhältnissmässig wenige jene Regelmässigkeit der Form zeigen, deren Folge die Verdichtung zu einem so symmetrischen System, wie das unserer Sonne, sein würde. Die Doppelsterne, die in Bahnen von jeder Excentricität laufen, und die Saturnringe, die sehr wahrscheinlich aus einem Schwarm ganz kleiner Körperchen bestehen, bieten vielleicht ebenso gute, wenn nicht bessere Beispiele dar für das, was wir von der Nebelhypothese erwarten dürfen, als es die Planeten und Trabanten unseres Systems vermögen.

Diese Schwierigkeiten mögen nicht unüberwindlich sein. Die grösste besteht vielleicht darin, zu zeigen, wie ein die Sonne umgebender Dampf- oder Dunstring sich in einen einzelnen, von Satelliten umkreisten Planeten umgestalten konnte. Die Bedingungen aber, unter welchen ein solches Resultat möglich ist, verlangen eine mathematische Untersuchung. Gegenwärtig können wir nur sagen, dass die allgemeinsten Naturgesetze uns auf die Nebelhypothese hinweisen; dass nicht bewiesen worden ist, sie sei unvereinbar mit irgend einer Thatsache; dass sie eine beinahe nothwendige Folge der einzigen Theorie ist, aus welcher wir die Quelle und Erhaltung der Sonnenwärme erklären können; aber dass sie auf der Voraussetzung beruht, jene Erhaltung der Sonnenwärme müsse durch die Naturgesetze, wie wir sie jetzt in Kraft sehen, erklärt werden. Wäre jemand darüber zweifelhaft, ob diese Gesetze genügen, um den gegenwärtigen Zustand der Dinge zu erklären, so kann freilich die Wissenschaft keinen Beweis liefern, der überzeugend genug wäre, um seine Zweifel zu beseitigen, bevor nicht thatsächlich wahrgenommen wird, dass die Sonne wirklich kleiner wird, oder dass Nebelflecke sich zu Sternen und Systemen von Sternen verdichten.

Versuch einer Entwickelungsgeschichte der Weltkörper. — An der Hand der Nebelhypothese und des Gesetzes von der Erhaltung der Kraft können wir versuchen, die Entwickelungsgeschichte eines Weltkörpers im allgemeinen Umriss zu entwerfen*).

Für Körper, wie wir sie in der grossen Mehrheit der Gestirne vor Augen haben, lassen sich im Wesentlichen drei Phasen oder Stufen der Entwickelung unterscheiden, denen die drei uns bekannten Aggregatzustände der Materie in der Hauptsache entsprechen möchten: 1) die Phase der Nebel mit gasförmigem, 2) die Phase der Sterne oder Sonnen mit flüssigem, 3) die Phase der Erden mit festem Zustande der Materie. Diese drei Gruppen gehen natürlich, wie schon im Begriff der Entwickelung liegt, in einander über; auch werden zu gleicher Zeit in demselben Körper verschiedene Aggregatzustände vorkommen können, wie wir es von der Sonne und Erde in der That wissen; im Grossen und Ganzen dürften sich aber die genannten Zustände und Formen entsprechen, besonders wenn wir Gase im Zustande höchster Verdichtung dem flüssigen Aggregatzustande als näher stehend betrachten, denn dem eigentlich gasförmigen.

In jeder der drei Classen kann man wieder Unterabtheilungen mit verschiedenartiger Beschaffenheit und Anordnung der Elemente unterscheiden, denen am Himmel gewisse Erscheinungsformen entsprechen.

Der ganze Kraftvorrath eines gegebenen materiellen Systems wird im Uranfange, wenn wir nur die Anziehung der Materie voraussetzen, als Massenbewegung der kleinsten Theile vorhanden sein; chemische Kräfte, Elektricität und Magnetismus, endlich Wärme werden erst später auftreten, wenn, mechanisch gesprochen, ein Theil der inneren Arbeit in diese Formen der Bewegung kleinster Theile umgesetzt worden ist. Dieser Anfangszustand entzieht sich demnach unserer Wahrnehmung; denn es gehört hierzu eine Bewegungsform der Materie, die sich erst bei einem fortgeschritteneren Zustande findet: das Licht. Erst wenn eine hinreichende Menge von mechanischer Arbeit in Wärme überge-

---

*) Helmholtz hat im 2. Heft seiner Populären wissenschaftlichen Vorträge die leitenden Gedanken kurz ausgesprochen, die das hauptsächlich von ihm begründete Princip von der Erhaltung der Kraft auch bezüglich der Entwickelungsgeschichte des Universums und einzelner seiner Theile an die Hand giebt. Die obigen Ausführungen gründen sich zum Theil hierauf, zum Theil auf einige speciellere Ergebnisse der modernen Astronomie.

gangen ist, wird die Materie uns sichtbar werden, d. h. die Bewegung der kleinsten Theilchen wird den alles erfüllenden »Aether« erschüttern und sich als Licht bis zu unserem Auge fortpflanzen.

Den primitiven sichtbaren Zustand der Materie repräsentirt nun der unregelmässige chaotische Nebel, den wir als gasförmig und von höchst geringer Dichtigkeit annehmen müssen, und den wir in Formen wie der Orionnebel, Omeganebel (Figg. 182, 188) und ähnlichen vor Augen haben. Immer noch sind hier die Bewegungsformen von der einfachsten Art, die Anzahl der chemischen Elemente ist ein Minimum, die Wärme bei der ausserordentlichen Verdünnung eine relativ geringe. Anziehungen verursachen im Laufe der Zeiten eine regelmässigere Anordnung und Bewegung der materiellen Bestandtheile, bringen Ordnung in das bewegte Chaos und veranlassen Formen, welche je nach Lage, Grösse und Beschaffenheit der Theile mehr oder weniger regelmässige sind, wie die spiraligen, Ring- und elliptischen Nebel (Figg. 184—186 und 183). Gleichzeitig verdichten sich die Nebeltheile um einen oder mehrere Mittelpunkte, dem Attractionsgesetze gemäss; es entstehen, wie bei den gewöhnlichen regelmässigen Nebeln und Nebelsternen, Kerne, in denen eine grössere Zahl chemischer Elemente, das Resultat mannigfaltiger Einwirkungen der Moleküle aufeinander, vereinigt erscheint. Kleinere ähnliche Concentrationscentra bilden sich an verschiedenen Stellen der Nebelmasse durch ringförmige Ablösung von den rotirenden Centralmassen. Die bei der Verdichtung geleistete Arbeit geht zum grössten Theil in Wärme über, von der wiederum ein grosser Theil in den Weltraum ausstrahlt, der kleinere zu den folgenden Zuständen der Materie führt.

Hat sich die Kernnebelmaterie, die fortdauernd in den verschiedensten Arten der Bewegung ihrer Moleküle begriffen ist, hinreichend verdichtet, so geht der rein gasförmige Zustand allmählich in den Zustand der Sterne oder Sonnen über. Wir finden hier eine grosse Menge von Elementen neben einander, jedoch in einem solchen Grade innerer Bewegung, d. h. Wärme, dass sie Verbindungen mit einander nicht eingehen können, also im Zustande der Dissociation erscheinen. Je nachdem die einen oder anderen Elemente des Körpers vorherrschen, sowie je nach dem Grade der Verdichtung und Wärme des Körpers, zeigen sich die verschiedenen Typen der Sterne: die weissen, welche die grosse Mehrzahl wenigstens unter den helleren bilden, die gelben, zu denen unsere Sonne gehört, und die rothen. Nach allem, was Physik und speciell die Spectroskopie lehrt, dürfen wir die weissen Sterne als die heissesten betrachten, die rothen als die kühlsten. Letztere werden also einen vorgeschritteneren Zustand der Entwickelung darstellen. In der That muss sich durch Ausstrahlung in den Raum der Körper abkühlen, und wie wir wissen, ist die Abkühlung weissglühender Massen mit Veränderung der Farbe von Weiss bis Roth verbunden, obgleich anzunehmen ist, dass die rothe Färbung der Sterne weniger dieser Aenderung der Glühfarbe zuzuschreiben ist, als den stärker werdenden Absorptionen der brechbareren Strahlen in den dichten Atmosphären. Im Laufe der Zeit, und wenn die Wärme hinreichend gesunken ist, werden ferner die anfänglich dissociirten chemischen Elemente Verbindungen mit einander eingehen und Abkühlungsproducte entstehen, die zunächst auf der Oberfläche der rotirenden Sonnen sich niederschlagen und uns unter günstigen Umständen bei den veränderlichen Sternen als Veränderungen der Helligkeit, im Falle unserer Sonne direct als Flecken, merkbar werden.

Während dies im Centralkörper des ursprünglichen Nebels vor sich ging, sind auch die oben erwähnten kleineren Concentrationsmittelpunkte fortschreitenden Veränderungen unterworfen gewesen. Wie wir früher sahen (Seite 597), bildeten sich diese aus abgelösten Ringen und wiederholen nun die Entwickelungsgeschichte des centralen Körpers, nur in ungleich kürzerer Zeit, da sie sich wegen ihrer weit geringeren Masse viel rascher abkühlen als jener; zugleich geben secundäre Ringe zur Bildung von Trabanten Anlass.

Hat sich die Temperatur des Centralkörpers oder der secundären Mittelpunkte (Planeten) durch Ausstrahlung so weit erniedrigt, dass eine kühle und dunkle Schicht von Abkühlungsproducten, schliesslich eine feste Rinde die Oberfläche bedeckt, so tritt er damit in den dritten Zustand, den wir als den tellurischen bezeichnen mögen. Die Sterne oder Sonnen haben jetzt aufgehört, uns sichtbar zu sein, und treten nur in höchst seltenen Fällen unter ganz besonderen Bedingungen für kurze Zeit wieder vor unser Auge (neue Sterne), oder sie verrathen sich, wie in manchen Doppelsternsystemen, durch die Anziehungswirkungen, die sie auf die Bewegung eines benachbarten Sternes ausüben.

Während sich die schwereren Elemente, wie die Metalle, dem Mittelpunkte nahe noch in glutflüssiger Form lagern und manche chemische Elemente vielleicht dort noch dissociirt sind, befinden sich die leichteren an der Oberfläche und gehen je nach der Temperatur und dem Grade ihrer chemischen Verwandtschaft die mannigfachsten Verbindungen mit einander ein, während die leichtesten als Gasgemische (Atmosphären) über der Oberfläche ruhen werden. Die überall im Weltraume am häufigsten verbreiteten Elemente: der Wasserstoff, Sauerstoff, Kohlenstoff und Stickstoff, treten nun in die reichste Wechselwirkung. Auf unserer Erde verbanden sich Wasserstoff und Sauerstoff zu Wasser, welches zunächst freilich nur als dichte heisse Wasserdampfatmosphäre über festen

Massen, den Gesteinen, lagerte. Zugleich und früher schon verbanden sich auch Kohlenstoff und Stickstoff, theils miteinander, theils mit den anderen Elementen, namentlich aber dem Wasserstoff, auf die mannigfaltigste Weise und führten schliesslich, bei fortwährend sinkender Temperatur der Oberfläche, zu einer unermesslichen Kette von Bildungen, den organischen Verbindungen und Organismen.

Hier und schon früher endigt das Gebiet des Astronomen oder Physikers. Es ist Sache des Geologen, die festen unorganischen Bildungen der Erdoberfläche, ihre zeitlichen und räumlichen Veränderungen, die Kräfte und Ursachen, welche jene bedingen, weiter zu verfolgen, und es ist die Aufgabe des Biologen und Physiologen, die Bewegungszustände organisirter Materie und alles dessen, was wir unter dem Namen »Leben« begreifen, zu erforschen.

Der ganze ursprünglich vorhandene Kraftvorrath des Systems hat im Laufe der Zeiten die verschiedenste innere Arbeit geleistet und ist in die mannigfachsten Bewegungsformen übergegangen: in chemische Verbindungen, in Elektricität und Magnetismus, in Wärme und Licht. Wie aber die mechanische Wärmethorie lehrt, ist das schliessliche Resultat die Umwandlung aller wirkungsfähigen Kraft oder Arbeit in Wärme und die Temperaturausgleichung aller Körper des Urnebels. Ist dieser Zustand eingetreten und die ganze in Wärme verwandelte Arbeit in den Weltraum, an andere Systeme abgegeben, so tritt absolute Ruhe ein, jeder Körper empfängt so viel Wärme als er selbst ausstrahlt.

Das vorstehende flüchtige Bild kann und wird in vielem Einzelnen unvollständig sein; im Allgemeinen scheint es aber mit den Erfahrungsthatsachen wie mit den bekannten Naturgesetzen wenigstens nicht in Widerspruch zu stehen. Freilich bleibt unentschieden, ob wirklich die so mannigfaltigen Formen der Nebel nur Entwickelungsphasen einer einzigen Grundform sind, oder ob sie nicht vielmehr, zufolge gegebener verschiedenartiger Anfangsbestandtheile, dem menschlichen Auge sofort unter der jetzt beobachteten Form erschienen. Bei der Einheit aber und der Allgemeinheit der Naturgesetze, die wir annehmen müssen, um Vorgänge und Zustände überhaupt zu begreifen, und da überdies in den verschiedensten Nebeln doch wesentlich immer dieselben Bestandtheile, wenige glühende Gase, gefunden werden, erscheint in der That die Entwickelung mindestens einiger Hauptformen auseinander und aus einer Urform wahrscheinlicher zu sein. Welche Zeiträume aber erforderlich waren, um vom Urnebel an die verschiedenen Phasen zu durchlaufen, darüber fehlt uns jeder Anhalt. Nur für eine verhältnissmässig kurze Epoche der Sonnen- und Erdentwickelung sind Schätzungen möglich, die, wie wir sehen, zu Millionen von Jahren führen; unbegreiflich viel grösser mögen jene Zeiten sein, die von der Bildung des Nebels bis zur Vollendung eines Sonnensterns vergingen. Wir müssen aber immer festhalten, dass nichts uns ein Recht giebt, den Massstab eines Pünktchens im Weltall nach Raum oder Zeit an unermessliche Bildungen und Vorgänge zu legen, und dass es in der materiellen Welt nichts absolut Grosses und Kleines giebt. Mit einem Blick überschauen wir am Himmel Entwickelungsformen der Materie, die wie durch unermessliche Räume so durch ungemessene Zeiten von einander getrennt liegen, und nichts giebt dem geistigen Auge einen vollständigeren Begriff von der Grösse der Welt in Raum und Zeit, als die vergleichende Betrachtung eines unregelmässigen Nebels und eines Planeten oder Trabanten. —

Wir haben in der vorgehenden Betrachtung manche und wichtige Erscheinungen und Thatsachen, wie Sternhaufen, Doppelsterne, Cometen u. a. ausser Acht gelassen; auch die Beziehungen, die zwischen den verschiedenen Bewegungszuständen der elementaren Bestandtheile des anfänglichen Nebels stattfinden, ihre wechselseitige Umwandlung, die translatorische Bewegung des ganzen Systems nicht weiter verfolgt. Die weitere Ausführung eines Gegenstandes, der noch auf so unsicherem Grunde ruht und so viele hypothetische Elemente enthält, wie die Entwickelungsgeschichte eines Nebels, würde an diesem Orte unthunlich erscheinen; übrigens wäre einiges, wie die Bildung von mehrfachen Sternen und Sternhaufen, nach dem Obigen leicht abzuleiten.

6. Die Vielheit der Welten.

Betrachten wir die Planeten als Himmelskörper gleich unserer Erde und die Sterne als Sonnen, deren jede vielleicht wieder ein Gefolge begleitender Planeten hat, so liegt natürlich der Gedanke nahe, andere Planeten möchten ebenso wie unsere Erde vernünftigen Wesen zum Aufenthalte dienen. Die Frage, ob als allgemeine Regel die anderen Planeten auf diese Weise bevölkert seien, ist für uns von Interesse, denn die Art ihrer Beantwortung bestimmt unseren Platz in der Schöpfung.

Viele denkende Menschen halten die Auffindung von Beweisen für die Existenz von Leben auf anderen Weltkörpern für Zweck und Ziel der teleskopischen Untersuchung. Für sie mag es niederschlagend sein, zu sehen, dass die Erlangung einer Gewissheit hierüber ganz hoffnungslos erscheint — so hoffnungslos in der That, dass sie fast aufgehört hat, die Aufmerksamkeit der Astronomen zu beschäftigen. Dem Geist der neueren Wissenschaft widerstrebt die Speculation über Fragen, deren Lösung auf wissenschaftlichem Wege nicht zu finden ist, und die gewöhnliche Antwort der Astronomen auf alle Fragen hinsichtlich des Lebens auf anderen Weltkörpern wird sein: sie wüssten nicht mehr über dies Thema, als jeder andere, und könnten, da sie keine Thatsachen hätten, aus denen sie zu schliessen vermöchten, nicht einmal eine bestimmte Meinung darüber aussprechen. Trotzdem werden doch viele Köpfe speculiren, und die Wissenschaft wird, obgleich sie die Frage zu beantworten nicht im Stande ist, unsere Speculationen wenigstens leiten und einschränken können. Es mag daher nicht ganz überflüssig sein, zu zeigen, innerhalb welcher Grenzen die Speculation mit den allgemeinen Forderungen und Ergebnissen der Wissenschaft vereinbar wäre.

In erster Linie sehen wir, dass sich um unsere Sonne acht grosse Planeten bewegen, auf deren einem wir selbst leben. Unsere Teleskope zeigen uns andere Sonnen in solcher Anzahl, dass sie jeder Zählung spotten, indem sie sich gewiss auf viele Millionen belaufen. Sind diese Sonnen, gleich der unsrigen, Centralkörper von Planetensystemen? Wenn unsere Fernröhre mächtig genug gemacht werden könnten, um uns in den ungeheuren Entfernungen der Fixsterne solche Planeten zu zeigen, so wäre die Frage mit einem Schlage erledigt; aber schon in viel geringerer Entfernung, als selbst der des nächsten Fixsternes, würden alle Planeten unseres Systems vollständig aus dem Bereich der mächtigsten Teleskope kommen, die wir je zu construiren hoffen dürfen. Die Beobachtung kann uns deshalb über diesen Gegenstand keinerlei Aufschluss geben. Wir müssen zu kosmologischen Erwägungen unsere Zuflucht nehmen, und diese führen uns zu dem Resultat, dass, wenn das ganze Universum sich aus nebelartigen Massen zu festen Körpern verdichtete und noch verdichtet, dieselbe Ursache, welche unsere Sonne mit Planeten umgab, allerdings auch bei anderen Sonnen in gleicher Weise wirksam sein könnte. Wir haben jedoch oben gesehen, dass jene Symmetrie der Form und der Anordnung, welche wir bei unserem System bewundern, sich kaum aus der Verdichtung so unregelmässiger Massen, wie die der Mehrzahl der eigentlichen Nebelflecken, ergeben dürfte, vielmehr scheinen die excentrischen Bahnen der Doppelsterne uns auf das hinzuweisen, was im Universum wenn nicht die Regel, so doch wenigstens ein sehr häufiger Fall ist. Es ist wahrscheinlich, dass Planetengruppen, die sich in kreisförmigen Bahnen um eine Sonne bewegen, unter den Sternen eher Ausnahmen als Regel sind.

Zugegeben aber, es existirten Planeten ohne Zahl im Weltenraum, was für Anzeichen haben wir von ihrer Bewohnbarkeit? Für einen einzigen Körper ausser dem unsrigen wird durch das Teleskop die Frage erledigt — nämlich für den Mond. Dieser hat weder Wasser noch Luft von merkbarer Dichte und ermangelt folglich der Hauptbedingungen für organisches Leben. Die Vermuthungen, welche man zuweilen über die mögliche Bewohnbarkeit der anderen, uns stets unsichtbaren Seite des Mondes äusserte, sind nichts weiter als Spiele der Phantasie. Die Planeten sind alle zu entfernt, um uns ein sicheres Urtheil über die Beschaffenheit ihrer Oberfläche zu gestatten, und das Wenige, was wir sehen können, weist darauf hin, dass sie ausserordentlich verschiedenartig ist. Bei Mars finden sich indessen Anzeichen, welche schliessen lassen, er habe Vieles mit unserer Erde gemein, und er ist deshalb derjenige Planet, den wir uns am ehesten als bewohnt denken dürften. Die meisten anderen Planeten scheinen, wie sich aus der Beobachtung ergiebt, von ungeheuren Atmosphären umgeben zu sein, welche, mit Wolken und Dünsten angefüllt, derart undurchdringlich sind, dass wir keinen Anblick ihrer eigentlichen Oberflächen erlangen. Im Ganzen genommen spricht die Wahrscheinlichkeit entschieden gegen die Annahme, ein beträchtlicher Theil der Himmelskörper sei zum Aufenthalt solcher Organismen, wie sie sich auf der Erde finden, geeignet, und die Zahl derjenigen, welche die Vorbedingungen für die Existenz civilisirter Wesen besitzen, mag vollends ein sehr geringer Bruchtheil des Ganzen sein.

Dieser Schluss beruht auf der Voraussetzung, dass die Lebensbedingungen auf anderen Weltkörpern dieselben seien, wie die auf der Erde. Man mag nun zwar eine solche Voraussetzung aus dem Grunde bestreiten, dass wir scheinbar kein Recht haben, der Macht der Natur, Leben den jeweilig vorhandenen Bedingungen anzupassen, Schranken zu setzen, und weil die grosse Mannigfaltigkeit der Lebensbedingungen auf unserem Erdball — indem manche Thiere da leben können, wo andere augenblicklich zu Grunde gehen — alle Folgerungen über die Unmöglichkeit der Existenz von Organismen unserer Erde auf anderen Planeten hinfällig zu machen scheint. Der einzige Weg, diesem Einwurf wissenschaftlich zu begegnen, ist der, zu untersuchen, ob der Mannigfaltigkeit der Lebensbedingungen auf unserer Erde irgend welche Grenzen gesteckt sind. Eine oberflächliche Prüfung ergiebt, dass, während dem Begriffe »Leben« keine genau definirbaren Grenzen gesetzt sind, die höheren Formen thierischen Lebens doch keineswegs im Stande sind, unter allen Bedingungen gleich gut zu existiren, und dass, je höher die Form, desto beschränkter jene Bedingungen sind. Wir wissen, dass sich kein Wesen, welches Beweise von Bewusstsein giebt, anders als unter dem vereinigten Einfluss von Luft und Wasser und innerhalb gewisser sehr enger Temperaturgrenzen entwickelt; dass nur geistig sehr tief stehende Lebensformen sich im Meere entwickeln; dass es auf unserer

Erde kein Anpassungsvermögen der Natur giebt, durch welches ein Mensch in den Polargegenden einen hohen Grad körperlicher oder geistiger Stärke erlangen oder bewahren könnte; dass auch die Wärme der heissen Zone der Entwickelung unseres Geschlechts gewisse Schranken setzt. Hieraus dürfen wir den Schluss ziehen, dass, wenn grosse Veränderungen auf der Oberfläche unseres Erdballs vor sich gehen sollten, wenn die ganze Erde bis zur Temperatur der Pole sich abkühlen oder bis zur Hitze des Aequators sich steigern, oder allmählich von Wasser überflutet werden, oder ihrer Atmosphäre verlustig gehen sollte, dass dann die höheren dermaligen Formen thierischen Lebens sich dem neuen Stande der Dinge nicht anpassen und keine neuen gleich hohen Organismen sich bilden würden. Es ist nicht der geringste Grund vorhanden, anzunehmen, dass irgend intelligentere Wesen als die Fische jemals im Wasser fortkommen würden, noch auch, dass geistig höher begabtere Wesen als die Eskimos je in Regionen von der Kälte der Polargegenden ihr Leben fristen könnten. Wenden wir diese Betrachtung auf die Frage an, die uns augenblicklich beschäftigt, so kommen wir zu dem Schluss, dass, angesichts der ungeheueren Verschiedenheit der Bedingungen, die wahrscheinlich im Universum herrscht, nur an verhältnissmässig wenigen begünstigten Stellen eine bedeutende und interessante Lebensentfaltung zu finden sein dürfte.

Eine andere verwandte Betrachtung führt uns zu fast demselben Resultat. Enthusiastische Schriftsteller bevölkern nicht nur mitunter die Planeten mit Bewohnern, sondern berechnen auch die mögliche Zahl der Bevölkerung nach Quadratmeilen der Oberfläche und werfen freigebig Astronomen hinein, die unsere Erde mit mächtigen Teleskopen untersuchen. Es wäre Anmassung, diese Möglichkeit absolut leugnen zu wollen; dass dies jedoch im höchsten Grade unwahrscheinlich ist, wenigstens in Bezug auf irgend einen unserer Planeten, ergiebt sich aus einer Betrachtung über das kurze Bestehen der Civilisation auf der Erde, verglichen mit der Dauer ihrer Existenz als Planet. Als solcher hat sie sich wahrscheinlich 10 Millionen Jahre oder mehr in ihrer Bahn bewegt; Menschen aber haben vermuthlich nicht viel länger als 10 000 Jahre auf ihr gewohnt; die Civilisation besteht auf ihr noch nicht seit 5000 Jahren, Teleskope existiren kaum länger als zwei Jahrhunderte. Hätte sie »ein Engel« in Zwischenräumen von je zehntausend Jahren besucht, um nach denkenden Wesen zu suchen, so würde er tausend Mal oder öfter enttäuscht worden sein. Nach der Analogie zu urtheilen, müssen wir annehmen, dass dieselben Enttäuschungen den erwarten würden, der jetzt eine ähnliche Entdeckungsreise von Planet zu Planet und von System zu System unternähme, bis er viele tausend Planeten untersucht hätte.

Nach alledem ist wahrscheinlich, dass nur eine relativ sehr geringe Anzahl von Planeten mit vernünftigen Wesen bevölkert sei. Erwägen wir jedoch, dass die Planeten möglicherweise nach Hunderten von Millionen zählen, so mag jener kleine Bruchtheil in Wirklichkeit eine bedeutende Anzahl darstellen, und viele darunter mögen von Wesen bewohnt sein, die uns selbst in geistiger Beziehung weit überragen. Hier dürfen wir unserer Phantasie frei die Zügel schiessen lassen und überzeugt sein, dass die Wissenschaft keinerlei Beweis weder für noch gegen die Richtigkeit eines ihrer Gebilde liefern werde.

ANHANG.

Biographische Skizzen.

Griechen und Alexandriner.

Thales (ca. 640—550 v. Chr.) aus Milet, von edler Familie; viel auf Reisen; einer der sogenannten sieben Weisen Griechenlands und Gründer der ionischen Schule. Verkündigt und beobachtet die erste Sonnenfinsterniss (585) unter den Griechen.

Pythagoras (ca. 560—490 v. Chr.) aus Samos (Tyrus?); lange auf Reisen, später hauptsächlich in Kroton in Grossgriechenland; stiftet dort einen Bund zu ethisch-gemeinnützigen Zwecken (Schule der Pythagoräer). Grundprincip seiner Lehre und Kosmologie ist die Idee des Masses und der Harmonie.

Philolaus (ca. 450 v. Chr.) aus Kroton oder Tarent; später in Theben; Pythagoräer. Sein Weltsystem des Centralfeuers und der »Gegenerde« ist in drei Büchern »über die Natur« durch Plato und Aristoteles theilweise erhalten.

Meton (ca. 440 v. Chr.), Mathematiker in Athen. Bringt durch seinen 19jährigen »Cyclus« zuerst den griechischen Kalender in Ordnung, den Calippus (im 4. Jahrhundert v. Chr.) dann noch verbessert.

Plato (429—348 v. Chr.), aus edlem athenischen Geschlecht; als Jüngling Schüler des Sokrates; später in Megara, dann auf Reisen; in Grossgriechenland mit der Pythagoräischen Lehre bekannt; gründet nach Rückkehr in die Vaterstadt die »Akademie«; in Stille wirkend, verehrt und bewundert von zahlreichen, treuen Schülern. Der Natur ist hauptsächlich der Timäos gewidmet; seine Erklärungsweise durchaus teleologisch, auf dem Princip des Guten gegründet; die Seelenlehre der Schlussstein seiner Physik.

Eudoxus (409—356 v. Chr.) aus Knidos, Schüler des Plato, gründet, nach mehrjährigem Aufenthalt in Aegypten, selbst eine Schule, anfangs in Kyzikos, dann in Athen. Vorzugsweise Geometer, construirt er — vielleicht der erste — in seiner homocentrischen Sphärentheorie ein consequent durchgeführtes System der planetarischen Bewegungen. Seine Wahrnehmungen und Ansichten sind uns in dem Lehrgedichte »Phaenomena« des Aratus (ca. 270 v. Chr.) zum Theil erhalten.

Aristoteles (384—322 v. Chr.), Sohn des Leibarztes des Königs von Macedonien, aus Stagira; vom 17. Jahre an Schüler von Plato bis zu dessen Tode; dann mit Xenokrates einige Zeit in Mysien, von wo ihn Philipp von Macedonien zur Erziehung des jungen Alexander berief (343); während der

Kriegszüge desselben zu Athen, im Lyceum lehrend (Schule der Peripatetiker; von den Atheniensern angeklagt, flüchtet er nach drei Jahren mit zahlreichen Schülern nach Chalkis auf Euboea, wo er Gift genommen haben soll. — Gegensatz seiner real-empirischen Philosophie zur idealistischen Platos; die Physik oder Naturlehre hat für ihn grundsätzlich verschiedene Bedeutung als für jenen; seine astronomisch-kosmologischen Vorstellungen, die fast zwei Jahrtausende die Menschheit beherrschten, enthalten die Bücher »vom Himmel«.

Eratosthenes (276—195 v. Chr.) aus Kyrene in Afrika; neben Aristarch, der ihn an Scharfsinn wohl noch übertraf, eines der bedeutendsten Mitglieder der von Ptolemaeus Lagi gestifteten Akademie von Alexandrien; erblindet, gab er sich den Hungertod. Versucht zuerst, aus Beobachtungen in Syene und Alexandrien, die Grösse der Erde abzuleiten.

Aristarchus von Samos (blüht um 265 v. Chr.); über sein Leben nichts bekannt. Einer der scharfsinnigsten und tiefsten Astronomen des Alterthums; spricht klarer als Plato das heliocentrische System, die Bewegung der Erde um die Sonne, aus; versucht zuerst auf geometrischem Wege die Sonnenentfernung zu bestimmen.

Hipparchus (ca. 190—125 v. Chr.) aus Nicaea in Bithynien; längere Zeit auf der Insel Rhodos, mit Alexandrien in regem Verkehr; weitere Schicksale unbekannt. Grösster Astronom des Alterthums und Begründer der wissenschaftlichen, auf Beobachtung und nicht auf Speculation ruhenden Astronomie. Findet (ca. 150 v. Chr.) die ungleiche Länge der Jahreszeiten, bestimmt die Elemente der Sonnenbahn und construirt die ersten Sonnentafeln; untersucht die Mondbahn und bestimmt deren hauptsächlichste Ungleichheit, die Mittelpunktsgleichung; entdeckt unter Benutzung von Beobachtungen der ältesten alexandrinischen Astronomen Aristillus und Timocharis (ca. 290 v. Chr.) die Vorrückung der Nachtgleichen und gründet auf eigene Beobachtungen den ersten Sternkatalog. Er führt auch die Trigonometrie in die sphärische Astronomie ein. Seine Beobachtungen, Entdeckungen und Schriften sind durch seinen Nachfolger Ptolemaeus erhalten.

Ptolemaeus, Claudius, in Aegypten geboren, um 130 n. Chr. in Alexandrien lebend; sonst nichts über ihn bekannt. Verfasser des ersten Lehrbuches der Astronomie, des berühmten Almagest (eigentlich $\mu\varepsilon\gamma\acute{\alpha}\lambda\eta$ $\sigma\acute{\upsilon}\nu\tau\alpha\xi\iota\varsigma$ oder magna constructio), in welchem er die epicyklische Theorie und sein geocentrisches Weltsystem zu begründen sucht. Verwerthet hauptsächlich die Beobachtungen Hipparchs, dessen Sternkatalog nebst Beschreibung der Instrumente der Almagest gleichfalls enthält. Bekanntester, wenn auch nicht bedeutendster Astronom des Alterthums.

Araber.

Al-Mamun (786—833 n. Chr.), Kalif von Bagdad, Sohn des Harun al Raschid. Fördert wie dieser die Wissenschaften und speciell auch Astronomie und Geodäsie und erhält der Welt durch Uebertragung ins Arabische die Schriften von Aristoteles, Euklid und Ptolemaeus. Unter seiner Regierung wird eine Gradmessung in Mesopotamien ausgeführt und an einer bei Bagdad erbauten Sternwarte eifrig beobachtet.

Albategnius oder Al-Baten (ca. 850—928) aus Batan in Mesopotamien; lebte erst zu Aracta daselbst, später als Statthalter in Damascus. Gilt für den grössten arabischen Astronomen. Eifriger Beobachter und geschickter Rechner, als welcher er namentlich auch die trigonometrischen Methoden verbessert. Bestimmt neu die Elemente der Sonnenbahn und die Präcession. Seine Schrift »über die Bewegung der Sterne« ist durch lateinische Uebersetzung erhalten.

Abul-Wefa (939—998), aus Bouzdjan in Nordost-Persien; vom 20. Jahre an als Lehrer, Beobachter und Schriftsteller in Bagdad thätig. Ebenso tüchtig als Mathematiker, besonders in der Trigonometrie, wie als praktischer Astronom. Gründet grösstentheils auf eigene Beobachtungen den »Almagestum sive systema astronomicum«, dem Ptolemaeischen in Manchem ähnlich. Soll die dritte grosse Ungleichheit der Mondbahn, die Variation, gefunden haben; die zweite Ungleichheit, die Evection, hatte Ptolemaeus entdeckt.

Ibn-Junis (ca. 950—1008), aus edler arabischer Familie, in Aegypten geboren und vortrefflich erzogen, in den mathematischen Wissenschaften wie in der Musik und Poesie gleich ausgebildet; für Kairo das, was Abul-Wefa für Bagdad. Seine zahlreichen Beobachtungen und astronomischen wie trigonometrischen Berechnungen in den sogenannten Hakemitischen Tafeln erhalten. Bedient sich, wie es scheint, zuerst der indischen (arabischen) Ziffern; verbessert den Gnomon und andere Instrumente.

Nassir-Eddin (1201—1274), aus Thus in Khorassan, viel auf Reisen, später in Bagdad. Fleissiger und geschickter Beobachter und fruchtbarer Schriftsteller. Dirigent der von dem Mongolen-Fürsten Hulagu (Ilek-Khan) gegründeten grossartigen Sternwarte zu Meragah im Nordwesten Persiens. Seine und die Beobachtungen seiner Mitarbeiter, in den Ilekkhanischen Tafeln niedergelegt, enthalten ausser Planetentafeln auch Fixsternkatalog.

Alfons X. (1223—1284), Fürst und König von Castilien, »der Weise« (el sabio); vorurtheilsfreier Freund und Förderer der Astronomie, die noch zu seiner Zeit und in seinem Lande wesentlich arabischen Charakter trägt; wird später der Gotteslästerung angeklagt und entthront. Lässt (1252) von zahlreichen Gelehrten eine Art neuen Almagest, die nach ihm genannten Alfonsinischen Tafeln, construiren. Sie bilden einen Theil der — zum ersten Male — 1863—67 in Madrid herausgegebenen: Libros del Saber de Astronomia etc., (5 Bände), die das Ptolemaeische Werk in vielen Stücken verbessern und ergänzen.

Ulugh-Beigh (1394—1449), Tatarenfürst, Enkel von Tamerlan, von seinem Sohne ermordet. Förderer der Astronomie wie Al-Mamun und Alfons, aber auch selbständiger Beobachter. Errichtet in Samarkand eine Sternwarte mit Instrumenten (Armillen und Quadranten) von riesigen Dimensionen. Beobachtet die meisten Sterne des Ptolemaeischen Kataloges neu und genauer, nachdem die Vergleichung mit dem von Al-Sufi (903—986) construirten Sternverzeichniss (1874 von Schjellerup herausgegeben) vielfache Fehler gezeigt. Mit ihm endet die arabische Epoche.

Von Coppernicus bis Galilei.

Purbach, Georg, oder Peuerbach (1423—1461), aus Peurbach in Oberösterreich; Schüler Johanns von Gmunden an der Wiener Universität; dann in Rom (bei Cardinal Cusa), Ferrara und anderen Orten; seit 1450 etwa Nachfolger seines Lehrers in Wien. Begabter und scharfsinniger Mathematiker und fleissiger Schriftsteller. Bearbeitet den Almagest neu und besonders in den »Theoricae novae planetarum« die Theorie der Planetenbewegung, wobei er zum Theil wieder auf die alte Sphärentheorie kommt.

Nicolaus von Cusa (1401—1464), Schifferssohn aus dem Dorfe Cuss bei Trier; im 23. Jahre Doctor juris; für die Mathematik begabt, aber dem Mysticismus zugeneigt, wird er Priester und durchläuft alle Rangstufen bis zum Cardinal und Statthalter von Rom. Seine Bedeutung als Vorläufer von Coppernicus früher oft überschätzt; in seinen Schriften, besonders der philosophisch-mystischen »De docta ignorantia«, finden sich nur unklare Aussprüche über die Rotation der Erde.

Regiomontanus (1436—1476), eigentlich Johann Müller aus Königsberg in Franken; Sohn eines Müllers. Kommt schon als 12jähriger Knabe an die Universität Leipzig, dann, 1452, zu Purbach, dessen vorzüglichster Schüler und Gehülfe und Nachfolger er wird. Begleitet 1461 den Cardinal Bessarion nach Rom, von wo er 1468 nach Wien zurückkehrt; darauf kurze Zeit beim König Matthias von Ungarn. Von 1471 bis 1475 ruhig den Studien ergeben in Nürnberg, wo er sich, vom Patrizier Bernh. Walther aufs freigebigste unterstützt, bedeutende Verdienste um die junge Buchdruckerkunst erwirbt. Von Papst Sixtus IV. zur Verbesserung des Kalenders nach Rom berufen, stirbt er dort plötzlich entweder an der Pest oder an Gift; ruht im Pantheon. — Grösster Astronom seit Ptolemaeus, der neben Purbach zur Belebung dieser Wissenschaft das Meiste beitrug, dabei aber entschieden auf dem Standpunkte des Ptolemaeus. Prüft kritisch die verschiedenen Texte des Almagest; beobachtet eifrig auf der ersten deutschen, von Walther in Nürnberg errichteten Sternwarte; verbessert erheblich den Kalender, den er zuerst (1474 oder 1475) als Calendarium novum druckt; giebt nahe gleichzeitig die ersten gedruckten »Ephemerides quas vulgo dicunt Almanach« heraus. Die ersten wirklichen Cometenbeobachtungen (des Cometen von 1472) rühren von ihm und Walther her.

Coppernicus[*]**,** Nicolaus, eigentlich Koppernigk oder Köppernick (19. Februar 1473 bis 24. [?] Mai 1543 a. St.), Sohn eines Kaufmanns zu Thorn in Westpreussen, das damals unter polnischer Oberherrlichkeit stand. Mit 9 Jahren vaterlos, wurde er vom Bruder seiner Mutter, dem späteren Bischof von Ermeland, Lucas Watzelrode, unterstützt, ging 1491 auf die Universität Krakau, wo er neben theologischen und medicinischen bis etwa 1495 auch die Vorlesungen über Mathematik und Astronomie bei Brudler (Brudzewsky) hörte, übrigens auch künstlerisch in Musik und Zeichnen sich ausbildete; nach kurzem Aufenthalt in der Heimath neun bis zehn Jahre, von 1496—1505,

---

[*] Gewöhnlich, obschon streng genommen nicht richtig, Copernicus geschrieben.

hauptsächlich in Italien, — anfangs in Padua, dann in Bologna, wo er 1499 oder 1500 zum Doctor der Medicin promovirte, und in Rom, wo er mathematisch-astronomische Vorlesungen hielt. An beiden Orten, besonders in Bologna unter Novara, bildete er sich auch in der praktischen Astronomie weiter aus. Seit 1505 etwa lebte er dauernd in der Heimath; bis zum Tode seines Oheims (1512) meistens auf dessen Bischofssitz in Heilsberg; dann, mit geringen Unterbrechungen, als Canonicus in Frauenburg, in der Stille der Wissenschaft und der Menschheit, auch als Arzt, dienend. Schon frühzeitig, vielleicht angeregt durch gewisse Stellen in den Schriften des Cicero und Plutarch über die Lehren des Philolaus und Plato, scheint er auf die Grundideen seines Systems gekommen und von dessen Richtigkeit bereits 1507 vollständig überzeugt gewesen zu sein. Einen wirklichen Beweis konnte er freilich nicht geben, sondern nur zeigen, dass bei der Axendrehung der Erde und ihrer Bewegung um die Sonne sich alles sehr viel besser und einfacher erklären liesse, als durch die ruhende Erde und die Epicykel der Alten; seine Hypothese — denn das war sie — hatte also nur durch Einfachheit und Natürlichkeit weit mehr Wahrscheinlichkeit für sich; der Beweis ihrer Richtigkeit wurde erst viel später erbracht. Volle 23 Jahre, bis 1530, beschäftigte ihn die Ausarbeitung seines Systems; noch über 10 Jahre ruhte das Manuscript, in welchem er es niedergelegt hatte, im Pulte, ehe er sich auf das Drängen von Freunden zum Druck entschloss. Auf dem Sterbebette soll er die ersten Druckbogen gesehen haben. Im Jahre 1616 wurde sein Buch von der Congregation des Index nachträglich verdammt. Trotz seiner »ketzerischen« wissenschaftlichen Ueberzeugung war aber C. ein gläubiger Katholik, wie auch aus seiner Dedication an Papst Paul III. hervorgeht; gegen Luthers Lehre verhielt er sich passiv oder ablehnend; vermuthlich drang sie auch nicht tief in die Stille seines Studirzimmers. Die wenigen sonstigen Schriften des C. hat Baranowsky in seiner Prachtausgabe (Warschau 1854) zusammengestellt.

Apianus, Peter, eigentlich Bienewitz (1495—1552), aus Leisnig in Sachsen; studirt in Leipzig und Wien; seit 1527 Professor der Mathematik in Ingolstadt. Sehr tüchtiger Beobachter, der ähnlich Regiomontan auch selbst verschiedene Instrumente (Quadranten u. a.) construirt. Durch seine »Cosmographia« (Landshut 1524) weit bekannt und geschätzt. Die ersten brauchbaren Cometenbeobachtungen in seinem Hauptwerke »Astronomicum Caesareum« (Ingolstadt 1540).

Reinhold, Erasmus (1511—1553), aus Saalfeld in Thüringen, wo er auch (an der Pest) stirbt. Seit 1536 mit Rhaeticus Professor der Mathematik in Wittenberg und wie dieser einer der ersten Anhänger von Coppernicus; berechnet auf Grund der neuen Lehre die ersten Planetentafeln unter dem Titel: »Prutenicae tabulae coelest. motuum« (Wittenberg 1551); auch sonst eifriger Schriftsteller und Herausgeber.

Rhaeticus (1514—1576), eigentlich Georg Joachim aus Feldkirch in Vorarlberg (Rhätien). Studirt in Zürich, später in Wittenberg, wo er Professor der Mathematik (1536—1542) wird; dann wenige Jahre in gleicher Stellung in Leipzig, später in Ungarn. Die neue Lehre, die nach Wittenberg gedrungen und ihn wie seinen Freund Reinhold bald zu warmen Anhängern machte, führt ihn 1539 zu Coppernicus nach Frauenburg. Von dort schreibt er über das Werk des letzteren eine Art Vorbericht: »Narratio prima de libris revolutt. Copernici« (Danzig 1540) an Schoner nach Nürnberg, bringt später selbst das Manuscript des grossen Werkes hin und leitet den Druck ein, der schliesslich durch den Prediger Osiander und Schoner vollendet wird. Rhaeticus ist weniger selbständig von Bedeutung, als durch seine Beziehungen zu Coppernicus und dessen Lebenswerk.

Nonius, eigentlich Pedro Nuñez (1492—1577), aus Alcazar de Sal, Professor der Mathematik zu Coimbra. Fleissiger Commentator und selbständiger Schriftsteller; in seiner Schrift »de crepusculis liber« (Lissabon 1542) eine Andeutung des später nach ihm benannten Hülfsapparates, des Nonius (S. 154).

Wilhelm IV. (1532—1592), Landgraf von Hessen, genannt der Weise. Eifriger und begabter Förderer der mathematischen Wissenschaften, der Geographie und namentlich der Astronomie; errichtet zu Kassel 1561 eine Sternwarte (vielleicht mit einer Art Drehthurm), wo er auf Anregung Tychos später selbst mit Rothmann und Bürgi fleissig beobachtet.

Tycho (Tyge) Brahe (14. December 1546 bis 13. [24.] October 1601 a. St.), aus Knudstrup bei Helsingborg, damals zu Dänemark gehörig, von angesehener alter Adelsfamilie. Von seines Vaters Bruder an Kindesstatt angenommen, widmet er sich auf dessen Wunsch der Jurisprudenz und geht, nach dreijährigem Besuch der hohen Schule in Kopenhagen, 1562 nach Leipzig. Die leidenschaftliche Liebe zur praktischen Astronomie aber, die seit der Sonnenfinsterniss vom August 1560 in ihm erwachte, lässt ihn das Brodstudium nur lässig und mit Widerwillen betreiben; wo er kann, beobachtet er mit Hülfe der allereinfachsten Instrumente. Nach Absolvirung des Trienniums verweilt er kurze Zeit in der Heimath, dann, von 1566 bis 1570, auf Reisen in Deutschland und der nördlichen Schweiz, wo er mit Astronomen und Chemikern Bekanntschaft anknüpft. Ende 1570 kehrt er nach Dänemark zurück und bleibt, nach seines Vaters Tode, bei dem Oheim Steen Bille, der seine naturwissenschaftlichen Neigungen unterstützt oder doch nicht hindert. Die über den neuen Stern von 1572 verfasste Schrift (selbständig [1573] und in seinen »Astronomiae instauratae progymnasmata«) macht ihn weiter bekannt; unerquickliche persönliche Verhältnisse, bedingt durch seine Verheirathung mit einem Mädchen aus einfachem bürgerlichen Stande, verleiden ihm bald das Vaterland und führen ihn 1575 wieder auf Reisen, namentlich nach Kassel, zum Landgrafen Wilhelm von Hessen.

Dieser Besuch entschied Tychos Zukunft. Friedrich II. von Dänemark, vom Landgrafen auf die hohe Begabung seines unsteten Landsmannes aufmerksam gemacht, veranlasst ihn, der schon nach Basel übersiedeln wollte, in Dänemark zu bleiben. Er überlässt ihm die Insel Hveen im Sunde, wo nun T. seine weltberühmte Sternwarte, die »Uranienburg«, baut und — dank königlicher Munificenz — mit den kostbarsten Instrumenten und Apparaten ausrüstet (vergl. Fig. 37, S. 106). Mit zahlreichen Gehülfen, unter denen Longomontanus (1562—1647) der hervorragendste, lebt er hier ganz der Erforschung des Himmels und vermag seine hohen Talente für Beobachtungskunst, sowohl in der Construction wie in der Benutzung der Instrumente, aufs beste zu verwerthen. Erst nach dem Tode Friedrichs (1588) wird seine Ruhe gestört; Widersacher, deren der heftige, selbstbewusste Mann nicht wenige hatte, untergraben seine Stellung bei Hofe, berauben ihn der königlichen Unterstützung und nöthigen ihn endlich (1597), sammt Familie und Instrumenten Dänemark ganz zu verlassen. Nach zweijährigem Aufenthalte bei dem befreundeten Grafen von Rantzau in Wandsbeck, folgt er einem Rufe Rudolfs II. nach Prag als kaiserlicher Astronom und Mathematiker. Kaum aber zur Ruhe gelangt und eingerichtet, stirbt er nach kurzer Krankheit, seine unschätzbaren Beobachtungen dem grösseren Nachfolger, seinem Gehülfen Kepler, überlassend. Für Coppernicus zeigte er die grösste Bewunderung, stellte aber trotzdem ein anderes Weltsystem auf, vielleicht ebenso sehr aus theologischen als astronomischen Gründen, obschon er allerdings den Haupteinwurf, die mangelnde Parallaxe der Fixsterne, richtig erkannte. Tychos Grösse liegt auf praktischem Gebiete: in der Beobachtung und Beobachtungskunst, der er neue Bahnen eröffnete. Sein Hauptwerk, welches seine Beobachtungen wie auch sein Weltsystem enthält, sind die »Astronomiae instauratae progymnasmata« (2 Theile, Prag 1602 [Frankfurt 1610]). Ein zweites Werk: »Astronomiae instauratae mechanica« (Wandsbeck 1597 [Nürnberg 1602]) schildert die Uranienburg und ihre Instrumente.

Kepler (Keppler), **Johannes** (27. December 1571 bis 15. November 1630 n. St.), als Siebenmonatskind armen lutherischen Eltern zu »Weil der Stadt« (Magstadt?) in Württemberg geboren. Der schwächliche, von Krankheiten heimgesuchte Knabe — die Pocken liessen eine lebenslängliche »Blödigkeit des Gesichts« zurück — wuchs unter den widrigsten Verhältnissen auf: ein roher, abenteuerlicher Vater, mit der ungebildeten Mutter in unglücklicher Ehe lebend, fünf jüngere, fast durchaus den Eltern ähnliche Geschwister liessen ihn schon in frühester Jugend einsam erscheinen. Mannigfacher Wechsel des Aufenthalts unterbrach häufig den 1577 begonnenen Schulbesuch; gleichwohl trat die Begabung des Knaben so mächtig hervor, dass er schon 1584 in die Adelsberger Klosterschule, zwei Jahre darauf nach Maulbronn kommen konnte. Nach dem Baccalaureatsexamen trat er (1589) in das berühmte protestantisch-theologische Stift zu Tübingen und erwarb schon 1591 die Magisterwürde.

K. sollte Theolog werden; aber die neue Lehre des Coppernicus, in die ihn Maestlin einführte, wie der Zelotismus und die starre Orthodoxie der umgebenden Theologen, vor allem aber der innerste Drang seiner hohen, reichbegabten Natur führten ihn zur Mathematik und Astronomie. Anfang 1594 nahm er die Lehrstelle für Mathematik und Moral am Gymnasium zu Graz an, und dieser Schritt entschied seine Zukunft. In seinem dort verfassten Erstlingswerke, dem »Prodromus dissertat. cosmograph.« oder »Mysterium cosmographicum« (Tübingen 1596) versucht er, das Coppernicanische System aus physischen wie metaphysischen Ursachen zu erklären; er philosophirt über den Bau des Sonnensystems. Die Schrift brachte ihm die Bewunderung von Galilei und Tycho, mit welch ersterem er von nun an in lebhaftem Verkehr blieb. Graz behielt ihn nicht lange. Als 1598 — bald nach seiner Verheirathung mit Barbara Müller von Mühleck — eine Protestantenverfolgung in Inner-Oesterreich ausbrach und ihm 1600 endlich die Alternative zwischen Katholischwerden oder Auswandern gestellt wurde, entschied sich der charakterfeste, überzeugungstreue Mann für letzteres: im Herbst des Jahres folgte er einer Aufforderung Tychos, als Gehülfe an dessen Arbeiten theilzunehmen und speciell die Planetentafeln auf Grund der Tychonischen Beobachtungen neu zu berechnen. Das bei dem herrschsüchtigen und hochfahrenden Wesen Tychos unerquickliche Verhältniss löste, zum Glück für K., der Tod bald. K. wurde nun »kaiserlicher Mathematiker« mit einem nominellen Gehalte von 500 Gulden an Tychos Stelle. Die Zeit in Prag ist wohl die wichtigste in K.s wissenschaftlichem Leben: er findet hier, aus den werthvollen Tychonischen Beobachtungen des Mars, die beiden ersten seiner Gesetze, die er in der »Astronomia nova etc. de motibus stellae Martis« (Prag 1609) darlegt; und er begründet die Dioptrik und die Theorie der Fernröhre in seinen Schriften: »Ad Vitellionem paralipomena« (Frankfurt 1604) und vor allem der »Dioptrice« (Augsburg 1611). Je höher aber sein wissenschaftlicher Ruhm stieg, desto schwieriger und trauriger wurde sein äusseres Leben; Krankheiten und Todesfälle suchten seine Familie heim, und Geldnoth — sein niedriger Gehalt wurde nie voll ausgezahlt — zwang ihn zu »nichtswürdigen Kalendern und Prognostica«. So entschloss er sich, nach dem Tode seines kaiserlichen Beschützers Rudolf II., eine Stellung an der Landschaftsschule zu Linz anzunehmen; 1612 siedelte er über, fand aber, da er anfangs mit der Revision der Landesaufnahme (»Landmappe«) viel zu thun hatte, erst später Zeit, an die Vollendung der Planetentafeln, die seine astronomische Hauptaufgabe bildeten, zu gehen. Sie erschienen unter dem Titel: »Tabulae Rudolphinae« indessen erst 1627 zu Ulm und blieben die Grundlage aller Planetenrechnungen für ein volles Jahrhundert. Daneben sann er sinnend und speculirte der tiefsinnige, phantasiereiche Denker über die Geheimnisse im Bau des Welt- oder Sonnensystems, dessen Wesen er in einfachen Zahlenverhältnissen, an die Pythagoraeische Lehre gewissermassen anklingend, zu finden meinte. Sein 1619 zu Linz erschienenes Lieblingswerk: »Harmonices mundi libri V« sind der litterarische Ausdruck dieser Bemühungen, und ihr wichtigstes praktisches Ergebniss ist das dritte Gesetz der planetarischen Bewegung, welches Umlaufszeiten und Entfernungen in so einfache Beziehung setzt (S. 60). Auch ein ausführliches, so zu sagen, das erste moderne Lehrbuch der Astronomie: »Epitomes astronomiae Copernicanae libri I—VII« (Linz und Frankfurt 1618—1622), ein Werk über die Cometen: »De cometis libelli tres« (Augsburg 1619, 20) und verschiedene kleinere Schriften gab der unermüdliche Mann in dieser Zeit heraus, und alles dies ist um so bewundernswerther, als sich sein äusseres Dasein und häusliches Geschick keineswegs günstiger als früher gestaltete. Die Noth um das tägliche Brod ging Hand in Hand mit schweren Schlägen, die das Gemüth des Menschen trafen. Nach dem Tode seiner ersten Frau (1611) hatte er 1613 die Tochter des Eferdinger Bürgers Reutlinger geheirathet; die Kinder aber, die aus dieser Ehe hervorgingen, starben bis auf zwei. Dazu kam ein neues Missgeschick in Gestalt des »Hexenprocesses« seiner 70jährigen Mutter, der ihn 1620 auf längere Zeit zu ihrer Vertheidigung nach seiner Heimath führte. Der Schmerz, die verleumdete Frau als »Hexe« gefoltert zu sehen, blieb ihm glücklicherweise erspart. Auch unter den Wirren des 30jährigen Krieges, die einen Bauernaufstand mit langer Belagerung von Linz im Gefolge hatten, wie unter der neuen Protestantenverfolgung in Ober-Oesterreich (Ende 1625) hatte er zu leiden.

Alles dies veranlasste ihn, 1628 zu Wallenstein nach Sagan zu gehen. Mit diesem war er schon früher bekannt geworden — er hatte ihm 1609 das Horoskop gestellt — und Kaiser Ferdinand II. verwies K. jetzt an ihn wegen der Gehaltsrückstände, die nicht weniger als 12 000 Gulden betrugen. Der Friedländer förderte den grossen Astronomen zwar in seinen wissenschaftlichen Arbeiten, leistete aber die zugesagte Zahlung nicht, sondern suchte ihn mit einer Professur an der neugegründeten Universität Rostock abzufinden. K. ging hierauf nicht ein, verliess vielmehr Sagan, um vor dem in Regensburg versammelten Reichstage seine Rechte geltend zu machen. Die Ueberanstrengung des langen Rittes warf ihn aber dort auf das Krankenbett, und nach kurzem Fieber starb der vielgeprüfte Mann am 15. November des Jahres 1630. — Das schönste Denkmal ist dem grossen Forscher in der durch Frisch veranstalteten Gesammtausgabe seiner Werke (8 Bände, Frankfurt 1858—71) gesetzt worden.

Maestlin (Moestlin), Michael (1550—1631), aus Göppingen in Württemberg. Studirt Theologie und Mathematik in Tübingen, wird 1571 Magister, 1576 Diaconus; 1580 als Professor der Mathematik in Heidelberg, seit 1583 in gleicher Stellung am Tübinger Stift. Verdienter Schriftsteller und Beobachter; Lehrer und Freund Keplers.

Bürgi, Joost oder Justus Byrgius (1552—1632), aus Toggenburg in der Schweiz. Erfinderischer Kopf, namentlich Uhrmacher und Mechaniker; wird 1579 bei Wilhelm von Hessen »Hofuhrmacher«, später Astronom; lebt von 1603 einige Jahre bei Kaiser Rudolf und Kepler, zuletzt aber wieder in Kassel. Erfindet den Proportions- (Reductions-) Zirkel, die Logarithmen, unabhängig von Neper und Kepler (der die erste Theorie gab); entdeckt vielleicht noch vor Galilei den Isochronismus des Pendels und construirt möglicherweise auch, zu Ende des 16. Jahrhunderts, eine Penduluhr.

Galilei und seine Nachfolger.

Galilei, Galileo (18. Februar 1564 bis 8. Januar 1642), aus Pisa; die frühesten Jahre in Florenz, woher sein Vater aus edler, aber armer Familie stammte. Die grossen Anlagen, die der Knabe namentlich für Mechanik und die schönen Künste verrieth, bestimmten die Eltern, ihm statt der kaufmännischen eine gelehrte Erziehung zu geben; mit 17 Jahren bezog er die Universität Pisa, um Medicin zu studiren. Schon in dieser Zeit soll er den Isochronismus des Pendels gefunden haben. Innerer Drang, begünstigt durch die Bekanntschaft mit dem Mathematiker Ricci, führte ihn zur Mathematik und Physik, denen er sich von nun an ausschliesslich widmete; 1589 erhielt er seine erste, äusserst gering dotirte Stelle als Docent für Mathematik in Pisa. Er trat nun öffentlich als Gegner der Aristotelischen Physik, über die er schon früher mit Studiengenossen lebhaft disputirt hatte, auf und widerlegte namentlich dessen Lehre über den freien Fall der Körper. Diese Polemik gegen die Autorität des Aristoteles, die für unantastbar gegolten, brachte ihm so viele Gegner und Unannehmlichkeiten, dass er schon 1592 sein Lehramt aufgab; die Empfehlungen einflussreicher Gönner verschafften ihm indessen sehr bald wieder eine gesicherte Stellung als Professor zu Padua, wo er bis 1610 blieb, geschätzt und bewundert von zahlreichen Zuhörern. Einen grossen Theil seiner epochemachenden physikalischen Entdeckungen machte oder vollendete er in dieser Zeit. Er bewies das Fallgesetz, construirte das Fernrohr (vergl. S. 108 f.), erfand den Proportionalzirkel und stand in lebhaftem Verkehr mit den verschiedensten Männern, seit 1597 namentlich auch mit Kepler. Die zahlreichen und wichtigen Entdeckungen, die ihm das Fernrohr brachte, vereinigte er in dem »Nuncius sidereus« (Venedig 1610), welchem sehr bald eine Menge anderer Schriften über das wunderbare Instrument von Kepler, Fabricius, Scheiner u. a. folgten.

Die Berühmtheit, die G. in Padua erlangte, bewog seinen früheren Schüler Cosimo II. von Toscana, ihn, diesmal als ersten Mathematiker und mit glänzendem Gehalte, nach Pisa zurückzurufen. G. nahm an, trotz der Warnungen seiner Freunde, die das am römischen Himmel heraufziehende Gewitter für den kühnen, dem Aristoteles wie den Kirchendogmen widerstreitenden Forscher fürchteten. Im Frühjahre 1611 ging er sogar selbst nach Rom, um Freunde wie Fürst Cesi und vorurtheilsfreie Cardinäle wie Bellarmin durch Autopsie von seinen Entdeckungen zu überzeugen. Dies erreichte er zwar; allein damit stieg nur die Feindschaft der Priester, speciell der Dominicaner, und deren Einfluss brachte es schliesslich dahin, dass vom Papst eine Commission niedergesetzt wurde, welche Anfang 1616 die Coppernicanische Lehre, der G. offen huldigte, und alle Schriften über sie als ketzerisch verdammte. Der Sturm verzog sich indessen auf kurze Zeit, als G. zu seiner Vertheidigung abermals nach Rom eilte.

Im Jahre 1623 bestieg Cardinal Barberini als Urban VIII. den päpstlichen Stuhl. G., der sich früher seiner Gunst erfreute, trat bald aufs neue öffentlich für die neue Lehre ein und zwar mit der berühmten Schrift: »Dialogo sopra i due massimi sistemi del mondo, Tolemaico e Copernicano« (Florenz 1632), zu der er übrigens nur schwer und unter der Bedingung, ein von dem Dominicaner Ricci verfasstes Vorwort unverändert abzudrucken, die Erlaubniss erhielt. Er lässt hier einen Ptolemäer Simplicius gegen zwei Coppernicaner die Vorzüge und Mängel beider Systeme gegeneinander verfechten und ersteren anscheinend und formell den Sieg davon tragen; jeder aber wusste, was G. wirklich meinte. Trotzdem und trotz des Aufsehens und Erfolges, den das Buch errang, wäre er vielleicht unangefochten geblieben. Allein seine Feinde, die immer zahlreicher und einflussreicher wurden, wandten neue Mittel an, ihn zu verderben. Sie machten den Papst glauben, er sei unter dem Simplicius in G.s Schrift zu verstehen, und brachten ein Document vor, welches nach der früher (1616) G. ertheilten Ermahnung ein strenges Verbot enthielt und den Befehl, für immer von der heliocentrischen Lehre abzustehen und sie in keiner Weise mehr, durch Wort oder Schrift, zu vertheidigen. Dieser Zusatz, welcher weder G. noch sonst jemand bekannt war und sich völlig unvermittelt an die vorangehende Erklärung und Ermahnung Bellarmins anschloss, ist mit grösster Wahrscheinlichkeit erst 1632 dazugefügt, das Document also dadurch gefälscht worden. Es diente nun zur Handhabe gegen den freimüthigen Mann.

Zunächst wurden seine Schriften verboten; dann wurde eine Commission von Theologen ernannt, die das Buch der Inquisition überwies, endlich er selbst nach Rom gefordert. G. kam im Februar 1633 dort an und musste nun, nach mehrfachen Verhören, am 22. Juni in der Minerva-Kirche knieen und abschwören und alle »Irrthümer und Ketzereien« verfluchen. Einer kurzen wirklichen Einkerkerung folgte eine längere Absperrung, erst in der Villa Medici, dann in Siena. Anfang December 1633 durfte er zwar auf sein Landhaus zu Arcetri bei Florenz zurückkehren, war aber auch dort ein Gefangener, durfte niemand sehen und sprechen und nur schriftlich mit Freunden einigermassen frei verkehren. Da gleichzeitig der Druck irgend welcher Schrift G.s in Italien verboten wurde, so musste er sich an das Ausland wenden und sein mechanisches Hauptwerk, die »Discorsi e dimostrazioni matematiche etc.«, worin er die Fallgesetze und die Cohäsionslehre auseinander setzt, in Leiden (1638) drucken lassen.

Als er 1637 erblindete und überhaupt sehr leidend wurde, gestattete man ihm zwar die Rückkehr in sein Haus nach Florenz; aber auch dort blieb er wie ein Gefangener, und erst 1639 durfte Viviani als erster Schüler offen zu ihm treten, dem sich seit 1641 noch Torricelli anschloss. Bei voller Geisteskraft starb der grosse Märtyrer am 8. Januar 1642. — Die kurzsichtige Kirche verfolgte ihn und seine Lehre auch nach dem Tode: erst nach Jahrzehnten durfte sein Grab mit Inschrift und Monument versehen werden, und fast ein Jahrhundert später, nachdem die Wahrheiten, die er verkündet, schon längst ein unveräusserlicher Besitz der Menschheit geworden, fand er in dem Florentiner Pantheon, der Kirche Santa Croce, das seiner Grösse gebührende äussere Denkmal.

Ueber niemand vielleicht ist neuerdings so viel geschrieben worden, als über G.; sein Verhältniss zur Kirche, sein Process, sein Charakter haben die mannigfachsten Beurtheilungen hervorgerufen. Aber das Urtheil der Wissenschaft, welche in ihm den Begründer der neuen inductiven Methode der Naturforschung bewundert, steht längst fest. Wenn er als Mensch vielleicht nicht auf gleicher Höhe mit dem milden Coppernicus, mit dem festen, unerschütterlichen Kepler steht, so ist zu bedenken, dass die Verhältnisse, unter denen er leben und kämpfen musste, ungleich schwierigere für ihn als selbst für den deutschen Protestanten waren.

Fabricius, David (1564—1617), aus Esens in Ostfriesland. Theologisch und mathematisch in Braunschweig gebildet; wird 1584 Pfarrer, erst zu Resterhave, dann (1603) zu Osteel, beides in Ostfriesland. Durch die Entdeckung von Mira Ceti (1596) und andere Beobachtungen mit Tycho und Bürgi, später auch mit Kepler bekannt geworden, mit denen er lebhaft correspondirt. — Sein Sohn Johannes (1587 bis ca. 1615) studirt Medicin in Wittenberg, bildet sich aber nach Rückkehr zum Vater mehr astronomisch aus. Entdeckt unabhängig von Galilei, der sie möglicherweise schon im August 1610 fand, Ende 1610 die Sonnenflecken, worüber die Schrift: »De maculis in Sole observatis etc.« (Wittenberg 1611) handelt. Von Kepler sehr geschätzt; ebenso der Vater, den Kepler für den besten Beobachter nach Tycho erklärte.

Marius, Simon, eigentlich Mayr (1570—1624), aus Gunzenhausen in Bayern. Studirt 1601 unter Kepler und Tycho in Prag Astronomie, später in Padua Medicin; von 1604 an als Hofastronom zu Ansbach. Einer der ersten und eifrigsten Beobachter mit dem Fernrohr; findet u. a. 1612 den Andromeda-Nebel.

Bayer, Johannes (1572—1625 [1660?]), aus Rhain in Bayern, zu Augsburg als Rechtsanwalt gestorben. Giebt in seiner »Uranometria« (Augsburg

1603) den ersten grossen und brauchbaren Sternatlas heraus; darin die noch jetzt gebräuchliche Bezeichnung der helleren Sterne durch das griechische und zum Theil durch das lateinische Alphabet.

Snellius, Willebrord, eigentlich Snell van Roijen (1591—1626), aus Leiden; Sohn des geschätzten Professors der Mathematik Rudolph S. Als junger Mann viel auf Reisen; nach dem Tode des Vaters (1613) sein Nachfolger. Als Mathematiker wie als Physiker und Astronom begabt, erfinderisch und thätig. Entdeckt das lange irrthümlich dem Cartesius zugeschriebene Brechungsgesetz; löst zuerst die nach Pothenot benannte geometrische Aufgabe bei Gelegenheit einer Gradmessung, die er 1615—17 in Holland unternahm, der ersten, bei welcher eine wirkliche Triangulation zur Anwendung kam.

Vernier, Pierre (1580—1637), aus Ornans in der Franche-Comté, damals zum deutschen Reiche gehörig. Generaldirector der Münzen in Burgund. Giebt in seiner Schrift: »La construction, l'usage et les propriétés du quadrant de mathémat.« (Brüssel 1631) die erste Idee des Vernier oder Nonius (S. 154).

Gascoigne, William (1621—1644), aus Middleton bei Leeds; fällt in der Schlacht bei Marston-Moor. Bringt zuerst das Fadennetz bezw. Fadenmikrometer am Fernrohre an (S. 154).

Scheiner, Christoph (1575—1650), aus Walda bei Mindelheim in Schwaben. Jesuit; Professor zu Freiburg i. B., dann (1610—16) in Ingolstadt, darauf einige Jahre in Rom, zuletzt Rector des Jesuitencollegs in Neisse. Begabter, erfinderischer Kopf und guter Beobachter. Erfindet 1603 den Storchschnabel, sieht sehr bald nach Fabricius und Galilei die Sonnenflecken, worüber er mit letzterem in heftigen Prioritätsstreit geräth; ist neben Kepler auf optischem, namentlich physiologisch-optischem Gebiete thätig, worüber die Schrift: »Oculus h. e. fundamentum opticum etc.« (Ingolstadt 1619) handelt. Seine Wahrnehmungen und bemerkenswerthen Untersuchungen über die Sonne (vergl. S. 285, 293) enthält das grosse Buch: »Rosa ursina etc.« (Bracciano 1630).

Descartes, René, oder **Cartesius** (1596—1650), aus La Haye in Touraine. Im Jesuitencolleg La Flèche erzogen; später als Soldat und auf Reisen viel umher; von 1629—1649 in verschiedenen Orten Hollands; zuletzt bei der gelehrten Königin Christine von Schweden. Neben Spinoza und Leibniz der grösste Philosoph des 17. Jahrhunderts; Begründer der analytischen Geometrie; in der Astronomie durch seine Wirbeltheorie bekannt (S. 65).

Gassendi, Pierre (1592—1655), Sohn eines Bauern zu Champtercier bei Digne. Schon mit 17 Jahren daselbst Lehrer der Rhetorik; 1616 Professor der Philosophie in Aix; tritt dann in den Minoritenorden; seit 1645 Professor der Mathematik am Collège royal zu Paris. Durch verschiedene Beobachtungen (Mercurdurchgang von 1631 u. a.) bekannt. Acceptirt in seiner »Institutio astronomica etc.« (Paris 1647) scheinbar Tychos Weltsystem; verfasst die ersten brauchbaren Biographien in: »Tychonis Brahei, Nic. Copernici etc. vita« (Paris 1654). Seine gesammelten Werke (Leiden 1658) füllen 6 Bände.

Morin, J. Baptiste (1583—1656), aus Villefranche in Beaujolais; früher Arzt und Astrolog; seit 1630 Professor der Mathematik in Paris. Um das

Problem der Längenbestimmungen nicht unverdient; versucht auch, das Fernrohr mit Messinstrumenten zu verbinden.

Cysat, Joh. Baptist (1586—1657), aus Luzern. Früh Jesuit; 1611 Schüler Scheiners, 1616 dessen Nachfolger in Ingolstadt; nach mehrfachem Wechsel schliesslich Rector des Jesuitencollegs in Luzern. Ebenfalls eifriger und geschickter Beobachter; findet bei seinen Beobachtungen des Cometen vom Jahre 1618 den Orion-Nebel; beobachtet den Mercurdurchgang im November 1631.

Riccioli, Giov. Battista (1598—1671), aus Ferrara. Jesuit und Lehrer an verschiedenen Ordenscollegien, zuletzt in Bologna. Sorgfältiger Compilator und fleissiger Beobachter, aber Gegner des Coppernicanischen Systems; sein Hauptwerk: »Almagestum novum« (Bologna 1651) enthält neben vielem principiell Verkehrten eine Fülle auch historischen Details.

Picard, Jean (1620—1682), aus La Flèche in Anjou. Erst Priester, Schüler von Gassendi, später dessen Nachfolger am Collège de France und eins der ersten Mitglieder der 1666 gegründeten Pariser Académie des sciences. Führt 1669 die erste genaue Gradmessung in Frankreich aus, wobei zuerst Winkelmessinstrumente mit Fernröhren angewandt werden (Mesure de la terre, Paris 1671). Geht dann 1671 nach Dänemark, um Tychos fast ganz verfallene Uranienburg zu besuchen, und kehrt mit O. Römer zurück (Voyage d'Uranibourg, Paris 1680). Begründet später (1679) das erste französische astronomische Jahrbuch, die »Connaissance des temps«, stellt zuerst (1668) erfolgreich Beobachtungen am Tage, im Meridian, an und bestimmt Instrumentalfehler; gehört überhaupt zu den besten Beobachtern seiner Zeit.

Hevel, Johannes, eigentlich Höwelcke, latinisirte sich aber Hevelius (1611—1687), aus Danzig; Sohn eines wohlhabenden Brauers. Erst Schüler des Mathematikers und für die Astronomie begeisterten Krüger, der den talentvollen, ursprünglich zum Kaufmann bestimmten Jüngling ganz für die Wissenschaft gewann. Auf Wunsch seiner Eltern entschliesst er sich indessen zur Jurisprudenz; geht mit 20 Jahren nach Leiden, dann nach England und Frankreich, wo er namentlich mit Boulliau sich befreundet, und kehrt 1634 nach Danzig zurück. Dort widmet er sich dem väterlichen Geschäft, treibt aber bald wieder, von Krüger ermahnt, Astronomie, der er sich seit dessen Tode (1639) dann fast ausschliesslich hingiebt. Bei seinen Beobachtungen wird er von seiner zweiten Frau eifrig und geschickt unterstützt; zugleich ist er in städtischen Aemtern thätig; 1641 wird er Schöppe, 1651 Rathsherr. Den Verlust seiner mit schönen Messinstrumenten, namentlich Quadranten, versehenen Sternwarte (durch Brand 1679) trägt er mit grosser Stärke, trotzdem auch werthvolle Manuscripte, seine grosse Büchersammlung u. a. zu Grunde gehen. Seine Energie und die Unterstützung von verschiedenen Seiten ermöglicht den Bau einer neuen Sternwarte, auf der er bereits 1682 wieder beobachtet. Nach längerer Krankheit stirbt er an seinem Geburtstag, den 28. Januar 1687. — H. ist nur Beobachter und auch als solcher weder erfinderisch, noch Neuem zugänglich, wie er z. B. das Fernrohr an seinen Messinstrumenten niemals angebracht hat, obschon er, wie Quadranten und Sextanten, so auch Fernrohrlinsen mehrfach fertigte. Er leistete aber alles, was mit seinen immerhin bedeutenden Mitteln nur zu leisten war;

natürliches Geschick und grosser Eifer verbanden sich mit nützlichen Talenten, wie der Zeichen- und Kupferstecherkunst, und ersetzten selbst das Fernrohr wie höhere geistige Gaben bis zu gewissem Grade. Sein Verdienst liegt mehr auf beschreibend-topographischem als messendem Gebiete, und das grösste hat er sich in seinem ersten Hauptwerke, der »Selenographia« (Danzig 1647), um den Mond erworben; H. ist der Begründer der Mondtopographie. Mit den Cometen hat er sich gern und eingehend beschäftigt, wie sein »Prodromus cometicus« (1665) und besonders die »Cometographia« (1668) zeigen; auch die im zweiten Hauptwerke, der »Machina coelestis« (2 Theile, 1673 und 1679), enthaltene Beschreibung seiner Instrumente bietet vieles Interessante.

Auzout, Adrien (16..—1691), aus Rouen. Ueber sein Leben wenig bekannt; einige Jahre Mitglied der Pariser Akademie, dann in Italien; stirbt in Rom. Hebt an der Seite seines Freundes Picard die Beobachtungskunst durch Einführung des Fadenkreuzes im Fernrohre u. a. (Traité du micromètre, Paris 1667).

Boulliau, Ismael, oder Bullialdus (1605—1694), aus London. Anfangs Calvinist, später Katholik; zuletzt Priester in einer Abtei zu Paris; vielseitiger und vielgewanderter Mann. Sucht in seiner »Astronomia philolaica« (Paris 1645) eine Art Mittelsystem zwischen Ptolemäischem und Coppernicanischem aufzustellen, welches letztere er, wie so viele halb Geistliche, halb Astronomen, nicht zu bekennen wagte. Nicht unverdient auf dem Gebiete der Veränderlichen.

Huygens, Christian, latinis. Hugenius (14. April 1629 bis 8. Juni 1695), aus angesehener Familie im Haag. Erhält vom Vater den ersten Unterricht in Mathematik und Mechanik; studirt dann die Rechte in Leiden und Breda; unternimmt 1649 ausgedehntere Reisen nach Deutschland, Frankreich und England; publicirt nach seiner Rückkehr verschiedene wichtige mathematische Schriften, darunter: »De ratiociniis in ludo aleae« (Leiden 1657), worin er den Grund zur Wahrscheinlichkeitsrechnung legt. 1666 wird er Mitglied der neuen Pariser Akademie; lebt in Paris bis 1681; von da an aber bis zu seinem Tode wieder im Haag. — H. ist einer der scharfsinnigsten, geistvollsten und dabei thätigsten Forscher der neueren Zeit; ebenso hervorragend als theoretischer Physiker, wie seine schönen Untersuchungen und Entdeckungen über das Licht, die Centrifugalkraft, die Gestalt der Erde u. a. beweisen, wie als mechanischer Erfinder und astronomischer Beobachter.« Er vervollkommnet (mit seinem Bruder Constantin) das Fernrohr; entdeckt die wahre Gestalt des Saturnringes und den ersten Saturntrabanten, wovon zum Theil die Schrift: »Systema Saturnium« (Haag 1659) handelt (vergl. auch S. 387); führt endlich das Pendel bei den Uhren ein, dessen Theorie er in dem »Horologium oscillatorium« (Paris 1673) entwickelt (S. 169).

Richer, Jean (16..—1696); macht 1671—73 im Auftrag der Pariser Akademie die Reise nach Cayenne zur Bestimmung der Sonnenparallaxe, wobei u. a. zuerst die Abnahme der Schwere gegen den Aequator hin dargethan wurde (s. S. 79). Stirbt in Paris; von seinem Leben sonst nichts bekannt.

Römer, Olaus (Ole) (1644—1710), aus Aarhuus in Dänemark. Schüler und Freund von Picard; von 1671—1681 in Paris als Lehrer des Dauphin und Mitglied der Akademie; dann Professor der Mathematik in Kopenhagen. Begründet dort den Ruf der schon unter Longomontan errichteten Sternwarte; daneben im Dienste von Stadt und Staat thätig und angesehen, Bürgermeister, Justiz- und Etatsrath. — Entdeckt 1676 die Fortpflanzungsgeschwindigkeit des Lichtes (S. 238); erfindet den Meridiankreis und ein Mikrometer zur Beobachtung der Finsternisse. Seine werthvollen Meridianbeobachtungen gingen leider bei einer Feuersbrunst zu Grunde, welche 1728 die Sternwarte zerstörte; nur die Beobachtungen dreier Tage wurden durch seinen Gehülfen und Nachfolger Peter Horrebow (1679—1764) erhalten.

Kirch, Gottfried (1639—1710); Sohn eines Schneiders in Guben. Studirt erst bei Weigel in Jena; dann Gehülfe bei Hevel; lebt später, hauptsächlich als Kalendermacher, im sächsischen Vogtlande, darauf in Coburg und in Leipzig, wo er eine Schülerin des Sommerfelder Bauer-Astronomen Arnold '1650—1695) heirathet. Später wieder in Guben, von wo er 1700 zur Direction der neu zu errichtenden Sternwarte nach Berlin berufen wird. Nach deren Vollendung (1706) beobachtet er fleissig mit Frau und Kindern. Von ihm und seinem Sohne und Nachfolger Christfried K. (1694—1740) zahlreiche Beobachtungen von Cometen und Veränderlichen.

Cassini, Giov. Domenico (1625—1712), aus Perinaldo bei Nizza. 1650 Professor der Astronomie in Bologna, dann Ingenieur; wird 1669 zum Mitglied der Pariser Akademie und ersten Astronomen der neuen, 1667—72 erbauten Sternwarte berufen. Hier wie schon in Italien als Beobachter ungemein thätig und erfolgreich, auch sehr fruchtbarer Schriftsteller. Erblindet in höherem Alter, vielleicht infolge von Ueberanstrengung. Unter seinen wichtigsten Entdeckungen und Beobachtungen sind die vier Saturnsatelliten, das Zodiakallicht, die Jupiterrotation zu nennen. — Söhne und Enkel folgen ihm als Astronomen und in der Direction der Pariser Sternwarte: der Sohn Jacques C. (1677—1756), der nach Halley zuerst die Eigenbewegungen der Sterne weiter verfolgt; C. de Thury, dessen Sohn (1714—1784); J. Dom. C., Graf von Thury, der Urenkel (1748—1845); letzterer schreibt die Geschichte der Pariser Sternwarte und seiner Vorfahren in: »Mémoires pour servir à l'histoire des sciences etc.« (Paris 1810).

Maraldi, Giac. Filippo (1665—1729), aus Perinaldo bei Nizza; Neffe und Gehülfe von G. Dom. Cassini; stirbt zu Paris. Eifriger Beobachter und fleissiger Schriftsteller; ebenso sein Neffe Giov. Domenico M. (1709—1788).

Newton und seine Zeit.

Newton, Isaac (5. (6.?) Januar 1643 bis 31. März 1727 n. St. oder 25. (26.?) December 1642 bis 20. März 1726 a. St.*); Sohn eines kleinen Gutsbesitzers zu Whoolstorpe in Lincolnshire, der aber sehr bald nach der Ver-

---

*) Das Jahr wurde damals in England noch mit dem 25. März begonnen und erst 1752 die Zählung vom 1. Januar an nach dem neuen Stil, dem Gregorianischen Kalender, dauernd eingeführt (S. 44).

heirathung starb. Wie Kepler wurde auch N. zu früh geboren. Auf der Schule von Grantham, wohin er als 12jähriger Knabe kam, war er nichts weniger als hervorragend, dabei schwächlich und still. Nach vier Jahren zur Mutter zurückgekehrt, sollte er ihr in ländlichen Geschäften beistehen; doch schien er zu nichts brauchbar, ein Träumer, dem ein Buch oder eine Maschine das Liebste war. Ein Oheim wurde endlich auf den absonderlichen Knaben aufmerksam und beschloss, ihn studiren zu lassen. So kam N., fast ohne alle Vorkenntnisse, 1660 nach Cambridge. Theils selbständig, theils geleitet von seinem Lehrer Barrow, macht er nun die grössten Fortschritte, beherrscht bald das Gesammtgebiet der Mathematik und schreitet selbst zu eigenen Untersuchungen; so findet er z. B. den binomischen Lehrsatz. Im Jahre 1666 soll ihn, als er nachdenkend im Garten sass, der Fall eines Apfels zuerst auf die Idee, die Schwere sei eine allgemeine und nicht auf die Erde beschränkte Kraft, gebracht haben; doch lenkte ihn der scheinbare Misserfolg seiner auf den Mond angewandten Rechnung auf lange Jahre wieder ab (S. 69). Inzwischen war er 1669 an Stelle Barrows, der zu Gunsten seines genialen Schülers entsagte, Professor der Mathematik in Cambridge, sogenannter Lucasian-Professor, geworden, und Anfang 1672 nahm ihn die 1645 gegründete Royal Society als Mitglied auf. Aus dieser Zeit rührt vermuthlich die Entdeckung der sogenannten Fluxions- (jetzt Infinitesimal-) Rechnung her, die ihn bald in einen Prioritätsstreit mit Leibniz, der gleichfalls auf das Princip gekommen, verwickelte. — In der Cambridger Stellung blieb N. über 30 Jahre; doch wurde er 1695 auf den Vorschlag seines ehemaligen Schülers und hochgestellten Freundes Lord Montague, späteren Earl of Halifax, zum Aufseher und 1699 zum Vorsteher der königlichen Münze ernannt, wodurch sich sein bis dahin sehr dürftiger Gehalt erheblich verbesserte. Im Jahre 1703 siedelte er dann auf längere Zeit ganz nach London über, wurde im gleichen Jahre Präsident der Royal Society und 1705 Ritter (Sir) und überhaupt mit Ehrenbezeugungen nicht nur von England überhäuft. Da er, wie seine grossen Zeitgenossen Leibniz und Huygens, unvermählt blieb, führte ihm seine Nichte, Miss Barton, anfangs allein, später mit ihrem Manne das Haus und pflegte ihn, als sich vom 80. Jahre an allerhand Leiden und Beschwerden einstellten. Seine Natur, durch gesunde und mässige Lebensweise gestählt, widerstand lange; erst im Jahre 1725 erkrankte er an einer Lungenentzündung ernstlicher und starb am 31. März 1727 auf seinem Landsitze in Kensington an einem Rückfall, den ihm die Aufregung und Anstrengung eines kurzen Aufenthaltes in London gebracht hatte. Sein Leichnam, der mit fast königlichen Ehren beigesetzt wurde, ruht im Pantheon Englands, der Westminster-Abtei. — Trotz des Ruhmes, der Ehrenstellungen, ja auch des Reichthumes, den er schliesslich erwarb, ist N. stets einfach, anspruchslos, ja demüthig geblieben; voller Menschenliebe, die er überall bethätigte, und voll tiefer Gottesfurcht. Es mag sein, dass der Verlust werthvoller Manuscripte infolge eines Zimmerbrandes (1693) für kurze Zeit seinem Geiste eine gewisse krankhafte Richtung gegeben hat, und fest steht, dass er sich in den letzten Jahren vielfach mit theologischen Fragen befasste; doch ist die Ansicht, seine Geisteskräfte seien schliesslich dauernd und in ganz abnormer Weise geschwächt gewesen, durch nichts zu rechtfertigen. Auch er hat, wie so viele vor und nach ihm, der alternden Menschennatur nur den nothwendigen Tribut gebracht, und das, was ihm die Unsterblichkeit sichert, rührt, wenigstens in seinen Anfängen, aus den Jahren vollster schöpferischer Manneskraft her. —

Die Anlage von N.s Intellect war, ähnlich wie bei Gauss, eine wesentlich mathematische; selbst seine Experimental-Untersuchungen auf optischem Gebiete tragen einen gewissermassen mathematischen Stempel. Seine Sache war dabei nicht, viel zu schreiben, sondern tief und erschöpfend zu denken, und so existiren weniger Schriften von ihm, als man vermuthen sollte.

Die ersten sich auf die allgemeine Schwere beziehenden Forschungen fallen, wie oben erwähnt, in das Jahr 1666, führten aber wegen mangelhafter numerischer Daten zu keinem Ziele. Erst als ihm 1682 die Resultate der Picard'schen Gradmessung bekannt geworden waren, nahm er seine Rechnungen energisch wieder auf und führte sie nun schnell zu Ende. Man sagt, er habe die letzte kleine mechanische Arbeit Freunden überlassen müssen, weil ihn die Ueberzeugung von der Wahrheit seiner grossen Entdeckung, zu der er schon vor Vollendung der Rechnung kam, in einen Zustand höchster Aufregung versetzt habe. Im folgenden Jahre sandte er die Hauptresultate an die Royal Society, liess sich aber erst 1686, veranlasst wesentlich durch einen Besuch Halleys im Jahre 1684, bestimmen, das vollständige Manuscript der Gesellschaft vorzulegen. Ein Jahr darauf erschien dann das fundamentale Werk unter dem Titel: »Philosophiae naturalis principia mathematica«, welches übrigens ausser der Gravitationstheorie auch die Theorie der Lichtbrechung, der Schallfortpflanzung u. a. enthält. Damit waren die Ansprüche beseitigt, die der ihm feindlich gesinnte, unedle Hooke auf die Entdeckung zu haben vorgab. Zwar war dieser sowohl wie Wren, der berühmte Erbauer der Paulskirche, und Halley gewissermassen auf dem Wege zur Auffindung: aber das, was sie über die Gravitation gelegentlich äusserten, waren nur Ideen und Vermuthungen, während N.s überlegener Genius den strengen Beweis lieferte und aus dem Gravitationsgesetze alle Folgerungen, namentlich auch die Kepler'schen Gesetze, streng ableitete. So bilden die Principia das erste und wichtigste Lehrbuch der Mechanik — denn auch die Bewegungen der Himmelskörper sind im Grunde nur ein mechanisches Problem — aus dessen Fülle alle nachfolgenden Generationen direct oder indirect geschöpft haben, und welches auf dem Gebiete der gesammten mechanisch-mathematischen Wissenschaft einzig und unerreicht dasteht.

Auf rein physikalischem und mathematischem Gebiete rühren von N. noch drei Hauptwerke her: die »Opticks« (London 1704), in der er seine sämmtlichen Untersuchungen über das Licht systematisch zusammenstellt, und welches, wie die Principia, in zahlreichen englischen, französischen und lateinischen Ausgaben erschien; die »Arithmetica universalis« (Cambridge 1707), welche Whiston gegen seinen Willen herausgab, und die »Analysis« (London 1711), worin u. a. die Grundzüge der Infinitesimalrechnung entwickelt werden. — In den Philos. Transactions finden sich seit 1672 eine Reihe hauptsächlich optischer Abhandlungen. Die Construction des nach ihm benannten Teleskops (S. 122) fällt in das Jahr 1671; die erste Mittheilung darüber steht in den Philos. Trans. für 1672.

Gregory, James (1638—1675), aus Aberdeen; mehrere Jahre in Italien, dann Professor der Mathematik zu St. Andrews in Schottland, zuletzt in Edinburgh. Die schon 1661 gefasste Idee zu seinem Spiegelteleskop (S. 122) veröffentlicht er in der »Optica promota« (London 1663).

Dörfel, G. Samuel (1643—1688), aus Plauen; Schüler Hevels; Pfarrer, zuletzt Superintendent zu Weida im Weimarischen. Weist in seiner Schrift über den grossen Cometen von 1680 (Plauen 1681) auf die parabolische Bewegung der Cometen hin, die dann Newton streng nachweist (S. 409).

Hooke, Robert (1635—1703), Sohn eines Predigers zu Freshwater auf der Insel Wight. Von sehr schwächlichem Körper und so kränklich, dass er den Schulbesuch eine Zeitlang aufgeben musste; kommt indessen schon 1653 auf die Universität Oxford, wo er Gehülfe des Physikers Boyle wird. Seit 1673 Mitglied der Royal Society, von 1678 an deren Secretär, 1679 Professor der Geometrie am Gresham-College; stirbt 1703 unverheirathet in London. — Höchst erfinderischer und begabter Kopf, aber unstet, reizbar und zanksüchtig. Erfindet, 1658 etwa, die Spirale an der Unruhe der Taschenuhren, 1666 die Weingeist-Libelle, 1684 den optischen Telegraphen u. a. Verbessert das erste Mikrometer Gascoignes; wendet zuerst, 1674, die Schraube ohne Ende zur Theilung von Quadranten an. Versucht auch zuerst, Fixsternparallaxen zu ermitteln (S. 228).

Flamsteed, John (1646—1719), aus Derby. Vom Vater zum Geistlichen bestimmt, doch bricht sich bald die Liebe zur Astronomie Bahn; verschiedene Beobachtungen von Sonnenfinsternissen und Cometen verschaffen ihm Ruf und damit die väterliche Erlaubniss zur Wissenschaft. Studirt dann von 1670 an in Cambridge; wird 1674 mit dem Mathematiker und Genie-Inspector J. Moore bekannt; macht durch dessen Vermittelung den König Karl II. auf die Nothwendigkeit neuer und guter Beobachtungen, namentlich zur Bestimmung der Längen aufmerksam und ruft 1675 auf diese Weise die königliche Sternwarte zu Greenwich ins Leben, deren erster Astronom (»Astronomer royal«) er wird. Beobachtet hier eifrig; anfangs an sehr rohen, jedoch mit Fernrohr versehenen Sextanten, seit 1689 an besseren, von ihm selbst und seinem Gehülfen Abr. Sharp (1651—1742) construirten Mauerquadranten. Die zahlreichen und für damalige Zeit sehr genauen Beobachtungen liegen dem ersten grossen modernen Sternkatalog, der »Historia coelestis britannica« (London 1712 bezw. 1725) und dem »Atlas coelestis« (1729) zu Grunde.

Halley, Edmund (1656—1742), Sohn eines wohlhabenden Seifensieders zu Haggerston bei London. Kommt 17jährig nach Oxford, wo er sich theoretisch rasch entwickelt und schon 1676 eine Abhandlung aus der Planetentheorie in den Philos. Trans. publicirt; im gleichen Jahre reist er auf Regierungskosten nach St. Helena, um in Anschluss an Hevel und Flamsteed die Sterne des südlichen Himmels zu beobachten. Das Ergebniss dieser wissenschaftlichen Expedition, der »Catalogus stellarum australium« (London 1679), brachte ihm die Mitgliedschaft der Royal Society (1678) und im folgenden Jahre eine Mission nach Danzig, um einen zwischen Hooke und Hevel entstandenen Streit über die Genauigkeit von Beobachtungen mit und ohne Fernrohr zu schlichten. Hevel bewies ihm dort, dass er mit seinen Dioptern und dem blossen Auge ebenso genau beobachte wie andere mit dem Fernrohr. Die Beschäftigung mit der Theorie des Erdmagnetismus führt H. 1698 und 1699 nach den Küsten des südlichen Afrika und Amerika. Die wichtigste Frucht dieser beiden Expeditionen war die erste Declinationskarte. 1703 wurde er Professor der Mathematik in Oxford, 1713 Secretär der Royal Society und

1720, nach Flamsteeds Tode, königlicher Astronom zu Greenwich, wo er hochbetagt und geachtet starb. — H. ist einer der fleissigsten und verdienstvollsten Astronomen der neueren Zeit, dabei auch auf physikalischem und mathematischem Gebiete sehr thätig. Er zuerst berechnete, nach Newtons Methode, die Bahnen von Cometen (über 20), unter denen der nach ihm benannte periodische Comet (S. 446 f.) am bekanntesten ist. Seine Methode der Parallaxenbestimmung der Sonne aus Venusdurchgängen (S. 211) veröffentlichte er in den Philos. Trans. 1693 und 1716, nachdem schon bei Beobachtung des Mercurdurchganges auf St. Helena 1677 Idee und Princip sich ihm aufgedrängt. Auf die Eigenbewegung verschiedener Fixsterne macht er 1718 aufmerksam.

Graham, George (1675—1751), aus Horsgills in Cumberland. Zuerst Lehrling bei dem Uhrmacher Tompion in London, der 1671 die erste Taschenuhr mit Spiralfeder construirt haben soll; später selbst berühmter Uhrmacher und Mechaniker und Mitglied der Royal Society. Erfindet die Compensation (S. 171), sowie die sogenannte ruhende Hemmung (Graham'scher Anker) der Penduluhren. Construirt für Bradley den grossen Zenithsector, sowie neben John Bird (1709—1776) die meisten Quadranten für Greenwich; baut 1715 auch das erste Planetarium.

Das achtzehnte Jahrhundert.

Molyneux, Samuel (1689—1728); Sohn eines wohlhabenden Privatmannes zu Dublin, Liebhaber der Astronomie und Optik. Macht auf seiner Privatsternwarte zu Kew bei London, erst allein, dann mit Bradley, die Beobachtungen über γ Draconis, die Bradley zur Entdeckung der Aberration führen.

Hadley, John (....—1744); über seine Jugend nichts bekannt; später Mechaniker in London, wo er als Vicepräsident der Royal Society stirbt. Führt den Spiegelsextanten ein; wird indessen dazu angeregt durch Zeichnungen und Beschreibung Newtons, sowie durch die Erfindung des Spiegelquadranten seitens des amerikanischen Glasers Godfrey.

Weidler, Joh. Friedrich (1692—1755), aus Gross-Neuhausen in Thüringen; Sohn eines Predigers. Früh und vielseitig gebildet; studirt Mathematik in Jena und Wittenberg, wo er 1715 Professor wird. Reist 1726 nach Frankreich, England, der Schweiz und wird in Basel 1727 Doctor juris; bleibt jedoch bis zu seinem Tode, in Wittenberg, den mathematischen Studien treu. — Als Schriftsteller sehr thätig und seinerzeit hochgeschätzt; für die Astronomie ist namentlich seine »Historia astronomiae« (Wittenberg 1731), sowie die »Bibliographia astronomica« (1755), welche auch Ergänzungen zu seiner Geschichte enthält, von Werth.

Bouguer, Pierre (1698—1758), aus Croisic in der Bretagne, wo sein Vater Professor der Hydrographie war. Später in Paris, seit 1731 als Mitglied der Akademie. Nimmt 1735—43 mit La Condamine an der grossen Gradmessungs-Expedition nach Peru Theil. Feiner Physiker und Beobachter; legt neben Lambert den Grund zur wissenschaftlichen Photometrie in seinen Schriften: »Essai d'optique« (Paris 1729) und »Traité d'optique« (1760); construirt unabhängig von Savery das Heliometer (1748, Mémoires de Paris).

Maupertuis, Pierre Louis Moreau de .1698—1759), aus vornehmer Familie zu St. Malo. Anfangs Militär: nahm als Dragoner-Capitän seinen Abschied und wandte sich der Wissenschaft zu. Schon 1731 Mitglied der Pariser Akademie; leitet 1736 die Lappländische Gradmessungs-Expedition, deren Resultate in: »La figure de la terre etc.« (Amsterdam 1738). Wird 1740 von Friedrich dem Grossen nach Berlin gerufen, dort 1746 Präsident der neuen Akademie der Wissenschaften, kehrt aber 1753 nach Paris zurück. Auf einer Reise stirbt er bei seinem Freunde Joh. Bernoulli in Basel. Als Geodät und Mathematiker nicht unverdient. Seine gesammelten »Oeuvres« (Paris 1752) füllen vier Bände.

Dollond, John (1706—1761', aus Spitalfields bei London; Sohn eines französischen nach England geflüchteten Protestanten. Anfangs Seidenweber, seit 1752 Optiker. Construirt seit 1757 die ersten Achromaten, um deren Vervollkommnung sich dann namentlich sein Sohn Peter D. (1730—1820) verdient macht.

Bradley, James ... 1692 bis 13. Juli 1762), aus Shireborn in Gloucester. Studirt anfangs Theologie und wird Pfarrer; etwa 1715 aber durch seinen Oheim James Pound, ebenfalls Pfarrer und tüchtigen Mathematiker und Beobachter, der Astronomie zugeführt, worin er so rasche Fortschritte macht, dass er schon 1721 Professor der Astronomie in Oxford wird. Von hier aus besucht er 1725 Molyneux, nimmt an dessen Beobachtungen von γ Draconis Theil, setzt sie dann allein fort und findet 1728 die Erklärung der auffallenden Ortsveränderungen in der Aberration des Lichtes (S. 238). Sein berühmter Brief an Halley: »An account of a new discovered motion of the fixed stars« (Philos. Trans. 1728) enthält die Entdeckung und Erklärung des Phänomens. Hierdurch ist sein Ruf begründet; er erhält nach Halleys Tode die Direction der Greenwicher Sternwarte, deren grösster Beobachter er wird. Zunächst vollendet er hier die schon 1727 begonnenen, auf das periodische Glied der Praecession, die Nutation, bezüglichen Beobachtungen, deren Resultate in der zweiten wichtigen Abhandlung: »On the apparent motion of the fixed stars« (Philos. Trans. 1748) niedergelegt sind. Mit neuen Instrumenten, Mauerquadrant und Passageninstrument, stellt er dann, unter Berücksichtigung der Instrumentalfehler und der Refraction, seit 1750 die schönen Meridianbeobachtungen von Fixsternen an, die später Bessel in seinen »Fundamentis« bearbeitet hat, und welche alle vorangegangenen an Genauigkeit weit übertreffen. Seine angegriffene Gesundheit nöthigte ihn 1761, Greenwich zu verlassen und aufs Land nach Chalford zu ziehen, wo er am 13. Juli 1762 starb. — Br. ist nur Astronom und wesentlich nur Beobachter; aber er ist nicht nur der grösste Beobachter seiner Zeit, sondern einer der grössten, die überhaupt gelebt haben; nur Hipparch, Tycho und Bessel sind ihm an die Seite zu stellen.

Lacaille, Nicolas Louis de (1713—1762), aus Rumigny in Thiérache. Anfangs Theolog; von Jacques Cassini und Maraldi für die Astronomie gewonnen; als Astronom zuerst bei der französischen Gradmessung thätig; wird 1739 Professor der Mathematik am Collège Mazarin, 1741 Mitglied der Akademie; lebt 1751—54 in deren Auftrage am Cap der guten Hoffnung, wo er eine Gradmessung ausführt, namentlich aber zahlreiche südliche Sterne beobachtet; sein Katalog: »Coelum australe stelliferum« (Paris 1763, bezw. London 1847) enthält nahe 10000 Objecte. Auch nach seiner Rückkehr als Beobachter auf der kleinen Sternwarte des Collège Mazarin wie als Schriftsteller ungemein thätig. Stirbt nach Lalandes Aussage an Ueberanstrengung, allgemein geehrt und geliebt.

Mayer, Joh. Tobias (1723—1762), aus Marbach in Württemberg. Früh verwaist und in ärmlichen Verhältnissen, zuerst dort, dann in Erlangen aufgewachsen, ist er wesentlich Autodidakt. Schon im 18. Jahre veröffentlicht er eine geometrische Abhandlung. Von Augsburg, wo er einige Zeit zubrachte, geht er 1746 als Mitarbeiter am Homann'schen Landkarteninstitut nach Nürnberg und folgt 1751 einem Rufe als Professor der Mathematik nach Göttingen; 1754 erhält er die Aufsicht über die dortige kleine Sternwarte, wo er unter den ungünstigsten Verhältnissen beobachtet, bis ihm Ueberanstrengung einen frühen Tod bringt. — M. ist einer der tüchtigsten und thätigsten Astronomen des 18. Jahrhunderts; namentlich haben ihm seine Arbeiten über den Mond, seine Mondtafeln und die darauf beruhenden Methoden der Längenbestimmung zur See dauernden Ruhm gesichert. Das englische Parlament gewährte bald nach seinem Tode der Wittwe für die schon 1752 in der Hauptsache vollendeten »Novae tabulae motuum Solis et Lunae« (Comment. Soc. Gott. II. 1752) einen Theil des Preises, den es für die beste Methode der Längenbestimmung bereits 1713 ausgesetzt hatte; mit M. theilten sich darein der Uhrmacher Harrison und Euler, welcher die Theorie der Mondbewegung wesentlich vervollkommnet hatte (S. 184). Auch als Erfinder ist er glücklich; in der Abhandlung »Nova methodus perficiendi instrum. geometr.« (Comment. etc. II. 1752) beschreibt er das Princip der Multiplication der Winkel und einen Spiegelkreis, der ähnlich später von Borda ausgeführt wurde. Ebenso macht er sich durch die ersten genauen Messungen um eine rationelle Mondtopographie verdient; stellt relativ genaue Beobachtungen für einen Sternkatalog an, sammelt Daten zur Eigenbewegung der Fixsterne, untersucht die astronomische und terrestrische Refraction u. a. Lichtenberg hat in den »Opera inedita T. Mayeri« (Göttingen 1775) dem bedeutenden, leider unter widrigen Verhältnissen schaffenden Mann ein rühmliches Denkmal gesetzt.

De l'Isle, Jos. Nicolas (1688—1768), aus Paris. Von 1725—47 auf Peters des Grossen Berufung in St. Petersburg als Mitglied der dortigen Akademie; zuletzt wieder in Paris. Nebst seinen beiden Brüdern Guillaume und Louis verdienter Geograph; dabei eifriger Beobachter. Seine Methode der Parallaxenbestimmung der Sonne (S. 211) findet sich in den Mémoires de l'Acad. de Paris 1743.

Harrison, John (1693—1776), aus Foulby in Yorkshire, Sohn eines Zimmermannes. Kommt 1728 nach London, wo er sich später als Uhrmacher niederlässt. Erfinder der Chronometer, »time-keeper«, vielleicht schon 1729; für die späteren wesentlich verbesserten erhält er den vom Parlament ausgesetzten Preis von £ 15000. Scheint um 1725, noch vor Graham, das Rostpendel ausgeführt zu haben.

Lambert, Johann Heinrich (1728—1777), aus Mühlhausen im Elsass; Sohn eines Schneiders. Arbeitet sich durch eigene Kraft empor zum Buchhalter eines Eisenwerkes, Secretär eines Baseler Professors, endlich Hauslehrer beim Präsidenten v. Salis in Chur. Unternimmt dann 1756—58 mit seinen Zöglingen Reisen nach Deutschland, Holland, Frankreich; lebt darauf längere Zeit in Bayern, endlich als Mitglied der Akademie der Wissenschaften (1765) in Berlin, wo er als Oberbaurath und von Friedrich dem Grossen sehr geschätzt stirbt. — L. ist ebenso scharfsinnig als Physiker und Mathematiker, wie als Philosoph ideenreich; dabei litterarisch äusserst fruchtbar. Seine astronomischen Verdienste beruhen hauptsächlich in der Photometrie, deren mathematischer Begründer er wurde wie Bouguer der experimentelle, in seinen Beiträgen zur Cometenbahntheorie und in seinen kosmologischen, vielfach denen Kants verwandten Ideen; sie werden durch die drei Hauptschriften charakterisirt: die »Photometria« (Augsburg 1760), die Schrift »Insigniores orbitae cometarum proprietates« (Augsburg 1761) und die »Cosmologischen Briefe« (Augsburg 1761).

Euler, Leonhard (1707—1783), aus Basel. Schüler speciell von Joh. Bernoulli; geht 1727 nach St. Petersburg; lebt 1741—1766 als Akademiker zu Berlin, von da ab in gleicher Stellung wieder in St. Petersburg. Erblindet 1735 auf einem, 1766 auf dem zweiten Auge. — Einer der genialsten Mathematiker und fruchtbarsten Schriftsteller, die überhaupt gelebt; die Zahl seiner sämmtlichen publicirten Arbeiten beträgt nicht weniger als 756, wozu noch über 200 nachgelassene treten. Die Astronomie, speciell die theoretische, förderte er in zahlreichen Abhandlungen; sein wichtigstes grösseres Werk ist hier die »Theoria motuum planetarum et cometarum« (Berlin 1744). In der praktischen Astronomie weisen er und der schwedische Mathematiker Sam. Klingenstierna (1698—1765) die Möglichkeit achromatischer Fernröhre nach (S. 114).

Mayer, Christian (1719—1783), aus Meseritsch in Mähren. Jesuit; erst Lehrer in Aschaffenburg; dann Professor der Mathematik in Heidelberg, auch kurpfälzischer Hofastronom in Mannheim, wo er, wie auch in Schwetzingen, eine Sternwarte errichtet. — Macht in seiner Schrift: »Gründliche Vertheidigung neuer Beobachtungen von Fixsterntrabanten« (Mannheim 1778) in Deutschland zuerst auf die Doppelsterne aufmerksam.

Palitzsch, Joh. Georg (1723—1788), Bauer aus Prohlis bei Dresden; von bemerkenswerthen mathematischen und astronomischen Kenntnissen, die er sich durch Fleiss und Eifer selbständig angeeignet. Entdeckt Ende 1758 den Halley'schen Cometen (S. 447); beobachtet Veränderliche und findet unabhängig von anderen auch die Veränderlichkeit von Algol.

Hell, Maximilian (1720—1792), aus Schemnitz in Ungarn. Jesuit; Lehrer in Leutschau und Klausenburg; seit 1755 Astronom an der neuen Sternwarte in Wien. Reist 1768 im Auftrage des Königs von Dänemark zur Beobachtung des Venusdurchganges nach Wardoehuus in Lappland, welche Beobachtung später zu mannigfachen Discussionen Anlass gegeben hat.

Bailly, Jean Sylvain (1736—1793), aus Paris. Custos der königlichen Gemäldesammlungen und Mitglied der drei französischen Akademien. Durch Lacaille zur Astronomie geführt, der er sich theoretisch, in verschiedenen Abhandlungen über die Jupitersatelliten und Jupiter selbst, sowie praktisch widmet. Nach Ausbruch der französischen Revolution wird er zum Präsident der ersten Nationalversammlung und dann zum Maire von Paris erwählt, unter der Herrschaft der Jacobiner aber hingerichtet. — B.s hauptsächlichstes Verdienst beruht in seinen litterar-geschichtlichen Arbeiten. In seinen Werken, der »Histoire de l'astron. ancienne« (Paris 1775), der »Hist. de l'astron. moderne« (3 Voll. 1779—82) und dem »Traité de l'astron. indienne et orient.« (1787) giebt er eine in mancher Hinsicht gelungene Darstellung der Geschichte der Astronomie; nur ist sein Versuch, ein vorsündflutliches Volk, »die Atlantiden«, einzuführen, welches fast alle astronomischen Kenntnisse späterer Zeit bereits besessen habe, missglückt zu nennen.

Pingré, Alexandre Guy (1711—1796), aus Paris. Früher Priester und Theolog; seit 1751 Astronom der Sternwarte und zuletzt Bibliothekar an der St. Geneviève zu Paris. Machte zu astronomischen Zwecken (Venusdurchgänge) seit 1760 verschiedene wissenschaftliche Reisen. Besonders bekannt durch seine Geschichte der Cometenerscheinungen, die Cométographie (2 Voll. Paris 1783, 84).

Lemonnier, Pierre Charles (1715—1799), Sohn eines Professors der Philosophie in Paris. Entwickelt sich rasch und wird schon 21 jährig Mitglied der Akademie. Nimmt mit Maupertuis, Clairaut u. a. an der Expedition nach Lappland theil; wird nach der Rückkehr Professor der Physik am Collège de France und Astronom der Marine. Fleissiger Beobachter; für die Geschichte der Astronomie sind seine Schriften: »Histoire céleste« (Paris 1741) und »Description et usage des principaux instrumens d'astronomie« (1774) nicht ohne Bedeutung.

Montucla, Jean Etienne (1725—1799), aus Lyon. Anfangs Beamter, dann königlicher Astronom, als welcher er eine Reise nach Cayenne macht; später (1766—92) Oberaufseher der königlichen Gebäude in Paris; starb pensionirt in Versailles. — Sein Hauptwerk ist die »Histoire des mathématiques« (1. Ausg., 2 Voll. Paris 1758; 2. Ausg., vollendet von Lalande, 4 Voll. 1799—1802), in der auch die Astronomie eingehend und in wissenschaftlichem Geiste behandelt wird.

Borda, Jean Charles (1733—1799), aus Dax im Departement Landes. Erst Ingenieur, dann Marineofficier, später Divisions-Chef im Marine-Ministerium; Mitglied der Akademie seit 1754. — Verdient als Geodät und Erfinder auf dem Gebiete der Präcisions-Physik; erfindet unabhängig, aber später als T. Mayer, den Reflexionskreis, der unter seinem Namen noch lange benutzt wurde; construirt einen sinnreichen Basismessapparat, der bei der neueren französischen Gradmessung zur Verwendung kam; bestimmt die Länge des Secundenpendels nach neuer Methode.

Ramsden, Jesse (1735—1800), aus Halifax in Yorkshire. Erst wie sein Vater Tuchmacher, dann Graveur; später bei J. Dollond in der Lehre, dessen Schwiegersohn er wird. Begründet dann eine eigene mechanische Werkstätte, aus der die seinerzeit besten Instrumente, namentlich gut getheilte Vollkreise, hervorgingen; verbessert wesentlich die Theilmaschine.

Kant, Immanuel (1724—1804), Sohn eines Sattlers in Königsberg. Erst Hauslehrer, dann Docent und seit 1770 Professor der Logik und Metaphysik an der Universität. Stirbt in seiner Vaterstadt, die er für länger nie verlassen. — Die Astronomie hat sein grosser Geist in der Allgemeinen Naturgeschichte und Theorie des Himmels (Königsberg 1755) mit Ideen befruchtet; manches darin Angedeutete und Vermuthete hat die Beobachtung später bestätigt, und die von ihm und 40 Jahre später unabhängig von Laplace aufgestellte Nebelhypothese bildet auch heute im Allgemeinen noch die sicherste Grundlage kosmogonischer Betrachtungen (S. 594).

Méchain, Pierre François André (1744—1804), aus Laon. Erst wie sein Vater Bauingenieur; dann infolge Verkaufes eines Quadranten mit Lalande bekannt geworden, der ihm 1772 die Stellung eines hydrographischen Astronomen zu Versailles verschafft; später Astronom der Marine. — Eifriger Cometenentdecker; hauptsächlich aber seit 1792 mit Delambre u. a. an der grossen französisch-spanischen Gradmessung thätig. Stirbt während der Vermessungsarbeiten bei Valencia in Spanien.

Lalande, Joseph Jérôme le François de (1732—1807), aus Bourg-en-Bresse. Tritt früh in eine Jesuitenschule, geht aber bald nach Paris, um auf Wunsch der Eltern Jura zu studiren. Die schon früh hervorgetretene Liebe zur Astronomie führt ihn zu De l'Isle und Lemonnier, deren eifrigster Schüler er wird, ohne aber sein Brodstudium zu vernachlässigen. Auf des letzteren Verwendung wird er 1751 von der Akademie zu astronomischen Zwecken nach Berlin gesandt, wo er viel mit Euler, Maupertuis u. a. verkehrt. Nach seiner Rückkehr practicirt er ein Jahr in Bourg, geht aber dann wieder nach Paris, um sich ganz der Astronomie zu widmen. Wird 1753 Mitglied der Akademie, 1761 Professor am Collège de France, später Director der Sternwarte der Ecole militaire. — L. ist einer der fleissigsten Beobachter der neueren Zeit und einer der fruchtbarsten astronomischen Schriftsteller. Als Beobachter hat er sich vor allem durch seine, zuerst in grossem Stil ausgeführten Zonenbeobachtungen verdient gemacht, deren grössten Theil (über 47000 Sterne enthaltend) Baily auf Veranlassung der British Association herausgab (London 1847). Sein bedeutendstes und nutzbringendstes grösseres Werk ist das »Lehrbuch der Astronomie«, welches zuerst in 2 Bänden 1764 und in 3. Auflage 1792 in 3 (bezw. 4) Bänden erschien und für mehrere Generationen der beste Lehrmeister wurde. Von grossem Werthe ist auch seine »Bibliographie astron. avec l'histoire de l'astron. depuis 1781—1802« (Paris 1803).

Maskelyne, Nevil (1732—1811), aus London; Doctor der Theologie. Geht 1761 zur Beobachtung des Venusdurchganges nach St. Helena; 1763 zur Prüfung der neuen Harrison'schen Chronometer nach Barbadoes; wird 1765 Astronomer Royal zu Greenwich und veranlasst 1767 durch den Board of Longitude die Herausgabe des Nautical Almanac, der verbreitetsten astronomischen Ephemeride. Unternimmt mit Hutton 1774 die Messungen am Berge Shehallien zur Bestimmung der Erddichte (S. 76). Als Beobachter sehr fleissig und tüchtig, obschon mit Bradley nicht zu vergleichen.

Lagrange, Joseph Louis (1736—1813), aus Turin, wo sein Vater Kriegsschatzmeister war. Nach kurzem Besuche der Universität wird er bereits 1753 Professor der Mathematik in der Artillerieschule; folgt 1766 einem Rufe Friedrichs des Grossen nach Berlin, wo er an Eulers Stelle Director der mathematischen Classe der Akademie der Wissenschaften wird; 1787 geht er nach Paris, wo er ausser der Professur für Mathematik an der Ecole normale und Ecole polytechnique auch eine Reihe von Ehrenämtern einnimmt. — Neben Euler ist L. der grösste Mathematiker, speciell Analytiker der Vor-Gaussischen Zeit, und mit der Variationsrechnung, die er begründet, wie mit seinem fundamentalen Werke, der »Mécanique analytique« (Paris 1788) hat er auch der physischen Astronomie ganz neue Bahnen eröffnet.

Schröter, Johann Hieronymus (1745—1816), aus Erfurt. Studirt die Rechte und wird 1778 Braunschweigisch-Lüneburgischer Oberamtmann zu Lilienthal bei Bremen, wo er sich eine Privatsternwarte baut. Beobachtet hier an guten, zum Theil von Herschel bezogenen Spiegelteleskopen, sowohl selbst, wie unterstützt von Gehülfen (Inspectoren), so Harding und Bessel. Die Sternwarte wurde 1813 von Franzosen geplündert und verbrannt, worauf Schr. nach Erfurt zurückkehrte. — Die topographischen Beobachtungen, die er namentlich am Monde, aber auch an anderen Körpern des Sonnensystems anstellte und in verschiedenen Schriften, »Fragmenten«, veröffentlichte, sind auch heute noch von Werth; so besonders die »Selenotopographischen Fragmente« (1. Theil Lilienthal und Helmstedt 1791, 2. Theil Göttingen 1802).

Triesnecker, Franz von Paula (1745—1817), aus Kirchberg in Oesterreich. Jesuit; Lehrer an verschiedenen Ordenscollegien; seit 1793 Professor der Astronomie und Director der Sternwarte zu Wien. Fleissiger Rechner und Beobachter; um die Bestimmung der geographischen Lage vieler Orte Oesterreichs verdient.

Messier, Charles (1730—1817), aus Badonviller in Lothringen. Von mangelhafter Vorbildung; wurde erst von De l'Isle, bei dem er anfangs Copist, dann Gehülfe war, zum brauchbaren praktischen Astronomen herangebildet, so dass er folgeweise Astronom der Marine, Mitglied des Bureau des Longitudes und der Pariser Akademie wurde. — Macht sich wie Pons besonders durch zahlreiche Cometenentdeckungen bekannt und liefert die ersten brauchbaren Nebelkataloge (S. 529). Die hellsten Nebel, etwa 100, werden noch heute häufig nach ihm bezeichnet.

Delambre, Jean Bapt. Joseph (1749—1822), aus Amiens. Erst Hauslehrer in Paris, dann, 1782, durch Lalande zur Astronomie gezogen; nach dessen Tode Professor der Astronomie am Collège de France. In den verschiedensten Richtungen thätig: als praktischer Astronom und Geodät mit Méchain an der Gradmessung, worüber das grosse Werk »Base du système métrique« (3 Voll. Paris 1806, 7, 10) handelt; rechnerisch durch seine Tafeln der Sonne, der grossen Planeten und Jupitersatelliten; litterarisch endlich durch seine »Astronomie théorique et pratique« (3 Voll. Paris 1814). Namentlich aber ist D. bekannt geworden durch seine 6 Bände umfassende »Histoire de l'astronomie« (alte Astr., 2 Bände 1817, Astr. des Mittelalters, 1 Band 1819, moderne Astr., 2 Bände 1821, Astr. des 18. Jahrhunderts, 1 Band 1827). Das Werk enthält eine Fülle von Detail und bibliographischen Daten und zeugt von grösster Belesenheit, ist aber einseitig und sehr oft ungerecht im Urtheil.

Herschel, Friedrich Wilhelm (15. November 1738 bis 25. August 1822), aus Hannover. Sein Vater, Hautboist in der hannöverschen Garde, konnte ihm und seinen neun Geschwistern nur eine mittelmässige Erziehung geben; doch zeigte sich der junge Wilhelm in der Garnisonschule als fähigen Schüler und namentlich auch, wie seine Vorfahren und Geschwister, musikalisch begabt. So fand er schon früh mit mehreren Brüdern in dem Hoforchester gelegentlich Beschäftigung, wurde indessen vom Vater, der die Astronomie sehr liebte, gleichzeitig auch auf diese Wissenschaft hingelenkt. Ende 1755 kam H. mit seinem ältesten Bruder Jacob als Hautboist der Garden zuerst nach England, kehrte im folgenden Jahre nach Deutschland zurück: verliess aber das Land seiner Geburt zum zweiten Male und für immer, wie es scheint nach der Schlacht von Hastenbeck (26. Juli 1757); sein nicht sehr kräftiger Körper soll den Strapazen des Krieges, den er zum Theil mitmachte, nicht gewachsen gewesen sein. Ueber die ersten Jahre des Aufenthaltes in England weiss man wenig; vermuthlich hat er sich durch Musikunterricht ziemlich kümmerlich das Leben gefristet. Die Unterstützung eines Gönners, Lord Durham, brachte ihm indessen bald eine bessere Stellung und seine grosse musikalische Begabung, wie der Fleiss, den er auch auf die Theorie der Musik wandte, machte ihn in weiteren Kreisen bekannt. So erhielt er, nach kurzem Aufenthalte bei den Seinigen in Hannover, 1765 die Organistenstelle in Halifax und im folgenden Jahre die recht einträgliche gleiche Stelle in Bath. An beiden Orten suchte er die Lücken seiner Bildung durch eifriges Studium der classischen Sprachen, später namentlich der Mathematik, auszufüllen. Zur Mathematik führte ihn die Theorie der Musik, und durch die Mathematik wiederum wurde er zur Optik geleitet. Die nie erloschene Liebe zur Astronomie, die ihm etwa 1766 einen kleinen zweifüssigen Reflector in die Hand spielte, wurde die Veranlassung, die durch Studium auf optischem Gebiete erworbenen Kenntnisse zu verwerthen: der Musiker fing an, Spiegel zu schleifen und, als ihm 1774 das erste grössere Spiegelteleskop gelungen war, praktischer Astronom zu werden (S. 126). Gleichwohl vernachlässigte er seinen Beruf nicht; er blieb noch Jahre lang Organist und gesuchter Musiklehrer zu Bath, der bis 40 Stunden wöchentlich Unterricht zu geben hatte. Erst als ihm, am 13. März 1781, die Entdeckung des Uranus glückte und er dadurch mit einem Schlage ein berühmter Mann wurde, änderten sich die Verhältnisse. Die Royal Society verlieh ihm die Copley-Medaille und machte ihn zu ihrem Mitgliede; König Georg, der auf ihn aufmerksam wurde, gewährte ihm einen Jahresgehalt von 200 £ und damit die Mittel, sich nur der Wissenschaft zu widmen.

Mit seiner Schwester Caroline, die er 1772 aus der Heimath geholt, und die von da ab als treue Genossin und Gehülfin sein Leben und seine Arbeiten theilte, zog H. nun (1782) nach Datchet bei Windsor und Anfang 1786 nach Slough, welches sein Wohnort bis zu Ende geblieben ist. Inzwischen waren die Spiegelteleskope, deren er mit seinem Bruder Alexander eine ausserordentlich grosse Zahl (anfangs meist nach Newton'schem Principe) construirt hatte, schon in Bath an Grösse und Vollendung gewachsen und hatten, da er viele ins Ausland verkaufte, auch seinen Ruf als praktischer Optiker begründet. Die Versuche führten schliesslich zum Bau des bekannten 40füssigen Riesenteleskops, welches nach zweijähriger Arbeit 1787 in Slough aufgestellt, aber erst 1789 gänzlich vollendet wurde (S. 126). Mit diesem Instrumente wurden Beobachtungen über sehr lichtschwache Objecte (z. B. Satelliten) angestellt und auch zwei der schwächsten Saturntrabanten, Mimas und Enceladus, gefunden. Die Entdeckungen indessen, die H. sowohl im Planetensystem als besonders am Fixsternhimmel in so einziger und unerschöpflicher Weise wie nie jemand vorher oder nachher gemacht hat, sind zum grössten Theile das Ergebniss der systematischen Durchforschung des Himmels mit kleineren Instrumenten, obschon auch diese bis zu 20 (engl.) Fuss lang und mit Spiegeln bis $1^1/_2$ Fuss Oeffnung ausgerüstet waren und an Lichtstärke und Schärfe alle damals bekannten Teleskope weit übertrafen.

Die Behaglichkeit des Hauses wuchs, als er im Jahre 1788 die verwittwete Tochter eines begüterten Kaufmanns in Slough heirathete. Ihr Vermögen, wie der Gewinn, den er aus dem Verkaufe von Spiegeln zog, gewährte neben dem königlichen Gehalte alle Mittel, um der Wissenschaft ausschliesslich und in aller Bequemlichkeit zu leben. — Mit der Berühmtheit, die er gewann, fanden sich auch Ehren aller Art ein; 1816 wurde er Ritter des Guelphenordens (Sir), und später erster Präsident der 1820 gegründeten Royal Astronomical Society, welcher er bis zum Tode blieb. Die letzten Lebensjahre verbrachte er in Ruhe in Slough und überliess seinem grossen Sohne, Sir John H., die Fortführung der stellarastronomischen Arbeiten, die seinen Ruhm zum guten Theil begründet hatten. Nach mehrmonatlicher Krankheit verschied er ruhig am 25. August 1822, betrauert vielleicht am meisten von seiner treuen Schwester Caroline, die ihn noch Jahrzehnte überlebte. Seine irdischen Reste ruhen an der Seite seiner Gattin in der St. Lawrence-Kirche zu Upton bei Slough. —

H. war, obschon mathematisch nicht unbegabt, doch theoretisch nicht streng geschult und in der Analysis nur mässig bewandert; er bildet gewissermassen den grössten Gegensatz zu Laplace, der einzig und allein Theoretiker war. Alle zum praktischen Astronomen erforderlichen Eigenschaften, wie Beobachtungsgabe, Geschicklichkeit, Scharfsinn und Erfindungsgeist, Ausdauer und Eifer, besass er aber im höchsten Grade, und diese Gaben, die er an eigenen Instrumenten von bis dahin unbekannter Vollendung erproben durfte, haben ihn zu einem der grössten Astronomen gemacht; dass er gleichzeitig auch der populärste unter allen geworden ist, verdankt er den zahlreichen Entdeckungen, die ihm gelangen und einem solchen Manne mit solchen Instrumenten nothwendigerweise gelingen mussten. Indessen hat sich H. nie mit der trockenen Sammlung und Aufzählung von Beobachtungsthatsachen begnügt, vielmehr stets gesucht, namentlich auf dem Gebiete der Stellarastronomie, das Gefundene unter höheren Gesichtspunkten zu vereinigen, die Welt als Ganzes zu construiren und sie zu begreifen, soweit dies die physikalische Erkenntniss der damaligen Zeit zuliess. — Fast gleiches Verdienst wie durch seine Beobachtungen und Entdeckungen erwarb er sich als praktischer Optiker in der Construction der Reflectoren, die ihn zu seinen Entdeckungen führten, wie in der Prüfung und Untersuchung aller Bedingungen des teleskopischen Sehens und Beobachtens überhaupt. Er inaugurirte in der That die Epoche der Spiegelteleskope, denen England auch heute noch mit Vorliebe huldigt. Auch der reinen Physik ist er nicht fern geblieben, und seine Untersuchungen über strahlende Wärme verdienen selbst heute noch Beachtung.

Ein selbständiges Werk über irgend einen Theil der Astronomie hat H. nicht verfasst; seine Beobachtungen, Experimente und Forschungen finden sich vielmehr in etwa 70 Abhandlungen in den Philos. Transactions von

1780 bis 1818 niedergelegt, von denen nachstehend einige der wichtigsten genannt seien (vollständiges Verzeichniss in Holden, Sir Will. Herschel, New-York 1881):

    1780 Beobachtungen über Mira Ceti (erste Arbeit).
    1781 Bericht über einen »Cometen« (den Uranus, der anfangs dafür gehalten wurde).
    1782 Erster Katalog von (269) Doppelsternen.
    1783 Ueber die Eigenbewegung der Sonne und des Sonnensystems.
    1785 Zweiter Katalog von (434) Doppelsternen.
    1786 Erster Katalog von 1000 neuen Nebeln und Sternhaufen.
    1789 Zweiter Katalog darüber.
    —— Ueber Saturn; Entdeckung zweier Satelliten.
    1795 Beschaffenheit der Sonne und Fixsterne.
    —— Beschreibung des 40füssigen Teleskops.
    1796, 97 und 99. Photometrische Untersuchungen und Beobachtungen von Fixsternen.
    1800 Ueber die raumdurchdringende Kraft von Teleskopen.
    —— Optische Untersuchungen; Wärmestrahlung der Sonne.
    1802 Katalog von 500 neuen Nebeln.
    1803, 04 Bewegungen in Doppelsternsystemen.
    1805, 06 Richtung und Geschwindigkeit der Sonnenbewegung.
    1811, 14, 17, 18 Beobachtungen und Untersuchungen, betreffend den Bau des Universums.

Seine letzte Arbeit, ein Katalog von 145 neuen Doppelsternen, erschien im 1. Bande der Memoirs of the R. Astr. Society (1822). — Das diesem Buche voranstehende Porträt H.s ist die sorgfältige Copie des Stiches von J. Godby, den dieser Künstler nach dem 1814 von Fr. Rehberg in Windsor gefertigten Porträt herstellte; es zeigt also Herschel als 76jährigen Greis.

Bode, Johann Elert (1747—1826), aus Hamburg. Wird 1772 von dort als rechnender Astronom nach Berlin berufen, wo er 1774 das Berliner astronomische Jahrbuch begründet und 1786 zum Director der Sternwarte ernannt wird. — Als Schriftsteller wie Rechner sehr thätig; durch seine in vielfachen Auflagen erschienene »Anleitung zur Kenntniss des gestirnten Himmels« (1. Aufl. Hamburg 1768), seine Sternkarten und populären Schriften um die Astrognosie und Verbreitung astronomischer Kenntnisse verdient.

Laplace, Pierre Simon, Marquis de (28. März 1749 bis 5. März 1827, aus Beaumont en Auge im Departement Calvados. Schon in früher Jugend verrieth er ausgezeichnete Anlagen, war in allen Wissenschaften zu Hause, fühlte sich aber besonders zur Mathematik hingezogen. Abhandlungen, die er schon 1766—69 in den von Lagrange begründeten Turiner Memoiren veröffentlichte, verschafften ihm die Stelle des Lehrers der Mathematik an der Militärschule seiner Vaterstadt und bald darauf die eines Examinators beim königlichen Artilleriecorps in Paris; 1773 wurde er Mitglied der Akademie. Während der ersten Zeit der französischen Revolution war er, neben Lagrange, in der Commission für Mass und Gewicht, sowie Professor an der Ecole normale; unter dem Consulat darauf, 1799, Minister des Innern, dann Mitglied und Kanzler des Senats, bis 1803, wo er zu rein wissenschaftlicher Thätigkeit zurückkehrte. Von Napoleon wurde er zum Grafen, von Louis XVIII. zum Pair und Marquis ernannt, überhaupt mit Ehren und Würden überhäuft. Eine Gesammtausgabe seiner Werke wurde bald nach seinem Tode auf öffentliche Kosten veranstaltet (7 Voll. Paris 1843—48). — Was Lagrange für die Mathematik überhaupt, das ist L. für die physische Astronomie speciell: der hervorragendste Geist und fruchtbarste Schriftsteller seit Newton. Sein grosses Werk, die »Mécanique céleste« (Vol. I. II. Paris 1799, Vol. III. IV. 1804, 5, Vol. V. 1825), kann gewissermassen als Fortsetzung und weitere Ausführung von Newtons Principia angesehen werden, worin alles, was Newton selbst, wie die grossen ihm folgenden Astronomen und Mathematiker angeregt oder begründet haben, zur Vollendung gedieh. An der Hand der namentlich von Euler und Lagrange ausgebauten analytischen Mechanik hat L. darin fast alle in der Theorie der Bewegung der Himmelskörper vorkommenden Probleme behandelt und zum grossen Theile gelöst: die elliptische Bewegung, die Störungen oder das Problem der drei Körper, die Figur der Himmelskörper, die Theorie der Präcession und Nutation, der Ebbe und Flut, der Refraction, die Theorien der einzelnen Planeten und Satelliten u. a. So ist die Mécanique céleste zum Fundamentalwerke der modernen theoretischen oder physischen Astronomie geworden. Auch als Meister gemeinverständlicher Darstellung hat sich L. gezeigt, in der »Exposition du système du monde«, welche, eine Art von populärer Astronomie, das Gesammtgebiet der Wissenschaft in lichtvoller Weise behandelt, ohne nur einmal die Sprache der Mathematik zu Hülfe zu nehmen. Am Schlusse des Werkes, welches von 1796 bis 1835 sechs Auflagen erlebte, entwickelt L. seine berühmte Nebelhypothese (S. 596 ff.). — Von seinen nicht-astronomischen Arbeiten mögen nur noch die in der »Théorie analyt. des probabilités« (Paris 1812, 3. Aufl. 1820) und dem »Essai philosophique sur les probabilités« (1814, 6. Aufl. 1840) niedergelegten wichtigen Untersuchungen über Wahrscheinlichkeit erwähnt werden.

Troughton, Edward (1753—1835), aus Corney in Cumberland. Kommt etwa 1771 zu seinem Bruder, dem Mechaniker John Tr., nach London in die Lehre, wird 1782 dessen Compagnon und nach seinem Tode Alleinbesitzer des Geschäftes. 1826 verbindet er sich mit W. Simms (1793—1860). Von Troughton & Simms, der berühmtesten Firma Englands, sind seitdem fast alle Präcisionsinstrumente der englischen Sternwarten, wie die zu geodätischen Messungen in Ostindien, Irland u. s. w. erforderlichen Instrumente (namentlich Theodoliten) in hoher Vollendung hervorgegangen.

Herschel, Caroline Lucretia (1750—1848), Schwester von Sir William und dessen treue Gehülfin bis an seinen Tod, worauf sie nach Hannover zurückkehrt. — Entdeckt acht Cometen und mehrere Nebel; gab einen Katalog von 561 Flamsteed'schen Sternen, ein Vergleichs-Verzeichniss der Sterne des British-Association-Catalogue (London 1798) heraus und stellte einen (nicht publicirten) Zonenkatalog der Nebel und Sternhaufen ihres Bruders zusammen. Für letztere Arbeit wurde ihr 1828 die goldene Medaille der R. Astr. Soc. zutheil.

Das neunzehnte Jahrhundert.

Burckhardt, Joh. Karl (1773—1825), aus Leipzig; Schüler von Zach; geht 1797 auf dessen Empfehlung zu Lalande nach Paris; wird 1799 Adjunct des Bureau des Longitudes und 1807, nach Lalandes Tode, Director der Sternwarte der Ecole militaire. — Fleissiger Rechner und guter Theoretiker; untersucht verschiedene Cometenbahnen und entwirft nach den Principien der Mécanique céleste Tafeln für den Mond (Paris 1812).

Piazzi, Giuseppe (1746—1826), aus Ponte in Veltlin. Tritt 1764 in Mailand in den Theatinerorden; studirt Philosophie und Theologie in Turin und Rom; 1769—79 Lehrer und Prediger an verschiedenen Orten, endlich Professor der Mathematik an der Accademia in Palermo und Director der dortigen, 1790 und 91 erbauten Sternwarte bis 1817, wo er als Generaldirector der Sternwarten Neapel und Palermo nach ersterem Orte übersiedelt. — Als Beobachter, begünstigt von dem schönen italienischen Himmel, sehr glücklich und eifrig; als Entdecker des ersten kleinen Planeten, der Ceres, in weiteren Kreisen bekannt. Seine wichtigste astronomische Leistung ist der über 7500 Oerter enthaltende Fixsternkatalog: »Praecip. stellarum inerrantium positiones med. etc. ex observv. 1792—1813« (Palermo 1814), der an Zuverlässigkeit dem berühmten Bradley'schen nicht sehr nachsteht.

Reichenbach, Georg von (1772—1826), aus Durlach in Baden. Anfangs Militär in der badischen und bayerischen Artillerie, dann bayerischer Beamter; 1820 Chef des Wasser- und Wegebaues, später Oberbergrath und Director des Ministerial-Bau-Bureaus in München. Gründet im Verein mit dem Uhrmacher J. Liebherr, wozu dann noch der geniale Beamte J. v. Utzschneider (1761—1840) trat, das mechanisch-optische Institut, welches besonders seit Fraunhofers Eintritt (1806) zu so hoher Berühmtheit gelangte. Auch die mechanische Abtheilung, welche er 1814 mit seinem Schüler T. L. Ertel (1778—1858) als selbständiges Institut unter der Firma Reichenbach & Ertel abtrennte, ist durch ihre Präcisionsinstrumente, namentlich die schöngetheilten Kreise, der Astronomie von grösstem Nutzen geworden und hat in der ersten Zeit selbst Repsolds Institut übertroffen. Die meisten Messinstrumente der deutschen und russischen Sternwarten wurden lange Zeit vorzugsweise von Reichenbach & Ertel bezogen, bis sie durch Repsold und Pistor & Martins in Berlin verdrängt wurden.

Fraunhofer, Joseph (von) (1787—1826), aus Straubing bei München; Sohn eines armen Glasers. Erst Lehrling bei einem Spiegelmacher und Glasschleifer in München; wird durch einen Zufall in die Nähe des Königs Max geführt, der ihn unterrichten lässt und ihm 1806 eine Anstellung als Optiker in dem mechanisch-optischen Institute verschafft. Wenige Jahre später schon (1809) wird er Theilnehmer der optischen Abtheilung in Benedictbeuren, die unter der Firma Utzschneider & Fraunhofer selbständig weitergeht, und 1818 deren alleiniger Director. Nach der Verlegung des Instituts nach München (1823) wird er dort zugleich Professor der Physik und Mitglied der Akademie der Wissenschaften bis zu seinem leider allzufrüh erfolgten Tode. — Fr.s Verdienste beruhen ebensowohl im Praktischen, in der Vervollkommnung der achromatischen Fernröhre, für welche ihm anfangs der einige Jahre am Institut angestellte Schweizer Guinand durch die ersten guten Flintglasscheiben das nothwendige Rohmaterial lieferte (S. 127), als im Theoretischen, in der Ausbildung der theoretischen Optik. Seine classischen Untersuchungen über das Brechungs- und Dispersions-Vermögen verschiedener Glassorten (Denkschriften der Münchener Akademie V. 1814—15) enthalten die ersten Bestimmungen der nach ihm benannten Linien des Sonnenspectrums.

Repsold, Johann Georg (1771—1830), aus Wremen in Hannover. Anfangs Wasserbaubeamter, später, seit 1799, Spritzenmeister in Hamburg, wo er eine mechanische Werkstätte begründete, die für die praktische Astronomie und Präcisionsphysik von grösster Bedeutung geworden ist. R. verunglückte in Ausübung seines Berufes bei einem Brande in Hamburg. — Seine beiden Söhne, Adolf und Georg, und nach deren Tode die Enkel Johannes und Oscar haben das Institut im Geiste des Begründers fortgeführt und auf gleicher Höhe zu erhalten gewusst. Zu ihren vollendetsten mechanischen Leistungen gehören die Meridiankreise, die sie früher für Göttingen, Königsberg, Pulkowa etc., neuerdings, nach zum Theil veränderten Principien (Fig. 67), für Strassburg, Brüssel und andere Sternwarten ausführten, ferner die Montirung des grossen Pulkowaer Refractors und des photographischen Refractors des Potsdamer Observatoriums; auch der grossen, mit ausserordentlicher Vervollkommnung ausgeführten Heliometer muss hier gedacht werden.

Pons, Jean Louis (1761—1831), aus Peyre in der Haute-Dauphiné. Gehülfe und Adjunct der Sternwarte zu Marseille bis 1813, später Director der Sternwarte zu Marlia bei Lucca, endlich seit 1825 Director der Sternwarte in Florenz. Berühmt als Cometen-Entdecker, deren er von 1801—27 nicht weniger als 37 auffand; darunter (1818) den berühmten Encke'schen (S. 449).

Bohnenberger, Joh. Gottl. Friedrich von (1765—1831), aus Simmozheim im Schwarzwald; Sohn eines physikalisch gebildeten Pfarrers. Studirt erst Theologie und unterstützt als Vicar seinen Vater; wendet sich aber dann in Göttingen und auf dem Seeberge der Astronomie zu; wird 1796 Adjunct an der Sternwarte, später Professor der Mathematik und Astronomie in Tübingen. — Erfinderischer Kopf, feiner Beobachter und fruchtbarer Schriftsteller auf astronomisch-physikalischem Gebiete; geschätzt namentlich seine Anleitung zur geographischen Ortsbestimmung (Göttingen 1795) und seine Astronomie (Tübingen 1811). Mit Lindenau giebt er 1816—18 die Zeitschrift für Astronomie etc. heraus.

Oriani, Barnaba (1752—1832), aus Garegnano bei Mailand. Barnabit. Assistent und seit 1802 Director der Sternwarte Brera in Mailand. Von Napoleon zum Grafen und Senator ernannt. Als Beobachter wie als theoretischer Astronom verdient und schriftstellerisch sehr fruchtbar; seine in den Effemeridi di Milano (1778—1830) veröffentlichten Beobachtungen und Aufsätze belaufen sich auf über 100.

Zach, Franz Xaver, Freiherr von (1754—1832), aus Pressburg. In einer Jesuitenschule erzogen; kurze Zeit in der österreichischen Armee, sowie praktischer Ingenieur; von 1783 an einige Jahre als Lehrer und Gesellschafter beim sächsischen Gesandten v. Brühl in London; folgt 1786 dem Rufe des Herzogs Ernst II. von Sachsen-Coburg-Gotha als Director der neu zu gründenden Sternwarte auf dem Seeberge bei Gotha, die bis 1791 dann vollendet wurde und Jahrzehnte eine der wichtigsten Pflegstätten der praktischen Astronomie in Deutschland gewesen ist. Nach dem Tode des Herzogs 1804 begleitet Z. als Oberhofmeister dessen Wittwe seit 1806 auf ihren ausgedehnten Reisen, namentlich in Italien (Genua) und Südfrankreich (Marseille), immer aber schriftstellerisch für die Astronomie thätig; die letzten Jahre wegen Krankheit hauptsächlich in Paris, wo er an der Cholera stirbt. — Z.s grösstes Verdienst um die Himmelskunde besteht in der Schule, die er in der neuen Gothaer Sternwarte für die praktische Astronomie schuf, und in der Anregung und Förderung, die er aufstrebenden Talenten, sowohl persönlich wie durch die von ihm gegründeten Zeitschriften gab. Namentlich war die »Monatliche Correspondenz«, von der 28 Bände erschienen (Gotha 1800—1813, bis 1807 von Z. selbst, dann von Lindenau herausgegeben), lange Zeit ein litterarischer Sammel- und Mittelpunkt, der für die Entwickelung der Wissenschaft von grosser Bedeutung geworden ist. Die zweite von Z. ins Leben gerufene Zeitschrift, die »Correspondance astronom.« (13 Voll. Genua 1818—1825) enthält mehr Geographisches als Astronomisches. Während der Gothaer Zeit war er übrigens auch als Beobachter und als Berechner von Planetentafeln sehr fleissig und thätig.

Harding, Karl Ludwig (1765—1834), aus Lauenburg. Erst Theolog; dann von 1800—05 Inspector der Schröter'schen Sternwarte in Lilienthal, darauf Professor der Astronomie in Göttingen. Mit Olbers, Gauss und Bessel befreundet. Entdeckt die Juno und drei Cometen; namentlich verdient durch seinen 60 000 Sterne enthaltenden »Atlas novus coelestis«, 7 Lieferungen mit 27 Tafeln (Göttingen 1808—23, 2. Ausg. Halle 1856), einen der ersten nach wissenschaftlichem Princip construirten und bis zu Argelanders grossem Werke vielfach benutzten' modernen Sternatlas; auch zwei Horae der Berliner akademischen Sternkarten rühren von ihm her.

Pond, John (1767—1836), aus London; Sohn eines wohlhabenden Kaufmannes. Längere Zeit Privatastronom und Leiter der Werkstatt seines Freundes Troughton; von 1811—35, wo er in den Ruhestand trat, Astronomer Royal in Greenwich. — Wie seine Vorgänger Bradley und Maskelyne namentlich als Beobachter in der Stellarastronomie wirksam; seine Meridianbestimmungen der Fundamental- und zahlreicher teleskopischer Sterne zeichnen sich durch grosse Genauigkeit aus; öfters angestellte Versuche, Sternparallaxen zu messen, schlugen aber fehl.

Olbers, Heinr. Wilh. Matthias (11. October 1758 bis 2. März 1840), aus Arbergen bei Bremen; Sohn eines Pfarrers. In Bremen, wohin der Vater 1760 wieder versetzt wurde, erzogen, bildete er sich autodidaktisch schon frühzeitig in der Mathematik und Astronomie aus, so dass er schon 1777 eine Sonnenfinsterniss, 1779 einen Cometen zu beobachten und zu berechnen vermochte. Indessen widmete er sich der Medicin und promovirte 1780, nach Vollendung der Studien in Göttingen, daselbst mit einer noch heute geschätzten Dissertation über die inneren Bewegungen des Auges. Nach kurzem Aufenthalte in Wien kehrte er im Herbst 1781 nach Bremen zurück, wo er sich als praktischer Arzt dauernd niederliess, geschätzt und verehrt von allen, die mit ihm in Berührung kamen. 1820 zog er sich von der ärztlichen Praxis zurück, die körperliche Beschwerden nicht weiter auszuüben erlaubten; doch konnte er noch 1830 in Rüstigkeit sein 50jähriges Doctor-Jubiläum begehen. — Es giebt kaum einen Liebhaber, der die Astronomie so gefördert, und wenig Fachastronomen, die sie in allen Theilen so beherrscht haben, wie O. Das Gebiet aber, wo er vollkommen Meister war, und das er mit Vorliebe, ja fast ausschliesslich cultivirte, war die Cometen-Astronomie. Nicht nur hat er, durch Benutzung und allgemeine Einführung des Kreismikrometers, ihre Beobachtung sehr erleichtert und verbessert, sowie sechs selbst entdeckt und eine grosse Zahl beobachtet und berechnet; er gab auch in seiner »Abhandlung über die leichteste und bequemste Methode, die Bahn eines Cometen zu berechnen« (Weimar 1797; 2. Ausgabe, mit Zusätzen von Encke, Weimar 1847) die erste ebenso strenge wie bequeme Methode, ihre Bahnen zu bestimmen, und hat sich hiermit ein unvergängliches Denkmal gesetzt. Der 1815 entdeckte periodische Comet trägt seinen Namen. Uebrigens war O. auch nach anderer Richtung erfolgreich: durch die halb speculative Entdeckung der Pallas und der Vesta, sowie durch seine ideenreichen Betrachtungen und Untersuchungen in der Stellarastronomie und Photometrie. Nicht weniger aber wirkte er durch seine ebenso bedeutende wie milde Persönlichkeit, die in ihren Kreis Jünger und Freunde der Astronomie zog; in allzu bescheidener Weise hat er selbst als sein grösstes Verdienst bezeichnet, Bessel für die Astronomie gewonnen zu haben.

Littrow, Joseph Johann, Edler von (1781—1840), aus Bischofteinitz in Böhmen. Studirt in Prag Verschiedenes, wird aber bald entschieden zur Astronomie gelenkt und schon 1807 zum Professor und Director der Sternwarte in Krakau ernannt. In gleicher Stellung geht er 1810 nach Kasan und von dort 1816 als Codirector (neben Pasquich) nach Ofen; nach Triesneckers Tode wird er endlich Professor und Director der Sternwarte in Wien. — Als Lehrer und Schriftsteller hat L. viel geleistet und durch seine zahlreichen populären Schriften zur Verbreitung astronomischer Kenntnisse wesentlich beigetragen; als Beobachter oder praktischer Rechner tritt er weniger hervor. Von seinen zahlreichen Schriften verdienen namentlich die »Dioptrik« (Wien 1830), die »Theoretische und praktische Astronomie« (3 Bände, Wien 1821—27) und die »Wunder des Himmels« (1. Aufl. Stuttgart 1834, 6. Aufl. Berlin 1878) Erwähnung; letzteres Buch ist neben Mädlers die verbreitetste deutsche populäre Astronomie. Die letzten Auflagen wurden von dem Sohne, Karl Ludwig v. L. (1811—1877) herausgegeben, der auch an die Stelle des Vaters in der Direction der alten Wiener Sternwarte trat und die neue, höchst grossartig angelegte und reich ausgerüstete wenigstens ins Leben rief, wenn er auch ihre Vollendung selbst nicht erlebte.

Lohrmann, Wilh. Gotthelf (1796—1840), aus Dresden, Sohn eines Ziegelmeisters. Nach guter Vorbildung auf Garnison- und Bauschule, 1817 bei der sächs. Landesvermessung angestellt, seit 1827 Inspector des mathematischen Salons, seit 1828 Vorsteher der technischen Anstalt zu Dresden. — L. hat geringe instrumentelle Mittel mit Geschick und Eifer zu benutzen und, wenn auch nur ein beschränktes Gebiet, die Selenotopographie zu bereichern gewusst. Die von ihm schon 1821 begonnene und nach Zeichnung und Messung durchgeführte, aber erst durch Julius Schmidt fertig gestellte und herausgegebene »Mondcharte in 25 Sectionen etc.« (Leipzig 1878) stellt ihn den tüchtigsten neueren Selenographen ebenbürtig zur Seite.

Bouvard, Alexis (1767—1843), aus Haut-Faucigny in der Nähe von Chamounix; von ganz armen Eltern. Kommt 1785, getrieben von dunklem Drange, nach Paris und findet nach einem Leben voller Entbehrungen, aber durch den Besuch der Vorlesungen am Collège de France mathematisch gut vorgebildet, 1793 Anstellung an der Pariser Sternwarte. Im nächsten Jahre wird er mit Laplace bekannt und nun dessen eifriger aber anspruchsloser Mitarbeiter; 1803 Mitglied der Akademie, 1804 des Bureau des Longitudes; dabei aber bis zu seinem Tode als Assistent der Sternwarte treu. — Anfänglich fleissiger Beobachter, hat er sich später, veranlasst durch Laplace und die Mécanique céleste, mehr der rechnenden Astronomie zugewandt und namentlich durch seine Tafeln für die grossen Planeten sehr Verdienstliches geleistet. Er selbst sprach sich schon bei der Publication seiner Uranustafeln (Paris 1821) über die auffallenden Abweichungen der Beobachtungen von der Theorie aus und neigte der Annahme eines grossen störenden Planeten zu.

Baily, Francis (1774—1844), aus Newbury in Berkshire. Vermögender Geldmäkler und Privatmann und, wie so viele seiner Landsleute, voller Liebe und Begeisterung zur Wissenschaft, der er grosse Summen opfert. Mitglied der Royal Society und zuletzt Präsident der R. Astron. Society. — Durch seine Tafeln und Sternkataloge (vergl. z. B. Lalande) im Gebiete der Stellarastronomie, wie durch die sorgfältige Bestimmung der Erddichte (S. 73 in der Geophysik verdient.

Bessel, Friedrich Wilhelm (22. Juli 1784 bis 17. März 1846), aus Minden, wo sein Vater, ursprünglich aus adligem Geschlechte, Justizbeamter war. Die geringen Einkünfte und die zahlreiche Familie — drei Söhne und sechs Töchter — erschwerten Unterhalt und Unterricht; der junge B., dessen Neigung und Anlage zum Rechnen sich sehr frühzeitig zeigte, entschloss sich daher, nach Absolvirung der Untertertia des Gymnasiums, Kaufmann zu werden, wodurch er gleichzeitig dem Latein, das ihn abstiess, entging. Auf Befürwortung seines Lehrers Thilo willigte der Vater ein und brachte den Knaben Ende 1798 selbst nach Bremen, wo er in das angesehene Handelshaus Kulenkamp & Söhne zu siebenjähriger Lehrzeit eintrat. Die Grossartigkeit des Geschäftes, die Ausdehnung seiner Unternehmungen und überseeischen Verbindungen fesselten B. ungemein, doch fand er sich bald nicht hinreichend beschäftigt und fing an zu studiren, in der Absicht, Schiffs-Cargadeur einer überseeischen Expedition zu werden. Das erste Buch, welches er zu diesem Zwecke durchnahm, Moores Epitome of navigation, machte ihn auf die Wichtigkeit der Astronomie für die Schifffahrt aufmerksam; er verschaffte sich Bohnenbergers Anleitung zu geographischen Ortsbestimmungen, sowie ein elementares Lehrbuch der Mathematik, welches deren Verständniss ermöglichte, und warf sich nun mit aller Leidenschaft und Energie, ohne indessen die geschäftlichen Arbeiten zu vernachlässigen, auf die Astronomie. Auch der grosse Beobachter verrieth sich schon damals in den Versuchen und Beobachtungen, die er mit selbstconstruirten Sextanten anstellte, und den Resultaten, die er aus solchen äusserst dürftigen Mitteln zu ziehen wusste. Nach Bohnenberger wurde nun Lalandes Astronomie vorgenommen und die zahlreichen Lücken seines Wissens ausgefüllt. Dieses Buch, damals das beste Lehrbuch, sowie die Abhandlung über Cometenbahnbestimmung von Olbers, befähigten ihn schon 1804, aus den Beobachtungen von Harriot und Torporley über den (Halley'schen) Cometen von 1607 eine Bahn abzuleiten.

Diese erste wissenschaftliche Arbeit, die er Olbers vorlegte, entschied seine Zukunft. Der scharfblickende Arzt und Astronom veranlasste ihren Druck in Zachs Monatl. Correspondenz und ermunterte und unterstützte den jungen Kaufmann auf alle Weise. Auf seinen Wunsch berechnete B. noch eine Reihe anderer Cometenbahnen, bildete sich dabei aber gleichzeitig auf das eifrigste in der höheren Mathematik aus, die ihm bis dahin ziemlich fremd geblieben; schon 1805 konnte er sich an die Mécanique céleste wagen.

Inzwischen trat in seinem äusseren Leben eine Wendung ein; B. verliess den Kaufmannstand und nahm, gleichfalls auf Wunsch und Vorschlag von Olbers, Anfang 1806 die Inspectorstelle bei Schröter in Lilienthal an. Hier schon entfaltete er in Beobachtung, Rechnung, theoretischer Untersuchung eine ungewöhnliche Thätigkeit, und namentlich entwickelte sich sein Beobachtungstalent rasch; den einfachen Messvorrichtungen der Schröter'schen Spiegelteleskope wusste er, durch Prüfung und Untersuchung der Apparate selbst, wie durch sinnreiche Anordnung der Beobachtungen überraschend genaue Resultate abzugewinnen, wie seine 1812 veröffentlichte Arbeit über Saturn und dessen vierten Trabanten beweist.

In Lilienthal blieb B. nicht lange. Als der hochsinnige König Friedrich Wilhelm III. von Preussen, unbeirrt durch persönliches Unglück und die Niederlage seines Landes, nach Gründung der Universität Berlin auch eine Sternwarte und zwar in Königsberg zu errichten beschlossen hatte, erging der Ruf an B., neben der Professur für Astronomie zugleich die Direction des neuen Instituts zu übernehmen, und der junge, mittlerweile schon berühmt gewordene Astronom folgte ihm. Im Mai 1810 siedelte er nach Königsberg über, welches er seitdem niemals für längere Zeit wieder verlassen hat. Auf der neuen Königsberger Sternwarte — sie wurde Ende 1813 eingeweiht — entfaltete B. jetzt eine unerschöpfliche Thätigkeit. Mit anfangs nur geringen Mitteln wusste er die werthvollsten Resultate zu erzielen, und je besser mit der Zeit die Instrumente wurden, desto feiner bildete er ihre Theorie aus, und desto vollkommener wurden die daraus gezogenen Resultate. Als eine Hauptaufgabe betrachtete er zunächst die Festlegung aller zur Bestimmung genauester Positionen der Gestirne erforderlichen Fundamente, und viele Jahre hat er, neben den Beobachtungen selbst, die zu immer genaueren Sternkatalogen führten, der Untersuchung dieser Grundlagen gewidmet. Ueber die Präcession, die Nutation und Aberration, die Refraction und Schiefe der Ekliptik hat er zum Theil schon seit 1808 die eingehendsten Untersuchungen angestellt, die Theorie dieser Erscheinungen entwickelt und den verschiedenen Verzeichnissen der Fundamentalsternörter auf diese Weise, wie bei immer vollkommeneren instrumentellen Mitteln (Meridiankreise von Reichenbach und Repsold) eine bis dahin nicht gekannte Vollendung zu geben gewusst. Abgesehen von diesen Sternverzeichnissen und einzelnen, namentlich über die Präcession und die Refraction publicirten Abhandlungen, ist als die wichtigste

und epochemachende Schrift jener Zeit die grosse Bearbeitung der Bradley-
schen Beobachtungen zu nennen, die unter dem Titel »Fundamenta astronomiae« 1818 in Königsberg erschien, und welche in Wahrheit die Grundlagen
der Astronomie, soweit sie durch Messung zu erlangen sind, fast vollständig
enthält. In der That bilden die Fundamenta den Mark- und Grundstein der
modernen sphärischen und Stellar-Astronomie; ähnlich etwa wie Laplaces
Mécanique céleste den Höhepunkt der physischen, die Theoria motus von
Gauss den Ausgangspunkt der sogenannten theorischen Astronomie der Jetztzeit bezeichnen. Nach Vollendung der Fundamenta begann er 1821 das
grosse Unternehmen, alle Sterne von —15° bis +45° Declination bis zur
9. Grösse in Meridian-Zonen möglichst genau festzulegen; eine Arbeit, die
zwar Lalande schon in ähnlicher Weise begonnen hatte, welche B. aber
ungleich consequenter, genauer und auch vollständiger durchführte. Zugleich
gab er im Anschluss hieran Anregung und Plan zu den Sternkarten, welche
von verschiedenen Astronomen bis in die fünfziger Jahre bearbeitet und
unter dem Namen der Berliner Akademischen Sternkarten bekannt geworden
sind (S. 370).

Ein neues Feld der Thätigkeit eröffnete sich B., als er 1829 in den
Besitz des schönen, noch von Fraunhofer begonnenen Heliometers gelangte.
Für Mikrometer-Beobachtungen leistete dies Instrument mehr als der alte
Reichenbach'sche und mindestens dasselbe als der spätere Repsold'sche Meri-
diankreis für absolute Bestimmungen, und es ist bekannt, wie B. das neue
Instrument in gleich vollendeter Weise zu prüfen und zu benutzen gewusst
hat, wie die Meridianinstrumente. Als wichtigstes Ergebniss ist hier die erste
Sternparallaxe, von 61 Cygni, zu nennen, welche durch die Art, wie sie erreicht wurde, volles Vertrauen verdiente und fand (S. 232). Aber auch auf
Doppelsterne, Jupiter- und Saturn-Trabanten u. a. wurde das Heliometer
angewandt, und überall ergab es Resultate, die an Sicherheit die meisten bisherigen Messungen und die aus ihnen gezogenen Folgerungen weit übertrafen.
Freilich hätte dies nicht geschehen können, wäre nicht der complicirte Messapparat erst in allen seinen Theilen von B., sowohl der allgemeinen Theorie
nach wie praktisch im Einzelnen untersucht worden. Diese wie die vorge-
nannten Untersuchungen, denen sich andere wichtige Arbeiten aus der sphärischen und theorischen Astronomie anreihen, bilden den Inhalt der »Astronomischen Untersuchungen« (2 Bände, Königsberg 1841, 42). In den letzten
Jahren wandte sich B. wieder mehr den Meridianbeobachtungen zu, und eine
der folgenreichsten Arbeiten, die Untersuchung der veränderlichen Eigenbewegung des Sirius und Procyon, welche zur Erkenntniss ihrer Doppelsternnatur führte (S. 524), verdanken wir eben dieser Zeit.

So liegt denn zwar B.s grösstes Verdienst in der festen Begründung der
praktischen und sphärischen Astronomie, durch die Beobachtung selbst und
durch die Untersuchung der zur Beobachtung dienenden Instrumente wie
durch die zum Theil erschöpfende theoretische Behandlung der hierher gehörigen Aufgaben und Probleme; seine vielseitige, lebendige Natur und geistige
Anlage führte ihn aber auch auf andere als rein astronomische Gebiete.
Fruchtbringend und in ihren Wirkungen weittragend sind namentlich seine
Arbeiten in der Geodäsie und Geophysik: die ostpreussische Gradmessung,
die er im Verein mit Baeyer seit 1832 ausführte (Gradmessung in Ostpreussen,
Berlin 1838), die damit in engem Zusammenhange stehenden Untersuchungen

über das preussische Längenmass und die Länge des Secundenpendels und die Resultate über Form und Grösse der Erde, die er aus der Verbindung der wichtigsten Gradmessungen ableitete (S. 81); sie sichern ihm auch hier den Ruhm eines Forschers ersten Ranges. Der reinen Mathematik ist er zufolge seiner ganzen Naturanlage ferner geblieben; sie war ihm nur Mittel zum Zweck; doch sind einzelne Untersuchungen, wesentlich analytischer Art, von hervorragender Bedeutung geworden. Auch mit dem Störungsproblem, besonders den Cometenstörungen, hat er sich in früheren Jahren eingehend beschäftigt.

Den Werth einer edlen Popularisirung seiner Wissenschaft, den er schon in Bremen an sich selbst erfahren, wusste B. hoch zu schätzen, und die nach seinem Tode von Schumacher herausgegebenen »Populären Vorlesungen über wissenschaftliche Gegenstände« (Hamburg 1848) legen hiervon beredtes Zeugniss ab.

So darf man behaupten, dass B. durch diese einzige mit der grössten Gründlichkeit und Genauigkeit vereinigte Vielseitigkeit, der fast kein Theil der Astronomie und der mit ihr zusammenhängenden Wissenschaften fremd blieb, zum grössten und wirkungsreichsten Astronomen der neueren Zeit geworden ist. In der That giebt es fast keinen, und jedenfalls keinen nach ihm, der alle Eigenschaften, die B. so gross machen, in gleicher Weise und Fülle in sich vereinigt hätte. Schon die einfache Nennung der Zahl seiner Schriften, Werke, Abhandlungen und Aufsätze, welche 400 fast erreicht, mag einen Begriff von seiner erstaunlichen Thätigkeit geben, und es ist keine unter ihnen ohne jede Bedeutung.

Ueber sein äusseres Leben bleibt wenig zu sagen. Bald nach seiner Uebersiedelung von Lilienthal (1812) vermählte er sich mit Johanna Hagen, aus geachteter Königsberger Familie, die ihm zwei Söhne und drei Töchter schenkte. Mehrere von diesen überlebte er indessen, und besonders war der Tod des hoffnungsreichen Wilhelm (1840) für den Vater der schwerste Schlag. Seine eigene Gesundheit, die trotz reizbarer Constitution lange Zeit eine feste gewesen, fing, wohl auch zufolge übermässiger Anstrengung und Thätigkeit, an zu schwanken, und allmählich bildete sich in einer Unterleibsgeschwulst das tödtliche Uebel aus, welches den grossen Mann am 17. März 1846 aus der Reihe der Lebenden rief.

Nicolai, Friedr. Bernh. Gottfried (1793—1846), aus Braunschweig. Erst zum Theologen bestimmt; geht 1811 nach Göttingen, wo ihn, wie Encke, Gauss für die Astronomie gewinnt. Wird 1813 Adjunct der Seeberger Sternwarte; von 1816 bis zu seinem Tode an Schumachers Stelle Director der Sternwarte zu Mannheim. — Tüchtiger Theoretiker und sorgfältiger Rechner; namentlich auf dem Gebiete der Cometen thätig.

Schumacher, Heinrich Christian (1780—1850), aus Bramstedt in Holstein, welches damals zu Dänemark gehörte. Studirt in Göttingen die Rechte, wendet sich aber nach seiner Promotion (1806) zur Astronomie; wird nach dreijährigem Aufenthalte in Altona Professor der Astronomie in Kopenhagen, 1813 Director der Sternwarte in Mannheim, kehrt aber schon 1815 nach Kopenhagen, dann nach Altona zurück, wo ihm sein Gönner, der König von Dänemark, eine kleine Sternwarte ausrüstet. Hier lebt er, als nomineller Professor der Kopenhagener Universität und Etatsrath, bis zu seinem Tode.

— Vielseitig, besonders auch sprachlich gebildet und in engem Verkehr mit seinen grossen Zeitgenossen Gauss, Bessel, Olbers, Hansen u. a. bildet Sch., namentlich seit der 1821 erfolgten Gründung der »Astronomischen Nachrichten«, den litterarischen Mittelpunkt der astronomischen Welt, nicht nur Deutschlands, ist aber auch praktisch, als Beobachter und Geodät thätig. Ausser den noch jetzt bestehenden Astron. Nachrichten, der verbreitetsten und lange Zeit wichtigsten Zeitschrift der astronomischen Wissenschaft, hat Sch. noch verschiedene Sammelschriften herausgegeben, theils streng wissenschaftlicher, wie die »Astron. Abhandlungen« (3 Hefte, Altona 1823—25), theils praktischer Natur, wie die »Sammlung von Hülfstafeln« (2 Hefte, Kopenhagen 1822, 25) und das »Jahrbuch« (für 1836—41 und 1843, 44, 8 Bände, Stuttgart); letzteres auch durch treffliche populäre Aufsätze von Bessel, Olbers, Argelander u. a. ausgezeichnet.

Arago, Domin. François (1786—1853), aus Estagel bei Perpignan; Sohn eines Juristen und kleinen Gutsbesitzers mit zahlreicher Familie. Nach Versetzung des Vaters kommt A. auf das Collège in Perpignan und 1803, anfangs in der Absicht, sich der militärischen Laufbahn zu widmen, auf die Ecole polytechnique nach Paris. Seine Fähigkeiten und Kenntnisse, wie selbst tüchtige populär-wissenschaftliche Aufsätze, brachten ihm bereits 1805 die Adjuncten-Stellung an der Pariser Sternwarte; 1809 wurde er Nachfolger Monges an der Ecole polytechnique und gleichzeitig Mitglied der Académie des sciences und des Instituts; später dann Secretär der Akademie und Director der Sternwarte, welches beides er bis zu seinem Tode blieb. Am politischen Leben hat er, als Republikaner, lebhaft Theil genommen; in den Kämpfen der Juli-Revolution soll er selbst nicht unbedeutend verwundet worden sein; im Revolutionsjahre 1848 ward er Mitglied der Regierung; eine schmerzhafte Krankheit machte seinem vielbewegten Leben ein Ende. — A. ist zwar vorwiegend Physiker, namentlich Optiker, hat sich aber auch in der Astronomie und Geodäsie bleibende Verdienste erworben, weniger vielleicht noch durch selbst ausgeführte Arbeiten, als durch seine reichen scharfsinnigen Ideen und durch die Arbeiten, die er anregte. Die Erfindung des Polariskops, die Untersuchungen über das Scintilliren der Sterne u. a. lassen ihn als einen der Begründer der heutigen Astrophysik erscheinen. Als Geodät war er neben Biot seit 1806 mehrere Jahre an der grossen französischen Gradmessung in Spanien thätig. Seine leichte geistreiche Art zu schreiben zeigt sich vielleicht am glänzendsten in den zahlreichen Lebensbeschreibungen (Eloges) berühmter Physiker und Astronomen; seine Gabe zu guter Popularisirung in der »Astronomie populaire« (4 Voll. Paris 1854—57). Barral hat nach A.s Tode seine gesammten Schriften in 17 Bänden herausgegeben (Oeuvres, Paris 1854—62, deutsche Ausgabe, von Hankel, Leipzig 1854—60).

Lindenau, Bernhard August von (1780—1854), aus Altenburg. Studirt Jura und ist zu Anfang des Jahrhunderts Assessor beim Kammercollegium in Altenburg; beschäftigt sich dabei aber so erfolgreich mit Astronomie, dass er bereits 1804 interimistisch und 1808 definitiv die Direction der Seeberger Sternwarte an Zachs Stelle übernehmen kann. Die Freiheitskriege führten ihn 1813 zur Armee; nach dem Frieden gab er dann 1817 die Direction der Seeberger Sternwarte und officiell damit die Astronomie auf und trat zuerst in den sächsischen Herzogthümern in den Staatsdienst;

war 1826—48 Landschaftsdirector in Altenburg, dabei aber folgeweise königlich sächsischer Cabinetsminister, Minister des Innern und endlich Präsident des Staatsministeriums von 1834—43, wo er sich-nach Altenburg in das Privatleben zurückzog. Das Andenken an das segensreiche Wirken des edlen und grossen Menschen, ist in seinem engeren Vaterlande Sachsen noch heute lebendig. — Als Astronom hat sich L. sowohl auf theoretisch-rechnerischem Gebiete, durch seine Tafeln der Venus, des Mars und Mercur, wie durch seine Bestimmung der Nutations- und Aberrations-Constante, seine Untersuchungen über die Parallaxe des Polarsternes u. a. hoch verdient gemacht. Nach Zachs Weggang gab er die Monatl. Correspondenz (von Band 15 an) heraus und gründete 1816 mit Bohnenberger die »Zeitschrift für Astronomie und verwandte Wissenschaften« (6 Bände, Stuttgart 1816—18), zu der er selbst verschiedene Beiträge lieferte.

Gauss, Karl Friedrich (30. April 1777 bis 23. Februar 1855), aus Braunschweig; Sohn eines Handwerkers und städtischen Subalternbeamten. Selbständig lernt er als Kind lesen, und schon als Knabe setzt er durch sein Rechentalent alles in Staunen. Vom Herzog Karl Wilhelm Ferdinand unterstützt, bezieht er 1792 das Gymnasium des Collegium Carolinum zu Braunschweig, 1795 die Universität Göttingen, wo er sich nach kurzem Schwanken zwischen Philologie und Mathematik ganz letzterer Wissenschaft hingiebt. Nach dreijährigen Studien kehrt er 1798 nach Braunschweig zurück und promovirt im folgenden Jahre in Helmstädt. Die einsichtsvolle fortdauernde Unterstützung des Herzogs gewährt ihm die Mittel, in seiner Vaterstadt zunächst der Wissenschaft zu leben; erst 1807, nachdem er durch seine »Disquisitiones arithmeticae« (Leipzig 1801) und seine Rechnungen über die Ceres, die ihre Wiederauffindung ermöglichten (S. 369), schon längst einen Weltruf erlangt hatte, nachdem er 1805 auch die glücklichste Ehe eingegangen war, erhält er in der Direction der neuen Sternwarte und der Professur der Mathematik in Göttingen eine ihm zukommende, unabhängige Stellung. Seit jener Zeit hat G., von wenigen Reisen, meist in die Heimath und zu Olbers, abgesehen, still in Göttingen gelebt, seit 1810 an der Seite einer zweiten Frau, welche ihm die beim dritten Kinde geraubte heissgeliebte erste zu ersetzen suchte. — Was G.s Genius für die Mathematik, die Geodäsie und Physik gethan, ist bekannt und gehört nicht hierher; nicht weniger unsterblich aber sind seine Verdienste um die Astronomie. In der »Theoria motus corporum coelestium« (Hamburg 1809) entwickelt er die, seitdem nur in Nebensächlichem erweiterte Methode zur Bestimmung der Bahnen der Himmelskörper und in der »Theoria combinationis observationum etc.« (Comment. rec. Soc. Gotting. V. 1819—22 und VI. 1823—27) begründet er, unabhängig und in anderer Weise als Legendre, der den gleichen Gegenstand schon 1806 behandelt hatte[*]), die sogenannte Methode der kleinsten Quadrate, welche die Wahrscheinlichkeitsrechnung auf die Beobachtungen, zur Erlangung der genauesten Resultate und zur Bestimmung der bei jeder Untersuchung zu befürchtenden Fehler, anwendet. Selbst in der praktischen Astronomie, wie in der Geodäsie war G. thätig und erfolgreich; an jeder, auch der kleinsten Arbeit zeigt sich das Genie, welches auch in Altem überall Neues sieht und

---

[*]) G. hatte das Princip schon 1795 gefunden, aber nicht veröffentlicht.

entdeckt. Für die Beurtheilung seiner grossen und reinen Natur ist der mit Schumacher und mit Bessel geführte Briefwechsel (G.—Schumacher, 6 Bände, Altona 1860—65; G. — Bessel, 1 Band, Leipzig 1880) von nicht zu unterschätzendem Werthe. Seine gesammten »Werke« sind durch die Göttinger Akademie herausgegeben worden (7 Bde., Göttingen [7. Bd. Gotha] 1863—74.

Bond, William Cranch (1789—1859), aus Falmouth in Maine Ver. Staaten). Ursprünglich Uhrmacher; wendet sich aber seit 1806, veranlasst vermuthlich durch die Sonnenfinsterniss jenes Jahres, der Astronomie zu: reist im Auftrage des Harvard College in Cambridge, welches dort eine grosse Sternwarte projectirte, nach Europa; erbaut sich dann nach seiner Rückkehr eine Privatsternwarte in Dorchester, tritt 1838 in den öffentlichen Dienst und wird 1844 Director der endlich errichteten Sternwarte in Cambridge. Ihm folgt sein Sohn George Phillips B. (geboren 1825), erst als Assistent, dann nach dem Tode des Vaters als Director; derselbe stirbt leider schon 1865. — Die beiden Bond gehören zu den verdientesten amerikanischen Astronomen. Der Vater ist namentlich auch als Erfinder thätig; von ihm, S. C. Walker (1805—53) und O. Mitchel rührt der elektrische Chronograph her (S. 182). Der Sohn hat sich durch ausgezeichnete Beobachtungen und Untersuchungen (Donati'scher Comet, Orion-Nebel u. a. in den Annals of the Harv. Coll. Observ.), wie auch namentlich neben Rutherfurd durch Anwendung der Photographie zur Abbildung und Messung himmlischer Objecte (Doppelsterne, Plejaden u. a.) hervorgethan.

Rümker, Carl Ludwig Christian (1788—1862), aus Neubrandenburg in Mecklenburg-Strelitz. Studirte an der Bauakademie in Berlin, trat 1808 in die englische Marine und nahm, nach weiten Reisen, zuletzt noch als Officier am Kriege gegen Frankreich Theil; kam dann nach Hamburg, wo er 1817—21 Director der Navigationsschule war. 1821 ging er nach Australien als Director der vom Gouverneur Sir Th. Brisbane gegründeten Sternwarte zu Paramatta und blieb dort bis 1831; dann kehrte er nach Hamburg zurück und übernahm wieder die Navigationsschule, sowie gleichzeitig die neue Sternwarte. Schwankende Gesundheit zwang ihn, 1857 nach Lissabon überzusiedeln, wo er auch starb. — R. hat die Stellarastronomie durch verschiedene Sternkataloge, namentlich die »Mittlere Oerter von 12 000 Fixsternen« (Hamburg 1843), die Navigation durch sein »Handbuch der Schifffahrtskunde« (Hamburg, 5. Aufl. 1850) und andere Arbeiten über sphärische und nautische Astronomie gefördert. — Sein Sohn, George R. (geboren 1832), ist Nachfolger in der Direction der Hamburger Sternwarte.

Mitchel, Ormsby Macknight (1810—1862), aus Union County, Kentucky. Kommt als Cadet 1825 auf die U. S. Military Academy, absolvirt diese in vier Jahren und wird dann daselbst assistirender Professor der Mathematik. Nach zwei Jahren giebt er indessen diese Stellung und damit zugleich den Militärdienst auf und nimmt nach kurzer Beschäftigung als Advocat die Professur für Mathematik und Astronomie am Cincinnati-College (Ohio) an. Die Absicht seiner Mitbürger, die er für Astronomie durch Vorträge u. a. zu begeistern weiss, ein grosses Fernrohr anzuschaffen, führt ihn nach Europa, wo er eine grössere Zahl von Sternwarten besucht. Das bei Merz bestellte $10^{1}/_{2}$ zöll. Fernrohr kommt 1845 in Cincinnati an, und wird zu wissenschaftlichen wie zu anderen Zwecken fleissig benutzt. Mannigfaches Missgeschick aber und nicht am wenigsten das unbegründete Entziehen der Subvention seitens seiner Mitbürger, zwingen M., nach zehnjähriger erfolgreicher Leitung der Sternwarte, zur Resignation. Er geht ins praktische Leben über, wird Ingenieur und Eisenbahnunternehmer und endet schliesslich während des Bundeskrieges sein bewegtes Leben als Generalmajor der Süd-Armee der Vereinigten Staaten nach kurzer Krankheit vor Beaufort. — M. hat sich um die Verbreitung der Neigung zur Astronomie unter seinen Landsleuten, durch Vorträge und Schriften wie durch Beobachtungen entschiedene Verdienste erworben; dass er seine Talente und instrumentellen Mittel nicht nach Wunsch verwerthen konnte, lag zum Theil mit an den Institutionen seines Landes, wie an der Unbeständigkeit der Volksgunst, von der er und seine Sternwarte abhing. Als astronomischer Beobachter ist er namentlich im Gebiete der Doppelsterne mit Erfolg thätig gewesen; als Schriftsteller durch die Begründung (1846) des ersten populär-wissenschaftlichen astronomischen Journals in Nordamerika, des Sidereal Messenger, der freilich wegen Mangel an Betheiligung nach wenigen Jahren wieder einging. Neben Bond und Walker gebührt ihm auch das Verdienst, den Elektrochronographen in die Astronomie eingeführt zu haben.

Struve, Friedrich Georg Wilhelm (15. April 1793 bis 23. November 1864), aus Altona; Sohn des dortigen Gymnasial-Directors. Unter der sorgsamen Pflege des Vaters, der auch tüchtiger Mathematiker war, gedieh der fähige Knabe und konnte schon 1808 die Universität Dorpat beziehen, wo sein später als Philolog ausgezeichneter älterer Bruder Carl Gymnasiallehrer war. Neben der Philologie, die auch Wilhelm als Fachstudium erwählt, trieb er aber, unterstützt von dem Mathematiker und Astronomen Huth, mathematische Studien und wandte sich speciell der Astronomie zu, als ihm auf der Privatsternwarte eines reichen Dorpaters Gelegenheit zu Beobachtungen geboten wurde. Indessen vernachlässigte er anfangs die Philologie nicht, konnte vielmehr nach Ablauf von drei Jahren das Oberlehrerexamen mit Auszeichnung bestehen. Als aber der Observator der Sternwarte diese verliess, brach sich seine Neigung unaufhaltsam Bahn; er promovirte 1813 mit einer astronomischen Abhandlung und erlangte die Observatorstelle und damit factisch die Leitung der Sternwarte, die ihm der alternde Huth willig überliess.

Die anfangs nicht sehr bedeutenden instrumentellen Mittel wusste der praktische Sinn und das Beobachtungstalent S.s auf das Beste zu verwerthen; es zeigt sich das sowohl in den Meridianbeobachtungen am Dollond'schen Passagen-Instrument, als in den Messungen von Doppelsternen, die er seit 1821 mit einem Troughton'schen Refractor anstellte. Seine Vorliebe für diese Himmelskörper verräth sich schon damals auch in dem Kataloge, den er nach den Beobachtungen Herschels u. a. zusammenstellte, und welcher die Grundlage für seine späteren epochemachenden Arbeiten bildete. Für längere Zeit wurden diese jedoch gehemmt. Eine schon 1816 unternommene Triangulation in Livland hatte den Plan zu einer ausgedehnten Breitengradmessung in den Ostseeprovinzen reifen lassen; der 1819 ausgearbeitete Plan erhielt die Zustimmung der Regierung, und S. ging nun, um die Instrumente zu bestellen und sich sonst zu orientiren nach Deutschland; im Jahre 1822 wurden dann die Gradmessungsarbeiten begonnen und 1827 vollendet (Breitengradmessung in den Ostseeprovinzen, 2 Thle., Dorpat 1831).

Die wichtigsten Früchte seiner Reise bezogen sich indessen weniger auf die Gradmessung als auf die praktische Astronomie; es waren zwei Instrumente, welche der Dorpater Sternwarte den Rang eines Institutes ersten Ranges verschafften: der Reichenbach'sche Meridiankreis, den sie 1822, und namentlich der grosse Fraunhofer'sche Refractor, den sie 1824 erhielt. S. konnte jetzt seine Lieblingsidee, die Welt der Doppelstern-Astronomie nach Kräften zu bereichern, in umfassender Weise zur Ausführung bringen. Der Refractor, ein für Messungen sowohl wie für Entdeckungen durch mikrometrische Vorrichtungen wie durch Bildschärfe und Lichtstärke vorzüglich geeignetes, damals einzig dastehendes Instrument, wurde bestimmt, sämmtliche zwischen Nordpol und $-15°$. Decl. existirende Doppelsterne, deren Distanz unter $32''$ war, aufzusuchen und sie nach Distanz und Positionswinkel zu messen; der Meridiankreis sollte dann zur Festlegung ihrer absoluten Oerter dienen. Diese Riesenaufgabe, der S. von da ab lange Jahre seines Lebens ausschliesslich widmete, hat er gelöst. Schon drei Jahre nach Ankunft des Refractors konnte er sein grosses Doppelsternverzeichniss herausgeben, den »Catalogus novus stellarum duplic. etc.« (Dorpat 1827), der in seinen 3112 Doppelsternen eine Welt eröffnete, zu der selbst Herschel nur einen beschränkten Zugang gezeigt hatte; denn der weitaus grösste Theil der S.'schen Doppelsterne war neu. In 13 weiteren Jahren wurde dann auch die Hauptaufgabe, die Messungen selbst, von 2709 Vielfachen, bewältigt und das Fundamentalwerk der Doppelsternastronomie, die »Mensurae micrometricae stellarum duplicium etc.« (Petersburg 1837) geschaffen. Was Bessels Fundamenta astron. für die Stellarastronomie, als die Lehre von den Ortsveränderungen der Sterne an der Sphäre im Allgemeinen, das sind S.s Mensurae für die Doppelsterne speciell: die Grundlage, auf der die Nachwelt zu bauen hatte, ja die ihre schönsten Früchte, die Erkenntniss der Bewegungen in den Doppelsternsystemen, erst der Nachwelt bringen konnte. Der dritte Theil endlich der grossen Aufgabe wurde gelöst in den »Positiones mediae stellarum imprimis duplicium« (Petersburg 1852), dem Sternkatalog, der die genauen Rectascensionen und Declinationen von 2874 Sternen, darunter die meisten doppelt, enthält, und welcher für die Erforschung der absoluten Bewegungen das reichste Material bietet.

Ein grosser Theil der Meridianbeobachtungen zu diesem Katalog ist aber nicht mehr in Dorpat angestellt. Schon Ende der zwanziger Jahre hatte die Petersburger Akademie den Plan einer den höheren Forderungen der Wissenschaft entsprechenden neuen Sternwarte ins Auge gefasst. Derselbe gedieh zur Ausführung, nachdem Kaiser Nicolaus, den S. für den Gegenstand zu interessiren gewusst, einen geeigneten ausgedehnten Raum bei dem Dorfe Pulkowa, etwa 18 Kilometer südlich von Petersburg geschenkt, eine Commission ernannt und deren, wesentlich von S. verfasstes Gutachten gebilligt hatte. S., seit 1832 bereits Akademiker, wurde zum Director des Instituts ernannt, und ging 1834 ins Ausland, um sich mit den berühmtesten deutschen Künstlern über die Ausführung der Instrumente, die in jeder Hinsicht ersten Ranges sein sollten, zu besprechen. Der Bau selbst wurde inzwischen nach den Plänen des Architekten Brüloff ausgeführt, und im Frühling 1839 konnte das neue Institut, die Nicolai-Hauptsternwarte zu Pulkowa, bezogen werden. Das grossartige, mit allem auf das reichste versehene, eine Welt für sich bildende Observatorium erforderte eine ganz neue Thätigkeit. In erster Linie sollte es allerdings rein wissenschaftlichen und namentlich Zwecken der Stellarastronomie dienen, dann aber auch einen Centralpunkt für die ganze Astronomie und die mathematische Geographie Russlands bilden. So traten denn an S. neue Aufgaben heran, denen zu genügen gerade seine nicht nur wissenschaftlich hervorragende Persönlichkeit vorzüglich befähigt war. Die langen Jahre seines Directoriats sind nicht allein durch rein astronomische Arbeiten, die theils von ihm, theils von seinem Sohne Otto S. (geb. 1819), und von zahlreichen Adjuncten, wie Fuss, Peters, Döllen, Wagner, Winnecke u. a. ausgeführt wurden, von hoher Bedeutung für die Wissenschaft geworden; auch für die geographische Kenntniss des russischen Reiches, für die gründliche Ausbildung der Officiere des Generalstabs und topographischen Corps geschah ungemein viel. Eine der umfassendsten je auf geodätischem Gebiete ausgeführten Arbeiten, die grosse über 25 Breitengrade ausgedehnte russische Gradmessung (»Arc du méridien etc.« 2 Voll. Petersburg 1857, 60), die einen lange gehegten Wunsch S.s realisirte, hätte von einem andern als ihm kaum durchgeführt werden können.

S.s eigentlichste Domäne, die Doppelsternastronomie, stand noch lange mit im Vordergrund seiner und der Pulkowaer Bestrebungen, und die von ihm selbst und namentlich seinem Sohne an dem grossen Merz'schen Refractor von 14 Zoll Oeffnung ausgeführten und jetzt publicirten Messungen (Observations de Poulkova Vol. IX, 1878), ebenso die gleichfalls von beiden gemachten Entdeckungen (Pulkowaer Katalog von 1843 bezw. 1850) überragen in mancher Hinsicht, wenn auch nicht der Zahl nach, selbst die Dorpater Arbeiten. Daneben wurden aber mit den schönen Messinstrumenten, dem Meridiankreis von Repsold und dem Verticalkreis von Ertel, ausgedehnte andere Untersuchungen unternommen und zahlreiche Beobachtungen der Sonne und von Fixsternen, zur Festlegung genauester Oerter sowohl, wie für Bestimmung der wichtigsten astronomischen Constanten: der Lage des Frühlingspunktes, der Schiefe der Ekliptik, der Refraction, der Aberration und Nutation, angestellt.

Eine Neubestimmung der Aberrationsconstante führte S. selbst noch durch (Sur le coeff. constant dans l'abérration etc., Mém. de l'Ac. de St. Pétersbourg 1843); die gänzliche Vollendung der Beobachtungen zur Bestimmung der Nutationsconstante war ihm aber nicht beschieden. Die körperlichen Kräfte zeigten eine Abnahme, so dass er die Beobachtungen ganz aufgeben und längeren Urlaub nehmen musste. Nach einer schweren Krankheit, deren Folgen nicht ganz zu beseitigen waren, legte er (1863) die Direction in die Hände seines Sohnes nieder und entschlummerte wenige Monate nach der Feier des 25jährigen Jubiläums seiner Schöpfung; der Pulkowaer Sternwarte, am 23. November 1864. — Als reiner Beobachter, der er in vollendetem Grade war, wie als Forscher, der aus den Thatsachen der Beobachtung weittragende Schlüsse zu ziehen wusste, hat S. nur ein Gebiet, das der Stellarastronomie bearbeitet; aber dies in einer Weise wie sehr wenige vor ihm und wohl niemand nach ihm; mit dem weiten Reiche der Doppelsterne wie mit der Pulkowaer Sternwarte wird sein Name für immer verbunden bleiben.

Encke, Johann Franz (23. September 1791 bis 26. August 1865), aus Hamburg, Sohn und achtes Kind eines Predigers an der Jacobikirche. Der frühzeitige Tod des Vaters und die zahlreiche Familie erschwerten die erste Jugend; doch nahm sich ein Freund und Lehrer der älteren Kinder, Hipp, auch des jungen Franz an. Als E. sieben Jahre alt war, trat er in Hipps neuerrichtete Lehranstalt ein und verrieth schon früh grosse Neigung zur Mathematik und Fertigkeit im Rechnen; doch machte er bald auch in den classischen Sprachen so gute Fortschritte, dass er 1805 in die Prima des Johanneums aufgenommen werden konnte. Nach dem Abgang, 1810, trat er noch auf ein Jahr ins Gymnasium und bezog dann 1811 die Universität Göttingen, um sich, namentlich auf Zureden seines dortigen Freundes Gerling, der Mathematik zu widmen. Die Persönlichkeit von Gauss und dessen Vorlesungen fesselten ihn begreiflicherweise hier vor allem, und durch ihn wurde er der Astronomie zugeführt. Das was E. später über specielle Störungen, die Interpolationsrechnung, die Methode der kleinsten Quadrate u. a. publicirt hat, beruht wesentlich auf den Vorträgen seines grossen Lehrers, und er ist hier der geschickteste und verdienstvollste Interpret des Genius desselben geworden. Der Eifer, Fleiss und das rechnerische Talent E.s wurden von Gauss bald erkannt und gewürdigt, und verschiedene Rechnungen über die Bahnen der ersten kleinen Planeten, die E. für Gauss ausführte, machten seinen Namen schon damals bekannt.

Inzwischen brachten die kriegerischen Zeiten mannigfachen Wechsel mit sich; 1813 trat er in die hanseatische Legion, kehrte nach verschiedenen Erlebnissen Mitte 1814 nach Göttingen zurück, um aber schon im nächsten Jahre als Secondelieutenant wiederum in die preussische Armee zu treten. Der Friedensschluss führte ihn 1816 dauernd zur Wissenschaft zurück, und zwar wurde er Assistent von Lindenau auf der Seeberger Sternwarte. Er trat hier an die Stelle seines Freundes Nicolai, der bald darauf als Director nach Mannheim kam; auch beschäftigte er sich jetzt zuerst mit Beobachtungen, denen er freilich niemals den gleichen Geschmack wie den Rechnungen abgewinnen konnte.

Nach Nicolais und Lindenaus Fortgang, 1816 bezw. 1817, war E. lange Zeit allein und factischer, wenn auch nicht nomineller Director, welches letztere er erst 1822 wurde. 1823 vermählte er sich mit der Tochter des Gothaer Buchhändlers Becker. Diese Zeit ist wohl die wirkungsreichste seines Lebens; die wichtigen Untersuchungen über den Pons'schen Cometen kurzer Umlaufszeit, der später unter dem Namen seines Berechners so berühmt geworden, wie die Bestimmung der Sonnenparallaxe aus den Venusdurchgängen 1761 und 1769 rühren aus ihr her. Sie hauptsächlich verschafften ihm auch 1825, nachdem Bessel abgelehnt hatte, den Ruf als Director der Sternwarte und Astronomer der Akademie der Wissenschaften nach Berlin, den er nach einigem Zögern auch annahm. Die Thätigkeit, die E. in diesen Stellungen wie auch als akademischer Lehrer entfaltete, war eine höchst bedeutende. Als Astronom der Akademie hat er sich hauptsächlich um das wirkliche Zustandekommen der nach Bessels Plane entworfenen sogenannten akademischen Sternkarten Verdienste erworben; als Lehrer hat er eine ganze Reihe hervorragender Astronomen herangebildet, als Director der neuen von Humboldt mit veranlassten Sternwarte, die allerdings erst 1835 vollendet, aber mit vortrefflichen Instrumenten ausgerüstet war, werthvolle Beobachtungen theils selbst angestellt, theils durch seine Schüler und Assistenten (Galle, R. Luther, Brünnow, Rümker, Bruhns, Förster, Tietjen u. a.) ausführen lassen. Daneben besorgte und leitete er seit Bodes

Tode die Herausgabe des Berliner astron. Jahrbuchs und veröffentlichte selbst eine Reihe, namentlich für die Bahnbestimmung der Himmelskörper wichtige Abhandlungen darin. Durch seine eigenen Arbeiten und die Bemühungen seiner Assistenten ist die Berliner Sternwarte ganz speciell das Centrum für die »Astronomie der kleinen Planeten« geworden.

Das stille, einfache, regelmässige Leben, das ganz der Wissenschaft und der Familie geweiht war, trug wesentlich zur Erhaltung seiner Gesundheit bei. Erst Ende 1859 stellten sich Schlaganfälle ein, die ihn schwächten, und deren Wiederholung am 26. August 1865 in Spandau, wohin er sich zurückgezogen, zum Ausgang führten.

Will man E.s Verdienst um die Astronomie kurz charakterisiren, so darf man sagen, es besteht in erster Linie in der Ausbildung aller auf die Bahnbestimmung der Himmelskörper bezüglichen Methoden, nach der Theorie wie durch die praktische Rechnung. Theoretiker in dem Sinne wie Gauss, oder Beobachter wie Bessel war E. nicht. Das aber, was er in der Anwendung der Theorie und in der Verwerthung der Beobachtungen geleistet hat, wird unvergänglich bleiben.

Merz, Georg (1793—1867), aus Bichl bei Benedictbeuren. Erst Werkführer, dann nach Fraunhofers frühzeitigem Tode Dirigent des optischen Instituts; seit 1830 mit Mahler Theilhaber, dann Besitzer, von 1839—1845 mit diesem, nach dessen Tode allein.

Parsons, William, Earl of Rosse (1800—1867), geb. zu York in England. Studirt in Dublin und Oxford; Parlamentsmitglied 1821—34, als Lord Oxmantown; nach dem Tode des Vaters Earl, »Representative Peer« von Irland und Mitglied des Oberhauses. — Construirt und errichtet auf seinem Stammsitz Birr Castle bei Parsonstown die Riesenteleskope, die seinen Namen weltbekannt gemacht haben (S. 129), und deren Herstellung ebenso viel theoretisches Wissen wie praktisches Können und mechanische Geschicklichkeit, Ausdauer und Sorgfalt in höchstem Grade erforderten. — Sein Sohn, der jetzige Earl of Rosse (geb. 1840), arbeitet im Geiste des Vaters fort. Ueber die lichtschwächsten Objecte, speciell die Nebel, hat das 1840 vollendete 3 füssige und das 1845 vollendete 6 füssige Teleskop die wichtigsten Aufschlüsse gegeben. Die Wärmestrahlung des Mondes ermittelte der Sohn in Philos. Trans. 1873 (vgl. S. 362).

Dawes, William Rutter (1799—1868), aus London. Widmet sich auf Wunsch des Vaters anfangs der Theologie, später aber, Neigung und innerem Berufe folgend, der Medicin und praktischen Astronomie. Häusliche Verhältnisse nöthigen zur Aufgabe der ärztlichen Praxis und führen zeitweise wieder mehr zur Theologie; der Stellung in einer freisinnigen Secte, die er zu Omskirk einnimmt, zwingt ihn indessen die Gesundheit zu entsagen, und D. lebt von nun an, den materiellen Sorgen durch Heirath enthoben, ausschliesslich der Astronomie; 1839—44 in London als Mitarbeiter an Bishops Privatobservatorium in Regents Park, dann bis 1850 in Cranbrook, 1850—57 in Wateringbury, endlich seit 1857 in Hopefield bei Thame. — D. ist einer der ausgezeichnetsten Beobachter der neueren Zeit; namentlich auf dem Gebiete der Doppelsterne durch vorzügliche Messungen verdient Catalogue of microm. measures of double stars in: Mem. Astr. Soc. Vol. 35).

Natürliche Begabung wurde durch relativ reiche instrumentelle Mittel — Refractoren von 6—8$^1/_4$ engl. Zoll Oeffnung von Merz, Cooke und Clark — auf das glücklichste unterstützt.

Foucault, Léon (1819—1868), aus Paris; Sohn eines Buchhändlers. Beschäftigt sich schon früh mit physikalisch-chemischen Problemen; wird 1845 wissenschaftlicher Redacteur des Journal des Débats; seit 1862 Astronom beim Bureau des Longitudes und physikalischer Assistent an der Sternwarte; rastlos in Experimenten und Untersuchungen thätig, die den geistreichen Mann vor der Zeit aufrieben. Durch seinen 1851 zum Nachweis der Erdrotation unternommenen Pendelversuch ist er weit bekannt geworden: höhere Verdienste aber um Physik und Astronomie hat er sich durch seine sinnreiche Methode der Bestimmung der Lichtgeschwindigkeit (S. 244 f., durch Verbesserung der Uhrwerke bei Fernröhren, und durch die Herstellung von Silberglasspiegeln für grosse Teleskope erworben.

Steinheil, Carl August (1801—1870), aus Rappoltsweiler im Elsass. Studirt in Göttingen und Königsberg und promovirt 1825 an letzterer Universität, wo er sich Bessel eng anschliesst. Nach Aufenthalt im elterlichen Hause in Perlach bei München wird er Professor der Physik und Mathematik, sowie Conservator der mathematischen Sammlungen in München, 1832—49; wirkt dann einige Jahre als Vorstand des Departementes für Telegraphie in Wien; dann aber, von 1852 an, als Ministerialrath wieder in München, wo er 1855 auch ein optisches Institut gründet. — Scharfsinniger und ideenreicher Erfinder und Entdecker, namentlich in der Telegraphie und praktischen Optik. Macht 1838 auf die Benutzung der Erde statt des rückleitenden Telegraphendrahtes aufmerksam; erfindet (1834) einen neuen Reflexionsprismenkreis, construirt 1842 ein sinnreiches Photometer, um die gleiche Zeit einen neuen katoptrischen Meridiankreis mit horizontaler Axe, ferner galvanische Uhren; verbessert die achromatischen Fernröhre, stellt Silberspiegel für Teleskope her u. s. w. Der jetzige Inhaber, Dr. Adolf Steinheil, leistet Hervorragendes in der Herstellung photographischer Objective und grosser Fernrohrobjective.

Herschel, Sir John Frederick William (7. März 1792 bis 11. Mai 1871), der grosse Sohn und das einzige Kind seines gleich grossen Vaters Sir William H. — Unter den günstigsten Verhältnissen, gleichsam unter dem directesten Schutze der himmlischen Göttin, erwachsen, von dem Vater und dessen treuer Gefährtin Caroline herangebildet, wäre es ein Wunder gewesen, wenn ein Knabe von der Neigung und Begabung John H.s nicht zu einem Astronomen ersten Ranges geworden wäre. Nachdem er Kindheit und Knabenzeit im elterlichen Hause verlebt, trat er 17jährig in das St. Johns-College zu Cambridge, um sich nominell der Rechtswissenschaft, thatsächlich aber der Mathematik und Astronomie zu widmen. Bereits 1813 wurde er graduirt (B. A.) und Mitglied der Royal Society und veröffentlichte seine erste, rein mathematische Schrift. Nach kurzer juristischer Thätigkeit in London mit Wollaston und J. South bekannt geworden, wandte er sich nun ganz den physikalischen Wissenschaften zu, denen die rein praktische Astronomie an die Seite trat, als ihn der Tod des Vaters in den Besitz von dessen mächtigen Teleskopen brachte. Seine ersten Beobachtungen, von Doppelsternen, datiren schon von 1816; doch wurden diese durch die Reihe von Messungen, die er 1821—23 mit South auf dessen Privatsternwarte anstellte, bei weitem übertroffen; als äussere Anerkennung wurde ihm hierfür die goldene Medaille der neu gegründeten Royal Astronomical Society, deren Mitbegründer und eifriges Mitglied er war, wie andere Auszeichnungen zu Theil. Nach dem Tode des Vaters übernahm er nun in Slough mit dessen Instrumenten als Erbtheil gleichsam auch die Objecte, denen der grösste Theil der Zeit und Kräfte Sir Williams gewidmet gewesen, die Nebel und Doppelsterne. Er stellte sich jetzt als Aufgabe die wiederholte Prüfung dieser Objecte und hat dieselben viele Jahre lang, mit verhältnissmässig geringen Unterbrechungen, fast ausschliesslich verfolgt. Als Hauptinstrument benutzte er ein im Jahre 1820 gemeinsam mit dem Vater construirtes Teleskop von 18 engl. Zoll Oeffnung und 20 engl. Fuss Focallänge und als Methode der Himmelsdurchforschung die der zonenweisen Beobachtung, der »sweeps«, wie sie ähnlich der Vater befolgt hatte. Die Früchte dieser und aller späteren Bemühungen sind in elf Doppelstern-Katalogen in den Memoirs R. Astr. Society Vol. II— XXXVIII und in einem grossen Nebelfleck-Katalog in den Philos. Trans. for 1833 niedergelegt; der letzte, 1864 herausgegebene, der sogenannte General Catalogue, enthält alle bis dahin überhaupt bekannt gewordenen Nebel und Sternhaufen, 5079 an Zahl (S. 529).

Schon früh musste er sich sagen, dass, sollte sein Ziel erreicht werden, der südliche Himmel nicht ausgeschlossen werden dürfe, und so entschloss er sich denn zu einer mehrjährigen astronomischen Expedition nach dem Cap der guten Hoffnung. Im November 1833 verliess er England mit seinem 20 füssigen Reflector und einem 7 füssigen Refractor von Tulley, den er für die eigentlichen Doppelsternmessungen benutzt hatte, und stellte dieselben am Fusse des Tafelberges, in Feldhausen, etwa 10 Kilometer südlich von dem königlichen Observatorium der Capstadt, auf. Von 1834 bis Anfang 1838 hat H. hier die werthvollsten Beobachtungen ausgeführt und durch sie, wie man wohl sagen darf, zuerst den bis dahin fast unbekannten südlichen Himmel dem wissenschaftlichen Auge erschlossen. Neben den Messungen von Doppelsternen und den Beobachtungen von Nebelflecken, die in erster Linie standen, unternahm er Helligkeitsbestimmungen von Fixsternen (S. 516), untersuchte die Vertheilung der Sterne der südlichen Hemisphäre, stellte endlich auch Beobachtungen verschiedener Körper unseres Sonnensystems, namentlich des Halley'schen Cometen, an. Alle diese Beobachtungen und Forschungen finden sich in dem grossartigen Werke: »Results of astron. observv. made 1834—1838 at the Cape of Good Hope« (London 1847) vereinigt, welches H. nach seiner Rückkehr herausgab.

Diese grosse wissenschaftliche Reise, die Entsagung und Opferwilligkeit nach den verschiedensten Richtungen erforderte, wie ihre so wichtigen Ergebnisse fanden die verdiente Anerkennung durch den Baronet-Rang, den er 1838, bei der Krönung der Königin Victoria, erhielt. Seit der Capreise hat H. ausgedehnte Beobachtungsreihen nicht mehr unternommen, seine Zeit und Kräfte vielmehr der Sammlung, Sichtung und Katalogisirung seiner eigenen wie anderer Messungen und Beobachtungen, sowie specielleren astronomischen oder physikalischen, namentlich optischen Untersuchungen gewidmet. Dabei wurde er häufig, als grösste astronomische Autorität, durch Versammlungen, Comitees, wissenschaftliche Gesellschaften in Anspruch genommen; jahrelang war er Secretär der Royal Society, mehrmals Präsident der R. Astron. Soc. und 1850—55 auch, gleich Newton, Vorsteher (master) der königlichen Münze. Diese vielfache Thätigkeit griff indessen seine Gesundheit an, und so zog er sich denn später in die Stille des Landlebens zurück.

Einen Lieblingsgegenstand bildeten für H. von je her die Doppelsterne, und er hat ihre Kenntniss nicht nur praktisch, durch Entdeckung und Messung, vermehrt, sondern auch als einer der ersten, durch sinnreiche Methoden der Bahnbestimmung (Mem. R. A. S. Vol. V und XVIII) zur Theorie wesentlich beigetragen. Das Riesenmaterial, welches Struve, er und andere im Laufe der Jahrzehnte zu einem vollständigen Katalog von mehr als 10 000 Doppelsternen zusammengetragen, selbst zu verwerthen, war ihm nicht mehr vergönnt (S. 485). Seine körperlichen Kräfte schwanden mehr und mehr, und er verschied, am 11. Mai 1871, auf seinem Landsitz Collingwood in Kent, betrauert von Wittwe und Kindern. Seine Ueberreste wurden an Newtons Seite in der Westminster-Abtei beigesetzt. — Von den Söhnen sind der zweite, Alexander St. H., und der dritte, John (Ingenieur-Officier), der Tradition getreu, Astronomen.

Sir John H. ist nicht nur glücklich als Entdecker und hervorragend als Beobachter; ungewöhnlicher physikalischer Scharfsinn und streng mathematische Schulung des Geistes befähigten ihn auch zur Lösung von Aufgaben, die dem autodidaktisch gebildeten Vater unzugänglich waren, und dabei ist er gleichzeitig vielleicht der beste, im besten Sinne des Wortes, populäre astronomische Schriftsteller Englands. Seine Schriften über das Licht (London 1828) und den Schall (1830, beides aus der Encyclop. Britannica) sind von ersterem ein ebenso glänzender Beweis, als der »Prelimin. Discourse on the Study of Natural Philosophy« (London 1830) und die bekannte populäre Astronomie, die »Outlines of Astronomy« (London, 1. Aufl. (2.) 1849, 12. Aufl. 1875), von letzterem.

Schwerd, Friedrich Magnus (1792—1871), Sohn eines Gerichtsbeamten in Osthofen bei Worms. Wird nach Besuch der Schule und Bestehung des Examens in Mainz (damals französisch) 1814 Lehrer und 1817, nachdem die Pfalz an Bayern gekommen, Professor der Mathematik und Physik am Gymnasium, 1836 am Lyceum in Speyer, welche Stelle er unverändert bis zu seinem Tode inne hat. — Schw. ist zwar vorzugsweise Physiker und hat speciell die theoretische Optik durch sein schönes Werk: »Die Beugungserscheinungen aus den Fundamentalgesetzen der Undulationstheorie analytisch entwickelt« (Mannheim 1835) bereichert, ist aber auch in der Astronomie und Geodäsie mit Erfolg bei verhältnissmässig sehr beschränkten Mitteln thätig gewesen. So stellte er 1826—28 recht gute Meridian-Beobachtungen von Circumpolarsternen an, die 1856 von Oeltzen reducirt und publicirt wurden, und construirte in den dreissiger Jahren ein neues Prismenphotometer. In der Nähe von Speyer mass er 1820 eine Basis mit grosser Sorgfalt und Genauigkeit.

Kaiser, Friedrich (1808—1872), aus Amsterdam, wo sein aus Nassau gebürtiger Vater Lehrer der deutschen Sprache war. Nach dessen frühzeitigem Verlust, und da die Mutter nur schwer für die acht Kinder sorgen konnte, nimmt sich ein Oheim des Knaben an, unterrichtet ihn selbst, namentlich auch in der Mathematik, wofür er neben der Astronomie eine grosse Vorliebe besass, und bringt den Strebsamen so weit, dass er bereits im 15. Jahre mathematischen Unterricht ertheilen kann. Durch Vermittelung von Prof. Moll in Utrecht wird K. schon drei Jahre darauf (1826) Observator an der Leidener Sternwarte, die damals unter der Direction des Professors der Physik Uylenbroek stand. Der verwahrloste Zustand der Sternwarte enttäuschte den jungen, eifrigen Beobachter gewaltig, und um nicht ganz unthätig sein zu müssen, sah er sich sogar jahrelang genöthigt, die Beobachtungen in seinem eigenen Hause anzustellen. Indessen that er, was er nur thun konnte, und fand sich endlich belohnt. Die sorgfältigen Beobachtungen des Halley'schen Cometen 1835 und eine darüber verfasste Abhandlung, wie kleinere Aufsätze und gelegentliche öffentliche Vorträge, machten ihn allmählich bekannt und verbesserten seine Stellung; 1837 trat er endlich an die Stelle seines bisherigen Directors und wurde wenige Jahre später auch zum Professor der Astronomie ernannt. — Als Director der Sternwarte, als Beobachter und als Lehrer entfaltete K. nun eine sehr glückliche und erfolgreiche Thätigkeit. Mit einem 1839 erhaltenen 6zöll. Merz'schen Refractor stellte er werthvolle, durch ihre Genauigkeit sich auszeichnende Beobachtungen an, durch sein vorzügliches Lehrtalent fesselte er zahlreiche Schüler, und auch weitere Kreise verstand er mit seiner Gabe edler Popularisirung für die Astronomie zu gewinnen.

Indessen genügten Zustand und Einrichtung der alten Sternwarte nicht; beides entsprach weder den Anforderungen, welche die Wissenschaft, noch die der eifrige, gewissenhafte Mann an sich selbst stellen musste. Wiederholt versuchte er, die Regierung für eine neue grosse Sternwarte zu interessiren; doch erst als das niederländische Volk selbst durch einen reichlichen Beitrag seinen Antheil zu erkennen gab, gelang es, die zögernde Regierung zur Bewilligung des Instituts zu bestimmen. Nach mehrjährigem Bau wurde 1860 endlich die Sternwarte bezogen; ein schönes, stattliches Gebäude, dem mächtigen Pulkowaer Observatorium einigermassen ähnlich, nur von kleineren Verhältnissen und weit weniger reicher Ausstattung; ein 6zöll. Meridiankreis von Pistor und Martins und ein 7zöll. Refractor von Merz bilden die Hauptinstrumente. Von mehreren Assistenten unterstützt, setzte K. nun theils die begonnenen Arbeiten fort, theils unternahm er neue. In den ersten Jahren waren es hauptsächlich Fundamentalbestimmungen der Hauptsterne, später Zonenbeobachtungen nach dem Plane der Astron. Gesellschaft und Arbeiten für die europäische Gradmessung, deren Commissions-Mitglied K. war, an denen sich das neue Institut mit Erfolg betheiligte. Diese am Meridiankreis ausgeführten Beobachtungen überliess K. seinen Assistenten; er selbst widmete sich mikrometrischen Messungen am Refractor. Krankheit unterbrach aber 1867 seine eigenen Beobachtungen, die auch nicht wieder aufgenommen wurden; ein Versuch 1871 wurde durch neue Erkrankung vereitelt, und der Verlust der geliebten Gattin bald darauf, die ihm 41 Jahre die treueste Gefährtin gewesen, beschleunigte auch sein Ende; am 28. Juli 1872 entschlief er sanft.

K. muss als einer der feinsten, sorgfältigsten und sinnreichsten Beobachter der neueren Zeit angesehen werden. Im Geiste Bessels, der ihm stets als höchstes Vorbild vorschwebte, suchte er namentlich die mikrometrischen Messungen, durch Untersuchung und Berücksichtigung aller Fehlerquellen, aufs Schärfste zu bringen; seine Doppelsternmessungen, die Untersuchungen über den Planeten Mars und die Prüfung des Airy'schen Doppelbildmikrometers sind Muster genauer Beobachtung und sorgfältiger Kritik. Für die Entwickelung der Astronomie in den Niederlanden ist K. gleichfalls von grosser Bedeutung geworden. Seine Lehrgabe und ganze Persönlichkeit befähigten ihn wie nicht viele, die Liebe zur Wissenschaft zu wecken und Talente zu fördern, und so sind fast alle neueren holländischen Astronomen, namentlich auch die Directoren der kleineren Utrechter Sternwarte Hoek (1834—1873) und Oudemans (geb. 1827), wie auch manche jüngere deutsche seine Schüler geworden. Das Verhältniss der Leidener Sternwarte zum Staate brachte ferner wichtige und dauernde Beziehungen zur Marine, und so ist K., später unterstützt von seinem Sohne, als »Verificateur« der Instrumente (Chronometer und Spiegelmessinstrumente) wie als Lehrer jüngerer Officiere auch hier mit Erfolg thätig gewesen. Schliesslich und als nicht geringstes Verdienst darf auch der Einfluss gelten, den er in verschiedenen populären Schriften, namentlich in der sehr verbreiteten, unter dem Titel: »De Sterrenhemel« (Amsterdam 1844, 45, auch deutsch) erschienenen populären Astronomie auf weitere Kreise gewann. Seine rein wissenschaftlichen Untersuchungen, wie auch die unter seiner Leitung von Schülern und Assistenten ausgeführten Arbeiten, finden sich zum grössten Theil in den »Annalen der Leidener Sternwarte« (Bd. I—IV, Haarlem und Haag 1868—1875) vereinigt.

Delaunay, Charles Eugène (1816—1872), aus Lusigny im Departement Aube; Sohn eines Lehrers der Mathematik. Kommt 1834, nach Besuch des Collège in Troyes, auf die Ecole polytechnique, welche er als vorzüglichster Schüler schon nach zwei Jahren verlässt, um auf der Ecole des Mines zu studiren. Noch Student erhält er eine Anstellung als Lehrer der Geodäsie an der erstgenannten hohen Schule, wird später dort und an der Ecole des Mines Professor für Geometrie, Mechanik und Ingenieur-Wissenschaft; seit 1850, wo er die Stellung an ersterer aufgiebt, Ingénieur en chef an der letzteren. Im März 1870 an Leverriers Stelle zum Director der Pariser Sternwarte ernannt, bewährt er sich dort unter schwierigen Verhältnissen, während der Belagerung von Paris und in der Schreckensherrschaft der Commune, und sucht gleich seinem Vorgänger die Sternwarte in jeder Weise zu heben. Im Sommer 1872 verunglückt er bei einer Bootfahrt in der Nähe von Cherbourg. — D. hat sich als Analytiker und theoretischer Astronom in hohem Grade ausgezeichnet. Sein wichtigstes Werk, welches er als seine Lebensaufgabe betrachtet und seit 1846 unausgesetzt bearbeitet hat, ist die »Théorie de la Lune«, von der 1860 und 1867 zwei Bände in den Mémoires de l'Institut de France erschienen sind; andere hiermit zusammenhängende Untersuchungen, namentlich über die Acceleration der mittleren Mondbewegung (S. 90), sind in besonderen Abhandlungen erschienen. Das schwere Problem der Mondbewegung hat D. in durchaus origineller Weise anzugreifen und analytisch nahezu vollständig zu lösen gewusst.

Mädler, Johann Heinrich (1794—1874), aus Berlin. In der Kindheit von sehr zarter Gesundheit; verrieth aber schon früh Lust und Anlage zum Lernen und Studiren und wurde daher von den Eltern, der Familienüberlieferung getreu, zum Lehrfach bestimmt. Das Gymnasium wurde von

1806 an mit Erfolg besucht, und er hätte seiner sich zeigenden Neigung zur Mathematik und Astronomie wohl folgen und studiren können, wären nicht durch den Tod beider Eltern 1813 ernste Pflichten an ihn herangetreten. Zur Erhaltung der Geschwister musste er Seminarlehrer werden und erst nach Jahren und harter Arbeit erübrigte er Zeit genug, um dabei die Universität zu besuchen. Die Bekanntschaft mit dem Bankier Wilh. Beer, dem er 1824 Privatvorträge über Astronomie und Mathematik hielt, entschied seine Zukunft. Beer wurde durch M. zum Bau einer kleinen Sternwarte bewogen, an der dann von 1830 an beide eifrig beobachteten. Namentlich war es der Mond, dem sie sich zuwandten; und das Resultat ihrer Beobachtungen, Messungen und Untersuchungen, die grosse »Mappa selenographica« (Berlin 1834) und der erläuternde Text dazu: »Der Mond nach seinen kosmischen und individuellen Verhältnissen etc.« (1837) machte M. rasch bekannt und brachte ihm verdiente Ehren. Schon früher hatte er an Arbeiten der Universitäts-Sternwarte theilgenommen; 1836 wurde er nun zum Assistenten derselben ernannt, worauf er seine Lehrerstelle aufgab. Als bald darauf, durch den Weggang Struves nach Pulkowa, das Directoriat der Dorpater Sternwarte frei wurde, erhielt M. den Ruf dorthin als Director und Professor der Astronomie. Von 1840—65 war er in Dorpat auf verschiedenen Gebieten der Stellarastronomie, speciell aber wie Struve auf dem der Doppelsterne thätig, und seine Beobachtungen und Messungen, die allerdings denen seines grossen Vorgängers erheblich nachstehen, füllen verschiedene Bände der Dorpater Beobachtungen. Ein Augenleiden, welches die Beobachtungen unmöglich machte, wie der Wunsch nach litterarischer Beschäftigung, die ihn von je besonders angezogen, veranlasste ihn 1865 den Abschied zu nehmen. Er kehrte nach Deutschland zurück und lebte nach einander in Wiesbaden, Bonn und Hannover, an welch' letzterem Orte er nach 16monatlicher Krankheit am 14. März 1874 starb.

Gegen M.s stellarastronomische Arbeiten, namentlich gegen die Folgerungen, die er in seinen »Untersuchungen über die Fixsternsysteme« (2 Thle. Mitau und Leipzig 1847, 48) und der »Centralsonne« (Dorpat 1846) über die Constitution des Weltsystems zog, ist mit Recht viel eingewendet worden, und die Hartnäckigkeit und Heftigkeit, mit der er seine in der Hauptsache unhaltbaren Ansichten vertheidigte, haben ihm mehr geschadet als genützt. Doch ist er auch hier nicht ohne Verdienst, wie namentlich seine rechnerischen Arbeiten über die Eigenbewegungen der Bradley'schen Sterne (Dorpater Beobb., XIV. Bd., 1856) und über Doppelsternbahnen, von denen er mit die ersten berechnete, zeigen. Wichtiger aber bleibt das in der Berliner Zeit Vollbrachte, seine Untersuchungen über die Topographie der Planeten und namentlich des Mondes. Als populärer Schriftsteller endlich hat er einen Namen erlangt, wie kaum ein anderer; seine »Populäre Astronomie« (Berlin, 1. Aufl. 1841, 7. Aufl. herausgegeben von Klinkerfues 1879) hat die Himmelskunde wohl mehr als irgend ein anderes neueres Buch in die weitesten Kreise getragen; von den beiden letzterschienenen Schriften »Reden und Abhandlungen über Gegenstände der Himmelskunde« (Berlin 1870) und »Geschichte der Himmelskunde« (2 Bde. Braunschweig 1873) fehlt besonders letzterem Werke zu einer wirklichen »Geschichte« nach Anlage und Durchführung sehr Vieles.

Hansen, Peter Andreas (8. Decbr. 1795 bis 28. März 1874), aus Tondern in Schleswig; Sohn eines geachteten Goldschmieds. Die väterlichen Verhältnisse erlaubten nicht, dem reich begabten Knaben alle wünschenswerthe Ausbildung zu geben, und so blieb dieser viel und lange auf sich angewiesen. Die freie Zeit, welche die Schule liess, benutzte er zum Studium der Sprachen und der Mathematik, sowie zur Construction verschiedener physikalischer Apparate, da er nicht geringere geistige Anlagen als mechanische Fertigkeiten verrieth. Letzterer Umstand und die erworbenen physikalischen Kenntnisse, bewogen ihn wohl auch, die Uhrmacherkunst zu erlernen, da sich seinem heissen Wunsche, studiren zu dürfen, allzuviele Schwierigkeiten in den Weg stellten. So begab er sich denn in die Lehre zu einem Uhrmacher in Flensburg und nach Erfüllung der Lehrzeit von da 1818 nach Berlin, um noch ein Jahr in gleicher Weise zu arbeiten. In die Vaterstadt zurückgekehrt, errichtete er dann eine Uhrmacherwerkstatt, ohne indessen sein hohes Ziel, das freilich unerreichbar schien, ganz aus dem Sinne zu verlieren. Die Krankheit seiner Schwester brachte ihn nun 1820 in Berührung mit dem Arzt Dirks, dessen mathematischer Sinn die hohe Begabung H.s bald erkannte; diese Bekanntschaft bezeichnet den Wendepunkt in seinem Leben. Dirks brachte es dahin, dass der Vater endlich die Erlaubniss gab, den jungen Uhrmacher bei Schumacher, damals in Kopenhagen, einzuführen. Eine gerade freigewordene Rechnerstelle konnte H. zwar nicht mehr erlangen; jedoch hatte die Empfehlung Schumachers und die Vorstellung beim dänischen König doch den Erfolg, dass er als, anfangs allerdings unbesoldeter, Gehülfe ersterem bei seinen Gradmessungsarbeiten in Holstein assistiren durfte. Anfang 1821 wurde er dann beständiger Mitarbeiter an der Gradmessung und Gehülfe Schumachers, mit dem ihn bald innige Freundschaft verband. Die hervorragenden Leistungen des jungen Astronomen lenkten jetzt die Aufmerksamkeit auf ihn, und so wurde er denn schon nach wenigen Jahren als Nachfolger Enckes auf die Gotha-Seeberger Sternwarte berufen. Im August 1825 siedelte H. nach Gotha über und ist dort in stiller Thätigkeit fast ein halbes Jahrhundert, bis an sein Ende geblieben, obschon ihm mehrfach verlockende Anerbietungen gemacht wurden, so 1839 nach Dorpat, 1847 nach Königsberg, 1857 nach Kopenhagen.

Die epochemachenden Arbeiten, die von dem kleinen Gotha jetzt ausgingen, brachten H., ähnlich wie Gauss und Bessel, wissenschaftlichen Ruhm, Ehren und Auszeichnungen vom Inland und Ausland in reichstem Masse; 1846 wurde er Mitglied der neu gegründeten königl. sächsischen Gesellschaft der Wissenschaften, 1860 Geh. Regierungs-Rath, 1865 auswärtiges Mitglied der Berliner Akademie u. a.; mehrmals erhielt er, wie Bessel, die goldene Medaille der Royal Astron. Society. Im Jahre 1828 verheirathete er sich mit der Tochter des Oberforstmeisters Braun, aus welcher Ehe sieben Kinder hervorgingen, die das Glück des nur der Wissenschaft und den Pflichten seines Berufes lebenden Mannes noch fester gründeten. Diese innere Ruhe, nur vorübergehend durch wissenschaftliche Fehden gestört, wie das höchst regelmässige, nur durch wenige grössere Reisen (nach England und Pulkowa) unterbrochene Leben liessen H. das rüstigste Greisenalter erreichen. Erst in den letzten Lebensjahren stellte sich ein lästiges Augenleiden ein, zuletzt ein Leberleiden, welches den Tod im Frühjahre 1874 herbeiführte.

Die grossen praktischen Talente, die H. auszeichneten, konnten an einer mit so geringen Mitteln ausgerüsteten Sternwarte wie der Seeberg-Gothaer nicht vollauf zur Geltung kommen. Gleichwohl hat er durch mannigfache sinnreiche Erfindungen und Verbesserungen der astronomischen Instrumente und ihrer Hülfsapparate auch der Beobachtungskunst grosse Dienste geleistet; ebenso, als 1857 die neue Sternwarte in Gotha selbst gebaut und die auf dem Seeberge verlassen wurde, eine Menge praktischer Einrichtungen vorgeschlagen und ausgeführt, die später auch anderen Sternwarten von Nutzen gewesen sind. Die Theorie der Instrumente hat er gleichfalls durch die schönen Arbeiten über das Heliometer, das Aequatoreal und das Passageninstrument ungemein gefördert; ebenso bereicherte und vertiefte er die theoretische Geodäsie, Dioptrik und Wahrscheinlichkeitsrechnung durch scharfsinnige Untersuchungen. Der Schwerpunkt aber seiner geistigen Thätigkeit, das, was ihm zumeist den Anspruch auf den Namen eines der grössten Astronomen giebt, liegt in seinen Arbeiten über die Bewegungen der Himmelskörper, speciell über die Störungen. Die Störungstheorie, deren Grundzüge er bereits in den ersten Jahren seines Aufenthalts auf dem Seeberge in den Astr. Nachr. veröffentlichte, bildet das Fundament seiner wichtigsten und umfassendsten Untersuchungen, die er bis tief in die fünfziger Jahre theils als selbständige Werke, theils in den Schriften der kgl. sächs. Gesellschaft der Wissenschaften bekannt gemacht hat, und die hier nur zum Theil und dem Titel nach genannt werden können: die Theorie der Mondbewegung (1838, 1862—64), der absoluten und speciellen Störungen der kleinen Planeten (1853—59), der Cometenstörungen (1843, 1850), der Störungen der grossen Planeten (1830). Das praktisch rechnerische Resultat seiner Untersuchungen über die Mondbewegung ist in den grossen Tables de la Lune niedergelegt, die 1857 von der britischen Admiralität herausgegeben wurden und noch jetzt, obschon sie allmählich Abweichungen vom Himmel zeigen, den meisten numerischen Angaben in den verschiedensten Ephemeridensammlungen (Jahrbüchern) zu Grunde liegen. Gemeinsam mit Olufsen hatte er 1853 auch Sonnentafeln publicirt (Kopenhagen), die an Stelle der Carlini-Bessel'schen lange Zeit gebraucht, erst neuerdings durch die genaueren von Leverrier ersetzt worden sind.

Quetelet, Lambert Adolphe Jacques (1796—1874), aus Gent. Reich auch in künstlerischer und litterarischer Hinsicht begabt und voller Energie; durch den Tod des Vaters schon früh auf sich angewiesen, wird er bereits mit 19 Jahren Professor der Mathematik am Lyceum seiner Vaterstadt, auf dem er seine erste Bildung empfangen hatte. Wenige Jahre später erhält er eine Professur am Athenaeum in Brüssel und wird Mitglied der Belgischen Académie des Sciences. Bald stellt er hier den Antrag, eine Sternwarte zu errichten; geht selbst, im Auftrag des Ministers, nach Paris, um sich in der praktischen Astronomie auszubilden, dann nach England und Deutschland, um Astronomen und Institute kennen zu lernen; doch verhindern hauptsächlich die politischen Stürme eine rasche Ausführung und erst 1832 wird der 1826 begonnene Bau vollendet. Qu., vielseitig wie er war, widmete sich und das neue Institut nicht nur der Astronomie; fast mehr noch ist er in der Meteorologie und der Physik der Erde thätig, deren Grund er gewissermassen erst in seinem Vaterlande legt, sowie in der statistischen Wissenschaft, als deren hauptsächlichster Begründer er zu betrachten ist. Die Resultate seiner Thätigkeit auf diesen Gebieten enthalten die Schriften »Sur le Climat de la Belgique« (2 Voll. Brüssel 1849, 57), »Sur la Physique du Globe« (1861) und sein berühmtestes Werk die »Physique sociale« (2. Edit. 2 Voll. 1868, 69). Die astronomische Wirksamkeit wurde durch geringe Mittel und Ausrüstung der Sternwarte anfangs beeinträchtigt; erst in den fünfziger Jahren unternahm Qu., wesentlich unterstützt von seinem Sohne und spätern Nachfolger Ernest Qu. (1825—1878), in der Bestimmung von zahlreichen Sternen mit vermuthlicher Eigenbewegung eine umfangreiche Arbeit. Kleinere Beobachtungsreihen und Untersuchungen, wie über Meteore, Nordlicht und andere in die Physik der Erde schlagende Arbeiten veröffentlichte er schon seit Anfang der vierziger Jahre in den Bulletins de l'Académie, deren beständiger Secretär er seit 1835 war, und in den von ihm seit 1834 herausgegebenen Annuaires und Annales de l'Observatoire. Ferner stammen aus dieser Zeit verschiedene gute populäre astronomische Schriften. In späteren Jahren wandte er sich auch geschichtlichen Untersuchungen zu, deren Ergebnisse in der »Histoire des sciences mathém. et phys. chez les Belges« (1864) und »Les Sciences mathém. etc. au commencement du 19. Siècle« (1866) vorliegen; doch bleibt die Statistik unzweifelhaft das Gebiet, auf dem er die schönsten Palmen errungen.

Schwabe, Samuel Heinrich (1789—1875), aus Dessau; Sohn eines Hofmedicus. Uebernimmt nach einiger Vorbereitung in Berlin die Apotheke des Grossvaters, die er jedoch 1829 verkauft, um in Ruhe seinen Lieblingsstudien, der Botanik und Astronomie, leben zu können. Wird später Hofrath. — Als Astronom hat er sich hauptsächlich der Beobachtung der Sonne zugewandt und durch die Entdeckung der Periodicität der Sonnenflecken, 1843, Ruhm erworben (S. 291); indessen rühren auch werthvolle Messungen des Saturn und Beobachtungen des Halley'schen Cometen von ihm her.

Argelander, Friedrich Wilhelm August (22. März 1799 bis 17. Februar 1875), aus Memel; Sohn eines wohlhabenden Kaufmanns. Als Knabe traten ihm die ernsten Verhältnisse, unter denen damals Preussen und Deutschland litt, persönlich nahe: die preussische Königsfamilie, die 1806 Berlin verlassen, hatte sich nach Memel gewandt und in A.s Elternhause Wohnung genommen. Die Eindrücke, die der Knabe damals empfing, blieben ebenso wirksam, wie das fast freundschaftliche Verhältniss von Dauer, welches ihn dem jungen Prinzen Friedrich Wilhelm (dem späteren König Fr. W. IV.) und Wilhelm (dem deutschen Kaiser) verband. Nach sorgfältiger Erziehung, theils im elterlichen Hause, theils auf dem Gymnasium zu Elbing und, seit 1813, auf dem Collegium Fridericianum zu K., bezog A. als Student der Cameral-Wissenschaften 1817 die Königsberger Universität. Bald aber zogen ihn Astronomie und Mathematik und namentlich Bessels Person und Vorlesungen vor anderen an; er widmete sich der Astronomie und erlangte in kurzem das Vertrauen seines grossen Lehrers so sehr, dass dieser ihm eine Reihe von praktischen rechnerischen Aufgaben für die Sternwarte wie für seine Fundamenta astron. übergab. Sowohl hierdurch als durch die Beobachtungen, für die er eine ganz besondere Neigung und Begabung zeigte, erwarb er die volle Anerkennung Bessels, und bereits Ende 1820 wurde er als Assistent der Sternwarte dauernd angestellt, wo er zunächst lebhaft Theil an den Bessel'schen Zonen-Beobachtungen nahm. Im Frühling 1822 promovirte er mit einer Schrift über die Flamsteed'schen Beobachtungen und erlangte bald darauf mit seiner mustergültigen Abhandlung über die Bahn des grossen Cometen von 1811 (Königsberg 1822) die Venia docendi. Als indessen durch Walbecks Tod die Stelle des Observators der Sternwarte zu Åbo erledigt ward, folgte er einem Ruf dorthin und siedelte mit seiner jungen Frau im Mai 1823 nach Finnland über, um die neuerbaute nordische Sternwarte zu leiten.

Zunächst beschäftigte ihn dort die vollständige Ausrüstung und die Aufstellung der Instrumente; ausgedehnte Beobachtungen waren erst von 1827 an, als der neue Reichenbach-Ertel'sche Meridiankreis eingetroffen, möglich. Ein verheerender Brand, der den grössten Theil der Stadt im Herbst 1827 zerstörte und die Sternwarte selbst bedrohte, unterbrach zwar die Beobachtungen längere Zeit; doch konnte A. eine der wichtigsten Arbeiten, die Beobachtungen von 560 Sternen mit starker Eigenbewegung, noch zu Ende führen. Universität und mit ihr Sternwarte wurden nach der Hauptstadt Helsingfors verlegt, und A., der zum ordentlichen Professor der Astronomie ernannt war, konnte im Sommer 1833 die Beobachtungen, wenn gleich in beschränktem Umfange, wieder aufnehmen. Der grösste Theil der Zeit wurde der Berechnung und Publication der Åboer Beobachtungen, sowie Untersuchungen über die Eigenbewegung des Sonnensystems gewidmet; als Resultat der ersteren erscheint der Aboer Katalog von 560 Sternen (Helsingfors 1835), als das der letzteren die wichtige Abhandlung über die Eigenbewegung des Sonnensystems (Mém. de l'Acad. de St. Pétersbourg T. III. 1837).

Aber auch Helsingfors behielt den jungen, mittlerweile berühmt gewordenen Astronomen nicht lange. Im Jahre 1836 hatte die preussische Regierung beschlossen, in Bonn eine Sternwarte ersten Ranges zu erbauen; A., an den der Ruf erging, das neue Institut zu leiten, folgte ihm und siedelte Anfang 1837 nach der heitern rheinischen Musenstadt über. Die Jahre, die bis zur Vollendung der neuen Sternwarte vergingen, und welche auch durch Beobachtungen in einem provisorischen Local, auf dem sog. »alten Zoll«, anfangs nur ungenügend für die Wünsche eines so leidenschaftlichen Beobachters auszufüllen waren, benutzte der rastlose Mann zur Anfertigung seines so ungemein nutzbringenden Sternatlas, der »Uranometria nova« (Berlin 1843), sowie zu seinen epochemachenden Beobachtungen und Untersuchungen über die veränderlichen Sterne. Es ist bekannt, dass A. gerade in diesem bis dahin fast ganz vernachlässigten Gebiete, sowohl durch die Methoden der Beobachtung, wie durch die consequente ausdauernde Verfolgung und Untersuchung der wichtigsten Veränderlichen wie Algol, β Lyrae, Mira Ceti das Grösste geleistet hat. Bis in die letzten Jahre seines reichen Lebens hat er sich diesem Zweige der Fixsternkunde mit ganz besonderer Vorliebe hingegeben. Inzwischen konnte auch, nach Aufstellung eines mit Gradbogen versehenen Passageninstrumentes auf dem alten Zoll, eine wichtige Beobachtungsreihe in Angriff genommen und durchgeführt werden: die nördlichen Zonen, von 45° bis 80° Decl., nahe 22 000 Sterne enthaltend, die den Anschluss an die Bessel'schen bilden, und welche die letzteren trotz ungünstiger Verhältnisse in der That an Genauigkeit noch etwas übertreffen. Als dann 1845 endlich die neue Sternwarte bezogen werden konnte, fanden die Zonen auch nach Süden zu eine Fortführung; mit dem neuen Pistor-schen Meridiankreise wurden (1849—52) über 17000 Sterne bis zur 9. und 9.10 Grösse von — 15° bis — 31° Decl. beobachtet. Noch vor dem Abschluss dieser Beobachtungen fasste A. aber einen noch weit grossartigeren Plan: es sollten überhaupt alle Sterne bis mindestens zur 9. Grösse zwischen dem Nordpol und — 2° Decl. nach einheitlicher Art bis auf etwa 1^s und $0.''5$ genau beobachtet werden, ähnlich, wie es Bessel bei den akademischen Sternkarten im Auge gehabt, die aber, trotzdem sie nur eine Zone von 30° umfassten, doch damals noch nicht vollendet waren. Diese grosse Aufgabe, an der sich neben A. selbst in erster Linie Schönfeld, der nachmalige Director der Bonner Sternwarte, und Krueger, späterer Schwiegersohn A.s und jetzt Director der Kieler Sternwarte, betheiligten, wurde glücklich, wenn auch nach Ueberwindung zahlreicher Schwierigkeiten durchgeführt. Vom Februar 1852 bis März 1859 wurden an einem Cometensucher von 34 Lin. Oeffnung in 625 Nächten 1841 Zonen beobachtet, die etwa 850000 einzelne Beobachtungen enthalten; Zweifel, die bei einem derartigen Unternehmen begreiflicherweise nicht selten auftauchten, wurden an grösseren Instrumenten, namentlich auch an dem Hauptinstrumente der Sternwarte, dem Merz'schen Heliometer von 6 Zoll Oeffnung, in 476 Revisionszonen, welche etwa 137000 Beobachtungen repräsentiren, gelöst. Das Endergebniss, die Rectascensionen und Declinationen von 324198 Sternen für 1855, liegt in dem grossartigen Werke, dem Bonner Sternverzeichniss oder der sog. »Durchmusterung« vor, welches 1859—62 erschien (Bonner Beobachtungen III.—V. Band), und mit dem in dem »Atlas des nördlichen gestirnten Himmels« die bildliche Darstellung Hand in Hand ging. Die Ausdauer, Sorgfalt und kritische Schärfe, welche A. selbst wie seine Mitarbeiter in ihm bewiesen, werden stets jüngeren Geschlechtern als leuchtende Vorbilder zu gelten haben. — Als Fortsetzung und Abschluss der A.'schen Arbeiten in der Fixsternastronomie und der Statistik der Gestirne speciell muss einerseits die von Schönfeld durchgeführte »südliche Durchmusterung« (von — 2° bis — 23° Decl.), andererseits die von der Astron. Gesellschaft wesentlich nach A.s Plänen ins Leben gerufene Festlegung sämmtlicher Sterne der Bonner Durchmusterung bis zur Grösse 9.0 durch genaue Meridianbeobachtungen angesehen werden. Auch diese letztere Arbeit, die natürlich unter viele Sternwarten zu vertheilen war, und an der sich Bonn gleichfalls mit einer Zone betheiligte, naht ihrer Vollendung.

Die grossen Leistungen des unermüdlichen, scharfsinnigen Beobachters brachten ihm Auszeichnungen der mannigfachsten Art, und die persönlichen Eigenschaften des Menschen führten ihm Schüler und Freunde von allen Seiten zu; 1866 wurde er Geheimer Regierungsrath, 1874 Ritter des Ordens pour le mérite; Akademien und gelehrte Gesellschaften ernannten ihn zu ihrem Mitgliede, und sein Rath und Beistand wurden oft gesucht und gern gewährt. — Seine bis in das hohe Alter kräftige Gesundheit wurde erst im Sommer 1874 durch eine typhusartige Krankheit ernsthaft gestört, und an ihren Folgen verschied er sanft und ruhig am 17. Februar 1875. — Wie Hansens Name als Theoretiker, so ist der A.s als Beobachter mit unvergänglichen Zügen in den Annalen der Wissenschaft eingeschrieben.

d'Arrest, Heinrich Louis (1822—1875), Sohn eines Rechnungsraths in Berlin. Nach guter Vorbildung bezieht er 1839 die Berliner Universität, um sich mathematischen und astronomischen Studien zu widmen. Auf der Sternwarte ist er bald als Beobachter wie als Rechner erfolgreich thätig, und seine sorgfältigen Arbeiten, namentlich über die Bahnen von Cometen und kleinen Planeten, verschaffen ihm bereits 1848 die Stellung eines Observators an der unter der Direction von Möbius stehenden Leipziger Sternwarte. Nach drei Jahren habilitirt er sich für Astronomie, wird fast gleichzeitig, in Folge der Ablehnung eines Rufes nach Washington, Professor, verlässt aber Leipzig 1857, um einem anderen ehrenvollen Rufe, als Director der neu zu gründenden Sternwarte nach Kopenhagen zu folgen. In der verhältnissmässig kurzen Zeit von drei Jahren wird das neue, mit Instrumenten ersten Ranges ausgerüstete Observatorium fertig, und d'A. kann im Herbst 1861 die Beobachtungen am grossen Merz-Jünger'schen Refractor von $10^{1}/_{2}$ Zoll Oeffnung beginnen, während der 6füssige Meridiankreis von Pistor und Martins der Fürsorge des tüchtigen Observators C. Schjellerup (geb. 1827) überlassen bleibt. Bis zu seinem fast plötzlich erfolgenden Tode widmet er sich den Beobachtungen, ebenso unermüdlich in der Sammlung, wie vorsichtig und kritisch prüfend in der Bearbeitung und Verwerthung des Materials. — Schon in Leipzig hatte d'A. eine werthvolle Reihe von Positionsbestimmungen von Nebelflecken veröffentlicht (Abhandlungen der königl. sächs. Ges. d. Wissensch. 1856) und in ihr den Beweis geliefert, dass selbst mit relativ geringen Mitteln — es stand ihm hier nur ein $4^{1}/_{2}$ zöll. Refractor zu Gebote — viel geleistet werden kann. Diese Beobachtungen setzte er in Kopenhagen in umfassendster Weise fort. Was Argelander in der Bonner Durchmusterung für die Sterne bis zur 9.10 Grösse gethan hatte, das beabsichtigte d'A. mit dem lichtstarken und bildscharfen Kopenhagener Refractor für die Nebel: eine möglichst vollständige zonenweise Beobachtung sämmtlicher seinem Instrumente erreichbaren Nebel. Je weiter aber die Arbeit gedieh, desto mehr erkannte er die Unmöglichkeit, sie zu dem gewünschten vollständigen Ende zu führen; der Reichthum an Nebeln, die in seinem Fernrohr sichtbar waren, überstieg alle Erwartung, und die Unausführbarkeit der Beobachtung aller zwang zur Beschränkung und zum Abschluss. So legte er denn 1867 in seinem fundamentalen Werke: »Siderum nebulosorum observationes Havnienses« (Kopenhagen) die Resultate fast sechsjähriger Beobachtungen, Messungen und Entdeckungen der astronomischen Welt vor; es ist eine Arbeit, welche den Vergleich mit der Bonner Durchmusterung oder mit Struves Mensuris micrometr. nicht zu scheuen braucht, und wofür die von der Royal Astron. Society 1875 verliehene goldene Medaille nur der verdiente äussere Lohn war; der Nebelbeobachter kann ebenso wenig d'A.s als der Doppelsternbeobachter Struves Beobachtungen entbehren, und die reichsten Früchte wird auch in diesem Falle erst die Zukunft ernten. — In den letzten Jahren wendete sich d'A. mit Vorliebe und Erfolg spectralanalytischen Untersuchungen zu, und auch hier leistete er, weniger durch die Masse als durch die Güte und Zuverlässigkeit seiner Wahrnehmungen, Hervorragendes; um 1870 unternahm er die spectroskopischen Beobachtungen der hellen Nebel und Sternhaufen, und nach der Publication seiner und der Resultate anderer, in einem dänischen Programm 1872, begann er die Fixsternspectra systematisch und zonenweise zu beobachten. Sein allzufrüher Tod unterbrach leider diese Untersuchungen; doch enthalten auch die wenigen in den Astr. Nachr. (Bd. 84—86) mitgetheilten Ergebnisse viel Werthvolles.

Carrington, Richard (1826—1875), aus Chelsea, Sohn eines wohlhabenden Brauers. Nach normalem Schulbesuch kommt er 1844 nach Cambridge, wo sich seine Neigung zu den mathematisch-mechanischen Wissenschaften Bahn bricht. Er verlässt nach längeren Studien die Universität, bildet sich selbst systematisch für die praktische Astronomie aus und wird dann für drei Jahre Beobachter an der Sternwarte zu Durham. Die mangelhafte Ausstattung und die geringe Aussicht, Besseres zu erlangen, bestimmte ihn aber, die Sternwarte zu verlassen und sich selbst eine solche zu bauen. Nach längerem Suchen wurde zu Redhill eine passende Localität gefunden und zwei Jahre darauf, 1854, bezogen, Anfang der sechziger Jahre indessen mit einer noch günstigeren in Churt, Surrey, vertauscht. Die astronomischen Arbeiten unterbrach 1858 auf einige Zeit der Tod des Vaters und die damit eintretende Verpflichtung, dessen Brauerei zu übernehmen; 1865 wurde er selbst von schwerer Krankheit ergriffen, von der er sich bis zum Tode nicht ganz wieder erholte. — C. ist unter den zahlreichen englischen Privatastronomen einer der scharfsinnigsten und eifrigsten. Seine mit einem schönen Meridiankreise angestellten und in dem Redhill Catalogue 1857 publicirten Beobachtungen von mehr als 3700 sehr nördlichen teleskopischen Sternen zeichnen sich durch Genauigkeit der Messungen wie durch Schärfe der Reduction aus, und die durch $7^1/_2$ Jahre consequent fortgesetzten Beobachtungen der Sonnenflecken, 1863 in einen grossen Quartband (Observations of the spots on the Sun, London) zusammengefasst, haben die wichtigsten Daten zur Erkenntniss der Sonnenrotation und der Fleckenbewegung geliefert (S. 293 f.). C. selbst hat in der Einleitung zu dem bedeutenden Werke die hauptsächlichsten Schlüsse gezogen.

Santini, Giovanni (1786—1877), aus Caprese bei Borgo di S. Sepolcro im Toscanischen. Priester. Studirt erst in Pisa, dann bei Oriani in Mailand: 1806 Assistent des Observatoriums in Padua, von 1813 bis zu seinem im höchsten Alter erfolgenden Tode Director und Professor der Astronomie. — S. war ein sehr fleissiger und geschickter Beobachter, und namentlich sind seine, den Bessel'schen ähnlichen Zonenbeobachtungen, die er seit 1837 ausführte, für die praktische Astronomie von entschiedenem Nutzen geworden. Als Schriftsteller ist er in seinem Vaterlande durch die Elementi di astronomia (2 Voll. Padua 1819, 20) und die Teorica degli stromenti ottici (2 Voll. 1828) bekannt und geschätzt.

Heis, Eduard (1806—1877), aus Köln. Studirt, nach Absolvirung des Gymnasiums, 1824—27 zu Bonn Mathematik und Naturwissenschaften: wird dann Lehrer an einem Kölner Gymnasium, 1837 an der Realschule in Aachen. Von dort wird er 1852 als Professor der Mathematik und Astronomie an die Akademie zu Münster berufen, wo er bis an sein Ende, die letzten Jahre vielfach leidend, bleibt. — H. war in erster Linie Lehrer und hat als solcher, theils persönlich theils litterarisch, namentlich durch seine bekannte »Sammlung von Beispielen und Aufgaben aus der Arithmetik und Algebra« (Köln, 1. Aufl. 1837) sehr fruchtbringend gewirkt. Zur Astronomie fühlte er sich aber schon früh, als Student, hingezogen und bereits 1839 begann er die Beobachtungen, die seinen Namen dauernd an die Himmelskunde knüpfen, die Beobachtungen über Sternschnuppen und Feuerkugeln.

Durch Argelander, dem er sich eng anschloss, wurde er dann auch dem Studium der Veränderlichen, des Zodiakallichts, der Milchstrasse, der Dämmerungserscheinungen und des Nordlichts zugeführt, alles Erscheinungen, die der Liebhaber, der über keine oder nur geringe instrumentelle Mittel verfügt, fast ausschliesslich verfolgen kann. H. hat mit unermüdlichem Fleiss, Eifer und Geschick diese sämmtlichen Phänomene Jahrzehnte lang beobachtet und durch seine Schüler, die er dafür zu interessiren wusste, mit beobachten lassen. Die werthvollen Resultate, die er selbst wie nicht wenige Astronomen von Fach aus seinen Wahrnehmungen schon abgeleitet haben und voraussichtlich noch ferner ableiten werden, dürfen als glänzendes Beispiel dessen, was der Laie und Liebhaber für die Wissenschaft leisten und nützen kann, gelten. Seine Sternschnuppen- und Zodiakallicht-Beobachtungen hat er in den »Veröffentlichungen der kgl. Sternwarte zu Münster« (Köln 1875, 1880) bearbeitet; seine Helligkeitsschätzungen von Fixsternen und Untersuchungen über die Milchstrasse enthält der vortreffliche »Atlas coelestis novus« (Köln 1872), der zufolge der ungewöhnlichen Schärfe und Lichtempfindlichkeit des H.'schen Auges weit mehr Sterne als Argelanders Uranometrie aufführt (p. 481). Einen andern und grossen Theil seiner Beobachtungen, z. B. über Sonnenflecke, Polarlichter u. a., veröffentlichte er in einer von Jahn gegründeten populären Zeitschrift, die er unter dem Titel »Wochenschrift für Astronomie, Meteorologie und Geographie« (Halle), von 1858 bis 1875 herausgab.

Leverrier, Urbain Jean Joseph (11. März 1811 bis 23. Septbr. 1877), aus Saint-Lô im Departement La Manche. Aus seiner frühen Jugend ist wenig bekannt. Mit 20 Jahren kam er auf die Ecole polytechnique, wo er sich so auszeichnete, dass er schon nach zwei Jahren (1833) eine Stellung als Ingenieur und Chemiker bei der Administration des tabacs erhielt. Seine ersten wissenschaftlichen Arbeiten behandeln chemische Fragen; bald aber wendet er sich fast ausschliesslich astronomischen Studien zu, die er jedenfalls schon auf der Ecole polytechn. mit besonderem Eifer getrieben, und 1839 bereits legt er sein erstes wichtiges Mémoire über die säcularen Aenderungen der Bahnelemente der sieben Hauptplaneten der Pariser Akademie vor, dem dann in ununterbrochener Reihe andere nicht weniger bedeutende, sämmtlich theoretischen Inhalts folgen: 1843 die später noch weiter ausgearbeitete Theorie der Mercur-Bewegung, in den beiden nächsten Jahren die Untersuchungen über die drei periodischen Cometen von Lexell, Faye und De Vico. In diese Zeit fallen auch seine ersten epochemachenden Untersuchungen über die Uranus-Bewegung, die, wie bekannt, zur Entdeckung des Neptun führten (S. 401 ff.) und L.s Namen den glänzendsten, welche die astronomische Wissenschaft aufzuweisen hat, beigesellten. — Als 1853 Arago starb, wurde L. zum Director der Pariser Sternwarte ernannt, und er hat diese Stellung, mit Ausnahme der Jahre 1870—72, wo er zufolge von Differenzen mit dem Personal ihr enthoben war, bis zu seinem Tode innegehabt. Durch seine ausserordentliche Energie, Willensstärke und Arbeitskraft hat die Pariser Sternwarte namentlich den Ruhm und die einflussreiche Stellung wieder erlangt, die sie zwei Jahrhunderte zuvor, zur Zeit ihrer Gründung besessen, und seine einzig dastehenden Leistungen in der Theorie der planetarischen Bewegungen haben ihm selbst unvergänglichen Ruhm gesichert.

Wenn wir jetzt die Bahnen und Bewegungen sämmtlicher Hauptplaneten mit einer fast vollkommenen Genauigkeit kennen, so verdanken wir dies zum allergrössten Theil L., der ein ganzes Leben ihnen geweiht hat. Die Theorie der Bewegungen und die auf sie gegründeten Tafeln zur Berechnung der Oerter finden sich in den Annales de l'Observatoire de Paris Vol. IV—XIV. welche das schönste Denkmal bleiben werden, das dem grossen Astronomen gesetzt werden kann. Die Zeiten, in denen L. sie bearbeitete bezw. vollendete, sind für Mercur 1843 und 1859, Venus 1861, Erde (Sonne) 1853 und 1858, Mars 1861, Jupiter und Saturn 1872 und 73, Uranus 1846 und 74. endlich Neptun 1875. Eine der letzten Arbeiten die ihn beschäftigten, war die Untersuchung der räthselhaften Bewegung des Mercur-Perihels; sie führte ihn zur Annahme eines oder mehrerer kleiner Körper zwischen Mercur und Sonne (S. 330). Die directe Beobachtung hat, wie wir wissen, L.s Hypothese bis jetzt allerdings nicht bestätigt.

Secchi, Angelo (1818—1878), aus Reggio in der Lombardei. Tritt. nachdem er auf einer Schule des Jesuiten-Collegs jener Gegend erzogen war, mit 15 Jahren in den Jesuitenorden, macht sein Noviziat am Collegio Romano durch, wird darauf als Lehrer der Physik und Mathematik an das Colleg nach Loretto geschickt, lebt dann, nach Empfang der Priesterweihen. mehrere Jahre in Rom und geht 1848, durch die Stürme der Revolution vertrieben, nach den Vereinigten Staaten, wo er in dem Georgetown College bei Washington als Lehrer der Naturwissenschaft für kurze Zeit ein Asyl findet. Nach De Vicos Tode, 1849, wird er indessen vom Ordensgeneral nach Rom als Director der Sternwarte des Collegio Romano und Nachfolger De Vicos zurückgerufen. In seiner neuen Stellung, von Mitteln reich unterstützt, ohne besondere zeitraubende Verpflichtungen und Geschäfte, entfaltet S. auf den verschiedensten Gebieten der praktischen Astronomie, der Meteorologie und Physik der Erde eine vielfache, erst durch den Tod unterbrochene Thätigkeit. Der schöne Merz'sche Refractor von 9 Zoll Oeffnung und der reine italienische Himmel begünstigten namentlich die spectroskopischen Untersuchungen, denen sich der verdiente Jesuit mit entschieden grossem Erfolge hingegeben hat. Wenn seine Resultate, die er sowohl in der Physik der Sonne wie der Sterne erlangt zu haben glaubte, nicht stets einer strengeren Prüfung Stich halten, so liegt die Schuld in dem, was andererseits einen Vorzug seiner Natur ausmacht: der raschen Erfassung aller Fragen und Probleme und der Vielseitigkeit seiner Arbeiten. Wären Scharfsinn, Ideenreichthum, Erfindungs- und Combinationsgabe durch die weniger glänzenden, aber für den Fortschritt der Wissenschaft ebenso nothwendigen Eigenschaften der Gründlichkeit, Ausdauer und Kritik begleitet und geregelt worden, so wäre S. vielleicht der grösste moderne Astrophysiker zu nennen. — Unter seinen zahlreichen Schriften hat besonders das zweibändige Werk über die Sonne: »Le Soleil« (Paris 1870, deutsche Ausgabe von Schellen. Braunschweig 1872) grosse Verbreitung gefunden und seinen Namen in weiteren Kreisen bekannt gemacht; das spätere, kleinere Buch »Les Étoiles« (Paris, 2 Voll. 1879, deutsch Leipzig 1878) leidet trotz manches Guten an den erwähnten und noch anderen Fehlern in hohem Grade. Seine in früheren Jahren angestellten zahlreichen und zum Theil sorgfältigen Beobachtungen von Planeten, Nebelflecken und namentlich von Doppelsternen enthalten die

Memorie dell' Osservatorio del Collegio Romano (Beobb. von 1852—57, Rom 1856, 57; Nuova Serie 1857—63, Rom 1859, 63).

Lamont, Johann (von) (1805—1879), aus Braemar im nördlichen Schottland; Sohn eines gräflichen Verwalters. Kommt als 12jähriger Knabe, nach dem Tode des Vaters, auf das Seminar des schottischen Stifts in Regensburg, um Theolog zu werden. Nach Absolvirung der Schule, wo sich der begabte Jüngling in den Sprachen und namentlich in der Mathematik auszeichnet, wird er auf seinen lebhaften Wunsch nach München gesandt, um unter Soldners Leitung sich an der Sternwarte Bogenhausen im Beobachten und Rechnen zu üben. Auch hier zeigt L. ebenso viel Eifer als Talent und Geschick; bereits 1828 wird er Assistent und 1835, zwei Jahre nach Soldners Tode, sog. Conservator, thatsächlich Director der Sternwarte, welche Stellung er bis zu seinem Tode innehat; gleichzeitig wird er zum Akademiker, später (1852) auch zum ord. Professor an der Universität ernannt. — Die fast klösterliche Abgeschiedenheit und das Junggesellenthum, in dem L. lebte, begünstigten wissenschaftliche Thätigkeit in hohem Grade, und so hat er in der That eine grosse Zahl werthvoller Arbeiten und Untersuchungen geliefert; auch als praktischer Erfinder hat er Hervorragendes geleistet. Sein Hauptverdienst liegt zwar auf dem Gebiete des terrestrischen Magnetismus, wo er bald eine der grössten Autoritäten wurde; doch verdankt ihm auch die Astronomie, namentlich die praktische, zahlreiche und schöne Arbeiten, deren meiste in den 44 Bänden der »Observationes astronom. etc.« und »Annalen der kgl. Sternwarte bei München« (1834—1877) enthalten sind. Anfangs beschäftigte er sich namentlich mit Beobachtungen der Saturn- und Uranus-Satelliten zur Bestimmung ihrer Bahnen und der Massen der Hauptkörper, sowie mit Nebeln und Sternhaufen, wofür der grosse Refractor der Sternwarte — damals das bedeutendste dioptrische Fernrohr — sich vorzüglich eignete. Daneben und seit 1840 fast ausschliesslich leitete er die Meridianbeobachtungen, nach Art der Bessel'schen und Argelander'schen Zonen, einer grossen Zahl von teleskopischen Sternen; die zwölf Kataloge, welche von 1866 bis 1874 in den Annalen erschienen, enthalten über 34000 Sterne meist 8. und 9. Grösse zwischen $+27°$ und $-33°$ Decl.; seit 1850 wandte er hierbei, als der erste in Europa, die Methode der elektrochronographischen Registrirung der Durchgänge an. Die beiden Wissenschaften, denen L. gleichzeitig huldigte, hat er in dem populären Buche: »Astronomie und Erdmagnetismus« (Stuttgart 1851) weiteren Kreisen zugänglich gemacht.

Peters, Christian August Friedrich (1806—1880), aus Hamburg; Sohn eines Kaufmanns. Vollständig strenge Schulbildung verhinderten die väterlichen Vermögensverhältnisse, und so bildete sich der begabte Knabe mehr autodidaktisch, namentlich auch durch das Studium mathematischer und astronomischer Bücher, aus. Bald wurde Schumacher auf ihn aufmerksam, zog ihn in seine Nähe und beschäftigte ihn mit Rechnungen und bei geodätischen Arbeiten; so war er seit 1826 mehrere Jahre bei den Vermessungen des Hamburger Landesgebiets, 1829 und 1830 zu Güldenstein in Holstein für die Bearbeitung von Pendelbeobachtungen thätig. Im Jahre 1833 promovirte er in Königsberg, wohin er · zu speciell astronomischer Ausbildung, unter Bessel, gegangen, wurde 1834 Assistent der Hamburger

Sternwarte und erhielt, durch tüchtige Leistungen bekannt geworden, 1839 einen Ruf als etatsmässiger Astronom an die neue Pulkowaer Sternwarte, wo er zehn Jahre blieb. 1849 vertauschte er diese Stellung mit der astronomischen Professur in Königsberg, blieb aber dort nur wenige Jahre, um dann nach dem Tode von Petersen (1854) die Direction der Altonaer Sternwarte und die Herausgabe der Astron. Nachrichten zu übernehmen. Als die Sternwarte 1872 nach Kiel verlegt und dort in grösserem Massstabe und vollständiger ausgerüstet neu errichtet worden war, siedelte P. mit über, indem er zugleich die Professur für Astronomie übernahm, und blieb daselbst bis zu seinem Tode. — Als echter, wenn auch nicht so vielseitiger Nachfolger Bessels hat sich P. um die Sicherung der Grundlagen der sphärischen und den Ausbau der Stellarastronomie grosse und bleibende Verdienste erworben. Manche Arbeiten und Untersuchungen seines grossen Lehrers und Vorgängers, wie die über die Eigenbewegung des Sirius (Königsberg 1851), über die Nutation (Numerus constans nutationis, Petersburg 1842), über die Stellung des Bradley'schen Passageninstruments u. a. hat er in Bessel'schem Geiste weitergeführt und Neues hinzugefügt, wie die Untersuchung des Ertel'schen Verticalkreises der Pulkowaer Sternwarte (Recueil de Mém. de Poulkova T. I. 1853) und namentlich die wichtigen Arbeiten über die Parallaxen der Fixsterne (Petersburg 1848, auch in: Recueil de Mém. etc. T. I. 1853); kleinere Aufsätze, z. B. die Kritik der Mädler'schen Behauptungen über die Beschaffenheit des Fixsternsystems (S. 555, 587) finden sich in den Astron. Nachr. Ebenso veranlasste oder leitete er mehrfache Längenbestimmungen, deren Mittelpunkt Altona war, welches mit Schwerin, Kiel, Kopenhagen und Göttingen telegraphisch verbunden wurde.

Watson, James (1838—1880), aus Elgin in Canada. Nach guter Schul- und Universitätsbildung zu Michigan (Ver. Staat.) seit 1857 Assistent, 1863—1879 Director der Sternwarte zu Ann Arbor und Professor der Astronomie, als Nachfolger seines Lehrers Brünnow; zuletzt Director der Sternwarte des Washburn Observatory in Madison (Wisconsin). — W. ist einer der glücklichsten Entdecker von Planetoiden, deren er (1857 bis 1878) nicht weniger als 26 gefunden hat. Als Schriftsteller hat er sich besonders durch ein gutes Lehrbuch der theoretischen Astronomie (»Theoretical Astronomy«, Philadelphia 1868) einen Namen gemacht.

Lassell, William (1799—1880), aus Bolton. Im Jahre 1820 beginnt Lassell mit der Herstellung grösserer Spiegelteleskope zum eigenen Gebrauche und erreicht allmählich in dieser Kunst eine grosse Geschicklichkeit. Im Jahre 1844 verfertigt er einen Spiegel von 2 Fuss Durchmesser und erfindet bei dieser Gelegenheit eine noch heute in Anwendung befindliche Maschine zum Poliren der Spiegel. 1847 entdeckt er den Neptuntrabanten, 1848 gleichzeitig mit Bond den achten Saturntrabanten und 1851 zwei Trabanten des Uranus. 1852 siedelt er mit seinen Instrumenten nach Malta über und verfertigt hier einen Riesenreflector von 4 Fuss Oeffnung, mit dem er allein über 600 Nebelflecke entdeckt. Nach seiner Rückkehr von Malta errichtet er eine Sternwarte in Maidenhead, in welcher sein 2 füssiger Reflector Aufstellung fand.

Dembowsky, Hercules, Baron von (1811—1881); begüterter italienischer Edelmann von polnischer Abkunft und verdienter Privatastronom.

Mísst, erst in Neapel mit einem 5zöll. Plössl'schen Dialyt, seit 1862 in Gallarate bei Mailand mit einem 7zöll. Merz'schen Refractor, die meisten Doppelsterne der Mensurae microm. und des Pulkowaer Kataloges vorzüglich genau; entdeckt auch eine nicht unbedeutende Anzahl, zum Theil schwieriger Doppelsterne. Für seine schönen Messungen wird ihm 1878 die goldene Medaille der Royal Astron. Society zu Theil.

Bruhns, Carl Christian (1830—1881), aus Plön in Holstein, Sohn eines Schlossers. Kommt 1851, um Schlosser oder Mechaniker zu werden, zu Borsig, dann zu Siemens und Halske nach Berlin, wird dort mit Encke bekannt und von diesem, der seine ungewöhnlichen rechnerischen Gaben bald erkennt, bereits 1852 als Assistent an der Sternwarte angestellt; 1854 wird er Observator, 1859 Docent an der Universität. Doch bleibt er nicht lange; 1860 erhält er einen Ruf als Professor der Astronomie und Observator der neu zu errichtenden Sternwarte nach Leipzig und wird bald darauf, nachdem Möbius zurückgetreten war, deren Director. Die neue nach seinen Plänen erbaute Sternwarte hat sein praktisches Geschick zu einem der besten Institute Deutschlands zu machen gewusst, und ihre freundlichen Räume haben ihn bis zu seinem leider allzufrühen Tode behalten. — Ausserordentliche Arbeitskraft und Energie, wie sicherer, alles Wesentliche rasch überschauender Blick befähigten Br., neben der Astronomie auch der Meteorologie, der Geodäsie und selbst praktischen Geschäften mit Erfolg sich zu widmen, und treffliche Eigenschaften des Charakters und Herzens liessen ihn lange Jahre gewissermassen als Mittelpunkt der deutschen Astronomen erscheinen, die den Verlust des Freundes, Rathgebers und Lehrers schmerzlich beklagt haben. Auf rein astronomischem Gebiete hat Br. als Rechner, speciell als Planetenrechner, wohl das Meiste geleistet, und als Beobachter sich durch die Entdeckung mehrerer teleskopischer Cometen verdient gemacht. Schriftstellerisch ist er vielfach thätig gewesen; die Mehrzahl der grösseren durch ihn herausgegebenen Publicationen gingen aus den Stellungen und Aemtern hervor, die er als Mitglied der Gradmessungs-Commission und als Vorstand der meteorologischen Stationen Sachsens inne hatte; persönliche Neigung führte ihn indessen mehr zu biographisch-geschichtlicher Darstellung; so hat er selbst seinem verehrten Lehrer Encke in dessen Lebensbild (Leipzig 1869) ein pietätvolles Denkmal gesetzt und im Verein mit andern Al. v. Humboldt erschöpfend behandelt (Leipzig 1872, 3 Bde.).

Draper, Henry (1837—1882), aus Virginia. Sohn des berühmten Physikers J. W. Draper. Nach vollendetem Studium errichtete Draper eine vorzügliche Privatsternwarte, nachdem er selbst grössere Reflectoren für dieselbe angefertigt hatte, und beschäftigte sich vorzugsweise mit der Photographie der Himmelskörper und ihrer Spectra, auf welchem Gebiete er Hervorragendes geleistet hat. Seine Wittwe hat dem Harvard College Observatory in Cambridge Mass. eine sehr beträchtliche Stiftung, Henry Draper Memorial, überwiesen, mit deren Hülfe daselbst spectralphotographische Untersuchungen im grössten Umfange betrieben werden.

Zöllner, Johann Carl Friedrich (1834—1882), aus Berlin. Nach in Berlin und Basel absolvirtem Studium promovirt Zöllner mit einer photometrischen Untersuchung; seine nächsten Arbeiten, zuerst in Berlin, dann in

Leipzig, sind alle diesem Gebiete gewidmet. 1865 erfolgt seine Habilitation in Leipzig mit theoretischen Untersuchungen über die Lichtstärke der Mondphasen, denen seine berühmte Abhandlung über die physische Beschaffenheit der Himmelskörper mit besonderer Rücksicht auf die Photometrie folgt. 1866 wird er ausserordentlicher, 1872 ordentlicher Professor der Astrophysik in Leipzig. — Zöllner war ausserordentlich productiv und hat eine beträchtliche Anzahl scharfsinniger astrophysikalischer und rein physikalischer Untersuchungen veröffentlicht. Mit seinem Werke über die Natur der Cometen betritt Zöllner die Bahn subjectiver Kritik, die ihm sehr viele Anfeindungen eingetragen hat. Später neigt Zöllner immer mehr zu spiritistischen Untersuchungen und Speculationen hin, die er mathematisch durch Annahme eines vierdimensionalen Raumes zu erklären sucht. Alle seine späteren Schriften verrathen einen anormalen Gemüthszustand, ein Erbtheil seiner Familie, vor dessen voraussichtlich weiterem Fortschreiten ihn ein plötzlicher Tod bewahrt hat. Er starb am Herzschlage, mit der Feder in der Hand, mitten in eifrigster litterarischer Thätigkeit.

Klinkerfues, Ernst Friedrich Wilhelm (1827—1884), aus Hofgeismar in Hessen. Zuerst Geometer, wird er durch Gerling in die Astronomie eingeführt und kommt auf dessen Empfehlung 1851 nach Göttingen zu Gauss, wo er 1855 Observator der Sternwarte wird. 1859 tritt er in die provisorische Direction der Sternwarte ein, wird 1863 ausserordentlicher Professor und 1868 Director der Abtheilung für praktische Astronomie an der Sternwarte. Obschon er ein eifriger Beobachter war — er hat 6 Cometen entdeckt — so gehören seine Hauptarbeiten wesentlich der theoretischen Astronomie an: Berechnung der Bahnen von Cometen, Doppelsternen und Planeten, Bestimmung der absoluten Störungen bei kleinen Planeten und bei Bahnen mit grosser Excentricität und starker Neigung; ferner Untersuchungen über die Beziehungen zwischen Cometen und Sternschnuppen, sowie schliesslich die später als unhaltbar erkannte Theorie über den Einfluss der Bewegung der Lichtquelle auf die Brechbarkeit eines Strahles. Seine Leistungen auf dem Gebiete der Meteorologie sind bekannt. Seinem Leben, das ihm mancherlei Widerwärtigkeiten geboten hat, denen er vielleicht nicht eine genügende Charakterfestigkeit entgegenzusetzen hatte, hat er mit eigener Hand ein Ziel gesetzt.

Schmidt, Johann Friedrich Julius (1825—1884), aus Eutin. Zuerst bei Benzenberg in Bilk (Düsseldorf), kommt Schmidt 1846 als Assistent nach Bonn, wo er unter anderem die Bearbeitung der Hora V der Berliner akademischen Sternkarten ausgeführt hat. 1853 als Leiter der von Unkrechtsberg'schen Privatsternwarte in Olmütz angestellt; seit 1858 Director der Sternwarte in Athen. Schmidt ist als einer der unermüdlichsten und vielseitigsten Beobachter bekannt. Seine Beobachtungen beziehen sich auf alle Gebiete der Astronomie, besonders aber auf veränderliche Sterne. Ausserdem hat er sich mit Erfolg dem Studium der vulkanischen Erscheinungen Griechenlands gewidmet. Sein berühmtestes Werk, auf welches er den grössten Theil seines Lebens verwendet hat, ist die von der preussischen Regierung herausgegebene grosse Mondkarte.

Wagner, August (1828—1886), aus Nerft in Kurland. Zuerst Assistent an der Sternwarte in Dorpat, kommt er 1850 nach Pulkowa, wo er bis Ende seines Lebens geblieben ist, mit Ausnahme eines zweijährigen Aufenthalts in Gotha, um unter Hansen theoretische Studien zu treiben. Zuerst mit geodätischen Arbeiten beschäftigt, hat Wagner in Pulkowa während 30 Jahren mit seinen zahlreichen Beobachtungen am grossen Passage-Instrument die Fundamentalbestimmung der Pulkowaer Hauptsterne in Rectascension durchgeführt.

von Oppolzer, Theodor (1841—1886), aus Prag, Sohn des bekannten Pathologen Johann von Oppolzer. Studirt auf Wunsch seines Vaters Medicin. Seine Vorliebe und sein unverkennbares Talent für die exacten Wissenschaften veranlassten ihn schon damals in Wien, sich auch dem Studium der Mathematik und Astronomie mit vollem Eifer hinzugeben. Nach seiner 1864 erfolgten Promotion zum Doctor der Medicin verdankte er es seiner von ihm innigst verehrten Mutter, einer warmen Freundin der Astronomie, dass er sich eine eigene Sternwarte erbauen und sich ungestört der Astronomie als seiner Lebensaufgabe widmen konnte. Vom Jahre 1866 an lehrte er an der Wiener Hochschule, seit 1875 als ordentlicher Professor. Seine ersten Arbeiten beziehen sich auf die Berechnung von Planeten- und Cometenbahnen, wobei er im Laufe der hieran sich schliessenden theoretischen Untersuchungen mit verschiedenen Verbesserungen und neuen Methoden auf dem Gebiete der Bahnbestimmung hervortrat. Die Resultate dieser Arbeiten hat von Oppolzer in einem sehr umfangreichen »Lehrbuch der Bahnbestimmung der Planeten und Cometen« niedergelegt, welches eine ausserordentliche Verbreitung gefunden hat. Im Jahre 1873 übernahm er die Ausführung der für die europäische Gradmessung in Oesterreich erforderlichen astronomischen Arbeiten; es ist ihm jedoch nicht vergönnt gewesen, das Ende dieser sehr ausgedehnten Arbeiten zu erleben. Gleichzeitig mit den Gradmessungsarbeiten hat von Oppolzer ein ebenfalls sehr umfangreiches Werk ausgearbeitet, seinen »Canon der Finsternisse«, in welchem die Elemente aller Sonnen- und Mondfinsternisse für den Zeitraum von 1500 v. Chr. bis 2000 n. Chr. berechnet sind, und welches für alle Zeiten eine unentbehrliche Grundlage für derartige Untersuchungen bleiben wird. Auch mit rein theoretischen Untersuchungen auf dem Gebiete des Störungsproblems, speciell über die Störungen des Mondes, hat sich von Oppolzer in seinem schaffensreichen, aber leider zu kurzen Leben beschäftigt.

Baxendell, Joseph (1815—1887), aus Manchester. In seiner Jugend Seefahrer und in Beziehung auf die eifrig von ihm betriebene Astronomie fast ganz Autodidakt. Entdeckt zuerst in Manchester mit einem 13 zölligen selbstangefertigten Reflector eine grosse Zahl veränderlicher Sterne; überhaupt einer der eifrigsten Beobachter auf dem Gebiet der Veränderlichen. Von 1877 an setzte er diese Beobachtungen in Southport mit einem 6 zölligen Refractor fort. Bekannt ist sein Katalog der rothen Sterne.

Schjellerup, H. C. F. C. (1827—1887), aus Odense. Zuerst bei einem Uhrmacher in der Lehre, hat sich Schjellerup durch eigenes Studium zum Besuche des Polytechnikums in Kopenhagen vorbereitet, wo sich der berühmte Physiker Oerstedt sehr für ihn interessirte. Nach Vollendung seiner Studien wurde er Observator der Kopenhagener Sternwarte, einige Jahre später ausserdem Lehrer für Astronomie und Mathematik an der Marine-

Officierschule. Seine Arbeiten bewegen sich hauptsächlich auf dem Gebiete der Fixsternkataloge, und er selbst gab einen sehr geschätzten derartigen Katalog heraus. Seine gründliche Kenntniss des Arabischen gab ihm Veranlassung zu einer neuen Bearbeitung des Sternkatalogs von Ulugh Beigh.

Kirchhoff, Gustav (1824—1887), aus Königsberg. Habilitirte sich bereits mit 23 Jahren an der Berliner Universität, wurde 1850 ausserordentlicher Professor der Physik in Breslau, 1854 ordentlicher Professor in Heidelberg; von 1875 an in Berlin, wo er zugleich Mitglied der Akademie war. Seine vorzüglichen, meist theoretischen Arbeiten auf dem Gebiete der Physik haben in Beziehung auf ihren praktischen Werth ihren Gipfelpunkt in seinem klassischen Beweise des Zusammenhanges zwischen Absorption und Emission bei glühenden Gasen, der unter dem Namen des Kirchhoff'schen Gesetzes die Grundlage der Spectralanalyse gewesen ist. In Verbindung mit seinem Freunde Bunsen verwerthete Kirchhoff diese epochemachende Entdeckung auch praktisch in der Untersuchung des Sonnenspectrums; ferner gab er eine in ihren Hauptzügen auch jetzt noch gültige Deutung der physischen Constitution der Sonne. Einige Jahre hindurch war Kirchhoff Mitglied der Direction des neubegründeten astrophysikalischen Observatoriums bei Potsdam.

Houzeau, J. C. (1820—1888), aus Mons. Wird 1846 Assistent der Brüsseler Sternwarte, welche er jedoch schon 1849 wegen seiner freien politischen Gesinnung verlassen muss; bis 1857 noch in Diensten der belgischen Gradmessung, geht er sodann nach Amerika, wo er in den verschiedensten Lebensstellungen seinen Unterhalt erwirbt. In diese Zeit fallen seine Beobachtungen, die der späteren »Uranométrie générale« zu Grunde liegen. 1876 wird Houzeau Director der Sternwarte zu Brüssel, die unter seiner Leitung einen bedeutenden Aufschwung nimmt. 1882 Leiter der belgischen Venusexpedition nach Texas. 1883 nimmt er seinen Abschied, hauptsächlich wohl veranlasst durch die Schwierigkeiten, welche durch die von ihm geplante Verlegung der Sternwarte nach Uccle entstehen. Seine Arbeiten beziehen sich ausser der bereits erwähnten Uranometrie auf physikalische Geographie, beschreibende Naturwissenschaften, Geologie, Meteorologie und Astronomie.

Engelmann, Rudolf (1841—1888), aus Leipzig, Sohn des Verlagsbuchhändlers Wilhelm Engelmann. Studirte in Bonn und Leipzig Astronomie; 1863 Observator der Leipziger Sternwarte und 1871 Privatdocent. 1874 wurde er durch Familienverhältnisse gezwungen, die Sternwarte zu verlassen und in das väterliche Geschäft einzutreten. Trotzdem führte er seine astronomischen Arbeiten und Beobachtungen, letztere auf seiner Privatsternwarte, in eifriger Weise fort. Ausser mancherlei anderen Beobachtungen, wesentlich am Meridiankreise, bezog sich seine Hauptthätigkeit auf die Doppelsterne; seine Messungen sind äusserst exact und von bleibendem Werth. Wichtige Früchte der glücklichen Vereinigung seiner astronomischen Kenntnisse mit seiner buchhändlerischen Thätigkeit sind die Herausgabe der sämmtlichen Bessel'schen Abhandlungen und Recensionen, sowie die Uebersetzung und Herausgabe der ersten Auflage des vorliegenden Werkes.

Tempel, Wilhelm (1821—1889), aus Nieder-Cunersdorf. Lithograph. Entdeckt als Liebhaber-Astronom 1859 in Venedig einen Cometen und den

Merope-Nebel. Von 1860—1870 in Marseille als Assistent der Sternwarte; entdeckt dort 4 kleine Planeten und 10 Cometen. Als Deutscher 1870 ausgewiesen, wird er Assistent der Sternwarte Brera bei Mailand, wo er bis 1874 4 neue Cometen entdeckt. Dann Adjunct-Astronom an der Sternwarte Arcetri bei Florenz. Entdeckt daselbst einen Cometen sowie eine grosse Anzahl schwacher Nebelflecke.

Respighi, Lorenzo (1824—1889), aus Cortemaggiore. 1851 Professor der Optik und Astronomie, 1855 Director der Sternwarte zu Bologna; kommt 1865 nach Rom und wird Director des R. Osservatorio del Campidoglio. Ausser auf rein astronomische Beobachtungen beziehen sich seine Arbeiten vielfach auf Astrophysik, auf Untersuchungen der Spectra von Fixsternen, Sonnencorona und Protuberanzen.

Schultz, Hermann (1823—1890). Wird 1859 Observator und 1878 Director der Sternwarte zu Upsala. Seine bekannteste Arbeit sind seine »Mikrometrischen Ortsbestimmungen von 500 Nebelflecken«.

Peters, Christian Friedrich August (1813—1890), aus Coldenbüttel in Schleswig. Studirt in Berlin und Göttingen. Geht 1838 nach Sicilien behufs trigonometrischer Aufnahmen; wird dort Director der trigonometrischen Abtheilung der Landesvermessung. 1848 wird er wegen seiner Sympathie für die Erhebung des Landes entlassen und ausgewiesen, bleibt aber dort und betheiligt sich, zuletzt als Major, an den damaligen Kämpfen. Nach der Einnahme Palermos flüchtet er zuerst nach Frankreich, dann nach Constantinopel. 1854 geht er, von Humboldt empfohlen, nach Nordamerika und wird 1858 Director der Sternwarte in Clinton. Bekannt ist Peters besonders durch seine zahlreichen Planetenentdeckungen, 48 von 1861—1889, und durch seine vorzüglichen Sternkarten.

Schönfeld, Eduard (1828—1891), aus Hildburghausen. Widmet sich zuerst dem Baufache und studirt auf dem Polytechnikum zu Cassel, dann zu Hannover. Seinem Interesse für die Naturwissenschaften folgend, studirt er 1849 in Marburg wesentlich Chemie, wird aber schon hier durch Gerling in die Astronomie eingeführt. 1852 kommt er nach Bonn, um sich unter Argelander speciell der Astronomie zu widmen. Argelander, der sofort die ausserordentliche Begabung Schönfelds für Astronomie erkannte, giebt ihm bereits 1853, vor seiner Promotion, die Assistentenstelle der Sternwarte. Hier entfaltet Sch. eine ausserordentliche Thätigkeit, indem er im Verein mit Krueger das grossartige Werk der Durchmusterung des nördlichen Himmels durchführt. Schon in Bonn zum Professor der Astronomie ernannt, geht er im Jahre 1859 nach Mannheim als Director der dortigen Grossherzoglichen Sternwarte. Trotz der sehr bescheidenen Mittel der bereits damals in jeder Beziehung veralteten Sternwarte, versteht es Sch., auch hier Arbeiten von dauerndem Werthe zu liefern. Das Studium der veränderlichen Sterne, in Bonn begonnen, wird consequent fortgesetzt, und die in den zwei Mannheimer Katalogen niedergelegten Resultate sind bis vor Kurzem massgebend gewesen. Als seine Hauptarbeit in Mannheim ist sein Katalog der Nebelflecken zu betrachten, in welchem eine grosse Anzahl von Positionsbestimmungen der in dem kleinen Mannheimer Refractor von 6 Zoll Oeffnung sichtbaren Nebelflecken enthalten ist. Im Jahre 1875 wird Sch.

als Nachfolger Argelanders nach Bonn berufen, und hier begann er sofort sein grösstes Werk, die »Südliche Durchmusterung des Himmels«, welches er, nur in den Reductionsarbeiten unterstützt, allein zu Ende geführt hat. In Bonn war seinem ausserordentlichen Lehrtalent die beste Gelegenheit zur Bethätigung gegeben; seine Vorlesungen zeichneten sich durch Klarheit bei grösstem Reichthum und gründlichster Gelehrsamkeit aus. Hierbei wurde er in nicht gewöhnlichem Masse durch sein ausserordentliches Gedächtniss und sein liebenswürdiges, entgegenkommendes Wesen unterstützt. Seit der Begründung der Astronomischen Gesellschaft hat Schönfeld den Arbeiten derselben eine besondere Aufmerksamkeit geschenkt. Als langjähriger Schriftführer und Herausgeber der Vierteljahrsschrift der genannten Gesellschaft hat sich Schönfeld auch auf diesem Gebiete die grössten Verdienste erworben.

Brünnow, Franz Friedrich Ernst (1821—1891), aus Berlin. Arbeitet zuerst unter Encke und wird 1847 Director der Sternwarte in Bilk. Von 1851—1854 erster Assistent der Berliner Sternwarte, folgt er 1854 einem Rufe als Director der Sternwarte in Ann Arbor, Michigan U. S., und wird 1866 Astronomer Royal for Ireland in Dunsink, welche Stelle er 1874 wegen Ueberarbeitung und Augenschwäche aufgibt, um sich ins Privatleben zurückzuziehen. Von grösseren Arbeiten Brünnows sind zu erwähnen seine preisgekrönte Untersuchung über den de Vico'schen Cometen, seine Tafeln für Flora, Victoria und Isis. In Amerika gab er längere Zeit ein wissenschaftliches Journal heraus, die »Astronomical Notices«. In Dunsink sind seine umfangreichen Untersuchungen über Fixsternparallaxen angestellt worden. Einen unvergänglichen Ruf hat sich Br. durch sein bereits in Bilk geschriebenes »Lehrbuch der sphärischen Astronomie« verschafft, welches in fast alle europäischen Sprachen übersetzt wurde und in Deutschland vier Auflagen erlebt hat. Brünnow war nebenbei ein äusserst talentvoller Musiker.

Elemente und Verzeichnisse.

I. Elemente der grossen Planeten.

Namen	Mittlere tägliche Bewegung	Siderische Umlaufszeit in mittl. Tagen	Mittlere Entfernung von der Sonne: Astr. Einh.	Mittlere Entfernung von der Sonne: Mill. km.	Excentricität
Mercur ☿	14732″.42	87.969	0.38710	58	0.20560
Venus ♀	5767.67	224.701	0.72333	108	0.00684
Erde ♁	3548.19	365.256	1.00000	149	0.01677
Mars ♂	1886.52	686.980	1.52369	226	0.09326
Jupiter ♃	299.13	4332.588	5.20280	773	0.04825
Saturn ♄	120.45	10759.236	9.53886	1418	0.05607
Uranus ♅	42.23	30688.390	19.18338	2851	0.04636
Neptun ♆	21.53	60181.113	30.05437	4467	0.00899

Namen	Länge des Perihels	Länge des aufst. Knotens	Neigung	Mittlere Länge am 1. Jan. 1850 0h Berlin
Mercur	75° 7′ 14″	46° 33′ 9″	7° 0′ 8″	327° 7′ 48″
Venus	129 27 15	75 19 52	3 23 35	245 30 18
Erde	100 21 22	0 0 0	0 0 0	100 45 15
Mars	333 17 54	48 23 53	1 51 2	83 39 33
Jupiter	11 54 58	98 56 17	1 18 41	160 1 1
Saturn	90 6 38	112 20 53	2 29 40	14 52 25
Uranus	170 38 49	73 14 38	0 46 21	29 13 24
Neptun	46 9 13	130 7 18	1 46 59	335 6 0

Namen	Aequat.-Durchm. in der Entf. 1	Aequat.-Durchm. (Erde = 1)	Aequat.-Durchm. Kilometer	Abplattung	Masse: Sonne = 1	Masse: Erde = 1	Dichtigkeit	Schwere am Aequator	Rotationsdauer	Albedo
Mercur	6″.6	0.37	4800	0	1/8583200	0.04	0.80	0.44	88 Tage	0.11
Venus	16.80	0.95	12100	0	1/401839	0.81	0.95	0.80	224 Tage?	0.62
Erde	17.70	1	12756	1/290	1/324439	1	1	1	23h 56m 4s	—
Mars	9.35	0.53	6770	0?	1/2680337	0.12	0.81	0.38	24 37 23	0.27
Jupiter	196.0	11.07	141300	1/16	1/1047.88	309.61	0.23	2.25	9 55 34	0.62
Saturn	164.8	9.31	118800	1/9	1/3501.6	92.65	0.12	0.89	10 16	0.50
Uranus	69.4	3.92	50000	?	1/22000	14.74	0.25	0.91	?	0.64
Neptun	86.3	4.88	62200	?	1/19700	16.47	0.14	1.56	?	0.46
Sonne ☉	31′59.3	108.44	1 383200	0	1	324439	0.25	27.62	25—27t	—

II. Elemente der kleinen Planeten.

Nummer und Name	Jahr der Entdeckung	Entdecker	Tägliche Bewegung	Umlaufszeit	Excentricität	Länge des Perihels	Länge des Knotens	Neigung	Halbe grosse Axe
			"	Jahre		°	°	°	
(1) Ceres....	1801	Piazzi....	770.2	4.61	0.076	149.6	80.8	18.6	2.767
(2) Pallas....	1802	Olbers....	768.9	4.62	0.238	121.9	172.7	34.7	2.772
(3) Juno....	1804	Harding...	813.0	4.36	0.258	55.3	170.6	13.0	2.668
(4) Vesta....	1807	Olbers....	977.8	3.63	0.088	250.6	103.5	7.1	2.362
(5) Astraea...	1845	Hencke...	857.4	4.14	0.186	134.9	141.4	5.3	2.579
(6) Hebe....	1847	"	939.1	3.78	0.203	15.2	138.7	14.8	2.425
(7) Iris.....	"	Hind....	962.6	3.69	0.231	41.4	259.8	5.5	2.386
(8) Flora....	"	"	1086.3	3.27	0.157	32.9	110.3	5.9	2.201
(9) Metis....	1848	Graham...	962.3	3.69	0.123	71.1	68.5	5.6	2.387
(10) Hygiea...	1849	Gasparis..	637.2	5.58	0.109	237.5	285.7	3.8	3.144
(11) Parthenope.	1850	"	923.5	3.84	0.099	317.6	125.2	4.6	2.453
(12) Victoria...	"	Hind.....	994.8	3.57	0.219	301.7	235.6	8.4	2.334
(13) Egeria...	"	Gasparis..	857.9	4.14	0.087	120.2	43.2	16.5	2.577
(14) Irene....	1851	Hind.....	851.4	4.17	0.163	179.8	86.8	9.1	2.590
(15) Eunomia..	"	Gasparis..	825.4	4.30	0.187	27.9	293.9	11.7	2.644
(16) Psyche...	1852	"	711.0	4.99	0.139	13.9	150.6	3.1	2.921
(17) Thetis...	"	Luther....	912.4	3.89	0.129	261.6	125.4	5.6	2.473
(18) Melpomene.	"	Hind	1020.1	3.48	0.218	15.1	150.1	10.2	2.296
(19) Fortuna...	"	"	929.9	3.82	0.159	30.6	211.3	1.5	2.442
(20) Massalia..	"	Gasparis...	948.9	3.74	0.143	100.0	206.4	0.7	2.409
(21) Lutetia...	"	Goldschmidt.	933.6	3.80	0.162	327.1	80.5	3.1	2.435
(22) Calliope..	"	Hind.....	715.5	4.96	0.101	59.6	66.6	13.7	2.909
(23) Thalia...	"	"	832.8	4.27	0.230	123.6	67.7	10.2	2.631
(24) Themis...	1853	Gasparis...	640.2	5.56	0.124	144.0	35.5	0.8	2.136
(25) Phocaea...	"	Chacornac.	954.6	3.72	0.255	302.8	214.2	21.6	2.400
(26) Proserpina.	"	Luther....	819.7	4.33	0.087	236.4	45.9	3.6	2.656
(27) Euterpe...	"	Hind.....	986.7	3.60	0.174	88.0	93.9	1.6	2.347
(28) Bellona..	1854	Luther....	766.1	4.63	0.150	123.7	144.6	9.4	2.783
(29) Amphitrite.	"	Marth....	869.0	4.09	0.074	56.4	356.7	6.1	2.555
(30) Urania...	"	Hind.....	975.2	3.64	0.127	31.5	308.1	2.1	2.367
(31) Euphrosyne.	"	Ferguson...	635.2	5.59	0.223	93.2	31.5	26.5	3.147
(32) Pomona...	"	Goldschmidt.	852.6	4.16	0.083	193.4	220.7	5.5	2.587
(33) Polyhymnia.	"	Chacornac.	732.5	4.84	0.340	342.2	9.1	1.9	2.861
(34) Circe....	1855	"	806.1	4.41	0.107	150.7	184.7	5.4	2.686
(35) Leucothea..	"	Luther....	685.7	5.18	0.224	201.9	355.7	8.2	2.992
(36) Atalanta..	"	Goldschmidt.	778.8	4.55	0.302	41.7	359.0	18.7	2.745
(37) Fides....	"	Luther....	826.8	4.30	0.176	66.3	8.3	3.1	2.644
(38) Leda....	1856	Chacornac.	762.3	4.54	0.153	100.8	296.4	7.0	2.743
(39) Laetitia...	"	"	769.8	4.61	0.111	3.5	157.4	10.4	2.773
(40) Harmonia..	"	Goldschmidt.	1039.3	3.42	0.047	0.9	93.6	3.3	2.267
(41) Daphne...	"	"	773.0	4.59	0.270	220.0	179.2	16.0	2.760
(42) Isis.....	"	Pogson...	930.9	3.81	0.226	318.0	84.5	8.6	2.440
(43) Ariadne..	1857	"	1084.8	3.27	0.167	278.0	264.6	3.5	2.203
(44) Nysa....	"	Goldschmidt.	941.7	3.78	0.151	111.9	131.1	3.7	2.422
(45) Eugenia...	"	"	791.0	4.49	0.083	229.4	148.2	6.5	2.720

Elemente der kleinen Planeten.

Nummer und Name	Jahr der Entdeckung	Entdecker	Tägliche Bewegung	Umlaufszeit	Ex-centricität	Länge des Perihels	Länge des Knotens	Neigung	Halbe grosse Axe
			″	Jahre		°	°	°	
46) Hestia	1857	Pogson	883.4	4.02	0.164	354.4	181.5	2.3	2.526
47) Aglaja	»	Luther	725.4	4.89	0.132	313.2	4.3	5.0	2.882
48) Doris	»	Goldschmidt	646.1	5.49	0.065	70.6	184.9	6.5	3.113
49) Pales	»	»	653.5	5.42	0.233	31.1	290.6	3.1	3.091
50) Virginia	»	Ferguson	822.5	4.32	0.285	9.8	173.6	2.8	2.652
51) Nemausa	1858	Laurent	975.2	3.64	0.067	174.6	175.8	10.0	2.365
52) Europa	»	Goldschmidt	651.1	5.45	0.110	106.9	129.7	7.4	3.026
53) Calypso	»	Luther	837.5	4.25	0.203	92.9	141.0	5.1	2.621
54) Alexandra	»	Goldschmidt	795.6	4.46	0.199	294.3	313.8	11.8	2.709
55) Pandora	»	Searle	774.3	4.59	0.143	12.3	10.9	7.2	2.760
56) Melete	1857	Goldschmidt	848.2	4.19	0.236	294.5	194.1	8.0	2.597
57) Mnemosyne	1859	Luther	634.9	5.61	0.115	53.4	200.0	15.2	3.151
58) Concordia	1860	»	800.1	4.44	0.043	185.9	161.4	5.0	2.700
59) Elpis	»	Chacornac	794.0	4.47	0.119	18.4	170.4	8.6	2.712
60) Echo	»	Ferguson	958.1	3.70	0.184	99.2	191.9	3.6	2.393
61) Danaë	»	Goldschmidt	688.2	5.16	0.162	344.4	334.2	18.2	2.985
62) Erato	»	Foerster	642.6	5.54	0.173	39.0	125.8	2.2	3.130
63) Ausonia	1861	Gasparis	956.8	3.72	0.124	270.1	338.0	5.8	2.398
64) Angelina	»	Tempel	808.4	4.39	0.127	124.9	311.0	1.3	2.682
65) Cybele	»	»	558.3	6.35	0.110	261.1	158.8	3.5	3.427
66) Maja	»	Tuttle	824.6	4.32	0.175	48.1	8.3	3.1	2.645
67) Asia	»	Pogson	942.0	3.77	0.187	306.6	202.7	6.0	2.420
68) Leto	»	Luther	765.3	4.64	0.188	345.2	45.0	8.0	2.781
69) Hesperia	»	Schiaparelli	689.9	5.15	0.171	108.5	187.2	8.5	2.978
70) Panopaea	»	Goldschmidt	839.1	4.23	0.183	300.6	48.1	11.6	2.614
71) Niobe	»	Luther	774.6	4.58	0.173	221.9	316.4	23.3	2.756
72) Feronia	»	Peters	1040.1	3.41	0.120	307.9	207.8	5.4	2.266
73) Clytia	1862	Tuttle	815.4	4.35	0.042	57.9	7.7	2.4	2.665
74) Galatea	»	Tempel	766.3	4.64	0.237	8.6	197.9	4.0	2.781
75) Eurydice	»	Peters	813.0	4.37	0.306	335.5	359.9	5.0	2.672
76) Freia	»	d'Arrest	563.2	6.30	0.174	92.2	212.2	2.0	3.409
77) Frigga	»	Peters	811.1	4.37	0.132	59.0	2.0	2.5	2.668
78) Diana	1863	Luther	835.6	4.25	0.205	121.7	333.8	8.7	2.623
79) Eurynome	»	Watson	928.9	3.82	0.194	44.4	206.7	4.6	2.444
80) Sappho	1864	Pogson	1020.1	3.48	0.200	335.4	218.7	8.6	2.296
81) Terpsichore	»	Tempel	736.2	4.82	0.211	48.7	2.7	7.9	2.853
82) Alcmene	»	Luther	772.7	4.60	0.221	132.1	27.0	2.9	2.766
83) Beatrix	1865	Gasparis	936.1	3.79	0.086	191.4	27.5	5.0	2.430
84) Clio	»	Luther	977.8	3.63	0.236	339.4	327.4	9.4	2.363
85) Io	»	Peters	821.4	4.33	0.191	322.7	203.8	11.9	2.654
86) Semele	1866	Tietjen	648.8	5.49	0.216	29.5	87.8	4.8	3.107
87) Sylvia	»	Pogson	545.8	6.50	0.079	333.5	76.0	10.9	3.482
88) Thisbe	»	Peters	770.3	4.61	0.163	309.3	277.6	5.2	2.767
89) Julia	»	Stephan	870.8	4.08	0.181	353.4	311.7	16.2	2.551
90) Antiope	»	Luther	635.5	5.58	0.168	301.3	71.4	2.3	3.142
91) Aegina	»	Stephan	851.6	4.17	0.109	81.8	10.9	2.1	2.589
92) Undina	1867	Peters	622.4	5.69	0.102	329.2	102.9	9.9	3.185
93) Minerva	»	Watson	775.6	4.57	0.141	274.7	5.2	8.6	2.754
94) Aurora	»	»	631.6	5.63	0.083	48.8	4.2	8.1	3.160
95) Arethusa	»	Luther	659.2	5.40	0.144	33.0	244.3	12.9	3.076

Elemente und Verzeichnisse.

Nummer und Name	Jahr der Entdeckung	Entdecker	Tägliche Bewegung	Umlaufszeit	Excentricität	Länge des Perihels	Länge des Knotens	Neigung	Halbe grosse Axe
			"	Jahre		°	°	°	
(96) Aegle . . .	1868	Coggia . . .	666.2	5.33	0.140	163.2	322.8	16.1	3.050
(97) Clotho . . .	»	Tempel . . .	812.6	4.36	0.258	65.3	160.7	11.8	2.668
(98) Ianthe . . .	»	Peters . . .	805.4	4.41	0.189	148.6	354.1	15.5	2.689
(99) Dike	»	Borrelly . .	758.7	4.68	0.238	240.6	41.7	13.9	2.797
(100) Hekate . . .	»	Watson . . .	652.1	5.44	0.164	307.7	128.2	6.4	3.090
(101) Helena . . .	»	»	854.5	4.16	0.139	327.8	343.7	10.2	2.585
(102) Miriam . . .	»	Peters . . .	816.7	4.35	0.304	354.8	211.7	5.1	2.662
(103) Hera	»	Watson . . .	799.1	4.44	0.080	321.0	136.2	5.4	2.701
(104) Clymene . .	»	»	632.8	5.59	0.171	59.3	43.6	2.9	3.156
(105) Artemis . .	»	»	971.1	3.66	0.175	242.8	188.0	21.5	2.374
(106) Dione . . .	»		631.3	5.62	0.181	27.1	63.4	4.6	3.159
(107) Camilla . .	»	Pogson . . .	546.4	6.72	0.076	115.8	176.3	9.9	3.485
(108) Hecuba . .	1869	Luther . . .	616.4	5.76	0.101	173.5	253.4	4.4	3.211
(109) Felicitas . .	»	Peters . . .	805.1	4.43	0.300	55.9	4.9	8.0	2.695
(110) Lydia . . .	1870	Borrelly . .	785.1	4.52	0.077	337.2	57.1	6.0	2.733
(111) Ate	»	Peters . . .	849.9	4.18	0.105	108.8	306.4	4.9	2.593
(112) Iphigenia .	»	»	934.4	3.80	0.128	337.9	324.0	2.6	2.433
(113) Amalthea .	1871	Luther . . .	968.2	3.66	0.087	200.1	123.1	5.8	2.376
(114) Cassandra .	»	Peters . . .	810.6	4.38	0.140	153.1	164.4	4.9	2.676
(115) Thyra . . .	»	Watson . . .	966.0	3.67	0.194	43.0	309.1	11.6	2.379
(116) Sirona . . .	»	Peters . . .	771.4	4.60	0.143	152.7	64.5	3.6	2.767
(117) Lomia . . .	»	Borrelly . .	686.0	5.18	0.023	48.8	349.6	15.0	2.991
(118) Peitho . . .	1872	Luther . . .	931.7	3.81	0.161	77.5	47.5	7.8	2.438
(119) Althaea . .	»	Watson . . .	855.2	4.15	0.081	12.2	203.9	5.8	2.582
(120) Lachesis . .	»	Borrelly . .	641.8	5.52	0.047	220.2	342.7	7.0	3.121
(121) Hermione .	»	Watson . . .	551.6	6.43	0.126	358.6	76.8	7.6	3.458
(122) Gerda . . .	»	Peters . . .	615.6	5.76	0.040	204.5	178.7	1.6	3.214
(123) Brunhild . .	»	»	801.8	4.43	0.122	70.0	308.5	6.4	2.695
(124) Alceste . .	»	»	832.0	4.27	0.078	244.8	188.4	2.9	2.630
(125) Liberatrix .	»	Prosper Henry	780.7	4.55	0.078	272.9	169.5	4.6	2.743
(126) Velleda . .	»	Paul Henry .	931.0	3.81	0.105	347.8	23.1	2.9	2.440
(127) Johanna . .	»	Prosper Henry	775.3	4.58	0.068	120.0	31.8	8.3	2.757
(128) Nemesis . .	»	Watson . . .	777.5	4.57	0.128	16.8	76.5	6.3	2.751
(129) Antigone . .	1873	Peters . . .	727.2	4.88	0.208	241.8	137.9	12.2	2.877
(130) Electra . . .	»	»	642.9	5.52	0.207	20.5	146.0	22.9	3.123
(131) Vala	»	»	942.3	3.77	0.081	257.9	65.3	4.6	2.420
(132) Aethra . . .	»	Watson . . .	846.4	4.20	0.383	152.6	259.7	24.7	2.600
(133) Cyrene . . .	»	»	663.6	5.36	0.139	247.2	321.1	7.2	3.058
(134) Sophrosyne .	»	Luther . . .	864.6	4.12	0.117	67.5	346.4	11.6	2.563
(135) Hertha . . .	1874	Peters . . .	938.1	3.78	0.205	319.9	344.0	2.3	2.427
(136) Austria . .	»	Palisa . . .	1026.4	3.46	0.085	316.1	186.1	9.6	2.287
(137) Meliboea . .	»	»	641.9	5.52	0.207	308.0	204.4	13.4	3.127
(138) Tolosa . . .	»	Perrotin . . .	926.0	3.83	0.162	311.4	54.8	3.2	2.444
(139) Juewa . .	»	Watson . . .	765.8	4.64	0.177	164.6	2.4	11.0	2.780
(140) Siwa . . .	»	Palisa . . .	786.1	4.52	0.216	300.3	107.1	3.2	2.731
(141) Lumen . .	1875	Paul Henry .	814.5	4.36	0.211	13.9	319.1	12.0	2.667
(142) Polana . .	»	Palisa . . .	942.9	3.76	0.132	219.9	292.3	2.2	2.419
(143) Adria . . .	»	»	773.0	4.59	0.073	222.5	333.7	11.5	2.762
(144) Vibilia . . .	»	Peters . . .	821.3	4.32	0.234	7.2	76.8	4.8	2.653
(145) Adeona . .	»	»	815.4	4.35	0.127	118.5	77.7	12.3	2.665

Elemente der kleinen Planeten.

Nummer und Name	Jahr der Entdeckung	Entdecker	Tägliche Bewegung	Umlaufszeit	Excentricität	Länge des Perihels	Länge des Knotens	Neigung	Halbe grosse Axe
			"	Jahre		°	°	°	
(146) Lucina . . .	1875	Borrelly . . .	789.9	4.49	0.070	216.1	84.2	13.2	2.722
(147) Protogeneia .	»	Schulhof . . .	638.7	5.55	0.026	26.0	251.2	1.9	3.137
(148) Gallia . . .	»	Prosper Henry	769.5	4.61	0.185	36.1	145.2	25.4	2.770
(149) Medusa. . .	»	Perrotin . . .	1139.2	3.12	0.119	246.7	160.1	1.1	2.133
(150) Nuwa. . . .	»	Watson . . .	689.3	5.15	0.130	357.1	207.6	2.1	2.981
(151) Abundantia .	»	Palisa	850.7	4.17	0.035	167.4	38.9	6.5	2.591
(152) Atala. . . .	»	Paul Henry .	639.0	5.55	0.087	84.9	41.6	12.2	3.136
(153) Hilda	»	Palisa	451.6	7.86	0.173	285.8	228.3	7.9	3.952
(154) Bertha . . .	»	Prosper Henry	622.4	5.69	0.084	184.4	37.7	21.0	3.192
(155) Scylla . . .	»	Palisa	713.8	4.97	0.256	82.0	42.9	14.1	2.912
(156) Xantippe . .	»	» . . .	670.2	5.30	0.264	156.0	246.2	7.5	3.037
(157) Dejanira . .	»	Borrelly . . .	854.8	4.15	6.210	107.4	62.5	12.0	2.583
(158) Koronis . .	1876	Knorre	730.6	4.86	0.052	58.0	281.2	1.0	2.868
(159) Aemilia. . .	»	Paul Henry .	647.7	5.48	0.109	101.3	135.2	6.1	3.107
(160) Una	»	Peters	787.2	4.50	0.062	56.0	9.4	3.9	2.729
(161) Athor . . .	»	Watson . . .	970.0	3.66	0.137	313.3	18.6	9.2	2.374
(162) Laurentia. .	»	Prosper Henry	673.1	5.28	0.174	145.8	38.2	6.2	3.029
(163) Erigone . .	»	Perrotin . . .	981.1	3.62	0.157	93.8	159.1	4.7	2.357
(164) Eva	»	Paul Henry .	829.7	4.27	0.347	359.6	77.5	24.4	2.634
(165) Loreley. . .	»	Peters	642.1	5.52	0.076	277.0	304.1	11.2	3.126
(166) Rhodope . .	»	» . . .	803.0	4.42	0.210	30.9	129.6	12.0	2.692
(167) Urda	»	» . . .	614.5	5.78	0.312	32.7	170.1	1.7	3.218
(168) Sibylla . . .	»	Watson . . .	571.9	6.21	0.071	11.4	209.8	4.5	3.377
(169) Zelia. . . .	»	Prosper Henry	978.5	3.62	0.132	326.9	354.6	5.5	2.360
(170) Maria . . .	1877	Perrotin . . .	868.8	4.09	0.070	95.8	301.3	14.4	2.555
(171) Ophelia. . .	»	Borrelly . . .	635.5	5.58	0.118	143.6	101.2	2.6	3.147
(172) Baucis . . .	»	» . . .	966.4	3.67	0.113	328.6	331.9	10.0	2.380
(173) Ino	»	» . . .	780.6	4.55	0.203	13.4	148.6	14.2	2.743
(174) Phaedra . .	»	Watson . . .	732.9	4.84	0.152	253.4	328.9	12.2	2.861
(175) Andromache.	»	» . . .	541.0	6.56	0.348	293.2	23.6	3.8	3.504
(176) Idunna . . .	»	Peters	622.6	5.69	0.164	20.8	201.2	22.5	3.190
177) Irma	»	Paul Henry .	774.7	4.58	0.232	25.2	349.0	1.4	2.758
178) Belisana . .	»	Palisa	920.1	3.85	0.058	268.2	50.7	1.9	2.459
179) Klytemnestra	»	Watson . . .	692.2	5.12	0.108	354.9	253.3	7.8	2.973
(180) Garumna . .	1878	Perrotin . . .	787.4	4.51	0.171	126.6	315.0	0.9	2.728
(181) Eucharis . .	»	Cottenot . . .	644.4	5.51	0.220	65.6	114.8	18.6	3.118
(182) Elsa	»	Palisa	944.0	3.75	0.186	54.6	106.5	2.0	2.417
(183) Istria . . .	»	» . . .	756.4	4.70	0.353	45.0	142.8	26.5	2.802
(184) Dejopeja . .	»	» . . .	623.3	5.68	0.073	169.3	336.3	1.2	3.188
(185) Eunike . . .	»	Peters	783.1	4.53	0.127	15.8	153.8	23.3	2.738
(186) Celuta . . .	»	Paul Henry .	977.1	3.63	0.152	327.1	14.6	13.2	2.362
(187) Lamberta . .	»	Coggia	782.4	4.53	0.235	213.6	22.3	10.7	2.740
(188) Menippe . .	»	Peters	748.8	4.74	0.217	309.7	241.8	11.4	2.821
(189) Phthia . . .	»	» . . .	925.3	3.83	0.035	8.5	203.8	5.2	2.450
(190) Ismene . . .	»	» . . .	454.1	7.81	0.161	105.3	177.0	6.1	3.939
(191) Kolga . . .	»	» . . .	722.5	4.91	0.082	16.4	159.9	11.5	2.890
(192) Nausikaa . .	1879	Palisa	952.6	3.73	0.245	10.4	343.3	6.9	2.403
(193) Ambrosia . .	»	Coggia	858.3	4.13	0.285	70.9	351.2	11.6	2.576
(194) Prokne . . .	»	Peters	836.9	4.24	0.237	319.7	159.4	18.4	2.619
(195) Eurykleia. .	»	Palisa	728.9	4.87	0.092	106.8	8.4	7.3	2.872

Elemente und Verzeichnisse.

Nummer und Name	Jahr der Entdeckung	Entdecker	Tägliche Bewegung	Umlaufszeit	Excentricität	Länge des Perihels	Länge des Knotens	Neigung	Halbe grosse Axe
			"	Jahre		°	°	°	
(196) Philomela	1879	Peters	653.8	5.43	0.005	352.3	73.5	7.3	3.088
(197) Arete	»	Palisa	781.0	4.54	0.165	324.8	82.1	8.8	2.743
(198) Ampella	»	Borrelly	922.9	3.84	0.225	354.8	268.8	9.3	2.454
(199) Byblis	»	Peters	618.2	5.73	0.162	260.8	90.4	15.3	3.206
(200) Dynamene	»	»	783.3	4.53	0.134	46.6	325.4	6.9	2.738
(201) Penelope	»	Palisa	809.9	4.38	0.182	334.6	157.1	5.7	2.677
(202) Chryseïs	»	Peters	655.0	5.42	0.097	127.7	137.8	8.8	3.084
(203) Pompeja	»	»	782.8	4.53	0.060	43.4	348.6	3.2	2.738
(204) Kallisto	»	Palisa	812.0	4.37	0.175	257.5	205.7	8.3	2.673
(205) Martha	»	»	766.6	4.63	0.035	17.2	212.2	10.7	2.777
(206) Hersilia	»	Peters	782.4	4.54	0.092	85.7	145.3	3.8	2.740
(207) Hedda	»	Palisa	1027.4	3.45	0.030	217.7	28.9	3.8	2.286
(208) Lacrimosa	»	»	729.1	4.87	0.051	233.2	7.8	2.0	2.872
(209) Dido	»	Peters	637.1	5.56	0.067	259.3	2.0	7.2	3.142
(210) Isabella	»	Palisa	780.0	4.55	0.136	56.7	32.8	5.2	2.745
(211) Isolda	»	»	667.3	5.32	0.154	74.2	265.5	3.8	3.047
(212) Medea	1880	»	644.9	5.50	0.095	62.4	315.0	4.2	3.116
(213) Lilaea	»	Peters	778.1	4.56	0.143	281.3	122.4	6.8	2.750
(214) Aschera	»	Palisa	841.0	4.22	0.031	113.3	342.5	3.4	2.611
(215) Oenone	»	Knorre	770.2	4.61	0.035	335.7	25.4	1.7	2.769
(216) Cleopatra	»	Palisa	758.8	4.68	0.249	32.1	215.8	13.0	2.797
(217) Eudora	»	Coggia	665.8	5.34	0.341	307.2	164.1	11.1	3.051
(218) Bianca	»	Palisa	817.3	4.34	0.107	228.7	171.0	15.1	2.661
(219) Thusnelda	»	»	965.4	3.67	0.229	339.0	200.8	11.1	2.382
(220) Stephania	1881	»	952.9	3.72	0.293	322.6	260.6	6.8	2.402
(221) Eos	1882	»	678.3	5.24	0.102	329.9	142.5	10.9	3.014
(222) Lucia	»	»	641.9	5.53	0.130	256.9	80.3	2.2	3.126
(223) Rosa	»	»	652.9	5.44	0.120	106.6	48.6	2.0	3.091
(224) Oceana	»	»	824.7	4.31	0.042	270.3	253.4	5.9	2.66
(225) Henrietta	»	»	567.8	6.25	0.264	299.0	200.7	20.7	3.393
(226) Weringia	»	»	793.1	4.48	0.202	285.3	135.4	15.8	2.715
(227) Philosophia	»	Paul Henry	637.8	5.57	0.209	226.0	330.9	9.2	3.140
(228) Agathe	»	Palisa	1086.7	3.27	0.240	229.4	313.3	2.6	2.201
(229) Adelinda	»	»	563.6	6.30	0.152	333.9	30.8	2.2	3.410
(230) Athamantis	»	de Ball	965.0	3.68	0.061	17.2	239.6	9.4	2.382
(231) Vindobona	»	Palisa	709.4	5.01	0.150	253.6	252.8	5.2	2.925
(232) Russia	1883	»	870.2	4.08	0.174	200.4	152.6	6.1	2.552
(233) Asterope	»	Borrelly	817.9	4.34	0.099	345.2	222.4	7.7	2.660
(234) Barbara	»	Peters	963.0	3.69	0.243	333.8	144.2	15.3	2.386
(235) Carolina	»	Palisa	725.0	4.90	0.057	270.4	66.5	9.1	2.883
(236) Honoria	1884	»	758.1	4.68	0.189	357.1	186.5	7.6	2.799
(237) Coelestina	»	»	772.8	4.59	0.073	280.5	84.6	9.8	2.762
(238) Hypatia	»	Knorre	715.6	4.96	0.086	30.2	184.4	12.4	2.905
(239) Adrastea	»	Palisa	691.3	5.14	0.227	26.7	181.5	6.1	2.975
(240) Vanadis	»	Borrelly	816.5	4.35	0.208	52.7	114.8	2.1	2.664
(241) Germania	»	Luther	666.3	5.33	0.097	341.7	272.4	5.5	3.049
(242) Krimhild	»	Palisa	732.2	4.85	0.123	122.5	208.0	11.3	2.862
(243) Ida	»	»	732.6	4.85	0.042	72.7	326.4	1.2	2.862
(244) Sita	»	»	1106.5	3.21	0.137	12.7	208.6	2.8	2.175
(245) Vera	1885	Pogson	651.1	5.45	0.197	27.8	62.2	5.2	3.097

Elemente der kleinen Planeten.

Nummer und Name	Jahr der Entdeckung	Entdecker	Tägliche Bewegung	Umlaufszeit	Excentricität	Länge des Perihels	Länge des Knotens	Neigung	Halbe grosse Axe
			"	Jahre		°	°	°	
(246) Asporina . .	1885	Borrelly . . .	802.3	4.43	0.105	256.7	162.6	15.6	2.694
(247) Eukrate . .	»	Luther	781.8	4.54	0.241	53.5	0.3	25.1	2.741
(248) Lameia . . .	»	Palisa	913.7	3.89	0.066	248.7	246.6	4.0	2.471
(249) Ilse	»	Peters	967.7	3.67	0.216	14.1	334.7	9.7	2.378
(250) Bettina . . .	»	Palisa	633.8	5.60	0.128	88.1	25.5	12.9	3.153
(251) Sophia . . .	»	»	651.1	5.45	0.095	80.3	157.1	10.5	3.097
(252) Clementina .	»	Perrotin . . .	633.6	5.60	0.082	355.1	203.4	10.0	3.153
(253) Mathilde . .	»	Palisa	822.8	4.32	0.262	333.7	180.2	6.6	2.649
(254) Augusta . .	1886	»	1091.1	3.25	0.121	259.0	28.2	4.5	2.195
(255) Oppavia . .	»	»	780.1	4.55	0.081	163.2	14.1	9.5	2.745
(256) Walpurga . .	»	»	683.1	5.20	0.074	228.9	183.8	13.3	3.000
(257) Silesia . .	»	»	644.8	5.51	0.119	64.0	35.5	3.7	3.117
(258) Tyche . . .	»	Luther . . .	839.3	4.23	0.206	359.5	207.7	14.2	2.615
(259) Aetheia . .	»	Peters	637.4	5.57	0.117	240.7	88.6	10.7	3.141
(260) Huberta . .	»	Palisa . . .	553.5	6.42	0.110	329.8	168.8	6.3	3.451
(261) Prymno . .	»	Peters	996.9	3.56	0.091	159.5	96.3	3.6	2.331
(262) Valda . . .	»	Palisa	869.4	4.08	0.213	60.5	38.7	7.8	2.554
(263) Dresda . . .	»	»	723.5	4.91	0.077	12.3	217.6	1.3	2.887
(264) Libussa . . .	»	Peters	758.3	4.68	0.137	27.0	50.0	10.4	2.797
(265) Anna	1887	Palisa	941.2	3.77	0.260	226.1	335.5	25.8	2.422
(266) Aline	»	»	753.2	4.71	0.158	23.9	236.4	13.4	2.810
(267) Tirza	»	Charlois . . .	768.1	4.62	0.097	264.4	74.0	6.0	2.774
(268) Adorea . . .	»	Borrelly . . .	653.0	5.44	0.138	182.1	121.7	2.4	3.091
(269) Justitia . . .	»	Palisa	837.0	4.24	0.211	273.4	157.4	5.4	2.619
(270) Anahita . .	»	Peters	1088.9	3.26	0.149	332.2	254.5	2.4	2.198
(271) Penthesilea .	»	Knorre . . .	683.0	5.20	0.102	26.2	337.3	3.6	3.000
(272) Antonia . .	1888	Charlois . . .	766.4	4.63	0.029	97.1	37.8	4.5	2.778
(273) Atropos . .	»	Palisa	956.3	3.71	0.161	277.5	158.8	20.4	2.397
(274) Philagoria .	»	»	671.3	5.29	0.118	207.6	93.7	3.7	3.034
(275) Sapientia . .	»	»	772.0	4.60	0.171	156.2	135.3	4.8	2.764
(276) Adelheid . .	»	»	644.5	5.51	0.081	118.6	211.6	21.6	3.118
(277) Elvira . . .	»	Charlois . . .	724.3	4.90	0.090	3.2	233.6	1.1	2.884
(278) Paulina . . .	»	Palisa	774.9	4.58	0.133	199.9	62.5	7.8	2.758
(279) Thule . . .	»	»	403.2	8.81	0.080	308.8	75.4	2.4	4.263
(280) Philia . . .	»	»	700.0	5.07	0.120	95.3	11.2	7.4	2.951
(281) Lucretia . .	»	»	1097.9	3.23	0.132	45.6	31.0	5.3	2.186
(282) Clorinda . .	1889	Charlois . . .	991.9	3.58	0.081	78.4	144.6	9.0	2.340
(283) Emma . . .	»	»	668.7	5.31	0.153	357.5	305.8	8.1	3.044
(284) Amalia . . .	»	»	982.9	3.61	0.219	288.9	233.9	8.1	2.353
(285) Regina . . .	»	»	661.5	5.37	0.206	324.5	312.0	17.3	3.064
(286) Iclea	»	Palisa	621.5	5.71	0.012	352.7	149.6	18.0	3.194
(287) Nephthys . .	»	Peters	982.9	3.61	0.021	259.9	142.0	10.0	2.353
(288) Glauke . . .	1890	Luther	777.3	4.57	0.201	198.4	121.6	4.3	2.748
(289) Nenetta . .	»	Charlois . . .	728.1	4.99	0.205	8.7	182.5	6.7	2.874
(290) Bruna . . .	»	Palisa	995.2	3.57	0.250	114.7	10.5	22.2	2.311
(291) Alice	»	»	1065.6	3.33	0.105	125.9	161.4	1.9	2.230
(292) Ludovica . .	»	»	879.4	4.04	0.042	317.3	43.1	14.7	2.535
(293) Brasilia . .	»	Charlois . . .	730.8	4.86	0.137	139.8	62.2	15.3	2.884
(294) Felicia . . .	»	»	640.0	5.55	0.257	310.0	137.0	6.3	3.111
(295) Theresia . .	»	Palisa	757.7	4.79	0.168	60.7	277.5	2.7	2.799

Nummer und Name	Jahr der Entdeckung	Entdecker	Tägliche Bewegung	Umlaufszeit	Excentricität	Länge des Perihels	Länge des Knotens	Neigung	Halbe grosse Axe
			"	Jahre		°	°	°	
(296) Phaëtusa	1890	Charlois	1068.1	3.32	0.125	20.0	125.1	1.7	2.356
(297) Caecilia	"	"	630.6	5.63	0.145	329.0	333.5	7.6	3.175
(298) Baptistina	"	"	1072.8	3.31	0.000	8.5	8.5	5.0	2.220
(299) Thora	"	Palisa	935.2	3.80	0.061	32.8	241.7	1.6	2.433
(300) Geraldina	"	Charlois	617.1	5.75	0.058	332.1	42.4	0.8	3.209
(301) Bavaria	"	Palisa	788.4	4.50	0.065	260.6	142.3	4.9	2.726
(302) Clarissa	"	Charlois	941.7	3.77	0.115	59.7	7.8	3.4	2.421

III. Elemente der Satelliten.

Erdmond.

Siderische Umlaufszeit	27ᵈ321661	Grösste Entfern. v. Erde, Kilom.	407110
Tropische "	27.321582	Kleinste " " " "	356650
Synodische "	29.530589	Durchmesser, mittl., Secunden	31' 8".0
Anomalistische "	27.5546	" Kilometer	3480
Draconitische "	27.2122	Masse	0.0123
Umlaufsz. d. Perigaeums, mittl.	3232ᵈ57	Oberfläche ⎫	0.0745
Umlaufszeit des Knotens, "	6793.39	Volumen ⎬ Erde = 1	0.0203
Mittl. Bew. in Länge, im mittl. Tag	13° 10' 35".0	Dichtigkeit ⎭	0.604
Länge des aufst. Knotens	146 13 40	Geoc. Libration, Max. in Länge	7° 54'
" " Perigaeums	99 51 52	" " " " Breite	6 51
Neigung der Bahn, mittlere	5 8 40	Maximum der Libration, total	11 25
" des Mondäquators	1 32	Vollkommen unsichtb. Oberfl.	0.410
Excentricität der Bahn	0.054908	Mittl. Winkelgr. v. 1° selenogr. ⎫	16".57
Entfern. v. Erde, Erdäqu.-Hlbm.	60.2703	Bogen, selenogr., entspr. 1" ⎬ im Mondcentrum	3' 37".3
" " " Kilometer	385080	Kilom., entsprechend 1" ⎭	1.83

Mars.

	Phobos	Deimos
Umlaufszeit, siderisch	0ᵈ31892	1ᵈ26243
Mittl. tägl. Bewegung	1128°794	285°165
Halbaxe, Mars-Halbm.	2.771	6.921
" Kilometer	9380	23400
Excentricität der Bahn	0.0321	0.0057
Länge des Knotens	82° 58'	85° 34'
" " Perihels	87 11	83 32
Neigung	26 17	25 47

Jupiter.

	I	II	III	IV
Umlaufszeit, siderisch } mittlere	1ᵈ769138	3ᵈ551181	7ᵈ154553	16ᵈ689018
» synodisch } Tage	1.769860	3.554094	7.166387	16.753552
Mittl. tägl. trop. Bewegung	203°488993	101°374762	50°317646	21°571109
Halbe grosse Axe, Jupiter-Halbm.	5.933	9.439	15.057	26.486
» » » Kilometer...	420000	669000	1067000	1877000
Excentricität der Bahn......	0	0	0.00132	0.00724
Länge des Knotens } bez. auf	335° 45'	336° 55'	341° 30'	344° 57'
» » Perihels } Ekliptik	—	—	216 49	187 38
Neigung	2 8	1 39	2 0	1 57
Durchmesser, Kilometer	4070	3430	5790	4830
Masse (Jupiter = 1)	0.00001688	0.00002323	0.00008844	0.00004247

Saturn.

	Mimas	Enceladus	Thetis	Dione	Rhea	Titan	Hyperion	Japetus
Umlaufszeit, sid. ...	0ᵈ94242	1ᵈ37022	1ᵈ88780	2ᵈ73692	4ᵈ51749	15ᵈ94540	21ᵈ3113	79ᵈ3294
Mittl. tägl. Bew. ...	381°953	262°721	190°698	131°535	79°6902	22°5770	16°914	4°5380
Halbaxe, Saturn-Hm.	3.11	3.99	4.93	6.35	8.82	20.49	24.81	59.64
» Kilometer.	186000	238000	294000	379000	526000	1222000	1480000	3558000
Excentricität der Bahn	?	?	0.0109	0.0031	0.0008	0.0279	0.125	0.0284
Länge des Knotens .	?	?	167° 37'	167° 37'	167° 20'	167° 59'	167° 52'	143° 1'
» » Perihels .	?	?	109 7	145 4	185 0	257 7	164 58	349 20
Neigung	?	?	28 10	28 10	28 8	27 37	28 10	18 38

Uranus.

	Ariel	Umbriel	Titania	Oberon
Umlaufszeit, siderisch	2ᵈ52038	4ᵈ14418	8ᵈ70590	13ᵈ46327
Mittlere tägliche Bewegung....	142°836	86°8688	41°3513	26°7394
Halbaxe, Uranus-Halbm......	7.72	10.76	17.65	23.60
» Kilometer	194000	271000	444000	593000
Excentricität der Bahn.......	0.020	0.010	0.0011	0.0038
Länge des Knotens	167° 20'	164° 6'	165° 32'	165° 17'
» » Perihels	3 46	322 39	259 5	315 3
Neigung............	97 58	98 21	97 47	97 54

Neptuntrabant.

Umlaufszeit, siderisch ..	5ᵈ87690
Mittl. tägl. Bewegung ..	61°2568
Halbaxe, Neptun-Halbm..	14.54
» Kilometer....	454000
Excentricität der Bahn ..	0.0088
Länge des Knotens....	184° 30'
» » Perihels....	8 30
Neigung	145 7

IV. Elemente der
deren Wieder-

Name	Periheldurchgang Pariser Zeit	Länge des Perihels	Länge des aufsteigenden Knotens	Neigung
Encke'scher	1888 Juni 28. 0ʰ	158° 36′	334° 39′	12° 53′
Zweiter Tempel'scher	1889 Febr. 2. 2	306 7	121 8	12 45
Brorsen'scher	1890 Febr. 23. 22	116 23	101 27	29 24
Dritter Tempel'scher	1886 Mai 9. 10	43 10	297 1	5 24
Winnecke'scher	1886 Sept. 4. 10	276 6	104 4	14 32
Erster Tempel'scher	1885 Sept. 25. 18	241 25	72 28	10 50
Biela'scher (nördl.)	1852 Sept. 23. 17	109 5	245 50	12 33
» » (südl.)	1852 Sept. 22. 23	108 58	245 58	12 34
d'Arrest'scher	1890 Sept. 17. 12	319 15	146 17	15 43
Wolf'scher	1884 Nov. 17. 18	19 3	206 22	25 15
Faye'scher	1881 Jan. 22. 16	50 49	209 35	11 20
Tuttle'scher	1885 Sept. 11. 4	116 25	269 38	54 20
Pons'scher	1884 Jan. 25. 17	93 21	254 9	74 3
Olbers'scher	1887 Oct. 8. 10	149 46	84 30	44 34
Halley'scher	1885 Nov. 15. 0	304 32	55 10	17 45

V. Elemente grosser und

Bezeichnung	Entdecker	Periheldurchgang Pariser Zeit	Länge des Perihels	Länge des Knotens	Neigung
1680	Kirch	Decbr. 18. 0ʰ	262° 49′	272° 9′	60° 40′
1729	Sarabat	Juni 16. 4	321 3	310 37	77 4
1744	Klinkenberg	März 1. 8	197 12	45 45	47 7
1770 I	Messier	Aug. 13. 13	356 16	132 0	1 35
1807	Parisi	Sept. 18. 18	270 55	266 47	63 10
1811 I	Flaugergues	Sept. 12. 7	75 1	104 25	73 2
1819 II	Tralles	Juni 27. 17	287 8	273 42	80 45
1819 IV	Blanplain	Novbr. 20. 6	67 19	77 14	9 1
1823	in der Schweiz	Decbr. 9. 11	274 34	303 3	76 12
1826 V	Pons	Novbr. 18. 10	315 29	235 6	89 22
1843 I	Verschiedene	Febr. 27. 10	278 39	1 15	35 41
1844 I	de Vico	Sept. 2. 12	342 31	63 50	2 55
1858 VI	Donati	Sept. 29. 23	36 13	165 19	63 2
1860 I	Liais	Febr. 16. 15	173 50	324 4	79 40
1861 I	Thatcher	Juni 3. 10	243 22	29 56	79 46
1861 II	Tebbutt	Juli 11. 12	249 5	278 59	85 26
1862 III	Tuttle	Aug. 22. 22	344 41	137 27	66 26
1865 I	Abbott	Jan. 14. 8	141 12	252 56	87 30
1866 I	Tempel	Jan. 11. 3	60 28	231 26	17 18
1874 III	Coggia	Juli 8. 21	271 6	118 44	66 21
1880 I	Verschiedene	Jan. 27. 15	279 52	6 10	35 21
1881 III	Tebbutt	Juni 16. 11	265 13	270 58	63 26
1881 V	Denning	Sept. 13. 8	18 28	65 57	6 51
1882 I	Wells	Juni 10. 13	53 56	204 56	73 49
1882 II	Verschiedene	Sept. 17. 6	276 26	346 1	38 0

periodischen Cometen,
kehr beobachtet ist.

Halbe grosse Axe	Excentricität	Kleinste Distanz von der Sonne	Grösste Distanz von der Sonne	Siderische Umlaufszeit in Julian. Jahren	Bewegungsrichtung		Berechner
2.220	0.845	0.343	4.10	3.308	D.		Backlund.
3.006	0.550	1.354	4.66	5.212	D.		Schulhof.
3.099	0.810	0.588	5.51	5.456	D.		Lamp.
3.117	0.656	1.073	5.16	5.505	D.		Bossert.
3.234	0.726	0.886	5.58	5.816	D.		Haerdtl.
3.487	0.405	2.073	4.90	6.510	D.		Gautier.
3.526	0.755	0.860	6.17	6.587	D.		d'Arrest.
3.535	0.755	0.861	6.20	6.629	D.		d'Arrest.
3.551	0.627	1.324	5.78	6.691	D.		Leveau.
3.573	0.560	1.572	5.57	6.8	R.		Thraen.
3.854	0.549	1.738	5.97	7.566	D.		Möller.
5.742	0.822	1.025	10.46	13.76	D.		Rahts.
17.24	0.955	0.776	33.70	71.58	D.		Schulhof und Bossert.
17.41	0.931	1.199	33.62	72.63	D.		Ginzel.
17.99	0.967	0.589	35.41	76.37	R.		Pontécoulant.

merkwürdiger Cometen.

Periheldistanz	Excentricität	Umlaufszeit (Jahre)	Bewegungsrichtung	Sichtbarkeit (Wochen)	Berechner
0.0062	1	—	D.	19	Encke.
4.0505	1	—	D.	25	Hind.
0.2222	1	—	D.	12	Plummer.
0.6743	0.7868	5.6	D.	16	Leverrier.
0.6461	0.9955	1713	D.	28	Bessel.
1.0354	0.9951	3066	R.	73	Argelander.
0.3414	1	—	D.	15	Hind.
0.8926	0.6868	4.8	D.	8	Encke.
0.2265	1	—	R.	13	Encke.
0.0269	1	—	R.	11	Gambart.
0.0055	0.9999	533	R.	7	Hubbard.
1.1863	0.6174	5.4	D.	19	Brünnow.
0.5785	0.9963	1880	R.	39	Hill.
1.1989	1	—	D.	2	Pechüle.
0.9207	0.9835	415	D.	22	Oppolzer.
0.8224	0.9851	409	D.	50	Kreutz.
0.9626	0.9608	121.5	R.	14	Oppolzer.
0.0258	1	—	R.	15	Koerber.
0.9765	0.9054	33.2	R.	7	Oppolzer.
0.6758	0.9988	13700	D.	26	Hepperger.
0.0055	1	—	R.	2	Kreutz.
0.7345	0.9965	2954	D.	38	Bossert.
0.7253	0.8283	8.7	D.	7	Matthiessen.
0.0608	1	—	D.	21	Rebeur.
0.0078	0.9999	772	R.	39	Kreutz.

Bezeichnung	Entdecker	Periheldurchgang Pariser Zeit	Länge des Perihels	Länge des Knotens	Neigung
1885 II	Barnard	Aug. 5, 17ʰ	270° 48'	92° 18'	80° 38'
1886 I	Fahry	April 5. 23	162 58	36 23	82 37
1886 VII	Finlay	Novbr. 22. 9	7 34	52 30	3 2
1887 I	Verschiedene..	Jan. 11. 6	269 41	359 41	38 44
1888 I	Sawerthal ...	März 17. 0	245 19	245 23	42 15
1889 I	Barnard	Jan. 31. 4	16 58	357 25	13 38
1889 II	Barnard	Juni 10. 19	74 37	310 42	16 10
1889 V	Brooks......	Septbr. 30. 8	1 34	17 59	6 4

Anmerkungen zu den Elementen.

Die Bahnelemente der **grossen Planeten** sind die von Leverrier in den Annales de l'Observ. de Paris adoptirten, mit Ausnahme der Elemente von Uranus und Neptun, die nach Newcomb (Smithson. Contrib. Vol. XIX und XV) angesetzt wurden. Die Massen der grossen Planeten sind aus dem Berliner Jahrbuch entnommen. Die Durchmesser von Mercur, Jupiter, Saturn, Uranus und Neptun rühren von Kaiser (Annalen d. Leidener Sternwarte 3. Bd.), der von Mars von Hartwig (Public. d. Astron. Gesellsch. XV.), die von Venus und Sonne von Auwers (Bearbeitung der beiden letzten Venusdurchgänge) her. — Die Bahnelemente sind für die der Sonne nächsten, die Durchmesser für die der Erde nächsten Planeten am genauesten bekannt. — Die Dichtigkeiten, die von Durchmesser (Volumen) und Masse abhängen, sind im ungünstigsten Falle um etwa die Hälfte ihres Betrages unsicher.

Die Elemente der **kleinen Planeten** sind dem Berliner Jahrbuche und den neuesten dazu gehörigen Circularen entnommen; die Elemente der seit 1889 entdeckten Planetoiden sind noch unsicher.

Die Elemente des **Mondes** sind in der Hauptsache den Hansen'schen Tables de la Lune (London 1857), der übrigen **Satelliten** den betr. Specialuntersuchungen und Tafeln von Bessel, Delambre, Hall. Newcomb u. a. entnommen. Längen und Neigungen sind bei Mond, Jupiter- und Uranus-Satelliten wie bei den grossen Planeten auf das Aequinoctium und die Ekliptik von 1850.0 bezogen; bei den Satelliten des Mars auf 1878, des Saturn auf 1857, des Neptun auf 1874.

VI. Verzeichniss von veränderlichen und neuen Sternen.

Das Verzeichniss beruht vollständig auf Chandlers neuem Kataloge. Es sind ausser den Novae alle sicher veränderlichen Sterne aufgenommen, die im Maximum wenigstens die 8. Grösse erreichen. — Es giebt 8 Spalte: 1) Name und Sternbild; 2 und 3) Rectascension und Declination für 1900; mit Hülfe des Präcessions-Täfelchens S. 730 können die Oerter leicht auf ein anderes Aequinoctium gebracht werden. 4 und 5) Maximal- und Minimal-Helligkeit; > bedeutet: grösser als, <: kleiner als. 6) Die Perioden-Dauer. 7 und 8) Entdecker und Zeit der Entdeckung; es sind im Allgemeinen die genannt, welche die Variabilität nachgewiesen, nicht die, welche den betr. Stern zuerst beobachtet haben; nicht wenige Variable sind von Lalande, Bessel u. a. beobachtet, ihre Veränderlichkeit aber erst später constatirt worden. — Die Anmerkungen enthalten kurze Bemerkungen über den Charakter vieler Variabler, benachbarte schwächere Sterne u. a.; es bedeutet dabei: f. = folgend, v. = vorausgehend, n. = nördlich, s. = südlich.

Elemente periodischer und grosser Cometen.

Periheldistanz	Excentricität	Umlaufszeit (Jahre)	Bewegungsrichtung	Sichtbarkeit (Wochen)	Berechner
2.5068	1	—	D.	8	Berberich.
0.6424	1	—	D.	34	Soedstrup.
9.9978	0.7181	6.7	D.	25	Krueger.
0.0146	1	—	R.	1	Finlay.
0.6987	0.9960	2370	D.	29	Berberich.
1.8149	1.0011	—	R.	(102)	Berberich.
2.2556	1	—	R.	(73)	Millosevich.
2.1205	0.4245	7.1	D.	(72)	Knopf.

Bezeichnung	1900.0 AR.	1900.0 Decl.	Helligkeit Max.	Helligkeit Min.	Dauer der Periode	Entdeckung Name	Entdeckung Jahr
T Ceti	0ʰ16ᵐ7	— 20°37′	5.1—5.3	6.4— 7.0	65 ᵈ ʰ ᵐ ˢ	Chandler	1881
T Cassiopejae	17.8	+ 55 14	7.0—8.0	11.0—11.2	141	Krueger	1870
R Andromedae	18.8	+ 38 1	5.6—8.6	< 12.8	411.2	Argelander	1858
S Ceti	19.0	— 9 53	7.0—8.0	< 12.5	322.5	Borrelly	1872
B Cassiopejae	19.2	+ 63 35	> 1	?	—	Tycho Brahe	1572
α Cassiopejae	34.8	+ 55 59	2.2	2.8	—	Birt	1831
Andromedae	37.2	+ 40 43	7	0?	—	Hartwig	1885
U Cephei	53.4	+ 81 20	7.1	9.2	2 11 49 45	Ceraski	1880
S Cassiopejae	1 12.3	+ 72 5	6.7—8.6	< 13.5	607.5	Argelander	1861
R Sculptoris	22.4	— 33 4	5³⁄₄	7³⁄₄	207	Gould	1872?
R Piscium	1 25.5	+ 2 22	7—8.8	< 12.5	344.0	Hind	1850
R Arietis	2 10.4	+ 24 35	7.6—9.0	11.7—13.0	186.7	Argelander	1857
o Ceti	14.3	— 3 26	1.7—5.0	8—9.5	331.3363	Fabricius	1596
R Ceti	20.9	— 0 38	7.5—8.8	13.5	167.1	Argelander	1866
U Ceti	28.9	— 13 35	6.8—7.3	10.5 <	233	Sawyer	1885
T Arietis	42.7	+ 17 6	7.9—8.6	9.3—9.7	324	Auwers	1870
ϱ Persei	58.7	+ 38 27	3.4	4.2	33	Schmidt	1854
β Persei	3 1.6	+ 40 34	2.3	3.5	2 20 48 55	Montanari / Goodricke	1669 / 1782
R Persei	23.7	+ 35 20	7.7—9.2	13.5	210.4	Schönfeld	1861
λ Tauri	55.1	+ 12 12	3.4	4.2	3 22 52 12	Baxendell	1848
R Tauri	4 22.8	+ 9 56	7.4—9.0	13.5	325.0	Hind	1849
R Doradus	35.6	— 62 16	5¹⁄₂	6³⁄₄	—	Gould	1874?
ε Aurigae	54.8	+ 43 41	3.0	4.5	—	Fritsch	1821
R Leporis	55.0	— 14 57	6—7	8.5?	436.1	Schmidt	1855
R Aurigae	5 9.2	+ 53 29	6.5—7.8	12.5—12.7	460.6	Sternw. Bonn	1862
d Orionis	26.9	— 0 22	2.2?	2.7	—	J. Herschel	1834
α Orionis	49.7	+ 7 23	1	1.4	—	J. Herschel	1840
U Orionis	49.9	+ 20 10	6.4—7.5	< 12	359.5	Gore	1885
γ Geminorum	6 8.8	+ 22 32	3.2	3.7—4.2	229.1	Schmidt	1865
V Monocerotis	17.7	— 2 9	6.9	10.7 <	334	Schönfeld	1883
T Monocerotis	6 19.8	+ 7 8	5.8—6.4	7.4—8.2	27.0037	Gould	1871
S Monocerotis	35.8	+ 9 59	4.9 •	5.4	3 10 38?	Winnecke	1867
R Lyncis	53.1	+ 55 29	7.8—8.0	< 13	380.0	Krueger	1874
ζ Geminorum	58.2	+ 20 43	3.7	4.5	10 3 41.5	Schmidt	1847
R Geminorum	7 1.3	+ 22 52	6.6—7.8	< 13.5	370.5	Hind	1848

Elemente und Verzeichnisse.

Bezeichnung	1900.0		Helligkeit		Dauer der Periode				Entdeckung	
	AR.	Decl.	Max.	Min.					Name	Jahr
R Canis min.	7h 3m2	+ 10°11'	7.2—7.9	9.5—10.0	337.5	h	m	s	Sternw. Bonn	1855
L_2 Puppis	10.5	— 44 29	3.5	6.3	136.05				Gould	1872
R Canis maj.	14.9	— 16 12	5.9	6.7	1	3	15	55	Sawyer	1887
U Monocerotis	26.0	— 9 34	5.9—7.3	6.6—8.0	45.20				Gould	1873
S Canis min.	27.3	+ 8 32	7.2—8.0	.< 11	331.0				Hind	1856
S Puppis	7 43.8	— 47 52	7¼	9	—				Gould	1872?
R Cancri	8 11.0	+ 12 2	6.0—8.3	< 11.7	352.81				Schwerd	1829
V Cancri	16.0	+ 17 36	6.8—7.7	< 12.0	271.5				Auwers	1870
S Cancri	38.2	+ 19 24	8.2	9.8	9	11	37	45	Hind	1848
S Hydrae	48.3	+ 3 27	7.5—8.7	< 12.2	256.5				Hind	1848
T Hydrae	50.8	+ 8 45	7.0—8.1	< 13.0	289.4				Hind	1851
T Cancri	51.0	+ 20 14	8.0—8.5	9.3—10.5	482				Hind	1850
R Carinae	9 29.7	— 62 21	4.3—5.7	9.3—10.0	312.14				Gould	1871
R Leonis min.	39.6	+ 34 58	6.1—7.8	< 12.5	373.5				Schönfeld	1863
R Leonis	42.2	+ 11 54	5.2—6.7	9.4—10.0	312.87				Koch	1782
l Carinae	9 42.5	— 62 3	3.7	5.2	31.0				Gould	1871
R Antliae	10 5.5	— 37 14	6.5	< 8	—				Gould	1872
S Carinae	6.2	— 61 4	6¼	9	—				Gould	1871
U Hydrae	32.6	— 12 52	4.5	6.1—6.3	194.65				Gould	1871
R Ursae maj.	37.6	+ 69 18	6.0—8.2	13.2	305.4				Pogson	1853
η Argus	41.2	— 59 10	> 1	7.4	—				Burchell	1827
V Hydrae	46.8	— 20 43	6.7	9.1	575				{Gould? Chandler}	{1574? 1888}
R Crateris	55.6	— 17 47	> 8	< 9	—				Winnecke	1861
X Virginis	11 56.7	+ 9 38	7.8?	12	—				Peters	1871
R Comae	59.1	+ 19 21	7.4—8.0	< 13.5	362				Schönfeld	1856
T Virginis	12 9.5	— 5 28	8.0—8.8	10—13.5	337				Boguslawski	1849
R Corvi	14.5	— 18 42	6.8—7.7	< 11.5	317.2				Karlinski	1867
Y Virginis	28.7	— 3 52	8—9.4	13—14	210				Henry	1874
T Ursae maj.	31.9	+ 60 3	6.7—8.5	12.2—12.6	257.2				Sternw. Bonn	1860
R Virginis	33.4	+ 7 33	6.5—8.0	9.7—11.0	145.63				Harding	1809
R Muscae	36.0	— 68 51	6.6	7.4	0	21	20		Gould	1871
S Ursae maj.	39.6	+ 61 39	7.0—8.2	10.2—11.5	223.92				Pogson	1853
U Virginis	46.0	+ 6 6	7.7—8.1	12.2—12.8	207.2				Harding	1831
V Virginis	13 22.6	— 2 39	8.0—9.0	< 13	251				Goldschmidt	1857
R Hydrae	24.2	— 22 46	3.5—5.5	9.7	496.91				{Montanari Maraldi}	{1672 1704}
S Virginis	13 27.8	— 6 41	5.7—7.8	12.5	376.0				Hind	1852
R Canum venat.	44.6	+ 40 2	7½	< 11	—				Espin	1888
R Centauri	14 9.4	— 59 27	6.0—6.3	8.7—9.8	272.3				Gould	1871
S Bootis	19.5	+ 54 16	7.7—8.5	12.5—13.2	270.3				Sternw. Bonn	1860
R Camelopardi	25.1	+ 84 17	7.8—8.6	12—13.5	269.5				Hencke	1858
V Bootis	25.7	+ 39 18	7.1—7.3	9.4	266.5				Dunér	1884
R Bootis	32.8	+ 27 10	5.9—7.8	11.3—12.2	223.9				Sternw. Bonn	1858
W Bootis	39.0	+ 26 57	5.2	6.1	—				Schmidt	1867
d Librae	55.6	— 8 7	5.0	6.2	2	7	51	23	Schmidt	1859
R Triang. austr.	10.8	— 66 8	6.6	8.0	3	9	35		Gould	1871
U Coronae	15 14.1	+ 32 1	7.5	8.9	3	10	51	9	Winnecke	1869
S Librae	15.6	— 20 2	8.0—8.3	< 13	192.3				Borrelly	1872
S Serpentis	17.0	+ 14 40	7.6—8.7	12.5?	365.25				Harding	1828
S Coronae	44.4	+ 31 44	6.1—7.8	11.9—12.5	360.57				Hencke	1860
R Coronae	46.0	+ 28 28	5.8	13.0	—				Pigott	1795
V Coronae	46.1	+ 39 52	7.2—7.7	10.3—12.0	359.5				Dunér	1878

Verzeichniss von veränderlichen und neuen Sternen.

Bezeichnung	1900.0 AR.	1900.0 Decl.	Helligkeit Max.	Helligkeit Min.	Dauer der Periode	Entdeckung Name	Entdeckung Jahr
R Serpentis . .	15ʰ46ᵐ1	+ 15°26′	5.6—7.6	13	357ᵈ6 ʰ ᵐ ˢ	Harding . .	1826
T Coronae . .	55.3	+ 26 12	2.0	9.5	—	Birmingham	1866
R Herculis . .	16 1.7	+ 18 38	8.0—9.2	< 13	318.4	Sternw. Bonn	1855
T Scorpii . . .	11.1	— 22 44	7.0	< 12	—	Auwers. . .	1860
V Ophiuchi . .	16 21.2	— 12 12	7.0	9.6—10.5	307	Dunér . . .	1881
U Herculis . .	21.4	+ 19 7	6.6—7.8	11.4—12.7	410.5	Henke . . .	1860
g Herculis . .	25.4	+ 42 6	4.7—5.5	5.4—6.0	—	Baxendell .	1857
W Herculis . .	31.7	+ 37 32	8.0—8.4	11.5—14	288.7	Dunér . . .	1880
R Draconis . .	32.4	+ 66 58	6.5—8.7	13	245.9	Geelmuyden	1876
S Herculis . .	47.3	+ 15 6	5.9—7.5	11.5—13	309.0	Sternw. Bonn	1856
Ophiuchi . .	53.9	— 12 45	5.5	12.5	—	Hind	1848
R Ophiuchi . .	17 2.0	— 15 58	7.0—8.1	< 12	302.4	Pogson . . .	1853
α Herculis . .	10.1	+ 14 30	3.1	3.9	—	W. Herschel	1795
U Ophiuchi . .	11.5	+ 1 19	6.0	6.7	0 20 7 42	{Gould / Sawyer}	{1871 / 1881}
u Herculis . .	17 13.6	+ 33 12	4.6	5.4	40?	Schmidt . .	1869?
Serpentarii . .	24.6	— 21 24	> 1	?	—	Fabricius . .	1604
X Sagittarii . .	41.3	— 27 48	4	6	7.01185	Schmidt . .	1866
W Sagittarii . .	58.6	— 29 35	5	6.5	7.59445	Schmidt . .	1866
T Herculis . .	18 5.3	+ 31 0	6.9—8.5	9.8—12.7	164.75	Sternw. Bonn	1857
Y Sagittarii . .	15.5	— 18 54	5.8	6.6	5.7690	Sawyer . . .	1886
V Sagittarii . .	25.5	— 18 20	7.6	8.8	—	Quirling . .	1865
U Sagittarii . .	26.0	— 19 12	7.0	8.3	6.74493	Schmidt . .	1866
X Ophiuchi . .	33.6	+ 8 45	6.8	9?	—	Espin . . .	1886
T Aquilae . . .	41.0	+ 8 38	8.8	10.0	—	Winnecke .	1860
R Scuti	18 42.1	— 5 49	4.7—5.7	6.0—9.0	71.1	Pigott . . .	1795
β Lyrae . . .	46.4	+ 33 15	3.4	4.5	12 21 46 58	Goodricke .	1784
X Pavonis . .	46.6	— 67 21	4.0	5.5	9.097	Thômé . . .	1872
R Lyrae . . .	52.3	+ 43 49	4.0	4.7	46.0	Baxendell .	1856
R Aquilae . . .	19 1.5	+ 8 5	6.4—7.4	10.9—11.5	352.3	Sternw. Bonn	1856
T Sagittarii . .	10.5	— 17 9	7.6—8.1	< 11	384	Pogson . . .	1863
R Sagittarii . .	10.8	— 19 29	7.0—7.2	< 12	270	Pogson . . .	1858
U Aquilae . .	24.0	— 7 15	6.3	7.3	7.033	Sawyer . . .	1886
R Cygni . .	34.1	+ 49 58	5.9—8.0	< 13	425.7	Pogson . . .	1852
11 Vulpeculae .	43.5	+ 27 4	3	?	—	Anthelme . .	1670
χ Cygni . . .	19 46.7	+ 32 40	4.0—6.5	13.5	406.045	Kirch . . .	1686
η Aquilae . .	47.4	+ 0 45	3.5	4.7	7 4 14 0	Pigott . . .	1784
S Sagittae . .	51.4	+ 16 22	5.6	6.4	8 9 11.0	Gore	1885
Z Cygni . .	58.6	+ 49 46	7?	14?	—	Espin . . .	1887
R Cephei . .	58.9	+ 88 50	5?	10?	—	Pogson . . .	1856
R Delphini . .	20 10.5	+ 8 47	7.6—9.0	11.1—12.8	284.0	{Hencke / Schoenfeld}	{1851 / 1859}
P Cygni . .	14.1	+ 37 43	3—5	< 6	—	Janson . . .	1600
U Cygni . .	16.5	+ 47 35	7.0—8.1	9.4—11.6	461.3	Knott . . .	1871
V Cygni . .	38.1	+ 47 47	6.8—9.5	13.5	423?	Birmingham	1881
X Cygni . .	39.5	+ 35 13	6.4	7.2—7.7	15 14 24	Chandler . .	1886
T Cygni . .	20 43.2	+ 34 0	5.5?	6?	—	Schmidt . .	1864
T Aquarii . . .	44.7	— 5 31	6.7—7.8	12.4—13.0	203.3	Goldschmidt	1861
T Vulpeculae .	47.2	+ 27 52	5.5	6.5	4 10 29.0	Sawyer . . .	1885
Y Cygni . .	48.0	+ 34 17	7.1	7.9	1 11 56 48	Chandler . .	1886
R Vulpeculae .	59.9	+ 23 25	7.5—8.5	12.5—13.6	136.9	Sternw. Bonn	1858
T Cephei . . .	21 8.2	+ 68 5	5.6—6.8	9.5—9.9	383.2	Ceraski . .	1878

Bezeichnung	1900.0 AR.	1900.0 Decl.	Helligkeit Max.	Helligkeit Min.	Dauer der Periode				Entdeckung Name	Entdeckung Jahr
W Cygni	21^h32^m3	+ 44°56′	6.1—6.3	6.7	126	d	h	m s	Gore	1885
S Cephei	36.5	+ 78 10	7.4—8.5	11.5	484				Hencke	1858
Cygni	37.8	+ 42 23	3	13.5	—				Schmidt	1876
μ Cephei :	21 40.4	+ 58 19	4?	5?	432?				{Hind, Argelander}	1848
R Piscis austr.	22 12.3	— 30 6	5.7?	< 11?	—				Gould	1884
δ Cephei	25.4	+ 57 54	3.7	4.9	5		8 47	40	Goodricke	1784
S Aquarii	51.7	— 20 53	7.7—9.1	< 12.5	279.3				Argelander	1853
β Pegasi	22 58.9	+ 27 32	2.2	2.7	—				Schmidt	1847
R Pegasi	23 1.6	+ 10 0	6.9—7.9	< 13	378.1				Hind	1848
S Pegasi	15.5	+ 8 22	7.3—8.0	< 13	317.5				Marth	1861?
R Aquarii	38.6	— 15 50	5.8—8.5	11?	387.16				Harding	1814
R Cassiopejae	53.3	+ 50 50	4.8—7.0	9.8—12	429.0				Pogson	1853

Anmerkungen.

T Ceti. Irregulärer Veränderlicher. — T Cassiop. Zunahme langsamer als Abnahme. 8^m p. 10^s, n.0.5. — B Cassiop. Tychonischer Stern, s. S. 502. — α Cassiop. Unregelmässig, Lichtschwankungen nur gering. — Andromedae. Nova im Andromedanebel, s. S. 504. — U Cephei. Algoltypus. — S Cassiop. Periode scheint abzunehmen. — R Piscium. 11^m p. 7^s, n. 0.7. — o Ceti, s. S. 498. — ρ Persei. Periode sehr wechselnd, Vergleichstern von Algol. — β Persei oder Algol, s. S. 498. — λ Tauri. Algoltypus. — ε Aurigae. Aenderungen oft längere Zeit unmerklich. — R Leporis. Hinds »crimson star«, s. S. 503. — R Aurigae. Während der Zunahme längere Zeit Stillstand in der Grösse 9; mehrfach sogar secundäres Max. und Min. beobachtet; 9^m folg. 5^s, s. 0.6. — δ Orionis. Wahrscheinlich nicht veränderlich. — α Orionis. Ganz unregelmässig. — S Monocerotis. Duplex. Hauptstern des Sternhaufens H. VIII 5; unregelmässig. — R Lyncis, Elemente sehr unsicher. — ζ Geminorum. Periode scheint kürzer zu werden. — R Geminorum. Lichtcurve sehr veränderlich. — R Canis minoris. Periode nicht gleichförmig. — R Can. maj. Algoltypus. — S Can. min. Periode scheint cyklischen Veränderungen unterworfen. — R Cancri. Die Verlängerung der Periode scheint keinem Zweifel zu unterliegen. — S Cancri. Algoltypus. — T Hydrae. Lichtänderung schwankend. — T Cancri. Elemente unsicher. — R Leonis min. Die Abnahme der Periode scheint sicher. — R Leonis. Die Periode scheint cyklischen Aenderungen unterworfen. — S Carinae. Periode beträgt mehrere Monate. — U Hydrae. Elemente sehr unsicher. — R Urs. maj. Aenderung der Elemente sehr unsicher. — η Argus s. S. 501. — V Hydrae. Elemente sehr unsicher. — R Comae. Elemente sehr unsicher. — T Virginis. Elemente sehr unsicher. — R Corvi zeigt periodische Ungleichheiten. — Y Virginis. Elemente sehr unsicher. — T Urs. maj. zeigt periodische Ungleichheiten. — R Virginis. Elemente stark veränderlich. — R Muscae. Minimum 9 Stunden vor Maximum. — S Ursae maj. Periodische Ungleichheiten. — U Virginis. Lichtcurve in der Nähe der Maxima stark veränderlich. — R Hydrae. Periode nimmt ab. — S Virginis. Elemente veränderlich. — R Centauri. Periode wahrscheinlich lang und unregelmässig. — R Camelop. Zunahme bald rascher, bald langsamer als Abnahme. — W Bootis. Periode lang und unregelmässig. — δ Librae. Algoltypus. — U Coronae. Algoltypus. — S Serpentis. Periode etwas veränderlich. 11^m v. 8^s n. 0.5. — R Coronae. Lichtänderungen höchst unregelmässig; oft Jahre lang unmerklich. — R Serpentis. Periode ziemlich stark veränderlich. — T Coronae. Nova von 1866. — R Herculis. Periode ungleich. — T Scorpii. Nova von 1860 im Sternhaufen Messier 80. — U Herculis. 9^m v. 12^s, n. 3.3. — g Herculis, unregelmässig. — S Herculis. 9^m10 p. 9^s; 6^m p. 11^s n. 1.9. — Ophiuchi. Nova von 1848. — α Herculis. Ganz unregelmässig. — U Ophiuchi. Algoltypus. — u Herculis. Unregelmässig. — Serpentarii. Nova von 1604. — T Herculis. 10^m v. 3^s n. 0.9. — V Sagittarii. Periode unregelmässig. — T Aquilae. Unregelmässig. — β Lyrae. Zwei Maxima und Minima. — R Aquilae. Periode nimmt rasch ab. 9^m10 v. 12^s, s. 0.3; 10^m11 v. 4^s n. 0.5. — R Sagittarii. 11^m v. 1^s, s. 0.4: 11^m v. 7^s, n. 1′. — R Cygni. ϑ Cygni v. 22^s, n. 0′7; 9^m p. 2^s, n. 1.5. — 11 Vulpeculae. Nova von 1670. — χ Cygni. Periode nimmt mit vielen Schwankungen allmählich zu. — R Cephei. Früher sehr hell, jetzt nur teleskopisch. — P Cygni. Nova von 1600. — U Cygni. 8^m9 p. 5^s, n. 0.7. — V Cygni. Secundäres Maximum. — X Cygni. Helle und schwache Minima. — T Cygni. Aenderungen der Helligkeit sehr gering. — Y Cygni. Algoltypus. — Cygni. Nova von 1876. — β Pegasi. Sehr unregelmässig. — R Pegasi. Periode nimmt zu. — R Cassiop. Periode nicht constant. 10^m v. 0^s5 n. 0.6.

VII. Verzeichniss von Doppelsternen.

Das Verzeichniss enthält die durch starke relative Bewegung, Helligkeit, Farbe oder sonst ausgezeichneten doppelten und mehrfachen Sterne, im Allgemeinen bis 60″ Distanz. Es giebt Spalte: 1) die Nummer in W. Struves Mensuris micrometricis oder in ( ) des Pulkowaer Kataloges von 1843 bezw. 1850, sowie einige besonders interessante der zahlreichen von Burnham (β) entdeckten Paare; 2) Bezeichnung des Sternes oder Sternbild; 3) und 4) AR und Decl. für 1900; 5) die Grössen, wesentlich nach Struve; 6) die Farben, ebenso für die Σ und $O\Sigma$ Sterne nach Struve; es bedeuten w. = weiss, g. = gelb, gg. = sehr gelb, goldgelb, orange, gch. = gelblich, r. = roth, purpur, rch. = röthlich, bl. = blau, blch. = bläulich, gr. = grün, grch. = grünlich, a. = aschfarben, grau; 7)—10) genäherte Distanz und Positionswinkel für 1880 und deren Veränderungen in 30 Jahren, in der Regel von 1845—1875; die südlichen meist noch sehr wenig gemessenen Sterne im Allgemeinen nach J. Herschels Results (Cape-Observ. 1834—38). — In den Noten finden sich Bemerkungen über die Natur und Quantität der Veränderungen, über Umlaufszeiten, Sicherheit der Messungen, Variabilität der Grössen und event. Farben, entferntere Begleiter, neuere Paare, endlich neueste Messungen von Burnham (β) und O. Stone (Cincinnati-Observ. 1877—79). Wo nichts bemerkt, sind die Paare mit grösster Wahrscheinlichkeit physische Doppelsterne. — Wegen der Sichtbarkeit in Fernröhren verschiedener Oeffnung s. S. 199; die meisten der Pulkowaer und die Burnham'schen Paare sind nur grossen Instrumenten zugänglich; die für ganz kleine Fernröhre geeignetsten, wie durch Glanz und Farbe besonders ausgezeichneten sind durch * hervorgehoben.

Σ ($O\Sigma$)	Bezeichnung und Sternbild	1900 AR	Decl.	Grössen	Farben	Distanz	Veränd. in 30 J.	Pos.-W.	Veränd. in 30 J.
3062	Cassiop.	0^h 0^m.9	+ 57°53′	7^m 8^m.0	g.	(1″.5)	+ ?	(302°)	+(75°)
2	316 Cephei	3.7	+ 79 10	6 . 6.7	g.	0 ?	−0″.6?	330°?	?
(2)	Androm	8.4	+ 26 26	7 8.9	w.	0.9	+0.3	40	− 20
	(A)C.			9.10	w.	17.7	0	225	0
13	318 Cephei	10.4	+ 76 24	6.7 7	gch.	0.5	0	90	− 25
(4)	Androm.	11.4	+ 35 56	7.8 8	w.	0.5	− ?	155	− 45
(12)	λ Cassiop.	26.2	+ 53 58	5.6 6	g.	0.5	0	145	+ 20
—	β Tucani	27.2	− 63 30	5 5	—	28	?	172	?
36	51 Piscium	27.2	+ 6 25	5 9	w. a.	27.4	0	82	0
46	55 "	34.7	+ 20 54	5 8	g. bl.	6.5	0	193	0
(18)		37.2	+ 3 35	7.8 9.10	—	1.5	+0.2	115	+ 20
1 App. I.	Androm.	0 41.1	+ 30 24	6.7 6.7	gch.	46.5	+ ?	53	− 2
59	Cassiop.	42.3	+ 50 54	7 8	w.	2.1	−0.2?	150	+ 2?
*60	η "	42.9	+ 57 18	4 7	g. r.	5.0	(−)	160	(+)
61	65 Piscium	44.5	+ 27 11	6 6	gch.	4.4	0	298	0
(20)	66 "	49.3	+ 18 39	6 6	g. blch.	0?	−0.6?	10?	− 20
73	36 Androm.	49.6	+ 23 6	6 7	gg.	1.3	+0.2	0	− 25
80	Pisces	54.2	+ 0 15	7 8	g. bl.	20.0	+1.0	315	+ 10
*88	ψ' "	1 0.3	+ 20 56	5 5	w.	29.7	− ?	160	0
90	77 "	0.6	+ 4 22	6 7	w.	33.5	+0.4?	83	0
—	β Phoenic.	1.6	− 47 16	3 11	—	30	?	18	?
(515)	φ Androm.	1 3.6	+ 46 43	5 6.7	g. gr.	0.2?	−0.3?	265	− 40
99	φ Piscium	8.3	+ 24 3	4.5 10	g. bl.	8.0	0	227	0
*100	ζ "	8.3	+ 7 2	4 5	w.	23.5	0	64	0
3 App. I.	37 Ceti	9.3	− 8 28	5 7	gch. —	50.2	0	332	0
113	42 α "	14.6	− 1 3	6 7	w.	1.3	0	350	+ 15
*93	Polarstern	22.5	+ 88 46	2 9	gch. w.	18.5	0	213	+ 3

3062. Umlaufszeit ca. 103 J. (S. 522.) — 2. Seit 1865 nie mehr getrennt gesehen; Pos.-W. scheint indessen abzunehmen. — (4.) Starke Bewegung; Burnham (β) 1878: 0″.6, 155°. — 59. Beweg. im Pos.-W. unsicher. — 60. Umlaufszeit ca. 150 J. (s. S. 522, 523, 729). — Umlaufszeit über 300 J. (s. S. 522). — (20). Neuerdings nur länglich gesehen. — 80. Beweg. vollständig gleichmässig und geradlinig, daher vielleicht nur optischer D.-St. — (515). Schwierig, aber Beweg. sicher; β 0″.3, 272° (1878). — 100. Schöner D.-St., der aber, wie merkwürdigerweise gerade viele helle von grosser Distanz, noch gar keine relat. Beweg. zeigt. — 93. Schwache nähere Begleiter, die manche notirt, existiren nach β bestimmt nicht, jedenfalls optische Täuschungen.

Σ (OΣ)	Bezeichnung und Sternbild	1900 AR	Decl.	Grössen.		Farben	Distanz	Veränd. in 30 J.	Pos.-W.	Veränd. in 30 J.
117	ψ Cassiop. (B) C.	1ʰ18ᵐ.9	+ 67°36′	4ᵐ.5	9ᵐ 10	gg.(blch.) rch.	28″.7 3.0	−1″.4 0	106° 255	+ 3° 0
142	Pisces	34.3	+ 14 45	8	8.9	gch.	17.5	−5.0	328	+13
—	p Eridani	35.9	− 56 42	6	6	—	5.0	+0.7	235	−35
—	ε Sculpt.	1 40.9	− 25 33	6	10	w. r.	5.5	?	70	?
*163	Cassiop.	44.0	+ 64 21	6	8	r.g. bl.	34.9	?	34	?
*180	γ Arietis	48.0	+ 18 48	4	4.5	w. ·	8.5	− ?	359	0
183	Triang.	49.3	+ 28 19	7.8	8	w.	0.5	0	0	−20
	(A+B/2) C.				8.9	a.	5.7	0	165	+ 2
186	Pisces	50.6	+ 1 21	7	7	w.	0 ?	−0.6?	?	?
β 513	48 Cassiop.	53.6	+ 70 25	5	7.8	—	1.0	?	264	?
*202	α Piscium	56.8	+ 2 16	(3)	(4)	(grch)(bl)	3.0	−0.5	324	− 5
*205	γ Androm.	57.7	+ 41 51	3	5	gg. bl.	10.3	0	63	0
(38)	(B) C.				6	bl.	0.5	0?	100	−20
208	10 Ariet.	1 57.9	+ 25 28	6	8.9	g. a.	1.3	−0.3	45	+10
227	ι Triang.	2 6.6	+ 29 50	5	6.7	g. bl.	3.7	+ ?	75	− 2
231	66 Ceti	7.6	− 2 53	6	8	gch. bl.	15.5	−0.3?	232	+ 3
228	259 Androm.	7.7	+ 47 2	6.7	7.8	w.	0.4	−0.4?	320	+35?
—	o (Mira) Ceti	14.3	− 3 25	var.	9.10	r. —	118	+2	82	− 3
262	ι Cassiop.	20.8	+ 66 57	4	7	g. bl.	2.0	+ ?	265	− 5?
	(A) C.				8	blch. ?	7.6	0	108	0
—	ω Fornac.	29.5	− 28 41	6.7	8	—	11.4	+ ?	243	+
5 App. I.	(30) Ariet.	31.1	+ 24 13	6	7	gch. w.	38.4	0	273	+ 1
(43)	»	34.8	+ 26 11	7	9	—	0.9	+0.4	60	−30
295	84 Ceti	2 36.0	− 1 8	6	9	g. a.	4.7	− ?	324	− 8?
296	ϑ Persei	37.3	+ 48 48	4	10	g. —	16.5	+0.4?	298	+ 5
299	γ Ceti	38.0	+ 2 49	3	7	gch. a.	2.8	0	291	+ 3
305	114 Ariet.	41.8	+ 18 57	7.8	8	g.	2.9	+0.6	320	− 5
*307	η Pers.	43.4	+ 55 29	4	8.9	gg. bl.	28.3	0	300	+ 8?
311	π Ariet.	43.5	+ 17 3	5	8.9	gch. —	3.2	0	130	+ 8
333	ε »	53.5	+ 20 56	5.6	6	w.	1.5	+0.5	200	+ 3
—	ϑ Erid.	54.6	− 40 42	4	5	—	8.5	0	84	+ 2?
(50)	Camelop.	3 2.6	+ 71 10	7.8	7.8	w.	1.1	+0.2	215	−20
—	12 Erid.	7.8	− 29 23	4	7	—	2.4	−2.0	316	+ ?
(52)	Camelop.	3 8.8	+ 65 18	6.7	7	w.	0.5	0	135	−20
367	Cetus	8.8	+ 0 25	8	8	gch.	0.7	−0.2	240	−30
7. App. I.	Taurus	25.1	+ 27 23	7	7.8	w.	44.2	0	233	0

117. Hauptstern A mit seinen beiden Begleitern B und C vielleicht nur optisch verbunden. — 142. Geradlinige Beweg., sehr wahrscheinlich optischer D.-St. — p Eridani. Rasche Beweg.; Beobb. an Zahl und Güte aber, wie bei den meisten südl. D.-St. ungenügend. — 163. Ausgezeichnete Farben: rothgold und leuchtend blau. Posit. nach Σ (1831). — 186. Neuerdings nur einfach gesehen; mangelhaft beob. — β 513. 1878 gefunden, daher Beweg. noch unbekannt. — 202. Messungen harmoniren, wie gewöhnlich bei verschieden hellen D.-St. von mässiger Dist. und geneigtem Pos.-W., schlecht; Helligkeit und Farbe vielleicht variabel. — 205 und (38). A und B schöne Farben; C 1842 von OΣ entdeckt. — 228. Starke Beweg. — 231. Eigenbeweg. ca. ½″. → o = Mira Ceti (S. 498); mit dem Begl. nur optisch verbunden; sehr schwacher Begl. 13ᵐ von β 1877 gefunden in 74″, 91°. — 262. Distanz-Messungen ungenau; Pos.-W. seit 1848 unverändert. — ω Fornacis. Posit. nach Stone 1877. — 295. β 1877: 4″.7, 324°, wie Dembowski 1863; Dunér hat 4″.2, 323° (1868). — 296. Dist.-Beob. schlecht; Begl. 10ᵐ in 65″, 219°. — 311. Dreifach; Begl. 10ᵐ in 25″, 110°; unverändert seit W. Herschel. — 333. Helligkeit vielleicht variabel; Bahn vermuthlich nahe in der Ebene der Gesichtslinie, wie bei δ Equul., 42 Comae u. a.; β 1877: 1″.6, 198°. — ϑ Eridani. Posit. nach Stone 1877.

Doppelsterne.

Σ(OΣ)	Bezeichnung und Sternbild	1900 AR	Decl.	Grössen		Farben	Distanz	Veränd. in 30 J.	Pos.-W.	Veränd. in 30 J.
412	7 Tauri	3ʰ28ᵐ.5	+ 24° 8'	6ᵐ.7	6ᵐ.7	gch.	0".3	−0".2	235°	−20°
	(A)C.				10	(bl.)	22.3	0?	60	− 2
422	Eridan.	31.9	+ 0 16	6	8	gg. bl.	6.5	+0.3	243	+ 8
(65)	Taurus	44.3	+ 25 27	6.7	7	w. rch.	0 ?	−0.7?	?	− ?
—	f Eridan.	45.0	− 37 56	5	6	—	8.5	?	200	?
464	ζ Persei	47.8	+ 31 36	2.3	9.10	grch. a.	12.8	0?	208	0
*470	32 Eridan.	49.3	− 3 14	4	6	g. bl.	6.8	+?	347	+?
*471	ε Persei	3 51.1	+ 39 44	3	8.9	gr. blch.	8.8	0.5?	9	0
460	49 Hev. Ceph.	53.0	+ 80 26	5	6	g. blch.	0.7	+0?	30	+25
511	Camelop.	4 9.5	+ 58 33	7.8	8	w.	0.5	0	290	−25
516	39 Eridan.	9.7	− 10 31	6	9	g. bl.	6.3	−?	148	− ?
518	40 (o²) Erid.	10.8	− 7 46	4	9	gg. —	80	−2.0	104	− 2
	(B)C.				11		4.0	0	125	−35
—	α Reticuli	12.6	− 62 44	4	12	—	40	?	354	?
(79)	55 Tauri	14.1	+ 16 17	7	9	g. a.	0.8	+0.4	60	+25
*—	φ »	14.2	+ 27 7	5	8	r. blch.	53	−3	245	+ 3
(82)	»	17.0	+ 14 50	7	9	g. —	1.0	0	180	−45
2.App.II.	Aldebaran	4 30.1	+ 16 19	1	11	gg. —	115	+3.5	35	0
566	2 Camelop.	32.0	+ 53 18	5	7.8	g. blch.	1.6	0	292	− 9
572	4 Aurigae	32.3	+ 26 43	6.7	6.7	gch.	3.5	+0.2	204	− 5
—	ι Pictoris	48.7	− 53 38	5.6	6.7	—	12.4	?	58	?
610	7 Camel. AC	49.2	+ 53 35	4	11	w. —	27 ?	+?	239	0
	(A)B.				8		1.2	?	309	?
(89)	Camelop.	52.0	+ 73 55	6	7.8	—	0.4	0	100 ?	−130 ?
(98)	i Orion.	5 2.4	+ 8 23	6	7	w.	1.1	0	205	−40
634	19 Hev. Cam.	6.3	+ 79 7	4.5	8	gch. w.	20.0	−10	3	+ 8
655	ι Lepor.	7.6	− 11 59	4.5	10.11	grch. —	12.8	0?	336	− 1 ?
*654	ρ Orion.	5 8.0	+ 2 47	4.5	8.9	gg. blch.	7.0	0	63	0
*653	14 Aurigae	9.0	+ 32 35	5	7	—	14.7	0	225	0
	(A)C.				11		11.6	−0.6	349	+ 4
*668	Rigel	9.8	− 8 18	1	8	grch. blch.	9.2	0	199	0
β555	(B)C.				9?	—	0.3	?	173	?
*696	23 Orion.	17.4	+ 3 26	5	7	grch. w.	31	−0.6 ?	28	0
—	η »	19.4	− 2 29	3.4	5.6	w. r.	1.0	0	80	− 4
β320	β Lepor.	24.0	− 20 50	3	11	—	3.2	(+)	295	(+)
725	31 Orion.	24.5	− 1 10	6	11	gg. —	12.7	0	88	0
728	32 »	25.5	+ 5 52	5	6.7	gch.	0.4	−0.6	190	−15
*14.App.I.	δ Orion.	5 26.9	− 0 22	2	7	grch. w.	52.7	0	359	0
—	α Lepor.	28.3	− 17 54	3	10	—	35	+?	156	0 ?

412. C. wahrscheinlich optischer Begl. — (65). Beweg. zweifelhaft; seit 1865 nur einfach, höchstens länglich (Dunér 1874 in 30°). — 464. Zwei andere Begl.: 10ᵐ in 33″, 290°, 12ᵐ in 90″, 197°. — 470. Messungen abweichend. — 360. Dist. fast unverändert; projicirte Bahn also nahe Kreis. — 516. Posit. nach Stone 1879. — 518. B und C sind mit A, dessen Eigenbew. über 4″ (s. S. 552), physisch verbunden; β 1579 (AB): 3".7, 125°; zwei schwächere Begl.: 12ᵐ in 35″, 135°, 11ᵐ.12 in 115″, 345° nur optisch. — Aldebaran. Begl. wahrscheinlich optisch; schwacher 13ᵐ von β 1877 in 30″, 110° gefunden (β 550). — (89). Sehr starke Bew.; Umlaufszeit vielleicht noch nicht 150 J.; seit 1873 (OΣ 0".5, 150°) aber nicht gemessen. — 634. Möglicherweise optisch. — 655. Beobb. ungenau. — β 555. Der Begl. von Rigel, nach β einer der schwersten D.-St.; erst 1877 getrennt; soweit bekannt nur von β beob. — η Orion. Von Dawes 1848 gefunden; Herschel und Struve sahen den Stern einfach. — β 320. 1874 entdeckt; Beobb. schwer, rasche Beweg. aber sicher. — 725. Posit. nach Stone, 1879. — 728. β 0".45, 196° (1878). — δ Orion. β fand 1877 einen Begl. 13ᵐ in 34″, 227°.

Elemente und Verzeichnisse.

Σ (OΣ)	Bezeichnung und Sternbild	1900 AR	Decl.	Grössen		Farben	Distanz	Veränd. in 30 J.	Pos.-W.	Veränd. in 30 J.
*738	λ Orion.	5h29m6	+ 9°52'	4m	6m	gch. r.	4″2	0	43°	0
747	133 »	30.3	− 6 4	5.6	6.7	gch. a.	35.9	0	223	0
*748	ϑ₁ » AB	30.4	− 5 28	4.5	6.7	gch.	13.3	0	61	0
	CD.			7	8	w. a.	8.6	0	32	0
*16.App.I.	ϑ₂ »	30.5	− 5 28	5	6	g. a.	52.8	0	92	0
*752	ι »	30.6	− 5 59	3	7.8	gch. blch	11.3	0	139	−2°?
753	26 Aurig.	32.2	+ 30 27	6	8	g. bl.	12.5	+0.2	268	0
762	σ Orion.	33.7	− 2 39	4	10	w. a.	11.0	0	236	0
	(A)C.				7.8	a.	12.9	0	84	0
774	ζ »	5 35.7	− 2 0	2	5.6	g. rch.	2.5	+?	153	+ 3
(545)	ϑ Aurig.	52.8	+ 37 12	3	7.8	—	2.1	?	5	?
(124)	Orion.	53.2	+ 12 48	6	8	—	0.7?	+0.2?	230?	−70?
919	11 Monoc.	6 24.0	− 6 58	5	5.6	w.	7.2	0	132	+?
	(B) C.				6	w.	2.5	0	105	+ 2?
924	20 Gemin.	26.5	+ 17 51	6	7	gch. blch	20.0	0	209	− ?
(149)	»	30.2	+ 27 22	6.7	9	—	0.7	+0.1?	290?	−70?
943	»	31.7	+ 23 16	8.9	9	w.	20.0	+3.0	147	−10
950	15 Monoc.	35.8	+ 9 59	6	9	gr. bl.	3.0	+0.2?	213	+ 5
948	12 Lync.	6 37.4	+ 59 33	5	6	grch.	1.5	−0.2	128	−15
	(A)C.				7	blch.	8.3	0	305	0
—	V Navis Argo	36.1	− 48 8	5.6	8	—	20	?	319	?
—	Sirius	40.8	− 16 34	1	8.9	w. —	11.3	(+)	54	−10
(156)	Gemini	41.6	+ 18 19	6.7	7	—	0.6	+?	315	−40
963	14 Lync.	44.2	+ 59 33	6	7	gg. r.	0.6	−0.1	65	+10
(159)	15 »	48.6	+ 58 34	5	7	g. gg.	0.5	0	0	+35
982	38 Gemin.	49.0	+ 13 19	5.6	7.8	gch. blch	6.4	+0.3	163	− 6
997	μ Can. maj.	51.5	− 13 54	4.5	8	g. bl.	2.7	−0.4?	339	− 3?
—	ε » »	54.7	− 28 51	2	9	—	7.4	0	160	0
—	Navis A. (Car.)	7 1.6	− 59 2	6.7	7.8	—	2.4	?	75	?
1037	Gemini	6.6	+ 27 24	7	7	gch.	1.3	0	310	−13
—	γ Pisc. vol.	9.9	− 70 20	5	6.7	—	12.9	0?	302	0?
1061	λ Gemin.	12.4	+ 16 43	3	10.11	grch. —	9.5	0	47?	+17?
1051	Camelop.	14.5	+ 73 17	6.7	8.9	w. —	1.2	0	270	+?
	(A)C.				8	—	31.4	0	81	0
—	π Navis A.	13.6	− 36 55	3	8	g. bl.	70	?	212	?
*1066	δ Gemin.	14.2	+ 22 10	3	8	gch. r.	7.1	0	204	+ 4
1074	Monoc.	15.3	+ 0 36	7.8	8	w.	0.8	+0.2	138	+12
1104	Navis A.	24.8	− 14 46	6.7	8.9	w.	2.3	0	318	+20
—	σ » »	26.0	− 43 6	4.5	10	g. bl.	22.5	?	75	?

748. Trapez des Orionnebels (s. Tafel); sechsfacher Stern; die schwachen Begl. E = 11ᵐ, entd. von W. Struve 1826, und F = 12ᵐ, entd. von J. Herschel 1830, möglicherweise variabel (S. 41); Posit. AC = 13″0, 312°, BD = 19″.2, 300°, seit Struve unverändert; CE = 3″.9, 346°; AF = 4″.0, 134°; Posit.-W. CE nimmt ab, AF zu; bei letzterem wahrscheinlich auch die Distanz. — ϑ₁ − ϑ₂ Orion. 135″, 314°, unverändert (s. Fig. 152). — 753. Schwacher Begl. (β 90) in 26″, 113°; auch von Morton 1856 gefunden. — 762. Vielfacher Stern; vierfach-doppelt mit Σ 761, der nördl. vorangeht (211″, 322°); Begl. D 7ᵐ in 42″, 61°. — 774. Begl. C 10ᵐ in 60″, 5° (unsicher); β vermuthet B doppelt. — (545) β 1″.9, 4° (1878); Begl. 10ᵐ in 45″, 293°. — (124). Starke Abnahme des Posit.-W., bei geringer Zunahme der Dist. wahrscheinlich. — (149). Vermuthlich starke Beweg., wegen Schwierigkeit aber noch etwas unsicher. — 943. Wahrscheinlich optisch. — 950. Var. S Monoc. (S. 707); Hauptstern des Sternhaufens H. VIII. 5; Begl. 11ᵐ in 17″, 13°. — Sirius. Umlaufsz. 49 J. (S. 521). — (159). β 0″.5. 1° (1878); Begl. 12ᵐ in 24″, 31° (β). — 982. Grössen, beim Begl. auch Farbe sehr verschieden geschätzt. — 997. Posit. nach Stone 1878. — 1075. Posit. nach β 1878, der noch zwei schwache Begl. sah. — 1104. Posit. nach Stone 1878.

Doppelsterne.

Σ (OΣ)	Bezeichnung und Sternbild	1900 AR	Decl.	Grössen		Farben	Distanz	Veränd. in 30 J.	Pos.-W.	Veränd. in 30 J.
*1110	Castor	7ʰ28ᵐ3	+ 32° 6′	2ᵐ3	3ᵐ4	grch.	5″.7	+0″.6	234°	—13°
(177)	Gemin.	35.3	+ 37 40	7.8	8.9	w. grch.	0.6	0	130	—16
—	k Navis A.	34.8	— 26 35	5	5	—	9.9	0	318	0
(179)	x Gemin.	38.4	+ 24 38	4	8.9	gg. bl.	6.3	+0.1?	236	+ 5
1146	5 Navis A.	43.2	— 11 57	5.6	7.8	gch. bl.	3.4	+0.6?	14	— 3
1175	Can. min.	57.2	+ 4 26	7.8	9.10	gch. blch.	1.8	—0.4	223	+10
(187)	Gemini	57.8	+ 33 20	7	7.8	w.	0.5	+ ?	280	—23
1157	85 Lync.	8 3.2	+ 32 31	7	8	w.	2.1	+0.2	50	—14
1196	ζ Cancri	6.5	+ 17 58	5	5.6	g.	0.5	—	(80)	—
	(A)C.				5.6	g.	5.4	(±)	132	— 6
—	γ Navis A.	8 6.5	— 47 2	2.3	5	—	41	0?	220	0
1216	Monoc.	16.2	— 1 17	7.8	8	w.	0.5	0	165	+30
1223	φ² Cancri	20.7	+ 27 15	6	6.7	w.	4.9	+ ?	30	+ ?
1224	υ¹ »	20.7	+ 24 52	6	7	w.	5.9	0?	42	+ 2
1263	Lynx	38.6	+ 42 4	7.8	8	gch. w.	41	+21	20	+ 6
*1268	ι Cancri	40.6	+ 29 8	4.5	6.7	g. blch.	30.5	0	307	0
1273	ε Hydrae	41.5	+ 6 47	4	8	g. bl.	3.3	0	221	+17
1291	ι² Cancri	48.2	+ 30 58	6	6.7	g.	1.4	— ?	333	— 2
(196)	ι Urs. maj.	52.4	+ 48 26	3	10	w. —	9.5	—1.0	0	+ 7
—	b¹Nav.A.(Car.)	54.7	— 58 48	5.6	7	—	40.5	?	75	?
1306	σ² Urs. maj.	9 1.6	+ 67 32	5	8	rch. —	2.6	—1.6	240	—15
3121	Caucer	11.9	+ 29 0	7.8	8	gch.	(0.3)	(—)	30,210	(±)
*1334	38 Lync.	12.7	+ 37 14	4	6.7	grch. bl.	2.8	0	238	— ?
1338	157 »	14.8	+ 38 37	7	7	w.	1.7	0	155	+20
1356	ω Leonis	23.1	+ 9 29	6	7	g.	(0.6)	0	(85)	+
*1351	23 (h) Urs. maj.	23.6	+ 63 30	4	9	grch. a.	22.6	0	272	0
(208)	φ Urs. maj.	45.4	+ 54 32	5	5.6	—	0.3?	(—0.3)	150?	(+100)
—	υ Navis A.	44.6	— 64 37	3	8	—	4.9	?	126	?
—	8 Sextant.	47.6	— 7 38	5.6	6.7	—	0.2?	(—0.5)	150?	(—)
(215)	Leo	10 10.8	+ 18 14	7	7	w. a.	0.9	+0.3?	225	—35
(523)	39 Leon.	10 11.7	+ 23 36	6	(11.12)	g. —	7.0	+0.3?	303	+ 9
*1424	γ »	14.4	+ 20 21	2	3.4	gg. grch.	3.5	+0.4	112	+ 5
1450	49. »	29.7	+ 9 10	6.	8.9	w. blch.	2.4	0	158	— ?
1466	35 Sext.	38.1	+ 5 17	6	7	g. bl.	6.7	0	240	0
(229)	Ursa maj.	42.3	+ 41 39	6.7	7	w.	0.8	+ ?	335	—15
*1487	54 Leon.	50,2	+ 25 18	5	7	grch. bl.	6.2	0	106	+ 2

1110. Schon 1719 von Bradley beob.; über die Bahn s. S. 523. — (179). Begl. vielleicht etwas variabel; Object jetzt leicht. — (1175). Posit. nach β, 1578. — 1196. Umlaufszeit AB 60 J. (S. 521); Messungen von C zeigen eigenthümliche Schwankungen (s. S. 520). — γ Navis Argo. Vielfach; andere Begl.: 8ᵐ in 63″, 147°, 10ᵐ in 94″, 140° und schwächere. — 1296. β 0″.6, 159° (1878). — 1224. Begl. scheint variabel; auch Farbenschätzungen verschieden. — 1263. Optischer D.-St. von starker Eigenbew. des Hauptsternes. — 1273. Sehr schwacher Begl. in 20″, 192° (β 1877). — (196). An der starken Eigenbew. nimmt der Nachbarstern 10 Urs. maj. Theil. — 1306. Bahnneigung wahrscheinlich sehr bedeutend, da Dist. verhältnissmässig viel stärker geändert als Pos.-W. — 3121. Umlaufszeit 35 J.; Bahn in der Ebene der Gesichtslinie (S. 521). — 1356. Umlaufszeit ca. 111 J. (S. 522). — (208). Sehr starke Beweg.; Periastron nach OΣ vielleicht um 1874 passirt; Umlaufszeit möglicherweise noch unter 150 J. — 8 Sext. Von A. Clark 1852 entdeckt; Beweg. noch unsicher; aber jedenfalls sehr stark; seit 1872 Begl. nur vermuthet; OΣ und β 1878 in ca. 0″.2, 140°. — (215). β 0″.7, 225° (1878). — (523). Begl. scheint variabel; β 6″.7, 299° (1878). — 1424. Umlaufszeit über 400 J. (S. 522); Nachbarstern 7ᵐ in ca. 230″, 293° nach Flammarion. — 1450. Messungen ungenau.

Elemente und Verzeichnisse.

Σ(OΣ)	Bezeichnung und Sternbild	1900 AR	Decl.	Grössen		Farben	Distanz	Veränd. in 30 J.	Pos.-W.	Veränd. in 30 J.
1516	Draco	11h 8m.8	+ 74° 0'	7m	7m8	gch. a. g.	10".5	+	94°	+
(539)	(A)C.			10		—	7.4	—1".0?	298	+ 7°?
1517	Leo	8.5	+ 20 40	(7.8)	(7.8)	gch.	0.6	—0.4	284	— 4?
1523	ξ Urs. maj.	11.9	+ 32 5	4	5	g. a.	2.0	+	(275)	—
1524	ν Urs. maj.	11 13.1	+ 33 38	3.4	10	gg. —	7.0	0	146	—
1536	ι Leonis	18.7	+ 11 4	4	7	gch. bl.	2.7	+0.3	66	—15
*19.App.I.	τ »	22.8	+ 3 24	5	7	g. w.	92	—1.5	172	+ 2
1543	57 Urs. maj.	23.7	+ 39 52	5	8	w. a.	5.4	0	5?	— 4
(234)	» »	25.4	+ 41 50	7	7.8	w.	0?	—	320?	+120?
(235)	» »	26.7	+ 61 38	6	7.8	g. r.	1.1	+0.4	53	+115
—	17 Crater.	27.3	— 28 43	6	6	—	8.7	— ?	31	+ ?
1552	90 Leonis	29.5	+ 17 21	6	7	w. blch.	3.2	0	210	0
	(A) C.			9		—	65	+3	235	0
1555	Ursa maj.	31.1	+ 28 20	6.7	7	w.	0.6	—0.4	345	+ 4?
	(A) C.			11		—	21	+ ?	145	0
—	β Hydr. (Crat.)	11 47.9	— 33 21	5	5	—	2.0	0	345	0
1579	65 Ursa maj.	49.9	+ 47 2	6	8.9	w. bl.	3.7	0	36	0
	(A) C.			7		w.	63	0	113	0
—	ε Chamael.	54.6	— 77 37	5	6	—	1.6	?	178	?
1596	2 Com. Ber.	59.1	+ 22 1	6	7.8	w. bl.	3.7	0	240	— ?
1604	59 Virgin.	12 4.6	— 11 15	6.7	9	w. —	11.6	— ?	93	— ?
	(A) C.			8		g.	40	—10	92	— 3
—	Centaur.	8.6	— 45 10	5.6	7	g.	4	?	247	?
1622	2 Can. Venat.	11.1	+ 41 13	5.6	8	gg. bl.	11.4	0	260	0
(249)	Ursa maj.	12 19.1	+ 54 42	7	8	—	0.5	0	307	—20
1639	68 Com. Ber.	19.4	+ 26 8	6.7	8	w. a.	0.7	—0.4	275	—11
*—	α Crucis	21.0	— 62 33	2	2.3	—	4.7	—0.5?	115	— 5
	(A) C.			6		—	90	0	200	0
(251)	Com. Ber.	24.1	+ 31 56	7.8	9	—	0.4	0	150?	+ ?
—	δ Corvi	24.7	— 15 58	3	8.9	gch. r.	23.5	0?	213	— ?
*—	γ Crucis	25.6	— 56 34	2	5	gg. —	85?	—20 ?	36	— 1?
*1657	24 Com. Ber.	30.1	+ 18 55	4.5	6	gg. bl.	20.2	0	271	— ?
*—	γ Centauri	36.0	— 48 25	4	4	—	1.3	+0.4?	· 15?	+15?
1669	58 Corvi	36.0	— 12 27	6.7	6.7	gch.	5.8	+0.3?	310	+ 6
*1670	γ Virgin.	12 36.6	— 0 54	3	3	gch.	5.0	(+)	337	—
1678	Com. Ber.	40.4	+ 14 55	6.7	7	w.	32.3	0	199	— 8
1687	35 Com. Ber.	48.4	+ 21 47	5	8	g. bl.	1.3	— ?	58	+16
	(A) C.			9		blch.	28.6	0	125	0
(256)	Virgo	51.3	— 0 25	7	7.8	w.	0.7	0?	65	+ 7
1704	44 Virgin.	54.5	— 3 17	6	11	w. —	21.0	— ?	53	0
1724	ϑ »	13 4.7	— 5 1	4	9	w. —	7.1	0	346	+ ?

1516. Optischer D.-St., Dist. war 1830 10″, 1855 nur 2″.5; wächst seitdem rasch; (539) der Begl. 10m. von OΣ 1858 entdeckt, nimmt an der Eigenbew. von A Theil, ist daher physisch mit ihm verbunden; Bahn vermuthlich sehr excentrisch. — 1517. Bahn scheint stark geneigt, da Dist. stark, Pos.-W. sehr wenig abnimmt; einer der Sterne vermuthlich variabel. — 1523. Umlaufzeit ca. 61 J. (S. 521). — 1543. β 5″.4, 7° (1878). — (234). Sehr starke Beweg.; Beobb. aber abweichend; β findet 1878 ca. 0″.3, 160° (340°?). — (235). Sehr rasche Beweg., Umlaufzeit vielleicht 100 J. — 17 Crateris, β Hydr. (Crater.). Posit. nach Stone 1877. — 1604. Begl. C möglicherweise nur optisch, da Beweg. gleichförmig geradlinig. — (249). Posit. β 1878: Begl. 11m in 13″, 149° (OΣ und β). — (251). Beobb. abweichend. — γ Crucis. Nur zwei Schätzungen der Dist. — 1670. Umlaufzeit ca. 170 J. (S. 523); Helligkeit variabel, bald der eine, bald der andere heller. — (256). Beide vielleicht variabel; Stone 0″.5, 64° (1879). — 1704, 1724. Positt. nach Stone 1879.

Doppelsterne.

Σ(ΟΣ)	Bezeichnung und Sternbild	1900 AR	Decl.	Grössen		Farben	Distanz	Veränd. in 30 J.	Pos.-W.	Veränd in 30 J.
1728	42 Com. Ber.	13ʰ 5ᵐ.2	+ 18° 4'	6ᵐ	6ᵐ	g.	(0".3)	(±)	(11, 191)°	(±)
(261)	Can. ven.	7.2	+ 32 37	7	7.8	gch.	1.2	+0".5	347	—10°
—	54 Virg.	8.1	— 18 17	7	7.8	w.	5.3	—0.5	34	0
*1744	ζ Urs. maj.	13 19.9	+ 55 27	2	4	w.	14.3	0	148	+ 1
(269)	Can. ven.	28.3	+ 35 26	6.7	7	—	0.3?	0?	230?	+30 ?
1757	Virgo	29.2	+ 0 12	8	9	w.	2.3	+0.6	72	+25
—	f Hydr.	31.2	— 25 59	6	7	—	10.2	0	193	0
1768	25 Can. ven.	33.0	+ 36 49	5.6	7.8	w. bl.	(0.7)	(+)	(153)	—
1772	1 Boot.	35.9	+ 20 28	6	9	blch. bl.	4.8	0	148	0
1777	84 o Virg.	38.0	+ 4 3	6	8	g. (bl.)	3.5	+ ?	230	— 2
(270)	τ Boot.	42.6	+ 17 57	5	11.12	ggr. —	8.5	—1.5	352	+ 4
1785	»	44.5	+ 27 28	7	7.8	w.	2.1	—1.0	210	+30
—	k Centaur.	46.0	— 32 29	6	7	—	7.9	— ?	109	— 4 ?
1820	Ursa maj.	14 9.7	+ 55 47	8	8.9	gch.	2.3	+ ?	67	+13
*1821	x Boot.	9.9	+ 52 16	5	7	grch.blch.	12.7	0	238	0 ?
1819	Virgo	10.4	+ 3 35	8	8	gch.	1.4	+0.3	10	—37
26.App.I.	ι Boot.	12.6	+ 51 49	5	7.8	gch. w.	38.2	0	34	0
—	y Centaur.	15.3	— 58 0	5.6	8	—	9.6	?	163	?
1846	φ Virg.	23.0	— 1 46	5	9.10	g. —	4.2	+0.4	110	+ ?
*—	α Centaur.	33.0	— 60 25	1	2	w.	(1)	—	(100)	+
—	α Circini	34.5	— 64 32	3	8	w. g.	15.6	?	244	?
1864	π Boot.	36.0	+ 16 51	5	6	w.	6.0	0	104	+ 2
1865	ζ »	36.4	+ 14 10	3.4	4	w.	0.9	—0.3	297	— 7
—	54 Hydr.	14 40.3	— 25 1	6	7	g. bl.	9.0	— ?	130	+ 4 ?
*1877	ε Boot.	40.6	+ 27 30	3	6.7	gg. blgr.	2.8	0	328	+ 5
1879	»	41.4	+ 10 5	8	9	gch.	0.3?	—0.6	35	(∓?)
β 106	μ Libr.	43.8	— 13 44	5.6	6.7	—	1.5	0 ?	333	0 ?
*1888	ξ Boot.	46.8	+ 19 31	4.5	6.7	g. r.	4.2	—	279	—
(287)	»	47.8	+ 45 21	7.8	7.8	w.	0.8	+0.2	125	+30
(288)	»	48.7	+ 16 6	6.7	7	w.	1.6	+0.8	185	—35
—	Libra	51.5	— 20 57	5.6	6.7	g.	15.4	+2.0	290	+12
1894	18 Libr.	53.4	— 10 43	6	10	gch. —	19.5	0	41	+ ?
—	π Lupi	58.2	— 46 40	5	5	—	0.8	?	111	?
*1909	44 i Boot.	15 0.5	+ 48 3	5	6	gch. blch.	4.9	+0.7	242	+ 3
—	x Lupi	4.9	— 48 22	5.6	6.7	—	27.2	?	144	?
—	μ¹ »	11.5	— 47 30	6	7	—	2.1	?	173	?

1728. Umlaufszeit 26 J. (S. 521); Bahn in der Ebene der Gesichtslinie. — 54 Virg. Posit. nach Stone 1877. — 1744. Mizar, schon 1700 von G. Kirch beob.; Pos.-W. nimmt etwa 3° im Jahrhundert zu; Dist. unverändert. Alcor (5ᵐ) in 11' 30", 72°; zwischen beiden * 8ᵐ. — (269). Seit 1868 nur länglich oder einfach gesehen; Bew. im Pos.-W. aber sicher. — f Hydr. Posit. nach Stone 1879. — 1768. Umlaufszeit ca. 120 J. (S. 522); β 0".6, 155° (1880). — 1777. Farbe des Begl. sehr verschieden (bl. bis purp.) geschätzt. — (270). Starke Abnahme der Dist.; β 8".7, 352° (1878). — 120. Posit. nach β, 1878. — y Cent. Begl. 11ᵐ in 35", 2° (Herschel 1836). — α Cent. Umlaufszeit ca. 87 J. (S. 521); Parall. 0".8 (S. 236). — 1865. Componenten, ähnlich wie bei γ Virg., etwas variabel. — 54 Hydr. Posit. nach Stone 1879. — 1877. Eins der schönstfarbigen Paare: goldgelb und blaugrün; Messungen, besonders der Dist., ungenügend. — 1879. Starke Beweg., aber Pos.-W. zweifelhaft; Dembowski findet 43°, β 217° (37°?) 1878, beide 0".3—0".4 Dist. — β 106. 1873 gefunden; bisher keine sichere Veränderung; Begl. 12ᵐ in 27", 229° (β). — 1888. Umlaufszeit ca. 127 J. (S. 522); gleichfalls sehr schöne Farben. — Libra 14ʰ 51ᵐ.5. Eigenbew. über 2" (S. 553); Bew. des Begl. seit 50 J. wesentlich geradlinig und gleichförmig; Bahn vermuthlich stark excentrisch und gross; Posit. nach Stone 1879. — 1909. Umlaufszeit ca. 260 J. (S. 522); Beweg. seit 1850 sehr gering, da Begl. nahe im Apastron. — μ¹ Lupi. μ² Lupi in 23", 131° (Herschel 1836).

718 Elemente und Verzeichnisse.

Σ (OΣ)	Bezeichnung und Sternbild	1900 AR	Decl.	Grössen	Farben	Distanz	Veränd. in 30 J.	Pos.-W.	Veränd. in 30 J
1930	5 Serpent.	15ʰ14ᵐ1	+ 2° 9′	5ᵐ 10ᵐ	gch. —	10″.7	+0″.5	35°	— 4°
1932	1 Coron.	14.1	+ 27 13	5.6 6	w.	0.9	—0.4	302	+20
—	γ Circini	15.3	— 58 57	5 6	—	1.2	?	107	?
—	ε Lupi	15.9	— 44 19	4 9	—	26.5	?	175	?
1937	η Coron.	19.0	+ 30 39	5 5.6	g.	(0.7)	—	(95)	+
1938	μ² Boot.	20.8	+ 37 42	6.7 7.8	grch.	(0.8)	(+)	125	—
—	γ Lupi	28.4	— 40 50	4 4	—	0.8	?	94	?
*1954	δ Serpent.	15 30.1	+ 10 53	3 4	gch. a.	3.3	+0.4	187	— ?
(298)	Boot.	32.4	+ 40 9	7 7.8	gch.	0.5?	—0.7	330	+100
	(A) C.			7	gch.	122	0	328	0
*1965	ζ Coron.	35.7	+ 36 58	4 5	grch.	6.3	+?	302	+ 1?
1967	γ »	38.5	+ 26 37	4 7	grch. r.	(0)	(—)	(100)	—
*1970	β Serpent.	41.5	+ 15 44	3 9	blch.	30.7	0?	265	0?
—	ξ Lupi	50.4	— 33 41	6 6	—	10.7	?	49	?
—	η »	53.6	— 38 20	4 8	—	15.0	?	22	?
1998	ξ Libr.	58.9	— 11 5	5 5	gch.	1.3	+	190	+
	(A+B/2) C.				7	blch.	7.3	(+0.4)	65	— ?
2006	Draco	15 58.4	+ 59 12	7.8 9	gch. w.	1.6	0	195	— 6
	(A) C.				7.8	w.	44	+0.5?	220	— 2
*—	β Scorp. A C.	59.7	— 19 32	3 4	w. rch.	13.8	—?	24	+ 1?
—	(A) B.			(10)	—	0.8	?	89	?
*2010	ϰ₁ Hercul.	16 3.5	+ 17 19	5 6	g.	30.1	—0.7	11	+?
β120	ν Scorp.	6.2	— 19 6	4 5	w. —	0.9	+?	5?	+?
	C D.			7 8	rch. —	1.9	+0.4?	49	+ 7
2021	49 Serpent.	8.6	+ 13 48	6.7 7	w.	3.8	+0.5	330	+ 8
2026	Hercul.	9.9	+ 7 38	8.9 9.10	g.	1.4	—0.9	312	—20
2032	σ Coron.	11.0	+ 34 7	5 6	gch. blch.	3.7	(+1.7)	204	+40
—	σ Scorp.	16 15.1	— 25 21	4 9	w. r.	20.4	0?	272	— ?
—	ε Normae	19.8	— 47 20	5 7	—	23.9	?	335	?
—	Antares	23.2	— 26 13	1 7	r. gr.	3.2	0	272	0
2054	99 Dracon.	22.5	+ 61 55	5.6 7	gch.	1.0	0	0	— 6
(312)	η »	22.7	+ 61 44	2 8	g. —	5.3	+0.5	144	?
2055	λ Ophiuch.	25.9	+ 2 12	4 6	g. blch.	1.6	+	35	+
2078	17 Dracon.	33.7	+ 53 8	5 6	w.	3.7	0	115	0
2084	ζ Hercul.	37.6	+ 31 47	3 6.7	gch. rch.	1.4	+	110	—
(2091²)	»	40.9	+ 43 40	8 8	w.	0.6	—?	105?	—
2096	19 Ophiuch.	42.1	+ 2 15	6 9	w. a.	23.5	+1.5	90	— 2

1937. Umlaufszeit ca. 42 J. (S. 522); β 0″.6, 91° (1878). — 1938. μ¹ Boot. (4ᵐ) unverändert in 108″, 172″; unzweifelhaft physisch mit μ² verbunden, da gleiche Eigenbew.; Umlaufszeit μ² ca. 280 J. (S. 523). — (298). Rapide Bahnbew.; Umlaufszeit vielleicht nur 150 J. β 0″.3, 311° (1878). — 1967. Umlaufszeit ca. 95 J. (S. 522); Bahnneigung sehr gross, so dass um 1835 und 1875 nahezu Bedeckung; seit 1867 nur einfach, höchstens länglich. — 1998. AB Umlaufszeit ca. 100 J.; Messungen von C schwanken stark; Fall einigermassen ähnlich ζ Cancri. — β Scorp. B von β 1879 entdeckt; Posit. AB nach β 1880, AC nach Stone 1879. — β 120. Eins der schönsten Doppelpaare der Kategorie ε Lyrae, aber schwerer. Die Duplicität des Hauptsternes entdeckte β 1874; Dist. und Pos.-W. von AB scheinen zuzunehmen; β und Stone: 0″.85, 2° (1878, 1879). (A)C in 41″, 337°, fast unverändert. — 2032. Umlaufszeit wahrscheinlich über 800 J., noch sehr unsicher (kleinste berechnete 195 J., grösste 846 J.). Begl. 10ᵐ in 55″, 87°, Begl. 13ᵐ (OΣ 539) in 15″, 220°, beide jedenfalls optisch. — Antares. Begl. von Grant 1844, von O. Mitchel 1846 entdeckt; keine merkliche Veränderung. — 2055. Umlaufszeit ca. 370 J. (S. 522). — (312). β 5″.3, 142° (1878). — 2084. Umlaufszeit 34 J. (S. 521). — (2091²). In der Nähe von Σ 2091, von Dembowski 1869 gefunden; Pos.-W. nimmt sicher, Dist. wahrscheinlich ab.

Doppelsterne.

Σ (OΣ)	Bezeichnung und Sternbild	1900 AR	Decl.	Grössen		Farben	Dist.	Veränd. in 30 J.	Pos.-W.	Veränd in 30 J.
2103	Serpens	16h45m.2	+ 13°25′	5m	10m	blch. —	5″.7	?	37°	?
2107	167 Hercul.	47.8	+ 28 50	6.7	8	gch. blch.	0.6	—0″.3	230	+45°
2118	20 Dracon.	55.9	+ 65 11	6.7	7	w. —	0?	—0.5	235?	— 9?
2115	192 Hercul.	57.0	+ 15 5	5.6	10.11	w. —	18.9	+ ?	238	?
2114	Ophiuch.	57.2	+ 8 35	6	7.8	w. —	1.4	+0.2?	155	+10
2120	210 Hercul.	17 0.8	+ 28 13	6.7	9	g. bl.	4.6	(+1.9)	253	(—80)
*2130	μ Dracon.	5.2	+ 54 36	5	5	w. —	2.5	—0.5	167	—20
—	36 A Ophiuch.	9.2	— 26 26	4.5	6.7	rch. g.	4.3	—0.3	200	—12
*2140	α Hercul.	10.1	+ 14 31	3	6	g. (r.)	4.7	0	117	— ?
*3127	δ Hercul.	10.9	+ 24 58	3	8	gr. a.	17.8	—5.0	182	+ 5
—	39 Ophiuch.	17 11.9	— 24 10	5	6.7	g. bl.	10.9	0?	355	— ?
—	γ Arae	17.0	— 56 17	3	12	—	12	?	327	?
*2161	ρ Hercul.	20.2	+ 37 15	4	5	grch.	3.9	+0.2?	312	+ 3
2173	221 Ophiuch.	25.2	— 0 58	6	6	gg.	0.5	(±)	(155, 335)	(±)
34. App. I.	53 "	29.9	+ 9 39	5.6	7.8	w. —	41.2	0	191	— ?
*35	ν¹ ν² Dracon.	30.2	+ 55 15	4.5	4.5	gch.	61.7	0	313	0
2202	61 Ophiuch.	39.6	+ 2 36	5.6	6	w. —	20.5	0	94	— ?
2205	"	41.3	+ 17 45	(8.9)	(8.9)	w. —	2.4	0	304	+ 9
2220	μ Hercul.	42.6	+ 27 47	4	9.10	g. —	31.4	+ ?	245	+ 2
	(B) C.				10.11		1.0	—	245	+
2215	61 Ophiuch.	42.7	+ 17 45	6	8	w. a.	0.8	0	303	— 7?
*2241	ψ Dracon.	17 43.7	+ 72 12	4	5	w. —	31.0	0	15	0
(338)	Ophiuch.	47.4	+ 15 2½	6.7	7	gg.	0.9	+0.2?	23	—18
	Sagittar.	54.7	— 30 15	5.6	7.8	gg.	5.6	— ?	106	0
*2264	95 Hercul.	57.4	+ 21 35	5	5	gr. g. rg.	6.1	0	260	— ?
2262	τ Ophiuch.	57.6	— 8 10	5	5.6	gch.	1.8	(+)	250	(+18)
*2272	70 p Ophiuch.	18 0.4	+ 2 33	4	6	g. r.	(2.6)	(—)	67	—
2280	100 Hercul.	3.8	+ 26 5	6	6	grch.	13.8	?	183	?
2281	73 Ophiuch.	4.6	+ 3 58	5.6	7	w. —	1.1	—0.3	250	— 5
2289	417 Hercul.	5.7	+ 16 27	6	7	g. blch.	1.1	— ?	230	— 8
2308	40, 41 Drac.	18 7.7	+ 79 59	5.5	6	w. —	20.5	— ?	235	— 3
—	μ¹ Sagittar.	7.8	— 21 5	4	13	gch. —	16.8	+ ?	258	.0
2315	452 Hercul.	21.0	+ 27 21	7	8	w. —	0.3	—0.2?	250	—20
2323	39 (b) Drac.	22.4	+ 58 45	4.5	7.8	gch.(blch.)	3.8	+0.5	0	— 4

2107. Umlaufszeit vielleicht unter 400 J.; Pos.-W. wachsen jetzt rasch. — 2118. Pos.-W. nimmt mässig, Dist. stark ab; jedenfalls grosse Bahnneigung; seit 1872 nur einfach. — 2115. Posit. nach β 1878. — 2120. Natur der Beweg. noch nicht völlig entschieden, wahrscheinlich aber physisch mit starker Bahnneigung und einem Minimum der Dist. (2″.3, Pos.-W. 315°) um 1850. — 2130. Messungen ungenügend; vielleicht jetzt Minimum der Dist. — 36 A Oph. System mit dem einfachen * 30 Scorp. der 52ª + 3′ 8″ folgt; Eigenbew. 1″.23 (S. 553, 559). — 2140. Irregulär variabel, mit charakteristischem Säulenspectrum (S. 491); Farbe des Begl. auch bläulich geschätzt; Dist. seit W. Herschel (1782) constant, Pos.-W. vielleicht etwas abgenommen. — 3127. Möglicherweise optisch, da Bewegung geradlinig gleichförmig, obwohl durch die Eigenbeweg. von A nicht darstellbar. — 2173. Umlaufszeit ca. 45 J. (S. 521); Bewegung fast in der Ebene der Gesichtslinie; Messungen ziemlich abweichend; Stone 0″.7, 317° (1879). — 2205, 2215. Doppelsystem; Componenten von 2205 vielleicht variabel; Veränderungen bei beiden nur im Pos.-W. merklich. — 2220. Duplicität von B 1857 von A. Clark entdeckt; Umlaufszeit ca. 54 J. (S. 521); System ähnlich wie μ Bootis und 36 Oph. — 30 Scorpii; bei letzterem nur Entfernungen weit grösser. — (338) β 0″.S. 203° (1878). — Sagittar. Posit. nach Stone 1877. — 2262. Umlaufszeit ca. 220 J. (S. 522). — 2272. Umlaufszeit ca. 95 J., Parall. 0″.15 (S. 523); Stone 2″.8, 69° (1879). — 2281. Messungen ungenügend. — μ¹ Sagittar. Posit. nach β und Stone 1879; β notirt 1879 noch drei Begl. in 25″, 119°· (sehr schwach); 48″, 312° (9m10); 50″, 115° (10m). — 2315. Messungen schwierig und zum Theil widersprechend; β 0″.3. 252° (1878). — 2323. Messungen, besonders Pos.-W. stimmen schlecht; Begl. 7m (röthlich) in 89″, 21°.

720 Elemente und Verzeichnisse.

Σ(ΟΣ)	Bezeichnung und Sternbild	1900 AR	Decl.	Grössen		Farben	Distanz	Veränd. in 30 J.	Pos.-W.	Veränd. in 30 J.
(353)	φ Dracon.	18h22m.2	+ 71°17′	5m	6m7	gch. —	0″.6	?	63°	0
—	χ Cor. austr.	26.3	— 38 47	7	7	—	22.0	?	359	?
2342	55 Scut. Sob.	30.6	+ 4 51	5.6	8.9	w. —	28.8	+0″.8	8	— 2°
*9.App.II.	Wega	33.6	+ 38 41	1	9	blch. —	48.5	+5.0	156	+15
2384	Draco	38.5	+ 67 1	8	8.9	g.	0 ?	—0.7 ?	350 ?	+30 ?
*2382	ε¹ (4) Lyrae	41.1	+ 39 34	4.5	6.7	grch.blch.	3.1	— ?	15	— 6
*2383	5 (ε²) »	18 41.1	+ 39 30	5	5	w. —	2.5	— ?	137	—10
*38.App.I.	ζ Lyrae	41.5	+ 37 30	4	5.6	grch. —	44.0	0	150	0
2400	Hercul.	44.4	+ 16 8	8	10.11	g. —	1.5 ?	—1.5	215	—60
*39.App.I.	β Lyrae	46.3	+ 33 14	3	6.7	g. w.	45.8	0	149	0
2420	47 (o) Drac.	49.7	+ 59 60	4.5	7.8	gg. a.	32.0	+1.3	338	— 5
*2417	ϑ Serpent.	51.2	+ 4 4	4	4	gch. —	21.7	0	104	0
(365)	Lyra	53.0	+ 44 5	7.8	(8.9)	w. —	(0.4)	?	220	?
3130	(A) C.			11			3.0	+0.3	263	0
2424	11 Aquil.	54.4	+ 13 31	5.6	9	grch. a.	16.2	—1.1	260	+11
(544)	γ Lyrae	55.1	+ 32 34	3	12	—	12.8	— ?	300	+ ?
—	ζ Sagittar.	18 56.3	— 30 1	3.4	4	—	0.5	?	68	?
2434	Aquila	57.6	— 0 51	8	8.9	w. —	24.0	—1.5 ?	131	— 9
—	(B) C.			12		—	1.5	—0.3	60	—10
—	γ Cor. austr.	59.7	— 37 12	5.6	5.6	—	1.5	(—)	(240)	—
2454	Lyra	19 2.3	+ 30 18	8	9	g. —	0.9	0 ?	250	+20
2455	Vulpec.	2.6	+ 22 1	7	8.9	w. —	3.3	—0.6	100	—25
2479	4 Cygni	6.3	+ 55 10	7	8	w. —	0.6	?	0 ?	—50 ?
—	(A) C.			9.10		bl. —	6.6	0	34	— 3
2481	Lyra	7.8	+ 38 37	8	8	gch. —	3.9	+ ?	224	— 7
—	(B) C.			9		—	0.5	0	70	—30 ?
2486	6 Cygni	19 9.5	+ 49 39	6	6.7	g. —	10.0	—0.3	220	— 2
*2487	η Lyrae	10.4	+ 38 57	4	8	bl. gch.	27.9	?	85	?
2492	23 Aquil.	13.4	+ 0 52	5.6	9.10	g. bl.	3.3	0	12	0
—	β₁ Sagittar.	14.4	— 44 39	5	7	—	29.1	?	79	?
2525	22 Cygni	22.5	+ 27 7	7.8	7.8	gch. —	0.5	—0.6	227	—14
*43.App.I.	β »	26.7	+ 27 45	3	5.6	g. bl.	34.5	0	56	0
2536	Sagitta	27.2	+ 17 34	8	11	g. —	1.8	— ?	65	+23

2342. Bewegung bis jetzt geradlinig; Begl. 12m in 8″.8, 339° (β 1877, 78). — Wega. Optischer Begl., mittels dessen W. Struve, Brünnow u. a. die Parallaxe zu ca. 0″.16 ermittelten (S. 232, 236); Begl. 13m, von Winnecke 1864 gefunden, in 52″, 292° (β 1878). — 2384. Seit 1865 nur einfach gesehen; letzte Beob. von Dawes: 0″.3, 333° (1854); jetzt Bedeckung? — 2382, 2383. Schönstes Doppelpaar des Himmels (S. 521, 525); ε¹ (A) ε² (A) = 207″, 173°, unverändert. — 2406. Sehr wahrscheinlich optisch, da Veränderung durch die Eigenbew. des Hauptsterns erklärt wird; Minimum der Dist. nach ΟΣ 1871; Begl. möglicherweise auch variabel. — β Lyrae. Begl. 13m (β 293) in 46″, 246° (1878). — 2420. Wahrscheinlich optisch. — (365). Einfach 1852—54 und nach 1857; entweder sehr kurze Umlaufszeit oder Begl. variabel. — 2424. Distanzen, besonders von Mädler, sehr ungenügend, so dass Natur der Bewegung noch ungewiss; wahrscheinlich aber durch Eigenbew. des Hauptsterns erklärbar. — (544). Auch von A. G. Clark gefunden; Beweg. zweifelhaft, da Messungen schwer; β 12″.8, 301° (1878). — ζ Sagittar. Von Winlock in Cambridge (U. S.) gefunden; Posit. nach den Messungen von β 1878—80; sonst, wie es scheint, nur von Newcomb gemessen: 0″.5, 261° (1867); zwischen 1868 und 1878 für β immer nur einfach. — 2434. B und C mit A wahrscheinlich nur optisch verbunden. — γ Cor. austr. Umlaufszeit ca. 55 J. (S. 521). — 2455. Fall scheint ähnlich 2120. — 2479. Begl. B 1863 von Dembowski entdeckt; jedenfalls sehr rasche Bewegung. — 2481. Begl. C 1856 von Secchi gefunden. — 2492. Posit. nach β 1830. — β Cygni. Schöne Farben; Spectra einzeln untersucht.

Doppelsterne.

Σ(OΣ)	Bezeichnung und Sternbild	1900 AR	Decl.	Grössen	Farben	Distanz	Veränd. in 30 J.	Pos.-W.	Veränd. in 30 J.
2541	Aquila	19h30m.3	— 10°39′	8m 10m	g. —	3″.5?	+0″.7?	335°	—10°?
2545	»	31.1	— 10 23	6 8	w. bl.	3.6	0	320	+ 3
	(A) C.			11	—	25?	?	170	?
2547	Aquila	19 33.4	— 10 34	7.8 9	w.	20.7	0?	330	0?
	(A) C.			10.11	—	45	0?	140	0?
2556	Vulpec.	35.2	+ 22 1	7.8 8	w.	0.5	0	160	—20
(380)	χ Aquil.	37.8	+ 11 35	6 7	g. gch.	0.6	0	75	0
46. App. I.	16 Cygni	39.1	+ 50 18	5 5.6	gch.	37.9	+0.4?	135	0
2576	»	41.8	+ 33 23	8 8	g.	3.2	— ?	303	—10
2579	δ »	41.8	+ 44 53	3 (8)	grch. a.	1.6	—0.2?	330	—47
*2580	17 »	42.7	+ 33 31	5 8	gg. bl.	25.7	0	73	0
2583	π Aquil.	43.9	+ 11 34	6 7	gch.	1.5	0	121	— 2?
2585	ζ Sagitt. AC	19 44.5	+ 18 54	5.6 9	grch. —	8.6	0	312	0
	(A) B.			6	?	0.3	?	153	?
—	Telescop.	44.7	— 55 13	6 7	g. grch.	23.0	?	151	?
(387)	Cygnus	45.0	+ 35 3	7 8	—	0.5	0	15	—90
2603	ε Dracon.	48.5	+ 70 1	4 7.8	g. bl.	2.9	+ ?	2	+ 4
48. App. I.	Vulpec.	49.0	+ 20 3	6.7 7	w.	42.3	0	148	0
2594	57 Aquil.	49.2	— 8 29	5 6	w.	35.6	0	171	0
(532)	β Aquil.	50.4	+ 6 9	3.4 11.12	g. gr. —	12.5	?	16	— ?
(395)	16 (h) Vulpec.	57.7	+ 24 39	6 6	—	0.6	0	103	+17
2637	ϑ Sagitt.	20 5.5	+ 20 36	6 8.9	gch. a.	11.6	+ ?	327	0
	(A) C.			7	g.	77	+ 5	225	— 1
(400)	Cygnus	6.9	+ 43 38	7 8	rch.	0.6?	—	290	—40
*2675	χ Cephei	20 12.3	+ 77 25	4 8	grch. bl.	7.4	0	124	0
(406)	Cygnus	16.6	+ 45 3	7 8	w. —	0.7	+ ?	115	—20
—	ϱ Capric.	23.1	— 18 8	5 8	w. blch.	2.9	—0.7?	173	— 3?
—	o »	24.0	— 18 55	6 7	blch.	22.3	0	241	?
β 151	β Delph.	32.8	+ 14 15	3 4.5	gr.	0.1	(∓)	(100)	+
2704	(A) C.			11	—	35	+2.0	334	— 6
(533)	χ »	34.3	+ 9 44	4.5 11.12	gch. —	10.7	+0.5	325	—50
2708	Cygnus	34.9	+ 38 17	7 8.9	g. bl.	22.4	+7.0	332	—10
2716	49 »	37.0	+ 31 56	6 8	g. bl.	2.8	0	49	0
2726	52 »	20 41.5	+ 30 21	4 9	gg. —	6.5	0	63	+ 4
*2727	γ Delph.	42.0	+ 15 46	4 5	gg. bl. gr.	11.3	—0.6	272	— 1?
—	Pavo	42.9	— 62 49	6.7 6.7	—	3.2	?	101	?

2541, 2545, 2547. Drei benachbarte, mitunter verwechselte Paare; vielleicht gemeinsames System; 2545 und 2547 sind dreifach, mit schwachen, entfernteren Begll. Jedenfalls bemerkenswerthe Gruppe. — (380). Von OΣ 1842 gefunden; noch keine Veränderung; Posit. nach β 1877. — 2576, 2580. Vielleicht Doppelpaar; Eigenbew. bei beiden ca. 1/2″ nach Süd. — 2579. Messungen wegen grossen Helligkeitsunterschieds sehr abweichend; Umlaufszeit von ca. 415 J. (S. 522), daher noch ganz unsicher; Begl. möglicherweise auch variabel; Farben ziemlich verschieden geschätzt; β 1″.4, 333° (1877). — 2555. Begl. B von A. G. Clark gefunden; Posit. nach β 1880. — (387) Umlaufzeit vielleicht noch nicht 150 J. Bahn scheint nahe kreisförmig. — (532) β hat 11″.7, 16° (1880). — 2637. C mit AB wahrscheinlich optisch verbunden. — (400) Rasche Bahnbew.; β 1878 einfach; Dist. von 1845—60 constant 0″.6. — ϱ Capric. Posit. nach Stone 1877. *7m in ca. 4′ Dist. (150°). — o Capric. Posit. nach Stone 1879. — β 151. 1873 gefunden; rapide Bahnbew.; Pos.-W. seit 1878 fast 90° gewachsen; für 1881.4 findet β 0″.25, 148°; Minimum der Dist. etwa 1880; Umlaufszeit vielleicht noch nicht 30 J. Begl. D 13m im 28″, 116°; C u. D mit AB nur optisch verbunden. — (533) Optischer D.-St.; Veränderung entspricht der Eigenbew. des Hauptsterns; Begl. 9m in 215″, 101°. — 2708. Ebenfalls optisch. — 2727. Sehr schöne Farben, orange und grün; Farbe von B aber ziemlich verschieden geschätzt.

722   Elemente und Verzeichnisse.

Σ (OΣ)	Bezeichnung und Sternbild	1900 AR	Decl.	Grössen	Farben	Distanz	Veränd. in 30 J.	Pos.-W.	Veränd. in 30 J.
(413)	λ Cygni	20ʰ43ᵐ5	+ 36° 7′	5ᵐ 6ᵐ7	w. —	0″.7	0	80°	—30°
2729	4 Aquar.	46.1	— 6 0	6 7	g.	0.6	0	165	+80
2737	ε Equul.	54.1	+ 3 55	5.6 6	gch.	1.0?	(+0″.5)	285	—?
	$\left(\frac{A+B}{2}\right)$ C.			7	gch.	10.7	0	75	— 2
2743	59 Cygni	56.7	+ 47 8	4.5 9	grch. bl.	20.2	?	352	?
2742	λ (2) Equul.	57.3	+ 6 47	7 7	w.	2.6	0	225	0
2744	Aquar.	58.0	+ 1 9	6.7 7	w.	1.6	0	170	—13
2745	12 Aquar.	20 58.8	— 6 13	5.6 7.8	gch. bl.	3.0	+0.4?	190	0
2749	Equ. (A u. $\frac{B+C}{2}$)	59.7	+ 3 8	7.8 9	gch. —	3.6	0	153	+ 2
	(B) C.			9	—	1.1	+0.5?	152	+30
*2758	61 Cygni	21 2.3	+ 38 15	5.6 6	gg.	19.9	(+2.8	117	+15
(527)	Equul.	3.1	+ 4 45	6.7 8	blch. —	0.4	?	280?	—?
2777	δ » AC	9.6	+ 9 36	4.5 10	gg. —	40	+5.0	23	— 9
(535)	(A) B.			5		(0.3?)	(±)	(20, 200	⇄
—	τ Cygni	10.8	+ 37 37	5 7.8	g. bl.	1.2	0?	140	—100
(433)	υ »	13.8	+ 34 28	4.5 10	—	14.9	0	219	0
	(A) C.			10	—	21.3	0	178	0
(437)	Cygnus	21 16.6	+ 32 1	6.7 7	g. —	1.5	+?	48	—20
11.App.II.	1 Pegasi	17.4	+ 19 22	4.5 8.9	gg. —	36.5	0?	310	0
2799	20 »	24.0	+ 10 39	6.7 6.7	gch.	1.4	0	310	—14
*2806	β Cephei	27.4	+ 70 7	3 8	grch. bl.	13.4	0	250	0
56.App.I.	3 Peg.	32.7	+ 6 10	6 7.8	w.	39.2	0	349	— 1?
*2822	μ Cygni	39.7	+ 28 17	4 5	w. blch.	3.8	—1.3	118	+ 3
2824	x Peg. AC	40.1	+ 25 11	4 11	gch. —	11.7	+?	303	— 4
	(A) B.			?		0.3	?	138	?
2840	147 Cephei	48.7	+ 55 21	6 7	grch.blch.	19.6	—0.5?	195	0
*2863	ξ Cephei	22 0.9	+ 64 8	4.5 6.7	gch. bl.	6.6	+0.7	283	— 3
—	41 Aquar.	22 8.8	— 21 34	6 8.9	g. bl.	5.0	0?	116	— 3?
2893	Cepheus	11.3	+ 72 49	5.6 7.8	gch. w.	28.8	0	348	0
2900	33 Peg.	18.9	+ 20 21	6 9	gch. —	2.5	—?	176	— 4
	(A) C.			8	a.	64	+6	330	— 9
—	53 Aquar.	21.1	— 17 15	6.7 6.7	g.	8.2	—0.7	306	— 3
*2909	ζ »	23.6	— 0 32	4 4	grch.	3.5	—0.2?	333	—14
*58 App.l.	δ Cephei	25.4	+ 54 54	(3) (5.6)	gg. bl.	40.8	0	192	0

(413). β 0″.7, 85° (1878); Begl. 10ᵐ in 85″, 104°. — 2729. Sehr rasche Beweg. in vermuthlich stark geneigter Bahn; β 0″.6, 167°, Stone 0″.6, 156° (1879). — 2737. A bis 1832 nur einfach gesehen; 1835—71 Dist. um 0″.7 gewachsen, bei nahe unverändertem Pos.-W., Bahnneigung daher sehr stark; Dist. scheint jetzt wieder abzunehmen. — 2743. Begl. 13ᵐ in 27″, 141° (? 1879). — 2745. Stone 2″.9, 190° (1879). — 2740. Secchi fand 1856 die Duplicität von B; Pos.-W. nimmt sicher, Dist. wahrscheinlich zu; β 1″.1, 149° (1877). — 2758. 61 Cygni, s. S. 525. — (527). Dembowski fand 1869 den * länglich in 140°; im Widerspruch zu OΣ. der 1846—59 0″.4 und 297°, und zu β, der 1877, 78 0″.5 und 255° beobachtete; Beweg. daher noch zweifelhaft. — (535). Kürzeste bekannte Umlaufszeit (S. 521); 1881.4 fand β 0″.4, 22°; der ältere Begl. C (Σ 2777) mit AB vermuthlich nur optisch verbunden. — τ Cygni. 1874 von A. G. Clark entdeckt; sehr starke Bahnbew.; Pos.-W. von 1875—78 um 24° abgenommen; β 1″.1, 150° (1878). — 1 Peg. Starke Eigenbew.; daher jedenfalls physische Verbindung; Distanzen stimmen schlecht. — 2822. Schöne Farben; Bahnbew. sicher; Posit. nach ? 1880; *7ᵐ in 209″, 56″ (1878) vermuthlich optisch verbunden; β sah noch Begl. 12ᵐ in 35″, 263° (1877, 78). — 2824. β entdeckte 1880 die Duplicität von A. — 41 Aquar. Stone 5″.1, 117° (1877). — 2900. C mit AB vermuthlich optisch verbunden. — 2909. Umlaufszeit von 1578 J. (S. 522), die Doberck berechnet, ganz unsicher, da Einfluss der Beobachtungsfehler bei der langsamen Beweg. höchst bedeutend. Stone 3″.2, 332° (1879). — δ Cephei. Bekannter Variabler (S. 499, 704); sehr schöne Farben; Begl. 13ᵐ (β 702) in 19″, 280° (1880).

Doppelsterne.

Σ (OΣ)	Bezeichnung und Sternbild	1900 AR	Decl.	Grössen		Farben	Distanz	Veränd. in 30 J.	Pos.-W.	Veränd. in 30 J.
2912	37 Pegasi	22h 24m.9	+ 3°55'	6m	7m	w.	0".3 ?	—0".7	130°	+15°?
—	β Pisc. austr.	25.8	— 32 52	4	8	—	29.3	?	173	?
2934	Pegas.	37.0	+ 20 54	8	9	gch. w.	1.1	—0.1 ?	157	—16
—	γ Pisc. austr.	46.9	— 33 25	5	8	—	3.5	0	272	— 4?
2950	241 Cephei	47.3	+ 61 9	5.6	7	g. a.	2.3	+	310	— 4
(482)	„	48.2	+ 82 37	5	10	g. —	3.7	+ ?	35	+ 4?
(536)	Pegasus	53.5	+ 8 50	7	7.8	—	0.5 ?	?	160 ?	—
(483)	52 Pegasi	54.2	+ 11 11	6	7.8	w. rch.	1.3	+0.4	210	+25
2982	57 „	23 4.3	+ 8 9	6	10.11	gg. —	32.4	0	199	+ ?
(489)	π Cephei	4.7	+ 74 51	5	7.8	gg. r.	1.4	+0.2	30	+33
*12.App.II.	ψ¹ Aquar.	10.6	— 9 37	4.5	8.9	gg. bl.	49.7	0	312	0
*2998	94 „	13.9	— 13 59	5	7	gch. bl.	13.8	0	346	0
*3001	o Cephei	14.5	+ 67 34	5	8	gg. bl.	2.7	+0.2	195	+10
—	ψ Gruis	23 17.8	— 54 22	6	7	—	27.1	?	214	?
3008	Aquar.	18.5	— 9 0	7	8	gch. a.	4.5	—1.7	254	—11
(496)	Cepheus	25.4	+ 58 0	5.6	7.8	w. rch.	75.7	0	269	—
	(B) C.				9	r.	1.4	0	224	—
(500)	Androm.	32.7	+ 43 53	6	7	w.	0.5	0 ?	318	+20
—	107 Aquar.	40.8	— 19 14	6	7.8	w. r.	5.8	+0.3	140	— 2
(507)	Cassiop.	43.8	+ 64 20	7	7.8	—	0.6 ?	— ?	250 ?	+25 ?
	(A) C.				8	—	49	0	.354	0
(510)	Androm.	46.5	+ 41 32	7.8	8	—	0.4 ?	?	.345 ?	?
	(A) C.				(10)	—	21.0	0	.345	+ 1
3049	σ Cassiop.	53.9	+ 55 12	5.6	7.8	gr. bl.	3.0	0	325	—
3050	37 Androm.	54.4	+ 33 11	6	6	gch.	2.9	—0.5	.204	+ 9
β733	85 Pegasi	56.8	+ 26 34	6	12	—	0.7	0 ?	285	+ ?
	(A) C.				9	—	15.4	+	29	—

2912. Starke Abnahme der Dist., bei mässiger Zunahme des Pos.-W.; Neigung der Bahn daher vermuthlich sehr gross; Messung jetzt sehr schwer; Posit. nach β 1878. — γ Pisc. austr. Posit. nach β 1879. — (536). Physische Verbindung sicher, da erhebliche Eigenbew.; Beobb. aber einigermassen widersprechend; von 1859—74 erschien der * einfach; 1852, 53 fand OΣ 0".4, 340°; 1877 β 0".5, 161°; möglicherweise also Bedeckung in der Zwischenzeit. — (489). Sichere Bahnbew.; β 1".3, 24° (1878). — ψ¹ Aquar. β mass zwei schwache Begll. in 18".4, 35°; 63".0, 275°. — 3008. Bedeutende Bew., namentlich in Dist.; Natur aber noch unentschieden; Stone 4".3, 254° (1879). — (496). Vielfacher *; AD (10m) = 1".3, 343° (β 1880); ausserdem mass β noch 4 sehr schwache Begll. — (507). Wie es scheint, nur von OΣ u. Dembowski beob.; Zunahme des Pos.-W. scheint aber sicher. — (510). Gleichfalls nur von OΣ u. Dembowski beob.; C scheint variabel, da Grössenangaben zwischen 9m u. 12m schwanken. — β 733. 1878 gefunden; Posit. von β 1879; wegen Schwierigkeit Beweg. noch unsicher; Beweg. des Begl. C entspricht der starken Eigenbew. von AB (1".3 s. S. 553); Verbindung also jedenfalls optisch.

VIII. Verzeichniss von Nebelflecken und Sternhaufen.

Das Verzeichniss enthält die Mehrzahl der hellsten, sowie die durch Figur, Grösse oder sonst merkwürdigen Nebel und Sternhaufen, nach Sir J. Herschels General-Catalogue und d'Arrests Sider. nebul. observv. Havn. — Es giebt Spalte: 1) Die Nr. des Gener.-Cat.; 2) Die Nr. und Classe nach W. Herschel (I—V Nebel; VI—VIII Sternhaufen); 3) Die Nr. nach Messier (Connaiss. d. temps p. 1873, 1874); 4) und 5) AR und Decl. für 1900; 6) Die Beschaffenheit des Spectrums; 7) eine kurzgefasste Beschreibung. Abkürzungen: N = Nebel; StH = Sternhaufen; KStH = Kugelförmiger Sternhaufen; h = hell; gr = gross; kl = klein; Dchm = Durchmesser; zml = ziemlich; verd = verdichtet; aufl = auflösbar; zerstr = zerstreut; ** (9) < = Sterne der (9.) Grösse und kleiner; v. = vorausgehend; f. = folgend; n. = nördlich; s. = südlich (bei benachbarten Sternen). Wo nichts bemerkt, sind die Objecte rund; die merkwürdigsten sind durch ! etc. bezeichnet. — In den meisten Fernröhren fallen sehr wenig Nebel oder Sternhaufen durch Helligkeit oder Grösse entschieden auf; mit Rücksicht hierauf sind die Angaben Herschels und d'Arrests, die für sehr lichtstarke Instrumente gelten, entsprechend reducirt, so dass z. B. hell statt sehr hell, ziemlich gross statt gross u. s. f. gesetzt ist.

Gen. Cat.	H.	Mess.	1900 AR	Decl.	Spectr.	Beschreibung
52	. . .	. .	0ʰ18ᵐ6	—72°38'	. .	KStH 47 Tucani (Fig. 180); sehr h; über 15' Dchm. !!
116	. . .	31	37.2	+40 44	cont.	Andromeda-N (S. 542). !!!
117	. . .	32	37.2	+40 19	cont.	N; sehr h; zml gr; Kern; südl. Begl. von 116.
120	VIII. 78	. .	37.6	+61 16	. .	StH; zml gr; arm; **9<
138	V. 1.	. .	42.6	—25 50	cont.	N; sehr h; sehr gr; sehr längl (über 5' lang). !!
(165)	. . .	. .	48.3	—73 53	. .	(StH) Dichtester Theil der kleinen Cap-Wolke (S. 533).
193	. . .	. .	58.5	—71 24	. .	KStH; h; gr; Mitte viel heller; Dchm. 4'.
307	I. 151	. .	1 19.5	+ 9 1	cont.	N; h; mässig gr; Mitte heller; mehrere hellere ** nahe.
342	I. 100	. .	26.3	— 7 23	cont.	N; h; mässig gr; Mitte heller. Sehr schwacher N f.
341	. . .	103	26.6	+60 10	. .	StH; zml h; mässig gr; reich (Σ 131 am n. Rand).
352	V. 17.	33	1 28.2	+30 8	cont.	N; sehr h u. gr; (40') mehrere Kerne; aufl?
385	. . .	76	35.9	+51 3	. .	} Doppel-N; beide h.
386	I. 193	. .	36.1	+51 5	. .	
392	VI. 31	. .	39.1	+60 44	. .	StH; zml h u. gr.
512	VI. 33	. .	2 12.0	+56 42	. .	StH; h Persei. Sehr gr; sehr reich (S. 538). !!
521	VI. 34	. .	15.4	+56 41	. .	StH; χ Persei; reich (S. 538). !
551	II. 278	. .	25.4	— 1 33	cont.	N; zml schwach (?); kl; Kern = * 11.12; * 11.12 f. 6ˢ, 2's. var?? (S. 534).
575	I. 156	. .	34.1	+38 38	cont.	N; h; mässig gr; längl; Mitte viel heller. * 10ᵐ v. 3ˢ. 2's.
584	. . .	34	35.6	+42 21	. .	StH; zml h; gr; zml zerstr; ** 8 <
600	. . .	77	37.5	— 0 25	cont.?	N; h; mässig gr; Kern; * 9ᵐ 2', 130°.
604	I. 64	. .	2 41.1	— 8 0	cont.	N; h; mässig gr; längl.
731	. . .	. .	3 29.8	—36 28	cont.	N; h; gr; längl (spiral.?) !
768	. . .	. .	40.2	+23 28	. .	N in den Plejaden; var ?? (S. 538). Form noch zweifelhaft.
—	. . .	. .	41.5	+23 47	. .	Plejaden; Ort von η Tauri (Alcyone) (Fig. 178) !!!
810	IV. 69	. .	4 3.0	+30 31	. .	* 8ᵐ in N von 3' Dchm.
826	IV. 26	. .	9.8	—12 59	Gas	Planet-N; h; kl; (1/3' Dchm) Mitte heller. !
—	. . .	. .	14.0	+15 23	. .	Hyaden; Ort von γ Tauri.
839	. . .	. .	16.1	+19 17	. .	Hinds N im Stier; var? (S. 534).
1005	V. 32	. .	5 1.9	— 3 29	. .	N; zml h; mässig gr (3'); bildet △ mit * 9ᵐ10u. * 12ᵐ.
1060	. . .	. .	9.3	—68 53	cont.	KStH; h; zml gr; Mitte heller; aufl !
1061	. . .	. .	5 10.8	—40 10	cont.	KStH; h; gr (3' Dchm); Mitte viel heller; aufl.
1112	. . .	79	20.0	—24 37	. .	KStH; sehr reich u. verd; aufl.
1119	. . .	38	21.9	+35 45	. .	StH; zml h; gr(3'); reich; unregelm; ** hell u. schwach.

Nebel und Sternhaufen.

Gen. Cat.	H.	Mess.	1900 AR	Decl.	Spectr.	Beschreibung
—	. . .	. .	5h 20—26m	−67—70°	. .	Die Hauptnebel der grossen Cap-Wolke (Fig. 177)!!
1157	. . .	1	28.5	+21°57′	. .	»Crab«-N im Stier; h; 5½′ lang, 3½′ breit (Fig. 190)!!
1181	. . .	. .	28.5	−66 18	. .	N; h; gr; nach der Mitte allm. heller.
1166	. . .	36	29.7	+34 4	. .	StH; zml h; gr; reich; darin Dopp. * Σ 737.
1179	. . .	42	30.4	− 5 27	Gas	Orion-N (Fig. 182, Tafel)!!!
1180	V. 30	. .	30.5	− 4 54	Gas?	* 5m6 c Orion. in N. !
1185	III. 1?	43	30.6	− 5 20	cont.?	N; h; gr; rund mit Art Schweif; Mitte * 8. !
1193	V. 34	. .	5 31.1	− 1 16	cont.?	N um ε Orion.; sehr gr; (S. 547)!!
1191	. . .	. .	31.5	+21 10	. .	Chacornacs var (??) N (S. 534).
1269	. . .	. .	39.4	−69 8	Gas	N; h; gr; unregelm.
1295	. . .	37	45.7	+32 31	. .	StH; sehr h; reich; gr (24′ Dchm); ** 10 <!
1360	. . .	35	6 2.6	+24 20	. .	StH; gr; zml reich u. zml h; ** 9 <.
1361	VIII. 24	. .	2.8	+14 0	. .	StH; kl; zml verd; darin Dopp. * Σ 848.
1424	VII. 2	. .	27.1	+ 4 56	. .	StH; zml zerstr. (12 Monoc.)
1454	. . .	41	42.8	−20 38	. .	StH; 4° unter Sirius; gr; zml h; ** 8 <.
1483	. . .	50	58.1	− 8 17	. .	StH; reich; rother * darin.
1512	VII. 12	. .	7 13.2	−15 27	. .	StH; gr; zml reich; ** 9 <.
1532	IV. 45	. .	7 23.3	+21 7	Gas	N; zml h; kl (½′); * 8m9 in Mitte (S. 547)! * 8m am n Rand.
1541	V. 44	. .	27.3	+65 55	. .	N; sehr gr; mässig h; sehr längl; Mitte heller !
1551	VIII. 38	. .	32.0	−14 16	. .	StH; sehr gr; zml h; helle u. schwache **.
1564	. . .	46	37.2	−14 36	. .	StH; gr; reich; 6′ südl. von 1565 !
1565	IV. 39	. .	37.3	−14 30	. .	Planet. oder ellipt. N; mässig h; 1′ Dchm !
1571	. . .	93	40.4	−23 38	. .	StH; zml gr; zml reich; ** 8 <.
1593	. . .	. .	48.7	−38 17	. .	StH; zml h; zml gr; reich.
1619	. . .	. .	56.7	−60 35	. .	StH; h; gr; zml reich; ** 7 <.
1632	. . .	. .	8 6.5	−12 37	. .	Nebliger * 6.7.
1636	. . .	. .	7.7	−48 58	. .	StH; zml h; zml gr; ** 7 <.
1637	VI. 22	. .	8 8.8	− 5 27	. .	StH; gr; zml reich; ** 9 <.
1681	. . .	44	34.5	+20 19	. .	Praesepe im Krebs !
1712	. . .	67	45.9	+12 12	. .	StH; h; sehr gr (20′—39′); sehr reich; ** 9.10 <!
1783	. . .	. .	9 8.7	−42 1	Gas	Planet. N; sehr kl; zml h = * 8.9 !
1793	. . .	. .	9.9	−64 27	. .	KStH; gr; sehr reich; Mitte verd !
1801	. . .	. .	12.0	−36 12	. .	Planet. N; mässig h; mässig gr; in gr StH !
1843	. . .	. .	18.6	−57 53	Gas	Planet. N = * 8m; sehr kl !
1561	I. 56	. .	26.5	+21 57	. .	} Dopp. N; erster zml h; gr; längl (3′ lang); Kern =
1863	I. 57	. .	26.5	+21 58	. .	} * 10.11. Zweiter sehr schwach.
1881	. . .	. .	31.5	−46 29	. .	StH; sehr gr; sehr reich; helle u. schwache **.
1909	I. 78	. .	9 41.4	+72 45	. .	N; h; zml gr (über 1′ Dchm); Kern.
1949	. . .	81	47.3	+69 32	cont.	N; sehr h; sehr gr; sehr längl (8′ u. 2′); Kern = * 8.9 !
1950	IV. 79	82	47.6	+70 10	cont.	N; h; gr; schmal (7′ u. ¾′); zwei Kerne; * 9m s. v.
1983	V. 47	. .	55.2	+56 10	. .	N; zml h; zml gr; längl.
2007	. . .	. .	59.4	−59 39	. .	StH; zml h; zml gr; ** 9 <.
2008	I. 163	. .	10 0.2	− 7 14	cont.	N; zml h; zml gr; längl (2′ u. ½′); Kern = * 9.10.
2017	. . .	. .	2.8	−39 57	. .	Planet. N; h; gr; * 9m in Mitte !
2067	. . .	. .	13.2	−57 27	. .	N; h; gr; Doppelkern.
2102	IV. 27	. .	20.0	−18 9	Gas	Planet. N; h; ½′ Dchm; blau.
2159	. . .	. .	31.9	−27 0	. .	} Dopp. N; beide zml h; zml gr.
2160	. . .	. .	10 32.0	−27 1	. .	}
2184	. . .	95	38.8	+12 13	. .	N; zml h; 2′ Dchm. * 11m f. 26s n.
2194	. . .	96	41.5	+12 21	cont.	N; h; zml gr (3′—4′); Mitte viel heller; Kern fast = * 8.9

Elemente und Verzeichnisse.

Gen. Cat.	H.	Mess.	1900 AR	Decl.	Spectr.	Beschreibung
2197	. . .	. .	10^h41^m2	$-50°\ 9'$	Gas	Der grosse N um η Argus !!
2201	II. 99	. .	42.4	$+14\ 31$	cont.	N; h; mässig gr ($1^1/_2'$); Kern = * 10.
2203	I. 17	. .	42.6	$+13\ 7$	cont.	⎱ Dopp. N; beide h; zml gr; Kerne = ** 9.10.
2207	I. 18	. .	43.1	$+13\ 9$	cont.	⎰ Dritter schwacher (2211) f. 10^s, $6'$ s. auf 2207.
2257	I. 268	. .	49.9	$+57\ 40$	. .	N; h; sehr kl; * gleich.
2276	II. 101	. .	55.1	$+14\ 27$	. .	N; h; zml kl; Kern = * 10.
2308	. . .	. .	11 2.2	$-58\ 7$	. .	St H; sehr gr; reich; ** 8 < !!
2318	V. 46	. .	11 5.4	$+56\ 13$	. .	N; mässig h; gr; längl.
2343	. . .	97	9.9	$+55\ 33$	Gas	Planet. N; h; gr; Mitte viel heller!
2360	I. 270	. .	12.6	$+59\ 19$	. .	N; h; zml kl; Kern = * 11; * 8^m f. 45^s, $6'$ n.
2377	. . .	66	15.1	$+13\ 32$	cont.	N; h; gr; sehr längl ($7'$ u. $3'$); Kern = * 10.
2405	I. 20	. .	19.1	$+11\ 53$	. .	N; J. Herschel, d'Arrest sehr schwach; Dchm $1^1\ 2'$: ί Leon. f. 34^s, $5'$ n. var? (S. 534)!
2581	. . .	. .	45.4	$-56\ 38$	Gas	Planet. N; sehr h = * 7; (sehr kl ($15''$); blau!
2660	I. 223	. .	54.3	$+51\ 32$	. .	N; h; mässig gr; sehr längl (über $3'$ lang, $1/_3'$ br.): Kern = * 10.
2752	I. 19	. .	12 4.9	$+19\ 6$	cont.	K St H; mässig gr; aufl; N 2758 (H. I. 11) f. 40^s, $12's$.
2806	I. 35	. .	10.8	$+13\ 41$	. .	N; h; gr; sehr längl ($7'$ u. $1/_2'$); längl. Kern.
2838	. . .	99	13.7	$+14\ 57$	cont.	N; h; zml gr ($2^1/_2'$); nach Rosse Spiral-N !
2841	V. 43	. .	12 14.0	$+47\ 52$	cont.	N; h; gr; sehr längl ($7'$ u. $2'$); Kern = * 10.
2878	I. 139	61	16.8	$+\ 5\ 1$	. .	N; zml h; gr ($3^1/_2'$); Kern = * 12.
2890	. . .	100	17.7	$+16\ 22$	. .	N; schwach; gr; Mitte viel heller; nach Lassell Spiral-N ! — Schwacher N 2894 f. 14^s, $1'$ s.
2917	I. 65	. .	19.3	$-18\ 14$	Gas	N; h; zml gr; Mitte viel heller.
2930	. . .	84	20.0	$+13\ 26$	cont.	N; h; gr ($3'$). Mehrere schwache u. mässig h. f.
2946	. . .	85	20.3	$+18\ 45$	cont.	N; h; sehr gr; * 9^m f. 9^s, $2'$ s.
2972	I. 77	. .	21.5	$+31\ 46$	. .	N; zml h; längl ($4'$ u. $1^1/_2'$); Kern = * 10.11.
3002	I. 213	. .	23.4	$+44\ 38$	. .	Zwei längl N; südl. h; aufl; nördl. schwach; * 10^m f. 39^s, $1/_2'$ s!
3021	. . .	49	24.7	$+\ 8\ 33$	cont.	N (St H?); h; $3'$ Dchm; Mitte heller; 12^m f. 4^s im Parall.
3041	I. 197	. .	25.7	$+42\ 15$	. .	⎱ Dopp. N; erster mässig h; $1'$ Dchm; zweiter L:
3042	I. 198	. .	12 25.8	$+42\ 12$	. .	⎰ $3'$ lang, $3/_4'$ br.; aufl. ??
3049	. . .	85	26.9	$+14\ 58$	cont.	N; h; längl ($6'$ u. $1'$); Kern = * 10.
3075	I. 31. 38.	. .	29.0	$+\ 8\ 14$	cont.	N; h; gr; sehr längl; * 9^m v; heller * f.!
3106	V. 24	. .	31.4	$+26\ 32$	. .	N; zml h; sehr längl ($14'$ u. $3/_4'$); Kern = * 10.
3128	. . .	68	34.2	$-26\ 12$	. .	K St H; zml gr; sehr reich; stark verd.; aufl; darin rother *.
3132	I. 43	.	34.5	$-11\ 5$	cont.?	N; h; $4'$ lang, ca. $1'$ breit; Kern = * 10.
3151	I. 178	. .	36.8	$+41\ 42$	. .	⎱ Dopp. N; erster zml h; zml gr; zweiter schwächer.
3152	I. 179	. .				⎰ * 10^m $3'$ südl.
3165	V. 42	. .	37.4	$+33\ 6$	. .	N; h; sehr längl ($13'$ u. unter $1'$); * 12^m am n. Rand. Schwacher N (3159 = H. II. 659) v. 11^s, $1^1/_2'$ r.
3182	. . .	60	38.6	$+12\ 6$	. .	N; h; $2'$ Dchm. Schwächerer N (3180) v. 8^s, $2'$ n.
3227	I. 39	. .	12 43.4	$-\ 5\ 16$	cont.?	N; zml h; $1'$ Dchm; Mitte heller; * 10^m f. 40^s.
3258	. . .	94	46.2	$+41\ 39$	. .	N; planet. (d'Arrest); h = * 8; $2'$ Dchm; blau!
3275	. . .	. .	47.7	$-59\ 49$	. .	Grosser St H ϰ Crucis !!
3321	. . .	64	51.8	$+22\ 13$	. .	N; h; $3'$ lang; $1^1/_2'$ breit; Kern = * 10; * 10^m f. 13^s, $3'$ n.
3437	I. 96	. .	13 6.3	$+37\ 36$	. .	N; h; $4'$ lang, $1'$ breit; Kern ähnlich * 10.
3453	. . .	53	8.0	$+18\ 42$	. .	K St H; zml h; Mitte heller; $3'$ Dchm; ** 11 <!
3474	. . .	63	11.3	$+42\ 34$	cont.	N; h; $1^1/_2'$ Dchm: Kern = * 11. * 8^m v. 15^s, $1'$ n.

Nebel und Sternhaufen.

Gen. Cat.	H.	Mess.	1900 AR	Decl.	Spectr.	Beschreibung
3477	I. 138	..	13h12m.7	—26°19'	cont.?	N; h; kl; Mitte viel heller; * 10m f.
3518	...	..	19.2	—62 53	..	StH; sehr reich; ** 11 <.
3525	...	..	19.6	—42 29	cont.	N; h; gr; längl; zweispaltig!
3531	...	..|13	20.8	—46 47	cont.	K St H ω Cent.; sehr h; sehr gr (20'); (Fig. 181)!!
3572	...	51	25.7	+47 43	cont.	⎱ Spiral-N in den Jagdhunden (Figg. 184—187).!!
3574	I. 186	..	25.9	+47 47	cont.	⎰ Begl.; h; Mitte viel heller; zml kl.!!
3606	...	83	31.4	—29 22	..	(Spiral-?) N; h; gr; längl; Mitte fast * gleich!
3614	II. 297	..	32.7	—17 22	..	Spiral-N; schwach; gr; gr Kern.
3636	...	3	37.5	+28 53	cont.	K St H; h; gr (7'); ** 11 <!
3776	VI. 9	..|14	0.9	+29 0	..	StH; reich; zml gr; ** 10.
3900	I. 70	..	24.3	— 5 21	..	K St H; zml h; zml gr; zwischen 2 ** 8m u. 10m.11.
4083	...	5|15	13.5	+ 2 27	cont.	K St H; h; zml gr (5'); stark verd; ** 11m <.
4132	...	..	39.5	—37 28	cont.	K St H; h; zml gr; ** 12 <.
4162	...	..|16	5.5	—53 57	..	StH; h; gr; reich; ** 10.
4173	...	80	11.1	—22 44	cont.	K St H; h; zml gr; Mitte heller; aufl; darin Var. T Scorp, (S. 503, 703)!
4183	...	4	17.5	—26 17	cont.	StH; 1½° w. von Antares; viele kl u. einige hellere **; aufl.
4211	VI. 40	..	26.9	—12 50	cont.	K St H; gr; reich; mässig verd; aufl. Von Méchain gef.
4230	...	13	38.2	+36 39	cont.	K St H im Hercules; sehr h; sehr reich; gr (über 6'); Mitte stark verd!!
4234	...	..	40.2	+23 59	Gas	Planet. N; sehr h = * 8; sehr kl (8" gr Dchm); etw. ellipt.; blau; von Σ gef.!
4238	...	12	42.0	— 1 45	cont.	K St H; h; zml gr (4'); aufl; ** 10 <!
4256	...	10	51.8	— 3 56	cont.	K St H; zml h; zml gr (4'); stark verd; aufl; ** 10 <.
4260	...	..	53.5	—44 31	..	St H; gr; reich; zml h; ** 10 <.
4261	...	62	54.9	—29 58	..	K St H; h; zml gr; aufl.
4264	...	19|16	56.4	—26 7	cont.	K St H; h; zml gr; Mitte verd; aufl.
4284	...	..|17	12.9	—51 38	Gas	Planet. N; zml schwach; sehr kl!!
4287	...	9	13.3	—18 26	cont.	K St H; zml h u. gr; Mitte stark verd; aufl.
4294	...	92	14.1	+43 15	cont.	K St K; h; gr (ca. 10'); stark verd Mitte ca. 4'; * 9m f. 33s, 1/2' n.
4290	...	..	15.3	—38 22	..	Ring-N; äusserst schwach; kl (3/4'); unter zahlr. ** 11 <!!
4296	I. 48	..	17.7	—17 43	cont.	K St H; h; mässig gr; Mitte allm. heller; aufl.
4302	IV. 11	..	23.2	—23 40	Gas	Ring-N; zml schwach; kl!
4307	...	..	29.0	—44 40	cont.	K St H; h; gr; stark verd; aufl.
4315	...	14	32.3	— 3 11	cont.	K St H; zml h; zml gr (4'); sehr reich; aufl; ** sehr kl.
4311	...	..	32.5	—53 37	cont.	K St H; zml h; zml reich; gr.
4332	...	..|17	43.4	—37 1	..	K St H; h; mässig gr; aufl; ** sehr kl.
4340	...	7	47.3	—34 47	..	St H; h; mässig reich; wenig verd; ** 7 <.
4346	...	23	51.0	—19 0	..	St H; h; gr; mässig reich; ** 9 <.
4355	...	20	56.3	—23 2	cont.?	N im Schützen; h; gr; unregelm. dreispaltig; eigentl. N-Gruppe (Fig. 191)!!
4361	...	8	57.7	—24 21	Gas	N im Schützen; h; sehr gr; äusserst unregelm.; mehr N-Gruppe; dazwischen zerstr. StH (Fig. 189)!!
4373	IV. 37	..	58.6	+66 38	Gas	Planet. N im Drachen; h; kl; etw. ellipt. (23" u. 18"); kl Kern; blau!
...	...	..|18	2.5	—21 16	Gas	Planet. N = * 8.9; äusserst kl; von Pickering 1880 gef.!
4390	...	..	7.3	+ 6 49	..	Planet. N; h; sehr kl (ca. 6"); bläulich; von Σ gef.
4397	...	24	12.6	—18 28	..	StH; reich; stark verd; zwischen 2 Dopp.**.
4400	...	16	13.2	—13 50	..	StH; gr; zerstr; wenigstens 100 **.

728 Elemente und Verzeichnisse.

Gen. Cat.	H.	Mess.	1900 AR	Decl.	Spectr.	Beschreibung
4403	. . .	17	18h14m9	—16°13′	Gas	Omega-N; sehr gr u. unregelm; h; (Fig. 185)!!
4404	I. 50	. .	17.3	—30 25	. .	KStH; h; mässig gr; aufl; ** sehr kl.
4406	. . .	28	18.3	—24 56	. .	KStH; h; zml gr; stark verd; aufl; ** kl.
4415	. . .	. .	22.5	+74 30	. .	N; schwach; ellipt. (2′ u. 1′); von Tuttle 1859 gef.; var?? !
4424	. . .	22	30.3	—23 58	cont.	KStH; h; gr; reich; stark verd; ** 10 <!
4431	. . .	. .	39.1	—65 17	. .	N; h; mässig gr; Mitte viel heller; * 7m v.
4437	. . .	11	45.8	— 6 24	cont.	StH; h; gr (ca. 12′); sehr reich; * 9m im f. Theil.
4442	. . .	54	48.7	—30 36	. .	KStH; h; zml gr; Mitte viel heller; aufl; ** kl.
4447	. . .	57	49.8	+32 54	Gas	Ring-N i. d. Leier; sehr h; gr; ellipt. (80″ u. 60″); (Fig. 183)!!!
4467	. . .	. .	19 2.0	—60 8	. .	KStH; zml h; gr; aufl; ** 10 <.
4473	. . .	. .	19 6.1	+ 0 52	cont.	N; mässig h; über 2′ Dchm; von Hind 1843 gef.; var?? !
4485	. . .	56	12.7	+30 0	cont.	StH; zml h; ca. 3′ Dchm; sehr reich; aufl; * 9m 10 v.
4510	IV. 51	. .	38.3	—14 23	Gas	Planet. N; h; sehr kl (14″); blau !
4511	. . .	. .	38.5	+39 58	. .	StH; reich; ca. 4′ Dchm; ** 10 <; * 7m f. 40s, 3′ n. Von Harding 1827 gef.
4514	IV. 73	. .	42.2	+50 17	Gas	(Planet.) N; mit * 10 in Mitte; zml h; kl (20″) Beschreibung von Secchi (S. 547)!
4520	. . .	71	49.3	+18 32	. .	StH; gr; reich; ** 10 <.
4532	. . .	27	55.3	+22 26	Gas	Dumbbell-N; h; gr; Doppelkern; im Allgem. ellipt. (S. 547)!!
4543	. . .	75	20 0.2	—22 12	cont.	KStH; zml h; mässig gr; heller Kern; aufl.
4559	VIII. 20	. .	7.8	+26 12	. .	StH; h; gr; reich; ** 6—10.
4565	IV. 13	. .	12.4	+30 16	Gas	Ring- oder planet. N; schwach; zml kl (1/2′); * 9m f. 15s, 5′ s.
4572	IV. 16	. .	20 17.9	+19 47	Gas	Planet. N; zml h; zml kl(2/3′); zwischen 4 ** 10—12m !
4585/6	I. 103	. .	29.3	+ 7 4	cont.	StH; h; 1′ Dchm; sehr reich; * 9m v. 8s.
4591	VII. 8	. .	30.3	+27 58	. .	StH; h; gr; reich; verd.
4600	V. 15	. .	41.5	+30 22	. .	N um k Cygni; mässig h; sehr gr (über 30′ lang); sehr unregelm.
4608	. . .	72	47.9	—12 55	cont.	KStH; mässig h; 2′ Dchm; aufl; * 10m f. 19s, 2′ s.
4628	IV. 1	. .	58.7	—11 45	Gas	Planet. N im Wassermann; sehr h; kl; ellipt. (23″ u. 17″).!!
. . .	. . .	. .	21 3.2	+41 50	Gas	Planet. N; h = * 8; äusserst kl; etw. ellipt. (ca. 6″ u. 4″); Kern; von Webb 1879 gef. !
4645	. . .	. .	7.6	+45 16	. .	StH; gr; zml reich; ** 10 <; * 7m am n. Rand.
4651	. . .	. .	12.2	—48 59	. .	N; h; zml kl; längl; Mitte heller.
4670	. . .	15	25.1	+11 44	cont.	KStH; h; gr (über ′); stark verd; aufl; * 8m f. 11s, 7′ n.
4678	. . .	2	21 28.2	— 1 16	cont.	StH; zml h; mässig gr (über 3′); reich; ** kl.
4681	. . .	39	28.6	+47 59	. .	StH; gr; zerstr; ** 7—10.
4687	. . .	30	34.7	—23 38	cont.	(K)StH; zml h; mässig gr (über 3′); stark verd; * 10m f. 42s, 3′ n. !
4711	. . .	. .	46.2	—48 43	. .	N; h; kl; Kern.
4755	VII. 53	. .	22 1.3	+46 0	. .	StH; gr; zml reich; ** 9 <.
4773	VIII. 75	. .	11.3	+49 23	. .	StH; sehr h; gr (über 16′); zml zerstr; ** 9 <; darin Dopp. * Σ 2890.
4906	II. 429	. .	23 9.5	+ 3 58	cont.	} Dopp.-N; erster sehr schwach; kl; zweiter zml. schwach; zml gr u. längl (2′ u. 2/3′).
4909	II. 430	. .	9.6	+ 4 0	cont.	
4957	. . .	52	19.8	+61 3	. .	StH; zml gr; reich; ** 9 <; * 8m am n. Rand; zwei ** 7m 8 v.

Gen. Cat.	H.	Mess.	1900 AR	Decl.	Spectr.	Beschreibung
4964	IV. 18	..	23ʰ21ᵐ.1	+41°59′	Gas	Planet. N; h = * 8; kl (ca. 20″); blau; * 8ᵐ f. 44ˢ, 1½′ n.
4998	I. 110	..	33.7	−13 30	..	N; zml h nach W. H.; äusserst schwach nach J. H.; nach d'Arrest mässig schwach; über 2′ Dchm.
5000	I. 111	..	34.7	−12 50	..	N; 40′ n. von 4998; mässig h; ca. ⅔′ Dchm; * 9ᵐ v. 38ˢ, 1′ s.
5012	...	..	42.6	−21 4	..	N; zml h; mässig gr; Mitte heller.
5031	VI. 30	..	52.0	+56 10	..	StH; gr; reich; stark verd; ** 10 <.

Tafeln.

I. Jährliche Präcession.

Declination.   Rectascension.

AR (Präc. +)		AR (Präc. +)		Präc. in Decl.	AR (Präc. −)		AR (Präc. −)		AR		AR		−20°	−10°	0°
0ʰ	0ᵐ	24ʰ	0ᵐ	20″.1	12ʰ	0ᵐ	12ʰ	0ᵐ	0ʰ	0ᵐ	12ʰ	0ᵐ	3ˢ.07	3ˢ.07	3ˢ.07
0	20	23	40	20.0	11	40	12	20	0	40	11	20	2.99	3.03	3.07
0	40	23	20	19.7	11	20	12	40	1	20	10	40	2.90	2.99	3.07
1	0	23	0	19.4	11	0	13	0	2	0	10	0	2.83	2.95	3.07
1	20	22	40	18.8	10	40	13	20	2	40	9	20	2.76	2.92	3.07
1	40	22	20	18.2	10	20	13	40	3	20	8	40	2.70	2.89	3.07
2	0	22	0	17.4	10	0	14	0	4	0	8	0	2.65	2.87	3.07
2	20	21	40	16.4	9	40	14	20	4	40	7	20	2.61	2.85	3.07
2	40	21	20	15.4	9	20	14	40	5	20	6	40	2.59	2.84	3.07
3	0	21	0	14.2	9	0	15	0	6	0	6	0	2.58	2.83	3.07
3	20	20	40	12.9	8	40	15	20	12	0	0	0	3.07	3.07	3.07
3	40	20	20	11.5	8	20	15	40	12	40	23	20	3.15	3.11	3.07
4	0	20	0	10.0	8	0	16	0	13	20	22	40	3.24	3.15	3.07
4	20	19	40	8.5	7	40	16	20	14	0	22	0	3.31	3.19	3.07
4	40	19	20	6.9	7	20	16	40	14	40	21	20	3.38	3.22	3.07
5	0	19	0	5.2	7	0	17	0	15	20	20	40	3.44	3.25	3.07
5	20	18	40	3.5	6	40	17	20	16	0	20	0	3.49	3.27	3.07
5	40	18	20	1.7	6	20	17	40	16	40	19	20	3.53	3.29	3.07
6	0	18	0	0.0	6	0	18	0	17	20	18	40	3.55	3.30	3.07
									18	0	18	0	3.56	3.31	3.07

AR		AR		+10°	+20°	+30°	+40°	+45°	+50°	+55°	+60°	+65°	+70°	+75°	+80°
0ʰ	0ᵐ	12ʰ	0ᵐ	3ˢ.07	3ˢ.07	3ˢ.07	3ˢ.07	3ˢ.1	3ˢ.1	3ˢ.1	3ˢ.1	3ˢ.1	3ˢ.1	3ˢ.1	3ˢ.1
0	40	11	20	3.11	3.15	3.20	3.26	3.3	3.3̄	3.4	3.5	3.6̄	3.7	3.9	4.4
1	20	10	40	3.15	3.24	3.33	3.45	3.5	3.6	3.7̄	3.9	4.0̄	4.3	4.8	5.7
2	0	10	0	3.19	3.31	3.46	3.63	3.7̄	3.9	4.0̄	4.2	4.5	4.9	5.6	6.9
2	40	9	20	3.22	3.38	3.57	3.79	3.9̄	4.1	4.3	4.6	4.9	5.4	6.3	7.9
3	20	8	40	3.25	3.44	3.66	3.93	4.1	4.3̲	4.5̄	4.8	5.3̄	5.9	6.9	8.9
4	0	8	0	3.27	3.49	3.74	4.04	4.2	4.4̄	4.7	5.1	5.5̄	6.2̄	7.4	9.6
4	40	7	20	3.29	3.53	3.80	4.12	4.3̲	4.6	4.9	5.2̄	5.8	6.5	7.8	10.2
5	20	6	40	3.30	3.55	3.83	4.17	4.4	4.6	5.0	5.3̄	5.9	6.7	8.0	10.5
6	0	6	0	3.31	3.56	3.84	4.19	4.4̲	4.7	5.0	5.4	5.9	6.7	8.1	10.6̄
12	0	0	0	3.07	3.07	3.07	3.07	3.1	3.1	3.1	3.1	3.1	3.1	3.1	3.1
12	40	23	20	3.03	2.99	2.94	2.88	2.8̄	2.8	2.7̄	2.7	2.6	2.4	2.2	1.7
13	20	22	40	2.99	2.90	2.81	2.69	2.6	2.5	2.4	2.3	2.1	1.8	1.4	0.5
14	0	22	0	2.95	2.83	2.68	2.51	2.4	2.3	2.1	1.9	1.6	1.2	0.6	0.7n
14	40	21	20	2.92	2.76	2.57	2.35	2.2	2.0̄	1.8	1.6	1.2	0.7	0.1n	1.8n
15	20	20	40	2.89	2.70	2.48	2.21	2.0	1.8̄	1.5̄	1.3	0.9	0.3	0.7̄n	2.7n
16	0	20	0	2.87	2.65	2.40	2.10	1.9	1.7	1.4̄	1.1	0.6	0.1n	1.2̄n	3.5n
16	40	19	20	2.85	2.61	2.34	2.02	1.8	1.6	1.2̄	0.9	0.4	0.4n	1.6n	4.0n
17	20	18	40	2.84	2.59	2.31	1.97	1.7	1.5	1.1̄	0.8	0.2̄	0.5n	1.8n	4.4n
18	0	18	0	2.83	2.58	2.30	1.95	1.7	1.5	1.1	0.7̄	0.2	0.6n	1.9n	4.5n

II. Reduction von
Mittlerer Zeit in Sternzeit (s. S. 147) Sternzeit in Mittlere Zeit.

Mittlere Zeit	Reduction auf Sternzeit	Minuten Mittl. Zeit	Reduction + auf Sternzeit − auf Mittl. Zeit	Minuten Sternzeit	Sternzeit	Reduction auf Mittl. Zeit
1ʰ 0ᵐ 52ˢ	+10ˢ	6ᵐ 5ˢ	+1ˢ.0 —	6ᵐ 6ˢ	1ʰ 1ᵐ 2ˢ	−10ˢ
2 1 45	+20	12 10	+2.0 —	12 12	2 2 5	−20
3 2 37	+30	18 16	+3.0 —	18 19	3 3 7	−30
4 3 30	+40	24 21	+4.0 —	24 25	4 4 10	−40
5 4 22	+50	30 26	+5.0 —	30 31	5 5 12	−50
6 5 15	+1ᵐ 0ˢ	36 31	+6.0 —	36 37	6 6 15	−1ᵐ 0ˢ
7 6 7	+1 10	42 37	+7.0 —	42 44	7 7 17	−1 10
8 6 59	+1 20	48 42	+8.0 —	48 50	8 8 19	−1 20
9 7 52	+1 30	54 47	+9.0 —	54 56	9 9 22	−1 30
10 8 44	+1 40	0ᵐ 37ˢ	+0ˢ.1 —	0ᵐ 37ˢ	10 10 24	−1 40
11 9 37	+1 50	1 13	+0.2 —	1 13	11 11 27	−1 50
12 10 29	+2 0	1 50	+0.3 —	1 50	12 12 29	−2 0
13 11 21	+2 10	2 26	+0.4 —	2 26	13 13 31	−2 10
14 12 14	+2 20	3 3	+0.5 —	3 3	14 14 34	−2 20
15 13 6	+2 30	3 39	+0.6 —	3 40	15 15 36	−2 30
16 13 59	+2 40	4 16	+0.7 —	4 16	16 16 39	−2 40
17 14 51	+2 50	4 52	+0.8 —	4 53	17 17 41	−2 50
18 15 44	+3 0	5 29	+0.9 —	5 30	18 18 44	−3 0
19 16 36	+3 10				19 19 46	−3 10
20 17 28	+3 20				20 20 48	−3 20
21 18 21	+3 30				21 21 51	−3 30
22 19 13	+3 40				22 22 53	−3 40
23 20 6	+3 50				23 23 56	−3 50
24 20 58	+4 0				24 24 58	−4 0

Beispiel.

Gegeben: 7ʰ 34ᵐ 58ˢ.6 Mittl. Zeit
7ʰ   6ᵐ 7ˢ   Red. +1 10
       24 21   »   +   4.0
        4 16   »   +   0.7
           (15) »   (0.04)
= 7ʰ 36ᵐ 13ˢ.34 Sternzeit.

Hierzu wird die Sternzeit im mittleren Mittag des betr. Tages addirt. — Bei Reduction von Sternzeit auf mittl. Zeit wird die Sternzeit im mittl. Mittag von der gegebenen subtrahirt und der Rest in mittl. Zeit verwandelt.

III. Monats- und Jahrestage.

Monat		Gemein-Jahr	Schalt-Jahr
Januar	0.0	0	0
Februar	0.0	31	31
März	0.0	59	60
April	0.0	90	91
Mai	0.0	120	121
Juni	0.0	151	152
Juli	0.0	181	182
August	0.0	212	213
September	0.0	243	244
October	0.0	273	274
November	0.0	304	305
December	0.0	334	335

IV. Reduction von Stunden etc. in Decimaltheile des Tages.

Stunden

1ʰ	0.041 667	7ʰ	0.291 667	13ʰ	0.541 667	19ʰ	0.791 667
2	0.083 333	8	0.333 333	14	0.583 333	20	0.833 333
3	0.125 000	9	0.375 000	15	0.625 000	21	0.875 000
4	0.166 667	10	0.416 667	16	0.666 667	22	0.916 667
5	0.208 333	11	0.458 333	17	0.708 333	23	0.958 333
6	0.250 000	12	0.500 000	18	0.750 000	24	1.000 000

Minuten | Secunden

1ᵐ	0.000 694	31ᵐ	0.021 528	1ˢ	0.000 012	31ˢ	0.000 359
2	0.001 389	32	0.022 222	2	0.000 023	32	0.000 370
3	0.002 083	33	0.022 917	3	0.000 035	33	0.000 382
4	0.002 778	34	0.023 611	4	0.000 046	34	0.000 394
5	0.003 472	35	0.024 305	5	0.000 058	35	0.000 405
6	0.004 167	36	0.025 000	6	0.000 069	36	0.000 417
7	0.004 861	37	0.025 694	7	0.000 081	37	0.000 428
8	0.005 556	38	0.026 389	8	0.000 093	38	0.000 440
9	0.006 250	39	0.027 083	9	0.000 104	39	0.000 451
10	0.006 944	40	0.027 778	10	0.000 116	40	0.000 463
11	0.007 639	41	0.028 472	11	0.000 127	41	0.000 475
12	0.008 333	42	0.029 167	12	0.000 139	42	0.000 486
13	0.009 028	43	0.029 861	13	0.000 150	43	0.000 498
14	0.009 722	44	0.030 556	14	0.000 162	44	0.000 509
15	0.010 417	45	0.031 250	15	0.000 174	45	0.000 521
16	0.011 111	46	0.031 944	16	0.000 185	46	0.000 532
17	0.011 805	47	0.032 639	17	0.000 197	47	0.000 544
18	0.012 500	48	0.033 333	18	0.000 208	48	0.000 556
19	0.013 194	49	0.034 028	19	0.000 220	49	0.000 567
20	0.013 889	50	0.034 722	20	0.000 231	50	0.000 579
21	0.014 583	51	0.035 417	21	0.000 243	51	0.000 590
22	0.015 278	52	0.036 111	22	0.000 255	52	0.000 602
23	0.015 972	53	0.036 805	23	0.000 266	53	0.000 613
24	0.016 667	54	0.037 500	24	0.000 278	54	0.000 625
25	0.017 361	55	0.038 194	25	0.000 290	55	0.000 637
26	0.018 055	56	0.038 889	26	0.000 301	56	0.000 648
27	0.018 750	57	0.039 583	27	0.000 313	57	0.000 660
28	0.019 444	58	0.040 278	28	0.000 324	58	0.000 671
29	0.020 139	59	0.040 972	29	0.000 336	59	0.000 683
30	0.020 833	60	0.041 667	30	0.000 347	60	0.000 694

V. Reduction von Tagen in Decimaltheile des Jahres.

10ᵗ	0.027	100ᵗ	0.274	190ᵗ	0.520	280ᵗ	0.767	1ᵗ	0.0027
20	0.055	110	0.301	200	0.548	290	0.794	2	0.0054
30	0.082	120	0.329	210	0.575	300	0.822	3	0.0082
40	0.110	130	0.356	220	0.603	310	0.849	4	0.0109
50	0.137	140	0.383	230	0.630	320	0.877	5	0.0137
60	0.164	150	0.411	240	0.657	330	0.904	6	0.0164
70	0.192	160	0.438	250	0.685	340	0.931	7	0.0191
80	0.219	170	0.466	260	0.712	350	0.959	8	0.0219
90	0.247	180	0.493	270	0.740	360	0.986	9	0.0246
								10	0.0274

In den Tafeln I. und V. bedeutet − über der letzten Ziffer, dass die nächste Decimale eine 5 ist.

VI. Mittlere Refraction.

Scheinbare Höhe	Refraction	Scheinbare Höhe	Refraction	Scheinbare Höhe	Refraction
0° 0′	34′ 54″	5° 0′	9′ 47″	20° 0′	2′ 37″
0 30	29 4	6 0	8 23	25 0	2 3
1 0	24 25	7 0	7 20	30 0	1 40
1 30	20 51	8 0	6 30	35 0	1 22
2 0	18 9	9 0	5 49	40 0	1 9
2 30	16 1	10 0	5 16	45 0	0 58
3 0	14 15	12 0	4 25	50 0	0 48
3 30	12 48	14 0	3 47	60 0	0 33
4 0	11 39	16 0	3 19	70 0	0 21
4 30	10 40	18 0	2 56	80 0	0 10
5 0	9 47	20 0	2 37	90 0	0 0

Constanten.

Dimensionen der Erde nach Bessel.

Halbe grosse Axe . . . . = 6377397.15 Meter

Halbe kleine Axe . . . . = 6356078.96 »

Abplattung = $\frac{1}{299.15}$ . . . . = 0.0033428

Excentricität . . . . = 0.0816968

Oberfläche der Erde . . . . = 509 950 714 Quadratkilometer

Inhalt der Erde . . . . = 1 082 841 320 000 Cubikkilometer.

Länge des Secundenpendels im Niveau des Meeres und im luftleeren Raume für die geogr. Breite φ:

$$l = 0^{\text{m}}99102 + 0^{\text{m}}00510 \sin^2 \varphi .$$

Schwerkraft im Niveau des Meeres für die geographische Breite φ:

$$g = 9^{\text{m}}7810 + 0^{\text{m}}0503 \sin^2 \varphi .$$

Länge des siderischen Jahres . . . = 365.25636 Tage

» » tropischen » . . . = 365.24220 »

Fortpflanzungsgeschwindigkeit des Lichtes im luftleeren Raume = 300 000 Kilometer.

Lichtzeit von der Sonne bis zur Erde = 497^{m}78 Secunden.

Mittlere Entfernung der Erde von der Sonne für die Sonnenparallaxe 8″80 = 149 480 976 Kilometer.

(Einer Aenderung der Parallaxe von 0″01 entspricht eine Aenderung der Entfernung um 170 000 Kilometer.)

Berichtigungen.

Seite 204 Zeile 21 v. o. statt »nahen« lies »nahe«.
» 351 » 11 v. u. statt »Eigenthümlickeit« lies »Eigenthümlichkeit«.
» 403 » 19 ff. v. o. In Leverriers Brief an Galle ist von einer Aufforderung, mit Hülfe der Hora 21 der akademischen Sternkarten den Planeten aufzusuchen, nichts enthalten; dies war auch unmöglich, da Leverrier von der Fertigstellung dieser damals noch nicht im Buchhandel erschienenen Karte keine Ahnung haben konnte.
» 405 » 16 v. o. statt »retrogade« lies »retrograde«.
» 706 » 2 v. o. statt »Fahry« lies »Fabry«.

Register.

Aberration d. Lichts 239 f.
— chromatische 112. — sphärische 116.
Aberrationsconstante 239 f.
Ablesemikroskop 155, 167.
Abplattung d. Erdellipsoids 81 f.
Absorption des Lichts im Weltraum 585. — elective 255 f.
Absorptionsspectrum 256.
Abul Wefa 46, 629.
Abweichung 15, 98, 146.
Acceleration der Mondbewegung 89 f.
Achromatisches Objectiv 115.
Adams 90, 402, 436.
Aegypter, Jahr der 42.
Aequator 11, 55. — System des 146.
Aequatoreal 153, 160 f. — -Horizontal-Parallaxe 203.
Aequinoctien 15, 56 f.
Aërolithe 425. — Bestandtheile 426. — Classification 426. — Ursprung 425.
Aetherbewegungen 237.
Aethra, kl. Planet 375, 698.
Airy 77, 227, 241, 380, 473, 556.
Airy'sches Doppelbildmikrometer 167 f.
Albategnius 46, 629.
Albedo 335.
d'Alembert 88.
Alfons X. 629.
Algol 498, 507, 707.
Algoltypus, Veränderliche vom, 527.
Alhidade 106, 154.
Almagest 29, 33, 472, 628.
Al-Mamun 628.
Almucantharate 145.
Al-Sufi 629.
Altazimuth 163, 174.
Andromeda-Nebel 529, 542 f., 724.

Ångström 271, 464.
Anomalie, excentrische 95. — mittlere u. wahre 94 f.
Anthelme 503, 709.
Antiapex 442.
Anziehung, allgemeine 66 ff. — kleiner Massen 74 ff. — von Bergen 76.
Apex 441. — des Sonnensystems 556 f.
Aphelium 62, 94.
Apian 631.
Aplanatische Linsen 117.
Apogaeum 38.
Apollonius 1.
Apparate, mikrometrische 154 f.
Apsidenlinie 94.
Araber 1, 46, 105 f., 628 f.
Arago 35, 245, 401, 664.
Aratus 627.
Argelander 189 f., 260, 453, 473 ff., 481 ff., 498 f., 552, 556, 573, 574 f., 680 ff., 705, 707, 710.
Argumente der Breite 100.
Argus, η, Veränderlicher 500 f. — Nebel um η 501, 548, 726.
Ariel, Uranustrabant 399, 703.
Aristarchus 20, 47, 206, 628. — Mondkrater 358.
Aristoteles 5, 47, 627 f.
Armillarsphäre 105.
Armille 105.
Arnold 641.
d'Arrest 395, 403, 440, 446, 490, 529 f., 534, 682 f., 697, 705, 724 ff.
Asideriten 426.
v. Asten 225, 450, 457.
Asteroiden 369 ff., 696 ff., s. a. Planetoiden.
Astraea, kl. Planet 370, 696.
Astrognosie 470 ff. — Begriff 469 f.
Astrolabium 105.

Astrologisches Schema für Wochentage 40.
Astrometer Herschels 260.
Astronomie, wissenschaftliche, Anfang 5, 14. — Aufgabe nach Bessel 469. — Entwickelung 1 ff. — praktische 103 ff. — u. Wetter 348 ff.
Astronomische Beobachtungen, Anleitung zu, 185 ff. — Gesellschaft 474. — Nachrichten 664.
Astronomisches Fernrohr 109.
Astrophotometer Zöllners 260 ff.
Astrophysik 470 ff.
Atmosphäre, Beschaffenheit 144. — Einfluss auf Beobachtungen 144 f. — Höhe 431.
Atmosphären d. Sterne 492 ff.
Attraction 66 ff.
Attractionscentra im Sternsystem 587.
Auge 138. — Prüfung 188.
Auge- u. Ohr-Methode 158.
Augenglas 109.
Augenlinse 117 f.
Augustmeteorstrom 434.
Aurigae, β, Doppelstern 528.
Ausfeld 263.
Ausströmungen bei Cometen 408 f., 418 ff.
Auwers 209, 220, 222, 227, 232, 382, 473, 503, 521 f., 524, 534, 707 ff.
Auzout 154, 640.
Axe, optische 110.
Azimuth 145. — Instr.-Fehler 196.
Azimuthalkreise 145.

Backlund 705.
Baeyer 81.
Bahnelemente 96. — Bestimmung der, 96 ff.

Register.

Bahnen der oberen Planeten 278. — d. unteren 276.
Bahnsucher der Strassburger Sternwarte 174.
Baille 76.
Bailly 648 f.
Baily 76.
Ball 390.
de Ball 557, 700.
Bänderspectrum 255.
Barnard 445, 462, 706.
Bauschinger 222, 532.
Baxendell 488, 691, 707, 709.
Bayer 472, 475, 637 f.
Beer 336, 355, 359.
Behrmann 481 f., 522.
Belopolsky 380.
Benzenberg 425, 431.
Beobachtungen, älteste 103 ff.
— Anleitung zu 185 ff. — Genauigkeit vorteleskopischer 107, 644. — im Meridian 157 f. — mit dem Sextanten 165.
Berberich 522, 707.
Bernoulli, Joh. 66, 73.
Bessel 81, 133, 154, 230 ff., 344, 370, 401, 420, 473, 517, 524, 538, 660 ff., 705 f.
Beugung d. Lichts 213.
Bewegung, directe u. retrograde 33, 51 f. — elliptische 61 ff. — epicyklische 34, 49 ff., 52, 203. — des Lichts 234 ff. — der Materie 234. — Eigenschaft der Materie 234 f. — mittlere 95. — scheinbare, der Gestirne, 7 f., 12, 48 f. Einfluss auf Lage der Spectrallinien 529. — Störungen 87 ff. — Umwandlung in Wärme 429, 600 ff.
Bewegungsgesetze 68 ff.
Bianchini 114, 335.
Biela 446, 448.
Bilder von Linsen 109. — falsche b. Ocularen 340.
Bird 645.
Birmingham 487, 503, 709.
Birt 707.
Bischoff 557.
Blacuw 475.
Blancanus 387.
Blanchinus 114, 335.
Blanpain 445.
Bode 654.
Bode'sche Reihe 273.
Boguslawski 708.
Bohnenberger 657.
Bond 158, 184, 390, 392,

395, 405, 408, 455 f., 540 ff., 666.
Bonner Durchmusterung 474 f., 482 f., 574 ff., 682.
Bonpland 424.
Borda 649.
Borelli 108.
Borrelly 698 ff., 707 f.
Bossert 705.
Bouguer 81, 167, 260, 645.
Boulliau 640.
Bouvard 401 f., 660.
Bradley 229, 238 f., 552, 646.
Brandes 431.
Brechung des Lichts 109 ff., 159 f. — im Auge 138. — in Linsen 109 f., 112, 114 f.
Brechungs- u. Dispersionsvermögen verschiedener Glassorten 114.
Bredichin 325, 421, 460 f.
Breite 146. — geocentrische u. heliocentrische 97 f. — geocentrische auf d. Erde 178. — geographische 12, 177 ff. — Bestimmung 195.
Brennebene 110.
Brennpunkte der Kegelschnitte 94. — von Linsen 110. — von Spiegeln 121 ff.
Brennweite 110.
Brinkley 230.
Brisbane 449, 666.
Brooks 445, 462, 706.
Brorsen 445 f.
Browning 123, 161 f.
Browning'scher Reflector 124.
Browning'scher Refractor 161 f.
Bruhns 689.
Brünnow 694, 705.
Brunowski 502.
Buffon 593.
Buijs-Ballot 283.
Bunsen 692.
Burchell 501, 708.
Burckhardt 656.
Bürgi 635.
Burnham 133, 516, 522, 711 ff.
Byrgius 635.

Caesar, Kalenderverbesserung des, 44.
Calandrelli 230.
Calippus 627.
Calixtus, Papst 446.
Campanisches Ocular 117.
Capron 348.

Capwolken 532 f., 549.
Carlini 78.
Carrington 293, 684.
Cartesius 65, 593, 638.
Casey 522.
Cassegrain'scher Reflector 122.
Cassini, Dom., 112, 208, 238, 335, 339, 380, 390, 393, 395, 463, 641.
— J. 335, 551, 641.
— de Thury 641.
— J. Dom., Graf v. Thury 641.
Cassiopejae, η, Doppelstern 522 f., 711.
Castor 523, 715.
Cauchoix 175.
Cavendish 75 f.
Cayley 90.
Celoria 521.
Centauri, Parallaxe von α 232.
Centralsonne Mädlers 555, 587, 677.
Centrifugalkraft der Erde 79, 83.
Ceraski 707, 709.
Ceres, kl. Planet 370, 372, 696.
Chacornac, 370, 534, 696 f.
Chaldäer, 2, 4, 27.
Challis 402 f.
Chance Brothers & Co. 133.
Chandler 462, 499, 706, 707 ff.
Chappe 212.
Charlois 701 f.
de Chaulnes 154.
Chinesen 2.
Chladni 424 f., 437.
Chromatische Aberration 112.
Chromosphäre d. Sonne 299.
Chronograph 158, 182.
Chronometer 153, 171.
Chronometerübertragungen 181.
Circumpolarsterne 10 f.
Clairaut 88, 446.
Clark 133, 135, 524, 715, 719 f.
Clarke 81.
Clavius 154.
Clerk-Maxwell 237, 383.
Coggia 458, 698 ff., 704.
Collimationsfehler 196.
Collimator 159. — beim Spectroskop 248, 251.
Colorimeter 261.
Coma der Cometen 406 f.

Comet von 1618 449. — v. 1652 449. — v. 1680 451 f. — v. 1744 452. — v. 1811 453. — v. 1843 318 f., 454 f. — v. 1861 457. — v. 1862 438 f., 457 f. — v. 1880 454 f. — v. 1881 III, 459. — v. 1882 I. 459 f. — v. 1882 II. 460 f. — 1888 I. 461 f. — v. 1889 V. 462. — d'Arrestscher 446. — Biela'scher 446, 448 f. — Brorsenscher 446. — Coggia'scher 458 f. — Donati'scher 408 f,, 455 ff. — Enckescher 446, 449 ff. — Fayescher 446, 451. — Halleyscher 422, 446 f. — Lexellscher 444 f. — Olbersscher 446. — Pons'scher 446. — Tempel'scher v. 1866 438. — andere Tempel'sche 446. — de Vicoscher 445. — Tuttle'scher 446. — Winnecke'scher 446, 451. — Wolf'scher 446. — Biela'scher und Sternschnuppenfall 1872 Nov. 440 f.
Cometen, Anzahl seit Chr. Geb. 413 f. — allgem. Aussehen, 406 ff. — Beobachtung 192 f. — phys. Beschaffenheit 445 ff. — parabolische u. elliptische Bewegung 409 ff. — Beziehungen zu Meteoren 435 ff. — physische Erscheinungen 409, 556 ff. — grosse 451 ff., 704 ff. — Masse und Dichtigkeit 422 f. — periodische 411 f. 444 ff., 704 f. — Spectrum 417 f., 459 ff. — Statistik der Erscheinungen 413 ff. — Störungen der Bewegung 87. — Systeme 437, 461. — teleskopische 407, 416 f., 443. — Formen 407 ff., 416. — Natur 416, 443. — Theilung 448 f. — Ursprung 411 f., 597 f. — Zusammentreffen mit der Erde 423 f.
Cometenbahnbestimmung 101 f.
Cometenbahnen, Lage der 414 f. — Elemente 704 ff. — Identität mit Meteorbahnen 438 ff.

Cometenschweife, Typen der, 421.
Cometensucher 140, 199.
Cometensystem d. Cometen von 1843, 1880 I und 1880 II 461.
Cometenwolke 443.
Common 460.
Compensation b. Uhren 171.
Concavlinse 115.
Concavspiegel 121.
Concil von Nicaea 44.
Conjunction 19, 35, 277.
Constellationen 4, 470.
Contractionstheorie der Sonne 607 ff.
Convexlinse 115.
Convexspiegel 122.
Cook 213.
Cooke 133, 135.
Cooke & Sons 133.
Coordinaten 97 f. — d. Gestirne 145 ff. — sphärische 148.
Copeland 460 f., 535, 537.
Coppernicus 4, 45 ff., 59, 327, 467, 630 f. — Lehre und die römische Kirche 65. — Weltsystem 1, 4, 6. — Mond-Ringgebirge 356 ff.
Cornu 76 f., 224, 227, 245.
Corona der Sonne 296 f., 299 f.
Coronium 300.
Cottenot 699.
Coulvier-Gravier 427.
Crab-Nebel 549, 725.
Crownglas 114 f., 134.
Culmination 10, 13 f.
Curtirte Distanz 99.
Curtius, Mond-Ringgebirge 358.
Cusa, Cardinal 47, 630.
Cygni, Parallaxe von 61, 231 f.
Cylinderlinse 251.
Cysat 529, 639.

Daguerre 264.
Damoiseau 446.
Darwin, G. H. 344, 380.
Daubrée, 426.
Dauer von Vor- und Nachmittag 151.
Davis 707.
Dawes 133, 390, 516, 671, 713, 720.
Declination 15, 98, 146. — magnetische und Sonnenflecken 293.

Declinationsaxe 118. — kreise 146.
Deichmüller 222.
Deimos, Marsmond 368, 702.
Delambre 240 f., 651.
Delaunay 90 f., 676.
De l'Isle 211, 647. — Methode bei Venusdurchgängen 212.
Dembowski, 516, 688 f., 712, 717 ff.
Denning 427, 433 f., 445, 704.
Descartes 65, 593, 638.
Dichte der Erde 74 ff.
Diffraction 141.
Diffusion 213 f.
Digiti, bei Finsternissen 26.
Digression 277.
Dione, Saturntrabant 395 f., 703.
Diopter 105, 107, 153.
Dipleidoskop 195.
Dispersion des Lichts 114.
Distanzen, Messung von 167, 195.
Doberck 521 ff.
Dollond, J., 114, 125, 168, 646. — P. 646.
Dollond'sche Refractoren 125.
Donati 455, 704.
Doppelbild-Mikrometer 167 ff.
Doppelsterne, Anzahl, 513, 515 f. — Bahnbewegung 517 ff., 525. — wahre Bahndimensionen 523. — Bahnelemente, Bestimmung 517 ff. — berechnete 521 f. — Bedeckungen 519. — dunkle Begleiter 524. — Begriff 513. — rel. Bewegung von 61 Cygni 525. — Farben 487, 526 f. — Gruppen 521, 525 f. — Massen 524. — optische u. physische 513 ff. — optische, für Parallaxen-Best. 230 f. — hypothet. Parallaxen 523 f. — als Prüfungsobjecte 199 f. — Spectra 527. — Verhältniss zu den einfachen 526. — Vertheilung 526. — Verzeichniss 711 ff.
Doppelsternmessungen 167, 514 ff.
Doppelsternsysteme, sehr enge, 527 f.

Doppler 558. — sches Princip 257 f., 295, 558.
Dörfel 409, 644.
Dorpater Refractor 127.
Downing 208.
Draper 122, 133, 301, 379, 689.
Drehwage 75.
Dumbbell-Nebel 547 f., 728.
Dunér 295, 460, 490, 516, 521, 523, 708 f., 712 ff.
Dunkin 556 f.
Dunlop 529.
Durchgangsinstrument 157.
Durchmesser der Sterne 141.
Dynamik des Himmels 64.

Ebbe und Flut 85 f.
Echappement b. Uhren 169.
Echo, kl. Planet, 372, 697.
Eichens 155.
Eigenbewegungen, durchschnittliche 554.—grösste 552 ff. — veränderliche 524 f.
Eisenmeteorite 426.
Eisenstaub, meteor. 431 f.
Ekliptik 14. — Änderung der 17. — Pole der 14. — Schiefe der 15, 55 f. — System der 146.
Ekliptikalkarten 370.
Elektricität der Erde 347. — der Sonne 320, 420 f. — u. Magnetismus im Sonnensystem 465.
Elektro-Chronograph 158.
Elemente, chemische, d. Gestirne 320 ff., 495 f.
Elkin 233, 460, 538.
Ellipse 93 ff.
Ellipsen der Planetenbahnen 61 f.
Enceladus, Saturntrabant 395 f., 703.
Encke 96, 214 f., 390, 446, 449 f., 452, 517, 669 ff., 705.
Engelmann, R. 382, 516, 692.
Entfernung d. Himmelskörper, Bestimmung der 201 f.
Entwickelungsgeschichte d. Weltkörper 616 ff.
Epacten 43.
Ephemeride 96, 102.
Epicykel d. Coppernicus 53.
Epicykel d. Alten 5, 33 ff., 39. — Erklärung durch Coppernicus 50 f. — Theorie 33 f.

Epoche 96.
Eratosthenes 80, 628.
Erdaxe, Schwankung 83 ff.
Erdbahn, Excentricität 89.
Erdbewegung, monatl. Oscillation 325.
Erde 340 ff. — säculare Abkühlung 611 ff. — Vorstellung d. Alten 1. — Anziehung 77. — Atmosphäre 344 ff. — Bahn um die Sonne 56.—Bewegung 4, 48 f. — Dichte 74 ff. — Drucke im Innern 343. — Entfernung v. Sonne 225, 341.—wahre Figur 79 f. — Grösse 46, 69, 80 f. — Kugelgestalt 30, 46. — Rotation 48. — Veränderung der Rotation 91. — Temperatur im Innern 341 f. — Veränderlichkeit d. Axe 344. — Quellen d. Wärme 612. — im Coppernicanischen Weltsystem 48f.—im Ptolemaeischen 30 f. — früherer Zustand 611 f. — Zustand d. Innern 341 ff.
Erdmagnetismus u. Sonnenflecken 293, 309.
Erdmeridiane 179.
Erhaltung der Kraft 290, 601 f., 616 f.
Eriksson 285.
Erman 436 f.
Ertel 154 f., 656.
Espin 487, 708 f.
Eudoxus 4, 47, 474, 627.
Euler 88, 114, 184, 648.
Evection 39, 629.
Excentricität 38, 54, 94. — bei Kreisen 165.
Excentricitätswinkel 96.
Excentrischer Kreis der Alten 37.

Fabricius, D. 285, 498, 637, 707, 709.
— J. 285, 637.
Fabry 706.
Fadenkreuz im Fernrohr 154.
Fadenmikrometer 154, 166.— Beobachtung mit dem 194.
Fadennetz beim Fernrohr 156.
Falb 349.
Fallgesetz 69 f.
Farbe, Veränderung bei Bewegung 258. — der Sterne, charakterisirt durch das Spectrum 488.

Farbenabweichung 112.
Farbenbestimmungen der Sterne 487 f.
Farbenempfindlichkeit des Auges 488.
Farbenzerstreuung 114.
Farquhar 504.
Faye 294, 446. — Ansichten über die Constitution der Sonne 310 ff.
Fehler, bei astron. Beobb. 159 f. — systematische 517.
Feil 133.
Feldlinse 117 f.
Ferguson 696 f.
Fernrohr, achromatisches 114 f. — astronomisches oder Kepler'sches 109. — Aufstellung 118 ff. — holländisches oder Galileisches 109. — des 17. Jahrhunderts 113. — terrestrisches 118. — Verbindung mit Messapparaten 153 f. — Vergrösserung 111, 198 ff. — Beziehung zur Objectivöffnung 139 f. — — Grenzen 141.
Fernröhre, älteste 107 ff. — grösste der Neuzeit 125 ff., 136. — Leistungen 138 ff., 198 ff. — Preise grosser 135 f. — Prüfung 197 ff. — Verzeichniss grosser 136.
Fertigkeiten, technische bei astr. Beobb. 186 f.
Feuerkugeln 424, 427. — Bahnen 431. — Ursprung 431.
Finlay 445, 460, 706 f.
Finsternisse, Sonnen- und Mond-, 21 ff.
Finsternissperioden 26.
Fixsterne 13. — Aussehen im Fernrohr 197 f. — Begriff 466. — scheinbare Bewegung 13. — Entfernung 59. — Grössenbestimmung aus photogr. Aufnahmen 270. — als Prüfungsobjecte 198 f.— s. sonst Sterne.
Fizeau 243 f.
Flammarion 521, 715.
Flamsteed 397, 473, 644.
Flaugergues 704.
Fleckenhypothese bei Veränderlichen 506.
Flemming 401.

Register.

Flintglas 115, 133.
Focalebene 110.
Focus 94, 110, 121 ff.
Foerster 670, 697.
Fontana 387.
Fontane 109.
Forbes 443.
Foucault 131, 136, 224, 226, 243 ff., 672.
Franklin 593.
Franz 222.
Fraunhofer 120, 127 f., 155, 168, 656.
Fraunhofer'sche Linien 247.
Fraunhofer & Utzschneider 129.
Frigga, kl. Planet, 371, 697.
Fritsch 707.
Fritz 293.
Front-view-telescope 123.
Frühlingspunkt 15, 146.
Fundamenta astronomiae Bessels 473, 662.
Fundamentalsterne 474.
Funkeln der Sterne 143 f.
Fusspunkt 145.

Galilei 64 f. 107 f., 230, 242, 285, 333 f., 354 f., 381, 386 f., 467, 685 ff.
Galilei'sches Fernrohr 109.
Galle 208 f., 227, 390, 403, 441.
Galloway 556.
Gambart 155, 705.
Gang von Uhren 181, 186.
Gascoigne 154, 638.
Gaseruptionen auf Sternen 510 f.
Gasmassen, Temperatur bei Contraction von 607.
Gasparis 696 f.
Gassendi 329, 387, 638.
Gasspectrum 255 f., 535, 541, 546 ff.
Gauss 96, 369, 556, 665 f.
Gautier 705.
Geelmuyden 709.
Geocentrische Theorie 47.
Geometrie, Nicht-Euklidische 604 f.
Georg III. von England 126, 653.
Gerade Aufsteigung 15, 98, 146.
Geschwindigkeit der Bewegung von 1830 Groombridge 588.
Gestirne, tägliche Bewegung 8 ff.
Gezeiten 85.

Gill 208 f., 227.
Gilliss 208.
Ginzel 705.
v. Glasenapp 241, 522.
Gledhill 377.
Gleichung, persönliche 183.
Globular clusters 531, 539, 724 ff.
Gnomon 104.
Godfrey 645.
Goldene Zahl 42.
Goldschmidt 696 f., 708 f.
Goodricke 498, 707, 709 f.
Gore 521 f., 707 ff.
v. Gothard 545.
Gould 184, 474, 478, 482, 487, 500, 552, 577, 580, 707 ff.
Grad, Bezeichnung 18. — Länge 81.
Gradmessung, europäische 82.
Gradmessungen 80 ff.
Graham 171, 645.
Granatstern Herschels 487.
Grant 718.
Gravitation 66 ff.
Gravitationsgesetz 74.
Green 366.
Greenwicher Sternwarte 644.
Gregor XIII., Kalenderreform 43.
Gregory 121 f.
Gregory'scher Reflector 122.
Griechen 3 ff., 153, 627 f. — Jahr der, 42.
Grischow 445.
Grössenclassen der Sterne 481 ff.
Grössenscalen verschiedener Beobachter 483.
Grössenverhältnisse im Sonnensystem 273, 275.
Grubb 131, 135, 143, 162 f., 176.
Grubb'scher Reflector in Melbourne 131.
Gruppenbildung bei Sternen 527 f., 578.
Guinand 127, 657.
Gyldén 234, 344, 556 f., 584.

Hadley 390, 645.
Haerdtl 705.
Halbschatten der Erde 23.
Hall 135, 368, 385, 539, 706.
Halley 89, 210 f., 297, 329, 446 f., 551, 644 f.
Halley'sche Methode bei Venusdurchgängen 210 f.

Hallowell 503.
Hansen 90 f., 215, 224, 226 f., 352, 678 f.
Harding 370, 658, 708 ff.
Harkness 299, 366.
Harmonien Keplers 62.
Harrison 171, 184, 647.
Harton Colliery, Mine 77.
Hartwig 222, 706 ff.
Hasselberg 417, 535.
Häuser der Sonne 16.
Heis 188, 424, 433, 475, 478 ff., 481 f., 530, 684 f.
Helfenzrieder 445.
Heliakischer Aufgang 42.
Heliocentrische Theorie 48, 53.
Heliograph 177, 266.
Heliometer 167 ff. — Genauigkeit der Beobachtung 216.
Heliostat 217, 266.
Helium 303.
Hell 648.
Helligkeit von Punkten u. Scheiben i. Fernrohr 139 f.
Helligkeiten der 22 hellsten Sterne 486.
Helligkeitsverhältniss der Grössenclassen 484 f. — der Sonne zur Capella 487. — vom Vollmond zum Sternenlicht 485.
Helmert 539.
v. Helmholtz 609 f., 614, 616.
Hemmung bei Uhren 169.
Hencke 370, 708 ff.
Henderson 232.
Henry, Gebrüder 268.
Henry, P. 700, 708.
Hepperger 705.
Herschel, A. S. 441, 674.
— Al. 126, 653.
— Carol. 652, 653, 655.
— J. 127, 130, 260, 284, 482 f., 485 f., 501, 516 f., 529, 534, 539, 544 f., 548 f., 672 ff., 707, 711 ff., 724 ff.
— John (II.) 674.
— W. 123, 125 ff., 144, 230, 290 f., 293, 335, 380, 385, 395 ff., 481, 513, 515, 529 ff., 534 f., 539 f., 550 f., 556, 564 ff., 576, 595 f., 651 ff., 709, 724 ff.
Herschel'scher Reflector 123.
— 40füss. Reflector 126.
Hertz 237.
Hesperus 333.
Hevel 113, 355 ff., 409, 639, 644.

47*

Register.

Hi und Ho, chines. Astronomen 2.
Hill 456, 705.
Himmelsgrund, Helligkeit für Auge u. Fernrohr 140.
Himmelskarte, photogr. 475.
Himmelskugel 7, 31, 55, 145.
— scheinbare Rotation 9, 48, 56.
Hind 370, 503, 534, 696, 705, 707 ff.
Hindu, Astronomie der 2.
Hipparchus 2, 5, 16 f., 29, 37, 105, 206, 472 f., 628.
Hirn 393.
Hoek 437, 676.
Hof der Sonnenflecken 286.
Höhe 145.
Höhenkreise 145.
Hohllinse 109, 115.
Holden 336, 365, 378, 399, 543 f., 547 f.
Holetschek 445.
Holwarda 498.
Hooke 228, 644.
Horizont 9. — künstlicher 165. — scheinbarer und wahrer 145. — System des 145.
Horizontal-Parallaxe 203.
Horrebow, Chr. 292.
— P. 228, 641.
Horrox 210.
Houzeau 482, 692.
Hubbard 454, 705.
Huggins 282, 381, 404, 459, 490, 509, 511, 535 f., 543, 546, 559.
Hülfsmittel für astron. Beobachtungen 185 f.
Hülle der Cometen 406 f.
Humboldt, A. v. 424, 436, 670.
Hutton 76.
Huygens 66, 114, 125, 207, 230, 387 f., 391, 394 f., 540, 640.
Huygen'sches Ocular 117.
Hyginus-Grube auf dem Mond 359.
Hyperbel 93.
Hyperion, Saturntrabant 394 f., 703.
Hypothesen, kosmogonische 592 ff. — über das Universum 468 f., 560.

Jahr, Gregorianisches 44.
— Julianisches 44.
— siderisches u. tropisches 18. — Zeitabschnitt 40.
Jahreszeiten 40, 56 ff.
James 77.
Jansen, Zach. 108.
Janson 709.
Janssen 281 f., 298 f.
Japetus, Saturntrabant 395 f., 703.
Ibn-Junis 629.
Iclea, kl. Planet, 375, 701.
Ideler 16.
Index an Messinstrumenten 152.
Indexfehler 196.
Induction und Deduction 5, 67.
Instrumentalfehler 159, 196.
Instrumente, älteste 104 ff.
— mit gebrochenen Fernröhren 163.
Intramercurielle Planeten 92, 330 ff.
Jolly 78, 733.
Juno, kl. Planet, 370, 696.
Jupiter, Abplattung 376, 695. — Albedo 379, 695. — Aehnlichkeit mit der Sonne 379. — Atmosphäre 377 f. — phys. Beschaffenheit 379 f., 613. — Dichte 380, 695. — Eigenlicht 379. — Einfluss auf Planetoidenbahnen 373.
— auf Sonnenflecken 292.
— Entfernung 376, 695.
— Flecken 378. — Grösse 376, 695. — Helligkeit 376. — Masse 376, 695, 706. — Oppositionen 376.
— Rotation 380, 695. — Spectrum 370. — Streifen 377 f. — Umlaufszeit 376, 695.
Jupitertrabanten 381 ff. —
— Bahnelemente 703. —
— Beobachtung 192, 383.
— Bewegungsgesetze 382.
— Grösse 381 f., 703. — Helligkeitsschwankungen 382. — Lichtgeschwindigkeit aus Beob. der, 237 f.

Kaiser 366 f., 674 f., 706.
Kalender 39 ff. — Gregorianischer u. Julianischer 44. — Verbesserungen 41 ff.
Kant 562 ff., 594, 615, 649.
Karlinski 708.
Kayser 263.
Keeler 386.
Kegelschnitte 93.
Keilphotometer 263.
Kempf 222.
Kepler 4, 59 ff., 67, 206, 210, 286, 413, 419 f., 468, 503, 561 f., 633 ff.
Keplers Gesetze 1, 62 f., 72.
Kepler'sche Gleichung 95.
Kepler'scher Stern 502, 505.
Kepler'sches Fernrohr 109.
Kern der Cometen 406, 418.
— der Sonnenflecken 286.
Kernschatten 22 f.
Kirch, G. 515, 641, 704, 709, 717.
— Chr. 641.
Kirchhoff 247, 256, 291, 325, 692.
Kirchhoffs Gesetz d. Emission und Absorption 256.
Kirkwood 437.
Klein 186, 359.
Klingenstierna 114, 648.
Klinkenberg 704.
Klinkerfues 240, 449, 690.
Knobel 474.
Knopf 707.
Knorre 699 ff.
Knoten, aufsteigender und niedersteigender 20.
Knott 709.
Kobold 222.
Koch 708.
Koerber 705.
Kohlensäcke 567.
Kohlenwasserstoffspectrum 417.
Kopf der Cometen 407, 418.
Kosmogonie 592 ff.
Kraft, Erhaltung der 290, 601 ff., 616 f. — und Materie 602 ff. — Unzerstörbarkeit 602 f. — Vorrath im Universum 601 f., 616.
Kreisbewegung der Gestirne 30, 49 ff., 55, 63.
Kreise, grösste 145 f. — des Himmels 10 f., 145 ff. — an Messinstrumenten 153 ff.
Kreiseintheilung 11.
Kreismikrometer 166. — Beobachtung mit dem 194.
Kreutz 705.
Krueger 474, 539, 682, 707 ff.
Krystallsphären des Pythagoras 3.
Kugelabweichung 116.
Kugelgestalt der Erde, Beweise des Ptolemaeus für die, 30.
Küstner 222.

Lacaille 529, 646.
La Condamine 81, 645.
Lagrange 88 f., 352, 650.
Lalande 404, 650.
Lambert 260, 339, 564 f., 587, 647 f.
Lambert'sche Gleichung 101.
Lamont 421, 539, 687.
Lamp 705.
Lane 607.
Länge 146. — geocentrische und heliocentrische 97 ff.
— geographische 177 ff.
— des aufsteigenden Knotens 96. — d. Perihels 96.
Längenbestimmungen 179 ff.
Längendifferenz 180.
Langley 280 f., 283, 287. — Ansichten über die Constitution der Sonne 315 ff.
Laplace 88 ff., 284, 392, 445, 596 ff., 654 f.
Lapprey 108.
Lassell 130, 142, 394, 398 f., 405, 529, 688.
Lassel'scher 4 f. Reflector 130.
Laurent 697.
Laurentiustrom 434.
Le Gentil 212 f.
Le Gray 264.
Lehmann 447.
Leibniz 593.
Lemonnier 397, 649.
Leonardo da Vinci 63.
Leoniden 434 ff.
Letronne 16.
Leveau 705.
Leverrier 92, 225 ff., 330, 333, 401 ff., 436 f., 443, 534, 685 f., 705.
»**Leviathan**« Lord Rosses 128 f., 142.
Lexell 445.
Liais 464, 704.
Liapunoff 540.
Libelle 159.
Libration 353 f.
Licht, Bewegung 236 ff., 257 f.
Lichtäther 237.
Lichtgeschwindigkeit 224, 237 ff. — Methoden zur Bestimmung 241 ff. — in Wasser 241.
Lichtmengen der Gestirne, Bestimmung der, 259 ff.
— für versch. Objectivöffnungen 139.
Lichtpunkte der Sonnenphotosphäre 281.

Lichtstrahlen, Brechung im Auge 138. — — in Linsen 109 ff.
Lichtvergleichungen b. Veränderlichen 189 f.
Lichtverlust b. Linsen 115 f., 139 f. — bei Spiegeln 140.
Lick-Observatory 135, 144.
Liebherr 656.
Lindenau, v. 230, 664.
Lindsay 209, 227.
Lineal, parallaktisches 104 f.
Linné, Mondkrater 359.
Linsen, aplanatische 117. — bei Fernröhren 109 ff.
Lippersheim 108.
Littrow, J. J. v. 659.
— K. v. 659.
Localattractionen 82.
Lockyer 298 f., 301, 366.
Lohrmann 355, 358 f.
Lohse, O. 287 f., 339, 366, 377 f.
Lohse, J. G. 461.
Longomontanus 632, 641.
Loomis 293, 345 f.
Loth, Ablenkung 76, 82.
Löwy 457.
Luftunruhe, Einfluss auf Beobachtungen 267.
Lundahl 556.
Luther, R. 371, 696 ff.
Lyman 337.

Maclear 232 f.
Maddox 264.
Mädler 336 f., 355, 358 ff., 380, 398, 516, 522, 552, 554 f., 556, 587, 676 f.
Maestlin 635.
Maghellanische Wolken 532 f., 549.
Maja, kl. Planet, 372, 697.
Maraldi 390, 641, 708.
Marcuse 222.
Marié-Davy 361.
Marius 542, 637.
Mars 363 ff. — Abplattung 364, 695. — Aehnlichkeit mit der Erde 365 f. — Albedo 364, 695. — Atmosphäre 365. — Bahn 61, 695. — Bewohnbarkeit 622. — Canäle 367 f. — Darstellungen der Oberfläche 365. — Entfernungen 364, 695. — Flecken 365 f., 695. — Grösse 364, 695. — Helligkeit 364. — Karten 366 f. — Masse 369,

695. — Oppositionen 364.
— Parallaxe 207 f. — Rotation 368, 695. — Spectrum 366. — Trabanten 135, 368 f., 702. — Umlaufszeit 364, 695.
Marth 398, 529, 696, 710.
Martin 133.
Martin & Eichens 133.
Maskelyne 76, 212, 551, 650.
Mason 212.
Massenverhältnisse im Sonnensystem 274 ff.
Materie, Eigenschaften 415 f., 524. — Gleichartigkeit der M. im Weltraume 431, 465.
— primitiver Zustand 617.
Matthiessen 705.
Mauerkreis 106.
Mauerquadrant 106.
Maupertuis 81, 646.
Mayer, Chr. 514 f., 648.
— Rob. 606.
— Tob. 184, 551, 647.
McCormick 135.
Mécanique céleste Laplaces 88, 655.
Méchain 650.
Mechaniker u. Astronomer 154 f.
Medusa, kl. Planet, 364, 375, 699.
Melbourner Reflector 131.
Mercedonius, Schaltmona 42.
Mercur 54, 326 ff., 695. — Albedo 695. — Atmosphäre 328. — Bewegung 92. — — des Perihels 330, 332. — — Entfernung 326, 695. — Grösse 326, 695.
— Helligkeit 327. — Phasen 327. — Rotation 328, 695. — Sichtbarkeit 326 f.
— Spectrum 328. — Umlaufszeit 327, 695. — Vorübergänge vor der Sonne 328 f.
Mercurdurchgang von 1677, 211.
Meridian 10, 145. — erste 179.
Meridiankreis 152, 155 f. – Repsold'scher 157.
Meridianphotometer 263.
Mersenne 122.
Merz 175, 671.
Merz'scher Refractor 129.
Merz'sches Sternspectroskop 253.
Merz & Mahler 129, 133, 671

Messier 529, 540, 651, 704.
— Mond-Ringgebirge 359.
Messinstrumente 152 ff.
Metaphysik in der Naturforschung 469.
Meteor v. 30. Jan. 1868 430.
Meteore 420 ff. — Aussehen 427. — Begriff 424. — Häufigkeit 427, 606. — Höhe 427, 431. — Natur 430. — Spectra 429.
Meteorische Theorie der Erhaltung der Sonnenwärme 606.
Meteorite 425 ff. (s. auch Aërolithe).
Meteoroide, Anzahl 429. — Begriff 429. — Beziehungen zu Cometen 435 ff. — Materie, Reste auf der Erde 431 f. — Ursache des Verbrennens 429.
Meteorringe 437.
Meteorsteine 425 ff. (s. auch Aërolithe).
Metius 108.
Meton 627.
Metonischer Cyclus 42.
Michell 514.
Michelson 224, 227, 245.
Mikrometer 165 ff.
Mikrometerocular 117.
Mikroskope bei Messinstrumenten 155 ff.
Milchstrasse, allgem. Anblick 471. — Ausdehnung im Raum 571 f. — Structur 550, 562, 567, 572, 577, 580 ff.
Miller 509.
Millosevich 707.
Mimas, Saturntrabant 395 f.
Minuten, Bezeichnung 18.
Mira Ceti 498, 707.
Miren 175.
Mitchel 666, 718.
Mittag, mittlerer u. wahrer 149.
Mittel, widerstehendes im Weltraum 449 ff.
Mizar, Doppelstern 528.
Moesta 232.
Moesting, Mondkrater 224.
Molekular-Attraction 74.
Möller, 451, 705.
Molyneux 238, 645.
Monat 40 ff.
Mond 351 ff. Aehnlichkeit mit Erde 360 f. — Albedo 360. — Anziehung auf Erde 84 ff. — Atmosphäre 361. — Aussehen bei Finsternissen 25. — Beobachtung 191. — Berge 358. - Beschaffenheit, physische 359 ff. — Bewegung 19 ff., 69 f., 353, 702. — Dichte 351. — Ebenen 356. — Entfernung 351, 702. — Figur 351 f. — Grösse 351, 702. — Helligkeit 361. — — verschied. Formen 358. — Höhe der Erhebungen 358. — Krater 357. — Libration 353 f., 702. — Masse 351, 702. — Meere 356. — Parallaxe 351. — Rillen 358. — Rotation u. Revolution 351 f., 702. — Spectrum 360. — Tag 353. — Umlaufszeiten 19, 26, 702. — physische Veränderungen 359 ff. — Wärme 361 f. — Wirkung auf die Erde 84 ff., 349, 362 f.
Mondbahn, Änderung der Lage der 21.
Mondbewegung b. Längenbestimmungen 180 f. — Ungleichheiten langer Periode 89 ff., 352.
Mondfinsterniss, älteste 38.
Mondfinsternisse 22, 24 f.
Mondkarten 355 ff.
Mondknoten 20, 353 f.
Mondmonat 41.
Mondparallaxe 351. — Bestimmung der 202.
Mondphasen 19.
Mondtopographie 354 ff.
Mondwechsel und Wetteränderung 349 f., 363.
Montanari 498, 707 f.
Montirung des Fernrohrs 188 ff.
Montucla 649.
Morin 638.
Motus parallacticus und peculiaris 555 f.
Müller 222, 327, 334, 371, 384, 460.

Nachtgleichenpunkte 15.
Nadir 145.
Nasmyth 280.
Nassir-Eddin 629.
Nebelflecke 528 ff. — Anzahl 482 f., 529. — Beobachtung 193. — physische Beschaffenheit 535, 541 ff., 551, 564, 583. — Beschreibung merkwürdiger 540 ff. — relative Bewegung 533 f. — Classification 531 f. — elliptische 531 f., 542, 549 — Entfernung und Grösse 535 f. — Entwickelung 616 f., 619. — mehrfache 535 f. — planetarische 531 f., 546. — Prüfungsobjecte 198 f. — ringförmige 531, 543 f., 546. — im Schützen 520 ff. — Spectra 530, 535, 541 ff., 546, 550, 564. — — spiralige 531, 544 f. — unregelmässige 531, 547 ff. — veränderliche 534 f. — Vertheilung 531 ff., 550, 581. — Verzeichniss 724 ff. — Zusammenhang mit Sternen 530, 583.
Nebelhypothese Kants 594 f.,
— Laplaces 596 ff. — Folgerungen aus der 375 f., 614 ff.
Nebelsterne 530, 546 f.
Neigung 96. — Instrumentalfehler 196.
Neison 192, 227, 337, 355, 358 f., 361.
Neptun 400 ff., — Albedo 405, 695. — Bahnelemente 402, 404, 695. — Dichtigkeit 405 f., 695. — Entdeckung 400 ff. — Entfernung 404, 695. — Grösse 404, 695. — Helligkeit 404 f. — Masse 405, 695. — Oppositionen 404. — Rotation 404. — Spectrum 404. — Trabant 405, 703. — Umlaufszeit 404, 695.
Netzhaut 138.
Newall 133.
Newcomb 208, 227, 400, 404, 542, 706, 720. — Ansicht über die Anordnung des sichtbaren Weltalls 578 ff. — Ansichten über die Beschaffenheit der Sonne 318 ff.
Newton, Is., 66 ff., 80, 83, 88, 121, 125, 409, 420, 641 ff.
Newtons Attractionsgesetz 1, 6, 400, 517.
Newton'scher Reflector 122.
Newton, H. A. 425, 429, 435.
Nicolai 663.

Nicol'sche Prismen 261.
Nippfluten 86.
Niveau 159.
Nonius 154, 632.
Nord-Süd-Linie 10.
Nordenskjöld 432.
Nordlicht 346 ff. — Formen 346 f. — Häufigkeit 345 f. — Höhe 347. — Periodicität 293, 348. — Spectrum 347 f. — u. Elektricität 347. — u. Sonnenflecken 293.
Nordpol des Himmels 9 f.
Novemberstrom 424 f., 435 ff.
Nuñez od. Nonius 154, 632.
Nutation 85.
Nyrén 240.

Oberon, Uranustrabant, 399, 703.
Objecte, Sichtbarkeit verschiedener im Fernrohr 198 ff.
Objectiv 109. — achromatisches 115.
Objectivprisma 248 ff.
Observatorium, astrophysikalisches zu Potsdam 173, 174 ff.
Ocular 109. — Huygens'sches oder negatives 117. — Ramsden'sches oder positives 117. — zusammengesetztes 118.
Oerter, absolute und relative 152.
Olbers 96, 101 f., 370, 372, 420, 425 f., 446, 450, 453, 585, 658 f., 696, 706. — Hypothese betr. Bildung der Planetoiden 370, 372. — Hypothese über Bildung der Cometenschweife 420.
Olmsted 425.
Omeganebel 547 ff., 728.
Opernglas 109, 190.
v. Oppolzer 96, 438, 445, 451, 691, 705.
Opposition 19, 35, 277.
Optische Axe 111.
Oriani 657.
Orionnebel 529, 540 f.
Ort, absoluter und relativer 152.
Ortbestimmungen, geograph. 177 ff., 195 f.
Ostersonntag 43. — Gauss'sche Formel zur Berechnung 43. — 1892 bis 1900 43.
Oudemans 234 f., 676.

Palisa 371, 698 ff.
Palitzsch 648.
Pallas, kl. Planet, 370, 375, 696.
Parabel 93. — und Ellipse, Aehnlichkeit 409 ff. — Bahnbestimmung 101.
Parallaktisches Lineal 104.
Parallaxe, im Allgemeinen 201 ff. — Bestimmung 203 ff. — der Fixsterne 227 ff. — jährliche 205. — mittlere der Sterne 234. — negative 235. — relative 204 f., 231 f. — der Sonne 226 f.
Parallaxenschätzung bei Doppelsternen 235.
Parallelkreise 146.
Parameter 94.
Pariser Akademie 73, 640. — grosser Reflector 131 ff. — Sternwarte 640.
Parisi 704.
Parkhurst 371.
Parsons s. Rosse.
Passageninstrument 157.
Pechüle 705.
Peirce, C. J. 392 f., 404.
— C. S. 484.
Pendel, Veränderung der Schwingungen 77.
Pendelbeobachtungen zur Best. der Abplattung 82.
Penduluhr 169.
Penumbra 286.
Perigaeum 38.
Perihelium 62, 94.
Perrotin 366, 698 f., 701.
Perseiden 434.
Persönliche Gleichung 183, 517.
Peter 222.
Peters, C. A. F. 229, 233, 445, 524, 555, 585, 687 f.
— C. F. W. 522.
— C. H. F. 371, 693, 697 ff. 706, 708.
Petersen 404.
Petit 285.
Philolaus 4, 47, 627.
Phobos, Marsmond, 363, 703.
Phosphorus 333.
Photographie in der Astronomie 264 ff. — d. Sonne 264 ff., 281. — d. Mondes 264 ff. — der grossen Planeten 268. — der Spectra 271.
Photographischer Refractor 269. — des Potsdamer

Observatoriums 177.
Photoheliograph 177, 266.
Photometer 259 ff.
Photometrie 259 ff.
Photosphäre d. Sonne 280 ff.
Photosphärisches Netz der Sonne 281 f.
Piazzi 230, 369, 656.
Picard 69, 82, 154, 639.
Pickering 263, 368, 396, 399, 405, 485 f., 490, 493, 527, 727.
Pigott 445, 708 f.
Pingré 212 f., 649.
Pinnacidia 107.
Pistor 155.
Pistor & Martins 155 ff.
Plana 78, 90.
Planetarische Nebel 531, 546.
Planeten 13, 33. — Anordnung 277. — Anzahl im Universum 621 ff. — Beobachtung 192. — Bewegung, Erklärung der 67 ff. — scheinbare 33 ff., 50 ff. — Bewohnbarkeit 621 ff. — Conjunction 3102 v. Chr. 2 f. — Einfluss auf die Bewegung v. Cometen 411 ff., 444. — auf die Meteore 442 f. — Elemente 693 ff. — Entfernungen nach Coppernicus 54. — relative 273. — Entwickelung nach der Nebelhypothese 594 ff., 5. — fingirte 33, 51. — intramercurielle 92, 330 ff. — kleine s. Planetoiden. — Massen, Bestimmung 73. — Sichtbarkeit 277. — Stellungen der oberen 1891—83 278. — der unteren 1882 276. — transneptunische 406, 443. — Wirkung auf teleskopische Cometen 443.
Planetenbahnbestimmung 99 ff.
Planetenbahnen, wahre Gestalt 61.
Planetendurchgang, künstlicher 219.
Planetendurchgänge, Genauigkeit der Beobb. 211 f., 215.
Planetoiden 369 ff., 696 ff. — Bahneigenthümlichkeiten 372, 374 f. — Bahnelemente, 374 f., 696 ff. — Bildung 370, 372. — Ent-

deckungen bis 1890 370.
— Grössen 371 f. — Helligkeitsänderungen 371.
— Gesammt-Masse und -Zahl 373 f. — Parallaxe 208 f. — Zone der Ausdehnung 372 f.
Plato 37, 627.
Plejaden.537 f., 555, 724.
Plejadennebel 538, 724.
Plummer 705.
Pogson 449, 696 ff., 708 ff.
Poisson 612.
Pol 9.
Polarcoordinaten 97.
Polarisations - Astrophotometer 260.
Polarstern 10.
Poldistanz 146.
Pole der Ekliptik 14. — v. Erde u. Himmel 55 f., 83.
Polhöhe 12, 178.
Pond 658.
Pons 446, 449, 657, 704.
Pontécoulant 90, 447, 699, 705.
Positionskreis 167.
Positonswinkel 167, 194.
Potsdamer Observatorium 144, 173, 176 ff.
Pouillet 284.
Powalky 215, 227.
Powell 521.
Präcession 17, 56. — Erklärung 82 ff. — Tafel 730.
Praesepe 538, 725.
Prévost 556.
Principia Newtons 643.
Prismen 114 f.
Prismenfernrohr 195.
Prismenkreis 164 f.
Prismensysteme, geradsichtige 248.
Pritchard 235, 263, 522.
Problem der drei Körper 87, 519.
Proctor 557, 578.
Procyon 521, 524.
Protuberanzen s. Sonne.
Protuberanzspectroskop 254.
Ptolemaeus 1, 5, 29, 37, 45, 67, 105, 107, 206, 472 f., 628. — Epicykel 33 f. — Weltsystem 5, 29 ff., 52.
Puiseux 227.
Pulkowaer grosser Refractor 134 f. — Sternwarte 668.
Pupille 138 f.

Purbach 630.
Pyramidalstativ 119.
Pythagoras 3 f., 46 f., 627.

Quadratur 277.
Quecksilberhorizont 159. — -pendel 171.
Quetelet, A. u. E. 679 f.
Quirling 709.

Radiant 433.
Radiationsgegenden 442.
Radiationspunkt 433, 442.
Radiusvector 62 f., 94.
Ramsden 154, 649.
Ramsden'sches Ocular 117.
Rancken 557.
Rahts 705.
Raum, Beschaffenheit 604 f.
v. Rebeur 705.
Rechtwinklige Coordinaten 97.
Rectascension 15, 98, 146.
Reflector v. Cassegrain 122, Gregory 122, Herschel 123, Newton 122 f. — u. Refractor, relative Leistungen 142 f.
Reflectoren 121 ff.
Reflexion v. Spiegeln 121 ff.
Reflexionskreis 165, 647, 649.
Refraction in der Atmosphäre 159 f. — in Linsen 109 ff.
Refractor, grosser des Lick-Observatory 135. — in Pulkowa 134 f. — in Washington 133 ff. — in Wien 135, 162.
Refractoren 121, 160 ff.
Regiomontanus 204, 630.
Registrirapparat 158.
Registrirmethode 158.
Reich 76 f.
Reichenbach 154 f., 157, 656.
Reinfelder & Hertel 160, 162, 174.
Reinhold 631.
Reiskörner der Sonnenphotospäre 280 f.
Repsold 135, 155 ff., 157, 163, 168, 175, 176, 216, 657.
Repsold'sches Heliometer 170, 216.
Repsold'scher Meridiankreis 157 f.

Repulsivkraft d. Sonne 420.
Respighi 693.
Rhaeticus 631.
Rhea, Saturntrabant, 395, 702.
Riccioli 356, 387, 639.
Richer 79, 207, 640.
Riemann 604.
Ringe in der Laplace'schen Nebelhypothese 596 f.
Ringmikrometer 166.
Ringnebel 531, 543 f. — in d. Leier 543 f., 728.
Rittenhouse 213, 337 f.
Ritter 607.
Roberts 542.
Römer, O., 157, 228, 238, 240, 641.
Rose, G. 426.
Rosén 484.
Rosenberger 447.
Rosetti 285.
Rosse, Lord 129 f., 361, 529, 540, 544 ff., 671.
Rosses Leviathan 128 f.
Rostpendel 171.
Royal Society 642.
Royal Astron. Society 653, 673.
Ruhe der Luft, Bedeutung f. astr. Beobb. 144.
Rumford 260.
Rümker, C. 449, 666.
— G. 666.
Rutherfurd 666.

Sabine 293.
Safford 557.
Sammellinse 109, 115.
Santini 684.
Sappho, kl. Planet, 209, 697.
Sarabat 704.
Saros-Cyklus 27.
Saturn 383 ff. — Abplattung 383, 695. — Albedo 384, 695. — phys. Beschaffenheit 384 f. — Dichte 394, 695. — Grösse 383, 695. — Helligkeit 383 f. — Masse 383, 695. Oppositionen 384. — Rotation 385, 695. — Sternbedeckungen durch ihn 385. — Streifen u. Flecken 384 f. — Umlaufszeit 383, 695.
Saturnring, dunkler 390.
Saturnringe 386 ff. — ältere Abbildungen 386. — Anblick, versch. 388 ff. —

Beschaffenheit 392 ff., 615. — Dicke 388. — Dimensionen 391 f. — Sichtbarkeit 388 f. — Theilungen 390.
Saturntrabanten 394 ff. — Bahnelemente 702. — Entdeckung 395. — Entfernungen von Saturn 395, 702. — Grösse 396, 702. — Helligkeit 395. — Umlaufszeiten, Beziehungen zwischen denselb. 395 f.
Savary 517.
Savery 167.
Sawerthal 461, 706.
Sawyer 707 ff.
Schaltjahre 43 f.
Schattenkegel 23.
Scheiner, Ch. 285 f., 387, 638.
Scheiner, J. 270, 490, 492, 466, 507, 537, 539, 546.
Scheitelpunkt 145.
Schiaparelli 268, 328, 336, 366 f., 427, 430 f., 436 ff., 441 ff., 458, 516, 521 f., 697.
Schiefe der Ekliptik 15, 55 f.
Schjellerup 487, 683, 691 f.
Schlüter 232.
Schmidt, J. 355, 357 ff., 368, 380, 427 f., 433, 458, 461, 488, 504, 690, 707 ff.
Schmidt & Haensch, Sternspectroskop 250.
Schönfeld 260, 474, 529, 534, 682, 693 f., 707 ff.
Schröder 176.
Schröter 327, 335 f., 355, 380, 651.
Schulhof 699, 705.
Schultz 529, 539, 693.
Schumacher 663 f.
Schwabe 292, 680.
Schwarzer Tropfen 212 ff.
Schweife der Cometen 406 f., 418 ff.
Schwerd 260, 674, 708.
Schwere, allgemeine 66 ff.
Scintilliren der Sterne 143 f.
Searle 697.
Secchi 281, 283 ff., 356, 359, 381, 490, 534, 540 f., 547, 686 f., 720. — Ansichten über die Constitution der Sonne 302 ff.
Secunde, Bezeichnung 18.
Secundäres Spectrum 116, 142.

Seeliger 384, 398, 520 ff., 574, 576.
Seidel 260, 484 ff.
Selenographie 355 ff.
Sestini 488.
Sharp 644.
Shehallien, Berg 76.
Short 213, 339.
Sideriten 426 f.
Siebengestirn s. Plejaden.
Siemens 602.
Simms 655.
Sirius 521, 524 f., 714.
Smyth, H. 488.
Snellius 638.
Soedstrup 707.
Solstitien 15.
Sonne 279 ff. — Anziehung 71 f., 84. — Atmosphäre 303, 318 ff. — Absorption der Atmosphäre 284. — Ausstrahlung 601 ff., 605 ff., 613. — Constanz der Ausstrahlung 309, 317 f. — Beobachtung 191. — object. Beobachtung 286. — scheinbare Bewegung 13, 48 f., 149. — Chromosphäre 299. — Natur der Chromosphäre 303, 313, 320. — physische Constitution 301 ff., 493. — Corona 296 f., 299 f. — Natur der Corona 304, 314, 318 ff. — Spectrum der Corona 299 f. — Druck im Innern 325. — Constanz d. Durchmessers 309. — Intensität der Erscheinungen auf ihr 322. — Fackeln 282 f. — Flecken 285 ff. — Flächenraum der Flecken und Fackeln 289 f. — Flecken-Helligkeit 287. — — -Grösse 287. — — -Periode 291 ff., 312, 324 f. — — -Zonen 287, 308, 325. — Natur der Fackeln 307, 325. — — der Flecken 305 f., 311, 314, 316, 324. — Geschwindigkeit, scheinbare 149. — Grösse 583, 695. — Helligkeit 279, 583. — Natur des Innern 309, 312, 316, 323 f. — Masse 274, 695. — mittlere u. wahre 149 f. — Photosphäre 279 ff. — Natur der Phot. 303, 311, 312 f., 316,

322 f. — Protuberanzen 296 ff., 304. — Natur d. Prot. 304 f., 311, 314, 320 ff., 324. — Protuberanzspectroskope 253 f. — Spectrum der Prot. 254, 298 f. — Rotation 285 ff. — Rotationsgesetz 293 ff., 310. — helle Linien im Spectrum 301. — Intensität der Strahlung 283 f. — Substanzen auf ihr 299 ff., 304 f. — Temperatur 285, 310 f., 315, 324. — Temperaturveränderung 605 ff. — Umgebungen der 293 ff. — Wärmestrahlung 284 f. — Zukunft und Vergangenheit 607 ff. — Zusammenhang periodischer Erscheinungen mit meteor. Vorgängen 350.
Sonnenbahn s. Ekliptik.
Sonnenentfernung, Bestimmung 20, 206 ff. — Werthe 206 ff., 214, 224 ff.
Sonnenfinsterniss, älteste 2.
Sonnenfinsternisse 21 ff. — totale 1892—1900 29.
Sonnenparallaxe, Bestimmung 205, 206 ff., 223. — Werthe 226 f., 733.
Sonnensystem, allgem. Beschaffenheit 272 ff. — Bewegung im Raum 555 f., 559. — fortschreitende Veränderungen 599 ff.
Sonnenuhr 104.
Sonnenwärme, Menge 605, 608 f. — Quellen 605 f. — Verlust und Ersatz 601 ff., 605 ff.
Sonnenzeit 148 ff. — und Sternzeit 148 f. — mittlere und wahre 149 ff.
Sonntagsbuchstabe 43.
Sothis-Periode 42.
Spalt bei Spectroskopen 251.
Spectra, Abhängigkeit von Druck und Temperatur 257. — der Fixsterne 490 ff. — Classification der Fixsternspectra 490 ff.
Spectralanalyse 246, 254 ff., Anwendbarkeit 246. — Leistungsfähigkeit 257 f.— d. Sterne 489 ff.
Spectralapparate 247 ff.
Spectralclassen der Fixsterne 490 ff.

Spectrallinien, Verschiebung bei Bewegung 258, 558.
Spectralphotographie 271.
Spectraltypen 490 ff.
Spectrograph 253.
Spectrometer 251 ff.
Spectroskope 247 ff.
Spectrum 247. — continuirliches 254, 492. — secundäres 116, 135, 142. — der Sonne 493.
Sphäre s. Himmelskugel.
Sphärische Aberration 116.
Sphärische Coordinaten 98, 148.
Sphäroid 79.
Spica, Doppelstern. 527 f
Spiegel von Reflectoren 125 ff., 143.
Spiegelsextant 164.
Spiegelteleskope 121 ff.
Spiralnebel 531, 544 ff.
Spitaler 445.
Spörer 293 f.
Springfluten 86.
Star-drift 557, 578.
Star-gauges 481, 565 ff.
Stationärer Punkt 32, 52.
Steinheil 176, 484, 672.
Steinheil'sches Photometer 260.
Steinmeteorite 426.
Stellarastronomie, Begriff 469.
Stephan 445, 529, 697.
Stern, neuer v. 1572 502. — v. 1600 503. — v. 1604 502 f. — v. 1848 503. — — v. 1866 503 f., 509. — — v. 1876 504, 509. — — v. 1885 504, 510.
Sternbedeckungen 181.
Sternbilder 4, 470. — Anzahl 470 f. — Aufzählung 478 f. — Bedeutung 16, 471. — Beschreibung d. wichtigsten 476 ff. — Culmination verschiedener 480. — grösste 478, 479.
Sternclassen 481 ff. — relative Entfernungen 234, 584.
Sterne, Anzahl mit blossem Auge 480 f. — — in den Sternbildern 478 f. — — teleskopischer 481, 483. — Bahnen 555, 590. — phys. Beschaffenheit 489 ff. — Bewegungen in der Gesichtslinie 558 f. — — im Raume 558 f., 563. — scheinbare 551 ff. — Bezeichnung 472. — Culmination der hellsten 480. — Entfernungen 236, 568, 571, 584. — Entwickelung nach der Nebelhypothese 492 ff., 595 f., 617 f. — Farben 487 ff. — — Veränderlichkeit 488. — Gesammthelligkeit 484 f. — Gesammtzahl 483. — Grösse in linearem Masse 481. — — scheinbare 141, 481. — Helligkeiten 484 f. — mehrfache 519 f. (s. auch Doppelsterne). — neue 502 ff. — — Spectra 509 f. — — Ursachen 504 ff. — — Verhältniss zu Veränderlichen 505. — rothe 487. — Sichtbarkeit am Tage 141. — — in verschiedenen Fernröhren 483 f. — temporäre s. neue. — veränderliche s. Veränderliche. — Vertheilung im Raum 560 ff., 565 ff., 572 ff. — in Hinsicht des Spectraltypus 496 f. — — an der Sphäre 531, 565 ff., 574 ff.
Sternfülle in Beziehung zur Milchstrasse 575.
Sterngruppen, Bewegung 557 f., 578.
Sternhaufen 471. — Anzahl 482, 529. — Beschreibung merkwürdiger 538 ff. — relative Bewegung 536. — im Centaur 539, 727. — Classification 531. — Entfernungen 536. — Entwickelung nach der Nebelhypothese 595. — im Hercules 539, 727. — kugelige 539. — im Perseus 539, 724. — des Sonnensystems 577, 580. — Spectra 530, 535 f., 724 ff. — im Tucan 539, 724. — Verhältniss zu Nebelflecken 528, 530, 564, 568, 583. — Vertheilung 531 f., 564, 581 f. — Verzeichniss 724 ff.
Sternhimmel, allgem. Anblick 470 ff. — ältere Vorstellungen 467.
Sternkarten 475. — akademische 370, 662.
Sternkunde s. Astronomie.
Sternordnungen W. Herschel's 570.
Sternparallaxen 227 ff., 234 ff., 524 f.
Sternschnuppen 424 ff. — Beobachtung 188 f. — periodische 432 ff. — sporadische 427. — tägliche Variation 427, 441. — Verhältniss zu Aërolithen u. Feuerkugeln 425, 430 f.
Sternschnuppenfall v. 1799 u. 1833 424 f.
Sternschnuppenschwärme 432 ff.
Sternspectrometer 250 ff.
Sternsystem, ältere Ansichten über den Bau 561 ff. — Ansicht Goulds 577. — — W. Herschels 565 ff. — — W. Struves 572 ff. — Bewegungen im 586 ff. — Dauer 591 f. — Stabilität im 586 ff. — fortschreitende Veränderungen 599 ff.
Sternsysteme, Existenz 466 f. — nach Lambert 564.
Sterntag 147. — Dauer 148.
Sterntypen 490 ff. — Spectra 491.
Sternverzeichnisse 472 ff.
Sternwärme 601. — Ausstrahlung 604.
Sternwarte Greenwich 559, 644. — Nizza 136. — Paris 641. — Pulkowa 668. — Strassburg 172 ff.
Sterwarten, Lage und Einrichtung 171 ff.
Sternweite 232.
Sternzeit 147.
Stillstände der Planeten 33, 51 f.
Stone, E. J. 208, 215, 255 ff., 233, 552, 557.
Stone, O. 711 ff.
Störungen 87 ff.
Strahlenbrechung 109 ff., 159 ff.
Strassburger Sternwarte 172 ff.
Stromzeit, elektrische 182.
Struve, L. 521 ff., 557.
— O. 130, 232, 390 ff. 405, 516 f., 520 ff., 525, 540, 556 f., 669, 711 ff.
— W. 154, 230, 232, 239, 391, 473, 481, 515 ff., 525, 572 ff., 584 f., 667 ff., 711 ff., 727.

Stufe, Helligkeitsunterschied 190.
Stufenschätzungen 259 f.
Stumpe 557.
Stunde, Bezeichnung 18, 147.
Stunden, astron. Zählweise 150.
Stundenaxe 119.
Stundenkreise 146.
Stundenwinkel 147.
Sucher bei Fernröhren 119.
Südpol des Himmels 11.
Sully 171.
Swedenborg 593.
Swift 332, 445.

Tacchini 331.
Tafeln, astronomische 730 ff.
Tag, Bezeichnung 18. — verschiedene Länge 57. — allmähliche Veränderung d. Länge 91. — Zeiteinheit 39 f., 147.
Täuschungen, teleskopische 331, 340.
Tebbutt 459, 704.
Teleskop s. Fernrohr.
Tempel 438, 445, 538, 692 f., 697 f., 704.
Tethys, Saturntrabant, 395 f., 703.
Thales 627.
Thatcher 704.
Thierkreis 4, 14, 16. — von Denderah 475.
Thierkreisbilder 476. — Bedeutung der 16.
Thollon 460.
Thomé 709.
Thomson, Will. 342 f., 601, 612, 614.
Thraen 705.
Thule, kl. Planet, 375, 701.
Tides s. Gezeiten.
Tietjen 670, 697.
Titan, Saturntrabant, 395 f., 703.
Titania, Uranustrabant, 399, 703.
Titius'sches Gesetz 273.
Tompson 645.
Torsionspendel 75 f.
Tralles 704.
Transversalen Tychos 154.
Trapez im Orionnebel 520, 540.
Triquetrum 104.
Troughton 655.
Troughton & Simms 155, 655.

Trouvelot 392, 394, 547 f.
Tupman 227.
Tuttle 445 f., 697.
Tycho Brahe 1, 58 f., 106 f., 153, 204, 473, 475, 632 f., 707.
Tychos Mauerquadrant 106.
Tychonischer Stern 502, 505.
Tychonisches Weltsystem 59.

Ubaghs 557.
Uhrcorrection 180 f., 186, 194 f. — Bestimmung 194 f.
Uhren, astron. 153, 169.
Uhrgang 181, 186.
Uhrwerke bei Fernröhren 121, 167, 169.
Ulugh Beigh 473, 629.
Umbra s. Kern der Sonnenflecken.
Umbriel, Uranustrabant, 299, 703.
Ungleichheit, elliptische 39. — parallaktische, des Mondes 223.
Ungleichheiten d. Bewegung 87 ff.
Universalinstrument 152, 163.
Universum, Bau 559 ff., 578 ff. — Entwickelung 614 ff. — Problem des materiellen 467. — Vorstellungen von Ursprung 592 ff. — s. a. Sternsystem.
Uranienburg, Sternwarte Tychos 107.
Uranus 396 ff. — Abplattung 398. — Albedo 398, 695. — Entdeckung 396 f., — Entfernung 398. — Grösse 398, 400, 695. — Helligkeit 397 f. — Masse 400, 695. — Name 397. — Oppositionen 398. — Rotation 398. — Spectrum 398. — Umlaufszeit 398, 695.
Uranustrabanten 398 ff., 703. — Bahnlage 399. — Grösse 399.
Ursachen, letzte, der Naturerscheinungen 469. —
Urtheil bei astron. Beobb. 187.
Utzschneider 127, 656.
Utzschneider & Fraunhofer 656.

Vala, kl. Planet, 372, 698.
Variationen, säculare, der Planetenbahnen 89.
Venus 333 ff., 695. — Albedo 335, 695. — Atmosphäre 219, 337 f. — dunkle Seite 338 f. — Entfernung 333 f., 695. — Flecken 335. — Grösse 333, 695. — Helligkeit 333 ff. — Parallaxe 205. — Phasen 333 f. — Rotation 335 f., 695. — Spectrum 338. — Umlaufszeit 695.
Venusdurchgang von 1761 212. — v. 1769 213 f. — v. 1874 215 ff. — v. 1882 220 ff.
Venusdurchgänge 209 ff.
Veränderliche 498 ff. — d. Algolgruppe 499, 507 f. — Anzahl 482 f., 498, 500. — Beobachtung 189 f. — Bezeichnung 499. — Classification 499. — Elemente 498 f. — Farbe 500 f. — irreguläre 500. — Periodendauer 499. — regelmässige 499. — Spectra 501, 506 f. — Ursachen 505 f. — Vertheilung 500. — Verzeichniss 706 ff.
»**Verdampfung**« der Cometenschweife 418 ff.
Verhältnisse linearer Grössen 69. — der Planetenentfernungen 53 f.
Vernier 154, 638.
Vertical, erster 172.
Verticalkreis 164.
Verticalkreise 12, 145.
Vesta, kl. Planet 370 f., 696.
de Vico 336, 445, 686, 704.
Victoria, kl. Planet 209, 696.
Violle 285.
Virtuelle Bilder 109.
Vogel, H. C. 283 f., 301, 328, 336 f., 339, 348, 366, 381, 385, 404, 417 f., 459 f., 464, 490 f., 494, 507, 509, 511, 527, 529, 534 f., 539, 543, 546, 550, 559, 724 ff.
Vollmond, Helligkeit 361.

Wage, verticale 78.
Wagner 690 f.
Walker 158, 184, 404, 666.
Walther 630.

Wandelsterne s. Planeten.
Wanschaff 262 f.
Wärme, Ausstrahlung in den Raum 601 ff. — Einfluss auf Instrumente 159. — auf Uhren 171. — Form d. Bewegung 290 f., 429, 600 ff. — und Licht 601. — und mechanische Arbeit 610.
Wärmemenge d. Sonne 605, 608 ff. — des Sonnensystems 609 f.
Wasserstoff auf der Sonne 298 f., 303 f.
Wasserwage 159.
Watson 332, 688, 697 ff.
Webb 186, 546, 728.
Wega, Parallaxe 232. — Polarstern 17.
Weidenblätter der Sonnenphotosphäre 280 f.
Weidler 645.
Weiss 441 f., 444.
Wells 459, 704.
Weltkörper, Entwickelungsgeschichte 616 ff.
Weltsystem, Darstellung n. Ptolemaeus 36.
Weltsysteme 5 f., 29 ff., 58 f.
Wendelin 207.
Westphal 445.
Wheatstone 158, 244 f.

Whiston 593.
Widderpunkt 146.
Wiedemann, E. 535.
Wilhelm, Landgraf von Hessen 632.
Willow-leaves s. Weidenblätter.
Wilsing 78, 293, 295, 493, 508, 512.
Wilson 287.
Wilson'sche Sonnenfleckentheorie 290, 302.
Winkelmessung, Hülfsmittel 152.
Winlock 348, 720.
Winnecke 208, 226, 427, 446, 451, 534, 707 ff., 720.
Wirbeltheorie v. Descartes 65, 73.
Wislicenus 222.
Wolf, C. 520.
— R. 291, 292 f., 330, 446, 521.
Wolff, Th. 485 f.
Wollaston 247.
Wren 643.
Wright 464, 562.
Wroblewsky 521.
Wüllner 535.

Young 299 ff. — Ansichten über die Constitution der Sonne 312 ff.

Zach 657 f.
Zahl, goldene 42.
Zeichnen bei astr. Beobb. 187.
Zeit, mittlere und Sternzeit 148 f., 731. — — und wahre 149 f.
Zeitbestimmungen 194 f.
Zeitgleichung 150 f.
Zenith 9, 145.
Zenithdistanz 146.
Zerstreuungslinse 109, 115.
Zezioli 427, 433.
Zodiakalbilder 476 f. — Bedeutung 16.
Zodiakallicht 92, 190, 332 f., 462 ff. — Aussehen 462 f. — Beschaffenheit 463 f. — Veränd. des Glanzes 463 f. — Spectrum 464. — Ursache 464.
Zodiakalzeichen 16 f.
Zodiakus 4, 14, 16.
Zolle bei Finsternissen 26.
Zöllner 260 f., 279, 285, 293 f., 299, 335, 361, 364, 379, 384, 398, 404, 420, 484, 486 f., 510, 689 f. — Ansichten über die Constitution der Sonne 314 f.
Zöllner'sches Photometer 260 ff.
Zonenbeobachtungen 474.